Hans Günther Natke

Einführung in Theorie und Praxis der Zeitreihen- und Modalanalyse

Grundlagen der Ingenieurwissenschaften

herausgegeben von
Wilfried B. Krätzig
Theodor Lehmann
Oskar Mahrenholtz

Hans Günther Natke

Einführung in Theorie und Praxis der Zeitreihen- und Modalanalyse

Identifikation schwingungsfähiger elastomechanischer Systeme

Mit 186 Bildern

Friedr. Vieweg & Sohn Braunschweig/Wiesbaden

CIP-Kurztitelaufnahme der Deutschen Bibliothek

Natke, Hans G.:
Einführung in Theorie und Praxis der Zeitreihen- und Modalanalyse: Identifikation schwingungsfähiger elastomechan. Systeme / Hans Günther Natke. – Braunschweig; Wiesbaden: Vieweg, 1983.
(Grundlagen der Ingenieurwissenschaften)
ISBN 3-528-08145-7

Verlagsredaktion: *Alfred Schubert*

Umschlaggestaltung: Peter Neitzke, Köln
Satz: Reiner Harbering, Frankfurt am Main
Druck: Lengericher Handelsdruckerei, Lengerich
Buchbinderische Verarbeitung: Hunke & Schröder, Iserlohn
Printed in Germany

ISBN 3-528-08145-7

Inhaltsverzeichnis

Vorwort

Zum Thema:

Das vorliegende Buch behandelt die experimentelle Analyse (→ Identifikation) schwingungsfähiger linearer zeitinvarianter diskreter elastomechanischer (determinierter) Systeme. Die Beschränkung auf diskrete Systeme ist nicht sehr einschneidend, wenn man bedenkt, daß jede numerische Rechnung (einschließlich digitaler Auswertungen von Messungen) automatisch eine Diskretisierung beinhaltet und man sich das Rayleigh-Ritz-Verfahren vergegenwärtigt.

Die das System beschreibenden Bewegungskoordinaten sind zeitabhängig: Zeitfunktionen, Signale, Schriebe. Das zu bestimmten Zeiten abgetastete Signal bildet als geordnete Menge eine Folge, die sog. (diskrete) Zeitreihe. Man spricht auch verallgemeinernd von einer kontinuierlichen Zeitreihe als Synonym für die Zeitfunktion. Die Zeitreihenanalyse hat die Aufgabe, die statistischen (zeitabhängig: stochastischen) Eigenschaften der Zeitreihen durch geeignete Manipulationen an ihnen zu ermitteln und zwar im Zeit- und Frequenzraum unter Beachtung der in praxi vorliegenden fehlerbehafteten (gestörten) Schriebe endlicher Länge.

Die modalen Größen sind die Eigenschwingungsgrößen des Systems, die zur Untersuchung des dynamischen Verhaltens desselben von fundamentaler Bedeutung sind. Diese Bezeichnung bietet sich abkürzend an, z.B. Modalmatrix statt Matrix der Eigenvektoren des Systems. Der Begriff Modalanalyse umfaßt die Ermittlung und Interpretation der Modalgrößen.

Zum Inhalt:

Dem Titel entsprechend ist eine Einführung geboten, die von bestimmten Grundlagen ausgehend das theoretische Rüstzeug entwickelt, Zusammenhänge aufzeigt, die Ergebnisse physikalisch interpretiert und Anwendungen diskutiert. Darüber hinaus sind Ausführungen zur praktischen Handhabung und schließlich praktikable Verfahren angegeben.

Die der System-Identifikation zugrunde liegenden mathematischen Modelle können einerseits in ihrem inneren Aufbau unbekannt sein, man spricht von nichtparametrischer Identifikation, und andererseits kann die Struktur der das Verhalten des Systems beschreibenden Gleichungen bekannt sein, dann ist die Systemidentifikation auf eine Parameterermittlung reduziert: Parametrische Identifikation. Der behandelte Stoff ist neben den einführenden (Kapitel 1) und grundlegenden Ausführungen (Kapitel 2, 3) in die Kapitel gegliedert, die die Anwendungen enthalten: Kapitel 4 die nichtparametrische Identifikation, Kapitel 5 die parametrische Identifikation und Kapitel 6 die Identifikation unter Verwendung des Rechenmodells (Korrektur des Rechenmodells anhand von Versuchswerten).

Das Buch ist aus einer Überarbeitung der Beiträge des VDI-Lehrganges „Zeitreihen- und Modalanalyse“ entstanden, den der Verfasser erstmalig allein 1977 abhielt, daran anschließend mit weiteren Referenten veranstaltete und aus Vorlesungen an der Universität Hannover. Um ein Buch in seinem Umfang beschränkt zu halten, ist eine Stoffbegrenzung und auch eine thematische Schwerpunktbildung erforderlich: Die erste Forderung ist durch die Beschränkung auf lineare zeitinvariante Ein- und passive Mehrfreiheitsgradsysteme wesentlich verwirklicht, die zweite überwiegend dadurch, daß hier die parametrische Identifikation schwerpunktmäßig bezüglich der Modalgrößen erfolgt und die statistische Auswertung praktisch auf die Methode der gewichteten kleinsten Fehlerquadrate beschränkt ist. Die Behandlung einiger hier dargestellter Teilthemen ist noch in vollem Fluß, sie führt an die Grenzen der Forschung.

Des weiteren werden lediglich digitale Verfahren behandelt, so daß die Verwendung von programmierbaren Kleinrechnern bis zum Prozeßrechner mit „time sharing“, von digitalen Fourieranalysatoren bis zu Echtzeitanalysatoren reicht.

Zu den Voraussetzungen und zur Darstellung:

Vorausgesetzt werden Grundkenntnisse der Dynamik (Ein- und Mehrfreiheitsgradsysteme, Bewegungsgleichungen, Idealisierungen) und der Mathematik (gewöhnliche Differentialgleichungen mit konstanten Koeffizienten, Matrizenalgebra, elementare Statistik). Die behandelte Thematik ist nicht nur umfangreich sondern auch anspruchsvoll. Der Verfasser bemühte sich um eine praxisorientierte Darstellung, d.h. u.a. langwierige und schwierige mathematische Beweise, die zu einer physikalischen Einsicht unmittelbar kaum beitragen, sind unterdrückt und durch Literaturhinweise ersetzt. Die Einführung der Integraltransformationen erfolgt heuristisch und in pragmatischer Weise. Nach reiflicher Überlegung und Diskussion mit Fachkollegen wurde auch auf die Verwendung der Distributionstheorie verzichtet, ebenso auf die der mengentheoretischen Topologie und Maßtheorie. Allgemein werden gewisse mathematische Grundlagen vorausgesetzt, d.h. Voraussetzungen, Funktionsräume etc. werden oft explizit nicht genannt sondern (stillschweigend) angenommen. Nur dort, wo die Gültigkeit der mathematischen Operationen nicht selbstverständlich ist, wurde ein Hinweis im Bewußtsein, daß die Ergebnisse durch nicht-illegitime Operationen abgesichert sind, gegeben. Trotzdem bedingt die Darstellung ein gewisses Maß an Aufgeschlossenheit gegenüber der notwendigen theoretischen, mathematischen Behandlung. Erst diese ermöglicht die Einsicht in die physikalischen Vorgänge, die letztlich dann ein tieferes Verständnis bringen und dadurch eine sinnvolle und fehlerfreie Anwendung der im Einzelfall notwendigen Methoden gestattet. Die Diskussion der systemtheoretischen Zusammenhänge schließlich vermittelt durch Abstraktion und das Aufdecken der bestehenden Wechselbeziehungen einen Überblick.

Die Durcharbeitung der am Ende jedes Kapitels formulierten Übungsaufgaben soll den Leser in die Lage versetzen, sein Verständnis zu dem durchgearbeiteten Stoff zu kontrollieren, Aussagen, die im Text nur implizit enthalten sind, explizit aufzudecken und gewisse weiterführende Formulierungen selbst zu finden. Erleichternd und zur Selbstkontrolle sind im Anhang die Lösungen und ggf. Lösungshinweise angegeben.

Eine Schwierigkeit bei der einheitlichen Darstellung des letztlich interdisziplinären Stoffes führte zu der unüblichen Bezeichnung $\hat{\mathring{a}}$ für den Schätzwert des wahren Wertes $\mathring{a}$. Das sonst hierfür übliche Zeichen $\hat{a}$ ist in der Schwingungstechnik den Amplitudenwerten vorbehalten, das Symbol E{...} bezeichnet den Erwartungswert, so daß ein entsprechender Ausweg gefunden werden mußte.

Zur Zielsetzung und Zielgruppe:

Theorie und Praxis sind bei dem behandelten Thema (und nicht nur dabei) eng miteinander verknüpft. Die Theorie liefert nicht nur die Grundlagen für die Praxis der Identifikation, sondern sie gibt dem Praktiker auch notwendige Hinweise zur Anwendung und sinnvollen Nutzung des theoretischen Rüstzeuges. Umgekehrt liefert die Praxis einerseits wertvolle Impulse zur weiteren Entwicklung der Theorie, und andererseits zeigt sie die sinnvolle Beschränkung auf das „Mögliche" unter Berücksichtigung wirtschaftlicher Gesichtspunkte.

Mit der Ausarbeitung wende ich mich an Studenten höherer Semester aller technischen Fachrichtungen und an Entwicklungs- und Versuchsingenieure, die mit dynamischen Untersuchungen komplizierter Konstruktionen zu tun haben. Anfängern in diesen Funktionsbereichen wird die Einarbeitung in die Thematik geboten und ein umfassender Überblick vermittelt, Praktiker können ihre physikalischen und mathematischen Grundkenntnisse diesbezüglich auffrischen, Fortgeschrittene und Praktiker – so hofft zumindest der Autor – werden Anregungen und einige neuere bisher nur in Originalaufsätzen enthaltene Ansätze zur Lösung einzelner Identifikationsprobleme und der damit zusammenhängenden Folgeprobleme finden.

Danksagung:

Das Manuskript wurde am Curt-Risch-Institut für Dynamik, Schall- und Meßtechnik vom Autor mit seinen Mitarbeitern in Seminarform durchgearbeitet. An dieser Stelle sei meinen Mitarbeitern gedankt, die mir manchen wertvollen Hinweis gaben, mich vor einigen verzerrten Darstellungen bewahrten und einige der Übungsaufgaben und Beispiele durchrechneten. Stellvertretend für meine Mitarbeiter seien Herr Dr.-Ing. N. Cottin und Herr Dr.-Ing. H.-P. Felgenhauer genannt, wobei ich insbesondere Herrn Dr. Cottin bezüglich der Manuskriptkorrektur sehr viel verdanke. Meinen Dank möchte ich auch meinen Kollegen, den Herren S. Spierig, Hannover, H. Unbehauen, Bochum und W. Wedig, Karlsruhe, und Herrn Dr. E. Breitbach, Göttingen, ausdrücken, die Teile des Manuskriptes kritisch durchsahen und zur Fehlerminimierung beitrugen. Schließlich danke ich sehr herzlich meiner Frau Brigitte, die in mühevoller und mehrmaliger Schreibarbeit das Manuskript in leserliche Form brachte. Dem Verlag sei für die gute Zusammenarbeit und die Ausstattung des Buches gedankt.

Hannover, im Herbst 1982 *Hans Günther Natke*

Symbolverzeichnis

a	Konstante
	Parameter (determiniert, zufällig)
	Beschleunigungswert
$\mathring{a}$	wahrer Wert des (zufälligen) Parameters a
a_0	Bezugsbeschleunigung $5 \cdot 10^{-4}$ m/s^2
	Fourierkoeffizient
	Koeffizient einer Differenzengleichung
$a_1, \ldots, a_m$	Koeffizienten einer Differenzengleichung
$\hat{a}_1$, $\hat{a}_2$	Schätzungen für a
$\hat{a}_i$	(komplexer) Entwicklungskoeffizient
$\tilde{a}_{ir}$	Element von $\tilde{\mathbf{A}}$
a_j	Korrekturparameter
a_k	Konstante
	Entwicklungskoeffizient
a_{kli}	Koeffizient der Partialbruchzerlegung von $H_{kl}(s)$
a_n	Fourierkoeffizient
$a(t)$	Beschleunigung
a_v	Koeffizient
$a_{B\rho}$	Komponente von $\mathbf{a}_B$, Korrekturparameter
$a_{D\rho}$	Komponente von $\mathbf{a}_D$, Korrekturparameter
a_{Ki}	Komponente von $\mathbf{a}_K$, Korrekturparameter
$a_{M\sigma}$	Komponente von $\mathbf{a}_M$, Korrekturparameter
$\mathbf{a}$	Vektor der a_j, Parametervektor
	Mittelwertvektor der mehrdimensionalen Gaußverteilung
	Vektor von Zufallsvariablen
$\mathbf{a}^{(0)}$	Näherung für $\mathbf{a}$
$\mathbf{a}_i$	Vektor der Spektralentwicklung für das viskos gedämpfte System
$\mathbf{a}_B$	Korrekturparametervektor bezüglich $\mathbf{B}$
$\mathbf{a}_D$	Korrekturparametervektor bezüglich $\mathbf{D}$
$\mathbf{a}_G$	Korrekturparametervektor bezüglich $\mathbf{G}$
$\mathbf{a}_K$	Korrekturparametervektor bezüglich $\mathbf{K}$
$\mathbf{a}_M$	Korrekturparametervektor bezüglich $\mathbf{M}$
A	Amplitudenwert, Scheitelwert
	Fläche
	Integrationskonstante
	Konstante

A_1	Amplitudenwert, Scheitelwert Integrationskonstante Konstante
A_i	Integrationskonstante
$A(s)$	Laplacetransformierte von a(t)
$A(t)$	Arbeit
$\mathbf{A}$	inverse Autokovarianzmatrix der mehrdimensionalen Gaußverteilung Koeffizientenmatrix, Parametermatrix Operator Systemmatrix Transformationsmatrix
$\mathbf{A}'$	Fréchet-Ableitung des Operators **A**
$\tilde{\mathbf{A}}$	Ergebnis des Orthogonalitätsverfahrens für **A**
$\mathbf{A}_0$, $\mathbf{A}_1$, $\mathbf{A}_2$	Systemmatrizen der Bewegungsgleichungen des aktiven viskos gedämpften Systems
$\mathbf{A}_a$	Matrix des allgemeinen Matrizeneigenwertproblems $(\mathbf{A}_a - \lambda \mathbf{B}_a)\,\mathbf{x}_a = \mathbf{0}$
$\mathbf{A}_K$	Matrix (Abkürzung)
$\mathbf{A}_v$	Koeffizientenmatrix von $\dot{\mathbf{x}}(t)$ der nichtnormierten Zustandsgleichung
$\mathcal{A}$	Matrix (Abkürzung) im Zustandsraum
b	Dämpfungskonstante (viskose Dämpfung) Parameter
b_0, b_1, ..., b_m	Koeffizienten einer Differenzengleichung
b_{gik}	Element von $\mathbf{B}_g$, generalisierte viskose Dämpfung
b_i	Parameter
$\tilde{b}_{ir}$	Element von $\tilde{\mathbf{B}}$
b_n	Fourierkoeffizient
$b(t)$, $b_1(t)$, $b_2(t)$	Beschleunigungssignale
b_{Ei}	Element von $\mathbf{B}_E$, generalisierte Dämpfung des i-ten Freiheitsgrades eines passiven viskos gedämpften Systems mit proportionaler Dämpfung
b_v	Koeffizient
b_B	Dämpfungskoeffizient der charakteristischen Gleichung des passiven viskos gedämpften Systems
$\mathbf{b}$, $\mathbf{b}_i$, $\mathbf{b}_k$	Vektoren der rechten Seiten algebraischer linearer Gleichungssysteme Vektoren (Abkürzungen)
$\mathbf{b}_{k1}$, $\mathbf{b}_{k2}$	Teilvektoren von $\mathbf{b}_k$
$\mathbf{b}_{Bi}$, $\mathbf{b}_{Di}$	Vektoren (Abkürzungen)

$\tilde{b}_I$	I-ter Spaltenvektor von $\tilde{\mathbf{B}}$
b_K	Vektor (Abkürzung)
B	Amplitudenwert, Scheitelwert
	Bandbreite eines Signales
	Integrationskonstante
	Konstante
B_0	konstante Biegesteifigkeit eines Bernoullibalkens
B_1	Amplitudenwert, Scheitelwert
	Integrationskonstante
	Konstante
B_e	effektive Bandbreite
	Frequenzauflösung
B_{eff}	effektive Bandbreite
B_i	Integrationskonstante
B(s)	Laplacetransformierte von b(t)
$\mathbf{B}$	Dämpfungsmatrix des passiven viskos gedämpften Systems
	Eingangsmatrix des passiven viskos gedämpften Systems im Zustandsraum
	Koeffizientenmatrix
	Operator
$\mathbf{B}'$	Fréchet-Ableitung des Operators $\mathbf{B}$
	unkorrigierter Teil der Dämpfungsmatrix $\mathbf{B}$
$\tilde{\mathbf{B}}$	Ergebnis des Orthogonalitätsverfahrens für $\mathbf{B}$
$\mathbf{B}^a$	schiefsymmetrische gyroskopische Matrix
$\mathbf{B}_a$	Matrix des allgemeinen Matrizeneigenwertproblems $(\mathbf{A}_a - \lambda\mathbf{B}_a)\,\mathbf{x}_a = \mathbf{0}$
$\mathbf{B}_E$	diagonale generalisierte Dämpfungsmatrix des passiven viskos gedämpften Systems bezüglich $\hat{\mathbf{U}}_0$
$\mathbf{B}_g$	generalisierte Dämpfungsmatrix des passiven viskos gedämpften Systems bezüglich $\hat{\mathbf{U}}_0$
$\mathbf{B}_v$	Koeffizientenmatrix von $\mathbf{x}$(t) der nichtnormierten Zustandsgleichung
$\mathbf{B}_\rho$	Submatrix der Dämpfungsmatrix $\mathbf{B}$
c	Schallgeschwindigkeit
	Wellengeschwindigkeit
c_i	Normierungsfaktor
c_{ir}	Element der Matrix $\mathbf{C}$
c_l	Longitudinalwellengeschwindigkeit
c_n	Fourierkoeffizient
$\hat{c}_n$	Fourierkoeffizient (komplex)
cov($\mathbf{x}$)	Autokovarianzmatrix bezüglich $\mathbf{x}$
cov(x, y)	Kovarianz zwischen x und y
c_t	Transversalwellengeschwindigkeit
$c_{xx}(\tau)$	Cepstrumfunktion des Signales x(t)
$c_{\|F\|}(\tau)$	Cepstrumfunktion des Frequenzgangbetrages
c_R	Rayleighwellengeschwindigkeit
C_i	Integrationskonstante

$\hat{C}_k$	Fourierkoeffizient (komplex)
C_n	n-dimensionaler Vektorraum über dem Körper der komplexen Zahlen
$C_{xx}(\tau)$	Autokovarianzfunktion
$C_{xy}(\tau)$	Kreuzkovarianzfunktion
$\mathbf{C}$	Ausgangsmatrix
	Autokovarianzmatrix bezüglich **x**
	Matrix (Abkürzung)
	Meßmatrix
$\tilde{\mathbf{C}}$	Nachgiebigkeitsmatrix (teilangenähert an **G**)
$\mathbf{C}_{ee}$	Kovarianzmatrix von **a** – **e**
$\mathbf{C}_{nn}$	Kovarianzmatrix der Störsignale n(t)
$\mathbf{C}_\alpha$	Matrix **C** für die Erregungsfrequenzen Ω_α
$\tilde{\mathbf{C}}_\alpha$	Ergebnis des Orthogonalitätsverfahrens für $\mathbf{C}_\alpha$
$\mathbf{C}_\beta$	Matrix **C** für die Erregungsfrequenzen Ω_β
$\tilde{\mathbf{C}}_\beta$	Ergebnis des Orthogonalitätsverfahrens für $\mathbf{C}_\beta$
$\mathcal{C}$	Matrix (Abkürzung) im Zustandsraum
d	Index
d_0	Amplitudenwert, Scheitelwert
d_s	Verschiebungsniveau
d(t)	determiniertes Signal
d'_{Dr}	generalisierte Dämpfung bezüglich $\mathbf{D}'$ und $\hat{\mathbf{u}}_{Dr}$ eines passiven strukturell gedämpften Systems
$d_{Dr\rho}$	generalisierte Dämpfung bezüglich $\mathbf{D}_\rho$ und $\hat{\mathbf{u}}_{Dr}$ eines passiven strukturell gedämpften Systems
d_{Ei}	generalisierte Dämpfung des i-ten Freiheitsgrades eines passiven strukturell gedämpften Systems mit proportionaler Dämpfung
$\mathbf{d}$	Differenzvektor $\mathbf{a}^{(1)} - \mathbf{a}^{(0)}$
det(...)	Determinante von (...)
diag(x_i)	Diagonalmatrix mit den Elementen x_i
D	natürliches, Lehrsches Dämpfungsmaß
D_{Ei}	Dämpfungsmaß des i-ten Freiheitsgrades des passiven viskos gedämpften Systems mit proportionaler Dämpfung
$\mathbf{D}$	Dämpfungsmatrix des passiven strukturell gedämpften Systems
	Durchgangsmatrix
$\mathbf{D}'$	unkorrigierter Teil der Dämpfungsmatrix **D**
$\mathbf{D}_\rho$	Submatrix der Dämpfungsmatrix **D**
$D\mathbf{v}$	
$D\mathbf{v}_i$	
$D\mathbf{v}_{Bi}$	
$D\mathbf{v}_K$	
$D\mathbf{v}_M$	
$D_K\mathbf{w}$	Funktionalmatrizen
$D_K\boldsymbol{\lambda}$	
$D_M\mathbf{w}$	
$D_M\boldsymbol{\lambda}$	
$D_\beta\mathbf{k}$	
$D_\beta\mathbf{m}$	

e, e_i	zufälliges Elementarereignis
exp x	Exponentialfunktion von x
$e^{j\Omega_0 t}$	Diagonalmatrix der Funktionen $e^{j\Omega_{0i} t}$
$\mathbf{e}$	Einsvektor
$\mathbf{e}_j$	j-ter Einheitsvektor
E	Elastizitätsmodul
E{x}	Erwartungswert von x
$\dot{E}_{dis}(t)$	Dissipationsfunktion bezüglich der viskosen Dämpfung
$E_{kin}(t)$	kinetische Energie
$E_{pot}(t)$	potentielle Energie
$E_{Dis}(t)$	Dissipationsfunktion bezüglich der strukturellen Dämpfung
$\mathbf{E}$	Matrix (Abkürzung)
f	Frequenz in Hz
f_0	Eigenfrequenz des ungedämpften (passiven) Systems obere Frequenzgrenze einer Terz in Hz
f_{0i}	Eigenfrequenz des i-ten Freiheitsgrades des passiven ungedämpften Systems in Hz
$f(e_i)$	reelle Zufallsvariable, Funktion des zufälligen Elementarereignisses e_i
f_g	Grenzfrequenz in Hz
f_i	Frequenz in Hz
f_m	Mittenfrequenz einer Terz in Hz
f(t)	Signal, Zeitfunktion
f_u	untere Frequenzgrenze einer Terz in Hz
f(x)	Funktion der (Zufalls-)Variablen x, abhängige (Zufalls-)Variable
f_A	Abtastfrequenz in Hz
f_{Bi}	Eigenfrequenz des i-ten Freiheitsgrades des passiven viskos gedämpften Systems in Hz
f_N	Faltungsfrequenz, Nyquistfrequenz in Hz
$f(\eta)$	mit der Federkonstanten k multiplizierter Frequenzgang, $f(\eta) = k\,F(\eta)$
$\hat{\mathbf{f}}$	Amplitudenvektor bei harmonischer Erregung $\mathbf{f}(t)$
$\mathbf{f}(e_i)$	vektorielle Zufallsvariable, Vektor der Funktionen der zufälligen Elementarereignisse e_i
$\mathbf{f}(t)$	Kraftvektor, Erregungsvektor im Zustandsraum
$\mathbf{f}_v(t)$	Kraftvektor der nichtnormierten Zustandsgleichung
F	Frequenzgang(funktion)
F_f	Formfaktor
$F_f(j\omega)$	Frequenzgang eines Formfilters
$F(j\Omega)$	Frequenzgangfunktion
$F_{kl}(j\omega)$	Frequenzgang des k-ten Systempunktes infolge einer Einheitskraft im *l*-ten Systempunkt
F_n	bezogene (auf h) diskrete Fouriertransformierte
F_s	Scheitelfaktor
F(s)	Übertragungsfunktion H(s)

$F_K(j\omega)$	Frequenzgangswert berechnet mit Hilfe der Kreuzleistungsdichte
$F_W(j\omega)$	Frequenzgangswert berechnet mit Hilfe der Wirkleistungsdichte
$\mathbf{F}(j\omega)$	Frequenzgangmatrix des Mehrfreiheitsgradsystems
$\mathbf{F}_{k\nu}$	Matrix (Abkürzung)
$\mathbf{F}_v(s)$	Laplacetransformierte von $\mathbf{f}_v(t)$
$F\{x(t)\}$	Fouriertransformation angewandt auf x(t)
$F^{-1}\{X(j\omega)\}$	inverse Fouriertransformation angewandt auf $X(j\omega)$
g	effektive Dämpfung des passiven strukturell gedämpften Systems mit proportionaler Dämpfung entsprechend dem zweifachen Lehrschen Dämpfungsmaß
g_i	modale, effektive Dämpfung des i-ten Freiheitsgrades für das passive strukturell gedämpfte System
$g_i(t)$	Stoßübergangsfunktion des i-ten Einfreiheitsgradsystems
$g_{kl}(t, \tau)$	Stoßübergangsfunktion im k-ten Systempunkt infolge Einheitsstoßerregung im l-ten Systempunkt
$g_{qi}(t)$	Stoßübergangsfunktions des i-ten generalisierten Einfreiheitsgradsystems
g_r	Element der diagonalen Wichtungsmatrix
g_{rs}	Element von **G**
$g(t)$	Stoßübergangsfunktion, Gewichtsfunktion eines linearen zeitinvarianten Systems
$g(t, \tau)$	Stoßübergangsfunktion, Gewichtsfunktion eines linearen Systems mit $\delta(t - \tau)$
$g(t - \tau)$	Stoßübergangsfunktion, Gewichtsfunktion eines linearen zeitinvarianten Systems mit $\delta(t - \tau)$
$g_{xx}(\omega)$	bezogene Wirkleistungsdichte
$g[x_K(t)]$	Funktion der Realisierung $x_K(t)$
$g_N(\tau)$	Impulsantwort innerhalb der Zufallsdekrementfunktion
G	Gleitmodul
	Menge von Funktionen $g[x_K(t)]$
G_0	Konstante
G_{bP}	Leistungsdichte der Bandpaßerregung
G_{rr}^{ν}	Partialsumme im Zusammenhang mit der Nachgiebigkeitsmatrix
$G_{xx}(\omega)$	einseitige Wirkleistungsdichte
$G_{xy}(\omega)$	einseitige Kreuzleistungsdichte
$G_{x/y}$	kohärente Leistungsdichte
G	Nachgiebigkeitsmatrix
	Wichtungs-, Bewertungsmatrix
$\mathbf{G}'$	unkorrigierter Teil der Nachgiebigkeitsmatrix **G**
$\mathbf{G}_e$	Wichtungsmatrix bezüglich **e** − **a**
$\mathbf{G}_{el}$, $\mathbf{G}_f$	spezielle Nachgiebigkeitsmatrizen
$\mathbf{G}_i$	Submatrix der Nachgiebigkeitsmatrix **G**
$\mathbf{G}_s$	transformierte Matrix **G**
$\mathbf{G}(t, \tau)$	Matrix der Gewichtsfunktionen eines linearen Mehrfreiheitsgradsystems

$\mathbf{G}(t-\tau)$	Matrix der Gewichtsfunktionen eines linearen zeitinvarianten Mehrfreiheitsgradsystems
$\mathbf{G}_v$	Wichtungsmatrix bezüglich **v**
$\mathbf{G}_w$	Wichtungsmatrix $\mathbf{G}_v^{*T}\mathbf{G}_v$
$\mathbf{G}_{wr}$, $\mathbf{G}'_{wr}$, $\mathbf{G}''_{wr}$	Teilmatrizen der Wichtungsmatrix $\mathbf{G}_w$
$\mathbf{G}^{zz}$, $\mathbf{G}^{z\alpha}$, $\mathbf{G}^{\alpha z}$, $\mathbf{G}^{\alpha\alpha}$	Nachgiebigkeitsmatrizen des Bernoullibalkens für Biegung (z) und Torsion (α)
$\mathbf{G}_M$	Wichtungsmatrix der Markov-Schätzung
$\mathbf{G}_{RR}$, $\mathbf{G}_{RW}$, $\mathbf{G}_{WR}$, $\mathbf{G}_{WW}$	Teilnachgiebigkeitsmatrizen bezüglich der wesentlichen (W) und restlichen (R) Freiheitsgrade
G	geometrische Matrix
h	Abtastzeit, Zeitschrittweite
$h_d(\tau)$	Sprungantwort (Erwartungswert) innerhalb der Zufallsdekrementfunktion
h(t)	Sprungübergangsfunktion eines linearen zeitinvarianten Systems
$h_N(\tau)$	Sprungantwort innerhalb der Zufallsdekrementfunktion
h	Vektor der Zeitschrittweiten
H(f)	Filterfrequenzgang
H_i	Übertragungsfunktion des i-ten Einfreiheitsgradsystems
H_{ik}, $H_{ik}(s)$	Element von **H** = **H**(s), Übertragungsfunktion im Systempunkt i infolge einer Einheitserregung im Systempunkt k
H(s)	Übertragungsfunktion
H(z)	Übertragungsfunktion im z-Bereich
H, **H**(s)	Übertragungsmatrix des Mehrfreiheitsgradsystems
$\mathbf{H}_i(s)$	i-ter Spaltenvektor von **H**(s)
i	Index
i(t)	Impulskamm
I	natürliche Zahl
Im x, x^{im}	Imaginärteil von x
I	Einheitsmatrix
j	imaginäre Einheit $\sqrt{-1}$
	Index
j'	Index
J	natürliche Zahl
	Zielfunktional, Verlustfunktion

J_1	Summe / Zeitintegral } über die quadratischen Fehler
J_2	Summe / Zeitintegral } über die Fehlerbeträge
J_3	Summe / Zeitintegral } über die gewichteten quadratischen Fehler
J_4	Summe / Zeitintegral } über die gewichteten Betragsfehler
J_k, $J(a)$, $J(v)$	Zielfunktional, Verlustfunktion
k	Federkonstante Index Normierungsfaktor
k_{gi}	generalisierte Steifigkeit des i-ten Freiheitsgrades, Element von $\mathbf{K}_g$
k'_{gr}	generalisierte Steifigkeit bezüglich $\mathbf{K}'$ und $\hat{\mathbf{u}}_{0r}$
k_i	Federkonstante
k_{ik}	Element von $\mathbf{K}$
k_B	Steifigkeitskoeffizient der charakterischen Gleichung eines passiven viskos gedämpften Systems
k'_{Dr}	generalisierte Steifigkeit bezüglich $\mathbf{K}'$ und $\hat{\mathbf{u}}_{Dr}$ eines passiven strukturell gedämpften Systems
k_{Dri}	generalisierte Steifigkeit bezüglich $\mathbf{K}_i$ und $\hat{\mathbf{u}}_{Dr}$ eines passiven strukturell gedämpften Systems
$\mathbf{k}_0$, $\mathbf{k}_\rho$	Parametervektor
K, K_i	Konstanten
K_s	Konstante
$\mathbf{K}$	Steifigkeitsmatrix
$\mathbf{K}'$	unkorrigierter Teil der Steifigkeitsmatrix $\mathbf{K}$
$\mathbf{K}^a$	zirkulatorische Matrix (schiefsymmetrisch)
$\mathbf{K}_c$	dynamisch kondensierte Steifigkeitsmatrix
$\mathbf{K}_g$	generalisierte Steifigkeitsmatrix bezüglich $\hat{\mathbf{U}}_0$
$\mathbf{K}_i$	Submatrix der Steifigkeitsmatrix $\mathbf{K}$
$\mathbf{K}_s$	Steifigkeitsmatrix der elastischen Einspannung eines Bezugselementes transformierte Steifigkeitsmatrix $\mathbf{K}$
$\mathbf{K}_G$	angenäherte dynamisch kondensierte Steifigkeitsmatrix
$\mathbf{K}_{System}$	System-Steifigkeitsmatrix
$\mathbf{K}_{RR}$, $\mathbf{K}_{RW}$, $\mathbf{K}_{WR}$, $\mathbf{K}_{WW}$	Teilsteifigkeitsmatrizen bezüglich der wesentlichen (W) und restlichen (R) Freiheitsgrade
K_r	Matrix (Abkürzung)

l	Balkenlänge
	Index
l_{1i}	Spaltenvektor von $\boldsymbol{L}_1$
l_{2i}	Spaltenvektor von $\boldsymbol{L}_2$
L	Index (oberer) der angenäherten dynamischen Kondensation
	reelle Zahl
L_a	Beschleunigungspegel
L_k	kohärente Ausgangsleistungsdichte
$L_{\tilde{u}}$	mittlere Gesamtleistung von $\tilde{u}(t)$
L_v	Geschwindigkeitspegel
L_x	Schwingwegpegel
$\mathbf{L}$	Matrix (Abkürzung)
	untere Dreiecksmatrix
$\mathbf{L}_{11}$, $\mathbf{L}_{21}$, $\mathbf{L}_{22}$	Partitionierungsmatrizen von $\mathbf{L}$
$\mathbf{L}_{pp}(\omega)$	untere Dreiecksmatrix der Cholesky-Zerlegung von $\mathbf{S}_{pp}(\omega)$
$\mathbf{L}_T(s)$	Zeilenvektor (Abkürzung)
$\mathbf{L}_{uu}(\omega)$	untere Dreiecksmatrix der Cholesky-Zerlegung von $\mathbf{S}_{uu}(\omega)$
$L\{x(t)\}$	Laplacetransformation angewandt auf x(t)
$L^{-1}\{X(s)\}$	inverse Laplacetransformation angewandt auf X(s)
$\boldsymbol{L}_{n,n}$	Raum der positiv definiten Matrizen
$\boldsymbol{L}'_{n,n}$	Raum der symmetrischen Matrizen
$\boldsymbol{L}$, $\boldsymbol{L}_1$, $\boldsymbol{L}_2$	Matrizen (Abkürzungen)
m	Index
	Masse
	Störsignal
m_{gi}	generalisierte Masse des i-ten Freiheitsgrades, Element von $\mathbf{M}_g$
m'_{gi}	generalisierte Masse bezüglich $\mathbf{M}'$ und $\hat{\mathbf{u}}_{0i}$
m_i	Masse
m_{ik}	Element von $\mathbf{M}$
m(t)	Störsignal
m_B	Trägheitskoeffizient der charakterischen Gleichung des passiven viskos gedämpften Systems
m^b_{Di}	generalisierte Masse bezüglich $\hat{\mathbf{u}}^b_{Di}$ des passiven strukturell gedämpften Systems
$m_{Dr\sigma}$	generalisierte Masse bezüglich $\mathbf{M}_\sigma$ und $\hat{\mathbf{u}}_{Dr}$ des passiven strukturell gedämpften Systems
$\mathbf{m}$	Vektor der zufälligen Störung
M	natürliche Zahl
	Modellbezeichnung
M^{-1}	Bezeichnung für das inverse Modell

M_1, M_2	Bezeichnungen für Teilmodelle
M_2^{-1}	Bezeichnung für ein inverses Teilmodell
$\mathbf{M}$	Trägheitsmatrix
$\mathbf{M}'$	unkorrigierter Teil der Trägheitsmatrix $\mathbf{M}$
$\mathbf{M}_c$	dynamisch kondensierte Trägheitsmatrix
$\mathbf{M}_g$	generalisierte Massenmatrix bezüglich $\hat{\mathbf{U}}_0$
$\mathbf{M}_D$	generalisierte Massenmatrix bezüglich $\hat{\mathbf{U}}_D$ des passiven strukturell gedämpften Systems
$\mathbf{M}_G$	angenäherte dynamisch kondensierte Trägheitsmatrix
$\mathbf{M}_{RR}$, $\mathbf{M}_{RW}$, $\mathbf{M}_{WR}$, $\mathbf{M}_{WW}$	Teilträgheitsmatrizen bezüglich der wesentlichen (W) und restlichen (R) Freiheitsgrade
$\mathbf{M}_\sigma$	Submatrix der Trägheitsmatrix $\mathbf{M}$
$\boldsymbol{\mathcal{M}}_{RW}$, $\boldsymbol{\mathcal{M}}_{WR}$	Matrizen (Abkürzungen)
n	natürliche Zahl, Anzahl der Freiheitsgrade
n'	natürliche Zahl
n_{eff}	Anzahl der effektiven Freiheitsgrade
n(t)	Störsignal
$\mathbf{n}$	Vektor der Störungen
N	natürliche Zahl, Anzahl der abgetasteten Werte Fouriertransformierte von n(t)
N'	natürliche Zahl
$N(j\omega)$	Fouriertransformierte von n(t)
$N(s_\nu)$	Q(s) bezogen auf $s - s_\nu$ und an der Stelle $s = s_\nu$ genommen
N_T	Anzahl der Teilintervalle der Länge T_T des Intervalls [0, T]
$\mathbf{N}$	Störsignalmatrix im Frequenzraum Diagonalmatrix (Abkürzung)
$\mathbb{N}$	Menge der natürlichen Zahlen
$\mathbf{0}$	Nullmatrix, Nullvektor
p	Kraft, Eingangsgröße
p_0	p(t) an der Stelle t = 0 Amplitudenwert, Scheitelwert (reell)
$\hat{p}$	Amplitudenwert, Scheitelwert
p_i, $p_i(t)$	Kraft, Eingangsgröße, Element von $\mathbf{p}$
p(t)	Kraft(signal), Eingangsgröße, Erregungsfunktion
$p_p(t)$	periodische Erregungsfunktion
$p_x(u)$	Verteilungsdichtefunktion, Wahrscheinlichkeitsdichte von x
$p_{\mathbf{x}}(\mathbf{u})$	Verbundverteilungsdichtefunktion
$p_x(u, t_j)$, $p_{x(t_j)}(u, t_j)$	Verteilungsdichtefunktion eines stochastischen Prozesses $\{x(t)\}$ zur Zeit $t = t_j$

$\hat{p}_{Ki}$	auf $e^{j\omega_{0i}t}$ bezogener elastischer Rückstellkraftvektor der i-ten Eigenschwingungsform
$\mathbf{p}$	Kraftvektor, Erregungsvektor
$\hat{\mathbf{p}}$	Kraftamplitudenvektor
$\mathbf{p}_0$	Kraftamplitudenvektor (reell)
$\mathbf{p}_{0i}^N$	K_i-facher Erregungsvektor $\mathbf{p}_{0i}$
$\mathbf{p}_a(t)$	Kraftvektor, Vektor der äußeren Belastung
$\mathbf{p}_d(t)$	Vektor der viskosen Dämpfungskräfte
$\mathbf{p}_{ers}(t)$	komplexer Ersatzkraftvektor
$\mathbf{p}_s(t)$	Vektor der elastischen Rückstellkräfte bei elastischer Einspannung des Bezugselementes
$\mathbf{p}(t)$	Kraftvektor, Erregungsvektor
$\mathbf{p}_D(t)$	Vektor der strukturellen Dämpfungskräfte
$\hat{\mathbf{p}}_{Mi}$	auf $e^{j\omega_{0i}t}$ bezogener Trägheitskraftvektor der i-ten Eigenschwingungsform
$\mathbf{p}_\rho$	Erregungsvektor
P_i	Element von $\mathbf{P}$
$P(j\omega)$	Fouriertransformierte von p(t)
P_{kr}	Element von $\mathbf{P}_r(s)$
$P_l(j\omega)$	Fouriertransformierte von $\mathbf{p}_l(t)$
$P_p(j\omega)$	Fouriertransformierte von $\mathbf{p}_p(t)$
$P_r(\Lambda_{Di})$	Polynomabkürzung
$P(s)$	Laplacetransformierte von p(t)
$P_r(s)$	Element von $\mathbf{P}(s)$
$P_x(u)$	Wahrscheinlichkeit für das Eintreten von $x < u$, Verteilungsfunktion von x
$P_{\mathbf{x}}(\mathbf{u})$	n-dimensionale Verteilungsfunktion, Verbundverteilungsfunktion
$P_E(j\omega)$	Fouriertransformierte der Ersatzkraft im Beispiel 4.4
$P_T(s)$	finite Laplacetransformierte von p(t)
$\mathbf{P}$	Kraftvektor
$\mathbf{P}_0$	Matrix von Erregungsvektoren
$\mathbf{P}_j(s)$	Kraftvektor im s-Raum
$\mathbf{P}(j\omega)$	Fouriertransformierte von $\mathbf{p}(t)$
$\mathbf{P}(s)$	Laplacetransformierte von $\mathbf{p}(t)$ bzw. $\mathbf{f}(t)$
$\mathbf{P}_R(s)$	Vektor der äußeren Kräfte im s-Raum gemäß den restlichen Koordinaten
$\mathbf{P}_W(s)$	Vektor der äußeren Kräfte im s-Raum gemäß den wesentlichen Koordinaten

$\hat{q}_i$	Komponente von $\hat{\mathbf{q}}$
$q_i(t)$	verallgemeinerte Koordinate
$q(t)$	Verschiebungskoordinate des viskos gedämpften Einfreiheitsgradsystems
$\hat{q}_{Di}$	Komponente von $\hat{\mathbf{q}}_D$
$\hat{\mathbf{q}}$	Amplitudenvektor
$\hat{\mathbf{q}}_0$	Vektor verallgemeinerter Koordinaten
$\left.\begin{matrix}\mathbf{q}(t)\\ \mathbf{q}_x(t)\end{matrix}\right\}$	Vektor der verallgemeinerten Koordinaten

$\hat{q}_D$	Amplitudenvektor verallgemeinerter Koordinaten
q_R	Vektor verallgemeinerter Koordinaten gemäß den restlichen Koordinaten
q_W	Vektor verallgemeinerter Koordinaten gemäß den wesentlichen Koordinaten
Q(s)	Nennerpolynom der Partialbruchzerlegung von $H_{ik}(s)$
$\mathbf{Q}(s)$	Laplacetransformierte von $\mathbf{q}(t)$
$\hat{\mathbf{Q}}_1$, $\hat{\mathbf{Q}}_2$	Teilmodalmatrizen des passiven viskos gedämpften Systems
$\mathbf{Q}_x(s)$	Laplacetransformierte von $\mathbf{q}_x(t)$
$\mathcal{Q}$	Matrix (Abkürzung) im Zustandsraum
r	Index Radius Störsignal
$r_1(t)$, $r_2(t)$	Abkürzung
$r_1(\tau)$, $r_2(\tau)$	Kreuzkorrelationsfunktionen (Abkürzungen)
r_{ir}	Determinantenverhältnis
r(t)	Störsignal
r_{vi}	Element von $\mathbf{R}_v$
r_x	Fehler der numerischen Integration
r_x^L	Fehler der numerischen Integration von $X(s) = hX^L(s) + r_x^L$
$r_N(\tau)$	stochastischer Anteil innerhalb der Zufallsdekrementfunktion
R	Abschwächungsfaktor natürliche Zahl
R(s)	Laplacetransformierte von r(t)
Re x, x^{re}	Realteil von x
$R_{xx}(k, \tau)$	individuelle Autokorrelationsfunktion
$R_{xx}(\tau)$	Autokorrelationsfunktion eines ergodischen Prozesses
$R_{xy}(\tau)$	Kreuzkorrelationsfunktion zweier ergodischer Prozesse
R_n	n-dimensionaler Vektorraum über dem Körper der reellen Zahlen
$\mathbf{R}$	obere Dreiecksmatrix (der Cholesky-Zerlegung)
$\mathbf{R}_{11}$, $\mathbf{R}_{12}$, $\mathbf{R}_{22}$	Partitionierung von $\mathbf{R}$
$\mathbf{R}(a)$	Hessematrix
$\mathbf{R}_v$	diagonale generalisierte dynamische Steifigkeitsmatrix des passiven ungedämpften Systems bezüglich $\hat{\mathbf{U}}_v$
$\mathcal{R}$	Matrix (Abkürzung) im Zustandsraum
s	Laplace-Variable
s_i	Eigenwert des passiven viskos gedämpften Systems Wert von s
$\sin \Omega_0 t$	Diagonalmatrix mit den Elementen $\sin \omega_{0i} t$
$s(\eta)$	Bogenlänge der Ortskurve
S	natürliche Zahl

S_0	Konstante
S_1, S_2, S_3, S_4	Teilsystembezeichnungen
$S_1(\omega)$, $S_2(\omega)$	Leistungsdichten
$S_{p_k u_i \cdot p_l}(\omega)$	bedingte Kreuzleistungsdichte
$S_{xx}(\omega)$	Wirkleistungsdichte
$S_{xx}(\omega, T)$	Periodogramm, Näherung für die Wirkleistungsdichte
$S_{x_i x_k \cdot x_1 x_2}(\omega)$	bedingte Kreuzleistungsdichte
$S_{xy}(\omega)$	Kreuzleistungsdichte
$S_{xy}(\omega, T)$	Periodogramm, Näherung für die Kreuzleistungsdichte
$S_{xy}(\omega, T, k)$	finite individuelle Kreuzleistungsdichte
$S_{BP}(\omega)$	Leistungsdichte der Bandpaßerregung
$\mathbf{S}$	dynamische Steifigkeitsmatrix
$\mathbf{S}_c$	dynamisch kondensierte dynamische Steifigkeitsmatrix
$\mathbf{S}_c^{(L)}$	angenähert dynamisch kondensierte dynamische Steifigkeitsmatrix
$\mathbf{S}_{pp}(\omega)$	Matrix der Leistungsdichten des Prozesses {p(t)}
$\mathbf{S}_{pu}(\omega)$	Matrix der Leistungsdichten der Prozesse {p(t)} und {u(t)}
$\mathbf{S}(s)$	dynamische Steifigkeitsmatrix im s-Raum, = $\mathbf{H}^{-1}(s)$
$\mathbf{S}_{u_i pp}(\omega)$	erweiterte Matrix der Leistungsdichten (4.130)
$\mathbf{S}_{x \cdot x_1}$	transformierte Leistungsdichte-Matrix
$\mathbf{S}_D$	(komplexe) generalisierte Steifigkeitsmatrix bezüglich der Eigenvektoren des passiven strukturell gedämpften Systems
$\mathbf{S}_{RR}$, $\mathbf{S}_{RW}$, $\mathbf{S}_{WR}$, $\mathbf{S}_{WW}$	Teilmatrizen der dynamischen Steifigkeitsmatrix bezüglich der wesentlichen (W) und restlichen (R) Koordinaten
$\mathbf{S}_\kappa$	Operator
$\mathbf{S}'_\kappa$	Fréchet-Ableitung von $\mathbf{S}_\kappa$
t	Zeitvariable
t', t''	Zeitvariable fester Zeitwert Integrationsvariable
t_0	Zeitanfangswert, fester Zeitwert
t'_i, t_j, t_k	Zeitstützstellen, Zeitwerte
t_{si}	Nullstellen von $u_0(t)$
t_B	fester Zeitwert
t_φ	Phasenverschiebungszeit
T, T', T^*	Periodendauer Signaldauer

T_M	Modulationsperiodendauer
T_p	Periodendauer
T_S	Schwebungsdauer
T_T	Intervallänge eines Teilintervalls von [0, T]
$\mathbf{T}$	Operator
	Transformationsmatrix
$\mathbf{T}^{(L)}$	angenäherte Transformationsmatrix $\mathbf{T}_D$
$\mathbf{T}_s$	Transformationsmatrix
$\mathbf{T}_D$	Transformationsmatrix der dynamischen Kondensation
u	Antwort, Ausgangsgröße
	Integrationsvariable
	Parameter
$\hat{u}$	Amplitudenwert, Scheitelwert
u_0	Wert von u(t) für t = 0
u_{0+0}	rechtsseitiger Grenzwert von u_0
u_{0-0}	linksseitiger Grenzwert von u_0
$u_0(t)$	um d_s verschobenes Zeitsignal, $u_0(t) = u(t) - d_s$
$\hat{u}_{0K,i}$	i-te Komponente des Eigenvektors $\hat{\mathbf{u}}_{0K}$
$u_g(t)$	Zeitfunktion
$u_h(t)$	Lösung der homogenen Bewegungsgleichung
u_{h0}	$u_h(t)$ an der Stelle t = 0
u_i	Antwort, Ausgangsgröße
	Element von $\mathbf{u}$
	Parameter (reell)
$\hat{u}_i$	Amplitudenwert, Scheitelwert
$\tilde{u}_i$	Näherung für u_i
$u_k(t)$	Antwort im k-ten Systempunkt
$u_{kl}(t)$	Antwort im k-ten Systempunkt infolge Erregung im *l*-ten Systempunkt
u(r, t)	Verschiebungsfunktion der Kugelwelle
u(t)	Antwort, Ausgangsgröße
$\hat{u}_{B2s+k,\nu}$	ν-te Komponente von $\hat{\mathbf{u}}_{B2s+k}$
$u^M(t)$	gemessene Ausgangsgröße
$\mathbf{u}$	Antwortvektor
	Parametervektor
$\hat{\mathbf{u}}$	Amplitudenvektor
$\hat{\mathbf{u}}_0$, $\hat{\mathbf{u}}_{0i}$	Eigenvektor des passiven ungedämpften Systems
$\hat{\mathbf{u}}_{0i}^N$, $\hat{\mathbf{u}}_{0i}^{N1}$, $\hat{\mathbf{u}}_{0i}^{N2}$	Eigenvektor $\hat{\mathbf{u}}_{0i}$ in bestimmten Normierungen
$\hat{\mathbf{u}}_c$	Antwortvektor auf eine bestimmte Erregung
$\mathbf{u}_{ers}(t)$	komplexer Ersatz-Antwortvektor
$\mathbf{u}_i$	Abkürzung für $\mathbf{u}(t_i)$

$\mathbf{u}_j(\Delta t)$	Abkürzung für $\mathbf{u}(t_j + \Delta t)$
$\mathbf{u}_j(2\,\Delta t)$	Abkürzung für $\mathbf{u}(t_j + 2\,\Delta t)$
$\mathbf{u}(t)$	Antwortvektor
$\hat{\mathbf{u}}_v$, $\hat{\mathbf{u}}_{vi}$	Charakteristikvektor
$\hat{\mathbf{u}}_B$, $\hat{\mathbf{u}}_{Bl}$	Eigenvektor des passiven viskos gedämpften Systems Rechtseigenvektor des aktiven viskos gedämpften Systems
$\hat{\mathbf{u}}_{Bl}^N$	Eigenvektor des passiven viskos gedämpften Systems in bestimmter Normierung
$\hat{\mathbf{u}}_D$, $\hat{\mathbf{u}}_{Di}$	Eigenvektor des passiven strukturell gedämpften Systems
$\mathbf{u}_{Di}^b$, $\hat{\mathbf{u}}_{Di}^c$, $\hat{\mathbf{u}}_{Di}^N$	Eigenvektor $\hat{\mathbf{u}}_{Di}$ in bestimmten Normierungen
$\mathbf{u}^M$	Spaltenvektor aus $u^M(t_k)$
$\hat{\mathbf{u}}_{Rech}$	synthetischer Antwortvektor
$\hat{\mathbf{u}}_R$	Eigenvektor gemäß den restlichen Koordinaten
$\hat{\mathbf{u}}_R^{(L)}$	angenäherter Eigenvektor gemäß den restlichen Koordinaten
$\hat{\mathbf{u}}_W$	Eigenvektor gemäß den wesentlichen Koordinaten
$\hat{\mathbf{u}}_W^{(L)}$	angenäherter Eigenvektor gemäß den wesentlichen Koordinaten
$U_0(j\omega)$	Abkürzung einer Fouriertransformierten im Beispiel 4.4
U_i	Element von $\mathbf{U}$
$U(j\omega)$	Fouriertransformierte von u(t), Antwortvektor im Frequenzraum
$U_k(j\omega)$	Fouriertransformierte von $u_k(t)$
$U(s)$	Laplacetransformierte von u(t)
U_F	frequenzdiskretes Signal
$U_F(j\omega)$	Fouriertransformierte der freien Schwingung
$U_T(s)$	finite Laplacetransformierte
$\mathbf{U}$	Matrix der Antwortvektoren $\mathbf{u}(t_i)$
$\hat{\mathbf{U}}$	Amplitudenantwortmatrix
$\hat{\mathbf{U}}_0$	Modalmatrix des passiven ungedämpften Systems
$\hat{\mathbf{U}}_0^N$	Modalmatrix der Eigenvektoren $\hat{\mathbf{u}}_{0i}^N$
$\hat{\mathbf{U}}_v$	Matrix der Charakteristikvektoren $\hat{\mathbf{u}}_{vi}$
$\hat{\mathbf{U}}_B$	Modalmatrix des passiven viskos gedämpften Systems Matrix der Rechtseigenvektoren des aktiven viskos gedämpften Systems
$\hat{\mathbf{U}}_{B1}$, $\hat{\mathbf{U}}_{B2}$	Teilmodalmatrizen von $\hat{\mathbf{U}}_B$
$\hat{\mathbf{U}}_D$	Modalmatrix des passiven strukturell gedämpften Systems
$\mathbf{U}_D^N$	Modalmatrix der Eigenvektoren $\hat{\mathbf{u}}_{Di}^N$
$\mathbf{U}_R(s)$	Vektor der restlichen Koordinaten im s-Raum
$\mathbf{U}_R^{(L)}$	angenäherter Vektor $\mathbf{U}_R(s)$
$\mathbf{U}_W(s)$	Vektor der wesentlichen Koordinaten im s-Raum
$\mathbf{U}_W^{(L)}$	angenäherter Vektor $\mathbf{U}_W(s)$

$\hat{\mathbf{U}}_\alpha$	Matrix der Antwortvektoren auf Ω_α
$\hat{\mathbf{U}}_\beta$	Matrix der Antwortvektoren auf Ω_β
$\mathbf{U}_{\Delta t}$	Matrix mit $\mathbf{u}_j(\Delta t)$
$\mathbf{U}_{2\Delta t}$	Matrix mit $\mathbf{u}_j(2\,\Delta t)$
v	Integrationsvariable Parameter
v_0	Bezugsgeschwindigkeit $5 \cdot 10^{-8}$ m/s (DIN 45630) Anfangsgeschwindigkeit
$v_1(t)$ $v_2(t)$	Geschwindigkeitssignale
var(x)	Varianz von x
v_s	Geschwindigkeitswert
v(t)	Geschwindigkeit, Schwinggeschwindigkeit Schnelle Fehlerfunktion
$\mathbf{v}$	Fehlervektor
$\mathbf{v}_i$	Fehlervektor, Residuenvektor
$\mathbf{v}_B$ $\mathbf{v}_{Bi}$	Fehlervektor, Residuenvektor Linkseigenvektor des aktiven viskos gedämpften Systems
$\mathbf{v}_{Di}$ $\mathbf{v}_\rho$	Fehlervektor, Residuenvektor
$V(j\omega)$	Fouriertransformierte von v(t) Fehler im Frequenzraum
V_k	Abkürzung für $V(s_k)$
V(s)	Laplacetransformierte von v(t) Fehler im s-Raum
$V(\Omega)$	Verzerrungs-(Vergrößerungs-)funktion
$\mathbf{V}$	Fehlermatrix
$\mathbf{V}_{k\nu}$	Fehlervektor
$\hat{\mathbf{V}}_B$	Matrix der Linkseigenvektoren $\hat{\mathbf{v}}_{Bi}$
$w_i(t)$	Bewertungsfunktion, Zeitfenster
w_{kr}	Element von $\mathbf{W}$
w(r − ct)	Verschiebungsfunktion der Kugelwelle
w(t)	Bewertungsfunktion, Zeitfenster
w(x, t)	vertikale Balkenverschiebungskoordinate
$w_{T'}(t)$	Bewertungsfunktion, Zeitfenster
$\mathbf{w}$	Eigenvektor
$\mathbf{w}_s(t)$	Verschiebungsvektor eines Bezugselementes im zum körperfesten Koordinatensystem parallelen raumfesten Koordinatensystem
$\mathbf{w}(t)$	Verschiebungsvektor im raumfesten Koordinatensystem
$\mathbf{w}_\rho$	Spaltenvektor von $\mathbf{W}$
$W_i(f)$	Fouriertransformierte von $w_i(t)$ als Funktion von f
$W_i(j\omega)$	Fouriertransformierte von $w_i(t)$

$W(j\omega)$	Fouriertransformierte von $w(t)$
W_n	Element der Teilfolge der diskreten Fouriertransformierten (Abkürzung)
W_t	Wertebereich von t
$W_{T'}(j\omega)$	Fouriertransformierte von $w_{T'}(t)$
$W\{a \leqslant x < b\}$	Intervallwahrscheinlichkeit
$W\{x(e) < u\}$	Wahrscheinlichkeit für das Eintreten von $x < u$
$W\{x_i < u_i, i = 1, 2, ..., n\}$	Verbundverteilungsfunktion
$\mathbf{W}$	Matrix (Abkürzung)
	Matrix der Hilfsvariablen
$\mathbf{W}_{11}$, $\mathbf{W}_{12}$	Matrizen (Abkürzungen)
$\mathbf{W}_M$	optimale Matrix der Hilfsvariablen
x	Repräsentant der Zufallsvariablen x_i
	Variable
$x \urcorner x(a)$	x ist keine Funktion von a
$\overline{x}$	Mittelwert von $x(t)$
$\tilde{x}$	Näherung für x, gestörtes x
x^*	konjugiert komplexer Wert von x
$\|x\|$	Betrag von x
$\\|\mathbf{x}\\|$	Norm von $\mathbf{x}$
$\hat{x}$	Amplitudenwert, Scheitelwert
x^K	Größe x des korrigierten Rechenmodells
x^M	gemessene Größe x
x_0	Amplitudenwert, Scheitelwert
	Bezugsverschiebung $0{,}8 \cdot 10^{-11}$ m
	Wert von $x(t)$ für $t = 0$
$x_1(t)$, $x_2(t)$	Signale, Zeitfunktionen
$x_d(t)$	diskontinuierliches Signal, Darstellung einer idealen Abtastung
$x(e_i)$	(reelle) Zufallsvariable
x_{eff}	Effektivwert von $x(t)$
$x_g(t)$	gerade Zeitfunktion
x_i	Abkürzung für $x(t_i)$, zeitdiskretes Signal
	komplexe Zahl
	(reelle) Variable
	Wert einer Impulsfolge
$\hat{x}_i$	Amplitudenwert, Scheitelwert, Element von $\hat{\mathbf{x}}$
x_{ir}	Abkürzung
$x_i(t)$	Musterfunktion, Realisierung
x_m	arithmetischer Mittelwert des Betragsignales von $x(t)$
x_{max}	Maximalwert von $\|x(t)\|$
$x_p(t)$	periodische Zeitfunktion
$x_q(t)$	quantisiertes zeitkontinuierliches Signal
$x_q(t_k)$	quantisiertes zeitdiskretes Signal

x_s	Schwellenwert
x_{sp}	Scheitelwert, Spitzenwert
$x_{sp/sp}$	zweifacher Spitzenwert
$x(t)$	Signal, Zeitfunktion (determiniert)
	Zufallsvariable vom Parameter t abhängig
$x(t_k)$	$x(t)$ an der Stelle $t = t_k$
$x_u(t)$	ungerade Zeitfunktion
x_D	zeit- und wertdiskretes Signal
$x_K(t)$	Musterfunktion, Realisierung, Schrieb eines stochastischen Prozesses
$x_M(t)$	Amplitudenmodulationssignal
$x_S(t)$	Umhüllende der Schwebung
$x_T(t)$	mit T zeitbegrenztes Signal
	Trägersignal
$\mathbf{x}$	Eigenvektor des speziellen Matrizeneigenwertproblems
	Zufallsvariablenvektor
	Zustandsvektor
$\hat{\mathbf{x}}$	Amplitudenvektor
$\left.\begin{array}{l}\mathbf{x}_0\\ \mathbf{x}_{0i}\end{array}\right\}$	transformierter Eigenvektor $\hat{\mathbf{u}}_0$
$\mathbf{x}_a$	Eigenvektor des allgemeinen Matrizeneigenwertproblems
$\mathbf{x}(e_i)$	Zufallsvariablenvektor
$\mathbf{x}(t)$	Zustandsvektor
$\left.\begin{array}{l}\hat{\mathbf{x}}_v\\ \hat{\mathbf{x}}_{vl}\end{array}\right\}$	Amplitudenzustandsvektoren
$\mathbf{x}^M(t)$	gemessener Zustandsvektor
$X_b(f)$	Fouriertransformierte eines bandbegrenzten Signales $x(t)$
$X_{bP}(f)$	periodische Fortsetzung von $X_b(f)$
$X_d(j\omega)$	Fouriertransformierte von $x_d(t)$
$X_g(j\omega)$	Fouriertransformierte von $x_g(t)$
X_i	Element von $\mathbf{X}$
$X(j\omega)$	Fouriertransformierte von $x(t)$
$X(j\omega, T)$	finite Fouriertransformierte von $x(t)$, $x_T(t)$
$X(s)$	Laplacetransformierte von $x(t)$
$X_u(j\omega)$	Fouriertransformierte von $x_u(t)$
$X(z)$	z-transformierte von $x(t)$
$X_L(s)$	bezogene (auf h) angenäherte (infolge numerischer Integration mit der Rechteckregel) Laplacetransformierte
$X_T(j\omega)$	finite Fouriertransformierte von $x(t)$, $x_T(t)$
$X_\delta(j\omega)$	Abkürzung für $F\{1(t)\}$
$\mathbf{X}$	Matrix (Abkürzung)
	Zustandsvektor im Frequenzraum
$\mathbf{X}_0$	Matrix der Vektoren $\hat{\mathbf{x}}_{0i}$
$\mathbf{X}(s)$	Laplacetransformierte von $\mathbf{x}(t)$
$\hat{\mathbf{X}}_v$	Matrix der Vektoren $\hat{\mathbf{x}}_{vl}$

y	Antwort, Ausgangsgröße
	Repräsentant der Zufallsvariablen y_i
	Zufallsvariable
$\hat{y}$	Amplitudenwert, Scheitelwert
y_i	Antwort, Ausgangsgröße
	komplexe Zahl
$y(t)$	Signal, Zeitfunktion, Meßgröße
$\mathbf{y}(t)$	Meßgrößenvektor
Y_n	Element der Teilfolge der diskreten Fouriertransformierten (Abkürzung)
$\mathbf{Y}$	Matrix der Antworten im Frequenzraum
$\mathbf{Y}(s)$	Laplacetransformierte von $\mathbf{y}(t)$
	Matrix der Antworten im s-Raum
z	Argument der z-Transformation
	Zufallsvariable
	Zufallvariable der standardisierten Normalverteilung
$\left.\begin{matrix} z_1 \\ z_2 \end{matrix}\right\}$	Störsignale aus der Umgebung
$z_k(t)$	Signal
z_l	Abkürzung für x_{2l+1}
$\mathbf{z}$	transformierter Eigenvektor $\mathbf{x}_a$
$\mathbf{z}_{ri}$	Vektor (Abkürzung)
Z_n	Abkürzung innerhalb der Teilfolge W_n
$\left.\begin{matrix} \mathbf{Z} \\ \mathbf{Z}_{11} \\ \mathbf{Z}_{12} \end{matrix}\right\}$	Matrizen (Abkürzungen)
$Z\{x_k\}$	z-Transformation angewandt auf x_k
$Z^{-1}\{\mathbf{X}(z)\}$	inverse z-Transformation angewandt auf $\mathbf{X}(z)$
α	effektive Dämpfung des viskos gedämpften Systems ($\alpha = D$), Dämpfungsmaß
	Konstante (> 0)
	Phasenwinkel
α_i	Dämpfungsmaß des i-ten Freiheitsgrades des passiven viskos gedämpften Systems
α_{ri}	Abkürzung
$\alpha_{rk}^{(i)}$	Entwicklungsfaktor für ξ_{ri} nach den Vektoren $\hat{\mathbf{u}}_{0k}$
$\hat{\alpha}_N(\mathbf{x})$	Schätzfunktion
$\boldsymbol{\alpha}$	Systemgrößenvektor
$\boldsymbol{\alpha}_0$	Systemgrößenvektor des Rechenmodells
β	Abkürzung im Zusammenhang mit Anfangsbedingungen
	Konstante
$\beta_{rk}^{(i)}$	Entwicklungsfaktor für η_{ri} nach den Vektoren $\hat{\mathbf{u}}_{0k}$
$\boldsymbol{\beta}$	Parametervektor

$\boldsymbol{\beta}_0$	Parametervektor des Rechenmodells
γ	Abkürzung im Zusammenhang mit Anfangsbedingungen Index Schiefe
γ_i	effektive Dämpfung des passiven strukturell gedämpften Systems, $\Lambda_{Di}^{im}/\Lambda_{Di}^{re}$
γ_k	Abkürzung für hg_k
$\gamma_{xy}^2(\omega)$	Kohärenzfunktion
$\gamma_{u_i \cdot p}^2(\omega)$	mehrfache (multiple) Kohärenzfunktion
$\gamma_{x_\alpha x_\beta \cdot x_1}^2(\omega)$	partielle Kohärenzfunktion 1. Ordnung
$\gamma_{x_i x_k \cdot x_1 x_2}^2(\omega)$	partielle Kohärenzfunktion 2. Ordnung
$\boldsymbol{\gamma}$	Vektor mit den Komponenten γ_k
Γ	Konstante
$\Gamma(i)$	Parameterwert, Konstante
$\boldsymbol{\Gamma}$	Matrix, Abkürzung für $\mathbf{B}^{-1}\mathbf{A}$
$\tilde{\boldsymbol{\Gamma}}$	Ergebnis der Methode der kleinsten Fehlerquadratsumme für $\boldsymbol{\Gamma}$
$\boldsymbol{\Gamma}_r$	Spaltenvektor von $\boldsymbol{\Gamma}$
$\tilde{\boldsymbol{\Gamma}}_r$	Spaltenvektor von $\tilde{\boldsymbol{\Gamma}}$
δ	Abklingkonstante
$\delta(f)$	Dirac-Funktion im Frequenzraum, $\delta(f) = 2\pi\delta(j\omega)$
δ_i	Abklingkonstante
δ_{ik}	Kroneckersymbol
$\delta(j\omega)$	Dirac-Funktion im Frequenzraum
$\delta(t)$	Einheitsstoß-, Dirac-Funktion
δA	virtuelle Arbeit
δ_{Bs+k}	Abklingkonstante des (s + k)-ten Freiheitsgrades des passiven viskos gedämpften Systems
δ_{Ei}	Abklingkonstante des i-ten Freiheitsgrades des passiven viskos gedämpften Systems mit proportionaler Dämpfung
δ_F	relativer Frequenzgangfehler
δE_{pot}	virtuelle potentielle Energie
$\boldsymbol{\delta}$	Inkrementenvektor
$\delta \mathbf{u}(t)$	virtueller Verschiebungsvektor
$\delta \mathbf{w}_s(t)$	virtuelle Verschiebung von $\mathbf{w}_s(t)$
$\delta_\Delta(t)$	Rechteckstoßfunktion
Δf, $\Delta f'$	Frequenzschrittweiten
$\Delta g(t)$	Fehler der Gewichtsfunktion
$\Delta k_{gi,k}$	Element von $\Delta \mathbf{K}_g$
$\Delta m_{gi,k}$	Element von $\Delta \mathbf{M}_g$
$\Delta(\mathbf{p}_0, \Omega)$	Indikatorfunktion

$\Delta F(j\omega)$	Frequenzgangfehler
$\Delta \mathbf{K}_g$	generalisierte Zusatzmatrix $\Delta \mathbf{K}$ bezüglich $\hat{\mathbf{u}}_{0i}$
$\Delta \mathbf{M}_g$	generalisierte Zusatzmatrix $\Delta \mathbf{M}$ bezüglich $\hat{\mathbf{u}}_{0i}$
$\Delta P(j\omega)$	Fouriertransformierte von $\Delta p(t)$
$\Delta p(t)$	Fehler von $\tilde{p}(t)$
Δt	Zeitschrittweite
Δu	Parameterschrittweite
Δu_i	Teilantwort
$\Delta u(t)$	Fehler von $\tilde{u}(t)$
$\Delta R_{p\tilde{u}}(\tau)$	Fehler von $R_{p\hat{u}}(\tau)$
$\Delta U(j\omega)$	Fouriertransformierte von $\Delta u(t)$
$\Delta\tau$	Zeitschrittweite
$\Delta\omega_n$	Differenz zweier aufeinanderfolgender Kreisfrequenzen der Glieder einer Fourierreihe
$\Delta\hat{\Phi}(\omega)$	Fehler des geschätzten Phasenfrequenzganges
ϵ	positive reelle Zahl
ϵ_0, $\epsilon_1^{\pm}$	Abkürzungen im Beispiel 2.10
ϵ_i	Steigungswinkel
ϵ_{kr}	Residuum
$\boldsymbol{\epsilon}$	Fehlervektor der mit n_{eff} abgebrochenen Spektralentwicklung der dynamischen Antworten
$\boldsymbol{\epsilon}_{ir}$, $\tilde{\boldsymbol{\epsilon}}_{ir}$, $\boldsymbol{\epsilon}_{pr}$, $\boldsymbol{\epsilon}_r$, $\boldsymbol{\epsilon}_{Dr}$	Residuenvektoren
ζ_i	Abkürzung
$\boldsymbol{\zeta}_{r\sigma}$	Ableitungsvektor $\partial\hat{\mathbf{u}}_{0r}/\partial a_{M\sigma}$
$\boldsymbol{\zeta}_{Br\sigma}$	Ableitungsvektor $\partial\hat{\mathbf{u}}_{Br}/\partial a_{M\sigma}$
$\boldsymbol{\zeta}_{Dr\sigma}$	Ableitungsvektor $\partial\hat{\mathbf{u}}_{Dr}/\partial a_{M\sigma}$
η	Effizienz zweier Schätzungen Frequenzverhältnis Ω/ω_0, Abstimmung, bezogene Erregungsfrequenz
η_0	bezogene Eigenfrequenz ω_0, $\eta_0 = 1$
η_a, η_b	bezogene Extremwertabszissen des Realteilfrequenzganges
η_i	Abkürzung
$\eta_{im\,R}$	bezogene Extremwertabszisse des Imaginärteilfrequenzganges
η_D	bezogene Eigenfrequenz des gedämpften Systems
$\eta_N(\tau)$	Zufallsdekrementfunktion
η_R	bezogene Frequenz der Amplitudenresonanz
$\boldsymbol{\eta}_{ri}$	Ableitungsvektor $\partial\hat{\mathbf{u}}_{0r}/\partial a_{Bi}$
$\boldsymbol{\eta}_{Br\rho}$	Ableitungsvektor $\partial\hat{\mathbf{u}}_{Br}/\partial a_{B\rho}$
ϑ	logarithmisches Dekrement
Θ	Argument der Winkelfunktion, Gleitgesetz

ι	Index
κ	Index
κ_{0r}	Kehrwert von λ_{0r}
λ	Eigenwert
λ_0	Eigenwert des ungedämpften Systems
	Wellenzahl
λ_{0i}	Eigenwert des i-ten Freiheitsgrades des passiven ungedämpften Systems
$\lambda_{0R,k}$	Eigenwert des passiven ungedämpften Systems gemäß dem k-ten restlichen Freiheitsgrad
λ_B	Eigenwert des viskos gedämpften Systems
λ_{Bl}	Eigenwert des l-ten Freiheitsgrades des viskos gedämpften Systems
λ_D	Wurzel aus dem Eigenwert Λ_D des passiven strukturell gedämpften Systems
λ_{Di}	Wurzel aus dem Eigenwert Λ_{Di}
$\lambda^{(L)}$	Eigenwert des angenäherten dynamisch kondensierten Problems
Λ_r	Abkürzung für Ω_r^2
Λ_{Di}	Eigenwert des i-ten Freiheitsgrades des passiven strukturell gedämpften Systems
$\mathbf{\Lambda}_0$	Diagonalmatrix der Eigenwerte λ_{0i}
$\mathbf{\Lambda}_B$	Diagonalmatrix der Eigenwerte λ_{Bl}
$\mathbf{\Lambda}_D$	Diagonalmatrix der Elemente Λ_{Di}
μ	Index
μ_0	konstante Massenbelegung des Bernoullibalkens
μ_i^2	Abkürzung für $\Lambda_{D1}^{re}/\Lambda_{Di}^{re}$
μ_x	linearer Mittelwert von x
ν	Index
	Poissonzahl
ν_i	Frequenzverhältnis ω_{01}/ω_{0i}
ν_r	reduzierte Geschwindigkeit
ξ	Integrationsvariable
ξ^2	Abkürzung für $\Omega^2/\Lambda_{D1}^{re}$
ξ_i	Abkürzung
$\boldsymbol{\xi}_{ri}$	Ableitungsvektor $\partial\hat{\mathbf{u}}_{0r}/\partial a_{Ki}$
$\boldsymbol{\xi}_{Bri}$	Ableitungsvektor $\partial\hat{\mathbf{u}}_{Br}/\partial a_{Ki}$
$\boldsymbol{\pi}(s)$	Matrix von Kraftvektoren im s-Raum
ρ	Dichte
	Index
ρ_{xy}, $\rho_{xy}(\tau)$	Korrelationskoeffizient
σ	Index
$\sigma_{[\ldots]}$	Standardabweichung von [...]
$\sigma_{p\cdot\tilde{u}}$	partielle Standardabweichung
σ_x^2	Varianz von x
σ_{xy}^2	Kovarianz von x und y

$\boldsymbol{\Sigma}$	Matrix (Abkürzung)
τ	Zeitvariable
	fester Zeitwert
	Integrationsvariable
τ_0	Verzögerungszeit, Zeitverschiebung
τ_i	Zeitwert
τ_t	Abzeit
φ	Nullphasenwinkel
	Repräsentant der Zufallsvariablen φ_k
φ_k	Zufallsvariable
φ_n	Nullphasenwinkel der n-ten Harmonischen der Fourierreihe
$\varphi_{B\,2s+k,\nu}$	Phasenverschiebungswinkel der ν-ten Komponente von $\hat{\mathbf{u}}_{B2s+k}$
φ_R	Nullphasenwinkel eines Referenzsignales
$\varphi(\eta)$	Phasenfrequenzgang
$\varphi(\tau)$	Abkürzung
	Phasenwinkel im Zeitraum
Φ_v	Charakteristikwert
Φ_{vi}	Charakteristikwert des i-ten Freiheitsgrades
$\Phi_{xx}(\tau)$	Autokorrelationsfunktion des stationären Prozesses $\{x(t)\}$
$\Phi_{xy}(\tau)$	Kreuzkorrelationsfunktion der stationären Prozesse $\{x(t)\}$ und $\{y(t)\}$
$\Phi_{BP}(\tau)$	Autokorrelationsfunktion der Breitbanderregung
$\left.\begin{matrix}\Phi_{1T}(\tau)\\ \Phi_{2T}(\tau)\end{matrix}\right\}$	Anteile von $\Phi_T(\tau)$
$\Phi_T(\tau)$	Autokorrelationsfunktion des Tiefpaßrauschens
$\Phi(\omega)$	Phasenwinkel im Frequenzraum
$\boldsymbol{\Phi}$	Abkürzung für $\boldsymbol{\Phi}_2\boldsymbol{\Phi}_1^{-1}$
	speziell normierte Matrix $\boldsymbol{\Phi}_v$
$\hat{\boldsymbol{\Phi}}$	Verknüpfungsmatrix
$\left.\begin{matrix}\boldsymbol{\Phi}_1\\ \boldsymbol{\Phi}_2\end{matrix}\right\}$	Matrizen (Abkürzungen)
$\boldsymbol{\Phi}_v$	Diagonalmatrix der Φ_{vi}
ψ_k	Phasenverschiebungswinkel im k-ten Meßpunkt
$\psi(\tau)$	Phasenwinkel im Zeitraum
$\boldsymbol{\psi}_{1l}$	Eigenvektor
$\Psi(\omega)$	Phasenwinkel im Frequenzraum
$\left.\begin{matrix}\boldsymbol{\Psi}_1\\ \boldsymbol{\Psi}_2\end{matrix}\right\}$	Matrizen (Abkürzungen)
ω	Kreisfrequenz (variabel)
ω_0	fester Frequenzwert
	Eigen-(kreis-)frequenz des passiven ungedämpften Systems
ω_{0i}	Eigen-(kreis-)frequenz des i-ten Freiheitsgrades des passiven ungedämpften Systems
$\left.\begin{matrix}\omega_a\\ \omega_b\end{matrix}\right\}$	feste Frequenzwerte
ω_g	Grenz-(kreis-)frequenz

ω_i	Auswahlfrequenz, Frequenzwert
ω_n	Frequenzwert Kreisfrequenz der n-ten Harmonischen der Fourierreihe
ω_p	Kreisfrequenz $2\pi/h$
ω_{Bs+k}	Eigen-(kreis-)frequenz des (s + k)-ten Freiheitsgrades des passiven viskos gedämpften Systems
ω_D	Eigen-(kreis-)frequenz des strukturell gedämpften Systems
ω_M	Modulationskreisfrequenz
ω_S	Schwebungskreisfrequenz
ω_T	Trägerkreisfrequenz
Ω	Kreisfrequenz der harmonischen Erregung Momentanfrequenz Variable
$\left.\begin{matrix}\Omega_a\\ \Omega_b\end{matrix}\right\}$	feste Kreisfrequenzwerte
Ω_i	Frequenzstützstelle
$\left.\begin{matrix}\Omega_\alpha\\ \Omega_\beta\end{matrix}\right\}$	Folgen von Erregungsfrequenzen
$\mathbf{\Omega}$	Diagonalmatrix der Elemente ω_i, Ω_i
$\mathbf{\Omega}_0$	Diagonalmatrix der Eigenfrequenzen ω_{0i}
*	Faltungssymbol
{a, b ...}	Menge der Elemente a, b, ...
$\left[\frac{n}{n+1}\right]$	große ganze Zahl $\leqslant \frac{n}{n+1}$
:=	per Definition gleich
$\overset{!}{=}$	vorausgesetzt gleich
$\doteq$	ungefähr gleich
$\sim$	proportional

1 Einführung

Dynamische Untersuchungen technischer Konstruktionen (reale elastomechanische Systeme, Objekte) beginnen im allgemeinen mit der theoretischen Systemanalyse. Ein Ersatzsystem für das Objekt wird aufgrund der wesentlichen technisch-physikalischen Gegebenheiten (physikalisches Modell) mathematisch formuliert (mathematisches Modell), und die Zahlenwerte für die physikalischen Parameter werden aus den Konstruktionszeichnungen ermittelt. Bei elastomechanischen Systemen, auf die wir uns hier beschränken, sind die elastomechanischen Parameter die Steifigkeiten bzw. Nachgiebigkeiten und die Trägheiten, ggf. sind Annahmen über die wirkenden Dämpfungen zu treffen. Diese Modellierung beruht auf vereinfachenden Annahmen, die bei komplizierten Konstruktionen zu Unsicherheiten in den Ergebnissen der theoretischen Systemanalyse führen. Bei neuentwickelten elastomechanischen Systemen und geänderten Systemen, bei denen die Änderungen das dynamische Verhalten wesentlich beeinflussen und für die übertragbare Erfahrungen fehlen, sind die Unsicherheiten der Systemanalyse besonders groß. Manche physikalischen Effekte, wie z.B. Nichtlinearitäten und Dämpfungseinflüsse, sind u. U. nur schwierig oder gar nicht theoretisch zu ermitteln. Hinzu kommen die Fälle, für die von der Vorschriftenseite Funktions- und Sicherheitsnachweise zu führen sind, ohne daß auf vergleichbare, schon geführte Nachweise zurückgegriffen werden kann. Die Problematik der theoretischen Systemanalyse, ihre Grenzen und letzten Endes auch Aufwands- und damit Wirtschaftlichkeitsüberlegungen führen zu der ergänzenden oder alleinigen versuchsmäßigen Untersuchung der Systeme (und umgekehrt).

Die experimentelle Untersuchung elastomechanischer Systeme, im sog. Strukturversuch[1], dient im wesentlichen drei Zielen:

1. dem Verifizieren der Annahmen und Ergebnisse der theoretischen Systemanalyse,
2. dem Aufdecken theoretisch nur sehr fehlerhaft oder gar nicht zu ermittelnden Verhaltens und
3. dem Nachweis des Erfülltseins bestimmter Anforderungen.

Diese Ziele bedingen die unterschiedlichsten vor- und nachgeschalteten Aufgabenstellungen (Verarbeitungsebenen). So müssen die Ergebnisse der theoretischen Systemanalyse auf die der Strukturversuche übertragbar sein, indem beispielsweise die Kollokationspunkte des aus der Systemanalyse resultierenden Rechenmodells mit den Meßpunkten des Strukturversuchs übereinstimmen oder die Daten entsprechend umgerechnet werden können usw. Strukturversuche werden im allgemeinen nicht für alle erforderlichen Lastfälle, sondern nur

1 Elastomechanische Systeme werden häufig auch dem entsprechenden englischen Ausdruck structures folgend als Strukturen bezeichnet. Von den beiden Ausnahmen 1. Strukturversuch und 2. Strukturproblem (s. Abschnitt 1.1) abgesehen, wird hier die technische Konstruktion, das (reale) Objekt als elastomechanisches System, kurz System, bezeichnet, während der Begriff Struktur als Synonym für den inneren Aufbau einer Gleichung vorbehalten bleibt.

für einige wenige (unter Umständen vereinfachte) durchgeführt, sei es, weil sie sich aus technischen Gründen nicht realisieren lassen, oder weil es unwirtschaftlich wäre. Die Ergebnisse dieser Strukturversuche dienen dann mit zur Korrektur des Rechenmodells, um mit dem verbesserten, genaueren Rechenmodell die im Versuch nicht verwirklichten Lastfälle rechnerisch nachzuweisen.

Die Systemidentifikation als experimentelle Systemanalyse beinhaltet die oben angedeuteten Aufgabenstellungen. Beispiele hierfür sind:

- (Lärm-, Erschütterungs-) Störquellenermittlung im Rahmen des Umweltschutzes,
- die experimentelle Ermittlung der Übertragungsfunktionen (Frequenzgänge) von Werkzeugmaschinen mittels verschiedener Erregungen,
- die versuchsmäßige Ermittlung der Trägheits- und Steifigkeitsdaten des Ersatzmodells für PKW-Aufpralluntersuchungen im elastischen Bereich (Bild 1.1),

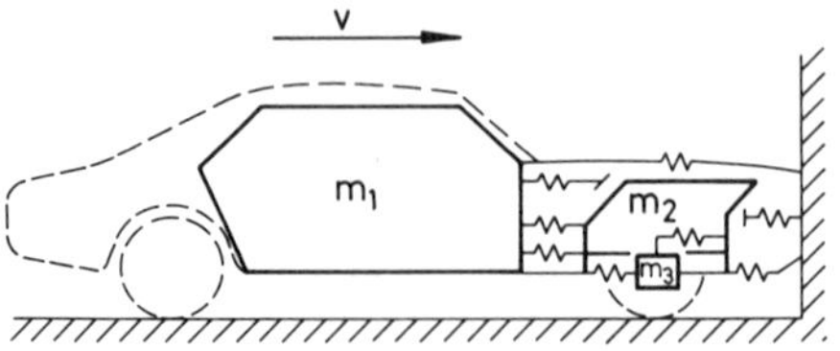

Bild 1.1
Ersatzmodell für PKW-Aufpralluntersuchungen

- Ermittlung der Eigenschwingungsgrößen von Offshore-Bauwerken,
- Korrektur von Steifigkeits- und Dämpfungsdaten des Ersatzsystems für schienengebundene Schnellbahnen aus dem Vergleich gemessener erzwungener Schwingungen mit den gerechneten infolge determinierter Erregung derart, daß eine möglichst gute Übereinstimmung zwischen den gerechneten und gemessenen erzwungenen Schwingungen erreicht wird,
- versuchsmäßige Ermittlung der physikalischen Kenndaten des Oberbaus für die dynamische Beanspruchung durch den schnellen Rad-Schiene-Verkehr,
- Untersuchung von Schiffskörperschwingungen infolge Seegang und den Betrieb von Schiffsmaschinen.

1.1 Einordnung und Aufgabenstellung der Systemidentifikation

Die Behandlung elastomechanischer Systeme wird kurz mit dem Begriff Strukturproblem umrissen. Die Identifikation elastomechanischer Systeme zählt mit zu der großen Klasse der Strukturprobleme, die durch die Ein-/Ausgangsbeziehung (Bild 1.2) gekennzeichnet ist. Wird z.B. ein Kamin durch den natürlichen Wind belastet, so stellen die auf das System „Kamin" wirkenden Windkräfte die Eingangsgrößen dar und die resultierenden Verschiebungen (bzw. Beanspruchungen) die Ausgangsgrößen. Die Darstellung des Ersatz-

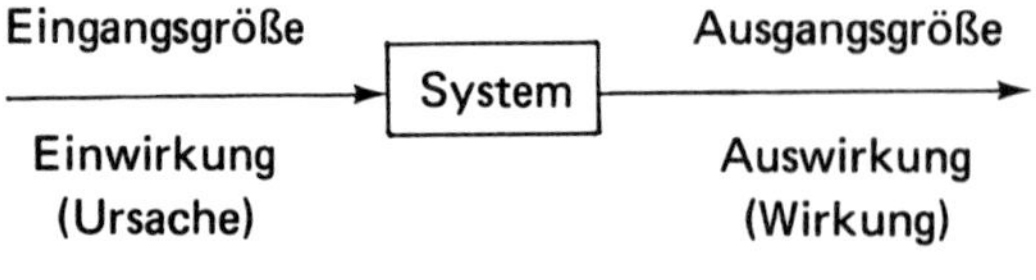

Bild 1.2 Die Ein-/Ausgangsbeziehung

systems mit seinen Ein- und Ausgangsgrößen durch die Ein-/Ausgangsbeziehung ist somit lediglich eine systemtheoretische Veranschaulichung der das System beschreibenden Gleichungen (Systembeschreibung). Die Unterteilung des Strukturproblems, entsprechend den unterschiedlichen Aufgabenstellungen, gibt Bild 1.3 wieder, womit die Einordnung des hier interessierenden Identifikationsproblems unter das Strukturproblem ersichtlich ist. Die Aufgabenstellung des direkten Problems entspricht derjenigen, die üblicherweise in der Konstruktionsphase einer Neuentwicklung ansteht. Das Entwurfsproblem bearbeiten heißt, ein System für vorgegebene Ein- und Ausgangsgrößen so zu verwirklichen, daß die Ein-/Ausgangsbeziehung jeweils gut erfüllt wird. Das Eingangsproblem bedarf keiner Erläuterungen. Das Identifikationsproblem lösen heißt: Ermittlung der das System beschreibenden Gleichungen aus gemessenen Ein- und Ausgangsgrößen. Damit läßt sich die Aufgabenstellung der Systemidentifikation folgendermaßen formulieren: Aus der Beobachtung der Ausgangsgrößen für verschiedene Eingangsgrößen ist ein (Ersatzsystem)Modell zu ermitteln, das hinsichtlich bestimmter – aus der jeweiligen Aufgabenstellung resultierender – Kriterien dem realen System entspricht (z.B. Übereinstimmung von System- und Modellantwort innerhalb bestimmter Fehlergrenzen). Hinsichtlich einer detaillierten Definition siehe z.B. [1.1].

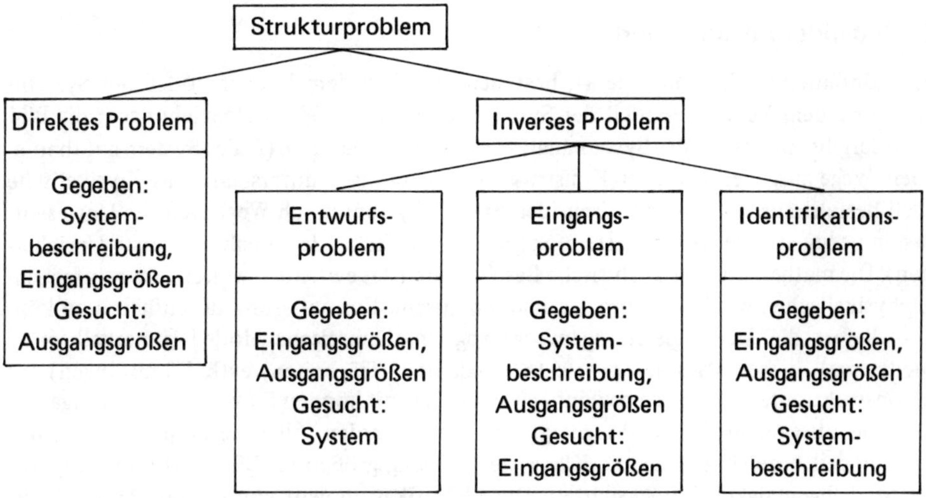

Bild 1.3 Einordnung des Identifikationsproblems

Versucht man die vorher aufgezählten Beispiele mit der obigen Aufgabenstellung in Einklang zu bringen, so erkennt man, daß an die jeweiligen Modelle verschiedene Anforderungen gestellt werden. Manchmal genügen Teilmodelle (z.B. für Übertragungswege), für andere Aufgaben werden Gesamtmodelle benötigt. Die Modelle können qualitativer und quantitativer Art sein. Qualitative Modelle enthalten eine wertmäßige Zuordnung von Ein- und Ausgangsgrößen nur innerhalb gewisser Wertbereiche (Klassen), quantitative Modelle dagegen die direkte wertmäßige Zuordnung der Ein- und Ausgangsgrößen. Es werden lediglich quantitative Modelle behandelt. Man unterscheidet hier wiederum zwischen nichtparametrischen Modellen (black-box-Modelle, Modelle ohne Struktur, siehe Fußnote auf S. 1)

und parametrischen Modellen (Modelle mit Struktur) (Bild 1.4). Die mathematische Beschreibung des dynamischen Verhaltens von Systemen (mathematisches Modell) wird durch Funktionen zwischen den Ein- und Ausgangsgrößen des Systems dargestellt. Beim nichtparametrischen Modell wird der funktionale Zusammenhang hierbei tabellarisch oder graphisch wiedergegeben (Frequenzgänge, Übertragungsfunktionen), beim parametrischen Modell dagegen analytisch mit explizit auftretenden Parametern.
Materielle Modelle werden hierbei wie Objekte behandelt.

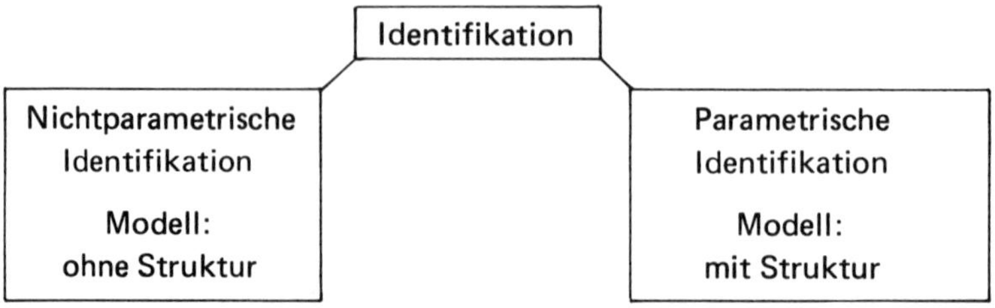

Bild 1.4 Unterteilung des Identifikationsproblems

1.2 Modelldefinitionen und -beziehungen

Wie einführend schon angemerkt, bestehen zwischen dem Rechenmodell der Systemanalyse und dem Versuchsmodell der Systemidentifikation Wechselbeziehungen, die Bild 1.5 wiedergibt. Innerhalb der Systemanalyse wird das vorliegende (reale) System auf theoretischem Wege ausgehend von den Konstruktionszeichnungen untersucht. Das physikalische Modell besteht aus dem physikalisch idealisierten System durch Weglassen des Unwesentlichen in bezug auf die Aufgabenstellung (erste vereinfachende Annahmen, erste Unsicherheiten). Die mathematische, analytische Beschreibung des evtl. noch weiter zu vereinfachenden physikalischen Modells – um die mathematische Formulierung durchführen zu können – liefert die Modellgleichungen, das sog. mathematische Modell (innerhalb einer Modellklasse), dessen Parameterwerte (Steifigkeiten, Trägheiten, evtl. Dämpfungen) aus den Konstruktionszeichnungen gewonnen werden. Damit können für vorgegebene Eingangsgrößen die Ausgangsgrößen vorhergesagt (simuliert) werden. Alles zusammen wird als das Rechenmodell bezeichnet, das die Klasse der Eingangsgrößen (s. Bild 1.6) und die geforderte Modellgenauigkeit berücksichtigt. Die Identifikation geht von dem durch die Meß- und Erregereinrichtung abgeänderten System (Meßsystem) aus. Die Einflüsse der Meß- und Erregereinrichtung auf das dynamische Verhalten des Objektes müssen untersucht und ggf. berücksichtigt werden. Das physikalische Modell der Analyse enthält a priori-Kenntnisse für das physikalische Modell der Identifikation, die ggf. durch die aus Vorversuchen gewonnenen Erkenntnisse ergänzt oder geändert werden müssen. Hieraus und aus den Kenntnissen des mathematischen Modells der Analyse (z.B. stabil, n Freiheitsgrade) wird das mathematische Modell der Identifikation für das System aufgestellt, das entweder nichtparametrisch oder parametrisch ist, und letztlich führt die Beobachtung (direkt: interessierende Größe und Meßgröße stimmen überein, indirekt: beide Größen sind verschieden) des Systems für die vorgegebenen Eingangsgrößen auf die nichtparametrische oder parametrische Identifikation. Der Vergleich von Versuchsmodell und Rechenmodell (s. Bild 1.5)

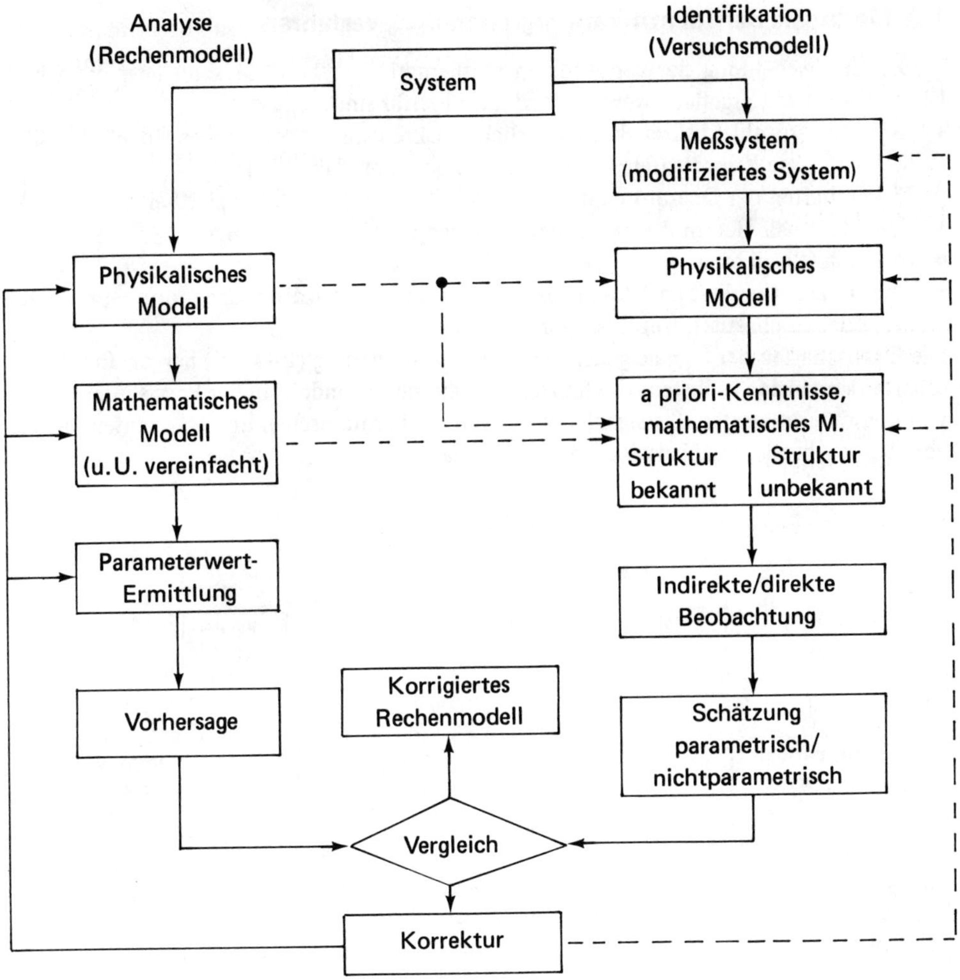

Bild 1.5 Prinzipielles Vorgehen bei der Systemanalyse und Systemidentifikation

geht von der Definition eines Fehlers (Residuum) aus, der aus einer (bezüglich der Aufgabenstellung) geeigneten, identifizierten Größe des Prozesses (System im Versuch, im Betrieb) und der entsprechenden Größe des Rechenmodells gebildet wird. Fällt der Vergleich anhand vorgegebener Fehlerschranken (Gütekriterium) nicht zufriedenstellend aus, so muß über eine geeignet gewählte Zielfunktion eine Anpassung, Korrektur durchgeführt werden. Die Anpassung führt im allgemeinen zu einer Korrektur des Rechenmodells, nicht selten muß auch das Versuchsmodell bezüglich der Berücksichtigung der Meß-, Erregereinrichtung oder der Umgebungseinflüsse bzw. das physikalische Modell usw. modifiziert werden. Stimmen die mathematischen Modelle des Rechenmodells und Versuchsmodells überein, so braucht bei einem unbefriedigend ausgehenden Vergleich lediglich eine Parameteranpassung vorgenommen zu werden. Das Resultat der Korrektur ist dann das korrigierte, verbesserte Rechenmodell.

1.3 Merkmale der Identifikationsgrößen und -verfahren

Die Unterscheidung der verwendeten mathematischen Modelle kann über die gemäß Bild 1.4 noch weitergeführt werden. Merkmale hierfür sind:

- Koordinatenwahl (diskret, kontinuierlich→diskretes, kontinuierliches Modell; physikalische, modale Koordinaten→Kollokationsmodell, Modalmodell),
- Eigenschaften der Operatoren der Modellgleichungen (z.B. Adjungiertheit).

Weitere Merkmale liefern die verwendeten Eingangsgrößen. Sie können

- natürlich (Betriebszustand) oder künstlich (Testsignale),
- determiniert (explizit analytisch beschreibbar und damit vorhersagbar und reproduzierbar) oder stochastisch (regellos) sein.

Die Eigenschaften der Signale gehen aus ihrer Klassifizierung (Bild 1.6) hervor. Ihre Eigenschaften sind in den nächsten Abschnitten ausführlich behandelt. In der Praxis interessieren von den determinierten Testsignalen vor allem die harmonischen und transienten Signale, von den stochastischen überwiegend die stationären.

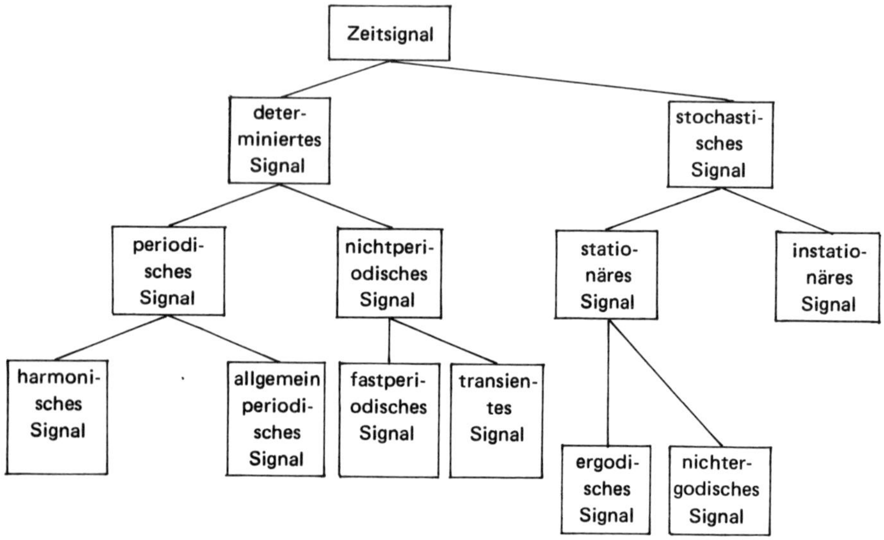

Bild 1.6 Signalklassifizierung

Die gemessenen Signale sowohl der Ein- als auch der Ausgangsgrößen enthalten Störsignale (Bild 1.7), die wieder determiniert und stochastisch sein können, sie bedürfen der

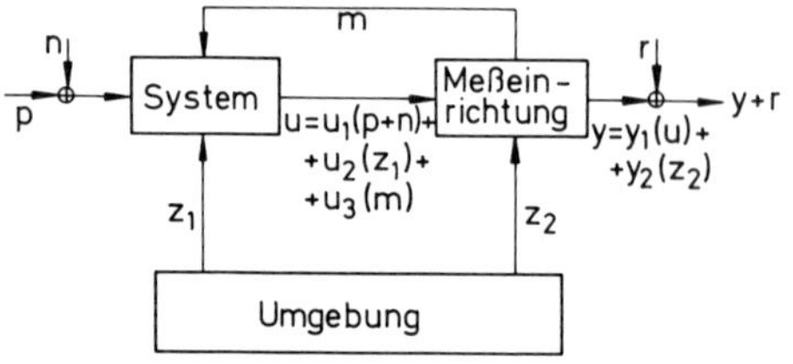

Bild 1.7 Störsignal-Möglichkeiten
p interessierendes Eingangssignal
n, r Störsignale
y + r gemessenes Ausgangssignal

Korrektur (determinierte Störsignale) und geeigneter statistischer Verfahren (stochastische Störsignale). Je nach der Fehlerbetrachtung (Fehler zwischen Modell und System, Modellfehler) der Signale der

- Eingangsgrößen (Eingangsfehler),
- Ausgangsgrößen (Ausgangsfehler),
- verallgemeinerten Größen (verallgemeinerter Fehler),

(Bild 1.8) unterscheidet man das Modell des Identifikationsverfahrens:

- Vorwärtsmodell,
- inverses Modell,
- verallgemeinertes Modell.

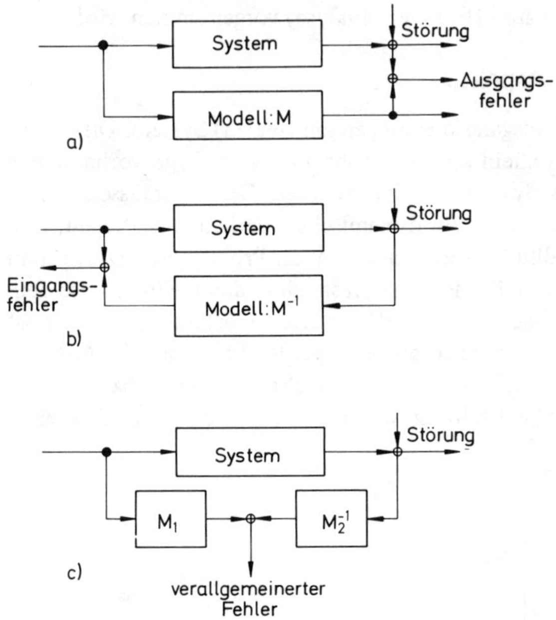

Bild 1.8 Modellunterteilung
a) Vorwärtsmodell
b) inverses Modell
c) verallgemeinertes Modell mit Teilmodellen M_1, M_2

Die Wahl des Modells hängt einmal von den vorliegenden Meßgrößen und der Aufgabenstellung ab und zum anderen davon, wie einfach sich die gesuchten Größen bestimmen lassen. Angestrebt werden natürlich lineare Beziehungen zwischen den gegebenen und gesuchten Größen (kennwertlineares Modell).

Die Analyseverfahren und damit die Identifikationsmethoden im weitesten Sinne hängen von der Modellform, den zugelassenen Testsignalen, den Störsignalen (zwecks Verbesserung der Modellierung können auch Störsignalmodelle eingeführt werden), der notwendigen Modellgenauigkeit, den zeitlichen Eigenschaften des Prozesses, den vorhandenen Möglichkeiten (Ausrüstung, Erfahrung usw.) ab. Die Fehlerminimierung kann mittels deterministischer Approximationsverfahren (z.B. Interpolation, wobei aber häufig statistische Hilfsmittel wie beispielsweise Mittelwertbildung verwendet werden) oder statistischer Methoden (z.B. Methode der gewichteten kleinsten Fehlerquadrate) erfolgen. Man unterscheidet weiter direkte (explizite) und indirekte (implizite, adaptive) Verfahren. Die direkten Verfahren ermitteln die gesuchten Größen in einem Rechengang, bei den indirekten Verfahren werden sie iterativ ermittelt. Weiter können die Verfahren in rekursive und nichtrekursive entsprechend ihren Algorithmen eingeteilt werden. Die Behandlung ist auf digitale Verfahren beschränkt, die einen on- oder off-line-Einsatz von programmierbaren Digitalrechnern (EDV-Anlagen, Prozeßrechner) gestatten, d.h., im ersten Fall erfolgt keine Zwischenspeicherung der Meßdaten außerhalb des Rechners, und eine Versuchssteuerung durch den Rechner ist möglich, während im zweiten Fall eine externe Zwischenspeicherung der Meßdaten vorgenommen wird.

Ein weiteres wichtiges Unterscheidungsmerkmal ist der Raum, in dem die Signale dargestellt sind, auf denen die einzelnen Verfahren basieren: Zeitraum oder Frequenzraum, je nachdem ob die Zeitsignale, Schriebe direkt verarbeitet werden oder erst eine Transformation der Zeitsignale in den Frequenzraum (Frequenzanalyse) vorgenommen wird.

1.4 Bedingungen und praktische Aspekte

Die Identifikation erfolgt aus Ein-/Ausgangsmessungen am (realen) System. Diese Aufgabenstellung setzt also voraus, daß es allein aus der Beobachtung (und ggf. vorhandenen a priori-Kenntnissen) möglich ist, das System zu identifizieren. Diese Voraussetzung ist erfüllt, wenn das System in allen Teilen, die zum dynamischen Verhalten beitragen, vollständig beobachtbar und steuerbar ist. Bild 1.9 veranschaulicht die Problematik. Das System ist in Teilsysteme aufgeteilt, die nur zum Teil identifizierbar sind, denn lediglich das Teilsystem S_2 ist vollständig steuer- und beobachtbar. Mit anderen Worten: Ein System ist dann vollständig steuerbar, wenn die Erregung so gewählt werden kann, daß die Antwort alle für die Aufgabenstellung notwendigen Freiheitsgrade in nichtvernachlässigbarem Maße enthält. Ein System ist dann vollständig beobachtbar, wenn die wesentlichen physikalischen

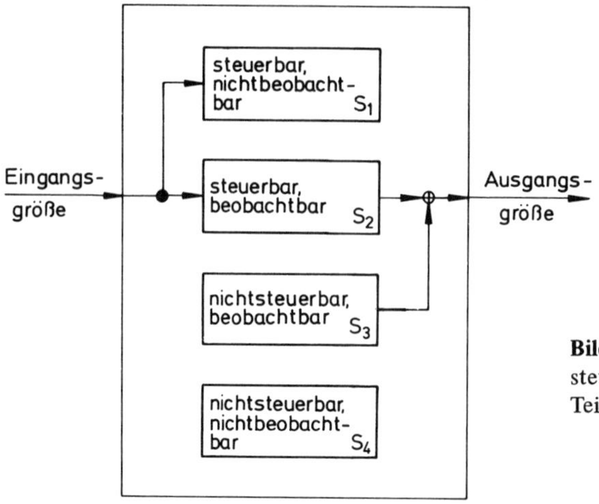

Bild 1.9 Aufteilung eines Systems in (nicht-) steuerbare und/oder (nicht-)beobachtbare Teilsysteme

Vorgänge in den gemessenen Antworten (Zustandsgrößen) enthalten sind, und es heißt identifizierbar, wenn es aufgrund der ermittelten Meßwerte gelingt, alle Größen für die notwendigen Freiheitsgrade zu berechnen. Eine exakte Beschreibung einschließlich der mathematischen Formulierung der notwendigen und hinreichenden Bedingungen sind in [1.1–

1.4] zu finden, hier wird im folgenden nur implizit auf die eben angesprochenen Probleme eingegangen.

Die Dimensionen heutiger technischer Konstruktionen sind nicht selten derart, daß eine experimentelle Untersuchung des Gesamtsystems unmöglich ist. Hinzu kommen terminliche Überlegungen, daß Teilsysteme oft schon lange vor Fertigstellung des Gesamtsystems die Produktion verlassen und für Versuchszwecke zur Verfügung stehen. Große Objekte werden heutzutage außerdem von örtlich voneinander getrennten Unternehmen in Form von Subsystemen entwickelt und ausgeführt, um dann zum funktionsfähigen Gesamtsystem integriert zu werden. D.h., die Entwicklung und Fertigung von Subsystemen, und damit auch die Verantwortlichkeit für diese, bedingt die theoretische und/oder experimentelle Untersuchung derselben. Die dynamische Untersuchung und der Sicherheitsnachweis für das Gesamtsystem werden dann wirtschaftlich mit den Subsystemergebnissen durchgeführt: Systemsynthese. Ein Beispiel für das pragmatische Vorgehen der dynamischen Untersuchung in Form von Subsystemen deutet das Bild 1.10 an.

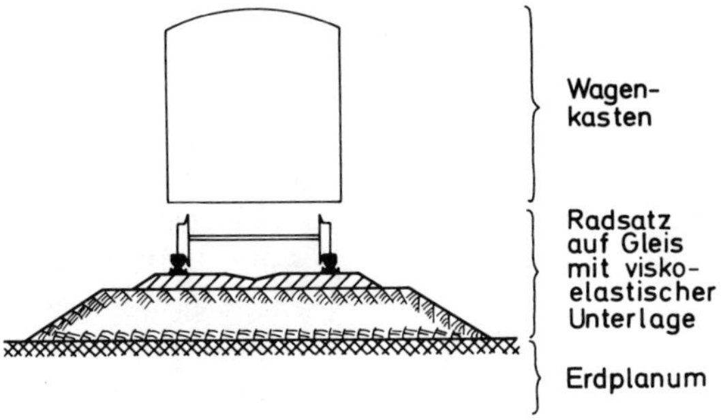

Bild 1.10
Beispiel zur Subsystembehandlung

Angemerkt sei noch, daß es stets sinnvoll ist, soviel a priori-Kenntnisse wie verfügbar zur Identifikation zu verwenden, denn desto detaillierter wird der physikalische Einblick in das Systemverhalten (Informationsgehalt). Der parametrischen Identifikation ist in jedem Fall der Vorzug zu geben, u.U. auch dann, wenn durch Vorgabe der Modellstruktur physikalisch nichtdeutbare Parameterwerte ermittelt werden. Dieser Sachverhalt gibt dann Anlaß und Anhaltspunkte zu Strukturmodifikationen usw. Die Parametrisierung eines zunächst nichtparametrischen Modells wird in der Schwingungstechnik häufig angewendet. In einem ersten Schritt (erste Verarbeitungsebene) wird das nichtparametrische Modell ermittelt (z.B. Frequenzgänge). Es liefert wichtige a priori-Kenntnisse (z.B. Anzahl der System-Freiheitsgrade, Näherungswerte für Eigenfrequenzen usw.) für den zweiten Schritt (zweite Verarbeitungsebene), die Ermittlung des parametrischen Modells, das notfalls iterativ verbessert werden muß (z.B. Anzahl der Freiheitsgrade).

1.5 Schrifttum

[1.1] *Eykhoff, P.:* System Identification – Parameter and State Estimation; John Wiley & Sons, London, New York, Sydney, Toronto, 1974

[1.2] *Strobel, H.:* Experimentelle Systemanalyse; Akademie-Verlag, Berlin, 1975

[1.3] *Schneeweiss, W.G.:* Zufallsprozesse in dynamischen Systemen; Springer-Verlag, Berlin, Heidelberg, New York, 1974

[1.4] *Müller, P.C.* u. *Schiehlen, W.O.:* Lineare Schwingungen – Theoretische Behandlung von mehrfachen Schwingern; Akademische Verlagsgesellschaft, Wiesbaden, 1976

Ergänzendes Schrifttum:

[1.5] *Isermann, R.:* Prozeßidentifikation – Identifikation und Parameterschätzung dynamischer Prozesse mit diskreten Signalen; Springer-Verlag Berlin, Heidelberg, New York, 1974

[1.6] *Wunsch, G.:* Systemtheorie; Akademische Verlagsgesellschaft; Geest u. Portig K.-G., Leipzig, 1975

[1.7] *Klein, W.:* Finite Systemtheorie; Teubner Studienbücher Elektrotechnik, B. G. Teubner, Stuttgart, 1976

[1.8] *MacFarlane, A. G. J.:* Analyse technischer Systeme; B. I. Hochschultaschenbücher 81/81 a*; Bibliographisches Institut, Mannheim, 1976

[1.9] *Marko, H.:* Methoden der Systemtheorie; Nachrichtentechnik 1; Springer-Verlag, Berlin, Heidelberg, New York, 1977

[1.10] *Müller, P. C.:* Stabilität und Matrizen – Matrizenverfahren in der Stabilitätstheorie linearer dynamischer Systeme; Springer-Verlag Berlin, Heidelberg, New York, 1977

2 Determinierte Signale und Prozesse

Determinierte Signale sind nach Kapitel 1 analytisch explizit beschreibbar und damit auch reproduzierbar. Sind die elastomechanischen Kenndaten des in Bild 2.1 skizzierten Systems vorgegeben, d.h. als Parameter mit festen Werten aufzufassen, so spricht man von einem determinierten System. Ist die Eingangsgröße p(t) determiniert, dann ist die Ausgangsgröße eines determinierten Systems ebenfalls determiniert:

$$m\ddot{u}(t) + b\dot{u}(t) + ku(t) = p(t). \tag{2.1}$$

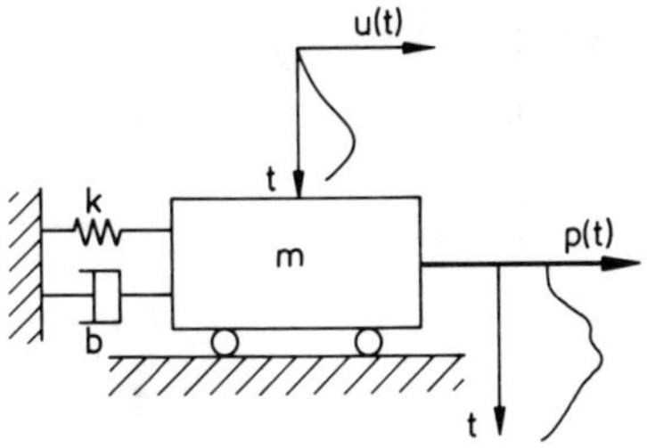

Bild 2.1 Das Einfreiheitsgradsystem

Entsprechend der Beschränkung auf elastomechanische Systeme ist die Bezeichnung „determinierter Prozeß" ein Synonym für das dynamische Verhalten des determinierten Systems bei determiniertem Eingangssignal. Ein stochastisches Signal dagegen ist nur indirekt mathematisch beschreibbar, nämlich mit Hilfe statistischer Methoden, d.h. durch statistische Charakteristiken (s. die Signalklassifizierung in Bild 1.6), und damit für keinen Zeitpunkt vorhersagbar und nicht reproduzierbar.

2.1 Kinematische Grundbegriffe

Ausgehend von der Signalklassifizierung des Bildes 1.6 sind im folgenden die einzelnen determinierten Signale definiert und die verschiedenen Darstellungen beschrieben.

2.1.1 Harmonische Signale

Das harmonische Signal ist durch die Gleichung

$$x(t) = A \sin(\omega t + \varphi) = x(t \pm nT),\ n \in \mathbb{N} \tag{2.2}$$

gekennzeichnet. ω (in s^{-1}) ist die Kreisfrequenz, f (in Hz) ist die Frequenz und T (in s) die Periode des Signals:

$$f = \frac{\omega}{2\pi} = \frac{1}{T}. \tag{2.3}$$

Die Phase

$$\alpha := \omega t + \varphi = \omega(t + t_\varphi) \tag{2.4}$$

setzt sich aus ωt und dem Nullphasenwinkel φ bzw. dem Produkt aus der Kreisfrequenz ω multipliziert mit der Phasenverschiebungszeit $t_\varphi := \varphi/\omega$ zusammen. A (= $\hat{x}$) ist die Amplitude des harmonischen Signals. Folgende Terminologie ist gebräuchlich:

$\varphi > 0$: Das Signal eilt einem Referenzsignal mit $\varphi_R = 0$ vor,
$\varphi < 0$: Das Signal eilt einem Referenzsignal mit $\varphi_R = 0$ nach.

In der reellen Schreibweise gilt:

$$\left.\begin{aligned} x(t) &= A \sin(\omega t + \varphi) \\ &= A(\cos\omega t \sin\varphi + \sin\omega t \cos\varphi) \\ &= A_1 \cos\omega t + B_1 \sin\omega t, \\ A_1 &:= A \sin\varphi,\ B_1 := A \cos\varphi \\ &\text{es folgt} \\ A &= |\sqrt{A_1^2 + B_1^2}|, \quad \tan\varphi = \frac{A_1}{B_1}\,. \end{aligned}\right\} \tag{2.5}$$

Die komplexe Schreibweise lautet:

$$x(t) := \operatorname{Im} y(t) = \frac{1}{2j}[y(t) - y^*(t)],$$

$$\left.\begin{aligned} y(t) &= A\, e^{j(\omega t + \varphi)} \\ &= A\, e^{j\varphi}\, e^{j\omega t} \\ &= B\, e^{j\omega t}, \\ B &:= A\, e^{j\varphi}\ \text{(Nullzeiger)} \\ &= A(\cos\varphi + j \sin\varphi) \\ &= B_1 + j\, A_1, \\ A &= |B|\,. \end{aligned}\right\} \tag{2.6}$$

Die Darstellung des harmonischen Signals im Zeitraum zeigt das Bild 2.2. Das Zeigerdiagramm (Bild 2.3) ist die Darstellung in der Gaußschen Zahlenebene. Daneben existiert die Darstellung im Frequenzraum, nämlich das Phasendiagramm (Bild 2.4a), es gibt die Nullphase φ über ω wieder, und das Amplitudendiagramm (Bild 2.4b), das die Amplitude A über ω enthält. Da die harmonische Schwingung sich durch nur eine Frequenz auszeichnet (diskretes Frequenzspektrum mit einer Frequenz), zeigen diese Diagramme jeweils eine Linie. Die Darstellung des harmonischen Signals als sog. Frequenzfunktion, das ist die komplexe Amplitude in Abhängigkeit von ω (Nullzeiger), lautet:

$$B = y(t)e^{-j\omega t} = B(\omega) = B_1 + jA_1. \tag{2.7}$$

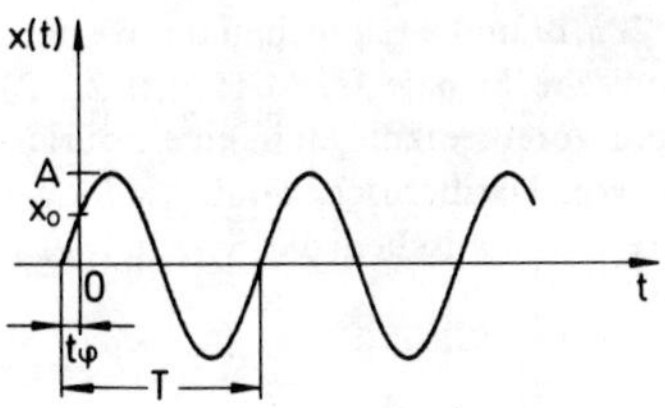

Bild 2.2 Zeitraumdarstellung eines harmonischen Signals

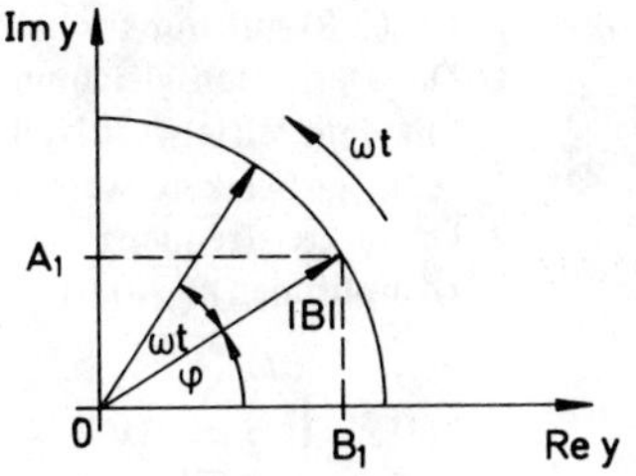

Bild 2.3 Zeigerdiagramm des harmonischen Signals

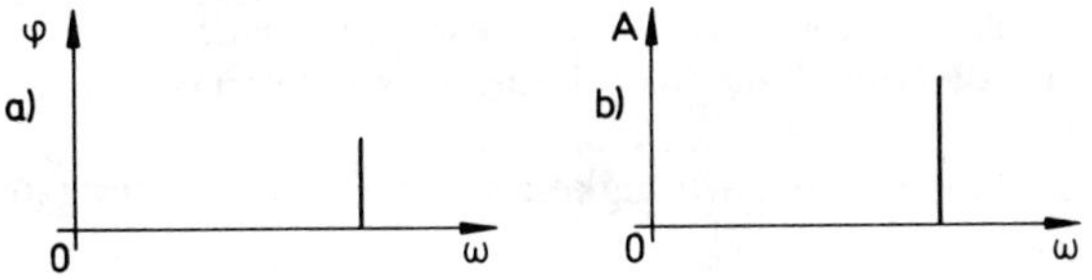

Bild 2.4 a) Phasen- und b) Amplitudendiagramm des harmonischen Signals

Die Zuordnung x(t) = Im y(t) wird häufig nicht gemacht, sondern es wird oft x(t) komplex angesetzt mit der (stillschweigenden) Annahme, daß lediglich der Imaginärteil (oder Realteil) eine physikalische Bedeutung besitzt.

Die Schwinggeschwindigkeit (in der Akustik Schnelle) v(t) einer Verschiebung $x(t) = A \sin(\omega t + \varphi)$ ergibt sich bekanntlich zu $v(t) = dx(t)/dt = \dot{x}(t) = \omega A \cos(\omega t + \varphi)$ mit dem Betrag $|v(t)| = \omega \left| x\left(t + \frac{\pi}{2\,\omega}\right) \right|$. Entsprechend gilt für die Beschleunigung

$$a(t) = dv(t)/dt = \dot{v}(t) = \ddot{x}(t) = -\omega^2 A \sin(\omega t + \varphi) = -\omega^2 x(t).$$

In der Schwingungstechnik sind noch folgende Definitionen üblich:

$$\left.\begin{aligned} x_m &:= \frac{1}{T}\int_0^T |x(t)|\,dt, \\ x_{eff} &:= \left|\sqrt{\frac{1}{T}\int_0^T x^2(t)\,dt}\right|, \\ &= \frac{\pi}{2\sqrt{2}}x_m = \frac{1}{\sqrt{2}}x_{sp}. \end{aligned}\right\} \tag{2.8}$$

x_m ist der arithmetische Mittelwert des Betragssignals und x_{eff} der Effektivwert (root-mean-square-, rms-Wert, Bild 2.5).

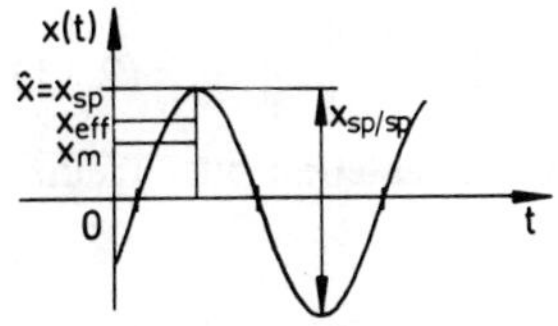

Bild 2.5 Definitionen:

$x_{eff} = F_f\, x_m = \frac{1}{F_s}\, x_{sp}$

F_f Formfaktor

F_s Scheitelfaktor

Anmerkung: Gl. (2.8) gilt nur für harmonische Signale mit $T = 2\,\pi/\omega$ und entsprechenden Werten. Die Definitionsgleichungen gelten auch für periodische Signale (s. Abschnitt 2.1.2) mit dem Mittelwert Null, da diese unter bestimmten Voraussetzungen in eine Fourierreihe entwickelt werden können, d. h. als Reihe von Harmonischen mit vielfacher Grundkreisfrequenz darstellbar sind. Haben diese Harmonischen die Scheitelwerte (Amplituden) $\hat{x}_i$, so ist

$$x_{eff} = \left| \sqrt{\frac{1}{2} \sum_{i=1}^{\infty} \hat{x}_i^2} \right|$$

unabhängig von der Phasenlage der Harmonischen, vorausgesetzt, T wird entsprechend der Grundkreisfrequenz gewählt.
Es wird empfohlen, sich den Sachverhalt (2.8) gründlich (beispielsweise auch für fastperiodische Signale) klarzumachen. In der Praxis werden die Werte (2.8) oft unkritisch mit willkürlich festgelegtem T zur Beurteilung von Schwingungsvorgängen verwendet.

In der Schalltechnik sind für Verschiebungen, Geschwindigkeiten und Beschleunigungen noch sog. Pegelwerte definiert:

$$\left.\begin{aligned} L_x &:= 20 \lg (x_{eff}/x_0), \\ L_v &:= 20 \lg (v_{eff}/v_0), \\ L_a &:= 20 \lg (a_{eff}/a_0) \end{aligned}\right\} \tag{2.9}$$

mit den Bezugsgrößen

$$x_0 = 0{,}8 \cdot 10^{-11}\,\mathrm{m},$$

$$v_0 = 5 \cdot 10^{-8}\ \mathrm{m/s},$$

$$a_0 = 5 \cdot 10^{-4}\ \mathrm{m/s^2}.$$

v_0 ist in der DIN 45630 festgelegt, die restlichen Bezugsgrößen folgen aus der Umrechnung für die Frequenz von 1000 Hz. Die Pegelwerte haben die (dimensionslose) Einheit Dezibel (dB). Die Umrechnung z. B. für x_{eff} aus dem Verschiebungspegel L_x ist:

$$x_{eff} = x_0 \cdot 10^{L_x/20}.$$

2.1.2 Periodische Signale

Periodische Signale sind dadurch gekennzeichnet, daß sie eine Periode mit der (fest vorgegebenen) Grundkreisfrequenz

$$\omega = \frac{2\,\pi}{T} = 2\,\pi\,f \tag{2.10}$$

besitzen (Bild 2.6),

$$x(t) = x(t \pm nT),\ n \in \mathbb{N}, \tag{2.11}$$

und sich durch eine Reihe von sin- und cos-Funktionen darstellen lassen: Fourierreihe. Die reelle Darstellung im Zeitraum lautet:

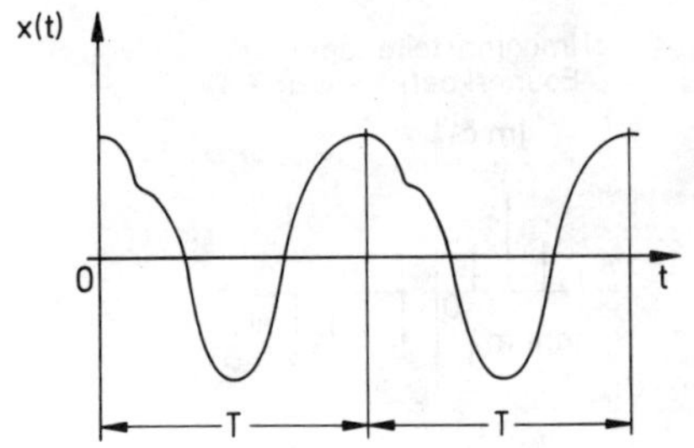

Bild 2.6 Beispiel einer periodischen Zeitfunktion

$$\left.\begin{aligned}
x(t) &= a_0 + \sum_{n=1}^{\infty} (a_n \cos n\omega t + b_n \sin n\omega t) \\
&= a_0 + \sum_{n=1}^{\infty} c_n \cos(n\omega t - \varphi_n), \\
a_0 &= \frac{1}{T}\int_0^T x(t)\,dt, \\
a_n &= \frac{2}{T}\int_0^T x(t) \cos n\omega t \, dt, \\
b_n &= \frac{2}{T}\int_0^T x(t) \sin n\omega t \, dt, \\
c_n &= \left|\sqrt{a_n^2 + b_n^2}\,\right|, \quad \tan\varphi_n = \frac{b_n}{a_n}, \\
a_n &= c_n \cos\varphi_n, \; b_n = c_n \sin\varphi_n.
\end{aligned}\right\} \tag{2.12}$$

Die komplexe Darstellung im Zeitraum ist:

$$\left.\begin{aligned}
x(t) &= \sum_{n=-\infty}^{\infty} \hat{c}_n \, e^{jn\omega t}, \\
\hat{c}_n &= \begin{cases} \frac{1}{2}(a_n - jb_n) & \text{für } n > 0, \\ a_0 & \text{für } n = 0, \\ \frac{1}{2}(a_{-n} + jb_{-n}) & \text{für } n < 0. \end{cases}
\end{aligned}\right\} \tag{2.13}$$

$\hat{c}_n$ ist die komplexe Amplitude der Teilschwingung $n\omega$ mit dem Nullphasenwinkel φ_n. Die Abhandlung von Fourierreihen findet man in Lehrbüchern zur Höheren Mathematik, Numerischen Mathematik, z.B. in [2.1].

Die Frequenzraumdarstellungen (Bild 2.7) sind wieder das Zeigerdiagramm der n-ten Teilschwingung (Harmonischen) und die diskreten Signalspektren. Letztere spiegeln die entsprechenden Anteile der Harmonischen am Gesamtsignal wider:

$$\hat{c}_n = \frac{1}{T}\int_0^T x(t)\, e^{-jn\omega t} dt \tag{2.14}$$

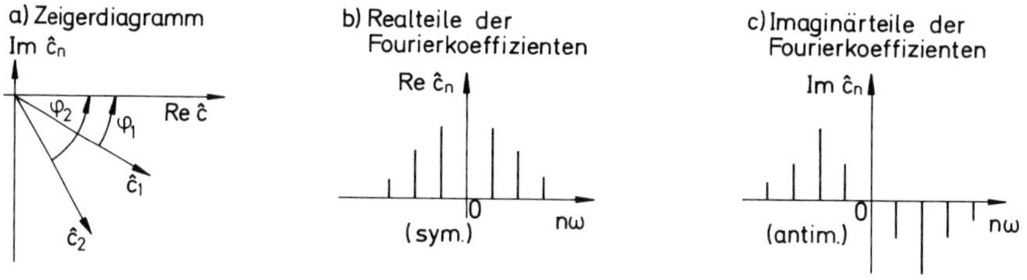

Bild 2.7 Frequenzraumdarstellung eines periodischen Signals

Anmerkung: Zum Übergang auf die komplexe Darstellung mit der Summation von $-\infty$ bis $+\infty$: Für die n-te Harmonische gilt verifizierend:

$$x_n(t) = \hat{c}_n e^{jn\omega t} + \hat{c}_{-n} e^{-jn\omega t}, \quad n > 0,$$

$$\hat{c}_n = \frac{c_n}{2} e^{-j\varphi_n}, \hat{c}_{-n} = \frac{c_n}{2} e^{j\varphi_n},$$

es folgt

$$x_n(t) = \frac{c_n}{2} (e^{-j\varphi_n} e^{jn\omega t} + e^{j\varphi_n} e^{-jn\omega t})$$

$$= c_n \cos(n\omega t - \varphi_n).$$

Als Beispiel zeigt das Bild 2.8 Signalaufzeichnungen beim Betrieb von Webmaschinen (vgl. Aufgabe 2.6).

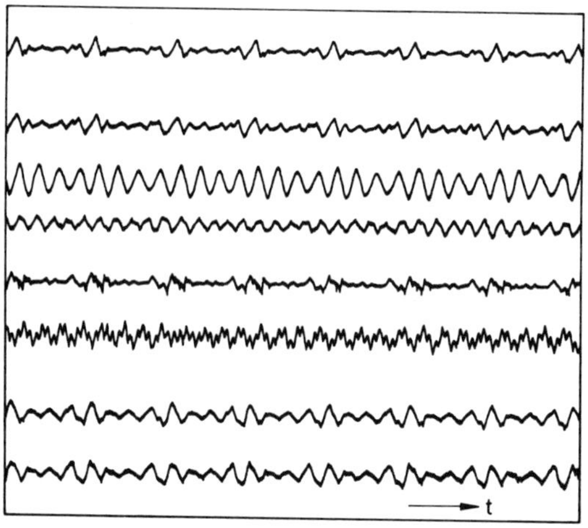

Bild 2.8 Signalaufzeichnungen beim Betrieb von Webmaschinen

Für die Konvergenz der Fourierreihe gilt: Die Funktion x(t) mit der Periode T sei bis auf endlich viele Stellen im Intervall [0, T] stetig und stetig differenzierbar, x(t) und $\dot{x}(t)$ mögen an den Unstetigkeitsstellen lediglich Sprünge endlicher Höhe besitzen. Die Konvergenz ist dann gleichmäßig und absolut in jedem abgeschlossenen Stetigkeitsintervall, und es existieren keine zwei verschiedenen Funktionen zu derselben Fourierreihe. Die Konvergenzbedingungen für die Fourierreihe [2.1] sind somit wenig einschränkend, so daß sie die in der Ingenieurpraxis auftretenden Fälle im allgemeinen abdecken. Zu erwähnen ist noch, daß eine Unstetigkeitsstelle (Sprungstelle) von x(t) in der Fourierreihe durch den Mittelwert von x(t) an dieser Stelle angenähert wird. Durch Sprungstellen treten in der Fourierreihe höhere Harmonische auf.

Beispiele einfacher periodischer Signale:

Beispiel 2.1: *Rechteckschwingung* (Mäanderfunktion, Bild 2.9)
$x(t) = -x(-t)$, ungerade Funktion, d. h. es können in der Fourierreihe nur sinus-Glieder auftreten:

$$a_0 = a_n = 0,$$

$$b_n = \frac{2}{T} 2A \int_0^{T/2} \sin n\omega t \, dt$$

$$= \frac{4A}{T} \frac{1}{n\omega}\left(1 - \cos n\omega \frac{T}{2}\right) = \begin{cases} \dfrac{4A}{(2k-1)\pi} & \text{für } n = 2k-1, \quad k = 1, 2, \ldots \\ 0 & \text{für } n = 2k. \end{cases}$$

Die Konvergenz erfolgt mit $\frac{1}{n}$.

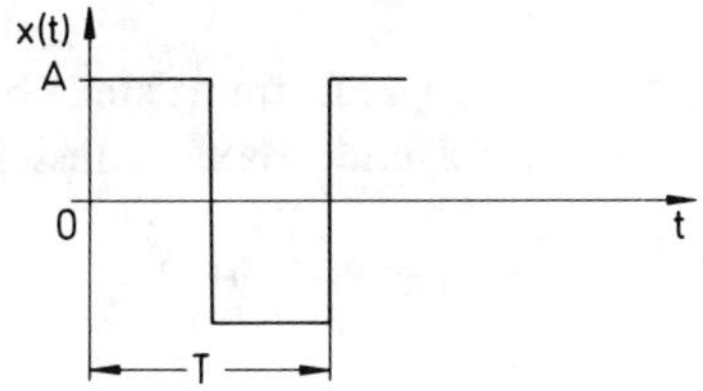

Bild 2.9 Rechteckschwingung

Beispiel 2.2: *Dreieckschwingung* (Bild 2.10)

$$x(t) = \frac{8A}{\pi^2} \sum_{n=1}^{\infty} \frac{(-1)^{n-1}}{(2n-1)^2} \sin(2n-1)\,\omega t.$$

Die Konvergenz erfolgt mit $\frac{1}{n^2}$.

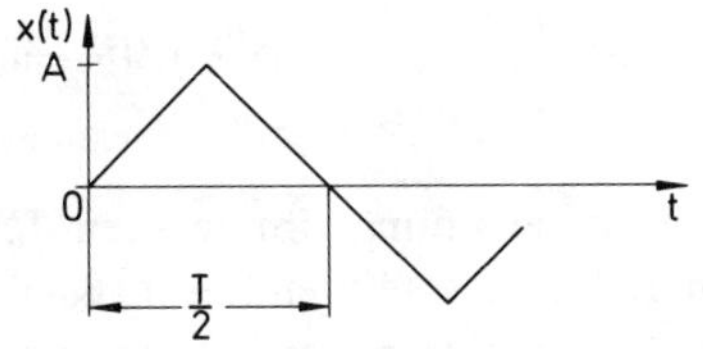

Bild 2.10 Dreieckschwingung

2.1.3 Überlagerte und modulierte (fastperiodische) Signale

Eine gedämpfte bzw. angefachte Schwingung läßt sich beschreiben durch

$$x(t) = x_0\, e^{-\delta t}\, e^{j\omega t} = x_0 e^{(-\delta + j\omega)t}. \tag{2.15}$$

ω ist die Kreisfrequenz der Schwingung, δ die Abklingkonstante (Bild 2.11). Der Ausdruck

$$x_T(t) := e^{j\omega t} \tag{2.16}$$

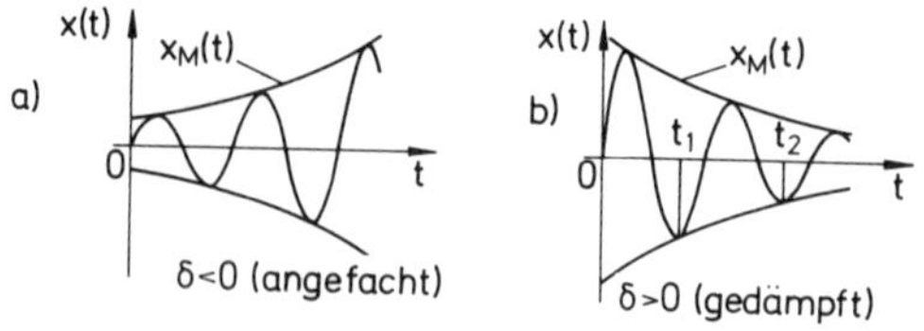

Bild 2.11
Angefachte (a) bzw. gedämpfte (b) Schwingung

wird als Trägersignal, $x_T(t) = x_T(t + T_T)$, bezeichnet und die Einhüllende

$$x_M(t) := x_0 e^{-\delta t} \tag{2.17}$$

als Modulationssignal[1]. Die Maximal- bzw. Minimalwerte von $\text{Re}[x(t)] = x_0 e^{-\delta t} \cos \omega t$ ergeben sich aus

$$\left.\begin{aligned} &\frac{d}{dt}(e^{-\delta t} \cos \omega t)\Big/_{t=t_i} = -e^{-\delta t_i}(\delta \cos \omega t_i + \omega \sin \omega t_i) = 0, \\ &\tan \omega t_i = -\frac{\delta}{\omega} \end{aligned}\right\} \tag{2.18}$$

zu

$$\omega t_i = -\arctan \frac{\delta}{\omega} + i 2\pi, \quad i = 1, 2, \ldots \tag{2.19}$$

(bezüglich der Indizierung vgl. Bild 2.11b, da nur jede 2. Extremalstelle betrachtet wird, steht in Gl. (2.19) 2π statt π). Für zwei aufeinanderfolgende Maximalausschläge gilt:

$$\left.\begin{aligned} \vartheta &:= \ln \frac{x_i}{x_{i+1}} = \ln \frac{e^{-\delta t_i} \cos \omega t_i}{e^{-\delta t_{i+1}} \cos \omega t_{i+1}} = \ln e^{-\delta(t_i - t_{i+1})} \\ &= \delta(t_{i+1} - t_i) = \frac{\delta}{\omega} 2\pi. \end{aligned}\right\} \tag{2.20}$$

ϑ bezeichnet man als das logarithmische Dekrement der Schwingung.

Anmerkung: Beim viskos gedämpften Einfreiheitsgradsystem $\ddot{u}(t) + 2\delta\dot{u}(t) + \omega_0^2 u(t) = 0$ gilt mit dem natürlichen Dämpfungsmaß

$D := \delta/\omega_0$; es folgt $\vartheta := 2\pi \frac{D}{\sqrt{1-D^2}}$.

Für kleine Dämpfungen gilt $\vartheta \doteq 2\pi D$, $D \doteq \vartheta/(2\pi)$, $D \ll 1$. Hiermit läßt sich D aus gemessenen Amplitudenmaxima leicht ermitteln.

Das Bild 2.12 zeigt die Geschwindigkeitsaufzeichnung (im rechten Teil für größeren Papiervorschub, also gegenüber dem linken Teil im gespreizten Zeitmaßstab) von Punkten einer Webmaschinenhallendecke beim Betrieb mehrerer gleicher Webmaschinen (nichtsynchronisiert). Wie entsteht das auf- und abschwellende Signal? Bei der Überlagerung zweier harmonischer Schwingungen mit benachbarten Frequenzen treten diese als Schwebungen auf.

1 Amplitudenmodulation: $x_M = x_M(t)$, frequenzmoduliert: $\omega = \omega(t)$, nullphasenveränderlich (s. Gl. (2.4)): $\varphi = \varphi(t)$.

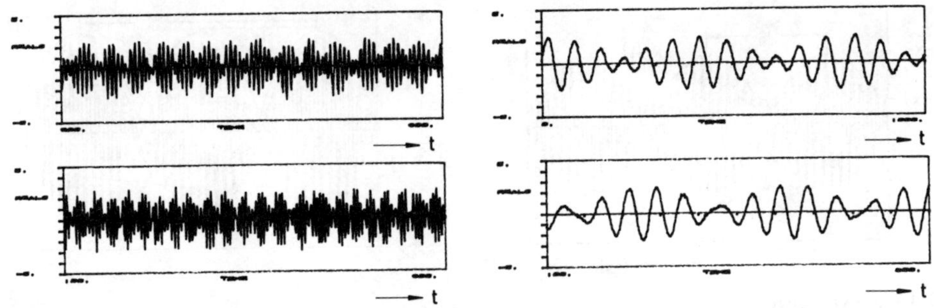

Bild 2.12 Geschwindigkeitsaufzeichnung von Punkten auf einer Webmaschinenhallendecke beim Betrieb mehrerer Webmaschinen fast gleicher Drehzahl

Allgemein läßt sich die Resultierende aus der Summe zweier harmonischer Signale (vereinfachend für gleiche Phasenlage) durch das Produkt $x(t) = x_S(t)\, x_T(t)$ mit dem Trägersignal $x_T(t)$ ausdrücken. Mit Hilfe der Additionstheoreme erhält man:

$$\begin{aligned} x(t) &= x_1 \sin \omega_1 t + x_2 \sin \omega_2 t \\ &= \frac{1}{2}(x_1 + x_2)(\sin \omega_1 t + \sin \omega_2 t) + \frac{1}{2}(x_1 - x_2)(\sin \omega_1 t - \sin \omega_2 t) \\ &= (x_1 + x_2)\left(\sin \frac{\omega_1 + \omega_2}{2} t \cos \frac{\omega_1 - \omega_2}{2} t\right) + (x_1 - x_2)\left(\cos \frac{\omega_1 + \omega_2}{2} t \sin \frac{\omega_1 - \omega_2}{2} t\right) \\ &=: x_S(t) \sin\left[\frac{\omega_1 + \omega_2}{2} t + \varphi(t)\right], \end{aligned} \tag{2.21}$$

$$x_S(t) := \sqrt{x_1^2 + x_2^2 + 2\, x_1 x_2 \cos(\omega_1 - \omega_2)t},$$

$$x_T(t) := \sin\left[\frac{\omega_1 + \omega_2}{2} t + \varphi(t)\right],$$

$$\tan \varphi(t) := \frac{x_1 - x_2}{x_1 + x_2} \tan \frac{\omega_1 - \omega_2}{2} t.$$

Mit $x(t)$ liegt eine Schwebung vor, wenn die Frequenzen $\omega_1 > \omega_2$ nahe benachbart sind. Das Trägersignal $x_T(t)$ schwingt mit der Trägerfrequenz $\omega_T := (\omega_1 + \omega_2)/2$ (Periodendauer $T_T = 2\pi/\omega_T$), und es ist nullphasenveränderlich ($\varphi(t)$ ändert sich nichtlinear mit der Zeit). Die Schwingung $x(t)$ ist außerdem mit $x_S(t)$ amplitudenmoduliert, $x_S(t)$ ist die Umhüllende der Schwebung mit der Schwebungsfrequenz $\omega_S := \omega_1 - \omega_2$ (Schwebungsperiode $T_S = 2\pi/\omega_S$), sie nimmt Werte zwischen $x_1 + x_2$ und $x_1 - x_2$ an (Bild 2.13a). Für gleiche Amplituden, $x_1 = x_2$, folgt aus (2.21) $\varphi(t) = 0$ und $x_S(t)$ geht über in

$$\left.\begin{aligned} x_M(t) &:= x_1 \sqrt{2[1 + \cos(\omega_1 - \omega_2)t]} \\ &= x_1 \sqrt{4 \cos^2 \frac{\omega_1 - \omega_2}{2} t} \\ &= 2\, x_1 \cos \frac{\omega_1 - \omega_2}{2} t, \\ x(t) &= x_M(t) \sin \frac{\omega_1 + \omega_2}{2} t = x_1(\sin \omega_1 t + \sin \omega_2 t). \end{aligned}\right\} \tag{2.22}$$

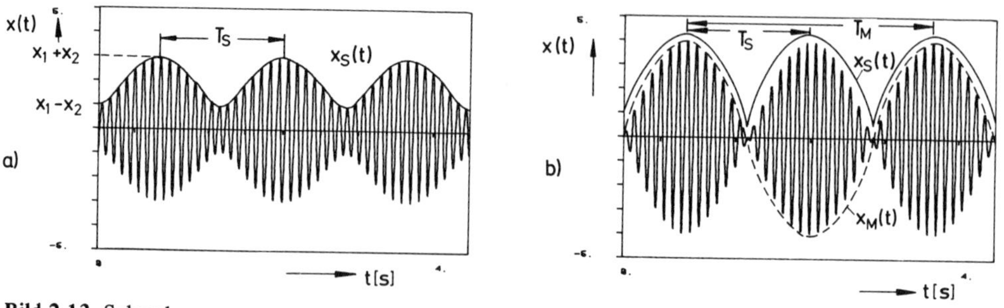

Bild 2.13 Schwebungen

Es liegt die einfache Schwebung vor, die nur noch harmonisch amplitudenmoduliert ist. $x_M(t)$ ist das Modulationssignal mit der Modulationsfrequenz $\omega_M := (\omega_1 - \omega_2)/2 = \omega_S/2$, die Modulationsperiode $T_M = 2\pi/\omega_M$ beträgt das Doppelte der Schwebungsperiode (Bild 2.13b).

Liegt eine Amplitudenmodulation der Art

$$x(t) = x_0(1 + \cos \omega_M t) \sin \omega_T t$$
$$= x_0 \left[\sin \omega_T t + \frac{1}{2} \sin(\omega_T + \omega_M)t + \frac{1}{2} \sin(\omega_T - \omega_M)t \right]$$

vor, so setzt sich das Signal aus drei harmonischen Schwingungen mit den Frequenzen ω_T, $\omega_T + \omega_M$, $\omega_T - \omega_M$ zusammen.

Die Summe zweier harmonischer Signale mit benachbarten Frequenzen, d.h. bei kleiner Schwebungsfrequenz gegenüber der Trägerfrequenz, ist in der Praxis „unangenehm", weil sie einmal lästig sein (Störungen des Wohlbefindens durch die niedrigen Frequenzen) und zum anderen zu evtl. zu hohen Beanspruchungen führen kann.

Die Einteilung der nichtperiodischen Signale in fastperiodische und transiente Signale (Bild 1.6) ist im Schrifttum nicht einheitlich. Einerseits werden – wie hier – überlagerte und modulierte Signale als fastperiodische (modifizierte harmonische) Signale bezeichnet und andererseits nur die überlagerten periodischen Signale (s. Aufgabe 2.5). Wie die Einteilung im einzelnen vorgenommen wird, ist jedoch nicht entscheidend.

2.1.4 Nichtperiodische Signale

Periodische Zeitfunktionen konnten mit Hilfe der Fourierreihe dargestellt werden. Nichtperiodische Vorgänge ($T \to \infty$) dagegen bedürfen zu ihrer Beschreibung im Frequenzraum der Integraltransformationen.

2.1.4.1 Die Fouriertransformation

Die nichtperiodische Zeitfunktion x(t) erfülle bestimmte Voraussetzungen.[1] Fassen wir x(t) als eine Funktion mit der Periode $T \to \infty$ auf, so lautet mit (2.14) der Grenzwert

1 $\int_{-\infty}^{\infty} |x(t)|\, dt < \infty$ und x(t) von beschränkter Variation, s. beispielsweise [2.1, 2.2]. Die Bedingung der absoluten Integrierbarkeit der Zeitfunktion ist insbesondere bei den sog. energiebegrenzten Zeitsignalen erfüllt, für die $\int_{-\infty}^{\infty} |x(t)|^2\, dt \leqslant K < \infty$ gilt.

ihrer Fourierreihe im Komplexen

$$x(t) = \lim_{T\to\infty} \sum_{n=-\infty}^{\infty} \left[\frac{1}{T} \int_{-T/2}^{T/2} x(t) e^{-jn\omega_0 t} dt\right] e^{jn\omega_0 t} \tag{2.23}$$

mit der (festen) Frequenz ω_0 und ihren Vielfachen $n\omega_0$. Mit dem Grenzübergang $T \to \infty$ geht die Differenz $\Delta\omega_n := \omega_{n+1} - \omega_n = \frac{2\pi}{T}$ über in $d\omega = \lim_{T\to\infty} \frac{2\pi}{T}$, woraus $\lim_{T\to\infty} \frac{1}{T} = \frac{d\omega}{2\pi}$ folgt. Mit $\Delta\omega_n \to d\omega$ kann statt $n\omega_0$ jetzt die (kontinuierliche) Variable ω geschrieben werden. Damit und der Ersetzung der Summe durch die entsprechende Integration ergibt sich die Gleichung

$$x(t) = \frac{1}{2\pi} \int_{-\infty}^{\infty} \left[\int_{-\infty}^{\infty} x(t) e^{-j\omega t} dt\right] e^{j\omega t} d\omega. \tag{2.24}$$

Die Gl. (2.24) ist die Fourierdarstellung der nichtperiodischen Funktion x(t) mit der Fouriertransformierten (Fouriertransformation des Signals)

$$F\{x(t)\} := X(j\omega) := \int_{-\infty}^{\infty} x(t) e^{-j\omega t} dt, \tag{2.25}$$

sie entspricht den Amplituden $\hat{c}_n$ der Fourierreihe und ist das kontinuierliche Amplitudenspektrum von x(t): die komplexe Amplitude pro Kreisfrequenz und damit die Darstellung von x(t) im Frequenzraum. (2.25) in (2.24) eingesetzt liefert x(t) aus X(jω), also die Rücktransformation, das Fourierintegral:

$$x(t) =: F^{-1}\{X(j\omega)\} := \frac{1}{2\pi} \int_{-\infty}^{\infty} X(j\omega)\, e^{j\omega t}\, d\omega. \tag{2.26}$$

Die obige pragmatische Herleitung der Fouriertransformierten und des Fourierintegrals aus der Fourierreihe entbehrt der mathematischen Strenge; hinsichtlich einer strengen Herleitung s. [2.1 und 2.2].

Eigenschaften der Fouriertransformierten:

1. Fouriertransformierte einer geraden Zeitfunktion $x_g(t) = x_g(-t)$:

$$X_g(j\omega) = \int_{-\infty}^{\infty} x_g(t)\, [\cos\omega t - j \sin\omega t]\, dt$$

$$= 2 \int_0^{\infty} x_g(t) \cos\omega t\, dt - j\left[\int_{-\infty}^{0} x_g(t) \sin\omega t\, dt + \int_0 x_g(t) \sin\omega t dt\right]$$

$$= 2 \int_0^{\infty} x_g(t) \cos\omega t\, dt - j \cdot 0. \tag{2.27}$$

Sie ist reell und auf eine cosinus-Transformation reduziert.

2. Fouriertransformierte einer ungeraden Zeitfunktion $x_u(t) = -x_u(-t)$:

$$X_u(j\omega) = \int_{-\infty}^{\infty} x_u(t)\cos\omega t\,dt - j\int_{-\infty}^{\infty} x_u(t)\sin\omega t\,dt$$

$$= 0 - 2j\int_{0}^{\infty} x_u(t)\sin\omega t\,dt. \qquad (2.28)$$

Sie ist imaginär und auf die sinus-Transformation reduziert.

3. Fouriertransformierte eines zeitverschobenen Signals $x(t - t_0)$:

$$F\{x(t - t_0)\} = \int_{-\infty}^{\infty} x(t - t_0)e^{-j\omega t}\,dt = \int_{-\infty}^{\infty} x(t - t_0)e^{-j\omega t}.e^{-j\omega(t_0 - t_0)}dt$$

$$= \int_{-\infty}^{\infty} x(t - t_0)e^{-j\omega(t - t_0)}\,d(t - t_0)e^{-j\omega t_0},\ dt = d(t - t_0),$$

$$= X(j\omega)e^{-j\omega t_0}, \qquad (2.29)$$

d.h., eine Zeitverschiebung t_0 bewirkt im Frequenzraum keine Änderung des Betrages (: Verschiebungssatz). Real- und Imaginärteil der Fouriertransformierten $\mathbf{X}(j\omega)$ ändern bei einer Zeitverschiebung ihre Eigenschaften wesentlich durch die Multiplikation mit $e^{-j\omega_0 t} = \cos\omega_0 t - j\sin\omega_0 t$.

Weitere Eigenschaften können dem Abschnitt über die Laplacetransformation entnommen werden.

Beispiel 2.3: Gegeben sei das Signal einer gedämpften Schwingung: $x(t) = x_0 e^{(-\delta + j\omega_0)t}$, $t \geq 0$. Wie lautet das Amplitudenspektrum?
Es ist durch die Fouriertransformierte gegeben (Bild 2.14):

$$F\{x(t)\} = X(j\omega) = \int_{0}^{\infty} x_0 e^{(-\delta + j\omega_0)t}\,e^{-j\omega t}\,dt$$

$$= x_0\int_{0}^{\infty} e^{[-\delta + j(\omega_0 - \omega)]t}\,dt$$

$$= \frac{x_0\,e^{[-\delta + j(\omega_0 - \omega)]t}}{-\delta + j(\omega_0 - \omega)}\Bigg/_{0}^{\infty}$$

$$= \frac{x_0}{\delta - j(\omega_0 - \omega)} = \frac{x_0[\delta + j(\omega_0 - \omega)]}{\delta^2 + (\omega_0 - \omega)^2}.$$

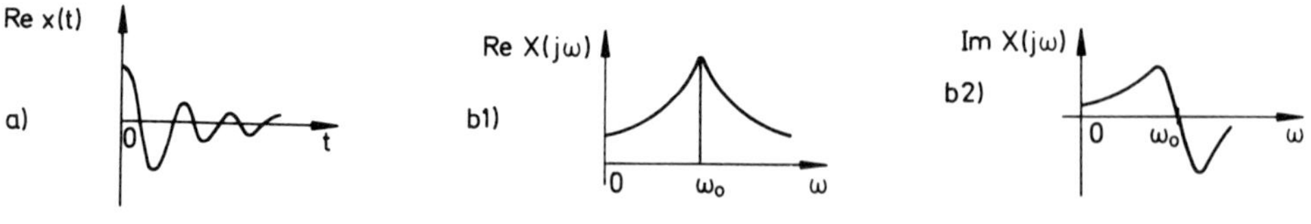

Bild 2.14 Die gedämpfte Schwingung

Beispiel 2.4: Rechteckimpuls (Bild 2.15)

$$x(t) = \begin{cases} 0 \text{ für } t < -t_B/2 \\ A \text{ für } -t_B/2 < t < t_B/2, \\ 0 \text{ für } t > t_B/2 \end{cases}$$

$$X(j\omega) = A \int_{-t_B/2}^{t_B/2} e^{-j\omega t}\, dt = -A\frac{1}{j\omega} e^{-j\omega t}\Big|_{-t_B/2}^{t_B/2} = \frac{2A}{\omega} \sin \omega \frac{t_B}{2}.$$

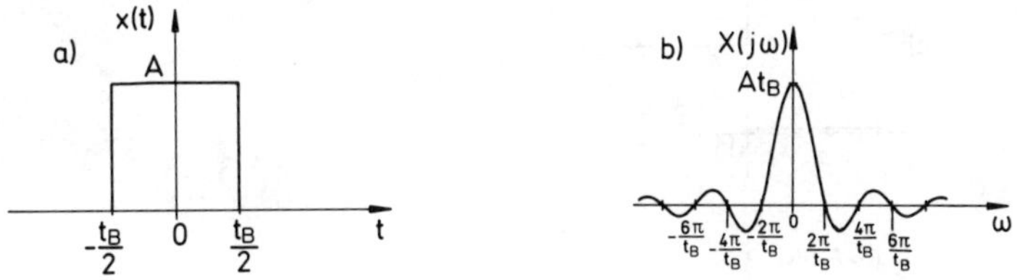

Bild 2.15 Zeitfunktion und Fouriertransformierte des Rechteckimpulses

Hinweis:
Man beachte die Oszillation der Fouriertransformierten. Diese Eigenschaft zu kennen, ist für den Praktiker wichtig, damit Fehlinterpretationen vermieden werden (s. Faltung, zeitbegrenzte Signale: Rechteckfenster).

Beispiel 2.5: Einheitsstoß (Dirac-Stoß, -Funktion)[1]

$\delta(t) = 0$ für $t \neq 0$ und $\int_{-\infty}^{\infty} \delta(t)\, dt = 1$ (Grenzwert eines Rechteckimpulses der Höhe $1/\epsilon$ und der Breite ϵ mit $\epsilon \to 0$),

$$F\{\delta(t)\} = \int_{-\infty}^{\infty} \delta(t)\, e^{-j\omega t}\, dt = \int_{-\infty}^{\infty} \delta(t)\, e^{-j\omega 0}\, dt = 1.$$

Das Amplitudenspektrum ist konstant: Alle Frequenzen sind mit derselben Amplitude im Spektrum vorhanden.

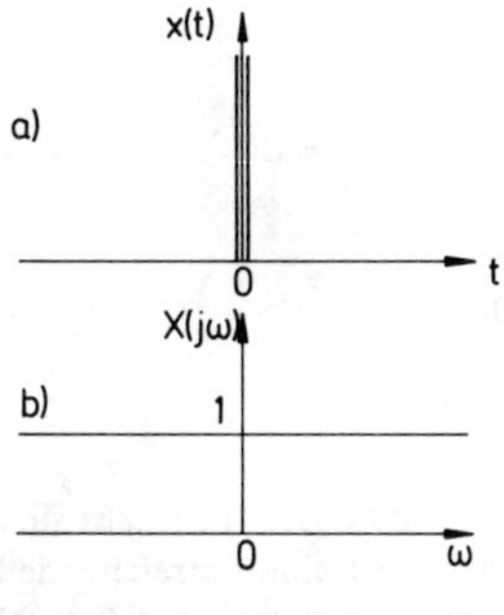

Bild 2.16 Zeitfunktion und Fouriertransformierte des δ-Stoßes

1 Die Behandlung derartiger Idealisierungen bedarf der Distributionstheorie, die notgedrungen ziemlich abstrakt ist. Dieser Weg wird hier nicht beschritten im Bewußtsein, daß die Ergebnisse durch nichtillegitime Operationen abgesichert sind [2.1, 2.2].

Beispiel 2.6: Einheitssprung

$$1(t) := \begin{cases} 0 \text{ für } t < 0 \\ 1 \text{ für } t > 0, \end{cases}$$

$$F\{1(t)\} = \int_0^\infty e^{-j\omega t} dt = -\frac{1}{j\omega} e^{-j\omega t}\Big/_0^\infty,$$

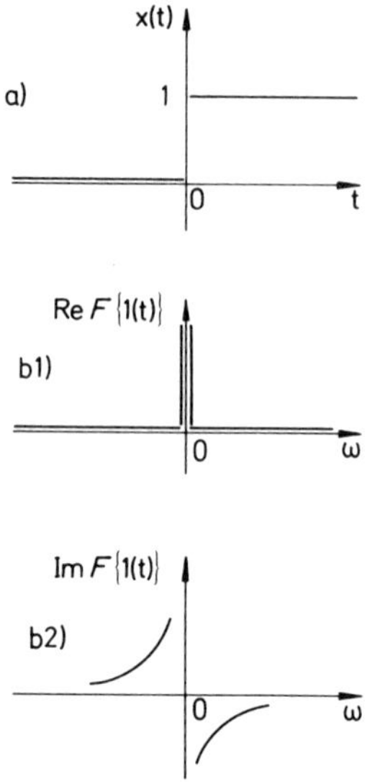

Bild 2.17 Zeitfunktion und Fouriertransformierte des Einheitssprunges

das Integral existiert nicht, da für $t \to \infty$ die trigonometrischen Funktionen keinen definierten Wert annehmen. Die Konvergenzforderung der Betragsintegrierbarkeit ist nicht erfüllt, s. Fußnote auf S. 20: $\int_0^\infty 1(t)\, dt \to \infty$.

Die Konvergenz wird durch die Multiplikation von $1(t)$ mit e^{-at}, $a > 0$, erzwungen, anschließend wird der Grenzübergang $a \to 0$ vorgenommen:

$$\int_0^\infty e^{-at} e^{-j\omega t} dt = \int_0^\infty e^{-(a+j\omega)t} dt = \frac{1}{a + j\omega}$$
$$= \frac{a}{a^2 + \omega^2} - j\frac{\omega}{a^2 + \omega^2},$$

es folgt

$$\mathrm{Re}\, F\{1(t)\} = \lim_{a \to 0} \frac{a}{a^2 + \omega^2} = \begin{cases} 0 \text{ für } \omega \neq 0 \\ \infty \text{ für } \omega = 0, \end{cases}$$

$$\mathrm{Im}\, F\{1(t)\} = \lim_{a \to 0} -\frac{\omega}{a^2 + \omega^2} = -\frac{1}{\omega}.$$

Obwohl die Integrabilitätsbedingung für $1(t)$ nicht erfüllt ist, läßt sich $F\{1(t)\}$ bilden: Die absolute Integrierbarkeit der Zeitfunktion ist eine hinreichende aber nicht notwendige Bedingung für die Existenz der Fouriertransformierten (s. auch Seite 51).

Hinweis: Die oben betrachteten Signale als Testsignale (künstliche Erregungen) interpretiert, liefern über ihre Amplitudenspektren wichtige Anhaltspunkte für die Durchführung von Schwingungsversuchen (s. Aufgabe 2.7, und Abschnitt 4.1).

Die Tabelle 2.1 enthält für verschiedene Zeitfunktionen (Darstellungen im Zeitraum, Originalraum) die zugehörigen Fouriertransformierten (Darstellungen im Frequenzraum, Bildraum).

Bei den Beispielen treten einige auf, bei denen die Zeitfunktionen lediglich für $t \geqslant 0$ von Null verschiedene Werte annehmen, die diesbezügliche Fouriertransformation bezeichnet man als einseitige Fouriertransformation im Gegensatz zu der zweiseitigen in (2.25).

Tabelle 2.1 Die Fouriertransformierten einiger Zeitfunktionen

Bezeichnung	Zeitraum (Originalraum)	Frequenzraum (Bildraum)
Darstellung	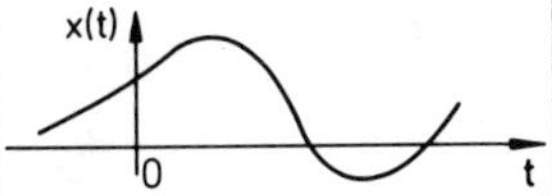	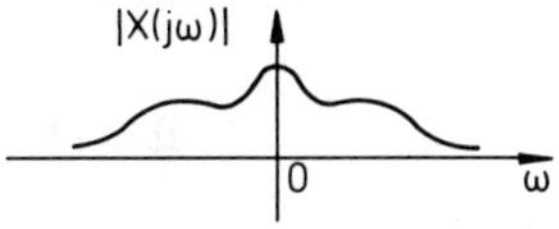
Definition	$F^{-1}\{X(j\omega)\} := x(t)$ $= \frac{1}{2\pi} \int_{-\infty}^{\infty} X(j\omega)\, e^{j\omega t}\, d\omega$ Fourierintegral	$F\{x(t)\} := X(j\omega)$ $= \int_{-\infty}^{\infty} x(t)\, e^{-j\omega t}\, dt$ $\int_{-\infty}^{\infty} \lvert x(t)\rvert\, dt < \infty$ Fouriertransformierte
Gerade Funktion	$x(t) = x_g(t) = x_g(-t)$	$F\{x_g(t)\} = 2 \int_0^{\infty} x_g(t) \cos \omega t\, dt$ (reell)
Ungerade Funktion	$x(t) = x_u(t) = -x_u(-t)$	$F\{x_u(t)\} = -j\, 2 \int_0^{\infty} x_u(t) \sin \omega t\, dt$ (imaginär)
Addition	$x_1(t) + x_2(t)$	$F\{x_1(t) + x_2(t)\} = X_1(j\omega) + X_2(j\omega)$
Verschiebung	$x(t - t_0)$	$X(j\omega)\, e^{-j\omega t_0}$
Differentiation	$\dot{x}(t)$	$j\omega X(j\omega)$ mit $\lim_{t \to \pm\infty} x(t) = 0$
Stoß-Funktion	$\delta(t)$	1
Exponential-Funktion	$e^{(-\delta + j\omega_0)t}$	$\frac{\delta + j(\omega_0 - \omega)}{\delta^2 + (\omega_0 - \omega)^2}$

2.1.4.2 Die Laplacetransformation

Die Fouriertransformierte des Einheitssprunges konnte nur über einen Kunstgriff ermittelt werden, weil die erforderliche Beschränktheit (s. Fußnote auf S. 20) des Signals (s. Beispiel 2.6)

$$\int_{-\infty}^{\infty} |x(t)|\, dt < \infty \tag{2.30}$$

nicht erfüllt ist. Dieser Nachteil der Fouriertransformation, die fehlende Integrierbarkeit schon bei einfachen Funktionen, führt auf den Gedanken, statt $x(t)$ das Signal $x(t)e^{-\alpha t}$, $\alpha > 0$, mit der Konvergenzbedingung entsprechend (2.30),

$$\int_{-\infty}^{\infty} |x(t)\, e^{-\alpha t}|\, dt < \infty, \tag{2.31}$$

zu betrachten, denn (2.31) ist für alle uns interessierenden Funktionen, selbst für Exponentialfunktionen $e^{\beta t}$ mit $\alpha > \beta$, erfüllt.

Frage: Was bedeutet die multiplikative Einführung von $e^{-\alpha t}$ für beispielsweise die freie Schwingung des Einfreiheitsgradsystems $\ddot{u} + 2\,\delta\dot{u} + \omega_0^2 u = 0$?

Antwort: Die Lösung der Differentialgleichung ist

$u(t) = e^{-\delta t}(A \cos \omega_D t + B \sin \omega_D t)$,

$u(t)\, e^{-\alpha t} = e^{-(\delta + \alpha)t}\,(A \cos \omega_D t + B \sin \omega_D t)$,

also bedeutet die Multiplikation mit $e^{-\alpha t}$ die Einführung einer bekannten Zusatzdämpfung, die im späteren Ergebnis berücksichtigt werden kann (Exponentialfenster).

Mit der Abkürzung

$$s := \alpha + j\omega \tag{2.32}$$

ist entsprechend der Fouriertransformation die einseitige Laplacetransformation definiert:

$$L\{x(t)\} := \int_{0}^{\infty} x(t)\, e^{-st}\, dt =: X(s). \tag{2.33}$$

Die Rücktransformation von $X(s)$ in den Zeitbereich lautet (ohne Beweis, s. [2.3]):

$$L^{-1}\{X(s)\} := x(t) = \frac{1}{2\pi j} \int_{\alpha - j\infty}^{\alpha + j\infty} X(s)\, e^{st}\, ds. \tag{2.34}$$

Der Zusammenhang zwischen der einseitigen Fouriertransformierten $X(j\omega)$ und der entsprechenden Laplacetransformierten $X(s)$ einer Zeitfunktion $x(t)$ folgt unmittelbar aus den Definitionen: Unter der Voraussetzung, daß der Grenzwert existiert, gilt hier

$$X(j\omega) = \lim_{\alpha \to 0} X(s) = \lim_{s \to j\omega} X(s). \tag{2.35}$$

Beispiel 2.7: Gesucht ist die Laplacetransformierte einer Geschwindigkeit $v(t) := \frac{dx(t)}{dt} = \dot{x}(t)$: $L\{x(t)\} := X(s)$,

$$L\{\dot{x}(t)\} = \int_0^\infty \dot{x}(t)\, e^{-st}\, dt \quad \text{(partiell integriert, es folgt)}$$

$$= x(t)\, e^{-st} \Big/_0^\infty + s \int_0^\infty x(t)\, e^{-st}\, dt$$

$$= -x(0) + s\, X(s).$$

Die Laplacetransformierte der ersten Ableitung einer Zeitfunktion ist auf die Laplacetransformierte der Zeitfunktion selbst zurückführbar: Der Differentiation im Zeitraum entspricht eine algebraische Operation, die Multiplikation mit s im Bildraum. Entsprechendes gilt für die Ableitungen höherer Ordnung.

Umgekehrt kann die Laplacetransformierte der Verschiebung für $x(0) = 0$ durch die Laplacetransformierte der Geschwindigkeit ausgedrückt werden: $X(s) = \frac{1}{s} L\{v(t)\} =: \frac{1}{s} V(s)$, $v(t) := \dot{x}(t)$:

Sind Geschwindigkeiten gemessen, so kann in einfacher Weise im s-Raum (Division durch $s \neq 0$) die Laplacetransformierte der Verschiebung berechnet werden.

Beispiel 2.8: Laplacetransformation der Bewegungsgleichung des viskos gedämpften Einfreiheitsgradsystems.

$$\ddot{u}(t) + 2\,\delta\,\dot{u}(t) + \omega_0^2 u(t) = \frac{1}{m}\, p(t),$$

$$L\{u(t)\} = U(s),$$

$$L\{p(t)\} = P(s),$$

$$L\{\ddot{u}(t)\} = \int_0^\infty \ddot{u}(t)\, e^{-st}\, dt = \dot{u}(t)\, e^{-st} \Big/_0^\infty + s \int_0^\infty \dot{u}(t)\, e^{-st}\, dt$$

$$= -\dot{u}(0) + s\, L\{\dot{u}(t)\}$$

$$= -\dot{u}(0) + s[-u(0) + sU(s)],$$

es folgt:

$$s^2 U(s) - su(0) - \dot{u}(0) + 2\,\delta[-u(0) + sU(s)] + \omega_0^2 U(s) = \frac{1}{m} P(s),$$

denn es gilt laut Definition:

$$L\{ax(t)\} = \int_0^\infty ax(t)\, e^{-st}\, dt = a\, L\{x(t)\},$$

$$L\{x_1(t) + x_2(t)\} = \int_0^\infty [x_1(t) + x_2(t)]\, e^{-st}\, dt = L\{x_1(t)\} + L\{x_2(t)\}.$$

Es folgt:

$$(s^2 + 2\,\delta s + \omega_0^2)\, U(s) - \dot{u}(0) - (s + 2\,\delta)\, u(0) = \frac{1}{m} P(s).$$

Sind die Anfangsbedingungen gleich Null, $u(0) = \dot{u}(0) = 0$, so folgt mit $s^2 + 2\,\delta s + \omega_0^2 \neq 0$

$$U(s) = \frac{1}{m} \frac{P(s)}{s^2 + 2\,\delta s + \omega_0^2},$$

das algebraische Problem für nichtperiodische Signale, das formal mit dem für harmonische Signale übereinstimmt.

Die Tabelle 2.2 enthält für vorgegebene Zeitfunktionen die zugehörigen Laplacetransformierten.

Tabelle 2.2 Die Laplacetransformierten einiger Zeitfunktionen

Bezeichnung	Zeitraum, $t \geqslant 0$	Bildraum
Definition	$x(t) =: L^{-1}\{X(s)\} := = \frac{1}{2\pi j}\int_{\alpha-j\infty}^{\alpha+j\infty} X(s)\, e^{st}\, ds$	$L\{x(t)\} := X(s) := = \int_0^{\infty} x(t)\, e^{-st}\, dt$ $s := \alpha + j\omega,\ \alpha > 0$
Verschiebung	$x(t - t_0)$ für $t > t_0 \geqslant 0$	$X(s)\, e^{-st_0}$
Addition	$a_1 x_1(t) + a_2 x_2(t)$	$a_1 X_1(s) + a_2 X_2(s)$
Differentiation	$\frac{d^n x(t)}{dt^n}$	$s^n X(s) - \sum_{k=1}^{n} s^{n-k} \frac{d^{k-1}x(t)}{dt^{k-1}}\Big/_{t=0}$
Integration	$\int_0^t x(\tau)\, d\tau$	$\frac{1}{s} X(s)$
Stoß-Funktion	$\delta(t)$	1
Sprung-Funktion	$1(t)$	$\frac{1}{s}$
Rampen-Funktion	t	$\frac{1}{s^2}$
Sinus-Funktion	$\sin \omega t$	$\frac{\omega}{s^2 + \omega^2}$
Cosinus-Funktion	$\cos \omega t$	$\frac{s}{s^2 + \omega^2}$
Exponential-Funktion	e^{-at}	$\frac{1}{s + a}$
Potenz-Funktion	$\frac{t^{n-1}}{(n-1)!}$, $n > 0$ (ganz)	$\frac{1}{s^n}$
	$\frac{e^{-a^2/4t}}{(\pi t)^{1/2}}$	$\frac{e^{-a\sqrt{s}}}{\sqrt{s}}$

Frage: Wie können für gemessene Geschwindigkeiten die Laplacetransformierten der Beschleunigungen ermittelt werden?
Welche Beziehungen gelten im s-Raum für gemessene Beschleunigungen, für die die Anfangsbedingungen gleich Null sind?

Antwort: Für $\dot{x}(t) =: v(t)$ und Anfangsbedingungen gleich Null gilt $a(t) := \ddot{x}(t) = \dot{v}(t)$;
$A(s) := L\{a(t)\} = s\, V(s)$, $V(s) := L\{v(t)\}$.

Beantwortung der 2. Frage:

$$V(s) = L\{\int_0^t \ddot{x}(\tau)\,d\tau\} = \frac{1}{s}A(s),$$

$$X(s) = L\{\int_0^t v(\tau)\,d\tau\} = \frac{1}{s}V(s) = \frac{1}{s^2}A(s).$$

Das Bild 2.18 zeigt ein Beispiel aus der Praxis. Während eines Fluges gibt der Pilot durch einen Schlag auf das Steuerhorn einen Querruderstoß ein, die Antwort (Drehwinkel) des Querruders zeigt das Bild 2.18a, die Antworten dreier Leitwerkspunkte auf den Querruderstoß zeigt das Bild 2.18b, die zugehörigen Beträge der Laplacetransformierten der Leitwerksantworten enthält Bild 2.18c.

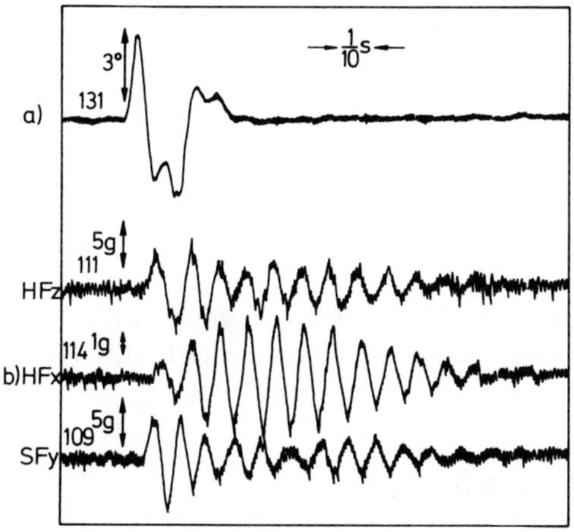

Bild 2.18
Zeitfunktionen und zugehörige Beträge der Laplacetransformierten der Antworten verschiedener Strukturpunkte eines Flugzeug-Leitwerkes auf einen manuellen Querruderstoß

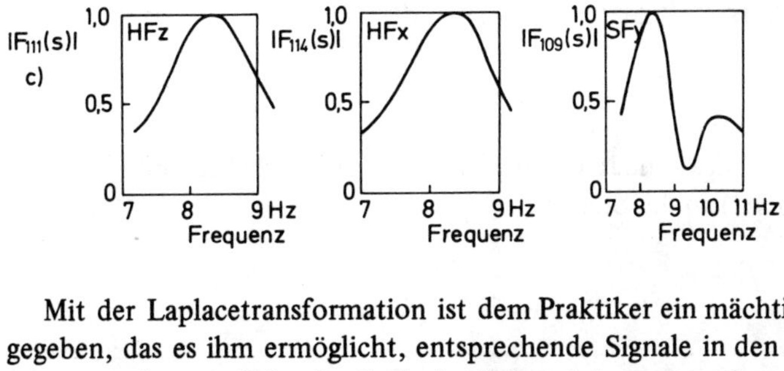

Mit der Laplacetransformation ist dem Praktiker ein mächtiges Hilfsmittel in die Hand gegeben, das es ihm ermöglicht, entsprechende Signale in den Frequenzraum zu transformieren und zusätzlich physikalische Erkenntnisse gegenüber der Zeitbereichsdarstellung zu gewinnen. Die Lösung der hierbei auftretenden Differentialgleichungen wird durch die Laplacetransformation algebraisiert und damit einfach lösbar, Rücktransformationen in den Zeitbereich sind z.B. über Transformationstafeln möglich. Die Anwendungen (s. Kapitel 4 und folgende) werden diese Aussage bekräftigen.

2.2 Determinierte Einfreiheitsgradsysteme

Gesucht ist die Ausgangsgröße sowohl im Zeit- als auch im Frequenzraum des linearen Einfreiheitsgradsystems aufgrund einer vorgegebenen determinierten Eingangsgröße. Da hierbei der Einheitsstoß (Dirac-Funktion) benötigt wird, sei er nochmals angeführt:

$$\left.\begin{aligned} &\delta(t-t') = 0 \text{ für } t \neq t', \\ &\int_{-\infty}^{\infty} \delta(t-t')\,dt = 1. \end{aligned}\right\} \tag{2.36}$$

Mit

$$\delta_\Delta(t-t') := \begin{cases} \dfrac{1}{\Delta t} & \text{für } t' - \dfrac{\Delta t}{2} \leqslant t \leqslant t' + \dfrac{\Delta t}{2} \\ 0 & \text{sonst} \end{cases} \tag{2.37a}$$

und dem Rechteckimpuls

$$\int_{-\infty}^{\infty} \delta_\Delta(t-t')\,dt = 1 \tag{2.37b}$$

folgt in der Grenze $\Delta t \to 0$:

$$\lim_{\Delta t \to 0} \delta_\Delta(t-t') = \delta(t-t'), \tag{2.37c}$$

also (2.36) (Bild 2.19). Die im folgenden benutzte Ausblendeigenschaft ergibt sich aus der Definition (2.36), s. Fußnote auf S. 23, mit (2.37) unter Verwendung des 1. Mittelwertsatzes der Integralrechnung:

$$\begin{aligned} \int_{-\infty}^{\infty} y(t)\delta(t-t')\,dt &= \lim_{\Delta t \to 0} \int_{-\infty}^{\infty} y(t)\delta_\Delta(t-t')\,dt = \\ &= \lim_{\Delta t \to 0} y(\xi)\delta_\Delta(\xi - t')\,\Delta t,\; t' - \frac{\Delta t}{2} < \xi < t' + \frac{\Delta t}{2} \\ &= y(t'), \end{aligned} \tag{2.38}$$

d.h. den Dirac-Stoß $\delta(t-t')$ angewendet auf eine Funktion $y(t)$ und über t integriert, ergibt den Funktionswert von $y(t)$ an der Stelle t'.

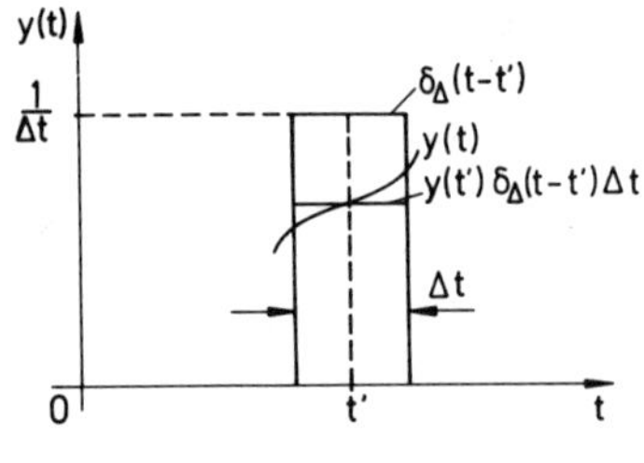

Bild 2.19 Zur Ausblendeigenschaft des Einheitsstoßes

2.2.1 Das Duhamel-Integral (Faltungsprodukt)

Mit g(t) sei die Stoßübergangsfunktion (Gewichtsfunktion, Übertragungsglied) des Systems bezeichnet. Das ist die Antwort unseres Systems auf einen Einheitsstoß: Lösung der homogenen Differentialgleichung mit entsprechenden Anfangsbedingungen.

Beispiel 2.9: $m\ddot{u} + b\dot{u} + ku = \delta(t)$

$$\lim_{\epsilon\to 0} \left(m \int_{-\epsilon}^{\epsilon} \ddot{u}dt + b \int_{-\epsilon}^{\epsilon} \dot{u}dt + k \int_{-\epsilon}^{\epsilon} udt\right) = 1$$

$$\lim_{\epsilon\to 0} \left(m\dot{u}\Big|_{-\epsilon}^{\epsilon} + bu\Big|_{-\epsilon}^{\epsilon} + k \int_{-\epsilon}^{\epsilon} udt\right) = 1$$

$\epsilon \to 0$: Für $t = 0$ muß die Verschiebung aus der Ruhelage stetig, d.h. u_0 muß gleich dem rechts- und linksseitigen Grenzwert sein, $u_0 = u_{0+0} = u_{0-0} = 0$, die Geschwindigkeit kann jedoch wegen der Impulserregung

$$\int_1^2 p(t)\,dt = m(\dot{u}_2 - \dot{u}_1)$$

einen Sprung besitzen: $\dot{u}_{0-0} = 0$, $\dot{u}_{0+0} \neq 0$,

$m(\dot{u}_{0+0} - \dot{u}_{0-0}) + b \cdot 0 + k \cdot 0 = 1$,

$\dot{u}_{0+0} =: \dot{u}_0 = \frac{1}{m}$.

Man beachte die Dimension des Einheitspulses!

Das Bild 2.20 zeigt ein Beispiel für eine Gewichtsfunktion g(t). g(t) ist also die Antwort des linearen Systems auf den Einheitsstoß $\delta(t)$. Die Antwort des linearen Systems auf den Einheitsstoß $\delta(t - \tau)$ sei $g(t, \tau) = 0$ für $t \leqslant \tau$, denn nach dem Kausalitätsprinzip ist bei der Erregung $p(t) \equiv 0$ für $t < t_0$ die Antwort des vorher in der Ruhelage befindlichen Systems $u(t) \equiv 0$ für $t \leqslant t_0$. Ist das System zeitinvariant, d.h. $p(t - \tau)$ verursacht $u(t - \tau)$, wie es beispielsweise für Systeme gilt, die durch lineare Differentialgleichungen mit konstanten Koeffizienten beschrieben werden, so folgt $g(t, \tau) = g(t - \tau)$ (Bild 2.21). D.h., die Impulsantwort hängt nur von der Zeitspanne ab, die zwischen dem Zeitpunkt des δ-Stoßes und dem Beobachtungszeitpunkt liegt, mit anderen Worten: Für $t < \tau$ „weiß" das System noch nichts von dem δ-Stoß zur Zeit τ.

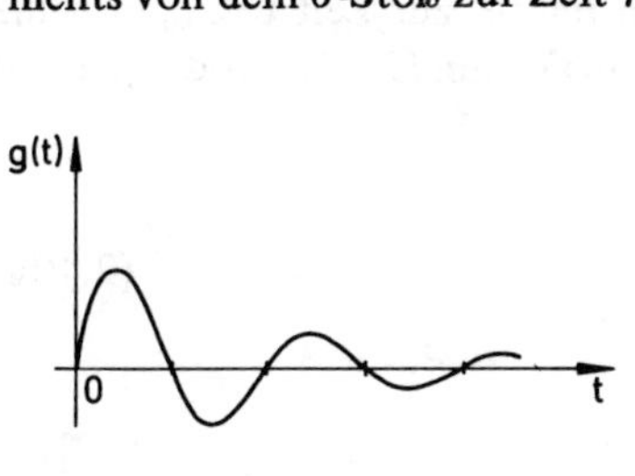

Bild 2.20
Beispiel einer Stoßübergangsfunktion

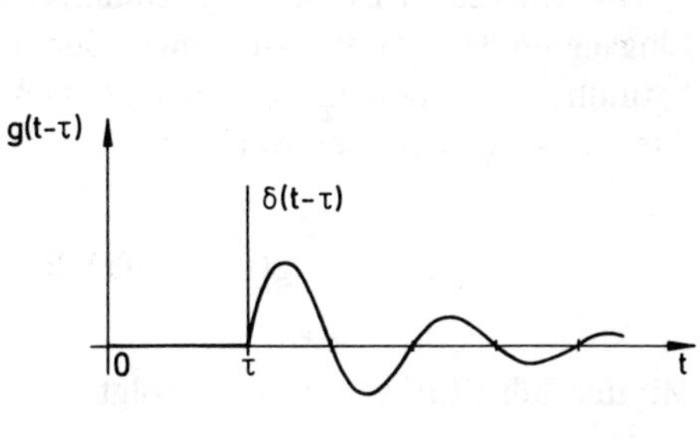

Bild 2.21 Antwort (Stoßübergangsfunktion) auf einen Einheitsimpuls $\delta(t - \tau)$

Für die vorgegebene transiente oder nichttransiente äußere Kraft p(t) seien äquidistante Stützstellen $\tau_i = t_0 + i\Delta\tau$, i = 0(1)n, eingeführt. Mit $p(\tau_i) \equiv p(\tau_i)\,\frac{1}{\Delta\tau}\,\Delta\tau$ und (2.37a), $p(\tau_i)\delta_\Delta(t - \tau_i)\Delta\tau$, läßt sich p(t) durch einen Treppenzug approximieren. Der einzelne Rechteckimpuls ergibt sich unter Beachtung von (2.37b) zu

$$\int_{-\infty}^{\infty} p(\tau_i)\delta_\Delta(t-\tau_i)\Delta\tau\,dt = p(\tau_i)\Delta\tau \int_{-\infty}^{\infty} \delta_\Delta(t-\tau_i)\,dt = p(\tau_i)\,\Delta\tau$$

(Bild 2.22).

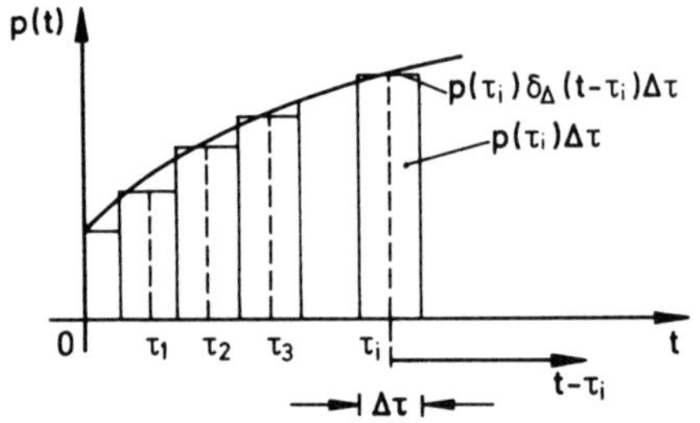

Bild 2.22 Approximation der Eingangsgröße durch Rechteckimpulse

Der Einheitsstoß $\delta(t - \tau_i)$ mit der Impulsgröße 1 bewirkt die Antwort $g(t - \tau_i) \cdot 1$, der Rechteckstoß $p(\tau_i)\ \delta_\Delta(t - \tau_i)\ \Delta\tau$ mit der Impulsgröße $p(\tau_i)\Delta\tau$ ergibt also die Antwort $g(t - \tau_i)p(\tau_i)\Delta\tau =: \Delta u_i$. In der Grenze $\Delta\tau \to 0$ geht τ_i in die Variable τ des Definitionsbereiches über, und es folgt

$$\lim_{\Delta\tau\to 0} \frac{\Delta u_i}{\Delta\tau} = \frac{du}{d\tau} = g(t-\tau)p(\tau). \tag{2.39}$$

Für das zur Zeit $t < t_0$ in Ruhe befindliche System ($u(t_0) = 0$) ergibt die Integration über τ von t_0 bis t

$$u(t) = \int_{t_0}^{t} g(t-\tau)p(\tau)\,d\tau. \tag{2.40}$$

Die Gl. (2.40) ist das sog. Duhamel-Integral: Es ist die funktionale Zuordnung der Eingangsgröße p(t) zur Ausgangsgröße u(t) im Zeitraum für ein zur Zeit $t < t_0$ in Ruhe befindliches System. Entsprechend dem Wertebereich von p(t) kann (2.40) mit der unteren Grenze $-\infty$ geschrieben werden:

$$u(t) = \int_{-\infty}^{t} g(t-\tau)p(\tau)\,d\tau. \tag{2.40a}$$

Mit der Substitution $t' := t - \tau$ folgt

$$u(t) = \int_{0}^{\infty} g(t')p(t-t')\,dt', \tag{2.40b}$$

wobei hier entsprechend dem Wertebereich von g(t) im Definitionsbereich (vgl. Bild 2.20) die untere Grenze gleich $-\infty$ gesetzt werden kann:

$$u(t) = \int_{-\infty}^{\infty} g(t')p(t - t')\,dt'. \tag{2.40c}$$

Die Rücksubstitution $\tau = t - t'$ liefert das Duhamel-Integral für lineare zeitinvariante Systeme in allgemeiner Schreibweise zu

$$u(t) = \int_{-\infty}^{\infty} g(t - \tau)p(\tau)\,d\tau =: g(t) * p(t). \tag{2.41}$$

(2.41) in der letzten Schreibweise als sogenanntes Faltungsprodukt oder Faltung wird auch als Faltungssatz 2. Form bezeichnet. Die oben verwendeten verschiedenen Integrationsgrenzen sollen lediglich die mögliche Allgemeinheit abhängig von den Definitions- und Wertebereichen der Funktionen andeuten. Ist die Funktion p(t) für $t < t_0$ identisch Null und für $t \geqslant t_0$ definiert und stetig, so ist die durch die Faltung (2.41) mit den Integrationsgrenzen t_0 und t definierte Funktion u(t) für $t \geqslant t_0$ definiert und stetig. Darüber hinaus zeigt der Vergleich von (2.41) mit (2.40b), daß die Faltung von der Reihenfolge der Funktionen g(t) und p(t) unabhängig (kommutativ) ist. Die Assoziativität läßt sich ebenfalls beweisen: $(f * g) * p = f * (g * p)$.

Damit kann die Ein-/Ausgangsbeziehung (Bild 1.2) jetzt mit der Gewichtsfunktion g(t) dargestellt werden (Bild 2.23):

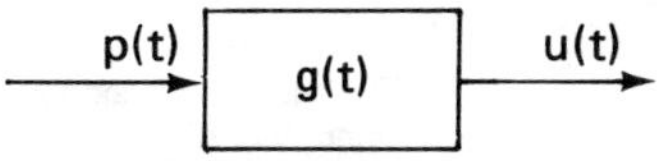

Bild 2.23 Ein-/Ausgangsbeziehung mit der Gewichtsfunktion g(t), der Eingangsgröße p(t) und der Ausgangsgröße u(t)

Mit dem Duhamel-Integral kann also die Antwort eines Systems auf eine beliebige Erregungsfunktion p(t) berechnet werden. Das Duhamel-Integral ist die vollständige Lösung der Bewegungsgleichung, sie gilt für die Anfangsbedingung, für die die Gewichtsfunktion g(t) ermittelt wurde: für ein zum Zeitpunkt $t < t_0$ in Ruhe befindliches System. Sind andere Anfangsbedingungen zu berücksichtigen, weil das System für $t < t_0$ nicht in Ruhe war, so braucht der Lösung u(t) aus dem Duhamel-Integral nur die Lösung der homogenen Bewegungsgleichung superponiert und deren Integrationskonstanten aus den Anfangsbedingungen bestimmt zu werden.

Das Duhamel-Integral bzw. den Faltungssatz in seiner 1. Form erhält man durch Approximation der Erregerfunktion p(t) durch Einheitssprungfunktionen und Verwendung der Sprungübergangsfunktion $h(t - \tau)$ (s.z.B. [2.4]):

$$u(t) = h(t)\,p(0) + \int_0^t h(t - \tau)\,\frac{dp(\tau)}{d\tau}\,d\tau \tag{2.42}$$

mit

$$\frac{dh(t)}{dt} = g(t). \tag{2.43}$$

(2.42) läßt sich durch partielle Integration in (2.40) überführen (h(0) = 0). Die Lösung (2.42) gilt für die Anfangsbedingung, für die h(t) ermittelt wurde. Andere Anfangsbedingungen werden auch hier durch Hinzunahme der Lösung der homogenen Gleichung eingearbeitet.

Das Bild 2.24 deutet die graphische Konstruktion der Faltung von zwei einseitigen Funktionen an. Die angedeutete Konstruktion muß für jedes t durchgeführt werden. Aus dem Bild wird jetzt auch die Bezeichnung Faltung verständlich.

Damit ist an sich das Problem der klassischen Systemtheorie theoretisch gelöst (anwendbar auf jedes System, das sich durch eine lineare Differentialgleichung beliebiger Ordnung darstellen läßt), praktisch stößt die Auswertung der Integrale jedoch u. U. auf Schwierigkeiten.

Beispiele für typische transiente Testsignale (Erregerfunktionen) zeigen die Bilder 2.25 und 2.26.

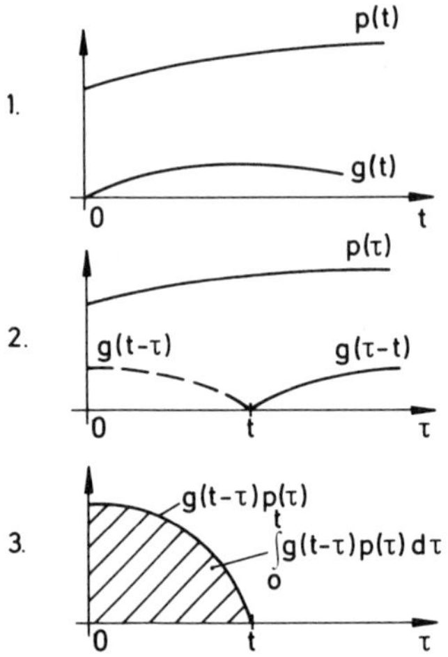

Bild 2.24 Faltung zweier einseitiger Funktionen p(t) und g(t)

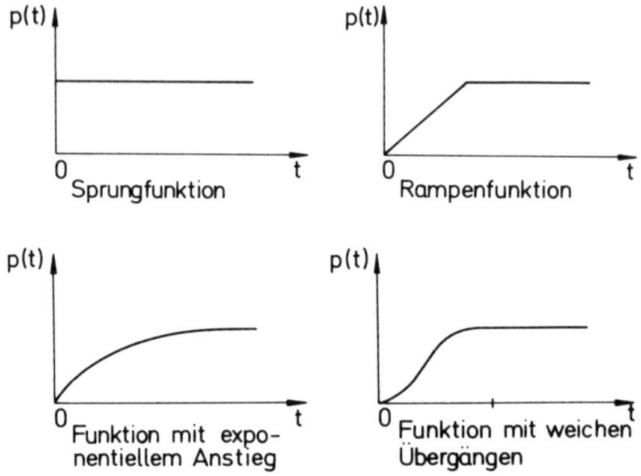

Bild 2.25 Sprungartige Testsignale (bleibende Eingangsgröße für $t \to \infty$)

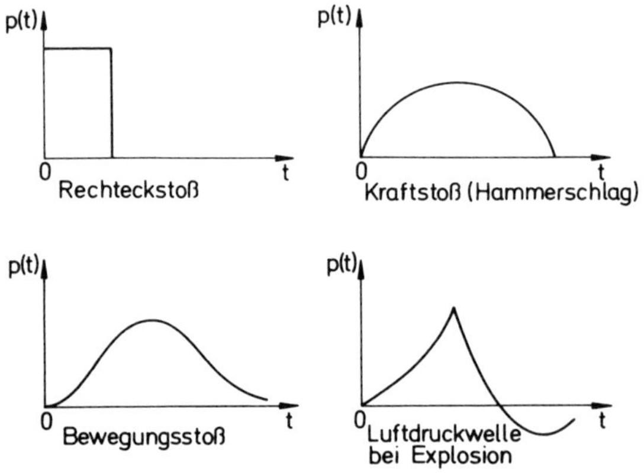

Bild 2.26 Impulsartige Testsignale (verschwindende Eingangsgröße für $t \to \infty$)

Beispiel 2.10: Ein PKW, idealisiert als Einfreiheitsgradsystem (Bild 2.27a), fährt über eine schadhafte Asphaltstraße:

$$m\ddot{u} + b(\dot{u} - \dot{u}_g) + k(u - u_g) = 0$$

$$m\ddot{u} + b\dot{u} + ku = b\dot{u}_g + ku_g =: p$$

mit (Bild 2.27b)

$$u_g(t) = \begin{cases} \dfrac{p_0}{b\left(\dfrac{k^2}{b^2} + \dfrac{\pi^2}{t_1^2}\right)}\left[\dfrac{\pi^2 b}{k t_1^2}\left(1 - e^{-\frac{k}{b}t}\right) + \dfrac{k}{b}\left(1 - \cos\dfrac{\pi t}{t_1}\right) - \dfrac{\pi}{t_1}\sin\dfrac{\pi t}{t_1}\right], & 0 \leqslant t \leqslant t_1 \\ u_g(t_1)\, e^{-\frac{k}{b}(t - t_1)} + \dfrac{2 p_0}{k}\left(1 - e^{-\frac{k}{b}(t - t_1)}\right), & t_1 \leqslant t < \infty \end{cases}$$

und (Bild 2.27c) aus der Gleichung $b\dot{u}_g + ku_g = p$ folgend

$$p(t) = \begin{cases} p_0\left(1 - \cos\dfrac{\pi t}{t_1}\right) & \text{für } 0 \leqslant t \leqslant t_1 \\ 2 p_0 & \text{für } t_1 \leqslant t. \end{cases}$$

Die Stoßübergangsfunktion ergibt sich aus der homogenen Differentialgleichung

$$m\ddot{u}_h + b\dot{u}_h + ku_h = 0$$

mit den Anfangsbedingungen $u_{h0} = 0$, $\dot{u}_{h0} = \dfrac{1}{m}$:

$$u_h = e^{-\delta t}(A\cos\omega_D t + B\sin\omega_D t),\ \delta := \frac{b}{2m},\ \omega_D^2 := \omega_0^2(1 - D^2),\ \omega_0^2 = k/m,\ D := \delta/\omega_0,$$

$$\dot{u}_h = -\delta e^{-\delta t}(A\cos\omega_D t + B\sin\omega_D t) + \omega_D e^{-\delta t}(-A\sin\omega_D t + B\cos\omega_D t).$$

Mit der Anfangsbedingung $u_{h0} = 0$ folgt $A = 0$,

mit $\dot{u}_{h0} = \dfrac{1}{m}$ ergibt sich $\omega_D B = \dfrac{1}{m}$ und somit $B = \dfrac{1}{\omega_D m}$.

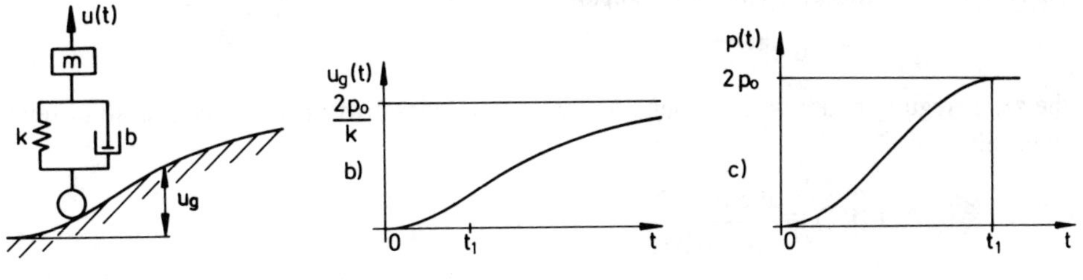

Bild 2.27 PKW über ausgebesserter Asphaltstraße

Folglich ist

$$g(t) = \frac{1}{\omega_D m} e^{-\delta t} \sin\omega_D t.$$

Duhamel:

$$u(t) = \frac{p_0}{\omega_D m}\int_0^t e^{-\delta(t-\tau)} \sin\omega_D(t-\tau)\left(1 - \cos\frac{\pi\tau}{t_1}\right) d\tau \text{ für } 0 \leqslant t \leqslant t_1,$$

$$u(t) = u_1(t_1, t) + \frac{2\,p_0}{\omega_D m} \int\limits_{t_1}^{t} e^{-\delta(t-\tau)} \sin \omega_D(t-\tau)\, d\tau \text{ für } t > t_1$$

mit

$$u_1(t_1, t) = \frac{p_0}{\omega_D m} \int\limits_{0}^{t_1} e^{-\delta(t-\tau)} \sin \omega_D(t-\tau) \left(1 - \cos \frac{\pi\tau}{t_1}\right) d\tau.$$

Daraus folgt

$$u(t) = \frac{p_0}{m\omega_D} \left\{ \frac{\omega_D}{\omega_D^2 + \delta^2} - \frac{e^{-\delta t}}{\sqrt{\omega_D^2 + \delta^2}} \cos(\omega_D t - \epsilon_0) + \frac{1}{2\sqrt{\left(\omega_D - \frac{\pi}{t_1}\right)^2 + \delta^2}} \cdot \right.$$

$$\cdot \left[e^{-\delta t} \cos(\omega_D t - \epsilon_1^-) - \cos\left(\frac{\pi}{t_1}\, t - \epsilon_1^-\right) \right] +$$

$$\left. + \frac{1}{2\sqrt{\left(\omega_D + \frac{\pi}{t_1}\right)^2 + \delta^2}} \left[e^{-\delta t} \cos(\omega_D t - \epsilon_1^+) - \cos\left(\frac{\pi}{t_1}\, t + \epsilon_1^-\right) \right] \right\}, \quad 0 \leqslant t \leqslant t_1,$$

$$u(t) = u_1(t_1, t) + \frac{2\,p_0}{m\omega_D} \left\{ \frac{\omega_D}{\omega_D^2 + \delta^2} - \frac{e^{-\delta(t-t_1)}}{\sqrt{\omega_D^2 + \delta^2}} \cos\left[\omega_D(t - t_1) - \epsilon_0\right] \right\}, \quad t > t_1$$

$$\text{mit } \cos \epsilon_0 := \frac{\omega_D}{\sqrt{\omega_D^2 + \delta^2}} \quad \tan \epsilon_0 := \frac{\delta}{\omega_D}, \quad \tan \epsilon_1^{\pm} := \frac{\delta}{\omega_D \pm \frac{\pi}{t_1}}.$$

2.2.2 Der Frequenzgang

Wird ein lineares zeitinvariantes Einfreiheitsgradsystem sinusförmig mit

$$p(t) = \hat{p}\, e^{j\Omega t}, \tag{2.44}$$

(Ω ist die Erregungskreisfrequenz) angeregt und ist

$$u(t) = \hat{u}\, e^{j(\Omega t + \varphi)} \tag{2.45}$$

die zur Erregung phasenverschobene Antwort im eingeschwungenen Zustand, so bezeichnet man mit

$$F(j\Omega) := \frac{\hat{u} \exp j(\Omega t + \varphi)}{\hat{p} \exp j\Omega t} = \frac{\hat{u}}{\hat{p}}\, e^{j\varphi} \tag{2.46}$$

den Frequenzgang, der mit der Vergrößerungsfunktions $V(\Omega)$, dem Tangens der Phasenverschiebung wie nachstehend aufgeführt zusammenhängt:

$$\left.\begin{aligned} V(\Omega) &= |F(j\Omega)| = |\sqrt{(\mathrm{Re}F)^2 + (\mathrm{Im}F)^2}| \\ \tan \varphi &= \frac{\mathrm{Im}F}{\mathrm{Re}F}. \end{aligned}\right\} \tag{2.47}$$

Bild 2.28 gibt für das strukturell gedämpfte Einfreiheitsgradsystem

$$m\ddot{u} + (jb + k)\, u = \hat{p}\, e^{j\Omega t}$$

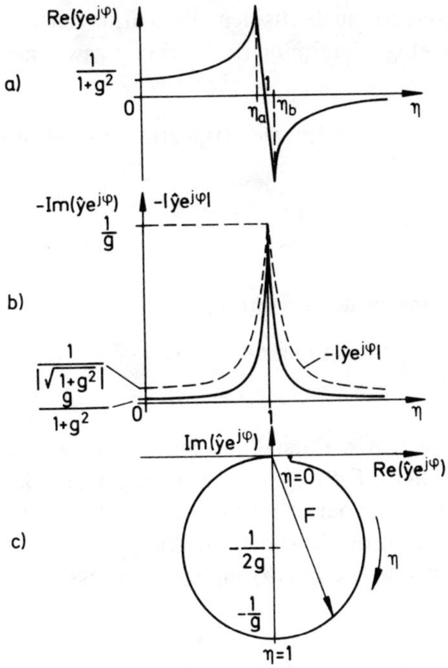

Bild 2.28
Real- (a), Imaginärteil- und Amplitudenfrequenzgang (b), Ortskurve (c) des Einfreiheitsgradsystems

$$\left.\begin{aligned} \eta &:= \frac{\Omega}{\omega_0} \\ g &:= \frac{b}{\omega_0^2 m} \\ \hat{y} &:= \frac{\hat{u}}{\omega_0^2 m} \end{aligned}\right\} \qquad (2.48)$$

einen Teil der bekannten Zusammenhänge wieder.

Für die nichtperiodische Erregung p(t) läßt sich die Fouriertransformierte

$$P(j\omega) := \mathcal{F}\{p(t)\} \qquad (2.49)$$

als Überlagerung einzelner harmonischer Schwingungen mit der Amplitude $P(j\omega)\, d\omega$ deuten. Die zugehörige Ausgangsgröße $U(j\omega)\, d\omega$ wird dann gemäß (2.46) durch die mit dem Frequenzgang multiplizierte Erregungsamplitude gebildet:

$$U(j\omega)\, d\omega = F(j\omega)\, P(j\omega)\, d\omega, \qquad (2.50)$$

woraus der Frequenzgang

$$F(j\omega) = \frac{U(j\omega)}{P(j\omega)} = \frac{\mathcal{F}\{u(t)\}}{\mathcal{F}\{p(t)\}}, \; P(j\omega) \neq 0, \qquad (2.51)$$

folgt.[1] (2.51) sagt aus, daß der Frequenzgang nicht nur aus dem Verhältnis der Ausgangs-

1 Diese Folgerung ist natürlich nicht streng, sondern nur eine Plausibilitätsbetrachtung. Die strenge Herleitung erfolgt über die Fouriertransformation angewandt auf das Faltungsprodukt, die zeitliche Faltung geht durch die Fouriertransformation in das Produkt der entsprechenden Fouriertransformierten über (Übung!).

zur Eingangsgröße bei harmonischer Erregung sondern auch aus dem Verhältnis der entsprechenden Fouriertransformierten für eine beliebige determinierte Erregung gewonnen werden kann.

Beispiel 2.11: Für das Testsignal $p(t) = \delta(t)$ ist die Antwort des Systems $u(t) = g(t)$. Im Frequenzraum gilt:

$$F(j\omega) = \frac{\mathcal{F}\{g(t)\}}{1} = \mathcal{F}\{g(t)\} = \int_0^\infty g(t)\, e^{-j\omega t}\, dt:$$

Der Frequenzgang ist die Fouriertransformierte der Gewichtsfunktion!

Die zum Faltungsprodukt (2.41) analoge Schreibweise ist hier also

$$U(j\omega) = F(j\omega)\, P(j\omega) \tag{2.52}$$

(Bild 2.29). Damit ist die dem Zeitraum entsprechende Darstellung im Frequenzraum gefunden. Die Fouriertransformierte der (zeitlichen) Faltung ist das Produkt aus der Fouriertransformierten der Gewichtsfunktion mit der Fouriertransformierten der Kraft. Man spricht von einer Filterwirkung des Systems: Multiplikation von $P(j\omega)$ mit $F(j\omega)$. Bezüglich Anwendungen und praktischer Ermittlung des Frequenzganges s. Kapitel 4.

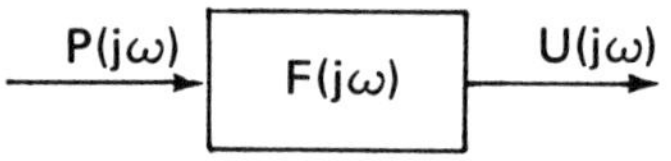

Bild 2.29 Ein-/Ausgangsbeziehung im Frequenzraum

2.2.3 Die Übertragungsfunktion

Für ein lineares zeitinvariantes Einfreiheitsgradsystem ist die Übertragungsfunktion definiert durch

$$H(s) := F(s) := \frac{U(s)}{P(s)} = \frac{\mathcal{L}\{u(t)\}}{\mathcal{L}\{p(t)\}}, \quad P(s) \neq 0. \tag{2.53}$$

Der Zusammenhang zwischen Frequenzgang und Übertragungsfunktion ist damit (s. (2.35)) gegeben durch

$$F(j\omega) = \lim_{s \to j\omega} H(s). \tag{2.54}$$

Beispiel 2.12: Mit Beispiel 2.8 folgt für das Einfreiheitsgradsystem

$$m\ddot{u} + b\dot{u} + ku = p:$$

$$m[s^2U(s) - su(0) - \dot{u}(0)] + b[sU(s) - u(0)] + k\,U(s) = P(s);$$

mit der Übertragungsfunktion für verschwindende Anfangsbedingungen, $H(s) = \frac{1}{ms^2 + bs + k}$, folgt:

$$\frac{U(s)}{P(s)} = \frac{P(s) + m\dot{u}(0) + (ms + b)u(0)}{P(s)\,(ms^2 + bs + k)} = H(s)\,\frac{P(s) + m\dot{u}(0) + (ms + b)u(0)}{P(s)}.$$

Mit dem Frequenzgang

$$F(j\omega) = \frac{1}{-\omega^2 m + j\omega b + k}$$

folgt

$$\frac{U(j\omega)}{P(j\omega)} = F(j\omega)\frac{P(j\omega) + m\dot{u}(0) + (mj\omega + b)u(0)}{P(j\omega)}.$$

2.2.4 Systemzusammenfassung

Systemtechnisch lassen sich die Ergebnisse des Abschnittes 2.2 wie in den Bildern 2.30 bis 2.32 dargestellt, einander zuordnen.

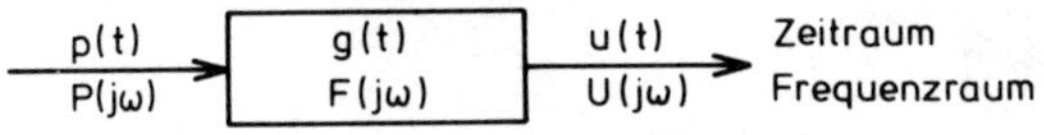

Bild 2.30 Ein-/Ausgangsbeziehung

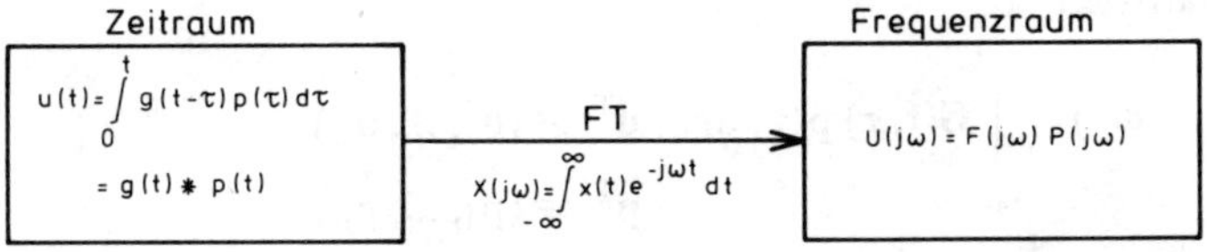

Bild 2.31 Die Analogie der mathematischen Beziehungen im Zeit- und Frequenzraum

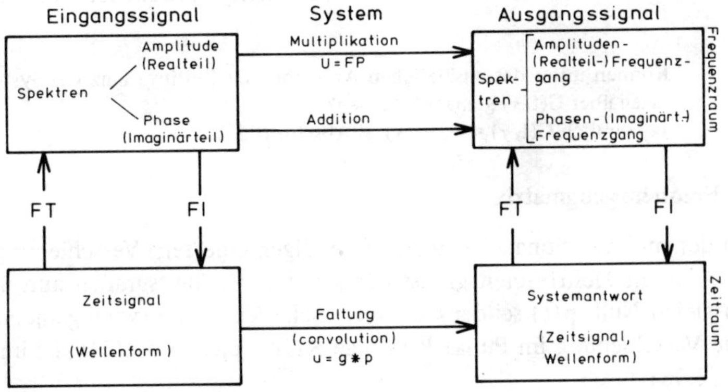

Bild 2.32 Übersichtsschema

2.3 Determinierte Mehrfreiheitsgradsysteme

2.3.1 Die Matrix der Gewichtsfunktionen

Es wird ein lineares System mit n Kollokationspunkten im Zeitraum betrachtet. In den Kollokationspunkten seien die Ein- und Ausgangsgrößen definiert: Es liegt ein System mit n Ein- und n Ausgängen vor. Einer Verallgemeinerung auf n Eingänge und m ≠ n Ausgänge steht nichts im Wege (als Übung empfohlen).

Gemäß (2.40) kann als Ein-/Ausgangsbeziehung die Antwort am k-ten Ausgang auf eine Erregung p_l am l-ten Eingang zu

$$u_{kl}(t) = \int_{t_0}^{t} g_{kl}(t, \tau)\, p_l(\tau)\, d\tau, \quad k, l = 1(1)n \tag{2.55}$$

geschrieben werden, sofern das Mehrfreiheitsgradsystem für $t < t_0$ sich in Ruhe befindet ($p_l(t) \equiv 0$ für $t < t_0$). Die Verschiebung an der Stelle k infolge der Kräfte p_l, $l = 1(1)n$, folgt aus der Superposition von (2.55):

$$u_k(t) = \sum_{l=1}^{n} \int_{t_0}^{t} g_{kl}(t, \tau)\, p_l(\tau) d\tau. \tag{2.56}$$

Mit der Zusammenfassung

$$G(t, \tau) := (g_{kl}) = \begin{pmatrix} g_{11}(t, \tau), \ldots, g_{1n}(t, \tau) \\ \cdots\cdots\cdots\cdots \\ g_{n1}(t, \tau), \ldots, g_{nn}(t, \tau) \end{pmatrix} \tag{2.57}$$

kann also matriziell

$$\mathbf{u}(t) = \int_{t_0}^{t} \mathbf{G}(t, \tau)\, \mathbf{p}(\tau)\, d\tau, \quad \mathbf{u}^T := (u_1, \ldots, u_n), \quad \mathbf{p}^T := (p_1, \ldots, p_n) \tag{2.58}$$

das Duhamel-Integral für ein Mehrfreiheitsgradsystem geschrieben werden. Mit der Aufstellung der formalen Analogie zum Einfreiheitsgradsystem sei die Zeitraumdarstellung (zunächst) abgeschlossen und die für die Praxis wichtige Frequenzraumdarstellung behandelt.

Frage: Können unter der zusätzlichen Annahme der Zeitinvarianz des Systems weitere Aussagen über $G(t, \tau)$ gemacht werden?

Antwort: Ja, nämlich $G(t, \tau) = G(t - \tau)$, s. Abschnitt 2.2.1.

2.3.2 Die Frequenzgangmatrix

$\mathbf{u}(t)$ sei der m-dimensionale Vektor der (verallgemeinerten) Verschiebungen eines linearen zeitinvarianten Mehrfreiheitsgradsystems mit n Freiheitsgraden und den Anfangsbedingungen gleich Null, $\mathbf{p}(t)$ sei der ν-dimensionale Vektor der (verallgemeinerten) äußeren Kräfte. Die Verschiebung im Punkt k infolge Kräfte $p_l(t)$, $l = 1(1)\nu$, ist im Zeitraum entsprechend (2.56) durch

$$u_k(t) = \sum_{l=1}^{\nu} \int_{t_0}^{t} g_{kl}(t - \tau)\, p_l(\tau)\, d\tau, \quad k = 1(1)m, \tag{2.59a}$$

gegeben, im Frequenzraum durch die Fouriertransformation von (2.59a),

$$F\{u_k(t)\} = \sum_{l=1}^{\nu} F\left\{ \int_{t_0}^{t} g_{kl}(t - \tau)\, p_l(\tau)\, d\tau \right\}, \tag{2.59b}$$

die nach (2.52) und Bild 2.31 mit

$$F_{kl}(j\omega) := \mathcal{F}\{g_{kl}(t)\}, \quad P_l(j\omega) := \mathcal{F}\{p_l(t)\}, \tag{2.60}$$

(vgl. Beispiel 2.11) in der Form

$$U_k(j\omega) := \mathcal{F}\{u_k(t)\} = \sum_{l=1}^{\nu} F_{kl}(j\omega)\, P_l(j\omega) \tag{2.59c}$$

geschrieben werden kann. $F_{kl}(j\omega)$ ist demzufolge die Verschiebung im Frequenzraum im Punkt k infolge einer Einheitskraft im Frequenzraum im Punkt l: Dynamische Nachgiebigkeit, Frequenzgang. (Einer Einheitskraft im Frequenzraum entspricht lt. Beispiel 2.5 ein δ-Stoß im Zeitraum.) Werden die einzelnen Frequenzgänge $F_{kl}(j\omega)$ in der Frequenzgangmatrix

$$\mathbf{F}(j\omega) := (F_{kl}(j\omega)), \quad k = 1(1)m, \, l = 1(1)\nu, \tag{2.61}$$

zusammengefaßt, so können mit $\mathbf{U}(j\omega) := (U_1(j\omega), \ldots, U_m(j\omega))^T$, $\mathbf{P}(j\omega) := (P_1(j\omega), \ldots, P_\nu(j\omega))^T$ die Gleichungen (2.59c) matriziell geschrieben werden:

$$\mathbf{U}(j\omega) = \mathbf{F}(j\omega)\,\mathbf{P}(j\omega). \tag{2.62}$$

Dieses Produkt entspricht der Fouriertransformation von (2.58) mit geänderten Matrizenordnungen (dort sind n Ein- und Ausgänge, hier ν Eingänge und m Ausgänge angenommen), nämlich der Fouriertransformation des Faltungsproduktes, wobei die Fouriertransformierte einer Matrix gleich der Matrix der Fouriertransformierten ihre Elemente ist.

Für eine harmonische Erregung

$$\mathbf{p}(t) = \hat{\mathbf{p}}\, e^{j\Omega t}, \; \hat{\mathbf{p}} = \mathbf{p}_0\text{-reell}, \tag{2.63}$$

erübrigt sich die Anwendung der Fouriertransformation und die Gl. (2.62) geht über in die Gleichung

$$\hat{\mathbf{u}} = \mathbf{F}(j\Omega)\hat{\mathbf{p}}, \tag{2.64}$$

denn das System antwortet harmonisch in der Erregungsfrequenz Ω, aber wegen evtl. vorhandener Dämpfungskräfte phasenverschoben zu $\mathbf{p}(t)$:

$$\mathbf{u}(t) = \hat{\mathbf{u}}\, e^{j\Omega t}, \; \hat{\mathbf{u}}\text{-komplex}. \tag{2.65}$$

Beispiel 2.13: Betrachtet sei das ungedämpfte und harmonisch erregte Mehrfreiheitsgradsystem nach Bild 2.33 (Vereinfachung aus Bild 1.1):

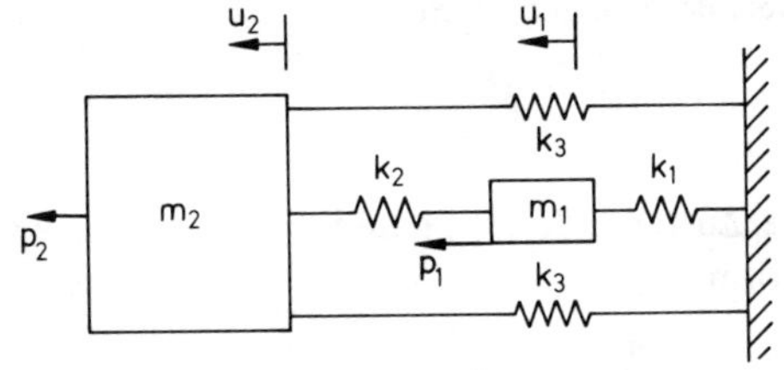

Bild 2.33
Stark vereinfachtes PKW-Modell

$$m_1 \ddot{u}_1 + k_1 u_1 + k_2(u_1 - u_2) = p_1,$$

$$m_2 \ddot{u}_2 + k_2(u_2 - u_1) + 2\,k_3 u_2 = p_2.$$

Mit

$\mathbf{u}^T := (u_1, u_2), \mathbf{p}^T := (p_1, p_2),$

$\mathbf{M} := \begin{pmatrix} m_1, & 0 \\ 0, & m_2 \end{pmatrix}, \mathbf{B} := \mathbf{0},$

$\mathbf{K} := \begin{pmatrix} k_1 + k_2, & -k_2 \\ -k_2, & k_2 + 2\,k_3 \end{pmatrix}$ lauten

die Bewegungsgleichungen allgemein unter Einschluß von Dämpfung:

$\mathbf{M}\ddot{\mathbf{u}}(t) + \mathbf{B}\dot{\mathbf{u}}(t) + \mathbf{K}\mathbf{u}(t) = \mathbf{p}(t).$

Die Frequenzgangmatrix ergibt sich aus

$(-\Omega^2\mathbf{M} + j\Omega\mathbf{B} + \mathbf{K})\,\hat{\mathbf{u}} = \hat{\mathbf{p}},$

$\hat{\mathbf{u}} = (-\Omega^2\mathbf{M} + j\Omega\mathbf{B} + \mathbf{K})^{-1}\,\hat{\mathbf{p}}$

mit $\mathbf{B} = \mathbf{0}$ zu

$\mathbf{F}(j\Omega) := (-\Omega^2\mathbf{M} + \mathbf{K})^{-1}$ mit $\Omega \neq \omega_{0i}$;

Eigenschwingungsproblem:

$(-\omega_{0i}^2\,\mathbf{M} + \mathbf{K})\,\hat{\mathbf{u}}_{0i} = \mathbf{0}.$

Eine andere Schreibweise der Bewegungsgleichungen eines linearen zeitinvarianten Mehrfreiheitsgradsystems, z.B. ohne Kreiselwirkung und ohne nichtkonservative Lagekräfte im Zeitraum als die im Beispiel 2.13 verwendete, erhält man durch die Einführung des Zustandsvektors

$$\mathbf{x} := \begin{pmatrix} \mathbf{u} \\ \dot{\mathbf{u}} \end{pmatrix}: \tag{2.66}$$

$$\dot{\mathbf{x}} = \mathbf{A}\,\mathbf{x} + \mathbf{f},\ \mathbf{A} := \begin{pmatrix} \mathbf{0}, & \mathbf{I} \\ -\mathbf{M}^{-1}\mathbf{K}, & -\mathbf{M}^{-1}\mathbf{B} \end{pmatrix},\ \mathbf{f} := \begin{pmatrix} \mathbf{0} \\ \mathbf{M}^{-1}\mathbf{p} \end{pmatrix}. \tag{2.67}$$

Entsprechend Gl. (2.64) folgt für harmonische Erregung

$$\hat{\mathbf{x}} = (j\Omega\mathbf{I} - \mathbf{A})^{-1}\hat{\mathbf{f}}. \tag{2.68}$$

Weitere Ausführungen hierzu s. beispielsweise [1.4]. Die Differentialgleichungen (2.67) sind von 1. Ordnung anstelle von 2. im Beispiel 2.13. Dieser Vorteil wird durch die Verdoppelung der Gleichungsanzahl in (2.67) erkauft: Statt n gewöhnliche Differentialgleichungen 2. Ordnung sind jetzt 2 n Differentialgleichungen 1. Ordnung zu lösen.

Anmerkung: Die Frequenzgangmatrix kann explizit nicht durch $\hat{\mathbf{u}}$, $\hat{\mathbf{p}}$ wie beim Einfreiheitsgradsystem ausgedrückt werden. Bestimmung der Frequenzgangmatrix s. Abschnitte 4.2.2 und 4.4.4.

2.3.3 Die Übertragungsmatrix

Die Ausgangsgleichungen seien die Zustandsgleichung und die Meßgleichung des Mehrfreiheitsgradsystems in allgemeiner Form

$$\left.\begin{aligned} \dot{\mathbf{x}}(t) &= \mathbf{A}\,\mathbf{x}(t) + \mathbf{B}\,\mathbf{f}(t) \\ \mathbf{y}(t) &= \mathbf{C}\,\mathbf{x}(t) + \mathbf{D}\,\mathbf{f}(t), \end{aligned}\right\} \tag{2.69}$$

mit $\mathbf{f}(t) = \mathbf{0}$ für $t < 0$ und

$\mathbf{x}$ – (n, 1) – Zustandsvektor
$\mathbf{f}$ – (m, 1) – Kraftvektor
$\mathbf{y}$ – (l, 1) – Meßgrößenvektor (Ausgangssignale)
$\mathbf{A}$ – (n, n) – Systemmatrix
$\mathbf{B}$ – (n, m) – Eingangs-(Steuer-)Matrix
$\mathbf{C}$ – (l, n) – Ausgangs-(Meß-)Matrix
$\mathbf{D}$ – (l, m) – Durchgangsmatrix.

$\mathbf{D}$ ist im allgemeinen gleich der Nullmatrix, sie beschreibt den Durchgriff von $\mathbf{f}$ auf $\mathbf{y}$. Werden von dem System in allen Punkten z.B. nur die Schwinggeschwindigkeiten gemessen und ist $\mathbf{D} = \mathbf{0}$, so hat die Meßmatrix die Gestalt $\mathbf{C} = (\mathbf{0}, \mathbf{I})$: $\mathbf{y}(t) = \dot{\mathbf{u}}(t) = (\mathbf{0}, \mathbf{I})\begin{pmatrix}\mathbf{u}(t)\\ \dot{\mathbf{u}}(t)\end{pmatrix}$. Gesucht ist die (l, m)-Übertragungsmatrix $\mathbf{H}(s)$ entsprechend

$$\mathbf{Y}(s) = \mathbf{H}(s)\,\mathbf{P}(s),\ \mathbf{Y}(s) := L\{\mathbf{y}(t)\},\ \mathbf{P}(s) := L\{\mathbf{f}(t)\}. \tag{2.70}$$

Mit $\mathbf{X}(s) := L\{\mathbf{x}(t)\}$ folgt:

$$s\mathbf{X}(s) = \mathbf{A}\,\mathbf{X}(s) + \mathbf{B}\,\mathbf{P}(s)$$

$$\mathbf{Y}(s) = \mathbf{C}\,\mathbf{X}(s) + \mathbf{D}\,\mathbf{P}(s),$$

somit

$$\mathbf{X}(s) = (s\,\mathbf{I} - \mathbf{A})^{-1}\,\mathbf{B}\,\mathbf{P}(s)$$

$$\mathbf{Y}(s) = \mathbf{C}(s\mathbf{I} - \mathbf{A})^{-1}\,\mathbf{B}\,\mathbf{P}(s) + \mathbf{D}\,\mathbf{P}(s)$$

$$\mathbf{H}(s) = \mathbf{C}(s\mathbf{I} - \mathbf{A})^{-1}\,\mathbf{B} + \mathbf{D}. \tag{2.71}$$

Beispiel 2.14: $\mathbf{B} = \mathbf{I}$, $\mathbf{C} = \mathbf{I}$, $\mathbf{D} = \mathbf{0}$, Anzahl der Freiheitsgrade n = 2. Somit ist $\mathbf{Y}(s) = \mathbf{X}(s)$,

$$\begin{pmatrix}X_1\\ X_2\end{pmatrix} = \begin{pmatrix}H_{11} & H_{12}\\ H_{21} & H_{22}\end{pmatrix}\begin{pmatrix}P_1\\ P_2\end{pmatrix},$$

$$X_1 = H_{11}\,P_1 + H_{12}\,P_2,$$

$$X_2 = H_{21}\,P_1 + H_{22}\,P_2.$$

Wählt man $P_1 = 1$, $P_2 = 0$, so folgt $X_1 = H_{11}$ etc., womit einerseits eine Möglichkeit zur experimentellen Ermittlung der Übertragungselemente angedeutet und andererseits erneut die physikalische Interpretierbarkeit als dynamische Nachgiebigkeit, Einflußzahl gegeben ist.

Die systemtheoretische Zusammenfassung für Mehrfreiheitsgradsysteme entspricht vollständig der der Einfreiheitsgradsysteme.

2.4 Diskrete Signale und Prozesse

2.4.1 Diskretisierung zeitkontinuierlicher Signale

In der Technik liegen im allgemeinen zeitkontinuierliche Signale vor. Jede numerische Behandlung der anstehenden Probleme bedingt jedoch eine Diskretisierung. Diese Notwendigkeit der Diskretisierung ergibt sich einerseits schon aus der evtl. vorgesehenen digitalen Speicherung in EDV-Anlagen durch Abtastung zu diskreten Zeitpunkten und andererseits aus der vorgesehenen Anwendung numerischer Auswerteverfahren.

Unter einem zeitdiskreten Signal, entsprechend unter einem zeitdiskreten Prozeß, der zeitdiskret arbeitet, versteht man eine Funktion der diskreten Variablen t_k (der Definitionsbereich der Funktion besteht aus einer diskreten Menge). Die Prozeßbeschreibung erfolgt im wesentlichen über Differenzengleichungen. Zwischen den Zeitpunkten t_k eines zeitdiskreten Signals kann der Signalwert bekannt (Bild 2.34a, veränderlich oder konstant) oder überhaupt nicht definiert sein. Die hinter einem Analog-Digital-Wandler (Abtastsystem) bei einer Abtastzeit $h = \Delta t$ anfallenden Werte eines zeitbegrenzten Signals werden beschrieben durch

$$x_D := \begin{cases} 0 & \text{für } t < 0 \text{ und } t > T = Nh, \\ x_k := x(kh) & \text{für } t_k = kh, \\ 0 & \text{für } kh < t < (k+1)\,h, \end{cases} \qquad k = 0(1)N. \tag{2.72a}$$

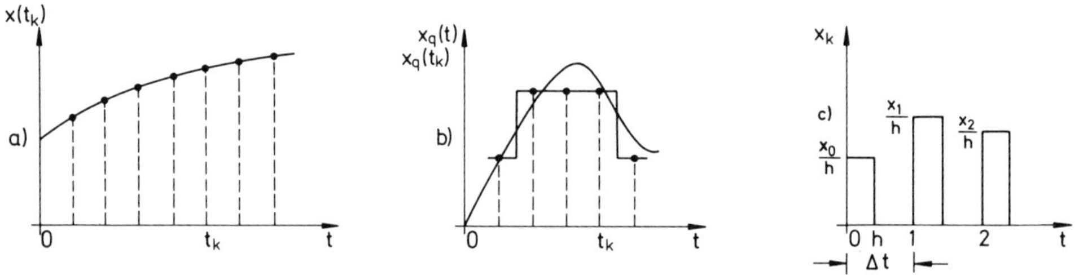

Bild 2.34 Signaldaten

(2.72a) ist auch die Beschreibung eines digitalen Systems, genauer eines zeitdiskreten und wertdiskreten Systems: Im Bild 2.34b sind die Punkte ein quantisiertes diskretes Signal $x_q(t_k)$ (signalquantisiertes System). Die Quantisierung eines Signales bedeutet seine Umwandlung in abzählbar viele Werte (Stufen) durch Abrundung der Signalordinate auf die nächstgelegene Stufe. Das Bild 2.34b zeigt für zwei vorgegebene Stufen in dem stufenförmigen Verlauf das quantisierte kontinuierliche Signal $x_q(t)$ (signalquantisiertes System). Erfolgt die „Quantisierung" zeitdiskret aber wertkontinuierlich, also nicht in Stufen, nennt man den Prozeß Abtastsystem oder Pulsübertragungssystem. Die Darstellung ist hier wieder eine Zeitreihe, die beispielsweise als eine Impulsfolge (Rechteckfolge, Bild 2.34c) interpretiert werden kann (um z.B. die Laplacetransformation anwenden zu können). Diskontinuierliche Signale $x_d(t)$ sind definiert durch die Multiplikation des kontinuierlichen Signals $x(t)$ mit einem Impulskamm:

$$x_d(t) := x(t)\left[h \sum_{\nu=-\infty}^{\infty} \delta(t - \nu h)\right] = h \sum_{\nu=-\infty}^{\infty} x(\nu h)\,\delta(t - \nu h). \tag{2.72b}$$

$x_d(t)$ ist durch die Abtastwerte $x(\nu h)$ des kontinuierlichen Signals $x(t)$ vollständig definiert: ideale Abtastung, dargestellt durch einen geschlossenen Ausdruck (vgl. Abschnitt 3.8.1).

Ist das zeitkontinuierliche Signal von der Zeitdauer T bandbegrenzt mit der Frequenz f_g, d.h., es enthält nur Frequenzen aus dem endlichen Intervall $|f| \leq f_g$, so kann jede in dem zugehörigen Amplitudenspektrum enthaltene Harmonische (also bei vorgegebener Frequenz) durch mindestens zwei (abgetastete) Zeitwerte innerhalb ihrer Periodendauer ohne Informationsverlust wiedergegeben werden. Soll die höchste enthaltene Frequenz f_g durch Abtastung erfaßt werden, so muß für die Abtastzeit die Ungleichung

$$h < \frac{1}{2 f_g} \tag{2.73}$$

erfüllt sein. Ihre Herleitung und subtilere Überlegungen (s. Abschnitt 3.8.1.2 und [2.2]) führen dazu, daß in (2.73) auch das Gleichheitszeichen zugelassen ist (Shannonsches Abtasttheorem), damit gilt für die Anzahl der abzutastenden Werte:

$$N = \frac{Nh}{h} \geq \frac{T}{h} \geq 2 f_g T. \tag{2.74}$$

Entsprechend sind die frequenzdiskreten Signale definiert:

$$U_F := \begin{cases} U_k := U(\omega_k) & \text{für } \omega_k,\ k = 0(1)N, \\ 0 & \text{für } \omega_k < \omega < \omega_{k+1}. \end{cases} \tag{2.75}$$

Beispiel 2.15: Numerische Behandlung des Faltungsintegrals (2.40c) $u(t) = \int_0^t g(t')p(t - t')dt'$ mit der Schrittweite $h = \Delta t$, den Stützstellen $t_i' = ih$, $i = 0(1)k$, $t_k = kh$, $k = 0(1)N - 1$, wenn $t_{N-1} = (N - 1)h = T$ die interessierende maximale Abszisse ist. Numerische Integration mit der Rechteckregel liefert mit $u_k := u(t_k)$, $g_i := g(t_i')$, $p_{k-i} := p(t_k - t_i')$:

$$u_k \doteq \tilde{u}_k = h \sum_{i=0}^{k} g_i\, p_{k-i} \text{ (Faltungssumme, s. auch Abschnitt 4.3.2).}$$

Beispiel 2.16: Laplacetransformation des zeitdiskreten, nicht zeitbegrenzten Signals x_k:

$$L\{x(t)\} = \int_0^\infty x(t)\, e^{-st}\, dt,$$

numerische Integration mit der Rechteckregel:

$L\{x(t)\} =: hX^L(s) + r_x^L$,

r_x^L ist der Fehler der numerischen Integration,

$$X^L(s) = \sum_{k=0}^{\infty} x_k e^{-skh}.$$

$X^L(s) \doteq L\{x(t)\}\, h$ bezeichnet man als bezogene (nämlich auf die Schrittweite h) Laplacetransformierte. $X^L(s)$ ist mit $\omega_p = 2\pi/h$ periodisch.

Beweis:

$$X^L(s+jl\omega_p) = \sum_{k=0}^{\infty} x_k e^{-kh(s+jl\omega_p)}, \; l = 1, 2, \ldots$$

$$= \sum_{k=0}^{\infty} x_k e^{-kh\,s}\, e^{-jklh\,\omega_p}, \; h\omega_p = 2\,\pi$$

$$= \sum_{k=0}^{\infty} x_k e^{-khs}\, e^{-jkl2\pi}, \; e^{-jk2\pi} = 1$$

$$= \sum_{k=0}^{\infty} x_k e^{-khs} = X^L(s) \text{ w.z.b.w.}$$

Hinweis:
Diese Information zu besitzen, ist für die Anwendung wichtig und nützlich. Wichtig, weil damit Fehlinterpretationen aus dem Verlauf von $X^L(s)$ vermieden werden und nützlich, weil die Periodizität für numerische Zwecke genutzt werden kann (s. Abschnitt 2.4.4).

2.4.2 Die z-Transformation

Setzt man in die (bezogene) diskrete Laplacetransformation (s. Beispiel 2.16)

$$X^L(s) = \sum_{k=0}^{\infty} x_k e^{-skh} \tag{2.76}$$

die Substitution

$$z := e^{hs}, \tag{2.77}$$

so folgt die sog. infinite z-Transformation,

$$X(z) := Z\{x_k\} := \sum_{k=0}^{\infty} x_k z^{-k}, \tag{2.78}$$

mit der Rücktransformation (ohne Beweis, s. [2.5])

$$x_k =: Z^{-1}\{X(z)\} = \frac{1}{2\,\pi j} \oint X(z)\, z^{k-1}\, dz, \tag{2.79}$$

die Integration erfolgt über einen Kreis mit dem Radius r, der alle Singularitäten von X(z) einschließt [2.2, 2.5]. Die Konvergenz der Reihe (2.78) muß im Einzelfall geprüft werden. Die Transformation in den z-Bereich ist für diskrete, äquidistante Zeitfunktionen von Bedeutung, die einen Prozeß beschreiben, in der nur Exponentialfunktionen der Zeit und damit rationale Brüche in z vorkommen. In diesem Fall ist die Anwendung einer Integraltransformation (z.B. der Laplacetransformation) aufwendig und überflüssig.
Die Tabelle 2.3 gibt einige Beziehungen der z-Transformation wieder.

Tabelle 2.3 Die (einseitigen) z-Transformierten einiger Zeitsignale

Bezeichnung	Zeitraum, $t \geqslant 0$	z-Raum
Definition	$x_k := x(t_k),\ t_k = k\Delta t,\ k = 0, 1, \ldots$ $x_k := Z^{-1}\{X(z)\} = \frac{1}{2\pi j} \oint X(z) z^{k-1}\, dz$	$z := e^{s\Delta t}$ $X(z) := Z\{x_k\} = \sum_{k=0}^{\infty} x_k z^{-k}$
Verschiebung	$x_{k-n} = x[(k-n)\,\Delta t]$	$X(z) z^{-n},\ n \in \mathbb{N}$
Addition	$a_1 x_1(k\Delta t) + a_2 x_2(k\Delta t)$	$a_1 X_1(z) + a_2 X_2(z)$
Modulation	$a^k x(k\Delta t),\ a \neq 0$, beliebig	$X\left(\frac{z}{a}\right)$
Multiplikation mit $k\Delta t$	$k\Delta t\, x(k\Delta t)$	$-z\Delta t \frac{dX(z)}{dz}$
Multiplikation	$x_1(k\Delta t)\, x_2(k\Delta t)$	$X_1(z) * X_2(z) :=$ $= \frac{1}{2\pi j} \oint \frac{X_1(w) X_2\left(\frac{z}{w}\right)}{w} dw$
Stoß-Funktion	$\delta(t_k)$	1
Sprung-Funktion	$1(t_k)$	$\frac{z}{z-1}$
Rampen-Funktion	t_k	$\frac{z\Delta t}{(z-1)^2}$
Sinus-Funktion	$\sin \omega t_k$	$\frac{z \sin \omega\Delta t}{z^2 - 2z\cos\omega\Delta t + 1}$
Cosinus-Funktion	$\cos \omega t_k$	$\frac{z(z - \cos\omega\Delta t)}{z^2 - 2z\cos\omega\Delta t + 1}$
Exponential-Funktion	e^{-at_k}	$\frac{z}{z - e^{-a\Delta t}}$
Potenz-Funktion	t_k^2	$(\Delta t)^2 \frac{z(z+1)}{(z-1)^3}$
Potenz-Funktion	t_k^3	$(\Delta t)^3 \frac{z(z^2+4z+1)}{(z-1)^4}$

Beispiel 2.17: Der determinierte lineare und zeitinvariante Prozeß sei durch die Differenzengleichung

$$a_0 u_k + a_1 u_{k-1} + \ldots + a_m u_{k-m} = b_0 p_k + b_1 p_{k-1} + \ldots + b_m p_{k-m}$$

beschrieben (Diskretisierung der entsprechenden Differentialgleichung). Der Verschiebungssatz

$$Z\{x(k-d)\} = Z\{x(k)\} z^{-d}$$

liefert für die z-Transformation der Differenzengleichung:

$$a_0 Z\{u_k\} + a_1 Z\{u_k\} z^{-1} + \ldots + a_m Z\{u_k\} z^{-m} = b_0 Z\{p_k\} + \ldots + b_m Z\{p_k\} z^{-m}.$$

Es folgt die Übertragungsfunktion im z-Bereich:

$$H(z) := \frac{Z\{u_k\}}{Z\{p_k\}} = \frac{b_0 + b_1 z^{-1} + \ldots + b_m z^{-m}}{a_0 + a_1 z^{-1} + \ldots + a_m z^{-m}}.$$

Anmerkung:
Der obige Verschiebungssatz folgt sofort aus dem für die Lapacetransformation. Für die z-Transformation gilt ein entsprechender Faltungssatz wie für die Fouriertransformation und für die Laplacetransformation.

2.4.3 Die diskrete Fouriertransformation

Die finite Fouriertransformation ist die Fouriertransformation eines mit T zeitbegrenzten Signals $x_T(t)$

$$X(j\omega, T) := X_T(j\omega) := \int_0^T x_T(t) e^{-j\omega t}\, dt. \tag{2.80}$$

Beim Vorliegen eines zeitbegrenzten Signals wird angenommen, daß es sich um einen einmaligen, nichtperiodischen Vorgang innerhalb des Zeitintervalls [0, T] handelt, und er außerhalb des Intervalls verschwindet. Setzt man $x_T(t)$ außerhalb T periodisch fort, so erhält man die periodische Funktion

$$x_p(t) = \sum_{\nu=-\infty}^{\infty} x_T(t - \nu T) = x_p(t \pm mT), m \in \mathbb{N},$$

die durch eine Fourierreihe mit der Grundfrequenz $\frac{2\pi}{T}$ darstellbar ist. Hierbei ist $x_p(t)$ mit $x_T(t)$ innerhalb [0, T] identisch, erscheint jedoch außerhalb von T periodisch fortgesetzt. Die Fourierkoeffizienten folgen nach (2.12), (2.13) zu

$$\hat{c}_n = \frac{1}{T} \int_0^T x_T(t)\, e^{-jn\frac{2\pi}{T}t} dt.$$

Umgekehrt kann geschlossen werden: Wird (2.80) für die diskreten Frequenzen $\omega_n = n\frac{2\pi}{T}$ ausgewertet, so ist dieses gleichbedeutend mit einer Fourierreihe, also $X_T(j\omega_n) = T\,\hat{c}_n$, und demzufolge mit einer automatischen periodischen Fortsetzung von $x_T(t)$ (vgl. Abschnitt 3.8, 1.3, Gl. (3.206)).

Geht man jetzt zu dem diskretisierten Signal über mit

$$x_k := x(t_k), k = 0(1)\, 2N, t_k = kh, h := \frac{T}{2N}, \tag{2.81}$$

also mit $t_0 = 0$, $T = 2\,Nh = t_{2N}$, so liefert die Rechteckregel für (2.80):

$$X_T(j\omega) = h \sum_{k=0}^{2N-1} x_k e^{-j\omega kh} + r_x, \tag{2.82}$$

wobei r_x der Fehler der numerischen Integration ist. Für diskrete Frequenzen gleich den ganzzahligen Vielfachen der Grundfrequenz $2\,\pi/T$,

$$\omega_n := n\,\frac{2\,\pi}{T},\ n = 0(1)\,2\,N-1, \tag{2.83a}$$

bezeichnet man

$$F_n := \sum_{k=0}^{2N-1} x_k e^{-jnk\frac{\pi}{N}} \doteq \frac{1}{h} X_T(j\omega_n) \tag{2.83b}$$

als bezogene (nämlich auf h) diskrete Fouriertransformierte. In Anlehnung an die Fourierkoeffizienten (2.13) wird auch $F_n/(2\,N) \doteq X_T(j\omega_n)/T$ als diskrete Fouriertransformierte bezeichnet. F_n ist mit der $2\,N$-fachen der Grundfrequenz $2\,\pi/T$ periodisch (s. Beispiel 2.16, $\omega_p = 2\,N(2\,\pi/T) = 2\,\pi/h$).

Anmerkung: Ist $x(t)$ bandbegrenzt mit $f_g = \omega_g/(2\pi) = 1/T_g$, so folgt n_{max} aus $n_{max} 2\pi/T = \omega_g$ bzw. ist $T_g = T/n_{max}$. Mit $N \geqslant n_{max}$ und $\Delta t = h = T/(2\,N)$ ist dann das Abtasttheorem (s. Abschnitt 2.4.1) erfüllt.

Die diskrete Fouriertransformation ist oben als Approximation der Fouriertransformation kontinuierlicher Signale eingeführt. Sie kann aber auch als eigenständige Transformation angesehen werden, die einer Folge (komplexer) Zahlen $\{x_k\} = \{x_0, ..., x_{N-1}\}$ durch die Abbildung

$$y_i = h \sum_{k=0}^{N-1} x_k e^{-j2\pi ik/N},\ i = 0(1)\,N-1 \tag{2.84a}$$

eineindeutig die Folge $\{y_i\} = \{y_0, ..., y_{N-1}\}$ zuordnet. Die Umkehrtransformation der diskreten Fouriertransformation lautet

$$x_k = \frac{1}{Nh} \sum_{i=0}^{N-1} y_i\, e^{j2\pi ik/N}. \tag{2.84b}$$

Die Eindeutigkeit der Transformation beweist man durch Einsetzen von (2.84a) in (2.84b) mit Hilfe der Beziehung

$$\frac{1}{N} \sum_{k=0}^{N-1} e^{j2\pi(\mu-\nu)k/N} = \begin{cases} 1 \text{ für } \mu - \nu = iN, \text{ i ganz} \\ 0 \text{ sonst.} \end{cases}$$

Die numerische Auswertung der diskreten Fouriertransformation erfordert beispielsweise für $2\,N = 1024 = 2^{10}$ Intervalle insgesamt $(2\,N)^2 = 1{,}048576 \cdot 10^6$ wesentliche Rechenoperationen! Dieser große Aufwand führte zu der Entwicklung eines weniger aufwendigen, EDV-Anlagen-orientierten Algorithmus', zur schnellen Fouriertransformation. Im deutschen Sprachgebrauch hat sich die englische Bezeichnung Fast-Fouriertransformation (FFT) eingebürgert, die auch hier übernommen wird.

2.4.4 Die Fast-Fouriertransformation

N für die diskrete Fouriertransformation wird zu $N = 2^m$ gewählt. Die Folge der diskreten Zeitsignale x_k wird in zwei Teilfolgen mit

$$\left.\begin{aligned} y_l &:= x_{2l}, \\ z_l &:= x_{2l+1},\ l = 0(1)\,N-1 \end{aligned}\right\} \tag{2.85}$$

aufgespalten. Mit

$$\left.\begin{aligned} Y_n &:= \sum_{l=0}^{N-1} y_l e^{-jn2l\frac{\pi}{N}}, \\ W_n &:= \sum_{l=0}^{N-1} z_l\, e^{-jn(2l+1)\frac{\pi}{N}} \end{aligned}\right| \tag{2.86}$$

folgt für die diskrete Fouriertransformierte

$$F_n = Y_n + W_n. \tag{2.87}$$

Den Ausdruck W_n noch umgeformt,

$$W_n = e^{-jn\frac{\pi}{N}} \sum_{l=0}^{N-1} z_l e^{-jn2l\frac{\pi}{N}} = e^{-jn\frac{\pi}{N}}\, Z_n, \tag{2.88}$$

$$Z_n := \sum_{l=0}^{N-1} z_l e^{-jn2l\frac{\pi}{N}} \tag{2.89}$$

liefert schließlich mit formal gleich aufgebauten Spektren Y_n und Z_n

$$F_n = Y_n + e^{-jn\frac{\pi}{N}}\, Z_n. \tag{2.90}$$

Die Spektren Y_n, Z_n sind mit N periodisch:

$$Y_{n+N} = \sum_{l=0}^{N-1} y_l e^{-j(n+N)2l\frac{\pi}{N}} = \sum_{l=0}^{N-1} y_l e^{-jn2l\frac{\pi}{N}} \cdot e^{-j2l\pi} = Y_n,$$

es folgt:

$$F_{n+N} = Y_n + e^{-j(n+N)\frac{\pi}{N}}\, Z_n = Y_n - e^{-jn\frac{\pi}{N}}\, Z_n. \tag{2.91}$$

Die Berechnung der diskreten Fouriertransformierten aus $2\,N$ Signalwerten benötigt $(2\,N)^2$ wesentliche Rechenoperationen, die der Spektren Y_n und Z_n aus je N Werten nur $2\,N^2$ wesentliche Rechenoperationen. Hinzu kommen noch N Rechenoperationen für das Zusammensetzen der Folgen Y_n, Z_n zu der Folge F_n. Wegen der Wahl von $N = 2^m$ lassen sich die Folgen y_l, z_l wieder jeweils in zwei Folgen aufteilen usw., bis eine Folge nur noch einen Wert umfaßt, der transformiert den Wert selbst wieder ergibt. Der Rechenaufwand beträgt damit (ohne Beweis) $2(2N)\,\log_2(2N)$ Multiplikationen. Für das Beispiel $2\,N = 2^{10}$ sind für die Fast-Fouriertransformation nur noch 20480 wesentliche Rechenoperationen notwendig, d.h., der Rechenaufwand für die Fast-Fouriertransformation beträgt ca. 1/50 des für die diskrete Fouriertransformation. Weitere Ausführungen und Hinweise bezüglich der verschiedenen existierenden Schemata (Programme) s. [2.6, 2.7].

Die verschiedenen Algorithmen zur numerischen Behandlung der Fouriertransformation zeigten die große Auswirkung auf die Verarbeitungsgeschwindigkeit. Ähnliche Probleme treten bei der Faltung auf. Die diskrete Faltung (Beispiel 2.15, s. auch Abschnitt 4.3.2) durch zyklische Operationen dargestellt und das Schema der Fast-Fouriertransformation angewendet wird als schnelle Faltung bezeichnet [1.7, 2.8].

2.5 Übersicht zur Fouriertransformation, Laplacetransformation und z-Transformation

Das pragmatische, heuristische Vorgehen bei der Einführung der hier verwendeten Integraltransformationen ließ Fragen offen, von denen einige bei der systematischen Zusammenstellung beantwortet werden sollen. Einschränkend seien wegen ihrer herausragenden Bedeutung nur die einseitigen Transformationen betrachtet, die auf (sog. kausale) Systeme angewendet werden, deren Zeitfunktionen für negative Zeiten die Funktionswerte Null annehmen.

Die Tabelle 2.4 stellt die Definitionen der Fouriertransformation, Laplacetransformation und z-Transformation einander gegenüber. Die gegenüber den Tabellen 2.1 und 2.2 erweiterte Tabelle 2.3 diene jetzt als Grundlage, um die allgemeinen Beziehungen der Fouriertransformation und Laplacetransformation zusammenzustellen: Tabelle 2.5. Während die Zeilen 1 bis 10 der Tabelle 2.5 entweder für sich sprechen, den bisherigen Ausführungen zu entnehmen sind oder sich „leicht“ herleiten lassen (als Übungsaufgaben zu empfehlen), bedarf es bei der Zeile 11 eines Hinweises: Die Laplacetransformation erhält man über die partielle Integration:

$$y(t) := \int_0^t x(\tau)\,d\tau, \quad \int_0^\infty y(t)\,e^{-st}\,dt = -\frac{1}{s}e^{-st}\,y(t)\Big/_0^\infty + \frac{1}{s}\int_0^\infty x(t)\,e^{-st}\,dt = \frac{1}{s}X(s),$$

w.z.z.w. Bei der entsprechenden Fouriertransformation wird von dem zugehörigen Fourierintegral ausgegangen, was u.a. auf die Integration einer e-Funktion führt, die mit demselben Kunstgriff wie die Fouriertransformation des Einheitssprunges behandelt werden muß. Da diese Ableitung mit den hier zur Verfügung stehenden Mitteln schwierig durchzuführen ist, sei statt dessen als Anhalt das analoge Problem, nämlich die Fouriertransformation des Einheitssprunges, s. Beispiel 2.6, vertieft:

$$F\{1(t)\} = \lim_{a\to 0}\left[\frac{a}{a^2+\omega^2} - j\,\frac{\omega}{a^2+\omega^2}\right].$$

Unschwer erkennt man, daß der Realteil auf den Dirac-Impuls im Frequenzbereich führt: $\omega \neq 0$, der Realteil strebt gegen Null; ω, $a \to 0$ führt auf eine unbestimmte Form; die Regel von de l'Hospital liefert einen unendlichen großen Wert. Das Integral über den Realteil liefert mit

$$\int_{-\infty}^{\infty} \frac{a}{a^2+\omega^2}\,d\omega = \pi$$

(unabhängig von a) demzufolge

$$\lim_{a\to 0}\int_{-\infty}^{\infty} \frac{a}{a^2+\omega^2}\,d\omega = \pi = \pi\int_{-\infty}^{\infty} \delta(j\omega)\,d\omega.$$

Damit besteht der Realteil aus dem Dirac-Impuls $\delta(j\omega)$ multipliziert mit π:

$$F\{1(t)\} = \pi\delta(j\omega) + \frac{1}{j\omega}, \tag{2.92}$$

was man sich mit kleiner werdendem a auch anschaulich klar machen kann. Der Dirac-Impuls im Frequenzbereich ist somit entsprechend dem im Zeitbereich erklärt durch

$$\left.\begin{aligned} &\delta(j\omega) = 0 \text{ für } \omega \neq 0, \\ &\int_{-\infty}^{\infty} \delta(j\omega)\, d\omega = 1 \end{aligned}\right\} \tag{2.93}$$

mit den Eigenschaften

$$\left.\begin{aligned} &\delta(j\omega) = \delta(-j\omega), \\ &\int_{-\infty}^{\infty} A(\omega)\, \delta(j\omega)\, d\omega = A(0), \end{aligned}\right\} \tag{2.94}$$

wobei die letzte Eigenschaft die Ausblendeigenschaft (s. (2.38)) wiedergibt.

Die spektrale Faltung (Tabelle 2.5, Zeile 13) ist definiert durch

$$X_1(j\omega) * X_2(j\omega) := \frac{1}{2\pi} \int_{-\infty}^{\infty} X_1(jp)\, X_2(j\omega - jp)\, dp. \tag{2.95}$$

Tabelle 2.4 Definitionen der Integraltransformationen und ihrer Inversen

Fouriertransformation	Laplacetransformation	z-Transformation
$X(j\omega) := \int_0^{\infty} x(t)\, e^{-j\omega t}\, dt,\ \omega$ reell	$X(s) := \int_0^{\infty} x(t)\, e^{-st}\, dt$	$X(z) := \sum_{k=0}^{\infty} x(t_k)\, z^{-k}$
$= X(f) = \int_0^{\infty} x(t) e^{-j2\pi ft}\, dt$	$s := \alpha + j\omega, \quad \alpha > 0$	$z := e^{s\Delta t}$
$\int_0^{\infty} \lvert x(t)\rvert dt < \infty$	$\int_0^{\infty} \lvert x(t)\, e^{-\alpha t}\rvert\, dt < \infty$	Konvergenzgebiet: $\lvert z\rvert > e^{\alpha\Delta t}$
$x(t) = \frac{1}{2\pi} \int_{-\infty}^{\infty} X(j\omega)\, e^{j\omega t}\, d\omega$ $= \int_{-\infty}^{\infty} X(f)\, e^{j2\pi ft}\, df$	$x(t) = \frac{1}{2\pi j} \int_{\alpha - j\omega}^{\alpha + j\omega} X(s)\, e^{st}\, ds$	$x(t_k) = \frac{1}{2\pi j} \oint X(z)\, z^{k-1}\, dz$
$t < 0 : x(t) = 0$	$t < 0 : x(t) = 0$	$k < 0 : x(t_k) = 0$

Anmerkung: x(t) läßt sich sowohl bei der Fouriertransformation als auch der Laplacetransformation mit Hilfe von Ringintegralen aus X(s) berechnen. Hierzu wird der Residuensatz der Funktionstheorie benötigt, s. [2.2].

Tabelle 2.5 Beziehungen der Fouriertransformation und der Laplacetransformation

Nr.	Operation	$x(t),\ t \geqslant 0$	$X(j\omega)$	$X(s)$
1	Multiplikation mit einer Konstanten	$a\,x(t)$	$aX(j\omega)$	$aX(s)$
2	Addition	$a_1x_1(t)+a_2x_2(t)$	$a_1X_1(j\omega)+a_2X_2(j\omega)$	$a_1X_1(s)+a_2X_2(s)$
3	Ähnlichkeitssatz	$x(at)$ (a reell)	$\frac{1}{\lvert a\rvert}X\left(\frac{j\omega}{a}\right)$	$\frac{1}{a}X\left(\frac{s}{a}\right)$ $(a > 0)$
4	Verschiebung des Zeitsignals	$x(t - t_0)$ $(t_0$ reell)	$X(j\omega)\,e^{-j\omega t_0}$	$X(s)\,e^{-st_0}$ $(t_0 > 0)$
5	Verschiebung der Spektralfunktion	$x(t)\,e^{at}$	$X(j\omega - j\omega_0)$ $(a = j\omega_0,\ \omega_0$ reell)	$X(s - a)$ $(\mathrm{Re}\,a < \mathrm{Re}\,s)$
6	Dämpfungssatz	$x(t)\,e^{-at}$ (a reell)	$X(j\omega + a)$	$X(s + a)$
7	Satz der konjugiert-komplexen Funktionen	$x^*(t)$	$X^*(-j\omega)$	$X^*(s^*)$
8	Vertauschungssatz	$X^*(t)$	$\frac{1}{2\pi}\,x^*(j\omega)$	–
9	Differentiation des Zeitsignals	$\frac{dx(t)}{dt}$	$j\omega X(j\omega) - x(0)$	$sX(s) - x(0)$
10	Differentiation der Spektralfunktion	$-tx(t)$	$\frac{dX(j\omega)}{d(j\omega)}$	$\frac{dX(s)}{ds}$
11	Integration der Zeitfunktion	$\int_0^t x(\tau)\,d\tau$	$\frac{1}{j\omega}X(j\omega) + \pi X_+(0)\,\delta(j\omega)$, $X_+(0) := \int_0^\infty x(t)\,dt$	$\frac{1}{s}X(s)$
12	zeitliche Faltung[1]	$x_1(t) * x_2(t)$	$X_1(j\omega)X_2(j\omega)$	$X_1(s)X_2(s)$
13	spektrale Faltung[1]	$x_1(t)x_2(t)$	$X_1(j\omega) * X_2(j\omega)$	$X_1(s) * X_2(s)$

1 Zeitliche Faltung: Filterung von $x_1(t)$ mit der Gewichtsfunktion $x_2(t)$: $X_2(j\omega)X_1(j\omega)$, spektrale Faltung: Fensterwirkung von $x_2(t)$ auf $x_1(t)$, Zeitfenster $x_2(t)$: $x_2(t)x_1(t)$

Eine Zusammenstellung der rechtsseitigen Laplacetransformation mit der z-Transformation erübrigt sich, sie ergibt sich aus dem Vergleich der Tabellen 2.2. und 2.3.

Anzumerken ist noch, daß die Anwendung der Fouriertransformation und Laplacetransformation auf diskrete Signale zu den entsprechenden diskreten Transformationen führt, die infinit bzw. bei endlicher Anzahl der diskreten Werte finit sind.

Ausführlichere Darstellungen als die hier verwendete findet der Leser u.a. in [2.2, 2.3].

Angefügt seien noch die Fouriertransformationen von Konstanten und harmonischen (und damit periodischen) Funktionen, die später benötigt werden.

Aufgrund der Ausblendeigenschaft der δ-Funktion gilt

$$\int_{-\infty}^{\infty} \delta(t) e^{-j\omega t}\, dt = 1, \tag{2.96a}$$

das Fourierintegral lautet dann

$$\frac{1}{2\pi} \int_{-\infty}^{\infty} 1 \cdot e^{j\omega t}\, d\omega = \delta(t). \tag{2.97a}$$

Entsprechend folgt mit der Ausblendeigenschaft

$$\int_{-\infty}^{\infty} \delta(j\omega) e^{j\omega t}\, d\omega = 1. \tag{2.96b}$$

Dieses Integral mit $1/(2\pi)$ multipliziert und als Fourierintegral aufgefaßt, liefert die Fouriertransformierte

$$\int_{-\infty}^{\infty} 1 \cdot e^{-j\omega t}\, dt = 2\pi\, \delta(j\omega) =: X_\delta(j\omega). \tag{2.98a}$$

Ersetzt man in Gleichung (2.96b) ω durch f,

$$\int_{-\infty}^{\infty} \delta(f) e^{j2\pi ft}\, df = 1, \tag{2.97b}$$

so folgt die Umkehrung entsprechend (2.98a) zu

$$\int_{-\infty}^{\infty} 1 \cdot e^{-j2\pi ft}\, dt = \delta(f)$$

und damit

$$X_\delta(f) := \delta(f). \tag{2.98b}$$

Der Vergleich von (2.98a) mit (2.98b) bringt das Ergebnis

$$\delta(f) = 2\pi\delta(j\omega), \tag{2.99}$$

das mit (2.93) und (2.94) korrespondiert:

$$\int_{-\infty}^{\infty} \delta(j\omega) d\omega = \int_{-\infty}^{\infty} 2\pi\delta(j\omega)\, df = \int_{-\infty}^{\infty} \delta(f)\, df = 1,$$

$$\int_{-\infty}^{\infty} A(\omega)\,\delta\,(j\omega)\,d\omega = \int_{-\infty}^{\infty} A(\omega)\,2\,\pi\,\delta\,(j\omega)\,df = \int_{-\infty}^{\infty} A(f)\delta\,(f)df = A(0).$$

Wie lautet die Fouriertransformierte von $e^{j\omega_0 t}$? Die Definition $X(f) = X(j\omega) := F\{e^{j\omega_0 t}\}$ führt auf das Fourierintegral

$$e^{j\omega_0 t} = \int_{-\infty}^{\infty} X(f)\,e^{j2\pi ft}\,df,$$

das mit $X(f) = \delta\,(f - f_0)$ erfüllt wird:

$$\int_{-\infty}^{\infty} \delta\,(f - f_0)\,e^{j2\pi ft}\,df = e^{j2\pi f_0 t}.$$

Demzufolge gilt für die Fouriertransformierte

$$F\{e^{j\omega_0 t}\} = \delta\,(f - f_0). \tag{2.100}$$

Mit dem Ergebnis (2.100) und der Eulerschen Formel können jetzt die Fouriertransformierten von

$$x(t) = \sin\omega_0 t = \frac{1}{2j}\left(e^{j2\pi f_0 t} - e^{-j2\pi f_0 t}\right), \tag{2.101}$$

$$y(t) = \cos\omega_0 t = \frac{1}{2}\left(e^{j2\pi f_0 t} + e^{-j2\pi f_0 t}\right) \tag{2.102}$$

sofort angegeben werden:

$$F\{\sin\omega_0 t\} = \frac{1}{2j}\left[\delta\,(f - f_0) - \delta\,(f + f_0)\right], \tag{2.103}$$

$$F\{\cos\omega_0 t\} = \frac{1}{2}\left[\delta(f - f_0) + \delta\,(f + f_0)\right], \tag{2.104}$$

sie bestehen aus zwei δ-Impulsen an den Stellen $\pm f_0$, d.h. harmonische und damit periodische Anteile sind in der Fouriertransformierten des Signals deutlich erkennbar, eine für die Praxis wichtige Erkenntnis.

2.6 Aufgaben

2.1 Es ist die Determiniertheit des Prozesses (2.1) bei determiniertem Eingangssignal zu begründen. Wie kann das Ergebnis verallgemeinert werden?

2.2 Wie lautet die Fourierreihe der Funktion $x(t) = \sin \lambda t$ im Intervall $0 \leqslant t \leqslant T$, $T \neq \frac{2\pi n}{\lambda}$, $n \in \mathbb{N}$?

Welche Periode besitzt die Fourierreihe? Stimmen Fourierreihe und x(t) außerhalb von [0, T] überein?

2.3 Ein Einfreiheitsgradsystem sei derart angeregt, daß seine Antwort im Intervall $0 \leqslant t \leqslant T = \frac{3\pi}{\omega_0}$ gleich $u(t) = u_0 e^{-\delta t} \sin \omega_0 t$ und darüber hinaus periodisch ist. Wie lautet die Fourierreihe der Antwort?

2.4 Schwebungserscheinungen einer Konstruktion können zu hohe Beanspruchungen derselben bewirken. Begründung?

2.5 Wann ist die Summe zweier harmonischer Signale periodisch, fastperiodisch?

2.6 Sind die im Bild 2.8 wiedergegebenen Signale tatsächlich periodisch? Falls nicht: Unter welchen vereinfachenden Voraussetzungen wären sie periodisch?

2.7 Welche Schlußfolgerungen lassen die Resultate der Beispiele 2.4 und 2.5 hinsichtlich der Verwendung der Signale als Testsignale (künstliche Erregung) zu?

2.8 Es ist der Integrationssatz der einseitigen Fouriertransformation mit $X(0) = 0$ herzuleiten.

2.9 Es ist die Laplacetransformierte von $\sin \omega_0 t$ für verschiedene Werte α zu bilden und das Ergebnis hinsichtlich der Wirkung des Exponentialfensters zu diskutieren. Eignet sich das Exponentialfenster bei geeigneter Wahl von α, um ein definiertes Ende des unendlich langen Zeitsignals zu erreichen? Welche Konsequenzen ergeben sich für die Praxis?

2.10 Die Laplacetransformierte von $\sin \omega_1 t + \sin \omega_2 t$ ist abhängig von dem Frequenzverhältnis ω_1/ω_2 und der Wahl von α zu diskutieren.

2.11 Läßt sich die Laplacetransformation auch auf Potenzen von Zeitsignalen anwenden?

2.12 Es sind die Fouriertransformierte und Laplacetransformierte ($\alpha = 0{,}3$) des folgenden abgetasteten Signals zu bilden:

t_i in s	0	1	2	3	4	5	6	7
x_i	0	0,22310	0,09956	0,03332	0,00991	0,00276	0,00074	0,00019

$\omega_k = k\Delta\omega$, $k = 0(1)7$, $\Delta\omega = \frac{2\pi}{T}$.

2.13 Mit dem Duhamelintegral 2. Art (Form) ist das in Bild 2.35 dargestellte vereinfachte Hammerfundament zu behandeln. Welche Näherung existiert für kurze impulsartige Eingänge ($\Delta t \ll T$, $T = 2\pi/\omega_0$, Eigenfrequenz ω_0)?

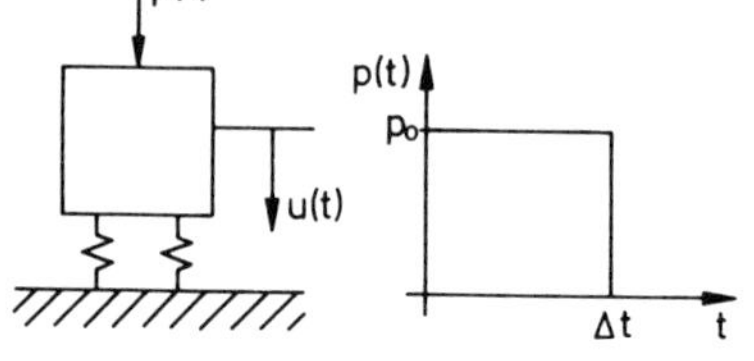

Bild 2.35

2.14 Ein viskos gedämpftes Einfreiheitsgradsystem (Bild 2.36) wird mit

$$u_g(t) = \begin{cases} \dfrac{p_0 t}{k\Delta t} & \text{für } 0 \leqslant t \leqslant \Delta t \\ \dfrac{p_0}{k} & \text{für } \Delta t < t \end{cases}$$

erregt. Welche Lösung folgt aus dem Duhamel-Integral (1. Form, leichter zu integrieren als die 2. Form)?

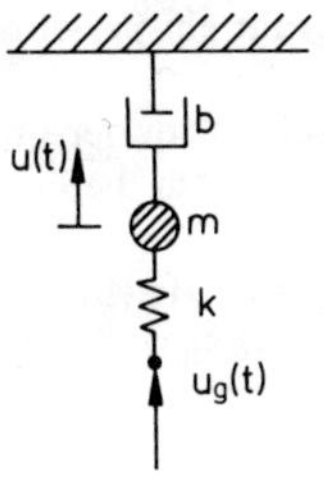

Bild 2.36

2.15 Es ist zu zeigen, daß aus dem Duhamel-Integral für p(t) = 1(t) die Lösung u(t) = h(t) folgt.

2.16 Zwei Einfreiheitsgradsysteme seien hintereinandergeschaltet. Es sind die systemtheoretischen Zusammenhänge (Zeit-, Frequenzraum) anzugeben und die sich ergebenden Vorteile bei der Behandlung im Frequenzraum zu nennen. Welche Dimensionen haben die formalen Systembeschreibungen?

2.17 Wie lautet der Ersatzfrequenzgang für das System in Bild 2.37? Skizziere ein zugehöriges physikalisches System.

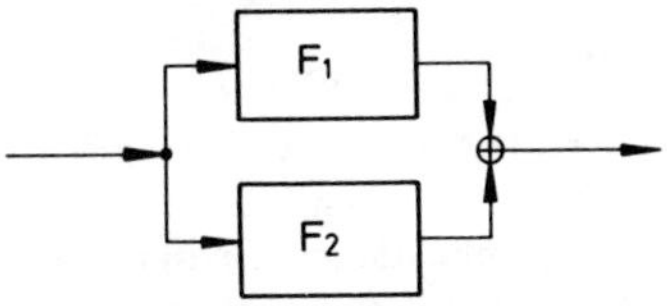

Bild 2.37

2.18 Wie sieht das Ersatzschaltbild für parallelgeschaltete Federn aus? Hinweis: Formulierung mit dem inversen Frequenzgang $F^{-1}(j\omega)$.

2.19 In Gl. (2.45) ist $\hat{u} = u_0$ reell, der Nullzeiger (komplexe Amplitude) lautet $\hat{u}e^{j\varphi}$. Bild 2.28 enthält Größen des bezogenen Frequenzganges $F/(\omega_0^2 m)$ für das strukturell gedämpfte System. Wie lauten die entsprechenden Größen für das viskos gedämpfte Einfreiheitsgradsystem, $2\alpha := b_V/(\omega_0 m)$, und wie unterscheiden sie sich von denen des strukturell gedämpften Einfreiheitsgradsystems?

2.20 Läßt sich $\mathbf{G}(t, \tau)$ aus Gleichung (2.58) ermitteln?

2.21 Kann $\mathbf{F}(j\omega)$ als (n, n)-Matrix aus den Antworten eines linearen Mehrfreiheitsgradsystems für die Erregung $\mathbf{p}_j = \mathbf{e}_j p_j$, j = 1(1)n, $\mathbf{e}_j$ – j-ter Einheitsvektor, ermittelt werden?

2.22 Wie lauten die Frequenzgang- und Übertragungsmatrix des Systems in Bild 2.38 mit n Eingängen und 2 Ausgängen?

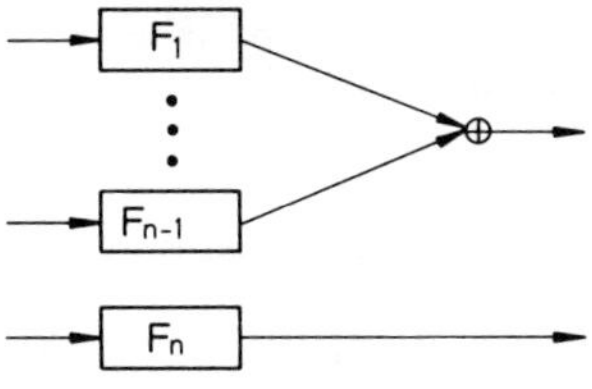

Bild 2.38

2.23 Es ist die Übertragungsmatrix anzugeben (Bild 2.39).

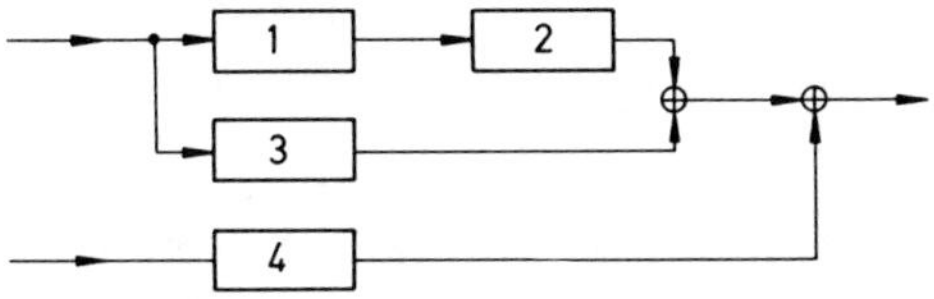

Bild 2.39

2.24 Wie lautet $\mathbf{F}(j\omega)$ für das in Bild 1.1 dargestellte System derart linearisiert, daß die Federn mit Losen schon für kleine Auslenkungen beansprucht werden?

2.25 Wie groß ist der Fehler der numerischen Integration r_x in Gleichung (2.82) für ein periodisches und bandbegrenztes Signal x(t)?

Lösungshinweis: Man entwickle x(t) in eine (komplexe, endliche) Fourierreihe (Fouriersumme) und setze die Werte $x_k := x(t_k)$, k = 0(1)N – 1 in die Näherung für die Fourierkoeffizienten $X_T(j\omega_\nu)/T$ ein.

2.26 Gegeben ist die Signalaufzeichnung x(t) in $0 \leqslant t \leqslant T$ mit der Eckfrequenz f_g = 60 Hz (Bild 2.40). Nach welchen Gesichtspunkten ist das Signal zu diskretisieren?

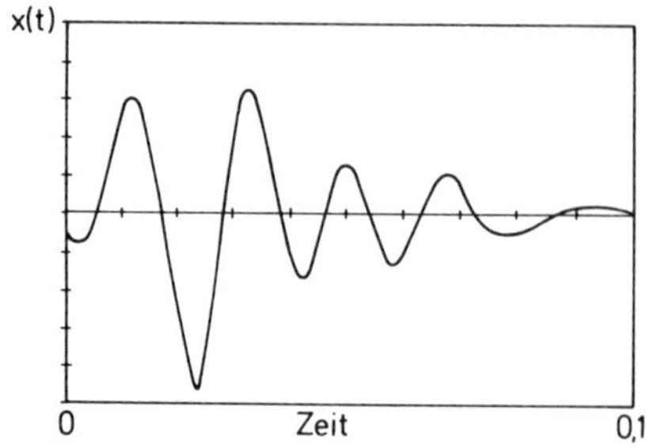

Bild 2.40

2.27 Welche Beziehung gilt für die Faltung kausaler Folgen, $x_1(k\Delta t) * x_2(k\Delta t) := \sum_{l=0}^{k} x_1(l\Delta t)x_2[(k-l)\Delta t]$, im z-Raum?

2.28 Vergleiche die Anzahl der wesentlichen Rechenoperationen (Multiplikationen, Divisionen) bei der Bildung der diskreten Fouriertransformierten von Aufgabe 2.12 mit der, die bei der Anwendung der Fast-Fouriertransformierten entstehen würde.

2.29 Wie berechnet man die Laplacetransformierte numerisch am günstigsten?

2.7 Schrifttum

[2.1] *Lighthill, M.J.:* Einführung in die Theorie der Fourier-Analysis und der verallgemeinerten Funktionen; B.I. Hochschultaschenbücher, Bibliographisches Institut, 139, Mannheim, 1966

[2.2] *Sauer, R./Szabo, I.* (Herausgeber): Mathematische Hilfsmittel des Ingenieurs, Teil I; Springer-Verlag, Berlin, Heidelberg, New York, 1967

[2.3] *Doetsch, G.:* Einführung in die Theorie und Anwendung der Laplace-Transformation; Birkhäuser Verlag, Basel, Stuttgart, 1976

[2.4] *Magnus, K.:* Schwingungen, LAMM Band 3; B.G. Teubner Verlagsgesellschaft, Stuttgart, 1961

[2.5] *Rosenbrock, H.H./Storey, C.:* Mathematik dynamischer Systeme – Ein Lehrbuch der modernen Mathematik für Ingenieure; R. Oldenbourg-Verlag, München, Wien, 1971

[2.6] *Brigham, E.O.:* The Fast Fourier Transform; Prentice-Hall Inc., Englewood Cliffs, New Jersey, 1974

[2.7] *Bendat, J.S./Piersol, A.G.:* Random Data: Analysis and Measurement Procedures; Wiley-Interscience, New York, London, Sydney, Toronto, 1971

[2.8] *Achilles, D.:* Die Fourier-Transformation in der Signalverarbeitung; Springer-Verlag, Berlin, Heidelberg, New York, 1978

Ergänzendes Schrifttum:

[2.9] *Fertis, D.G.:* Dynamics and Vibration of Structures; Wiley-Interscience, New York, London, Sydney, Toronto, 1973

[2.10] *Timoshenko, S./Young, D.H./Weaver Jr., W.:* Vibration Problems in Engineering; Wiley-Inter-

[2.11] *Constantinescu, F.:* Distributionen und ihre Anwendung in der Physik; Teubner Studienbücher, B.G. Teubner Verlagsgesellschaft, Stuttgart, 1974

[2.12] *Garloff, J.:* Zur intervallmäßigen Durchführung der schnellen Fourier-Transformation; ZAMM 60, T 291–T 292 (1980)

[2.13] *Garloff, J.:* Untersuchungen zur Intervallinterpolation; Dissertation Universität Freiburg i.Br., 1980, Freiburger Intervall-Berichte 80/5

3 Stochastische Signale und Prozesse

Die determinierten Signale sind in ihrer bisher behandelten Form in der Praxis nicht meßbar, sie sind fehlerbehaftet. Die Fehler können determinierter (systematische Fehler) und regelloser Natur (zufällige Fehler) sein. Außerdem können die Signale z.B. als Funktionen der Zeit selbst regellos, d.h. (in der klassischen Stochastik) einer expliziten mathematischen Beschreibung nicht zugänglich sein. Dann müssen statistische Aussagen zur Beschreibung der inneren Zusammenhänge des zufälligen Verhaltens herangezogen werden. Zufallsfunktionen der Zeit, die der Beschreibung dynamischer Systeme dienen, sind mit dem Begriff Stochastik verbunden: Stochastische Signale, stochastische Vorgänge.

3.1 Statistische Grundbegriffe

Die Grundlage der Statistik ist die Wahrscheinlichkeitstheorie. Die Grundbegriffe werden ohne Verwendung eines allgemeinen Integralbegriffes (basierend auf der Maßtheorie) und ohne Diskussion axiomatischer und mengentheoretischer Probleme – hier sei auf die Fachliteratur verwiesen [3.1 bis 3.5] –, vorangestellt.

3.1.1 Zufallsvariable und ihre statistischen Kennzeichen

Die mathematische Behandlung zufälliger Elementarereignisse e_i, i = 1, 2, 3, ..., die einem Ereignisraum E angehören, $e_i \in E$, erfordert deren Zuordnung zu einer (reellen) Variablen, denn die Elementarereignisse selbst brauchen ja keine Zahlen oder Funktionen zu sein:

$$x(e_i) := f(e_i) = x_i. \tag{3.1}$$

Diese Zufallsvariable x_i wird kurz durch ihren Repräsentanten x dargestellt, oder genauer:

$$\{x(e_i)\} = \{x\} = \{x_1, x_2, \dots\}. \tag{3.2}$$

Mit dem reellen Parameter u, $-\infty < u < \infty$, und der Ungleichung

$$\{x(e)\} < u, \quad e \in E, \tag{3.3}$$

ist dann ein Ereignis e erklärt; dessen Wahrscheinlichkeit – nämlich für das Eintreten des Ereignisses $x < u$ – für alle reellen Werte des Parameters ist durch

$$P_x(u) := W\{x(e) < u\}, \qquad -\infty < u < \infty \tag{3.4}$$

definiert. W ist die Wahrscheinlichkeit für das Eintreten von $x < u$, die man sich anhand der (unbefriedigenden) Interpretation

$$P(u) := \lim_{N \to \infty} \frac{n}{N} \tag{3.5}$$

klarmacht: In N Experimenten ist $x < u$ n-mal beobachtet worden. $P_x(u)$ heißt die Verteilungsfunktion der Zufallsvariablen x.

Die Verteilungsfunktion besitzt die folgenden Eigenschaften:

- $P_x(u_2) \geqslant P_x(u_1)$ für $u_2 > u_1$; d.h. einem größeren Parameterintervall entspricht keine kleinere Wahrscheinlichkeit,
- $\lim\limits_{u \to -\infty} P_x(u) = 0$; die Wahrscheinlichkeit für das Ereignis $x < u$ strebt gegen Null, wenn das Intervall gegen Null geht, es kann kein Ereignis in das auf Null geschrumpfte Intervall fallen,
- $\lim\limits_{u \to \infty} P_x(u) = 1$; es ist sicher $(W = 1)$[1], daß das Ereignis eintritt, d.h. die Zufallsvariable in dem Gesamtintervall liegt, Normierung, (3.6)
- $W\{a \leqslant x < b\} = P_x(b) - P_x(a)$, Intervallwahrscheinlichkeit, Beweis s. (3.8),
- $W\{x = c\} = 0$; die Wahrscheinlichkeit für genau $x = c$ ist Null, Beweis s. vorher, vorausgesetzt, $P_x(u)$ ist stetig.

Unter der Voraussetzung, daß die Verteilungsfunktion $P_x(u)$ differenzierbar ist, ergibt sich die Verteilungsdichtefunktion (Wahrscheinlichkeitsdichte) zu

$$p_x(u) := \frac{dP_x(u)}{du} = P_x'(u) \tag{3.7}$$

mit den Eigenschaften

$$\left.\begin{aligned}
&\bullet\ P_x(u) = \int_{-\infty}^{u} p_x(\zeta)\, d\zeta, \qquad -\infty < u < \infty,\\
&\bullet\ \int_{-\infty}^{\infty} p_x(u)\, du = 1,\ \text{s. (3.6), Normierung},\\
&\bullet\ W\{a \leqslant x < b\} = \int_a^b p_x(u)\, du = P_x(b) - P_x(a),\ (\text{s. (3.6)}).
\end{aligned}\right\} \tag{3.8}$$

Beispiel 3.1: Die (empirische) Ermittlung der Verteilungsdichtefunktion $p_x(u)$ eines vorgegebenen regellosen Signals $x(t)$, $0 \leqslant t \leqslant T$, erfolgt wie im Bild 3.1 angedeutet (sofern der Prozeß ergodisch ist, vgl. Abschnitt 3.2.2). Die Teilintervallängen Δt_i aus $[0, T]$ ergeben in Summe wie oft $u \leqslant x < u + \Delta u$ auftritt. Die Wahrscheinlichkeit dafür, daß $u \leqslant x < u + \Delta u$ eintritt, ist also

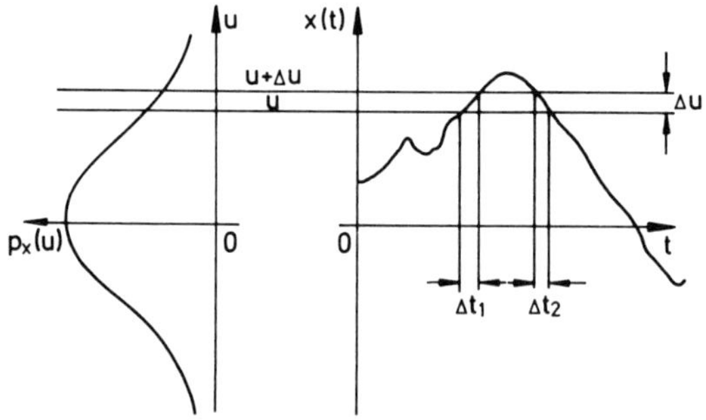

Bild 3.1 Zur Ermittlung der Verteilungsdichtefunktion eines stochastischen Signals

1 Besser ist die Ausdrucksweise: Es ist fast sicher $(W = 1)$. Es können nämlich noch Mengen mit dem Maß Null zugelassen werden.

$$W\{u \leq x < u + \Delta u\} = \lim_{T\to\infty} \frac{\sum_{i=1}^{n} \Delta t_i}{T}.$$

Für die Wahrscheinlichkeitsdichte gilt nach (3.7), (3.8):

$$p_x(u) = \lim_{\Delta u\to 0} \frac{P_x(u + \Delta u) - P_x(u)}{\Delta u}$$

$$= \lim_{\Delta u\to 0} \frac{W\{u \leq x < u + \Delta u\}}{\Delta u}$$

$$= \lim_{\Delta u\to 0} \frac{1}{\Delta u}\left[\lim_{T\to\infty} \frac{\sum_{i=1}^{n} \Delta t_i}{T}\right].$$

Im linken Teil des Bildes 3.1 ist die Verteilungsdichte $p_x(u)$ als die auf $\Delta u \to 0$ bezogene Wahrscheinlichkeit (relative Häufigkeit) dargestellt.

Eine Funktion (Abbildung) einer Zufallsvariablen x ist wieder eine (abhängige) Zufallsvariable $y = f(x)$, der dann ebenfalls eine Verteilungsfunktion, Wahrscheinlichkeit usw. entspricht.

Beispiel 3.2: Die Sinuswelle $x(t) = x_0 \sin(\omega_0 t + \varphi)$ sei die Abbildung des Repräsentanten φ der Zufallsvariablen $\{\varphi_k\}$, deren Verteilungsdichtefunktion konstant angenommen wird (Bild 3.2):

$$p_\varphi(v) = \begin{cases} (2\pi)^{-1} & \text{für } 0 \leq v < 2\pi, \\ 0 & \text{sonst.} \end{cases}$$

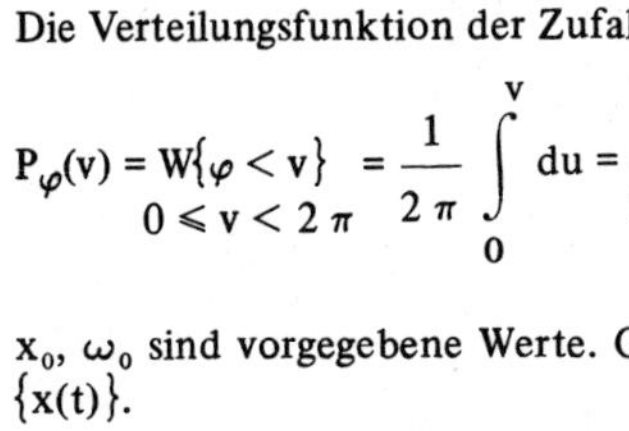

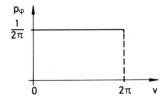

Bild 3.2 Vorgegebene Verteilungsdichtefunktion

Die Verteilungsfunktion der Zufallsvariablen ist dann (Bild 3.3)

$$P_\varphi(v) = \underset{0 \leq v < 2\pi}{W\{\varphi < v\}} = \frac{1}{2\pi}\int_0^v du = \frac{v}{2\pi}.$$

x_0, ω_0 sind vorgegebene Werte. Gesucht ist die Verteilungsdichtefunktion $p_x(u)$ von $\{x(t)\}$.

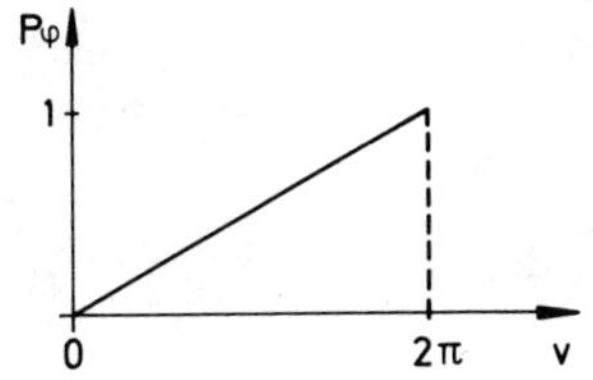

Bild 3.3 Zugehörige Verteilungsfunktion

Laut Definition gilt:

$$p_x(u) = \frac{dP_x(u)}{du} = \lim_{\Delta u \to 0} \frac{P_x(u + \Delta u) - P_x(u)}{\Delta u}$$

$$= \lim_{\Delta u \to 0} \frac{W\{u \leqslant x(\varphi) < u + \Delta u\}}{\Delta u}.$$

Wird der Parameter u durch den Parameter v ersetzt, so ist die Umkehrfunktion zu bilden und ihre Wertigkeit, allgemein n, zu beachten:

$$p_x(u) = \lim_{\Delta u \to 0} \frac{nW\{v \leqslant \varphi < v + \Delta v\}}{\Delta v} \frac{\Delta v}{\Delta u}$$

$$= n \frac{dP_\varphi(v)}{dv} \frac{d\varphi}{dx} = np_\varphi(v) \Big/ \frac{dx}{d\varphi}, \quad \frac{dx}{d\varphi} \neq 0.$$

Dem Bild 3.4 entnimmt man die Wertigkeit n = 2.

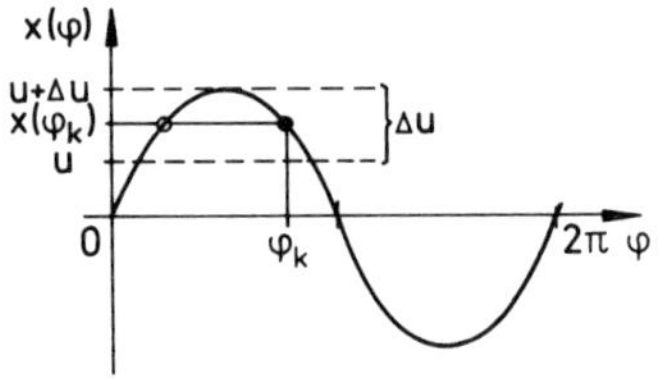

Bild 3.4 Zur Wertigkeit der Umkehrfunktion von $x(\varphi)$

Es folgt:

$$p_x(u) = 2\, p_\varphi(v) \Big/ \frac{dx}{d\varphi}$$

$$= \frac{1}{\pi} \Big/ [x_0 \cos(\omega_0 t + \varphi)]$$

$$= \frac{1}{\pi} (\sqrt{x_0^2 - u^2})^{-1}.$$

Somit ist

$$p_x(u) = \begin{cases} (\pi\sqrt{x_0^2 - u^2})^{-1} & \text{für } |u| < x_0, \\ 0 & \text{für } |u| > x_0. \end{cases}$$

Das Ergebnis ist im Bild 3.5 dargestellt.

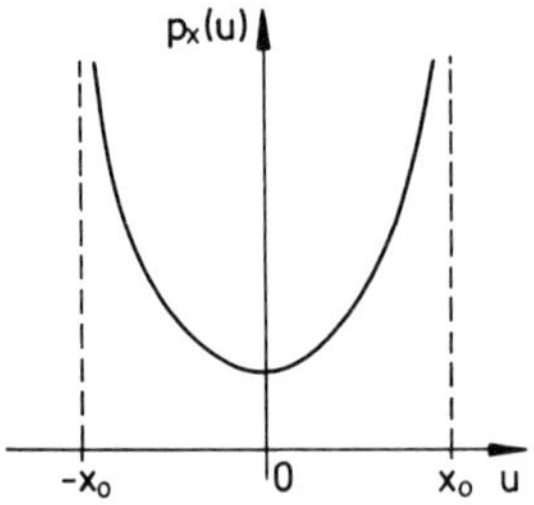

Bild 3.5 Verteilungsdichtefunktion der Sinuswelle mit gleichverteiltem Nullphasenwinkel

Der Erwartungswert einer Funktion f(x) mit der Verteilungsdichte $p_x(u)$ ist durch das Funktional

$$E\{f(x)\} := \int_{-\infty}^{\infty} f(u) p_x(u) du \tag{3.9}$$

definiert. Der Definition können die Rechenregeln für die Bildung des Erwartungswertes sofort entnommen werden, u.a. stellt sie eine lineare Operation dar. Von besonderem Interesse sind die Erwartungswerte mit $f(x) = x^n$, die sog. n-ten Momente der Verteilungsdichtefunktion:

$$E\{x^n\} = \int_{-\infty}^{\infty} u^n p_x(u)\, du. \tag{3.10}$$

Das 1. Moment ist der lineare Mittelwert

$$E\{x\} = \int_{-\infty}^{\infty} u\, p_x(u)\, du =: \mu_x, \tag{3.11}$$

er liefert die Schwerelinie, das 2. Moment, n = 2, ist der quadratische Mittelwert

$$E\{x^2\} = \int_{-\infty}^{\infty} u^2 p_x(u)\, du. \tag{3.12}$$

In der Statistik spielen noch die auf den linearen Mittelwert bezogenen Momente eine große Rolle. So ist nach (3.11)

$$E\{x - \mu_x\} = 0 \tag{3.13}$$

und

$$E\{(x - \mu_x)^2\} = \int_{-\infty}^{\infty} (u - \mu_x)^2 p_x(u)\, du =: \sigma_x^2 =: \mathrm{var}(x) \tag{3.14}$$

ist damit das niedrigste Moment, das Auskunft über die mittlere Abweichung der Variablen x vom Mittelwert gibt: die Varianz von x.

Beispiel 3.3: Die Varianz (3.14) läßt sich auf den quadratischen Mittelwert direkt zurückführen:

$$E\{(x - \mu_x)^2\} = E\{x^2 - 2\mu_x x + \mu_x^2\}.$$

Die E-Operation ist eine lineare Operation:

$$\begin{aligned} E\{(x - \mu_x)^2\} &= E\{x^2\} - 2\mu_x E\{x\} + \mu_x^2 \\ &= E\{x^2\} - 2\mu_x^2 + \mu_x^2 \\ &= E\{x^2\} - \mu_x^2. \end{aligned}$$

Die positive Wurzel aus der Varianz, σ_x, heißt Standardabweichung (früher Streuung). Sie hat dieselbe Dimension wie x und wird deshalb mit dem „Meßfehler" identifiziert. Die Varianz sagt also etwas über die „Breite" der Wahrscheinlichkeitsdichte um den Mittelwert herum aus. Es fehlt dann noch ein Maß, das die evtl. ungleichen Ausläufe vom Mittelwert in der Verteilung angibt. Dieses liefert das 3. Moment, die sog. Schiefe, die dimensionslos definiert sei:

$$\gamma := E\{(x - \mu_x)^3\}/\sigma_x^3. \tag{3.15}$$

3.1.2 Mehrere Zufallsvariablen

Eine vektorielle Zufallsvariable **x** liegt vor, wenn die Abbildung (Zuordnung) (3.1) vektorielle Gestalt annimmt:

$$\mathbf{x}(e_i) := \mathbf{f}(e_i) = (x_1(e_i), ..., x_n(e_i))^T. \tag{3.3}$$

Man spricht dann von einem Ereignisfeld E^* statt von einem Ereignisraum E. Die Wahrscheinlichkeit, mit der $x_i < u_i$, $i = 1(1)n$, ist, wobei u_i eine reelle Zahl ist, nennt man eine n-dimensionale Verteilungsfunktion oder Verbundverteilungsfunktion

$$P_{\mathbf{x}}(\mathbf{u}) = P_{x_1, ..., x_n}(u_1, ..., u_n) := W\{x_i < u_i, i = 1, 2, ..., n\}. \tag{3.16}$$

Sie besitzt die nachstehenden Eigenschaften:

$$\left.\begin{array}{ll}
\bullet\ \lim\limits_{u_i \to -\infty} P_{\mathbf{x}}(\mathbf{u}) = 0, & \text{die Wahrscheinlichkeit ist Null, wenn das Intervall einer Zufallsvariablen } x_i \text{ aus } \mathbf{x} \text{ Null ist,} \\
\bullet\ \lim\limits_{\mathbf{u} \to -\infty} P_{\mathbf{x}}(\mathbf{u}) = 0, & \\
\bullet\ \lim\limits_{\mathbf{u} \to \infty} P_{\mathbf{x}}(\mathbf{u}) = 1, & \text{denn die Wahrscheinlichkeit, daß die Merkmale in ihrer Merkmalmenge liegen, ist lt. Definition 1, (Normierung),} \\
\bullet\ \lim\limits_{u_1, ..., u_{i-1}, u_{i+1}, ... u_n \to \infty} P_{\mathbf{x}}(\mathbf{u}) = P_{x_i}(u_i), & \text{Konsistenz- oder Verträglichkeitsbedingung.}
\end{array}\right\} \tag{3.17}$$

Die Verbundverteilungsdichtefunktion ist entsprechend n = 1 definiert durch

$$p_{\mathbf{x}}(\mathbf{u}) := \frac{\partial^n P_{\mathbf{x}}(\mathbf{u})}{\partial u_1 ... \partial u_n} \tag{3.18}$$

mit den Eigenschaften:

$$\left.\begin{array}{l}
\bullet\ P_{\mathbf{x}}(\mathbf{u}) = \int\limits_{-\infty}^{u_1} ... \int\limits_{-\infty}^{u_n} p_{\mathbf{x}}(\boldsymbol{\xi})\, d\xi_1 ... d\xi_n, \\
\bullet\ \int\limits_{-\infty}^{\infty} ... \int\limits_{-\infty}^{\infty} p_{\mathbf{x}}(\mathbf{u})\, du_1 ... du_n = 1, \\
\bullet\ \int\limits_{-\infty}^{\infty} ... \int\limits_{-\infty}^{\infty} p_{\mathbf{x}}(\mathbf{u})\, du_1 ... du_{i-1} du_{i+1} ... du_n = p_{x_i}(u_i).
\end{array}\right\} \tag{3.19}$$

Die letzte Eigenschaft in (3.19) ist die Verträglichkeitsbedingung (nämlich zu den eindimensionalen Verteilungsfunktionen), sie folgt mit (3.17) über die partielle Differentiation der ersten Gleichung von (3.19).

Von besonderem Interesse sind die zweidimensionalen Zufallsvariablen $x^T =: (x_1, x_2) =: (x, y)$, für die die vorherigen Definitionen und Eigenschaften mit n = 2 gelten. Hierfür seien (der Einfachheit halber) noch einige weitere Definitionen und Eigenschaften angeführt. Zwei Zufallsvariablen x und y heißen statistisch oder stochastisch unabhängig, wenn für ihre Verteilungsfunktion

$$P_{x,y}(u, v) =: P_{xy}(u, v) = P_x(u)\, P_y(v) \tag{3.20}$$

gilt. Was heißt das? $W\{x < u, y < v\} = W\{x < u\}\, W\{y < v\}$ ist gleichbedeutend mit (3.20) und kann z.B. in der Form $W\{x < u\} = W\{x < u, y < v\}/W\{y < v\}$ geschrieben werden, d.h., die Wahrscheinlichkeit für das Auftreten von $x < u$ ergibt sich unter ausschließlicher Berücksichtigung der Fälle, in denen $y < v$ eingetreten ist, und die linke Seite der Gleichung, nämlich $W\{x < u\}$, ist unabhängig von $y < v$ (Teilungsregel, s. bedingte Wahrscheinlichkeit [3.5]). Laut Definition (3.18) folgt direkt für die Verteilungsdichtefunktion zweier Variablen, die voneinander statistisch unabhängig sind:

$$p_{x,y}(u, v) =: p_{xy}(u, v) = p_x(u)\, p_y(v). \tag{3.21}$$

Die Erwartungswerte für Verbundverteilungsdichtefunktionen lassen sich ebenfalls einführen. Der Erwartungswert für die Funktion $z = f(x, y)$ mit der Verbundverteilungsdichtefunktion $p_{xy}(u, v)$ ist:

$$E\{f(x, y)\} := \int_{-\infty}^{\infty} \int_{-\infty}^{\infty} f(u, v)\, p_{xy}(u, v)\, du\, dv. \tag{3.22}$$

Aus der Definition folgen sofort die Rechenregeln

$$\left.\begin{aligned} &E\{a\} = a, \quad a - \text{Konstante}, \\ &E\{af(x, y)\} = a\, E\{f(x, y)\}, \\ &E\{f(x, y) + g(x, y)\} = E\{f(x, y)\} + E\{g(x, y)\}. \end{aligned}\right\} \tag{3.23}$$

Die Varianz von z folgt zu

$$\sigma_f^2 := E\{[f(x, y) - E\{f(x, y)\}]^2\}. \tag{3.24}$$

Der einfache Produktmittelwert ergibt sich mit $f(x, y) = xy$ zu

$$E\{xy\} = \int_{-\infty}^{\infty} \int_{-\infty}^{\infty} u\, v\, p_{xy}(u, v)\, du\, dv. \tag{3.25}$$

Ist $E\{xy\} = 0$, so nennt man die Zufallsvariablen orthogonal. Der auf die Mittelwerte bezogene Produktmittelwert heißt Kovarianz zwischen x und y:

$$\begin{aligned} \sigma_{xy}^2 &:= \operatorname{cov}(x, y) := E\{(x - \mu_x)(y - \mu_y)\} \\ &= E\{(x - E\{x\})(y - E\{y\})\}. \end{aligned} \tag{3.26}$$

Die beiden Variablen heißen unkorreliert, wenn ihre Kovarianz gleich Null ist, d.h. $E\{xy\} - \mu_x \mu_y = 0$, also

$$E\{xy\} = E\{x\}\, E\{y\} \tag{3.27}$$

(s. den Zusammenhang mit (3.21) und Aufgabe 3.6). In Verbindung mit der Orthogonalität gilt die Schlußfolgerung: Zwei orthogonale Variable sind genau dann unkorreliert, wenn der (lineare) Mittelwert mindestens einer Variablen Null ist.

Der sog. Korrelationskoeffizient ergibt sich aus der Kovarianz durch Division mit den Standardabweichungen der Variablen

$$\rho_{xy} := \frac{\sigma_{xy}^2}{\sigma_x \sigma_y}. \tag{3.28}$$

Der Korrelationskoeffizient liefert also ein dimensionsloses Maß für den statistischen Zusammenhang der Variablen. Sind die Variablen unkorreliert, so ist ihre Kovarianz Null und damit ist es auch ρ_{xy}. Der Betrag des Korrelationskoeffizienten kann den Wert 1 nicht überschreiten (s. Aufgabe 3.7). Die nächste Frage, die sich stellt, ist die, in welchen Fällen $|\rho_{xy}|$ den Wert 1 annimmt. Hierzu betrachten wir das nachstehende Beispiel.

Beispiel 3.4: $y = a + bx$. Es folgt $\mu_y = E\{y\} = a + b\,E\{x\} = a + b\mu_x$,

$$\sigma_{xy}^2 = E\{(x-\mu_x)(y-\mu_y)\} = E\{(x-\mu_x)(a+bx-\mu_y)\}$$
$$= E\{(x-\mu_x)\,b\,(x-\mu_x)\} = bE\{(x-\mu_x)^2\} = b\sigma_x^2,$$
$$\sigma_y^2 = E\{(y-\mu_y)^2\} = E\{(a+bx-a-b\mu_x)^2\} = b^2\sigma_x^2.$$

Somit

$$\rho_{xy} = \frac{b\sigma_x^2}{\pm\sigma_x |b| \sigma_x} = \pm 1.$$

Der Wert 1 wird also bei exaktem linearen Zusammenhang zwischen den Variablen angenommen.

Die Verallgemeinerung des obigen auf $n > 2$ ist nicht schwierig. Beispielhaft sei hier die Kovarianzmatrix erwähnt, die später ebenfalls benötigt wird. Als Kovarianz zwischen den Variablen x_i und x_j bezeichnet man lt. Definition (3.26) das Moment

$$\sigma_{x_i x_j}^2 = \operatorname{cov}(x_i, x_j) = E\{(x_i - E\{x_i\})(x_j - E\{x_j\})\}. \tag{3.29}$$

Diese Momente werden in der Autokovarianzmatrix

$$\mathbf{C} := \begin{pmatrix} \operatorname{cov}(x_1,x_1), \operatorname{cov}(x_1,x_2), \ldots, \operatorname{cov}(x_1,x_n) \\ \ldots\ldots\ldots\ldots\ldots\ldots\ldots\ldots \\ \operatorname{cov}(x_n,x_1), \operatorname{cov}(x_n,x_2), \ldots, \operatorname{cov}(x_n,x_n) \end{pmatrix} = \mathbf{C}^T \tag{3.30}$$

zusammengefaßt, sie ergibt sich demzufolge aus

$$\mathbf{C} = E\{(\mathbf{x} - E\{\mathbf{x}\})(\mathbf{x} - E\{\mathbf{x}\})^T\}, \tag{3.31}$$

wobei E auf eine Matrix angewendet bedeutet, E wird auf die einzelnen Elemente angewendet. $E\{\mathbf{x}\}$ bezeichnet man als Erwartungsvektor, er ist demzufolge der Vektor der Mittelwerte. Die Hauptdiagonalelemente von $\mathbf{C}$ sind die Varianzen.

3.1.3 Gaußverteilungen

Von den existierenden Verteilungen (s. beispielsweise [3.5]) nimmt die Gaußverteilung (Normalverteilung) in der Praxis eine herausragende Stellung ein, so daß sie hier kurz diskutiert sei. Ihre eindimensionale Dichtefunktion lautet

$$p_x(u) = \frac{1}{\sqrt{2\pi}\,\sigma_x} \exp\left[-\frac{(u-\mu_x)^2}{2\,\sigma_x^2}\right] \tag{3.32}$$

mit $\mu_x = E\{x\}$, $\sigma_x^2 = E\{(x-\mu_x)^2\}$, sie ist im Bild 3.6 dargestellt. Ihre Wendepunkte findet man an den Stellen $\mu_x \pm \sigma_x$. In einigen Fällen ist es von Interesse, mit welcher Wahrscheinlichkeit x innerhalb bzw. außerhalb eines Vielfachen von σ_x um den Mittelwert liegt. Die Integration über die Dichtefunktion ergibt für die angegebenen Grenzen:

$$W\{|x-\mu_x| < \sigma_x\} = 68{,}3\%, \qquad W\{|x-\mu_x| > \sigma_x\} = 31{,}7\%,$$

$$W\{|x-\mu_x| < 2\,\sigma_x\} = 95{,}4\%, \qquad W\{|x-\mu_x| > 2\,\sigma_x\} = 4{,}6\%,$$

$$W\{|x-\mu_x| < 3\,\sigma_x\} = 99{,}7\%, \qquad W\{|x-\mu_x| > 3\,\sigma_x\} = 0{,}3\%.$$

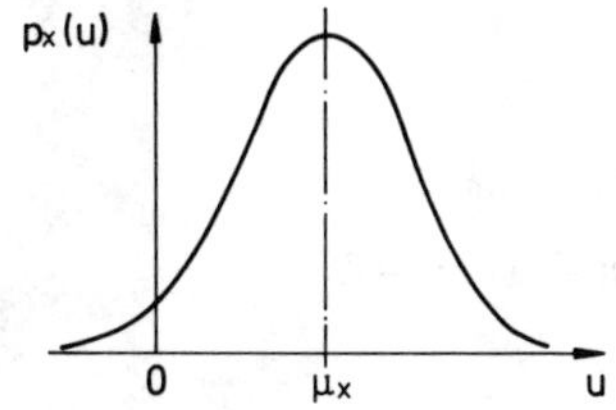

Bild 3.6 Gaußsche Glockenkurve

Die sog. standardisierte Normalverteilung ist durch den Mittelwert 0 und die Varianz 1 ausgezeichnet, man erhält sie aus (3.32) mit der Substitution (Zentrierung und Normierung)

$$z := \frac{x-\mu_x}{\sigma_x} \tag{3.33}$$

zu

$$p_z(w) := \frac{1}{\sqrt{2\pi}}\, e^{-\frac{w^2}{2}}, \quad \mu_z = 0, \quad \sigma_z^2 = 1. \tag{3.34}$$

Die Verteilungsfunktion ergibt sich aus (3.34):

$$P_z(w) = \int_{-\infty}^{w} p_z(\xi)\, d\xi = \frac{1}{\sqrt{2\pi}} \int_{-\infty}^{w} e^{-\frac{\xi^2}{2}}\, d\xi. \tag{3.35}$$

In dem Bild 3.7 sind Verteilungsdichte und Verteilungsfunktion der standardisierten Normalverteilung wiedergegeben, ihre Zahlenwerte findet der Leser in der Literatur tabelliert.

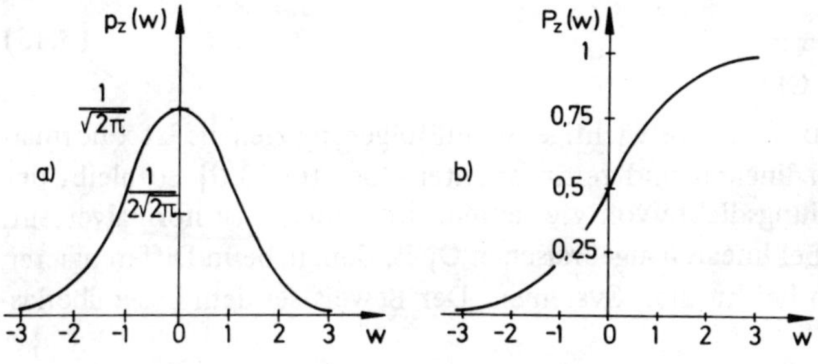

Bild 3.7 a) Verteilungsdichte und b) Verteilungsfunktion der standardisierten Normalverteilung.

Die Gaußverteilung mehrerer Variablen (mehrdimensionale Gaußverteilung) wird definiert mittels

$$p_{\mathbf{x}}(\mathbf{u}) := k \exp\left[-\frac{1}{2}(\mathbf{u}-\mathbf{a})^T \mathbf{A}(\mathbf{u}-\mathbf{a})\right]. \tag{3.36}$$

Der Vektor $\mathbf{a}$ der Mittelwerte hat dieselbe Dimension wie $\mathbf{x}$, und $\mathbf{A}$ ist eine symmetrische positiv definite Matrix der Ordnung n, wenn $\mathbf{x}$ die n Variablen umfaßt. Da $p_{\mathbf{x}}(\mathbf{u})$ offensichtlich um $\mathbf{a}$ symmetrisch ist, folgt (Integration von Funktionen mehrerer Veränderlicher in Kurzschreibweise)

$$\int_{-\infty}^{\infty} (\mathbf{u}-\mathbf{a})\, p_{\mathbf{x}}(\mathbf{u}-\mathbf{a})\, d\mathbf{u} = \mathbf{0}, \tag{3.37}$$

also

$$E\{\mathbf{x}-\mathbf{a}\} = \mathbf{0},\ E\{\mathbf{x}\} = \mathbf{a}. \tag{3.38}$$

Differentiation von (3.37) nach $\mathbf{a}$ liefert

$$\int_{-\infty}^{\infty} [\mathbf{I} - (\mathbf{u}-\mathbf{a})(\mathbf{u}-\mathbf{a})^T \mathbf{A}]\, p_{\mathbf{x}}(\mathbf{u}-\mathbf{a})\, d\mathbf{u} = \mathbf{0}, \tag{3.39}$$

d.h., der Erwartungswert ist Null:

$$E\{(\mathbf{x}-\mathbf{a})(\mathbf{x}-\mathbf{a})^T\}\,\mathbf{A} = \mathbf{I}. \tag{3.40}$$

Mit (3.31) folgt

$$\mathbf{C} = \mathbf{A}^{-1}, \tag{3.41}$$

womit $\mathbf{A}$ gegeben ist. Für den Fall zweier Variablen gilt

$$\mathbf{A} = \mathbf{C}^{-1} = \frac{1}{\sigma_{x_1}^2 \sigma_{x_2}^2 - (\sigma_{x_1 x_2}^2)^2} \begin{pmatrix} \sigma_{x_2}^2, & -\sigma_{x_1 x_2}^2 \\ -\sigma_{x_1 x_2}^2, & \sigma_{x_1}^2 \end{pmatrix}. \tag{3.42}$$

$\mathbf{A}$ ist eine Diagonalmatrix, wenn die Kovarianzen Null sind, und man erhält die Verteilungsdichte zweier normalverteilter, nichtkorrelierter Variablen als Produkt zweier Normalverteilungen, wie man durch Einsetzen in (3.36) zeigt. D.h. zwei gaußverteilte Variablen, die nicht korreliert sind, sind auch statistisch voneinander unabhängig. Es verbleibt, den Normierungsfaktor k von (3.36) zu bestimmen. Man erhält ihn durch Integration von (3.36) und Anwendung der Normierungsvorschrift in (3.19) zu

$$k = \frac{1}{(2\pi)^{\frac{n}{2}} (\det \mathbf{C})^{\frac{1}{2}}}. \tag{3.43}$$

Es läßt sich eine für die Praxis weitere wichtige Schlußfolgerung ziehen: Ist x normalverteilt und y = Fx, F sei ein linearer und zeitinvarianter Operator [3.6], so bleibt der gaußsche Charakter der Verteilungsdichte von y erhalten, d.h., auch y ist normalverteilt. Ein linearer Operator liegt vor bei linearen algebraischen Operationen, beim Differenzieren und Integrieren, also allgemein bei linearen Systemen. Der Beweis sei dem Leser überlassen (Aufgabe 3.11).

3.2 Stochastische Prozesse

Hängen die bisher betrachteten Zufallsgrößen x_i von einem (reellen) Parameter t ab, $x_i = x_i(t)$, so heißt die durch den Parameter geordnete Menge von Zufallsvariablen ein stochastischer Prozeß (Zufallsprozeß) $\{x(t)\}, t \in W_t$ mit W_t dem Wertebereich des Parameters. $\{x(t)\}$ steht für $\{x(e, t)\}$, denn der Prozeß ist eine Funktion von t und den Elementarereignissen. t ist in der Praxis im allgemeinen der Zeitparameter. Von einer Zufallsfolge spricht man, wenn die Zufallsvariable nur für diskrete Werte t_j erklärt ist. Hierfür lauten die Verteilungs- und Verteilungsdichtefunktion $P_x(u, t_j) = W\{x(e, t_j) < u\}, -\infty < u < \infty$, und $p_x(u, t_j)$. Die Definitionen und Ergebnisse der vorherigen Abschnitte sind für vorgegebene Werte t_j direkt verwendbar.

Für die weiteren Ausführungen kann t die Werte zwischen $-\infty$ und $+\infty$ annehmen und im allgemeinen wird davon ausgegangen, daß der Prozeß unendlich viele Zufallsvariablen $x_i(t)$ enthält (Grundgesamtheit der Zufallsgrößen), die als Zeitfunktionen interpretiert werden sollen. Die $x_i(t)$ denkt man sich z.B. von unendlich vielen identischen Quellen (Systemen) erzeugt oder durch (unendliche) Wiederholung des zeitlichen Vorganges (Versuch) entstanden, wobei angenommen wird, daß der Prozeß (theoretisch) in der Vergangenheit bei $t = -\infty$ begonnen hat. Die einzelne Funktion $x_i(t)$ wird für die Vergangenheit bis zur Gegenwart durch ihre tatsächlich angenommenen Werte beschrieben (sie ist in diesem Sinne in dem betreffenden Zeitintervall also determiniert), während über ihren zeitlichen Verlauf in der Zukunft nur statistische Aussagen gemacht werden können. $x_i(t)$ ist dann die sog. Musterfunktion (Signal, Schrieb) oder Realisierung des Prozesses.

Beispiel 3.5: Soll der zeitliche Verlauf der Flughöhen $h_i(t)$ der auf der Strecke Hannover–München eingesetzten Flugzeuge unter den gegebenen Flugrestriktionen untersucht werden, so bedeutet das zunächst, die Grundgesamtheit der Musterfunktionen für diesen Prozeß bereitzustellen. Die Höhenanzeigen der betreffenden Flugzeuge müssen vom Start bis zur Landung registriert werden und zwar theoretisch für unendlich viele Flüge.

3.2.1 Stationäre Prozesse

Stochastische Prozesse haben im allgemeinen für verschiedene Parameterwerte $t_i \neq t_j = t_i + \tau$ mit $\tau \neq 0$ auch verschiedene statistische Eigenschaften wie z.B. $P_x(u, t_i) \neq P_x(u, t_i + \tau)$. Damit sind die Verteilungsfunktionen, Verteilungsdichtefunktionen und die hieraus abgeleiteten statistischen Größen Funktionen der Zeit: $\{x(t)\}$ ist ein instationärer stochastischer Prozeß.

Ein stochastischer Prozeß wird dagegen stationär (im engeren Sinne) genannt, wenn *alle* Verteilungsdichten und Verbundverteilungsdichten (und damit auch die Verteilungen), die für die Gesamtheit der Zufallsfunktionen gelten,

$$\left.\begin{array}{l} p_{x(t_1)}(u_1) \\ p_{x(t_1)x(t_2)}(u_1, u_2; \tau_1) \\ \vdots \\ p_{x(t_1)\,\ldots\,x(t_n)}(u_1, \ldots, u_n; \tau_1, \ldots, \tau_{n-1}) \\ \text{mit} \\ \tau_k := t_{k+1} - t_k \end{array}\right\} \tag{3.44}$$

nur von den τ_k, nicht aber vom absoluten Zeitnullpunkt (z.B. $t = t_1$) abhängen.

Sind nur $p_{x(t_1)}(u_1)$ und $p_{x(t_1)x(t_2)}(u_1, u_2; \tau)$ unabhängig vom Zeitnullpunkt, wird der Prozeß „stationär im weiteren Sinne" genannt.

Für n = 1 und $\tau = -t_1$ gilt somit speziell

$$p_{x(t_1)}(u_1, t_1) = p_{x(t_1+\tau)}(u_1, t_1 + \tau) = p_{x(0)}(u, 0) = p_x(u), \tag{3.45}$$

d.h., die eindimensionale Verteilungsdichtefunktion ist von der Zeit unabhängig. Damit sind auch der lineare und quadratische Mittelwert zeitunabhängig:

$$\left.\begin{aligned} E\{x(t)\} &= \int_{-\infty}^{\infty} u\, p_x(u)\, du = \text{const.},\\ E\{x^2(t)\} &= \int_{-\infty}^{\infty} u^2\, p_x(u)\, du = \text{const.} \end{aligned}\right\} \tag{3.46}$$

Da bei stationären stochastischen Prozessen die zweidimensionale (n = 2) Verbundverteilungsdichte $p_{x(t_1)x(t_2)}(u_1, u_2, \tau = t_2 - t_1)$ (laut Definition (3.44)) nur von τ abhängt, hängt auch der „Autokorrelationsfunktion" genannte Erwartungswert

$$\Phi_{xx}(\tau) := E\{x(t_1) \cdot x(t_2)\} = E\{x(t_1) \cdot x(t_1 + \tau)\} =$$

$$= \int_{-\infty}^{\infty} \int_{-\infty}^{\infty} u_1(t_1)\, u_2(t_1 + \tau)\, p_{x(t_1)x(t_2)}(u_1, u_2; \tau)\, du_1\, du_2 \tag{3.47}$$

nur von τ ab.

Für zwei stationäre stochastische Prozesse $\{x_i(t)\}$, $\{y_i(t)\}$ ist die Verbundverteilungsdichte $p_{x(t_1)y(t_2)}(u_1, v_2; \tau = t_2 - t_1)$ dann ebenfalls – wie bei einem stationären stochastischen Prozeß – nur von τ abhängig, so daß der „Kreuzkorrelationsfunktion" genannte Erwartungswert

$$\Phi_{xy}(\tau) := E\{x(t_1) \cdot y(t_2)\} = E\{x(t_1) \cdot y(t_1 + \tau)\} =$$

$$= \int_{-\infty}^{\infty} \int_{-\infty}^{\infty} u_1 v_2\, p_{x(t_1)y(t_2)}(u_1, v_2; \tau)\, du_1\, dv_2 \tag{3.48}$$

auch nur von τ abhängt.

In praxi arbeitet man oft nur mit den ersten und zweiten Momenten und beschränkt sich damit auf die schwache Stationärität oder Stationärität im weiteren Sinne. Statt der Eigenschaften der Verteilungsdichten und Verbundverteilungsdichten werden dann die Eigenschaften (3.46), (3.47) zugrunde gelegt: Ein Prozeß heißt im weiteren Sinne stationär oder schwach stationär, wenn

$$\left.\begin{aligned} &E\{x(t)\} = \text{const.},\\ &E\{x(t_1)\, x(t_2)\} = \Phi_{xx}(\tau), \quad t_2 - t_1 =: \tau \end{aligned}\right\} \tag{3.49}$$

gelten. In vielen Fällen beinhaltet die schwache Stationärität in der Praxis auch die strenge Stationärität. Es gilt jedoch: Ein streng stationärer Prozeß ist auch schwach stationär, das umgekehrte gilt allgemein nicht.

Letztlich stellt sich die Frage, wie die Stationärität von Prozessen in der Praxis überprüft werden kann. Am einfachsten ergibt sich hierüber eine Aussage aus den physikalischen Eigenschaften des jeweiligen Prozesses (Zeitinvarianz → Stationärität).

Beispiel 3.6: Eine E-Lok fährt mit konstanter Geschwindigkeit auf gerader Strecke. Die Gleise mögen keine determinierten Lagefehler aufweisen, die Räder seien frei von Unwuchten und ihre Laufflächen seien fehlerfrei. Betrachtet werden die zufälligen vertikalen Beschleunigungen der Räder in den Radaufstandspunkten infolge Gleisunebenheiten. Die physikalischen Verursachungsgrößen sind hier zeitunabhängig und die Annahme eines stationären Vorganges erscheint begründet.

Kann aus den physikalischen Ursachen nicht auf Stationärität des Prozesses geschlossen werden, so ist die Frage nach der Stationärität nicht sicher beantwortbar, denn 1. liegt in praxi keine Grundgesamtheit (unendlich viele Musterfunktionen) vor sondern nur eine endliche Untermenge der Grundgesamtheit (Stichprobe), und 2. sind die Musterfunktionen nur für Zeitintervalle endlicher Länge bekannt. Damit ist es nicht sichergestellt, daß die statistischen Eigenschaften in den Restmengen (den nicht vorliegenden Schrieben bzw. für Zeiten außerhalb den Meßzeiten) sich nicht ändern. Besitzen die Musterfunktionen einen Anfang und ein Ende (s. Beispiel 3.5), dann ist der Prozeß instationär. Vermutet man von einem Prozeß, von dem nur Schriebe endlicher Dauer gemessen vorliegen, daß er stationäres Verhalten aufweist, so können wir uns die endlich langen Meßschriebe als Teilstücke denken, die aus entsprechenden Musterfunktionen (unendlicher Dauer) herausgeschnitten sind. Diese Musterfunktionen müssen dann die Bedingungen (3.44) erfüllen, wenn die Vermutung richtig war. (Vorausgesetzt werden muß hierbei, daß die Dauer jedes Schriebes sehr groß im Vergleich zu der Periodendauer seiner im (Leistungs-) Spektrum enthaltenen kleinsten Frequenz ist.) In diesem Fall bezeichnet man den Prozeß als stationär. (Bei dem Beispiel 3.6 fährt die E-Lok nur endliche Strecken, zusätzlich müssen der Anfahr- und Bremsvorgang außer Betracht bleiben.) Um die Annahme der schwachen Stationärität eines Prozesses zu stützen, muß das Erfülltsein von (3.49) gezeigt werden, wobei oft die Dichtefunktionen des Prozesses nicht vorliegen. Im Abschnitt 3.2.2 ist ausgeführt, daß der Erwartungswert eines ergodischen Prozesses auch durch Zeitmittelung gefunden werden kann, der Abschnitt 3.3.1 enthält ein einfaches Kriterium zum Nachweis der Ergodizität.

3.2.2 Ergodische Prozesse

Die bisherigen Definitionen und Sätze über stochastische Signale und Prozesse berücksichtigen nicht, daß in der Praxis weder die Grundgesamtheit (Ensemble) eines stochastischen Prozesses zur Verfügung steht – sondern es liegen stets nur einzelne Signale vor – geschweige denn die Verteilungs- bzw. Verteilungsdichtefunktionen bekannt sind. Benötigt wird also eine weitere Vereinfachung zur Beschreibung stochastischer Prozesse, die durch die Ergodenhypothese ermöglicht wird.

Für den stationären stochastischen Prozeß $\{x(t)\} = \{x_i(t)\}$ mit den Realisierungen (Musterfunktionen, Signalen) $x_i(t)$, $-\infty < t < \infty$, und einer bestimmten Realisierung $x_K(t) \in \{x_i(t)\}$ läßt sich die Ergodizität bezüglich einer Menge G von Funktionen $g[x(t)]$ definieren. Hierzu wird der Zeitmittelwert

$$\overline{g[x_K(t)]} := \lim_{T \to \infty} \frac{1}{2T} \int_{-T}^{T} g[x_K(t)] \, dt \tag{3.50a}$$

benötigt; vorausgesetzt sei, der Grenzwert (in irgendeinem statistischen Sinne) existiere. Denkt man sich den Zeitmittelwert bezüglich jeder möglichen Musterfunktion gebildet,

$$\overline{g[x_i(t)]} = \lim_{T\to\infty} \frac{1}{2\,T} \int_{-T}^{T} g[x_i(t)]\, dt, \tag{3.50b}$$

so ist $\overline{g[x_i(t)]}$ wieder eine Zufallsvariable. Denn mit $x_i(t)$ ist auch $g[x_i(t)]$ eine Zufallsvariable, ebenso das Integral über eine Zufallsvariable (als lineare zeitinvariante Transformation).[1] Die Grenzwertbildung bewirkt lediglich, daß die betrachtete Folge (bezüglich T) unter der getroffenen Voraussetzung einen bestimmten Wert, nämlich den Grenzwert $\overline{g[x_i(t)]}$ annimmt.

Definition: Der stationäre Zufallsprozeß $\{x(t)\}$ heißt ergodisch bezüglich einer Menge G von Funktionen $g[x(t)]$, wenn für jede Funktion $g \in G$ die Beziehung

$$\overline{g[x(t)]} = E\{g[x(t)]\} \tag{3.51}$$

mit der Wahrscheinlichkeit Eins gilt.

Diese Definition besagt, daß der Zeitmittelwert mit dem Mittelwert der Grundgesamtheit mit der Wahrscheinlichkeit Eins zusammenfällt und damit als Grenzwert existiert. Diese Aussage gilt für jede Musterfunktion des ergodischen Prozesses, also können die Erwartungswerte der Grundgesamtheit aus einer einzigen Musterfunktion (Index K) des Prozesses gewonnen werden:

$$E\{g[x(t)]\} = \overline{g[x_K(t)]} = \overline{g[x_i(t)]}, \tag{3.52}$$

wobei die letzte Gleichung bedeutet, daß das Zeitmittel von der verwendeten Musterfunktion unabhängig ist. Die Definition eines ergodischen Prozesses $\{x(t)\}$ bezüglich G,

$$W\{\overline{g[x(t)]} = E\{g[x(t)]\}\} = 1, \tag{3.51a}$$

ist gleichbedeutend mit

$$\sigma_{gx}^2 := E\{(\overline{g[x(t)]} - E\{g[x(t)]\})^2\} = 0, \tag{3.51b}$$

was direkt aus der Definition der Varianz folgt.

Die Eigenschaft der Ergodizität von stationären Zufallsprozessen besitzt demnach für ihre praktische Handhabung zwei wesentliche Vorteile gegenüber beispielsweise stationären Zufallsprozessen: 1. Können die Kennwerte der Grundgesamtheit ohne Kenntnis der Verteilungsdichtefunktionen aus Zeitmittelwerten erhalten werden und 2. genügt es, *eine* Musterfunktion zu betrachten.

1 Die Integration von $g[x(t)]$, also im einfachsten Fall von der Zufallsvariablen $x(t)$, über t mit $T \to \infty$ erscheint problematisch, da $x(t)$ höchstens für Zeiten bis zur Gegenwart bekannt, also mathematisch beschreibbar ist (s. Definition eines stochastischen Prozesses). Denkt man sich jedoch eine endliche Probe herausgegriffen, $x_T(t)$, so strebt für $T \to \infty$ $x_T(t) \to x(t)$ und, sofern der Grenzwert (3.50) existiert, erhalten die Zeitintegrale einen Sinn, ohne daß sie in der vorliegenden Form praktisch berechenbar sind.

Ein stationärer Zufallsprozeß ist ergodisch im Mittel, wenn

$$\overline{x(t)} := \lim_{T\to\infty} \frac{1}{2\,T} \int_{-T}^{T} x(t)\,dt = E\{x(t)\} \tag{3.53a}$$

mit der Wahrscheinlichkeit Eins gilt ($g[x(t)] := x(t)$). Er heißt ergodisch im quadratischen Mittel, wenn mit der Wahrscheinlichkeit Eins für $g[x(t)] := x^2(t)$

$$\overline{x^2(t)} := \lim_{T\to\infty} \frac{1}{2\,T} \int_{-T}^{T} x^2(t)\,dt = E\{x^2(t)\} \tag{3.53b}$$

ist und ergodisch in Korrelation für

$$\overline{x(t)x(t+\tau)} := \lim_{T\to\infty} \frac{1}{2\,T} \int_{-T}^{T} x(t)x(t+\tau)\,dt =: R_{xx}(\tau) = E\{x(t)x(t+\tau)\} =: \Phi_{xx}(\tau) \tag{3.53c}$$

mit der Wahrscheinlichkeit Eins.

Die Ergodenaussage als zu den obigen Definitionen ergänzende Arbeitshypothese beinhaltet die Definition der strengen Ergodizität (Ergodizität im engeren Sinn): Ein stationärer Zufallsprozeß heißt streng ergodisch, wenn für alle Momente jeder Musterfunktion $x_i(t)$, $-\infty < t < \infty$,

$$\overline{x^n(t)} := \lim_{T\to\infty} \frac{1}{2\,T} \int_{-T}^{T} x^n(t)\,dt = E\{x^n(t)\} \tag{3.54}$$

mit der Wahrscheinlichkeit Eins gilt. In der Praxis beschränkt man sich oft auf die Betrachtung von linearen Mittelwerten und Korrelationsfunktionen und definiert deshalb: Ein schwach stationärer stochastischer Prozeß heißt schwach ergodisch (ergodisch im weiteren Sinn), wenn

$$\overline{x(t)} = E\{x(t)\} \tag{3.53a}$$

und

$$R_{xx}(\tau) := \overline{x(t)x(t+\tau)} = E\{x(t)x(t+\tau)\} =: \Phi_{xx}(\tau) \tag{3.53c}$$

mit der Wahrscheinlichkeit Eins gilt (Ergodizität im Mittel und in Korrelation). Die strenge Ergodizität umfaßt damit die schwache Ergodizität aber nicht umgekehrt.

Ein theoretisches Beispiel für einen stationären aber nichtergodischen stochastischen Prozeß ist das folgende:

Beispiel 3.7: $\{x(t)\} = \{x_i(t)\} = \{\hat{x}_i \sin(\omega_0 t + \varphi_i)\}$ mit den Zufallsvariablen $\hat{x}_i$, φ_i, wobei φ_i einer konstanten Verteilungsdichtefunktion in $[0, 2\,\pi]$ genügt (s. Aufgabe 3.13).

$$\overline{x_i(t)x_i(t+\tau)} = \lim_{T\to\infty} \frac{1}{2T} \int_{-T}^{T} x_i(t)x_i(t+\tau)\,dt$$
$$= \frac{\hat{x}_i^2}{2} \cos \omega\tau =: R_{xx}(\tau, i) \neq \Phi_{xx}(\tau),$$

der zeitliche Mittelwert ist von der Musterfunktion abhängig, im Gegensatz zu der Definition der Ergodizität.

Für zwei schwach ergodische Prozesse $\{x(t)\}$, $\{y(t)\}$ gilt neben (3.51) für den einzelnen Prozeß zusätzlich

$$\overline{x_i(t)y_i(t+\tau)} := \lim_{T\to\infty} \frac{1}{2T} \int_{-T}^{T} x_i(t)y_i(t+\tau)\,dt =: R_{xy}(\tau) =$$

$$= E\{x(t)y(t+\tau)\} = \Phi_{xy}(\tau). \tag{3.55}$$

Es läßt sich nun zeigen, daß ein stochastischer Prozeß $\{x(t)\}$ schwach ergodisch ist, wenn er 1. schwach stationär und 2. die Zeitmittelwerte $\overline{x_i}$ und $\overline{x_i(t)x_i(t+\tau)}$ für alle Musterfunktionen gleich sind. Diese Bedingungen sind hinreichend [2.7]. Ein einfaches Kriterium zur Ermittlung der Ergodizität von Gaußprozessen ergibt sich im Zusammenhang mit der Schätzung (Abschnitt 3.3.1).

3.2.3 Gaußverteilte Prozesse

Die schwach stationären gaußschen Prozesse sind auch im strengen Sinne stationär [3.7], wobei gaußsche Prozesse mit der Zufallsvariablen $\{x(t)\}$ und der Folge $t_1, \ldots, t_n$ durch die Verbundverteilungsdichtefunktion (3.36) definiert sind. Ein Gaußprozeß ist definitionsgemäß durch die Mittelwerte und Kovarianzen vollständig bestimmt, die bei schwach stationären Prozessen konstant sind bzw. nur von der Zeitdifferenz abhängen, womit ein schwach stationärer Gaußprozeß auch im strengen Sinne stationär ist.

Bei einem gaußschen Prozeß entfällt auch die Unterscheidung zwischen strenger und schwacher Ergodizität. Die hinreichenden Bedingungen für die Ergodizität eines Gaußprozesses sind: 1. schwache Stationärität und 2.

$$\lim_{T\to\infty} \frac{1}{2T} \int_{-T}^{T} |\Phi_{xx}(\tau) - \mu_x^2|\,d\tau = 0 \tag{3.56}$$

[2.7] (vgl. auch Abschnitt 3.3.1).

Die Aussagen hinsichtlich der gaußverteilten Zufallsvariablen (Abschnitt 3.1.3)) treffen ebenfalls auf gaußverteilte Prozesse zu, d.h.,

- gaußverteilte Prozesse, die nicht miteinander korreliert sind, sind auch statistisch voneinander unabhängig,
- eine lineare zeitinvariante Transformation (lineare Systeme) auf einen Gaußprozeß angewandt ergibt wieder einen Gaußprozeß.

In der Praxis werden oft ergodische Gaußprozesse bei der Behandlung stochastischer Signale angenommen.

3.3 Grundlegendes zur Schätztheorie

In der Praxis ist die Grundgesamtheit der stochastischen Größen im allgemeinen unbekannt, es steht lediglich eine Stichprobe aus dieser Grundgesamtheit zur Verfügung. Die statistischen Kennwerte der Stichprobe müssen dann als Näherungen für die der Grundgesamtheit dienen: Schätzwerte. Welche statistischen Eigenschaften haben Schätzwerte (vgl. auch [3.8])? Die Beantwortung dieser Frage und die Diskussion von Verfahren zur Parameterschätzung erfolgt in den nächsten Abschnitten.

3.3.1 Grundbegriffe der Schätztheorie

$\{\hat{\alpha}_N(\mathbf{x})\}$ sei eine Menge von Schätzfunktionen zur Schätzung des wahren Wertes $\mathring{a}$.

Beispiel 3.8: Das arithmetische Mittel

$$\hat{\alpha}_N(x) := \hat{x}_N = \frac{1}{N} \sum_{i=1}^{N} x_i$$

ist eine derartige Schätzfunktion.

$\hat{\alpha}_N(\mathbf{x})$ ist eine Zufallsvariable, die wieder von N anderen Zufallsvariablen $\mathbf{x}$ abhängt. $\hat{a} \in \{\hat{\alpha}_N(\mathbf{x})\}$ sei eine Schätzfunktion aus der Menge der Schätzfunktionen, für die also N vorgegeben ist.

Eine Schätzung wird erwartungstreu (unverzerrt, biasfrei) genannt, wenn

$$E\{\hat{a}\} = \mathring{a} \tag{3.57}$$

ist, andernfalls ist sie nichterwartungstreu (verzerrt) mit dem Bias

$$b(\mathring{a}) := E\{\hat{a}\} - \mathring{a} \neq 0 \tag{3.58}$$

behaftet.

Eine Schätzung ist konsistent, wenn sie für $N \to \infty$ mit der Wahrscheinlichkeit 1 gegen den wahren Wert konvergiert:

$$\lim_{N \to \infty} W\{|\hat{\alpha}_N(\mathbf{x}) - \mathring{a}| \geqslant \epsilon\} = 0 \text{ für alle } \epsilon > 0. \tag{3.59}$$

Hinreichend für die Konsistenz einer Schätzung ist, daß die Standardabweichung der Schätzfunktion mit wachsendem Stichprobenumfang N gegen Null strebt (ohne Beweis, die Behauptung folgt unmittelbar aus der sog. Tschebyscheffschen Ungleichung [1.3]). Damit ist keine Aussage über die Güte der Schätzung für endliches N getroffen. Konsistente Schätzungen können also für endliches N einen Bias besitzen, und eine unverzerrte Schätzung muß nicht konsistent sein. Eine konsistente Schätzung ist aber stets asymptotisch unverzerrt. Eine Schätzung heißt konsistent im quadratischen Mittel, wenn zusätzlich zu (3.59) für die Varianz

$$\lim_{N \to \infty} E\{(\hat{\alpha}_N(\mathbf{x}) - \mathring{a})^2\} = 0 \tag{3.60}$$

ist.

Das Maß für die relative Wirksamkeit (Effizienz) der Schätzungen $\hat{a}_1, \hat{a}_2$ ist der Ausdruck

$$\eta := \frac{E\{(\hat{a}_1 - \mathring{a})^2\}}{E\{(\hat{a}_2 - \mathring{a})^2\}} = \frac{\sigma^2(\hat{a}_1)}{\sigma^2(\hat{a}_2)}, \tag{3.61}$$

d.h., die Schätzung $\hat{a}_2$ ist wirksamer (effizienter) als die Schätzung $\hat{a}_1$, wenn ihre Varianz kleiner ($\eta > 1$) als die von $\hat{a}_1$ ist.

Eine Schätzung heißt asymptotisch effizient, wenn sie unter allen unverzerrten Schätzungen bei gleicher Informationsverwendung die kleinstmögliche Varianz besitzt. Schließlich ist eine Schätzung erschöpfend, wenn sie die effizienteste aller Schätzungen ist. (Der Informationsgehalt einer Schätzung ist umgekehrt proportional zu ihrer Varianz).

Beispiel 3.9: Wählt man als Schätzung für den zeitlichen Mittelwert eines ergodischen Prozesses mit der Musterfunktion $x_k(t)$ im endlichen Intervall [0, T] die Vorschrift

$$\overset{\Delta}{\bar{x}} := \frac{1}{T} \int_0^T x_k(t)\, dt,$$

so ist die Schätzung unverzerrt:

$$E\{\overset{\Delta}{\bar{x}}\} = \frac{1}{T} \int_0^T E\{x_k(t)\} dt = \frac{1}{T} T \mu_x = \mu_x.$$

Die Varianz als Maß der Standardabweichung von $\overset{\Delta}{\bar{x}}$ lautet:

$$\sigma^2_{\overset{\Delta}{\bar{x}}} = E\{(\overset{\Delta}{\bar{x}} - \mu_x)^2\} = E\{\overset{\Delta}{\bar{x}}{}^2\} - \mu_x^2.$$

Weiter ist

$$E\{\overset{\Delta}{\bar{x}}{}^2\} = E\{\frac{1}{T^2} \int_0^T x_k(t)\, dt \int_0^T x_k(t')\, dt'\}$$

$$= \frac{1}{T^2} \int_0^T \int_0^T E\{x_k(t) x_k(t')\} dt' dt,$$

wegen

$$t' := t + \tau$$

folgt

$$\sigma^2_{\overset{\Delta}{\bar{x}}} = \frac{1}{T^2} \int_0^T \int_{-t}^{T-t} [E\{x_k(t) x_k(t+\tau)\} - \mu_x^2]\, d\tau\, dt.$$

Mit der Autokorrelationsfunktion des ergodischen Prozesses folgt:

$$\sigma^2_{\overset{\Delta}{\bar{x}}} = \frac{1}{T^2} \int_0^T \int_{-t}^{T-t} [R_{xx}(\tau) - \mu_x^2]\, d\tau\, dt$$

$$= \frac{1}{T^2} \int_0^T \{ \int_{-t}^{0} [R_{xx}(\tau) - \mu_x^2]\, d\tau + \int_0^{T-t} [R_{xx}(\tau) - \mu_x^2]\, d\tau \} dt.$$

$R_{xx}(\tau)$ ist eine gerade Funktion (vgl. Gl. (3.107)), $R_{xx}(\tau) = R_{xx}(-\tau)$, $\tilde{t} := T - t$. Es folgt

$$\sigma^2_{\overset{\Delta}{\bar{x}}} = \frac{1}{T^2} \{ \int_0^T \int_0^t [R_{xx}(\tau) - \mu_x^2]\, d\tau\, dt + \int_0^T \int_0^{\tilde{t}} [R_{xx}(\tau) - \mu_x^2]\, d\tau\, d\tilde{t} \}$$

$$= \frac{2}{T^2} \int_0^T \int_0^t [R_{xx}(\tau) - \mu_x^2]\, d\tau\, dt.$$

Verwendet man die Integralformel

$$\int_0^x \int_0^v f(u)\, du dv = \int_0^x (x - u) f(u)\, du$$

und die Autokovarianzfunktion (s. Aufgabe 3.15) $C_{XX}(\tau) := R_{XX}(\tau) - \mu_X^2$, so ergibt sich schließlich

$$\sigma_{\overline{X}}^2 = \frac{2}{T} \int\limits_0^T \left(1 - \frac{\tau}{T}\right) C_{XX}(\tau) \, d\tau.$$

Schluß-
folgerungen:

- Um die Varianz von $\overset{\triangle}{\overline{x}}$ zu ermitteln, bedarf es der Kenntnis der Autokorrelationsfunktion bzw. der Autokovarianzfunktion. Diese ist im allgemeinen unbekannt. In praxi genügt stattdessen hierfür jedoch auch eine Schätzung oder u.U. eine grobe Näherung. Umgekehrt kann für eine vorgegebene Varianz hierüber die erforderliche Schrieblänge T angenähert ermittelt werden.

- $C_{XX}(\tau)$ wird „dreieckförmig" durch den Faktor $\frac{2}{T}\left(1 - \frac{\tau}{T}\right)$ bewertet.

Anmerkung: Entsprechende Aussagen gelten für diskrete Prozesse (arithmetischer Mittelwert, s. Aufgabe 3.16).

Beispiel 3.10: Ist die Schätzung $\overset{\triangle}{\sigma}_X^2 := \frac{1}{N} \sum\limits_{i=1}^N (x_i - \overset{\triangle}{\overline{x}})^2$ mit $\overset{\triangle}{\overline{x}} := \frac{1}{N} \sum\limits_{i=1}^N x_i$ unverzerrt?

$$E\{\overset{\triangle}{\sigma}_X^2\} = E\{\frac{1}{N} \sum_{i=1}^N (x_i - \overset{\triangle}{\overline{x}})^2\},$$

$$\sum_i (x_i - \overset{\triangle}{\overline{x}})^2 = \sum_i [(x_i - \mu_X) - (\overset{\triangle}{\overline{x}} - \mu_X)]^2$$

$$= \sum_i (x_i - \mu_X)^2 + \sum_i (\overset{\triangle}{\overline{x}} - \mu_X)^2 - 2 (\overset{\triangle}{\overline{x}} - \mu_X) \sum_i (x_i - \mu_X)$$

$$= \sum_i (x_i - \mu_X)^2 + N (\overset{\triangle}{\overline{x}} - \mu_X)^2 - 2 (\overset{\triangle}{\overline{x}} - \mu_X) N (\overset{\triangle}{\overline{x}} - \mu_X)$$

$$= \sum_i (x_i - \mu_X)^2 - N (\overset{\triangle}{\overline{x}} - \mu_X)^2.$$

Es folgt mit

$$\sigma_X^2 = E\left\{\frac{1}{N} \sum_{i=1}^N (x_i - \mu_X)^2\right\}$$

und − falls alle x_i voneinander statistisch unabhängig sind − mit

$$\sigma_{\overset{\triangle}{\overline{x}}}^2 = E\{(\overset{\triangle}{\overline{x}} - \mu_X)^2\} = \frac{1}{N} \sigma_X^2 \qquad \text{(s. Aufgabe 3.16)}$$

$$E\{\overset{\triangle}{\sigma}_X^2\} = \frac{1}{N} (N \sigma_X^2 - \sigma_X^2) = \frac{N-1}{N} \sigma_X^2,$$

die Schätzung ist nicht erwartungstreu. Dagegen ist die Schätzung

$$\overset{\triangle}{\sigma}_X^2 := \frac{1}{N-1} \sum_{i=1}^N (x_i - \overset{\triangle}{\overline{x}})^2$$

unverzerrt. Die ursprüngliche Aufgabe ist asymptotisch erwartungstreu.

Das Ergebnis vom Beispiel 3.9 läßt noch weitere Aussagen zu. Für die Ergodizität im Mittel muß (3.51b) gelten: $\sigma_{\overline{x}}^2 = E\{(\overline{x} - \mu_X)^2\} = 0$. Mit dem Ergebnis des Beispiels 3.9 für $\lim\limits_{T \to \infty} \overset{\triangle}{\overline{x}} = \overline{x}$,

$$\sigma_{\overline{x}}^2 = \lim_{T \to \infty} \frac{2}{T} \int\limits_0^T \left(1 - \frac{\tau}{T}\right) C_{XX}(\tau) \, d\tau^1, \tag{3.62}$$

1 Während der Ableitung der Gleichung tritt die Vertauschung von Zeitmittelung (limes-Bildung) und Erwartungswertbildung auf, s. diesbezüglich [3.7] oder [3.16].

lautet somit das Kriterium:

$$\lim_{T\to\infty} \frac{2}{T} \int_0^T \left(1 - \frac{\tau}{T}\right) C_{xx}(\tau)\, d\tau = 0. \tag{3.63}$$

Ein stationärer Prozeß $\{x(t)\}$ mit dem Mittelwert μ_x, der Korrelationsfunktion $\Phi_{xx}(\tau)$ und der Autokovarianzfunktion $C_{xx}(\tau) := \Phi_{xx}(\tau) - \mu_x^2$ ist genau dann ergodisch im Mittel, wenn (3.63) erfüllt ist. Hinreichend hierfür ist, daß $C_{xx}(\tau)$ absolut integrabel ist:

$$\int_0^\infty |C_{xx}(\tau)|\, d\tau = K < \infty. \tag{3.64}$$

Für zentrierte Zufallsprozesse bedeutet (3.64) mit $C_{xx}(\tau) = \Phi_{xx}(\tau)$:

$$\lim_{\tau\to\infty} \Phi_{xx}(\tau) = 0, \tag{3.65}$$

dieses ist eine andere Formulierung der hinreichenden Bedingung für die Ergodizität im Mittel. Die entsprechenden Aussagen können mit dem erwartungstreuen Schätzwert $\hat{\bar{x}}$ und mit $\sigma^2_{\hat{\bar{x}}}$ gewonnen werden. Enthält x(t) und damit $C_{xx}(\tau)$ periodische Anteile, so ist der Schätzwert trotzdem konsistent, denn die Zusatzterme im Integral (3.63) sind für alle T beschränkt, so daß $\sigma^2_{\hat{\bar{x}}} \to 0$ für $T \to \infty$ weiterhin gilt.

Nachteilig bei den Kriterien obiger Art ist, daß der Prozeß analytisch behandelbar sein muß. In praxi besitzt man jedoch einige (wenige) physikalische a priori-Kenntnisse über den Prozeß und verfügt über ein gemessenes Signal oder mehrere gemessene Signale endlicher Dauer. Spricht nichts gegen die Annahme der Ergodizität und tritt kein Widerspruch im Laufe der Rechnung zwischen den ermittelten Werten und den Voraussetzungen auf, so wird man den Prozeß als ergodisch betrachten, d.h. man nimmt den Standpunkt ein, alle für die betreffende Aufgabenstellung benötigten Angaben aus den vorliegenden Signalen entnehmen zu können.

3.3.2 Parameteranpassung: Deterministische Approximation und Parameterschätzverfahren

Mathematische Modelle mit (innerer) Struktur, also parametrische Modelle (s. Kapitel 1), bedürfen zu ihrer Behandlung zunächst einer Definition des Fehlers v(t). Beim Fehlerabgleich über das Vorwärtsmodell z.B. ist $v(t) := u^M(t) - u(t)$ der Ausgangsfehler mit dem Modellausgangssignal u(t) und dem gemessenen Ausgangssignal $u^M(t)$ des untersuchten Systems. Werden Zustandsgrößen eines Systems behandelt, mit dem Zustandsvektor $\mathbf{x}$, dann lauten die Fehler entsprechend $\mathbf{v}(t) := \mathbf{x}^M(t) - \mathbf{x}(t)$. Die Fehler setzen sich aus dem Modellfehler und einer zufälligen Störung zusammen.

Neben der Fehlerdefinition muß noch ein Zielfunktional (Zielfunktion, Fehlerkriterium, Verlustfunktion) J(v) = J(a) eingeführt werden, das zur Bestimmung der Modellparameter $\mathbf{a} = (a_1, \ldots, a_n)^T$ bezüglich der Fehler v zu minimieren ist. Es kann beispielsweise eines der nachstehenden Funktionale gewählt werden:

kontinuierliche Signale: diskrete Signale:

Fehlerquadratsumme

$$J_1 := \int_0^T v^2(t)\, dt \qquad J_1 := \mathbf{v}^T\mathbf{v},\ \mathbf{v}^T := (v(t_1), ..., v(t_n)) \tag{3.66a}$$

Summe der Fehlerbeträge

$$J_2 := \int_0^T |v(t)|\, dt \qquad J_2 := (|v(t_1)|, ..., |v(t_n)|)\,\mathbf{e},\ \mathbf{e}^T := (1, ..., 1) \tag{3.67a}$$

gewichtete Fehlerquadratsumme

$$J_3 := \int_0^T g(t)v^2(t)\, dt,\quad g(t) > 0 \qquad J_3 := \mathbf{v}^T\mathbf{G}\mathbf{v},\ \mathbf{G} := \mathrm{diag}(g(t_i)),\ \mathbf{G} \text{ positiv definit} \tag{3.66b}$$

gewichtete Summe der Fehlerbeträge

$$J_4 := \int_0^T g(t)\,|v(t)|\, dt \qquad J_4 := (|v(t_1)|, ..., |v(t_n)|)\,\mathbf{G}\,\mathbf{e}. \tag{3.67b}$$

Die Verlustfunktionen J_1, J_2 sind mit $g(t) \equiv 1$ Sonderfälle von J_3, J_4. Die Wahl des Fehlers und der Verlustfunktion ergibt sich aus den a priori-Kenntnissen über das System und aus der Aufgabenstellung.

Das jeweils gewählte Vorgehen zur Ermittlung der Modellparameter (Minimierungsverfahren, Anpassungsverfahren) wird entscheidend von den Eigenschaften des vorliegenden Prozesses bestimmt. Sind die Störungen der Signale im Vergleich zu den Systemsignalen nur schwach, so können zur Ermittlung der Modellparameter deterministische Approximationen herangezogen werden. Zwei häufig verwendete Verfahren seien hier erwähnt, die Interpolation und die Approximation im quadratischen Mittel. Ist das Modell linear in den Parametern, z.B. $u(t) = \sum_{i=1}^{n} a_i x_i(t)$ mit gegebenen Funktionen $x_i(t)$, so werden bei der Interpolation die Fehler an n ausgewählten Zeitpunkten t_k, $k = 1(1)n$, gleich Null gesetzt:

$$v(t_k) = u^M(t_k) - \sum_{i=1}^{n} a_i x_i(t_k) = 0,\ k = 1(1)n. \tag{3.68}$$

Damit sind n Gleichungen für die n Parameter a_i aufgestellt:

$$\mathbf{v} = \mathbf{u}^M - \mathbf{X}\,\mathbf{a} = \mathbf{0},$$
$$\mathbf{v}^T := (v(t_1), ..., v(t_n)),$$
$$\mathbf{u}^{MT} := (u^M(t_1), ..., u^M(t_n)),$$
$$\mathbf{a}^T := (a_1, ..., a_n),$$
$$\mathbf{X} := (x_i(t_k)).$$

Es folgt

$$\mathbf{a} = \mathbf{X}^{-1}\, \mathbf{u}^{M}. \tag{3.69}$$

Der Vorteil des Interpolationsverfahrens liegt in seiner Einfachheit, die Nachteile sind offensichtlich: Zwischen den Interpolationspunkten können große Fehler auftreten und Fehler in den Ausgangsdaten gehen multiplikativ mit $\mathbf{X}^{-1}$ direkt in $\mathbf{a}$ ein. Dieser Nachteil läßt sich vermeiden, wenn man zur Approximation mehr Fehlergleichungen, als Unbekannte zu bestimmen sind, verwendet: z.B. Approximation im quadratischen Mittel. Das Zielfunktional ist mit dem obigen linearen Modell

$$\left.\begin{aligned} J_1 &= \int_0^T v^2(t)\, dt = \int_0^T [u^M(t) - \mathbf{a}^T \mathbf{x}(t)]^2\, dt \rightarrow \mathrm{Min}\,(\mathbf{a}), \\ \mathbf{x}^T(t) &:= (x_1(t), \ldots, x_n(t)), \end{aligned}\right\} \tag{3.70}$$

das mit den notwendigen Bedingungen $\dfrac{\partial J(\mathbf{a})}{\partial a_i} = 0,\ i = 1(1)n$, mit

$$\left.\begin{aligned} \mathbf{A} &:= \int_0^T \mathbf{x}(t)\mathbf{x}^T(t)\, dt, \\ \mathbf{b} &:= \int_0^T u^M(t)\mathbf{x}(t)\, dt \end{aligned}\right\} \tag{3.71}$$

auf das Gleichungssystem

$$\mathbf{A}\,\mathbf{a} = \mathbf{b} \tag{3.72}$$

führt. Im Falle diskreter Signale erhält man für t_k mit $k = 1(1)N \geqslant n$ und analogen Bezeichnungen wie in (3.69)

$$\left.\begin{aligned} J_1(\mathbf{a}) &= \mathbf{v}^T\mathbf{v} \rightarrow \mathrm{Min}(\mathbf{a}), \\ \frac{\partial J_1(\mathbf{a})}{\partial a_i} &= \frac{\partial}{\partial a_i}\,(\mathbf{u}^M - \mathbf{X}\,\mathbf{a})^T(\mathbf{u}^M - \mathbf{X}\,\mathbf{a}) = 0, \\ -2\,\mathbf{X}^T(\mathbf{u}^M - \mathbf{X}\,\mathbf{a}) &= \mathbf{0}, \\ \mathbf{a} &= (\mathbf{X}^T\mathbf{X})^{-1}\mathbf{X}^T\mathbf{u}^M. \end{aligned}\right\} \tag{3.73}$$

Es läßt sich zeigen, daß die durch die Gaußsche Transformation (Multiplikation der Gleichung $\mathbf{X}\,\mathbf{a} = \mathbf{u}^M$ von links mit $\mathbf{X}^T$) gewonnene Normalgleichungsmatrix $\mathbf{X}^T\mathbf{X}$ regulär und damit invertierbar ist, s. z.B. [3.9]. Mit der Wichtungsmatrix (Bewertungsmatrix) $\mathbf{G}$ nach (3.66b) wird erreicht, daß bestimmte (z.B. relativ genaue) Werte von $\mathbf{u}^M$ bei der Bestimmung der Parameter stärker eingehen als andere (z.B. ungenauere). Für die Parameter a erhält man als Lösung der Fehlergleichungen analog zu (3.73):

$$\mathbf{a} = (\mathbf{X}^T\mathbf{G}\,\mathbf{X})^{-1}\mathbf{X}^T\mathbf{G}\,\mathbf{u}^M. \tag{3.74}$$

Weitere Informationen zur determinierten Approximation findet der Leser beispielsweise in [1.1, 1.2, 1.5]. Für in den Frequenzraum transformierte Signale ist das Vorgehen entsprechend.

Sind dagegen nichtvernachlässigbare stochastische Störungen in den gemessenen Signalen vorhanden, dann müssen Schätzverfahren zur Bestimmung der Parameter herangezogen werden. $\mathring{y}(t)$ sei das wahre und $y^M(t)$ das gemessene Signal:

$$y^M(t) = \mathring{y}(t) + n(t), \tag{3.75}$$

n(t) ist das zufällige Störsignal. Der zu betrachtende Prozeß kann in praxi im allgemeinen nicht in seiner Gesamtheit ausgewertet werden, so daß zur Auswertung eine Stichprobe herangezogen wird. Hierzu dient das Signal in dem Intervall [0, T] als kontinuierliches oder abgetastetes, diskretes Signal, um Schätzwerte $\hat{a}$ für die Modellparameter a zu ermitteln, die den wahren Werten $\mathring{a}$ möglichst nahe kommen. Abhängig von den a priori-Kenntnissen über den Prozeß kommen als Parameterschätzverfahren z.B. in Betracht:

- das Gaußsche Verfahren der kleinsten Fehlerquadratsumme,
- die Markov-Schätzung,
- die Methode der Hilfsvariablen,
- die Maximum-Likelihood-Methode,
- die Bayes-Schätzung.

Von den hier angeführten Schätzverfahren seien nur die ersten drei behandelt. Im Abschnitt 3.3.5 wird eine Übersicht gegeben. Hinsichtlich der im Kapitel 1 angedeuteten Algorithmen und numerischen Lösungsmethoden zur Behandlung des Schätzproblems, sei auf diesbezüglich weiterführende Literatur [1.1, 1.2, 1.5, 3.10] und insbesondere auf das Schrifttum über Numerische Mathematik, z.B. [3.11], verwiesen. Dem Leser sei die Beschäftigung mit der Maximum-Likelihood-Methode anempfohlen, die wegen des einführenden Charakters dieser Darstellung nicht behandelt ist, die aber in den Anwendungen einen immer größeren Raum einnimmt.

3.3.3 Methode der gewichteten kleinsten Quadrate

Sie soll für den in der Praxis wichtigen Fall diskreter Prozesse dargestellt werden. Mit dem Residuenvektor **v** und der symmetrischen positiv definiten Wichtungsmatrix **G** (hier also allgemeiner als in (3.66) angegeben) ist die Verlustfunktion J(**a**) durch (3.66) definiert. Infolge der Voraussetzungen ist J(**a**) als „gewichtete Fehlerquadratsumme" eine positiv definite quadratische Form in den v_i, $i = 1(1)N$. Die notwendigen Bedingungen für J(**a**) → Min (**a**) des stochastischen Prozesses,

$$\left.\frac{\partial J(\mathbf{a})}{\partial a_\rho}\right|_{\mathbf{a}=\hat{\mathbf{a}}} = 0, \quad \rho = 1(1)n \leqslant N \tag{3.76}$$

ergeben die Gleichungen

$$\mathbf{v}^T \mathbf{G} \left.\frac{\partial \mathbf{v}}{\partial a_\rho}\right|_{\mathbf{a}=\hat{\mathbf{a}}} = \left.\frac{\partial \mathbf{v}^T}{\partial a_\rho} \mathbf{G}\,\mathbf{v}\right|_{\mathbf{a}=\hat{\mathbf{a}}} = 0, \rho = 1(1)n. \tag{3.77}$$

Die hinreichende Bedingung für die Minimalforderung ist infolge Symmetrie und positiver Definitheit von **G** für Fehler **v** linear in den Parametern a_ρ (aufgrund von **u**) ebenfalls erfüllt: Es sei $\mathbf{u}^M$ das gemessene Signal und **u** das Modellsignal mit bekannten Größen (deterministisch oder stochastisch, gemessen) $\mathbf{k}_0, \mathbf{k}_\rho$, $\rho = 1(1)n$.

$$\left.\begin{aligned}
&\mathbf{u} := \mathbf{k}_0 + \sum_{\rho=1}^{n} a_\rho \cdot \mathbf{k}_\rho, \quad \mathbf{k}_\rho \text{ linear unabhängig,}\\
&\mathbf{v} \overset{!}{=} \mathbf{u}^M - \mathbf{u} = \mathbf{u}^M - \mathbf{k}_0 - \sum_{\rho=1}^{n} a_\rho\, \mathbf{k}_\rho =: \mathbf{b} + \sum_{\rho=1}^{n} a_\rho \frac{\partial \mathbf{v}}{\partial a_\rho},\\
&\mathbf{b} := \mathbf{u}^M - \mathbf{k}_0, \quad \frac{\partial \mathbf{v}}{\partial a_\rho} = -\mathbf{k}_\rho .
\end{aligned}\right\} \tag{3.78}$$

$\partial \mathbf{v}/\partial a_\rho$ ist in diesem Fall unabhängig von a_ρ, $\frac{\partial \mathbf{v}}{\partial a_\rho} \urcorner \frac{\partial \mathbf{v}(\mathbf{a})}{\partial a_\rho}$, und somit sind die hinreichenden Bedingungen für das Minimum von $J(\hat{\mathbf{a}})$ erfüllt: $\left(\frac{\partial^2 J(\mathbf{a})}{\partial a_\rho \partial a_\sigma}\right) = 2\left(\frac{\partial \mathbf{v}^T}{\partial a_\sigma}\, \mathbf{G}\, \frac{\partial \mathbf{v}}{\partial a_\rho}\right)$ positiv definit.

Anmerkung: Solange $\mathbf{v}$ linear in den Parametern ist, liefert die notwendige Bedingung (3.77) ein lineares Gleichungssystem für $\hat{\mathbf{a}}$ mit einer bestimmten Lösung. Die notwendige Bedingung kann dagegen für $\mathbf{v}$ nichtlinear in den Parametern mehrere Lösungen besitzen (lokale Minima von $J(\hat{\mathbf{a}})$), von denen die relevante Lösung durch Auffinden des globalen (kleinsten) Minimums zu ermitteln ist.

Für den wahren Parametervektor $\mathring{\mathbf{a}}$ mit $\hat{\mathbf{a}} \neq \mathring{\mathbf{a}}$ ist im allgemeinen

$$\left.\frac{\partial J(\mathbf{a})}{\partial a_\rho}\right/_{\mathbf{a} = \mathring{\mathbf{a}}} \neq 0. \tag{3.79}$$

Mit der Definition (unabhängig davon, ob $\mathbf{v}$ die Parameter a_ρ linear oder nichtlinear enthält)

$$\mathbf{Dv} := -\left(\frac{\partial \mathbf{v}}{\partial a_1}, \ldots, \frac{\partial \mathbf{v}}{\partial a_n}\right), \quad \mathbf{Dv}^T := (\mathbf{Dv})^T \tag{3.80}$$

läßt sich (3.78) in der Form

$$\mathbf{v} = \mathbf{b} - \mathbf{Dv}\, \mathbf{a} \tag{3.81}$$

schreiben und (3.77) geht damit über in das lineare Gleichungssystem

$$\mathbf{Dv}^T\, \mathbf{G}(\mathbf{b} - \mathbf{Dv}\, \hat{\mathbf{a}}) = \mathbf{0} \tag{3.82}$$

mit der (3.74) entsprechenden Lösung

$$\hat{\mathbf{a}} = (\mathbf{Dv}^T \mathbf{G}\, \mathbf{Dv})^{-1}\, \mathbf{Dv}^T \mathbf{G}\, \mathbf{b}. \tag{3.83}$$

Beispiel 3.11: Die Ein- und Ausgangsgrößen $p^M(t)$ und $\ddot{u}^M(t)$ eines elastomechanischen Systems mit den Anfangsbedingungen $u(0) = \dot{u}(0) = 0$ seien in dem Intervall $[0, T]$ gemessen. Die a priori-Kenntnisse über das System weisen dieses in dem betrachteten Arbeitsbereich als ein lineares viskos gedämpftes Einfreiheitsgradsystem aus. Gesucht sind die Schätzwerte für die Systemparameter mit Hilfe der Methode der kleinsten Fehlerquadrate für diskretisierte Signale.

Der Bewegungsgleichung des Systems

$$\mathring{m}\, \frac{d^2 \mathring{u}(t)}{dt^2} + \mathring{b}\, \frac{d\mathring{u}(t)}{dt} + \mathring{k}\mathring{u}(t) = \mathring{p}(t),$$

entspricht die Modellgleichung

$$m\, \ddot{u}^M(t) + b\, \dot{u}^M(t) + k\, u^M(t) = p(t)$$

mit vorzugebenden $\ddot{u}^M(t)$, $\dot{u}^M(t)$, $u^M(t)$.

Somit läßt sich der Eingangsfehler (s. Bild 1.8b) angeben zu

$$v(t) = p^M(t) - p(t) = p^M(t) - [m\,\ddot{u}^M(t) + b\dot{u}^M(t) + ku^M(t)].$$

Um den Eingangsfehler bilden zu können, werden $\dot{u}^M(t)$ und $u^M(t)$ benötigt. Man erhält sie aus der einfachen bzw. zweifachen Integration über $\ddot{u}^M(t)$:

$$\dot{u}^M(t) = \dot{u}(0) + \int_0^t \ddot{u}^M(\tau)\,d\tau = \int_0^t \ddot{u}^M(\tau)\,d\tau,$$

$$u^M(t) = u(0) + t\,\dot{u}(0) + \int_0^t (t-\tau)\,\ddot{u}^M(\tau)\,d\tau = \int_0^t (t-\tau)\,\ddot{u}^M(\tau)\,d\tau.$$

Die digitale Anwendung des Parameterschätzverfahrens verlangt nun die Diskretisierung von $\ddot{u}^M(t)$, $p^M(t)$ im Intervall $[0, T]$ und die Berechnung von $\dot{u}^M(t_i)$, $u^M(t_i)$, $i = 1(1)N$, mittels der numerischen Integration. Die Schrittweite h (Abtastzeit) und damit die Anzahl N der zu verwendenden Werte richtet sich einerseits nach der vorgegebenen oder vorzugebenden oberen Grenzfrequzenz und andererseits nach dem zugelassenen Fehler der numerischen Integration zur Ermittlung von $\dot{u}^M(t_i) =: \dot{u}_i^M$, $u^M(t_i) =: u_i^M$. Verwendet man die Rechteckregel, so folgt

$$\dot{u}_i^M \doteq h \sum_{k=1}^{i} \ddot{u}_k^M, \quad u_i^M \doteq h^2 \sum_{k=1}^{i} (i-k)\,\ddot{u}_k^M,$$

und der Eingangsfehler an den Stellen t_i ist

$$v_i = p_i^M - (m\,\ddot{u}_i^M + b\,\dot{u}_i^M + k\,u_i^M), \quad p_i^M := p^M(t_i).$$

Verglichen mit (3.78) entsprechen den Größen $\mathbf{k}_\rho$ hier die Vektoren $\ddot{\mathbf{u}}^M := (\ddot{u}_1^M, \ldots, \ddot{u}_N^M)^T$, $\dot{\mathbf{u}}^M := (\dot{u}_1^M, \ldots, \dot{u}_N^M)^T$, $\mathbf{u}^M := (u_1^M, \ldots, u_N^M)^T$, $\mathbf{k}_0 = \mathbf{0}$, $\mathbf{b} := \mathbf{p}^M =: (p_1^M, \ldots, p_n^M)^T$. Der Parametervektor lautet $\mathbf{a}^T = (a_1, a_2, a_3) := (m, b, k)$:

$$\mathbf{v} = (v_1, \ldots, v_N)^T = \mathbf{p}^M - (\ddot{\mathbf{u}}^M, \dot{\mathbf{u}}^M, \mathbf{u}^M)\,\mathbf{a}.$$

Gemäß der Definition (3.80) ist

$$\mathbf{Dv} = -\left(\frac{\partial \mathbf{v}}{\partial a_1}, \frac{\partial \mathbf{v}}{\partial a_2}, \frac{\partial \mathbf{v}}{\partial a_3}\right) = (\ddot{\mathbf{u}}^M, \dot{\mathbf{u}}^M, \mathbf{u}^M),$$

damit läßt sich der Fehler entsprechend Gleichung (3.81) schreiben, und schließlich erhält man den Vektor der Parameterschätzwerte nach Gleichung (3.83) mit $\mathbf{G} = \mathbf{I}$ zu

$$\hat{\mathbf{a}} = [(\ddot{\mathbf{u}}^M, \dot{\mathbf{u}}^M, \mathbf{u}^M)^T (\ddot{\mathbf{u}}^M, \dot{\mathbf{u}}^M, \mathbf{u}^M)]^{-1} (\ddot{\mathbf{u}}^M, \dot{\mathbf{u}}^M, \mathbf{u}^M)^T\,\mathbf{p}^M.$$

Sind stattdessen $u^M(t)$ und $p^M(t)$ in $[0, T]$ gemessen, ohne daß die Anfangsbedingungen u_0, $\dot{u}_0$ bekannt sind (wegen fehlerhafter Messungen sind sie aus diesen auch nicht ablesbar), so können die Anfangsbedingungen mit den gesuchten Parametern mitgeschätzt werden. Im s-Raum gilt (vgl. Beispiel 2.8)

$$(s^2\mathring{m} + s\mathring{b} + \mathring{k})\,U(s) - \mathring{m}\,(su_0 + \dot{u}_0) - \mathring{b}u_0 = P(s),$$

$$U(s) := \mathcal{L}\{u(t)\},\ P(s) := \mathcal{L}\{p(t)\}.$$

Die finite Laplacetransformierte

$$U_T^M(s) := \int_0^T u^M(t)\,e^{-st}\,dt, \quad P_T^M(s) := \int_0^T p^M(t)\,e^{-st}\,dt$$

mögen die Laplacetransformierten der Signale $u^M(t)$, $p^M(t)$ mit hinreichender Genauigkeit annähern. Der Eingangsfehler lautet dann mit $\mathring{\beta} := -\mathring{m}\, u_0$, $\mathring{\gamma} := \mathring{m}\,\dot{u}_0 - \mathring{b}\, u_0$:

$$V(s) := P_T^M(s) - P(s) = P_T^M(s) - (s^2 m + sb + k)\, U_T^M(s) + s\beta - \gamma.$$

Die Abkürzungen

$$a^T := (m, b, k, \beta, \gamma),\ L_T(s) := (s^2 U_T^M(s), s\, U_T^M(s), U_T^M(s), s, -1)$$

überführen den Eingangsfehler in die Form

$$V(s) = P_T^M(s) - L_T(s)\, a.$$

Die Wahl von $K > 5$ Werte $s_k, k = 1(1)K$, $s_k := \alpha_0 + j\omega_k$, liefert die Fehlergleichungen

$$V_k := V(s_k) = P_{Tk}^M - L_{Tk}\, a, \quad P_{Tk}^M := P_T^M(s_k), \quad L_{Tk} := L_T(s_k),$$

$$v^T := (V_1, \dots, V_K),\ P^{MT} := (P_{T1}^M, \dots, P_{TK}^M),$$

$$L^T := (L_{T1}^T, \dots, L_{TK}^T).$$

Daraus folgt

$$V = P^M - L\, a.$$

Mit der Matrix

$$Dv = L$$

und $G = I$ erhält man die gesuchten Schätzwerte zu

$$\hat{a} = (L^T L)^{-1} L^T P^M,$$

woraus die geschätzten Anfangsbedingungen zu

$$\hat{u}_0 = \hat{\beta}/\hat{m}, \quad \hat{\dot{u}}_0 = -\frac{1}{\hat{m}}(\hat{\gamma} + \hat{b}\,\hat{u}_0)$$

folgen.

Ist das vorliegende Problem nichtlinear in den Parametern a_ρ, so kann auf die in [3.11] angegebene Linearisierung zurückgegriffen werden. Statt der Verlustfunktion (3.66) wird die Verlustfunktion mit gegebener Näherung $a^{(0)}$ betrachtet:

$$\left.\begin{aligned} &[v(a^{(0)}) + Dv(a^{(0)})\, d]^T G[v(a^{(0)}) + Dv(a^{(0)})\, d] \to \text{Min}\,(d), \\ &d := a^{(1)} - a^{(0)}, \end{aligned}\right\} \tag{3.84}$$

wobei $a^{(1)}$ eine bessere Näherung als $a^{(0)}$ ist. Die Iterationsvorschrift lautet dann:

$$\left.\begin{aligned} &[v(a^{(l)}) + Dv(a^{(l)})\, d^{(l)}]^T\ G[v(a^{(l)}) + Dv(a^{(l)})\, d^{(l)}] \to \text{Min}\,(d^{(l)}), \\ &\varphi(\tau) := v(a^{(l)} + \tau\, d^{(l)})^T\, G\, v(a^{(l)} + \tau\, d^{(l)}), \\ &\text{m ist die kleinste ganze Zahl mit} \\ &\varphi(2^{-m}) < \varphi(0) = v(a^{(l)})^T\, G\, v(a^{(l)}), \\ &a^{(l+1)} := a^{(l)} + 2^{-m}\, d^{(l)} \to \hat{a},\ l = 0, 1, \dots \end{aligned}\right\} \tag{3.85}$$

Bei kennwertnichtlinearen Modellen, d.h. bei nichtlinearen Modellgleichungen in den Parametern, die nicht in irgendeiner geeigneten Form linearisiert werden können, sind die Parameterschätzwerte $\hat{\mathbf{a}}$ implizit durch Aufsuchen des Minimums der Verlustfunktion J(a) zu ermitteln. Die hierzu verwendeten numerischen Verfahren sind iterativ, sie gehen von vorgegebenen Näherungswerten für die Parameter aus, um dann nach möglichst wenigen Schritten das Minimum zu erreichen, oder ihm ausreichend nahezukommen. Die Zahl der Schritte (die Konvergenz des Verfahrens) hängt entscheidend von der Gestalt der Hyperfläche J(a) ab.

Im folgenden werden einige geeignete und häufig verwendete Iterationsverfahren genannt:
Beim *Gradientenverfahren* wird der Parametervektor a in (i + 1)-ter Näherung durch

$$\mathbf{a}^{(i+1)} = \mathbf{a}^{(i)} - \Gamma \left.\frac{\partial J}{\partial \mathbf{a}}\right|_{\mathbf{a}=\mathbf{a}^{(i)}} \to \hat{\mathbf{a}} \quad \text{mit } \Gamma > 0$$

aus seiner i-ten Näherung berechnet, wobei die Konstante das Konvergenzverhalten des Verfahrens beeinflußt.
Bei der *Methode des steilsten Abstiegs* wird $\Gamma = \Gamma(i) > 0$ so gewählt, daß bei jedem Schritt das in Richtung des Gradienten liegende Minimum erreicht wird. Es läßt sich zeigen [1.1], daß in dieser Hinsicht der Algorithmus, der durch

$$\mathbf{a}^{(i+1)} = \mathbf{a}^{(i)} - \left.\left(\frac{\partial^2 J}{\partial \mathbf{a}\, \partial \mathbf{a}^T}\right)^{-1}\right|_{\mathbf{a}=\hat{\mathbf{a}}} \cdot \left.\frac{\partial J}{\partial \mathbf{a}}\right|_{\mathbf{a}=\mathbf{a}^{(i)}} \quad \text{mit } \frac{\partial^2 J}{\partial \mathbf{a} \partial \mathbf{a}^T} \quad \text{positiv definit}$$

in einer Umgebung von $\hat{\mathbf{a}}$ gegeben ist, optimal ist. Bei einer rein quadratischen Zielfunktion J(a) ist deren zweite Ableitung unabhängig von a.

In vielen Fällen kann das *Newton-Raphson-Verfahren* angewandt werden, das durch den Algorithmus

$$\mathbf{a}^{(i+1)} = \mathbf{a}^{(i)} - \left.\left(\frac{\partial^2 J}{\partial \mathbf{a}\, \partial \mathbf{a}^T}\right)^{-1}\right|_{\mathbf{a}=\mathbf{a}^{(i)}} \cdot \left.\frac{\partial J}{\partial \mathbf{a}}\right|_{\mathbf{a}=\mathbf{a}^{(i)}}$$

gegeben ist.

Weitere Verfahren, z.B. die *Methode der stochastischen Approximation,* die die Beeinträchtigung der Genauigkeit der Gradientenbestimmung durch stochastische Störsignale berücksichtigt, möge der Leser z.B. [1.1, 1.2, 3.6] entnehmen.

Die nachstehenden Betrachtungen sind für das lineare Problem durchgeführt, für das linearisierte Problem und damit für d in Gl. (3.84) ergeben sich ganz entsprechende Ausdrücke.

Ist die Schätzung (3.83) unverzerrt? Für die Beantwortung dieser Frage wird $E\{\hat{\mathbf{a}}\}$ benötigt. Der Vektor b in (3.83) wird hierfür aus (3.81) für den wahren Vektor $\mathring{\mathbf{a}}$ gewonnen, $\mathbf{b} = \mathbf{Dv}\,\mathring{\mathbf{a}} + \mathbf{v}|_{\mathbf{a}=\mathring{\mathbf{a}}}$, eingesetzt und der Erwartungswert gebildet:

$$\begin{aligned} E\{\hat{\mathbf{a}}\} &= E\{(\mathbf{Dv}^T\mathbf{G}\mathbf{Dv})^{-1}\,\mathbf{Dv}^T\mathbf{G}(\mathbf{Dv}\,\mathring{\mathbf{a}} + \mathbf{v}|_{\mathbf{a}=\mathring{\mathbf{a}}})\} \\ &= \mathring{\mathbf{a}} + E\{(\mathbf{Dv}^T\mathbf{G}\,\mathbf{Dv})^{-1}\,\mathbf{Dv}^T\mathbf{G}\,\mathbf{v}|_{\mathbf{a}=\mathring{\mathbf{a}}}\}. \end{aligned} \qquad (3.86)$$

Der Bias in Gl. (3.86) ist wegen (3.79) (s. auch Gl. (3.77)) im allgemeinen ungleich Null, er verschwindet, wenn $\mathbf{D}\mathbf{v}^T$ und $\mathbf{v}/_{\mathbf{a}=\mathring{\mathbf{a}}}$ unkorreliert sind und $E\{\mathbf{v}/_{\mathbf{a}=\mathring{\mathbf{a}}}\} = \mathbf{0}$ ist:

$$E\{(\mathbf{D}\mathbf{v}^T\mathbf{G}\mathbf{D}\mathbf{v})^{-1}\,\mathbf{D}\mathbf{v}^T\mathbf{G}\,\mathbf{v}/_{\mathbf{a}=\mathring{\mathbf{a}}}\} = E\{(\mathbf{D}\mathbf{v}^T\mathbf{G}\mathbf{D}\mathbf{v})^{-1}\,\mathbf{D}\mathbf{v}^T\}\mathbf{G}\,E\{\mathbf{v}/_{\mathbf{a}=\mathring{\mathbf{a}}}\} = 0.$$

Um kennwertlineare Bestimmungsgleichungen zu erhalten, wird oft ein verallgemeinertes Modell (s. Abschnitt 1.3) der Identifikation zugrundegelegt. Im allgemeinen sind dann $\mathbf{D}\mathbf{v}^T$ und $\mathbf{v}$ korreliert, d.h. die Schätzung ist in diesen Fällen verzerrt.

Die Kovarianz der Schätzwerte ergibt sich aus (3.86) für $E\{\hat{\mathbf{a}}\} = \mathring{\mathbf{a}}$, d.h. für den Fall der unverzerrten Schätzung zu

$$\begin{aligned}\operatorname{cov}(\hat{\mathbf{a}}) &= E\{(\hat{\mathbf{a}} - \mathring{\mathbf{a}})(\hat{\mathbf{a}} - \mathring{\mathbf{a}})^T\}\\ &= E\{(\mathbf{D}\mathbf{v}^T\mathbf{G}\mathbf{D}\mathbf{v})^{-1}\,\mathbf{D}\mathbf{v}^T\mathbf{G}\mathbf{v}\big/_{\mathbf{a}=\mathring{\mathbf{a}}}\,[(\mathbf{D}\mathbf{v}^T\mathbf{G}\,\mathbf{D}\mathbf{v})^{-1}\mathbf{D}\mathbf{v}^T\mathbf{G}\,\mathbf{v}\big/_{\mathbf{a}=\mathring{\mathbf{a}}}]^T\}\\ &= E\{(\mathbf{D}\mathbf{v}^T\mathbf{G}\,\mathbf{D}\mathbf{v})^{-1}\mathbf{D}\mathbf{v}^T\mathbf{G}(\mathbf{v}\mathbf{v}^T)\big/_{\mathbf{a}=\mathring{\mathbf{a}}}\,\mathbf{G}\,\mathbf{D}\mathbf{v}(\mathbf{D}\mathbf{v}^T\mathbf{G}\mathbf{D}\mathbf{v})^{-1}\}. \qquad (3.87)\end{aligned}$$

Die Matrix $(\mathbf{D}\mathbf{v}^T\mathbf{G}\,\mathbf{D}\mathbf{v})$ ist symmetrisch, was beim Transponieren in (3.87) verwendet wurde. Sind $\mathbf{D}\mathbf{v}^T$ und $\mathbf{v}$ voneinander statistisch unabhängig (unkorreliert), dann folgt

$$\operatorname{cov}(\hat{\mathbf{a}}) = E\{(\mathbf{D}\mathbf{v}^T\mathbf{G}\,\mathbf{D}\mathbf{v})^{-1}\mathbf{D}\mathbf{v}^T\}\mathbf{G}\,E\{(\mathbf{v}\mathbf{v}^T)\big/_{\mathbf{a}=\mathring{\mathbf{a}}}\}\mathbf{G}\,E\{\mathbf{D}\mathbf{v}(\mathbf{D}\mathbf{v}^T\mathbf{G}\,\mathbf{D}\mathbf{v})^{-1}\}. \qquad (3.88)$$

Wird nun die Wichtungsmatrix speziell

$$\mathbf{G} = \mathbf{G}_M := [E\{\mathbf{v}\,\mathbf{v}^T\big/_{\mathbf{a}=\mathring{\mathbf{a}}}\}]^{-1} \qquad (3.89)$$

gesetzt, so vereinfacht sich die Kovarianzmatrix (3.88) zu

$$\operatorname{cov}(\hat{\mathbf{a}})_M = E\{[\mathbf{D}\mathbf{v}^T(E\{\mathbf{v}\,\mathbf{v}^T\big/_{\mathbf{a}=\mathring{\mathbf{a}}}\})^{-1}\,\mathbf{D}\mathbf{v}]^{-1}\}. \qquad (3.90)$$

Die Schätzung mit der Wichtungsmatrix (3.89) liefert Parameterschätzwerte mit kleinster Varianz aller linearen erwartungstreuen Schätzwerte (Markov-Schätzung, s. z.B. [1.1]). Im allgemeinen ist die Kovarianzmatrix $E\{\mathbf{v}\,\mathbf{v}^T/_{\mathbf{a}=\mathring{\mathbf{a}}}\}$ zunächst unbekannt, hinsichtlich einer Annäherung s. beispielsweise [3.10].

Beispiel 3.12: Für das lineare viskos gedämpfte Einfreiheitsgradsystem mit den Anfangsbedingungen gleich 0 gilt im Frequenzraum

$$(-\omega^2\mathring{m} + j\omega\mathring{b} + \mathring{k})\,\mathring{U}(j\omega) = \mathring{P}(j\omega)$$

bzw.

$$\left(-\frac{\omega^2}{\mathring{\omega}_0^2} + j\omega\frac{\mathring{b}}{\mathring{k}} + 1\right)\mathring{U}(j\omega) - \frac{1}{\mathring{k}}\mathring{P}(j\omega) = 0, \quad \mathring{\omega}_0^2 = \frac{\mathring{k}}{\mathring{m}}$$

oder

$$\mathring{U}(j\omega) - (\mathring{P}(j\omega),\ \omega^2\mathring{U}(j\omega),\ -j\omega\,\mathring{U}(j\omega))\,\mathring{\mathbf{a}} = 0$$

mit

$$\mathring{\mathbf{a}}^T = (\mathring{a}_1, \mathring{a}_2, \mathring{a}_3) := \left(\frac{1}{\mathring{k}}, \frac{1}{\mathring{\omega}_0^2}, \frac{\mathring{b}}{\mathring{k}}\right).$$

$\mathring{P}(j\omega_i) =: \mathring{P}_i$ und $U^M(j\omega_i) =: U_i^M = \mathring{U}_i + N_i$, $i = 1\,(1)\,N$, seien gegeben.

$N_i := N(j\omega_i)$ ist hierbei die Abweichung der Fouriertransformierten U_i^M von ihrem wahren Wert $\mathring{U}_i$ infolge des Störsignals n(t). Gesucht sind die Parameterschätzwerte $\hat{\mathbf{a}}$ mit Hilfe des verallgemeinerten Fehlers (s. Bild 1.8c).

Die Modellgleichung in der Form

$U_i = (\mathring{P}_i, \omega_i^2\, U_i^M, -j\omega_i\, U_i^M)\, \mathbf{a}$

ist kennwertlinear. Der verallgemeinerte Fehler lautet demzufolge

$v_i := V_i = U_i^M - U_i = U_i^M - (\mathring{P}_i, \omega_i^2\, U_i^M, -j\omega_i\, U_i^M)\, \mathbf{a}.$

Mit den Größen

$\Omega := \text{diag}\,(\omega_i),\ \mathbf{u}^M := (U_1^M, \ldots, U_N^M)^T,\quad \mathring{\mathbf{P}} := (\mathring{P}_1, \ldots, \mathring{P}_N)^T$

folgt der Fehlervektor zu

$\mathbf{v} = \mathbf{u}^M - (\mathring{\mathbf{P}}, \Omega^2\, \mathbf{u}^M, -j\Omega\, \mathbf{u}^M)\, \mathbf{a}.$

Verglichen mit Bild 1.8c sind jeweils die 2. Summanden der rechten Seite der Fehlergleichungen M_1 und die 3. und 4. Summanden M_2^{-1} zuzuordnen. $\mathbf{Dv}$ ergibt sich nach (3.80) zu

$$\mathbf{Dv} = (\mathring{\mathbf{P}}, \Omega^2\, \mathbf{u}^M, -j\Omega\mathbf{u}^M) = (\mathring{\mathbf{P}}, \Omega^2\, \mathring{\mathbf{u}}, -j\Omega\, \mathbf{u}) + (\mathbf{0}, \Omega^2\mathbf{N}, -j\Omega\mathbf{N})$$
$$=: \mathbf{D}\mathring{\mathbf{v}} + \mathbf{Dv}_n,\quad \mathbf{u}^M = \mathring{\mathbf{u}} + \mathbf{N},$$
$$\mathbf{N} = (N_1, \ldots, N_N)^T.$$

$\mathbf{D}\mathring{\mathbf{v}}$ ist der wahre Wert von $\mathbf{Dv}$. Die Gleichungsfehler folgen damit zu

$\mathbf{v} = \mathbf{u}^M - \mathbf{u} = \mathring{\mathbf{u}} + \mathbf{N} - \mathbf{Dv\,a} = \mathring{\mathbf{u}} + \mathbf{N} - \mathbf{D}\mathring{\mathbf{v}}\,\mathbf{a} - \mathbf{Dv}_n\,\mathbf{a},$

mit $\mathring{\mathbf{u}} = \mathbf{D}\mathring{\mathbf{v}}\,\mathring{\mathbf{a}}$. Es folgt

$\mathbf{v} = \mathbf{N} + \mathbf{D}\mathring{\mathbf{v}}(\mathring{\mathbf{a}} - \mathbf{a}) - \mathbf{Dv}_n\,\mathbf{a},$

$\mathbf{v}/_{\mathbf{a}=\mathring{\mathbf{a}}} = \mathbf{N} - \mathbf{Dv}_n\,\mathring{\mathbf{a}} = \mathbf{N} - (\mathbf{0}, \Omega^2\mathbf{N}, -j\,\Omega\,\mathbf{N})\,\mathring{\mathbf{a}},$

d.h., $\mathbf{v}$ an der Stelle $\mathbf{a} = \mathring{\mathbf{a}}$ ist nur von $\mathbf{N}$ abhängig, wobei für $\mathbf{a} = \mathring{\mathbf{a}}$, dem Vektor der wahren Parameterwerte, der Term mit $\mathbf{D}\mathring{\mathbf{v}}$ entfällt.

Ist der Fehler $\mathbf{v}$ unkorreliert, $E\{v_i\, v_j\} = E\{v_i\}\, E\,\{v_j\}$, $i \neq j$, und gilt $E\{\mathbf{v}\} = \mathbf{0}$ insgesamt für $\mathbf{a} = \mathring{\mathbf{a}}$ (bzw. näherungsweise für $\hat{\mathbf{a}}$), dann ist seine Kovarianzmatrix die Diagonalmatrix

$$E\{\mathbf{v}\,\mathbf{v}^T/_{\mathbf{a}=\mathring{\mathbf{a}}}\} = \sigma_v^2\,\mathbf{I},\ \mathbf{G}_M = \frac{1}{\sigma_v^2}\,\mathbf{I}, \tag{3.91}$$

und die Markov-Schätzung ergibt sich aus (3.83) zu

$$\hat{\mathbf{a}} = (\mathbf{Dv}^T\,\mathbf{Dv})^{-1}\ \mathbf{Dv}^T\ \mathbf{b}, \tag{3.92}$$

der Schätzgleichung der einfachen (ungewichteten) Methode der kleinsten Fehlerquadrate mit

$$\text{cov}\,(\hat{\mathbf{a}}) = \sigma_v^2\ E\{(\mathbf{Dv}^T\,\mathbf{Dv})^{-1}\}. \tag{3.93}$$

Die Quadratwurzeln der Diagonalelemente der Kovarianzmatrix sind die „Meßfehler" der $\hat{a}_\rho$.

Mit den Parameterschätzwerten (3.83) können jetzt die Modellantworten geschätzt werden.

Aus $\mathbf{u} = \mathbf{k}_0 + \mathbf{Dv\,a}$, (3.78), ergibt sich mit den Parameterschätzwerten (3.83):

$$\hat{\mathbf{u}} = \mathbf{k}_0 + \mathbf{Dv}\,(\mathbf{Dv}^T\mathbf{G}\mathbf{Dv})^{-1}\ \mathbf{Dv}^T\ \mathbf{G}\ \mathbf{b}. \tag{3.94}$$

Mit der Schätzung der Modellantwort (3.94) kann nach (3.78) eine Schätzung von $\mathbf{v}$ erhalten werden:

$$\hat{\mathbf{v}} = \mathbf{u}^M - \hat{\mathbf{u}}. \tag{3.95}$$

Die Gleichung (3.95) in der Form $\hat{\mathbf{u}} = \mathbf{u}^M - \hat{\mathbf{v}}$ besagt, daß die Schätzung $\hat{\mathbf{u}}$ die innerhalb der Modellgenauigkeit rechnerisch verbesserten Meßwerte $\mathbf{u}^M$ sind. Die zu $\hat{\mathbf{u}}$ gehörige Kovarianzmatrix errechnet sich unter der Voraussetzung $E\{\hat{\mathbf{u}}\} = \mathring{\mathbf{u}}$ mit (3.95) und (3.75) zu

$$\begin{aligned} \operatorname{cov}(\hat{\mathbf{u}}) &= E\{(\hat{\mathbf{u}} - \mathring{\mathbf{u}})(\hat{\mathbf{u}} - \mathring{\mathbf{u}})^T\} \\ &= E\{(\mathbf{n} - \mathbf{u}^M + \hat{\mathbf{u}})(\mathbf{n} - \mathbf{u}^M + \hat{\mathbf{u}})^T\}, \end{aligned} \tag{3.96}$$

abhängig von dem Meßfehlervektor $\mathbf{n}$.

3.3.4 Methode der Hilfsvariablen

Ist der Fehler gemäß (3.81) definiert und eine Matrix $\mathbf{W}$ derart gewählt, daß $\mathbf{W}^T\mathbf{Dv}$ positiv definit ist, so erfordert die Methode der Hilfsvariablen (instrumental variables) mit der Gleichung

$$\mathbf{W}^T\mathbf{v} = \mathbf{W}^T(\mathbf{b} - \mathbf{Dv}\,\mathbf{a}) \tag{3.97}$$

das Erfülltsein von (Fehlerabgleich)

$$E\{\mathbf{W}^T\mathbf{v}/_{\mathbf{a}=\hat{\mathbf{a}}}\} = \mathbf{0}. \tag{3.98}$$

Daraus folgt $\hat{\mathbf{a}}$ (Orthogonalitätsmethode). $\mathbf{W}$ nennt man dann die Matrix der Hilfsvariablen, mit der aus (3.97) die Schätzgleichung

$$\hat{\mathbf{a}} = (\mathbf{W}^T\mathbf{Dv})^{-1}\,\mathbf{W}^T\,\mathbf{b} \tag{3.99}$$

folgt. Die Schätzung ist mit $E\{\mathbf{v}/_{\mathbf{a}=\mathring{\mathbf{a}}}\} = \mathbf{0}$ unverzerrt,

$$\begin{aligned} E\{\hat{\mathbf{a}}\} &= E\{(\mathbf{W}^T\mathbf{Dv})^{-1}\mathbf{W}^T(\mathbf{Dv}\,\mathring{\mathbf{a}} + \mathbf{v}/_{\mathbf{a}=\mathring{\mathbf{a}}})\} \\ &= \mathring{\mathbf{a}} + E\{(\mathbf{W}^T\mathbf{Dv})^{-1}\,\mathbf{W}^T\mathbf{v}/_{\mathbf{a}=\mathring{\mathbf{a}}}\}, \end{aligned} \tag{3.100}$$

sofern $\mathbf{W}^T$ und $\mathbf{v}/_{\mathbf{a}=\mathring{\mathbf{a}}}$ unkorreliert sind, $\mathbf{W} = (\mathbf{w}_1, \ldots, \mathbf{w}_n)$, $E\{\mathbf{w}_\rho^T\,\mathbf{v}/_{\mathbf{a}=\mathring{\mathbf{a}}}\} = E\{\mathbf{w}_\rho^T\}\,E\{\mathbf{v}/_{\mathbf{a}=\mathring{\mathbf{a}}}\}$.

Für den Fehlervektor (3.81) folgt mit (3.75), (3.78) und dem wahren Wert $\mathring{\mathbf{u}} = \mathbf{k}_0 + \mathbf{D}\mathring{\mathbf{v}}\,\mathring{\mathbf{a}}$ der von links mit $\mathbf{W}^T$ multiplizierte Ausdruck

$$\mathbf{W}^T\,\mathbf{v} = \mathbf{W}^T\,\mathbf{n} + \mathbf{W}^T\,\mathbf{D}\mathring{\mathbf{v}}(\mathring{\mathbf{a}} - \mathbf{a}) - \mathbf{W}^T\,\mathbf{Dv}_n\,\mathbf{a}.$$

An der Stelle $\mathbf{a} = \hat{\mathbf{a}}$ gilt (3.98). Wie ist $\mathbf{W}$ nun zu wählen? Es soll $\mathbf{a} = \hat{\mathbf{a}}$ dem wahren Vektor $\mathring{\mathbf{a}}$ möglichst nahe kommen, denn hierfür hängt $\mathbf{v}$ nur noch von $\mathbf{n}$ ab:

$$\mathbf{W}^T\,\mathbf{v}/_{\mathbf{a}=\mathring{\mathbf{a}}} = \mathbf{W}^T\mathbf{n} - \mathbf{W}^T\,\mathbf{Dv}_n\,\mathring{\mathbf{a}}.$$

Bei optimaler Wahl von $\mathbf{W}$ sind die Glieder $\mathbf{W}^T\mathbf{n}$ und $\mathbf{W}^T\,\mathbf{Dv}_n\,\mathring{\mathbf{a}}$ nicht weiter zu minimieren. Bei „kleinem" $\mathbf{W}^T\mathbf{v}$ kommt $\hat{\mathbf{a}}$ dem wahren Vektor möglichst nahe, wenn $\mathbf{W}^T\mathbf{Dv}$ möglichst „groß" gewählt wird: D.h., $\mathbf{W}$ ist so zu wählen, daß $\mathbf{W}^T$ mit der Matrix $\mathbf{D}\mathring{\mathbf{v}}$ (den Nutzsignalen) stark korreliert ist.

Die Kovarianz der unverzerrten Schätzwerte ergibt sich mit (3.99) zu

$$\operatorname{cov}(\hat{\mathbf{a}}) = E\{(\hat{\mathbf{a}} - \mathring{\mathbf{a}})(\hat{\mathbf{a}} - \mathring{\mathbf{a}})^T\}$$
$$= E\{(\mathbf{W}^T D\mathbf{v})^{-1} \mathbf{W}^T (\mathbf{v}\,\mathbf{v}^T)\big/_{\mathbf{a}=\mathring{\mathbf{a}}} \mathbf{W}(D\mathbf{v}^T\mathbf{W})^{-1}\}. \tag{3.101}$$

Neben der obigen heuristischen Überlegung bezüglich der Wahl von $\mathbf{W}$ kann gefragt werden: Welche Hilfsvariablenmatrix $\mathbf{W}$ ist optimal in dem Sinne, daß die Varianz der Schätzwerte minimal ist? Es läßt sich zeigen, daß mit

$$\mathbf{W} = \mathbf{W}_M := (\mathbf{v}\,\mathbf{v}^T)^{-1}\big/_{\mathbf{a}=\mathring{\mathbf{a}}}\, D\mathbf{v} \tag{3.102}$$

die Kovarianzmatrix

$$\operatorname{cov}(\hat{\mathbf{a}})_M = E\{[D\mathbf{v}^T(\mathbf{v}\,\mathbf{v}^T)^{-1}\big/_{\mathbf{a}=\mathring{\mathbf{a}}}\, D\mathbf{v}]^{-1}\} \tag{3.103}$$

die Forderung erfüllt. Jedoch ist diese Kenntnis nicht von großem Nutzen, denn in praxi kann (3.102) im allgemeinen nicht berechnet werden. Die Schwierigkeit dieser sonst so einfachen Methode liegt überhaupt in der sinnvollen Wahl von $\mathbf{W}$. Hinsichtlich der angenäherten, rekursiven Berechnung einer optimalen Matrix $\mathbf{W}$ sei auf das Schrifttum verwiesen (z.B. [1.5, 3.10]). Hier seien diesbezüglich nur zwei Beispiele diskutiert.

Beispiel 3.13: Ist $\mathbf{v}$ der Ausgangsfehler eines linearen elastomechanischen Systems, dem der Eingang $\mathring{\mathbf{p}}$ zugeordnet ist, so nehmen wir an, daß entweder $\mathring{\mathbf{p}}$ (also fehlerfrei) oder $\mathring{\mathbf{p}}$ mit einer zufälligen Störung $\mathbf{m}$, unkorreliert mit $\mathbf{n}$, $\mathbf{p}^M = \mathring{\mathbf{p}} + \mathbf{m}$, vorliegt. Wählt man jetzt $\mathbf{W} = (\mathbf{p}_1^M, ..., \mathbf{p}_n^M)$ mit n Erregungen $\mathbf{p}_\rho^M$, dann ist $\mathbf{W}^T$ mit $D\mathring{\mathbf{v}}$ korreliert, aber mit $\mathbf{v}_\rho = \mathbf{b}_\rho - D\mathbf{v}\,\mathbf{a}$ unkorreliert, sofern $\mathbf{m}$ ein Meßfehler ist (d.h., er beaufschlagt das System nicht): Damit hängt $\mathbf{v}$ nur von $\mathbf{n}$ nicht aber von $\mathbf{m}$ ab, und es ist

$$E\{(\mathring{\mathbf{p}} + \mathbf{m})^T \mathbf{v}_\rho\} = E\{\mathring{\mathbf{p}}_\rho^T \mathbf{v}_\rho\} + E\{\mathbf{m}^T \mathbf{v}_\rho\}$$
$$= E\{\mathring{\mathbf{p}}_\rho^T\}E\{\mathbf{v}_\rho\} + E\{\mathbf{m}^T\}E\{\mathbf{v}_\rho\}$$
$$= E\{\mathbf{p}_\rho^{MT}\}E\{\mathbf{v}_\rho\} \text{w.z.z.w.}$$

Damit ist $\mathbf{w}_\rho = \mathbf{p}_\rho^M$ mit $D\mathring{\mathbf{v}}$ korreliert, aber nicht mit $\mathbf{v}_\rho$, so daß eine Hilfsvariablenmatrix mit den vorher diskutierten Eigenschaften gefunden ist.

Beispiel 3.14: Oft ist der Eingang unbekannt, dann wird der Ausgang selbst voll oder teilweise zur Bildung der Hilfsvariablenmatrix benutzt. Beim sog. Phasentrennungsverfahren zur Ermittlung der Eigenschwingungsgrößen eines linearen Mehrfreiheitsgradsystems (s. Abschnitt 5.3.1) werden aus dynamischen Antwortmessungen für bestimmte Frequenzen Parameter derart ermittelt, daß die gemessenen größeren Resonanzüberhöhungen gegenüber den kleineren stärker in die Parameterschätzung eingehen sollen: Vereinfachend gilt dann $\mathbf{V} := \mathbf{Y}^M - \mathbf{X}\,\mathbf{A}$, $\mathbf{Y}^M$-Matrix der dynamischen Antworten (komplex) für bestimmte Frequenzen, $\mathbf{A}$ enthält die zu schätzenden Parameter, $\mathbf{X}$ sei bekannt oder berechenbar. Die Wahl von $\mathbf{W} = \operatorname{Im}\mathbf{Y}^M$ führt auf $(\operatorname{Im}\mathbf{Y}^M)^T\,\mathbf{V} = (\operatorname{Im}\mathbf{Y}^M)^T(\mathbf{Y}^M - \mathbf{X}\,\mathbf{A})$. Welche Auswirkung zeitigt diese Wahl von $\mathbf{W}$?

$$E\{(\operatorname{Im}\mathbf{Y}^M)^T\,\mathbf{V}\big/_{a_i=\hat{a}_i}\} = 0,\quad \mathbf{Y}^M =: \mathring{\mathbf{Y}} + \mathbf{N} = \mathring{\mathbf{Y}}^{re} + \mathbf{N}^{re} + j(\mathring{\mathbf{Y}}^{im} + \mathbf{N}^{im});$$

($\mathbf{N}$ ist die Matrix der regellosen Störungen),

$$E\{(\operatorname{Im}\mathbf{Y}^M)^T\,\mathbf{V}\big/_{a_i=\hat{a}_i}\} = E\{(\mathring{\mathbf{Y}}^{im})^T\mathbf{V}\big/_{a_i=\hat{a}_i}\} + E\{(\mathbf{N}^{im})^T\mathbf{V}\big/_{a_i=\hat{a}_i}\} = 0.$$

Gemäß der Diskussion vorher wäre die Wahl von $\mathring{\mathbf{Y}}^{im}$ anstelle von $\operatorname{Im}\mathbf{Y}^M$ optimal. Da $\mathring{\mathbf{Y}}^{im}$ jedoch unbekannt ist, ergibt sich jetzt wegen der Korrelation von $\mathbf{N}$ und $\mathbf{V}$ der *quadratische* Zusatz $E\{(\mathbf{N}^{im})^T\mathbf{V}\} \neq \mathbf{0}$, der die Schätzung beeinträchtigt. Sind die auftretenden Fehler jedoch hinreichend klein, so werden die sich hier ergebenden Schätzwerte noch zufriedenstellend sein.

3.3.5 Teilübersicht zu den Parameterschätzverfahren

Setzt man in der Schätzgleichung (3.99) für die Hilfsvariablenmatrix **Dv**, so geht sie über in die Schätzgleichung (3.92) der ungewichteten Fehlerquadratmethode. Wird **W** gleich der Matrix **G Dv** gesetzt, so folgt als Schätzgleichung die der gewichteten Fehlerquadratmethode (3.83). In Anlehnung an [1.5] sind die Zusammenhänge einzelner Parameterschätzverfahren im Bild 3.8 wiedergegeben.

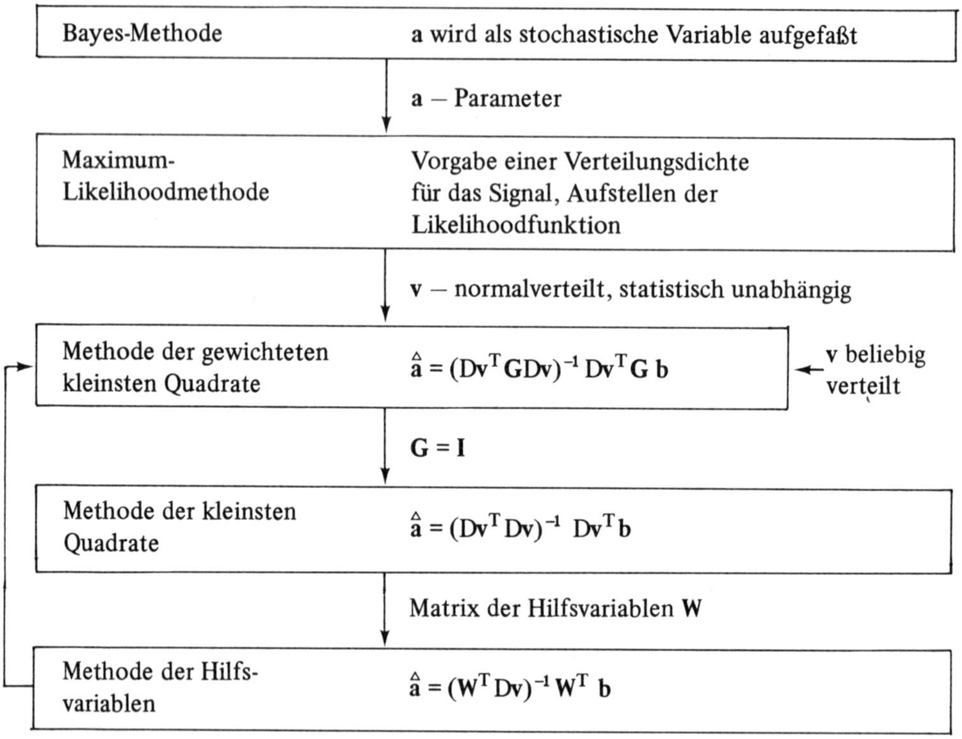

Bild 3.8 Zusammenhänge einiger Parameterschätzverfahren

Hinsichtlich der Bayes- und Maximum-Likelihood-Methode vgl. das in Abschnitt 3.9 angegebene Schrifttum. Lediglich von der Maximum-Likelihoodmethode kommend, müssen die im Bild 3.8 angegebenen Annahmen über **v** getroffen werden, um zur Methode der gewichteten kleinsten Fehlerquadrate zu kommen. Die Methode der gewichteten kleinsten Fehlerquadrate jedoch für sich entwickelt, s. Abschnitt 3.3.3, verlangt keine Voraussetzung über die Verteilung von **v**.

Liegen aus der Aufgabenstellung heraus keine besonderen Gründe (physikalischer-meßtechnischer, statistischer Art) für die Wahl einer Wichtungsmatrix $\mathbf{G} \neq \mathbf{I}$ vor, so wird man im allgemeinen die Methode der kleinsten Fehlerquadrate anwenden. Die Methode der Hilfsvariablen erfordert ebenfalls geringen Rechen- und Programmieraufwand, sie liefert selbst bei starken Störeinflüssen noch sehr zufriedenstellende Ergebnisse [3.10].

Anmerkung: In den Abschnitten 3.3.2 bis 3.3.5 wurde formal das Vorwärtsmodell (s. Bild 1.8) für den linearen (bzw. linearisierten) Fall nach (3.78) behandelt (ein sog. kennwertlineares Modell). Das verallgemeinerte Modell ist für viele Anwendungen ebenfalls wichtig, da es häufig auf (die angestrebten) linearen Gleichungen zur Ermittlung der Schätzwerte führt, für dieses Modell müssen dann noch zusätzliche Forderungen an die Fehler gestellt werden (vgl. [3.10]), um z.B. Biasfreiheit der Schätzwerte zu erreichen. Ergänzungen und Anwendungen hierzu findet der Leser in den Abschnitten der parametrischen Identifikation.

3.4 Korrelationsfunktionen

Nach dem Exkurs des Abschnittes 3.3 zur Schätztheorie sind jetzt die Grundbegriffe der Korrelationsfunktionen mit möglichen Schätzgleichungen dargestellt.

3.4.1 Einfache zeitliche Mittelwerte

Unter der Voraussetzung eines ergodischen Prozesses waren der lineare und quadratische Mittelwert gemäß (3.54) definiert. Sie konvergieren gegen die entsprechenden Größen der Grundgesamtheit,

$$\left. \begin{aligned} \bar{x} &= E\{x(t)\} \text{ mit } \sigma_{\bar{x}} = 0, \\ \bar{x}^2 &= E\{x^2(t)\} \text{ mit } \sigma_{\bar{x}^2} = 0. \end{aligned} \right\} \tag{3.104}$$

Die Schätzungen — in praxi liegen Schriebe endlicher Dauer vor —

$$\left. \begin{aligned} \overset{\triangle}{\bar{x}} &= \frac{1}{T} \int_0^T x(t) \, dt, \\ \overset{\triangle}{\bar{x}^2} &= \frac{1}{T} \int_0^T x^2(t) \, dt \end{aligned} \right\} \tag{3.105}$$

sind erwartungstreu, $E\{\overset{\triangle}{\bar{x}}\} = \mu_x$, $E\{\overset{\triangle}{\bar{x}^2}\} = E\{x^2\}$, unabhängig von T und konsistent (s. Beispiel 3.9 für den linearen Mittelwert).

Die Ergodizität beinhaltet die Stationärität des Prozesses, d.h. die Zeitmittelwerte sind unabhängig von linearen Zeittransformationen:

$$\overline{x(t)} = \overline{x(t \pm t_1)}, \quad \overline{x^2(t)} = \overline{x^2(t \pm t_1)}. \tag{3.106}$$

Die zeitlichen Mittelwerte sind Konstanten, die keinen Aufschluß über die inneren Zusammenhänge des stochastischen Prozesses liefern.

3.4.2 Die Autokorrelationsfunktion

Um Einblick in die inneren Zusammenhänge eines stochastischen Prozesses zu gewinnen, benötigt man die Zuordnung der Signale zu verschiedenen Zeiten. Für stationäre Prozesse ist diese Zuordnung durch die Autokorrelationsfunktion (3.47) gegeben, $\Phi_{xx}(\tau) := E\{x(t_1)x(t_1 + \tau)\}$. Sie besitzt die folgenden Eigenschaften:

- Der Zeitnullpunkt des stationären Prozesses geht nicht in die Autokorrelationsfunktion ein. Der Beweis folgt unmittelbar aus der Definition von $\Phi_{xx}(\tau)$.
- $\Phi_{xx}(-\tau) = \Phi_{xx}(\tau)$: Die Autokorrelationsfunktion ist eine gerade Funktion. Beweis:
  $\Phi_{xx}(\tau) := E\{x(t_1)x(t_1 + \tau)\},\ t_1 := t - \tau,$
  $\Phi_{xx}(\tau) = E\{x(t - \tau)x(t)\} = E\{x(t)x(t - \tau)\} =: \Phi_{xx}(-\tau).$
- $\Phi_{xx}(0) = E\{x^2(t)\} \geqslant 0$. Die Aussage folgt unmittelbar aus der Definition.
- $|\Phi_{xx}(\tau)| \leqslant \Phi_{xx}(0)$: Die Gleichheit der Signale ($\tau = 0$) ergibt ein Höchstmaß an statistischer Verwandtschaft, $\Phi_{xx}(\tau)$ besitzt für $\tau = 0$ ein Betragsmaximum. Beweis:

  $$[x(t) \pm x(t \pm \tau)]^2 \geqslant 0, \text{ es folgt } x^2(t) + x^2(t \pm \tau) \geqslant \pm 2x(t)x(t \pm \tau),$$

  stationärer Prozeß: $E\{x^2(t)\} = E\{x^2(t + \tau)\}$, es folgt die Behauptung aus der Bildung des Erwartungswertes.
- $\lim\limits_{\tau \to \infty} \Phi_{xx}(\tau) = [E\{x(t)\}]^2$: Für $\tau \to \infty$ besteht zwischen $x(t)$ und $x(t + \tau)$ praktisch keine Kopplung, d.h., es besteht keine Korrelation:

  $$E\{x(t)x(t + \tau)\} = E\{x(t)\}E\{x(t + \tau)\} \text{ mit } E\{x(t)\} = E\{x(t + \tau)\}$$

  für stationäre Prozesse, w.z.z.w.

(3.107)

Das Bild 3.9 gibt den prinzipiellen Verlauf der Autokorrelationsfunktion wieder.

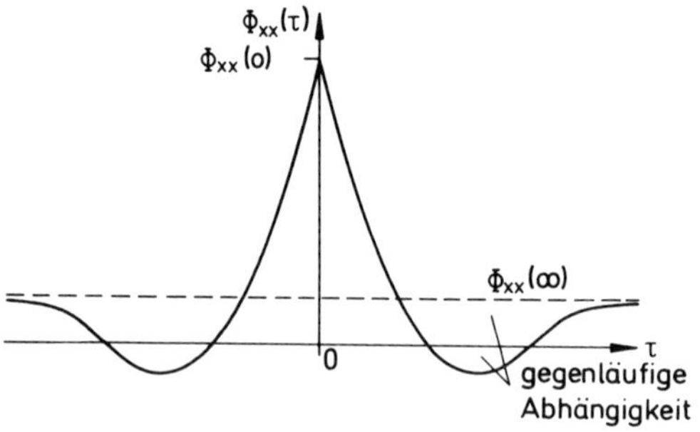

Bild 3.9 Prinzipieller Verlauf der Autokorrelationsfunktion

Die individuelle Autokorrelationsfunktion eines stationären Prozesses ist der Produktmittelwert einer Musterfunktion $x_k(t)$:

$$R_{xx}(k, \tau) := \lim_{T \to \infty} \frac{1}{2T} \int_{-T}^{T} x_k(t)x_k(t + \tau)\,dt = \overline{x_k(t)x_k(t + \tau)}, \tag{3.108}$$

er ist von dem Index k abhängig. Für ergodische Prozesse ist

$$R_{xx}(\tau) = R_{xx}(k, \tau) \text{ mit } W = 1. \tag{3.109}$$

Für $R_{xx}(\tau)$ gelten die gleichen Eigenschaften wie in (3.107) aufgezählt.

Die Definition der Autokorrelationsfunktion ist nicht auf stochastische Signale beschränkt, sie läßt sich auf determinierte und quasistochastische Prozesse anwenden, d.h. im zweiten Fall, auf solche Prozesse, die auch determinierte Anteile, z.B. periodische, enthalten.

Beispiel 3.15: Determiniertes Signal: $d(t) = d_0 \sin(\omega_0 t + \varphi)$,

$$R_{dd}(\tau) = \frac{d_0^2}{2\pi}\,\omega_0 \int_0^{2\pi/\omega_0} \sin(\omega_0 t + \varphi)\,\sin[\omega_0(t+\tau)+\varphi]\,dt \quad \text{(der Grenzübergang entfällt)}$$

$$= \frac{d_0^2}{2}\cos\omega_0\tau.$$

Die Signalform (Frequenz-, Amplitudeninformation) bleibt erhalten, die Phaseninformation geht verloren.

Enthält also ein stochastischer Prozeß einen periodischen Anteil, so kann dieser in eine Fourierreihe entwickelt werden und die Autokorrelationsfunktionen der Sinusfunktionen liefern nach Beispiel 3.15 (z.B. auch bei Gleichverteilung von φ im Intervall $[0, 2\pi]$) von der Phasenbeziehung abgesehen wieder dieselbe Information. Das Bild 3.10 zeigt als Beispiel die Autokorrelationsfunktion einer Sinuswelle und einer Sinuswelle mit Rauschen.

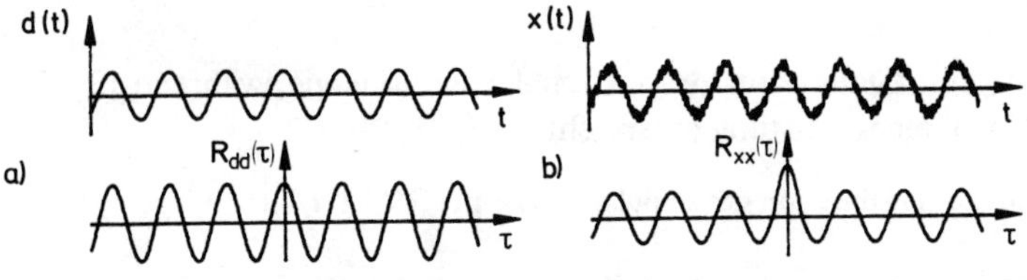

Bild 3.10 Autokorrelationsfunktion a) einer Sinuswelle und b) einer Sinuswelle mit Rauschen

Zusammen mit der letzten Eigenschaft der Autokorrelationsfunktion (3.107) zeigt sich ihr praktischer Nutzen, denn periodische Anteile können von stochastischen bei hinreichend großer Meßzeit (zur Bildung eines genügend großen τ) erkannt und getrennt werden:

$$x(t) = n(t) + d(t),\ n(t)\text{-stochastischer, } d(t)\text{-determinierter Anteil},$$

$$\lim_{\tau\to\infty} \Phi_{xx}(\tau) = (E\{x(t)\})^2,$$

$$E\{x(t)\} = E\{n(t)\} + E\{d(t)\} = \mu_n + d(t), \quad \mu_n = \text{const.},$$

es folgt:

$$\lim_{\tau\to\infty} \Phi_{xx}(\tau) = [\mu_n + d(t)]^2.$$

Beispiel 3.16: Rechteckschwingung,

$$R_{dd}(\tau_1) = \frac{1}{2T_0}\int_{-T_0}^{T_0} d(t)\,d(t+\tau_1)\,dt$$

$$= \frac{1}{T_0}\int_0^{T_0/2-\tau_1} h^2\,dt$$

$$= \frac{h^2}{T_0}\left(\frac{T_0}{2} - |\tau_1|\right),$$

$\tau_1 \leqslant \frac{T_0}{2}$ mit periodischer Fortsetzung.

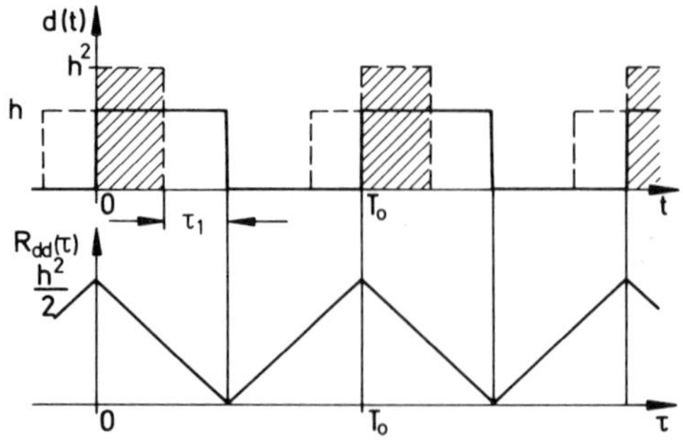

Bild 3.11
Rechteckschwingung mit ihrer Autokorrelationsfunktion

Für aperiodische Vorgänge kann abweichend von (3.108) definiert werden:

$$R_{xx}(\tau) := \int_{-\infty}^{\infty} x(t)x(t+\tau)\,dt, \quad \int_{-\infty}^{\infty} |x(t)|\,dt \leqslant K < \infty. \tag{3.110}$$

Die Gl. (3.110) führt auf eine Dimension proportional einer Energie, während (3.108) einer Dimension proportional einer Leistung entspricht.

Beispiel 3.17: Die Autokorrelationsfunktion des Impulses $p(t) = p_0 e^{-\alpha t} \cdot 1(t)$ ist:

$$R_{pp}(\tau) = \int_{-\infty}^{\infty} p_0 e^{-\alpha t}\, 1(t)\, p_0 e^{-\alpha(t-\tau)} 1(t-\tau)\,dt$$

$$= p_0^2 \int_{\tau}^{\infty} e^{-\alpha t}\, e^{-\alpha(t-\tau)}\,dt$$

$$= \frac{p_0^2}{2\alpha} e^{-\alpha\tau} \quad \text{für } \tau \geqslant 0.$$

Die Autokorrelationsfunktion ist eine gerade Funktion: $R_{pp}(\tau) = \frac{p_0^2}{2\alpha} e^{-\alpha|\tau|}$.

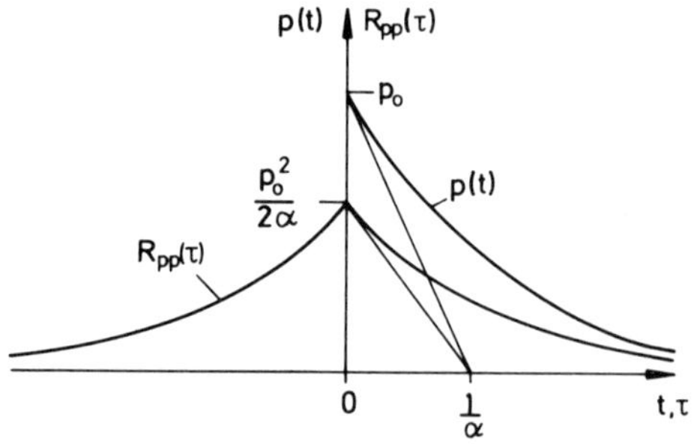

Bild 3.12
Impuls p(t) und seine Autokorrelationsfunktion

Aus dem bisherigen ist auch klar geworden, daß die Autokorrelationsfunktion es nicht gestattet, auf das Signal x(t) selbst zurückzuschließen.

Es verbleibt, eine Schätzgleichung der Autokorrelationsfunktion anzugeben. Hier bietet sich die Gleichung

$$\hat{R}_{xx}(\tau) := \frac{1}{T} \int_{0}^{T} x(t)x(t+\tau)\,dt, \qquad 0 \leqslant \tau \leqslant T \tag{3.111}$$

an. Sie ist für ergodische Prozesse unverzerrt (vgl. Beispiel 3.9),

$$E\{\hat{R}_{xx}\} = \frac{1}{T}\int_0^T E\{x(t)x(t+\tau)\}\,dt = \frac{1}{T}\int_0^T R_{xx}(\tau)\,dt = R_{xx}(\tau).$$

Unter der zusätzlichen Annahme eines Gaußprozesses ist die Schätzung (3.111) auch konsistent [2.7].

3.4.3 Die Kreuzkorrelationsfunktion

In den technischen Anwendungen interessiert nicht nur die Korrelation von x(t) und x(t + τ), sondern auch die statistische Verwandtschaft zwischen zwei verschiedenen Signalen x(t) und y(t). Dieses können die Signale zweier Meßstellen oder die Messung von Ein- und Ausgängen eines Systems sein. Das entsprechende Maß für die gegenseitige Verwandtschaft der Signale zweier stationärer Prozesse ist die Kreuzkorrelationsfunktion (3.48):

$$\Phi_{xy}(\tau) := E\{x(t_1)y(t_1+\tau)\}.$$

Sie besitzt folgende Eigenschaften:

- $\Phi_{xy}(\tau) = \Phi_{yx}(-\tau)$: Die Kreuzkorrelationsfunktion ist weder gerade noch ungerade.
  $\Phi_{xy}(\tau) = E\{x(t_1)y(t_1+\tau)\} = E\{x(t-\tau)y(t)\} = E\{y(t)x(t-\tau)\} = \Phi_{yx}(-\tau)$.
- $\Phi_{xy}(0) = E\{x(t)y(t)\}$: $\Phi_{xy}(0)$ ist das niedrigste gemischte Moment. Die größte statistische Verwandtschaft existiert für $\tau_{max} \neq 0$ (Bild 3.13).
- $|\Phi_{xy}(\tau)| \leqslant \frac{1}{2}(E\{x^2\} + E\{y^2\})$: $[x(t) \pm y(t+\tau)]^2 \geqslant 0$,
  $x^2(t) + y^2(t+\tau) \geqslant \pm 2\,x(t)y(t+\tau)$, $E\{x^2\} + E\{y^2\} \geqslant 2\,|\Phi_{xy}(\tau)|$ w.z.z.w.
- $\lim\limits_{\tau\to\infty} \Phi_{xy}(\tau) = E\{x\}E\{y\}$: Für $\tau \to \infty$ sind die Signale unkorreliert.

(3.112)

Das Bild 3.13 zeigt den Verlauf der Kreuzkorrelationsfunktion im Prinzip. Auch hier kann wie bei der Autokorrelationsfunktion nicht aus der Kreuzkorrelationsfunktion auf den zeitlichen Verlauf der Signale x(t), y(t) zurückgeschlossen werden. Jedoch enthält die Kreuzkorrelationsfunktion im Gegensatz zur Autokorrelationsfunktion für periodische Signalanteile noch eine Phaseninformation.

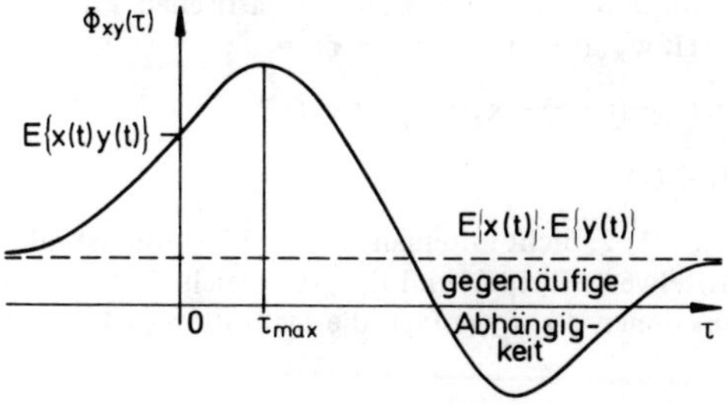

Bild 3.13 Prinzipieller Verlauf der Kreuzkorrelationsfunktion

Für ergodische Prozesse gilt analog zur Autokorrelationsfunktion

$$\left.\begin{aligned} R_{xy}(\tau) &:= \lim_{T\to\infty} \frac{1}{2T} \int_{-T}^{T} x(t)y(t+\tau)\,dt \\ &= \lim_{T\to\infty} \frac{1}{2T} \int_{-T}^{T} y(t)x(t-\tau)\,dt \\ &= \overline{x(t)y(t+\tau)} = \overline{x(t-\tau)y(t)}. \end{aligned}\right\} \tag{3.113}$$

Die naheliegende Schätzgleichung ist somit

$$\hat{R}_{xy}(\tau) := \frac{1}{T} \int_{0}^{T} x(t)y(t+\tau)\,dt, \quad 0 \leqslant \tau \leqslant T. \tag{3.114a}$$

Die Schätzung ist für ergodische Prozesse unverzerrt. Sie gilt auch für stationäre Prozesse und ist für zusätzlich gaußverteilte Prozesse konsistent [2.7] (vgl. auch Aufgabe 3.28). Die optimale „Meßzeit" T_0 bei Schrieben endlicher Dauer T ist – wie aus (3.113) ersichtlich – $T_0 = T$. Mit $z(t) := x(t)y(t+\tau)$, τ-fester Parameter, ist $E\{z\} = \Phi_{xy}(\tau)$, und die Untersuchungen zu der Schätzgleichung können entsprechend den Ausführungen im Beispiel 3.9 erfolgen. Bei Berücksichtigung des ausnutzbaren Zeitbereiches $T_a \leqslant T$ für die Schätzung der Kreuzkorrelationsfunktion ist genauer

$$\hat{R}_{xy}(\tau) = \left\{ \begin{array}{ll} \dfrac{1}{T-|\tau|} \displaystyle\int_{0}^{T-|\tau|} x(t)y(t+\tau)\,dt, & |\tau| \leqslant T, \\ 0, & |\tau| > T. \end{array} \right\} \tag{3.114b}$$

Beispiel 3.18: $x(t) = x_0 \sin(m\omega_0 t + \varphi_m)$, $y(t) = y_0 \sin(n\omega_0 t + \varphi_n)$, n, m = 1, 2, ...,

$$R_{xy}(\tau) = \frac{x_0 y_0}{T} \int_{0}^{T_0} \sin(m\omega_0 t + \varphi_m) \sin[n\omega_0(t+\tau) + \varphi_n]\,dt.$$

Es folgt $R_{xy}(\tau) = 0$ für $n \neq m$ infolge der Orthogonalitätseigenschaften der trigonometrischen Funktionen, d.h., Harmonische gleicher Frequenz leisten einen von Null verschiedenen Beitrag zur Kreuzkorrelationsfunktion.

Beispiel 3.19: Gesucht ist die Kreuzkorrelationsfunktion der stationären stochastischen Prozesse $x(t) = x_1(t) + x_2(t)$, $y(t) = y_1(t) + y_2(t)$: $\Phi_{xy}(\tau) = E\{x(t)y(t+\tau)\} =$

$E\{x_1(t)y_1(t+\tau) + x_1(t)y_2(t+\tau) + x_2(t)y_1(t+\tau) + x_2(t)y_2(t+\tau)\} =$

$\Phi_{x_1y_1}(\tau) + \Phi_{x_1y_2}(\tau) + \Phi_{x_2y_1}(\tau) + \Phi_{x_2y_2}(\tau).$

Sind die Signale $x_i(t)$ und $y_k(t)$, i, k = 1, 2, nicht miteinander korreliert und ist mindestens einer der beiden linearen Mittelwerte $E\{x_i(t)\}$ und $E\{y_k(t)\}$ gleich Null, so verschwinden die Kreuzkorrelationsfunktionen $\Phi_{x_iy_k}(\tau)$ (vgl. die Definition (3.48) und Gl. (3.27)).

3.4.4 Der Korrelationskoeffizient

Den Korrelationskoeffizienten als Maß für die statistische Abhängigkeit zweier stochasticher Variablen hatten wir schon in Gl. (3.28) als die Kovarianz der beiden Variablen dividiert durch ihre Standardabweichungen kennengelernt:

$$\rho_{xy} = \mathrm{cov}(x,y)/\sigma_x\sigma_y = E\{(x - E\{x\})(y - E\{y\})\}/|\sqrt{E\{(x - E\{x\})^2\}\, E\{(y - E\{y\})^2\}}|.$$

Der Wert $\rho_{xy} = 0$ bedeutet, die Variablen sind unkorreliert: Gilt also (3.27), so ist mit

$$E\{(x - E\{x\})\,(y - E\{y\})\} = E\{x\,y\} - E\{x\}\,E\{y\} = 0$$

und damit $\rho_{xy} = 0$. Statistisch unabhängige Variablen sind auch unkorreliert, die umgekehrte Aussage gilt aber allgemein nicht (vgl. Aufgabe 3.6) – lediglich für gaußverteilte Variablen [2.7] –, so daß hierfür der Korrelationskoeffizient ebenfalls gleich Null ist.

Entsprechend kann jetzt für stochastische Prozesse der Korrelations-(Funktions)-koeffizient definiert werden:

$$\rho_{xy}(\tau) := \frac{C_{xy}(\tau)}{|\sqrt{C_{xx}(0)C_{yy}(0)}|} \tag{3.115}$$

mit den Kovarianzfunktionen

$$\left.\begin{aligned} C_{xx}(\tau) &:= \Phi_{xx}(\tau) - (E\{x\})^2, \\ C_{yy}(\tau) &:= \Phi_{yy}(\tau) - (E\{y\})^2, \\ C_{xy}(\tau) &:= \Phi_{xy}(\tau) - E\{x\}\,E\{y\}. \end{aligned}\right\} \tag{3.116}$$

$\rho_{xy}(\tau)$ ist die normierte Kreuzkovarianzfunktion bzw. die auf den Mittelwert Null transformierte und normierte Kreuzkorrelationsfunktion. Aus den Eigenschaften der Korrelationsfunktion (3.107), (3.112) läßt sich die Ungleichung

$$|C_{xy}(\tau)|^2 \leqslant C_{xx}(0)\,C_{yy}(0) \tag{3.117}$$

beweisen, woraus $-1 \leqslant \rho_{xy}(\tau) \leqslant 1$ für alle τ folgt (s. Aufgabe 3.29). Die Bedeutung von $\rho_{xy}(\tau) = \pm 1$ für ein (irgend welche) τ folgt aus Beispiel 3.4.

Sind die Mittelwerte Null, vereinfacht sich (3.115), indem anstelle der Kovarianzfunktionen die Korrelationsfunktionen stehen. Die Bedeutung von (3.115) ist dieselbe wie die von (3.28): $\rho_{xy}(\tau)$ ist ein Maß für den statistischen Zusammenhang (Korreliertheit) von $\{x(t)\}$ und $\{y(t)\}$ für eine Zeitverschiebung τ in $\{y(t)\}$ bezüglich $\{x(t)\}$ (s. Beispiel 3.19). Der Korrelationskoeffizient braucht nur für Werte $\tau \geqslant 0$ berechnet zu werden, da unter Verwendung der Eigenschaften der Korrelationsfunktionen damit auch $\rho_{xy}(\tau)$ für $\tau < 0$ bekannt ist. Die Schätzung für den Korrelationskoeffizienten erhält man mit den Schätzungen der Korrelationsfunktionen.

3.5 Spektrale Leistungsdichten

Die bisherigen Diskussionen der stochastischen Signale und Prozesse erfolgten im Zeitbereich. Bei determinierten Signalen und Prozessen ergab die Transformation in den Frequenzbereich einerseits einfachere Ausdrücke als im Zeitbereich und andererseits ergänzende Informationen. Es erscheint daher sinnvoll, entsprechende Größen in Abhängigkeit von der Frequenz zu definieren.

3.5.1 Die Wiener-Khintchine-Transformation

Die Korrelationsfunktionen ermöglichen eine Aussage über die Energie bzw. Leistung des Prozesses. Um also eine Aussage über die Leistung im Frequenzraum zu erhalten, liegt es nahe, die Fouriertransformierten der Korrelationsfunktionen zu bilden:

$$S_{xx}(\omega) := \int_{-\infty}^{\infty} \Phi_{xx}(\tau)\, e^{-j\omega\tau}\, d\tau, \tag{3.118}$$

$$S_{xy}(\omega) := \int_{-\infty}^{\infty} \Phi_{xy}(\tau)\, e^{-j\omega\tau}\, d\tau. \tag{3.119}$$

Die Fouriertransformierten der Korrelationsfunktionen existieren, sofern die Korrelationsfunktionen existieren, d.h. ein stationärer Zufallsprozeß vorliegt, und wenn (s. Gl. (2.30))

$$\int_{-\infty}^{\infty} |\Phi_{xx}(\tau)|,\ |\Phi_{xy}(\tau)|\, d\tau < \infty \tag{3.120}$$

ist. $S_{xx}(\omega)$ wird Auto- oder Wirkleistungsdichte des stationären Prozesses $\{x(t)\}$ genannt, und $S_{xy}(\omega)$ ist die Kreuzleistungsdichte der stationären Prozesse $\{x(t)\}, \{y(t)\}$. Entgegen der Argumentausweisung $j\omega$ bei der Fouriertransformation determinierter Signale hat sich bei der Leistungsdichte die Schreibweise ω für das Argument eingebürgert. Die Umkehrtransformation, das Fourierintegral liefert die Korrelationsfunktionen

$$\Phi_{xx}(\tau) = \frac{1}{2\pi} \int_{-\infty}^{\infty} S_{xx}(\omega)\, e^{j\omega\tau}\, d\omega = \int_{-\infty}^{\infty} S_{xx}(f)\, e^{j2\pi f\tau}\, df, \tag{3.121}$$

$$\Phi_{xy}(\tau) = \frac{1}{2\pi} \int_{-\infty}^{\infty} S_{xy}(\omega)\, e^{j\omega\tau}\, d\omega = \int_{-\infty}^{\infty} S_{xy}(f)\, e^{j2\pi f\tau}\, df. \tag{3.122}$$

(3.118), (3.119) wird die Wiener-Khintchine-Transformation genannt.

Die Energien bzw. Leistungen bezogen auf T eines elastomechanischen Systems sind unter bestimmten Voraussetzungen (s. beispielsweise [3.12]) quadratische Formen in den Verschiebungen (Zeitsignale) und deren zeitliche Ableitung (Geschwindigkeiten), also proportional $u^2(t)$ und $\dot{u}^2(t)$. Folglich ist z.B. für einen ergodischen Prozeß $\overline{x^2}$ ein Maß für die mittlere Leistung des Prozesses, bzw. für einen stationären Prozeß $\{u(t)\}$: $E\{u^2(t)\} = \Phi_{uu}(0)$ nach (3.107). Für das Kreuzprodukt folgt $E\{u(t)w(t)\} = \Phi_{uw}(0)$ als Maß für die mittlere Leistung. Nach (3.121) bzw. (3.122) gilt $\Phi_{uu}(0) = \int_{-\infty}^{\infty} S_{uu}(f)\, df$ bzw. $\Phi_{uw}(0) = \int_{-\infty}^{\infty} S_{uw}(f)\, df$: Das Integral über $S_{uu}(f)$ bzw. $S_{uw}(f)$ ist ein Maß für die mittlere Leistung[1], demzufolge

1 Nach (3.107), (3.14) und Beispiel 3.3 gilt eine relativ häufig auftretende Schreibweise:

$$\Phi_{uu}(0) = E\{u^2(t)\} = \sigma_u^2 + (E\{u(t)\})^2,\ \sigma_u^2 = \int_{-\infty}^{\infty} S_{uu}(f)\, df - (E\{u(t)\})^2.$$

werden $S_{uu}(f)$, $S_{uw}(f)$ als Leistungsdichten, Leistungsspektren, d.h. Leistungen pro Frequenz bezeichnet. Im allgemeinen brauchen die Leistungsdichten aber nicht die Dimension einer Leistung pro Frequenz zu besitzen.

Neben der obigen pragmatischen Einführung der Leistungsdichte findet der Leser weitergehende Überlegungen hierzu in [1.3, 3.13], die beim Aufstellen der zugehörigen Schätzgleichungen teilweise Verwendung finden.

3.5.2 Die Wirkleistungsdichte

Die Wirkleistungsdichte besitzt die folgenden Eigenschaften:

- $S_{xx}(\omega) = 2 \int_0^\infty \Phi_{xx}(\tau) \cos \omega\tau \, d\tau$. Da die Autokorrelationsfunktion eine gerade Funktion ist, gewinnt man die Wirkleistungsdichte aus der einseitigen Cosinus-Transformation der Autokorrelationsfunktion (Wiener-Khintchine-Transformation in der reellen Form).
- $S_{xx}(\omega) = S_{xx}(-\omega)$: Die Wirkleistungsdichte ist wieder eine gerade Funktion, s.o.
- $S_{xx}(\omega) \geqslant 0$ für $-\infty < \omega < \infty$. Die Wirkleistungsdichte ist reell und stets größer, höchstens gleich Null. Beweis s. obige 1. Eigenschaft und z.B. Gl. (3.152) mit Gl. (3.153c) für x = y.

(3.123)

Für die Umkehrtransformation gilt demzufolge die entsprechende reelle Transformation

$$\Phi_{xx}(\tau) = \frac{1}{\pi} \int_0^\infty S_{xx}(\omega) \cos \omega\tau \, d\omega = 2 \int_0^\infty S_{xx}(f) \cos 2\pi f\tau \, df \qquad (3.124)$$

mit den bekannten Eigenschaften (3.107). Die Umkehrtransformation (3.124) liefert die Autokorrelationsfunktion, von der nicht auf die ursprüngliche Signalform geschlossen werden kann, folglich kann auch von der Wirkleistungsdichte nicht auf den zeitlichen Verlauf des ursprünglichen Signales geschlossen werden.

Wendet man die einseitige statt der beidseitigen Fouriertransformation auf die Autokorrelationsfunktion an, dann folgt die einseitige Wirkleistungsdichte, die definiert sei durch

$$G_{xx}(\omega) := 2\, S_{xx}(\omega) \text{ für } 0 \leqslant \omega < \infty, \qquad (3.125)$$

sonst Null. Die Verläufe von $S_{xx}(\omega)$ und $G_{xx}(\omega)$ sind im Bild 3.14 angedeutet.

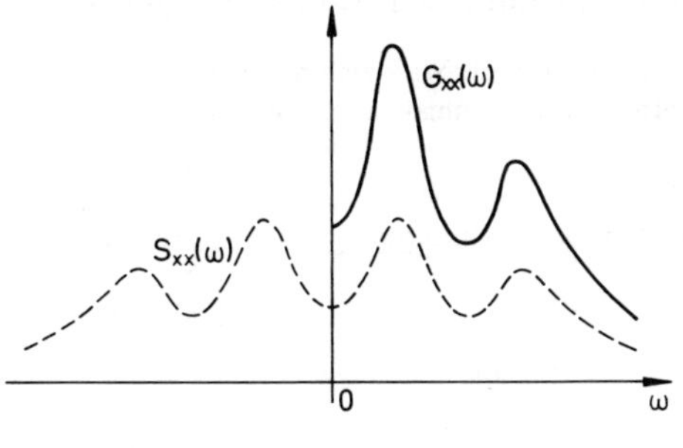

Bild 3.14
Prinzipieller Verlauf der Wirkleistungsdichte

Beispiel 3.20: Gesucht ist die Wirkleistungsdichte des angenäherten Tiefpaßrauschens mit der Autokorrelationsfunktion

$$\Phi_{xx}(\tau) = S_0 \frac{\pi}{2T} e^{-\frac{|\tau|}{T}}.$$

Die reelle Wiener-Khintchine-Transformation (3.123) ergibt für $\tau \geqslant 0$:

$$S_{xx}(\omega) = \frac{\pi S_0}{T} \int_0^\infty e^{-\frac{|\tau|}{T}} \cos \omega\tau \, d\tau$$

$$= \frac{\pi S_0}{T} \frac{1}{T} \frac{1}{\frac{1}{T^2} + \omega^2} = \frac{\pi S_0}{1 + \omega^2 T^2}.$$

Die Wirkleistungsdichte ist im Bild 3.15 wiedergegeben.

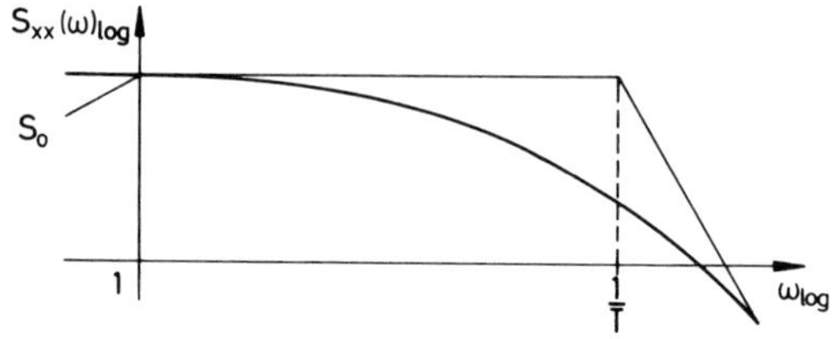

Bild 3.15
Wirkleistungsdichte des Tiefpaßrauschens

Beispiel 3.21: Wie lautet die einseitige Wirkleistungsdichte von $z_k(t) := ax_k(t) + by_k(t)$, wobei $\{x(t)\}$, $\{y(t)\}$ unkorrelierte mittelwertfreie ergodische Prozesse und a, b Konstanten sind?

Mit den Musterfunktionen $x_k(t) \in \{x(t)\}$, $y_k(t) \in \{y(t)\}$ bildet auch $z_k(t)$ einen ergodischen Prozeß, d.h. die Autokorrelationsfunktion von $\{z(t)\}$ existiert:

$$R_{zz}(\tau) = E\{z_k(t)\, z_k(t+\tau)\}$$

$$= E\{[ax_k(t) + by_k(t)]\,[ax_k(t+\tau) + by_k(t+\tau)]\}$$

$$= a^2 E\{x_k(t) x_k(t+\tau)\} + abE\{x_k(t) y_k(t+\tau)\} +$$

$$+ abE\{x_k(t+\tau) y_k(t)\} + b^2 E\{y_k(t) y_k(t+\tau)\}$$

$$= a^2 R_{xx}(\tau) + ab[R_{xy}(\tau) + R_{yx}(\tau)] + b^2 R_{yy}(\tau)$$

$$= a^2 R_{xx}(\tau) + b^2 R_{yy}(\tau).$$

Mit der einseitigen Fouriertransformation folgt:

$$G_{zz}(\omega) = a^2 G_{xx}(\omega) + b^2 G_{yy}(\omega).$$

Wie bei der Fouriertransformation müssen für die praktische Handhabung der Korrelationsfunktionen und Leistungsdichten auch δ-Funktionen zugelassen sein, denn in praxi liegen häufig quasistochastische Prozesse vor, also Prozesse mit z.B. periodischen Anteilen.

Beispiel 3.22: In welcher Form geht eine periodische Funktion in die Wirkleistungsdichte ein? Eine periodische Funktion läßt sich als Fourierreihe mit Summanden der Form

$$d(t) = d_0 \sin(\omega_0 t + \varphi)$$

darstellen. Nach Beispiel 3.15 ist die Autokorrelationsfunktion

$$R_{dd}(\tau) = \frac{d_0^2}{2} \cos \omega_0 \tau,$$

deren Fouriertransformierte lt. (2.104) sich zu

$$S_{dd}(f) = \frac{d_0^2}{4}\,[\delta(f - f_0) + \delta(f + f_0)]$$

ergibt. Sie ist aus zwei δ-Impulsen zusammengesetzt. Hieraus folgt für die Praxis die wichtige Erkenntnis: Periodische Anteile eines Signals heben sich in den Leistungsdichten deutlich von den stochastischen Anteilen ab.

Es verbleibt, Schätzgleichungen zur Berechnung der Wirkleistungsdichte anzugeben. Eine mögliche Schätzung der Wirkleistungsdichte folgt sofort aus ihrer Definition (3.118) mit der Schätzung $\hat{\Phi}_{xx}(\tau)$:

$$\hat{S}_{xx}(\omega) := F\{\hat{\Phi}_{xx}(\tau)\}. \tag{3.126}$$

Auf ergodische Prozesse beschränkt heißt das, es gilt mit der verzerrungsfreien Schätzung (3.114b)

$$\hat{S}_{xx}(\omega) = \int_{-\infty}^{\infty} \hat{R}_{xx}(\tau)\, e^{-j\omega\tau}\, d\tau: \tag{3.127}$$

$$E\{\hat{S}_{xx}(\omega)\} = \int_{-\infty}^{\infty} E\{\hat{R}_{xx}(\tau)\}\, e^{-j\omega\tau}\, d\tau = \int_{-\infty}^{\infty} R_{xx}(\tau)\, e^{-j\omega\tau}\, d\tau = S_{xx}(\omega), \tag{3.128}$$

die Schätzung (3.127) ist also unverzerrt. Verwendet man jedoch ein Zeitfenster w(t) (eine nicht identisch verschwindende gerade Bewertungsfunktion, z.B. ein Rechteckfenster, s. Bild 2.15) zur Berechnung der Wirkleistungsdichte,

$$\tilde{R}_{xx}(\tau) := w(\tau)\, \hat{R}_{xx}(\tau), \tag{3.129}$$

$$\tilde{S}_{xx}(\omega) := \int_{-\infty}^{\infty} \tilde{R}_{xx}(\tau)\, e^{-j\omega\tau}\, d\tau = \int_{-\infty}^{\infty} w(\tau)\, \hat{R}_{xx}(\tau)\, e^{-j\omega\tau}\, d\tau, \tag{3.130}$$

so folgt gemäß der spektralen Faltung (Tabelle 2.5, Zeile 13):

$$\tilde{S}_{xx}(\omega) = \frac{1}{2\pi} \int_{-\infty}^{\infty} W(\omega - \omega')\, \hat{S}_{xx}(\omega')\, d\omega' \tag{3.131}$$

mit der Fouriertransformierten von w(t)

$$W(\omega) = F\{w(t)\}. \tag{3.132}$$

Die Schätzung (3.130) ist nicht unverzerrt:

$$E\{\tilde{S}_{xx}(\omega)\} = \int_{-\infty}^{\infty} w(\tau)\; E\{\hat{R}_{xx}(\tau)\}\, e^{-j\omega\tau}\, d\tau = \int_{-\infty}^{\infty} w(\tau)\, R_{xx}(\tau)\, e^{-j\omega\tau}\, d\tau, \tag{3.133}$$

d.h., die Schätzung ist nur für $w(t) \equiv 1$ unverzerrt. In (3.131) spielt die Spektralfunktion $W(\omega)$ die Rolle einer Bewertungsfunktion (im Frequenzraum) für die Schätzung von

$S_{xx}(\omega)$. Um die Konsistenz der Schätzung (3.131) zu zeigen, greift man wieder auf die für die Praxis wichtigen gaußschen Prozesse zurück und beweist die Eigenschaft über die Varianz von (3.131) [1.3, 2.7]. Weitere Eigenschaften entnehme der Leser dem Abschnitt 3.8, insbesondere 3.8.4.2.

Ein anderes, sehr einfaches Vorgehen zur Schätzung der Leistungsdichten ist in dem nächsten Abschnitt über die Kreuzleistungsdichte abgehandelt.

Angemerkt sei noch, daß die Fouriertransformation von $\overset{\Delta}{R}_{xx}(\tau)$ bzw. von (3.129) im allgemeinen numerisch mit der Fast-Fouriertransformation durchgeführt wird.

3.5.3 Die Kreuzleistungsdichte

Der Definition der Kreuzleistungsdichte (3.119) entnimmt man unter Beachtung von (3.112) die Eigenschaft

$$\left.\begin{aligned} S_{xy}(\omega) &= S_{yx}(-\omega) = \int_{-\infty}^{\infty} \Phi_{yx}(\tau)\, e^{j\omega\tau}\, d\tau = \int_{-\infty}^{\infty} \Phi_{xy}(\tau)\, e^{-j\omega\tau}\, d\tau \\ &= S_{yx}^{*}(\omega), \end{aligned}\right\} \quad (3.134)$$

die Kreuzleistungsdichte $S_{xy}(\omega)$ ist also gleich dem konjugiert komplexen Wert von $S_{yx}(\omega)$. Mit ihrer Zerlegung in Real- (co-spectrum) und Imaginärteil (quad-spectrum),

$$S_{xy}(\omega) =: S_{xy}^{re}(\omega) + j\, S_{xy}^{im}(\omega), \quad (3.135)$$

erhält man aus

$$S_{xy}(\omega) = S_{yx}(-\omega): \quad (3.136)$$

$$S_{xy}^{re}(\omega) = S_{yx}^{re}(-\omega), \quad (3.137a)$$

$$S_{xy}^{im}(\omega) = S_{yx}^{im}(-\omega); \quad (3.137b)$$

und aus

$$S_{xy}(\omega) = S_{yx}^{*}(\omega): \quad (3.138)$$

$$\begin{aligned} S_{xy}^{re}(\omega) &= S_{yx}^{re}(\omega) \\ &= S_{xy}^{re}(-\omega), \end{aligned} \quad (3.139a)$$

$$\begin{aligned} S_{xy}^{im}(\omega) &= -S_{yx}^{im}(\omega) \\ &= -S_{xy}^{im}(-\omega), \end{aligned} \quad (3.139b)$$

$S_{xy}^{re}(\omega)$ ist eine gerade Funktion, $S_{xy}^{im}(\omega)$ dagegen ist eine ungerade Funktion. Hieraus folgen weiter die numerisch wegen der in ihr enthaltenen Mittelwertbildung günstigen Beziehungen

$$\left.\begin{aligned} S_{xy}^{re}(\omega) &= \frac{1}{2}\,[S_{xy}(\omega) + S_{yx}(\omega)], \\ S_{xy}^{im}(\omega) &= -\frac{j}{2}[S_{xy}(\omega) - S_{yx}(\omega)]. \end{aligned}\right\} \quad (3.140)$$

Die reelle Kreuzkorrelationsfunktion ergibt sich aus dem Fourierintegral unter Beachtung von (3.135) zu

$$\Phi_{xy}(\tau) = \frac{1}{2\pi} \int_{-\infty}^{\infty} [S_{xy}^{re}(\omega) + j\, S_{xy}^{im}(\omega)] (\cos \omega\tau + j \sin \omega\tau)\, d\omega$$

$$= \frac{1}{2\pi} \int_{-\infty}^{\infty} [S_{xy}^{re}(\omega) \cos \omega\tau - S_{xy}^{im}(\omega) \sin \omega\tau]\, d\omega, \tag{3.141}$$

und unter Berücksichtigung der ersten Eigenschaft der Kreuzkorrelationsfunktion (3.112) gilt

$$\left.\begin{aligned} S_{xy}^{re}(\omega) &= \int_{0}^{\infty} [\Phi_{xy}(\tau) + \Phi_{yx}(\tau)] \cos \omega\tau\, d\tau, \\ S_{xy}^{im}(\omega) &= -\int_{0}^{\infty} [\Phi_{xy}(\tau) - \Phi_{yx}(\tau)] \sin \omega\tau\, d\tau, \end{aligned}\right\} \tag{3.142}$$

woraus wieder die Eigenschaften (3.139) folgen.

Die einseitige Kreuzleistungsdichte ist analog zu (3.125) definiert durch

$$G_{xy}(\omega) := 2\, S_{xy}(\omega) \text{ für } 0 \leqslant \omega < \infty, \tag{3.143}$$

sonst Null (vgl. hierzu Aufgabe 3.35). Die Gln. (3.140) und (3.142) mit (3.143) gelten auch für die einseitige Kreuzleistungsdichte. Es sei noch die Kreuzleistungsdichten-Ungleichung ohne Beweis [3.14] angeführt,

$$|G_{xy}(\omega)|^2 \leqslant G_{xx}(\omega)\, G_{yy}(\omega), \tag{3.144}$$

die bei der Kohärenzfunktion (Abschnitt 3.5.4) eine Rolle spielt.

Die für die Wirkleistungsdichte angegebenen Schätzgleichungen lassen sich mit ihren Eigenschaften ganz analog auf die Schätzung der Kreuzleistungsdichte übertragen: Für ergodische Prozesse gilt

$$\hat{S}_{xy}(\omega) := \int_{-\infty}^{\infty} \hat{R}_{xy}(\tau)\, e^{-j\omega\tau}\, d\tau, \tag{3.145}$$

$$\tilde{S}_{xy}(\omega) := \frac{1}{2\pi} \int_{-\infty}^{\infty} W(\omega - \omega')\, \hat{S}_{xy}(\omega')\, d\omega'. \tag{3.146}$$

Schließlich soll noch eine einfache Schätzmöglichkeit mit Hilfe der *finiten* Fouriertransformation angegeben werden. Für einen stationären stochastischen Prozeß $\{x(t)\}$ ist im allgemeinen die Integrabilitätsbedingung (2.30) nicht erfüllt, so daß die Fouriertransformation von x(t) nicht existiert. (Abgesehen davon, daß wegen der fehlenden expliziten mathematischen Beschreibung von x(t) für zukünftige Werte des Parameters t die Zeitintegration von $-\infty$ bis ∞ praktisch nicht durchführbar ist, vgl. hierzu jedoch die Fußnote auf S. 72.) Unabhängig davon existieren jedoch die finiten Fouriertransformierten

$$\left.\begin{aligned} X(j\omega, T) &:= \int_0^T x(t)\, e^{-j\omega t}\, dt, \\ Y(j\omega, T) &:= \int_0^T y(t)\, e^{-j\omega t}\, dt \end{aligned}\right\} \tag{3.147}$$

der stationären Zufallsprozesse $\{x(t)\}$ und $\{y(t)\}$, die wiederum statistischen Charakter besitzen. Der Ausdruck

$$S_{xy}(\omega, T) := \frac{1}{T} X^*(j\omega, T)\, Y(j\omega, T) \tag{3.148}$$

ist damit wieder eine Zufallsvariable, deren Erwartungswert untersucht werden soll:

$$\begin{aligned} E\{S_{xy}(\omega, T)\} &= \frac{1}{T} E\left\{\int_0^T x(t_1)\, e^{j\omega t_1}\, dt_1 \int_0^T y(t_2)\, e^{-j\omega t_2}\, dt_2\right\} \\ &= \frac{1}{T} \int_0^T \int_0^T E\{x(t_1) y(t_2)\}\, e^{-j\omega(t_2 - t_1)}\, dt_1\, dt_2 \\ &= \frac{1}{T} \int_0^T \int_0^T \Phi_{xy}(t_2 - t_1)\, e^{-j\omega(t_2 - t_1)}\, dt_1\, dt_2 \\ &= \int_{-T}^{T} \left(1 - \frac{|\tau|}{T}\right) \Phi_{xy}(\tau)\, e^{-j\omega\tau}\, d\tau \end{aligned} \tag{3.149}$$

mit $\tau := t_2 - t_1$. Für die Ableitung von (3.149) wurde die Definition (3.48) und die Integralbeziehung

$$\int_a^b \int_a^b f(x - \xi)\, dx\, d\xi = \int_{-(b-a)}^{b-a} (b - a - |x|) f(x)\, dx$$

benutzt. Unter der Annahme, daß

$$\lim_{T\to\infty} \int_{-T}^{T} \frac{|\tau|}{T} \Phi_{xy}(\tau)\, e^{-j\omega\tau}\, d\tau = 0 \tag{3.150}$$

gilt, liefert (3.119) den Grenzwert

$$\lim_{T\to\infty} E\{S_{xy}(\omega, T)\} = S_{xy}(\omega), \tag{3.151}$$

also die Kreuzleistungsdichte der stationären Prozesse. Damit ist gezeigt, daß

$$\hat{S}_{xy}(\omega) := E\{S_{xy}(\omega, T)\} \tag{3.152}$$

eine asymptotisch unverzerrte Schätzung für die Kreuzleistungsdichte $S_{xy}(\omega)$ der stationären Prozesse $\{x(t)\}$, $\{y(t)\}$ ist. Sind die beiden Prozesse ergodisch, so kann mit den individuellen (nämlich den speziellen bezüglich der k-ten Schriebe) finiten Fouriertransformierten gemäß (3.147),

$$\left.\begin{aligned} X_k(j\omega, T) &:= \int_0^T x_k(t)\, e^{-j\omega t}\, dt, \\ Y_k(j\omega, T) &:= \int_0^T y_k(t)\, e^{-j\omega t}\, dt, \end{aligned}\right\} \tag{3.153}$$

und der individuellen Leistungsdichte entsprechend (3.148)

$$S_{xy}(\omega, T, k) := \frac{1}{T} X_k^*(j\omega, T)\, Y_k(j\omega, T) \tag{3.154}$$

über (3.152) hinaus aufgrund der Beziehung (3.151) gefolgert werden, daß

$$\overset{\Delta}{S}_{xy}(\omega) := S_{xy}(\omega, T, k) = \frac{1}{T} X_k^*(j\omega, T)\, Y_k(j\omega, T) \tag{3.155}$$

eine asymptotisch unverzerrte Schätzung für die Kreuzleistungsdichte $S_{xy}(\omega)$ ist.

Anmerkung: Für stationäre Prozesse ist die E-Operation $E\{\overset{\Delta}{S}_{xy}(\omega)\}$ eine Mittelungsoperation bezüglich des Index k.

Hinreichend für das Erfülltsein der Bedingung (3.150) ist, daß ab einem $\tau > 0$ mit $0 < \delta < 1$ gilt: $|\Phi_{xy}(\tau)| < |\tau|^{-1-\delta}$. Weiter muß angemerkt werden, daß die Limes- und E-Operationen in (3.151) nicht vertauscht werden dürfen,

$$\lim_{T\to\infty} \frac{1}{T} E\{X^*(j\omega, T) Y(j\omega, T)\} \neq E\left\{\lim_{T\to\infty} \frac{X^*(j\omega, T) Y(j\omega, T)}{T}\right\}, \tag{3.156}$$

denn z.B. ist $\lim\limits_{T\to\infty} \frac{1}{T} |X(j\omega, T)|^2$ durch den Faktor $\frac{1}{T}$ zwar beschränkt, nimmt aber im allgemeinen keinen festen Wert an (vgl. Beispiel 2.6).

Um eine Aussage über die Konsistenz der Schätzung (3.152) zu treffen, muß die Varianz gebildet werden. Hier läßt es sich zeigen, daß selbst für gaußverteilte Prozesse die Schätzung (3.152) nichtkonsistent ist [1.3, 2.7].

Die Schätzung (3.155) wird Periodogramm genannt, sie hat in der Praxis den großen Vorteil, daß sie einfach und schnell mittels der Fast-Fouriertransformation zu berechnen ist, weshalb das Periodogramm auch sehr häufig verwendet wird, obwohl es nur asymptotisch erwartungstreu und nicht konsistent ist. Auch die Schätzung (3.152) ist verzerrt. Außerdem wirkt sich hier die Eigenschaft der Fouriertransformation aus, daß ihre Berechnung für diskrete Werte $\omega_n = n\,\dfrac{2\pi}{T}$ bedeutet, daß das zeitbegrenzte Signal dadurch automatisch außerhalb des Intervalls $[0, T]$ periodisch fortgesetzt wird und letztlich die Koeffizienten einer Fourierreihe berechnet werden (s. Abschnitt 2.4.3). Wird das betrachtete Intervall so gewählt, daß $x_k(0) \neq x_k(T)$ ist, so liefert die periodische Fortsetzung einen

Signalsprung an den Stellen nT, der sich in der Fourierreihe u.a. durch das Auftreten von Koeffizienten großer Indizes bemerkbar macht (um die Unstetigkeit 1. Art durch das arithmetische Mittel des links- und rechtsseitigen Grenzwertes wiederzugeben) und damit ein anderes (verfälschtes?) Frequenzspektrum liefert als durch die Wahl eines T′ mit x(0) = x(T′). Auf die Wahl von T (Rechteckfenster) ist also zu achten, dasselbe gilt auch im Zusammenhang mit dem Verwenden eines vom Rechteckfenster verschiedenen Zeitfensters (vgl. Abschnitt 3.8).

Frage: In welchem Fall liefert die Wahl von T mit $x(0) \neq x(T)$ ein verfälschtes Spektrum?

Antwort: Diese Frage ist in der obigen Form für stationäre Zufallsprozesse ohne Erwartungswertbildung nicht beantwortbar, denn denken wir uns $x_T(t)$ für $t \in [0, T]$ über ein Rechteckfenster aus dem Schrieb x(t) mit dem Definitionsbereich $-\infty < t < \infty$ herausgeschnitten, so wäre $X_T(j\omega)$ mit $X(j\omega)$ zu vergleichen. Der Vergleich ist aber nicht möglich, da $X(j\omega)$ für stochastische stationäre Prozesse nicht existiert (s. Gl. (3.148)). Für determinierte Signale ist die Antwort evident. Hinsichtlich der Schätzung von Leistungsdichten s. weiter unten, den folgenden Abschnitt, insbesondere dort das Beispiel 3.23 und den Abschnitt 3.8.

In [3.15] ist gezeigt, daß für einen zweidimensionalen schwach stationären bandbegrenzten gaußischen stochastischen Prozeß mit reellen Variablen x(t), y(t), deren Mittelwerte Null und deren Korrelationsfunktionen absolut integrierbar sind, die Schätzungen (s.(3.140))

$$\left.\begin{aligned} \hat{G}_{xy}^{re}(\omega) &= \frac{2}{T}\left[X_T^{re}(j\omega)\,Y_T^{re}(j\omega) + X_T^{im}(j\omega)\,Y_T^{im}(j\omega)\right], \\ \hat{G}_{xy}^{im}(\omega) &= \frac{2}{T}\left[X_T^{re}(j\omega)\,Y_T^{im}(j\omega) - X_T^{im}(j\omega)\,Y_T^{re}(j\omega)\right], \\ \hat{G}_{xx}(\omega) &= \frac{2}{T}\left[X_T^{re2}(j\omega) + X_T^{im2}(j\omega)\right] \end{aligned}\right\} \tag{3.157}$$

für große aber endliche T angenähert erwartungstreu sind – wobei die Größen X_T, Y_T für die finiten Fouriertransformierten (3.147) stehen –, die asymptotischen Ausdrücke ihrer Varianzen gelten ebenfalls in 1. Näherung.

Für die Verwendung der Schätzungen (3.155) bzw. (3.157) resultiert aus den Fehlerbetrachtungen, aber auch schon aus der Definition des Periodogramms (3.155) im Vergleich zu (3.152), nämlich dem Fortlassen der E-Operation, ein wichtiger Hinweis: Das Periodogramm ist eine grobe Schätzung der Leistungsdichte (s. auch die Anmerkung 2 im Abschnitt 3.7.2). In [2.7] ist ausgeführt (vgl. auch die Abschnitte 4.4.1 und Aufgabe 4.33), daß für bandbegrenztes gaußisches weißes Rauschen (über der Frequenzauflösung Δf) die Varianzen der Periodogramme

$$\sigma^2[S_{xx}(\omega, T)] = S_{xx}^2(\omega),\ \sigma^2[\,|S_{xy}(\omega, T)|\,] = S_{xx}(\omega)\,S_{yy}(\omega)$$

$$\left(= \frac{|S_{xy}(\omega, T)|^2}{\gamma_{xy}^2(\omega, T)} \text{ nach Gleichung (3.158)}\right)$$

lauten, sofern der Bias vernachlässigbar ist. Die Aussagen gelten auch für $\hat{G}_{xy}(\omega) := G_{xy}(\omega, T) := 2\,S_{xy}(\omega, T)$. Die normierte Standardabweichung für das Periodogramm $\hat{G}_{xx}(\omega)$ ist demzufolge $\sigma[\hat{G}_{xx}(\omega)]/G_{xx}(\omega) = 1$ unabhängig von der gewählten Schrieblänge und der Frequenz. D.h., die Standardabweichung als mittleres, statistisches Fehlermaß für das Periodogramm ist in dem genannten Fall genau so groß wie die wahre Wirkleistungsdichte, die geschätzte Größe! Um diesen im allgemeinen nicht akzeptablen Fehler zu reduzieren, sollte über eine Anzahl n von Schätzungen aufgrund einzelner (statistisch unabhängiger) Schriebe der Stichprobe für jede Frequenz gemittelt werden:

$$\hat{S}_{xx}(\omega) := \frac{1}{n} \sum_{i=1}^{n} S_{xxi}(\omega, T)$$

mit der normierten Standardabweichung $\sigma[\hat{S}_{xx}(\omega)]/S_{xx}(\omega) = 1/\sqrt{n}$. Der Erwartungswert über die Grundgesamtheit der Periodogramme ist hier durch den Mittelwert über eine Stichprobe approximiert. Liegt nur ein Schrieb der Länge T vor, dann ist er in N_T sich nichtüberlappende Teilschriebe der Längen T_T, $N_T T_T = T$, zu zerlegen, die Periodogramme $S_{xxi}(\omega, T_T)$ sind zu berechnen, und es ist über N_T Periodogramme wieder zu mitteln. Die normierte Standardabweichung dieser Schätzung

$$\hat{S}_{xx}(\omega) = \frac{1}{N_T} \sum_{i=1}^{N_T} S_{xxi}(\omega, T_T),$$

die gegenüber der Schätzung mit einem Periodogramm der Schrieblänge T eine Verbesserung darstellt (die Varianz des Periodogramms ist von T unabhängig!), ist dann $1/\sqrt{N_T}$. Hierbei muß sichergestellt werden, daß T_T groß genug ist, damit die Schätzungen $S_{xxi}(\omega, T_T)$ voneinander statistisch unabhängig sind. (Bei der digitalen, diskreten Behandlung sind weitere Gesichtspunkte zu beachten, so ist jetzt beispielsweise die Frequenzauflösung $\Delta f = 1/T_T$, vgl. Abschnitt 3.8).

Diese Aussagen gelten zwar nur für bandbegrenztes gaußisches weißes Rauschen, jedoch sind sie auch für andere Prozesse nützlich und oft gute Approximationen. In beiden Fällen wird die E-Operation approximiert, was die Konsistenz der Schätzung ebenfalls günstig beeinflußt. Diese Diskussion bestätigt darüber hinaus die Aussage: Die Schätzung der Leistungsdichte über die Korrelationsfunktion, die ja die E-Operation enthält, ist die bessere Schätzung. Die Aussage gilt aber nicht uneingeschränkt, bezüglich der digitalen und damit der diskreten Bearbeitung s. Abschnitt 3.8.2.

3.5.4 Die Kohärenzfunktion

Neben der Kreuzleistungsdichte als komplexwertige Funktion wird in der Praxis häufig die reelle Kohärenzfunktion

$$\gamma_{xy}^2(\omega) := \frac{|G_{xy}(\omega)|^2}{G_{xx}(\omega)\, G_{yy}(\omega)}, \quad G_{xx}(\omega), G_{yy}(\omega) > 0 \tag{3.158}$$

verwendet, um ein normiertes Maß für die statistische Abhängigkeit zweier Prozesse im Frequenzraum (Kohärenz) zu besitzen. Aus (3.144) folgt sofort:

$$0 \leqslant \gamma_{xy}^2(\omega) \leqslant 1.$$

Ist $\gamma_{xy}^2(\omega_k) = 0$, so spricht man von inkohärenten Signalen x(t) und y(t) bzw. inkohärenten Prozessen $\{x(t)\}$, $\{y(t)\}$. Sind $\{x(t)\}$ und $\{y(t)\}$ unkorreliert und ist mindestens einer der beiden Prozesse mittelwertfrei (oder zentriert worden), dann ist $\gamma_{xy}^2(\omega) = 0$ im ganzen Intervall (s. Aufgabe 3.37). $\gamma_{xy}^2(\omega) = 1$ bedeutet also volle Kohärenz zwischen x(t) und y(t). Die Kohärenzfunktion ist damit das Analogon zum Korrelationskoeffizienten, wobei aber $\gamma_{xy}^2(\omega) \neq F\{\rho_{xy}(\tau)\}$ ist.

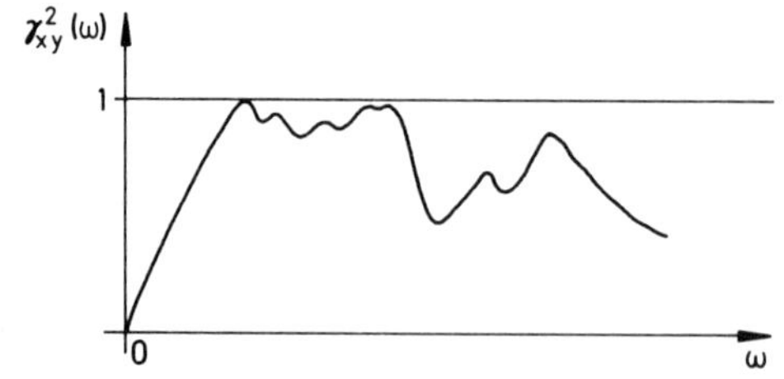

Bild 3.16 Verlauf einer Kohärenzfunktion

Die Schätzgleichung lautet in einfacher Weise

$$\hat{\gamma}_{xy}^2(\omega) := \frac{|\hat{G}_{xy}(\omega)|^2}{\hat{G}_{xx}(\omega)\,\hat{G}_{yy}(\omega)}, \tag{3.159}$$

bzw. mit (3.157)

$$\hat{\gamma}_{xy}^2(\omega) := \frac{\hat{G}_{xy}^{re2}(\omega) + \hat{G}_{xy}^{im2}(\omega)}{\hat{G}_{xx}(\omega)\,\hat{G}_{yy}(\omega)}. \tag{3.160}$$

In vielen kommerziell vertriebenen Programmen zur Zeitreihenanalyse erfolgt die Berechnung der Leistungsdichten über Periodogramme. Werden diese Schätzungen – abgesehen von ihrer diskreten Form – in (3.159) eingesetzt, so folgt

$$\hat{\gamma}_{xy}^2(\omega) = \frac{\hat{G}_{xy}^*\,\hat{G}_{xy}}{\hat{G}_{xx}\,\hat{G}_{yy}} = \frac{\left(\frac{2}{T}X_T^*\,Y_T\right)^*\,\frac{2}{T}X_T^*\,Y_T}{\frac{2}{T}X_T^*\,X_T\,\frac{2}{T}Y_T^*\,Y_T} = \frac{X_T\,Y_T^*\,X_T^*\,Y_T}{X_T^*\,X_T\,Y_T^*\,Y_T} \equiv 1.$$

Aufgrund des obigen unsinnigen Ergebnisses wird spätestens an dieser Stelle klar, daß die Schätzungen der Leistungsdichten wenigstens approximativ die E-Operation enthalten *müssen,* denn nur dann ist die Schätzung $\hat{\gamma}_{xy}^2(\omega)$ zur Feststellung der Kohärenz der Signale brauchbar.

Beispiel 3.23: Das Signal x(t) sei mit einem stochastischen Störanteil n(t) überlagert. Wird jetzt

$$\tilde{x}(t) =: y(t) = x(t) + n(t)$$

gesetzt und die Kohärenzfunktion für das ungestörte und gestörte Signal gebildet, so würde mit $n(t) \equiv 0$ aus (3.158) $\hat{\gamma}_{xy}^2(\omega) \equiv 1$ folgen. Mit $n(t) \neq 0$ ergibt sich mit

$$G_{yy}(\omega) = F\{\Phi_{yy}(\tau)\} = F\{\Phi_{xx}(\tau) + \Phi_{xn}(\tau) + \Phi_{nx}(\tau) + \Phi_{nn}(\tau)\}$$

und unter der Voraussetzung, daß x(t) und n(t) nicht korreliert sind (vgl. Beispiel 3.19) und n(t) mittelwertfrei ist,

$$G_{yy}(\omega) = G_{xx}(\omega) + G_{nn}(\omega),$$

$$G_{xy}(\omega) = F\{\Phi_{xy}(\tau)\} = F\{\Phi_{xx}(\tau)\} + F\{\Phi_{xn}(\tau)\}$$

$$= G_{xx}(\omega),$$

$$\gamma^2_{xy}(\omega) = \frac{G^2_{xx}(\omega)}{G_{xx}(\omega)\,[G_{xx}(\omega) + G_{nn}(\omega)]} = \frac{1}{1 + G_{nn}(\omega)/G_{xx}(\omega)} < 1.$$

Werden jetzt Schätzungen der Leistungsdichte verwendet, die determinierter Natur sind, hier die Periodogramme, so ist $\hat{\gamma}^2_{xy}(\omega) \equiv 1$:

$$\hat{G}_{xy} = \frac{2}{T}\hat{X}^*\hat{Y} = \frac{2}{T}\hat{X}^*(\hat{X} + \hat{N}), \quad \hat{N} := \frac{1}{T}\int_0^T n(t)\, e^{-j\omega t}\, dt,$$

$$\hat{G}_{xx} = \frac{2}{T}\hat{X}^*\hat{X}, \quad \hat{G}_{yy} = \frac{2}{T}\hat{Y}^*\,\hat{Y} = \frac{2}{T}(\hat{X} + \hat{N})^*\,(\hat{X} + \hat{N}),$$

$$\hat{\gamma}^2_{xy} = \frac{\hat{X}(\hat{X}^* + \hat{N}^*)\,\hat{X}^*\,(\hat{X} + \hat{N})}{\hat{X}^*\hat{X}(\hat{X}^* + \hat{N}^*)\,(\hat{X} + \hat{N})} \equiv 1.$$

Der Fehler $(2\,\hat{X}^*\hat{N}/T)$ in $\hat{G}_{xy}(\omega)$ wird erst als Erwartungswert Null.

3.6 Übertragung durch Einfreiheitsgradsysteme

Die Übertragung stochastischer Prozesse durch determinierte lineare zeitinvariante Einfreiheitsgradsysteme geht von der Darstellung des Abschnittes 2.2 aus.

3.6.1 Darstellung im Zeitraum

Das Faltungsprodukt (2.41) in der Form

$$u(t + \tau) = \int_{-\infty}^{\infty} g(t')p(t + \tau - t')\, dt' \tag{3.161}$$

mit $p(t)/(2\,T)$ multipliziert, über t von $-T$ bis T integriert, und den Grenzwert für $T \to \infty$ gebildet, ergibt für ergodische Prozesse $\{p(t)\}$ – woraus wieder ein ergodischer Prozeß $\{u(t)\}$ folgt – entsprechend (3.109), (3.113) die Beziehung:

$$R_{pu}(\tau) = \lim_{T\to\infty} \frac{1}{2\,T} \int_{-T}^{T} p(t) \int_{-\infty}^{\infty} g(t')p(t + \tau - t')\, dt'\, dt.$$

Vertauschen der Integrationsreihenfolge (vgl. beispielsweise [3.7]) führt auf

$$R_{pu}(\tau) = \int_{-\infty}^{\infty} g(t') \lim_{T\to\infty} \frac{1}{2\,T} \int_{-T}^{T} p(t)p(t + \tau - t')\, dt\, dt';$$

der Grenzwert des zweiten Integrals ist laut Definition $R_{pp}(\tau - t')$, es folgt die Gl. (2.41) entsprechende Beziehung für ergodische Prozesse im Zeitraum:

$$R_{pu}(\tau) = \int_{-\infty}^{\infty} g(t')\, R_{pp}(\tau - t')\, dt'. \tag{3.162}$$

Für den stationären Prozeß $\{p(t)\}$ ist entsprechend:

$$\Phi_{pu}(\tau) = E\{p(t)u(t+\tau)\}$$

$$= E\{p(t) \int_{-\infty}^{\infty} g(t')p(t+\tau-t')\,dt'\}$$

$$= \int_{-\infty}^{\infty} g(t')\,E\{p(t)p(t+\tau-t')\}\,dt'$$

und somit

$$\Phi_{pu}(\tau) = \int_{-\infty}^{\infty} g(t')\,\Phi_{pp}(\tau-t')\,dt' = g(\tau) * \Phi_{pp}(\tau). \tag{3.163}$$

(3.163) ist der Faltungssatz (Wiener-Hopf'sche Integralgl.) für stationäre stochastische Prozesse, die über ein lineares zeitinvariantes System miteinander verknüpft sind. (Man beachte die Filterwirkung von $g(t)$!) Die Ein-/Ausgangsbeziehung ist im Bild 3.17 dargestellt. Die Autokorrelationsfunktion für den Ausgang des Systems folgt aus ihrer Definition (s. die folgenden Ausführungen einschließlich Abschnitt 3.6.2, Gl. (3.178)). Entsprechend lassen sich die Kovarianzfunktionen und höheren Momente bilden.

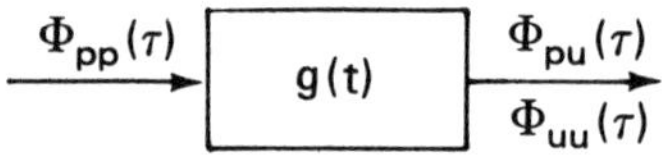

Bild 3.17 Ein-/Ausgangsbeziehung für stochastische Prozesse

Als Beispiel wird der Einschwingvorgang des Einfreiheitgradsystems auf weißes Rauschen (s. Aufgabe 3.33) als Erregung behandelt.

$$\left.\begin{aligned} p(t) &= 0 \text{ für } t < t_0,\\ \Phi_{pp}(\tau) &= S_0\delta(\tau),\\ E\{p(t)\} &= 0. \end{aligned}\right\} \tag{3.164}$$

Die Anfangsbedingungen der Zufallsvariablen seien für ein zum Zeitpunkt t_0 sich nicht in Ruhe befindliches System

$$\left.\begin{aligned} u(t_0) &=: u_0, \quad E\{u_0\} = 0,\\ \dot{u}(t_0) &=: \dot{u}_0, \quad E\{\dot{u}_0\} = 0, \end{aligned}\right\} \tag{3.165}$$

darüber hinaus seien u_0, $\dot{u}_0$ und $p(t)$ unkorreliert:

$$\left.\begin{aligned} &E\{u_0\dot{u}_0\} = 0,\\ &\Phi_{u_0p}(t_0, t) = E\{u_0p(t)\} = 0,\\ &\Phi_{\dot{u}_0p}(t_0, t) = E\{\dot{u}_0p(t)\} = 0. \end{aligned}\right\} \tag{3.166}$$

Die Differentialgleichung des Einfreiheitsgradsystems

$$m\ddot{u}(t) + b\dot{u}(t) + ku(t) = p(t)$$

kann mit den schon verwendeten Abkürzungen $\omega_0^2 = k/m$, $\delta := b/(2\,m)$,

$$D := \delta/\omega_0,\ \omega_D^2 = (1 - D^2)\,\omega_0^2$$

in der Form

$$\ddot{u}(t) + 2\,\omega_0 D\,\dot{u}(t) + \omega_0^2 u(t) = \frac{1}{m}\,p(t) \tag{3.167}$$

mit der allgemeinen Lösung (vgl. Abschnitt 2.2.1)

$$\left.\begin{aligned} u(t) &= U(t) + \frac{1}{m}\int_{t_0}^{t} g(t-\tau)p(\tau)\,d\tau,\\ U(t) &= e^{-D\omega_0(t-t_0)}[C_1\cos\omega_D(t-t_0) + C_2\sin\omega_D(t-t_0)] \end{aligned}\right\} \tag{3.168}$$

geschrieben werden. Die Konstanten der Lösung der homogenen Bewegungsgleichung U(t) ermitteln sich aus den Anfangsbedingungen (3.165)

$$U(t) = e^{-D\omega_0(t-t_0)}\left[u_0\cos\omega_D(t-t_0) + \frac{\dot{u}_0 + D\omega_0 u_0}{\omega_D}\sin\omega_D(t-t_0)\right],\quad t \geqslant t_0; \tag{3.169}$$

die Gewichtsfunktion lautet (in Gl. (3.168) ist $\frac{1}{m}$ vor das Integral gezogen!)

$$g(t-\tau) = \left\{\begin{array}{ll} \dfrac{1}{\omega_D}\,e^{-D\omega_0(t-\tau)}\sin\omega_D(t-\tau) & \text{für } t_0 \leqslant \tau < t,\\ 0 & \text{für } \tau \geqslant t \geqslant t_0. \end{array}\right\} \tag{3.170}$$

Der Erwartungswert der Antwort folgt aus (3.168), (3.169) unter Beachtung von (3.164), (3.165) zu $E\{u(t)\} = 0$. Die Autokorrelationsfunktion der Antwort ergibt sich mit (3.166) zu:

$$\Phi_{uu}(t_1, t_2) = E\{U(t_1)U(t_2)\} + \frac{1}{m^2}\int_{t_0}^{t_2}\int_{t_0}^{t_1} g(t_1-\tau_1)g(t_2-\tau_2)\cdot\Phi_{pp}(\tau_1,\tau_2)\,d\tau_1\,d\tau_2,$$

die unter Beachtung von (3.164) und der Ausblendeigenschaft der δ-Funktion auf die nachstehende Form führt:

$$\begin{aligned} \Phi_{uu}(t_1, t_2) &= E\{U(t_1)U(t_2)\} +\\ &+ \frac{S_0}{4\,m^2\delta\omega_0^2}\Bigg\{e^{-D\omega_0|t_2-t_1|}\left[\cos\omega_D(t_2-t_1) + \frac{D}{\sqrt{1-D^2}}\sin\omega_D|t_2-t_1|\right] +\\ &-e^{-D\omega_0(t_1+t_2-4t_0)}\Bigg[\frac{1}{1-D^2}\cos\omega_D(t_2-t_1) +\\ &+ \frac{D}{\sqrt{1-D^2}}(\sin\omega_D(t_1+t_2-4\,t_0) - \frac{D}{\sqrt{1-D^2}}\cos\omega_D(t_1+t_2-4\,t_0)\Bigg]\Bigg\}. \end{aligned} \tag{3.171}$$

Die Korrelationsfunktion der Lösung (3.169) der homogenen Gleichung ergibt sich mit (3.166) zu

$$E\{U(t_1)U(t_2)\} = \Phi_{UU}(t_1, t_2) =$$
$$= e^{-D\omega_0(t_1+t_2-2t_0)} \{E\{u_0^2\} [\cos \omega_D(t_1 - t_0) +$$
$$+ \frac{D}{\sqrt{1-D^2}} \sin \omega_D(t_1 - t_0)] [\cos \omega_D(t_2 - t_0) + \frac{D}{\sqrt{1-D^2}} \cdot$$
$$\cdot \sin \omega_D(t_2 - t_0)] + E\{\dot{u}_0^2\} \frac{1}{\omega_0^2(1-D^2)} \sin \omega_D(t_1 - t_0) \cdot$$
$$\cdot \sin \omega_D(t_2 - t_0)\}. \quad (3.172)$$

Die quadratischen Mittelwerte folgen unmittelbar für die betrachteten Zeiten aus den Korrelationsfunktionen. Die Gln. (3.171), (3.172) zeigen, daß der Schwingungszustand instationär beginnt. $S_0 = 0$ zeigt weiter, daß der Einschwingvorgang infolge der Anfangsbedingung für endliche Werte t instationär ist. Erst für $t - t_0 \to \infty$ ($t_0 \to -\infty$) erhält man einen im weiteren Sinne stationären Schwingungsvorgang:

$$\lim_{t_0 \to -\infty} \Phi_{uu}(t_1, t_2) = \Phi_{uu}(t_2 - t_1) = \quad (1.173)$$
$$= \frac{S_0}{4\,\delta\omega_0^2 m^2} e^{-D\omega_0|t_2-t_1|} [\cos \omega_D(t_2 - t_1) + \frac{D}{\sqrt{1-D^2}} \sin \omega_D |t_2 - t_1|].$$

3.6.2 Darstellung im Frequenzraum

Der Faltungssatz (3.163) für lineare stationäre stochastische Prozesse führt mit der Wiener-Khintchine-Transformation (3.118), (3.119),

$$S_{pu}(\omega) = \mathcal{F}\{\Phi_{pu}(\tau)\} = \mathcal{F}\{g(\tau) * \Phi_{pp}(\tau)\}, \quad (3.174)$$

und der Fouriertransformation der zeitlichen Faltung nach Tabelle 2.5 als Produkt der einzelnen Fouriertransformierten mit $\mathcal{F}\{g(t)\} = F(j\omega)$ (s. Beispiel 2.11) sofort auf die Systemgleichung

$$S_{pu}(\omega) = F(j\omega)\, S_{pp}(\omega). \quad (3.175)$$

Mit der finiten Fouriertransformierten nach Gl. (3.147), dem Ausdruck (3.148) und dem Grenzwert (3.151) geht die obige Systembeziehung (3.175) über in

$$\lim_{T\to\infty} \frac{1}{T} E\,\{P^*(j\omega, T) U(j\omega, T)\} = F(j\omega) \lim_{T\to\infty} \frac{1}{T} E\{\,P^*(j\omega, T) P(j\omega, T)\}, \quad (3.175\text{a})$$

die eine andere Herleitung von (3.175) assoziiert. Ausgehend von der Ein-/Ausgangsbeziehung für determinierte Prozesse (2.52) im Frequenzraum gilt für die finiten Fouriertransformierten die Beziehung

$$\widetilde{F}(j\omega, T) := \frac{U(j\omega, T)}{P(j\omega, T)} \quad (3.176)$$

mit

$$\widetilde{F}(j\omega, T) =: F(j\omega) + \Delta F(j\omega, T). \quad (3.176\text{a})$$

Sind die finiten Fouriertransformierten $U(j\omega, T)$, $P(j\omega, T)$ Näherungen für $U(j\omega)$, $P(j\omega)$, dann ist $\widetilde{F}(j\omega, T)$ ebenfalls eine Näherung für den exakten Frequenzgang $F(j\omega)$ abhängig von dem gewählten T. Da die Fouriertransformierte eines stochastischen Signals nicht existiert, wohl aber die finite Fouriertransformierte, kann für zwei stationäre stochastische Prozesse, verknüpft über ein lineares zeitinvariantes Einfreiheitsgradsystem, von der Gl. (3.176) ausgegangen werden. Multiplikation der Gl. (3.176) mit $\frac{1}{T}P^*(j\omega, T)$, Bilden des Erwartungswertes und des Grenzwertes $T \to \infty$ liefert die Gleichung

$$\lim_{T\to\infty} \frac{1}{T} E\{P^*(j\omega, T)U(j\omega, T)\} = F(j\omega) \lim_{T\to\infty} \frac{1}{T} E\{P^*(j\omega, T)P(j\omega, T)\} +$$

$$+ \lim_{T\to\infty} E\{\Delta F(j\omega, T) \frac{1}{T} P^*(j\omega, T)P(j\omega, T)\}, \tag{3.177}$$

die mit (3.151) und wegen der Gültigkeit von (3.175) auf

$$\lim_{T\to\infty} E\{\Delta F(j\omega, T) \frac{1}{T} P^*(j\omega, T)P(j\omega, T)\} = 0 \tag{3.177a}$$

führt. Damit ist ein Weg gefunden, der für stationäre stochastische Prozesse unter Umgehung des Zeitraumes (Faltung!) die Gleichungen im Frequenzraum in „einfacher" Weise (algebraische Operationen) herzuleiten gestattet. Ein durchschaubares Beispiel soll dieses verdeutlichen.

Beispiel 3.24: Es ist die Systemgleichung für stationäre stochastische Signale der beiden parallelgeschalteten Einfreiheitsgradsysteme nach Aufgabe 2.17 im Frequenzraum gesucht:

$$U(j\omega, T) = \tilde{F}(j\omega, T)P(j\omega, T)$$

mit

$$\tilde{F}(j\omega, T) = F(j\omega) + \Delta F(j\omega, T)$$

und

$F(j\omega) = F_1(j\omega) + F_2(j\omega)$ lt. Lösung der Aufgabe 2.17.

Weiter folgt:

$$\frac{1}{T} P^*(j\omega, T)U(j\omega, T) = [F(j\omega) + \Delta F(j\omega, T)] \frac{1}{T} P^*(j\omega, T)P(j\omega, T),$$

$$\lim_{T\to\infty} \frac{1}{T} E\{P^*(j\omega, T)U(j\omega, T)\} = \lim_{T\to\infty} E\{[F(j\omega) + \Delta F(j\omega, T)] \frac{1}{T} P^*(j\omega, T)P(j\omega, T)\}.$$

Unter Beachtung von (3.151) und (3.177a) folgt:

$$S_{pu}(\omega) = F(j\omega)\, S_{pp}(\omega),\ F(j\omega) = F_1(j\omega) + F_2(j\omega).$$

Die Herleitung der o. Gleichung aus der entsprechenden Beziehung im Zeitraum ist hierbei ebenfalls einfach: Nach (3.163) gilt:

$$\Phi_{pu}(\tau) = g_1(\tau) * \Phi_{pp}(\tau) + g_2(\tau) * \Phi_{pp}(\tau),$$

$$S_{pu}(\omega) = F_1(j\omega)\, S_{pp}(\omega) + F_2(j\omega)\, S_{pp}(\omega) = F(j\omega)\, S_{pp}(\omega).$$

Die Gleichungen für das zweite Beispiel sind aus denen im Zeitraum nicht mehr so einfach wie im obigen Beispiel 3.24 herzuleiten:

Beispiel 3.25: Wie lautet die Systembeziehung für stochastische stationäre Signale bei zwei hintereinandergeschalteten Einfreiheitsgradsystemen entsprechend Aufgabe 2.16?

$$U_1(j\omega, T) = \tilde{F}_1(j\omega, T)P(j\omega, T),\ U(j\omega, T) = \tilde{F}_2(j\omega, T)U_1(j\omega, T),$$

es folgt: $U(j\omega, T) = \tilde{F}_1(j\omega, T)\,\tilde{F}_2(j\omega, T)P(j\omega, T)$.

Multiplikation der Gleichung mit $P^*(j\omega, T)$, Bilden des Erwartungswertes und Grenzübergang für $T \to \infty$ ergibt:

$$S_{pu}(\omega) = F_1(j\omega)\,F_2(j\omega)\,S_{pp}(\omega).$$

Anmerkung: Wie oben schon angedeutet, ist die Herleitung der Leistungsdichte über die Fouriertransformierten für die Praxis recht nützlich. Sie wird oft in vereinfachter Form ohne E-Wert- und Limes-Bildung über den Analogieschluß aus den entsprechenden Beziehungen im Frequenzraum für determinierte Prozesse durchgeführt. Die Richtigkeit dieses Vorgehens ist in der Systembeziehung (3.175) mit dem (Ersatz-)Frequenzgang $F(j\omega)$ des Systems begründet: Ermittlung von $F(j\omega)$ für determinierte Prozesse und Verwendung in der Ein-/Ausgangsbeziehung (3.175) für stationäre stochastische Prozesse. Anwendungen dieses Vorgehens findet der Leser im Abschnitt 4.4.1.

Es verbleibt, die Beziehung zwischen den Wirkleistungsdichten der Ein- und Ausgangssignale für lineare zeitinvariante Systeme zu ermitteln. Multiplikation des Faltungsproduktes (2.41) mit u(t),

$$u(t)u(t+\tau) = u(t) \int_{-\infty}^{\infty} g(t')p(t+\tau-t')\,dt',$$

Ersetzen von u(t) der rechten Seite durch das Faltungsprodukt (2.41),

$$u(t)u(t+\tau) = \int_{-\infty}^{\infty} g(t'')p(t-t'')\,dt'' \int_{-\infty}^{\infty} g(t')p(t+\tau-t')\,dt',$$

und Bilden des Erwartungswertes führt laut Definition der Korrelationsfunktion auf

$$\Phi_{uu}(\tau) = \int_{-\infty}^{\infty}\int_{-\infty}^{\infty} g(t')g(t)\,\Phi_{pp}(\tau+t'-t)\,dt'\,dt. \tag{3.178}$$

Die Fouriertransformation auf (3.178) angewendet, liefert nach geeigneten Substitutionen und Umrechnungen mit der Definition (3.118) die Beziehung zwischen den Wirkleistungsdichten zu

$$S_{uu}(\omega) = |F(j\omega)|^2\,S_{pp}(\omega). \tag{3.179}$$

Es soll noch gezeigt werden, wie die Ein-/Ausgangsbeziehung (3.179) auch über die finiten Fouriertransformierten mit (3.177), (3.177a) erhalten werden kann: Die Ein-/Ausgangsbeziehung (3.176) mit $U^*(j\omega, T)/T$ multipliziert,

$$\frac{1}{T}U^*(j\omega, T)U(j\omega, T) = \tilde{F}(j\omega, T)\,\frac{1}{T}U^*(j\omega, T)P(j\omega, T),$$

und $U^*(j\omega, T) = \tilde{F}^*(j\omega, T)P^*(j\omega, T)$ auf der rechten Seite der obigen Gleichung ersetzt,

$$\frac{1}{T}U^*(j\omega, T)U(j\omega, T) = \tilde{F}^*(j\omega, T)\tilde{F}(j\omega, T)\,\frac{1}{T}P^*(j\omega, T)P(j\omega, T),$$

führt mit $F^*(j\omega)F(j\omega) = |F(j\omega)|^2$, der Erwartungswert- und Grenzwertbildung $T \to \infty$ unter Beachtung des Grenzwertes (3.177a) auf die Gl. (3.179).

Die Ein-/Ausgangsbeziehungen im Frequenzraum über die Leistungsdichten sind somit gefunden, sie sind im Bild 3.18 veranschaulicht.

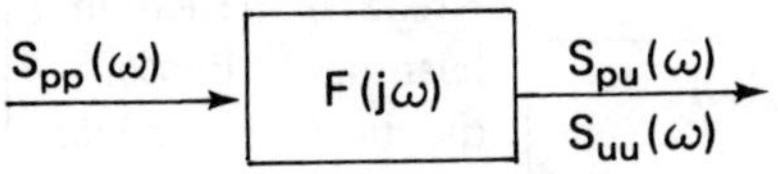

Bild 3.18 Ein-/Ausgangsbeziehung für stationäre Signale im Frequenzraum

Der Frequenzganz F(jω) läßt sich also auch durch die Leistungsdichten ausdrücken:

$$\left.\begin{aligned} F(j\omega) &= \frac{S_{pu}(\omega)}{S_{pp}(\omega)}, \quad |F(j\omega)| = \left|\sqrt{\frac{S_{uu}(\omega)}{S_{pp}(\omega)}}\right|, \\ \tan\Phi(\omega) &= \frac{\mathrm{Im}\,F(j\omega)}{\mathrm{Re}\,F(j\omega)} = \frac{\mathrm{Im}\,S_{pu}(\omega)}{\mathrm{Re}\,S_{pu}(\omega)}, \\ \cos\Phi(\omega) &= \frac{\mathrm{Re}\,F(j\omega)}{|F(j\omega)|} = \frac{\mathrm{Re}\,S_{pu}(\omega)}{|\sqrt{S_{pp}(\omega)\,S_{uu}(\omega)}|}. \end{aligned}\right\} \tag{3.180}$$

3.6.3 Systemzusammenfassung

Entsprechend der Herleitung besteht im Vergleich der Bilder 3.19 bis 3.21 mit den Bildern 2.30 bis 2.32 die volle Analogie zwischen den determinierten und stochastischen Beziehungen. Die auf determinierten Eingangssignalen beruhenden Identifikationsverfahren (z.B. Ermittlung der Gewichtsfunktion, des Frequenzganges, der Dämpfung eines Einfrei-

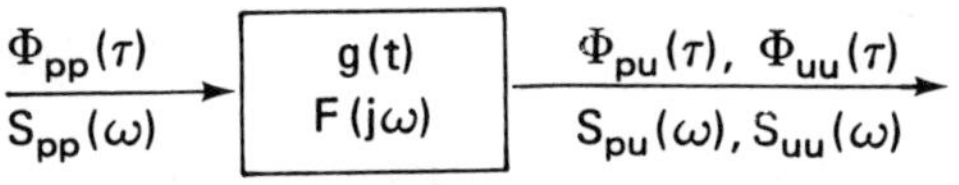

Bild 3.19 Ein-/Ausgangsbeziehung

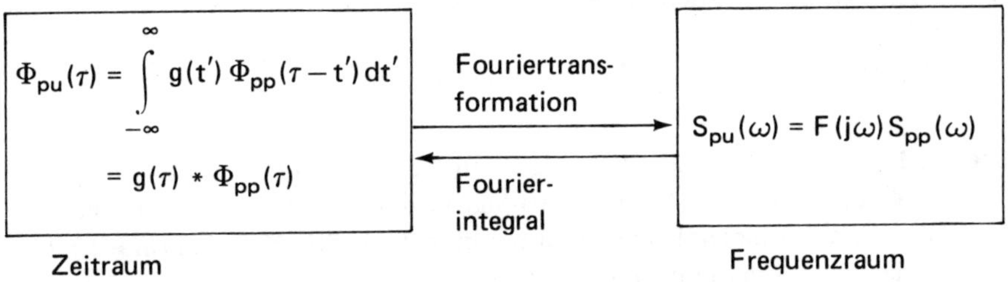

Bild 3.20 Die Analogie der Beziehungen im Zeit- und Frequenzraum

heitsgradsystems) lassen sich deshalb formal auch auf Systeme mit stochastischen stationären Signalen übertragen, wenn deren Korrelationsfunktionen bzw. deren Leistungsdichten benutzt werden. Die Eingangsspektren im Bild 2.32 sind als komplex ausgewiesen, während im Bild 3.21 die Wirkleistungsdichte als reelle Größe für das Eingangssignal im Frequenzraum angegeben ist. Dieser Unterschied ist beim Einfreiheitsgradsystem nur scheinbar, denn er beruht auf einem letztlich beliebigen reellen Koordinatensystem: Multiplikation der Systemgleichungen für determinierte Signale im Frequenzraum mit $F^*\{p(t)\}$ ergibt eine reelle rechte Seite.

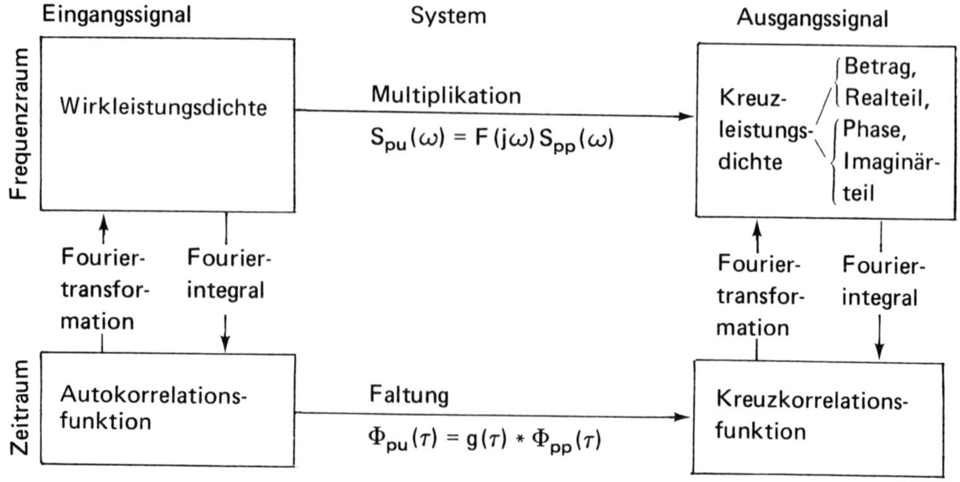

Bild 3.21 Übersichtsschema

3.7 Übertragung durch Mehrfreiheitsgradsysteme

3.7.1 Darstellung im Zeitraum

Für ein lineares zeitinvariantes stabiles System mit $m \leqslant n$ stationären Eingängen und n stationären Ausgängen liefert die Gl. (2.58) die Erwartungswerte

$$E\{\mathbf{u}(t)\} = \int_{-\infty}^{\infty} \mathbf{G}(t-\tau)\, E\{\mathbf{p}(\tau)\}\, d\tau. \tag{3.181}$$

Die zugehörigen Korrelationsmatrizen (vgl. die Kovarianzmatrix (3.30), (3.31)) folgen aus (2.58) durch Linksmultiplikation mit $\mathbf{u}^T(t)$ und Bilden des Erwartungswertes zu

$$\boldsymbol{\Phi}_{uu}(t_1, t_2) = \int_{-\infty}^{\infty} \int_{-\infty}^{\infty} \mathbf{G}(t_1 - \tau_1)\, \boldsymbol{\Phi}_{pp}(\tau_1, \tau_2)\, \mathbf{G}^T(t_2 - \tau_2)\, d\tau_1\, d\tau_2. \tag{3.182a}$$

$\mathbf{u}(t)$ ist eine (n, 1)-Matrix, $\mathbf{p}(t)$ eine (m, 1)-Matrix und die Gewichtsmatrix $\mathbf{G}(t-\tau)$ eine (n, m)-Matrix, die aus der ursprünglichen (n, n)-Matrix durch Streichen der Spalten entstanden ist, in deren zugeordneten Kollokationspunkten die Kräfte Null sind ($m \leqslant n$). Die zugehörige Kovarianzmatrix lautet dann nach (3.31)

$$\mathbf{C}_{uu}(t_1, t_2) = \boldsymbol{\Phi}_{uu}(t_1, t_2) - E\{\mathbf{u}(t_1)\}\, E\{\mathbf{u}^T(t_2)\}. \tag{3.182b}$$

Die Kreuzkorrelationsmatrix für ein System mit n Ein- und Ausgängen für stationäre stochastische Erregung ergibt sich aus (2.58) zu

$$\mathbf{u}(t+\tau) = \int_{-\infty}^{\infty} \mathbf{G}(t')\, \mathbf{p}(t+\tau-t')\, dt',$$

$$\boldsymbol{\Phi}_{pu}(\tau) = E\{\mathbf{p}(t)\, \mathbf{u}^T(t+\tau)\} = \int_{-\infty}^{\infty} E\{\mathbf{p}(t)\, \mathbf{p}^T(t+\tau-t')\}\, \mathbf{G}^T(t')\, dt',$$

$$\boldsymbol{\Phi}_{pu}(\tau) := (\Phi_{p_j u_k}(\tau)) = \int_{-\infty}^{\infty} \boldsymbol{\Phi}_{pp}(\tau - t')\, \mathbf{G}^T(t')\, dt'. \tag{3.183}$$

Damit ist die Kreuzkorrelation der beiden stochastisch stationären vektoriellen Prozesse $\{\mathbf{u}(t)\}$, $\{\mathbf{p}(t)\}$ gefunden, die über ein lineares zeitinvariantes Mehrfreiheitsgradsystem verknüpft sind.

3.7.2 Darstellung im Frequenzraum

Die Fouriertransformation des Faltungsproduktes (3.183) geht entsprechend der Definition der Leistungsdichten als Fouriertransformierte der Korrelationsfunktionen in das Produkt (s. Tabelle 2.5)

$$\mathbf{S}_{pu}(\omega) = \mathbf{S}_{pp}(\omega)\, \mathbf{F}^T(j\omega) \tag{3.184}$$

über, wobei die Frequenzgangmatrix gemäß (2.60) und (2.61) definiert ist.

Die Fouriertransformation auf Gl. (3.182a) für stochastische stationäre Prozesse angewendet, führt auf die Systemgleichung

$$\mathbf{S}_{uu}(\omega) = \mathbf{F}^*(j\omega)\, \mathbf{S}_{pp}(\omega)\, \mathbf{F}^T(j\omega). \tag{3.185}$$

Dieselbe Beziehung erhält man aufgrund der Gl. (2.62) über die finiten Fouriertransformierten

$$\mathbf{U}(j\omega, T) = \widetilde{\mathbf{F}}(j\omega, T)\, \mathbf{P}(j\omega, T), \tag{3.186}$$

wenn man wie im Abschnitt 3.6.2 beschrieben vorgeht: Transponieren der Gl. (3.186), Linksmultiplikation mit dem konjugiert komplexen Vektor $\frac{1}{T}\mathbf{U}^*(j\omega, T)$, der auf der rechten Seite durch die konjugiert komplexe rechte Seite der Gl. (3.186) ersetzt wird, Erwartungswert- und Grenzwertbildung für $T \to \infty$ ergeben dann die Gl. (3.185), die auch in der Form

$$\mathbf{S}^*_{uu}(\omega) = \mathbf{F}(j\omega)\, \mathbf{S}^*_{pp}(\omega)\, \mathbf{F}^{*T}(j\omega) \tag{3.187}$$

geschrieben werden kann.

Somit sind die Gleichungen

$$\left.\begin{aligned} \hat{\mathbf{S}}_{xx}(\omega) &:= \mathbf{S}_{xx}(\omega, T) := \frac{1}{T}\mathbf{X}^*(j\omega, T)\, \mathbf{X}^T(j\omega, T), \\ \hat{\mathbf{S}}_{xy}(\omega) &:= \mathbf{S}_{xy}(\omega, T) := \frac{1}{T}\mathbf{X}^*(j\omega, T)\, \mathbf{Y}^T(j\omega, T) \end{aligned}\right\} \tag{3.188}$$

Schätzgleichungen für die entsprechenden Leistungsdichte-Matrizen gemäß den Ausführungen des Abschnittes 3.5.3.

Anmerkung 1: Der Leser möge die Matrizenelemente von (3.188) für stationäre und ergodische Prozesse in Verbindung mit den Ausführungen des Abschnittes 3.5.3 setzen (einerseits bezüglich Schätzung, andererseits bezüglich der Verträglichkeit des formalen Aufbaus mit den Definitionen für Einfreiheitsgradsysteme).

Anmerkung 2: (3.188) sollte für ergodische Prozesse besser als Näherung $\widetilde{S}_{xx}(\omega)$, $\widetilde{S}_{xy}(\omega)$ bezeichnet werden, da hier entsprechend den Ausführungen des Abschnittes 3.5.3 keine – auch nicht angenäherte – Erwartungswertbildung eingeht; jedoch ist hier die Bezeichnung Schätzung allgemein üblich.

3.8 Diskrete stochastische Signale und Prozesse

Im Abschnitt 2.4.1 wurde schon kurz auf die Diskretisierung zeitkontinuierlicher Signale und auf frequenzdiskrete Signale eingegangen. Einerseits wird die Diskretisierung als Abtastung im meßtechnischen Sinn aufgefaßt, andererseits als Folge der numerischen Behandlung der anstehenden Probleme. Im Abschnitt 3 sind schon diskrete stochastische Prozesse teilweise behandelt worden, so daß in diesem Abschnitt ergänzend auf die numerische Schätzung von Korrelationsfunktionen und Leistungsdichten eingegangen wird und darüber hinaus die beiden verschiedenen Standpunkte hinsichtlich der Diskretisierung von einer einheitlichen, systemtheoretischen Sicht dargestellt und zusammengeführt werden, die neben einer vertieften Einsicht in die theoretischen Zusammenhänge wertvolle Hinweise zur praktischen Handhabung liefern.

Der Abtastung (sampling) schließt sich die Datenverarbeitung (processing) an. Demzufolge müssen grundsätzlich Abtastfehler und Verarbeitungsfehler unterschieden werden. Bezüglich der Abtastfehler ist der Überlagerungsfehler (Überlappungsfehler, aliasing) herausragend. Die Amplitudenauflösung infolge Digitalisierung (Quantisierungsfehler) und Linearitätsfehler der Analog-Digital-Wandler und die Instabilität der Analog-Digital-Wandleruhr brauchen bei deren richtiger Auslegung keine Probleme mit sich zu bringen und werden hier nicht behandelt. Als wesentliche Fehler auf der Verarbeitungsebene der Daten (Verwendung eines Fensters, Filters) ist der Abschneidefehler (truncation error) zu nennen.

3.8.1 Abtastung

Wie schon bemerkt, erfolgt die numerische digitale Verarbeitung der (determiniert vorliegenden) Signale diskret. Das zeitkontinuierliche Signal muß abgetastet werden.

3.8.1.1 Abtastvorgang

Die Abtastung entsprechend den Ausführungen des Abschnittes 2.4.1 führt auf die Zeitreihe $\{x_k := x(kh)\}$ mit der Abtastzeit $h = \Delta t$, $k \in \mathbb{N}$. Um für theoretische Untersuchungen einen geschlossenen Ausdruck für das abgetastete Signal verfügbar zu haben, ist das diskontinuierliche Signal (2.72b),

$$x_d(t) := x(t)\, h \sum_{\nu=-\infty}^{\infty} \delta(t - \nu h) = h \sum_{\nu=-\infty}^{\infty} x(\nu h)\, \delta(t - \nu h), \qquad (2.72\text{b})$$

eingeführt: ideale Abtastung. Mit dem Impulskamm

$$i(t) := h \sum_{\nu=-\infty}^{\infty} \delta(t - \nu h) \qquad (3.189\text{a})$$

kann der Zusammenhang (2.72b) in der Form

$$x_d(t) = x(t)\, i(t) \qquad (3.190)$$

geschrieben werden. Da der Impulskamm i(t) eine periodische Funktion ist, läßt er sich als Fourierreihe darstellen (s. Gln. (2.13), (2.14), (2.38)):

$$i(t) = \sum_{\nu=-\infty}^{\infty} e^{j2\pi\frac{\nu}{h}t}. \tag{3.189b}$$

Das diskontinuierliche Signal $x_d(t)$, Gl. (3.190), geht damit über in

$$x_d(t) = x(t) \sum_{\nu=-\infty}^{\infty} e^{j2\pi\frac{\nu}{h}t}. \tag{3.191}$$

3.8.1.2 Auswirkung der Abtastung im Frequenzbereich

Aufgrund des Verschiebungssatzes der Fouriertransformation ergibt sich die Fouriertransformierte des diskontinuierlichen Signals (3.191) zu

$$F\{x_d(t)\} =: X_d(j\omega) = \sum_{\nu=-\infty}^{\infty} F\{x(t)e^{j2\pi\frac{\nu}{h}t}\} = \sum_{\nu=-\infty}^{\infty} X(f - \tfrac{\nu}{h}), \tag{3.192}$$

also als periodische Funktion $X_d(f) = X_d\left(f + k\frac{1}{h}\right)$, k – ganze Zahl. Die periodische Fouriertransformierte $X_d(j\omega) = X_d(f)$[1] besteht aus der Überlagerung (aliasing) der Fouriertransformierten $X\left(j\omega - j\nu\frac{2\pi}{h}\right)$, die im Bild 3.22 für einen möglichen Fall dargestellt ist. Das Bild 3.22 enthält die drei Glieder $X\left(f - \frac{1}{h}\right)$, X(f) und $X\left(f + \frac{1}{h}\right)$ der Reihe (3.192) und die Reihe $X_d(f)$. Die Fouriertransformierte $X(f) = F\{x(t)\}$ läßt sich hier aus $X_d(f)$ nicht eindeutig zurückgewinnen. Um die Eindeutigkeit der Fouriertransformierten herzustellen, muß das Signal x(t) bandbegrenzt sein.

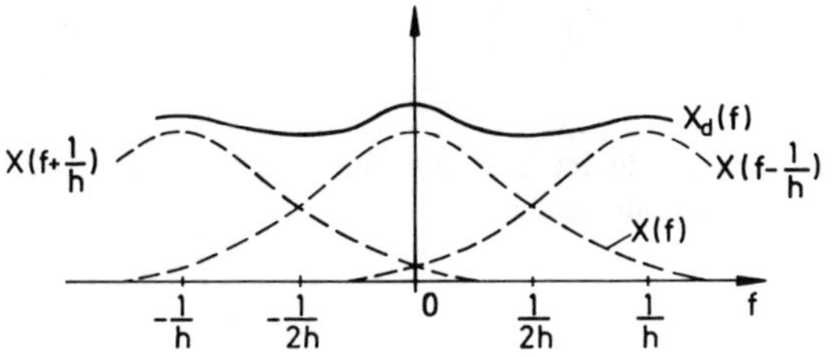

Bild 3.22 Überlagerung nach Gl. (3.192)

Ist x(t) ein bandbegrenztes Signal mit der Fouriertransformierten $X_b(f)$, die außerhalb des Bandes $|f| \leqslant f_g \leqslant f_N$ identisch verschwindet, so liefert die Abtastung von x(t) mit der Frequenz

$$f_A = 2\, f_N = \frac{1}{h} \tag{3.193}$$

1 S. Tabelle 2.4, abweichend von der bisherigen Argumentangabe bei der Fouriertransformation wird in diesem Abschnitt auch das Argument $f = \omega/(2\,\pi)$ verwendet, weil einerseits die Abtastfrequenz üblicherweise in Hz ausgedrückt wird und andererseits bei der Verwendung der δ-Funktion im Frequenzbereich nach Gl. (2.99) der Faktor $2\,\pi$ unterdrückt werden kann. Da diesbezüglich keine einheitliche Schreibweise im Schrifttum vorhanden ist, tut der Leser gut daran, sich hierin zu üben.

nach Gl. (3.192) eine Periodisierung im Frequenzbereich, $X_d(f) = X_{bP}(f)$, die hier einer periodischen Fortsetzung von $X_b(f)$ außerhalb des Bandes $|f| \leqslant f_N$ mit einer Periode f_A entspricht (Bild 3.23). $X_b(f)$ läßt sich mit Hilfe eines idealisierten Tiefpaßfilters mit dem Frequenzgang H(f) (Fenster im Frequenzraum) ausblenden:

$$\left.\begin{aligned} &X_b(f) = H(f)\, X_{bP}(f), \\ &H(f) = \begin{cases} 1 & \text{für } |f| \leqslant f_g \leqslant f_N = \dfrac{1}{2h} \\ 0 & \text{für } |f| > f_g . \end{cases} \end{aligned}\right\} \qquad (3.194)$$

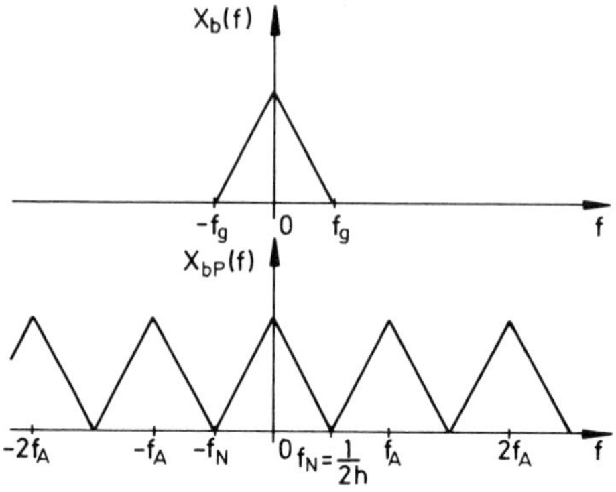

Bild 3.23
Periodisierung eines begrenzten Spektrums

Anmerkung: Die Definition der diskontinuierlichen Funktion (2.72b) enthält den Faktor h. In dem Schrifttum ist eine entsprechende Definition häufig ohne den Faktor h zu finden. Im letzten Fall muß dann die erste Gleichung von (3.194) zusätzlich mit dem Faktor h formuliert werden, da von Gl. (3.192) nicht

$$X_d(j\omega) = \frac{1}{h} \sum_{\nu=-\infty}^{\infty} X\left(f - \frac{\nu}{h}\right) \text{sondern} \sum_{\nu=-\infty}^{\infty} X\left(f - \frac{\nu}{h}\right) = h\, X_d(j\omega)$$

ausgeblendet werden soll.

Die Wahl von (2.72b) ist dadurch begründet, daß sich die periodische Funktion (3.192) im Frequenzbereich durch die Fourierreihe

$$X_d(f) = \sum_{k=-\infty}^{\infty} \hat{C}_k\, e^{-j2\pi k f/f_A}$$

mit den Fourierkoeffizienten

$$\hat{C}_k = \frac{1}{f_A} \int_{-f_A/2}^{f_A/2} X(f)\, e^{j2\pi k f/f_A}\, df$$

darstellen läßt und aus dem Fourierintegral

$$x(t) = \int_{-\infty}^{\infty} X(f)\, e^{j2\pi f t}\, df$$

für die Zeiten $t_k = kh$

$$\hat{C}_k = \frac{1}{f_A}\, x\left(\frac{k}{f_A}\right) = h\, x(kh)$$

gilt. Denn aus dem Fourierintegral der Fourierreihe für $X_d(f)$ folgt mit der Beziehung $F\{\delta(t-t_0)\} = e^{-j2\pi f t_0}$ aus dem Verschiebungssatz

$$x_d(t) = \sum_{k=-\infty}^{\infty} \hat{C}_k\,\delta(t-kh) = h \sum_{k=-\infty}^{\infty} x(kh)\,\delta(t-kh).$$

Diese Schreibweise ist damit auch zur Abtastung im Frequenzraum (3.208) konsistent, die sich mit einem Faktor 1/T ergibt.

Die nächste Frage, die sich uns stellt, ist: Was bewirkt die Bandbegrenzung (3.194) im Zeitbereich? Auf die erste Gleichung von (3.194) das Fourierintegral angewendet ergibt entsprechend der Voraussetzung $F\{x(t)\} = X_b(f)$, der Fouriertransformierten $F\{x_d(t)\} = X_d(f) = X_{bP}(f)$ und dem Faltungssatz der Tabelle 2.5 die Gleichung

$$F^{-1}\{X_b(f)\} = x(t) = F^{-1}\{H(f)\} * x_d(t). \tag{3.195}$$

Das Fourierintegral von H(f) erhält man über den Vertauschungssatz (s. Tabelle 2.5) aus der Fouriertransformation des Rechteckfensters (vgl. Beispiel 2.4),

$$w(t) = \begin{cases} 1 & \text{für } -\dfrac{T}{2} \leqslant t \leqslant \dfrac{T}{2} \\ 0 & \text{für } |t| > \dfrac{T}{2}, \end{cases} \tag{3.196}$$

$$W(j\omega) = F\{w(t)\} = T\,\frac{\sin\dfrac{\omega T}{2}}{\omega T/2}, \tag{3.197}$$

zu

$$F^{-1}\{H(f)\} = 2\,f_N\,\frac{\sin 2\pi f_N t}{2\pi f_N t} = \frac{1}{h}\,\frac{\sin(\pi t/h)}{\pi t/h} \tag{3.198}$$

oder aus der Auswertung des Fourierintegrals $\int_{-f_N}^{f_N} e^{j2\pi f t}\,df$. Somit erhält man aus Gl. (3.195) mit den Gln. (2.72b) und (3.198) das Signal

$$\begin{aligned} x(t) &= \frac{1}{h}\int_{-\infty}^{\infty} \frac{\sin(\pi t'/h)}{\pi t'/h}\, x_d(t-t')\,dt = \frac{1}{h}\int_{-\infty}^{\infty} x_d(t')\,\frac{\sin[\pi(t-t')/h]}{\pi(t-t')/h}\,dt' \\ &= \sum_{k=-\infty}^{\infty} x(kh)\,\frac{\sin[\pi(t-kh)/h]}{\pi(t-kh)/h} \end{aligned} \tag{3.199}$$

als Kardinalreihe mit der bandbegrenzten Fouriertransformierten als bandbegrenzte Fourierreihe

$$X_b(j\omega) = \begin{cases} h \displaystyle\sum_{k=-\infty}^{\infty} x(kh)\,e^{-j\omega kh} & \text{für } |\omega| \leqslant 2\pi f_N \\ 0 & \text{sonst.} \end{cases} \tag{3.200}$$

Der Beweis für die Richtigkeit von (3.200) folgt aus der Überlegung: Da $X_b(f)$ bandbegrenzt ist, lautet das Fourierintegral

$$x(kh) = \int_{-f_N}^{f_N} X_b(f)\, e^{j2\pi fkh}\, df,$$

das mit $\frac{1}{2f_N} = h$ multipliziert als Fourierkoeffizient einer Fourierreihe aufgefaßt werden kann. Voraussetzung für die Konvergenz der Kardinalreihe (3.199) ist, daß $X_b(f)$ energiebegrenzt ist:

$$\int_{-\infty}^{\infty} |X_b(f)|^2\, df = \int_{-f_g}^{f_g} |X_b(f)|^2\, df < \infty, \tag{3.201}$$

dies ist gleichbedeutend mit der Energiebegrenzung von x(t):

$$\int_{-\infty}^{\infty} |x(t)|^2\, dt < \infty. \tag{3.202}$$

Die Kardinalreihe (3.199) ist die sog. Shannonsche Interpolationsformel. Sie gestattet die Wiedergewinnung von x(t) aus $x_d(t)$, sofern $X_b(f)$ außerhalb des Intervalls $|f| \leqslant f_g \leqslant f_N = \frac{1}{2h}$ Null ist (Shannonsches Abtasttheorem). Die Grenzfrequenz f_N wird Faltungs- oder Nyquistfrequenz genannt, da durch Falten der Frequenzachse in den Punkten $\pm f_N$, $\pm 2\, f_N$, ... der Hauptteil der Kurve und alle periodischen Fortsetzungen zur Deckung gebracht werden (s. Bild 3.23). Die sich ergebende Darstellung von $X_b(j\omega)$ als Fourierreihe (3.200) ist gleichwertig mit der numerischen Integration der Fouriertransformierten mit Hilfe der Rechteckregel (vgl. Beispiel 2.16), die bei einem bandbegrenzten Signal das exakte Ergebnis liefert.

Ist entgegen der obigen Annahme x(t) nicht bandbegrenzt, oder besitzt x(t) eine Bandbegrenzung $f_g > f_N = \frac{1}{2h}$, so ergibt die Überlagerung (3.192) eine Überlappung von $X_b(f)$ innerhalb des Intervalls $|f| \leqslant f_N = \frac{1}{2h}$, die die Fouriertransformierte $X_d(f) = X_{bP}(f)$ verfälscht: Überlagerungsfehler (aliasing), s. Bild 3.22. Dem Bild 3.23 entspricht in diesem Fall das Bild 3.24. Dieser Fehler muß zu einem gewissen Grade in der Praxis in Kauf

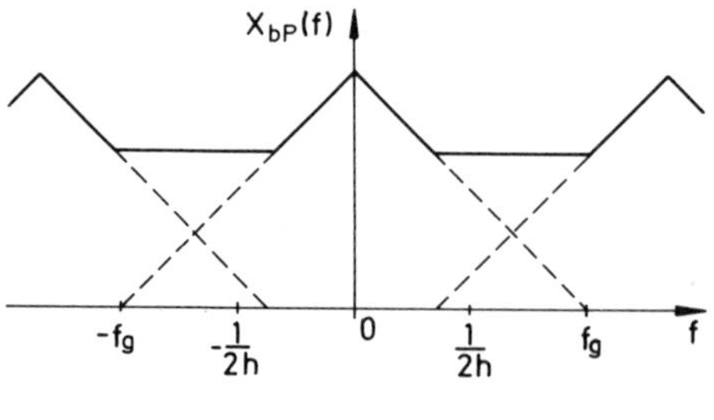

Bild 3.24 Überlagerungsfehler

genommen werden. Ist der interessierende Frequenzbereich vor der Signalaufnahme oder Abtastung bekannt, dann kann eine Bandbegrenzung durch einen entsprechenden Tiefpaßfilter (Antialiasingfilter) vorgenommen werden, wodurch der Überlagerungsfehler (je nach Filtercharakteristik, Flankensteilheit) gemildert wird. Läßt sich eine hinreichende Bandbegrenzung nicht durchführen, dann muß die Abtastfrequenz f_A so hoch gewählt werden, daß der Überlagerungsfehler innerhalb vorgegebener Schranken bleibt, was sich durch schrittweise Erhöhung oder Erniedrigung von f_A anhand der Änderung der Spektralfunktion überprüfen läßt.

Damit ist es nun verständlich, daß die Fouriertransformierte $X(j\omega)$ des Signals $x(t)$ dann und nur dann durch diskrete Werte an den Stellen kh definiert ist, wenn $X(j\omega) = 0$ für $|\omega| \geqslant \omega_N = \frac{\pi}{h}$ ist. Nach dem Abtasten lassen sich Frequenzen kleiner als $f_N = \frac{1}{2h}$ voneinander unterscheiden, jedoch nicht mehr Frequenzen oberhalb von $f_N = f_A/2$.

In diesem Zusammenhang sei noch ein anderes Abtasttheorem als das Shannonsche erwähnt, das ja auf Überlegungen aufgrund determinierter Signale beruht. Im Beispiel 3.9 und in der Aufgabe 3.16 wurden die Mittelwerte x eines ergodischen Prozesses in ihrer kontinuierlichen ($\overline{x}_c$) und diskreten Form ($\overline{x}_d$) behandelt. Es ist anzunehmen, daß im ersten Fall die Schätzung genauer als im zweiten Fall ist, da mehr Informationen verarbeitet werden. Die Varianzen von $\hat{\overline{x}}_c$ und $\hat{\overline{x}}_d$ führen schließlich für $N \gg 1$, der Anzahl der zu mittelnden Werte, aus der Bedingung, daß beide Varianzen praktisch gleich sind, auf die Ungleichung [1.3]

$$N \geqslant f_g\, T \quad \text{bzw.} \quad h \leqslant \frac{1}{f_g}. \tag{3.203}$$

Mit anderen Worten: Bei statistischer Betrachtung der linearen Mittelwerte genügt die Abtastung mit der Frequenz $f_{A'} = \frac{1}{h}$ statt mit der Abtastfrequenz $f_A = 2\, f_{A'}$ wie bei Shannon, damit die Varianzen der aus den äquidistanten, diskreten Werten und aus der kontinuierlichen Messung erhaltenen Mittelwerte gleich sind.

3.8.1.3 Verwendung diskreter Werte im Frequenzbereich

Im Abschnitt 2.4.3 ist angeführt, daß die Periodisierung des zeitbegrenzten Signals $x_T(t)$ mit der Periode T,

$$x_p(t) = \sum_{\nu=-\infty}^{\infty} x_T(t - \nu T) = x_p(t \pm mT),\ m \in \mathbb{N}, \tag{3.204}$$

einerseits durch die Fourierreihe (2.13),

$$x_p(t) = \sum_{\nu=-\infty}^{\infty} \hat{c}_\nu\, e^{j2\pi\frac{\nu}{T}t}, \tag{3.205}$$

also mit einem diskreten Spektrum $\hat{c}_\nu$ und andererseits für diskrete Frequenzen durch die Fouriertransformierte $X_T(j\omega_\nu) = T\hat{c}_\nu$ entsprechend den Definitionen dargestellt werden kann:

$$\hat{c}_\nu := \frac{1}{T} \int_{-T/2}^{T/2} x_p(t)\, e^{-j2\pi\frac{\nu}{T}t}\, dt,$$

$$\hat{c}_\nu = \frac{1}{T} \sum_{\nu=-\infty}^{\infty} \int_{-T/2}^{T/2} x_T(t - \nu T)\, e^{-j2\pi\frac{\nu}{T}t}\, dt$$

$$= \frac{1}{T} \sum_{\nu=-\infty}^{\infty} \int_{-\nu T - T/2}^{-\nu T + T/2} x_T(\tau)\, e^{-j2\pi\frac{\nu}{T}\tau}\, d\tau$$

$$= \frac{1}{T} \int_{-\infty}^{\infty} x_T(t)\, e^{-j2\pi\frac{\nu}{T}t}\, dt = \frac{1}{T} X_T\left(\frac{\nu}{T}\right). \tag{3.206}$$

Welche Wirkung zeitigt allgemein die Verwendung diskreter Werte $X(f_\nu)$ der Fouriertransformierten

$$F\{x(t)\} = X(f) = \int_{-\infty}^{\infty} x(t)\, e^{-j2\pi ft}\, dt \tag{3.207}$$

für $f_\nu := \frac{\nu}{T}$ im Zeitbereich? Die „Abtastwerte" $X(f_\nu)$ im Frequenzraum lassen sich wieder als diskontinuierliche Funktion

$$X_p(f) := X(f) \frac{1}{T} \sum_{\nu=-\infty}^{\infty} \delta\left(f - \frac{\nu}{T}\right) = \frac{1}{T} \sum_{\nu=-\infty}^{\infty} X\left(\frac{\nu}{T}\right) \delta\left(f - \frac{\nu}{T}\right) \tag{3.208}$$

schreiben (ideale Abtastung der kontinuierlichen Fouriertransformierten im Frequenzraum analog zu (2.72b)). Das Fourierintegral von (3.208) führt auf

$$x_p(t) := F^{-1}\{X_p(f)\} = \frac{1}{T} \int_{-\infty}^{\infty} \sum_{\nu=-\infty}^{\infty} X\left(\frac{\nu}{T}\right) \delta\left(f - \frac{\nu}{T}\right) e^{j2\pi ft}\, df$$

$$= \frac{1}{T} \sum_{\nu=-\infty}^{\infty} X\left(\frac{\nu}{T}\right) e^{j2\pi\frac{\nu}{T}t}. \tag{3.209}$$

$x_p(t)$ als Fourierintegral der diskontinuierlichen Funktion $X_p(f)$ ist also eine periodische Funktion im Zeitraum mit der Fourierreihe

$$\left.\begin{aligned} x_p(t) &= x_p(t \pm mT) = \sum_{\nu=-\infty}^{\infty} \hat{c}_\nu\, e^{j2\pi\frac{\nu}{T}t}, \\ \hat{c}_\nu &= \frac{1}{T} \int_{-T/2}^{T/2} x(t)\, e^{-j2\pi\frac{\nu}{T}t}\, dt = \frac{1}{T} X\left(\frac{\nu}{T}\right). \end{aligned}\right\} \tag{3.210}$$

D.h., die Diskretisierung von X(f) bewirkt die Periodisierung

$$x_p(t) = \sum_{\nu=-\infty}^{\infty} x(t - \nu T) \tag{3.211}$$

im Zeitbereich. Damit auch hier eine eineindeutige Zuordnung zwischen x(t) und $X\left(\frac{\nu}{T}\right)$

möglich ist, muß x(t) mit T zeitbegrenzt sein:

$$x(t) \overset{!}{=} x_T(t) = \begin{cases} \neq 0 & \text{für } -\frac{T}{2} \leqslant t \leqslant \frac{T}{2}, \\ 0 & \text{sonst.} \end{cases} \tag{3.212}$$

Für ein mit T zeitbegrenztes Signal $x_T(t)$, also mit Werten Null für $|t| > \frac{T}{2}$, und nur für dieses kann mit dem Fenster (3.196) aus dem periodischen Signal

$$x_p(t) = \sum_{\nu=-\infty}^{\infty} x_T(t - \nu T) \tag{3.213}$$

$x_T(t)$ wieder gewonnen werden:

$$x_T(t) = x_p(t) w(t). \tag{3.214}$$

Die Fouriertransformierte von (3.214),

$$F\{x_T(t)\} =: X_T(j\omega) = F\{x_p(t)\} * F\{w(t)\}, \tag{3.215}$$

folgt mit den Fouriertransformierten (3.208) und (3.197) zu

$$\begin{aligned} X_T(f) &= \int_{-\infty}^{\infty} X_T(f') \sum_{\nu=-\infty}^{\infty} \delta\left(f' - \frac{\nu}{T}\right) \frac{\sin \pi(f-f')T}{\pi(f-f')T} \, df' \\ &= \sum_{\nu=-\infty}^{\infty} X_T\left(\frac{\nu}{T}\right) \frac{\sin \pi\left(f - \frac{\nu}{T}\right)T}{\pi\left(f - \frac{\nu}{T}\right)T}. \end{aligned} \tag{3.216}$$

Die Zeitbegrenzung eines Signals bewirkt im Frequenzraum die Darstellung der zugehörigen Fouriertransformierten als Kardinalreihe (3.216). Auch hier ist Voraussetzung, daß das $X_T(j\omega)$ energiebegrenzt ist. Ist $X_T(j\omega)$ darüber hinaus absolut integrabel, die Voraussetzung wurde zur Herleitung der Gl. (3.209) benötigt, ohne daß sie explizit genannt wird, dann kann $x_T(t)$ mit (3.209) und (3.214) als Ausschnitt einer Fourierreihe dargestellt werden, wobei der Ausschnitt dem Grundintervall $[-T/2, T/2]$ entspricht.

Mit der Gl. (3.216) ist die Shannonsche Interpolationsformel (Abtasttheorem) im Frequenzraum hergeleitet, die besagt, daß die Fouriertransformierte eines zeitbegrenzten Signals vollständig, also für jeden Wert ω auf der reellen Achse, durch die Abtastwerte $X_T(j\omega)$ im Abstand $2\frac{\pi}{T}$ bestimmt ist. Vergleicht man die beiden Kardinalreihen (3.199) und (3.216), so stellt man wieder die Dualität der Beziehungen im Zeit- und Frequenzraum fest, wie sie durch den Vertauschungssatz beschrieben wird.

3.8.1.4 Zusammenhang zwischen kontinuierlichen und diskreten, infiniten und finiten Prozessen

Die Ergebnisse des Abschnittes 3.8.1 können folgendermaßen zusammengefaßt werden:

- zeitperiodisch $\hat{=}$ frequenzdiskret
- zeitnichtperiodisch $\hat{=}$ frequenzkontinuierlich

- zeitdiskret $\hat{=}$ frequenzperiodisch
- zeitkontinuierlich $\hat{=}$ frequenznichtperiodisch
- x(kh) bandbegrenzt ⇒ Shannonsches Abtasttheorem, -Interpolationsformel für x(t)
- x(kh) nicht bandbegrenzt ⇒ Überlagerungsfehler in der periodisierten Fouriertransformierten
- $X_T\left(\frac{\nu}{T}\right)$ aufgrund eines zeitbegrenzten Signals ⇒ Shannonsches Abtasttheorem, -Interpolationsformel für $X_T(f)$
- $X\left(\frac{\nu}{T}\right)$ aufgrund eines nicht zeitbegrenzten Signals ⇒ Überlagerungsfehler in dem periodisierten Zeitsignal.

Die Kardinalreihe (3.199) für ein bandbegrenztes Signal ist unter den genannten Voraussetzungen für alle Werte t definiert und nicht identisch Null: Das bandbegrenzte Signal ist nicht zeitbegrenzt. Die Kardinalreihe (3.216) für ein zeitbegrenztes Signal ist unter den angegebenen Voraussetzungen für $-\infty < \omega < \infty$ definiert und nicht identisch Null: Das zeitbegrenzte Signal ist nicht bandbegrenzt. Die Verwendung einer endlichen Anzahl von diskreten Werten der Zeitfunktion für die Berechnung von $X(j\omega_\nu)$, d.h. die Benutzung der diskreten Fouriertransformation (Fast-Fouriertransformation; $\hat{c}_\nu \doteq \frac{1}{T} X\left(j2\pi\frac{\nu}{T}\right)$), setzt ein bandbegrenztes Signal voraus. Die Reihe (vgl. die Kardinalreihe (3.216))

$$X(f) \doteq \sum_{\nu=-\infty}^{\infty} \hat{c}_\nu \frac{\sin \pi\left(f - \frac{\nu}{T}\right)T}{\pi\left(f - \frac{\nu}{T}\right)} \tag{3.217}$$

ist daher in diesem Sinne eine Näherung, da ein Signal nicht gleichzeitig zeit- und bandbegrenzt sein kann.

Weitergehende Aussagen über die Zeit- und Bandbegrenzung hinaus, nämlich über den Einfluß der Gestalt von x(t) auf die von X(jω) und umgekehrt (Differenzierbarkeit und Ordnung der Konvergenz gegen Null der Fouriertransformation) findet der Leser beispielsweise in [2.2].

Für praktische Belange dienen recht willkürliche Schwellen-, Flächenerhaltungs- und Energiekriterien zur Definition der Zeitbegrenzung T und der Bandbreite B eines Signals und ihres Zusammenhanges. Die Signaldauer T wird beispielsweise als das kleinstmögliche Zeitintervall definiert, außerhalb dessen eine vorgegebene Schwelle der Höhe x_s betragsmäßig nicht mehr überschritten wird (Bild 3.25). Als Schwelle x_s kann z.B. $\frac{1}{10}\max_t x(t)$

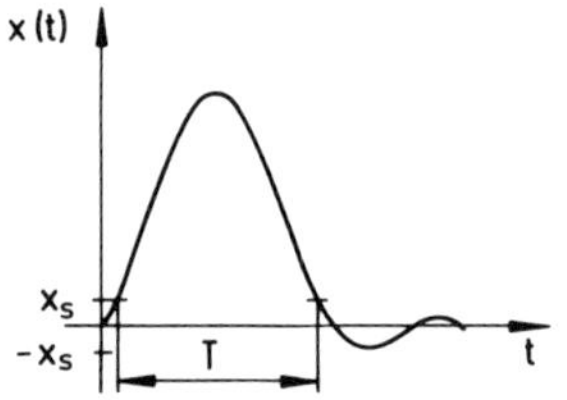

Bild 3.25 Schwellenkriterien zur Definition der Signaldauer

gewählt werden. Entsprechendes gilt im Frequenzraum. Besitzt $X(j\omega)$ Nullstellen, so wird oft als Bandbreite die Länge des Frequenzintervalls von $\omega = 0$ bis zur ersten Nullstelle ω_1 von $X(j\omega_1) = 0$ gewählt, womit man hofft, den „wesentlichen" Bereich des Spektrums zu erfassen. Das Flächenerhaltungskriterium geht im Zeitraum von der Fläche unter $|x(t)|$ aus:

$$\left.\begin{aligned} x_{max} &= \max_t |x(t)|, \\ T &:= \int_{-\infty}^{\infty} |x(t)|\, dt / x_{max}, \end{aligned}\right\} \tag{3.218}$$

die hierbei durch eine gleiche Rechteckfläche ersetzt wird. Die entsprechende Formulierung gilt im Frequenzbereich. Es ist jedem unbenommen, im Zeit- und Frequenzraum verschiedene Kriterien zu wählen. Für die Auswertung von Meßdaten aus Impulsversuchen kann es beispielsweise vorteilhaft sein, im Zeitbereich (3.218) und im Frequenzbereich das Schwellenkriterium zu wählen. Die Definition der Signaldauer T und der Bandbreite B über Energiekriterien sind:

$$\left.\begin{aligned} T^2 &:= \int_{-\infty}^{\infty} (t - t_0)^2 |x(t)|^2 dt \Big/ \int_{-\infty}^{\infty} |x(t)|^2 dt, \\ t_0 &:= \int_{-\infty}^{\infty} t\,|x(t)|^2 dt \Big/ \int_{-\infty}^{\infty} |x(t)|^2 dt, \end{aligned}\right\} \tag{3.219}$$

$$\left.\begin{aligned} B^2 &:= \int_{-\infty}^{\infty} (f - f_0)^2 |X(f)|^2 df \Big/ \int_{-\infty}^{\infty} |X(f)|^2 df, \\ f_0 &:= \int_{-\infty}^{\infty} f\,|X(f)|^2 df \Big/ \int_{-\infty}^{\infty} |X(f)|^2 df. \end{aligned}\right\} \tag{3.220}$$

Frage: Welche Interpretationen gestatten die einzelnen Ausdrücke und Kriterien? Hinweis: Vgl. die entsprechenden Ausdrücke in der Mechanik, s. Aufgabe 3.2.

Für T und B aus (3.219), (3.220) gilt die „Unschärferelation"

$$T\,B \geqslant 1/(4\pi), \tag{3.221}$$

die für (reelle) Zeitsignale aus der Schwarzschen Ungleichung folgt (vgl. z.B. [2.8]). Wie willkürlich derartige Definitionen sind, zeigen die großen Unterschiede der Beispiele in Tabelle 3.1 für die einzelnen Kriterien. Hierzu ist zu sagen, daß für mathematische Untersuchungen gern die Energiekriterien gewählt werden, für praktische Belange es aber letztlich darauf ankommt, die Bedingungen für fehlerarme Ergebnisse und rücktransformierbare Daten zu erfüllen (s. Abschnitte 3.8.1.1 und 3.8.1.2).

Bei dem spektralen Rechteckfenster ist die Bandbreite B gleich der Rechtecklänge, für die das Fenster von Null verschieden ist. Bei jedem anderen Spektralfenster muß eine

Tabelle 3.1 Zeitdauern und Bandbreiten von Signalen aufgrund verschiedener Kriterien

Nr.	x(t)		T-Schwelle $x_s = x_{max}/10$	T-Fläche	T-Energie	X(f)	B-Schwelle $x_s = x_{max}/10$	B-Ene…
1	$x(t) = \begin{cases} x_0 e^{-at} & 0 \le t \le \infty \\ 0 & \text{sonst} \end{cases}$	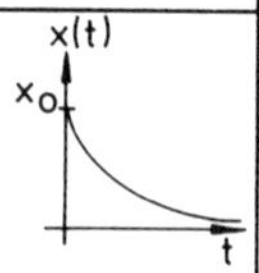	$\frac{\ln 10}{a}$	$\frac{1}{a}$	$\sqrt{1-\frac{1}{a}+\frac{1}{2a^2}}$	$\frac{x_0}{a+j2\pi f}$	$\doteq \frac{5a}{\pi}$	./.
2	$x(t) = \begin{cases} x_0 & -\frac{t_B}{2} \le t \le \frac{t_B}{2} \\ 0 & \text{sonst} \end{cases}$	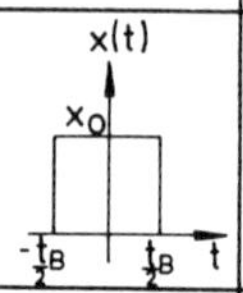	$\frac{t_B}{2}$	t_B	$\frac{t_B}{\sqrt{12}}$	$\frac{x_0 \sin \pi t_B f}{\pi f}$	$\doteq 7{,}1 \cdot \frac{1}{\pi t_B}$	./.
3	$x(t) = \begin{cases} \frac{2x_0}{t_B}(t+\frac{t_B}{2}) & -\frac{t_B}{2} \le t \le 0 \\ \frac{2x_0}{t_B}(\frac{t_B}{2}-t) & 0 \le t \le \frac{t_B}{2} \\ 0 & \text{sonst} \end{cases}$	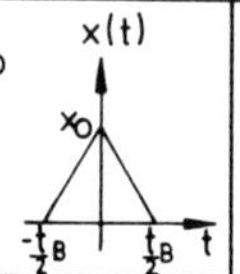	$\frac{9}{20} t_B$	$\frac{t_B}{2}$	$\frac{t_B}{\sqrt{40}}$	$\frac{2x_0}{\pi^2 t_B} \frac{\sin^2 \frac{\pi t_B f}{2}}{f^2}$	$\doteq \frac{4}{\pi t_B}$	$\frac{\sqrt{3}}{\pi t_{\ldots}}$
4	$x(t) = \begin{cases} x_0(1+\cos\omega_0 t) & -\frac{t_B}{2} \le t \le \frac{t_B}{2} \\ 0 & \text{sonst} \end{cases}$ $t = 2\pi/\omega_0$	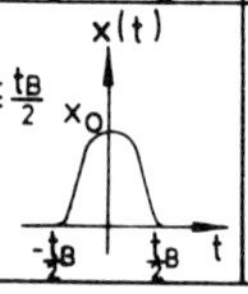	$\frac{5}{4} \frac{t_B}{\pi}$	$\frac{t_B}{2}$	$t_B \sqrt{\frac{1}{36\pi} - \frac{3}{4\pi^2}}$	$\frac{x_0}{\pi} \frac{\sin \pi t_B f}{f(1-t_B^2 f^2)}$	1.Nullstelle $\frac{2}{t_B}$	$\frac{1}{\sqrt{3} \cdot t_{\ldots}}$

effektive Bandbreite B_e eingeführt werden, die üblicherweise definiert ist durch

$$B_e := \left[\int_{-\infty}^{\infty} W(f)\, df \right]^2 \Bigg/ \int_{-\infty}^{\infty} W^2(f) df. \tag{3.222}$$

Das Spektralfenster spielt bei der Glättung von Spektralfunktionen eine Rolle (vgl. Abschnitt 3.8.4.2), die Varianz der Schätzung der Wirkleistungsdichte ist umgekehrt proportional zu B_e [2.7], d.h. die Varianz ist klein, wenn das Fenster so gewählt wird, daß $\int_{-\infty}^{\infty} W^2(f)\, df$ klein und damit B_e groß wird. Eine weitere übliche Definition der effektiven Bandbreite ist die über die Halbwertsbreite des Spektralfensters (s. Aufgabe 3.39).

3.8.2 Abschneideeffekt

Ein Abschneideeffekt und damit ein Abschneidefehler (truncation error) tritt bei determinierten Signalen dann auf, wenn das Signal nur in einem endlichen Zeitintervall der Länge T bekannt ist. Von gemessenen impulsförmigen Signalen ist zwar bekannt, daß sie eine endliche Dauer besitzen, jedoch läßt sie sich durch stets vorhandene Störsignale nicht exakt bestimmen. Das gemessene Signal und seine digitale Verarbeitung erfolgt für einen endlichen Zeitraum, d.h., das gestörte Signal wird stets abgeschnitten: Verwendung eines Rechteckfensters.

3.8.2.1 Abschneideeffekt im Zeitbereich

Das durch ein Rechteckfenster w(t), Gl. (3.196), zeitbegrenzte Signal

$$\tilde{x}(t) = x(t)\, w(t) \tag{3.223}$$

ist innerhalb des Intervalls [−T/2, T/2] mit dem nichtzeitbegrenzten Signal x(t) identisch. Die Fouriertransformierte des Produktes (3.223), sofern sie existiert, lautet nach dem Faltungssatz der Tabelle 2.5

$$\tilde{X}(j\omega) := F\{\tilde{x}(t)\} = \frac{1}{2\pi} \int_{-\infty}^{\infty} X(jp) W(j\omega - jp)\, dp \tag{3.224}$$

mit der Fouriertransformierten (3.197). $W(j\omega)$ ist um die Frequenz Null konzentriert und besitzt Seitenbänder, die für wachsendes ω gegen Null abklingen. Ist die Fensterweite T klein, dann kann $\tilde{X}(j\omega)$ gegenüber $X(j\omega)$, der Fouriertransformierten von x(t), stark verfälscht sein, da das „Fenster" $W(j\omega - jp) \neq \delta(j\omega - jp)$ weit ist und Werte $X(jp)$ weit entfernt von $\omega = p$ mitintegriert werden. (Die Hälfte der Seitenbänder von $W(j\omega)$ ist negativ, die ersten beiden betragen ungefähr 1/5 des Hauptteils des Spektralfensters, so daß die Gefahr eines zu großen negativen Anteils innerhalb der Integration besteht: leakage.) Für großes T wird dagegen der Fehler verringert. Mit $T \to \infty$ konvergiert $w(t) \to 1$, mit der Fouriertransformierten $\delta(j\omega)$ (s. Gl. (2.98)) und $\tilde{X}(j\omega) \to X(j\omega)$. D.h. mit $T \to \infty$ und $B_e = 1/T$ nach Gl. (3.222), s. auch Tabelle 3.2, also mit $B_e \to 0$ strebt $\tilde{X}(j\omega) \to X(j\omega)$ für jedes ω: ideale Frequenzauflösung (frequency resolution). Das Zeitfenster w(t) mit seiner Fouriertransformierten $W(j\omega)$ und der dazugehörigen effektiven Bandbreite B_e bewirkt im Frequenzraum mit der Faltung (3.224), daß im allgemeinen (wegen der „willkürlichen" Definition (3.222)) die Amplitudenwerte der Fouriertransformierten $\tilde{X}(j\omega)$ für Argumente $\omega/(2\pi) < B_e$ infolge der Berechnungsfehler durch $W(j\omega) \neq \delta(j\omega)$ nicht mehr die zugehörigen Werte $X(j\omega)$ eindeutig wiedergeben: Frequenzauflösung.

Anmerkung: B_e [Hz] nach Gl. (3.222) liefert für das spektrale Fenster die Fensterbreite. Bei einem Zeitfenster ist B_e also ein Maß für die Frequenzauflösung.

Die Frequenzauflösung B_e ist im allgemeinen von der Frequenzschrittweite Δf der numerischen Berechnung der Fouriertransformierten verschieden. Die Auswirkungen verschiedener Fenster auf den Betrag der Fouriertransformierten dreier überlagerter Sinusschwingungen mit den Amplituden 1 werden im Bild 3.26 demonstriert (s. auch Aufgabe 3.34). Theoretisch besteht deren Fouriertransformierte aus einer Überlagerung dreier δ-Funktionen. In der numerischen Rechnung mittels der Fast-Fouriertransformation wird das Zeitsignal periodisch fortgesetzt, so daß entsprechend dem Zeitansatz die Amplituden für die 3 Frequenzen gleich 1 sind. Der Frequenzabstand der Sinusschwingungen ist hier jeweils 10 Hz, so daß hier $T > \frac{2}{10}$ s gewählt werden muß, um die einzelnen vorhandenen Frequenzen noch voneinander unterscheiden zu können (vgl. Aufgabe 3.48). Im Bild 3.26 ist der Einfluß von T (2 s, 10 s) deutlich zu erkennen.

Anmerkung: Bei den Programmen zur Fast-Fouriertransformations-Berechnung ist darauf zu achten, ob sie (vgl. Abschnitt 2.4.3) $X_T(j\omega_n) = T\,\hat{c}_n$ oder $\hat{c}_n$ liefern.

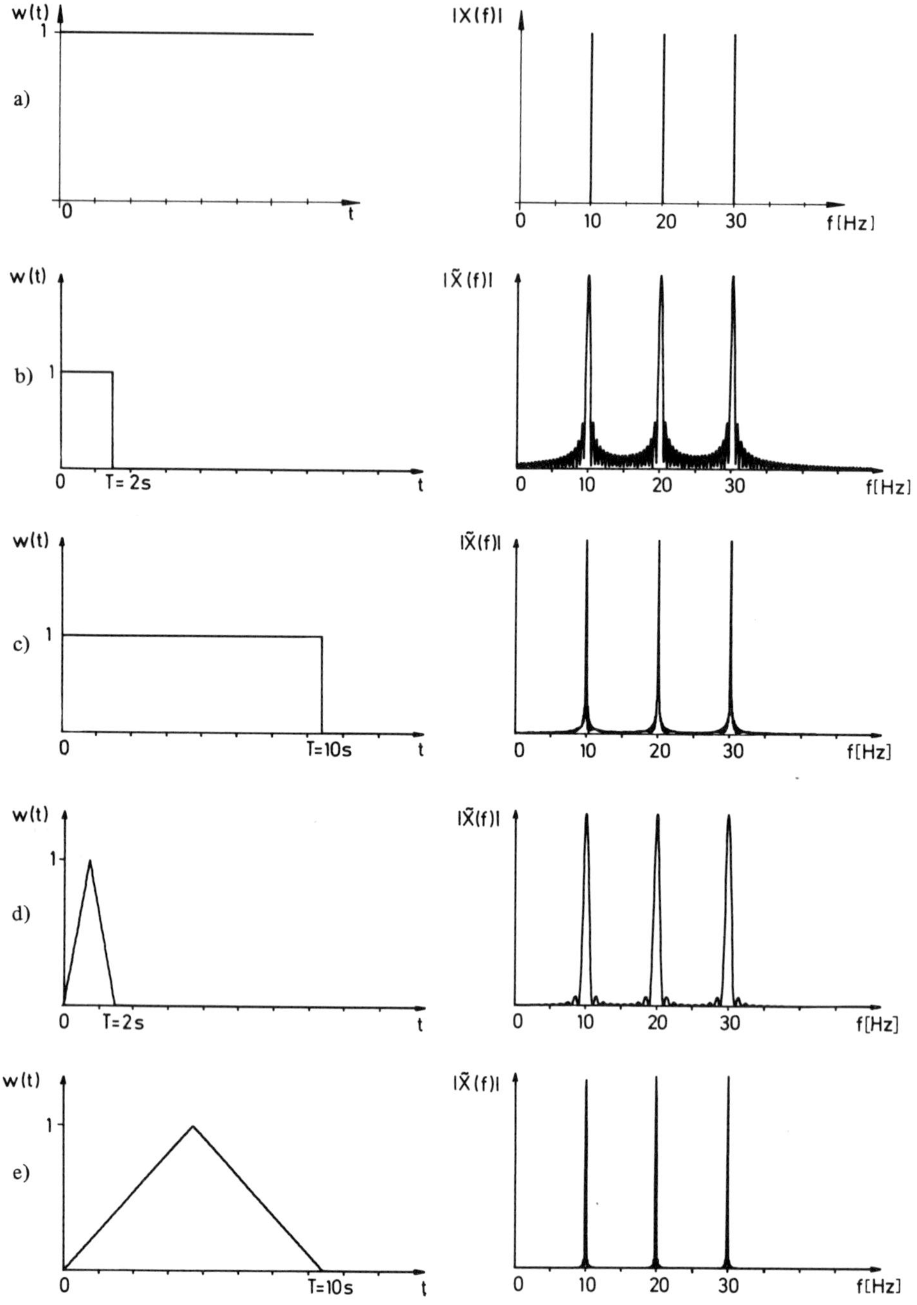

Bild 3.26 Die Auswirkung verschiedener Zeitfenster auf den Betrag der Fouriertransformierten

f)

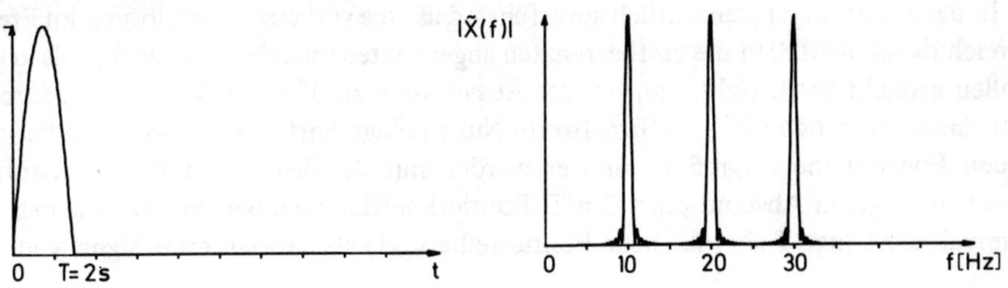

g)

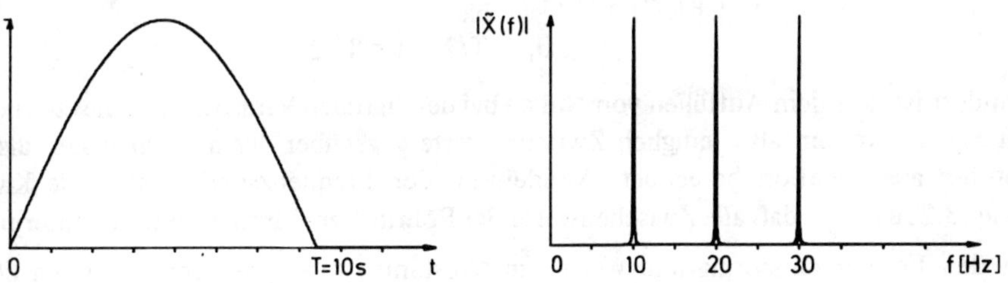

h)

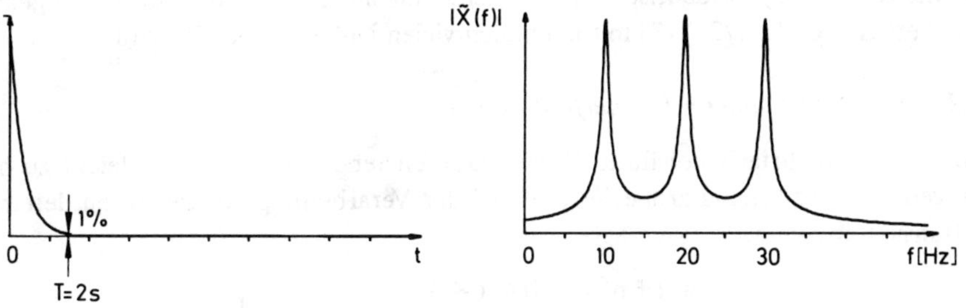

i)

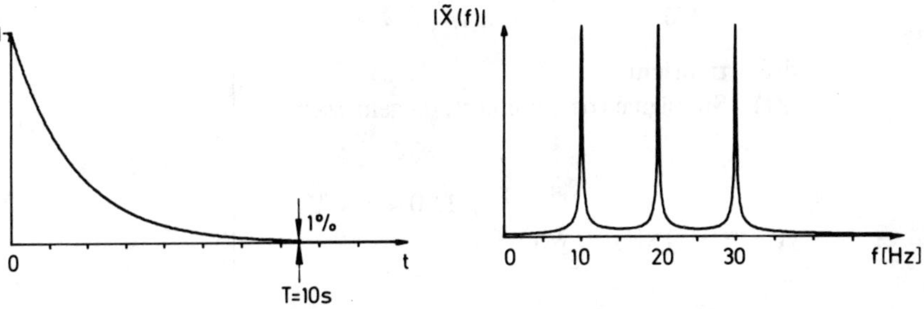

Fortsetzung Bild 3.26

Als wesentliche Abschneideeffekte sind also zu nennen:

1. die Fouriertransformierte $X(j\omega)$ des Signals $x(t)$ wird verfälscht, wenn das zur Berechnung der Fouriertransformierten verwendete determinierte Signal so beschnitten wird, daß $x(t)$ außerhalb des Rechteckfensters noch Werte annimmt, die wesentlich von Null verschieden sind und
2. die Frequenzauflösung wird herabgesetzt (s. auch Abschnitt 3.8.2.2).

Für stochastische Signale erübrigt sich eine Diskussion des Abschneideeffektes, da hierfür die Fouriertransformierten nicht existieren.

In der Literatur ist gelegentlich ausgeführt, daß eine verbesserte Auflösung im Frequenzbereich durch Auffüllen des zeitbegrenzten abgetasteten mittelwertfreien Signals x(kh) mit Nullen erreicht wird. Geht man bei der Auswertung zu $T' = N'h > T = Nh$ dadurch über, daß für die fehlenden $N' - N$ Signalwerte Nullen eingeführt werden, so ist die Periode der neuen Fourierreihe vergrößert, und es werden mit der diskreten Fouriertransformation damit im engeren Abstand $\omega_0' = 2\,\pi/T'$ Fourierkoeffizienten berechnet, ohne daß $\tilde{x}(t)$ im Intervall der Länge T über die neue Fourierreihe $x_p(t)$ als periodisiertes Signal von

$$\tilde{x}'(t) = \tilde{x}'(t + kT') = \begin{cases} \tilde{x}(t), & -T/2 \leqslant t \leqslant T/2, \\ 0, & T/2 < t = T'/2 \end{cases}$$

geändert ist. Mit dem Auffüllen von Nullen bei der digitalen Verarbeitung eines zeitbegrenzten Signals werden also lediglich Zwischenwerte gegenüber der ursprünglichen diskreten Fouriertransformation berechnet: Verkleinern der Frequenzschrittweite. Die Kardinalreihe (3.216) zeigt, daß alle Zwischenwerte der Fouriertransformierten durch Interpolation aus den Fouriertransformations-Werten im Abstand $\Delta f = \frac{1}{T}$ gewonnen werden können, denn die Gl. (3.216) ist identisch mit der Reihe, die aus einem zeitbegrenzten Signal folgt, das außerhalb von $[-T/2, T/2]$ mit unendlich vielen Nullen aufgefüllt wird.

3.8.2.2 Benutzung anderer Fensterfunktionen

Das schon mehrfach erwähnte Exponentialfenster hat wegen seiner leicht zu berücksichtigenden Auswirkung große Vorteile bei der Verarbeitung von gestörten determinierten transienten Signalen:

$$\left.\begin{aligned} &x(t) := \begin{cases} d(t) + n(t), & 0 \leqslant t \leqslant T \\ 0 & \text{sonst}, \end{cases} \\ &d(t) \quad \text{transient}, \\ &n(t) \quad \text{Störsignal (determiniert, da gemessen).} \end{aligned}\right\} \tag{3.225}$$

Mit

$$\left.\begin{aligned} &y(t) := w(t)\,x(t), \qquad w(t) = \begin{cases} 1, & 0 \leqslant t \leqslant T. \\ 0 & \text{sonst} \end{cases} \\ &z(t) := y(t)\,e^{-at}, \qquad a \geqslant 0, \end{aligned}\right\} \tag{3.226}$$

gilt aufgrund des Faltungssatzes

$$Z(j\omega) = X(j\omega) * \mathcal{F}\{e^{-at}\,w(t)\} = Y(s); \quad s = a + j\omega \tag{3.227}$$

mit

$$\mathcal{F}\{e^{-at}\,w(t)\} = \int\limits_0^T e^{-(a+j\omega)t}\,dt = \frac{e^{-(a+j\omega)T} - 1}{-(a + j\omega)}. \tag{3.228a}$$

Wird a derart gewählt, daß $|e^{-(a+j\omega)T}| \ll 1$ ist, so geht die Gl. (3.228a) über in

$$\mathcal{F}\{e^{-at}\, w(t)\} \doteq \frac{1}{a+j\omega} = \frac{1}{s}, \quad \mathcal{F}^{-1}\{\frac{1}{s}\} = e^{-at}, \quad t \geqslant 0, \tag{3.228b}$$

d.h. in Näherung in die Fouriertransformierte einer bewerteten Zeitfunktion ohne Zeitbegrenzung bzw. in die Laplacetransformierte: Aufhebung des Abschneideeffektes (als Übung sei die graphische Darstellung empfohlen). Schreibt man (3.227) in der Form (s. Dämpfungssatz der Tabelle 2.5)

$$\begin{aligned} Z(j\omega) &= \mathcal{F}\{e^{-at}\, x(t)\} * W(j\omega) \\ &= X(a+j\omega) * W(j\omega), \end{aligned} \tag{3.229}$$

so erkennt man unschwer, daß e^{-at} hier der konvergenzerzeugende Faktor ist, $X(a+j\omega) = X(s)$, der entsprechend bei der Interpretation des Ergebnisses berücksichtigt werden kann. Stellt d(t) z.B. die Antwort eines viskos gedämpften Systems dar, so ist a als Zusatzdämpfung interpretierbar: $\delta + a$ ist die neue Abklingkonstante (s. Antwort auf die Frage im Abschnitt 2.1.4.2). Dieses gilt nicht nur bei Einfreiheitsgradsystemen, sondern ebenfalls bei Mehrfreiheitsgradsystemen, deren Antworten auf eine determinierte Erregung die Superposition von abklingenden Sinusschwingungen ist (s. Abschnitt 5.1.3). Damit ist der Nachteil des Exponentialfensters ebenfalls offensichtlich. Besitzt das untersuchte System eng benachbarte Eigenfrequenzen, so sind in der Fouriertransformierten des exponentiell bewerteten Signals u.U. nicht mehr als zwei Eigenfrequenzen zu erkennen (Bild 3.27, s. Aufgabe 2.10).

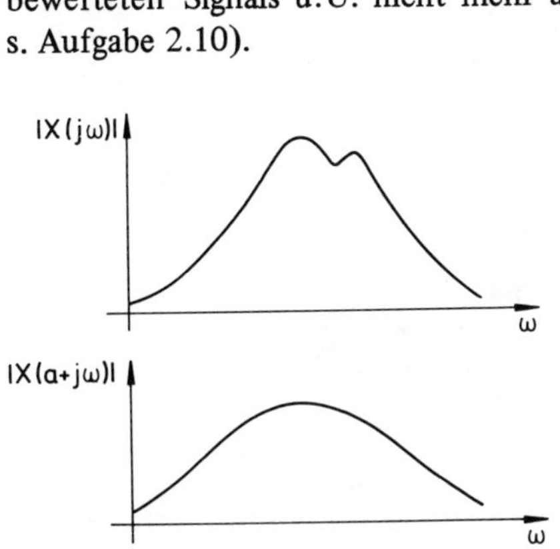

Bild 3.27 Auswirkungen des Exponentialfensters auf eng benachbarte Eigenfrequenzen

Während n(t) als Störung des determinierten Signals über die Faltung voll in die Fouriertransformation eingeht, $Y(j\omega) = [D(j\omega) + N(j\omega)] * W(j\omega)$, liefert $e^{-at} n(t)$ dagegen nur den Beitrag $N(a+j\omega) = \mathcal{F}\{e^{-at} n(t)\}$, also eines mit $e^{-at} \leqslant 1$ bewerteten Signals. Mit anderen Worten: Das Exponentialfenster läßt für ein transientes Signal $d(t) \not\equiv 0$ für $0 \leqslant t \leqslant T_d$, $d(t) = 0$ für $t > T_d$, Nutzsignale und Störung gleichermaßen durch, jedoch für $t > T_d$ die Störung n(t) um $e^{-at} \ll 1$ faktoriell abgemindert. Um im Intervall $[0, T_d]$ die zufällige Störung abzumindern, verbleibt zweckmäßig eine Mittelwertbildung durchzuführen, die n(t) um die Quadratwurzel aus der Anzahl der Mittelungen reduziert. In praxi ist T_d aus einem verrauschten Signal nicht exakt ablesbar. Wird für die Ermittlung der Fouriertransformierten oder Laplacetransformierten $T > T_d$ gewählt, so verringert das Exponentialfenster bei richtiger Wahl von a den Einfluß von n(t), wird dagegen zufällig $T < T_d$ genommen, dann bewirkt es bei hinreichend großem a, daß $|e^{-aT} d(t)| < \epsilon$, $\epsilon > 0$ ist, d.h. der Einfluß des Abschneidens von d(t) auf das Ergebnis kann beliebig klein gehalten werden.

Beispielhaft ist noch die Auswirkung des Exponentialfensters auf die Ermittlung der Fouriertransformierten eines abgetasteten Zeitschriebes $x_T(t)$ als Überlagerung zweier gedämpfter Sinusschwingungen mit $f_1 = 5$ Hz und $f_2 = 6$ Hz, den Abklingkonstanten $\delta_1 = 0{,}471\ s^{-1}$ und $\delta_2 = 1{,}885\ s^{-1}$ und den Amplitudenwerten 1 (Bild 3.28a) beschrieben. Benutzt ist eine Zeitschrieblänge T = 1,95 s und eine Abtastfrequenz von 262 Hz ($\Delta t = h = \frac{1}{262} \doteq 0{,}003817$ s). Die Fouriertransformierte ist mit T′ = 15,6 s über die Fast-Fourier-formation berechnet, wobei im Bereich von 1,95 s < t ⩽ 15,6 s die fehlenden Werte mit

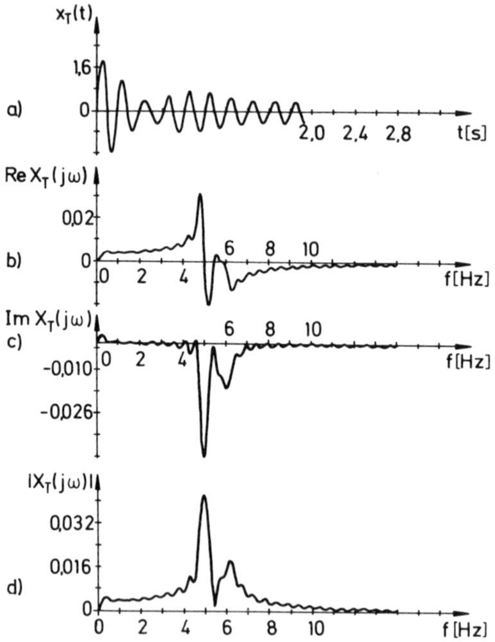

Bild 3.28 Fouriertransformierte eines abgetasteten Signals endlicher Länge ohne Exponentialbewertung

Nullen aufgefüllt wurden. Die Frequenzschrittweite ist damit $\Delta f' = \frac{1}{15{,}6} = 0{,}064$ Hz (vgl. Abschnitt 3.8.2.1). In den Bildern 3.28b–d sind Real-, Imaginärteil und Betrag der so erhaltenen Fouriertransformierten dargestellt. Die Welligkeit mit 1/1,95 s (ziehe den Vergleich mit Beispiel 2.3) resultiert aus der Faltung mit dem Rechteckfenster. Das Bild 3.29a gibt den Zeitschrieb und das Exponentialfenster mit der Zusatzdämpfung $a = 1{,}894\ s^{-1}$ wieder. Die in den Darstellungen 3.29b–d enthaltenen Kurven für Real-, Imaginärteil und Betrag lassen deutlich die glättende Eigenschaft als auch die „Verschmierung" der Resonanzstellen erkennen. Das Bild 3.30 zeigt das gleiche Beispiel nur mit einem ca. 30%igen Rauschanteil bezogen auf die Maximalamplitude (1) überlagert (±0,5 mit Gleich-

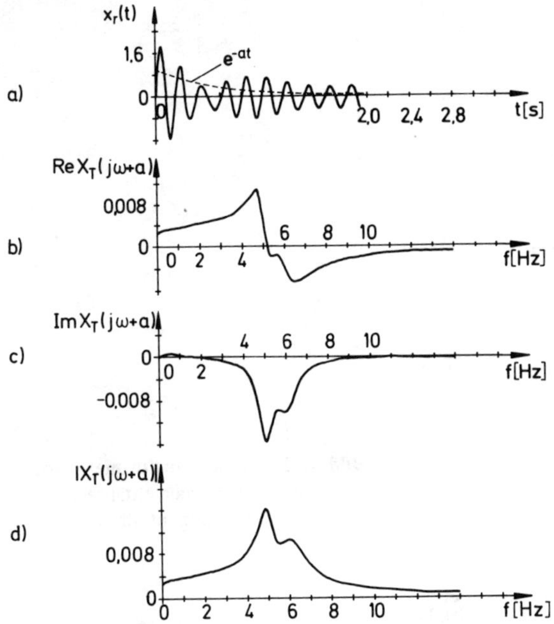

Bild 3.29 Fouriertransformierte des Signals entsprechend Bild 3.28 mit Exponentialfenster

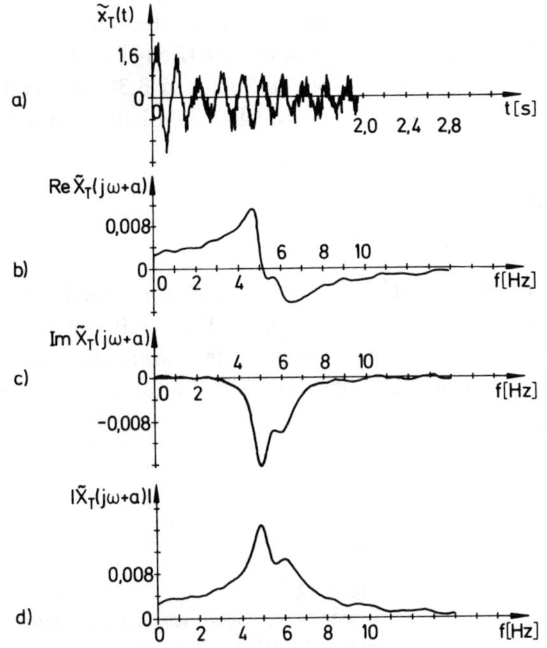

Bild 3.30 Fouriertransformierte des verrauschten Signals entsprechend Bild 3.28 mit Exponentialfenster

verteilung) mit demselben Exponentialfenster. Auch hier ist die glättende Wirkung durch Vergleich der Fouriertransformierten zu erkennen. Das Bild 3.31 schließlich enthält die Fast-Fouriertransformations-Auswertung des über 20 Schriebe gemittelten verrauschten Signals mit Exponentialfenster. Man erkennt den Einfluß der Mittelung sowohl auf den Zeitschrieb als auch auf die Fouriertransformierte im Vergleich zu Bild 3.30.

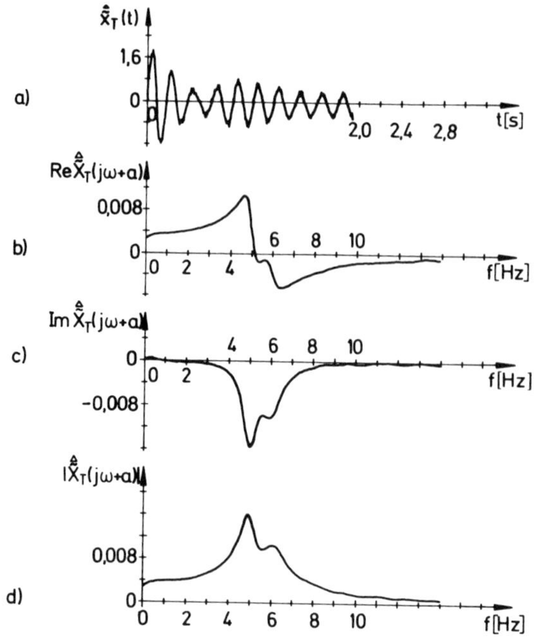

Bild 3.31 Fouriertransformierte vorher gemittelter Signale entsprechend Bild 3.30 mit Exponentialfenster

Um den Effekt der Seitenbänder (Nebenextrema → leakage) des Rechteckfensters zu reduzieren, sind weitere Fensterfunktionen im Gebrauch. Verschiedene (Zeit-)Fenster und ihre Fouriertransformierten (Spektralfenster) zeigen die Bilder 3.32 und 3.33, sie sind in der Tabelle 3.2 zusammengestellt. Die vorletzte Spalte der Tabelle 3.2 enthält das auf T bezogene Integral

$$\int_{-\infty}^{\infty} w^2(t)\,dt = \int_{-\infty}^{\infty} W^2(f)\,df$$

als Nenner der effektiven Bandbreite B_e nach Gl. (3.222) und in der letzten Spalte die Bandbreite B_e selbst. Zum Vergleich hierzu sei noch die effektive Bandbreite über die Halbwertsbreite des Hauptmaximums der Fouriertransformierten des Rechteckfensters angegeben: $B_{eff} = 1{,}2067/T$. (Vgl. hierzu die Anmerkung im Abschnitt 3.8.2.1!)

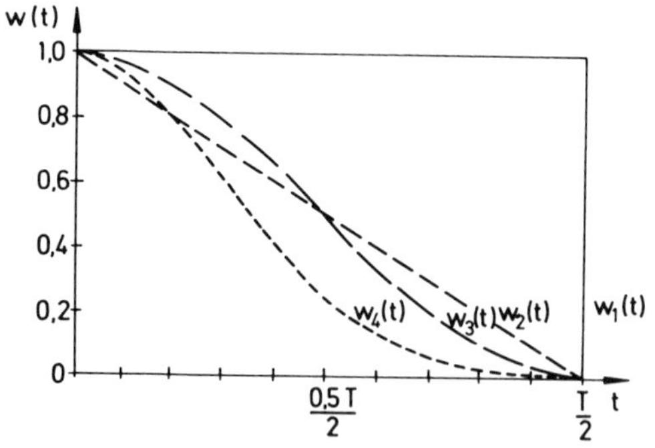

Bild 3.32
Darstellung einiger Fensterfunktionen:
——— $w_1(t)$, Rechteck
— — $w_2(t)$, Bartlett
– – – $w_3(t)$, Hanning
- - - - - $w_4(t)$, Parzen

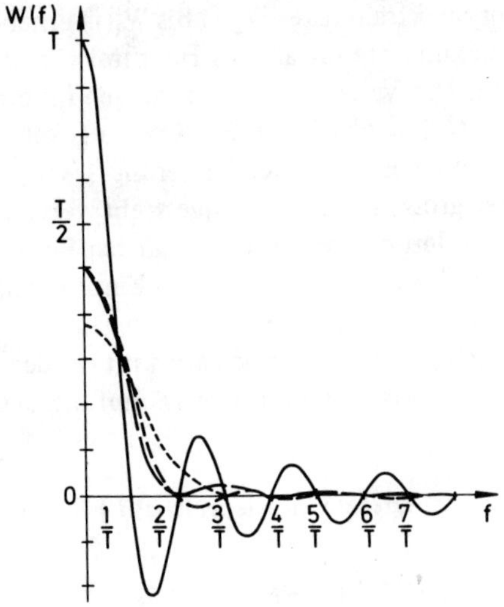

Bild 3.33 Darstellung einiger Spektralfenster:
——— $W_1(f)$, Rechteck
— — $W_2(t)$, Bartlett
– – – $W_3(f)$, Hanning
- - - - $W_4(f)$, Parzen

Tabelle 3.2 Fensterfunktionen

Beschreibung	w(t)	$W(f),\ -\infty < f < \infty$	$\int_{-\infty}^{\infty} w^2(t)dt/T$	B_e[1]
Rechteckfenster	$w_1(t) = \begin{cases} 1, & \lvert t\rvert \leq \frac{T}{2} \\ 0 & \text{sonst} \end{cases}$	$W_1(f) = T\,\frac{\sin \pi f T}{\pi f T}$	1	$\frac{1}{T}$
Bartlettfenster (Dreieckfenster)	$w_2(t) = \begin{cases} 1-2\,\frac{\lvert t\rvert}{T}, & \lvert t\rvert \leq \frac{T}{2} \\ 0 & \text{sonst} \end{cases}$	$W_2(f) = \frac{T}{2}\left(\frac{\sin(\pi f T/2)}{\pi f T/2}\right)^2$	$0{,}\overline{3}$	$\frac{3}{T}$
Hanningfenster (Tukeyfenster)	$w_3(t) = \begin{cases} \frac{1}{2}\left(1+\cos\frac{2\pi t}{T}\right), & \lvert t\rvert \leq \frac{T}{2} \\ 0 & \text{sonst} \end{cases}$	$W_3(f) = \frac{T}{2}\,\frac{\sin \pi f T}{\pi f T}\,\frac{1}{1-(fT)^2}$	0,3725	$\frac{2{,}\overline{6}}{T}$
Parzenfenster	$w_4(t) = \begin{cases} 1-6\left(\frac{2t}{T}\right)^2+6\left(\frac{2\lvert t\rvert}{T}\right)^3 & \text{für } \lvert t\rvert \leq \frac{T}{4}, \\ 2\left(1-\frac{2\lvert t\rvert}{T}\right)^3 & \text{für } \frac{T}{4} < \lvert t\rvert \leq \frac{T}{2}, \\ 0 & \text{sonst} \end{cases}$	$W_4(f) = \frac{3\,T}{8}\left(\frac{\sin(\pi f T/4)}{\pi f T/4}\right)^4$	0,2685	$\frac{3{,}72}{T}$

Anmerkung: Das nicht aufgeführte Hammingfenster unterscheidet sich vom Hanningfenster in den konstanten Vorfaktoren: $0{,}54 + 0{,}46 \cos(2\pi t/T)$.

1 S. Gl. (3.222)

Nach dem Bild 3.33 sind die Nebenextrema der Spektralfenster $W_2(f)$ bis $W_4(f)$ erheblich geringer als bei $W_1(f)$, jedoch sind die Hauptmaxima breiter als das Hauptmaximum von $W_1(f)$, was sich in der Bandbreite B_e ausdrückt. Die Varianz der Schätzungen für die Wirkleistungsdichte ist gemäß der Aussage betr. B_e im Abschnitt 3.8.1.4 umgekehrt proportional zu B_e, die normierte Standardabweichung ist in erster Näherung $1/\sqrt{B_e T}$ (vgl. beispielsweise [2.7]), also sollte eine möglichst große Bandbreite angestrebt werden. Dem entgegen steht für determinierte Signale die Forderung nach einer möglichst hohen Frequenzauflösung: $B_e \to 0$. Die Fenster $W_2(f)$ bis $W_4(f)$ verringern zwar den Einfluß von Seitenbändern im Vergleich zu $W_1(f)$, jedoch auf Kosten der spektralen Auflösung.

Ein weiterer Effekt der Faltung im Frequenzbereich (3.224) muß noch erwähnt werden. Durch die „Verbreiterung der Fouriertransformierten" wird eine größere Dämpfung des betr. Systems vorgetäuscht.

Anmerkung: Treffen die obigen Überlegungen auch für zeitbegrenzte Signale $x_T(t)$ zu? Für diese gilt:

$$\tilde{x}(t) = x_T(t) w_{T'}(t) = x_T(t) \text{ mit } T' \geqslant T, \quad F\{w_T(t)\} = W_{T'}(j\omega),$$

$$\tilde{X}(j\omega) = X_T(j\omega) = \int_{-T/2}^{T/2} x_T(t)\, e^{-j\omega t}\, dt = \frac{1}{2\pi} \int_{-\infty}^{\infty} X_T(jp)\, W_{T'}(j\omega - jp)\, dp.$$

Wie ist die gemäß (3.224) geltende Gleichung

$$X_T(j\omega) = \frac{1}{2\pi} \int_{-\infty}^{\infty} X_T(jp)\, W_{T'}(j\omega - jp)\, dp$$

zu erklären, da doch $W_{T'}(j\omega) \neq \delta(j\omega)$ für $T' < \infty$ ist? Es gilt $x_T(t) w_{T'}(t) \equiv x_T(t)$, da infolge der Definition von $x_T(t)$ *für alle Werte* t das Fenster wirkungslos ist. Mit anderen Worten: Die Definition des „zeitbegrenzten Signals"

$$x_T(t) = \begin{cases} \neq 0 & \text{für } -T/2 \leqslant t \leqslant T/2 \\ 0 & \text{sonst,} \end{cases}$$

beinhaltet ein Rechteckfenster mit $T' = \infty$: $x_T(t) \equiv x_T(t) \cdot 1$.
Somit sind die obigen Überlegungen auch für „zeitbegrenzte Signale" zutreffend. Je größer das Zeitintervall ist, auf dem das zu verarbeitende Signal (ohne Fenster) aufgrund von a priori-Kenntnissen bekannt ist, desto besser ist die Auflösung im Frequenzbereich ($x_T(t)$ ist für das gesamte Zeitintervall gegeben!).

Beispiel 3.26: Gemessen ist $\tilde{x}(t) = x(t) w_1(t)$ (vgl. Tabelle 3.2).

Fall 1: Über x(t) liegen nur die a priori-Kenntnisse aus dem physikalischen Vorgang vor, das Signal x(t) ist stationär, absolut integrabel und energiebegrenzt.
Dann kann die Fouriertransformierte über die Fast-Fouriertransformation mit der Frequenzschrittweite $\Delta f = 1/T$ und einer angenäherten spektralen Auflösung $B_e = 1/T = \Delta f$ berechnet werden. Wird zusätzlich das Hanningfenster verwendet, $x_{Hn}(t) = \tilde{x}(t)\, w_3(t) = x(t)\, w_3(t)$, so ist jetzt die Frequenzauflösung $B_e = 2{,}\bar{6}/T \neq \Delta f$. Weitere Aussagen können diesbezüglich nicht getroffen werden.

Fall 2: Aus dem physikalischen Vorgang seien die a priori-Kenntnisse über x(t) mit

$$x(t) = x_{T*}(t) = \begin{cases} \neq 0 & \text{für } -T^*/2 \leqslant t \leqslant T^*/2 \\ 0 & \text{sonst} \end{cases}$$

vorhanden, ohne daß T* bekannt ist. Aus meßtechnischen Gründen muß $T < T^*$ gewählt werden.
Diese Kenntnisse sind für eine Aussage über die Frequenzauflösung der über die Fast-Fouriertransformation berechneten Fouriertransformierten nicht verwendbar. Ergebnis s. Fall 1.

Fall 3: s. Fall 2, nur sei jetzt $T > T^*$, d.h. T* ist unbekannt, jedoch sei man sicher, daß T* innerhalb des gemessenen Zeitintervalls liegt: Ideale Frequenzauflösung bezüglich des determinierten Signals. Die Berechnung der Fouriertransformierten über die Fast-Fouriertransformation sollte dann mit $\Delta f \leqslant B_e$ erfolgen.

3.8.2.3 Frequenzbandspreizung

Die Frequenzauflösung der diskreten Fouriertransformierten (mit Hilfe der Fast-Fouriertransformation, s. Bild 3.34a) für ein Signal der Länge T ist $B_e = 1/T$ (vgl. die Anmerkung im Abschnitt 3.8.2.1 und Tabelle 3.2). In der Praxis ist es häufig erforderlich, um Detailfragen zu klären, für einen Ausschnitt des Frequenzbereiches, für den die Werte der Fouriertransformierten vorliegen, die Fouriertransformierte mit einer verbesserten Frequenzauflösung $B_e' < B_e$ zu kennen. Eine kleinere Frequenzauflösung B_e' als $B_e = 1/T$ verlangt die Auswertung eines längeren Signales: $T' > T$, $B_e' = 1/T'$. Bei einer Grenzfrequenz $f_g \leqslant f_N$ (Nyquistfrequenz, vgl. Abschnitt 3.8.1.2) ist entsprechend dem Abtasttheorem die Abtastfrequenz $f_A = 2\,f_g$ zu wählen: $f_A = 1/h = N/(Nh) = N/T$ mit $T = Nh$, $N \in \mathbb{N}$ $(h = \Delta t)$.

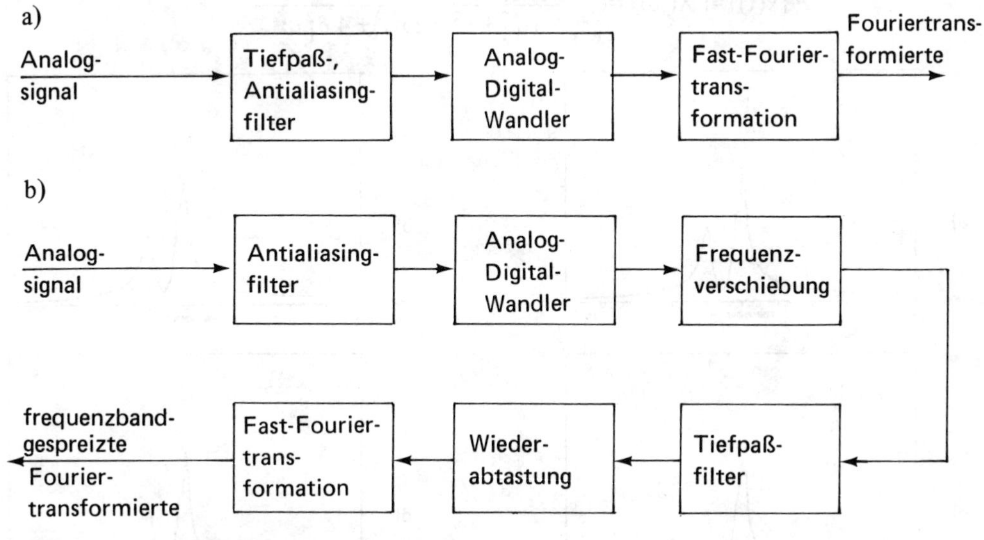

Bild 3.34 Blockschaltbild
a) zur gewöhnlichen digitalen Fouriertransformierten-Berechnung
b) zur Frequenzbandspreizung

Behält man die Grenzfrequenz f_g und damit die Abtastfrequenz f_A auch zur Berechnung der Fast-Fouriertransformation mit dem Signal der Schrieblänge T′ bei, dann folgt $f_A = 2\,f_g = N'/T' = N/T$, d.h. eine größere Schrieblänge $T' > T$ bedeutet hierbei eine entsprechend größere Anzahl abgetasteter Werte $N' > N$, die jedoch häufig aus Speicherplatzgründen nicht verarbeitbar ist.

Eine Möglichkeit, diesem Dilemma zu entgehen, besteht in dem Herabsetzen der Grenzfrequenz, denn oben ist außer Betracht gelassen, daß die verbesserte Frequenzauflösung nur für ein eingeschränktes Frequenzintervall $[f_a, f_b]$ mit $f_a \geqslant 0$ und $f_b < f_g$ interessiert. Mit einer herabgesetzten Grenzfrequenz $f'_g = f_g/n$, $n \in \mathbb{N}$, ist eine Verringerung der Abtastfrequenz auf $f'_A = 2\,f'_g = 2\,f_g/n = f_A/n = N/(nT) = N'/T'$ möglich: Mit der Wahl von $T' = nT$ und $N' = N$ läßt sich die gewünschte Fast-Fouriertransformations-Berechnung durchführen, nämlich Werte der finiten diskreten Fouriertransformation für eine Frequenzauflösung $B'_e = 1/T' = 1/(nT) = B_e/n$ zu berechnen. Man erhält eine verbesserte Frequenzauflösung des Frequenzbereiches $[0, f'_g]$ gegenüber B_e um den Faktor $1/n$: Frequenzbandspreizung des Intervalls $[0, f'_g]$ um den Faktor n. Die Bedingung, daß zur frequenzbandgespreizten Fouriertransformation auch nur N Signalwerte wie zur Berechnung der gewöhnlichen Fouriertransformierten eines Signales der Länge T benötigt werden, ist ebenfalls erfüllt: $N' = N$, d.h. gegenüber einer Grenzfrequenz $f_g = nf'_g$ des Signales der Länge T' wird nur jeder n-te Wert verwendet: $f'_A = 1/h' = N/(nT) = 1/(nh)$, $h' = nh$.

Das Bild 3.35 verdeutlicht einen Teil des obigen Sachverhaltes. Das Signal $x(t) = \sum_{i=1}^{3} \hat{x}_i\, e^{-\delta_i t} \sin \omega_i t$ mit $\hat{x}_1 = \hat{x}_3 = 1$, $\hat{x}_2 = 0{,}5$, $\omega_1 = 2\,\pi \cdot 5{,}0\ s^{-1}$, $\omega_2 = 2\,\pi \cdot 5{,}15\ s^{-1}$, $\omega_3 = 2\,\pi \cdot 6{,}0\ s^{-1}$, $\delta_1 = \delta_2 = 0{,}5\ s^{-1}$, $\delta_3 = 0{,}8\ s^{-1}$ lautet im Bildraum

$$F\{x(t)\} =: X(j\omega) = \sum_{i=1}^{3} \frac{\hat{x}_i \omega_i (\omega_i^2 + \delta_i^2 - \omega^2 - j\,2\,\delta_i\,\omega)}{(\omega_i^2 + \delta_i^2 - \omega^2)^2 + 4\,\delta_i^2\,\omega^2}.$$

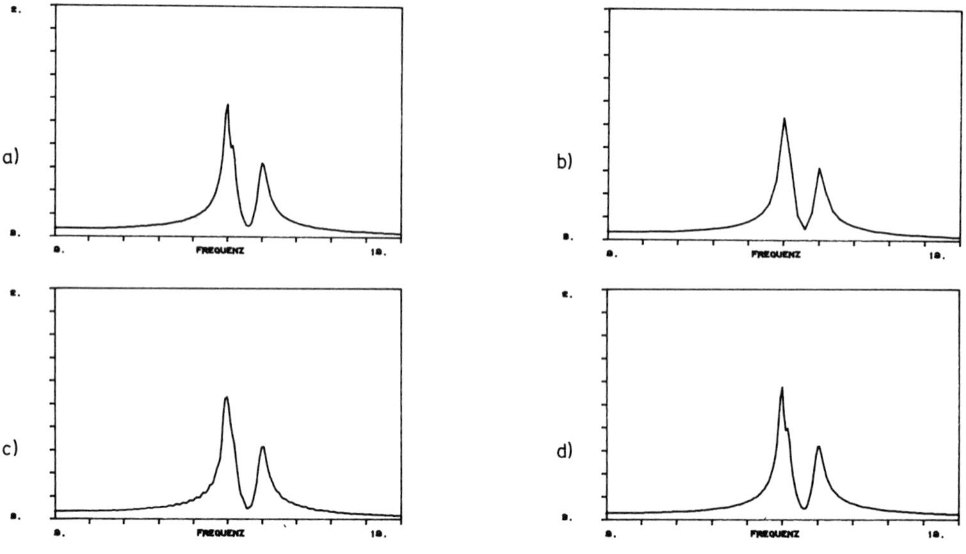

Bild 3.35

a) $|X(j\omega)| = |F\{x(t)\}|$, $x(t) = e^{-0{,}5\,t} \sin 2\,\pi \cdot 5\,t + 0{,}5\,e^{-0{,}5\,t} \sin 2\,\pi \cdot 5{,}15\,t + e^{-0{,}8\,t} \sin 2\,\pi \cdot 6\,t$ und Betragsdarstellung der Fast-Fouriertransformierten-Berechnung mit $T' = 20$ s, $f_A = 102{,}4$ Hz

b) Betragsdarstellung der Fast-Fouriertransformierten-Berechnung mit $T = 5$ s, $f_A = 102{,}4$ Hz

c) Betragsdarstellung der Fast-Fouriertransformierten-Berechnung mit $T = 5$ s, $f_A = 102{,}4$ Hz und Auffüllen von Nullen im Zeitintervall von 5 s bis 20 s

d) Betrag der frequenzbandgespreizten Fast-Fouriertransformierten mit $T' = 20$ s, $f'_A = 25{,}6$ Hz

$|X(j\omega)|$ ist im Bild 3.35a für $0 \leqslant f \leqslant 10$ Hz dargestellt, innerhalb der Zeichengenauigkeit stimmen die Werte von $|X(j\omega)|$ mit den entsprechenden Werten der Fast-Fouriertransformations-Berechnung mit $f_A = 102{,}4$ Hz ($f_g = 51{,}2$ Hz) und $T' = 20$ s überein. Die Frequenzen der gedämpften Sinusschwingungen sind deutlich erkennbar. Die Fast-Fouriertransformations-Berechnung für $f_A = 102{,}4$ Hz und $T = 5$ s mit einer Frequenzauflösung und Frequenzschrittweite $B_e = \Delta f = 0{,}2$ Hz liefert für den Betrag der Fouriertransformierten von $x_T(t)$ den im Bild 3.35b dargestellten Kurvenverlauf. Wegen des Frequenzabstandes $5{,}15-5{,}0 = 0{,}15 < B_e$ vermag die Fast-Fouriertransformations-Berechnung die zweite Sinusschwingung mit $f_2 = 5{,}15$ Hz nicht wiederzugeben. Die gleiche Fouriertransformations-Berechnung, jedoch die Signalwerte für das Zeitintervall von 5 s bis 20 s mit Nullen ergänzt, liefert mit der Frequenzschrittweite $\Delta f' = 0{,}05$ Hz wegen der Frequenzauflösung von $B_e = 0{,}2$ Hz (das Zeitfenster bleibt erhalten, s. auch Abschnitt 3.8.2.1) dieselbe Aussage: Bild 3.35c. Gegenüber dem Bild 3.35b ist der Kurvenverlauf jetzt wellig, was durch Verwendung eines zusätzlichen Exponentialfensters beseitigt werden kann (vgl. Abschnitt 3.8.2.2). Den Betrag der Fouriertransformierten von $x_{T'}(t)$ für $T' = 20$ s ($B_e' = \Delta f' = 0{,}05$ Hz) mit einer Abtastfrequenz $f_A' = 25{,}6$ Hz $= 102{,}4/4$ Hz ($n = 4$), d.h. ebenfalls mit $N = f_A T = f_A' T' = 512$ berechnet, zeigt das Bild 3.35d. Hier sind mit 512 Werten aus dem 20-s-Schrieb (gegenüber $f_A T' = 2048$ Werten wurde nur jeder 4. Wert verwendet) infolge der verbesserten Frequenzauflösung wieder alle drei Teilschwingungen des Signales erkennbar. Infolge der gewählten hohen Abtastraten und der niedrigen Grenzfrequenz (die höchste Frequenz der in $x(t)$ enthaltenen Teilschwingungen beträgt 6 Hz) ergeben sich hier keine Probleme bezüglich des (zu verkleinernden) Frequenzintervalls.

Das Bild 3.34b deutet die geschilderte Vorgehensweise zur Frequenzbandspreizung im Vergleich mit der gewöhnlichen diskreten Fouriertransformations-Berechnung an. Die einzelnen Arbeitsschritte sind:

0. Das analoge Signal $x_{T'}(t)$ der Länge T' wird wie bei der gewöhnlichen Fast-Fouriertransformations-Berechnung bezüglich einer Grenzfrequenz f_g gefiltert (Antialiasingfilter) und im Analog-Digital-Wandler mit $f_A = 2\, f_g$ abgetastet: $x_{T'}(t_{k'})$, $t_{k'} = k'h$, $k' = 1(1)\, nN$.
1. (Digitale) Bandpaßfilterung bezüglich des Frequenzintervalls $[f_a, f_b]$ durch a) Frequenzverschiebung: $y_{T'}(t_{k'}) := \tilde{x}_{T'}(t_{k'})\, e^{j2\pi f_a t_{k'}}$ und b) (digitale) Tiefpaßfilterung bezüglich der Grenzfrequenz $f_g' = f_b - f_a$: $\tilde{y}_{T'}(t_{k'})$. Damit ist die Grenzfrequenz f_g' gegenüber f_g herabgesetzt.
2. Wiederabtastung von $\tilde{y}_{T'}(t_{k'})$ mit $f_A' = f_A/n = 1/h'$: $\tilde{y}_{T'}(i\,h') = y_{T'}(i\,nh)$, $i = 1(1)N$; Abtastung jedes n-ten Wertes.
3. Fast-Fouriertransformations-Berechnung.

Die Programm- und damit die Speicherplatzorganisation der hier beschriebenen Frequenzbandspreizung (bandselectable Fourieranalysis, Zoom-transformation, digital filtering, s. [3.21, 3.22] soll hier nicht beschrieben werden.

Anwendungsbeispiele für die Frequenzbandspreizung sind:

- genauigkeitssteigernde Fouriertransformation- (und damit Leistungsdichte-, Kohärenzfunktions-)Ermittlung in einem Frequenzteilintervall (Bild 3.36)
- verbesserte Frequenzgangermittlung bei schwach gedämpften Systemen
- bessere Erfassung von Modaldaten: die größere Anzahl von Werten ermöglicht eine bessere Kurvenapproximation und vermag eng benachbarte Eigenfrequenzen als solche besser zu erkennen.

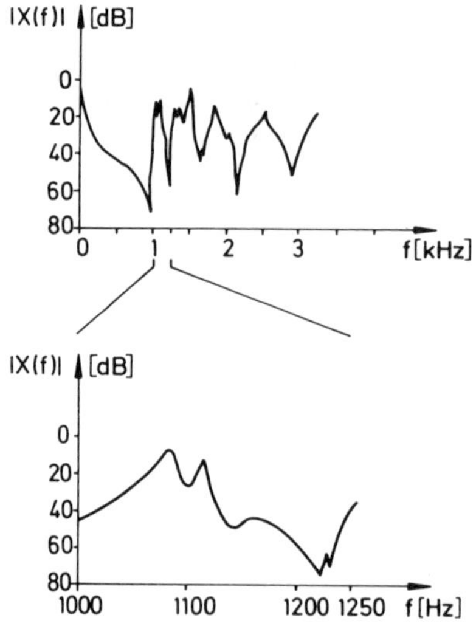

Bild 3.36 Beispiel zur Frequenzbandspreizung

3.8.3 Schätzung von Korrelationsfunktionen

Die Integration in der Schätzgleichung (3.114b) für ergodische Prozesse mit Hilfe der Rechteckregel durchgeführt, liefert unter Vernachlässigung des Fehlers der numerischen Integration:

$$\left.\begin{aligned} & t_k = k\Delta t,\ k = 0(1)N,\ t_0 = 0,\ t_N = N\Delta t = T,\ \Delta t = h = \frac{T}{N} \\ & \tau = L\Delta t,\ L - \text{reelle Zahl} \\ & [L]\text{: größte ganze Zahl} \leqslant |L|, \\ & \overset{\triangle}{R}_{xy}(L\Delta t) = \frac{1}{N-[L]} \sum_{k=0}^{N-[L]-1} x(k\Delta t)\, y\,[(k+L)\,\Delta t]. \end{aligned}\right\} \qquad (3.230)$$

Durch die Verschiebung $\tau = L\Delta t$ der ursprünglichen Signale x(t) und y(t) zueinander stehen nur noch N–[L] Summanden zur Verfügung. Die numerische Berechnung der diskreten Faltung als schnelle Faltung (s. Abschnitt 2.4.4) läßt sich problemlos auch auf die Berechnung der Korrelationsfunktion (schnelle Korrelation) anwenden [2.8].

Es verbleibt die Frage zu beantworten: Gilt die Schätzung (3.230) nur für ergodische Prozesse? Unter der Annahme, daß

$$\{z(t)\} := \{x(t)y(t+\tau)\},\ \tau\text{: fester Parameter} \qquad (3.231)$$

ein stationärer Zufallsprozeß ist, gilt für seinen arithmetischen Mittelwert $\overset{\triangle}{\bar{z}}$ (vgl. die Aufgabe 3.28):

$$E\{\overset{\triangle}{\bar{z}}\} = E\left\{\frac{1}{T}\int_0^T z(t)\,dt\right\} = E\{z(t)\} = E\{x(t)y(t+\tau)\} = \Phi_{xy}(\tau). \qquad (3.232)$$

Die Gl. (3.230) ist der arithmetische Mittelwert von $z(k\Delta t)$ bei festem τ, also ist (3.230) auch eine unverzerrte Schätzung der Kreuzkorrelationsfunktion eines stationären Prozesses. Hinsichtlich Fehleruntersuchungen (Berechnung der Varianz) s. [2.7, 3.16].

Anmerkung: Die numerische Berechnung der Kreuzkorrelationsfunktion nach Gl. (3.230) erfolgt mit einer Musterfunktion. Bei stationären Prozessen muß nach Gl. (3.232) $E\{z(t)\}$ approximiert werden, um zu einer Schätzung zu gelangen, d.h., (3.230) ist für mehrere Musterfunktionen (Stichproben) zu berechnen, um dann beispielsweise eine Mittelwertbildung vorzunehmen.

Eine weitere, effiziente Möglichkeit zur Schätzung von Korrelationsfunktionen basiert auf der Beziehung (3.122) mit dem finiten Fourierintegral und verwendet die Fast-Fouriertransformations-Prozedur. Hier sind auf jeden Fall Schätzungen (nicht Näherungen: Periodogramme) der Leistungsdichte zu benutzen, und es ist die Periodisierung im Zeitbereich zu beachten (s. den nächsten Abschnitt).

3.8.4 Schätzung von Leistungsdichten

Die Schätzungen (3.157) über die finite Fouriertransformation, letztere mit Hilfe der Fast-Fouriertransformation berechnet, liefern die diskreten Periodogramme als verzerrte und inkonsistente Schätzungen. Für eine hinreichend lange Schrieblänge T gegenüber der Grundperiode des noch interessierenden periodischen Anteils des Signals und bei geringen zufälligen Störanteilen, liefert diese klassische Methode noch zuverlässige Hinweise über die periodischen Anteile. In allen anderen Fällen können die in einem derart berechneten Periodogramm enthaltenen Informationen jedoch sehr ungenau sein. Es liegt nun nahe, entsprechend den Ausführungen des Abschnittes 3.5.3 – dem Periodogramm liegt keine Erwartungs-Operation zugrunde –, die Fouriertransformierte der Korrelationsfunktion zu bilden. Es läßt sich jedoch zeigen, daß die diskrete Fouriertransformation der diskreten Korrelationsfunktion genau auf das diskrete Periodogramm führt, also dasselbe Ergebnis liefert.

Beispiel 3.27: Der Beweis sei für die Autokorrelationsfunktion bzw. für die Schätzung der Wirkleistungsdichte angeführt, bezüglich der Kreuzkorrelationsfunktion und Kreuzleistungsdichte s. Aufgabe 3.47. Mit den diskreten Werten $x(\nu h)$, $\nu = 0(1)N$, $T = Nh$, gilt für die Schätzung der Autokorrelationsfunktion an den Stellen $\tau_\mu = \mu h$, $\mu = 0(1)M$, $M \in \mathbb{N}$:

$$\hat{R}_{xx}(\mu h) := \frac{1}{N}\sum_{\nu=0}^{N-1} x(\nu h)\,x[(\nu+\mu)h].$$

Hierauf die diskrete Fouriertransformation angewendet ergibt:

$$h\sum_{\mu=0}^{M-1} \hat{R}_{xx}(\mu h)\,e^{-j\omega_k \mu h} = \frac{h}{N}\sum_{\mu=0}^{M-1}\left(\sum_{\nu=0}^{N-1} x(\nu h)\,x[(\nu+\mu)h]\,e^{-j\omega_k \mu h}\right).$$

Durch die Verwendung der diskreten Fouriertransformation (diskrete Frequenzen ω_k) wird das Signal zwangsläufig im Zeitbereich periodisiert, es gilt somit

$$x(\nu h) = x[(\nu+N)h],\ \nu \in \mathbb{N}.$$

Setzt man $N = M$ und $n := \nu + \mu$, so folgt aus der obigen Fouriertransformierten:

$$\frac{h}{N}\sum_{\nu=0}^{N-1} [x(\nu h)\,e^{j\omega_k \nu h}\sum_{n=0}^{N-1} x(nh)\,e^{-j\omega_k n h}] = \frac{h}{N}\left|\sum_{\nu=0}^{N-1} x(\nu h)\,e^{-j\omega_k \nu h}\right|^2,$$

dieser Ausdruck ist genau das Periodogramm an den Stellen ω_k,

$$\overset{\Delta}{S}_{xx}(\omega_k) = \frac{1}{T} X^*(j\omega_k, T) X(j\omega_k, T),$$

berechnet mit Hilfe der Rechteckregel.

Anmerkung: Dieser Sachverhalt ließe sich zur zwanglosen Einführung des Periodogramms als Schätzung für die Leistungsdichte nutzen im Gegensatz zu der „gewollten" Definition (3.148).

Die Ursache für die Gleichheit der Ergebnisse in ihrer diskreten Form liegt an dem Fehlen der Erwartungs-Operation und der Verwendung desselben endlichen Zeitintervalls T für die Schätzung der Autokorrelationsfunktion und für die Berechnung des Periodogrammes. Würde man dagegen die Schätzung der Autokorrelationsfunktion für ein hinreichend großes T_m berechnen (vgl. Beispiel 3.23) und die diskrete Fouriertransformation dieser Schätzung für beispielsweise $T = \tau_{max} \ll T_m$ bilden (das Ergebnis ist kein Periodogramm), so ergibt sich eine gegenüber jedem Periodogramm (für Gaußprozesse ist die normierte Standardabweichung des Periodogramms von der Schrieblänge unabhängig, dieses gilt auch für das Periodogramm, das mit der diskreten Fouriertransformation aus $R_{xx}(\tau)$ mit $T_m = T$ folgt) verbesserte Schätzung der Wirkleistungsdichte, da jetzt die Erwartungs-Operation angenähert in der Schätzung der Korrelationsfunktion enthalten ist. Diese Aussage gilt für quasistationäre Signale mit nichttransientem, determiniertem Anteil.

3.8.4.1 Verbesserte Schätzungen über Mittelwertbildung

Wie auch schon im Abschnitt 3.5.3 bemerkt, muß also die Erwartungs-Operation zumindest angenähert berücksichtigt werden: Liegen für gleiche determinierte Erregungen mit stochastischen stationären Störungen mehrere Signalwertfolgen $x_k^{(l)}(t_i)$ pro k-ter Meßstelle vor, so bietet sich die Mittelwertbildung (über die Stichprobe) an,

$$\overset{\Delta}{x}_k(t_i) = \frac{1}{N} \sum_{l=1}^{N} x_k^{(l)}(t_i),$$

um mit diesen gemittelten Werten weiterzuarbeiten. Die Schwierigkeit bei diesem Vorgehen liegt oft im Auffinden des Anfangspunktes t_0 für alle Folgen. Steht ein mit der Erregung synchrones Zeitsignal nicht zur Verfügung, kann von einem evtl. in allen Schrieben vorhandenen ausgeprägten Amplitudenmaximum als Bezugszeitpunkt ausgegangen werden. Ist ein solches in der Folge nicht eindeutig vorhanden, muß für jeden Index l des Prozesses oder der Prozesse die Leistungsdichte geschätzt werden, um dann die Schätzungen der Leistungsdichte zu mitteln. In wenigen Fällen stehen aber mehrere Signalfolgen zur Mittelung zur Verfügung, dann kann eine Glättung der Periodogramme $\tilde{S}_{xy,i}(\omega)$ einer Signalfolge (oder eines Signalfolgepaares für die Leistungsdichte) wie im Abschnitt 3.5.3 beschrieben über die Mittelung der aufgrund von sich nicht überlappenden Teilschrieben des Gesamtschriebes errechneten Periodogramme erfolgen. Verbietet sich die Zerlegung des Gesamtschriebes vorgegebener Länge T, weil z.B. bei hinreichend großem N_T die statistische Unabhängigkeit der sich ergebenden Schätzungen infolge zu kleinem T_T nicht mehr gewährleistet ist, dann sollte die Glättung des Periodogrammes über eine Frequenzmittelung vorgenommen werden: Liegt das Periodogramm $\tilde{S}_{xy}(k\Delta\omega)$, $k = 0(1)N$, vor, so liefert die Mittelung über mehrere Periodogrammordinaten von sich nicht überlappenden Teilfrequenzintervallen die geglättete Leistungsdichte

$$\hat{S}_{xy}(i\Delta\omega) = \frac{1}{2\,l+1} \sum_{l'=-l}^{l} \tilde{S}_{xy}[(i+l')\,\Delta\omega],\ i = l + k'\,(2\,l+1),\ k' = 0(1)\,N',$$

$$N' = \left[\frac{N-2\,l}{2\,l+1}\right]. \tag{3.233}$$

Die Wahl von $l = 1, 2, \ldots$ bedeutet, daß über 3, 5, ... Ordinaten von $\tilde{S}_{xy}$ gemittelt wird. Ist die Frequenzauflösung von $\tilde{S}_{xy}$ gleich Δf, so vermindert sich die der geglätteten Leistungsdichte $\hat{S}_{xy}$ auf $\Delta f_m = (2\,l+1)\Delta f$.

Anmerkung: Die Willkür dieser Glättungsart ist offensichtlich. In (3.233) erfolgt die Glättung über die Mittelung der Leistungsdichte-Ordinaten für sich nicht überlappende Frequenzteilintervalle, die eine gemittelte Ordinate pro Frequenzteilintervall liefert. Um die Anzahl der gemittelten Ordinaten pro Frequenzteilintervall zu erhöhen, könnte man auf den Gedanken kommen, die Mittelung über sich überlappende Intervalle vorzunehmen. Man gewinnt hierdurch jedoch nichts, denn die Frequenzauflösung der geglätteten Leistungsdichte bleibt Δf_m, und die gewonnenen zusätzlichen Ordinaten täuschen eine höhere Frequenzauflösung vor und bewirken lediglich, daß in der Darstellung gegenüber der nichtüberlappenden Mittelung vorhandene Extrema breiter werden.

Beispiel 3.28: Gegeben seien die Signale

$$x(t) = \sin\omega_1 t + 0{,}5\,\sin\omega_2 t + 0{,}5\,\sin\omega_3 t,$$

$$y(t) = 0{,}5\,\sin\omega_1 t + 0{,}1\,\sin\omega_3 t \text{ mit } \omega_1 = 2\,\pi\cdot 2\,s^{-1},\ \omega_2 = 2\pi\cdot 3\,s^{-1},\ \omega_3 = 2\pi\cdot 10\,s^{-1}.$$

Diese Signale sind mit ± 90% Rauschen bezogen auf den jeweiligen Maximalwert (gleichverteilt) überlagert: $\tilde{x}(t)$, $\tilde{y}(t)$, s. Bilder 3.37a. Die geschätzten Kreuzkorrelationsfunktionen der verrauschten Signale (s. Beispiel 3.27) sind zusammen mit der „exakten" Kreuzkorrelationsfunktion R_{xy} (numerisch mit T = 6 s ermittelt) für $h_1 = 1/30$ s, $h_2 = 1/100$ s, $T_1 = 6$ s, $T_2 = 12$ s in den Bildern 3.37b und c wiedergegeben. Die Bilder 3.37d enthalten die Schätzung der Leistungsdichte, ermittelt über die Fast-Fouriertransformation für zwei Zeitintervalle, ohne daß eine Mittelwertbildung im Zeitbereich vorgenommen wurde. Im Gegensatz zu den Bildern 3.37b, c sind hier die Einflüsse von $\Delta t_{1,2}$ und $T_{1,2}$ deutlich zu erkennen. Die exakte Kreuzkorrelationsfunktion besteht aus δ-Funktionen an den Stellen 2 Hz und 10 Hz. Das Bild 3.37e gibt den Einfluß der zeitlichen Mittelung von nur 2 Teilschrieben der Ausgangssignale wieder, während das Bild 3.37f die Mittelwertbildung der geschätzten Leistungsdichte $\tilde{S}_{xy}$ über jeweils 3 und 5 Frequenzen nach Gl. (3.233) enthält. Die Frequenz $\omega_3/(2\,\pi) = 10$ Hz ist im Bild 3.37e nicht wiederzufinden; würde man $n > 2$ wählen, z.B. $n = 10$, so ergäbe sich ein Wert von $|\hat{S}_{\tilde{x}\tilde{y}}(10)| = 0{,}0065$.

Die Mittelungen bewirken eine multiplikative Verringerung des regellosen Fehleranteils der Schätzung um $1/\sqrt{n}$, wenn n die Anzahl der jeweils gemittelten Werte ist. Die Diskussion der für die Anwendung wichtigen weiteren Fehler und die des Gesamtfehlers enthält der Abschnitt 4.4.1.

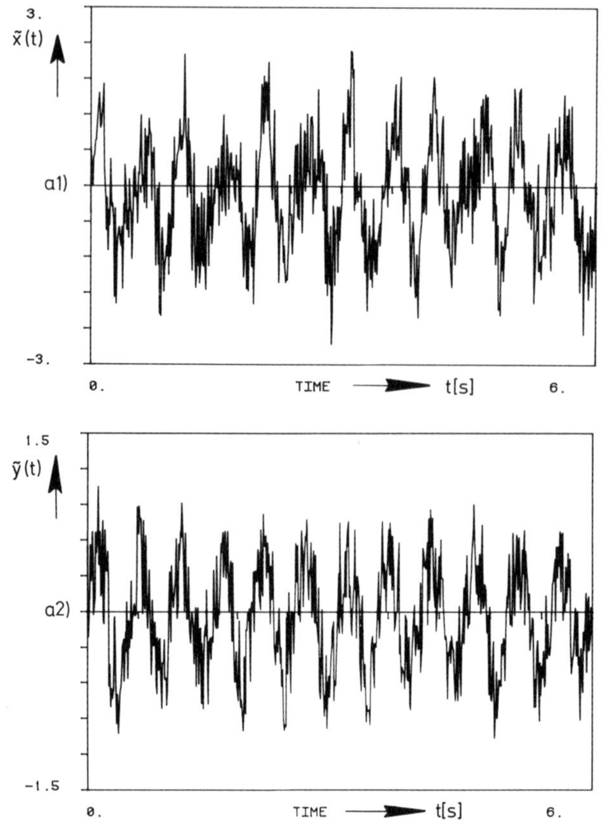

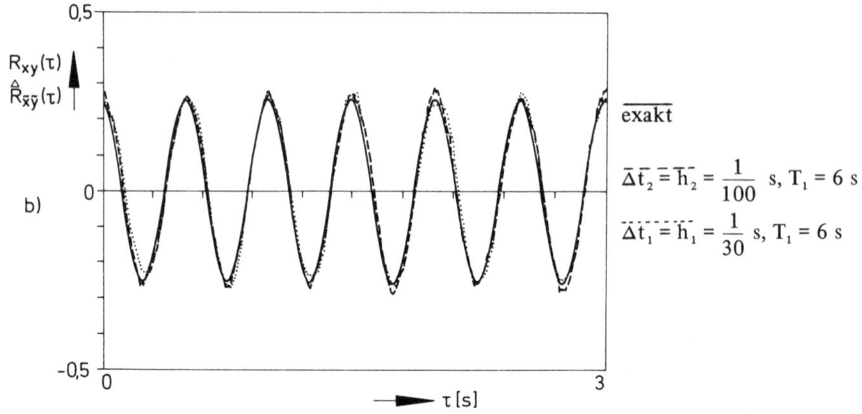

Bild 3.37a–b Beispiele zur Schätzu von Leistungsdichten

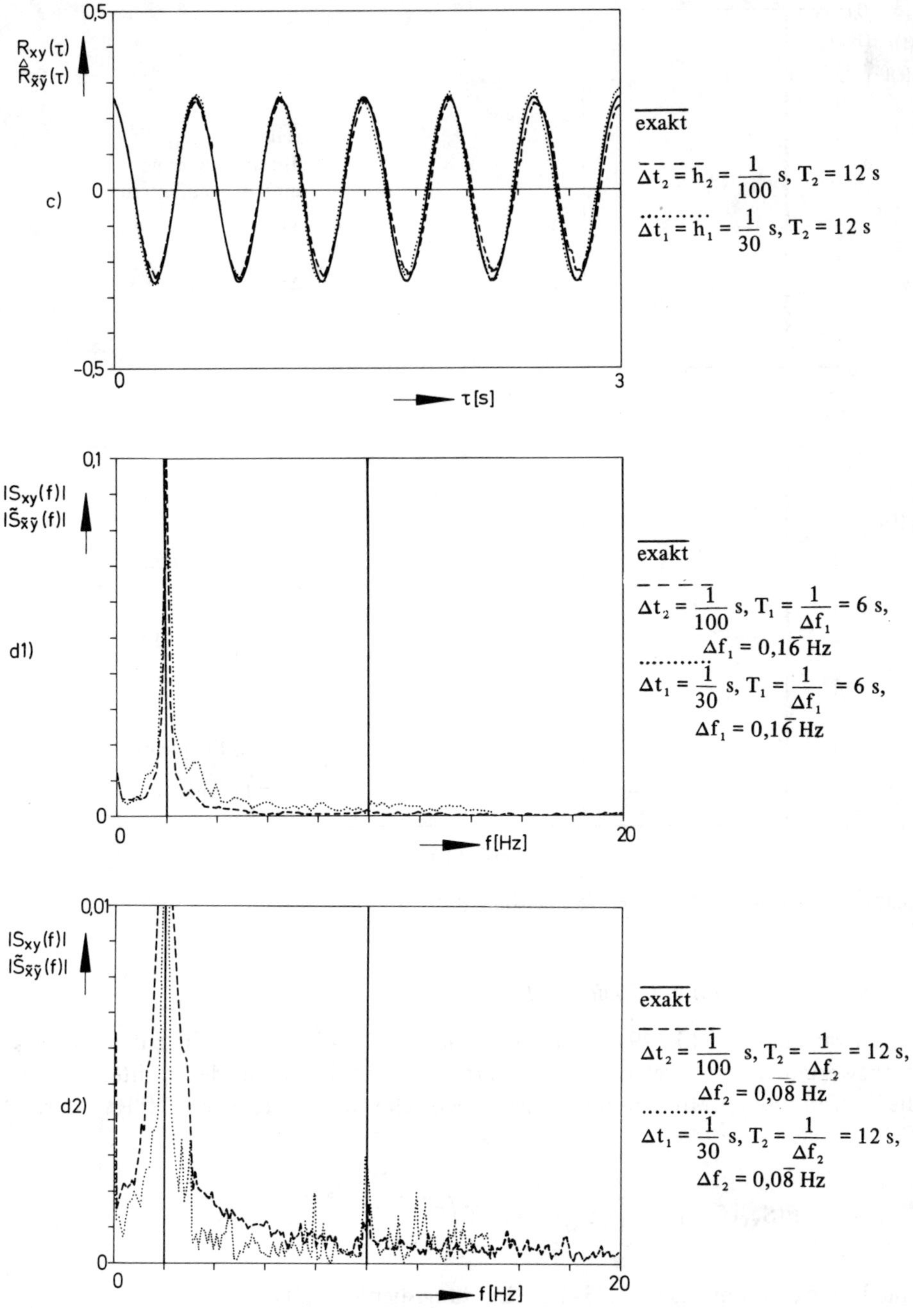

Bild 3.37c–d2 Beispiele zur Schätzung von Leistungsdichten

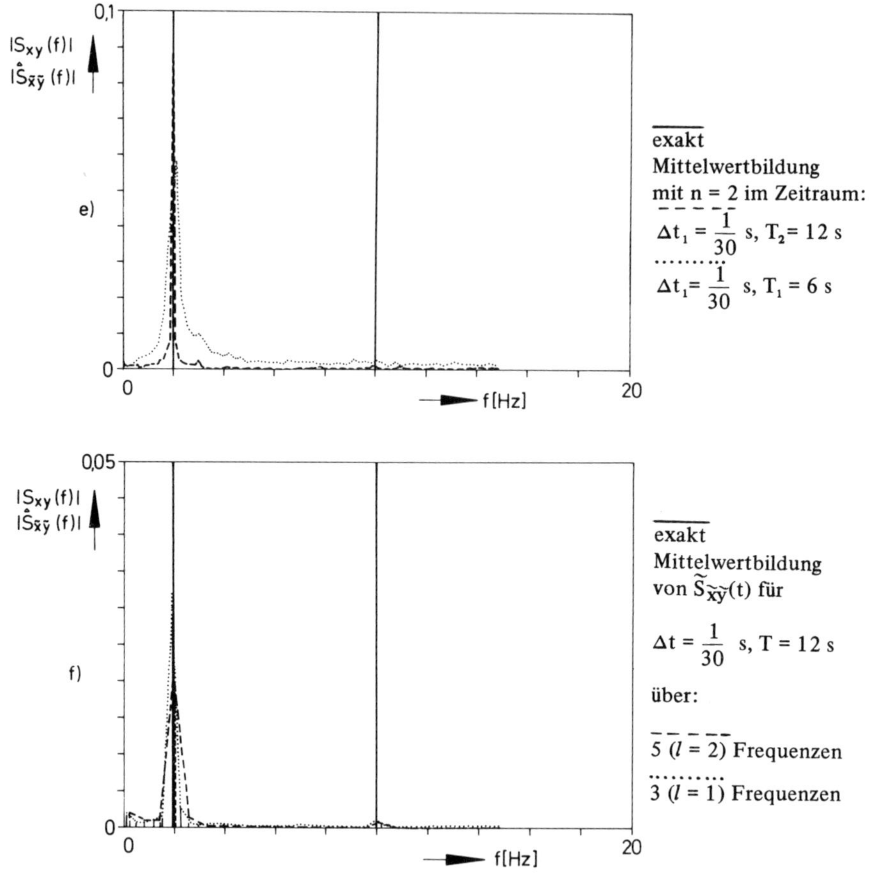

Bild 3.37e–f Beispiele zur Schätzung von Leistungsdichten

3.8.4.2 Schätzungen von modifizierten Leistungsdichten

Der Erwartungswert (3.149) des Periodogramms (3.148) zeigt die mit dem Dreieckfenster bewertete Kreuzkorrelationsfunktion infolge der Verwendung des Rechteckfensters für die Zeitfunktionen. Mit dem zugehörigen Spektralfenster der Tabelle 3.2 folgt aufgrund des Faltungssatzes

$$E\{S_{xy}(f, T)\} = \int_{-\infty}^{\infty} S_{xy}(f - p)\, T \left(\frac{\sin \pi pT}{\pi pT}\right)^2 dp. \tag{3.234}$$

Erst für $T \to \infty$ erhält man aus (3.234) die Leistungsdichte $S_{xy}(f)$:

$$\lim_{T\to\infty} T \left(\frac{\sin \pi fT}{\pi fT}\right)^2 = \delta(f),$$

$$\lim_{T\to\infty} E\{S_{xy}(f, T)\} = S_{xy}(f) * \delta(f) = \int_{-\infty}^{\infty} S_{xy}(p)\, \delta(f - p)\, dp = S_{xy}(f).$$

Auch wenn mehrere Periodogramme berechnet und diese gemittelt werden, so führen die Nebenmaxima des Dreieckfensters (Bild 3.33) zu Fehlern. Abhilfe erfolgt, indem Fenster w(t) für die Korrelationsfunktion verwendet werden, deren Fouriertransformierte kleinere Nebenmaxima als $W_2(f)$ besitzen. w(t) als zeitbegrenzte Funktion muß hierzu der Kardinalreihe (3.216),

$$W(f) = \sum_{\nu=-\infty}^{\infty} W\left(\frac{\nu}{T}\right) \frac{\sin \pi\left(f - \frac{\nu}{T}\right)T}{\pi\left(f - \frac{\nu}{T}\right)T} \tag{3.235}$$

genügen, die zur Konstruktion geeigneter Fenster herangezogen wird.

Beispiel 3.29: Es sei $W(0) = T$, $W\left(\frac{\nu}{T}\right) = 0$ für $\nu \neq 0$,

es folgt die Fouriertransformierte des Rechteckfensters

$$W_1(f) = T\,\frac{\sin \pi fT}{\pi fT}.$$

Werden $n > 1$ Glieder von (3.235) gewählt, so ergeben sich Spektralfenster mit kleineren Nebenmaxima als im Beispiel 3.29 (s. Tabelle 3.2 und die Bilder 3.32 und 3.33). Die Spektralfenster besitzen entsprechend dem im Abschnitt 3.8.2.2 Ausgeführten eine geringere spektrale Auflösung als beim Rechteckfenster: Glättung. Wird jetzt ein Fenster für die Korrelationsfunktion ungleich dem Dreieckfenster $w_2(t)$ gewählt, so erhält man ein modifiziertes Periodogramm und infolge der Verwendung eines Fensters überhaupt, s. Gl. (3.146), eine modifizierte Leistungsdichte.

Wird also ein Fenster $w(\tau)$ derart gewählt, daß es schmal und symmetrisch zu $\tau = 0$ ist, d.h. (annähernd) Null für $|\tau| > \tau_{max}$ mit $\tau_{max} = Mh$, $M \in \mathbb{N}$, und τ_{max} klein gegenüber $T = Nh$, so erhält man über die Bewertung der diskreten Autokorrelationsfunktion von $x_T(t)$ eine geglättete Wirkleistungsdichte

$$\widetilde{S}_{x_T x_T}(\omega) := h \sum_{k=-(M-1)}^{M-1} w(kh)\, \hat{R}_{xx}(kh)\, e^{-j\omega kh}. \tag{3.236}$$

Die Glättung zeigt sich darin, daß die Varianz der modifizierten Leistungsdichte, also nach der Glättung, kleiner als vor der Glättung ist. Für Gaußprozesse gilt angenähert [3.17] das Verhältnis

$$\eta = \frac{\sigma_{\tilde{S}}^2}{\sigma_{\hat{S}}^2} \doteq \frac{1}{N} \sum_{k=-(M-1)}^{M-1} w^2(kh) \tag{3.237}$$

mit der Varianz $\sigma_{\tilde{S}}^2$ der modifizierten Leistungsdichte (3.236) und der Varianz $\sigma_{\hat{S}}^2 = S_{xx}(\omega)$ des Periodogramms. Für die Rechteckbewertung innerhalb der Grenzen $|\tau| \leq Mh$ folgt

$$\eta_{\square} = (2M - 1)/N, \tag{3.238}$$

d.h. je kleiner M ist, desto kleiner wird die Varianz der geglätteten Wirkleistungsdichte auf Kosten der Auflösung im Frequenzbereich proportional 1/(Mh), d.h., eine zu starke Glättung führt u.U. dazu, daß zwei benachbarte Rechenwerte sich nicht mehr unterscheiden.

Anmerkung: Ein ähnlicher Sachverhalt kann bei der Abtastung (Diskretisierung) auftreten derart, daß bei zu enger Abtastung keine zusätzlichen Informationen über den Prozeß erhalten werden und lediglich der Rechenaufwand unnötig ansteigt. Interessant für die Praxis ist also die Überprüfung der statistischen Unabhängigkeit benachbarter Daten über ihre Korrelation, vgl. hierzu [3.22, 2.7].

Wie oben schon bemerkt, kann auch für die geglätteten Leistungsdichten eine Mittelung vorgenommen werden, um die Varianz der Schätzung zu verringern.

3.8.5 Parameterdiskussion

Zur Verarbeitung eines nicht zeitbegrenzten abgetasteten Signals muß eine Bandbegrenzung eingeführt werden, um in der periodischen Fouriertransformierten Überlappung zu vermeiden. Da die in der Praxis verwendeten Filter keine unendlich steile Flanke besitzen (z.B. bringt das zweipolige Butterworthfilter eine Abschwächung von 24 dB/Oktave), liegen nie ideale Verhältnisse vor, so daß $X_p(f)$ im Grundintervall formal als numerische Approximation der exakten Fouriertransformierten aufgefaßt werden kann, die aus der Rechteckregel angewandt auf das Integral der Fouriertransformation entsteht. Der Approximationsfehler setzt sich zusammen aus dem Diskretisierungsfehler proportional der Schrittweite $h = \Delta t$ und dem Fehler der Integration über ein endliches Intervall (Abschneidefehler) proportional $1/T = 1/(Nh)$. Der Diskretisierungsfehler kann durch Verkleinern von h reduziert werden. Denkt man sich hierbei $T = Nh$ unverändert, dann nähert sich der Gesamtfehler der numerischen Fouriertransformierten asymptotisch dem konstanten Abschneidefehler, und eine weitere Verkleinerung von h ist ohne Vergrößerung von Nh sinnlos. Ist der Überlappungsfehler vernachlässigbar, dann ist die Auflösung im Frequenzbereich $\Delta f \sim 1/(Nh)$, die als konstantes Abtastintervall der Spektraldichte aufgefaßt werden kann. Sollen sich die Fehler im Zeit- und Frequenzraum gleichermaßen ändern, so muß $h \sim 1/(Nh)$ gelten. Es folgt $h \sim 1/\sqrt{N}$ und demzufolge $\Delta f \sim 1/\sqrt{N}$. Der Proportionalitätsfaktor kann z.B. aus numerischen Untersuchungen (Probieren) oder aus Abschätzungen der Abschneide- und Diskretisierungsfehler gefunden werden.

Die Abtastzeit $h = \Delta t$ sollte nach Shannon so gewählt werden, daß

$$h = \frac{1}{f_A} \leqslant \frac{1}{2\,f_g} \tag{3.239}$$

beträgt, wobei f_g die höchste in dem Signal enthaltene Frequenz ist. Zur Korrelationsfunktions-Ermittlung ist erfahrungsgemäß $f_A = 4\,f_g$ empfehlenswert, d.h. $h = 1/(4\,f_g)$, zur Leistungsdichte-Ermittlung kann $h = 2/(5\,f_g)$ gewählt werden. Häufig verwendet wird $f_A = 2{,}56\,f_g$ bedingt durch die Verwendung von 2-er Potenzen bei der Fast-Fouriertransformations-Prozedur.[1] Soll dagegen eine Ermittlung der entsprechenden Schätzung im statistischen Sinne bezüglich der linearen Mittelwerte erzielt werden (vgl. Gl. (3.203)), dann genügt es, die zweifachen der obigen h-Werte anzusetzen.

Die Anzahl M der Zeitverschiebungswerte kann sich nach dem Rechteckfenster richten. Ist die erforderliche Frequenzschrittweite für Leistungsdichte-Berechnungen Δf, so gilt

1 Mit $N = 1024$ erhält man für das Intervall $[-f_g, f_g]$ 512 voneinander unabhängige Werte, von denen ungefähr 400 verwendbar sind (Fourierreihe!): $1024/400 = 2{,}56$.

$\Delta f = 1/(Mh)$, also

$$M = \frac{1}{\Delta fh}. \tag{3.240}$$

Damit ist bei gegebenem h und großem M der Wert von Δf klein, jedoch der Glättungseffekt (s. (3.238)) gering. Hier ist ein Optimum anzustreben.

Mit gegebenem h und gegebener Signallänge T liegt die Anzahl der abgetasteten Signalwerte fest:

$$N \leqslant \frac{T}{h}. \tag{3.241}$$

Ist dagegen T noch wählbar, so orientiert sich die Wahl von N an dem Verhältnis M/N (s. (3.238)), das möglichst klein sein sollte.

Um den Einfluß von Seitenbändern der Spektralfenster klein zu halten, müssen die Fenster sorgfältig gewählt werden. Da in vielen Fällen verrauschte transiente Signale zu verarbeiten sind, empfiehlt es sich, hier mit einem Exponentialfenster zu arbeiten, es reduziert stark einige numerische Probleme (Abschneideeffekt, Signalende).

Das Auffüllen fehlender Signalwerte mit Nullen bei der Verwendung der zyklischen Faltung und der numerischen Prozedur der Fast-Fouriertransformation für die Berechnung der Korrelationsfunktion bewirkt hierbei das Hinausschieben der sich ergebenden Periodizität der Korrelationsfunktion außerhalb des betrachteten Zeitbereichs. Bei der Berechnung der Leistungsdichte ergibt sich Δf zu $\Delta f = 1/T = 1/Nh$. Wird dagegen nicht das Intervall [0, T] sondern [0, T′] mit $T' \geqslant T$ betrachtet und die fehlenden Werte im Intervall [T, T′] mit Nullen aufgefüllt, so wird das Fenster nicht verändert aber infolge der Fast-Fouriertransformations-Prozedur mit der Intervallänge T′ gearbeitet, die jetzt Werte für Frequenzen im Abstand $\Delta f' = 1/T' = 1/(N'h) = 1/(N + N_0)h$ liefert, wobei N_0 die Anzahl der hinzugefügten Nullen ist. Eine verbesserte spektrale Auflösung wird hiermit nicht erreicht. Ergänzungen hierzu s. beispielsweise [3.18].

Weiter sei die sog. Daten-Dezimierung erwähnt. Um spätere, ergänzende Auswertungen zu ermöglichen, wird auch eine engere Abtastung mit $\Delta t'$ als sie im Augenblick notwendig erscheint, gewählt und nur jeder n-te Wert zunächst für die Rechnung verwendet: Abtastzeit $\Delta t = n\Delta t'$ der verkürzten Folge. Die Faltungsfrequenz der verkürzten Folge ist $1/(2\,n\Delta t') < 1/(2\,\Delta t')$. Da alle Informationen oberhalb von $1/(2\,n\Delta t')$ in das Frequenzintervall $[0, 1/(2\,n\Delta t')]$ (zurück-)gefaltet werden, müssen, um Überlappungsfehler (aliasing) zu vermeiden, die ursprünglichen Daten gefiltert werden: Tiefpaßfilter mit der Eckfrequenz $1/2(2n\Delta t')$. Die Daten-Dezimierung einer endlichen Folge entspricht wieder einer Abtastung, die mit einem Dezimierungsoperator als Analogon zum Impulskamm dargestellt werden kann. Ebenso wie die Dezimierung führt die Segmentierung (Aufspalten einer endlichen Folge in Teilfolgen) auf einen Operator ähnlich dem Dezimierungsoperator. Diese Operatoren spielen für die Ökonomie der numerischen Fouriertransformation eine Rolle, Näheres s. [2.8].

3.9 Aufgaben

3.1 Unter welchen Voraussetzungen ist eine Funktion eine Zufallsfunktion?

3.2 Wie läßt sich die Varianz (3.14) mechanisch interpretieren?

3.3 Wie lautet die Schiefe (3.15) für einen symmetrischen Verlauf um den Mittelwert?

3.4 Die Gleichverteilung von Zufallsgrößen ist durch eine konstante Verteilungsdichtefunktion gekennzeichnet. Ihre Verteilungsfunktion ist eine Gerade (s. Beispiel 3.2). Nenne ein Beispiel.

3.5 Ermittle die Verteilung der Summe z = x + y, wenn x, y statistisch unabhängige Zufallsvariable mit den Verteilungsdichten

$$p_x(u) = \begin{cases} 1/2 & \text{für } 0 \leq u \leq 2, \\ 0 & \text{für } u < 0,\ u > 2, \end{cases}$$

$$p_y(v) = \begin{cases} 1 & \text{für } 0 \leq v \leq 1 \\ 0 & \text{für } v < 0,\ v > 1 \end{cases}$$

sind.

Hinweis: Es ist zunächst die Richtigkeit von

$$P_z(w) = \int_{-\infty}^{\infty} P_y(w - u)\, p_x(u)\, du$$

zu zeigen, oder man gehe von

$$p_z(w) = \int_{-\infty}^{\infty} p_{z,y}(w, v)\, dv$$

aus, fasse w = u + v als Variablentransformation auf und zeige, daß

$$p_z(w) = \int_{-\infty}^{\infty} p_x(u)\, p_y(w - u)\, du$$

gilt. Es sind die drei Fälle $0 \leq w \leq 1$, $1 < w \leq 2$ und $2 < w \leq 3$ zu unterscheiden.

3.6 Wie lautet der Zusammenhang zwischen der Bezeichnungsweise „statistisch unabhängig“ und „unkorreliert“?

3.7 Zeige $|\rho_{xy}| \leq 1$ über $E\{[x - \mu_x + a(y - \mu_y)]^2\} \geq 0$.

3.8 Sind zwei Variablen unkorreliert, dann ist die Varianz ihrer Summe gleich der Summe der beiden Varianzen. Beweis?

3.9 $f(x, y) = ax + by$, x, y sind Zufallsvariablen, a, b sind Konstanten, $\mu_f = ?$, $\sigma_f^2 = ?$ Wie lauten die n-ten Momente von f?

3.10 Zeige, daß die Auto-Kovarianzmatrix $\underline{C}$ positiv semi-definit ist.

3.11 Die Zufallsvariablen $\mathbf{x} := (x_1, \ldots, x_n)^T$ seien normalverteilt. Zeige, daß mittels der linearen, regulären, zeitinvarianten Transformation $\mathbf{y} = \mathbf{T}\,\mathbf{x}$ auch $\mathbf{y}$ normalverteilt ist.

3.12 Ist σ_x^2 für stationäre Prozesse zeitunabhängig?

3.13 Zeige, daß für die Zufallsvariablen von Beispiel 3.2 schwache Stationärität gilt.

3.14 Ist der Prozeß mit der Musterfunktion $x_i(t) = a_i \cos t + b_i \sin t$ ergodisch im Mittel, im quadratischen Mittel? a_i, b_i seien unabhängige, normalverteilte Zufallsvariablen mit den Mittelwerten Null und den Varianzen $\sigma_a^2 = \sigma_b^2 = \sigma^2$.

3.15 Welche Zusammenhänge bestehen zwischen $\Phi_{xx}(\tau)$, $C_{xx}(\tau)$ und $R_{xx}(\tau)$?

3.16 Ist die Schätzung

$$\hat{x} := \frac{1}{N} \sum_{i=1}^{N} x_i$$

unverzerrt, konsistent? Wie lautet die Varianz des arithmetischen Mittels (geschätzten Mittelwertes)?

3.17 Warum ergibt sich die Wahl der Verlustfunktion aus den a priori-Kenntnissen über das System und aus der Aufgabenstellung? Beispiel?

3.18 Welche Verlustfunktion liegt (3.69) zugrunde?

3.19 Welche formale Änderung ergibt sich für die Methode der kleinsten Fehlerquadrate des Abschnittes 3.3.3 bei der Verwendung der diskreten Fourier- oder Laplacetransformierten der Signale?

3.20 Wie lautet in dem in Abschnitt 3.3.3 untersuchten Verfahren die Kovarianzmatrix des Vektors **b**, wenn die Störung **n** unkorreliert und mittelwertfrei ist?

3.21 Wie lautet der Formelplan für die Methode der gewichteten Fehlerquadrate bei kontinuierlichen Zeitsignalen?

3.22 Wie lautet die Kovarianzmatrix für die Parameterschätzwerte für ein Problem nichtlinear in den Parametern berechnet nach (3.84)?

3.23 Was bedeutet „v unkorreliert"? Wie lautet in diesem Fall die Kovarianzmatrix?

3.24 Formuliere die Methode der Hilfsvariablen für kontinuierliche Zeitsignale.

3.25 Ein viskos gedämpftes Einfreiheitsgradsystem befinde sich für $t < 0$ in Ruhe. Für $t \geqslant 0$ wird es mit $p(t) = 10\, e^{-t}$ erregt und die Werte werden mit einer Meßunsicherheit von ungefähr $\pm 0{,}001$ gemessen:

t_i:	$\pi/2$	π	$3\,\pi/2$	$2\,\pi$
$u(t_i)$	2,069	0,861	0,088	0,001
$\dot{u}(t_i)$	0,001	−0,861	−0,179	0,001
$\ddot{u}(t_i)$	−2,071	0,431	0,261	0,017

Mit der Methode der Hilfsvariablen ist eine Schätzung der Parameterwerte des Einfreiheitsgradsystems anzugeben und $\mathrm{cov}\,(\hat{\mathbf{a}})$ zu ermitteln. Als Matrix der Hilfsvariablen ist $\mathbf{W} := (\mathbf{p}, \mathbf{p}_1, \mathbf{p}_2)$ mit

$$\mathbf{p}^T := (p_1, \dots, p_4),\; p_i = p(t_i),\; \mathbf{p}_1(t) := \int_0^t \mathbf{p}(\tau)\, d\tau,\; \mathbf{p}_2(t) := \int_0^t \mathbf{p}_1(\tau)\, d\tau$$

zu wählen.

3.26 Gegeben ist ein pseudostochastisches Binärsignal, das folgendermaßen erzeugt wird: Das pseudostochastische Binärsignal nimmt im Intervall $k\Delta t \leqslant t < (k+1)\Delta t$, $k = 0, \pm 1, \pm 2, \dots$, den Wert $x_k := x(k\Delta t) = +c$ für $y_k = 1$ und den Wert $x_k = -c$ für $y_k = 0$ an, wobei y_k durch $y_k = (y_{k-1} + y_{k-m}) \bmod 2$ und die Anfangsbedingung 1 gegeben ist, d.h. $x(t) = c \operatorname{sign} x_k$ für $k\Delta t \leqslant t < (k+1)\Delta t$.

Das pseudostochastische Binärsignal wird nur für bestimmte Werte von m (z.B. m = 2, 3, 4, 6) erzeugt und besitzt die folgenden Eigenschaften:

1. Es ist periodisch mit einer (maximalen) Periodendauer $T = N\Delta t$, N ungerade. Die Anzahl der Intervalle mit $x_k = +c$ ist je Periode um Eins größer als die Anzahl der Intervalle mit $x_k = -c$, so daß
$$\sum_{k=0}^{N-1} x_k = c \text{ und } \sum_{k=0}^{N-1} x_k^2 = Nc^2$$
gilt.
2. Ferner ist
$$\sum_{k=0}^{N-1} x_k x_{k+i} = -c^2$$
für $i = \pm 1, \pm 2, \dots, \pm(N-1)$.

Man zeige, daß die Autokorrelationsfunktion des so erzeugten Prozesses $\{x(t)\}$ durch

$$R_{xx}(\tau) = \begin{cases} c^2\left(1 - \dfrac{|\tau|}{\Delta t}\right) - \dfrac{c^2\,|\tau|}{N\Delta t} & \text{für } 0 \leqslant |\tau| \leqslant \Delta t, \\[2ex] -\dfrac{c^2}{N} & \text{für } \Delta t \leqslant |\tau| \leqslant (N-1)\,\Delta t \end{cases}$$

mit $R_{xx}(\tau + T) = R_{xx}(\tau)$ gegeben ist.

3.27 Wie lautet die Autokorrelationsfunktion der Summe zweier stationärer Prozesse?

3.28 Zeige, daß die Schätzung der Kreuzkorrelationsfunktion nach Gl. (3.114a) unverzerrt ist. Gilt diese Aussage auch für stationäre Prozesse? Ist die Schätzung für ergodische Prozesse konsistent?

3.29 Beweise die Richtigkeit der Gl. (3.117). *Hinweis:* Vgl. Aufgabe 3.7.

3.30 $\{x\}$ und $\{y\}$ seien zwei ergodische Prozesse mit $x(t) = a \sin(\omega_1 t + \varphi)$, $y(t) = b \sin(\omega_2 t + \psi)$. Wie lautet die Kreuzkorrelationsfunktion?

3.31 Man berechne die Wirkleistungsdichte des determinierten Signals

$$x(t) = \begin{cases} x_0 & \text{für } 0 \leqslant t \leqslant \Delta t, \\ 0 & \text{sonst.} \end{cases}$$

3.32 Gesucht ist die Wirkleistungsdichte des stationären Signals von Aufgabe 3.26. Es ist der Grenzfall $N\Delta t = T \to \infty$ zu diskutieren.

3.33 Wie lautet die Wirkleistungsdichte des stationären Prozesses $\{z(t)\}$, $z(t) = x(t) + y(t)$, wenn $x(t)$ die stochastische Variable für weißes Rauschen ist, definiert als konstante Wirkleistungsdichte $S_{xx}(\omega) = S_0$, also $\Phi_{xx}(\tau) = S_0 \delta(\tau)$, und $y(t) = x(t - T)$, d.h. dasselbe weiße Rauschen nur zeitverschoben um T, ist?

3.34 Im Beispiel 3.22 ist die Wirkleistungsdichte von $d(t) = d_0 \sin \omega_0 t$ angegeben. Wie unterscheiden sich die geglätteten Wirkleistungsdichten $\widetilde{S}_{dd}(\omega) := F\{w(\tau)\, R_{dd}(\tau)\}$ von $S_{dd}(\omega)$ bei Verwendung
a) eines Exponentialfensters $w(\tau) = e^{-a|\tau|}$, b) eines Rechteckfensters?

3.35 Stelle die in Gl. (3.143) definierte einseitige Kreuzleistungsdichte in Exponentialform dar und mache den Faktor 2 plausibel.

3.36 Gegeben ist der Prozeß $\{x(t)\}$ mit $x(t) = x_0 \sin(\omega_0 t + \varphi)$, wobei x_0, ω_0 konstante Werte sind, und φ eine Zufallsvariable mit der Verteilungsdichte

$$p_\varphi(v) = \begin{cases} \dfrac{1}{2\pi} & \text{für } 0 \leqslant \varphi < 2\pi, \\ 0 & \text{sonst} \end{cases}$$

ist. Die exakte Wirkleistungsdichte ist $S_{xx}(\omega) = \dfrac{\pi x_0^2}{2} \{\delta(\omega - \omega_0) + \delta(\omega + \omega_0)\}$.

Es sind Schätzungen für $S_{xx}(\omega)$ anzugeben
a) aus dem Periodogramm,
b) aus der diskreten Fouriertransformation
und die Ergebnisse mit $S_{xx}(\omega)$ zu vergleichen. *Hinweis:* s. Beispiel 3.7.

3.37 Zeige, daß für statistisch unabhängige stationäre Prozesse $\{x(t)\}$, $\{y(t)\}$ die Kohärenzfunktion $\gamma_{xy}^2(\omega) = 0$ gilt, wenn der Erwartungswert mindestens eines Prozesses verschwindet. Gilt dieselbe Aussage für unkorrelierte Prozesse?

3.38 Gesucht ist die Kovarianz ($\tau = 0$) der beiden stationären stochastischen Prozesse $\{p(t)\}$, $\{u(t)\}$, die über ein lineares zeitinvariantes Einfreiheitsgradsystem verknüpft sind. Wie kann das Ergebnis interpretiert werden?

3.39 Diskutiere das viskos gedämpfte Einfreiheitsgradsystem entsprechend Beispiel 2.8 mit $S_{pp}(\omega) = S_0$ bezüglich $E\{u^2(t)\}$, $S_{uu}(\omega_0)$, $S_{uu}(\omega_D)$ und der Halbwertsbreite.

3.40 Übertrage das Ergebnis (3.182a) auf das lineare zeitinvariante viskos gedämpfte Einfreiheitsgradsystem mit weißem Rauschen als Erregung.

3.41 Die Gl. (3.183) ist dem System im Bild 3.38 mit n Eingängen und einem Summenausgang zugrunde zu legen. Die Einfreiheitsgradsysteme seien linear und zeitinvariant.

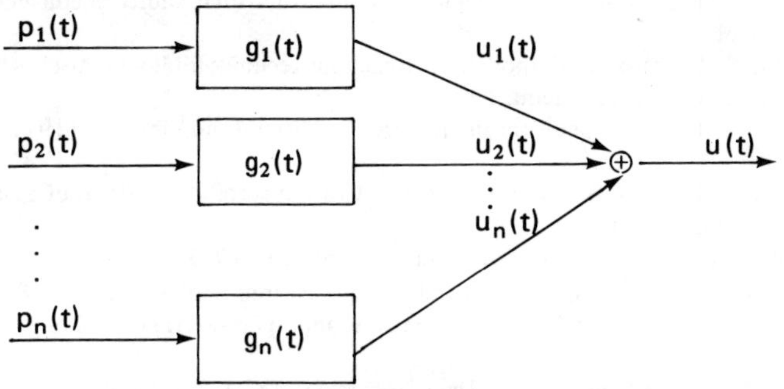

Bild 3.38

3.42 In welchem Zusammenhang steht das Ergebnis der Aufgabe 3.41 mit dem der Aufgabe 2.23?

3.43 Die Eingangssignale $p_i(t)$, $p_k(t)$ des Vektorprozesses $\{\mathbf{p}(t)\}$ seien unkorreliert und alle Komponenten (ggf. bis auf eine) mittelwertfrei. Welche Gestalt nimmt $\Phi_{pp}(\tau)$ in Gl. (3.183) an?

3.44 Entsprechend den Annahmen in Aufgabe 3.43 ist $S_{p_i u_k}(\omega)$ anzugeben.

3.45 Man zeige für das Signal

$$x(t) = \begin{cases} e^{-t} & \text{für } t \geq 0, \\ 0 & \text{für } t < 0 \end{cases}$$

die Abhängigkeit des Überlagerungsfehlers von der Abtastfrequenz.

3.46 Es ist die Schätzung der Kreuzkorrelationsfunktion gemäß Gl. (3.230) für die Funktionen $x(t) = \sin 2\pi t$, $y(t) = \sin 2\pi t + \sin 4\pi t$ zu ermitteln. Die Funktionen sind an den Stellen $k\Delta t$, $k = 0(1)10$, mit einer Frequenz von 5,5 Hz abzutasten. Was zeitigt der Vergleich der Schätzungen mit den exakten Werten der Kreuzkorrelationsfunktion?

3.47 Wie lautet der Beweis entsprechend Beispiel 3.27 für die Kreuzkorrelationsfunktion?

3.48 Gegeben ist das Signal $x(t) = \sin \omega_1 t + \sin \omega_2 t$. Wie groß muß das Integrationsintervall $[0, T]$ gewählt werden, damit in der finiten Fouriertransformierten die beiden Frequenzen unterschieden werden können?

3.49 Ein Signal mit einem Frequenzinhalt von 0 ... 1000 Hz (gleichverteilte Amplitude) wird mit einem Butterworthfilter der Eckfrequenz 200 Hz und einem Amplitudenabfall von 40 dB/Oktave bandbegrenzt. Wie hoch muß die Abtastfrequenz mindestens gewählt werden, damit der Überlagerungsfehler bei 200 Hz kleiner oder höchstens gleich 1% wird?

3.10 Schrifttum

[3.1] *Gänssler, P./Stute, W.:* Wahrscheinlichkeitstheorie; Springer-Verlag, Berlin, Heidelberg, New York, 1977

[3.2] *Krickeberg, K.:* Wahrscheinlichkeitstheorie; B.G. Teubner, Stuttgart, 1963

[3.3] *Meschkowski, H.:* Wahrscheinlichkeitsrechnung; Bibliographisches Institut, Mannheim, 1968

[3.4] *Papoulis, A.:* Probability, Random Variables and Stochastic Processes; McGraw-Hill, New York, 1965

[3.5] *van der Warden, B.L.:* Mathematische Statistik; Springer, Berlin, 1965

[3.6] *Collatz, L.:* Funktionalanalysis und numerische Mathematik; Die Grundlehren der math. Wissenschaften in Einzeldarstellungen, Bd. 120, Springer, 1968

[3.7] *Heinrich, W./Hennig, K.:* Zufallsschwingungen mechanischer Systeme; Vieweg, Braunschweig, 1978

[3.8] *Nahi, N.E.:* Estimation Theory and Applications; Wiley, New York, 1969

[3.9] *Zurmühl, R.:* Matrizen und ihre technischen Anwendungen; Springer, 1964

[3.10] *Unbehauen, H./Göhring, B./Bauer, B.:* Parameterschätzverfahren zur Systemidentifikation; R. Oldenbourg-Verlag, München, Wien, 1974

[3.11] *Stoer, J.:* Einführung in die Numerische Mathematik I.; Heidelberger Taschenbücher Bd. 105, Springer, 1972

[3.12] *Lippmann, H.:* Schwingungslehre; Bibliographisches Institut, Hochschultaschenbücher 189/ 189a, Mannheim, 1968
[3.13] *Schlitt, H./Dittrich, F.:* Statistische Methoden der Regelungstechnik; Bibliographisches Institut, Hochschultaschenbücher 526, Mannheim, 1972
[3.14] *Bendat, J.S.:* Proof of the Cross-spectrum Inequality; J. of Sound and Vibration (1977), 51(4), 561–562
[3.15] *Burros, R.H.:* Statistical Parameters of Estimators in Cross-spectral Analysis; J. of Sound and Vibration (1978) 58 (1), 39–50
[3.16] *Fábián, L.:* Zufallsschwingungen und ihre Behandlung; Springer, 1973
[3.17] *Jenkins, G.M./Watts, D.G.:* Spectral Analysis and its Applications; Holden-Day, 1968
[3.18] *Newland, D.E.:* An Introduction to Random Vibrations and Spectral Analysis; Longman, London/New York, 1975
[3.19] *Taylo, J.P.:* Digital Filters for Non-real-time Data Processing; NASA CR-880, Washington, D.C., Oct. 1967
[3.20] *Cooke, A.W./Craig, J.W.:* Digital Filters for Sample Rate Reduction; IEE Transactions on Audio and Electro-acoustics, Vol. AU-20, No. 4, Oct. 1972
[3.21] *Goßmann, E./Waller, H.:* Rechnergestützte Schwingungsanalyse mit Hilfe der Fouriertransformation, Teil 1: Grundlagen, Rechner-Hardware und digitale Filter, Teil 2: Spektralanalyse, Zufallsschwingungen und Beispiele; VDI-Z 122 (1980), Nr. 11 – Juni (I), 431–437 und Nr. 12 – Juni (II), 477–481
[3.22] *Otnes, R.K./Enochson, L.:* Applied Time Series Analysis; Volume II, John Wiley and Sons, erscheint demnächst

Ergänzendes Schrifttum:

[3.23] *Giloi, W.:* Simulation und Analyse stochastischer Vorgänge; R. Oldenbourg, 1970
[3.24] *Otnes, R.K./Enochson, L.:* Digital Time Series Analysis; Wiley 1972
[3.25] *Leonhard, W.:* Statistische Analyse linearer Regelsysteme; Teubner Studienbücher Elektrotechnik, Stuttgart, 1973
[3.26] *Brandt, S.:* Datenanalyse, Bibliographisches Institut, Mannheim, 1975
[3.27] *Hurty, W.C./Rubinstein, M.F.:* Dynamics of Structures; Prentice-Hall, 1964
[3.28] *Clough, R.W./Penzien, J.:* Dynamics of Structures; McGraw-Hill, 1975
[3.29] *Enochson, L.:* Digital Techniques in Data Analysis; Noise Control Engineering, 9, No. 3, 1977, 138–154
[3.30] *Mäncher, H.:* Vergleich verschiedener Rekursionsalgorithmen für die Methode der kleinsten Quadrate; Diplomarbeit TH Darmstadt, FB 19, Institut für Regelungstechnik, 1980
[3.31] *Robson, J.D.:* The Response Relationships of Random Vibration Analysis; Journal of Sound and Vibration (1980) 73(2), 312–315
[3.32] *Jain, V.K./Dobeck, G.J.:* System Identification Techniques: A Tutorial Review; ASME Paper 79-WA/DSC-20, 1979
[3.33] *Bendat, J.S.:* Spectral Bandwidth, Correlation Duration, and Uncertainty Relation; Journal of Sound and Vibration (1981) 76(1), 146–149
[3.34] *Thrane, N.:* Zoom-FFT; Brüel & Kjaer Technical Review No. 2 – 1980

4 Nichtparametrische Identifikation – Anwendungen

Die nichtparametrische Identifikation umfaßt, wie schon einleitend bemerkt, beispielsweise die Ermittlung von

- Gewichtsfunktionen,
- Frequenzgängen, Übertragungsfunktionen,
- Störquellen,
- Schwingungsübertragungswegen;

sie dient

- der Beschreibung linearer Prozesse,
- dem Auffinden von Periodizitäten, von determinierten Signalen im verrauschten Hintergrund,
- dem Messen von Zeitverschiebungen,
- dem Orten von Störquellen,
- der Schadensfrüherkennung usw.

Es würde zu weit führen, die obigen Beispiele zu ergänzen und die einzelnen Disziplinen zu nennen, in denen die nichtparametrische Identifikation erfolgreich angewendet wird. Statt dessen enthält das Bild 4.1 einige Objektbeispiele.

Systeme	
• Flugzeug	• Motor
• Rakete	• PKW
• Schiff	• Werkzeugmaschine
• Kernkraftwerk	•
• Offshore-Bauwerk	•
• Baugrund	•
•	•
•	•
•	

Bild 4.1 Objektbeispiele

Für die Identifikation ist es wesentlich, daß das betrachtete System erregt wird. Natürliche Erregungen (passiver Versuch, Messung) wie Wind, allgemein Strömungen, akustische Anregungen, Erdbeben, Wellen, allgemein äußere Störungen und solche aus dem Betrieb des Systems haben zwar den Vorteil, daß sie vorhanden sind und demzufolge nicht künstlich erzeugt werden müssen, sie können aber wesentliche Nachteile aufweisen. So sind beispielsweise Auftreten, Häufigkeit und Größe der Erregung nicht beeinflußbar, und oft ist ihr Frequenzspektrum zu schmal oder enthält bevorzugte Frequenzen, die dann spezielle Vorkehrungen für die Auswertung bedingen. Alternativ hierzu werden Testsignale, künstliche

Erregungen (artificial excitation) verwendet (aktiver Versuch), deren viele unterschiedliche zur Verfügung stehen und aus denen die bezüglich der vorliegenden Aufgabenstellung optimale gefunden werden kann. Die Lösung dieser Aufgabe ist für die Versuchsplanung entscheidend. Eine optimale Wahl des Testsignals muß berücksichtigen, daß

- die Verwirklichung von Testsignalen Beschränkungen unterworfen ist (Testsignalhöhe, Frequenzbereich, versuchsseitige Bedingungen, Genauigkeitsgrenzen, Krafteinleitungsprobleme),
- nur eine begrenzte Meßzeit verfügbar ist (versuchstechnische Gründe, zeitabhängige Eigenschaften des Meßsystems, Aufwandsüberlegungen),
- die Ausgangssignalhöhe beschränkt ist (infolge Linearitäts-, Versagensgrenzen),
- Störsignale vorhanden sind.

Die Wahl optimaler Testsignale ist nicht nur von dem Identifikationsziel für das vorliegende Objekt abhängig, sondern auch von dem Identifikationsverfahren (s. z.B. [4.1, 4.2]). Die Eigenschaften der verschiedenen Testsignale, ihre Einleitung in das System (abhängig vom Ort und der Einleitungsart) gehen in den Optimierungsvorgang ein (Minimierung von Kovarianzmatrizen oder z.B. Normalgleichungsmatrizen). In den nächsten Abschnitten sind die Eigenschaften einiger üblicher Testsignale behandelt, in den Abschnitten zur Anwendung wird auch ihre geeignete Auswahl angesprochen.

Für die Güte der Versuchsergebnisse ist aber nicht nur die Wahl der Erregung maßgeblich, sondern auch die Wahl der Meßpunkte und die der Aufnehmer selbst, abhängig von den Eigenschaften des zu untersuchenden Objektes (Modells), der Aufgabenstellung und dem Auswerteverfahren. Während a priori-Kenntnisse über die zu wählenden Meßorte meist aus der theoretischen Systemanalyse vorliegen, könnten diese Angaben für eine vorgegebene Anzahl von Aufnehmern jedoch auch aus einer Optimierungsrechnung gewonnen werden, in der eine geeignete Norm der Kovarianzmatrix der Schätzwerte minimiert wird [4.3]. Die Festlegung von Anzahl und Lage der Meßpunkte stellt gegenüber der Wahl der Erregung (Art, Konfiguration: Ein-, Mehrpunkterregung usw.) ein wesentlich einfacheres Problem dar. (Hier spielen also Beobachtbarkeit, Steuerbarkeit und Identifizierbarkeit im Zusammenhang mit Optimierungsaufgaben eine Rolle.) Dieser Problemkreis wird hier ebenso wie die meßtechnischen Gesichtspunkte (vgl. beispielsweise [4.4–4.7]), nicht explizit behandelt.

Auswerteverfahren der nichtparametrischen Identifikation sind die Fourier-, Korrelations- und Spektralanalyse, die entsprechend ihren Bezeichnungen, die Fouriertransformation, Korrelationsfunktion und Leistungsdichte verwenden und die abhängig von den Eigenschaften der vorliegenden Erregungen und Systemantworten eingesetzt werden. Alle drei Analysemethoden stellen Verfahren dar, die in der Praxis etabliert sind. Sie sind in den nächsten Abschnitten beispielhaft für einige Anwendungsbereiche dargestellt. Zusätzlich ist noch ein neueres, einfaches Verfahren, das im Zeitbereich arbeitet, erwähnt. Es basiert auf der Zufallsdekrementfunktion, die unter zu nennenden Voraussetzungen eine Schätzung der Autokorrelationsfunktion ist.

4.1 Erregungsmöglichkeiten

Das Bild 4.2 zeigt eine Einteilung der Testsignale. Beispiele für transiente Testsignale enthalten die Bilder 2.25 und 2.26.

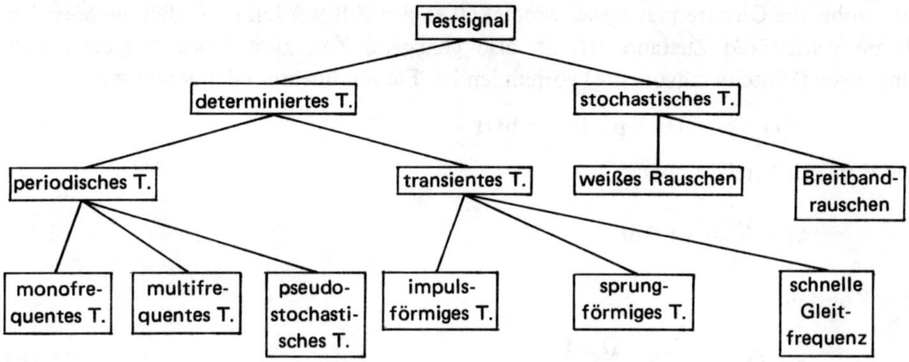

Bild 4.2 Einteilung der Testsignale

Vergegenwärtigt man sich des Einheitsstoßes $\delta(t)$ mit seiner Fouriertransformierten, die identisch Eins ist, also ein frequenzunabhängiges Spektrum besitzt und somit alle dem System eigenen Frequenzen anzuregen vermag, so könnte man glauben, in ihm eine ideale Testfunktion gefunden zu haben. Dem steht jedoch entgegen, daß der Einheitsstoß nicht realisierbar ist, sondern nur über z.B. Rechteckimpulse endlicher Dauer T (vgl. Beispiel 2.4 und Aufgabe 3.31) mit $P(j\omega) = \frac{2A}{\omega} \sin \omega \frac{T}{2}$. $P(j\omega)$ besitzt die größte Amplitudendichte für $\omega = 0$ mit $P(0) = AT$, das bedeutet, daß für kleiner werdende Werte von T für Rechteckimpulse gleicher Stoßhöhe A auch P(0) kleiner, also weniger Energie in das System eingeleitet wird. Die Dirac-Funktion $\delta(t)$ ist somit lediglich für die Theorie unentbehrlich und von großer Bedeutung. Zu einer positiveren Aussage kommt man jedoch bezüglich der Dirac-Funktion im Frequenzbereich, $\delta(j\omega)$, der nach Abschnitt 2.5 eine monofrequente Sinus-Erregung (im Zeitbereich) entspricht, d.h. die vorhandene endliche Energie ist im Spektrum an einer Stelle (Erregungsfrequenz) konzentriert.

In der Praxis stehen zur Erzeugung von Testsignalen elektromagnetische, elektrohydraulische, mechanische Erreger u.a.m. zur Verfügung. Diesbezügliche Ausführungen möge der Leser z.B. [4.8] und der dort zitierten Literatur entnehmen.

Nachstehend sind verschiedene Erregungsarten p(t) mit ihren grundlegenden Eigenschaften aufgeführt. Diese Eigenschaften sind nach dem einleitend im Kapitel 4 Gesagten allein zur optimalen Testsignalwahl nicht ausreichend. Ergänzend wird auf Anwendungsschwierigkeiten hingewiesen, und es werden Vor- und Nachteile aufgezeigt.

4.1.1 Harmonische Erregung

Die harmonische (sinusoidale) Erregung

$$p(t) = p_0 \sin \Omega t \tag{4.1}$$

als Signal ist bereits hinreichend behandelt. Sie kann auf das System mit diskreten Frequenzen Ω_i, i = 1 (1) N, angewendet werden, um dann die zugehörigen stationären Antworten des Systems zu messen. Die harmonische Erregung kann näherungsweise auch als sinusförmige Erregung mit langsamer Gleitfrequenz (low frequency sweep) verwirklicht werden, wobei die Gleitfrequenzgeschwindigkeit so gewählt werden muß, daß die Messung jeweils im stationären Zustand erfolgt, also genügend Zeit zum Abklingen der freien Schwingungen (Einschwingvorgang) vorhanden ist. Für ein lineares Gleitgesetz gilt

$$p(t) = p_0 \sin \Theta = p_0 \sin(a + bt)t \tag{4.2}$$

mit der Momentankreisfrequenz

$$\Omega = \frac{d\Theta}{dt} = a + 2bt \tag{4.3a}$$

und den Konstanten

$$a = \Omega_a,\ b = \frac{\Omega_b - \Omega_a}{2} \frac{1}{T}, \tag{4.3b}$$

wobei Ω_a die Anfangsfrequenz, Ω_b die Endfrequenz und T die Durchlaufzeit ist. Die zu Gl. (4.2) gehörige Fouriertransformierte ist im Bild 4.3 skizziert. Die schnellere Erregungsdurchführung gegenüber der diskreten Frequenzeinstellung erkauft man sich mit einer nur annähernd konstanten Amplitudendichte über dem interessierenden Frequenzintervall, so daß eine (periodische) Wiederholung (mit Mittelwertbildung) zu empfehlen ist.

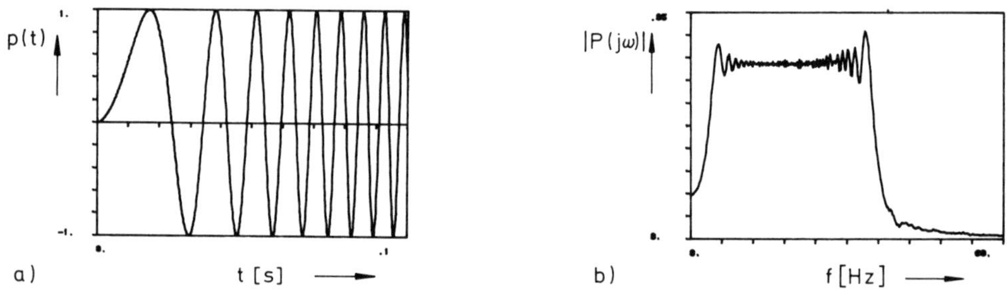

Bild 4.3 Die Gleitfrequenzerregung mit linearer Frequenzänderung

Die harmonische Erregung ist die älteste und eine erprobte Erregung. Zu beachtende Parameter sind: Kraftgröße, Frequenzintervall, Resonanzen des angekoppelten Erregers und die angekoppelte Erregermasse. Die Kraftgröße und das interessierende Frequenzintervall werden durch das zu untersuchende System sowie die Aufgabenstellung bestimmt, hiernach richtet sich die Wahl des Erregersystems einschließlich der Erregerankopplung an das Objekt (Zusatzmassen). Da ein elektromagnetischer Erreger selbst wieder ein an das Objekt angekoppeltes schwingungsfähiges System darstellt, ist der Erregerstrom nicht proportional zu p(t), und es ist zweckmäßig, die Kraft am Einleitungsort zu messen. Der Erreger besitzt als schwingungsfähiges System Eigenfrequenzen, deren Auswirkung auf die Erregerkraft, um eine konstante Anregung (Amplitude und Phase) über der Frequenz zu erhalten, über eine Regelung der Erreger eliminiert werden muß. Zur Zeit läßt sich diese Regelung noch nicht automatisiert durchführen [4.9 bis 4.11]. Der Einfluß einer angekoppelten Erregermasse kann durch die Kraftmessung am Krafteinleitungsort ausgeschaltet werden. Die Masse des Kraftaufnehmers kann zu niedrigeren Objekteigenfrequenzen führen, die in dem Fall rechnerisch berücksichtigt werden müssen. Treten im Versuch noch transversale Bewegungen des Erregers auf, so beeinflußt die Rotationsträgheit des an dem Objekt befestigten Erregerteils ebenfalls die Schwingungseigenschaften des Objektes.

Die Vorteile der harmonischen Erregung, deren Behandlung keiner Fouriertransformation bedarf, sind:

- Die vorhandene Energie ist auf eine Frequenz konzentriert.
- Sie ist gut steuerbar (u.a. derartig, daß bei einer Frequenzerhöhung die Kraftamplitude nicht absinkt).
- Es ist ein großes Test- zu Störsignalverhältnis erreichbar, (ebenso für das Antwortsignal, das für ein lineares System nur die Erregungsfrequenz enthält: Filtern der Antwort).
- Evtl. vorhandene Nichtlinearitäten lassen sich gut aufspüren (Linearitätsüberprüfungen).

Ihre Nachteile sind:

- Es ist nacheinander für jede Frequenz eine Messung erforderlich, damit ist die Untersuchung zeitaufwendig.
- Bei vorhandenen Nichtlinearitäten liefert eine Erregung mit konstant geregelter Kraftgröße Antworten mit verschiedenen Verschiebungsniveaus (s. Phasentrennungstechnik, Abschnitt 5.3); eine Kraftregelung dagegen derart, daß ein konstantes Antwortamplitudenniveau eingehalten wird, liefert Meßergebnisse, mit denen beispielsweise eine Identifikation nach dem Phasenresonanzverfahren durchgeführt werden kann (Abschnitt 5.2).

Wird bei der Auswertung periodischer multifrequenter Erregungen nur eine Frequenz, z.B. die Grundwelle berücksichtigt, so entspricht dieses wieder einer harmonischen Erregung. Beispiele für derartige Erregungen sind das Mäander-Testsignal, Dreieckschwingungen usw. (s. Abschnitt 4.1.4). Bei Strukturversuchen wird diese Erregungsart im Vergleich zur harmonischen Anregung jedoch selten verwendet, so daß eine Diskussion derselben hier unterbleibt.

Anmerkung: Die Unwuchterregung (rotating unbalance excitation) [4.12] erzeugt ein sinusförmiges Testsignal. Hierbei rotieren z. B. zwei exzentrische Massen $m_0/2$ im Abstand r von ihrem jeweiligen Drehpunkt gegenläufig: $p(t) = m_0 r \Omega^2 \sin \Omega t$. Die Kraftamplitude ist proportional $\Omega^2 : p_0 = m_0 r \Omega^2$. Für das Einfreiheitsgradsystem folgt:
$\hat{u} = F(j\Omega)\, p_0 = F(j\Omega) m_0 r \Omega^2$.

4.1.2 Transiente Erregung

Die nichtperiodischen Erregungen haben mit der Möglichkeit einer routinemäßigen Verwendung der Fouriertransformation und Laplacetransformation in der Praxis große Bedeutung gewonnen, denn sowohl im Labor als auch im Feld können sie im allgemeinen mit geringem Aufwand verwirklicht werden. Zu den transienten Erregungen gehören Impulserregungen, Sprunganregungen und die schnelle Gleitfrequenzerregung.

4.1.2.1 Impulserregung

Bevor auf die praktischen Aspekte der Impulserregung (impulse input, impact testing) eingegangen wird, seien einige wichtige Testsignale mit ihren Eigenschaften diskutiert. Die Tabelle 4.1 enthält eine Zusammenstellung. Das Bild 4.4 gibt die bezogenen Amplitudendichten $|P(j\omega)|/(p_0 T)$ über $\omega/(2\pi/T)$ einiger impulsförmiger Testsignale neben dem Sprungsignal wieder. Der δ-Impuls liefert eine konstante Amplitudendichte. Im Vergleich hierzu

Tabelle 4.1 Übersicht zu einigen Impulsarten

P(t)		P(jω)	Re P(jω)	Im P(jω)	|P(jω)|
$p_0 \delta(t)$	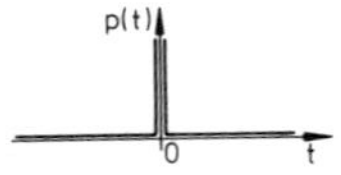	p_0	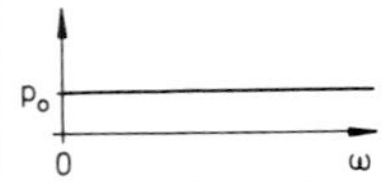		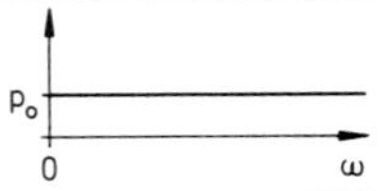
p_0 für $0 \leqslant t \leqslant T$ 0 sonst	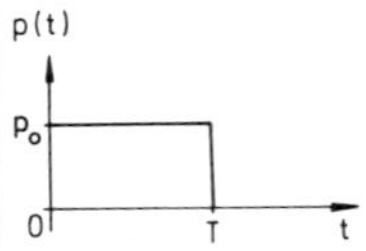	$\frac{p_0}{j\omega}(1 - e^{-j\omega T}) =$ $p_0 T \frac{\sin \frac{\omega T}{2}}{\frac{\omega T}{2}} e^{-j\omega T/2}$	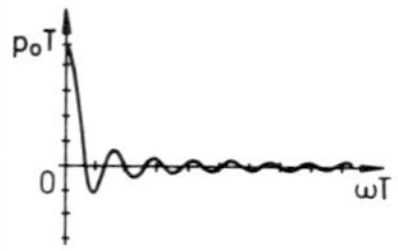	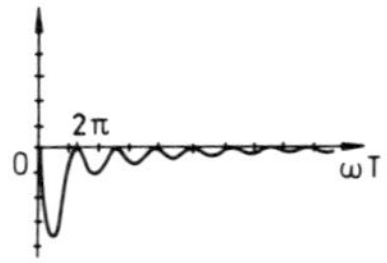	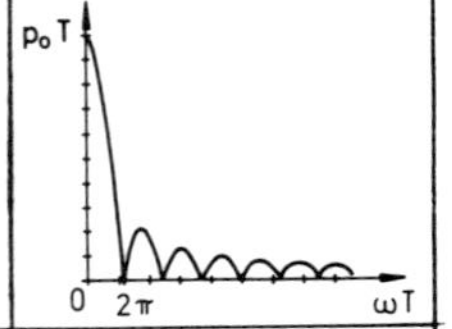
$\frac{p_0 t}{T_1}$ für $0 \leqslant t \leqslant T_1$ p_0 für $T_1 \leqslant t \leqslant T_2$ $\frac{p_0(T-t)}{T-T_2}$ für $T_2 \leqslant t \leqslant T$ 0 sonst	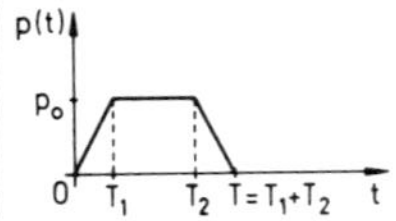	$p_0 T_2 \left(\frac{\sin \frac{\omega T_1}{2}}{\frac{\omega T_1}{2}} \right) \left(\frac{\sin \frac{\omega T_2}{2}}{\frac{\omega T_2}{2}} \right) e^{-j\omega T/2}$	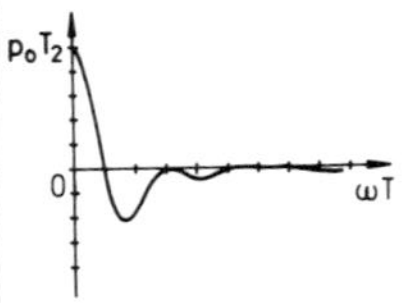	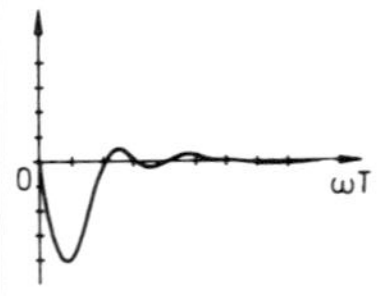	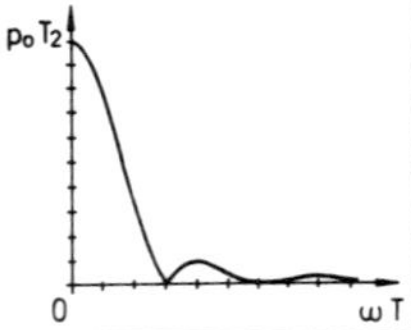
$\frac{2 p_0 t}{T}$ für $0 \leqslant t \leqslant \frac{T}{2}$ $\frac{2 p_0 (T-t)}{T}$ für $\frac{T}{2} \leqslant t \leqslant T$ 0 sonst	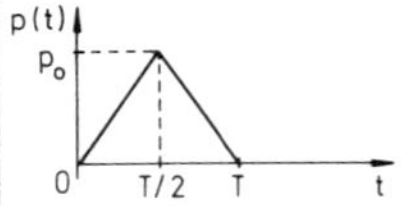	$\frac{p_0 T}{2} \left(\frac{\sin \frac{\omega T}{4}}{\frac{\omega T}{4}} \right)^2 e^{-j\omega T/2}$	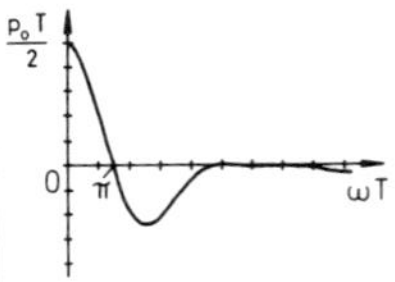	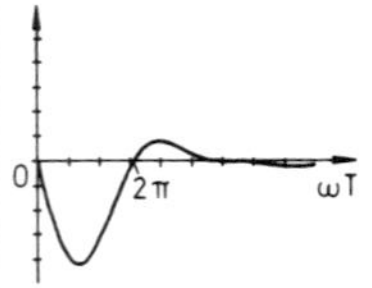	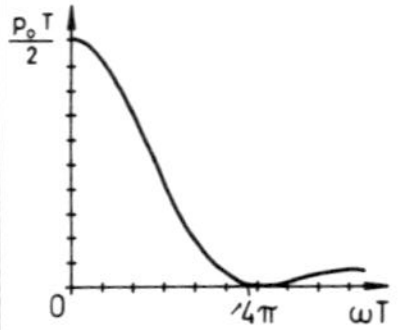
$p_0 \sin \frac{\pi}{T} t$ für $0 \leqslant t \leqslant T$ 0 sonst	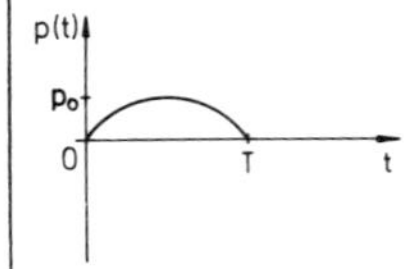	$\frac{2 p_0 T \pi}{\pi^2 - T^2 \omega^2} \cos \frac{\omega T}{2} e^{-j\omega T/2}$	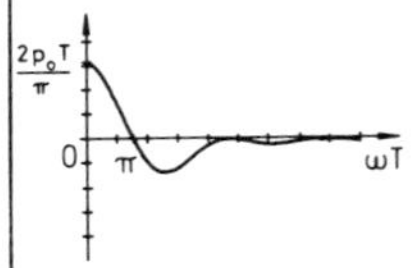	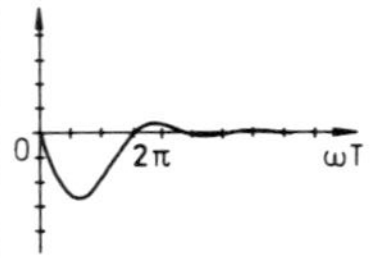	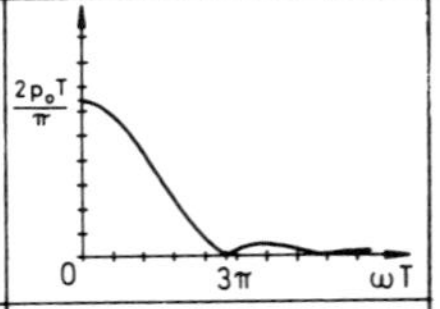
$p_0 \sin^2 \frac{\pi}{T} t$ für $0 \leqslant t \leqslant T$ 0 sonst	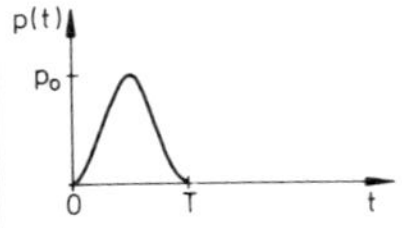	$-\frac{p_0}{\omega} \left(\frac{1}{1 - \left(\frac{\omega T}{2\pi} \right)^2} \right) \sin \frac{\omega T}{2} e^{-j\omega T/2}$	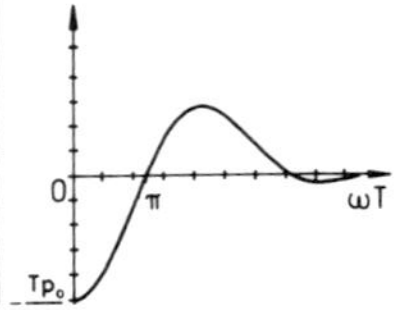	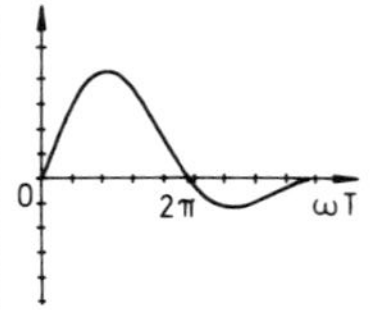	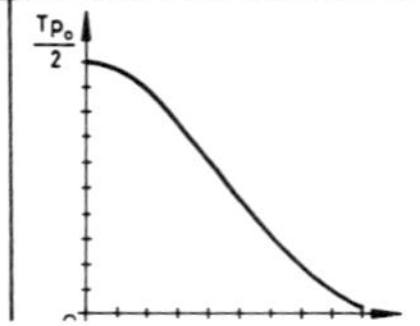

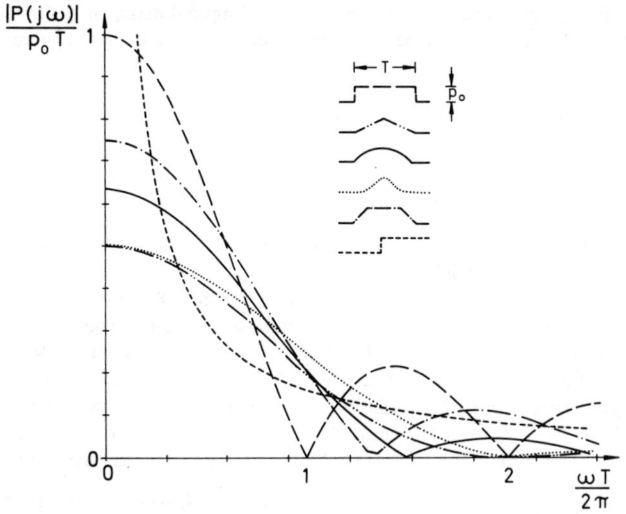

Bild 4.4
Bezogene Amplitudendichten einiger Testsignale

zeigen die Spektralverteilungen der im Bild 4.4 enthaltenen Testsignale einen starken Abfall für größer werdende bezogene Frequenzen. Der Grund liegt in dem endlichen Leistungsinhalt pro Frequenz für die realisierbaren Testsignale endlicher Zeitdauer. Die niedrigen Amplitudendichten des Trapez- und Dreieckimpulses im höheren Frequenzbereich gegenüber dem Rechteckimpuls hängen mit der Flankensteilheit dieser Impulse zusammen. Weiter fällt in der Darstellung auf, daß der Rechteckimpuls zwar im unteren Frequenzbereich eine große Amplitudendichte besitzt, jedoch recht steil zu seiner ersten Nullstelle abfällt, während z.B. die Nullstellen von Trapez- und Dreieckimpuls weiter rechts von der ersten Nullstelle des Rechteckimpulses liegen, d.h., der Trapez- und Dreieckimpuls vermag – bei gleicher Impulsdauer – einen größeren Frequenzbereich als der Rechteckimpuls anzuregen.

Das Bild 4.5 zeigt die bezogenen Amplitudendichten von Rechteckimpulsen gleicher Höhe p_0 für verschiedene Impulsdauern T (vgl. Beispiel 2.4: 1. Nullstelle für $\omega_1 T = 2\,\pi$, $\omega_1 = 2\,\pi/T$. Mit wachsendem T wächst für kleine Frequenzen die Amplitudendichte, ihr Abfall ist dann aber steiler. Weiter liest man ab, daß eine Anregung mit annähernd konstanter Amplitudendichte in einem schmalen unteren Frequenzband mit Rechteckimpulsen langer Zeitdauer und in einem breiten unteren Frequenzband mit solchen kurzer Dauer erzielbar ist.

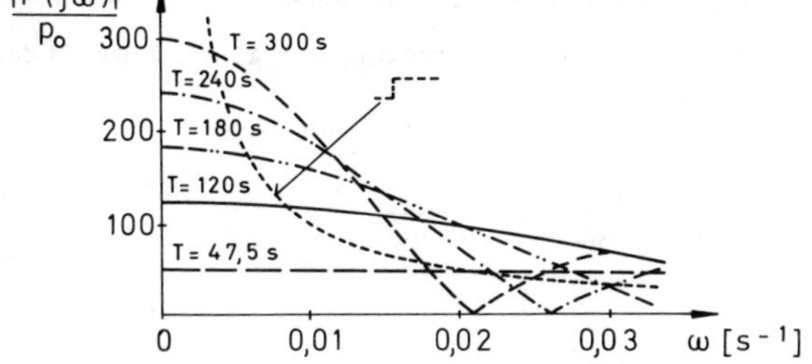

Bild 4.5 Bezogene Amplitudendichten von Rechteckimpulsen mit unterschiedlicher Impulsdauer T und von der Sprungerregung

Beispiel 4.1: Wird das ungedämpfte Einfreiheitsgradsystem bei den Anfangsbedingungen Null mit einem Rechteckimpuls der Dauer T erregt, so antwortet es gemäß der Lösung von Aufgabe 2.13:

$$u(t) = \begin{cases} \frac{p_0}{k}(1 - \cos\omega_0 t) & \text{für } 0 \leqslant t \leqslant T, \\ \frac{p_0}{k}[\cos\omega_0(t-T) - \cos\omega_0 t] & \text{für } t > T. \end{cases}$$

Existiert eine Rechteckimpulserregung derart, daß $u(t) \equiv 0$ für $t > T$ ist? Wie antwortet das System auf die Erregung mit $P(j\omega_i) = 0$?

Aus $u(t) \equiv 0$ folgt $\cos\omega_0(t-T) = \cos\omega_0 t$ für alle $t > T$. Diese Beziehung gilt für $T = 2\pi n/\omega_0$, $n \in \mathbb{N}$. Ist also die Impulsdauer gleich der n-fachen Periodendauer der auftretenden Schwingung, so geht das System nach der Erregung in den Zustand der Ruhe über. Die erste Nullstelle von $P(j\omega)$ ist $\omega_1 = 2\pi/T$: $\omega_1 = \omega_0$. Der Rechteckimpuls mit $T = 2\pi n/\omega_0$ vermag das ungedämpfte Einfreiheitsgradsystem mit der Eigenfrequenz ω_0 trotz $P(j\omega_0) = 0$ für $0 \leqslant t \leqslant T$ zu Schwingungen anzuregen ($u(t) \not\equiv 0$ für $0 \leqslant t \leqslant T$), für $t > T$ ist jedoch $u(t) \equiv 0$. Der auf das Einfreiheitsgradsystem übertragene Impuls $m\,\dot{u}(t) = \frac{p_0}{\omega_0}\sin\omega_0 t$ besitzt (u.a.) Nullstellen $t_i = 2\pi i/\omega_0$, $i \in \mathbb{N}$, sie entsprechen denen von $P(j\omega_i) = 0$, $\omega_i = 2\pi i/T$, $T = t_i$; zu diesen Zeiten ist also der Impuls $m\,\dot{u}(t_i) = 0$, ebenso ist die Auslenkung gleich Null, $u(t_i) = 0$, jedoch gilt $m\,\ddot{u}(t_i) = p_0 \neq 0$.

Im Frequenzraum ergibt sich mit $T = 2\pi/\omega_0$ aus

$$U(j\omega) = F\{u(t)\} = \frac{p_0}{k}\int_0^T (1 - \cos\omega_0 t)\, e^{-j\omega t}\, dt$$

– die Gleichung $U(j\omega) = F(j\omega)\,P(j\omega)$ führt für $\omega = \omega_0$ auf einen schwierig zu handhabenden unbestimmten Ausdruck –:

$$U(j\omega) = \frac{p_0}{k}\left[\int_0^T e^{-j\omega t} dt - \frac{1}{2}\int_0^T (e^{-j\omega_0 t} + e^{j\omega_0 t})\, e^{-j\omega t} dt\right.$$

$$= \frac{p_0}{k}\left\{\frac{1}{j\omega}(1 - e^{-j2\pi\omega/\omega_0}) - \frac{1}{2}\left[\frac{1}{j(\omega+\omega_0)}(1 - e^{-j2\pi(\omega+\omega_0)/\omega_0}) + \right.\right.$$

$$\left.\left. + \frac{1}{j(\omega-\omega_0)}(1 - e^{-j2\pi(\omega-\omega_0)/\omega_0})\right]\right\},$$

$$\lim_{\omega\to\omega_0} \frac{1}{j(\omega-\omega_0)}(1 - e^{-j2\pi\omega/\omega_0}) = \frac{1}{j}\cdot j2\pi/\omega_0 = +\frac{2\pi}{\omega_0},$$

$U(j\omega_0) = -\frac{\pi p_0}{k\omega_0} \neq 0$; trotz $P(j\omega_0) = 0$ ist in der Fouriertransformierten für $u(t)$ die Spektralkomponente für $\omega = \omega_0$ mit einem nichtverschwindenden Wert enthalten.

Beispiel 4.2: Wie wirken sich die Nullstellen $P(j\omega_i) = 0$ des Rechteckimpulses auf die Antwort des viskos gedämpften Einfreiheitsgradsystems aus?

Das Beispiel 2.12 enthält die Antwort für die Anfangsbedingung Null

$$U(j\omega) = F(j\omega)\,P(j\omega),\quad F(j\omega) = \frac{1}{-\omega^2 m + j\omega b + k} = \frac{1}{m}\,\frac{1}{\omega_0^2 - \omega^2 + j2\omega\delta},$$

$$\delta := \frac{b}{2m} =: \omega_0 D.$$

Im Zeitraum ist nach Beispiel 2.10 die Lösung

$$u(t) = \int_0^t g(t-\tau)\,p(\tau)\,d\tau = p_0 h(t) = \frac{-p_0 e^{-\delta t}}{\omega_D \omega_0^2 m}(\delta \sin \omega_D t + \omega_D \cos \omega_D t) + \frac{p_0}{\omega_0^2 m} \quad \text{für } 0 \leqslant t \leqslant T,$$

$$u(t) = p_0 [h(t) - h(t-T)] \quad \text{für } t \geqslant T,$$

vgl. auch die Lösung von Aufgabe 2.14. Unabhängig von der Wahl der Impulsdauer T in bezug auf die Eigenfrequenzen ω_0, ω_D kann nicht $u(t) \equiv 0$ für $t > T$ auftreten, da $h(t)$ nicht periodisch ist (s. Abschnitt 2.1.3). D.h.,

1. auch mit der Impulsdauer $T = 2\pi i/\omega_D$ (bzw. $2\pi n/\omega_D$) wird das System zu Schwingungen angeregt, da von $P(j\omega)$ nur $P(j\omega_i) = 0$ ist, $\omega_i = 2\pi i/T$, $i \in \mathbb{N}$, und
2. es gilt $U(j\omega_D) = 0$ ($F(j\omega_D)$ ist endlich und von Null verschieden), obwohl $u(t)$ Ausdrücke $e^{-\delta t} \sin \omega_D t$, $e^{-\delta t} \cos \omega_D t$ enthält. Dieses ist kein Widerspruch, denn die Aussage beinhaltet, daß aus dem gesamten Antwortspektrum lediglich ein Wert $U(j\omega_D)$, nämlich für $\omega = \omega_D$, gleich Null ist:

$$U(j\omega) = \int_0^\infty u(t) e^{-j\omega t} dt = p_0 \int_0^T h(t) e^{-j\omega t} dt + p_0 \int_T^\infty [h(t) - h(t-T)] e^{-j\omega t} dt$$

$$= p_0 [\mathcal{F}\{h(t)\} - \int_0^\infty h(\tau) e^{-j\omega\tau} d\tau \, e^{-j\omega T}],$$

$$\mathcal{F}\{h(t)\} = F(j\omega)\,\mathcal{F}\{1(t)\},$$

$$U(j\omega) = p_0 F(j\omega)\,\mathcal{F}\{1(t)\}\,(1 - e^{-j\omega T}),$$

$$= p_0 F(j\omega) \left[\pi\delta(j\omega) + \frac{1}{j\omega}\right](1 - e^{j\omega T}), \quad \text{s. Gl. (2.92).}$$

$$T = 2\pi\omega_D\colon \; U(j\omega) = p_0 F(j\omega) \left[\pi\delta(j\omega) + \frac{1}{j\omega}\right](1 - e^{-j2\pi\omega/\omega_D}),$$

$$\omega = \omega_D\colon \; U(j\omega_D) = p_0 F(j\omega_D) \left[\pi\delta(j\omega_D) + \frac{1}{j\omega_D}\right](1 - 1) = 0,$$

$$\infty > \omega \neq \omega_D\colon \; U(j\omega) \neq 0.$$

Für die Ermittlung der Eigenfrequenz ω_D folgt im Anwendungsfall hieraus, daß die Wahl der Impulsdauer mit $T < 2\pi/\omega_D$ getroffen werden muß.

Die Erzeugung der oben diskutierten Impulstypen über elektrohydraulische und -magnetische Erreger ist abgesehen von dem Halbsinus nur approximativ möglich. Für praktische Zwecke ist es aber nicht notwendig, diese idealen Impulstypen zu simulieren, die obigen Angaben dienen lediglich dem Studium ihrer Eigenschaften und als Anhaltspunkte für formverwandte Erregungen (Auslegung). Den gerätemäßig geringsten Aufwand benötigen Impulseinleitungen über Hammerschläge und herabfallende Gewichte. Die kommerziell vertriebenen Impulshämmer zeichnen sich durch verschiedene Größen und Gewichte aus. Sie besitzen einen kalibrierten Kraftaufnehmer, auswechselbare Zusatzmassen und Schlagkalotten unterschiedlicher Materialien. Mit den Zusatzmassen kann die Impulshöhe und mit den Schlagkalotten (Ersatz: Unterlegplatten verschiedener Härten) die Impulsdauer und damit der Frequenzbereich beeinflußt werden. Das Bild 4.6a zeigt die Ergebnisse von

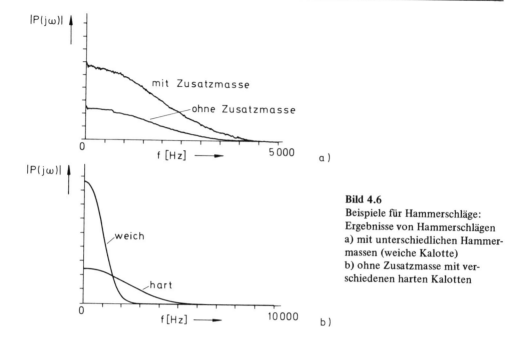

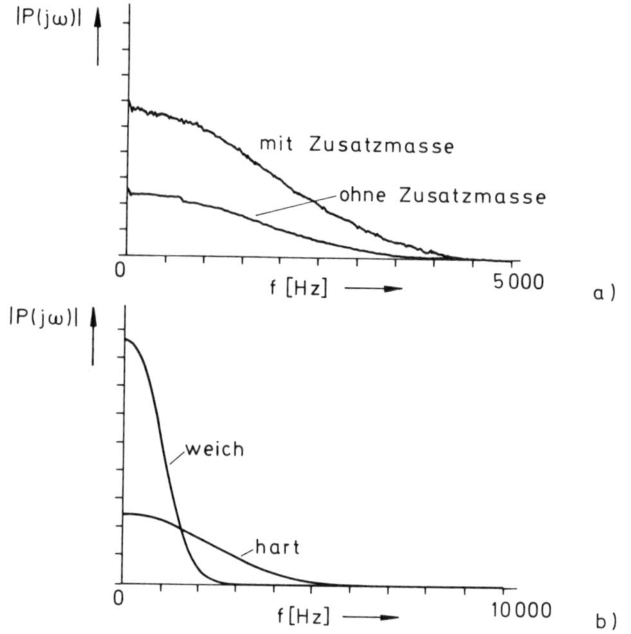

Bild 4.6
Beispiele für Hammerschläge: Ergebnisse von Hammerschlägen
a) mit unterschiedlichen Hammermassen (weiche Kalotte)
b) ohne Zusatzmasse mit verschiedenen harten Kalotten

Hammerschlägen mit unterschiedlichen Massen und einer Kalotte, das Bild 4.6b die von Hammerschlägen ohne Zusatzmasse für zwei Kalotten. Es kommt nicht selten vor, daß für die vorliegende Aufgabenstellung des zu untersuchenden Systems, abhängig von dessen dynamischen Eigenschaften, spezielle Hämmer dimensioniert werden müssen. Ein großes Problem hierbei ist die parametrische Kalibrierung des Kraftaufnehmers. Eine große Schwierigkeit dieser Testsignalrealisierung ist ihre Reproduzierbarkeit. Abgesehen von der unterschiedlichen Impulshöhe jedes Schlages trifft der Hammer nicht genau die vorgesehene Erregungsstelle, er trifft jedesmal mit einer anderen Kalottenteilfläche auf das Objekt (deshalb auch die sphärische Hammerfläche) und vor allen Dingen mit einer nicht gut vorherbestimmbaren Kraftrichtung (räumlich bogenförmige Hammerbewegung). Ein Nachprellen des Hammers ist auf jeden Fall zu vermeiden. Aus den eben geschilderten Nachteilen folgt sofort, daß mehrere Hammerschläge auszuführen sind, um dann die entsprechenden Ergebnisse (z.B. Frequenzgänge) zu mitteln.

Bei der Meßwertaufnahme (z.B. FM-, PCM-Magnetband mit entsprechenden Verstärkern), können sich Meßbereichs-Aussteuerungsprobleme (Übersteuerung) ergeben, denn das oft sehr kurze Zeitsignal läßt sich auf einem einfachen Oszilloskop nicht darstellen (Abhilfe: Transienten-Rekorder oder Speicheroszillograph).

Beispiel 4.3: Mit der Anordnung gemäß Bild 4.6c werden reproduzierbare Impulse in ein System mit ebener Krafteinleitungsfläche eingeleitet. Der Betrag der Fouriertransformierten des gemessenen Kraftsignals habe den in Bild 4.6d gezeigten Verlauf. Ist dieser durch die horizontale Belastung des Systems erklärbar?

Ist der Hammer richtig kalibriert (d.h. für senkrechtes Auftreffen der Kalotte), dann wird die in das System eingeleitete Kraft (ohne Rückprall) $p_0(t)$ als Kraftverlauf $p(t) = p_0(t)$ gemessen.

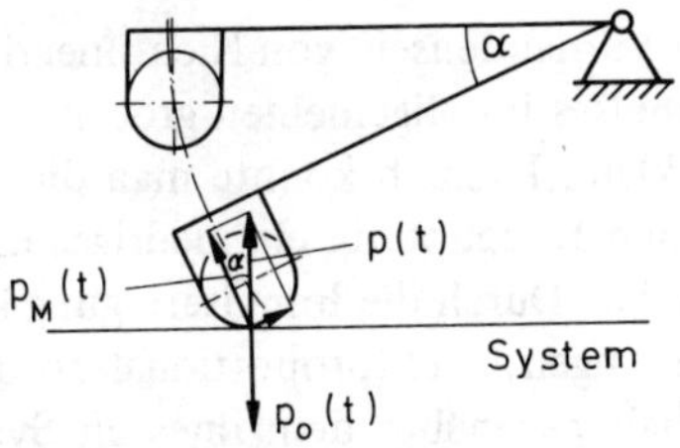

Bild 4.6
c) Vorrichtung zur Einleitung eines reproduzierbaren Impulses mit einem Impulshammer

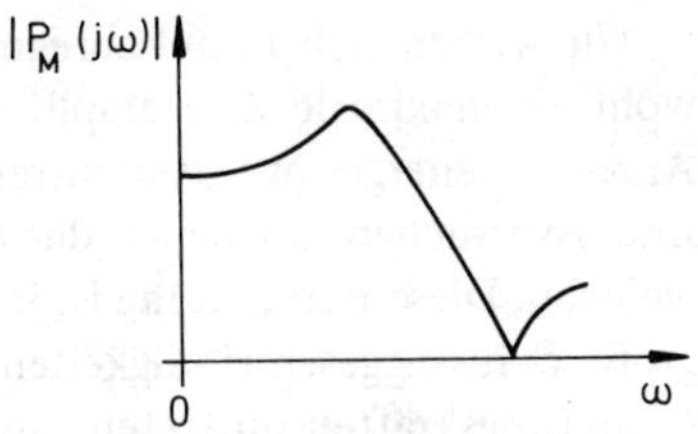

Bild 4.6
d) Betrag der Fouriertransformierten des gemessenen Kraftsignals

Trifft der Hammer die (ebene) Fläche des Systems unter dem Winkel α und erzeugt (annähernd) denselben Kraftverlauf $p_o(t)$ im Einleitungspunkt, dann wird bei vernachlässigbarer Querkraftempfindlichkeit des Kraftaufnehmers im Hammer der um den Faktor $\cos\alpha$ reduzierte Kraftverlauf angezeigt, nämlich $p_M(t) = p_o(t) \cdot \cos\alpha$, wobei $\cos\alpha > 0$ und konstant ist. Demnach muß $|P_M(j\omega)|$ für $p(t) \geqslant 0$ im Intervall $[0,T]$, sonst Null, sein Maximum in $\omega = 0$ erreichen ([2.2], Abschnitt C, Satz 5.1). Das im Bild 4.6d gezeigte Verhalten kann also nicht durch die Krafteinleitung erklärt werden. Der Verlauf von $|P_M(j\omega)|$ ähnelt dem des Betrages der Fouriertransformierten von $Ae^{-\alpha|t|}\cos\beta t$, also einer abklingenden Schwingung, demzufolge ist die Einwirkung eines elastomechanischen Systems hier im Spiel: Der Kraftaufnehmer ist zwar auf dem zu erregenden System befestigt, jedoch erfolgt die Impulseinleitung nicht direkt in den Aufnehmer, sondern über eine schwingungsfähige (im Bild 4.6c nicht dargestellte) Zwischenkonstruktion, deren Trägheitskräfte auf den Kraftaufnehmer einwirken.

Eine ähnliche Impulserzeugung ist die über ein Fallgewicht, das abhängig von der gewünschten Kraftgröße und dem Frequenzbereich dimensioniert wird und dessen Werkstoff entsprechend gewählt werden muß. Über untergelegte Platten verschiedener Härten kann der Frequenzbereich weiter beeinflußt werden. Zweckmäßig wird hier eine Vorrichtung verwendet, die reproduzierbare Ergebnisse erwarten läßt und die das im allgemeinen vom Objekt abfedernde Gewicht auffängt und so ein Nachprellen verhindert. Die zugehörige Kraftfunktion muß vorher analysiert werden, was durch Fallversuche auf einen geeigneten Kraftaufnehmer und Auswertung des Kraftsignals geschieht.

Eine weitere Anregungsart ist die über Kartuschen, wie sie beispielsweise im Flugzeugbau für Flugschwingungsversuche [4.13, 4.14] angewendet wird. Das Bild 4.7 enthält ein Beispiel für die Kartuschenanregung. Die Ermittlung der Fouriertransformierten erfolgt über die Fast-Fouriertransformation des gemessenen Kraftsignals oder durch die Transformation eines Trapezimpulses als Näherung für das Abbranddiagramm.

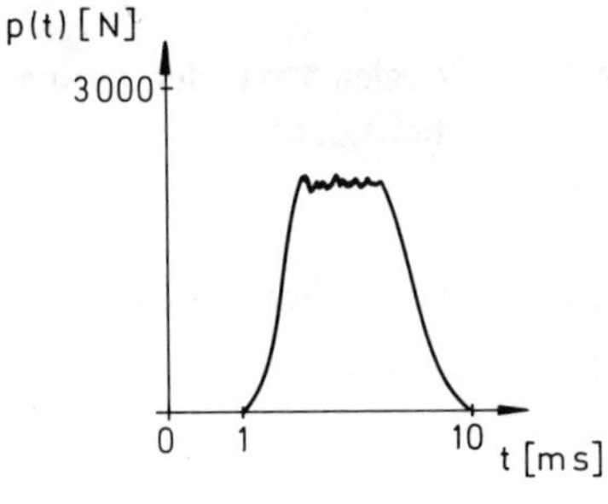

Bild 4.7 Abbranddiagramm einer Kartusche

Wir wirken sich Impulsanregungen beim Vorhandensein von Nichtlinearitäten aus? Obwohl die maximale Kraftamplitude des Impulses im allgemeinen groß ist, so ist doch die Anregungsenergie pro Systemfreiheitsgrad klein. Deshalb könnte man die Ergebnisse aus Impulsversuchen mit denen der harmonischen Erregung für ein niedriges Kraftniveau vergleichen. Diese Betrachtung ist jedoch zu global. Durch die Impulserregung können örtlich große Schwinggeschwindigkeiten (Verschiebungen) nichtproportional zu den (örtlichen) Dämpfungskräften auftreten, und man erhält gegenüber dem linearen System zu große Dämpfungsmaße. Hinsichtlich des Dämpfungsverhaltens ist also der Impulsversuch mit einem Versuch mit großer harmonischer Kraftanregung vergleichbar. Bei schwach gedämpften Systemen können deshalb Ortskurven ermittelt werden, die von denen eines linearen Systems abweichen (Sprünge). Die transienten Schriebe zeigen eine große Anfangsdämpfung infolge der zu Beginn des Schwingungsvorganges auftretenden großen Verschiebungen und mit dem Abklingen der Schwingung wird dann das Dämpfungsmaß kleiner. Eine ähnliche Auswirkung zeigt die Untersuchung eines „jungfräulichen" gefügten elastomechanischen Systems oder eines unter Vorlast betriebenen Systems, das ohne Vorlast getestet wird. In beiden Fällen führen Spiel und Gleitungen in den Fügungsstellen bei Impulsbeanspruchung durch relative Verschiebungen der Fügungselemente zu größeren Dämpfungen als sie (später) im Betrieb auftreten. Abhilfe kann dadurch erreicht werden, daß das zu untersuchende System vor dem Versuch simulierten Betriebslasten ausgesetzt wird bzw. der Versuch mit den entsprechenden Vorlasten (hydraulisch oder über weiche Federn) durchgeführt wird. Sind nichtlineare Federelemente in dem System enthalten, so zeigt die harmonische Erregung (hinreichender konstanter Kraftamplitude) die Auswirkung sehr klar (Sprungphänomen), bei Impulserregung muß parametrisch auch wieder mit Vorlasten gearbeitet werden: Sind nichtlineare Effekte erkennbar, dann sollte zweckmäßig harmonische Erregung verwendet werden.

Die Impulserregung ist für Versuche im Labor und im Feld durch ihren geringen Aufwand, entsprechend den vorher angeführten Einschränkungen, gekennzeichnet, mit ihr lassen sich u.U. auch in Betrieb befindliche Systeme untersuchen. Die Erregung drehender Teile kann z.B. zur Reduzierung von tangentialen Stoßanteilen mit untergelegter und sich nicht mitdrehender Teflonscheibe erfolgen usw. Die Verwendung des Exponentialfensters (s. Abschnitt 3.8.2.2) bringt bei der Auswertung von Impulsversuchen große Vorteile.

Die Vorteile der Impulserregung sind:

- schnelle Durchführung,
- geringer gerätemäßiger Aufwand,
- minimaler Einspannungs-(Aufhängungs-)aufwand,
- Versuche an Systemen im Betrieb sind (eingeschränkt) möglich.

An Nachteilen ist zu nennen:

- Freiheitsgrade mit niedrigen Eigenfrequenzen sind z.B. im Vergleich mit der sprungförmigen Erregung schlecht anzuregen (wenig Energie pro Freiheitsgrad).
- Die Kraftsteuerung ist beschränkt.
- Sie besitzt ein kleines Nutz- zu Störsignalverhältnis.
- Die Auswertung ist u.U. aufwendiger als beispielsweise bei harmonischer Erregung.
- Sie eignet sich nicht zur Untersuchung nichtlinearer Systeme.

4.1.2.2 Sinusförmige Erregung mit schneller Gleitfrequenz

Die schnelle Gleitfrequenzerregung (fast frequency sine sweep, chirps) ist ebenfalls ein transienter Vorgang. Er wird etwa in 5 s durchfahren und kann einem linearen Gleitgesetz (s. Abschnitt 4.1.1) mit $b \lesseqgtr 0$, einem exponentiellen,

$$\Omega = \Omega_a\, e^{at}, \quad \Theta = \int \Omega\, dt = \frac{\Omega_a}{a}\, e^{at} \tag{4.4}$$

ober beispielsweise einem Gleitgesetz gemäß

$$\Omega = \frac{1}{a - bt}, \quad \Theta = \int \Omega\, dt = -\frac{1}{b} \ln(a - bt) \tag{4.5}$$

folgen. Die Kraft ist dann entsprechend (4.2) durch $p(t) = p_0 \sin\Theta$ gegeben. Beispiele hierfür enthält das Bild 4.8. Die praktische Bedeutung dieser Erregungsart, durchgeführt ohne periodische Wiederholung, ist gering. Sie besitzt jedoch den Vorteil, daß sie schnell durchführbar ist und ihr Zeitsignal innerhalb eines vorgegebenen Zeitfensters liegt (wobei das Zeitfenster für die Antwortsignale so groß sein sollte, daß die Antwort innerhalb desselben abgeklungen ist).

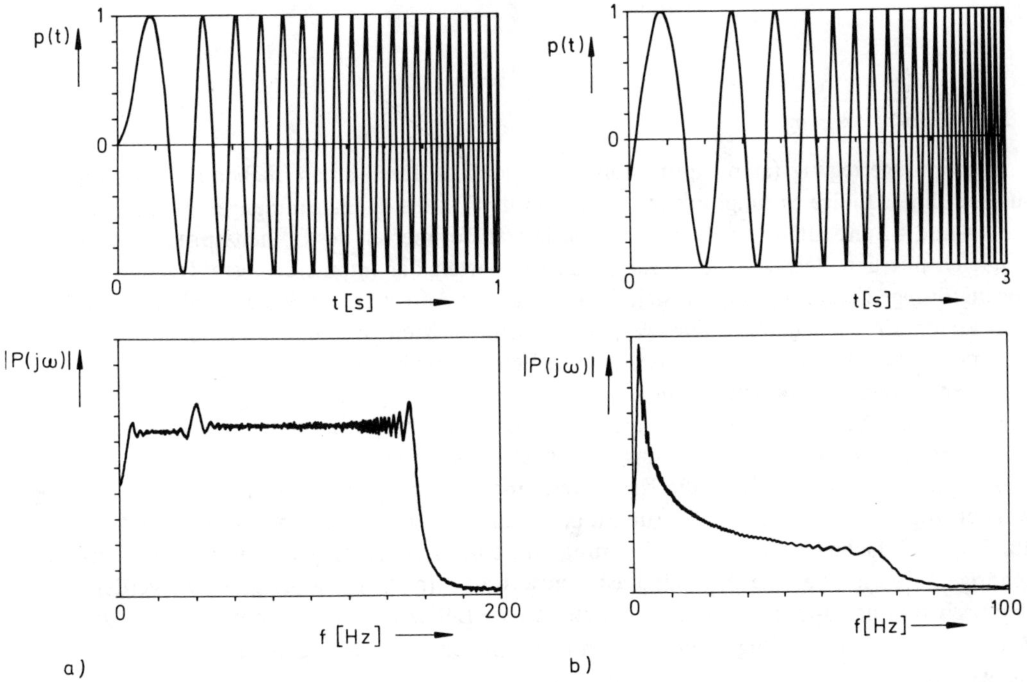

Bild 4.8 Beispiele für die schnelle Gleitfrequenzerregung. a) lineares, b) exponentielles Gleitgesetz, T = 5 s

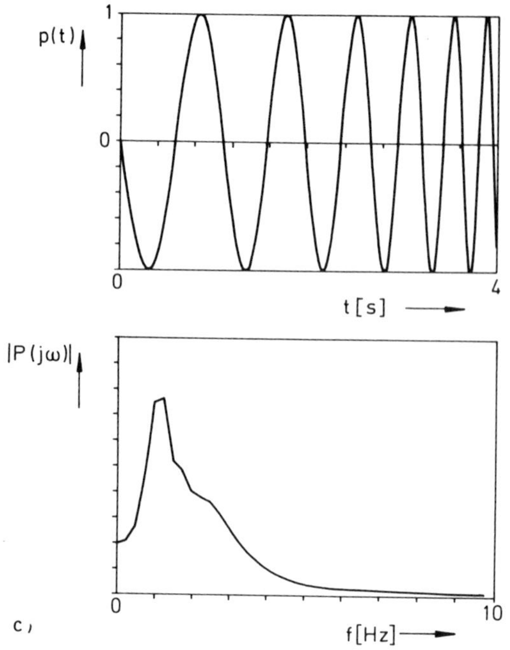

Bild 4.8c) Beispiel für die schnelle Gleitfrequenzerregung mit logarithmischem Gleitgesetz, T = 5 s

4.1.2.3 Sprungerregung

Die Sprungerregung (step input, step relaxation) ist durch einen bleibenden Eingang ausgezeichnet. Einige Sprungfunktionen sind in der Tabelle 4.2 zusammengefaßt. Die Bilder 4.4 und 4.5 enthalten den Betrag der Fouriertransformierten des Einheitssprunges zum Vergleich mit den Beträgen der Fouriertransformierten der impulsförmigen Testsignale. Sprungförmige Erregungen eignen sich demzufolge zur Anregung der Systemfreiheitsgrade im unteren Frequenzbereich. Sie werden bei sehr leichten Systemen (empfindlich auf Hammerschlag: zu hart, zu unkontrolliert, die Befestigung ist problematisch) und bei sehr schweren Systemen (manueller Hammerschlag enthält zu wenig Energie) angewendet. Über ein Kabel oder Seil wird eine statische Vorlast bis zu einem bestimmten Wert aufgebracht und plötzlich entlastet. Die Entlastung kann über ein kalibriertes Reißglied, einen Sprengbolzen o.ä. erfolgen. Damit ist die Kraftgröße und -richtung gut steuer- und meßbar. Die Auswertung enthält für die ideale Sprungfunktion einen δ-Impuls für $\omega = 0$, er kann jedoch durch eine einfache Gleichanteilüberlagerung im Fourieranalysator (entsprechend dem zugehörigen Fourierkoeffizienten der Fast-Fouriertransformation) herausgefiltert werden. Praktisch tritt der δ-Impuls jedoch nicht auf, da die Entlastung zeitlich stetig erfolgt. Das Bild 4.9 enthält einen Zugversuch mit einem Schlepper zur Anregung eines Offshore-Bauwerkes.

Tabelle 4.2 Übersicht zu einigen Sprungfunktionen

p(t)		P(jω)	Re P(jω)	Im P(jω)	|P(jω)|
$p_0 \cdot 1(t)$	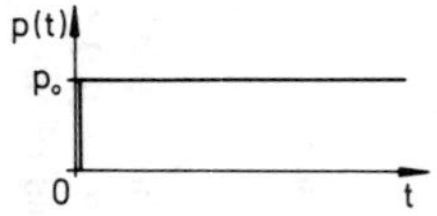	$p_0\left(\pi\delta(j\omega) - j\frac{1}{\omega}\right)$	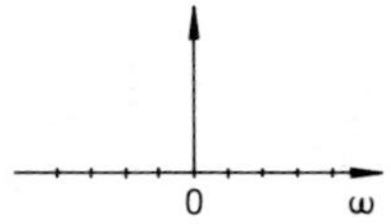	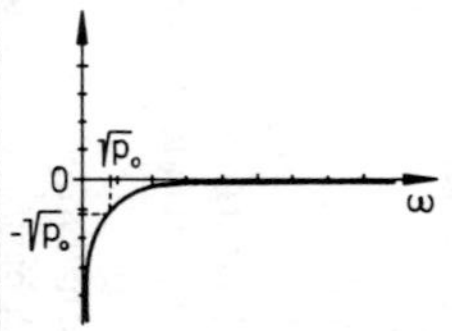	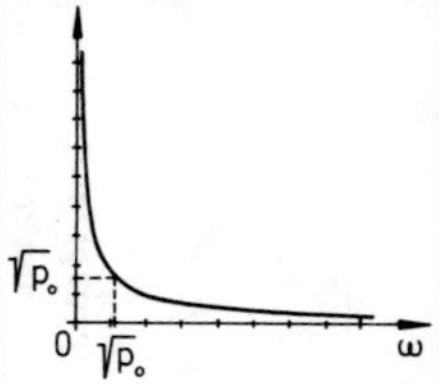
$\frac{p_0 t}{T}$ für $0 \leqslant t \leqslant T$ p_0 für $t \geqslant T$ 0 sonst	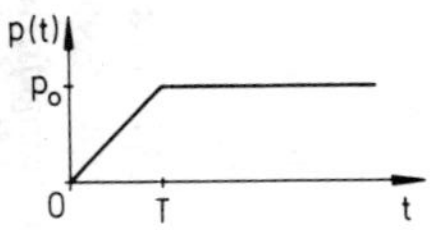	$p_0\left(\pi\delta(j\omega) + \frac{\cos\omega T - 1}{T\omega^2} - j\frac{\sin\omega T}{T\omega^2}\right)$	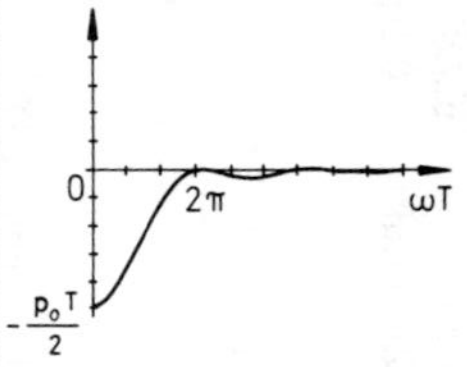	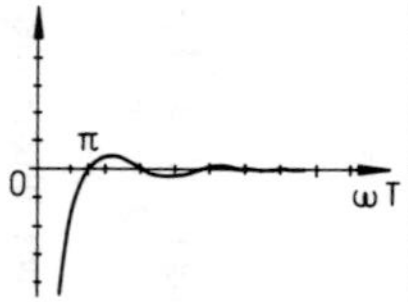	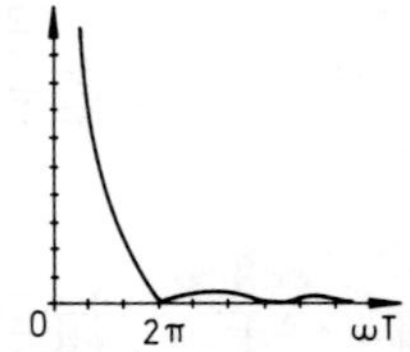
p_0 für $-\infty < t \leqslant 0$ 0 sonst	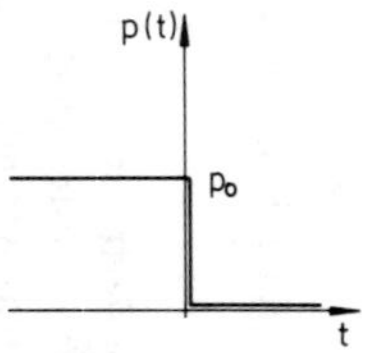	$p_0\left(\pi\delta(j\omega) + j\frac{1}{\omega}\right)$	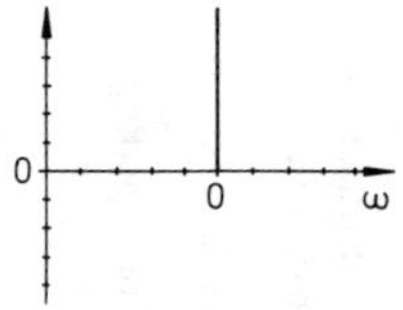	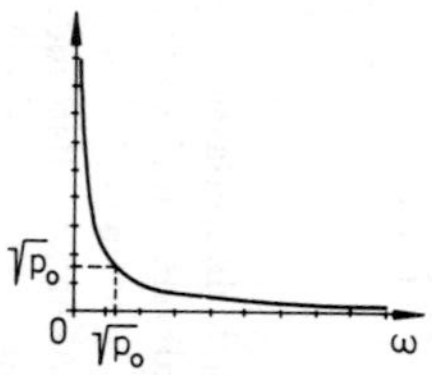	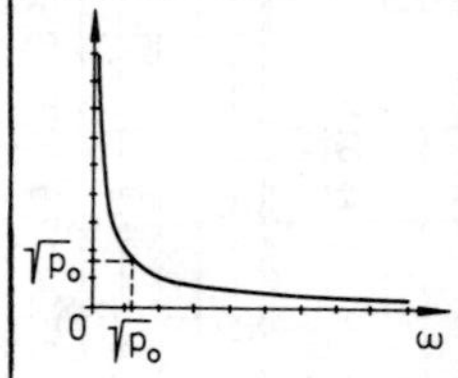
p_0 für $-\infty < t \leqslant 0$ $p_0 e^{-at}$ für $t \geqslant 0$	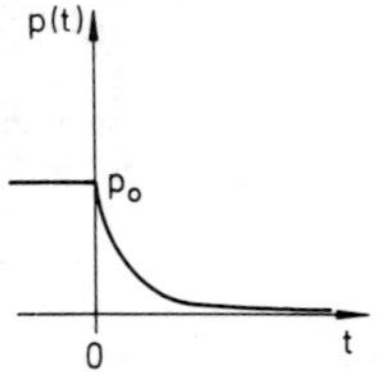	$p_0\left(\pi\delta(j\omega) + \frac{a}{a^2+\omega^2} + j\frac{a^2}{\omega(a^2+\omega^2)}\right)$	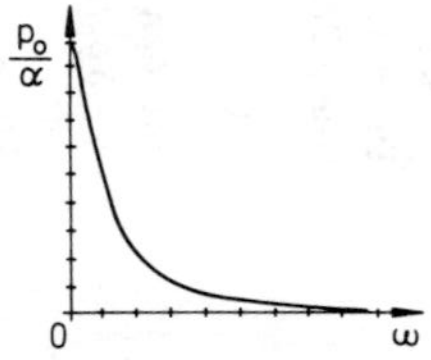	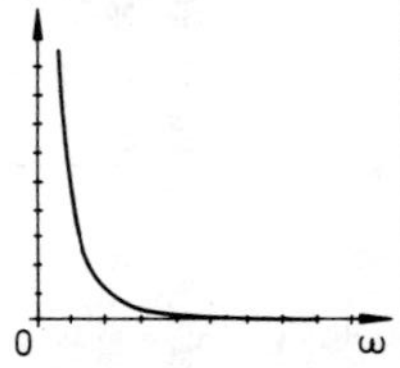	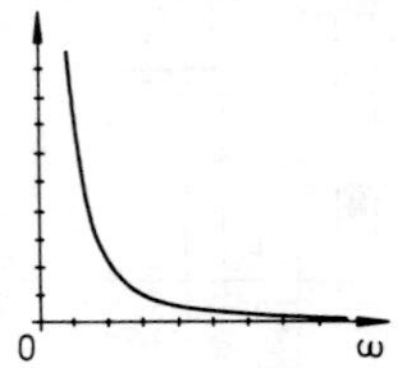

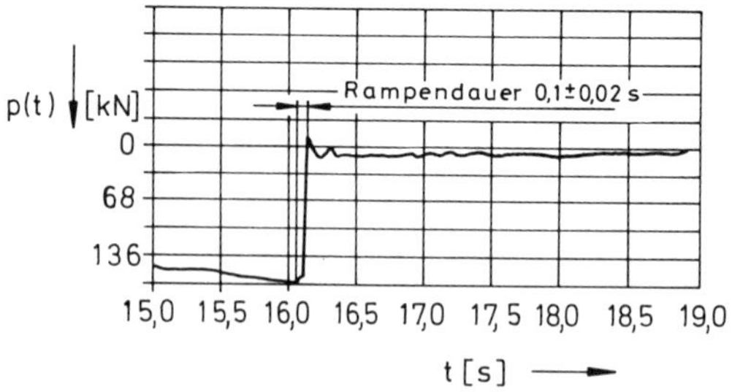

Bild 4.9 Sprungförmige Erregung eines Offshore-Bauwerkes mit einem Schlepper

Beispiel 4.4: Wie wirkt sich ein Entlastungssprung $p(t) = p_0[1 - 1(t)]$ auf das viskos gedämpfte Einfreiheitsgradsystem im Vergleich zum Belastungssprung $p_0\,1(t)$ auf das vorher in Ruhe befindliche System aus?

Unter der Annahme, daß die Auswirkungen des Einschaltvorganges ($t_a = -\infty$) von $p(t)$ für Zeiten $t = -\epsilon$, $\epsilon > 0$, bereits abgeklungen sind, besitzt das System für Zeiten $-\epsilon \leqslant t < 0$ die statische Verschiebung $u(t) = p_0/k$.

Die plötzliche Entlastung zum Zeitpunkt $t_0 = 0$ ergibt aus dem Lösungsansatz für die freien Schwingungen

$$u(t) = e^{-\delta t}(A \sin \omega_D t + B \cos \omega_D t)$$

mit den Anfangsbedingungen $u(0) = p_0/k$, $\dot{u}(0) = 0$ die Integrationskonstanten $A = \delta p_0/(\omega_D k)$, $B = p_0/k$:

$$u(t) = \frac{p_0}{\omega_D \omega_0^2 m} e^{-\delta t}(\delta \sin \omega_D t + \omega_D \cos \omega_D t)$$

$$= -p_0\left[h(t) - \frac{1}{\omega_0^2 m}\right] \quad \text{(vgl. die Lösung der Aufgabe 2.14).}$$

Abgesehen von dem konstanten Anteil in $u(t)$ entspricht die Antwort des Systems auf die sprungförmige Entlastung für $t \geqslant 0$ der der sprungförmigen Belastung mit $-p_0\,1(t)$. Auf die Antwort $u(t)$, $-\infty < t < \infty$, sei nun die Fouriertransformation angewendet:

$$F\{u(t)\} = U(j\omega) = \int_{-\infty}^{0} (p_0/k)e^{-j\omega t}dt + \int_{0}^{\infty} u(t)e^{-j\omega t}dt$$

$$= (p_0/k)\left(\int_{-\infty}^{\infty} e^{-j\omega t}dt - \int_{0}^{\infty} e^{-j\omega t}dt\right) + \int_{0}^{\infty} u(t)e^{-j\omega t}dt.$$

Die erste Fouriertransformierte folgt aus den Gln. (2.96a) bis (2.98a) zu $2\pi\delta(j\omega)$, die zweite Fouriertransformierte ist nach Gl. (2.92) $F\{1(t)\} = \pi\delta(j\omega) + 1/(j\omega)$ und die dritte Fouriertransformierte folgt aus (umgeformt gegenüber oben)

$$u(t) = \frac{p_0}{\omega_0^2 m} e^{-\delta t}\left(\cos \omega_D t + \frac{\delta}{\omega_D} \sin \omega_D t\right)$$

mit den Laplacetransformierten

$$L\{e^{-\delta t}\cos \omega_D t\} = \frac{s+\delta}{(s+\delta)^2 + \omega_D^2},$$

$$L\{e^{-\delta t}\sin \omega_D t\} = \frac{\omega_D}{(s+\delta)^2 + \omega_D^2},$$

$$L\{u(t)\} = \frac{p_0}{\omega_0^2 m} \frac{s+2\delta}{(s+\delta)^2+\omega_D^2}$$

und mit der Übertragungsfunktion $H(s) = \frac{1}{m} \frac{1}{s^2+2\delta s+\omega_0^2}$ nach Beispiel 2.12,

$\omega_D^2 = \omega_0^2 - \delta^2$, zu $(s \to j\omega)$

$$U_f(j\omega) := \int_0^\infty u(t) e^{-j\omega t} dt = \frac{p_0}{\omega_0^2} F(j\omega)\,(2\delta + j\omega).$$

Insgesamt gilt somit im Frequenzraum:

$$U(j\omega) = \frac{p_0}{k}\left[\pi\delta(j\omega) + j\frac{1}{\omega}\right] + F(j\omega)\frac{p_0}{\omega_0^2}(2\delta + j\omega) = U_0(j\omega) + U_f(j\omega),$$

$$U_f(j\omega) := F(j\omega)\,P_E(j\omega),\ P_E(j\omega) = \frac{p_0}{\omega_0^2}(2\delta + j\omega).$$

Der Anteil der freien Schwingungen im Frequenzraum wird durch $U_f(j\omega)$ beschrieben. Die Fouriertransformierte der zugehörigen „Ersatzkraft" enthält die Systemparameter ω_0 und δ. Der Entlastungssprung ist als Testsignal deshalb für die Identifikation nur beschränkt verwendbar, denn für die nichtparametrische Identifikation ist er ungeeignet.
Die numerische Lösung im Frequenzraum stößt auf Schwierigkeiten, da weder $F\{1\}$ noch $F\{1(t)\}$ numerisch gebildet werden können. Abhilfe bietet hier aufgrund eines parametrischen Modells die theoretische Lösung (s. o.), die lediglich die Messung der abklingenden freien Schwingungen, die Berechnung deren Fouriertransformierte $U_f(j\omega)$ und die Messung von p_0 verlangt.

Die Vorteile einer sprungförmigen Erregung sind:

- Sie läßt sich gut bei sehr leichten und schweren Systemen anwenden.
- Die Kraft läßt sich in Größe und Richtung gut steuern.
- Sie eignet sich für Anregungen im unteren Frequenzbereich.

Anzumerken ist, daß sie sich an kompakten Systemen (z.B. Verbrennungsmotor) praktisch nicht verwirklichen läßt.

4.1.3 Stochastische Erregung

Das Signal für die stochastische Erregung (random excitation) wird über einen (Zufalls-) Rauschgenerator erzeugt und in den (die) Erreger gespeist. Die gerätemäßige Ausstattung ist die gleiche wie bei der Sinuserregung.

Unterschieden wird bei der stochastischen Anregung zwischen weißem Rauschen und Breitbandrauschen (Tiefpaß-, Bandpaßerregung).

4.1.3.1 Weißes Rauschen

Die Erregung über weißes Rauschen (white noise) ist durch eine konstante Leistungsdichte gekennzeichnet, also ist die Autokorrelationsfunktion eine Dirac-Funktion (s. auch Aufgabe 3.33 und Fußnote auf S. 98):

$$\Phi_{pp}(\tau) = p_0\delta(\tau),\ S_{pp}(\omega) = F\{\Phi_{pp}(\tau)\} = p_0 = \Phi_{pp}(0) = \sigma_p^2. \tag{4.6}$$

Die Dirac-Funktion ist nicht zu verwirklichen. Weißes Rauschen wird deshalb durch Breitbandrauschen angenähert.

4.1.3.2 Breitbandrauschen

Das Breitbandrauschen (broadband noise) besitzt die Eigenschaften:

- Stationarität,
- konstantes Leistungsspektrum bis zu einer (oberen) Testsignaleckfrequenz.

Zu beachten ist, daß die Testsignaleckfrequenz hinreichend hoch über der Systemeckfrequenz (größte interessierende Systemfrequenz) liegt.

Das Tiefpaßrauschen (low pass noise) ist durch eine konstante Leistungsdichte in dem Frequenzintervall $[-\omega_b, \omega_b]$ definiert:

$$G_{pp}(\omega) = \begin{Bmatrix} G_0 & \text{für } 0 \leqslant \omega \leqslant \omega_b, \\ 0 & \text{für } \omega > \omega_b \end{Bmatrix} \tag{4.7}$$

mit der Testsignaleckfrequenz ω_b. Aufgrund der Definition der einseitigen Wirkleistungsdichte (3.125) und der reellen Umkehrtransformation für die Wirkleistungsdichte (3.124) folgt für das Tiefpaßrauschen die Autokorrelationsfunktion zu

$$\begin{aligned} \Phi_{pp}(\tau) &= \int_0^\infty G_{pp}(f) \cos 2\pi f\tau \, df \\ &= G_0 \int_0^{f_b} \cos 2\pi f\tau \, df \\ &= \frac{S_0}{\pi} \frac{\sin \omega_b \tau}{\tau}, \quad S_0 := \frac{G_0}{2} . \end{aligned} \tag{4.8}$$

Beachtet man die Faltung

$$\int_{-\infty}^{\infty} \frac{\sin \omega_1 t}{\omega_1 t} \frac{\sin \omega_2(\tau - t)}{\omega_2(\tau - t)} dt = \begin{Bmatrix} \dfrac{\pi}{\omega_2} \dfrac{\sin \omega_1 \tau}{\omega_1 \tau} & \text{für } \omega_2 > \omega_1, \\ \\ \dfrac{\pi}{\omega_1} \dfrac{\sin \omega_2 \tau}{\omega_2 \tau} & \text{für } \omega_1 > \omega_2 \end{Bmatrix} \tag{4.9}$$

und die Definition der Autokorrelationsfunktion eines ergodischen Prozesses mit aperiodischer Musterfunktion p(t) nach Gl. (3.110), so folgt mit

$$p(t) = p_0 \frac{\sin \omega_b t}{\pi t} \tag{4.10}$$

die Autokorrelationsfunktion

$$R_{pp}(\tau) = \int_{-\infty}^{\infty} p(t) p(t + \tau) \, dt = \frac{p_0^2}{\pi} \frac{\sin \omega_b \tau}{\tau}, \tag{4.11}$$

womit die Realisierung von $R_{pp}(\tau)$ bzw. von (4.8) für $S_0 = p_0^2$ mit dem Testsignal (4.10) ebenfalls geklärt ist. Man erhält selbstverständlich die konstante Wirkleistungsdichte

S_0 für $[-\omega_b, \omega_b]$ aus der Fouriertransformation der geraden Funktion (4.11):

$$\left.\begin{aligned} S_{pp}(\omega) &= F\{R_{pp}(\tau)\} = 2\int_0^\infty R_{pp}(\tau)\cos\omega\tau\,d\tau \\ &= \frac{2\,p_0^2}{\pi}\int_0^\infty \frac{\sin\omega_b\tau}{\tau}\cos\omega\tau\,d\tau \\ &= \frac{p_0^2}{\pi}\int_0^\infty \frac{1}{\tau}[\sin(\omega_b-\omega)\tau+\sin(\omega_b+\omega)\tau]\,d\tau \\ &= \begin{cases} \dfrac{p_0^2}{\pi}\left(\dfrac{\pi}{2}+\dfrac{\pi}{2}\right) = p_0^2 & \text{für } |\omega| < \omega_b, \\ \dfrac{p_0^2}{\pi}\left(-\dfrac{\pi}{2}+\dfrac{\pi}{2}\right) = 0 & \text{für } |\omega| > \omega_b. \end{cases} \end{aligned}\right\} \quad (4.12)$$

Vergleicht man die obigen Resultate mit dem Rechteckimpuls und seiner Fouriertransformierten (s. Beispiel 2.4), so stellt man fest, daß hier eine Vertauschung von Zeitfunktion und Spektrum gegenüber dem Beispiel 2.4, Bild 2.15, vorliegt: Die Beziehung (4.8) folgt sofort aus dem Vertauschungssatz der Tabelle 2.5.

Notwendig für die stochastische Tiefpaßerregung ist ein hinreichend großes Zeitintervall. Interessant ist ein Vergleich der Erregungsfunktion (4.10) mit der harmonischen Anregung (4.1): Die harmonische Anregung arbeitet mit konstanter Kraftamplitude und variabler Frequenz, die Anregung (4.10) besitzt den zeitveränderlichen Faktor $p_0/(\pi t)$ (Amplitudenmodulation); in der Grenze $\omega_b \to \infty$ geht (4.10) in die δ-Funktion über, was anschaulich sofort aus der Grenzwertbetrachtung (eine Folge größer werdender Frequenzintervalle) im Vergleich mit dem weißen Rauschen folgt. Ein angenähertes Tiefpaßrauschen beschreibt das Beispiel 3.20.

Die Autokorrelationsfunktion der Bandpaßerregung

$$G_{BP}(\omega) = \begin{cases} 0 & \text{für } 0 \leqslant \omega < \omega_a \\ G_0 & \text{für } \omega_a \leqslant \omega \leqslant \omega_b \\ 0 & \text{für } \omega > \omega_b \end{cases}$$

folgt entsprechend Gl. (3.124) zu

$$\Phi_{BP}(\tau) = \frac{G_0}{2\pi\tau}(\sin\omega_b\tau - \sin\omega_a\tau).$$

Dieselbe Autokorrelationsfunktion enthält man, wenn die Bandpaßerregung über den Verschiebungssatz auf die Tiefpaßerregung zurückgeführt wird: Unter Beachtung der Beziehungen (3.125) und (3.123) wird $S_{BP}(\omega) = S_{BP}(-\omega) = G_{BP}(\omega)/2$ zerlegt

$$S_{BP}(\omega) = S_1(\omega) + S_2(\omega),$$

$$S_1(\omega) := \begin{cases} \dfrac{G_0}{2} & \text{für } -\omega_b \leqslant \omega \leqslant -\omega_a, \\ 0 & \text{sonst,} \end{cases} \qquad S_2(\omega) := \begin{cases} \dfrac{G_0}{2} & \text{für } \omega_a \leqslant \omega \leqslant \omega_b, \\ 0 & \text{sonst.} \end{cases}$$

Verschiebung des Anteils $S_1(\omega)$ nach rechts, $S_1(\omega' - \omega_a)$, des Anteils $S_2(\omega)$ nach links, $S_2(\omega' + \omega_a)$, $\omega' \in [-\omega_b + \omega_a, \omega_b - \omega_a]$, führt auf die Autokorrelationsfunktionen

$$\Phi_{1T}(\tau) := F^{-1}\left\{S_1(\omega')\right\} = \frac{1}{2\pi} \int_{-\omega_b+\omega_a}^{0} \frac{G_0}{2} e^{j\omega'\tau} d\omega' = \frac{G_0}{4\pi} \frac{1}{j\tau} (1 - e^{j(\omega_a - \omega_b)\tau}),$$

$$\Phi_{2T}(\tau) := F^{-1}\left\{S_2(\omega')\right\} = \frac{1}{2\pi} \int_{0}^{\omega_b - \omega_a} \frac{G_0}{2} e^{j\omega'\tau} d\omega' = \frac{G_0}{4\pi} \frac{1}{j\tau} (e^{j(\omega_b - \omega_a)\tau} - 1),$$

deren Superposition die reelle Autokorrelationsfunktion

$$\Phi_T(\tau) := \Phi_{1T}(\tau) + \Phi_{2T}(\tau) = \frac{G_0}{2\pi} \frac{\sin(\omega_b - \omega_a)\tau}{\tau}$$

für die zum Tiefpaßrauschen verschobene Wirkleistungsdichte ergibt. Die Rückverschiebungen $S_1(\omega' + \omega_a)$, $S_2(\omega' - \omega_a)$ entsprechen im Zeitraum den Autokorrelationsfunktionen $\Phi_{1T}(\tau)e^{-j\omega_a\tau}$, $\Phi_{2T}(\tau)e^{j\omega_a\tau}$, deren Superposition auf die Autokorrelationsfunktion $\Phi_{BP}(\tau)$ führt:

$$\begin{aligned}\Phi_{1T}(\tau)\, e^{-j\omega_a\tau} + \Phi_{2T}(\tau)\, e^{j\omega_a\tau} &= \frac{G_0}{4\pi} \frac{1}{j\tau} (e^{j\omega_b\tau} - e^{j\omega_a\tau} + e^{-j\omega_a\tau} + e^{-j\omega_b\tau}) \\ &= \Phi_{BP}(\tau).\end{aligned}$$

Die Vorteile der Breitbanderregung sind:

- schnell durchführbar im Vergleich zur harmonischen Erregung,
- die Erregungsamplitude ist gut steuerbar,
- günstiges Verhältnis von Stör- zu Nutzsignal ist erreichbar,
- günstig für lineare Systeme: Durch die Bildung der Leistungsdichten erfolgt für den Frequenzgang des linearen Systems eine Approximation im quadratischen Mittel (s. Abschnitt 4.4.4).

Als nachteilig zu nennen ist:

- Die Einspannung des Objektes und das Erregersystem sind ebenso aufwendig wie bei harmonischer Anregung.
- Die Frequenzauflösung der diskreten Fouriertransformation kann bei leichten Systemen ungenügend sein (Abhilfe: Zoomtransformation, s. Abschnitt 3.8.2.3).

Farbiges Rauschen ($S_0 \neq$ const.) zur Erregung kann aus weißem und Breitbandrauschen über ein sog. Formfilter mit dem Frequenzgang $F_f(j\omega)$ erzeugt werden:

$$S_{pp}(\omega) = |F_f(j\omega)|^2 S_0, \quad -\omega_b \leqslant \omega \leqslant \omega_b. \tag{4.13}$$

4.1.4 Periodische Erregung

Neben der harmonischen Erregung gibt es eine Vielzahl von Möglichkeiten zur periodischen Erregung, denn nach Einführung der Fast-Fouriertransformation als Routineverfahren in der Praxis, braucht ein periodisches Testsignal nicht mehr einer Fourierreihe nachgebildet zu werden, es kann ein beliebiges Spektrum besitzen (Periodisierung!). Vergleicht man beispielsweise den Fourierkoeffizienten der Grundschwingung einer Rechteckschwingung (Beispiel 2.1) mit dem der Sinuswelle bei gleichen Spitze-Spitze-Werten, so stellt man fest, daß die Rechteckschwingung einen um den Faktor $4/\pi$ größeren Koeffizienten besitzt, diesbezüglich also günstig ist (s. auch Aufgabe 4.2). Um jetzt noch das Signal eines rechteckschwingungsähnlichen Testsignals beeinflussen zu können, müssen einzelne Rechtecke dieses Signals nahezu beliebig wählbar sein: (Multifrequente) Binärsignale (Bild 4.10). Nähere Einzelheiten hierzu findet der Leser in [1.1, 1.2] (s. auch Aufgaben 3.26 und 3.32).

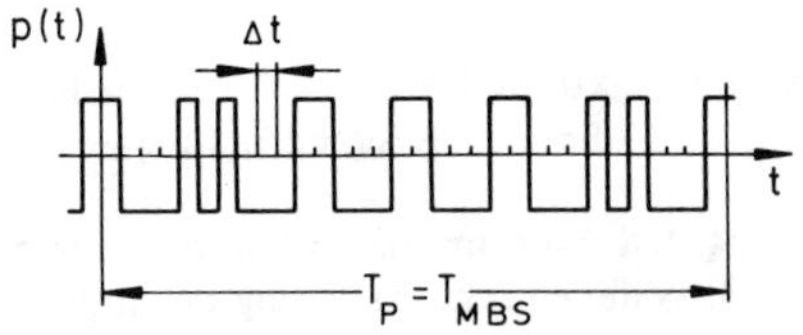

Bild 4.10
Struktur eines multifrequenten Binärsignals

Die folgenden Ausführungen seien auf die periodische Wiederholung des schnellen Gleitfrequenzverfahrens, auf die Impulsfolge und pseudostochastische Erregung beschränkt. Zuvor sei die Gl. (3.208) in Erinnerung gerufen, die aussagt, daß die Fouriertransformierte $P_p(j\omega)$ einer periodischen Funktion $p_p(t)$, die sich aus den Funktionen $p(t + kT)$ zusammensetzt, diskret ist (Fourierreihe). Man kann $P_p(j\omega)$ demzufolge (theoretisch, aber praktisch unzweckmäßig) folgendermaßen realisieren: Die Signale einer bestimmten Anzahl von Frequenzgeneratoren, die je ein Signal bestimmter Frequenz erzeugen, werden überlagert und in den (die) Erreger eingespeist.

4.1.4.1 Schnelle Gleitfrequenz und Periodisierung

Eine periodische Anwendung des schnellen Gleitfrequenzverfahrens (periodic chirps) mit Erhöhung oder Erniedrigung der Frequenz, also mit (4.2), $p(t) = p_0 \sin\Theta$, $P(j\omega) = F\{p(t)\}$, liefert

$$P_p(j\omega) = P(j\omega)\,\frac{2\pi}{T}\sum_{k=-\infty}^{\infty}\delta(j\omega - j\omega_k), \quad \omega_k := \frac{2\pi k}{T}. \tag{4.14}$$

$P(j\omega)$ wird jedesmal (abgetastet und) analysiert. Die möglichen Mittelungen erlauben damit eine Glättung (Verbesserung des Rausch- zu Nutzsignalverhältnisses), und man erzielt eine spezielle periodische Breitbanderregung.

4.1.4.2 Impulsfolge

Hier liegen die Verhältnisse ähnlich wie bei der periodischen schnellen Gleitfrequenz. Der Vorteil liegt insgesamt in der Reduktion von zufälligen Störanteilen. Nachteilig wirken sich bei der periodischen Überlagerung (Superposition) evtl. vorhandene Nichtlinearitäten aus, für die das Superpositionsgesetz nicht mehr gilt.

Beispiel 4.5: Die Impulsfolge mit einem Halbsinus,

$$p(t \pm nT) = p(t) = \begin{cases} p_0 \sin\frac{2\pi t}{T} & \text{für } 0 \leqslant t \leqslant T/2, \\ 0 & \text{für } T/2 \leqslant t \leqslant T, \; n \in \mathbb{N}, \end{cases}$$

läßt sich als periodische Funktion durch eine Fourierreihe mit der Grundfrequenz $\omega = \frac{2\pi}{T}$ darstellen (diskretes Spektrum):

$$a_0 = +p_0/\pi,$$
$$b_1 = p_0/2$$
$$a_n = \begin{cases} 0 & \text{für } n = 1, 3, 5, \ldots \\ -2p_0/[\pi(n-1)(n+1)], & n = 2, 4, 6, \ldots \end{cases}$$
$$b_n = 0 \text{ für } n = 2, 3, 4, \ldots$$

Frage: Die periodische Stoßanregung liefert ein diskretes Spektrum. Im allgemeinen ist jedoch der Frequenzgang (die Übertragungsfunktion) für alle interessierenden Frequenzen gesucht. Wie ist dieses Problem lösbar?

Antwort: 1. Arbeiten mit der Einhüllenden des Spektrums, 2. Kurvenapproximation (Schätzung, curve fitting) des diskreten Frequenzganges, 3. systematische Änderung der Impulsfolgefrequenz oder 4. stochastische Änderung der Impulsfolgefrequenz. Die digitale Behandlung schließt notwendigerweise eine Diskretisierung ein, insofern tritt das „Problem“ häufiger auf.

4.1.4.3 Pseudostochastische Erregung

Die pseudostochastische Erregung (pseudo random) unterscheidet sich von den in den beiden vorherigen Abschnitten beschriebenen determinierten Erregungen dadurch, daß die Phasenwinkel der Ausgänge der (gedachten) Generatoren Zufallsvariable sind.

Ausgehend von der Testsignalvorgabe im Frequenzbereich mit im allgemeinen annähernd konstanter Amplitude und statistisch verteiltem Phasengang in einem digitalen Fourieranalysator (Prozeßrechner) wird das komplexe Spektrum einem Fourierintegral-Prozeß unterworfen, und man erhält das Signal im Zeitraum. Durch die Verwendung eines Digital-Analog-Wandlers (Digital-Analog-Wandler einschließlich Glättung der Ausgabe über ein Tiefpaßfilter oder Funktionsgenerator) kann dieses analoge Zeitsignal dem(n) Erreger(n) zugeführt werden. Der Vorteil liegt darin, daß durch die Vorgabe des Testsignals im Frequenzbereich und Verwendung der inversen diskreten Fouriertransformation das Zeitsignal periodisch innerhalb des Abtastfensters ist und damit kein „leakage-Effekt“ entsteht: Die Aussage folgt aus dem Vertauschungssatz und den Ergebnissen des Abschnittes 3.8 (vgl. Aufgabe 4.12). Der Nachteil dieser Erregungsart besteht in der Erzeugung periodischer Anteile aus evtl. vorhandenen Nichtlinearitäten (z. B. Lose), die über eine Mittelung nicht reduziert werden können. Die Größe der Erregung ist gut steuerbar, sollte eine Systembeeinflussung der Erregung (Impedanz-Rückkoppelung) vorliegen, so kann diese abhängig von der Frequenz (iterativ) modifiziert werden, um diesen Einfluß zu kompensieren (korrigierte Sollwertvorgabe).

4.1.4.4 Wiederholte pseudostochastische Erregung

Um die Nachteile der pseudostochastischen Erregung zu vermeiden, wird nach einer ersten Ausgabe der pseudostochastischen Erregung gewartet, bis der Einschwingvorgang des Systems abgeklungen ist und das System sich im stationären Zustand befindet, dann erfolgt die Messung von Ein- und Ausgangssignalen. Im Gegensatz zur pseudostochastischen Erregung wird jetzt nicht dasselbe Testsignal wieder von dem Fourieranalysator über die

Digital-Analog-Wandler ausgegeben, sondern ein davon unkorreliertes pseudostochastisches Signal wird erzeugt und dem(n) Erreger(n) zugeführt, der stationäre Zustand des Systems abgewartet, die Messung durchgeführt usw.: wiederholte pseudostochastische Erregung (periodic pseudo random). Damit antwortet das untersuchte System jedesmal anders, da die Erregung stochastisch verschieden ist. Die Mittelwertbildung der Ergebnisse (z.B. Frequenzgänge) vermag jetzt nicht nur stochastische Störanteile, sondern auch Störungen infolge Nichtlinearitäten zu reduzieren.

Das Verfahren arbeitet langsamer als das mit der pseudostochastischen Erregung, es ist aber immer noch rund zehnmal schneller als das mit harmonischer Erregung.

4.1.5 Vergleichende Zusammenstellung

Der Vergleich der einzelnen Erregungsarten kann nicht unabhängig von der Aufgabenstellung und dem zu untersuchenden Objekt erfolgen. Deshalb können hier keine festen Regeln für einzelne Versuchsdurchführungen gegeben werden, sondern im vorliegenden Einzelfall sind Untersuchungen notwendig, die auch die vorhandene gerätemäßige Ausstattung und die Terminlage berücksichtigen müssen, evtl. sind auch einige Vorversuche angebracht.

Die nachstehende Tabelle 4.3 soll deshalb lediglich einen groben Anhaltspunkt für die Versuchsvorbereitung geben.

Tabelle 4.3 Überblick über grundsätzliche Erregungsarten

Anforderungen	Erregung		
	sinusförmig	transient	stochastisch
gute Steuerbarkeit	×		×
günstiges Nutz- zu Störsignalverhältnis	×	(×)	×
günstige Erregung aller Freiheitsgrade im Frequenzintervall	×		×
„Berücksichtigung“ von Nichtlinearitäten	×		×
kurze Versuchsdauer		×	×
kurzer Versuchsaufbau		×	
geringe Gerätekosten		(×)	

„Berücksichtigen“ von Nichtlinearitäten in der obigen Zusammenstellung bezieht sich auf die Ermittlung des zugeordneten linearen Systems. Ist die Zielvorgabe die Untersuchung von nichtlinearen Effekten des zu identifizierenden Systems, so muß zunächst deren Ursache berücksichtigt werden. Liegt die Ursache der nichtlinearen Auswirkungen in einigen wenigen örtlich konzentrierten Systemelementen, so bietet sich hier eine örtlich an diesen Stellen eingeleitete harmonische Erregung an, um dann beispielsweise (d.h. unabhängig von der Wahl des Identifikationsverfahrens) parametrische Untersuchungen durchzuführen.

Sind die Ursachen nicht örtlich auf einige wenige Elemente begrenzt, so ist eine Empfehlung ohne Berücksichtigung weiterer Angaben praktisch nicht zu geben. Den weitgehendsten Einblick in das dynamische Verhalten des Systems, natürlich mit nicht geringem Aufwand, liefert zweifellos die harmonische (Vielpunkt-)Erregung, wobei andere Erregungsarten (s. Abschnitt 4.1.4.3) bei der Versuchsplanung nicht von vornherein ausgeschlossen zu werden brauchen, sofern letztlich ein günstiges Nutz- zu Störsignalverhältnis erreicht wird. (Hierzu dienen Vorversuche mit einer Erregungsanlage, die sich variabel ansteuern läßt und einen hinreichend großen Kraftbereich besitzt; müssen statische Vorlasten aufgebracht werden, so muß überlegt werden, ob diese zweckmäßig und wirtschaftlich von derselben Erregungsanlage erzeugt werden sollten.)

4.2 Die Fourieranalyse

Die Fourieranalyse wird zur nichtparametrischen Identifikation linearer Prozesse mit im allgemeinen stochastisch gestörten determinierten Signalen benutzt. Sie verwendet die Fouriertransformation und liefert demnach Aussagen im Frequenzraum. Periodische Signale benötigen die Fouriertransformation nicht zu ihrer Behandlung, deshalb sind die folgenden Ausführungen auf transiente Signale beschränkt. Die Fourieranalyse verlangt ein kleines Stör- zu Nutzsignalverhältnis und ihr wesentlichstes Anwendungsgebiet ist die Ermittlung von Frequenzgang- bzw. Übertragungsfunktionen.

4.2.1 Frequenzgangmessung

Der Frequenzgang ist nach Gl. (2.51) für transiente Erregung durch das Verhältnis der Fouriertransformierten der dynamischen Antwort $u(t)$ und der Fouriertransformierten der Erregung $p(t)$ mit $P(j\omega) \not\equiv 0$ gegeben. Determinierte Störungen gehen in die Frequenzgangermittlung direkt ein. Das Ausgangssignal $\tilde{u}(t)$ enthalte den Fehler $\Delta u(t)$,

$$\tilde{u}(t) = u(t) + \Delta u(t), \tag{4.15}$$

die Erregung $p(t)$ sei fehlerfrei, aus Gleichung (2.51) folgt:

$$\tilde{F}(j\omega) = \frac{\tilde{U}(j\omega)}{P(j\omega)} = \frac{U(j\omega)}{P(j\omega)} + \frac{\Delta U(j\omega)}{P(j\omega)} =: F(j\omega) + \Delta F(j\omega) \tag{4.16a}$$

mit

$$\Delta F(j\omega) = \frac{\Delta U(j\omega)}{P(j\omega)}, \quad \Delta U(j\omega) := \mathcal{F}\{\Delta u(t)\}. \tag{4.16b}$$

D.h., mit der Wahl eines großen $|P(j\omega)|$ wird der Betrag des Frequenzgangfehlers $|\Delta F(j\omega)|$ klein.

Besitzt das gemessene Eingangssignal $p(t)$ einen Fehler $\Delta p(t)$, $\Delta P(j\omega) := \mathcal{F}\{\Delta p(t)\}$, der auf das Einfreiheitsgradsystem einwirkt und das Ausgangssignal $\tilde{u}(t) = u(t) + \Delta u(t)$ verursacht (Bild 4.11), so ergibt sich

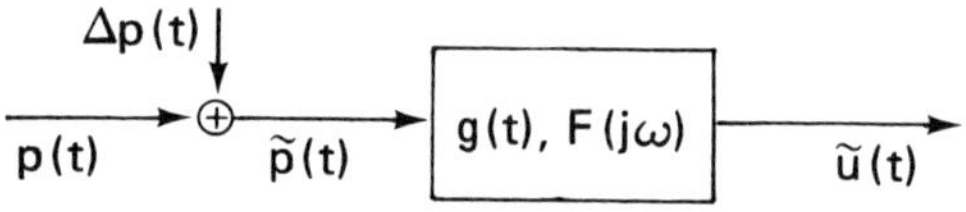

Bild 4.11 Eingangsfehler

$$\tilde{F}(j\omega) = \frac{\tilde{U}(j\omega)}{\tilde{P}(j\omega)} = \frac{U(j\omega) + \Delta U(j\omega)}{P(j\omega) + \Delta P(j\omega)} = F(j\omega)\,\frac{1 + \dfrac{\Delta U(j\omega)}{U(j\omega)}}{1 + \dfrac{\Delta P(j\omega)}{P(j\omega)}}, \tag{4.17a}$$

wobei nach (2.51) aufgrund der getroffenen Annahmen

$$U(j\omega) = F(j\omega)\,P(j\omega),\quad \tilde{U}(j\omega) = F(j\omega)\,\tilde{P}(j\omega),\quad \Delta U(j\omega) = F(j\omega)\,\Delta P(j\omega),$$

gilt, und (4.17a) übergeht in

$$\tilde{F}(j\omega) = F(j\omega). \tag{4.17b}$$

Der Eingangsfehler wirkt mit auf das System, so daß das Eingangssignal $\tilde{p}(t)$ den Ausgang $\tilde{u}(t)$ erzeugt, d.h., die Auswirkung von $\Delta p(t)$ wird im Ausgang mitgemessen, demzufolge ist $\Delta F(j\omega) = 0$, ein einleuchtendes Ergebnis.

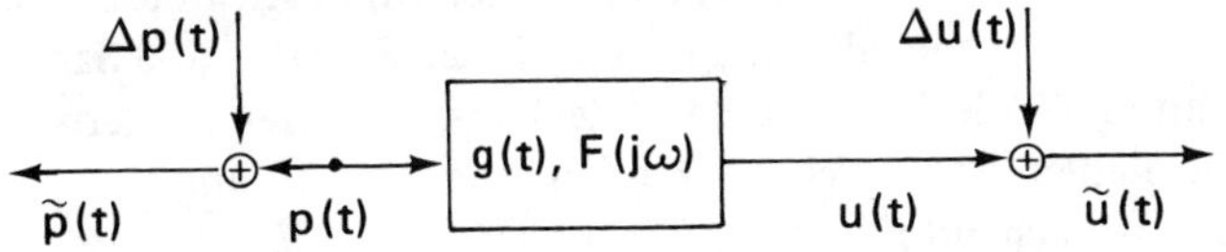

Bild 4.12
Eingangs-, ausgangsgestörtes System

Wirkt stattdessen $\Delta p(t)$ nicht auf das Einfreiheitsgradsystem (Bild 4.12) und stehen nur $\tilde{p}(t)$ und $\tilde{u}(t)$ zur Verfügung, so ist $\Delta U(j\omega) \neq F(j\omega)\,\Delta P(j\omega)$ und der Frequenzgangfehler ergibt sich zu:

$$\left.\begin{aligned}
U(j\omega) &= F(j\omega)\,P(j\omega),\\
\tilde{F}(j\omega) &=: F(j\omega) + \Delta F(j\omega) = \frac{\tilde{U}(j\omega)}{\tilde{P}(j\omega)} = \frac{U(j\omega) + \Delta U(j\omega)}{P(j\omega) + \Delta P(j\omega)} =\\
&= F(j\omega)\,\frac{1 + \dfrac{\Delta U(j\omega)}{U(j\omega)}}{1 + \dfrac{\Delta P(j\omega)}{P(j\omega)}} \doteq F(j\omega)\left(1 + \frac{\Delta U(j\omega)}{U(j\omega)} - \frac{\Delta P(j\omega)}{P(j\omega)}\right),\quad \left|\frac{\Delta P(j\omega)}{P(j\omega)}\right| < 1,\\
\frac{\Delta F(j\omega)}{F(j\omega)} &\doteq \frac{\Delta U(j\omega)}{U(j\omega)} - \frac{\Delta P(j\omega)}{P(j\omega)}.
\end{aligned}\right\} \tag{4.18}$$

Wie beim ersten Fall gehen auch hier die Fehler direkt in die Frequenzgangermittlung ein.

Schließlich sei noch die Eingangsstörung gemäß Bild 4.13 betrachtet. Die Eingangsstörung $\Delta p(t)$ nimmt einen anderen Übertragungsweg als $p(t)$:

$$\begin{aligned}
\Delta U(j\omega) &= F_\Delta(j\omega)\,\Delta P(j\omega),\\
\tilde{F}(j\omega) &= \frac{\tilde{U}(j\omega)}{P(j\omega)} = \frac{U(j\omega) + \Delta U(j\omega)}{P(j\omega)},\\
\frac{\Delta F(j\omega)}{F(j\omega)} &= \frac{\Delta U(j\omega)}{U(j\omega)} = \frac{F_\Delta(j\omega)\,\Delta P(j\omega)}{F(j\omega)\,P(j\omega)}.
\end{aligned} \tag{4.19}$$

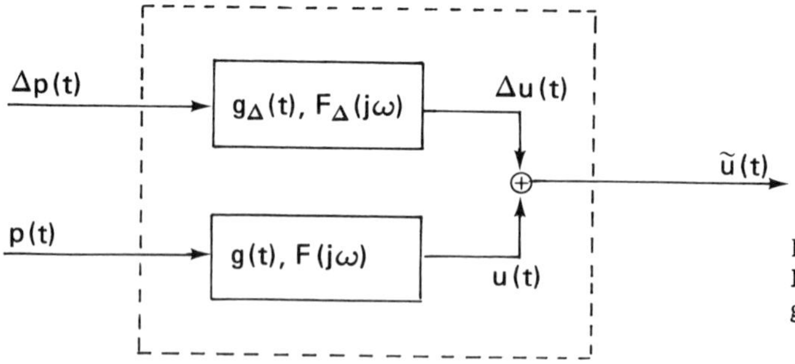

Bild 4.13
Eingangsstörung mit gesondertem Übertragungsweg

Besitzt der Frequenzgang $F_\Delta(j\omega)$ in dem betrachteten Frequenzbereich keine Resonanzstellen, gilt also $|F_\Delta(j\omega)| \doteq$ const., und sind die beiden Eingangsgrößen p(t), Δp(t) Diracstöße, so nimmt der Fehler $|\Delta F/F|$ für wachsende ω-Werte beim Einfreiheitsgradsystem schnell zu, da $|F(j\omega)|$ für wachsende Werte $\omega > \omega_0$ immer kleiner wird (vgl. Bild 2.28).

Nun erfolgt die Frequenzgangermittlung im allgemeinen aus finiten Signalen und damit über die finite Fouriertransformation. Werden die finiten Fouriertransformierten numerisch ermittelt, so müssen auch diese Fehler berücksichtigt werden. Die Auswirkung auf die Frequenzgangermittlung ist die entsprechend Bild 4.12, Gl. (4.18).

Sind die Fehler der verwendeten Signale zur Frequenzgangberechnung nicht determinierter sondern stochastischer Natur, so liefert die Gl. (2.51) Schätzwerte $\hat{F}(j\omega)$, die für jedes ω optimal im Sinne der Methode der kleinsten Quadrate sind. Die Richtigkeit der Behauptung folgt aus der Verlustfunktion entsprechend J_1 in Gl. (3.66a) für frequenzkontinuierliche Signale mit dem Fehler $V(j\omega) := F(j\omega) - \frac{\tilde{U}(j\omega)}{\tilde{P}(j\omega)}$ (vgl. auch Aufgabe 3.19):

$$\hat{F}(j\omega) = \frac{\tilde{U}(j\omega)}{\tilde{P}(j\omega)}. \tag{4.20}$$

Der Erwartungswert für den Betrag der Differenz aus dem geschätzten und dem exakten Frequenzgang ergibt sich für ein fehlerfreies Eingangssignal p(t) unter der Annahme, daß auch P(jω) exakt ermittelt werden kann, das Ausgangssignal ũ(t) nur im Intervall $0 \leqslant t \leqslant T$ von Null verschieden und mit einer zufälligen Störung r(t) behaftet ist, zu:

$$\sigma^2_{|\hat{F}|} := E\left\{|\hat{F}(j\omega) - F(j\omega)|^2\right\} = E\left\{|\Delta\hat{F}(j\omega)|^2\right\} = \frac{E\{|\Delta U(j\omega)|^2\}}{|P(j\omega)|^2} \tag{4.21}$$

mit

$$E\left\{|\Delta U(j\omega)|^2\right\} = E\left\{\left|\int_0^T r(t)e^{-j\omega t}dt\right|^2\right\}$$

$$= E\left\{\left[\int_0^T r(t_1)e^{-j\omega t_1}\,dt_1\right]\left[\int_0^T r(t_2)e^{j\omega t_2}\,dt_2\right]\right\}$$

$$= E\left\{\int_0^T\int_0^T r(t_1)\,r(t_2)e^{-j\omega(t_1-t_2)}dt_1dt_2\right\}$$

$$= \int_0^T \int_0^T E\left\{r(t_1)\, r(t_2)\right\} e^{-j\omega(t_1 - t_2)} dt_1 dt_2$$

$$= \int_0^T \int_0^T \Phi_{rr}(t_1, t_2) e^{-j\omega(t_1 - t_2)} dt_1 dt_2. \qquad (4.22a)$$

Ist das Störsignal r(t) stationär, so gilt $\Phi_{rr}(t_1, t_2) = \Phi_{rr}(\tau)$, $\tau := t_1 - t_2$ und (4.22a) geht über in

$$E\left\{|\Delta U(j\omega)|^2\right\} = \int_0^T \int_{-t_2}^{T-t_2} \Phi_{rr}(\tau) e^{-j\omega\tau} d\tau dt_2. \qquad (4.22b)$$

Entsprechend der Integration im Beispiel 3.9 erhält man schließlich

$$E\left\{|\Delta U(j\omega)|^2\right\} = T \int_{-T}^{T} \left(1 - \frac{|\tau|}{T}\right) \Phi_{rr}(\tau) e^{-j\omega\tau} d\tau. \qquad (4.22c)$$

Die Gl. (4.22c) in die Fehlergleichung (4.21) eingesetzt, liefert letztlich den gesuchten Erwartungswert

$$\sigma^2_{\underset{\Delta}{|F|}} = \frac{T}{|P(j\omega)|^2} \int_{-T}^{T} \left(1 - \frac{|\tau|}{T}\right) \Phi_{rr}(\tau) e^{-j\omega\tau} d\tau. \qquad (4.23)$$

Die aperiodische Antwort $\tilde{u}(t)$ ist praktisch nur für aperiodische Testsignale (und gedämpfte Systeme) denkbar ($\tilde{u}(t)$ strebt für $t \to \infty$ gegen Null oder einen konstanten Wert $\tilde{u}(\infty)$, dann muß allerdings in (4.23) $\tilde{u}(\infty) \doteq \tilde{u}(T)$ mit berücksichtigt werden, vgl. beispielsweise [1.2], Kap. 5). Für $T > \tau_{max}$ kann das Integral von (4.23) mit (3.118) transformiert werden,

$$\int_{-T}^{T} \left(1 - \frac{|\tau|}{T}\right) \Phi_{rr}(\tau) e^{-j\omega\tau} d\tau = \int_{-\infty}^{\infty} \Phi_{rr}(\tau) e^{-j\omega\tau} d\tau - \frac{1}{T} \int_{-\tau_{max}}^{\tau_{max}} |\tau| \Phi_{rr}(\tau) e^{-j\omega\tau} d\tau$$

$$= S_{rr}(\omega) + \Delta S_{rr}(\omega)$$

mit

$$|\Delta S_{rr}(\omega)| \leqslant \frac{1}{T} \left| \int_{-\tau_{max}}^{\tau_{max}} |\tau| \Phi_{rr}(\tau) e^{-j\omega\tau} d\tau \right| \leqslant \frac{1}{T} \left| \int_{-\tau_{max}}^{\tau_{max}} |\tau| \Phi_{rr}(\tau) d\tau \right|$$

und unter Beachtung von (3.107), $|\Phi_{rr}(\tau)| \leqslant \Phi_{rr}(0) = E\left\{r^2(t)\right\}$, folgt

$$|\Delta S_{rr}(\omega)| \leqslant \frac{\tau^2_{max} \Phi_{rr}(0)}{T},$$

so daß für (4.23) die Abschätzung

$$\sigma^2_{\underset{\Delta}{|F|}} \leqslant \frac{T}{|P(j\omega)|^2} \left[S_{rr}(\omega) + \frac{\tau^2_{max} \Phi_{rr}(0)}{T}\right] \qquad (4.24)$$

gilt. Auch diese Ungleichung sagt aus, daß für die Frequenzgangschätzung $|P(j\omega)|$ hinreichend groß gewählt werden muß. Die Vergrößerung der Schranke für $\sigma^2_{|\hat{F}|}$ mit wachsendem T ist eine scheinbare, denn nach (3.152) ist $S_{rr}(\omega) \doteq E\left\{\frac{1}{T}|R(j\omega, T)|^2\right\}$.

Eine Schätzung des Frequenzgangfehlers $\Delta\hat{F}(j\omega)$ gemäß der Schätzung (4.20) mit $\tilde{P}(j\omega) = P(j\omega)$ erhält man aus

$$\Delta\hat{F}(j\omega) = \frac{\Delta\hat{U}(j\omega)}{P(j\omega)} \tag{4.25}$$

mit Hilfe von (3.148) und (3.152),

$$|\Delta\hat{U}| = |\sqrt{T\, S_{rr}(\omega, T)}| = |\sqrt{T\, \hat{S}_{rr}(\omega)}|, \tag{4.26}$$

zu

$$|\Delta\hat{F}(j\omega)| = \frac{|\sqrt{T\, \hat{S}_{rr}(\omega)}|}{|P(j\omega)|}. \tag{4.27}$$

Schließlich sei noch die stationäre stochastische Eingangsstörung n(t) (≙ Δp(t)) nach Bild 4.13 mit der Ausgangsstörung r(t) behandelt. Mit der Ein-/Ausgangsbeziehung (3.179),

$$S_{rr}(\omega, T) \doteq |F_\Delta(j\omega)|^2 S_{nn}(\omega, T),$$

folgt für den relativen Frequenzgangfehler aus (4.27):

$$\delta_{|\hat{F}|} := \frac{|\Delta\hat{F}|}{|\hat{F}|} \doteq \frac{|F_\Delta(j\omega)|\, |\sqrt{T S_{nn}(\omega, T)}|}{|\hat{F}(j\omega)|\ \ |P(j\omega)|}, \tag{4.28}$$

eine Beziehung, die direkt vergleichbar mit (4.19) ist. Der (4.21) entsprechende Ausdruck ergibt sich aus (4.28) durch Erwartungswertbildung zu

$$\frac{E\{|\Delta\hat{F}|\}}{|\hat{F}(j\omega)|} = \frac{|F_\Delta(j\omega)|\, |\sqrt{T S_{nn}(\omega)}|}{|\hat{F}(j\omega)|\ \ |P(j\omega)|}. \tag{4.29}$$

Oft ist es unmöglich oder zu aufwendig, Leistungsdichten oder Korrelationsfunktionen der Störsignale zu ermitteln, dann kann die Schätzung des Frequenzgangfehlers über die Mittelwertbildung erfolgen. Hierzu ist es notwendig, den Frequenzgang N-mal zu messen. Dieses Vorgehen hat gleichzeitig den Vorteil, genauigkeitssteigernd zu sein. Der gemittelte Frequenzgang

$$\hat{F}(j\omega) = \frac{1}{N}\sum_{k=1}^{N} [F_k^{re}(j\omega) + j\, F_k^{im}(j\omega)] = \hat{F}^{re}(j\omega) + j\, \hat{F}^{im}(j\omega) \tag{4.30}$$

aus den Einzelmessungen $F_k(j\omega)$, k = 1(1) N, besitzt dann den mittleren Fehler (Schätzwert der Varianz, vgl. Aufgabe 3.16)

$$\left.\begin{aligned} \hat{\sigma}_{|\hat{F}|} &= \sqrt{[\Delta F_m^{re}(j\omega)]^2 + [\Delta F_m^{im}(j\omega)]^2} \quad \text{mit} \\ [\Delta F_m^{re}(j\omega)]^2 &:= \frac{1}{N(N-1)}\sum_{k=1}^{N} [\hat{F}^{re}(j\omega) - F_k^{re}(j\omega)]^2, \\ [\Delta F_m^{im}(j\omega)]^2 &:= \frac{1}{N(N-1)}\sum_{k=1}^{N} [\hat{F}^{im}(j\omega) - F_k^{im}(j\omega)]^2. \end{aligned}\right\} \tag{4.31}$$

Anmerkung: Die Programmierung von (4.31) auf einem Digitalrechner würde sehr speicherplatzaufwendig sein. Günstiger ist hier eine rekursive Formulierung (s. Aufgabe 4.15).

Die Einzelmessungen $F_k(j\omega)$ können auf verschiedenen Erregungen basieren. Wird die gleiche Erregung für die Messung mehrerer Antwortfunktionen verwendet, so kann die Mittelwertbildung im Zeitraum erfolgen:

$$\hat{u}(t) = \frac{1}{N} \sum_{k=1}^{N} u_k(t). \tag{4.32}$$

Die Standardabweichung des Mittelwertes enthält die Störung jetzt nur noch mit dem Faktor $1/\sqrt{N}$.

Eine andere Möglichkeit, den Frequenzgang eines Systems zu ermitteln, ist die über die Fast-Fouriertransformation der Gewichtsfunktion (Beispiel 2.11, Messung der Gewichtsfunktion s. Abschnitt 4.3.2).

Die bisherigen Untersuchungen zeigten u.a., daß die störanfällige Ermittlung des Frequenzganges günstig durch ein in dem interessierenden Frequenzintervall groß gewähltes $|P(j\omega)|$ beeinflußt wird. Hier spielt also die Wahl der Testsignalform neben der Größe der Testamplitude eine Rolle. Die Bilder 4.4 und 4.5 für transiente Testsignale zeigen, daß der Rechteckimpuls und die Sprungfunktion günstig für eine ausreichende Genauigkeit zur Ermittlung von $F(j\omega)$ sind, abhängig von dem zu betrachtenden Frequenzintervall. Speziell dem Bild 4.5 entnimmt man, daß bei vorgegebener Amplitude p_0 für tiefe Frequenzen die Sprungerregung günstige Resultate liefert. (Der Diracimpuls mit $F\{\delta(t)\} = 1$ wäre hierfür denkbar ungünstig, s. auch die Diskussion von (4.19) für den Diracstoß.) Der Rechteckimpuls erscheint für höhere Frequenzen im Vergleich zur Sprungerregung geeignet (vgl. Bild 4.4).

Beispiel 4.6: Als monofrequentes Testsignal könnte man (theoretisch, wegen der Realisierung und aufzubringenden Leistung) das erste Glied der Fourierreihe der Mäanderfunktion verwenden. Mit welcher Kraftamplitude muß harmonisch erregt werden, um dieselbe Kraftamplitude wie bei der Mäanderfunktion als monofrequentes Testsignal zu erreichen? Um wieviel muß im Vergleich zur monofrequenten Erregung mit der Mäanderfunktion die Meßzeit bei harmonischer Erregung mit der Amplitude p_0 länger sein, damit die mittleren Frequenzgangfehler ungefähr gleich sind?
Nach Abschnitt 4.1.4 und Aufgabe 4.2 ist der entsprechende Fourierkoeffizient der Mäanderfunktion $a_1 = 4p_0/\pi$, folglich muß die harmonische Erregung mit dieser Kraftamplitude $4p_0/\pi$ erfolgen. – Die Standardabweichung ist für den Frequenzgang umgekehrt proportional dem Betrag der Fouriertransformierten des Erregungssignals (Gl. (4.21)); bei einem sinusförmigen Signal entspricht dem der Fourierkoeffizient a_1 multipliziert mit der Signallänge T (Abschnitt 2.4.3), unter Beachtung von Gl. (4.26) folgt $\sigma \sim 1/(a_1\sqrt{T})$. Um also bei der harmonischen Erregung einen mittleren Frequenzgangfehler höchstens wie bei der monofrequenten Rechteckschwingung zu erhalten, bedarf es einer um $(4/\pi)^2 \doteq 1{,}6$ längeren Meßzeit für die harmonische Erregung.

Zum Glätten und für die Interpolation von Frequenzgängen bieten sich u.a. Splinefunktionen an [4.15, 4.16]. Hinsichtlich der Kurvenapproximation (curve fitting) vgl. Abschnitt 5.3.

4.2.2 Ermittlung der Übertragungsmatrix

Der vorangehende Abschnitt behandelte die Ermittlung des Frequenzganges, d.h.,es wird ein Einfreiheitsgradsystem zugrunde gelegt und die Fouriertransformation wird verwendet. In der Praxis hat man es jedoch oft mit Mehrfreiheitsgradsystemen zu tun, zu deren nichtparametrischen Beschreibung die Frequenzgangmatrix (vgl. Abschnitt 2.3.2) und die Übertragungsmatrix (vgl. Abschnitt 2.3.3) dienen. Letztere verwendet im Gegensatz zur Frequenzgangmatrix die Laplacetransformation. Zwischen beiden besteht der Zusammenhang entsprechend Gl. (2.54), vorausgesetzt, der Grenzwert existiert. Mit anderen Worten, die Ermittlung der Frequenzgangmatrix erfolgt entsprechend der der Übertragungsmatrix.

Ein lineares zeitinvariantes Mehrfreiheitsgradsystem mit n Freiheitsgraden kann mit der Übertragungsmatrix $\mathbf{H}(s)$ in der Form

$$\mathbf{U}(s) = \mathbf{H}(s)\,\mathbf{P}(s), \quad \mathbf{H}(s) = (\mathbf{H}_1(s), \ldots, \mathbf{H}_n(s)) \tag{4.33}$$

geschrieben werden. $\mathbf{H}(s)$ ist eine (n,n)-Matrix, die Laplacetransformierten $\mathbf{U}(s)$ und $\mathbf{P}(s)$ der Ein- und Ausgangsgrößen sind komplexe (n, 1)-Matrizen. Die Spaltenvektoren $\mathbf{H}_i(s)$, $i = 1(1)n$, stellen die Einflußlinien der dynamischen Nachgiebigkeitsmatrix dar.

Für die Ermittlung von $\mathbf{H}(s)$ gibt es verschiedene Möglichkeiten. Eine davon ist die Erregung des Systems mit einem Erreger nacheinander in jedem der einzelnen Kollokationspunkte des Systems,

$$\mathbf{P}_j(s) = P_j(s)\,\mathbf{e}_j, \quad j = 1(1)n, \quad \mathbf{e}_j\text{: j-ter Einheitsvektor,} \tag{4.34}$$

Messung der Antworten in jedem Punkt i und Bilden der Laplacetransformierten. Aus (4.33) folgt:

$$\mathbf{U}_j(s) = \mathbf{H}(s)\,\mathbf{P}_j(s) = P_j(s)\mathbf{H}(s)\mathbf{e}_j = P_j(s)\,\mathbf{H}_j(s), \tag{4.35}$$

man erhält mit dieser Erregung jeweils die mit $P_j(s)$ multiplizierte j-te Spalte der Übertragungsmatrix. Für alle n Messungen gilt demzufolge:

$$(\mathbf{U}_1(s), \ldots, \mathbf{U}_n(s)) = \mathbf{H}(s)\,(P_1(s)\mathbf{e}_1, \ldots, P_n(s)\mathbf{e}_n) = \mathbf{H}(s)\,\mathrm{diag}\,(P_j(s)), \tag{4.36}$$

wobei mit $P_j(s) \neq 0$ die Diagonalmatrix regulär ist. Für die Übertragungsmatrix folgt dann

$$\mathbf{H}(s) = (\mathbf{U}_1(s), \ldots, \mathbf{U}_n(s))\,\mathrm{diag}^{-1}(P_j(s)), \quad \det[\mathrm{diag}(P_j(s))] \neq 0. \tag{4.37}$$

Für beispielsweise viskos gedämpfte Systeme ohne Kreiselwirkung und ohne nichtkonservative Lagekräfte ist die Übertragungsmatrix symmetrisch, und die Symmetrieüberprüfung liefert somit einen Anhaltspunkt für die Genauigkeit der Elemente $H_{ij}(s)$, die Mittelwertbildung für die Elemente $H_{ij}(s)$, $i \neq j$, ergibt eine (geringfügige) Genauigkeitssteigerung. In der Praxis wird man jedoch die $\mathbf{U}_j(s)$ mehrmals (für gleiche oder verschiedene Erregungen) bestimmen, um über eine Mittelwertbildung zu einer Schätzung und damit Genauigkeitssteigerung und Fehlerschätzung zu gelangen. Der Nachteil dieses Vorgehens besteht darin, daß die Meßwerte in weiterer Entfernung des Lastpunktes j u. U. recht klein sind und damit große Meßfehler aufweisen können, die direkt in die Ermittlung der Übertragungsmatrix eingehen. Es empfiehlt sich deshalb eine dynamische Belastung in Kraftgruppen (Mehrpunkterregung) aufzubringen, die der in Wirklichkeit zu erwartenden Belastung des Systems möglichst nahe kommt.

Die Verwirklichung der Mehrpunkterregung entspricht einer Erregung in n Erregungsvektoren $\mathbf{P}_j(s)$, die für die nachstehende Ermittlung der Übertragungsmatrix voneinander linear unabhängig gewählt werden müssen:

Kraftvektor:	$\mathbf{P}_j^T(s)$:	$= (P_1(s), \ldots, P_n(s))$,
Matrix der Kraftvektoren:	$\boldsymbol{\pi}(s)$:	$= (\mathbf{P}_1(s), \ldots, \mathbf{P}_n(s))$, $\det \boldsymbol{\pi}(s) \neq 0$

$$\left.\begin{array}{lll} \text{Matrix der Antwortvektoren:} & \mathbf{Y}(s): & = (\mathbf{U}_1(s), ..., \mathbf{U}_n(s)), \\ \text{Systemgleichung:} & \mathbf{Y}(s) & = \mathbf{H}(s)\,\boldsymbol{\pi}(s), \\ \text{es folgt die} & & \\ \text{Übertragungsmatrix:} & \mathbf{H}(s) & = \mathbf{Y}(s)\,\boldsymbol{\pi}^{-1}(s). \end{array}\right\} \quad (4.38)$$

Auch hier ist eine Mittelwertbildung empfehlenswert. Der Aufwand für die oben beschriebene experimentelle Ermittlung der Übertragungsmatrix ist relativ groß. Der versuchsmäßige Aufwand könnte erheblich reduziert werden, wenn es gelänge, die Übertragungsmatrix mit einer Mehrpunkterregung (also die gleichzeitige Verwendung mehrerer Erreger in „geeigneten" Punkten des Systems) in *einer* Erregerkonfiguration (d.h. mit einem Erregungsvektor, also mit *einer* Erregeranordnung) zu ermitteln: **P**(s). Dieser Weg wird bei der parametrischen Identifikation zur Ermittlung der Eigenschwingungsgrößen beschritten (s. Abschnitt 5.3).

Ein weiterer Weg, die dynamischen Eigenschaften eines Systems nichtparametrisch zu ermitteln, ergibt sich aus der Steifigkeitsformulierung mit der Kehrmatrix von **H**(s):

$$\left.\begin{array}{r} \mathbf{S}(s): = \mathbf{H}^{-1}(s), \\ \mathbf{S}(s)\mathbf{U}(s) = \mathbf{P}(s). \end{array}\right\} \quad (4.39)$$

Es müssen dabei die aus einer Verschiebungserregung resultierenden Reaktionskräfte gemessen werden (s. Aufgabe 4.18).

4.2.3 Maßnahmen zur Genauigkeitssteigerung und Zusammenfassung

Die Fehleruntersuchungen für die Frequenzgangermittlung des Einfreiheitsgradsystems und damit auch die für die Messung von Übertragungsmatrizen und Frequenzgangmatrizen zeigen die Störanfälligkeit der Fourieranalyse für diesen Anwendungsbereich. Die Fehler bei der Fourieranalyse können unter Beachtung der folgenden Punkte klein gehalten werden:

- $|P(j\omega)|$ soll möglichst groß sein, wobei aber auf den Linearitätsbereich des Systems zu achten ist.
- Die Testsignalart soll so gewählt werden, daß bei gegebener Testsignalhöhe eine möglichst große Amplitudendichte in dem gesamten interessierenden Frequenzbereich erreicht wird.
- Ein kleines Verhältnis von Stör- zu Nutzsignal muß angestrebt werden.
- Die Bestimmung von Schätzwerten ist unerläßlich. Sind insbesondere die Korrelationsfunktionen oder Leistungsdichten der Störsignale zur Fehlerabschätzung nur aufwendig oder nicht zu ermitteln, ist die Signalmittelung notwendig. Die Mittelwertbildung von „verrauschten" Zeitsignalen aufgrund gleicher Erregung bei bekannten Anfangszeiten oder zeitlich erkennbaren (und damit zuordenbaren) eindeutigen Überhöhungen oder zuordenbaren Triggersignalen erhöht die Genauigkeit. Denn phasengleiche Anteile werden addiert, während zufällige mittelwertfreie Störsignale dahin streben, sich gegenseitig auszulöschen. Bei der Addition der entsprechenden Zeitsignale wachsen die Störanteile proportional $\sqrt{N}$, die determinierten Signalanteile dagegen proportional N an, vgl. Bild 3.31. Die entsprechende Aussage gilt für Werte (Signale, Ergebnisse) im Frequenzbereich.

- Eine zusätzliche Glättung der Signale erhält man über eine Bewertung der Zeitschriebe durch ein passendes Fenster, z. B. bei abklingenden Signalen mit einem Exponentialfenster (vgl. Abschnitt 3.8.2.2, Bilder 3.26c, 3.29): Laplacetransformation. Sie führt auf die Übertragungsmatrix $\mathbf{H}(s) =: (H_{ik}(s))$. $H_{ik}(s)$ ist die Verschiebung im Punkt i infolge einer Einheitskraft $P_k(s) = 1$ im Punkt k (im Frequenzbereich). Aufgrund des Dämpfungssatzes der Fouriertransformation, $H_{ik}(s) = F_{ik}(j\omega + \alpha)$, bedeutet dieses Multiplikation des Fourierintegrals von $F_{ik}(j\omega)$ mit $e^{-\alpha t}$. Nach Gl. (2.60) ist $\mathcal{F}^{-1}\{F_{ik}(j\omega)\} = g_{ik}(t, \tau)$, die Antwort des Systems im Punkt i infolge eines δ-Stoßes im Punkt k, $\mathcal{L}^{-1}\{P_k(s) = 1\} = \delta_k(t)$, also die Lösung eines Systems gewöhnlicher homogener Differentialgleichungen mit konstanten Koeffizienten für gegebene Anfangsbedingungen. Die Multiplikation mit $e^{-\alpha t}$ bedeutet somit die Einführung einer viskosen Zusatzdämpfung.

Beispiel 4.7: Für das Mehrfreiheitsgradsystem $\mathbf{M}\ddot{\mathbf{u}} + \mathbf{B}\dot{\mathbf{u}} + \mathbf{K}\mathbf{u} = \mathbf{p}$ der Ordnung n lautet die Lösung der homogenen Differentialgleichungen mit konstanten Koeffizienten für gegebene Anfangsbedingungen (Stoßübergangsfunktion)

$$u_i(t) = \sum_{j=1}^{n} |a_{ij}| e^{-\delta_j t} \sin(\omega_{Dj} t + \varphi_{ij}).$$

Das Exponentialfenster bewirkt eine konstante Zusatzdämpfung:

$$e^{-\alpha t} u_i(t) = \sum_{j=1}^{n} |a_{ij}| e^{-(\delta_j + \alpha)t} \sin(\omega_{Dj} t + \varphi_{ij}).$$

- Sind die gemessenen Eingangssignale $\tilde{p}(t)$ im Zeitfenster $[0, T]$ bei impulsförmiger Erregung im Intervall $[0, T_p]$, $T > T_p$, gestört, so empfiehlt es sich, die Eingangssignale zumindest nach der Erregung ($t \geq T_p$) von den Störanteilen zu befreien. D.h., für die Auswertung (z. B. der freien Schwingungen) sollte $\tilde{p}(t)$ durch $p(t) = 0$ für $T_p \leq t \leq T$ ersetzt werden (Kraftfenster). Anschließend empfiehlt sich dann eine Auswertung mit dem Exponentialfenster (bez. Leistungsdichten s. Abschnitt 4.4.3).
- Die Frequenzbandspreizung (s. Abschnitt 3.8.2.3) ist ein weiteres Hilfsmittel der Genauigkeitssteigerung.

4.3 Die Korrelationsanalyse

Die Korrelationsanalyse dient der nichtparametrischen Identifikation im Zeitraum mit stochastischen und pseudostochastischen Signalen. Sie kann auf kontinuierliche (Integraldarstellung) und diskrete Prozesse (Summendarstellung) angewendet werden und ist speziell geeignet zur Behandlung stark verrauschter Signale (Störfestigkeit der Korrelationsmethoden). Bei der Anwendung der Korrelationsfunktion wird ausgenutzt, daß inkohärente Signalanteile, das bedeutet unkorrelierte Signalanteile, von denen mindestens ein Signal mittelwertfrei ist, z. B. Komponenten aus verschiedenen Signalquellen und ohne statistische Verwandtschaft, zur Kreuzkorrelationsfunktion keinen Beitrag liefern (Kohärenzselektion) und, daß die Signalanteile aus gleicher Signalquelle bei statistischer Verwandtschaft nur innerhalb der „Korrelationsdauer" zur Kreuzkorrelationsfunktion beitragen, nicht aber für hinreichend große Zeitabstände, da sie dann nur noch schwach oder nicht mehr korreliert sind (Korrelationsselektion).

Wesentliche Anwendungen der Korrelationsanalyse sind:

- Auffinden von Periodizitäten, von determinierten Signalen,
- Ermittlung der Gewichtsfunktion eines Systems,
- Bestimmung von Zeitverschiebungen (Laufzeitdifferenzen),
- Ortung von Schwingungsquellen (Störquellen).

In der Schwingungstechnik z. B. dient die Korrelationsanalyse der Schadensfrüherkennung (Bauwerke, Maschinen, Flugzeuge, vgl. Abschnitt 4.5), der Ermittlung von Materialkonstanten (z. B. der dynamischen Kenndaten des Erdreiches, s. Abschnitt 4.3.3), der Turbulenzuntersuchung z. B. des natürlichen Windes, wobei neben der zeitlichen auch die räumliche Korrelation verwendet wird [4.17].

Es ist hier unmöglich, die Vielzahl der Einzelanwendungen abzuhandeln, so daß im folgenden wieder einige wesentliche, allgemeine Anwendungen dargestellt werden.

4.3.1 Signalauffindung aus verrauschtem Hintergrund

Die Aufgabe, das Nutzsignal aus einem gemessenen, gestörten Signal aufzufinden, ist gleichbedeutend mit der Störsignalunterdrückung. Es sei d(t) ein determiniertes (z. B. periodisches) Nutzsignal und r(t) ein stationäres Störsignal. Gemessen sei

$$\tilde{d}(t) := d(t) + r(t). \tag{4.40}$$

Die Autokorrelationsfunktion lautet dann (vgl. Aufgabe 3.27)

$$\Phi_{\tilde{d}\tilde{d}}(\tau) = \Phi_{dd}(\tau) + \Phi_{dr}(\tau) + \Phi_{rd}(\tau) + \Phi_{rr}(\tau). \tag{4.41}$$

Ist das Störsignal mit dem Nutzsignal unkorreliert, nach den Gln. (3.27) und (3.48) also

$$\Phi_{dr}(\tau) = E\{d(t)\, r(t+\tau)\} = E\{d(t)\}\, E\{r(t+\tau)\},$$

und zentriert, $E\{r(t)\} = E\{r(t+\tau)\} = 0$, (vgl. Beispiel 3.19), so geht (4.41) über in

$$\Phi_{\tilde{d}\tilde{d}}(\tau) = \Phi_{dd}(\tau) + \Phi_{rr}(\tau). \tag{4.42}$$

Nach (3.107) besitzen mittelwertfreie stochastische Signale für $\tau \to \infty$ den Grenzwert $\Phi_{rr}(\infty) = [E\{r(t)\}]^2 = 0$, d. h. für die Praxis: Nach hinreichend langer Meßzeit wird

$$\Phi_{\tilde{d}\tilde{d}}(\tau) \doteq \Phi_{dd}(\tau). \tag{4.43}$$

Damit können determinierte stationäre Signale formgetreu ermittelt werden. Das Bild 4.14 deutet den Sachverhalt an.

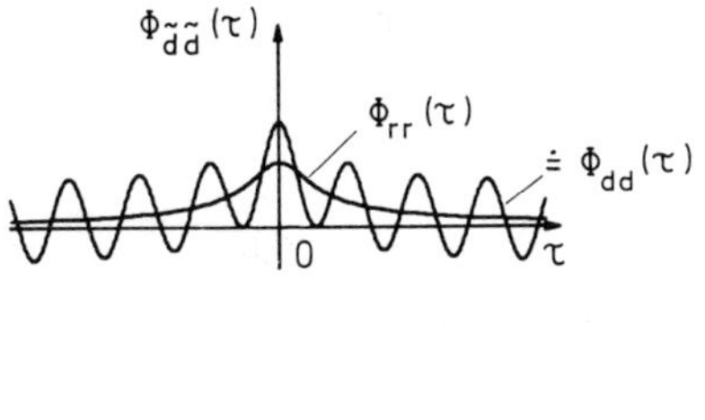

Bild 4.14
Autokorrelationsfunktion eines verrauschten Signals

Beispiel 4.8: Ist das Nutzsignal die harmonische Schwingung $d(t) = d_0 \sin(\omega_0 t + \varphi)$, so gilt nach Beispiel 3.15

$$\Phi_{dd}(\tau) = \frac{d_0^2}{2} \cos \omega_0 \tau.$$

Wird für numerische Zwecke $\tau_n = n\, h_0$, $n \in \mathbb{N}$, $h_0 := 2\pi/\omega_0$ gewählt, so nimmt $\Phi_{dd}(\tau_n)$ mit $\cos \omega_0 \tau_n = 1$ Größtwerte an, so daß in (4.42) eine weitere Verbesserung des Störabstandes erreicht wird.

Effektiver ist jedoch die Kreuzkorrelation des gestörten Signals (4.40) mit einer Modellfunktion $m(t)$, die diese Struktur wie das Nutzsignal $d(t)$ besitzt, aber phasenverschoben zu $d(t)$ sein darf: Modellkorrelation. Voraussetzung für die Modellkorrelation ist, und darin liegt ihre beschränkte Anwendung, daß die Struktur des gesuchten Nutzsignals bekannt sein muß. Ist $d(t)$ eine periodische Funktion mit der Periodendauer T_0, so folgt

$$\Phi_{\tilde{d}m}(\tau) = \Phi_{dm}(\tau) + \Phi_{rm}(\tau). \tag{4.44}$$

Der zweite Summand in (4.44) wird Null, wenn $r(t)$ nicht mit $m(t)$ korreliert ist und entweder $E\{m(t)\}$ oder $E\{r(t)\}$ gleich Null ist. Hier verschwindet der Störanteil für jedes τ.

Beispiel 4.9: $d(t) = d_0 \sin(\omega_0 t + \varphi)$, ω_0 ist bekannt. Wahl von $m(t) = m_0 \sin \omega_0 t$, es folgt

$$\Phi_{\tilde{d}m}(\tau) = \Phi_{dm}(\tau) = \frac{d_0 m_0}{2\,T_0} \int_{-T_0}^{T_0} \sin(\omega_0 t + \varphi) \sin \omega_0 (t+\tau)\, dt = \frac{d_0 m_0}{2} \cos(\omega_0 \tau - \varphi):$$

Alle Informationen von $d(t)$ einschließlich der Phasenverschiebung bleiben erhalten (Kreuzkorrelationsfunktion!).

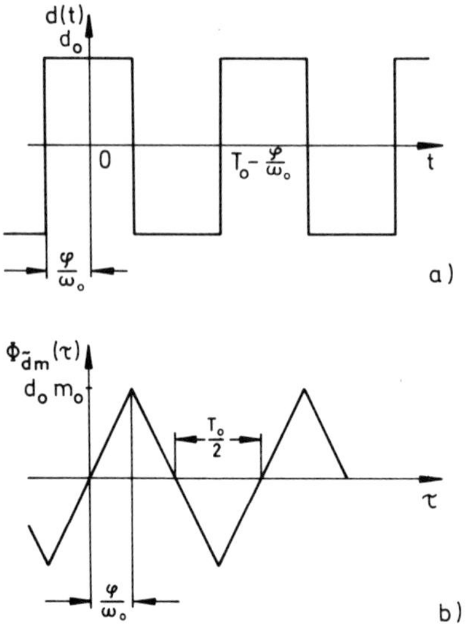

Bild 4.15
Nutzsignal (a) und Modell-Korrelationsfunktion (b) einer Rechteckschwingung

Beispiel 4.10: d(t) sei eine Rechteckschwingung (Bild 4.15 a) mit der Fourierreihe bei bekanntem ω_0:

$$d(t) = \frac{4 d_0}{\pi} \sum_{k=1}^{\infty} \frac{\sin[(2k-1)(\omega_0 t - \varphi)]}{2k-1}.$$

Die Wahl von

$$m(t) = \frac{4 m_0}{\pi} \sum_{l=0}^{\infty} \frac{\sin(2l-1)\omega_0 t}{2l-1} \quad \text{liefert}$$

$$\Phi_{\tilde{d}m}(\tau) = \Phi_{dm}(\tau) = \frac{1}{2T_0} \int_{-T_0}^{T_0} d(t)\, m(t+\tau)\, dt$$

$$= \frac{8 d_0 m_0}{\pi^2 T_0} \int_{-T_0}^{T_0} \left(\sum_{k=0}^{\infty} \cdots \right) \left(\sum_{l=0}^{\infty} \cdots \right) dt$$

$$= \frac{8 d_0 m_0}{\pi^2 T_0} \sum_{k=0}^{\infty} \frac{1}{(2k-1)^2} \int_{-T_0}^{T_0} \sin[(2k-1)(\omega_0 t - \varphi)] \sin[(2k-1)\,\omega_0 (t+\tau)]\, dt$$

$$= \frac{8 d_0 m_0}{\pi^2} \sum_{k=1}^{\infty} \frac{\cos[(2k-1)(\omega_0 \tau - \varphi)]}{(2k-1)^2}.$$

Die Signalform ist hier geändert, erhalten geblieben sind jedoch Amplitude und Phase des Nutzsignals (Bild 4.15 b).

Beispiel 4.11: In einer Maschinenhalle stehen n Maschinen, von denen während des vollen Arbeitsbetriebes die Auswirkung des Geräusches z. B. der Maschine Nr. 3 an einem Ort A interessiert. Wir setzen den Idealfall voraus, daß die Geräusche aller Maschinen stationär und zueinander inkohärent sind. Ein Richtmikrofon 1 sei in unmittelbarer Nähe der Maschine 3 aufgestellt, ein zweites Mikrofon am Ort A (Bild 4.16a).

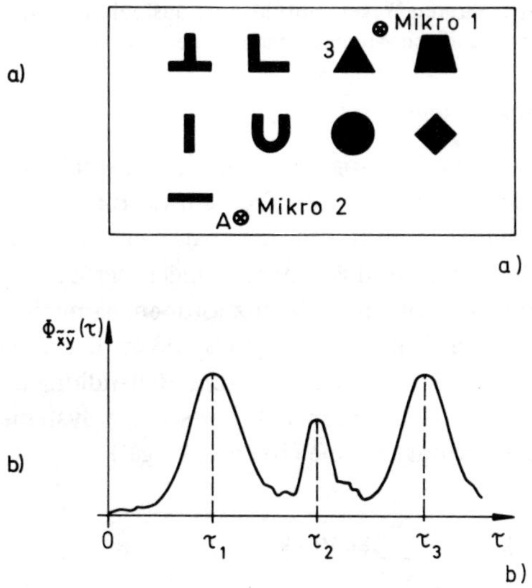

Bild 4.16
Untersuchung von Maschinengeräuschen

Mit dem Mikrofon 1 sei das Geräusch $\tilde{x}(t)$ der Maschine 3 mit einem Störanteil $r(t)$ gemessen zu

$\tilde{x}(t) = x(t) + r(t).$

Das mit dem Mikrofon 2 gemessene Geräusch setzt sich aus den Geräuschanteilen $y_i(t)$, $i = 1(1)n$, der einzelnen Maschinen und einem Störanteil $s(t)$ zusammen:

$\tilde{y}(t) = y_1(t) + y_2(t) + \ldots + y_n(t) + s(t).$

Eine Frequenzstreuung sei in der Halle nicht möglich. Das Geräusch $x(t)$ gelange auf m wesentlichen Übertragungswegen zu dem Mikrofon 2, so daß $x(t)$ am Meßort lediglich abgemindert (zeitunabhängig) ist und auf den Übertragungswegen Laufzeitunterschiede τ_k erfährt:

$$y_3(t) = \sum_{k=1}^{m} a_k x(t - \tau_k), \; a_k \neg\, a_k(t).$$

Die Störsignale $r(t)$ und $s(t)$ seien mittelwertfrei und weder mit den einzelnen Geräuschanteilen noch untereinander korreliert. Es folgt für die Korrelationsfunktion der gemessenen Signale:

$$\Phi_{\tilde{x}\tilde{y}}(\tau) = \Phi_{xy_1}(\tau) + \ldots + \Phi_{xy_n}(\tau).$$

Die vorausgesetzte Inkohärenz der einzelnen Maschinengeräusche besagt nach Abschnitt 3.5.4

$$\gamma^2_{xy_1} = \gamma^2_{xy_2} = \gamma^2_{xy_4} = \ldots = \gamma^2_{xy_n} = 0,$$

d.h. nach Gleichung (3.122) $\Phi_{xy_1} = \Phi_{xy_2} = \Phi_{xy_4} = \ldots = \Phi_{xy_n} = 0$, es folgt

$$\Phi_{\tilde{x}\tilde{y}}(\tau) = \Phi_{xy_3}(\tau) = \sum_{k=1}^{m} a_k E\left\{x(t)x(t + \tau - \tau_k)\right\} = \sum_{k=1}^{m} a_k \Phi_{xx}(\tau - \tau_k).$$

Damit liefert die Kreuzkorrelationsfunktion der Meßwerte (bei hinreichend langer Meßzeit) die Superposition der abgeminderten und zeitverschobenen Autokorrelationsfunktionen des Geräusches der betrachteten Maschine. Das Bild 4.16b deutet ein mögliches Resultat an. Es können mehrere Maxima auftreten, wenn sich das Geräusch der Maschine 3 auf mehreren Wegen zum Meßort ausbreitet. Aufgrund dieses Ergebnisses können die notwendigen Abschirmmaßnahmen getroffen werden.

4.3.2 Ermittlung von Gewichtsfunktionen

Die Faltung (2.40) für determinierte Eingänge bzw. (3.163) für stochastische bzw. quasistochastische stationäre Eingänge ist dem direkten Problem (s. Bild 1.3) zuzuordnen. Sie ermöglicht, die Antwort eines linearen zeitinvarianten (kausalen) Systems bei gegebener Gewichtsfunktion (Systembeschreibung) und gegebener Eingangsgröße zu ermitteln. Dem inversen Problem ist die Entfaltung (deconvolution) zuzuordnen, nämlich die Bestimmung der Gewichtsfunktion aus gemessenen Ein- und Ausgangsgrößen. Bei determinierter Ein- und Ausgangsgröße deutet das Beispiel 2.15 die numerische Behandlung des Faltungsintegrals an, die an dieser Stelle noch vertieft werden soll. Für kausale Systeme und einseitige Erregung $p(t)$ gilt (2.40) bzw. die Faltungssumme (Rechteckregel)

$$u_i \doteq \tilde{u}_i = h \sum_{k=0}^{i} g_{i-k} p_k = h \sum_{k=0}^{i} g_k p_{i-k} \qquad (4.45)$$

mit

$$\left.\begin{aligned} u_i &:= u(t_i),\ t_i = ih,\ i = 0(1)N-1 \\ g_k &:= g(\tau_k),\ \tau_k = kh,\ k = 0(1)i \\ p_{i-k} &:= p(t_i - \tau_k), \end{aligned}\right\} \tag{4.45a}$$

$\widetilde{u}_i$ ist eine Näherung für u_i, die aus dem Fortlassen des Fehlers der numerischen Integration in (4.45) resultiert. Wird umgekehrt u_i in (4.45) verwendet, so ergibt sich g_k fehlerbehaftet: $\widetilde{g}_k$. Unter Vernachlässigung des Fehlers der numerischen Integration lautet (4.45) in Matrizenschreibweise:

$$\begin{pmatrix} u_0 \\ u_1 \\ u_2 \\ \cdot \\ \cdot \\ \cdot \\ u_{N-1} \end{pmatrix} = h \begin{pmatrix} p_0 & 0 & 0 & \dots 0 \\ p_1 & p_0 & 0 & \dots 0 \\ p_2 & p_1 & p_0 & \dots 0 \\ & & & \\ & & & \\ & & & \\ p_{N-1} & p_{N-2} & p_{N-3} & \dots p_0 \end{pmatrix} \begin{pmatrix} \widetilde{g}_0 \\ \widetilde{g}_1 \\ \widetilde{g}_2 \\ \cdot \\ \cdot \\ \cdot \\ \widetilde{g}_{N-1} \end{pmatrix} \tag{4.46}$$

bzw.

$$\mathbf{u} = h\,\mathbf{p}\,\widetilde{\mathbf{g}} \tag{4.46a}$$

mit den direkt aus dem Vergleich mit (4.46) hervorgehenden Definitionen der einzelnen Größen. Theoretisch liefert somit die Gleichung (4.46) $\widetilde{\mathbf{g}} = \frac{1}{h}\mathbf{P}^{-1}\mathbf{u}$. Die Determinante der Matrix $\mathbf{P}$ ist wegen ihrer Dreieckform gleich $\det\mathbf{P} = p_0^N \neq 0$ für $p_0 \neq 0$. Nimmt p_0 einen kleinen Wert an, so ist das Gleichungssystem (4.46) schlecht konditioniert. Allgemein ist das Entfaltungsproblem schlecht lösbar, denn addiert man zu der Gewichtsfunktion des Faltungsintegrals (2.40) eine endliche Größe, z.B. $\sin\omega_1 t$ mit $\omega_1 \gg \omega_D$, so kann die Änderung in der Antwort $u(t)$ dem Betrage nach sehr klein sein (vgl. $g(t)$ in Aufgabe 2.14, der Leser mache sich den Sachverhalt anschaulich klar). Hieraus folgt, daß die Antwort $\mathbf{u}(t)$ sehr genau bekannt sein muß, was unglücklicherweise bei Meßwerten praktisch nicht zu erreichen ist.

Anmerkung: Das Problem der Entfaltung für periodische und nichtperiodische determinierte Testsignale wird ausführlich z.B. in [1.7] dargestellt. Eine Diskussion von Möglichkeiten zur praktischen Durchführung findet der Leser einschließlich einer Literaturübersicht in [4.18].

Aus diesem Grunde bietet sich die Korrelationsanalyse wegen ihrer Störfestigkeit (s. vorherigen Abschnitt) zur Ermittlung der Gewichtsfunktion an.

Das betrachtete kausale System sei mit einem stationären (quasi-)stochastischen Eingangssignal $p(t)$ beaufschlagt. Die Antwort $u(t)$ im eingeschwungenen Zustand ist dann ebenfalls stochastisch und stationär. Die numerische Auswertung der Gl. (3.163) mit der Rechteckregel liefert mit den Schätzungen $\hat{\Phi}_{pp}(\tau)$, $\hat{\Phi}_{pu}(\tau)$ für die Korrelationsfunktionen die Faltungssumme

$$\hat{\Phi}_{pu}(\tau_i) = h \sum_{k=0}^{N-1} \widetilde{g}(t_k)\, \hat{\Phi}_{pp}(\tau_i - t_k) \tag{4.47}$$

mit $\tau_i = ih$, $t_k = kh$, $k = 0(1)N-1$ und der Näherung $\tilde{g}(t_k)$ für die gesuchten Werte der Gewichtsfunktion. Abkürzend wird für (4.47) geschrieben:

$$\hat{\Phi}_{pu}(i) = \sum_{k=0}^{N-1} \tilde{\gamma}_k \hat{\Phi}_{pp}(i-k), \quad \tilde{\gamma}_k := h\,\tilde{g}(t_k). \tag{4.47a}$$

Es sind demzufolge N Werte $\tilde{\gamma}_k$ zu ermitteln, aus denen die diskreten Näherungen für g(t) folgen. (Wird eine andere Regel für die numerische Integration gewählt, so enthält $\tilde{\gamma}_k$ statt der Schrittweite h die Gewichte der betreffenden numerischen Integrationsregel multipliziert mit $\tilde{g}_k$). Die Wahl von N Werten τ_i ergibt N Gleichungen für die N Unbestimmten $\tilde{\gamma}_k$. Die Schätzungen $\hat{\Phi}_{pu}(\tau)$, $\hat{\Phi}_{pp}(\tau)$ mögen für $\tau_{i'}$, $i' = -M(1)M$, $M \in \mathbb{N}$, vorliegen, $\tau_{-M} := -\tau_M$, $N-1 \leqslant M$. Mit der Wahl von $\min_{i,k}(\tau_i - t_k) =: -\tau_m = \tau_{-m}$, $m \in \mathbb{N}$, $m \leqslant M$, folgt der kleinste Indexwert für i zu $i_{min} = N-1-m$. N Gleichungen werden benötigt, also gilt $i = N-1-m(1)\,2N-2-m$. Der Index von $\hat{\Phi}_{pp}$ läuft somit von $i_{min} - k_{max} = N-1-m-(N-1) = -m$ bis $i_{max} - k_{min} = 2N-2-m-(N-1) = N-1-m$ (Bild 4.17). Damit folgt das lineare Gleichungssystem

$$\hat{\boldsymbol{\Phi}}_{pu} = \hat{\boldsymbol{\Phi}}_{pp}\,\tilde{\boldsymbol{\gamma}} \tag{4.48}$$

mit

$$\left.\begin{aligned}
\hat{\boldsymbol{\Phi}}_{pu}^T &:= (\hat{\Phi}_{pu}(N-1-m),\ \hat{\Phi}_{pu}(N-m),\ \ldots,\ \hat{\Phi}_{pu}(2N-2-m)),\\
\hat{\boldsymbol{\Phi}}_{pp} &:= \begin{pmatrix}
\hat{\Phi}_{pp}(N-1-m), & \hat{\Phi}_{pp}(N-2-m), & \ldots, & \hat{\Phi}_{pp}(-m)\\
\hat{\Phi}_{pp}(N-m), & \hat{\Phi}_{pp}(N-1-m), & \ldots, & \hat{\Phi}_{pp}(1-m)\\
\cdots & \cdots & \cdots & \cdots\\
\hat{\Phi}_{pp}(2N-2-m), & \hat{\Phi}_{pp}(2N-1-m), & \ldots, & \hat{\Phi}_{pp}(N-1-m)
\end{pmatrix},\\
\tilde{\boldsymbol{\gamma}}^T &:= (\tilde{\gamma}_0, \tilde{\gamma}_1, \ldots, \tilde{\gamma}_{N-1}).
\end{aligned}\right\} \tag{4.48a}$$

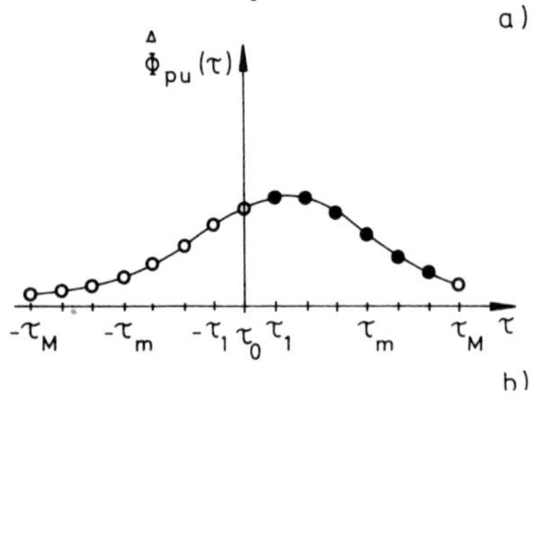

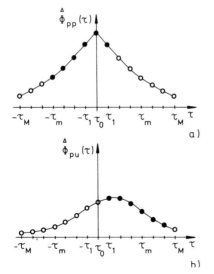

Bild 4.17 Zur Wahl von τ_i und $\tau_i - t_k$ (M = 7, N = 6, m = 4)

Für $m = N - 1$ ist $\hat{\Phi}_{pp} = \hat{\Phi}_{pp}^T$ und regulär, damit ist die Matrix invertierbar und aus (4.48) folgt

$$\tilde{\gamma} = \hat{\Phi}_{pp}^{-1}\,\hat{\Phi}_{pu}. \tag{4.49}$$

Diese Lösung als Näherung für die Werte der Gewichtsfunktion ist trotz Verwendung der Korrelationsfunktionen einerseits recht ungenau, da die Fehler der Schätzwerte für die Korrelationsfunktionen direkt in die Lösung des Gleichungssystems (4.49) eingehen und andererseits werden in (4.49) nicht alle verfügbaren Informationen genutzt (s. Bild 4.17). Die Wahl von $\tau_m = \tau_M$ liefert mit der Bedingung $i_{max} \leqslant M$ insgesamt $2M - N + 1 > N$ Gleichungen und damit $2(M - N) + 1$ zusätzliche Gleichungen. Das jetzt überbestimmte Gleichungssystem (4.48a) führt mit der Methode der kleinsten Fehlerquadrate (Abschnitt 3.3.3, Gauß-Transformation) auf die Schätzung

$$\hat{\gamma} = (\hat{\Phi}_{pp}^T\,\hat{\Phi}_{pp})^{-1}\,\hat{\Phi}_{pp}^T\,\hat{\Phi}_{pu}, \tag{4.50}$$

deren Schätzwerte im allgemeinen genauer als die Näherungswerte $\tilde{\gamma}$ aus (4.49) sind (Fehlerangaben für die Schätzung s. Abschnitt 3.3.3 und Aufgabe 4.21).

Wie wirkt sich eine mittelwertfreie stochastische Störung $r(t)$ im Ausgangssignal $\tilde{u}(t)$ auf die Schätzung $\hat{\Phi}_{pu}(\tau)$ aus? Hierbei sei angenommen, daß $r(t)$ mit dem Eingangssignal $p(t)$ unkorreliert und der Prozeß ergodisch sei. Die gestörten Ausgangswerte seien

$$\tilde{u}_i = u_i + r_i, \quad r_i := r(t_i). \tag{4.51}$$

Die Schätzung

$$\hat{\Phi}_{p\tilde{u}}(\tau) = \hat{R}_{p\tilde{u}}(\tau) = \frac{1}{n}\sum_{i=0}^{n-1} p_i\,\tilde{u}(t_i+\tau) = \frac{1}{n}\sum_{i=0}^{n-1} p_i u(t_i+\tau) + \frac{1}{n}\sum_{i=0}^{n-1} p_i r(t_i+\tau) \tag{4.52a}$$

besitzt den Fehler

$$\Delta\hat{R}_{p\tilde{u}}(\tau) = \frac{1}{n}\sum_{i=0}^{n-1} p_i r(t_i+\tau), \tag{4.52b}$$

der mit $E\{r_i\} = 0$ die Schätzung $E\{\Delta\hat{R}_{p\tilde{u}}(\tau)\} = 0$ ergibt, d.h., die Schätzung (4.52a) ist biasfrei. Die Varianz der Schätzung ist:

$$E\{[\Delta\hat{R}_{p\tilde{u}}(\tau)]^2\} = \frac{1}{n^2}\,E\left\{\sum_{i=0}^{n-1}\sum_{k=0}^{n-1} p_i p_k r(t_i+\tau) r(t_k+\tau)\right\}$$

$$= \frac{1}{n^2}\sum_{i=0}^{n-1}\sum_{k=0}^{n-1} R_{pp}(k-i) R_{rr}(k-i), \tag{4.52c}$$

wird zur Ermittlung von $\hat{R}_{p\tilde{u}}(\tau)$ ein großer Wert n verwendet, dann ist die Varianz der Schätzung klein.

Verwendet man als Erregung weißes Rauschen, beschrieben durch die Gl. (4.06), so folgt aus der Faltung (3.163) aufgrund der Ausblendeigenschaft der Dirac-Funktion (s. Abschnitt 2.2) die Gleichung

$$\Phi_{pu}(\tau) = \Phi_{pp}(0)\,g(\tau), \tag{4.53}$$

die sofort die Gewichtsfunktion

$$g(\tau) = \frac{1}{\Phi_{pp}(0)} \Phi_{pu}(\tau) \sim \Phi_{pu}(\tau) \tag{4.53a}$$

proportional der Kreuzkorrelationsfunktion von Ein- und Ausgangssignal liefert. Dieses Vorgehen ist einfach und kann versuchstechnisch durch Breitbandrauschen verwirklicht werden. Das Breitbandrauschen als Tiefpaßrauschen erfordert nach Abschnitt 4.1.3.2 u.a. eine „hinreichend" große Testsignaleckfrequenz ω_b; im vorliegenden Fall bedeutet hinreichend, daß die Faltung $g(\tau) * \Phi_{pp}(\tau)$ mit der Autokorrelationsfunktion (4.08) ein Ergebnis angenähert proportional $g(\tau)$ zeitigt. Aus der Beziehung

$$g(t) = F^{-1}\{F(j\omega)\} = \frac{1}{2\pi}\left(\int_{-\infty}^{-\omega_b} F(j\omega)e^{j\omega t}d\omega + \int_{-\omega_b}^{\omega_b} F(j\omega)e^{j\omega t}d\omega + \int_{\omega_b}^{\infty} F(j\omega)e^{j\omega t}d\omega\right)$$

folgt eine Abschätzung des Fehlers bei der Ermittlung von $g(t)$ aus Tiefpaßrauschen statt weißem Rauschen zu

$$|\Delta g(t)| \leqslant \frac{1}{2\pi}\left|\int_{-\infty}^{-\omega_b} F(j\omega)e^{j\omega t}d\omega + \int_{\omega_b}^{\infty} F(j\omega)e^{j\omega t}d\omega\right| \leqslant \frac{1}{\pi}\int_{\omega_b}^{\infty} |F(j\omega)|\, d\omega,$$

aus der bei Vorgabe von $|\Delta g(t)|$ abhängig von den Systemeigenschaften Aussagen über die Eckfrequenz getroffen werden können.

Wie wirkt sich ein stochastischer Eingangsfehler $n(t)$ nichtkorreliert mit $p(t)$ aus (vgl. Bild 4.13 mit $\Delta p(t) \equiv n(t)$)? Der Faltungssatz liefert das gestörte Ausgangssignal $\tilde{u}(t) = g * p + g_\Delta * n$, entsprechend folgt (vgl. Abschnitt 3.6.1)

$$\Phi_{p\tilde{u}}(\tau) = E\{p(t)\tilde{u}(t+\tau)\} = \int_0^\infty g(t)\,\Phi_{pp}(\tau - t)\,dt + \int_0^\infty g_\Delta(t)\,\Phi_{pn}(\tau - t)\,dt. \tag{4.54}$$

Fall a): Sind $E\{p\}$, $E\{n\} \neq 0$, so ist $\Phi_{pn}(\tau) = E\{p\}E\{n\}$ und die Gl. (4.54) geht über in

$$\Phi_{p\tilde{u}}(\tau) = \Phi_{pu}(\tau) + E\{p\}E\{n\}\int_0^\infty g_\Delta(t)\,dt. \tag{4.55}$$

Für die Gewichtsfunktion eines stabilen, gedämpften Systems gilt

$$\lim_{t\to\infty} g_\Delta(t) = 0, \quad \int_0^\infty |g_\Delta(t)|\,dt \leqslant K < \infty, \tag{4.56}$$

also liefert (4.55) die Gleichung

$$\Phi_{p\tilde{u}}(\tau) = \Phi_{pu}(\tau) + c, \quad c = \text{const.} \tag{4.57}$$

und die so ermittelte Gewichtsfunktion besitzt einen konstanten Fehler:

$$g(\tau) = \frac{1}{\Phi_{pp}(0)}\Phi_{p\tilde{u}}(\tau) - \frac{c}{\Phi_{pp}(0)}. \tag{4.58}$$

Fall b): Ist einer der beiden Mittelwerte gleich Null, dann geht nach Gl. (4.55) die Eingangsstörung in die Ermittlung von g(t) nicht ein.

Die Verallgemeinerung der voranstehenden Ausführungen auf Mehrfreiheitsgradsysteme ist mit Gl. (3.183) nun möglich. Mit den entsprechenden Bezeichnungen wie vorher liefert die Rechteckregel für das als kausal angenommene System die Matrizengleichungen

$$\boldsymbol{\Phi}_{pu}(i) = h \sum_{k=0}^{N-1} \mathbf{G}^T(k)\, \boldsymbol{\Phi}_{pp}(i-k) \tag{4.59}$$

für die Nn^2 unbekannten Elemente $g_{\mu\nu}(k)$ der Matrix $\mathbf{G}(k)$, $\mu, \nu = 1\,(1)\,n$. Mit der Einführung von Hypermatrizen ist der formale Rechengang zur Ermittlung der Unbekannten ganz entsprechend wie vorher beschrieben (vgl. auch die Aufgabe 2.20).

4.3.3 Untersuchung von Signalübertragungswegen

Die nachstehenden Überlegungen sind für die Schwingungstechnik (einschließlich der Behandlung von Luft- und Körperschall) grundlegend. Existiert zwischen dem Ein- und Ausgang des betrachteten Systems nur ein Übertragungsweg ohne Frequenzstreuung (-dispersion) und ohne Reflexion, so liefert der Korrelationskoeffizient (3.115) für ungestörte stationäre Signale

$$\rho_{pu}(\tau) = \frac{C_{pu}(\tau)}{\sqrt{C_{pp}(0)C_{uu}(0)}} = \frac{\Phi_{pu}(\tau) - \mu_p\mu_u}{\sigma_p\,\sigma_u} \tag{4.60}$$

im Falle eines linearen Zusammenhanges zwischen den Ein- und Ausgangsgrößen (volle Korrelation, vgl. auch Abschnitt 3.1.2) an einer Stelle τ_l den Wert ± 1. Ist v die konstante Signalübertragungsgeschwindigkeit des betreffenden (homogenen) Mediums und l die Entfernung zwischen Quelle und Empfänger, so erreicht nach der Zeit $\tau_l = l/v$ das Signal u(t) ohne Verlust den Empfänger (Bild 4.18). Die Anwendung ist offensichtlich: Wird die Laufzeit τ_l bestimmt und ist v bzw. l bekannt, so kann l bzw. v ermittelt werden.

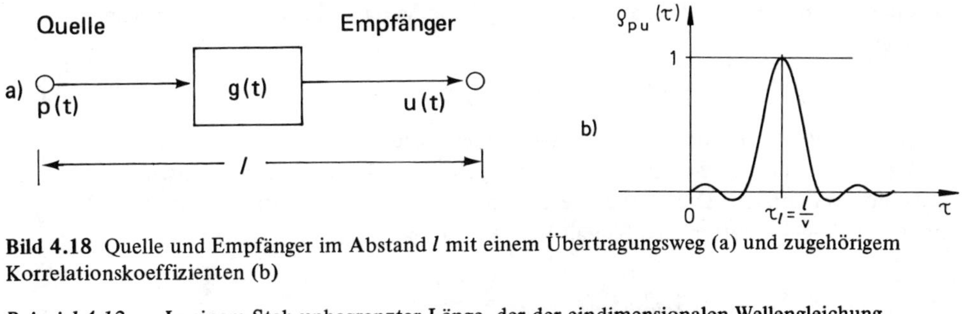

Bild 4.18 Quelle und Empfänger im Abstand l mit einem Übertragungsweg (a) und zugehörigem Korrelationskoeffizienten (b)

Beispiel 4.12: In einem Stab unbegrenzter Länge, der der eindimensionalen Wellengleichung $\frac{\partial^2 u(x,t)}{\partial x^2} - \frac{1}{v^2}\frac{\partial^2 u(x,t)}{\partial t^2} = 0$ mit der Ausbreitungsgeschwindigkeit $v = |\sqrt{E/\rho}|$ der laufenden Welle $u(x, t) = u(x - vt)$ genügt, werde die Welle an der Stelle x_1 der Längenkoordinate x zur Zeit t, $u_1(t) := u(x_1 - vt)$ und an der Stelle $x_2 > x_1$ zur Zeit $t + \tau$, $u_2(t+\tau) := u[x_2 - v(t+\tau)]$ gemessen. Zu bilden ist der Korrelationskoeffizient $\rho_{u_1u_2}(\tau)$. Für $\Phi_{u_1u_2}(\tau) = E\{u(x_1 - vt)\, u[x_2 - v(t+\tau)]\}$ folgt mit der Laufzeit τ_l der Welle von x_1 nach $x_2 = x_1 + l$, $\tau_l := \frac{x_2 - x_1}{v} = \frac{l}{v}$, schließlich:

$$\Phi_{u_1u_2}(\tau) = E\left\{u(x_1 - vt)\, u[x_1 - v(t + \tau - \tau_l)]\right\} = \Phi_{u_1u_2}(\tau - \tau_l).$$

Es gilt $\Phi_{u_1u_1}(0) = \Phi_{u_2u_2}(0) = \sigma_u^2$. Die Prozesse zentriert, $E\{u_1\} = E\{u_2\} = 0$, liefert den Korrelationskoeffizienten

$$\rho_{u_1u_2}(\tau) = \frac{\Phi_{u_1u_1}(\tau - \tau_l)}{\Phi_{u_1u_1}(0)}, = \frac{1}{\sigma_u^2}\,\Phi_{u_1u_1}(\tau - \tau_l),$$

der an der Stelle τ_l den Wert 1 annimmt.

Ist dagegen u(t) mit einer korrelierten Ausgangsstörung r(t) (Bild 4.19a) überlagert, $\tilde{u}(t) = u(t) + r(t)$, so ergibt sich der Korrelationskoeffizient zu

$$|\rho_{p\tilde{u}}(\tau_l)| < 1 \tag{4.61}$$

(vgl. Aufgabe 4.23).

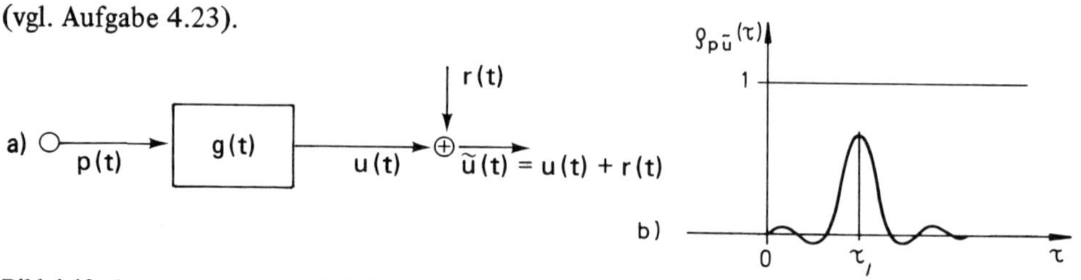

Bild 4.19 Ausgangsgestörtes Einfreiheitsgradsystem (a) mit zugehörigem Korrelationskoeffizienten (b)

Der Verlust an Korreliertheit der Signale kann durch $\rho_{r\tilde{u}}^2(\tau)$ ausgedrückt werden,

$$1 - \rho_{p\tilde{u}}^2(\tau_l) = : \rho_{r\tilde{u}}^2(\tau_l), \tag{4.62}$$

als Maß für die Abweichung von $\rho_{p\tilde{u}}^2(\tau_l)$ gegenüber Eins. Die partiellen Standardabweichungen

$$\sigma_{p\cdot\tilde{u}} := \rho_{p\tilde{u}}(\tau_l)\,\sigma_{\tilde{u}} = \frac{\sigma_{p\tilde{u}}^2}{\sigma_p},\ \sigma_{r\cdot\tilde{u}} := \rho_{r\tilde{u}}(\tau_l)\,\sigma_{\tilde{u}} = \frac{\sigma_{r\tilde{u}}^2}{\sigma_r} = |\sqrt{1 - \rho_{p\tilde{u}}^2(\tau_l)}|\,\sigma_{\tilde{u}} \tag{4.63a}$$

geben den Einfluß der Ausgangsstörung auf die Varianz des gestörten Ausgangs wieder, denn es ist

$$\sigma_{p\cdot\tilde{u}}^2 + \sigma_{r\cdot\tilde{u}}^2 = [\rho_{p\tilde{u}}^2(\tau_l) + \rho_{r\tilde{u}}^2(\tau_l)]\,\sigma_{\tilde{u}}^2 = \sigma_{\tilde{u}}^2. \tag{4.63b}$$

Sind mehrere Übertragungswege vorhanden, wie im Bild 4.20 angedeutet, so bestimmen die Übertragungsweglängen und dazugehörigen Übertragungsgeschwindigkeiten die Extremwertabszissen. Die Extremwertordinaten geben den relativen Anteil des längs des einzelnen Weges übertragenen Signals wieder (Aufgabe 4.24).

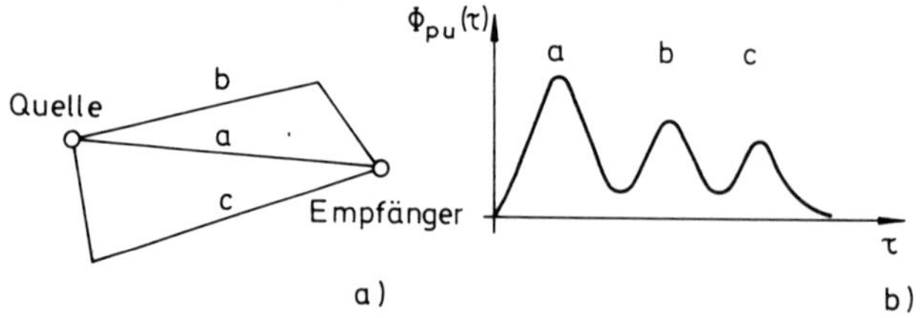

Bild 4.20
Kreuzkorrelation bei verschiedenen Übertragungswegen

Ein Anwendungsbeispiel zeigt Bild 4.21. Die Schallquelle sendet Breitbandrauschen als Testsignal aus, wobei die Bandbreite so zu wählen ist (z. B. $[0, f_g]$), daß die zu ihr reziproke Korrelationsdauer (also $1/f_g$) hinreichend klein gegenüber den sich ergebenden Laufzeitunterschieden ist, die aus der direkten Schallübertragung von der Quelle zum Mikrofon und aus der Reflexion resultieren (Dispersion sei ausgeschlossen). Man erreicht damit eine Laufzeittrennung.

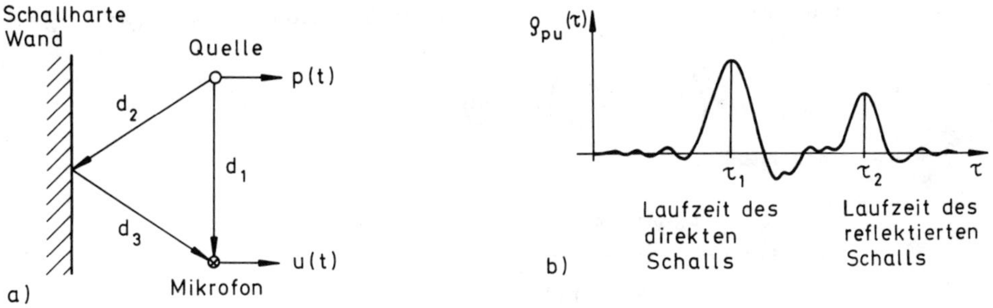

Bild 4.21 Untersuchung von Reflexionseigenschaften

Anmerkung: Mit der Kohärenzfunktion ist das obige Ergebnis nicht erreichbar, da die Phasenbeziehung verlorengeht. Bleibt auf den verschiedenen Übertragungswegen das Spektrum des Signals ungeändert, dann liefert sie für die verschiedenen Wege identische Werte.

Beispiel 4.13: Entsprechend dem Bild 4.21 sei die Quelle eine Punktschallquelle, die Kugelwellen abstrahlt. Sie erfüllen die Wellengleichung

$$\frac{\partial^2(r \cdot u)}{\partial r^2} - \frac{1}{c^2}\frac{\partial^2(r \cdot u)}{\partial t^2} = 0; \text{ c ist die Wellengeschwindigkeit.}$$

Eine Kugelwelle läßt sich durch $u(r, t) = \frac{1}{r} w(r - ct)$ beschreiben. Die von der Quelle abgestrahlte Welle sei im Abstand $r_0 \ll r_1 = d_1$: $u(r_0, t) = \frac{1}{r_0} w(r_0 - ct)$. Die am Mikrofon aufgenommene Welle lautet $u_M(r, t) = u(r_1, t) + u(r_2 + r_3, t)$, $r_2 = d_2$, $r_3 = d_3$. Mit dem durch die Reflexion bedingten Abschwächungsfaktor $R < 1$ (schallharte Wand: $R = 1$) ist

$$u_M(r, t) = \frac{1}{r_1} w(r_1 - ct) + \frac{R}{r_2 + r_3} w(r_2 + r_3 - ct).$$

Ferner sei $E\{u(r, t)\} = 0$. Es folgt:

$$\Phi_{uu_M}(\tau) = E\left\{\frac{1}{r_0} w(r_0 - ct)\left[\frac{1}{r_1} w(r_1 - c(t+\tau)) + \frac{R}{r_2 + r_3} w(r_2 + r_3 - c(t+\tau))\right]\right\}.$$

Die Laufzeit der direkten Welle $\tau_1 := \frac{r_1 - r_0}{c}$ und die der reflektierten Welle $\tau_2 = \frac{r_2 + r_3 - r_0}{c}$ berücksichtigt, liefert

$$\Phi_{uu_M}(\tau) = E\left\{\frac{1}{r_0 r_1} w(r_0 - ct) w(r_0 - c(t + \tau - \tau_1))\right\} +$$

$$+ E\left\{\frac{R}{r_0(r_2 + r_3)} w(r_0 - ct) w(r_0 - c(t + \tau - \tau_2))\right\}$$

$$= \frac{1}{r_0 r_1} \Phi_{ww}(\tau - \tau_1) + \frac{R}{r_0(r_2 + r_3)} \Phi_{ww}(\tau - \tau_2).$$

Für den Korrelationskoeffizienten werden noch benötigt:

$$\Phi_{uu}(0) = \frac{1}{r_0^2}\,\Phi_{ww}(0),$$

$$\Phi_{u_M u_M}(0) = E\left\{\left[\frac{1}{r_1}\,w(r_1 - ct) + \frac{R}{r_2 + r_3}\,w(r_2 + r_3 - ct)\right]^2\right\}$$

$$= \frac{1}{r_1^2}\,\Phi_{ww}(0) + \frac{R^2}{(r_2 + r_3)^2}\,\Phi_{ww}(0) + \frac{2R}{r_1(r_2 + r_3)}\,\Phi_{ww}(\tau_1 - \tau_2).$$

Unter der Annahme, daß die Laufzeitdifferenz so groß ist, daß $\Phi_{ww}(\tau_1 - \tau_2) = 0$ gilt, folgt

$$\Phi_{u_M u_M}(0) = \left(\frac{1}{r_1^2} + \frac{R^2}{(r_2 + r_3)^2}\right)\Phi_{ww}(0)$$

und schließlich

$$\rho_{uu_M}(\tau) = \frac{\dfrac{1}{r_1}\,\Phi_{ww}(\tau - \tau_1) + \dfrac{R}{r_2 + r_3}\,\Phi_{ww}(\tau - \tau_2)}{\Phi_{ww}(0)\sqrt{\dfrac{1}{r_1^2} + \dfrac{R^2}{(r_2 + r_3)^2}}}\,.$$

Hieraus lassen sich die Ordinaten der Extrema direkt ermitteln.

Ein letztes Beispiel zur Laufzeitmessung ist der Bodendynamik entnommen [4.19 und 4.20]. Die dynamischen Eigenschaften des Baugrundes spielen beim Erdbebensicherheitsnachweis z. B. eines Kernkraftwerkes eine Rolle. Soll der Untergrund in Form eines Feder- (und Dämpfungs-)terms in die Rechnung eingeführt werden, so muß für ihn ein äquivalenter Schermodul (und eine äquivalente Dämpfung) ermittelt werden. Entsprechendes gilt beim Rad-Schiene-System für den dynamisch beanspruchten Oberbau und bei der Untersuchung der Erschütterungsausbreitung im Erdboden (z. B. herrührend von Webmaschinen). Unter Annahme eines homogenen isotropen elastischen Halbraumes werden zur Beschreibung seines Spannungs-Dehnungsverhaltens zwei Größen, z. B. der Schermodul G (oder Elastizitätsmodul E) und die Poissonzahl ν benötigt. Aus der Bewegungsgleichung für das unendlich ausgedehnte elastische, isotrope und homogene Medium folgt, daß zwei Wellentypen mit unterschiedlichen Fortpflanzungsgeschwindigkeiten existieren, und zwar die Longitudinalwelle (P-, Kompressionswelle) mit der Geschwindigkeit c_l und die Transversalwelle (S-, Scherwelle) mit der Geschwindigkeit c_t, wobei $c_t < c_l$ ist. Durch die Randbedingung des Halbraumes tritt ein weiterer Wellentyp auf, nämlich eine Oberflächenwelle (Rayleighwelle), deren Schwingungsamplituden mit der Tiefe exponentiell abnehmen, mit der Geschwindigkeit c_R, $0 < c_R < c_t < c_l$. Zwischen den Ausbreitungsgeschwindigkeiten und den elastischen Stoffkonstanten bestehen die Beziehungen [4.21]

$$\left.\begin{aligned} E &= \rho\,\frac{c_t^2(3c_l^2 - 4c_t^2)}{c_l^2 - c_t^2} \\ &= 2c_t^2(1 + \nu)\rho, \\ \nu &= \frac{c_l^2 - 2c_t^2}{2(c_l^2 - c_t^2)}, \\ G &= \rho\,c_t^2, \end{aligned}\right\} \qquad (4.64)$$

wobei E der Elastizitätsmodul und ρ die Massendichte ist. Beschränken wir uns hier auf die experimentelle Ermittlung von G, so müssen die Dichte ρ und die (mittlere) Geschwindigkeit c_t bestimmt werden. ρ ist im Labor aus ungestörten Bodenproben bestimmbar. Es verbleibt, c_t über Laufzeitmessungen z.B. aus einem Impulsversuch zu bestimmen. Als seismisches Bohrlochverfahren und in-situ-Versuch wird hier das Abzeit-(downhole-) Verfahren beschrieben (Bild 4.22). Die Abzeit (als Laufzeit) ist die kleinste Zeit, die ein auf der Erdoberfläche erzeugtes seismisches Signal benötigt, um zu den

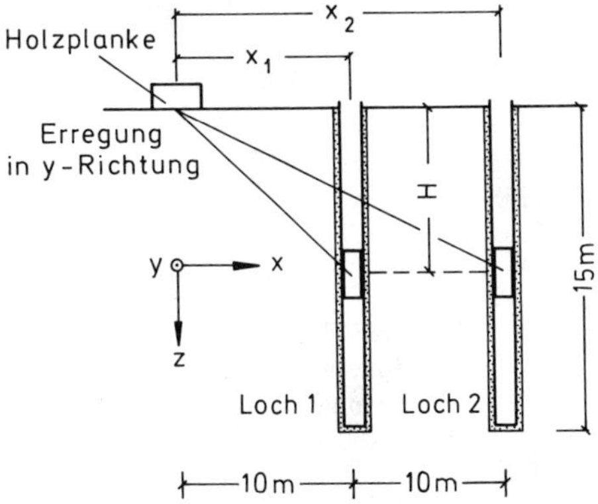

Bild 4.22 Messung von Scherwellengeschwindigkeiten nach der Abzeitmethode

in Bohrlöchern befindlichen Aufnehmern zu gelangen, so daß unter den vereinfachend getroffenen Annahmen über den Erdboden abhängig von der Tiefe über die gemessenen Laufzeiten und bekannten Entfernungen zwischen Erregungs- und Meßorten die Wellengeschwindigkeiten folgen. Um die nicht interessierenden Wellenarten nicht oder nur wenig zu erzeugen, sollte eine polarisierte Erregerquelle verwendet werden, zur Unterscheidung dienen u.a. die Natur der Schwingungen, die Ausbreitungsgeschwindigkeiten und die Schwingungsintensitäten (Bild 4.23). Im Versuch erfolgt die Anregung über einen Hammerschlag (Impulshammer von ungefähr 5 kg Masse mit eingebautem Kraftaufnehmer) gegen eine Holzplanke (Bild 4.22), die zur Erreichung eines guten Bodenkontaktes mit Gewichten beschwert ist. Geschwindigkeitsaufnehmer für alle drei Richtungen (ausgerichtet nach der Anregungsrichtung) befinden sich in vorgegebener Tiefe in wenigstens zwei Bohrlöchern (es ist auf guten Kontakt zwischen Aufnehmer, Kunststoffrohr und zwischen Kunststoffrohr, Erdboden → Verfüllung mit Feinkies, Grobsand, zu achten). Um im Scherwellensignal eine Phasenumkehr von 180° im Anfangspunkt zu erhalten, genügt es, die Richtung der Erregung entgegengesetzt zu wählen. Dieses Vorgehen erlaubt das sichere Erkennen der Scherwellen im Zeitsignal horizontal messender Aufnehmer rechtwinklig zur Ausbreitungsrichtung.

Bezeichnen $v_1(t)$ und $v_2(t)$ die Zeitschriebe zweier horizontal arbeitender Geschwindigkeitsaufnehmer in der Tiefe H in den Bohrlöchern 1 und 2, $p(t)$ die gemessene Kraft des Hammerschlages, so werden zunächst die Kreuzkorrelationsfunktionen $r_1(\tau) := \hat{R}_{pv_1}(\tau)$, $r_2(\tau) := \hat{R}_{pv_2}(\tau)$ gebildet. Durch die Korrelation von $p(t)$ mit $v_{1,2}(t)$ erreicht man 1. eine eindeutige zeitliche Zuordnung der Signale (Zeitnullpunkt) und 2. werden in $v_{1,2}(t)$ enthaltene mit $p(t)$ nichtkorrelierte zentrierte Störsignale (z.B. aus Straßenverkehr während der Messung) reduziert. Die Kreuzkorrelationsfunktionen $r_{1,2}(\tau)$ zeigen mehrere Extrema,

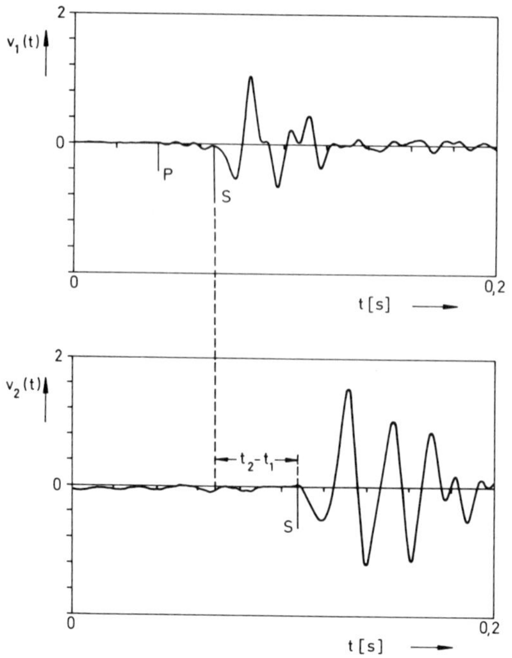

Bild 4.23 Typische Signale aus der Abzeitmethode von horizontalen Geschwindigkeitsaufnehmern (Scherwellen in H = 8 m Tiefe)

wobei die ersteren gegenüber jeweils dem Maximum der jeweiligen Abzeit $\tau_t^{(1,2)}$ zugeordnet, weniger ausgeprägt sind. Die so ermittelten Abzeiten sind durch die Art der Krafteinleitung und durch die Ankopplungsunterschiede der Aufnehmer an den Erdboden noch fehlerbehaftet. Um diese Fehler zu reduzieren bzw. zu eliminieren, wird weiter die Kreuzkorrelationsfunktion $\hat{R}_{12}(\tau) := \overline{r_1(t) r_2(t+\tau)}$ gebildet, deren Abszisse des größten Maximums die Laufzeitdifferenz $t_2 - t_1$ der horizontalen Scherwelle zwischen den beiden Bohrlöchern liefert. Aus dem bekannten Abstand der beiden Bohrlöcher und der Laufzeitdifferenz folgt dann die Scherwellengeschwindigkeit c_t. Ein Anschauungsbeispiel hierfür enthält das Bild 4.24.

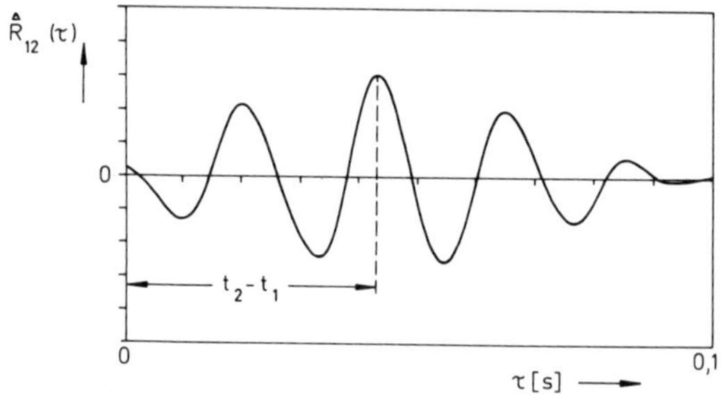

Bild 4.24
Ermittlung der Laufzeitdifferenz $t_2 - t_1$ aus $\hat{R}_{12}(\tau) = \overline{r_1(t)\, r_2(t+\tau)}$
(H = 8 m)

4.3.4 Ortung von Schwingungsquellen

Das im vorhergehenden Abschnitt dargestellte und verwendete Prinzip dient auch zur Ortung von Schwingungsquellen. Zwei Beispiele sollen dies verdeutlichen. Es sind Geräuschquellen eines fahrenden PKWs zu lokalisieren, deren Auswirkungen vom Ohr des Fahrers wahrgenommen werden. Es wird angenommen, daß aufgrund der Ergebnisse vorab durchgeführter Untersuchungen andere Geräuschquellen als die der Achsen infolge Achsschwingungen bereits ausgeschlossen werden können. Das Bild 4.25a zeigt die Meßanordnung. Während einer Versuchsfahrt werden die Beschleunigungen $b_1(t)$ und $b_2(t)$ der Vorder- und Hinterachse, sowie gleichzeitig das Geräusch u(t) mit einem Mikrofon in der Kopfgegend des Fahrers gemessen und miteinander korreliert. Mögliche Ergebnisse sind im Bild 4.25b skizziert. Ihre Interpretation ist: Als wesentliche Geräuschquelle tritt hier die Vorderachse auf, die Hinterachse liefert allerdings ebenfalls einen nichtvernachlässigbaren Geräuschanteil. Damit ist der Weg zur Abhilfe frei, wobei vorher über Untersuchungen der Energieinhalte und eines zulässigen (in Kauf genommenen) Lärmpegels entschieden werden sollte, ob an der Aufhängung der Hinterachse ebenfalls geräuschmindernde Maßnahmen getroffen werden müssen (Aufgabe 4.26).

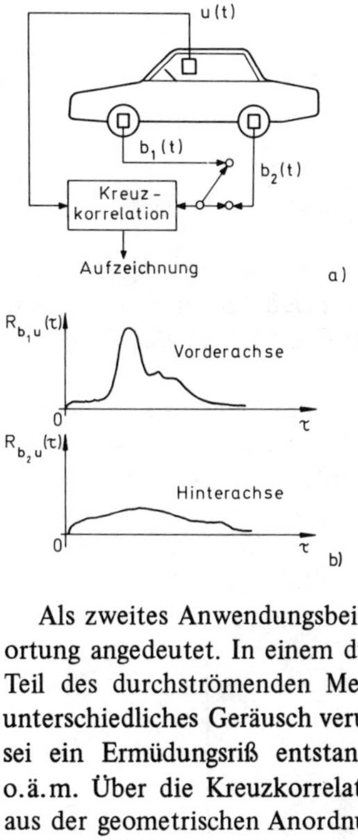

Bild 4.25
Störquellenortung bei einem PKW

Als zweites Anwendungsbeispiel sei noch das Triangulationsverfahren zur Störquellenortung angedeutet. In einem durchströmten Rohr sei ein Leck entstanden, durch das ein Teil des durchströmenden Mediums austritt und ein zu dem Durchströmungsgeräusch unterschiedliches Geräusch verursacht (Bild 4.26), oder bei einem Dauerfestigkeitsversuch sei ein Ermüdungsriß entstanden, dessen Ränder infolge Belastung aneinanderreiben o.ä.m. Über die Kreuzkorrelation der Signale dreier örtlich getrennter Mikrofone kann aus der geometrischen Anordnung der Mikrofone die Geräuschquelle (das Leck) lokalisiert werden (Aufgabe 4.27).

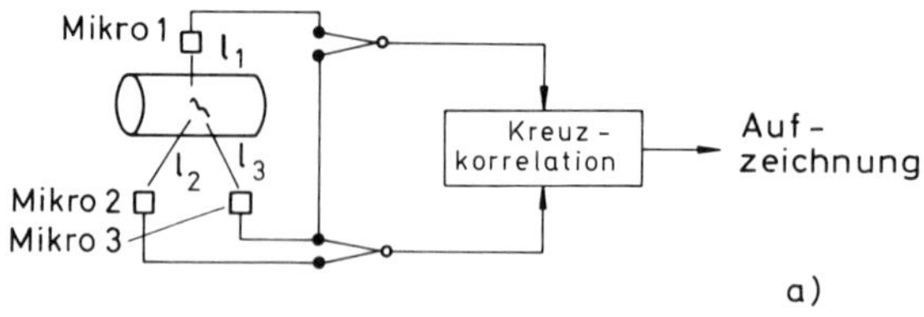

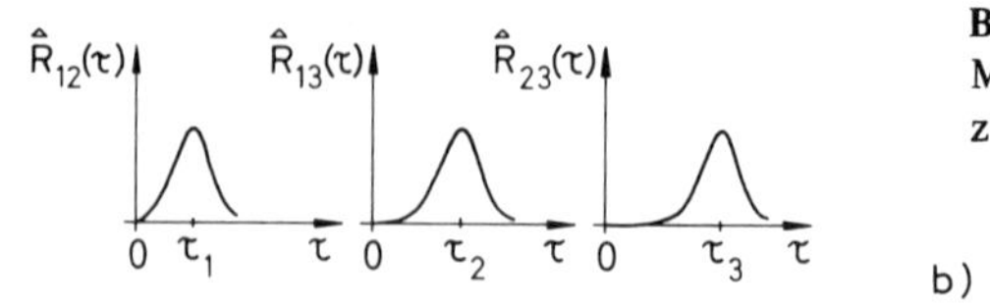

Bild 4.26
Meßanordnung (a) und Korrelationsergebnisse (b) zum Triangulationsverfahren

4.3.5 Cepstrum-Analyse

Die Cepstrum-Analyse geht von der einseitigen Wirkleistungsdichte (3.143) bezogen auf einen Wirkleistungsdichte-Wert G_0 aus,

$$g_{xx}(\omega) := \frac{G_{xx}(\omega)}{G_0}\,. \tag{4.65}$$

Die dimensionslose Größe (4.65) logarithmiert und der inversen Fouriertransformation unterworfen, liefert die Cepstrumfunktion

$$c_{xx}(\tau) := F^{-1}\{\ln g_{xx}(\omega)\} = \frac{1}{2\pi}\int_0^\infty \ln g_{xx}(\omega)\, e^{j\omega\tau}\, d\omega. \tag{4.66}$$

Der Integrationsbereich reicht entsprechend dem Definitionsbereich von $G_{xx}(\omega)$ von 0 bis ∞. In dem Schrifttum (z.B. [4.22] bis [4.24]) findet man Definitionen des Cepstrums mit $\xi := -\tau$ und dem dekadischen Logarithmus. Das Wort Cepstrum ist eine Paraphrase des Begriffs *Spec*trum.

Die Cepstrumfunktion besitzt gegenüber der Autokorrelationsfunktion als inverse Fouriertransformierte der Wirkleistungsdichte den Vorteil, daß multiplikative Ausdrücke im Frequenzraum durch die Logarithmierung der Leistungsdichte in eine Summe übergehen, die auch im Zeitraum erhalten bleibt (F^{-1} ist ein linearer Operator). Betrachtet man die Übertragung beim Einfreiheitsgradsystem (Abschnitt 3.6.2, Gl. (3.179)), so liefert die inverse Fouriertransformation eine additive Lösung des Entfaltungsproblems in Form von Cepstrumfunktionen anstelle des Faltungsintegrals (3.178):

$$\left.\begin{aligned}
G_{uu}(\omega) &= |F(j\omega)|^2 G_{pp},\\
g_{uu}(\omega) &= |F(j\omega)|^2 g_{pp}(\omega),\\
\ln g_{uu}(\omega) &= 2\ln|F(j\omega)| + \ln g_{pp}(\omega),\\
F^{-1}\{\ln g_{uu}(\omega)\} &= 2F^{-1}\{\ln|F(j\omega)|\} + F^{-1}\{\ln g_{pp}(\omega)\},
\end{aligned}\right\} \tag{4.67a}$$

es folgt

$$\left.\begin{aligned} &c_{uu}(\tau) = 2\, c_{|F|}(\tau) + c_{pp}(\tau) \text{ mit} \\ &c_{uu}(\tau) := F^{-1}\{\ln g_{uu}(\omega)\}, \quad c_{pp}(\tau) := F^{-1}\{\ln g_{pp}(\omega)\}, \\ &c_{|F|}(\tau) := F^{-1}\{\ln |F(j\omega)|\}. \end{aligned}\right\} \tag{4.67b}$$

Damit erhält man das Fourierintegral des logarithmierten Frequenzgangbetrages (d.h. ohne Phaseninformation)

$$2\, c_{|F|}(\tau) = c_{uu}(\tau) - c_{pp}(\tau). \tag{4.68}$$

Die Cepstrumdarstellung ermöglicht weiter die Trennung der Auswirkung von Quelle und Übertragungsglied in $c_{uu}(\tau)$ (s. Gl. (4.67)).

Ausgehend von der Systembeschreibung (3.175) in Polarkoordinaten,

$$|S_{pu}(\omega)|\, e^{j\psi(\omega)} = |F(j\omega)|\, e^{j\Phi(\omega)}\, S_{pp}(\omega), \tag{4.69}$$

erhält man in der Cepstrumdarstellung auch die Phaseninformation, die eine Rücktransformation ohne Informationsverlust ermöglicht:

$$\begin{aligned} &|G_{pu}(\omega)|\, e^{j\psi(\omega)} = |F(j\omega)|\, e^{j\Phi(\omega)}\, G_{pp}(\omega), \quad G_0 \neq 0, \\ &|G_{pu}(\omega)|\, e^{j\psi(\omega)}/G_0 = |F(j\omega)|\, e^{j\Phi(\omega)}\, G_{pp}(\omega)/G_0, \\ &|g_{pu}(\omega)|\, e^{j\psi(\omega)} = |F(j\omega)|\, e^{j\Phi(\omega)}\, g_{pp}(\omega), \\ &\ln |g_{pu}(\omega)| + j\,\psi(\omega) = \ln |F(j\omega)| + j\,\Phi(\omega) + \ln g_{pp}(\omega), \end{aligned}$$

es folgt

$$\left.\begin{aligned} &c_{|pu|}(\tau) = c_{|F|}(\tau) + c_{pp}(\tau), \\ &\psi(\tau) = \varphi(\tau), \end{aligned}\right\} \tag{4.70a}$$

mit

$$\left.\begin{aligned} &c_{|pu|}(\tau) := F^{-1} \ln\{|g_{pu}(\omega)|\}, \\ &\psi(\tau) := F^{-1}\{\Psi(\omega)\}, \quad \varphi(\tau) := F^{-1}\{\Phi(\omega)\}. \end{aligned}\right\} \tag{4.70b}$$

Ein weiterer Vorteil der Cepstrumanalyse zeigt sich in der Ortungsmeßtechnik, wo z.B. Echosignale voneinander zu trennen sind (Anwendungsbeispiel aus der Bodendynamik: Reflexion an Bodenschichten). Dieses soll am Beispiel eines einfachen Echos gezeigt werden. Das Ortungssignal sei p(t), das am Ort der Quelle empfangene reflektierte Signal sei um den Faktor $a \ll 1$ abgeschwächt und treffe dort mit einer Zeitverzögerung τ_0 ein. Der Empfänger mißt das Signal

$$u(t) = p(t) + ap(t - \tau_0). \tag{4.71}$$

Mit der Fouriertransformierten von (4.71),

$$U(j\omega) = P(j\omega)\,(1 + ae^{-j\omega\tau_0}), \tag{4.72}$$

liefert der Übergang auf die bezogene Wirkleistungsdichte (vgl. Abschnitt 3.6.2) die Gleichung

$$g_{uu}(\omega) = g_{pp}(\omega)\,(1 + a^2 + 2\,a \cos \omega\tau_0). \tag{4.73}$$

Vernachlässigt man $a^2 \ll 1$ und beachtet die Näherung $e^x \doteq 1 + x$ für $|x| < 1$, $\ln e^x = x \doteq \ln(1 + x)$ mit $x := 2\,a \cos \omega\tau_0$, so folgt die Gl. (4.73) logarithmiert:

$$\ln g_{uu}(\omega) \doteq \ln g_{pp}(\omega) + 2\,a \cos \omega\tau_0, \tag{4.74}$$

d.h., der Logarithmus der bezogenen Wirkleistungsdichte des Empfängersignals setzt sich (angenähert) aus dem Logarithmus der bezogenen Wirkleistungsdichte des Ortungssignals überlagert mit einem harmonischen Anteil zusammen. Es verbleibt, die beiden Signalanteile in $\ln g_{uu}(\omega)$ voneinander zu trennen. Die Signaltrennung erfolgt durch Aufsuchen des Maximums von

$$c_{uu}(\tau) \doteq c_{pp}(\tau) + 2\,a\,F^{-1}\{\cos \omega\tau_0\}. \tag{4.75}$$

Das Bild 4.27 zeigt ein Beispiel mit $a = 0{,}3$ und $\tau_0 = 5$ s.

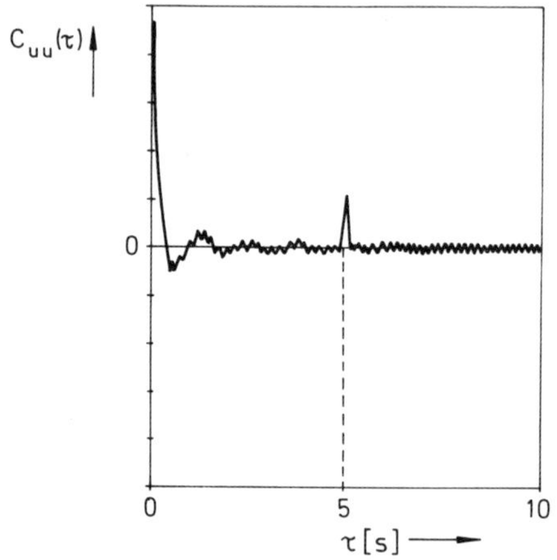

Bild 4.27 Zur Cepstrumanalyse

4.3.6 Zusammenfassung

Die Korrelationsanalyse ist zur Verarbeitung stochastisch stark gestörter Signale prädestiniert und erlaubt über die Auswertung z.B. von Laufzeiten, Extrema mannigfaltige Anwendungsmöglichkeiten. Als ergänzende Literatur zu den Anwendungen in der Akustik sei [4.25] angeführt.

Die Korrelationsanalyse ist durch folgende Eigenschaften ausgezeichnet:

- Korrelationsverfahren können mit niedrigeren Erregungspegeln auskommen als Methoden der Fourieranalyse. Der Vorteil ist offensichtlich: Die Untersuchungen können im linearen Bereich des Systems erfolgen, ein Übertesten des Systems wird vermieden, Belästigungen der Nachbarschaft (z.B. infolge Erregung durch Sprengungen) werden zumindest reduziert.
- Die notwendigen Erwartungswertbildungen erfordern lange Meßzeiten, die Korrelationsverfahren sind deshalb nur für lang anhaltende stationäre Signale geeignet.
- Stochastische Ausgangsstörungen beeinträchtigen die Ergebnisse nicht, sofern sie mit dem Nutzsignal nichtkorreliert sind.

- Ist bei dem zu untersuchenden Prozeß die Eigenerregung aus dem Betriebsablauf langfristig stationär und hinreichend groß in der betrachteten Bandbreite, so sind zusätzliche Testsignale nicht erforderlich. Der Prozeß (Betriebsablauf) braucht nicht gestört zu werden.

4.4 Spektralanalyse

Die Spektralanalyse, d.h. die Analyse aufgrund von Leistungsdichten, ist wie die Korrelationsanalyse zur Verarbeitung von stochastisch stark gestörten Signalen geeignet (s. Definition der Leistungsdichte). Sie liefert Ergebnisse im Frequenzraum, so daß Aussagen fußend auf Laufzeitmessungen wie bei der Korrelationsanalyse hier nicht erzielbar sind.

4.4.1 Fehleruntersuchungen bei gegebenen Modellen

Der Begriff Fehleruntersuchungen ist an dieser Stelle recht weit gefaßt. Zunächst werden Störauswirkungen bei vorgegebenen Modellen behandelt, die trotz ihres formalen Charakters (systemtheoretische Zusammenhänge im Frequenzraum) wichtige Aufschlüsse z.B. zur Versuchsplanung und Auswertung (also zur Anwendung der Leistungsdichte innerhalb der nichtparametrischen Identifikation) liefern. Weiter werden Aspekte der praktischen Handhabung diskutiert, so z.B. welchen zusätzlichen Einfluß hat die Verwendung des Periodogramms als Schätzung für die Leistungsdichte (statistischer Fehler) unter Beachtung von auftretenden Laufzeiten in den Signalen (zusätzlicher Bias) abhängig von der Schriebdauer T.

Ein lineares zeitinvariantes Einfreiheitsgradsystem ohne Störungen (Bild 3.18) liefert volle Kohärenz zwischen den stationären Ein- und Ausgangssignalen. Mit der Definition (3.158) für die Kohärenzfunktion und den Ein-/Ausgangsbeziehungen (3.175) und (3.179) folgt:

$$\gamma_{pu}^2(\omega) = \frac{|S_{pu}(\omega)|^2}{S_{pp}(\omega)\, S_{uu}(\omega)} = \frac{|F(j\omega)|^2 S_{pp}^2(\omega)}{S_{pp}(\omega)\, S_{uu}(\omega)} = \frac{S_{uu}(\omega)\, S_{pp}(\omega)}{S_{uu}(\omega)\, S_{pp}(\omega)} = 1. \qquad (4.76)$$

Einem linearen zeitinvarianten Einfreiheitsgradsystem mit stochastischer mittelwertfreier Ein- und Ausgangsstörung entsprechend Bild 4.12 mit $\Delta p(t) \hat{=} n(t)$ und $\Delta u(t) \hat{=} r(t)$, wobei $n(t)$, $r(t)$ mit $p(t)$, $u(t)$ unkorreliert seien und die Eingangsstörung das System nicht beaufschlagt, liegen folgende Beziehungen zugrunde:

$$\left.\begin{aligned}
\tilde{p}(t) &= p(t) + n(t)\\
\tilde{u}(t) &= u(t) + r(t)\\
G_{uu}(\omega) &= |F(j\omega)|^2 G_{pp}(\omega)\\
G_{pu}(\omega) &= F(j\omega)\, G_{pp}(\omega)\\
G_{\tilde{p}\tilde{p}}(\omega) &= G_{pp}(\omega) + G_{nn}(\omega)\\
G_{\tilde{u}\tilde{u}}(\omega) &= G_{uu}(\omega) + G_{rr}(\omega)\\
G_{\tilde{p}\tilde{u}}(\omega) &= G_{pu}(\omega)
\end{aligned}\right\} \qquad (4.77)$$

$$\gamma^2_{\tilde{p}\tilde{u}}(\omega) = \frac{|G_{\tilde{p}\tilde{u}}(\omega)|^2}{G_{\tilde{p}\tilde{p}}(\omega)\,G_{\tilde{u}\tilde{u}}(\omega)} = \frac{|G_{pu}(\omega)|^2}{G_{\tilde{p}\tilde{p}}(\omega)\,G_{\tilde{u}\tilde{u}}(\omega)} = \frac{|F(j\omega)|^2\,G^2_{pp}(\omega)}{G_{\tilde{p}\tilde{p}}(\omega)\,G_{\tilde{u}\tilde{u}}(\omega)}$$
$$= \frac{G_{uu}(\omega)\,G_{pp}(\omega)}{G_{\tilde{u}\tilde{u}}(\omega)\,G_{\tilde{p}\tilde{p}}(\omega)} \leqslant 1.$$

Infolge des Wertebereiches der Wirkleistungsdichte (3.125), $G_{xx}(\omega) \geqslant 0$, ist durch die Störungen $G_{\tilde{u}\tilde{u}}(\omega) = G_{uu}(\omega) + G_{rr}(\omega) \geqslant G_{uu}(\omega)$, $G_{\tilde{p}\tilde{p}}(\omega) = G_{pp}(\omega) + G_{nn}(\omega) \geqslant G_{pp}(\omega)$ und damit die Kohärenzfunktion kleiner oder höchstens gleich Eins. Ergibt sich also mit „gemessenen" Leistungsdichten $G_{\tilde{p}\tilde{p}}(\omega)$, $G_{\tilde{u}\tilde{u}}(\omega)$, $G_{\tilde{p}\tilde{u}}(\omega)$ eine Kohärenzfunktion $\gamma^2_{\tilde{p}\tilde{u}}(\omega) < 1$, so kann dieses Ergebnis folgende Ursachen haben, wie u. a. im folgenden noch einzeln dargelegt ist:

- nichterfüllte Systemvoraussetzungen (z. B. Nichtlinearitäten, vgl. Aufgabe 4.29),
- in den Zeitschrieben sind Störanteile enthalten (s. o.) und/oder
- das Antwortsignal $\tilde{u}(t)$ enthält noch die Antwort des Systems auf eine nicht in $\tilde{p}(t)$ erfaßte Erregung.

Es erhebt sich die Frage: Unter welchen Voraussetzungen können aus den gestörten Leistungsdichten die wahren Leistungsdichten ermittelt werden?
Die letzte Gleichung von (4.77) umgeschrieben,

$$\gamma^2_{\tilde{p}\tilde{u}}(\omega)\,G_{\tilde{u}\tilde{u}}(\omega) = G_{uu}(\omega)[G_{pp}(\omega)/G_{\tilde{p}\tilde{p}}(\omega)] = \frac{G_{uu}(\omega)}{1 + G_{nn}(\omega)/G_{pp}(\omega)}, \tag{4.78a}$$

$$\gamma^2_{\tilde{p}\tilde{u}}(\omega)\,G_{\tilde{p}\tilde{p}}(\omega) = G_{pp}(\omega)[G_{uu}(\omega)/G_{\tilde{u}\tilde{u}}(\omega)] = \frac{G_{pp}(\omega)}{1 + G_{rr}(\omega)/G_{uu}(\omega)}, \tag{4.78b}$$

liefert die (ermittelbaren) kohärente Ausgangs- (478a) und kohärente Eingangs-Leistungsdichte (4.78b). Mit ihnen kann die obige Frage beantwortet werden. Mit einem kleinen (gegenüber 1) Stör- zu Nutzsignalverhältnis in den Leistungsdichten für den Eingang liefert die kohärente Ausgangs-Leistungsdichte angenähert die ungestörte Ausgangs-Leistungsdichte. Die entsprechende Aussage liefert (4.78b) für die ungestörte Eingangs-Leistungsdichte. Diese Feststellungen spielen bei der Versuchsplanung eine Rolle, wobei die Forderung $G_{nn}(\omega)/G_{pp}(\omega) \ll 1$ in praxi durch die Wahl und Messung geeigneter (hinsichtlich der Wirkleistungsdichte) Testsignale durchaus realisiert werden kann, während die Forderung $G_{rr}(\omega)/G_{uu}(\omega) \ll 1$ nur schwierig zu erfüllen ist, denn in $G_{rr}(\omega)$ gehen letztlich z. B. Nichtlinearitäten des Systems, nichterfaßte Erregungen etc. ein (s. Aufgabe 4.29). Die mittlere Gesamtleistung des gemessenen Ausgangs ist (vgl. Abschnitt 3.5.1)

$$L_{\tilde{u}} := \Phi_{\tilde{u}\tilde{u}}(0) = \int_0^\infty G_{\tilde{u}\tilde{u}}(f)\,df \tag{4.79a}$$

bzw. aus der kohärenten Leistungsdichte des Ausganges

$$L_k := \int_0^\infty \gamma^2_{\tilde{p}\tilde{u}}(f)\,G_{\tilde{u}\tilde{u}}(f)\,df \tag{4.79b}$$

mit $L_k \leqslant L_{\tilde{u}}$, wobei das Gleichheitszeichen nur für $\gamma^2_{\tilde{p}\tilde{u}}(\omega) \equiv 1$ eintritt.

Die beiden nachstehend diskutierten Sonderfälle verdeutlichen den obigen Sachverhalt.

Sonderfall 1: Die Eingangsstörung sei Null, $n(t) \equiv 0$. Damit ist $G_{pp}(\omega)/G_{\tilde{p}\tilde{p}}(\omega) \equiv 1$ und (4.78a) liefert

$$\gamma^2_{\tilde{p}\tilde{u}}(\omega)\, G_{\tilde{u}\tilde{u}}(\omega) = G_{uu}(\omega) =: G_{\tilde{u}/p}, \tag{4.80a}$$

die gesuchte ungestörte Ausgangs-Leistungsdichte ist gleich der kohärenten Ausgangs-Leistungsdichte. Die Leistungsdichte des Störsignals folgt zu

$$\begin{aligned} G_{rr}(\omega) &= G_{\tilde{u}\tilde{u}}(\omega) - G_{uu}(\omega) = G_{\tilde{u}\tilde{u}}(\omega) - \gamma^2_{\tilde{p}\tilde{u}}(\omega)\, G_{\tilde{u}\tilde{u}}(\omega) = \\ &= [1 - \gamma^2_{\tilde{p}\tilde{u}}(\omega)]\, G_{\tilde{u}\tilde{u}}(\omega) \qquad (4.80\text{b}) \\ &=: G_{\tilde{u}/r}. \end{aligned}$$

Sonderfall 2: Die Ausgangsstörung sei Null, $r(t) \equiv 0$. Es folgt mit $G_{uu}(\omega)/G_{\tilde{u}\tilde{u}}(\omega) \equiv 1$,

$$\gamma^2_{\tilde{p}\tilde{u}}(\omega)\, G_{\tilde{p}\tilde{p}}(\omega) = G_{pp}(\omega) =: G_{\tilde{p}/u}, \tag{4.81a}$$

$$\begin{aligned} G_{nn}(\omega) &= G_{\tilde{p}\tilde{p}}(\omega) - G_{pp}(\omega) = G_{\tilde{p}\tilde{p}}(\omega) - \gamma^2_{\tilde{p}\tilde{u}}(\omega)\, G_{\tilde{p}\tilde{p}}(\omega) = \\ &= [1 - \gamma^2_{\tilde{p}\tilde{u}}(\omega)]\, G_{\tilde{p}\tilde{p}}(\omega) \qquad (4.81\text{b}) \\ &=: G_{\tilde{p}/n}. \end{aligned}$$

Wie wirkt sich bei einem linearen zeitinvarianten Einfreiheitsgradsystem eine durch das System gehende Eingangsstörung aus (Bild 4.28)? Entsprechend den Bezeichnungen in Bild 4.28 ist $u(t)$ die Antwort auf die Erregung $p(t) = p(t) + n(t)$, wobei vorausgesetzt werde, daß $n(t)$ zentriert und mit $p(t)$ unkorreliert sei:

$$\left.\begin{aligned} & G_{pn}(\omega) = 0 \\ & G_{\tilde{p}\tilde{p}}(\omega) = G_{pp}(\omega) + G_{nn}(\omega) \\ & G_{\tilde{p}p}(\omega) = G_{pp}(\omega) \\ & G_{uu}(\omega) = |F(j\omega)|^2\, G_{\tilde{p}\tilde{p}}(\omega) \\ & G_{\tilde{p}u}(\omega) = F(j\omega)\, G_{\tilde{p}\tilde{p}}(\omega) \\ & \gamma^2_{\tilde{p}u}(\omega) = \frac{|G_{\tilde{p}u}(\omega)|^2}{G_{\tilde{p}\tilde{p}}(\omega)\, G_{uu}(\omega)} = \frac{|F(j\omega)|^2\, G^2_{\tilde{p}\tilde{p}}(\omega)}{G_{\tilde{p}\tilde{p}}(\omega)\, G_{uu}(\omega)} = \frac{G_{uu}(\omega)\, G_{\tilde{p}\tilde{p}}(\omega)}{G_{uu}(\omega)\, G_{\tilde{p}\tilde{p}}(\omega)} \equiv 1. \end{aligned}\right\} \tag{4.82}$$

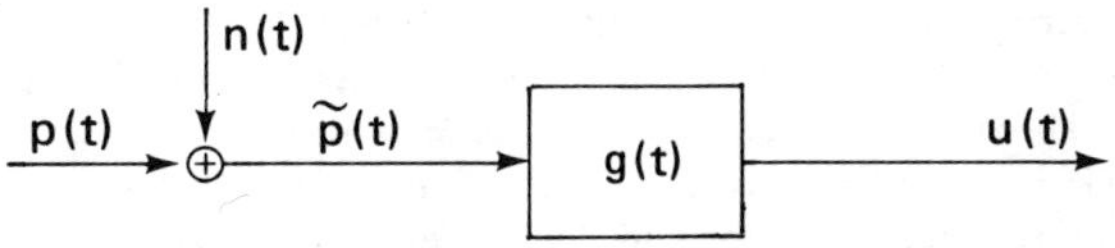

Bild 4.28
Eingangsstörung beim Einfreiheitsgradsystem

Daraus folgt, daß eine mit $p(t)$ unkorrelierte Störung $n(t)$, die das System mit beaufschlagt und somit in der gemessenen Antwort enthalten ist, sich nicht als Fehler auswirkt. Wird statt $\tilde{p}(t)$ dagegen $p(t)$ gemessen, so folgt

$$\left.\begin{aligned} & G_{\tilde{p}u}(\omega) = F(j\omega)[G_{pp}(\omega) + G_{nn}(\omega)] \\ & \gamma^2_{\tilde{p}u}(\omega) = \frac{|G_{\tilde{p}u}(\omega)|^2}{G_{\tilde{p}\tilde{p}}(\omega)\, G_{uu}(\omega)} = \frac{|F(j\omega)|^2\, [G_{pp}(\omega) + G_{nn}(\omega)]}{G_{uu}(\omega)} = \\ & \qquad = \gamma^2_{pu}(\omega) + \frac{|F(j\omega)|^2\, G_{nn}(\omega)}{G_{uu}(\omega)} = 1, \end{aligned}\right\} \tag{4.83}$$

es folgt

$$\gamma^2_{pu}(\omega) = 1 - |F(j\omega)|^2 G_{nn}(\omega)/G_{uu}(\omega) \leq 1.$$

Da in diesem Fall $\gamma^2_{pu}(\omega)$ ermittelt wird, wirkt sich die Eingangsstörung selbstverständlich aus (s. in diesem Abschnitt die zuletzt aufgezählte Ursache für $\gamma^2(\omega) < 1$).

Letztlich werden noch die Zusammenhänge für ein ungestörtes System mit parallel und seriell geschalteten Frequenzgängen (Teilsystemen) angegeben (Bild 4.29). Dieses System entspricht dem der Aufgabe 2.23 mit $P_2 \equiv 0$, $P_1 = P$:

$$\left.\begin{aligned}
U(j\omega) &= [F_1(j\omega)\, F_2(j\omega) + F_3(j\omega)]\, P(j\omega) =: F(j\omega)\, P(j\omega)\\
F(j\omega) &:= F_1(j\omega)\, F_2(j\omega) + F_3(j\omega)\\
G_{pu_1}(\omega) &= F_1(j\omega)\, G_{pp}(\omega)\\
G_{u_1u_2}(\omega) &= F_2(j\omega)\, G_{u_1u_1}(\omega)\\
G_{pu_3}(\omega) &= F_3(j\omega)\, G_{pp}(\omega)\\
G_{pu}(\omega) &= 2 \lim_{T\to\infty} \frac{1}{T} E\{P^*_T(j\omega)\, U_T(j\omega)\}\\
&= 2 \lim_{T\to\infty} \frac{1}{T} E\{P^*_T(j\omega)\, \tilde{F}(j\omega, T)\, P_T(j\omega)\} = F(j\omega)\, G_{pp}(\omega).
\end{aligned}\right\} \quad (4.84)$$

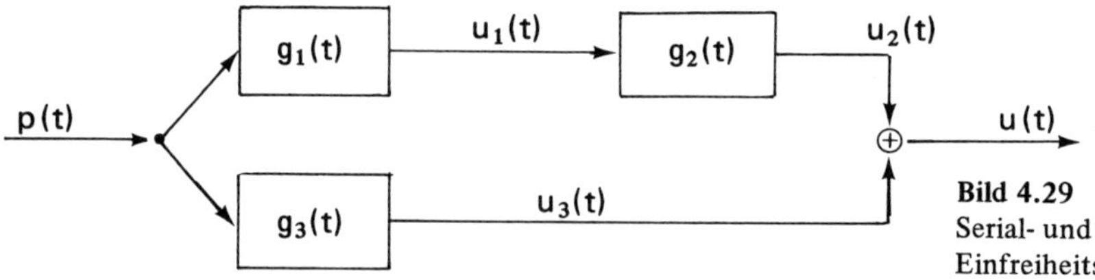

Bild 4.29
Serial- und parallelgeschaltete Einfreiheitsgradsysteme

Neben den schon erwähnten Anwendungen wird die Spektralanalyse bei akustischen Messungen, zur Quellenortung usw. benutzt. Hierzu ein Beispiel:

Beispiel 4.14: In einer Werkhalle sei neben anderen Maschinen, die ein Hintergrundrauschen verursachen, eine luftgekühlte Maschine in Betrieb, die einen bestimmten Schallpegel besitzt (Bild 4.30a), der, ohne daß die anderen Maschinen abgeschaltet werden, bestimmt werden soll. Installiert man auf dem (steifen) Gehäuse der interessierenden Maschine einen Beschleunigungsaufnehmer, der das Signal b(t) liefert, und in der Werkhalle ein Mikrofon mit dem Ausgang $\tilde{u}(t)$, so enthält die Wirkleistungsdichte $G_{\tilde{u}\tilde{u}}(\omega)$ sowohl das Hintergrundgeräusch r(t) als auch das gesuchte Maschinengeräusch u(t). Ein mögliches Ergebnis $G_{\tilde{u}\tilde{u}}(\omega)$ enthält das Bild 4.30b. Die kohärente Ausgangs-Leistungsdichte $\gamma^2_{b\tilde{u}}(\omega)\, G_{\tilde{u}\tilde{u}}(\omega)$ nach Gleichung (4.78a) ist ebenfalls eingezeichnet. Sie soll entsprechend Gl. (4.80a) bei fehlender Eingangsstörung gleich $G_{uu}(\omega)$ sein:

$$G_{\tilde{u}/b}(\omega) = \gamma^2_{b\tilde{u}}(\omega)\, G_{\tilde{u}\tilde{u}}(\omega) = G_{uu}(\omega) = |F(j\omega)|^2 G_{bb}(\omega).$$

Zur Kontrolle des Ergebnisses wird die Messung bei abgeschalteten Maschinen, die das Hintergrundrauschen verursachen, wiederholt. Das Ergebnis wird in Bild 4.30c dargestellt. Die Wirkleistungsdichte des Mikrofonsignals ohne Hintergrundgeräusch liegt jetzt wesentlich niedriger als vorher, aber immer noch etwas höher als die Wirkleistungsdichte des Mikrofonsignals kohärent mit dem Beschleunigungssignal. Die Ursache dafür, daß der kohärente Anteil kleiner als die Wirkleistungsdichte ohne Hintergrundrauschen ist, liegt bei dem idealisierten Beispiel an den aerodynamischen Auswirkungen des Gebläses.

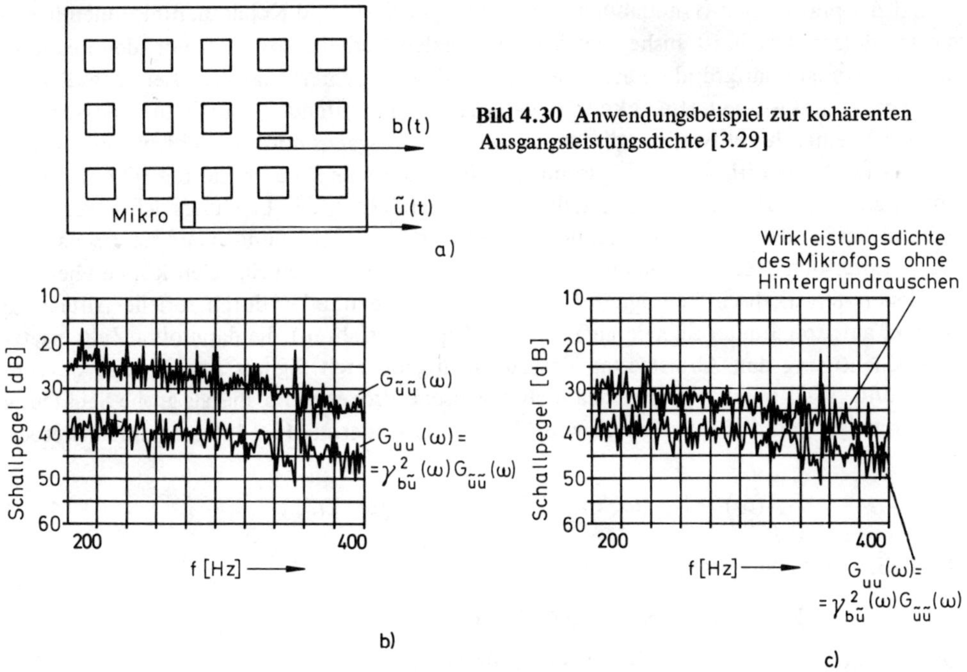

Bild 4.30 Anwendungsbeispiel zur kohärenten Ausgangsleistungsdichte [3.29]

Die (gewöhnliche) Kohärenzfunktion wird in vielen Gebieten angewendet. Ihre Anwendung ist aber auf unabhängige, nichtkohärente Quellen beschränkt. Bei mechanischen Systemen ist dieses im allgemeinen nur dann der Fall, wenn Teilsysteme miteinander nicht elastomechanisch verbunden sind. Betrachtet man z.B. das System im Bild 4.31: Die beiden Eingänge seien nahezu kohärent. Ist jetzt $\gamma^2_{p_2u}(\omega) \doteq 1$, so würde man vermuten, daß das zugehörige System linear ist. Das Eingangssignal $p_1(t)$ für das lineare System mit der Gewichtsfunktion $g_1(t)$ erzeugt ein Ausgangssignal, das zur Antwort $u(t)$ beiträgt. Dann kann durchaus der Sachverhalt bestehen, daß die berechnete große Kohärenz zwischen $p_2(t)$ und $u(t)$ lediglich durch die große Kohärenz zwischen $p_2(t)$ und $p_1(t)$ hervorgerufen ist, wobei zwischen $p_2(t)$ und $u(t)$ u. U. kein physikalisches System existiert. Um derartige Erscheinungen im Frequenzbereich untersuchen und erkennen zu können, bedarf es einer Erweiterung der gewöhnlichen Kohärenzfunktion, die im Abschnitt 4.4.4 erfolgt.

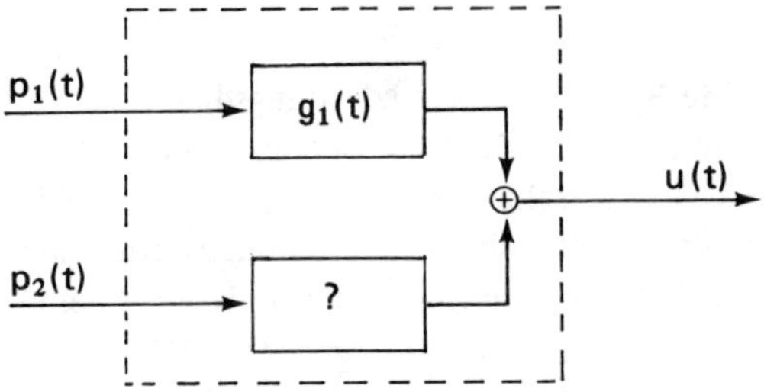

Bild 4.31 Zur Kohärenz von Systemen

Bei der praktischen Handhabung von Leistungsdichten und Kohärenzfunktionen liegen die in diesem Abschnitt bisher getroffenen idealen Verhältnisse nicht vor, denn es muß mit Schätzungen aufgrund endlicher Schriebe (also mit fehlerbehafteten Leistungsdichten usw.) gearbeitet werden. Hinzu kommt, daß die zu verarbeitenden Signale oft Zeitverschiebungen zueinander aufweisen, die durch die Ein-, Ausgangsmodelle nicht wiedergegeben werden (s. Abschnitt 4.3.3). Da kommerziell vertriebene Programme für Prozeßrechner und digitale Fourieranalysatoren teilweise zur Schätzung der Leistungsdichte Periodiogramme verwenden, wird zunächst der Einfluß von Zeitverschiebungen auf die geschätzten Werte untersucht. Zeitverschiebungen in den zu verarbeitenden Signalen können bei vorhandenen physikalisch bedingten Laufzeitunterschieden oder durch serielle Abtastung parallel aufgezeichneter Signale auftreten (Multiplexverfahren), die dann ohne Zeitversatzberücksichtigung den Abtastzeiten des zuerst abgetasteten Signals zugerechnet werden. $\{x(t)\}$ und $\{y(t)\}$ seien zwei stationäre stochastische Prozesse, für die als grobe Schätzung der Kreuzleistungsdichte aufgrund von (3.152) die Näherung (3.148) genommen werden kann:

$$\widetilde{S}_{xy}(\omega) := S_{xy}(\omega, T) = \frac{1}{T} X^*(j\omega, T)\, Y(j\omega, T). \qquad (4.85)$$

Zusätzlich sei vorausgesetzt:

$$y(t) = x(t - \tau_0), \quad \Phi_{xx}(\tau) = A\delta(\tau). \qquad (4.86)$$

Die Autokorrelationsfunktion $\Phi_{yy}(\tau)$ folgt damit zu

$$\begin{aligned}\Phi_{yy}(\tau) &= E\{y(t)y(t+\tau)\} = E\{x(t-\tau_0)x(t-\tau_0+\tau)\}\\ &= E\{x(t')x(t'+\tau)\}, \quad t' := t - \tau_0,\\ &= \Phi_{xx}(\tau).\end{aligned}$$

Für die Kreuzkorrelationsfunktion ergibt sich:

$$\begin{aligned}\Phi_{xy}(\tau) &= E\{x(t)y(t+\tau)\} = E\{x(t)x(t+\tau-\tau_0)\}\\ &= \Phi_{xx}(\tau-\tau_0) = A\,\delta(\tau-\tau_0).\end{aligned}$$

Die Wiener-Khintchine-Transformation führt auf die Leistungsdichte:

$$\left.\begin{aligned}S_{xx}(\omega) &= S_{yy}(\omega) = A,\\ S_{xy}(\omega) &= A\int_{-\infty}^{\infty} \delta(\tau-\tau_0)\, e^{-j\omega\tau}\, d\tau = A\, e^{-j\omega\tau_0}.\end{aligned}\right\} \qquad (4.87)$$

Wird anstelle der gesuchten Wirkleistungsdichte $S_{xx}(\omega)$ die Kreuzleistungsdichte $S_{xy}(\omega)$ in dem oben betrachteten Sonderfall berechnet, d.h. die Zeitverschiebung in dem Prozeß $\{y(t)\} = \{x(t-\tau_0)\}$ ignoriert, dann wirkt sich die Zeitverschiebung durch den Faktor $e^{-j\omega\tau_0}$ aus. Das Periodogramm (4.85) für die beiden Prozesse beinhaltet die finiten Fouriertransformierten in dem Intervall [0, T], so daß für den Erwartungswert die Gl. (3.149) herangezogen werden kann:

$$E\{\widetilde{S}_{xy}(\omega)\} = \int_{-T}^{T} \left(1 - \frac{|\tau|}{T}\right) \Phi_{xy}(\tau)\, e^{-j\omega\tau}\, d\tau = A\left(1 - \frac{|\tau_0|}{T}\right) e^{-j\omega\tau_0}. \qquad (4.88)$$

Der Erwartungswert des Periodogramms ohne Berücksichtigung der Zeitverschiebung liefert gegenüber dem Erwartungswert $E\{\tilde{S}_{xx}(\omega)\} = A$ einen Bias der Größe $-A\frac{|\tau_0|}{T}e^{-j\omega\tau_0}$.
Für den Frequenzgang zwischen x(t) und y(t) folgt mit Hilfe der Periodogramme

$$E\{\tilde{F}(j\omega)\} = \frac{E\{\tilde{S}_{xy}(\omega)\}}{E\{\tilde{S}_{xx}(\omega)\}} = \left(1 - \frac{|\tau_0|}{T}\right) e^{-j\omega\tau_0}. \tag{4.89}$$

Obwohl in dem vorliegenden Fall die beiden Prozesse sich nur durch die Zeitverschiebung τ_0 unterscheiden, tritt wieder der Faktor $\left(1 - \frac{|\tau_0|}{T}\right)$ auf. Schließlich erhält man für den Erwartungswert der angenäherten Kohärenzfunktion

$$E\{\tilde{\gamma}^2_{xy}(\omega)\} = \frac{|E\{\tilde{S}_{xy}(\omega)\}|^2}{E\{\tilde{S}_{xx}(\omega)\}E\{\tilde{S}_{xx}(\omega)\}} = \left(1 - \frac{|\tau_0|}{T}\right)^2 \tag{4.90}$$

anstelle von Eins.

Nimmt man verallgemeinernd an, daß die beiden Prozesse $\{p(t)\}$, $\{u(t - \tau_0)\}$ gaußisch (normalverteilt, zur Erleichterung der sich anschließenden Varianzbetrachtung) sind und Breitbandrauschen (für ein hinreichend kleines $\Delta f = 1/T$ kann die Leistungsdichte innerhalb des Frequenzintervalls der Länge Δf als annähernd konstant angenommen werden) beschreiben, dann gilt für einen um τ_0 zeitverschobenen Prozeß $\{u(t - \tau_0)\}$ aufgrund der obigen Beziehungen näherungsweise

$$\left.\begin{aligned} E\{\tilde{S}_{pu}(\omega)\} &= E\{S_{pu}(\omega, T)\} \doteq S_{pu}(\omega)\left(1 - \frac{|\tau_0|}{T}\right) e^{-j\omega\tau_0}, \\ E\{\tilde{F}(j\omega)\} &= E\{F(j\omega, T)\} \doteq F(j\omega)\left(1 - \frac{|\tau_0|}{T}\right) e^{-j\omega\tau_0}, \\ E\{\tilde{\gamma}^2_{pu}(\omega)\} &= \gamma^2_{pu}(\omega)\left(1 - \frac{|\tau_0|}{T}\right)^2, \end{aligned}\right\} \tag{4.91}$$

bzw. weiter vereinfacht

$$\left.\begin{aligned} \hat{S}_{pu}(\omega) &\doteq S_{pu}(\omega)\left(1 - \frac{|\tau_0|}{T}\right), \\ \hat{F}(j\omega) &\doteq F(j\omega)\left(1 - \frac{|\tau_0|}{T}\right), \\ \hat{\gamma}^2_{pu}(\omega) &\doteq \gamma^2_{pu}(\omega)\left(1 - \frac{|\tau_0|}{T}\right)^2, \end{aligned}\right\} \tag{4.92}$$

wobei $S_{pu}(\omega)$ usw. die Werte des Systems ohne Berücksichtigung der Zeitverschiebung sind. Man erkennt, daß bei einer Wahl von $T \gg \tau_0$ der Bias infolge der Zeitverschiebung bedeutungslos wird. Oft jedoch kann T aus physikalischen (transienter Vorgang) oder versuchstechnischen Gründen nicht hinreichend groß gewählt werden, so daß eine digitale angenäherte Korrektur nach (4.91) die Schätzung verbessert. Ein Vorgehen nach einem der beiden nachstehend beschriebenen Wege eliminiert die Zeitverschiebung. Man kann bei ausreichend verfügbarem Speicherplatz, festliegendem Zeitnullpunkt (-bezugspunkt) und bekanntem τ_0, die digitalisierten Werte des zeitverschobenen Signals um $-\tau_0 = -k_0\Delta t$, $k_0 \in \mathbb{N}$, im Speicher verschieben, so daß p_k und u_k zeitlich korrespondieren und wie im „Normalfall" mit der dann verringerten Schrieblänge $T - \tau_0$ weiterrechnen. (Auch hierbei darf T nicht zu klein sein, bzw. sollten die Daten des zeitverschobenen (shifted) diskretisierten Signals bis T aufgefüllt werden). Reicht der Speicherplatz nicht aus, um die Schriebe der Länge T von vornherein abzuspeichern, dann kann eine analoge Zeitverschiebungseinrichtung vor den Analog-Digital-Wandler geschaltet werden. Hierbei ist darauf zu achten, daß diese Analogeinrichtung im interessierenden Frequenzbereich eine flache Vergrößerungsfunktion und lineare Phasenantwort[1] besitzt, also tatsächlich nur die gewünschte Zeitverschiebung liefert. In jedem Fall ist die Kenntnis von τ_0 erforderlich. τ_0 erhält man im einfachsten Fall aus einer optischen Phasenkorrelation zwischen den Signalen oder besser mit Hilfe der Korrelationsanalyse (Abschnitt 4.3.3).

Beispiel 4.15: Besitzt ein Prozeßrechner $n > 1$ Analogeingänge, aber nur einen Analog-Digital-Wandler, so ist ein Multiplexer mit n Eingängen diesem vorgeschaltet, d.h., die einzelnen Kanäle werden nacheinander an den Analog-Digital-Wandler angelegt und dann abgetastet. Die Programme zur Berechnung von Funktionen im Frequenzraum müssen dann den so entstehenden Zeitversatz (z.B. $\tau_0 = 5{,}86 \cdot 10^{-6}$ s) zwischen den Kanälen durch Multiplikation mit $e^{j2\pi f\tau_0}$ im Frequenzbereich berücksichtigen.

Die Approximation des Erwartungsoperators zur Ermittlung der Leistungsdichte aus dem Periodogramm (4.85) ist nicht nur notwendig, um einen akzeptablen Wert für die Varianz, sondern auch, um z.B. sinnvolle Werte für die Kohärenzfunktion zu erhalten (vgl. Beispiel 3.23). Wie schon in den Abschnitten 3.5.3 und 3.8.2 dargestellt, bietet sich für ergodische Prozesse einmal die Zeitmittelung an, indem ein Schrieb hinreichender Länge T in N_T nichtüberlappende Teilschriebe der Länge $T_T := T/N_T$ zerlegt wird, hierfür die Periodogramme berechnet und gemittelt werden, wodurch der Bias infolge einer Zeitverschiebung τ_0 ebenfalls um den Faktor $1/N_T$ reduziert wird (der mittlere quadratische Fehler einer Schätzung setzt sich definitionsgemäß – s. Methode der kleinsten Fehlerquadrate – additiv aus der Summe von Varianz der Schätzung – als statistischer Fehler – und den Quadraten der Bias zusammen). Bei einer Frequenzmittelung (3.233) sind die Verhältnisse etwas komplizierter. Sie sind nachfolgend in der Integralformulierung dargelegt (s. Aufgabe 4.32). Für die Frequenz ω folgt aus der Frequenzmittelung die Schätzung

$$\hat{S}_{xy}(\omega) := \frac{1}{\Delta\omega} \int_{\omega-\frac{\Delta\omega}{2}}^{\omega+\frac{\Delta\omega}{2}} \tilde{S}_{xy}(\xi)\, d\xi, \tag{4.93}$$

wobei $\Delta\omega$ das Frequenz-Mittelungsintervall ist. Ist $\{y(t)\}$ gegenüber $\{x(t)\}$ um τ_0 zeitverschoben, so ist der Erwartungswert

$$E\{\hat{S}_{xy}(\omega)\} = \frac{1}{\Delta\omega} \int_{\omega-\frac{\Delta\omega}{2}}^{\omega+\frac{\Delta\omega}{2}} E\{\tilde{S}_{xy}(\xi)\}\, d\xi, \tag{4.94}$$

1 Konstante Zeitverschiebung: $t_\varphi = \frac{\varphi(\omega)}{\omega}$ = const., $\varphi = \omega \cdot$ const.

mit der Näherung (4.91)

$$E\{\hat{\hat{S}}_{xy}(\omega)\} \doteq \frac{1}{\Delta\omega} \int\limits_{\omega-\frac{\Delta\omega}{2}}^{\omega+\frac{\Delta\omega}{2}} S_{xy}(\xi)\left(1-\frac{|\tau_0|}{T}\right) e^{-j\xi\tau_0}\, d\xi =$$

$$= S_{xy}(\omega')\frac{1}{\Delta\omega}\left(1-\frac{|\tau_0|}{T}\right) \int\limits_{\omega-\frac{\Delta\omega}{2}}^{\omega+\frac{\Delta\omega}{2}} e^{-j\xi\tau_0}\, d\xi,$$

$$\omega-\frac{\Delta\omega}{2} < \omega' < \omega+\frac{\Delta\omega}{2},$$

$$E\{\hat{\hat{S}}_{xy}(\omega)\} \doteq S_{xy}(\omega')\frac{1}{\Delta\omega}\left(1-\frac{|\tau_0|}{T}\right) e^{-j\omega\tau_0} \int\limits_{-\Delta\omega/2}^{\Delta\omega/2} e^{-j\eta\tau_0}\, d\eta$$

$$= S_{xy}(\omega')\left(1-\frac{|\tau_0|}{T}\right)\frac{\sin\frac{\Delta\omega\tau_0}{2}}{\frac{\Delta\omega\tau_0}{2}} e^{-j\omega\tau_0}.$$

Damit gilt in erster Näherung (sofern $S_{xy}(\omega)$ in dem Mittelungsintervall nicht zu sehr schwankt)

$$E\{\hat{\hat{S}}_{xy}(\omega)\} \doteq S_{xy}(\omega)\left(1-\frac{|\tau_0|}{T}\right)\frac{\sin\frac{\Delta\omega\tau_0}{2}}{\frac{\Delta\omega\tau_0}{2}} e^{-j\omega\tau_0}. \tag{4.95}$$

Entsprechend ergeben sich die Gleichungen

$$E\{\hat{\hat{F}}(j\omega)\} \doteq F(j\omega)\left(1-\frac{|\tau_0|}{T}\right)\frac{\sin\frac{\Delta\omega\tau_0}{2}}{\frac{\Delta\omega\tau_0}{2}} e^{-j\omega\tau_0}, \tag{4.96}$$

$$E\{\hat{\hat{\gamma}}^2_{xy}(\omega)\} \doteq \gamma^2_{xy}(\omega)\left(1-\frac{|\tau_0|}{T}\right)^2 \frac{\sin^2\frac{\Delta\omega\tau_0}{2}}{\left(\frac{\Delta\omega\tau_0}{2}\right)^2}. \tag{4.97}$$

Anmerkung: Bei der so ermittelten Schätzung des Frequenzganges ist Vorsicht geboten, denn bei der verminderten Frequenzauflösung können interessierende Charakteristika verlorengehen.

Die Gln. (4.95) bis (4.97) zeigen, daß die Frequenzgangmittelung den Bias infolge einer Zeitverschiebung τ_0 vergrößern kann. Die Verschiebung von $y(t-\tau_0)$ um $-\tau_0$ dagegen, minimiert diesen Bias:

$$\lim_{\tau_0\to 0} \frac{\sin \pi\Delta f\tau_0}{\pi\Delta f\tau_0} = 1. \tag{4.98}$$

Sie minimiert ihn lediglich, da τ_0 in praxi nie exakt bekannt ist bzw. bei Frequenzstreuung $\tau_0 = \tau_0(\omega)$ ist. Sollte ein Verschieben der Werte der Zeitreihe aus irgendwelchen Gründen unmöglich sein, so können die angegebenen Fehlerausdrücke zur angenäherten (vgl. (4.92)) Korrektur verwendet werden.

Zusammenfassend folgt: Schätzungen von Leistungsdichten, Kohärenzfunktionen, Frequenzgängen aufgrund von geschätzten Leistungsdichten über geglättete Periodogramme enthalten zusätzlich zu dem Bias und dem statistischen Fehler des Periodogrammes noch einen Bias aus vorhandenen Zeitverschiebungen der betrachteten Signale.

Schließlich wird, teils wiederholend, der Gesamtfehler für die Schätzungen diskutiert, damit der Anwender einen Einblick über die auftretenden und evtl. akzeptablen Fehler der Schätzungen erhält und vor Fehlinterpretationen gewarnt ist. Der mittlere quadratische Fehler z. B. der Kreuzleistungsdichte ist

$$\epsilon^2[\hat{S}_{xy}(\omega)] = \sigma^2_{\hat{S}_{xy}} + b^2_{ES_{xy}} + b^2_{\tau_0 S_{xy}} \tag{4.99}$$

mit $\sigma^2_{\hat{S}_{xy}} = \sigma^2[\hat{S}_{xy}(\omega)]$ der Varianz der Kreuzleistungsdichte, $b_{ES_{xy}}$ dem Bias aus der Differenz von $E\{\hat{S}_{xy}(\omega)\}$ und dem wahren Wert $S_{xy}(\omega)$ und $b_{\tau_0 S_{xy}}$ dem Bias der Schätzung infolge einer Zeitverschiebung im Signal endlicher Länge. Es verbleibt, Aussagen über die beiden ersten Terme auf der rechten Seite der Gl. (4.99) zusammenzustellen. Im Abschnitt 3.5.3 wurde bereits ausgeführt, daß für bandbegrenztes gaußisches weißes Rauschen die Varianz als Maß für die statistische Abweichung des Periodogramms von der wahren Wirkleistungsdichte gleich der wahren Wirkleistungsdichte ist, so daß eine Glättung in jedem Fall notwendig ist. Die Aufteilung eines Schriebes der Gesamtlänge T in N_T sich nichtüberlappende Teilschriebe der Längen T_T, $T = N_T T_T$, liefert für die gemittelten Periodogramme eine normierte Standardabweichung

$$\sigma[\hat{S}_{xx}(\omega)]/S_{xx}(\omega) = 1/\sqrt{N_T} \tag{4.100}$$

bei einer Frequenzauflösung von $\Delta f = 1/T_T$ und einer Nyquistfrequenz $f_N = 1/(2\ \Delta t)$, wenn $\Delta t = h$ die Abtastzeit ist. Die Zahlen der Tabelle 4.4 mögen diese Aussage veranschaulichen.

Tabelle 4.4: Prozentuale normierte Standardabweichung für $\hat{S}_{xx}(\omega)$ abhängig von der Anzahl N_T der Einzelperiodogramme

N_T	3	10	50	100	200
$\sigma[\hat{S}_{xx}(\omega)]/S_{xx}(\omega)$ [%]	57,7	31,6	14,1	10	7,1.

Will man mit der Standardabweichung in die Größenordnung der üblichen Meßgenauigkeit kommen (< 10%), so muß die geglättete Wirkleistungsdichte aus 100 Einzel-Periodogrammen gemittelt sein.

Frage: Wie wirkt sich die obige „Zeitmittelung" auf den Bias $b^2_{\tau_0 S_{xy}} =: b_2$ aus?

Antwort: Nach (4.92) gilt $b_2 \doteq -S_{xy}(\omega)|\tau_0|/T_T$, normiert also $b_2/S_{xy}(\omega) \doteq -|\tau_0|/T_T$. Der Mittelwert zeitigt denselben normierten Bias: $-N_T|\tau_0|/(N_T T_T)$. Verglichen mit dem Periodogramm aufgrund einer Schrieblänge $T = N_T T_T$ ist der Bias sogar um den Faktor N_T größer, ein Grund mehr, die Zeitverschiebung vor der Auswertung zu beseitigen.

Sind die Bias vernachlässigbar, ist die normierte Standardabweichung klein ($\leqslant 0{,}10$) und genügt die Schätzung $\hat{G}_{xx}(\omega)$ einer Gaußverteilung (was in der Praxis häufig angenommen wird), so liegt (vgl. Abschnitt 3.1.3) mit 68% Wahrscheinlichkeit (Konfidenz) die wahre Wirkleistungsdichte in dem Intervall

$$\hat{G}_{xx}(\omega)\,(1 - \sigma[\hat{G}_{xx}]/G_{xx}) \leqslant G_{xx}(\omega) \leqslant \hat{G}_{xx}(\omega)\,(1 + \sigma[\hat{G}_{xx}]/G_{xx})$$

usw.

Der Bias $b_{ES_{xy}}$ aus der Schätzung des Periodogramms ist in erster Näherung proportional $\Delta f^2 = 1/T_T^2$ [2.7], weshalb T_T so groß wie möglich gewählt werden sollte. Hier ist also ein Kompromiß unter Berücksichtigung der Erfordernisse anzustreben, nämlich auf der einen Seite Δf so klein wie notwendig und $N_T = (T/T_T)$ so groß wie möglich festzulegen.

Eine gute Schätzung der Gesamtleistung (4.79) erhält man über die Integration bis zur Nyquistfrequenz,

$$\hat{L}_u = \int_0^{f_N} \hat{G}_{uu}(f)\,df. \tag{4.101}$$

Ist $\hat{G}_{uu}(f)$ die über Zeitmittelung geglättete Schätzung der Wirkleistungsdichte, dann ist die normierte Standardabweichung in 1. Näherung

$$\frac{\sigma_L}{L_u} \doteq 1/\sqrt{f_N T} \doteq \frac{\sigma[\hat{G}_{uu}]}{G_{uu}(\omega)\sqrt{N/2}} \tag{4.102}$$

mit $N\Delta t = T_T$ und $\sigma[\hat{G}_{uu}]/G_{uu}(\omega) = 1/\sqrt{N_T}$. Nimmt man einen relativen stochastischen Fehler von 31,6% für $\hat{G}_{uu}(\omega)$ an und $N = 1024$ abgetastete Werte, so folgt $\sigma_L/L_u = 1{,}4\%$. Obwohl $G_{uu}(\omega)$ stark fehlerbehaftet ist, „streut" die geschätzte Gesamtleistung nur wenig um ihren wahren Wert, wenn nur N hinreichend groß ist.

Die Schätzung für die kohärente Ausgangs-Leistungsdichte (4.80a) mit Schätzungen für die Wirkleistungsdichte und Kohärenzfunktion liefert für voneinander unabhängige Messungen für $G_{uu}(\omega)$ und $\gamma^2_{\tilde{p}\tilde{u}}(\omega)$ eine normierte Standardabweichung

$$\sigma[\hat{G}_{uu}]/G_{uu}(\omega) = \sqrt{\sigma^2[\hat{\gamma}^2_{\tilde{p}\tilde{u}}]/\gamma^4_{\tilde{p}\tilde{u}}(\omega) + \sigma^2[\hat{G}_{\tilde{u}\tilde{u}}]/G^2_{\tilde{u}\tilde{u}}(\omega)}. \tag{4.103}$$

Sind beide relativen Fehler z.B. 14,1%, so folgt 19,8% für die normierte Standardabweichung der kohärenten Ausgangs-Wirkleistungsdichte. Ist dagegen eine der Abweichungen im Radikanden stark überwiegend, so ist diese für den relativen Fehler von $\hat{G}_{uu}(\omega)$ maßgebend. Damit folgt für die Schätzung der kohärenten Gesamtleistung (4.79b), integriert von Null bis zur Nyquistfrequenz, eine normierte Standardabweichung von

$$\frac{\sigma_{L_k}}{L_k} \doteq \frac{\sigma[\hat{G}_{uu}]}{G_{uu}(\omega)\sqrt{N/2}}\,, \tag{4.104}$$

wobei N dieselbe Bedeutung wie in (4.102) hat. Die Standardabweichung (4.104) ist auch hier erheblich kleiner als aus Gl. (4.103), jedoch ist sie größer als die Standardabweichung (4.102) (mit $G_{\tilde{u}\tilde{u}}(\omega)$).

Es verbleibt, die Abweichungen der Schätzungen für die Kohärenzfunktion und Kreuzleistungsdichte zu betrachten. Nach [4.26] gilt für die normierte Standardabweichung

$$\frac{\sigma[\hat{\gamma}^2_{xy}]}{\gamma^2_{xy}}(\omega) \doteq \frac{\sqrt{2}[1-\hat{\gamma}^2_{xy}(\omega)]}{\sqrt{N_T}\,|\hat{\gamma}_{xy}(\omega)|} \tag{4.105}$$

und für den normierten Bias

$$\frac{b[\hat{\gamma}^2_{xy}]}{\gamma^2_{xy}}(\omega) \doteq \frac{[1-\hat{\gamma}^2_{xy}(\omega)]^2}{N_T\hat{\gamma}^2_{xy}(\omega)}. \tag{4.106}$$

Für den Fall, daß $\hat{\gamma}^2_{xy}(\omega) = 0{,}7$ und $N_T = 1024$ ist, liefert die Gl. (4.105) den Wert 1,6% und der normierte Bias (4.106) beträgt 0,2%.

Entsprechend der normierten Standardabweichung (4.100) für die Wirkleistungsdichte ergibt sich die für die Kreuzleistungsdichte zu

$$\sigma[|\hat{G}_{xy}|]/|G_{xy}(\omega)| \doteq 1/[|\gamma_{xy}(\omega)|\sqrt{N_T}], \tag{4.107}$$

die nicht unabhängig von ω ist. Ausführlichere Diskussionen der oben angegebenen Fehler findet der Leser in [4.27, 4.28] und der dort zitierten Literatur.

4.4.2 Zwei Anwendungen aus der Akustik

Das erste Anwendungsbeispiel ist [4.29] entnommen. Wie schon ausgeführt, können in den Fällen, in denen Aufnehmer auf oder sehr dicht an den interessierenden statistischen unabhängigen Quellen angebracht werden können, über kohärente Ausgangs-Wirkleistungsdichte-Berechnungen usw. die Anteile der einzelnen interessierenden Quellen ermittelt werden. Sind die Ausgangssignale der einzelnen Quellen korreliert, dann müssen zusätzliche Hilfsmittel (s. Abschnitt 4.4.4) benutzt werden. Dort, wo ein Aufnehmer nicht an oder in unmittelbarer Nähe einer Geräuschquelle installierbar ist, kann ihre Ausgangs-Leistungsdichte unter bestimmten Umständen trotzdem mit Hilfe zweier dicht beeinander aufgestellter Mikrofone ermittelt werden. Für den Phasenwinkel der Kreuzleistungsdichte zweier stationärer Signale $u_1(t)$, $u_2(t)$ (s. Aufgabe 3.35) gilt:

$$\Phi_{u_1u_2}(\omega) = -\arctan\frac{G^{im}_{u_1u_2}(\omega)}{G^{re}_{u_1u_2}(\omega)}. \tag{4.108}$$

Wir betrachten jetzt die im Bild 4.32 dargestellte Situation. Die Aufnehmersignale $u_1(t)$, $u_2(t)$ enthalten die Geräusche der Störquellen, die ein diffuses Geräusch mit ungefähr gleicher Wirkleistungsdichte $G_D(\omega)$ erzeugen mögen [4.30]:

$$G_{u_1u_2D}(\omega) = G_D(\omega)\frac{\sin\lambda_0 d}{\lambda_0 d}, \tag{4.109a}$$

mit der Wellenzahl $\lambda_0 = 2\pi f/c$ und c der Wellengeschwindigkeit. Weiter enthalten $u_1(t)$, $u_2(t)$ die als eben und nichtdispersiv angenommenen Wellen der eigentlichen Quelle (mit voller Kohärenz und linearer Phasenfunktion). Ist der Abstand d zwischen den beiden Mikrofonen so klein, daß $G_{u_1u_1}(\omega) \doteq G_{u_2u_2}(\omega) =: G_{uu}(\omega)$ gilt und findet keinerlei Reflexion

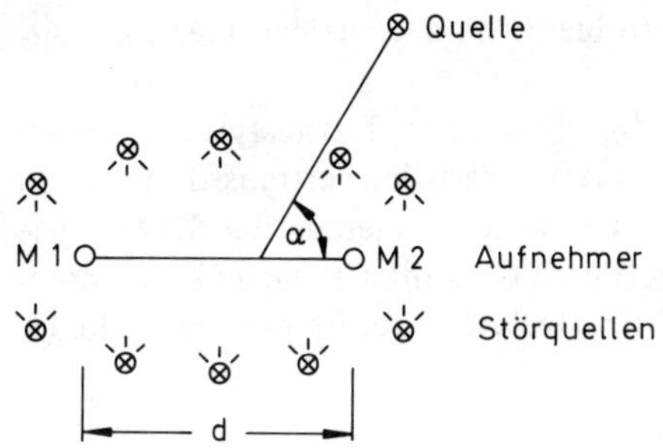

Bild 4.32 Akustisches Feld mit ebenen (Quelle) und diffusen Wellen (Störquellen)

statt, dann ist der Anteil der Quelle (zusätzlicher Index E) [4.31]:

$$G_{u_1 u_2 E}(\omega) = G_{uu}(\omega)\,[\cos(\lambda_t d) - j \sin(\lambda_t d)], \tag{4.109b}$$

mit $\lambda_t = \lambda_0 \cos\alpha$. Die Kreuzleistungsdichte $G_{u_1 u_2}(\omega)$ für beide Geräuschanteile (Indizes E, D) ist demnach

$$\begin{aligned} G_{u_1 u_2}(\omega) &= G_{u_1 u_2 D}(\omega) + G_{u_1 u_2 E}(\omega) \\ &= G_D(\omega) \sin(\lambda_0 d)/(\lambda_0 d) + G_{uu}(\omega)\,[\cos(\lambda_t d) - j \sin(\lambda_t d)]. \end{aligned} \tag{4.110}$$

Die Kohärenzfunktion und der Phasengang folgen zu:

$$\gamma^2_{u_1 u_2}(\omega) = [1 + R(\omega)]^{-2}\{[R(\omega) \sin(\lambda_0 d)/(\lambda_0 d) + \cos(\lambda_t d)]^2 + \sin^2(\lambda_t d)\}, \tag{4.111}$$

$$\Phi_{u_1 u_2}(\omega) = -\arctan\{\sin(\lambda_t d)/[R(\omega) \sin(\lambda_0 d)/(\lambda_0 d) + \cos(\lambda_t d)]\}, \tag{4.112}$$

mit

$$R(\omega) := G_D(\omega)/G_{uu}(\omega). \tag{4.113}$$

Mit den Gln. (4.111) bis (4.113) ist es nun möglich, über Messungen von $\gamma^2_{u_1 u_2}(\omega)$ und $\Phi_{u_1 u_2}(\omega)$ das Verhältnis $R(\omega)$ zu bestimmen und unter Einbezug der bestimmbaren gesamten Wirkleistungsdichte

$$G_u(\omega) := G_D(\omega) + G_{uu}(\omega) \tag{4.114}$$

folgen die einzelnen Wirkleistungsdichten zu

$$G_D(\omega) = G_u(\omega)/[1 + R^{-1}(\omega)], \quad G_{uu}(\omega) = G_u(\omega)/[1 + R(\omega)]. \tag{4.115}$$

Damit ist das Problem prinzipiell gelöst. Erweiterungen auf mehr als eine Geräuschquelle sind möglich, andere Modelle sind in [4.30, 4.31] enthalten. Sind Reflexionen zu berücksichtigen, so machen sich diese sowohl in der Kohärenzfunktion wie in dem Phasengang bemerkbar [4.32]. Da die Auswertung der obigen Gleichungen mit Schätzungen aufgrund von Schrieben endlicher Länge erfolgt, muß darauf geachtet werden, ob Zeitverschiebungen zwischen den Signalen u_1, u_2 vorhanden sind, und es muß ggf. entsprechende Abhilfe geschaffen werden. Ist die betrachtete Quelle im Vergleich zu dem Quellen-Aufnehmerabstand nicht als Punktquelle anzusehen, spielt also die Quellenabmessung eine Rolle und ist das abgestrahlte Geräuschfeld nicht mehr in sich selbst kohärent, dann wird $\gamma^2_{u_1 u_2}(\omega)$ für anwachsende Frequenzen abfallen, der Phasengang dagegen bleibt im allgemeinen hiervon angenähert unbeeinflußt.

Das zweite Beispiel ist die in der Akustik häufig verwendete Terzanalyse. Ermittelt man die Leistungsdichte eines Signals (Schalldruck) aus der Fast-Fouriertransformation in der bisher beschriebenen Weise (Schmalbandanalyse), so kann hieraus die Terzanalyse erstellt werden. Für eine Terzanalyse werden die mittleren Gesamtleistungen (Schallintensitäten) für die in der DIN 45632 bzw. DIN 45401 festgelegten Teilfrequenzbereiche (s. Tabelle 4.5) benötigt.

Tabelle 4.5: f_o – obere Frequenzgrenze, f_u – untere Frequenzgrenze, f_m – Mittenfrequenz einer Terz

f_m	f_u	f_o	f_m	f_u	f_o
31,5	28	35,5	630	560	710
40	35,5	45	800	710	890
50	45	56	1000	890	1120
63	56	71	1250	1120	1410
80	71	89	1600	1410	1780
100	89	112	2000	1780	2230
125	112	141	2500	2230	2800
160	141	178	3150	2800	3550
200	178	223	4000	3550	4500
250	223	280	5000	4500	5600
315	280	355	6300	5600	7100
400	355	450	8000	7100	8900
500	450	560	10000	8900	11200

Die Terzbandbreite folgt mit $f_0 = \sqrt[3]{2}\, f_u$, $f_m = \sqrt{f_u f_0}$ zu $B_T = 0{,}232\, f_m$. Die geschätzte Wirkleistungsdichte über das Frequenzintervall $[f_u, f_0]$ ergibt sich zu (vgl. Beispiel 3.27)

$$\int_{f_u}^{f_0} \hat{S}_{xx}(f)\, df \doteq \frac{h}{N}\, \Delta f \sum_{k=k_u}^{k_0} \left(\sum_{n=0}^{N-1} x(nh) e^{-j2\pi kn/N} \sum_{n=0}^{N-1} x(nh) e^{j2\pi kn/N} \right), \tag{4.116}$$

wenn die vorliegende Zeitfunktion mit N Werten mit der Schrittweite h abgetastet im Rechner gespeichert vorliegt. Die Frequenzschrittweite beträgt $\Delta f = 1/T = 1/(Nh)$ und die Summationsgrenzen sind $k_u := \left[\frac{f_u}{\Delta f}\right] + 1$, $k_0 := \left[\frac{f_0}{\Delta f}\right] - 1$. Diese diskreten Fouriertransformierten mit Hilfe der Fast-Fouriertransformation berechnet, führt mit den Fourierkoeffizienten $\hat{c}_k$ (vgl. Gl. (3.210) und Abschnitt 2.4.3) auf

$$\int_{f_u}^{f_0} \hat{S}_{xx}(f)\, df \doteq \sum_{k=k_u}^{k_0} |\hat{c}_k|^2. \tag{4.117}$$

Die Terzintervallgrenzen in die Näherungen (4.117) eingesetzt, liefert die Leistung pro Terz. Bei diesem Vorgehen ergeben sich Probleme aus den verschiedenen Bandbreiten der

Terzen im Gegensatz zu der konstanten Bandbreite Δf der Schmalbandanalyse. Nämlich 1. werden mit den Summationsgrenzen k_u, k_o je nach Zeitschrieblänge die Frequenzintervallgrenzen einer Terz nur ungenau getroffen, und 2. ist ein Terzumfang von 26 Terzen (s. Tabelle 4.5) mit Hilfe der Fast-Fouriertransformation bei 1024 Abtastwerten nicht mehr zu analysieren.

Beispiel 4.16: Obere Grenzfrequenz: 11200 Hz
Abtastfrequenz: 11200 · 2,56 Hz = 28672 Hz
Zeitschrieblänge T (1024 Pkt.): 0,0357 s
$\Delta f = 1/T$: 28,0 Hz.
Die Bandbreite der in der Tabelle 4.5 angegebenen untersten Terz ist aber 7,5 Hz.

Diese Probleme lassen sich jedoch durch Verwendung längerer Zeitschriebe und damit Speichern von mehr als 1024 Punkten (sofern rechnerseitig möglich) oder durch frequenzbereichsweises Arbeiten (wobei das verwendete Zeitsignal wieder vom Anfangspunkt an verwendet werden sollte) oder mit Hilfe von parallel arbeitenden Analog-Digital-Wandlern unterschiedlicher Abtastraten lösen.

4.4.3 Frequenzgangmessung

Die Frequenzgangmessung innerhalb der Fourieranalyse liefert ohne zusätzliche Maßnahmen im allgemeinen stark fehlerbehaftete Ergebnisse (vgl. Abschnitt 4.2.1). Es empfiehlt sich daher, auch hier von vornherein statistische Verfahren zu verwenden, d.h. mit Erwartungswerten bzw. mit Schätzungen, die die E-Operation approximieren, zu arbeiten: Leistungsdichte. Die Messung der Übertragungsfunktion erfolgt entsprechend durch Verwendung der Laplacetransformation (formal s. z.B. [4.33]) bzw. für bestimmte Werte α im Argument s der Laplacetransformation durch Anwendung der Fouriertransformation auf exponentiell bewertete Signale.

Aus den systemtheoretischen Zusammenhängen (Abschnitt 3.6.2, 3.7.2) folgt in einfacher Weise die Ermittlung des Frequenzganges, vorausgesetzt, es liegen lineare zeitinvariante Systeme vor. Die Fehler sind klein, wenn die Schätzungen für die verwendeten Leistungsdichten nahezu unverzerrt ermittelt wurden, ihre Streuungen (Mittelwertbildungen) klein sind und evtl. vorhandene Zeitverschiebungen in den Signalen berücksichtigt wurden.

Die einfachste Art der Frequenzgangermittlung erfolgt entsprechend (4.53a) mit (annähernd) konstanter Eingangs-Wirkleistungsdichte. Der Frequenzgang ist dann proportional der Kreuzleistungsdichte:

$$F(j\omega) = \frac{1}{S_0} S_{pu}(\omega). \tag{4.118}$$

In der Praxis wird auch heute noch häufig mit den Wirkleistungsdichten nach der Beziehung (3.179) gearbeitet, obwohl sie durch die Ermittlung von $|F(j\omega)|$ statt von $F(j\omega)$ über die Kreuzleistungsdichte $S_{pu}(\omega)$ – mit geringem zusätzlichen Rechenaufwand – nur den halben Informationsgehalt besitzt: keine Phaseninformation. Abgesehen von dem unterschiedlichen Informationsgehalt der Gleichungen (3.179) und (3.175), sind auch die Beträge der zum einen über die Wirkleistungsdichte und zum anderen über die Kreuzleistungsdichte berechneten Frequenzgänge unter Beachten der stets vorhandenen Störungen verschieden.

Legt man ein eingangs- und ausgangsgestörtes Modell zugrunde (Bild 4.12), so ist der nach (3.179) berechnete Betrag des Frequenzganges

$$|F_W(j\omega)|^2 = \frac{G_{\tilde{u}\tilde{u}}(\omega)}{G_{\tilde{p}\tilde{p}}(\omega)} \tag{4.119}$$

und der nach (3.175)

$$|F_K(j\omega)| = \frac{|G_{\tilde{p}\tilde{u}}(\omega)|}{G_{\tilde{p}\tilde{p}}(\omega)}. \tag{4.120}$$

Die Kohärenzfunktion ergibt damit den Ausdruck

$$\gamma^2_{\tilde{p}\tilde{u}}(\omega) = \frac{|G_{\tilde{p}\tilde{u}}(\omega)|^2}{G_{\tilde{p}\tilde{p}}(\omega)\, G_{\tilde{u}\tilde{u}}(\omega)} = \frac{|F_K(j\omega)|^2 G^2_{\tilde{p}\tilde{p}}(\omega)}{|F_W(j\omega)|^2 G^2_{\tilde{p}\tilde{p}}(\omega)}, \tag{4.121 a}$$

der nach Gl. (4.77) kleiner oder höchstens gleich 1 ist,

$$\gamma^2_{\tilde{p}\tilde{u}}(\omega) = \frac{|F_K(j\omega)|^2}{|F_W(j\omega)|^2} \leqslant 1, \tag{4.121 b}$$

w.z.z.w. Es stellt sich nun die Frage: Welches Ergebnis ist genauer? Anstelle von Konfidenzintervall-Untersuchungen wird diese Frage über eine angenäherte Betrachtung beantwortet.

Der exakte Frequenzgang läßt sich unter den für das Fehlermodell des Bildes 4.12, Gl. (4.77), getroffenen Voraussetzungen bezüglich der Störung n(t), r(t) ausdrücken durch:

$$|F(j\omega)|^2 = \frac{G_{uu}(\omega)}{G_{pp}(\omega)} = \frac{G_{\tilde{u}\tilde{u}}(\omega) - G_{rr}(\omega)}{G_{\tilde{p}\tilde{p}}(\omega) - G_{nn}(\omega)} = \frac{G_{\tilde{u}\tilde{u}}(\omega)}{G_{\tilde{p}\tilde{p}}(\omega)} \, \frac{1 - G_{rr}(\omega)/G_{\tilde{u}\tilde{u}}(\omega)}{1 - G_{nn}(\omega)/G_{\tilde{p}\tilde{p}}(\omega)}$$

$$= |F_W(j\omega)|^2 \, \frac{1 - G_{rr}(\omega)/G_{\tilde{u}\tilde{u}}(\omega)}{1 - G_{nn}(\omega)/G_{\tilde{p}\tilde{p}}(\omega)}, \tag{4.122}$$

d.h. die Wirkleistungsdichten der Ein- und Ausgangsstörungen gehen in $|F_W(j\omega)|$ voll ein:

$$|F_W(j\omega)|^2 = |F(j\omega)|^2 \, \frac{1 - G_{nn}(\omega)/G_{\tilde{p}\tilde{p}}(\omega)}{1 - G_{rr}(\omega)/G_{\tilde{u}\tilde{u}}(\omega)}. \tag{4.123}$$

Über die Kreuzleistungsdichte erhält man:

$$F(j\omega) = \frac{G_{pu}(\omega)}{G_{pp}(\omega)} = \frac{G_{\tilde{p}\tilde{u}}(\omega)}{G_{\tilde{p}\tilde{p}}(\omega) - G_{nn}(\omega)} = \frac{G_{\tilde{p}\tilde{u}}(\omega)}{G_{\tilde{p}\tilde{p}}(\omega)} \, \frac{1}{1 - G_{nn}(\omega)/G_{\tilde{p}\tilde{p}}(\omega)}$$

$$= F_K(j\omega) \, \frac{1}{1 - G_{nn}(\omega)/G_{\tilde{p}\tilde{p}}(\omega)}, \tag{4.124}$$

also

$$F_K(j\omega) = F(j\omega)\,[1 - G_{nn}(\omega)/G_{\tilde{p}\tilde{p}}(\omega)]. \tag{4.125}$$

Die erste Schlußfolgerung ist: Werden zur Ermittlung der Vergrößerungsfunktion nur die Wirkleistungsdichten verwendet, dann gehen unter den getroffenen Annahmen die Wirkleistungsdichten der Ein- *und* Ausgangsstörungen in ihre Berechnung voll ein, während bei Verwendung der Kreuzleistungsdichte sich nur die Eingangsstörung auswirkt. Die zweite

Schlußfolgerung lautet: Da in praxi $G_{nn}(\omega)/G_{\tilde{p}\tilde{p}}(\omega) \ll 1$ erreicht werden kann, liefert nach Gl. (4.125) $F_K(j\omega)$ eine gute Näherung für $F(j\omega)$, während $|F_W(j\omega)|^2$ immer noch mit einem multiplikativen Fehler ungefähr gleich $[1 + G_{rr}(\omega)/G_{\tilde{u}\tilde{u}}(\omega)]$, $G_{rr}(\omega)/G_{\tilde{u}\tilde{u}}(\omega) < 1$, behaftet ist, der sich im allgemeinen nicht beliebig klein machen läßt. Damit erhält man auch aus der Kreuzleistungsdichte eine bessere Schätzung für den Betrag des Frequenzganges als aus den Wirkleistungsdichten allein. Diese Aussagen werden auch durch die kohärenten Ausgangs- und Eingangs-Wirkleistungsdichten (4.78) bestätigt, die zweckmäßigerweise zur Frequenzgangschätzung verwendet werden sollten.

Zur Messung von Frequenzgängen werden Schätzungen der entsprechenden Leistungsdichten benutzt, es sind also die im vorherigen Abschnitt dargelegten Gesichtspunkte zu berücksichtigen. Eine Zeitverschiebung in dem Antwortsignal u(t) führt für die Schätzung von $\hat{F}(j\omega)$ über geglättete Periodogramme aufgrund der Auswertung von Signalen endlicher Länge auf den in Gl. (4.92) angegebenen Bias. Für die Varianz des Amplitudenfrequenzganges (Vergrößerungsfunktion) nach Gl. (4.120) erhält man [4.27]

$$\sigma^2[|\hat{F}(j\omega)|] \doteq (1 - \gamma^2_{p\tilde{u}})\, |F(j\omega)|^2/[2\, \gamma^2_{p\tilde{u}}(\omega)\, N_T] \tag{4.126}$$

und damit eine normierte Standardabweichung

$$\sigma[|\hat{F}(j\omega)|]/|F(j\omega)| \doteq \frac{\sqrt{1 - \gamma^2_{p\tilde{u}}(\omega)}}{|\gamma_{p\tilde{u}}(\omega)|\sqrt{2N_T}}\,. \tag{4.127}$$

Für $\gamma^2_{p\tilde{u}} = 1$ wird die Standardabweichung (4.127) unabhängig von N_T gleich Null und strebt für hinreichend große N_T unabhängig von $\gamma^2_{p\tilde{u}}(\omega)$ ebenfalls gegen Null. Damit (4.127) ungefähr 0,10 wird, müssen die Bedingungen nach Tabelle 4.6 erfüllt werden.

Tabelle 4.6: N_T abhängig von $\gamma^2_{p\tilde{u}}$ für eine normierte Standardabweichung für $|\hat{F}(j\omega)|$ von 0,10

$\gamma^2_{p\tilde{u}}$	0,30	0,40	0,50	0,60	0,70	0,80	0,90
N_T	117	75	50	34	22	13	6

Die Gl. (4.127) zusammen mit den Gln. (4.100) und (4.107) zeigen ebenfalls, daß die Schätzung des Amplitudenfrequenzganges über die Kreuzleistungsdichte genauer als die über die Wirkleistungsdichte sein kann, wenn nur die Kohärenz hoch genug ist. Das nachstehende Beispiel erläutert diese Aussage.

Beispiel 4.17: Mit $\gamma^2_{p\tilde{u}} = 0{,}7$ und $N_T = 50$ folgt aus Gl. (4.100) $\sigma[\hat{G}_{\tilde{u}\tilde{u}}]/|G_{uu}(\omega)| = 0{,}14$, aus Gl. (4.127) $\sigma[|\hat{F}|]/|F(j\omega)| = 0{,}07$, während entsprechend Gl. (4.119) und der Standardabweichung (aus dem Fehlerfortpflanzungsgesetz)

$$\sigma[|\hat{F}_W|^2]/|F_W(j\omega)| = \sqrt{\sigma^2[\hat{G}_{\tilde{u}\tilde{u}}]/G^2_{\tilde{u}\tilde{u}}(\omega) + \sigma^2[\hat{G}_{pp}]/G^2_{pp}(\omega)} = 0{,}53$$

und schließlich $\sigma[|\hat{F}_W|]/|F_W(j\omega)| \doteq 0{,}28$ folgt.

Für den Fehler des geschätzten Phasen(frequenz-)ganges gilt [4.27]

$$|\Delta\hat{\Phi}(\omega)| \doteq \sin|\Delta\hat{\Phi}(\omega)| \doteq \sigma[|\hat{F}(j\omega)|]/|F(j\omega)|, \tag{4.128}$$

d.h. ergibt (4.127) in dem betreffenden Fall einen kleinen Wert, dann ist auch $|\Delta\hat{\Phi}(\omega)|$ klein.

Die Fehlerbetrachtungen bei der Frequenzgangermittlung sind insbesondere dann wichtig, wenn transiente Erregungen verwendet werden, denn hierbei sind Mittelungen über eine große Anzahl von Einzelperiodogrammen entweder unmöglich oder falls eine sehr große Anzahl von unabhängigen Messungen durchgeführt werden, unwirtschaftlich.

Der geschätzte Frequenzgang $\hat{\mathbf{F}}(j\omega)$ kann zur Auswertung in verschiedener Weise dargestellt werden. Weit verbreitet ist die Darstellung des Amplituden- und Phasenfrequenzganges über der Frequenz (linear, s. Bild 2.28 für das Einfreiheitsgradsystem). Der doppelt logarithmisch aufgetragene Amplitudenfrequenzgang und die (linearen) Phasen über den logarithmischen Frequenzen aufgetragen ergeben das Bodediagramm [4.34]. Es ist deshalb nützlich, weil sich oft Kurvenzüge ergeben, die in (guter) Näherung stückweise Geraden sind. Eine lineare Aufzeichnung der Real- und Imaginärteilfrequenzgänge besitzt als „vektorielle" Darstellung bestimmte Vorteile gegenüber der skalaren (Amplitude, Phase; s. Bild 2.28, s. Abschnitt 5.2.2). Schließlich ist die Frequenzgangdarstellung als Ortskurve ebenfalls günstig, da sie insbesondere für strukturierte Modelle wichtige Aussagen liefert (vgl. Bild 2.28, Aufgabe 2.19 und Kapitel 5). Neben der direkten Information über die Amplituden- und Phasengröße abhängig von der Frequenz zeitigt der geschätzte Frequenzgang durch Vergleich mit den theoretischen Frequenzgängen für parametrisch vorgegebene Systeme (Rechenmodell, z.B. für lineare zeitinvariante Einfreiheitsgradsysteme, Mehrfreiheitsgradsysteme) weitere Aufschlüsse über die Eigenschaften des untersuchten Systems bzw. des vorhandenen Rechenmodells (s. Kapitel 6).

Die Schätzung der Frequenzgangmatrix eines Mehrfreiheitsgradsystems basiert auf der Gl. (3.184) und erfolgt durch die Gleichung

$$\hat{\mathbf{F}}(j\omega) = \hat{\mathbf{S}}_{pu}^{T}(\omega)\,[\hat{\mathbf{S}}_{pp}^{T}(\omega)]^{-1} \tag{4.129a}$$

unter Beachtung des vorher Ausgeführten über die Fehlerreduzierung. Weitere Einzelheiten hierzu findet der Leser im folgenden Abschnitt.

4.4.4 Untersuchung von Mehrfreiheitsgradsystemen

In den beiden vorherigen Abschnitten sind Einfreiheitsgradsysteme behandelt worden, die einerseits miteinander nicht gekoppelt sind und andererseits bezüglich der Eingänge bestimmte Voraussetzungen erfüllen (gleiche bzw. nichtkohärente Eingänge). Hier genügt die gewöhnliche Kohärenzfunktion, um Aussagen über das Ein- und Ausgangsverhalten des Systems zu treffen und es über die kohärente Ausgangs-Leistungsdichte zu beschreiben. Dieses ist beispielsweise bei schallabstrahlenden Maschinenteilen der Fall, die elastomechanisch voneinander getrennt sind. Für korrelierte Eingänge dagegen, wie sie bei der Schallabstrahlung von z.B. Dieselmotoren und Webmaschinen auftreten, können die einzelnen Quellen dagegen über die gewöhnliche Kohärenzfunktion nicht ermittelt und verschiedene Übertragungswege nicht getrennt werden. Es kann sogar vorkommen, daß die so ermittelten Ergebnisse falsch interpretiert werden (s. die Diskussion des Bildes 4.31 im Abschnitt 4.4.1). Hier muß also die Problembehandlung als Mehrfreiheitsgradsystem stattfinden, wobei die Eingänge auch miteinander kohärent sein dürfen.

Der Einfachheit halber wird ein diskretes lineares zeitinvariantes System mit n stationären stochastischen Eingängen $p_l(t)$, $l = 1(1)n$, und n Ausgängen $u_i(t)$, $i = 1(1)n$, betrachtet. Hierfür gelten im Frequenzraum die Gln. (3.184) und (3.185) unabhängig davon, ob die Eingangssignale korreliert sind:

$$\mathbf{S}_{pu}(\omega) = \mathbf{S}_{pp}(\omega)\,\mathbf{F}^T(j\omega), \tag{3.184}$$

$$\mathbf{S}_{uu}(\omega) = \mathbf{F}^*(j\omega)\,\mathbf{S}_{pp}(\omega)\,\mathbf{F}^T(j\omega) = \mathbf{F}^*(j\omega)\,\mathbf{S}_{pu}(\omega). \tag{3.185}$$

Mit det $\mathbf{S}_{pp}(\omega) \neq 0$, die Erregung kann stets derartig gewählt werden, folgt die Frequenzgangmatrix zu

$$\mathbf{F}^T(j\omega) = \mathbf{S}_{pp}^{-1}(\omega)\,\mathbf{S}_{pu}(\omega). \tag{4.129b}$$

Für den i-ten Ausgang sei die erweiterte Matrix

$$\mathbf{S}_{u_i pp}(\omega) := \begin{pmatrix} S_{u_i u_i}(\omega), & S_{u_i p_1}(\omega), \ldots, S_{u_i p_n}(\omega) \\ S_{p_1 u_i}(\omega), & \\ \vdots & \mathbf{S}_{pp}(\omega) \\ S_{p_n u_i}(\omega), & \end{pmatrix} \tag{4.130}$$

definiert, die singulär ist, det $\mathbf{S}_{u_i pp}(\omega) = 0$: Die Wirkleistungsdichte $S_{u_i u_i}(\omega)$ kann aufgrund der Gl. (3.185) als Linearkombination der Leistungsdichten $S_{p_j p_l}(\omega)$, $j, l = 1(1)n$, und die Kreuzleistungsdichte $S_{p_j u_i}(\omega)$ aufgrund der Gl. (3.184) ebenfalls als Linearkombination der Elemente der Matrix $\mathbf{S}_{pp}(\omega)$ dargestellt werden. Damit ist die erste Spalte der Matrix (4.130) eine Linearkombination der anderen Spalten der Matrix, woraus ihre Singularität folgt.

In dem Fall, in dem der i-te Ausgang mit einer zentrierten unkorrelierten Ausgangsstörung r(t) überlagert ist, gilt für die Wirkleistungsdichte

$$S_{\tilde{u}_i \tilde{u}_i}(\omega) = S_{u_i u_i}(\omega) + S_{r_i r_i}(\omega). \tag{4.131}$$

Die Matrix $\mathbf{S}_{\tilde{u}_i pp}(\omega)$ unterscheidet sich von der Matrix (4.130) nur in ihrem ersten Element (4.131). Ihre Determinante ergibt sich durch Entwicklung nach den Elementen der ersten Zeile zu

$$\det \mathbf{S}_{\tilde{u}_i pp}(\omega) = S_{r_i r_i}(\omega) \det \mathbf{S}_{pp}(\omega), \tag{4.132}$$

die bei ungestörtem Ausgang, $S_{r_i r_i}(\omega) = 0$, verschwindet.

Die mehrfache (multiple) Kohärenzfunktion ist dann definiert durch

$$\gamma^2_{\tilde{u}_i \cdot p}(\omega) := 1 - \frac{\det \mathbf{S}_{\tilde{u}_i pp}(\omega)}{S_{\tilde{u}_i \tilde{u}_i}(\omega) \det \mathbf{S}_{pp}(\omega)}. \tag{4.133}$$

Mit n = 1 geht (4.133) in die gewöhnliche Kohärenzfunktion über:

$$\det \mathbf{S}_{\tilde{u}pp}(\omega) = \det \begin{pmatrix} S_{\tilde{u}\tilde{u}}(\omega), & S_{\tilde{u}p}(\omega) \\ S_{p\tilde{u}}(\omega), & S_{pp}(\omega) \end{pmatrix} = S_{\tilde{u}\tilde{u}}(\omega)\,S_{pp}(\omega) - |S_{pu}(\omega)|^2,$$

$$\gamma^2_{\tilde{u}p}(\omega) = 1 - \frac{S_{\tilde{u}\tilde{u}}(\omega)\,S_{pp}(\omega) - |S_{pu}(\omega)|^2}{S_{\tilde{u}\tilde{u}}(\omega)\,S_{pp}(\omega)} = \frac{|S_{pu}(\omega)|^2}{S_{\tilde{u}\tilde{u}}(\omega)\,S_{pp}(\omega)} = \gamma^2_{p\tilde{u}}(\omega),$$

w.z.z.w. Bei ungestörtem Ausgang, $\tilde{u}_i = u_i$, folgt mit $S_{r_i r_i}(\omega) = 0$ aus (4.132) die mehrfache Kohärenzfunktion im ganzen ω-Bereich zu 1. Ist dagegen $S_{r_i r_i}(\omega) \neq 0$, dann geht die mehrfache Kohärenzfunktion mit (4.131) und (4.132) über in

$$\gamma^2_{\tilde{u}_i \cdot p}(\omega) = 1 - \frac{S_{r_i r_i}(\omega)}{S_{u_i u_i}(\omega) + S_{r_i r_i}(\omega)} \geqslant 0, \qquad (4.134)$$

wobei der Wert Null nur für $S_{u_i u_i}(\omega) = 0$ angenommen werden kann. Somit genügt die mehrfache Kohärenzfunktion ebenso wie die gewöhnliche der Ungleichung

$$0 \leqslant \gamma^2_{\tilde{u}_i \cdot p}(\omega) \leqslant 1. \qquad (4.135)$$

Aus der Gl. (4.134) folgt sofort die ungestörte Ausgangs-Leistungsdichte

$$S_{u_i u_i}(\omega) = \gamma^2_{\tilde{u}_i \cdot p}(\omega)\, S_{\tilde{u}_i \tilde{u}_i}(\omega). \qquad (4.136)$$

Die mehrfache Kohärenzfunktion ist also das Verhältnis der Wirkleistungsdichte des ungestörten i-ten Ausgangs zu der des gestörten Ausgangs.

Meßbar sind bei einem Mehrfreiheitsgradsystem im allgemeinen nur $\tilde{u}_i(t)$ und $p_l(t)$. Die Ausgangsstörung $r_i(t)$ enthält damit alle möglichen Fehler des Systems: stochastische Störungen, nichtgemessene Erregungen, deren Antworten aber in den $u_i(t)$ enthalten sind, Zeitverschiebungen, nichtlineare Effekte (s. Aufgabe 4.29), instationäre Auswirkungen usw. Unbekannt sind im allgemeinen die Elemente $F_{k,l}(j\omega)$, die Störsignale $r_i(t)$ und die ungestörten Ausgangssignale $u_i(t)$. Es werden also weitere, über die obigen hinausgehende Beziehungen benötigt, um die Identifikationsaufgabe bei korrelierten Eingängen zu lösen, denn hierbei interessieren (bedingte) Kreuzleistungsdichten von Ausgängen $u_i(t)$ und Eingängen $p_j(t)$ des Mehrfreiheitsgradsystems, von denen die (linearen) Effekte bedingt durch eine Erregung oder mehrere Erregungen p_k eliminiert worden sind.

Der vektorielle stationäre stochastische Prozeß $\{\mathbf{x}(t)\}$ mit $\mathbf{x}^T(t) = (x_1(t), ..., x_n(t))$ besitzt die Matrix der Leistungsdichten $\mathbf{S}_{xx}(\omega) := (S_{x_i x_k}(\omega)) = \mathbf{S}^{*T}_{xx}(\omega)$ und die Matrix der Kohärenzfunktionen $\boldsymbol{\gamma}^2_{xx}(\omega) = (\gamma^2_{x_i x_k}(\omega))$ mit

$$\gamma^2_{x_i x_k}(\omega) = \frac{|S_{x_i x_k}(\omega)|^2}{S_{x_i x_i}(\omega)\, S_{x_k x_k}(\omega)} = \frac{S_{x_i x_k}(\omega) S^*_{x_i x_k}(\omega)}{S_{x_i x_i}(\omega)\, S_{x_k x_k}(\omega)} = \frac{S_{x_i x_k}(\omega)\, S_{x_k x_i}(\omega)}{S_{x_i x_i}(\omega)\, S_{x_k x_k}(\omega)}. \qquad (4.137)$$

Diese Gleichung folgt einerseits direkt aus der Definition (3.158) der Kohärenzfunktion und den Eigenschaften (3.134) der Kreuzleistungsdichte, die auch $\mathbf{S}_{xx}(\omega)$ als hermitesch ausweisen. Sind die Komponenten $x_r(t)$ und $x_s(t)$ voll kohärent, $\gamma^2_{x_r x_s}(\omega) = \gamma^2_{x_s x_r}(\omega) = 1$, dann sind die r-te und s-te Reihe von $\mathbf{S}_{xx}(\omega)$ zueinander proportional,

$$\frac{S_{x_r x_1}(\omega)}{S_{x_s x_1}(\omega)} = \frac{S_{x_r x_2}(\omega)}{S_{x_s x_2}(\omega)} = \dots = \frac{S_{x_r x_n}(\omega)}{S_{x_s x_n}(\omega)} \qquad (4.138)$$

und für die (gewöhnlichen) Kohärenzfunktionen gilt

$$\gamma^2_{x_1 x_r}(\omega) = \gamma^2_{x_1 x_s}(\omega), \quad \gamma^2_{x_2 x_r}(\omega) = \gamma^2_{x_2 x_s}(\omega), \dots, \gamma^2_{x_n x_r}(\omega) = \gamma^2_{x_n x_s}(\omega). \qquad (4.139)$$

Anmerkung: Der Leser beweise die Aussagen (4.138), (4.139), die aus einfachen, elementaren algebraischen Überlegungen folgen.

Wir fragen jetzt nach der Kreuzleistungsdichte bezüglich der $x_i(t)$ unter der Bedingung, daß jeder lineare Einfluß von $x_1(t)$ entfernt worden ist. Zu diesem Zweck wird der Prozeß $\{x(t)\}$ additiv in den zu $x_1(t)$ voll kohärenten Anteil $\{y(t)\}$ und den zu $x_1(t)$ nichtkohärenten Anteil $\{z(t)\}$ zerlegt:

$$\left.\begin{aligned} & x_i(t) = y_i(t) + z_i(t), \quad i = 1(1)n, \\ & y_1(t) = x_1(t), \quad z_1(t) = 0. \end{aligned}\right\} \tag{4.140}$$

Die aus (4.140) folgenden Leistungsdichten,

$$S_{x_ix_k}(\omega) = S_{y_iy_k}(\omega) + S_{y_iz_k}(\omega) + S_{z_iy_k}(\omega) + S_{z_iz_k}(\omega),$$

vereinfachen sich mit $S_{y_iz_k}(\omega) = S_{z_iy_k}(\omega) = 0$ wegen der Kohärenzeigenschaften von y_i, z_k:

$$S_{x_ix_k}(\omega) = S_{y_iy_k}(\omega) + S_{z_iz_k}(\omega), \; S_{z_1z_k}(\omega) = 0. \tag{4.141}$$

Die letzte in (4.141) formulierte Eigenschaft ergibt sich aus der Definition von $z_1(t) = 0$. Um die gesuchten (bedingten, partiellen) Leistungsdichten $S_{z_iz_k}(\omega)$ durch die bekannten (berechenbaren) Leistungsdichten $S_{x_ix_k}(\omega)$ ausdrücken zu können, müssen noch die Leistungsdichten $S_{y_iy_k}(\omega)$ durch die Leistungsdichten $S_{x_ix_k}(\omega)$ ausgedrückt werden. Da die $y_i(t)$ voll kohärent zu $y_1(t) = x_1(t)$ sind, gilt $\gamma^2_{y_iy_k}(\omega) = 1$ und damit nach Gl. (4.138)

$$\frac{S_{y_iy_1}(\omega)}{S_{y_ly_1}(\omega)} = \frac{S_{y_iy_2}(\omega)}{S_{y_ly_2}(\omega)} = \ldots = \frac{S_{y_iy_n}(\omega)}{S_{y_ly_n}(\omega)}, \quad l = 1(1)n. \tag{4.142a}$$

Weiter gilt $S_{y_1y_k}(\omega) = S_{x_1y_k}(\omega) = S_{x_1x_k}(\omega)$ wegen (4.140) und $S_{x_1z_k}(\omega) = 0$. Aus den Gln. (4.142a) folgt

$$\begin{aligned} \frac{S_{y_iy_k}(\omega)}{S_{y_ly_k}(\omega)} &= \frac{S_{y_iy_1}(\omega)}{S_{y_ly_1}(\omega)} \\ &= \frac{S_{y_ix_1}(\omega)}{S_{y_lx_1}(\omega)} = \frac{S_{x_ix_1}(\omega)}{S_{y_lx_1}(\omega)}, \quad \text{mit } l = 1: \end{aligned}$$

$$\frac{S_{y_iy_k}(\omega)}{S_{y_1y_k}(\omega)} = \frac{S_{x_ix_1}(\omega)}{S_{y_1x_1}(\omega)},$$

$$S_{y_iy_k}(\omega) = \frac{S_{x_ix_1}(\omega)\, S_{x_1x_k}(\omega)}{S_{x_1x_1}(\omega)}. \tag{4.142b}$$

Die Gl. (4.141) nach $S_{z_iz_k}(\omega)$ aufgelöst und die Beziehung (4.142b) eingesetzt liefert

$$S_{z_iz_k}(\omega) = S_{x_ix_k}(\omega) - \frac{S_{x_ix_1}(\omega)\, S_{x_1x_k}(\omega)}{S_{x_1x_1}(\omega)}. \tag{4.143}$$

Die Matrix $\mathbf{S}_{\mathbf{x}\cdot x_1} := (S_{z_\alpha z_\beta}(\omega))$; $\alpha, \beta = 2(1)n$; ist mit dem Bildungsgesetz (4.143) berechenbar, man kann $\mathbf{S}_{\mathbf{x}\cdot x_1}$ auch als Transformation gemäß der Ein-, Ausgangsbeziehung (3.185) schreiben:

$$\left.\begin{aligned} &\mathbf{S}_{\mathbf{x}\cdot \mathrm{x}_1}(\omega) = \mathbf{T}_s^* \mathbf{S}_{\mathbf{xx}}(\omega)\, \mathbf{T}_s^T, \\ &\mathbf{T}_s := \begin{pmatrix} -S_{x_1x_2}/S_{x_1x_1}, & \\ -S_{x_1x_3}/S_{x_1x_1}, & \mathbf{I} \\ \vdots & \\ -S_{x_1x_n}/S_{x_1x_1}, & \end{pmatrix} \end{aligned}\right\} \tag{4.143a}$$

Die Transformationsmatrix $\mathbf{T}_s$ ist eine (n – 1, n)-Matrix.

Was hat man mit der Matrix $\mathbf{S}_{\mathbf{x}\cdot \mathrm{x}_1}(\omega)$ gewonnen? Z.B. ist die Kreuzleistungsdichte $S_{z_2z_3}(\omega)$ die Kreuzleistungsdichte der beiden Komponenten $z_2(t)$ und $z_3(t)$, die nicht kohärent zu $y_1(t) = x_1(t)$ sind, das ist aber genau die Kreuzleistungsdichte von $x_2(t)$ und $x_3(t)$, in der alle linearen Effekte von $x_1(t)$ herrührend entfernt sind: bedingte Kreuzleistungsdichte

$$S_{x_2x_3\cdot x_1}(\omega) = S_{z_2z_3}(\omega) = S_{x_2x_3}(\omega) - \frac{S_{x_2x_1}(\omega)\, S_{x_1x_3}(\omega)}{S_{x_1x_1}(\omega)}. \tag{4.144}$$

Zugehörig ist die partielle Kohärenzfunktion 1. Ordnung

$$\gamma^2_{x_2x_3\cdot x_1}(\omega) := \frac{S_{x_2x_3\cdot x_1}(\omega)\, S_{x_3x_2\cdot x_1}(\omega)}{S_{x_2x_2}(\omega)\, S_{x_3x_3}(\omega)} \tag{4.145}$$

definiert, allgemein:

$$\gamma^2_{x_\alpha x_\beta\cdot x_1}(\omega) := \frac{S_{x_\alpha x_\beta\cdot x_1}(\omega)\, S_{x_\beta x_\alpha\cdot x_1}(\omega)}{S_{x_\alpha x_\alpha}(\omega)\, S_{x_\beta x_\beta}(\omega)}, \quad \alpha, \beta = 2(1)n. \tag{4.146}$$

Entsprechend ihrer Definition als gewöhnliche Kohärenzfunktion des Prozesses $\{\mathbf{z}(t)\}$ kann auch sie nur Werte zwischen 0 und 1 annehmen.

Beispiel 4.18: Wird der Ausgang $u_i(t)$ eines linearen zeitinvarianten Mehrfreiheitsgradsystems mit stationären Eingängen $p_l(t)$ betrachtet, so ergibt sich die bedingte Kreuzleistungsdichte $S_{p_k u_i\cdot p_l}(\omega)$ zu (vgl. (4.142))

$$S_{p_k u_i\cdot p_l}(\omega) = S_{p_k u_i}(\omega) - \frac{S_{p_k p_l}(\omega)\, S_{p_l u_i}(\omega)}{S_{p_l p_l}(\omega)}, \quad k \neq l,$$

sie ist die bedingte Kreuzleistungsdichte $p_k(t)$ und $u_i(t)$, wenn lineare Einflüsse von $p_l(t)$ aus $p_k(t)$ und $u_i(t)$ entfernt sind. Die Aufgabe 4.39 ermöglicht dem Leser einen weiteren Einblick in die Zusammenhänge.

Ganz entsprechend zu dem vorherigen erfolgt die Herleitung der Kohärenzfunktion höherer Ordnung. Suchen wir beispielsweise von dem stationären Prozeß $\{\mathbf{x}(t)\}$ die partielle Kohärenzfunktion von $x_3(t)$, $x_4(t)$ unter der Bedingung, daß die linearen Einflüsse von $x_1(t)$ *und* $x_2(t)$ entfernt sind, so müssen jetzt die Komponenten von $\mathbf{x}(t)$ in drei additive Anteile zerlegt werden. Die erste Teilkomponente voll kohärent zu $x_1(t)$, die zweite Teilkomponente voll kohärent zu $x_2(t)$ und die dritte Teilkomponente nichtkohärent zu $x_1(t)$ und $x_2(t)$. Verglichen mit dem Vorgehen vorher, erkennt man (bzw. kann abgeleitet werden), daß die sukzessive Anwendung von Gl. (4.143) bzw. (4.143a) zur Lösung führt:

$$S_{x_3x_4\cdot x_1x_2}(\omega) = S_{x_3x_4\cdot x_1}(\omega) - \frac{S_{x_3x_2\cdot x_1}(\omega)\, S_{x_2x_4\cdot x_1}(\omega)}{S_{x_2x_2\cdot x_1}(\omega)} =$$

$$= S_{x_3x_4} - \frac{S_{x_3x_1}S_{x_1x_4}S_{x_2x_2} - S_{x_3x_2}S_{x_2x_1}S_{x_1x_4} + S_{x_3x_2}S_{x_2x_4}S_{x_1x_1} - S_{x_3x_1}S_{x_1x_2}S_{x_2x_4}}{S_{x_1x_1}S_{x_2x_2} - S_{x_1x_2}S_{x_2x_1}}. \quad (4.147)$$

Allgemein gilt

$$S_{x_ix_k\cdot x_1x_2}(\omega) = S_{x_ix_k\cdot x_1}(\omega) - \frac{S_{x_ix_2\cdot x_1}(\omega)\, S_{x_2x_k\cdot x_1}(\omega)}{S_{x_2x_2\cdot x_1}(\omega)}, \quad i,k=3(1)n. \quad (4.148)$$

Die zugehörige partielle Kohärenzfunktion 2. Ordnung ist dann definiert durch

$$\gamma^2_{x_ix_k\cdot x_1x_2}(\omega) := \frac{S_{x_ix_k\cdot x_1x_2}(\omega)\, S_{x_kx_i\cdot x_1x_2}(\omega)}{S_{x_ix_i\cdot x_1x_2}(\omega)\, S_{x_kx_k\cdot x_1x_2}(\omega)}, \quad i,k=3(1)n. \quad (4.149)$$

Wie man sieht, werden die Ausdrücke formal recht kompliziert, so daß eine rekursive Berechnung angebracht ist.

Unter der Voraussetzung, daß $\mathbf{S_{pp}}(\omega)$ von Gl. (3.185) positiv definit ist, kann $\mathbf{S_{pp}}(\omega)$ nach Cholesky zerlegt werden mit der unteren Dreiecksmatrix $\mathbf{L_{pp}}(\omega)$,

$$\mathbf{S_{pp}}(\omega) = \mathbf{L^*_{pp}}(\omega)\, \mathbf{L^T_{pp}}(\omega), \quad (4.150)$$

so daß (3.185) übergeht in die Gleichung

$$\begin{aligned} \mathbf{S_{uu}}(\omega) &= [\mathbf{F}^*(j\omega)\, \mathbf{L^*_{pp}}(\omega)]\, [\mathbf{F}(j\omega)\, \mathbf{L_{pp}}(\omega)]^T \\ &=: \mathbf{G}^*(\omega)\, \mathbf{G}^T(\omega). \end{aligned} \quad (4.151)$$

Nun ist lt. Voraussetzung auch die Matrix $\mathbf{S_{uu}}(\omega)$ positiv definit, sie kann also ebenfalls nach Cholesky zerlegt werden. Dieses ist kein Widerspruch zur Gl. (4.151), da die Zerlegung (4.151) nicht eindeutig ist: n^2 Unbestimmte und $(n^2 + n)/2$ Gleichungen. Also treffen wir die zusätzliche Forderung bezüglich $\mathbf{G}(\omega)$ durch:

$$\left.\begin{aligned} &\mathbf{S_{uu}}(\omega) = \mathbf{L^*_{uu}}(\omega)\, \mathbf{L^T_{uu}}(\omega), \quad \text{mit} \\ &\mathbf{L_{uu}}(\omega) := \begin{pmatrix} L_{11}(\omega), 0, & 0, & \ldots, 0 \\ L_{21}(\omega), L_{22}(\omega), & 0, & \ldots, 0 \\ \cdots & \cdots & \cdots \\ L_{n1}(\omega), L_{n2}(\omega), & L_{n3}(\omega), & \ldots, L_{nn}(\omega) \end{pmatrix}. \end{aligned}\right\} \quad (4.152)$$

Damit steht einer rekursiven Berechnung der bedingten Kreuzleistungsdichten nichts mehr im Wege. Für $\mathbf{S_{uu}}(\omega)$ folgt

$$\mathbf{S_{uu}}(\omega) = \begin{pmatrix} L^*_{11}L_{11}, & L^*_{11}L_{21}, & L^*_{11}L_{31}, & \ldots \\ L^*_{21}L_{11}, & L^*_{21}L_{21} + L^*_{22}L_{22}, & L^*_{21}L_{31} + L^*_{22}L_{32}, & \ldots \\ L^*_{31}L_{11}, & L^*_{31}L_{21} + L^*_{32}L_{22}, & L^*_{31}L_{31} + L^*_{32}L_{32} + L^*_{33}L_{33}, & \ldots \\ \cdots & \cdots & \cdots & \cdots \end{pmatrix} \quad (4.153)$$

mit $S_{u_1u_1}(\omega) = L^*_{11}(\omega)\, L_{11}(\omega)$ usw.

Die Kreuzleistungsdichte $S_{u_2u_3}(\omega) = L^*_{21}(\omega)\, L_{31}(\omega) + L^*_{22}(\omega)\, L_{32}(\omega)$ setzt sich aus Anteilen der Ausgangssignale $u_1(t)$, $u_2(t)$ und $u_3(t)$ zusammen, gekennzeichnet durch die Indizes der Elemente der unteren Dreiecksmatrix $\mathbf{L_{uu}}(\omega)$. Die bedingte Leistungsdichte

$S_{u_2u_3 \cdot p_1}(\omega)$, also die Kreuzleistungsdichte von $u_2(t)$ und $u_3(t)$, aus der die linearen Einflüsse von $p_1(t)$ eliminiert sind, ergibt sich demzufolge aus $S_{u_2u_3}(\omega)$ abzüglich der Summanden mit dem Index 1: $S_{u_2u_3 \cdot p_1}(\omega) = L_{22}^*(\omega)\, L_{32}(\omega)$. Entsprechend folgt z.B. $S_{u_3u_4 \cdot p_1p_2}(\omega) = L_{33}^* L_{43}$ aus $S_{u_3u_4}(\omega) = L_{31}^* L_{41} + L_{32}^* L_{42} + L_{33}^* L_{43}$ durch Entfernen der Summanden mit den Indizes 1 und 2.

Schließlich können auch die partiellen Kohärenzfunktionen entsprechend ihren Definitionen durch die Elemente von $\mathbf{L}_{uu}(j\omega)$ ausgedrückt werden, z.B.

$$\gamma^2_{u_3u_4 \cdot p_1p_2}(\omega) = \frac{1}{1 + \dfrac{L_{44}^* L_{44}}{L_{43}^* L_{43}}},$$

hier ist volle Kohärenz nur erreichbar, wenn $L_{44}(j\omega)/L_{43}(j\omega) = 0$ gilt.

Die obige Einführung der partiellen Kohärenzfunktion lehnt sich an [4.35] an, eine subtile Behandlung des Problems findet der Leser in [4.36]. In [2.7] erfolgt die Herleitung der bedingten Leistungsdichten und partiellen Kohärenzfunktionen über die Methode der kleinsten Fehlerquadrate, woraus folgt, daß die verwendeten Beziehungen optimal bezüglich dieser Methode sind. Werden Schätzungen zur Ermittlung der mehrfachen, partiellen Kohärenzfunktionen und damit auch für die bedingten Leistungsdichten verwendet, so ist entsprechend der Mittelung über N_T Teilzeitintervalle nach der Zusammenstellung in [4.27] für (4.133) die normierte Standardabweichung

$$\sigma[\hat{\gamma}^2_{\tilde{u}_i \cdot p}(\omega)]/\gamma^2_{\tilde{u}_i \cdot p}(\omega) \doteq \sqrt{2}(1 - \gamma^2_{\tilde{u}_i \cdot p})/|\gamma_{\tilde{u}_i \cdot p}|\sqrt{N_T}), \tag{4.154}$$

für (4.136)

$$\sigma[\hat{S}_{u_iu_i}(\omega)]/S_{u_iu_i}(\omega) \doteq (2 - \gamma^2_{\tilde{u}_i \cdot p})^{\frac{1}{2}}/(|\gamma_{\tilde{u}_i \cdot p}|\sqrt{N_T}), \tag{4.155}$$

und für die Schätzungen von partiellen Kohärenzfunktionen z.B.

$$\left.\begin{aligned}
\sigma[\hat{\gamma}^2_{p_1u_i}(\omega)]/\gamma^2_{p_1u_i}(\omega) &\doteq \sqrt{2}\,(1 - \gamma^2_{p_1u_i})/(|\gamma_{p_1u_i}|\sqrt{N_T}),\\
\sigma[\hat{\gamma}^2_{p_2u_i \cdot p_1}]/\gamma^2_{p_2u_i \cdot p_1} &\doteq \sqrt{2}\,(1 - \gamma^2_{p_2u_i \cdot p_1})/(|\gamma_{p_2u_i \cdot p_1}|\sqrt{N_T - 1}),\\
\sigma[\hat{\gamma}^2_{p_3u_i \cdot p_1p_2}]/\gamma^2_{p_3u_i \cdot p_1p_2} &\doteq \sqrt{2}\,(1 - \gamma^2_{p_3u_i \cdot p_1p_2})/(|\gamma_{p_3u_i \cdot p_1p_2}|\sqrt{N_T - 2}).
\end{aligned}\right\} \tag{4.156}$$

Schätzungen für partielle kohärente Ausgangs-Leistungsdichten sind entsprechend den gewöhnlichen und mehrfachen Ausgangs-Leistungsdichten definiert, so daß sich die normierte Standardabweichung entsprechend (4.155) mit dem Teilnenner $\sqrt{N_T}$ für die gewöhnliche, $\sqrt{N_T - 1}$ für die 1. Ordnung usw. ergibt.

4.4.5 Zusammenfassung

Auch für die Verwendung der Spektralanalyse sind Fehlerbetrachtungen unerläßlich. Einmal hängt das Ergebnis von dem zugrundegelegten Modell einschließlich der Fehlermodellierung für den Prozeß ab und zum anderen von der Approximationsgüte des Erwartungs-Operators für die Schätzungen. Das heute übliche Vorgehen in den Anwendungen beruht auf der Annahme der Stationärität der Prozesse und darüber hinaus der Ergodizität, so daß als grobe Schätzung (besser Näherung) für die Leistungsdichte das Periodogramm (3.155) verwendet wird. Um den unakzeptablen statistischen Fehler des Periodogramms zu verringern, ist unbedingt eine Mittelwertbildung vorzunehmen. Weiter müssen auch die Verzerrungen der Schätzungen beachtet werden.

Die Methoden der Spektralanalyse sind vorzügliche Hilfsmittel der Identifikation im Frequenzraum. Angeklungen ist bereits, daß einige Beziehungen Minimaleigenschaften besitzen. Es wird deshalb noch die Minimaleigenschaft der Kreuzleistungsdichte zur Frequenzgangermittlung im Sinne der kleinsten Fehlerquadrate gezeigt. Für das System nach Bild 4.19a gilt in vereinfachter Schreibweise (vgl. Abschnitt 3.6.2) im Frequenzraum:

$$\begin{aligned}\tilde{U}(j\omega) &= \tilde{F}(j\omega)P(j\omega),\\ V(j\omega) := -R(j\omega) &= U(j\omega) - \tilde{U}(j\omega)\\ &= U(j\omega) - \tilde{F}(j\omega)P(j\omega),\\ V^*(j\omega)V(j\omega) &= U^*(j\omega)U(j\omega) - U^*(j\omega)\tilde{F}(j\omega)P(j\omega) - \tilde{F}^*(j\omega)P^*(j\omega)U(j\omega) +\\ &+ \tilde{F}^*(j\omega)\tilde{F}(j\omega)P^*(j\omega)P(j\omega).\end{aligned}$$

Entsprechend Gl. (3.177) folgt:

$$S_{vv}(\omega) = S_{uu}(\omega) - \tilde{F}(j\omega)\,S_{up}(\omega) - \tilde{F}^*(j\omega)\,S_{pu}(\omega) + \tilde{F}^*(j\omega)\tilde{F}(j\omega)\,S_{pp}(\omega).$$

Welches System, beschrieben durch seinen Frequenzgang $F_1(j\omega)$, minimiert $S_{vv}(\omega)$?

$$\left.\frac{\partial S_{vv}(\omega)}{\partial \tilde{F}^*(j\omega)}\right/_{\tilde{F}^* = F_1^*} = 0: \; - S_{pu}(\omega) + F_1(j\omega)\,S_{pp}(\omega) = 0,$$

es folgt $F_1(j\omega) = \dfrac{S_{pu}(\omega)}{S_{pp}(\omega)} = F(j\omega)$, d.h., das System mit dem exakten Frequenzgang $F(j\omega)$ minimiert $S_{vv}(\omega)$:

$$S_{vv}(\omega)_{Min} = S_{uu}(\omega) - \frac{|S_{pu}(\omega)|^2}{S_{pp}(\omega)} = S_{uu}(\omega)\,[1 - \gamma_{pu}^2(\omega)] = 0.$$

4.5 Analyse mittels der Zufallsdekrementfunktion

Die Ermittlung von Systemeigenschaften mit Hilfe der Zufallsdekrementfunktion erfolgt im Zeitbereich durch einfache Mittelwertbildung von in bestimmter Weise gebildeten Teilsignalen eines stochastischen Signals. Obwohl das Verfahren theoretisch noch nicht vollständig erschlossen ist, konnte es jedoch bereits erfolgreich zur Identifikation elastomechanischer Systeme und zur Schadensfrüherkennung angewendet werden.[1] Vor der Behandlung der Zufallsdekrementfunktion sollen zunächst einige Eigenschaften der klassischen Verfahren kurz herausgestellt werden.

1 Bei Drucklegung erschien die Arbeit [4.53], die den statistischen Hintergrund der Zufallsdekrementfunktion (random decrement function) klärt: Sie ist für die Antwort eines linearen zeitinvarianten Einfreiheitsgradsystems für den Fall einer zentrierten stationären gaußischen Zufallserregung proportional der Autokorrelationsfunktion der Antwort.

4.5.1 Die Ermittlung von Systemeigenschaften ohne Kenntnis der Eingangsgrößen nach den klassischen Verfahren

In der Praxis stellt sich häufig die Aufgabe, die Systemeigenschaften oder Änderungen von Systemeigenschaften (Schadensfrüherkennung) zu ermitteln, wobei Testsignale oder Anfangsbedingungen nicht vorgegeben werden können. Ist beispielsweise ein System unter Betriebsbedingungen zu untersuchen, so könnte eine künstliche, zusätzliche Erregung u. U. eine unzulässige Störung darstellen. Ein weiteres Beispiel sind Antwortmessungen eines Flugzeuges während des Fluges, bei denen die erregenden Kräfte (instationäre Luftkraftverteilung) nur mit sehr großem Aufwand meßbar sind. In diesen Fällen liefern Antwortmessungen in Verbindung mit den klassischen, etablierten Verfahren nur für spezielle Erregungen direkt die Systemeigenschaften in Form von Gewichtsfunktionen oder Frequenzgängen (Übertragungsfunktionen).

Für ein lineares zeitinvariantes Einfreiheitsgradsystem ergibt die Korrelationsanalyse über die Ermittlung der Autokorrelationsfunktion nur dann ein Maß für die Gewichtsfunktion, wenn die Erregung weißes Rauschen bzw. approximativ in dem interessierenden Frequenzintervall Breitbandrauschen ist. Die Gl. (3.178) mit weißem Rauschen entsprechend der Gl. (4.06) als Erregung führt unter Beachtung der Ausblendeigenschaft der Diracfunktion auf die Gleichung (vgl. die Aufgabe 3.40):

$$\begin{aligned}\Phi_{uu}(\tau) &= p_0 \int_{-\infty}^{\infty}\int_{-\infty}^{\infty} g(t')g(t'')\delta(\tau + t' - t'')\,dt'\,dt'' \\ &= p_0 \int_{-\infty}^{\infty} g(t'' - \tau)g(t'')\,dt'' = \Phi_{uu}(-\tau) = p_0 \int_{-\infty}^{\infty} g(t'' + \tau)g(t'')\,dt'' \\ &\doteq p_0 \int_{-\infty}^{\infty} g(t' + \tau)g(t')\,dt' = p_0 R_{gg}(\tau). \qquad (4.157)\end{aligned}$$

Der letzte Ausdruck $p_0R_{gg}(\tau)$ in (4.157) folgt aus der Gl. (3.110). In diesem Zusammenhang interessiert jetzt die Auswirkung einer Abweichung vom weißen Rauschen auf die Autokorrelationsfunktion (4.157). Für die Kreuzkorrelationsfunktion gestaltet sich die Fehleruntersuchung mit $g_\Delta(t) = g(t)$ aufgrund der Gln. (4.54) bis (4.58) einfach, jedoch nicht mehr für die Autokorrelationsfunktion. Man kann aber den für die Frequenzgangmessung aus $S_{uu}(\omega)$ für $S_{pp}(\omega) = S_0$ sich ergebenden Fehler zugrunde legen (Fourierintegral, Faltungssatz); denn wird bei der Ermittlung von $G_{uu}(\omega)$ der Erwartungs-Operator berücksichtigt, dann entsprechen sich die Ausdrücke im Zeitraum (Autokorrelationsfunktion) und Frequenzraum (Wirkleistungsdichte). Damit ist das Maß für die Systemeigenschaften im Frequenzraum ohne Kenntnis der Intensität des weißen Rauschens genannt:

$$G_{uu}(\omega) = |F(j\omega)|^2 G_0. \qquad (4.158)$$

Eine Abweichung von G_0 in der Form $G_{pp}(\omega) = G_0 + \Delta G_{pp}(\omega)$ wirkt sich auf $G_{uu}(\omega)$ folgendermaßen aus:

$$G_{\tilde{u}\tilde{u}}(\omega) = |F(j\omega)|^2 G_{pp}(\omega) = G_{uu}(\omega) + |F(j\omega)|^2 \Delta G_{pp}(\omega),$$

$$\frac{G_{\tilde{u}\tilde{u}}(\omega) - G_{uu}(\omega)}{|F(j\omega)|^2} = \Delta G_{pp}(\omega). \tag{4.159}$$

Der Fehler der Ausgangs-Wirkleistungsdichte bezogen auf das Betragsquadrat des Frequenzganges ist gleich der Abweichung der Eingangs-Wirkleistungsdichte von ihrem konstanten Wert, damit reagieren die Maße (4.157) und (4.158) empfindlich auf Abweichungen von weißem Rauschen als Erregung.

Weiter setzen die beiden o.g. Verfahren Linearität im klassischen Sinne voraus. Sind (schwache) Nichtlinearitäten vorhanden, so geben die nach den obigen Methoden erzielten Ergebnisse das Systemverhalten vermischt für verschiedene Arbeitsbereiche wieder.

4.5.2 Die Zufallsdekrementfunktion

Um die oben erwähnten Nachteile zu reduzieren, schlägt H.A. Cole, Jr. [4.37, 4.38] für ergodische Prozesse die bestechend einfache Zufallsdekrementfunktion vor, die zunächst formuliert wird, um dann anschließend die Voraussetzungen und Hypothesen zu nennen.

Gegeben sei ein Signal u(t) der Länge T als Ausgangsgröße eines stochastisch erregten Systems. Für ein vorgegebenes Verschiebungsniveau d_s = const. werden die Nullstellen des verschobenen Signals

$$u_0(t) := u(t) - d_s \tag{4.160}$$

ermittelt (Bild 4.33 a):

$$u_0(t_{si}) = 0, \; i = 1(1)N. \tag{4.161}$$

Ausgehend von jedem gefundenen Wert t_{si} werden Teilsignale $u_0(t_{si} + \tau)$, $0 \leqslant \tau \leqslant T_s$, der vorgegebenen Länge T_s herausgegriffen und der Mittelwert gebildet: Zufallsdekrementfunktion,

$$\eta_N(\tau) := \frac{1}{N} \sum_{i=1}^{N} u_0(t_{si} + \tau). \tag{4.162}$$

Das Bild 4.33 b zeigt die Mittelwertbildung für N = 2 und deutet sie für N = 100 an.

Die intuitive Hypothese der Zufallsdekrementfunktion ist die folgende: u(t) ist die Antwort eines Systems auf eine stochastische stationäre zentrierte Erregung. Durch die Vorgabe von d_s kann $u(t_{si} + \tau)$ für $\tau > 0$ als Signal aufgefaßt werden bestehend aus einem determinierten Anteil mit der Anfangsbedingung (bezüglich τ) $u(t_{si}) = d_s$ bei verschiedenen Anfangsgeschwindigkeiten $\dot{u}(t_{si})$ und einem stochastischen Anteil. Der determinierte Anteil setzt sich zusammen aus der Sprungantwort (Anfangsbedingung $u(t_{si}) = d_s$, $\dot{u}(t_{si}) = 0$) und der Impulsantwort (Anfangsbedingung $u(t_{si}) = 0$, $\dot{u}(t_{si}) \neq 0$): $\eta_N(\tau) = h_N(\tau) + g_N(\tau) + r_N(\tau)$. Bilden des Erwartungswertes von $\eta_N(\tau)$ ergibt für den ersten Term die Sprungantwort $h_d(\tau)$ durch die Vorgabe der Anfangsbedingung $u(t_{si}) = d_s$. Da die Anfangsgeschwindigkeiten $\dot{u}(t_{si})$ bei der Konstruktion der Teilsignale $u_0(t_{si} + \tau)$ nicht von einerlei Vorzeichen sind, wird der Mittelwert der Impulsantworten sich also bei hinreichend großem N auslöschen: Es wird also

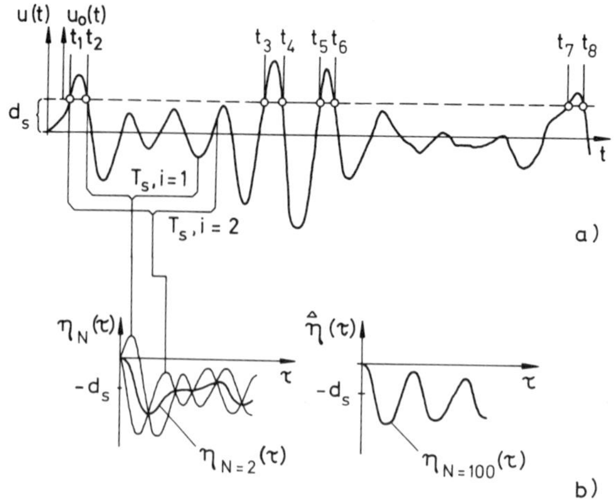

Bild 4.33 Zur Bildung der Zufallsdekrementfunktion

eine Verteilung der Impulsantworten mit $E\{g_N(\tau)\} = 0$ vorausgesetzt. Der stochastische Anteil von u(t) ist mit $E\{p(t)\} = 0$ mittelwertfrei, somit gilt $E\{r_N(\tau)\} = 0$. Es folgt der Erwartungswert der Zufallsdekrementfunktion als Sprungantwort auf $u(t_{si}) = d_s$, $E\{\dot{u}(t_{si})\} = 0$:

$$E\{\eta_N(\tau)\} = h_d(\tau), \tag{4.163}$$

der Erwartungswert enthält alle Eigenschaften des Systems (vgl. Aufgabe 4.40).[1]

Für ein hinreichend großes N kann $\eta_N(\tau)$ als Schätzung $\hat{\eta}(\tau)$ für $\eta(\tau) = E\{\eta_N(\tau)\}$ angesehen werden (Mittelwert mit den entsprechenden Fehlern).

Die Schätzung der Zufallsdekrementfunktion besitzt gegenüber der entsprechenden Schätzung der Autokorrelationsfunktion die folgenden Vorteile:

- Einfache Mittelwertbildung von Teilsignalen statt einer multiplikativen und additiven Verknüpfung des Signales (Erhaltung der Dimension).
- Die Sprungantwort $h_d(\tau)$ ist dann hinreichend genau ermittelt, wenn sie über die Zeitdauer $T_s = 2\,\pi/\omega_D$ bekannt ist, d.h., es sind nur kurze Teilsignale erforderlich, doch muß der Gesamtschrieb hinreichend lang sein, um zu einer Schätzung $\hat{\eta}(\tau)$ durch Mittelwertbildung zu kommen: $NT_s \leqslant T$.

Weitere Möglichkeiten, eine Zufallsdekrementfunktion mit dem Erwartungswert gleich der positiven oder negativen Impulsantwort zu bilden, sind damit gegeben. Wird für die Konstruktion der Teilsignale $\dot{u}(t'_{si}) = v_s > 0$ mit $u(t'_{si}) = 0$ gewählt, so liefert der Erwartungswert über die mit diesen Teilsignalen gebildete Zufallsdekrementfunktion unter den entsprechenden Annahmen die Antwort auf einen positiven Impuls, mit $v_s < 0$ die freien Schwingungen auf einen negativen Impuls.

1 s. Fußnote auf S. 231. Nach [4.53] gilt $E\{r_N(\tau)\} = 0$ allerdings nur, wenn als Erregung weißes Rauschen vorliegt.

Beispiel 4.19: Welches Ergebnis liefert die Zufallsdekrementfunktion (4.162) für eine Sinusschwingung?

$x(t) = \sin \omega t,$

$\sin \omega t_{si} - d_s = 0,$

es folgt

$t_{s1} = t_{s1}$

$t_{s2} = \frac{T}{2} - t_{s1}$

$t_{s3} = T + t_{s1}$

$t_{s4} = T + t_{s2} + \frac{3T}{2} - t_{s1}$

$\vdots$

$x_0(t_{s1} + \tau) = \sin \omega (t_{s1} + \tau) - d_s$

$x_0(t_{s2} + \tau) = \sin \omega \left(\frac{T}{2} - t_{s1} + \tau\right) - d_s = -\sin \omega(-t_{s1} + \tau) - d_s$

$x_0(t_{s3} + \tau) = \sin \omega\, (T + t_{s1} + \tau) - d_s = \sin \omega(t_{s1} + \tau) - d_s$

$x_0(t_{s4} + \tau) = \sin \omega \left(\frac{3T}{2} - t_{s1} + \tau\right) - d_s = -\sin \omega(-t_{s1} + \tau) - d_s$

$\vdots$

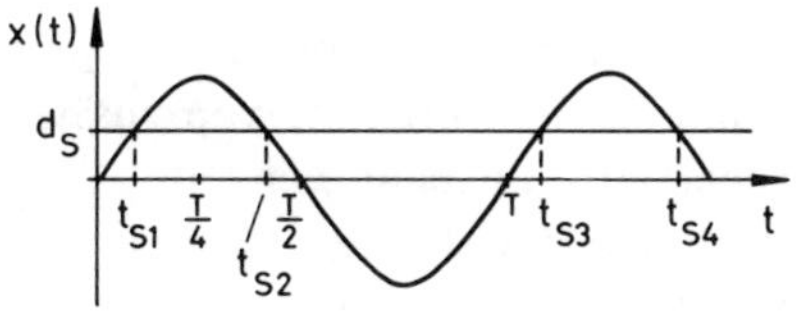

Bild 4.34
Zufallsdekrementfunktion und die Sinusfunktion

N gerade:
$$\begin{aligned}\eta_N(\tau) &= \frac{1}{2}[\sin \omega(t_{s1} + \tau) - \sin \omega(-t_{s1} + \tau)] - d_s\\ &= \frac{1}{2}[\sin \omega t_{s1} \cos \omega\tau + \cos \omega t_{s1} \sin \omega\tau\\ &\quad - \sin \omega\tau \cos \omega t_{s1} + \cos \omega\tau \sin \omega t_{s1}] - d_s\\ &= \sin \omega t_{s1} \cos \omega\tau - d_s =: K \cos \omega\tau - d_s.\end{aligned}$$

Für ungerades N tritt noch der Term $\frac{1}{N} \sin \omega(t_{s1} + \tau)$ hinzu. Die Frequenz der Sinusschwingung und ihre Form bleiben erhalten.

Beispiel 4.20: Für eine abklingende Sinusschwingung liefert die Zufallsdekrementfunktion:

$x(t) = e^{-\delta t} \sin \omega t,$

$e^{-\delta t_{si}} \sin \omega t_{si} = d_s,$

$$\begin{aligned}x(t_{si} + \tau) &= e^{-\delta(t_{si}+\tau)} \sin \omega(t_{si} + \tau)\\ &= e^{-\delta t_{si}} e^{-\delta\tau}(\sin \omega t_{si} \cos \omega\tau + \cos \omega t_{si} \sin \omega\tau)\\ &= e^{-\delta\tau}(d_s \cos \omega\tau + e^{-\delta t_{si}} \cos \omega t_{si} \sin \omega\tau),\end{aligned}$$

$\eta_N(\tau) = e^{-\delta\tau}(d_s \cos \omega\tau + K_s \sin \omega\tau) - d_s$ mit

$$K_s := \frac{1}{N} \sum_{i=1}^{N} e^{-\delta t_{si}} \cos \omega t_{si}.$$ Für ein gewähltes d_s ist K_s = const.

und $\eta_N(\tau)$ liefert wieder die Frequenz der abklingenden Schwingung und darüberhinaus die Dämpfung δ. Sind dem Signal zentrierte Störanteile überlagert, so reduziert sich ihr Einfluß auf die Zufallsdekrementfunktion um den Faktor $1/\sqrt{N}$.

4.5.3 Anwendungen

Eine Anwendung der Zufallsdekrementfunktion bei Einfreiheitsgradsystemen ist die Ermittlung der Sprung- bzw. Impulsantwort, wodurch u. a. Eigenfrequenzen und Dämpfungen (bei Vorgabe einer Modellstruktur: parametrische Identifikation) erhalten werden können. Bei Mehrfreiheitsgradsystemen ist der Sachverhalt entsprechend (s.o.), jedoch lassen sich Eigenschwingungsformen durch die Änderung der Korrelationszeiten bei der Auswertung der einzelnen Signale nicht ohne weiteres ermitteln. In [4.39] ist ein Weg beschrieben, der diesbezüglich die Korrelationszeiten zwischen den Signalen nicht ändert. Weitere Anwendungen zur Bestimmung von Eigenfrequenzen und Dämpfungen enthalten die Veröffentlichungen [4.40, 4.41].

In [4.42] beschreibt H.A. Cole, Jr. ausführlich verschiedene Anwendungen der Zufallsdekrementfunktion. Ergänzend zu den obigen Ausführungen ist ihre Anwendung zur Schadensfrüherkennung (on-line-Betrieb) zu nennen. Sie beruht auf folgenden Systemveränderungen durch einen (noch geringen) Schaden:

- Durch einen Riß entstehen zusätzliche Freiheitsgrade (höherer Ordnung).
- Die Kopplung der Freiheitsgrade (und Implementierung von zusätzlichen Freiheitsgraden, s.o.) ist gegenüber dem schadensfreien Zustand geändert.
- Die Dämpfung einzelner Freiheitsgrade ist geändert.
- Mit zunehmender Schadensgröße verringern sich einzelne Eigenfrequenzen des Systems.

Wie Beispiele zeigen, reagiert die Zufallsdekrementfunktion, auch im höheren Frequenzbereich, recht empfindlich auf derartige Systemänderungen. Das Überschreiten einer vorgegebenen Variationsbreite außerhalb der Standardabweichung ist dann ein Entscheidungskriterium beispielsweise für eine notwendige Inspektion des Systemteiles. In [4.43] ist die Zufallsdekrementfunktion zur frühzeitigen Schadensermittlung bei Schwingfestigkeitsversuchen untersucht.

4.6 Aufgaben

4.1 Nach welcher Zeit T_1 ist beim linearen zeitinvarianten viskos gedämpften Einfreiheitsgradsystem für eine harmonische Erregung der Einschwingvorgang auf β% der Amplitude des stationären Vorgangs abgeklungen?

4.2 Vergleiche die Fourierkoeffizienten der Grundschwingungen von Mäander-, Sägezahn-, Dreieck- und Rechteckfunktion mit dem der Sinusfunktion (Bild 4.35). Es sind die Unterschiede hinsichtlich einer günstigen harmonischen Anregung zu diskutieren.

4.3 Es ist das Verhalten der Amplitudendichte von Trapezimpulsen, mit den Grenzfällen des Rechteck- und Dreieckimpulses, abhängig von der Flankensteilheit aufzuzeigen.

4.4 Ein Beschleunigungsaufnehmer, modelliert als viskos gedämpftes Einfreiheitsgradsystem, werde mit dem Einheitssprung beaufschlagt (Bild 4.36). Es soll gezeigt werden, wie die Antworten des Beschleunigungsaufnehmers auf den Einheitsstoß $\delta(t)$ und die Rampe t einfach aus seiner

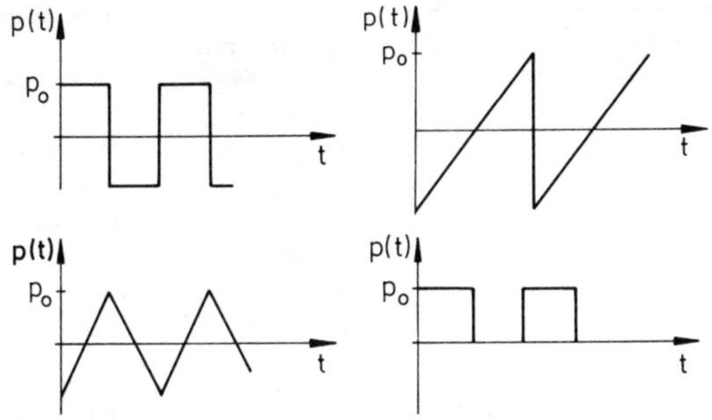

Bild 4.35

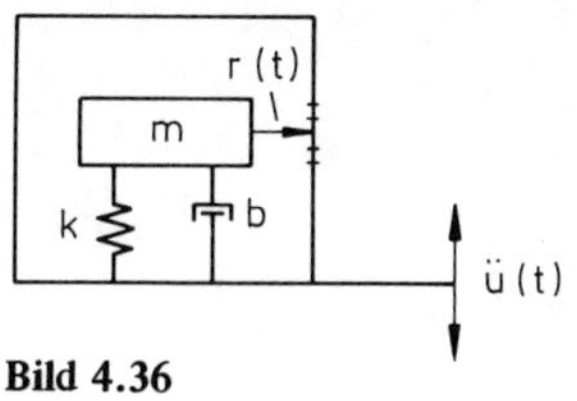

Bild 4.36

Antwort auf den Einheitssprung ermittelt werden können. Weiter sind die algebraischen Beziehungen zwischen den Antworten von Weg-, Geschwindigkeits- und Beschleunigungsaufnehmern für diese Erregungen anzugeben. Hinweis: $R(s) := L\{r(t)\}$, $U(s) := L\{u(t)\}$, $V(s) := sU(s)$, $B(s) := s^2U(s)$, Beschleunigungsaufnehmer: $-R(s)/B(s) =: H_3(s)$ usw.

4.5 Ein Kragträger (einseitig starr eingespannter Bernoulli-Balken) konstanten Querschnitts wird durch plötzliches Entfernen ($t = 0$) einer statischen Einzellast P am freien Ende ($x = l$) zu Schwingungen angeregt. Gesucht ist sein dynamisches Verhalten für $t \geqslant 0$. *Hinweis:* Es ist die verallgemeinerte Orthogonalität seiner Eigenschwingungsformen auszunutzen.

4.6 Wie groß ist der (Eingangs-)Fehler bei der Ersetzung des weißen Rauschens durch ein idealisiertes Breitbandrauschen?

4.7 Es ist die Autokorrelationsfunktion des Breitbandrauschens mit Hilfe des Vertauschungssatzes zu ermitteln.

4.8 Wie lauten die Gleichungen des Bandpaßrauschens im Zeit- und Frequenzraum?

4.9 Die Bandsperre blendet das Signal in einem Teilfrequenzintervall aus. Welches sind ihre Gleichungen?

4.10 Wie lauten die Fourierreihen für die Rechteck-, Trapezimpulsfolge? Diskutiere die Ergebnisse bezüglich ihrer Verwendung als Testsignale.

4.11 Ergibt die numerische Behandlung des Fourierintegrals bei vorgegebenem Spektrum ein periodisches Signal? Beweis.

4.12 Es ist die tiefste im Spektrum enthaltene Frequenz und die Frequenzauflösung der pseudostochastischen Erregung anzugeben.

4.13 Wie lauten Real- und Imaginärteil des relativen Frequenzgangfehlers entsprechend Gl. (4.28)?

4.14 Wie groß ist der Frequenzgangfehler, wenn die Fouriertransformierten in Gl. (2.51) numerisch mit Hilfe der Fast-Fouriertransformation berechnet werden?

4.15 Wie lautet die rekursive Form der Fehlerberechnung (4.31)? (Grund: Speicherplatzersparnis.)

4.16 Welchen mittleren Fehler besitzt $\hat{F}(j\omega)$ aufgrund von (4.32)?

4.17 Für 2 Hammerschläge wurden mit Hilfe der Fast-Fouriertransformation die nachstehenden Daten gewonnen. Es ist eine Schätzung des Frequenzganges mit einer Schätzung des zugehörigen mittleren Fehlers anzugeben.

f_i in Hz	$P_{1i}^{re} \cdot 10^3$ in kN	$P_{1i}^{im} \cdot 10^3$ in kN	$U_{1i}^{re} \cdot 10^3$ in g	$U_{1i}^{im} \cdot 10^3$ in g
247,66	−0,598	−0,492	−0,076	0,340
255,17	−0,767	−0,034	0,008	0,707
262,67	−0,629	0,436	−0,330	3,327
270,18	−0,236	0,723	4,109	−19,850
277,68	0,249	0,728	−4,853	22,160
285,19	0,626	0,429	1,625	− 5,446
292,69	0,759	−0,038	0,161	− 0,833

$P_{2i}^{re} \cdot 10^3$ in kN	$P_{2i}^{im} \cdot 10^3$ in kN	$U_{2i}^{re} \cdot 10^3$ in g	$U_{2i}^{im} \cdot 10^3$ in g
–1,257	–1,092	– 0,197	0,716
–1,656	–0,116	0,039	1,610
–1,385	0,894	– 0,744	7,288
–0,559	1,540	9,244	–42,820
0,477	1,581	–11,090	47,300
1,330	0,971	3,775	–11,420
1,634	–0,031	0,336	– 1,725

4.18 Es ist der Formelplan zur Ermittlung der dynamischen Steifigkeitsmatrix nach Gl. (4.39) aufzustellen und eine Versuchsplanung für einen auf Biegung und Torsion beanspruchten Kragbalken zu skizzieren. Hierbei ist auch eine Kontrolle der Verschiebungen (Kräfte) in Tiefenrichtung des Balkens vorzusehen. Wie ist der Unterschied gegenüber einem statischen Versuch?

4.19 Die Störung r(t) in Gl. (4.40) sei mit dem Nutzsignal korreliert. Lassen sich bei hinreichend langer Integrationszeit die Informationen über das Nutzsignal aus $\Phi_{\tilde{d}\tilde{d}}(\tau)$ ermitteln?

4.20 a) Gilt die (4.44) entsprechende Gleichung auch für ergodische Prozesse?

b) Formuliere und diskutiere die Modellkorrelation mit Schätzungen für die Korrelationsfunktion.

4.21 Wie groß ist der Fehler des Schätzvektors (4.50) unter der Annahme, daß $\hat{\Phi}_{pp}$ und v voneinander statistisch unabhängig sind?

4.22 Behandle das in Bild 4.37 skizzierte stark idealisierte Problem mit den im Abschnitt 4.3.2 diskutierten Methoden. *Hinweise:* Die Bewegungsgleichung der Wand denke man sich mit einem Modalansatz in generalisierte Koordinaten transformiert → entkoppelte generalisierte Einfreiheitsgradsysteme. Die Dämmung der Wand läßt sich damit durch die Gewichtsfunktion beschreiben.

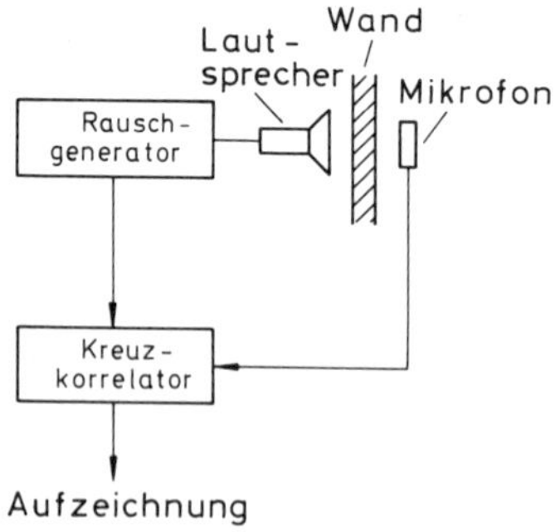

Bild 4.37

4.23 Wie lautet der Korrelationskoeffizient $\rho_{u_1\tilde{u}_2}(\tau)$ für den Wellenvorgang des Beispiels 4.12 mit einer stationären Ausgangsstörung r(t), $\tilde{u}_2(t + \tau) = u[x_2 - v(t + \tau)] + r(t + \tau)$, unkorreliert mit u(x, t) (zentrierte Prozesse)?

4.24 Diskutiere den Korrelationskoeffizienten für das Übertragungssystem gemäß Bild 4.38.

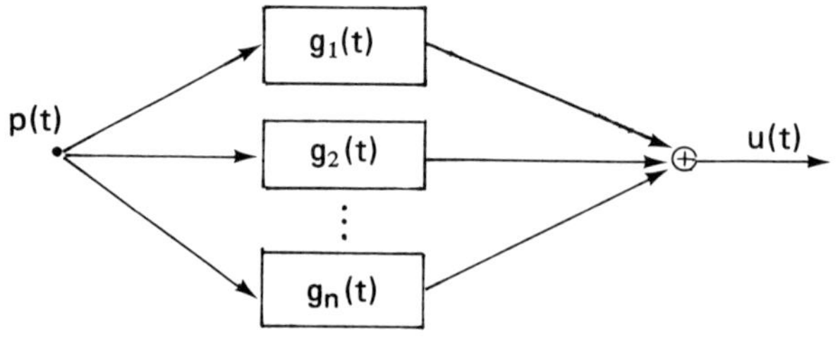

Bild 4.38

4.25 Gegeben sei das Eingangssignal

$$x(t) = \begin{cases} \sin \omega_0 t, & 0 \leqslant t \leqslant \pi \\ 0 & \text{sonst} \end{cases}$$

und das Ausgangssignal $y(t) = \begin{cases} \sin \omega_0 (t - t_0), & 5\pi \leqslant t \leqslant 6\pi \\ 0 & \text{sonst.} \end{cases}$

Die Zeitverschiebung zwischen Ausgangs- und Eingangssignal ist über die Kreuzkorrelationsfunktion zu ermitteln.

4.26 Welche Möglichkeiten gibt es im Zeitraum, um die „Energieinhalte" des Versuchs entsprechend Bild 4.25 zu bestimmen?

4.27 Unter welchen Bedingungen ist das Triangulationsverfahren mit drei ortsfesten Mikrofonen durchführbar?

4.28 Wie lauten die systemtheoretischen Zusammenhänge im Frequenzraum für ein ausgangsgestörtes Einfreiheitsgradsystem?

4.29 Auf welches Fehlermodell lassen sich beim Einfreiheitsgradsystem vorhandene Nichtlinearitäten zurückführen? Zeige, daß die Kohärenzfunktion kleiner als Eins ist.

4.30 Die zentrierten Störungen der Bilder 4.12 und 4.28 sollen zu einem Fehlermodell zusammengefaßt werden (Bild 4.39). Es sei Unkorreliertheit der Störungen mit den Nutzsignalen angenommen.

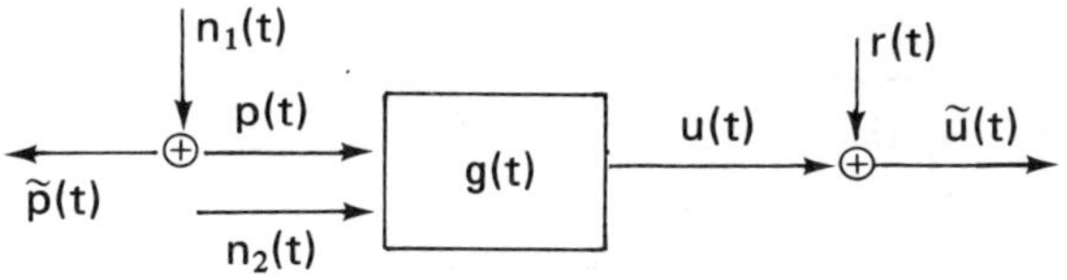

Bild 4.39

$\tilde{p}(t) := p(t) + n_1(t)$, $u(t) := u(t) + r(t)$, $u_p(t)$: Antwort auf $p(t)$, $u_n(t)$: Antwort auf $n_2(t)$; wie lautet $\gamma^2_{\tilde{p}\tilde{u}}(\omega)$ mit

$$G_{n_1 n_1}/G_{pp},\ G_{u_n u_n}/G_{u_p u_p},\ G_{rr}/G_{u_p u_p} \ll 1?$$

4.31 Zeige die Richtigkeit von

$$G_{uu} = |F_1|^2 G_{11} + F_1^* F_2 G_{12} + F_2^* F_1 G_{21} + |F_2|^2 G_{22},$$

$G_{p_i p_k} =: G_{ik}$ (Bild 4.40). Welche Gestalt nimmt die obige Gleichung für nichtkohärente, vollkohärente Eingangssignale an? Anwendungsbeispiele?

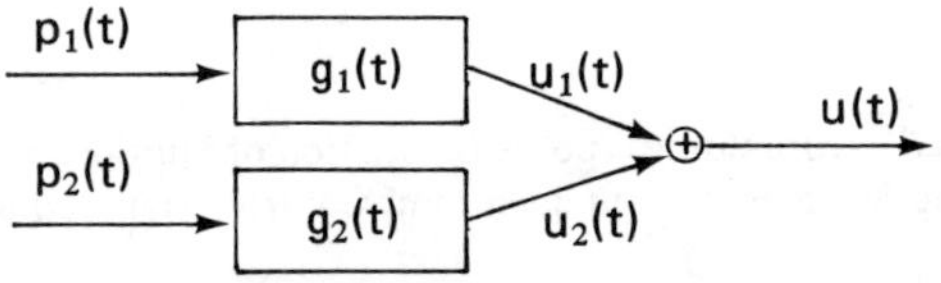

Bild 4.40

4.32 Wie ist die Auswirkung einer Zeitverschiebung τ_0 in den Realisierungen des zweiten Prozesses auf die Frequenzmittelung des Periodogramms nach Gleichung (3.233), wenn die vereinfachten Beziehungen (4.92) verwendet werden?

4.33 Es ist eine untere Grenze für die Varianz des Periodogramms $\tilde{S}_{xx}(\omega)$ unter Verwendung der Gleichung (3.234), der Beziehung

$$E\{x(t_1)x(t_2)x(t_3)x(t_4)\} = \Phi_{xx}(t_2 - t_1) \cdot \Phi_{xx}(t_4 - t_3) + \Phi_{xx}(t_3 - t_1) \cdot \Phi_{xx}(t_4 - t_2) + \Phi_{xx}(t_4 - t_1) \cdot \Phi_{xx}(t_3 - t_2)$$

für gaußische Prozesse und Gl. (3.149) anzugeben.

4.34 Wie kann der Phasenfrequenzgang eines linearen zeitinvarianten Einfreiheitsgradsystems aus der gemessenen Kreuzleistungsdichte der Ein- und Ausgangssignale geschätzt werden?

4.35 Es sei bekannt, daß bei einem ein-, ausgangsgestörten System entsprechend Bild 4.12 $G_{nn}(\omega)/G_{pp}(\omega) = 1\%$ und $G_{rr}(\omega)/G_{uu}(\omega) = 10\%$ ist. Wie groß ist die kohärente Ausgangs-Leistungsdichte?

4.36 Wie groß ist der Fehler des Frequenzganges ermittelt über die Kreuzleistungsdichte bei dem eingangsgestörten Modell entsprechend Bild 4.28? Es ist der scheinbare Widerspruch zu dem Ergebnis (4.83) zu erklären.

4.37 Ein Prozeßrechner besitze $n > 1$ Eingangskanäle und einen Analog-Digital-Wandler. Die abgetasteten Werte je Kanal werden seriell dem Analog-Digital-Wandler mit je einem Zeitversatz von $\tau_0 = 5{,}86 \cdot 10^{-6}$ s zugeführt (Multiplexverfahren). Wie ist die Auswirkung auf die finiten Fouriertransformierten?

4.38 Diskutiere die normierte Standardabweichung (4.107)! Wie groß muß N'_T im Falle $\gamma^2_{xy} = 0{,}81$ gewählt werden, damit die Standardabweichung nicht größer als im Falle voller Kohärenz zwischen den Prozessen wird (N_T Mittelungen)?

4.39 Das in Bild 4.41 skizzierte System besitze die beiden stationären stochastischen Eingänge $p_1(t)$, $z(t)$ und den Ausgang $u(t)$. $z(t)$ sei mittelwertfrei und mit $p_1(t)$ unkorreliert. Es sind die beiden Fälle a) $z(t) \equiv 0$ und b) $z(t) \not\equiv 0$ zu unterscheiden. Gesucht sind: $S_{uu \cdot p_1}$ $S_{up_2 \cdot p_1} = S_{uz \cdot p_1}$, $\gamma^2_{up_1}$, $\gamma^2_{p_2p_1}$, $\gamma^2_{u \cdot p}$. Es ist die Richtigkeit der nachstehenden Beziehungen zu zeigen: $S_{zz} = S_{p_2p_2 \cdot p_1} = S_{p_2p_2}(1 - \gamma^2_{p_2p_1})$.

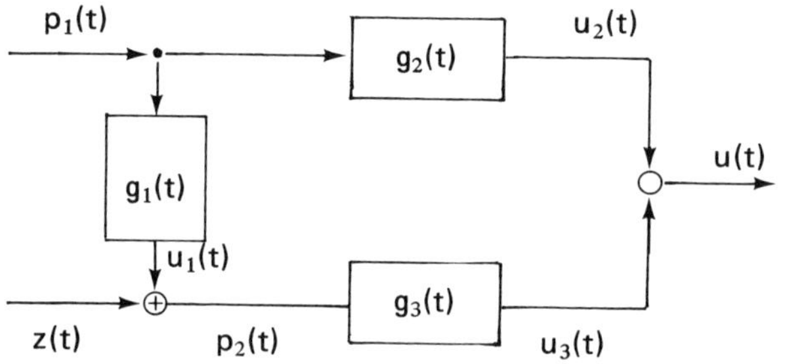

Bild 4.41

Hinweis: Es ist zunächst das Systemverhalten für den determinierten Prozeß hinzuschreiben.

4.40 Welche Beziehung gilt zwischen $h_d(t)$ in Gl. (4.163) und der Sprungübergangsfunktion $h(t)$ eines linearen zeitinvarianten viskos gedämpften Einfreiheitsgradsystems? *Hinweis:* Mit den Annahmen für die Zufallsdekrementfunktion ist von der allgemeinen Lösung des Einfreiheitsgradsystems auszugehen.

4.7 Schrifttum

[4.1] *Masri, S.F./Bekey, G.A./Safford, F.B.:* Optimum Response Simulation of Multidegree Systems by Pulse Excitation; J. of Dynamic Systems, Measurement and Control, Transactions of the ASME, March 1975, 46–52

[4.2] *Hallauer Jr., W.L./Stafford, J.F.:* On the Distribution of Shaker Forces in Multiple-shaker Modal Testing; Virginia Polytechnic Inst. and State Univ., Blacksburg, VA 24061, Shock Vib. Bull., U.S. Naval Res. Lab., Proc., Vol. 48, Pt. 1, Sept. 1978, 49–63

[4.3] *Shah, P.C./Udwadiah, F.E.:* A Methodology for Optimal Sensor Locations for Identification of Dynamic Systems; J. Appl. Mech. 45, March 1978, 188–196

[4.4] *Mayer, T.C./Suthpin, H.W./Harrington, J.T.:* SPADE Sensor Location and Attachment; Parks College of Saint Louis Univ., Cahokia, IL, Rept. No. USA AVRADCOM-TR-78-7, 1978

[4.5] *Hart, H.:* Einführung in die Meßtechnik; Vieweg, Braunschweig, 1978

[4.6] *Rohrbach, C.:* Handbuch für elektrisches Messen mechanischer Größen; VDI-Verlag, Düsseldorf, 1967

[4.7] *Natke, H.G. (Seminarleiter):* Messung mechanischer Schwingungen; HdT-Seminar S-6-706-04.8, Essen, 1978
[4.8] *Cottin, N.:* Schwingungserregung – Versuchstechnik; in HdT-Seminar S-6-706-04.8: Messung mechanischer Schwingungen, Essen, 1978
[4.9] *Natke, H.G.:* Schwingungsversuche mit der dritten Stufe der „Europa I"; LRT 16, März 1970
[4.10] *Kottkamp, E.:* Analytische Bestimmung des Übertragungsverhaltens der Einhüllenden bei Schwingprüfungen mit harmonischer Kraftanregung an elastomechanischen Systemen; Dissertation TU Hannover, 1977
[4.11] *Litz, L.:* Entkopplungsverfahren zur Regelung schwingungsfähiger elektromechanischer Systeme; VDI-Berichte 328, 1978
[4.12] *Harris, C.M./Crede, C.E. (Editors):* Shock and Vibration Handbook; McGraw-Hill, 1961
[4.13] *Larue, P./Millet, M./Piazzoli, G.:* Impulseurs pyrotechniques pour essais de structures en vol; La Rech. Aerospatiale, No. 3, 1974, 137–146, Engl. Übersetzung: ONERA T.P. no. 1389 E, 1974
[4.14] *Eckhardt, K./Strutz, K.-D./Natke, H.G.:* Stand der Technik von Flug- und Standschwingungsversuchseinrichtungen in der EG; VFW-Fokker Bericht Ev-B30, 1976
[4.15] *Sauer, R./Szabo, I. (Herausgeber):* Mathematische Hilfsmittel des Ingenieurs, Teil III; Springer-Verlag, Berlin, Heidelberg, New York, 1968
[4.16] *Wahba, G.:* Smoothing Noisy Data with Spline Functions; Numer. Math. 24, 1975, 383–393
[4.17] *Petersen, C.:* Aerodynamische und seismische Einflüsse auf die Schwingungen insbesondere schlanker Bauwerke; Fortschr.-Ber. VDI-Z., Reihe 11, Nr. 11, 1971
[4.18] *Rodeman, R.:* Estimation of Structural Dynamic Model Parameters from Transient Response Data; Purdue Univ., Ph.D., 1974, Eng., civil
[4.19] *Lüdeling, R.:* Bodendynamische Untersuchungen des Baugrundes nach dem seismischen Aufzeitverfahren; Geologisches Jahrbuch, Reihe C, Heft 12, Bundesanstalt für Geowissenschaften und Rohstoffe, Hannover 1976
[4.20] *Borm, G.W. (Herausgeber):* Rock Dynamics and Geophysical Aspects; Dynamical Methods in Soil und Rock Mechanics, Proceedings, Karlsruhe, Sept. 1977, A.A. Balkema, Rotterdam, 1978
[4.21] *Meyer, E./Neumann, E.-G.:* Physikalische und Technische Akustik; Vieweg, Braunschweig, 1975
[4.22] *Bogert, B.P./Healy, M.J.R./Tukey, J.W.:* The Quefrency Alanysis of Time Series for Echoes: Cepstrum, Pseudo-auto-covariance, Cross-cepstrum and Saphe-cracking; Proc. of the Symposium on Time Series Analysis, Ed. Rosenblatt, M., Wiley, N.Y., 1963
[4.23] *Randall, R.B.:* The Applications of Cepstrum Analysis to the Diagnosis of Machine Sound and Vibration Signals; Vibration and Noise Control Engin., The Institution of Engineers, Australia, Nat. Conference Publ. No. 7619, Sydney, Oct. 11–12, 1976, 97–98
[4.24] *Lange, F.H.:* Methoden der Meßstochastik; Vieweg, Braunschweig, 1978
[4.25] *Veit, I.:* Anwendung der Korrelationsmeßtechnik in der Akustik und Schwingungstechnik; Acustica 35, 1976, 219–231
[4.26] *Halvorsen, W.G./Bendat, J.S.:* Noise Source Identification Using Coherent Output Power Spectra; Sound and Vibration, Aug. 1975, 15–24
[4.27] *Bendat, J.S.:* Statistical Errors in Measurement of Coherence Functions and Input/Output Quantities; J. of Sound and Vibration (1978) 59(3), 405–421
[4.28] *Seybert, A.F.:* Time Delay Bias Errors in Estimating Frequency Response and Coherence Functions; J. of Sound and Vibration (1978) 60(1), 1–9
[4.29] *Piersol, A.G.:* Use of Coherence and Phase Data Between Two Receivers in Evaluation of Noise Environments; J. of Sound and Vibration (1978) 56(2), 215–228
[4.30] *Cron, B.F./Sherman, C.H.:* Spatial-correlation Functions of Various Noise Models; J. of the Acoustical Soc. of America 34 (1962), 1732–1736
[4.31] *Markowitz, A.E.:* Cross-spectral Properties of Some Common Waveforms in the Presence of Uncorrelated Noise; US Naval Underwater Systems Center Technical Rep. 4947, 1975
[4.32] *Morrow, C.T.:* Point-to-point Correlation of Sound Pressures in Reverberant Chambers; Shock and Vibration Bulletin 39 (1969), 87–97

[4.33] *Kandianis, F.:* Novel Laplace Transform Techniques in Structural Dynamic Analysis; J. of Sound and Vibration (1974) 36(2), 225–252

[4.34] *Schwarz, H.:* Frequenzgang- und Wurzelortskurvenverfahren, BI-Hochschultaschenbücher 193/193a, Bibliographisches Institut, Mannheim, Zürich, 1968

[4.35] *Dodds, C.J./Robson, J.D.:* Partial Coherence in Multivariate Random Processes; J. of Sound and Vibration (1975) 42(2), 243–249

[4.36] *Bendat, J.S.:* Solutions for the Multiple Input/Output Problem; J. of Sound and Vibration (1976) 44(3), 311–325

[4.37] *Cole, H.A., Jr.:* On-the-line Analysis of Random Vibrations; AIAA/ASME 9th Structures, Structural Dynamics and Materials Conference, Palm Springs, California, April 1–3, 1968, Paper No. 68-288.

[4.38] *Cole, H.A., Jr.:* Failure Detection of a Space Shuttle Wing Flutter Model by Random Decrement NASA TM X-62.041, Washington, D.C., May 1971

[4.39] *Ibrahim, S.R.:* Random Decrement Technique for Modal Identification of Structures; J. Spacecraft, Vol. 14, No. 11, 1977, 696–700

[4.40] *Brignac, W.J./Ness, H.B./Smith, L.M.:* The Random Decrement Technique Applied to the YF-16 Flight Flutter Tests; American Institute of Aeronautics and Astronautics, Inc. 1975

[4.41] *Hammond, C.E./Dogett, R.V., Jr.:* Determination of Subcritical Damping by Moving-block/ Random-dec-applications; Proceedings of the NASA Symposium on Flutter Testing Techniques, 1975, 59–76

[4.42] *Cole, H.A., Jr.:* On-line Failure Detection and Damping Measurement of Aerospace Structures by Random Decrement Signatures; NASA CR-2205, Washington, D.C., 1973

[4.43] *Opfer, H.-D.:* Vergleichende Untersuchung zur Schadensermittlung einer Beplankungs-Rippenverbindung im Schwingfestigkeitsversuch mittels Autokorrelations- und Zufallsdekrementfunktion; Diplomarbeit TU Berlin, FB 12, 1974

Ergänzendes Schrifttum:

[4.44] *Halbauer, K.:* Die Anwendung der periodischen Stoßerregung zur Messung von Übertragungsfunktionen mechanisch steifer Systeme; Dissertation TU Hannover, 1974

[4.45] *Strobel, H.:* Über die durch stochastische Störsignale und Meßfehler bedingten Grenzen der Kennwertermittlung im Zeitbereich; msr 11 (1968) H2, 54–56

[4.46] *Schmidt, H.:* Über den Einfluß von Störungen und Meßfehlern bei der Auswertung von gemessenen Sprungantworten; msr. 11 (1968), H5, 158–163

[4.47] *Harting, D.R.:* Digital Transient-test-techniques; Exp. Mech. 12, 1972, 335–340

[4.48] *Isermann, R./Bauer, U./Kurz, H.:* Identifikation dynamischer Prozesse mittels Korrelation und Parameterschätzung; Regelungstechnik und Prozeß-Datenverarbeitung 22 (1974), H.8, 235–242

[4.49] *Heimann, B.:* Einfluß zufälliger Störungen bei der Identifikation linearer zeitinvarianter Systeme; Maschinenbautechnik 26 (1977) 11, 518–521

[4.50] *Schneeweiß, W.:* Streuung von Näherungen für den Frequenzgang aus Messungen der Gewichtsfunktionen; Regelungstechnik und Datenverarbeitung 21 (1973) H.9, 290–293

[4.51] *Weigand, A.:* Einführung in die Berechnung mechanischer Schwingungen; Bd. 1–3, VEB-Verlag Technik, Berlin, 1962

[4.52] *Wells, W.R.:* System Identification-application of Modern Parameter Estimation Methods To Vibrating Structures; Shock and Vibration Bulletin 47, Nr. 4, 1977

[4.53] *Vandiver, J.K./Dunwoody, A.B./Campbell, R.B./Cook, M.F.:* A Mathematical Basis for the Random Decrement Vibration Signature Analysis Technique; J. Mechanical Design 104 (1982), 307–313

5 Parametrische Identifikation – Anwendungen

Die parametrische Identifikation bedarf eines Modells mit Struktur, wie schon einleitend ausgeführt. Die zu identifizierenden Größen sind die Modellparameter. Die direkten Modellparameter sind bei elastomechanischen Systemen die Trägheits-, Dämpfungs- und Steifigkeitsdaten. Stattdessen oder daneben interessieren oft auch die Eigenschwingungsgrößen (Modalgrößen) des Systems als indirekte Systemparameter.

Die nichtparametrische und parametrische Identifikation schließen sich gegenseitig nicht aus, sondern sie ergänzen einander, abhängig von den a priori-Kenntnissen über das System. Liegen über die Modellstruktur keine hinreichend genauen (abhängig von der Aufgabenstellung) Kenntnisse vor, so kann die nichtparametrische Identifikation als 1. Verarbeitungsebene der parametrischen Identifikation verwendet werden. Sie liefert beispielsweise Aussagen über das Linearitäts-, Dämpfungsverhalten und über die effektive Anzahl von Freiheitsgraden (s. Abschnitt 1.4).

Die technisch-wissenschaftliche Behandlung (komplizierter) schwingungsfähiger Systeme erfolgt überwiegend mit diskreten Modellen. Innerhalb der Systemanalyse führen die Finite-Element-Methode und das Rayleigh-Ritz-Verfahren auf diskrete Modelle. Hinzu kommt, daß die digitale Bearbeitung letztlich eine Diskretisierung des Problems beinhaltet, in praxi abhängig von der Aufgabenstellung nur bestimmte endliche Frequenzintervalle (mit einer endlichen Anzahl von Freiheitsgraden) interessieren und die Messungen zwangsläufig für vorgegebene Systempunkte erfolgen. Deshalb sind den folgenden Ausführungen ausschließlich diskrete endlichdimensionale Systeme (Prozesse) zugrunde gelegt. Darüber hinaus werden des besseren Verständnisses wegen und dem einführenden Charakter des Buches gemäß fast ausschließlich hermitesche Probleme, d.h. lineare zeitinvariante gedämpfte elastomechanische Systeme ohne Kreiselwirkung und ohne nichtkonservative Lagekräfte behandelt. Es werden jedoch Hinweise bezüglich der Behandlung nichthermitescher Probleme angeführt.

Die parametrische Identifikation diskreter linearer Systeme, also Systeme mit endlicher Anzahl $n \in \mathbb{N}$ von Freiheitsgraden (Mehrfreiheitsgradsystem), basiert auf der Kenntnis der theoretischen Zusammenhänge zwischen den Ein- und Ausgangsgrößen, zwischen den direkten und indirekten Systemparametern und demzufolge zwischen den Ein-, Ausgangsgrößen und Eigenschwingungsgrößen, so daß der parametrischen Identifikation mit ihren Anwendungen ein Abschnitt über die Schwingungstheorie linearer zeitinvarianter Mehrfreiheitsgradsysteme mit determinierter Erregung vorangestellt wird.

5.1 Schwingungstheorie linearer zeitinvarianter Mehrfreiheitsgradsysteme

Die Zustands- und Meßgleichungen

$$\left.\begin{aligned} \dot{\mathbf{x}}(t) &= \mathbf{A}\,\mathbf{x}(t) + \mathbf{B}\,\mathbf{f}(t), \\ \mathbf{y}(t) &= \mathbf{C}\,\mathbf{x}(t) + \mathbf{D}\,\mathbf{f}(t) \end{aligned}\right\} \tag{2.69}$$

zur Beschreibung eines linearen diskreten Systems im Zustandsraum sind bereits im Abschnitt 2.3.3 eingeführt worden. Ihr Blockdiagramm enthält das Bild 5.1. Die Eigenschaften der Zustandsgleichungen werden beispielsweise in [1.4, 2.5] behandelt. Hier wird zur Herleitung der Systembeschreibung der klassische Weg der analytischen Mechanik beschritten, der von den Energien eines gewöhnlichen mechanischen Systems (endlich-dimensionaler dynamischer Prozeß, beschrieben durch ein System gewöhnlicher Differentialgleichungen 2. Ordnung) ausgeht, da diese bei der Identifikation ebenfalls eine Rolle spielen.

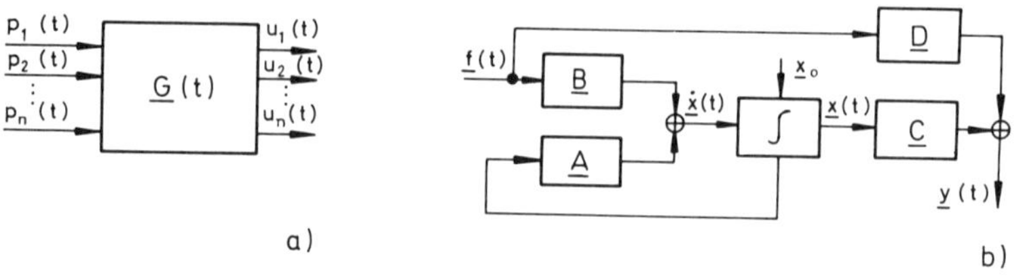

Bild 5.1 a) Ein-, Ausgangsbeziehung beim Mehrfreiheitsgradsystem
b) Blockdiagramm

5.1.1 Energieausdrücke, Bewegungsgleichungen

Die Lage von Systemen mit n Freiheitsgraden und holonomen („ganzgesetzlichen") Bindungen (die kinematischen Bindungen lassen sich als Funktionen – Gleichungen – in den Lagekoordinaten und der Zeit beschreiben) läßt sich in dem gewählten Koordinatensystem abhängig von der Zeit t eindeutig durch n Zahlenangaben $u_i(t)$, $i = 1(1)n$, festlegen. Die $u_i(t)$ bezeichnet man als Lagekoordinaten oder verallgemeinerte Koordinaten. Sie bilden damit einen Satz von Minimalkoordinaten (generalisierte Koordinaten), d.h. sie sind unabhängig voneinander und vollständig, um die Lage des Systems eindeutig zu bestimmen (überzählige, abhängige Koordinaten werden eliminiert). Die $u_i(t)$ werden auch physikalische Koordinaten genannt, wenn sie physikalische Größen (Verschiebungen, Drehungen) beschreiben. Eine umkehrbar eindeutige Transformation der physikalischen Koordinaten liefert wieder einen Satz von Minimalkoordinaten, z.B. die lineare zeitinvariante reguläre Transformation $\mathbf{u}(t) = \mathbf{T}\,\mathbf{q}(t)$ zwischen dem Vektor $\mathbf{u}(t)$ der physikalischen Koordinaten $u_i(t)$ und dem Vektor $\mathbf{q}(t)$ der verallgemeinerten (generalisierten) Koordinaten $q_i(t)$.

Hängen die eingeprägten Kräfte nur von den Koordinaten $\mathbf{u}(t)$ oder deren Ableitungen $\dot{\mathbf{u}}(t)$ ab (gewöhnliche Mehrkörpersysteme im Zusammenhang mit dem obigen), existiert eine Gleichgewichtslage $\mathbf{u} = \mathbf{0}$, $\dot{\mathbf{u}} = \mathbf{0}$ und ist das System zusätzlich noch skleronom (die Zeit tritt explizit nicht auf [3.12, 5.1]), so besitzen diese Systeme innerhalb der klassischen linearen Elastizitätstheorie die kinetische Energie

$$E_{kin}(t) := \frac{1}{2}\dot{\mathbf{u}}^T(t)\,\mathbf{M}\dot{\mathbf{u}}\,(t) \qquad (5.1)$$

und die (Formänderungsarbeit) potentielle Energie

$$E_{pot}(t) := \frac{1}{2}\mathbf{u}^T(t)\,\mathbf{K}\mathbf{u}\,(t). \qquad (5.2)$$

Die kinetische Energie nimmt nur positive Werte an, so daß die quadratische Form (5.1) in $\dot{\mathbf{u}}$ eine symmetrische positiv definite Trägheitsmatrix $\mathbf{M} = \mathbf{M}^T$, det $\mathbf{M} > 0$ aufweist. Zwischen dem Potential (5.2) und den elastischen Rückstellkräften (konservative Lage-, Fesselkräfte) gilt die Beziehung

$$\mathbf{K}\,\mathbf{u}(t) = \frac{\partial E_{pot}(t)}{\partial \mathbf{u}}.$$

(5.2) partiell nach $\mathbf{u}(t)$ differenziert und mit $\mathbf{K}\,\mathbf{u}(t)$ gleichgesetzt, liefert nach $\mathbf{u}^T(t)$ partiell differenziert die Gleichung $\mathbf{K} = \frac{1}{2}(\mathbf{K} + \mathbf{K}^T)$, woraus für die Steifigkeitsmatrix $\mathbf{K} = \mathbf{K}^T$ folgt. Die quadratische Form (5.2) ist abhängig von den Randbedingungen (Einspannbedingungen, Gleichgewichtslage) des Systems positiv definit oder semidefinit.

Für ein viskos gedämpftes System läßt sich die Dissipationsfunktion (Rayleigh-Funktion) der (nichtkonservativen) Dämpfungskräfte $\mathbf{p}_d(t) = -\mathbf{B}\,\dot{\mathbf{u}}(t)$, $\mathbf{B}$[1] quadratisch der Ordnung n mit reellen Elementen, über die zeitliche Änderung der Energie $\mathbf{p}_d^T\,\dot{\mathbf{u}}$ zu

$$\dot{E}_{dis}(t) := \frac{1}{2}\dot{\mathbf{u}}^T(t)\,\mathbf{B}\,\dot{\mathbf{u}}(t) \tag{5.3}$$

einführen. Die Dämpfungsmatrix ist dann symmetrisch, $\mathbf{B} = \mathbf{B}^T$, und für echt (vollständig) gedämpfte Systeme (dem System wird Energie entzogen) ist $\mathbf{B}$ positiv definit. Es kann jedoch auch $\mathbf{B}$ positiv semidefinit sein (die Dämpfung ist durchdringend).

Neben der viskosen Dämpfung, deren Dämpfungskraft für sinusförmige Bewegungen mit der Schwingungsfrequenz Ω von dieser abhängt, wird auch die strukturelle (hysteretic) Dämpfung verwendet. Die Dämpfungskräfte sind für sinusförmige Bewegungen – im Gegensatz zur viskosen Dämpfung – frequenzunabhängig:
$\mathbf{p}_D(t) := -\frac{1}{\Omega}\,\mathbf{D}\,\dot{\mathbf{u}}(t)$. Ihre Dissipationsfunktion läßt sich in komplexer Schreibweise mit $\mathbf{p}_D(t) = -j\,\mathbf{D}\,\mathbf{u}(t)$, die Dämpfungskräfte also proportional den Verschiebungen, in der Form

$$E_{Dis}(t) := \frac{1}{2} j\,\mathbf{u}^T(t)\,\mathbf{D}\,\mathbf{u}(t) \tag{5.4}$$

darstellen, wobei die Dämpfungsmatrix $\mathbf{D}$ reelle konstante Elemente besitzt, symmetrisch und positiv (semi-)definit angenommen wird.

Anmerkung: Die Annahme von Dämpfungskräften proportional den Verschiebungen hat mancherlei Vorteile (z.B. komplexe Steifigkeiten). Ihr gravierender Nachteil ist jedoch, daß sie nur für sinusförmige Bewegungen formuliert werden kann (s.o.).

Enthält das System sowohl viskose als auch strukturelle Dämpfung, so liefern für sinusförmige Bewegungen die Lagrangeschen Gleichungen

$$\frac{d}{dt}\left(\frac{\partial E_{kin}}{\partial \dot{u}_i}\right) + \frac{\partial \dot{E}_{dis}}{\partial \dot{u}_i} + \frac{\partial E_{Dis}}{\partial u_i} + \frac{\partial E_{pot}}{\partial u_i} = p_i, \quad i = 1(1)n, \tag{5.5}$$

1 Für die Dämpfungsmatrix $\mathbf{B}$ und die Eingangsmatrix der Zustandsgleichungen wird dasselbe Symbol verwendet, da Verwechslungen ausgeschlossen erscheinen.

die Bewegungsgleichungen des Systems in der Form:

$$\mathbf{M}\,\ddot{\mathbf{u}}(t) + \mathbf{B}\,\dot{\mathbf{u}}(t) + j\,\mathbf{D}\,\mathbf{u}(t) + \mathbf{K}\,\mathbf{u}(t) = \mathbf{p}(t), \tag{5.6}$$

$\mathbf{p}^T(t) := (p_1(t), \ldots, p_n(t))$. Ist Ω die Frequenz der Erregung, dann geht die Gl. (5.6) über in die unvollständige Darstellung[1]

$$\mathbf{M}\,\ddot{\mathbf{u}}(t) + (\mathbf{B} + \frac{1}{\Omega}\,\mathbf{D})\,\dot{\mathbf{u}}(t) + \mathbf{K}\,\mathbf{u}(t) = \hat{\mathbf{p}}\,e^{j\Omega t}. \tag{5.7}$$

Anmerkung: Es sei schon jetzt darauf hingewiesen, daß es – von Sonderfällen abgesehen – für eine Systemidentifikation ungünstig ist, beide Dämpfungsarten gleichzeitig zu modellieren. Die Identifikation liefert für das System ein optimales Modell. Die Parameterschätzwerte können je nach Verfahren und Fehler der verwendeten Meßwerte sich unterschiedlich ergeben, ohne daß die Unterschiede physikalisch interpretierbar sind.

Für beliebige Bewegungen eines viskos gedämpften Systems, das den o.g. Voraussetzungen genügt, lauten somit die Bewegungsgleichungen

$$\mathbf{M}\,\ddot{\mathbf{u}}(t) + \mathbf{B}\,\dot{\mathbf{u}}(t) + \mathbf{K}\,\mathbf{u}(t) = \mathbf{p}(t). \tag{5.8}$$

Das parametrische Modell (5.8) wird man also dann der Identifikation zugrunde legen, wenn die Bewegungen nicht eindeutig sinusförmig sind.

Wir bezeichnen als passive Systeme oder nichtaktive Systeme die Systeme, deren Bewegungsgleichungen (5.6) sich durch symmetrische und nichtnegativ definite Matrizen auszeichnen. Passive Systeme sind also solche, deren zugeordnete ungedämpfte Systeme konservativ und ohne Kreiselwirkung sind und dessen Dämpfungskräfte aus keinem Potential stammen. Alle anderen Systeme nennen wir aktive Systeme. Die Bewegungsgleichungen für ein System entsprechend den obigen Voraussetzungen jedoch unter Kreiselwirkung und mit nichtkonservativen Lagekräften haben die Gestalt [1.4, 3.12]

$$\mathbf{M}\,\ddot{\mathbf{u}}(t) + (\mathbf{B} + \mathbf{B}^a)\,\dot{\mathbf{u}}(t) + (\mathbf{K} + \mathbf{K}^a)\,\mathbf{u}(t) = \mathbf{p}(t). \tag{5.9}$$

$\mathbf{B}^a = -\mathbf{B}^{aT}$ ist die schiefsymmetrische gyroskopische Matrix, die aus konservativen geschwindigkeitsproportionalen Kräften folgt (deshalb bei beliebiger Bewegung des Systems keine Arbeit leistet), die im wesentlichen bei rotierenden Systemen auftritt. $\mathbf{K}^a = -\mathbf{K}^{aT}$ ist für zirkulatorische Kräfte maßgeblich, die zirkulatorische Matrix folgt aus nichtkonservativen elastischen Rückstellkräften (zirkulatorische Kräfte), wie sie beispielsweise bei geregelten mechanischen Systemen auftreten.

Anmerkung: Jede quadratische Matrix mit reellen Elementen läßt sich eindeutig in einen symmetrischen ($\mathbf{B}$, $\mathbf{K}$) und schiefsymmetrischen ($\mathbf{B}^a$, $\mathbf{K}^a$) Anteil zerlegen [3.9].

Die Transformation des Systems gewöhnlicher Differentialgleichungen (5.9) auf ein solches 1. Ordnung (Zustandsgleichungen) erfolgt unter Ordnungsverdopplung gemäß den Gln. (2.66) und (2.67).

1 Die physikalisch interpretierbaren Größen sind reell. So ist die Erregung in (5.7) beispielsweise $\mathbf{p}(t) = \mathrm{Im}(\hat{\mathbf{p}}\,e^{j\Omega t})$ und demzufolge die Antwort des Systems $\mathbf{u}(t) = \mathrm{Im}(\hat{\mathbf{u}}\,e^{j\Omega t})$. Vgl. auch Abschnitt 5.1.4.

5.1.2 Das passive ungedämpfte System

Das dem passiven System zugeordnete ungedämpfte System mit n Freiheitsgraden wird durch die Bewegungsgleichung

$$\mathbf{M}\,\ddot{\mathbf{u}}(t) + \mathbf{K}\,\mathbf{u}(t) = \mathbf{p}(t) \tag{5.10}$$

beschrieben.

5.1.2.1 Die Eigenschwingungen

Die Eigenschwingungen des Systems folgen aus den Bewegungsgleichungen (5.10) für $\mathbf{p}(t) = \mathbf{0}$ und führen mit dem Produktansatz

$$\mathbf{u}(t) = \hat{\mathbf{u}}_0 e^{j\omega_0 t} \tag{5.11}$$

auf das Matrizeneigenwertproblem

$$(-\omega_0^2\mathbf{M} + \mathbf{K})\,\hat{\mathbf{u}}_0 = \mathbf{0}. \tag{5.12}$$

Die Eigenlösungen von (5.12) besitzen die folgenden Eigenschaften [3.9, 5.2, 5.3]:

- Die Eigenwerte $\lambda_0 := \omega_0^2$ sind reell.

Beweis: Diese Aussage folgt sofort aus der Symmetrie der Matrizen und der positiven Definitheit von $\mathbf{M}$: $\hat{\mathbf{u}}_0$ als nichttriviale Lösung des homogenen Gleichungssystems (5.12) muß an dieser Stelle (ohne Kenntnis ihrer Eigenschaften) allgemein, d.h. komplex angenommen werden. Es folgt

$$\hat{\mathbf{u}}_0^{*T}\mathbf{M}\,\hat{\mathbf{u}}_0 = \hat{\mathbf{u}}_0^{*T}\mathbf{M}^T\,\hat{\mathbf{u}}_0 > 0,\ \hat{\mathbf{u}}_0^{*T}\mathbf{K}\,\hat{\mathbf{u}}_0 = \hat{\mathbf{u}}_0^{*T}\mathbf{K}^T\,\hat{\mathbf{u}}_0 \geqslant 0.$$

Linksmultiplikation von (5.12) mit $\hat{\mathbf{u}}_0^{*T}$ liefert

$$\lambda_0 = (\hat{\mathbf{u}}_0^{*T}\mathbf{K}\,\hat{\mathbf{u}}_0)/(\hat{\mathbf{u}}_0^{*T}\mathbf{M}\,\hat{\mathbf{u}}_0) \geqslant 0.$$

- Die Eigenwerte sind darüber hinaus positiv oder höchstens gleich Null.
- Es existieren n Eigenwerte λ_{0i}, i = 1(1)n.

Das charakteristische Polynom $\det(-\lambda_0\mathbf{M} + \mathbf{K}) = 0$ des Matrizeneigenwertproblems der Ordnung n besitzt das Absolutglied $\det\mathbf{K}$ und den Koeffizienten $\det\mathbf{M} \neq 0$ der höchsten Potenz von λ_0, λ_0^n. Ein Polynom n-ten Grades besitzt n Wurzeln, wenn mehrfach auftretende Wurzeln (Eigenwerte) entsprechend ihrer Vielfachheit gezählt werden.

- Rechts- und Linkseigenvektoren sind infolge der Symmetrie der Matrizen gleich.
- Zu jedem Eigenwert λ_{0i} gehört ein Eigenvektor $\hat{\mathbf{u}}_{0i} \neq \mathbf{0}$, i = 1(1)n, der reell normierbar ist.

Das homogene Gleichungssystem (5.12) besitzt für jeden Eigenwert eine singuläre Systemmatrix (s. charakteristisches Polynom) mit reellen Koeffizienten, demzufolge existieren nichttriviale Lösungen, die Eigenvektoren, die bis auf einen Faktor bestimmbar sind. Dieser Faktor kann so gewählt werden, daß die Komponenten des Gleichungssystems mit reellen Koeffizienten reell sind.

- Die Eigenvektoren genügen den verallgemeinerten Orthogonalitätsbedingungen (δ_{ik}-Kroneckersches Delta)

$$\begin{aligned} \hat{\mathbf{u}}_{0i}^T\mathbf{M}\,\hat{\mathbf{u}}_{0k} &= m_{gi}\,\delta_{ik},\ m_{gi} > 0, \\ \hat{\mathbf{u}}_{0i}^T\mathbf{K}\,\hat{\mathbf{u}}_{0k} &= k_{gi}\,\delta_{ik},\ k_{gi} = \lambda_{0i}\,m_{gi}. \end{aligned} \tag{5.13}$$

Beweis: Für die i-te und k-te Eigenlösung gelten die Gleichungen

$$(-\lambda_{oi}\,\mathbf{M} + \mathbf{K})\,\hat{\mathbf{u}}_{oi} = \mathbf{0},\ (-\lambda_{ok}\,\mathbf{M} + \mathbf{K})\,\hat{\mathbf{u}}_{ok} = \mathbf{0}.$$

Die erste Gleichung von links mit $\hat{\mathbf{u}}_{ok}^T$, die zweite von links mit $\hat{\mathbf{u}}_{oi}^T$ multipliziert und die zweite Gleichung von der ersten subtrahiert, ergibt mit den Skalaren $\hat{\mathbf{u}}_{ok}^T\,\mathbf{M}\,\hat{\mathbf{u}}_{oi} = \hat{\mathbf{u}}_{oi}^T\,\mathbf{M}\,\hat{\mathbf{u}}_{ok}$ wegen $\mathbf{M} = \mathbf{M}^T$ und entsprechend für die Bilinearform bezüglich $\mathbf{K} = \mathbf{K}^T$ die Gleichung

$$(\lambda_{ok} - \lambda_{oi})\,\hat{\mathbf{u}}_{oi}^T\,\mathbf{M}\,\hat{\mathbf{u}}_{ok} = 0.$$

Für disjunkte Eigenwerte folgt die verallgemeinerte Orthogonalitätsbeziehung

$$\hat{\mathbf{u}}_{oi}^T\,\mathbf{M}\,\hat{\mathbf{u}}_{ok} = 0,\ i \neq k.$$

Liegen gleiche Eigenwerte $\lambda_{oi} = \lambda_{ok}$, $i \neq k$, vor und ist $\hat{\mathbf{u}}_{oi}^T\,\mathbf{M}\,\hat{\mathbf{u}}_{ok} \neq 0$, so läßt sich stets ein verallgemeinert orthogonaler Eigenvektor $\hat{\mathbf{u}}_{ok}^{orth} := \hat{\mathbf{u}}_{oi} + a_k\,\hat{\mathbf{u}}_{ok}$ konstruieren:

$$\hat{\mathbf{u}}_{oi}^T\,\mathbf{M}(\hat{\mathbf{u}}_{oi} + a_k\,\hat{\mathbf{u}}_{ok}) = m_{gi} + a_k\,\hat{\mathbf{u}}_{oi}^T\,\mathbf{M}\,\hat{\mathbf{u}}_{ok} = 0,$$

$$a_k = -\,m_{gi}/(\hat{\mathbf{u}}_{oi}^T\,\mathbf{M}\,\hat{\mathbf{u}}_{ok}),\ \text{w.z.z.w.}$$

Sind mehr als zwei Eigenwerte verschiedener Indizes gleich, so kann die obige Konstruktionsvorschrift entsprechend erweitert werden. Die quadratische Form $\hat{\mathbf{u}}_{oi}^T\,\mathbf{M}\,\hat{\mathbf{u}}_{oi} =: m_{gi}$ liefert wegen der positiven Definitheit von $\mathbf{M}$ nur positive Werte. Ebenso gilt $k_{gi} := \hat{\mathbf{u}}_{oi}^T\,\mathbf{K}\,\hat{\mathbf{u}}_{oi} \geqslant 0$. Das Matrizeneigenwertproblem für die i-te Eigenlösung von links mit $\hat{\mathbf{u}}_{oi}^T$ multipliziert, führt auf $k_{gi} = \lambda_{oi}\,m_{gi}$, womit der Beweis abgeschlossen ist.

- Mit der regulären Modalmatrix $\hat{\mathbf{U}}_0 := (\hat{\mathbf{u}}_{01}, \ldots, \hat{\mathbf{u}}_{0n})$ und der Diagonalmatrix der Eigenwerte $\mathbf{\Lambda}_0 := \mathrm{diag}\,(\lambda_{0i})$ kann das Matrizeneigenwertproblem (5.12) als Matrizengleichung in der Form

$$-\mathbf{M}\,\hat{\mathbf{U}}_0\,\mathbf{\Lambda}_0 + \mathbf{K}\,\hat{\mathbf{U}}_0 = \mathbf{0} \tag{5.14}$$

geschrieben werden. Die verallgemeinerten Orthogonalitätsbeziehungen lauten dann:

$$\left.\begin{aligned} \mathbf{M}_g &:= \hat{\mathbf{U}}_0^T\,\mathbf{M}\,\hat{\mathbf{U}}_0 = \mathrm{diag}\,(m_{gi}),\\ \mathbf{K}_g &:= \hat{\mathbf{U}}_0^T\,\mathbf{K}\,\hat{\mathbf{U}}_0 = \mathrm{diag}\,(k_{gi}) = \mathbf{M}_g\,\mathbf{\Lambda}_0. \end{aligned}\right\} \tag{5.15}$$

Die Gl. (5.14) folgt unmittelbar aus dem Matrizeneigenwertproblem (5.12) mit den Eigenlösungen, man beweist sie über Verifikation. Da für die $m_{gi} > 0$ gilt, ergibt sich sofort die Regularität der Modalmatrix: $\det(\hat{\mathbf{U}}_0^T\,\mathbf{M}\,\hat{\mathbf{U}}_0) = (\det\hat{\mathbf{U}}_0)^2 \det\mathbf{M} = \det\mathbf{M}_g \neq 0$ wegen $\det\mathbf{M} \neq 0$, d.h., die Eigenvektoren sind voneinander linear unabhängig.

Da die Eigenvektoren nur bis auf einen Faktor bestimmbar sind, kann eine beliebige Normierungsvorschrift gewählt werden. In den Anwendungen wird häufig die betragsmäßig größte Komponente des Eigenvektors gleich Eins gewählt,

$$\left.\begin{aligned} |\hat{u}_{0Ki}| &:= \max_k\,(|\hat{u}_{0ki}|),\\ \hat{\mathbf{u}}_{0i}^{N1} &:= \frac{\hat{\mathbf{u}}_{0i}}{\hat{u}_{0Ki}}, \end{aligned}\right\} \tag{5.16}$$

während für theoretische Untersuchungen gern die Normierung

$$\hat{\mathbf{u}}_{0i}^{N2} := \frac{\hat{\mathbf{u}}_{0i}}{|\sqrt{m_{gi}}|} \tag{5.17a}$$

gewählt wird, die auf

$$(\hat{\mathbf{u}}_{0i}^{N2})^T \mathbf{M}\, \hat{\mathbf{u}}_{0i}^{N2} = \frac{1}{m_{gi}}\, \hat{\mathbf{u}}_{0i}^T \mathbf{M}\, \hat{\mathbf{u}}_{0i} = 1 \tag{5.17b}$$

bzw. – ohne besondere Kennzeichnung der Normierung – auf die Orthonormierung

$$\mathbf{M}_g = \mathbf{I},\ \mathbf{K}_g = \Lambda_0. \tag{5.18}$$

führt.

Schließlich seien die sich ergebenden Ausdrücke und Beziehungen physikalisch interpretiert. Die Eigenfrequenzen des Systems sind $\omega_{0i} = |\sqrt{\lambda_{0i}}|$ [1], und die Eigenvektoren beschreiben die Eigenschwingungsformen des Systems. Da die Eigenvektoren reelle Komponenten besitzen, schwingen die Systempunkte in jedem Freiheitsgrad in Phase oder Gegenphase. Die verallgemeinerten Orthogonalitätsbeziehungen sagen aus, daß die auf $e^{j\omega_{0i}t}$ bezogene Trägheitskraft der i-ten Eigenschwingungsform, $\hat{\mathbf{p}}_{Mi} = -\omega_{0i}^2 \mathbf{M}\hat{\mathbf{u}}_{0i}$, an der k-ten Eigenschwingungsform keine Arbeit verrichtet: $\hat{\mathbf{p}}_{Mi}^T\, \hat{\mathbf{u}}_{0k} = 0$ für $i \neq k$. Entsprechend verrichtet die zeitunabhängige elastische Rückstellkraft $\hat{\mathbf{p}}_{Ki} = \mathbf{K}\, \hat{\mathbf{u}}_{0i}$ der i-ten Eigenschwingungsform an der k-ten Eigenschwingungsform keine Arbeit: $\hat{\mathbf{p}}_{Ki}^T\, \hat{\mathbf{u}}_{0k} = 0$ für $i \neq k$. Die Werte m_{gi}, k_{gi} werden als generalisierte Massen, Steifigkeiten bezeichnet, sie hängen von der gewählten Normierung ab. Entsprechend ist $\mathbf{M}_g$ die Matrix der generalisierten Massen, $\mathbf{K}_g$ die Matrix der generalisierten Steifigkeiten.

Mit dem gewählten Ansatz (5.11) zur Lösung der homogenen Bewegungsgleichung und den Eigenlösungen $(\pm\omega_{0i})^2$, $\hat{\mathbf{u}}_{0i}$, $i = 1(1)n$, des sich ergebenden Matrizeneigenwertproblems folgt die i-te Eigenschwingung zu

$$\mathbf{u}_{0i}(t) = \hat{\mathbf{u}}_{0i}(e^{j\omega_{0i}t} + e^{-j\omega_{0i}t}) = 2\, \hat{\mathbf{u}}_{0i} \cos \omega_{0i}t \tag{5.19}$$

als harmonische Schwingung mit der Eigenfrequenz ω_{0i} in der Eigenschwingungsform $\hat{\mathbf{u}}_{0i}$, $i = 1(1)n$.

Anmerkung: Die obigen Darlegungen erscheinen – zumindest in ihrem ersten Teil – sehr theoretisch und damit dem Praktiker von untergeordneter Bedeutung. Jedoch sind die Ergebnisse physikalisch interpretierbar und ermöglichen somit einen Einblick in das Systemverhalten. Darüber hinaus geben sie dem Praktiker schon erste wichtige Hinweise für die Identifikation. Z. B. dient die verallgemeinerte Orthogonalitätseigenschaft der Eigenlösungen zur Kontrolle der gemessenen Eigenschwingungsformen.

5.1.2.2 Die erzwungenen Schwingungen

Die Kongruenztransformation mit

$$\mathbf{u}(t) = \hat{\mathbf{U}}_0 \mathbf{q}(t) \tag{5.20}$$

1 Es sei wiederholt: Die Bezeichnung „Eigenfrequenz" steht sowohl für die Eigenfrequenz in Hz als auch für die Eigenkreisfrequenz, da wegen der eindeutigen Bezeichnungen f, ω Verwechslungen ausgeschlossen sind.

auf die Bewegungsgleichung (5.10) angewandt, vermag diese aufgrund der verallgemeinerten Orthogonalitätsbeziehungen (5.15) zu entkoppeln (Hauptachsentransformation),

$$\hat{\mathbf{U}}_0^T [\mathbf{M}\, \hat{\mathbf{U}}_0\, \ddot{\mathbf{q}}(t) + \mathbf{K}\, \hat{\mathbf{U}}_0\, \mathbf{q}(t)] = \hat{\mathbf{U}}_0^T\, \mathbf{p}(t),$$

$$\mathbf{M}_g[\ddot{\mathbf{q}}(t) + \mathbf{\Lambda}_0\, \mathbf{q}(t)] = \hat{\mathbf{U}}_0^T \mathbf{p}(t), \tag{5.21a}$$

$$m_{gi}[\ddot{q}_i(t) + \lambda_{0i} q_i(t)] = \hat{\mathbf{u}}_{0i}^T\, \mathbf{p}(t), \quad i = 1(1)n, \tag{5.21b}$$

d.h., das System gekoppelter gewöhnlicher Differentialgleichungen 2. Ordnung (5.10) ist damit in n voneinander unabhängige gewöhnliche Differentialgleichungen 2. Ordnung in den generalisierten (Normal-)Koordinaten $q_i(t)$ überführt, die n unabhängigen Einfreiheitsgradsystemen entsprechen. Die Lösung von (5.21b) erhält man auf klassische Art mit der Gewichtsfunktion (s. Abschnitt 2.2.1)

$$g_{qi}(t) = \frac{1}{\omega_{0i} m_{gi}} \sin \omega_{0i} t$$

aus dem Duhamelintegral zu (Anfangsbedingungen gleich Null)

$$q_i(t) = \frac{1}{\omega_{0i} m_{gi}} \int_0^t \hat{\mathbf{u}}_{0i}^T\, \mathbf{p}(\tau) \sin \omega_{0i}(t-\tau)\, d\tau \quad \text{für } \omega_{0i} \neq 0, \tag{5.22a}$$

und mit $\lim\limits_{\omega_{0i} \to 0} g_{qi}(t-\tau) = \frac{t-\tau}{m_{gi}}$ zu

$$q_i(t) = \frac{1}{m_{gi}} \int_0^t (t-\tau)\, \hat{\mathbf{u}}_{0i}^T\, \mathbf{p}(\tau)\, d\tau \quad \text{für } \omega_{0i} = 0. \tag{5.22b}$$

Sind die $\omega_{0i} \neq 0$, so folgt matriziell für die Lösung

$$\mathbf{q}(t) = \mathbf{\Omega}_0^{-1}\, \mathbf{M}_g^{-1} \int_0^t \sin \mathbf{\Omega}_0(t-\tau)\, \hat{\mathbf{U}}_0^T \mathbf{p}(\tau)\, d\tau, \tag{5.23}$$

wobei die Schreibweise $\sin \mathbf{\Omega}_0(t)$ die Diagonalmatrix

$$\sin \mathbf{\Omega}_0 t := \text{diag}\,(\sin \omega_{0i} t),\ \mathbf{\Omega}_0 := \text{diag}\,(\omega_{0i}),\ i = 1(1)n, \tag{5.24}$$

bedeutet. In physikalischen Koordinaten ergibt sich die Lösung sofort aus der verwendeten Transformation (5.20) durch Linksmultiplikation von (5.23) mit der Modalmatrix $\hat{\mathbf{U}}_0$ zu

$$\mathbf{u}(t) = \hat{\mathbf{U}}_0\, \mathbf{q}(t) = \hat{\mathbf{U}}_0 \mathbf{\Omega}_0^{-1}\, \mathbf{M}_g^{-1} \int_0^t \sin \mathbf{\Omega}_0(t-\tau)\, \hat{\mathbf{U}}_0^T\, \mathbf{p}(\tau)\, d\tau. \tag{5.25}$$

Der Vergleich von (5.25) mit der nichtparametrischen Darstellung (2.58) führt auf die Matrix der Gewichtsfunktionen

$$\mathbf{G}(t-\tau) = \hat{\mathbf{U}}_0 \mathbf{\Omega}_0^{-1}\, \mathbf{M}_g^{-1} \sin \mathbf{\Omega}_0(t-\tau)\, \hat{\mathbf{U}}_0^T$$

$$= \sum_{i=1}^{n} \frac{\sin \omega_{0i}(t-\tau)}{\omega_{0i} m_{gi}}\, \hat{\mathbf{u}}_{0i}\, \hat{\mathbf{u}}_{0i}^T. \tag{5.26a}$$

Sie besteht aus der gewichteten Superposition der dyadischen Produkte aus den i-ten Eigenvektoren des Systems. Ihre Elemente lauten demzufolge

$$g_{kl}(t-\tau) = \sum_{i=1}^{n} \frac{\sin\omega_{0i}(t-\tau)}{\omega_{0i} m_{gi}} \hat{u}_{0ki}\hat{u}_{0li}, \tag{5.26b}$$

sie sind die Antwort des Systems im Punkt k infolge eines Diracstoßes im Punkt l und setzen sich aus den Gewichtsfunktionen der n entkoppelten Einfreiheitsgradsysteme zusammen, die man durch Transformation auf Normalkoordinaten erhält – kurz generalisierte Einfreiheitsgradsysteme genannt –, jeweils multipliziert mit den Verschiebungen der i-ten Eigenschwingungsform in den betreffenden Punkten.

Die Laplacetransformation auf die Bewegungsgleichung (5.10) angewendet, liefert für die Anfangsbedingungen Null die Gleichung

$$(s^2\mathbf{M} + \mathbf{K})\,\mathbf{U}(s) = \mathbf{p}(s), \qquad \begin{array}{l} L\{\mathbf{u}(t)\} =: \mathbf{U}(s), \\ L\{\mathbf{p}(t)\} =: \mathbf{P}(s), \end{array} \tag{5.27}$$

bzw. die Laplacetransformation auf die Transformation (5.20) angewandt,

$$\mathbf{U}(s) = \hat{\mathbf{U}}_0\,\mathbf{Q}(s), \qquad L\{\mathbf{q}(t)\} =: \mathbf{Q}(s), \tag{5.28}$$

die transformierte Gleichung

$$\mathbf{M}_g(s^2\mathbf{I} + \Lambda_0)\,\mathbf{Q}(s) = \hat{\mathbf{U}}_0^T\,\mathbf{P}(s), \tag{5.29}$$

die nach dem Vektor $\mathbf{Q}(s)$ aufgelöst werden kann:

$$\mathbf{Q}(s) = (s^2\mathbf{I} + \Lambda_0)^{-1}\,\mathbf{M}_g^{-1}\,\hat{\mathbf{U}}_0^T\,\mathbf{P}(s).$$

Linksmultiplikation dieser Gleichung mit $\hat{\mathbf{U}}_0$ führt wegen (5.28) auf die Lösung im s-Raum:

$$\mathbf{U}(s) = \hat{\mathbf{U}}_0(s^2\mathbf{I} + \Lambda_0)^{-1}\,\mathbf{M}_g^{-1}\,\hat{\mathbf{U}}_0^T\,\mathbf{P}(s). \tag{5.30}$$

Unter Beachtung des Faltungssatzes (Tabelle 2.5) und der Laplacetransformierten der Sinus-Funktion (Tabelle 2.2) folgt die Lösung (5.30) auch sofort aus der Laplacetransformierten der Lösung (5.25) im Zeitraum. Die Inverse $(s^2\mathbf{I} + \Lambda_0)^{-1}$ existiert für $s = \alpha + j\omega$ mit $\alpha \neq 0$ für jedes ω. Die entsprechende Fouriertransformierte ($\alpha = 0$) existiert für $\omega \neq \omega_{0i}$ ebenfalls. Darüber hinaus läßt sich die Inverse direkt bilden, $(s^2\,\mathbf{I} + \Lambda_0)^{-1} = \operatorname{diag}\left(\frac{1}{s^2 + \omega_{0i}^2}\right)$, und die Gl. (5.30) geht über in

$$\mathbf{U}(s) = \sum_{i=1}^{n} \frac{\hat{\mathbf{u}}_{0i}^T\,\mathbf{P}(s)}{m_{gi}(s^2 + \omega_{0i}^2)}\,\hat{\mathbf{u}}_{0i}. \tag{5.31}$$

Die Antwort $\mathbf{U}(s)$ des Systems setzt sich aus der Überlagerung der Eigenschwingungsformen $\hat{\mathbf{u}}_{0i}$ zusammen (Entwicklung der dynamischen Antwort im s-Raum nach den Eigenschwingungsformen). Die Koeffizienten geben an, mit welchem Anteil die einzelnen Eigenschwingungsformen zur Antwort $\mathbf{U}(s)$ beitragen. Der Zähler des i-ten Entwicklungskoeffizienten ist die generalisierte Kraft des i-ten Freiheitsgrades entsprechend Gl. (5.21b) im Bildraum, bezüglich des Nenners vgl. Aufgabe 5.2.

Der Vergleich der Gl. (5.30) (bzw. (5.31)) mit der nichtparametrischen Darstellung (4.33) (bzw. (2.62), jedoch im s-Raum) liefert die Übertragungsmatrix des Systems zu

$$\mathbf{H}(s) = \hat{\mathbf{U}}_0 (s^2 \mathbf{I} + \boldsymbol{\Lambda}_0)^{-1} \mathbf{M}_g^{-1} \hat{\mathbf{U}}_0^T = \sum_{i=1}^{n} \frac{\hat{\mathbf{u}}_{0i} \hat{\mathbf{u}}_{0i}^T}{m_{gi}(s^2 + \omega_{0i}^2)} \tag{5.32a}$$

und ihre Elemente zu

$$H_{kl}(s) = \sum_{i=1}^{n} \frac{\hat{u}_{0ki} \hat{u}_{0li}}{m_{gi}(s^2 + \omega_{0i}^2)}. \tag{5.32b}$$

Anmerkung: Die Übertragungsmatrix in der Form (5.32a) (d.h. als Partialbruchzerlegung!) enthält die für die Praxis wichtige Aussage: Die Inversion der dynamischen Steifigkeitsmatrix – um zur Frequenzgang- oder Übertragungsmatrix zu gelangen – kann auf diese Weise vermieden werden.

Die Lösung (5.31) geht mit $\alpha \to 0$ (vgl. Gl. (2.35)) in die Lösung im Frequenzraum

$$\mathbf{U}(j\omega) = \sum_{i=1}^{n} \frac{\hat{\mathbf{u}}_{0i}^T \mathbf{P}(j\omega)}{m_{gi}(\omega_{0i}^2 - \omega^2)} \hat{\mathbf{u}}_{0i} \tag{5.33}$$

über. Für eine harmonische Erregung $\mathbf{p}(t) = \mathbf{p}_0 e^{j\Omega t}$ mit der stationären Antwort $\mathbf{u}(t) = \hat{\mathbf{u}} e^{j\Omega t}$ folgt aus (5.33)

$$\hat{\mathbf{u}} = \sum_{i=1}^{n} \frac{\hat{\mathbf{u}}_{0i}^T \mathbf{p}_0}{m_{gi}(\omega_{0i}^2 - \Omega^2)} \hat{\mathbf{u}}_{0i}. \tag{5.34}$$

Der Zähler des i-ten Entwicklungskoeffizienten in (5.34) ist ein Maß für die durch $\mathbf{p}(t)$ an der i-ten Eigenschwingungsform verrichtete Arbeit (s. Aufgabe 5.2).

Die Frequenzgangmatrix entsprechend Gl. (2.62) folgt somit aus der Gl. (5.33) zu

$$\mathbf{F}(j\omega) = \sum_{i=1}^{n} \frac{\hat{\mathbf{u}}_{0i} \hat{\mathbf{u}}_{0i}^T}{m_{gi}(\omega_{0i}^2 - \omega^2)} \tag{5.35a}$$

mit den Elementen

$$F_{kl}(j\omega) = \sum_{i=1}^{n} \frac{\hat{u}_{0ki} \hat{u}_{0li}}{m_{gi}(\omega_{0i}^2 - \omega^2)}. \tag{5.35b}$$

Der Vergleich der Elemente der Übertragungsmatrix und Frequenzgangmatrix mit denen für ein ungedämpftes Einfreiheitsgradsystem zeigt, daß sie wie bei der Matrix der Gewichtsfunktionen wieder aus der Superposition der n generalisierten Einfreiheitsgradsysteme bestehen.

Die dynamischen Antworten des Systems im s- bzw. Frequenzraum zeigen das Resonanzphänomen. Für $\omega, \Omega \to \omega_{0i}$ strebt der Nenner des betreffenden Entwicklungskoeffizienten im Frequenzraum gegen Null, und der Entwicklungskoeffizient (participation factor) wächst über alle Grenzen (Resonanzkatastrophe), lediglich im s-Raum ist er durch $\alpha \neq 0$ beschränkt; der Nenner nimmt jedoch dem Betrage nach für $\omega = |\sqrt{\omega_{0i}^2 - \alpha^2}|$ ein Minimum an. Die Gln. (5.31), (5.33) und (5.34) zeigen weiter, daß unabhängig von der

Wahl von ω, Ω das System in der i-ten Eigenschwingungsform schwingt, sofern mit $\mathbf{p}(t) = \mathbf{p}_{0i}T(t)$, $\mathbf{P}(s) = \mathbf{p}_{0i}L\{T(t)\}$ nur $\mathbf{p}_{0i}$ biorthogonal zu den $\hat{\mathbf{u}}_{0k}$, $k = 1(1)n$, ist:

$$\hat{\mathbf{u}}_{0k}^T \mathbf{p}_{0i} = \left\{ \begin{array}{ll} \neq 0 & \text{für } k = i, \\ & \\ 0 & \text{für } k \neq i. \end{array} \right\} \tag{5.36}$$

Die Forderung (5.36) ist z.B. mit $\mathbf{p}_{0i} \sim \mathbf{M}\,\hat{\mathbf{u}}_{0i}$ erfüllbar.

Anmerkung: Bez. der Antwort eines Systems mit mehrfachen Eigenfrequenzen vgl. [5.4].

5.1.2.3 Die freien Schwingungen

Die freien Schwingungen ergeben sich aus der homogenen Bewegungsgleichung (5.10) für vorgegebene Anfangsbedingungen. Die freien Schwingungen setzen sich aus den Eigenschwingungen (Fundamentallösungen) des Systems zusammen, deren Integrationskonstanten aus den Anfangsbedingungen bestimmt werden und aussagen, mit welchem Anteil die einzelnen Eigenschwingungsformen an der Gesamtschwingung beteiligt sind.

Die Systemidentifikation aufgrund gemessener freier Schwingungen ist in der Praxis eine häufig vorkommende Aufgabenstellung. Sie tritt beispielsweise dann auf, wenn eine impulsförmige Erregung nicht gemessen werden kann und die freien Schwingungen nach der impulsförmigen Belastung gemessen werden, oder, wenn das System statisch belastet und plötzlich entlastet wird (Zupfversuch, $\mathbf{u}(0) \neq \mathbf{0}$, $\dot{\mathbf{u}}(t)/_{t=0} = 0$).

Der Lösungsansatz für die freien Schwingungen der Bewegungsgleichung (5.10) mit $\mathbf{p}(t) = \mathbf{0}$ lautet (n Eigenlösungen und Differentialgleichung 2. Ordnung, also mit $\omega_{0i} = \pm\sqrt{\lambda_{0i}}$)

$$\mathbf{u}(t) = \sum_{i=1}^{n} \hat{\mathbf{u}}_{0i}\,(C_i\, e^{j\omega_{0i}t} + C_i^*\, e^{-j\omega_{0i}t})$$

$$= \sum_{i=1}^{n} \hat{\mathbf{u}}_{0i}\,(A_i \sin\omega_{0i}t + B_i \cos\omega_{0i}t). \tag{5.37}$$

Die Anfangsbedingungen $\mathbf{u}(0) =: \mathbf{u}_0$, $\dot{\mathbf{u}}(t)/_{t=0} =: \dot{\mathbf{u}}_0$ führen nach Linksmultiplikation der Anfangsbedingungen nach Gleichung (5.37) mit $\hat{\mathbf{u}}_{0k}^T\,\mathbf{M}$ unter Beachtung der verallgemeinerten Orthogonalitätsbedingungen (5.13) auf die Integrationskonstanten

$$\left. \begin{array}{l} A_i = \dfrac{\hat{\mathbf{u}}_{0i}^T\,\mathbf{M}\,\dot{\mathbf{u}}_0}{\omega_{0i}\,m_{gi}}\,, \\[2ex] B_i = \dfrac{\hat{\mathbf{u}}_{0i}^T\,\mathbf{M}\,\mathbf{u}_0}{m_{gi}}\,. \end{array} \right\} \tag{5.38}$$

Die Interpretation der Integrationskonstanten ist einfach: A_i und B_i sind ein Maß für die von den Trägheitskräften der i-ten Eigenschwingungsform längs $\dot{\mathbf{u}}_0$ bzw. $\mathbf{u}_0$ verrichteten Arbeiten. Entwickelt man $\mathbf{u}_0$ nach den Eigenschwingungsformen $\hat{\mathbf{u}}_{0i}$,

$$\mathbf{u}_0 = \sum_{i=1}^{n} a_i\,\hat{\mathbf{u}}_{0i} = \hat{\mathbf{U}}_0\,\mathbf{a},\ \mathbf{a}^T := (a_1, \ldots, a_n),$$

diese Entwicklung ist wegen det $\hat{U}_0 \neq 0$ stets möglich, so verbleibt aufgrund der verallgemeinerten Orthogonalität der Eigenvektoren in der Gleichung für B_i lediglich $B_i = a_i$, d.h., nur der Anteil $a_i\,\hat{u}_{0i}$ von $\mathbf{u}_0$ trägt zu B_i bei usw.

Anmerkung: Der in der Theorie linearer Schwingungen weniger geübte Leser kann den Ansatz (5.37) aus der homogenen Gl. (5.21b) mit den Fundamentallösungen $\sin\omega_{0i}t$, $\cos\omega_{0i}t$ ablesen: Rücktransformation in physikalische Koordinaten mit (5.20).

Interessieren die freien Schwingungen eines z.Z. t = 0 in Ruhe befindlichen Systems nach der transienten Belastung $\mathbf{p}(t) \neq \mathbf{0}$ für $0 \leqslant t \leqslant T$, $\mathbf{p}(t) = \mathbf{0}$ für $t > T$, so erhält man sie direkt aus der Gleichung (5.25), die für alle Werte t gilt:

$$\mathbf{u}(t) = \hat{\mathbf{U}}_0\,\boldsymbol{\Omega}_0^{-1}\,\mathbf{M}_g^{-1}\int_0^T \sin\boldsymbol{\Omega}_0(t-\tau)\,\hat{\mathbf{U}}_0^T\,\mathbf{p}(\tau)\,d\tau,\; t > T. \tag{5.39}$$

Die freien Schwingungen im s-Raum folgen unter Beachtung der Anfangsbedingungen analog zum Beispiel 2.8 zu

$$(s^2\,\mathbf{M} + \mathbf{K})\,\mathbf{U}(s) = \mathbf{M}(s\,\mathbf{u}_0 - \dot{\mathbf{u}}_0).$$

Mit der Transformation (5.20) und den verallgemeinerten Orthogonalitätsbeziehungen (5.15) ergibt sich wieder

$$\hat{\mathbf{U}}_0^T(s^2\,\mathbf{M} + \mathbf{K})\,\hat{\mathbf{U}}_0\,\mathbf{Q}(s) = \hat{\mathbf{U}}_0^T\,\mathbf{M}(s\,\mathbf{u}_0 - \dot{\mathbf{u}}_0),$$

$$\mathbf{M}_g\,(s^2\,\mathbf{I} + \boldsymbol{\Lambda}_0)\,\mathbf{Q}(s) = \hat{\mathbf{U}}_0^T\,\mathbf{M}(s\mathbf{u}_0 - \dot{\mathbf{u}}_0),$$

$$\mathbf{U}(s) = \hat{\mathbf{U}}_0\mathbf{Q}(s) = \hat{\mathbf{U}}_0(s^2\,\mathbf{I} + \boldsymbol{\Lambda}_0)^{-1}\,\mathbf{M}_g^{-1}\,\hat{\mathbf{U}}_0^T\,\mathbf{M}(s\,\mathbf{u}_0 - \dot{\mathbf{u}}_0)$$

$$= \sum_{i=1}^{n} \frac{\hat{\mathbf{u}}_{0i}^T\,\mathbf{M}(s\mathbf{u}_0 - \dot{\mathbf{u}}_0)}{m_{gi}(s^2 + \omega_{0i}^2)}\,\hat{\mathbf{u}}_{0i}. \tag{5.40}$$

Die Beschreibung der freien Schwingungen im s-Raum nach einer impulsförmigen Belastung ($t \geqslant T$) erhält man z.B. über die Laplacetransformation der zeitverschobenen Antwort (5.39) in komplexer Schreibweise:

$$\mathbf{u}(t) = \hat{\mathbf{U}}_0\boldsymbol{\Omega}_0^{-1}\,\mathbf{M}_g^{-1}\,\frac{1}{2j}\int_0^T \left(e^{j\boldsymbol{\Omega}_0(t-\tau)} - e^{-j\boldsymbol{\Omega}_0(t-\tau)}\right)\hat{\mathbf{U}}_0^T\,\mathbf{p}(\tau)\,d\tau,$$

$$\mathbf{u}(t') = \hat{\mathbf{U}}_0\,\boldsymbol{\Omega}_0^{-1}\,\mathbf{M}_g^{-1}\,\frac{1}{2j}\left[e^{j\boldsymbol{\Omega}_0 t'}\int_0^T e^{-j\boldsymbol{\Omega}_0(\tau-T)}\,\hat{\mathbf{U}}_0^T\mathbf{p}(\tau)\,d\tau + {} \right.$$

$$\left. - e^{-j\boldsymbol{\Omega}_0 t'}\int_0^T e^{j\boldsymbol{\Omega}_0(\tau-T)}\,\hat{\mathbf{U}}_0^T\mathbf{p}(\tau)\,d\tau\right],\quad t' := t - T \geqslant 0,$$

$$\left.\begin{aligned} L\{\mathbf{u}(t')\} = \mathbf{U}(s) &= \sum_{i=1}^{n} \frac{\hat{\mathbf{u}}_{0i}}{m_{gi}\omega_{0i}}\left(\frac{\hat{a}_i}{s - j\omega_{0i}} + \frac{\hat{a}_i^*}{s + j\omega_{0i}}\right) \\ &= \sum_{i=1}^{n} \frac{2}{\omega_{0i}m_{gi}}\,\frac{s\hat{a}_i^{re} - \omega_{0i}\,\hat{a}_i^{im}}{s^2 + \omega_{0i}^2}\,\hat{\mathbf{u}}_{0i} \end{aligned}\right\} \tag{5.41}$$

mit $$\hat{a}_i := \frac{\hat{u}_{0i}^T}{2j} \int_0^T p(\tau)\, e^{-j\omega_{0i}(\tau - T)}\, d\tau.$$

Die Transformation (5.20) in die kinetische (5.1) und potentielle Energie (5.2) eingesetzt, führt diese über in die Summe der Energien der einzelnen generalisierten Einfreiheitsgradsysteme:

$$E_{kin}(t) = \frac{1}{2} \dot{q}^T(t)\, \mathbf{M}_g\, \dot{q}(t) = \frac{1}{2} \sum_{i=1}^{n} m_{gi}\, \dot{q}_i^2(t), \tag{5.42}$$

$$E_{pot}(t) = \frac{1}{2} q^T(t)\, \mathbf{K}_g\, q(t) = \frac{1}{2} \sum_{i=1}^{n} \omega_{0i}^2\, m_{gi}\, q_i^2\,(t). \tag{5.43}$$

5.1.3 Das viskos gedämpfte System

Das passive System mit viskoser Dämpfung und n Freiheitsgraden wird durch die Bewegungsgleichung

$$\mathbf{M}\, \ddot{\mathbf{u}}(t) + \mathbf{B}\, \dot{\mathbf{u}}(t) + \mathbf{K}\, \mathbf{u}(t) = \mathbf{p}(t) \tag{5.8}$$

beschrieben. Die Matrizen sind symmetrisch von n-ter Ordnung mit reellen Koeffizienten, **M** ist positiv definit und **B**, **K** sind nicht negativ definit. Im Zustandsraum lautet die Bewegungsgleichung

$$\mathbf{A}_v \dot{\mathbf{x}}(t) + \mathbf{B}_v \mathbf{x}(t) = \mathbf{f}_v(t) \tag{5.44}$$

mit

$$\left.\begin{aligned} &\mathbf{A}_v := \begin{pmatrix} \mathbf{B} & \mathbf{M} \\ \mathbf{M} & \mathbf{0} \end{pmatrix} = \mathbf{A}_v^T, \quad \mathbf{B}_v := \begin{pmatrix} \mathbf{K} & \mathbf{0} \\ \mathbf{0} & -\mathbf{M} \end{pmatrix} = \mathbf{B}_v^T, \\ &\mathbf{x}(t) = \begin{pmatrix} \mathbf{u}(t) \\ \dot{\mathbf{u}}(t) \end{pmatrix}, \quad \mathbf{f}_v(t) = \begin{pmatrix} \mathbf{p}(t) \\ \mathbf{0} \end{pmatrix} \end{aligned}\right\} \tag{5.45}$$

oder

$$\dot{\mathbf{x}}(t) = \mathbf{A}\, \mathbf{x}(t) + \mathbf{B}\, \mathbf{f}(t) \tag{2.67}$$

mit (2.66). Da die Herleitung der Gleichungen und die Beweise für das konservative System ohne Kreiselkräfte relativ ausführlich im Abschnitt 5.1.2 enthalten sind, sind die nachstehenden Ausführungen kürzer gehalten, zumindest an den Stellen, wo entsprechend vorgegangen wird.

5.1.3.1 Die Eigenschwingungen

Mit dem Ansatz

$$\mathbf{u}(t) = \hat{\mathbf{u}}_B\, e^{\lambda_B t} \tag{5.46}$$

und $\mathbf{p}(t) = \mathbf{0}$ folgt aus der Gl. (5.8) das in λ_B quadratische Matrizeneigenwertproblem

$$(\lambda_B^2\, \mathbf{M} + \lambda_B\, \mathbf{B} + \mathbf{K})\, \hat{\mathbf{u}}_B = \mathbf{0}. \tag{5.47}$$

Die Eigenschaften der Eigenlösungen sind:

- Die Eigenwerte λ_B sind reell oder komplex, die komplexen Eigenwerte treten paarweise konjugiert komplex auf.

Das charakteristische Polynom besitzt reelle Koeffizienten, die Behauptung folgt unmittelbar aus dem Vietaschen Wurzelsatz. In der Form

$$\hat{\mathbf{u}}_B^{*T} \mathbf{M}\, \hat{\mathbf{u}}_B \lambda_B^2 + \hat{\mathbf{u}}_B^{*T} \mathbf{B}\, \hat{\mathbf{u}}_B \lambda_B + \hat{\mathbf{u}}_B^{*T} \mathbf{K}\, \hat{\mathbf{u}}_B = 0,$$

mit Koeffizienten $m_B > 0$, $b_B \geqslant 0$, $k_B \geqslant 0$,

$$m_B \lambda_B^2 + b_B \lambda_B + k_B = 0 \tag{5.48}$$

ergeben sich die Wurzeln

$$\lambda_{B1,2} = -\frac{b_B}{2\, m_B} \pm \sqrt{\frac{b_B^2}{4\, m_B^2} - \frac{k_B}{m_B}}$$

$$= -\frac{b_B}{2\, m_B} \pm j \sqrt{\frac{k_B}{m_B} - \frac{b_B^2}{4\, m_B^2}}\, .$$

Bei schwach gedämpften Systemen, sie sind definiert durch

$$k_B > b_B^2/(4\, m_B), \tag{5.49a}$$

sind alle Wurzeln komplex, bei stark gedämpften Systemen,

$$k_B \leqslant b_B^2/(4\, m_B), \tag{5.49b}$$

treten aperiodische Schwingungen auf, die Wurzeln sind reell.
Anmerkung: Man beachte die Analogie zum viskos gedämpften Einfreiheitsgradsystem.

- Es existieren 2 n Wurzeln λ_{Bl}, $l = 1(1)2\,n$, mit $2\,s \leqslant 2\,n$ reellen Wurzeln $\lambda_{Br} \leqslant 0$, $r = 1(1)2\,s$, und $2\,n - 2\,s$ komplexen Wurzeln

$$\lambda_{B2s+k} = \lambda_{B2s+k}^{re} + j\, \lambda_{B2s+k}^{im},\ \lambda_{B2s+k}^{re} \leqslant 0,$$

$$\lambda_{B2s+k}^{im} \lessgtr 0,\ k = 1(1)2\,(n-s),\ \text{und}\ \lambda_{Bn+s+k'} = \lambda_{B2s+k'}^{*},\quad k' = 1(1)\,n - s.$$

Diese Aussagen folgen unmittelbar aus den obigen Wurzelausdrücken für durchdringend gedämpfte Systeme mit $\det \mathbf{M} \neq 0$, wenn mehrfach auftretende Wurzeln entsprechend ihrer Vielfachheit gezählt werden. Es muß eine gerade Anzahl reeller Wurzeln auftreten, da die komplexen Wurzeln paarweise konjugiert komplex sind.

- Rechtseigenvektoren und Linkseigenvektoren sind gleich (Symmetrie der Matrizen).
- Die zu den 2 n Eigenwerten λ_{Bl} gehörenden Eigenvektoren $\hat{\mathbf{u}}_{Bl}$ sind für reelle Eigenwerte reell normierbar, für die paarweisen konjugiert komplexen Eigenwerte im allgemeinen ebenfalls paarweise konjugiert komplex. Die Modalmatrix $\hat{\mathbf{U}}_B$ setzt sich damit zusammen aus den Teilmatrizen

$$\left.\begin{aligned} \hat{\mathbf{U}}_{B1} &:= (\hat{\mathbf{u}}_{B1}, \ldots, \hat{\mathbf{u}}_{B2s}) \\ \hat{\mathbf{U}}_{B2} &:= (\hat{\mathbf{u}}_{B2s+1}, \ldots, \hat{\mathbf{u}}_{Bn+s}), \\ \hat{\mathbf{U}}_{B} &:= (\hat{\mathbf{U}}_{B1}, \hat{\mathbf{U}}_{B2}, \hat{\mathbf{U}}_{B2}^{*}). \end{aligned}\right\} \tag{5.50}$$

Sie ist eine (n, 2 n)-Matrix.

- Für disjunkte Eigenwerte besitzt die Modalmatrix $\hat{\mathbf{U}}_B$ den Rang n [5.2] und die Eigenvektoren sind verallgemeinert orthogonal (Orthonormierung)

$$\left.\begin{aligned} &(\lambda_{Bi} + \lambda_{Bk})\, \hat{\mathbf{u}}_{Bi}^T \mathbf{M}\, \hat{\mathbf{u}}_{Bk} + \hat{\mathbf{u}}_{Bi}^T \mathbf{B}\, \hat{\mathbf{u}}_{Bk} = \delta_{ik}, \\ &\lambda_{Bi}\, \lambda_{Bk}\, \hat{\mathbf{u}}_{Bi}^T \mathbf{M}\, \hat{\mathbf{u}}_{Bk} - \hat{\mathbf{u}}_{Bi}^T \mathbf{K}\, \hat{\mathbf{u}}_{Bk} = \lambda_{Bi}\, \delta_{ik}, \quad i, k = 1(1)2\,n. \end{aligned}\right\} \tag{5.51}$$

Der Beweis für die 1. Gleichung folgt aus dem Matrizeneigenwertproblem (5.47) für die i-te Eigenlösung linksmultipliziert mit $\hat{\mathbf{u}}_{Bk}^T$ und für die k-te Eigenlösung linksmultipliziert mit $\hat{\mathbf{u}}_{Bi}^T$ und die eine Gleichung von der anderen subtrahiert mit $\lambda_{Bi} \neq \lambda_{Bk}$, $i \neq k$. Für $i = k$ erhält man die Normierungsbedingung $2\,\lambda_{Bi}\hat{\mathbf{u}}_{Bi}^T\mathbf{M}\hat{\mathbf{u}}_{Bi} + \hat{\mathbf{u}}_{Bi}^T\mathbf{B}\hat{\mathbf{u}}_{Bi} = \lambda_{Bi}\, \hat{\mathbf{u}}_{Bi}^T\, \mathbf{M}\, \hat{\mathbf{u}}_{Bi} - \frac{1}{\lambda_{Bi}}\, \hat{\mathbf{u}}_{Bi}^T\, \mathbf{K}\hat{\mathbf{u}}_{Bi} = 1$, $\lambda_{Bi} \neq 0$.
Multipliziert man weiter die beiden oben erwähnten Gleichungen vor der Subtraktion mit dem Eigenwert nicht zur Eigenlösung gehörend und subtrahiert dann erst, so folgt die zweite Gleichung für $i \neq k$. Für $i = k$ ergibt sich die Normierungsbedingung.

Anmerkung: Der Beweis, daß der Ausdruck (Normierungsbedingung)

$$2\,\lambda_{Bi}\, \hat{\mathbf{u}}_{Bi}^T \mathbf{M}\, \hat{\mathbf{u}}_{Bi} + \hat{\mathbf{u}}_{Bi}^T \mathbf{B}\, \hat{\mathbf{u}}_{Bi} = \lambda_{Bi}\, \hat{\mathbf{u}}_{Bi}^T \mathbf{M}\, \hat{\mathbf{u}}_{Bi} - \frac{1}{\lambda_{Bi}}\, \hat{\mathbf{u}}_{Bi}^T \mathbf{K}\, \hat{\mathbf{u}}_{Bi} \neq 0$$

ist, kann indirekt geführt werden.

- Mit der (2 n, 2 n)-Diagonalmatrix $\mathbf{\Lambda}_B := \mathrm{diag}\,(\lambda_{B\,l})$ der Eigenwerte läßt sich für das Matrizeneigenwertproblem (5.47)

$$\mathbf{M}\, \hat{\mathbf{U}}_B\, \mathbf{\Lambda}_B^2 + \mathbf{B}\, \hat{\mathbf{U}}_B \mathbf{\Lambda}_B + \mathbf{K}\, \hat{\mathbf{U}}_B = \mathbf{0} \tag{5.52}$$

schreiben und die Orthonormierung als

$$\left.\begin{aligned} &\mathbf{\Lambda}_B\, \hat{\mathbf{U}}_B^T\, \mathbf{M}\, \hat{\mathbf{U}}_B + \hat{\mathbf{U}}_B^T\, \mathbf{M}\, \hat{\mathbf{U}}_B\, \mathbf{\Lambda}_B + \hat{\mathbf{U}}_B^T\, \mathbf{B}\, \hat{\mathbf{U}}_B = \mathbf{I}, \\ &\mathbf{\Lambda}_B\, \hat{\mathbf{U}}_B^T\, \mathbf{M}\, \hat{\mathbf{U}}_B \mathbf{\Lambda}_B - \hat{\mathbf{U}}_B^T\, \mathbf{K}\, \hat{\mathbf{U}}_B = \mathbf{\Lambda}_B. \end{aligned}\right\} \tag{5.53}$$

Es sei noch eine weitere Eigenschaft der Modalmatrix $\hat{\mathbf{U}}_B$ mit der hier gewählten Normierung erwähnt. Die λ_{Bi} seien disjunkt. Den Eigenwerten $\lambda_{B1}, \ldots, \lambda_{Bn}$ sei die reguläre Teilmodalmatrix $\hat{\mathbf{Q}}_1$ und den Eigenwerten $\lambda_{Bn+1}, \ldots, \lambda_{B2n}$ die reguläre Teilmodalmatrix $\hat{\mathbf{Q}}_2$ zugeordnet: $\hat{\mathbf{U}}_B = (\hat{\mathbf{Q}}_1, \hat{\mathbf{Q}}_2)$. Mit den speziellen Transformationen (s. [5.21], Theorem 4.10)

$$\hat{\mathbf{Q}}_2 = \hat{\mathbf{Q}}_1\, \hat{\mathbf{\Phi}},$$

$$\hat{\mathbf{Q}}_1^T = -\hat{\mathbf{\Phi}}\, \hat{\mathbf{Q}}_2^T,$$

$\hat{\mathbf{\Phi}}$ muß wegen der Regularität der Teilmodalmatrizen ebenfalls regulär sein, folgt

$$\hat{\mathbf{\Phi}}^T = -\hat{\mathbf{\Phi}}^{-1} \text{bzw. } \hat{\mathbf{\Phi}}\, \hat{\mathbf{\Phi}}^T + \mathbf{I} = \mathbf{0},$$

und hieraus wiederum

$$\hat{\mathbf{Q}}_1 \hat{\mathbf{Q}}_1^T + \hat{\mathbf{Q}}_2 \hat{\mathbf{Q}}_2^T = \mathbf{0}$$

und damit (5.53a)

$$\hat{\mathbf{U}}_B\, \hat{\mathbf{U}}_B^T = \mathbf{0}.$$

Anmerkung: Die zuletzt formulierte Eigenschaft birgt für schwach gedämpfte Systeme, $\hat{\mathbf{U}}_B = (\hat{\mathbf{U}}_{B2}, \overset{*}{\hat{\mathbf{U}}}_{B2})$, noch einen weiteren Zusammenhang:

$$\hat{\mathbf{U}}_B\, \hat{\mathbf{U}}_B^T = (\hat{\mathbf{U}}_{B2}, \hat{\mathbf{U}}_{B2}^*) \begin{pmatrix} \hat{\mathbf{U}}_{B2}^T \\ \hat{\mathbf{U}}_{B2}^{*T} \end{pmatrix} = \mathbf{0},$$

es folgt mit

$\hat{U}_{B2} =: \hat{U}^{re}_{B2} + j\,\hat{U}^{im}_{B2}$, $\hat{U}^{re}_{B2}$, $\hat{U}^{im}_{B2}$ reelle Matrizen: $\hat{U}^{re}_{B2}\,\hat{U}^{reT}_{B2} = \hat{U}^{im}_{B2}\,\hat{U}^{imT}_{B2}$.

Die Gl. (5.47) mit $\mathbf{B} = \mathbf{0}$ und $\lambda_{Bi} = j\omega_{oi}$ aus dem Vergleich von (5.11) mit (5.46) liefert den Sonderfall des ungedämpften passiven Systems (5.12): $(-\omega_{oi}^2\,\mathbf{M} + \mathbf{K})\,\hat{\mathbf{u}}_{Bi} = \mathbf{0}$, wobei die Eigenvektoren $\hat{\mathbf{u}}_{Bi}$ sich von den $\hat{\mathbf{u}}_{oi}$ durch die Normierung unterscheiden.

Die Normierung (5.13) für die Eigenvektoren $\hat{\mathbf{u}}_{oi}$, $\hat{\mathbf{u}}_{oi}^T\,\mathbf{M}\,\hat{\mathbf{u}}_{oi} = 1$, unterscheidet sich von der Normierung (5.51): $2\,j\omega_{oi}\,\hat{\mathbf{u}}_{Bi}^T\,\mathbf{M}\,\hat{\mathbf{u}}_{Bi} = 1$. Verschiedene Normierungen bedeutet, die nichttrivialen Lösungsvektoren der beiden homogenen Gleichungssysteme unterscheiden sich durch jeweils einen Faktor:

$$\hat{\mathbf{u}}_{Bi} = c_i\,\hat{\mathbf{u}}_{oi} = (c_i^{re} + j\,c_i^{im})\,\hat{\mathbf{u}}_{oi},$$

$$\hat{\mathbf{u}}_{Bi}^{re} = c_i^{re}\,\hat{\mathbf{u}}_{oi},\ \hat{\mathbf{u}}_{Bi}^{im} = c_i^{im}\,\hat{\mathbf{u}}_{oi}:\ \hat{\mathbf{u}}_{Bi}^{re}, \hat{\mathbf{u}}_{Bi}^{im} \sim \hat{\mathbf{u}}_{oi}.$$

Ermittlung von c_i aus den beiden Normierungen:

$$1 = 2\,j\omega_{oi}\,c_i^2,$$

$$c_i = \pm\frac{1}{2\,|\sqrt{\omega_{oi}}|}\,(1 - j),\ c_i^{re} = -\,c_i^{im}.$$

Für die Modalmatrizen folgt:

$$\hat{U}_{B2} = \hat{U}^{re}_{B2} + j\,\hat{U}^{im}_{B2} = \hat{\mathbf{U}}_0\,\mathbf{N}(1 - j),\ \mathbf{N} := \mathrm{diag}\left(\pm\frac{1}{2|\sqrt{\omega_{oi}}|}\right).$$

Die obige Gleichung für den Zusammenhang zwischen den Real- und Imaginärteilen der Modalmatrix liefert somit die Identität

$$\hat{\mathbf{U}}_0\mathbf{N}\,\mathbf{N}\,\hat{\mathbf{U}}_0^T \equiv (-\,\hat{\mathbf{U}}_0\mathbf{N})\,(-\,\hat{\mathbf{U}}_0\mathbf{N})^T.$$

Die Orthonormierung (5.53) ist gegenüber der des zugeordneten konservativen Systems nicht mehr so übersichtlich. Im Zustandsraum, z.B. in der Formulierung (5.44) mit dem Amplitudenvektor $\hat{\mathbf{x}}_v$ aus dem Ansatz $\mathbf{x}(t) = \hat{\mathbf{x}}_v e^{\lambda_B t}$ folgt

$$(\lambda_B\,\mathbf{A}_v + \mathbf{B}_v)\,\hat{\mathbf{x}}_v = \mathbf{0}. \tag{5.54}$$

Linksmultiplikation der Gl. (5.54) mit $\hat{\mathbf{x}}_v^{*T}$ führt wegen der Symmetrie der Matrizen auf die Gleichung

$$\lambda_B\,a_v + b_v = 0$$

mit reellen Werten a_v, b_v, die jedoch Null sind, wie man unter Verwendung von (5.45) nachrechnen kann (sonst wäre auch λ_B reell.). Mit der (2 n, 2 n)-Modalmatrix

$$\hat{\mathbf{X}}_v := \begin{pmatrix} \hat{\mathbf{U}}_B \\ \hat{\mathbf{U}}_B\boldsymbol{\Lambda}_B \end{pmatrix} = \begin{pmatrix} \hat{\mathbf{U}}_{B1}, & \hat{\mathbf{U}}_{B2}, & \hat{\mathbf{U}}^*_{B2} \\ \hat{\mathbf{U}}_{B1}\boldsymbol{\Lambda}_{B1}, & \hat{\mathbf{U}}_{B2}\boldsymbol{\Lambda}_{B2}, & \hat{\mathbf{U}}^*_{B2}\boldsymbol{\Lambda}^*_{B2} \end{pmatrix} \tag{5.55}$$

und der Matrix der disjunkt vorausgesetzten Eigenwerte $\Lambda_B =: \mathrm{diag}\,(\Lambda_{B1}, \Lambda_{B2}, \Lambda^*_{B2})$ in der entsprechenden Partionierung, ergibt sich die Orthonormierung

$$\hat{\mathbf{X}}_v^T\,\mathbf{A}_v\,\hat{\mathbf{X}}_v = \mathbf{I} \tag{5.56a}$$

und die verallgemeinerte Orthogonalitätsbeziehung

$$\hat{\mathbf{X}}_v^T \mathbf{B}_v \hat{\mathbf{X}}_v = -\mathbf{\Lambda}_B \tag{5.56b}$$

für die Eigenwerte des allgemeinen Matrizeneigenwertproblems (5.54) mit den hier vorliegenden symmetrischen Matrizen.

Die Gl. (5.56a) mit (5.45) führt verifizierend direkt auf die erste Gleichung von (5.53), während die Gl. (5.56b) der zweiten Gleichung von (5.53) entspricht.

Wie sind die komplexen Eigenlösungen physikalisch zu interpretieren? Die Eigenschwingungen des Systems sind reell beschreibbar durch

$$\mathbf{u}_{Br}(t) = \hat{\mathbf{u}}_{Br}\, e^{\lambda_{Br} t} \quad \text{für reelle Eigenwerte} \tag{5.57a}$$

und durch

$$\begin{aligned}\mathbf{u}_{B2s+k}(t) &= \hat{\mathbf{u}}_{B2s+k}\, e^{\lambda_{B2s+k} t} + \hat{\mathbf{u}}^*_{B2s+k}\, e^{\lambda^*_{B2s+k} t} \\ &= 2\, e^{\lambda^{re}_{B2s+k} t} \left(\hat{\mathbf{u}}^{re}_{B2s+k} \cos \lambda^{im}_{B2s+k} t - \hat{\mathbf{u}}^{im}_{B2s+k} \sin \lambda^{im}_{B2s+k} t\right).\end{aligned} \tag{5.57b}$$

D.h., für schwach gedämpfte Freiheitsgrade (Systeme, s. Gl. (5.49a)) schwingen die Systempunkte gedämpft in dem betreffenden Freiheitsgrad mit der Eigenschwingfrequenz

$$\omega_{B2s+k} := \lambda^{im}_{B2s+k}, \tag{5.57c}$$

der Abklingkonstanten

$$\delta_{B2s+k} := -\lambda^{re}_{B2s+k} \geqslant 0 \tag{5.57d}$$

und der effektiven Dämpfung (modale Dämpfung bezüglich der Eigenvektoren des gedämpften Systems)

$$\alpha_{B\,2\,s+k} := \frac{-\lambda^{re}_{B\,2\,s+k}}{\lambda^{im}_{B\,2\,s+k}} = \frac{\delta_{B\,2\,s+k}}{\omega_{B\,2\,s+k}} \geqslant 0 \tag{5.57e}$$

im allgemeinen phasenverschoben zueinander. Für die ν-te Komponente gilt

$$\left.\begin{aligned} u_{B\nu,2\,s+k}(t) &= 2\, e^{-\delta_{B\,2\,s+k} t}\, |\hat{u}_{B\nu,2\,s+k}| \sin(\omega_{B\,2\,s+k} t - \varphi_{\nu,2\,s+k}), \\ \tan \varphi_{\nu,2\,s+k} &:= \frac{\hat{u}^{re}_{B\nu,2\,s+k}}{\hat{u}^{im}_{B\nu,2\,s+k}}. \end{aligned}\right\} \tag{5.58}$$

Nur wenn der Realteil des Eigenvektors proportional zu dem Imaginärteil ist, also für alle Komponenten $\hat{u}^{re}_{B\nu,2\,s+k} \sim \hat{u}^{im}_{B\nu,2\,s+k}$ gilt, schwingen im $(2\,s+k)$-ten Freiheitsgrad die einzelnen Systempunkte in Phase oder Gegenphase. Es verbleibt zu klären, unter welchen Bedingungen dieses der Fall ist.

Ist die Dämpfungsmatrix $\mathbf{B}$ von der Trägheitsmatrix $\mathbf{M}$ und der Steifigkeitsmatrix $\mathbf{K}$ linear abhängig,

$$\mathbf{B} = \alpha \mathbf{M} + \beta \mathbf{K}, \tag{5.59}$$

dann liegt der Sonderfall vor, daß die Matrix der generalisierten Dämpfungen bezogen auf die Modalmatrix $\mathbf{U}_0$ des zugeordneten konservativen Systems eine Diagonalmatrix ist (Bequemlichkeitshypothese):

$$\left.\begin{aligned} \mathbf{B}_g &:= \hat{\mathbf{U}}_0^T \mathbf{B} \hat{\mathbf{U}}_0 \overset{!}{=} \mathbf{B}_E := \operatorname{diag}(b_{Ei}), \\ b_{Ei} &:= \alpha\, m_{gi} + \beta\, k_{gi} = m_{gi}(\alpha + \omega_{0i}^2 \beta), \quad i = 1(1)n. \end{aligned}\right\} \tag{5.60}$$

Allgemeiner gilt der Satz: **B** ist durch die Kongruenztransformation mit $\hat{\mathbf{U}}_0$ dann und nur dann diagonalisierbar, wenn die Matrizen der generalisierten Steifigkeiten $\mathbf{K_g}$ und generalisierten Dämpfungen $\mathbf{B_g}$ kommutativ sind:

$$\mathbf{K_g}\,\mathbf{B_g} = \mathbf{B_g}\,\mathbf{K_g}, \quad \mathbf{M_g} = \mathbf{I}. \tag{5.61}$$

Diese Bedingung ist notwendig und hinreichend.

Beweis: *Notwendigkeit:*

$$\mathrm{diag}\,(k_{gi})\,\mathbf{B_g} = \begin{pmatrix} k_{g1}\,b_{g11}, \ldots, k_{g1}\,b_{g1n} \\ \ldots\ldots\ldots\ldots \\ k_{gn}\,b_{gn1}, \ldots, k_{gn}\,b_{gnn} \end{pmatrix},$$

$$\mathbf{B_g}\,\mathrm{diag}\,(k_{gi}) = \begin{pmatrix} k_{g1}\,b_{g11}, \ldots, k_{gn}\,b_{g1n} \\ \ldots\ldots\ldots\ldots \\ k_{g1}\,b_{gn1}, \ldots, k_{gn}\,b_{gnn} \end{pmatrix},$$

$$\mathbf{K_g}\,\mathbf{B_g} = \mathbf{B_g}\,\mathbf{K_g},$$

es folgt:

$$b_{gik} = 0 \text{ für } i \neq k,\ b_{gii} = b_{Ei}.$$

Hinreichend: Diagonalmatrizen gleicher Ordnung sind stets kommutativ: $\mathbf{K_g}\,\mathbf{B_E} = \mathbf{B_E}\,\mathbf{K_g}$, w.z.b.w.

Dieser Satz mit der Bedingung (5.61) wurde in anderer, nachstehender Form [5.5] publiziert: Sind die Systemmatrizen **M**, **B**, **K** in der Form

$$\mathbf{K}\,\mathbf{M}^{-1}\,\mathbf{B} = \mathbf{B}\,\mathbf{M}^{-1}\,\mathbf{K} \tag{5.62}$$

kommutativ, dann ist die generalisierte Dämpfungsmatrix $\mathbf{B_g}$ eine Diagonalmatrix.

Beweis: Die Gl. (5.62) ist mit der Forderung (5.61) gleichbedeutend. Linksmultiplikation der Gl. (5.62) mit $\hat{\mathbf{U}}_0^T$, Rechtsmultiplikation mit $\hat{\mathbf{U}}_0$ und Ergänzen mit $\hat{\mathbf{U}}_0\,\hat{\mathbf{U}}_0^{-1} = \mathbf{I}$,

$$\hat{\mathbf{U}}_0^T\,\mathbf{K}(\hat{\mathbf{U}}_0\,\hat{\mathbf{U}}_0^{-1})\,\mathbf{M}^{-1}\,(\hat{\mathbf{U}}_0^{T\,-1}\,\hat{\mathbf{U}}_0^T)\,\mathbf{B}\,\hat{\mathbf{U}}_0 = \hat{\mathbf{U}}_0^T\mathbf{B}(\hat{\mathbf{U}}_0\,\hat{\mathbf{U}}_0^{-1})\,\mathbf{M}^{-1}\,(\hat{\mathbf{U}}_0^{T\,-1}\,\hat{\mathbf{U}}_0^T)\,\mathbf{K}\,\hat{\mathbf{U}}_0,$$

liefert mit (5.15), $\mathbf{M_g} = \mathbf{I}$ und der Definition von $\mathbf{B_g}$ die Gl. (5.61).

Die Aussagen der Forderungen (5.61) bzw. (5.62) sind weitergehend als der Sonderfall (5.59), wie das nachstehende Beispiel zeigt:

Beispiel 5.1: $\mathbf{M} = \mathbf{I}$ (keine Einschränkung der Allgemeinheit, Multiplikation der homogenen Gleichung mit $\mathbf{M}^{-1}$ bzw. Cholesky-Zerlegung und Transformation), $\mathbf{K} \neq \mathrm{K}\,\mathbf{I}$, $\mathbf{B} = \mathbf{K}^2$; $\mathbf{K}\,\mathbf{B} = \mathbf{B}\,\mathbf{K} = \mathbf{K}^3$. (Bezüglich einer Potenzreihendarstellung von $\mathbf{M}^{-1}\,\mathbf{B}$ s. [5.5, 5.6].

Die Modalmatrix $\hat{\mathbf{U}}_0$ des zugeordneten konservativen Systems vermag also unter der Bedingung (5.62) bzw. (5.61) simultan die Matrizen **M**, **B**, **K** zu diagonalisieren: Die Kongruenztransformation mit (5.20), entsprechend dem Ansatz (5.46) mit $q(t) = \hat{q}\,e^{\lambda_B t}$, auf die homogene Gleichung von (5.8) angewendet, führt diese in Diagonalform über:

$$(\lambda_B^2\,\mathbf{M_g} + \lambda_B\,\mathbf{B_E} + \mathbf{M_g}\,\boldsymbol{\Lambda}_0)\,\hat{\mathbf{q}} = \mathbf{0}, \tag{5.63 a}$$

$$[m_{gi}(\lambda_B^2 + \omega_{0i}^2) + \lambda_B b_{Ei}]\,\hat{q}_i = 0, \quad i = 1(1)n. \tag{5.63 b}$$

Die Gl. (5.63b) liefert die Eigenwerte

$$\lambda_B = \lambda_{Bi} = -\frac{b_{Ei}}{2\,m_{gi}} \pm \sqrt{\frac{b_{Ei}^2}{4\,m_{gi}^2} - \omega_{0i}^2}, \qquad (5.64\text{a})$$

für schwach gedämpfte Systeme also

$$\lambda_{Bi} = -\frac{b_{Ei}}{2\,m_{gi}} \pm j\omega_{0i}\sqrt{1 - \frac{b_{Ei}^2}{4\,\omega_{0i}^2 m_{gi}^2}}. \qquad (5.64\text{b})$$

Der Vergleich der obigen Größen mit denen des viskos gedämpften linearen zeitinvarianten Einfreiheitsgradsystems zeigt ihre Übereinstimmung. Die Abklingkonstante ist $\delta_{Ei} := b_{Ei}/(2\,m_{gi})$, das Dämpfungsmaß lautet $D_{Ei} := \delta_{Ei}/\omega_{0i}$, es folgt:

$$\left.\begin{aligned} \lambda_{Bi}^{re} &= -\delta_{Ei} < 0, \\ \lambda_{Bi}^{im} &= \pm\,\omega_{0i}\left|\sqrt{1 - D_{Ei}^2}\right|. \end{aligned}\right\} \qquad (5.64\text{c})$$

Damit ist $q_i(t) = 1$ (normiert). Mit $\lambda_B = \lambda_{Bi} \neq \lambda_{Bk}$ für $i \neq k$ ergibt die k-te Gleichung von (5.63a)

$$[m_{gk}(\lambda_{Bi}^2 + \omega_{0k}^2) + \lambda_{Bi}\, b_{Ek}]\, \hat{q}_k = 0. \qquad (5.64\text{d})$$

Der Ausdruck in eckigen Klammern ist von Null verschieden, zwangsläufig gilt $\hat{q}_k = 0$, d.h. bis auf einen Faktor ist der i-te Eigenvektor $\hat{\mathbf{q}}_i$ der i-te Einheitsvektor, $\hat{\mathbf{q}}_i = \mathbf{e}_i$:

$$\hat{\mathbf{u}}_{Bi}^N = \hat{\mathbf{U}}_0\hat{\mathbf{q}}_i = \hat{\mathbf{U}}_0\mathbf{e}_i = \hat{\mathbf{u}}_{0i} \qquad (5.65)$$

(s. die folgende Anmerkung). Das unter der Bedingung (5.62) mittels der Modalmatrix $\hat{\mathbf{U}}_0$ diagonalisierbare Matrizeneigenwertproblem (5.47) besitzt somit Eigenvektoren, für die $\hat{\mathbf{u}}_{Bi}^{re} \sim \hat{\mathbf{u}}_{Bi}^{im}$ gilt, die also reell normierbar sind und auf die Eigenvektoren des zugeordneten ungedämpften Systems (5.12) führen. Hieraus folgt, daß die Dämpfungsmatrix $\mathbf{B}$ mit der Eigenschaft (5.62) die Eigenvektoren $\hat{\mathbf{u}}_{0i}$ besitzt. Die Gleichungen (5.63) mit den Beziehungen (5.64) bedeuten ferner, daß damit die Bewegungsgleichungen entkoppelt sind: n generalisierte Einfreiheitsgradsysteme. Die Dämpfung jedes Freiheitsgrades läßt sich in dem behandelten Sonderfall mit *einem* Dämpfungsmaß bezüglich der Eigenvektoren des zugeordneten konservativen Systems beschreiben: Modale Dämpfung

$$\alpha_i := \frac{b_{Ei}}{2\,\omega_{0i}m_{gi}} = \frac{\delta_{Ei}}{\omega_{0i}} = D_{Ei} \doteq \frac{-\lambda_B^{re}}{\lambda_B^{im}} \quad \text{für } D_{Ei}^2 \ll 1. \qquad (5.66\text{a})$$

Das System schwingt im i-ten Freiheitsgrad mit der Frequenz

$$\omega_{Bi} = \lambda_{Bi}^{im} = \omega_{0i}\left|\sqrt{1 - \alpha_i^2}\right|. \qquad (5.66\text{b})$$

Anmerkung: Die verwendete Normierung der Eigenvektoren $\hat{\mathbf{u}}_{0i}$ geht aus der Gl. (5.63a) hervor. Durch die Wahl von $\hat{q}_i = 1$ in Gl. (5.63b) und der sich damit ergebenden Lösung $\hat{\mathbf{q}}_i = \mathbf{e}_i$ ist für $\hat{\mathbf{u}}_{Bi}^N = \hat{\mathbf{u}}_{0i}$ in Gl. (5.65) eine spezielle Normierung vorgegeben, die von (5.51) verschieden ist: Neben (5.47) mit $\mathbf{B}_E = \hat{\mathbf{U}}_0^T\mathbf{B}\,\hat{\mathbf{U}}_0 = \text{diag}\,(b_{Ei})$ und der Normierungsvorschrift (5.51) gilt $(\lambda_{Bi}^2\,\mathbf{M} + \lambda_{Bi}\,\mathbf{B} + \mathbf{K})\,\hat{\mathbf{u}}_{0i} = \mathbf{0}$.

Beide Eigenvektoren können sich nur durch einen Faktor unterscheiden:

$\hat{u}_{Bi} = c_i\,\hat{u}_{oi} = (c_i^{re} + j\,c_i^{im})\,\hat{u}_{oi}$.

Die Normierungsvorschriften (5.13), $\hat{u}_{oi}^T\,\mathbf{M}\,\hat{u}_{oi} = 1 = m_{gi}$, und (5.51), $2\,\lambda_{Bi}\,\hat{u}_{Bi}^T\,\mathbf{M}\,\hat{u}_{Bi} + \hat{u}_{Bi}^T\,\mathbf{B}\,\hat{u}_{Bi} = 1$ führen auf die Gleichung

$$2\,\lambda_{Bi}\,c_i^2 + b_{Ei}\,c_i^2 = 1,$$

$$c_i^2 = \frac{1}{2\,\lambda_{Bi} + b_{Ei}} = -\frac{j}{2\,\lambda_{Bi}^{im}}$$

mit λ_{Bi} nach Gl. (5.64). Es folgt

$$c_i = \pm\frac{1}{2\,|\sqrt{\lambda_{Bi}^{im}}\,|}(1 - j),\; c_i^{re} = -c_i^{im}.$$

Entsprechend der Anmerkung nach Gl. (5.53a) können weitere Beziehungen der Real- und Imaginärteile der Modalmatrizen aufgestellt werden.

5.1.3.2 Die erzwungenen Schwingungen

Zur Herleitung der erzwungenen Schwingungen des passiven viskos gedämpften Systems (5.8) bedienen wir uns der Zustandsgleichung (5.44) mit der Kongruenztransformation

$$\mathbf{x}(t) = \hat{\mathbf{X}}_v\,\mathbf{q}_x(t): \tag{5.67}$$

$$\hat{\mathbf{X}}_v^T\,\mathbf{A}_v\,\hat{\mathbf{X}}_v\,\dot{\mathbf{q}}_x(t) + \hat{\mathbf{X}}_v^T\,\mathbf{B}_v\,\hat{\mathbf{X}}_v\,\mathbf{q}_x(t) = \hat{\mathbf{X}}_v^T\,\mathbf{f}_v(t). \tag{5.68a}$$

Unter Beachtung der Orthonormierung (5.56) folgt das entkoppelte Gleichungssystem (Transformation auf Hauptkoordinaten)

$$\dot{\mathbf{q}}_x(t) - \Lambda_B\,\mathbf{q}_x(t) = \hat{\mathbf{X}}_v^T\,\mathbf{f}_v(t). \tag{5.68b}$$

Die Laplacetransformation mit den Anfangsbedingungen Null führt die Gl. (5.68b) über in

$$\left.\begin{aligned} &\mathbf{Q}_x(s) = (s\,\mathbf{I} - \Lambda_B)^{-1}\,\hat{\mathbf{X}}_v^T\,\mathbf{F}_v(s),\\ &\mathbf{Q}_x(s) := L\{\mathbf{q}_x(t)\},\; \mathbf{F}_v(s) := L\{\mathbf{f}_v(t)\}. \end{aligned}\right\} \tag{5.69}$$

Berücksichtigung der Transformation (5.67) im s-Raum, $\mathbf{X}(s) := L\{\mathbf{x}(t)\} = \hat{\mathbf{X}}_v\,\mathbf{Q}_x(s)$ liefert den Antwortvektor

$$\mathbf{X}(s) = \hat{\mathbf{X}}_v\,\mathbf{Q}_x(s) = \hat{\mathbf{X}}_v(s\mathbf{I} - \Lambda_B)^{-1}\,\hat{\mathbf{X}}_v^T\,\mathbf{F}_v(s), \tag{5.70a}$$

der wegen der diagonalen Inversen sofort in Summendarstellung geschrieben werden kann, $\hat{\mathbf{X}}_v := (\hat{\mathbf{x}}_{v1}, \ldots, \hat{\mathbf{x}}_{v2n})$,

$$\mathbf{X}(s) = \sum_{l=1}^{2n} \frac{\hat{\mathbf{x}}_{vl}^T\,\mathbf{F}_v(s)}{s - \lambda_{Bl}}\;\hat{\mathbf{x}}_{vl}. \tag{5.70b}$$

Den Zustandsvektor (5.45) im s-Raum berücksichtigt und die Eigenlösungen des Systems entsprechend der Modalmatrix (5.55) angenommen, ergibt den Antwortvektor $\mathbf{U}(s) := L\{\mathbf{u}(t)\}$ aufgrund der Erregung $\mathbf{P}(s) := L\{\mathbf{p}(t)\}$:

$$\mathbf{U}(s) = \sum_{r=1}^{2s} \frac{\hat{\mathbf{u}}_{Br}^T \mathbf{P}(s)}{s - \lambda_{Br}} \hat{\mathbf{u}}_{Br} + \sum_{k=1}^{n-s} \left[\frac{\hat{\mathbf{u}}_{B2s+k}^T \mathbf{P}(s)}{s - \lambda_{B2s+k}} \hat{\mathbf{u}}_{B2s+k} + \frac{\hat{\mathbf{u}}_{B2s+k}^{*T} \mathbf{P}(s)}{s - \lambda_{B2s+k}^*} \hat{\mathbf{u}}_{B2s+k}^* \right] . \tag{5.71}$$

Mit dem Grenzübergang $s \to j\omega$ erhält man die erzwungenen Schwingungen des Systems im Frequenzraum zu

$$\mathbf{U}(j\omega) = \sum_{r=1}^{2s} \frac{\hat{\mathbf{u}}_{Br}^T \mathbf{P}(j\omega)}{j\omega - \lambda_{Br}} \hat{\mathbf{u}}_{Br} + \sum_{k=1}^{n-s} \left[\frac{\hat{\mathbf{u}}_{B2s+k}^T \mathbf{P}(j\omega)}{j\omega - \lambda_{B2s+k}} \hat{\mathbf{u}}_{B2s+k} + \frac{\hat{\mathbf{u}}_{B2s+k}^{*T} \mathbf{P}(j\omega)}{j\omega - \lambda_{B2s+k}^*} \hat{\mathbf{u}}_{B2s+k}^* \right] \tag{5.72}$$

und schließlich für die harmonische Erregung $\mathbf{p}(t) = \hat{\mathbf{p}}\, e^{j\Omega t}$ gilt analog für den stationären Fall

$$\hat{\mathbf{u}}(\Omega) = \sum_{r=1}^{2s} \frac{\hat{\mathbf{u}}_{Br}^T \hat{\mathbf{p}}}{j\Omega - \lambda_{Br}} \hat{\mathbf{u}}_{Br} + \sum_{k=1}^{n-s} \left[\frac{\hat{\mathbf{u}}_{B2s+k}^T \hat{\mathbf{p}}}{j\Omega - \lambda_{B2s+k}} \hat{\mathbf{u}}_{b2s+k} + \frac{\hat{\mathbf{u}}_{B2s+k}^{*T} \hat{\mathbf{p}}}{j\Omega - \lambda_{B2s+k}^*} \hat{\mathbf{u}}_{B2s+k}^* \right] . \tag{5.73}$$

Mit den Gln. (5.71) bis (5.73) ist eine Entwicklung des Antwortvektors nach den Eigenvektoren des Systems erreicht, wobei die Entwicklungsfaktoren angeben, mit welchem Anteil die einzelne Eigenschwingungsform in der Antwort enthalten ist. Keiner der Nenner der Entwicklungsfaktoren wird Null, sofern nur α oder $\lambda_{Bl}^{re} \neq 0$ mit (5.57d) gilt. Die Gleichungen zeigen wieder das Resonanzphänomen, daß nämlich für eine vorgegebene Erregung die Entwicklungsfaktoren dem Betrage nach für $\omega, \Omega \to \lambda_{Bi}^{im}$ ihr Maximum annehmen, d.h., in der Antwort des Systems ist dann die i-te Eigenschwingungsform im allgemeinen vorherrschend, sofern nicht die Transformierte des Kraftvektors orthogonal zu dem Eigenvektor ist. Sind zwei Schwingeigenfrequenzen des Systems eng benachbart und leistet die Erregung an den beiden Eigenschwingungsformen nichtvernachlässigbare Arbeiten, dann sind in dem Antwortvektor für Frequenzen in engerer Umgebung der betrachteten Schwingeigenfrequenz beide Eigenschwingungsformen dominierend.

Beispiel 5.2: Nachstehend wird das System des Beispiels 2.13 gemäß Bild 2.33 für $m_1 = 10$ kg, $m_2 = 6$ kg, $k_1 = 1 \cdot 10^4$ N/m, $k_2 = 1{,}6 \cdot 10^4$ N/m, $k_3 = 1{,}2 \cdot 10^4$ N/m, $b_1 = b_3 = 0$, $b_2 = 24$ Ns/m diskutiert, wobei die viskos arbeitenden Dämpfer parallel zu den Federn angeordnet angenommen sind:

$$\mathbf{M} = \begin{pmatrix} 10, & 0 \\ 0, & 6 \end{pmatrix}, \quad \mathbf{B} = \begin{pmatrix} 24, & -24 \\ -24, & 24 \end{pmatrix}, \quad \mathbf{K} = \begin{pmatrix} 0{,}26; & -0{,}16 \\ -0{,}16; & 0{,}40 \end{pmatrix} \cdot 10^5.$$

Die Eigenschwingungsgrößen des zugeordneten passiven ungedämpften Systems ergeben sich aus dem Eigenwertproblem

$$\left[-\omega_0^2 \begin{pmatrix} 10, & 0 \\ 0, & 6 \end{pmatrix} + 10^5 \begin{pmatrix} 0{,}26; & -0{,}16 \\ -0{,}16; & 0{,}40 \end{pmatrix}\right] \hat{\mathbf{u}}_0 = \mathbf{0}$$

zu

$$f_{01} = 6{,}63 \text{ Hz}, \hat{\mathbf{u}}_{01}^T = (1; 0{,}5407),$$

$$f_{02} = 13{,}81 \text{ Hz}, \hat{\mathbf{u}}_{02}^T = (-0{,}3244; 1).$$

Die Normierung erfolgte entsprechend (5.16).
Kontrolle der Orthogonalität:

$$\hat{\mathbf{u}}_{01}^T \mathbf{M} \hat{\mathbf{u}}_{01} = 11{,}75 \text{ kg} = m_{g1}$$

$$\hat{\mathbf{u}}_{01}^T \mathbf{M} \hat{\mathbf{u}}_{02} = \hat{\mathbf{u}}_{02}^T \mathbf{M} \hat{\mathbf{u}}_{01} = 0{,}000$$

$$\hat{\mathbf{u}}_{02}^T \mathbf{M} \hat{\mathbf{u}}_{02} = 7{,}05 \text{ kg} = m_{g2}.$$

Die Eigenschwingungsgrößen des schwach viskos gedämpften Systems sind

$$f_{B1} = 6{,}63 \text{ Hz}, \alpha_{B1} = 0{,}0052$$

$$f_{B2} = 13{,}80 \text{ Hz}, \alpha_{B2} = 0{,}0344$$

$$\hat{\mathbf{u}}_{B1} = \begin{pmatrix} -0{,}02248 + j\,0{,}02271 \\ -0{,}01257 + j\,0{,}01190 \end{pmatrix}, \hat{\mathbf{u}}_{B2} = \begin{pmatrix} 0{,}00695 - j\,0{,}00620 \\ -0{,}02001 + j\,0{,}02041 \end{pmatrix},$$

wobei für die Modalmatrix $\hat{\mathbf{U}}_B = (\hat{\mathbf{U}}_{B2}, \hat{\mathbf{U}}_{B2}^*)$ mit $\hat{\mathbf{U}}_{B2} = (\hat{\mathbf{u}}_{B1}, \hat{\mathbf{u}}_{B2})$ gilt, und die Normierung entsprechend (5.51) gewählt worden ist. Wird die betragsmäßig größte Komponente zu 1 normiert, so folgt:

$$\hat{\mathbf{u}}_{B1}^N = \begin{pmatrix} 1 \\ 0{,}5412 \end{pmatrix} + j \begin{pmatrix} 0 \\ 0{,}0175 \end{pmatrix} = \hat{\mathbf{u}}_{0i} + \Delta\hat{\mathbf{u}}_{B1}^N,$$

$$\hat{\mathbf{u}}_{B2}^N = \begin{pmatrix} -0{,}3253 \\ 1 \end{pmatrix} + j \begin{pmatrix} -0{,}2184 \\ 0 \end{pmatrix} = \hat{\mathbf{u}}_{02} + \Delta\hat{\mathbf{u}}_{B2}^N.$$

Das Ergebnis zeigt, die Dämpfung ist nicht modal, d.h. $\hat{\mathbf{u}}_B^{re}$ ist nicht proportional zu $\hat{\mathbf{u}}_B^{im}$ wegen Nichterfülltseins von Gl. (5.62).

Die Komponenten des Antwortvektors $\hat{\mathbf{u}}_1^T = (\hat{u}_1, \hat{u}_2)$ nach Gl. (5.73) sind als Beschleunigungen für die harmonische Erregung $\mathbf{p}_0 = (0, 1)$ in den Bildern 5.2a–c als Real-, Imaginärteil und Amplitude über der Frequenz $f = \Omega/(2\pi)$ dargestellt. Das Bild 5.2d enthält die zugehörigen Ortskurven. Die Bilder zeigen, daß beide Freiheitsgrade des Systems durch die gewählte Erregung in den Komponenten des Antwortvektors in nichtvernachlässigbarer Weise enthalten sind. Darüber hinaus zeigen die Bilder, daß in der Komponente $-\Omega^2 \hat{u}_1$ der erste Freiheitsgrad überwiegt, in der zweiten Komponente beide Freiheitsgrade annähernd mit gleicher Amplitude enthalten sind. Für die betrachtete Erregung, durch den relativ großen Abstand der Eigenfrequenzen voneinander und die vorhandene geringe Dämpfung, beeinflussen sich die Freiheitsgrade gegenseitig kaum. Die zuletzt gebrauchte Kurzformulierung beschreibt den folgenden Sachverhalt: Das System antwortet auf die Erregung in einem jeweils begrenzten Frequenzintervall wie ein Einfreiheitsgradsystem oder in anderen Worten, die Antwort des Systems

$$\hat{\mathbf{u}}(\Omega) = A_1(\mathbf{p}_0^T \hat{\mathbf{u}}_{B1}, \omega_{B1}, \delta_{B1})\, \hat{\mathbf{u}}_{B1} + A_2(\mathbf{p}_0^T \hat{\mathbf{u}}_{B2}, \omega_{B2}, \delta_{B2})\, \hat{\mathbf{u}}_{B2}$$

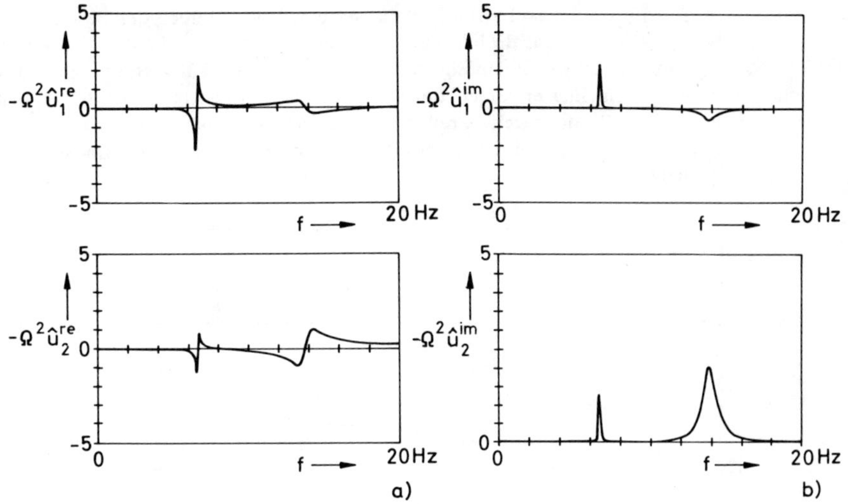

Bild 5.2 a) Realteile,
b) Imaginärteile der Antwortkomponenten, $\mathbf{p}_0^T = (0, 1)$

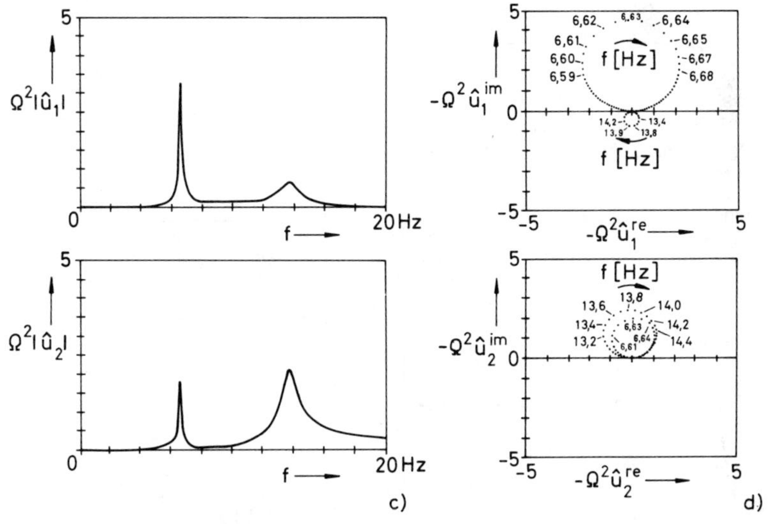

Bild 5.2 c) Beträge,
d) Ortskurven der Antwortkomponenten, $\mathbf{p}_0^T = (0, 1)$

besteht in einem Frequenzintervall um ω_{B1} überwiegend aus dem 1. Summanden (1. Freiheitsgrad, Einfreiheitsgradsystem), während der 2. Summand (2. Freiheitsgrad) nur einen mehr oder weniger vernachlässigbaren Anteil liefert, und sie besteht in einem Frequenzintervall um ω_{B2} überwiegend aus dem 2. Summanden, und der 1. Summand liefert hier einen vernachlässigbaren Anteil.

Die Bilder 5.3 a–d enthalten die verschiedenen Größen der Beschleunigungsantwort des Systems auf die harmonische Erregung $\mathbf{p}_0 = \mathbf{M}\,\hat{\mathbf{u}}_{01}$. Da die Eigenvektoren $\hat{\mathbf{u}}_{B1}$, $\hat{\mathbf{u}}_{B2}$ angenähert gleich den Eigenvektoren $\hat{\mathbf{u}}_{01}$, $\hat{\mathbf{u}}_{02}$ sind, antwortet das System aufgrund der verallgemeinerten Orthogonalitätseigenschaften fast ausschließlich im ersten Freiheitsgrad, d.h. der zweite Freiheitsgrad liefert vernachlässigbare Anteile. Die Kurven zeigen in guter Näherung jeweils die Antwort eines Einfreiheitsgradsystems im Frequenzraum.

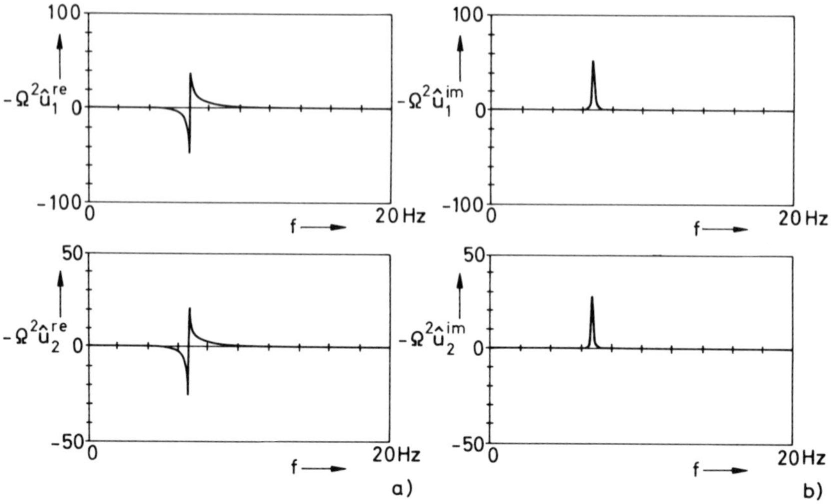

Bild 5.3 a) Realteile,
b) Imaginärteile der Antwortkomponenten, $\mathbf{p}_0 = \mathbf{M}\hat{\mathbf{u}}_{01}$

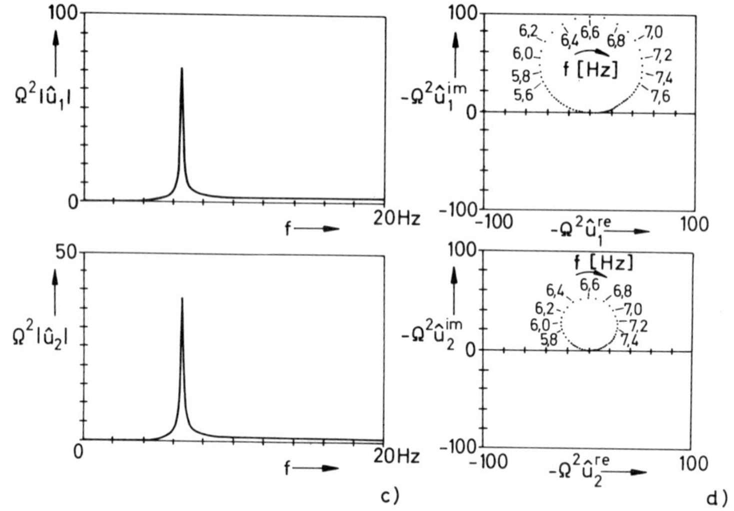

Bild 5.3 c) Beträge,
d) Ortskurven der Antwortkomponenten, $\mathbf{p}_0 = \mathbf{M}\hat{\mathbf{u}}_{01}$

Schließlich sind die Beschleunigungsantworten des Systems auf die Erregung $\mathbf{p}_0 = \mathbf{M}\,\hat{\mathbf{u}}_{02}$ in den Bildern 5.4 a–d dargestellt. Hier ist mit der gewählten, an den zweiten Freiheitsgrad „angepaßten“ Erregung fast ausschließlich der zweite Freiheitsgrad in den Antworten enthalten.

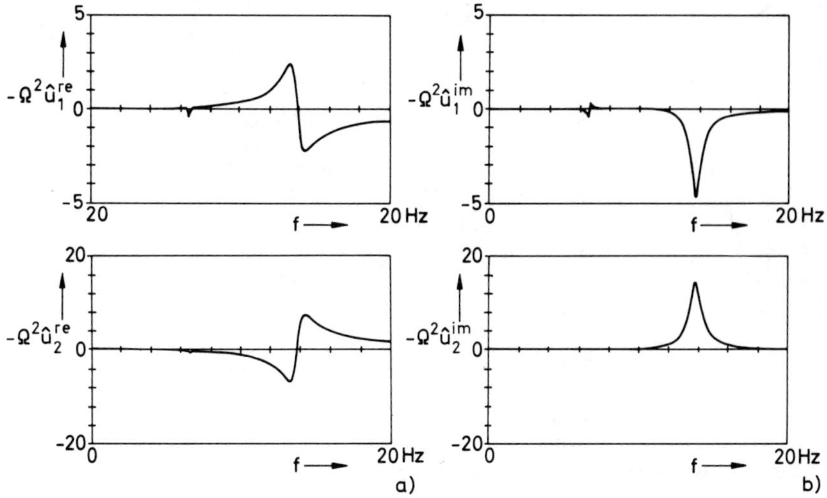

Bild 5.4 a) Realteile,
b) Imaginärteile der Antwortkomponenten, $\mathbf{p}_0 = \mathbf{M}\hat{\mathbf{u}}_{02}$

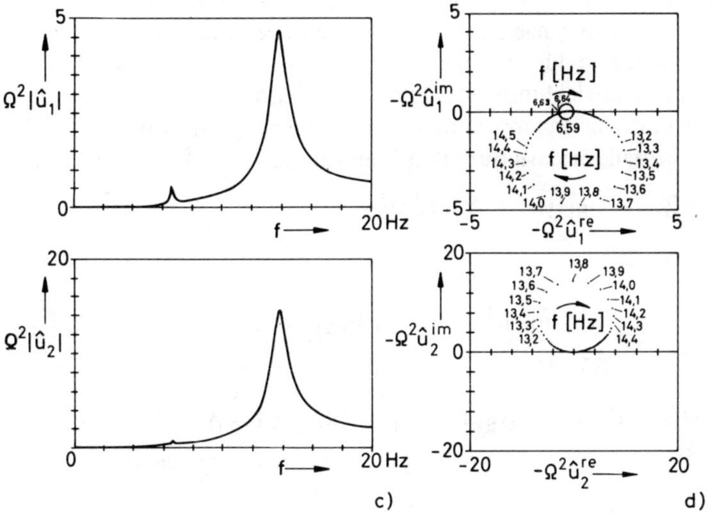

Bild 5.4 c) Beträge,
d) Ortskurven der Antwortkomponenten, $\mathbf{p}_0 = \mathbf{M}\hat{\mathbf{u}}_{02}$

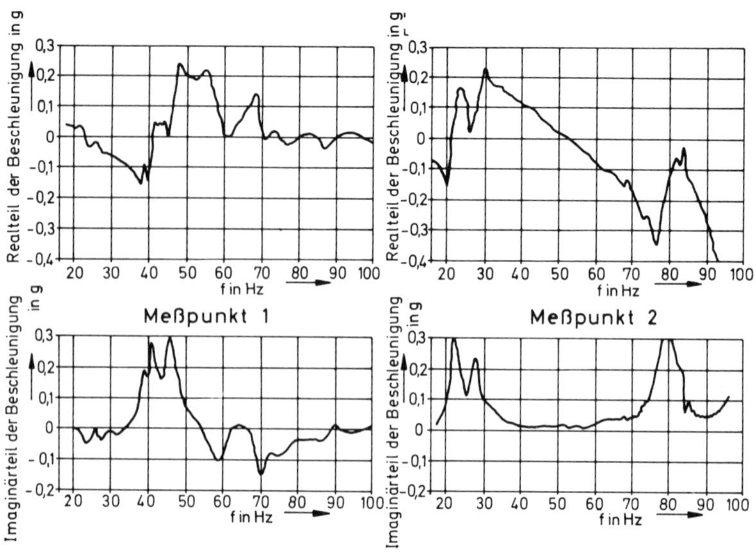

Bild 5.5 Real- und Imaginärteile der dynamischen Antworten zweier Meßstellen eines Mehrfreiheitsgradsystems für harmonische Erregung

Das Bild 5.5 vermittelt einen Eindruck von gemessenen dynamischen Antworten entsprechend Gl. (5.73) an einem realen System. Die Entwicklung der Antwort nach Eigenschwingungsformen ist nur im C_{2n} möglich, d.h. nach den Eigenvektoren des gedämpften Systems. Eine Entwicklung nach den Eigenschwingungsformen des zugeordneten ungedämpften Systems gelingt für Systeme, die die Bedingung (5.62) erfüllen. Die einzelnen Summanden in den Entwicklungen (5.71) bis (5.73) lassen sich wieder als Antworten von (generalisierten) Einfreiheitsgradsystemen interpretieren (s. Aufgabe 5.5). Die Entwicklungen ergeben ebenfalls die strukturierten Frequenzgang- und Übertragungsmatrizen:

$$\begin{aligned}\mathbf{F}(j\omega) &= \hat{\mathbf{U}}_{B1}(j\omega\mathbf{I} - \Lambda_{B1})^{-1}\hat{\mathbf{U}}_{B1}^T + \hat{\mathbf{U}}_{B2}(j\omega\mathbf{I} - \Lambda_{B2})^{-1}\hat{\mathbf{U}}_{B2}^T + \\ &\quad + \hat{\mathbf{U}}_{B2}^*(j\omega\mathbf{I} - \Lambda_{B2}^*)^{-1}\hat{\mathbf{U}}_{B2}^{*T} \\ &= \sum_{r=1}^{2s} \frac{\hat{\mathbf{u}}_{Br}\hat{\mathbf{u}}_{Br}^T}{j\omega - \lambda_{Br}} + \sum_{k=1}^{n-s}\left[\frac{\hat{\mathbf{u}}_{B2s+k}\hat{\mathbf{u}}_{B2s+k}^T}{j\omega - \lambda_{B2+k}} + \frac{\hat{\mathbf{u}}_{B2s+k}^*\hat{\mathbf{u}}_{B2s+k}^{*T}}{j\omega - \lambda_{B2s+k}^*}\right],\end{aligned} \tag{5.74}$$

$$\begin{aligned}\mathbf{H}(s) &= \hat{\mathbf{U}}_{B1}(s\,\mathbf{I} - \Lambda_{B1})^{-1}\hat{\mathbf{U}}_{B1}^T + \hat{\mathbf{U}}_{B2}(s\,\mathbf{I} - \Lambda_{B2})^{-1}\hat{\mathbf{U}}_{B2}^T + \\ &\quad + \hat{\mathbf{U}}_{B2}^*(s\,\mathbf{I} - \Lambda_{B2}^*)^{-1}\hat{\mathbf{U}}_{B2}^{*T} \\ &= \sum_{r=1}^{2s} \frac{\hat{\mathbf{u}}_{Br}\hat{\mathbf{u}}_{Br}^T}{s - \lambda_{Br}} + \sum_{k=1}^{n-s}\left[\frac{\hat{\mathbf{u}}_{B2s+k}\hat{\mathbf{u}}_{B2s+k}^T}{s - \lambda_{B2s+k}} + \frac{\hat{\mathbf{u}}_{B2s+k}^*\hat{\mathbf{u}}_{B2s+k}^{*T}}{s - \lambda_{B2s+k}^*}\right].\end{aligned} \tag{5.75}$$

Es verbleibt, die Lösung im Zeitraum anzugeben. Man gewinnt sie beispielsweise aus der Lösung (5.71) mit Hilfe der inversen Laplacetransformation. Die Tabelle 2.2 enthält die

Beziehung $L^{-1}\{\frac{1}{s+a}\} = e^{-at}$, und die zeitliche Faltung der Tabelle 2.5 ergibt aus der Gl. (5.71) in Matrizenform (s. 1. Zeile von (5.75)) die Lösung

$$\mathbf{u}(t) = \hat{\mathbf{U}}_{B1} \int_0^t e^{\Lambda_{B1}(t-\tau)}\, \hat{\mathbf{U}}_{B1}^T \mathbf{p}(\tau)\, d\tau + \hat{\mathbf{U}}_{B2} \int_0^t e^{\Lambda_{B2}(t-\tau)}\, \hat{\mathbf{U}}_{B2}^T \mathbf{p}(\tau)\, d\tau + \hat{\mathbf{U}}_{B2}^* \int_0^t e^{\Lambda_{B2}^*(t-\tau)}\, \hat{\mathbf{U}}_{B2}^{*T}\, \mathbf{p}(\tau)\, d\tau, \quad (5.76)$$

wobei die Matrix $e^{\Lambda t}$ definiert ist durch

$$e^{\Lambda t} := \mathrm{diag}\,(e^{\lambda_i t}). \quad (5.77)$$

Die beiden letzten Summanden von (5.76) lassen sich noch zusammenfassen,

$$\mathbf{u}(t) = \hat{\mathbf{U}}_{B1} \int_0^t e^{\Lambda_{B1}(t-\tau)}\, \hat{\mathbf{U}}_{B1}^T\, \mathbf{p}(\tau)\, d\tau + 2 \int_0^t \mathrm{Re}\,[\hat{\mathbf{U}}_{B2}\, e^{\Lambda_{B2}(t-\tau)}\, \hat{\mathbf{U}}_{B2}^T]\, \mathbf{p}(\tau)\, d\tau, \quad (5.78)$$

so daß die Lösung im Zeitraum reell ist. Die Gl. (5.78) in Summenform liefert wieder leicht interpretierbare Ausdrücke im Zusammenhang mit dem Einfreiheitsgradsystem und der Matrix der Gewichtsfunktionen (s. Aufgabe 5.6).

Soll die Lösung der Gl. (5.8) für von Null verschiedene Anfangsbedingungen ermittelt werden, so ist der obigen partikulären Lösung jeweils die Lösung der freien Schwingungen hinzuzufügen.

5.1.3.3 Die freien Schwingungen

Der Ansatz zur Lösung des Differentialgleichungssystems (5.44) 1. Ordnung mit konstanten Koeffizienten und $\mathbf{f}_v = \mathbf{0}$ lautet

$$\mathbf{x}(t) = \sum_{l=1}^{2n} A_l\, \hat{\mathbf{x}}_{vl}\, e^{\lambda_{Bl} t}. \quad (5.79)$$

Die Anfangsbedingung $\mathbf{x}(0) = \mathbf{x}_0$ in den Lösungsansatz (5.79) eingesetzt, die sich ergebende Gleichung von links mit $\hat{\mathbf{x}}_{vk}^T\ \mathbf{A}_v$ multipliziert und die Orthonormierung (5.56a) beachtet, liefert die Integrationskonstanten zu

$$A_l = \hat{\mathbf{x}}_{vl}^T\, \mathbf{A}_v\, \mathbf{x}_0. \quad (5.80)$$

Damit geht die Lösung (5.79) über in

$$\mathbf{x}(t) = \sum_{l=1}^{2n} (\hat{\mathbf{x}}_{vl}^T \mathbf{A}_v \mathbf{x}_0)\, e^{\lambda_{Bl} t}\, \hat{\mathbf{x}}_{vl} = \hat{\mathbf{X}}_v\, e^{\boldsymbol{\Lambda}_B t}\, \hat{\mathbf{X}}_v^T \mathbf{A}_v \mathbf{x}_0. \tag{5.81}$$

Werden die Definitionen (5.45) und die Modalmatrix (5.55) berücksichtigt, so erhält man den Vektor der freien Schwingungen

$$\begin{aligned} \mathbf{u}(t) &= \hat{\mathbf{U}}_B\, e^{\boldsymbol{\Lambda}_B t}\, (\hat{\mathbf{U}}_B^T, \boldsymbol{\Lambda}_B \hat{\mathbf{U}}_B^T) \begin{pmatrix} \mathbf{B}, \mathbf{M} \\ \mathbf{M}, \mathbf{0} \end{pmatrix} \begin{pmatrix} \mathbf{u}_0 \\ \dot{\mathbf{u}}_0 \end{pmatrix} \\ &= \hat{\mathbf{U}}_B\, e^{\boldsymbol{\Lambda}_B t}\, [\hat{\mathbf{U}}_B^T (\mathbf{B}\,\mathbf{u}_0 + \mathbf{M}\,\dot{\mathbf{u}}_0) + \boldsymbol{\Lambda}_B \hat{\mathbf{U}}_B^T \mathbf{M}\,\mathbf{u}_0] \\ &= \sum_{l=1}^{2n} \hat{\mathbf{u}}_{Bl}^T [(\mathbf{B} + \lambda_{Bl} \mathbf{M})\,\mathbf{u}_0 + \mathbf{M}\,\dot{\mathbf{u}}_0]\, e^{\lambda_{Bl} t}\, \hat{\mathbf{u}}_{Bl}, \end{aligned} \tag{5.82a}$$

wobei $\mathbf{u}(0) =: \mathbf{u}_0$, $\left.\frac{d\mathbf{u}(t)}{dt}\right|_{t=0} =: \dot{\mathbf{u}}_0$ die Anfangsbedingungen für $\mathbf{u}(t)$ sind. Mit den Annahmen bezüglich der Eigenlösungen entsprechend Gl. (5.50) geht die freie Schwingung (5.82) über in den Ausdruck

$$\begin{aligned} \mathbf{u}(t) &= \sum_{r=1}^{2s} \hat{\mathbf{u}}_{Br}^T [(\mathbf{B} + \lambda_{Br} \mathbf{M})\,\mathbf{u}_0 + \mathbf{M}\,\dot{\mathbf{u}}_0]\, e^{\lambda_{Br} t}\, \hat{\mathbf{u}}_{Br} + \\ &+ \sum_{k=1}^{n-s} \{\hat{\mathbf{u}}_{B2s+k}^T [(\mathbf{B} + \lambda_{B2s+k} \mathbf{M})\,\mathbf{u}_0 + \mathbf{M}\,\dot{\mathbf{u}}_0]\, e^{\lambda_{B2s+k} t}\, \hat{\mathbf{u}}_{B2s+k} + \\ &+ \hat{\mathbf{u}}_{B2s+k}^{*T} [(\mathbf{B} + \lambda_{B2s+k}^* \mathbf{M})\,\mathbf{u}_0 + \mathbf{M}\,\dot{\mathbf{u}}_0]\, e^{\lambda_{B2s+k}^* t}\, \hat{\mathbf{u}}_{B2s+k}^*\}, \end{aligned} \tag{5.82b}$$

der reell ist (vgl. (5.57b)), wie verifizierend gezeigt werden kann.

Damit sind die freien Schwingungen im Zeitraum bekannt, die im Falle von Anfangsbedingungen ungleich Null zu den partikulären Lösungen des vorherigen Abschnittes addiert werden müssen. Sollen die freien Schwingungen im Zeitraum nach einer mit T zeitbegrenzten Erregung $\mathbf{p}(t)$ betrachtet werden, so ergeben sie sich aus der Gl. (5.76) bzw. (5.78) für die obere Integrationsgrenze T (vgl. Gl. (5.133b) zu

$$\left.\begin{aligned} \mathbf{u}(t) &= \hat{\mathbf{U}}_B\, e^{-\boldsymbol{\Lambda}_B t} \int_{-\infty}^{T} e^{-\boldsymbol{\Lambda}_B \tau}\, \hat{\mathbf{U}}_B^T\, \mathbf{p}(\tau)\, d\tau \\ &=: \hat{\mathbf{U}}_B e^{-\boldsymbol{\Lambda}_B t}\, \mathbf{c}, \qquad t \geqslant T. \end{aligned}\right\} \tag{5.83}$$

Die freien Schwingungen im Frequenzraum nach einer mit T zeitbegrenzten Erregung gibt die Gl. (5.72) wieder mit $\mathbf{P}(j\omega) = \mathbf{P}_T(j\omega)$, der finiten Fouriertransformierten. Entsprechend gilt die gleiche Aussage im s-Raum. Allgemein lassen sich die Anfangsbedingungen $\mathbf{x}_0$ bzw. $\mathbf{u}_0$, $\dot{\mathbf{u}}_0$ wie beim Einfreiheitsgradsystem einarbeiten:

$$\mathbf{A}_v \dot{\mathbf{x}}(t) + \mathbf{B}_v \mathbf{x}(t) = \mathbf{0},$$

$$\mathbf{A}_v [s\mathbf{X}(s) - \mathbf{x}_0] + \mathbf{B}_v \mathbf{X}(s) = \mathbf{0},$$

$$(s\mathbf{A}_v + \mathbf{B}_v)\,\mathbf{X}(s) = \mathbf{A}_v\mathbf{x}_0,$$

$$\mathbf{X}(s) = \hat{\mathbf{X}}_v\,\mathbf{Q}_x(s),$$

$$(s\,\mathbf{I} - \Lambda_B)\,\mathbf{Q}_x(s) = \hat{\mathbf{X}}_v^T\,\mathbf{A}_v\,\mathbf{x}_0,$$

$$\mathbf{X}(s) = \hat{\mathbf{X}}_v(s\,\mathbf{I} - \Lambda_B)^{-1}\,\hat{\mathbf{X}}_v^T\,\mathbf{A}_v\mathbf{x}_0$$

$$= \sum_{l=1}^{2n} \frac{\hat{\mathbf{x}}_{vl}^T\,\mathbf{A}_v\mathbf{x}_0}{s - \lambda_{Bl}}\,\hat{\mathbf{x}}_{vl}, \qquad (5.84)$$

$$\mathbf{U}(s) = \sum_{l=1}^{2n} \frac{\hat{\mathbf{u}}_{Bl}^T\,[(\mathbf{B} + \lambda_{Bl}\,\mathbf{M})\,\mathbf{u}_0 + \mathbf{M}\,\dot{\mathbf{u}}_0]}{s - \lambda_{Bl}}\,\hat{\mathbf{u}}_{Bl}. \qquad (5.85)$$

Gilt die Bequemlichkeitshypothese (5.62), so führt der Ansatz mit dem Eigenvektor $\hat{\mathbf{u}}_{0i}$ für schwach gedämpfte Systeme zu der Lösung:

$$\mathbf{u}(t) = \sum_{i=1}^{n} e^{\lambda_{Bi}^{re} t}(A_i \cos \lambda_{Bi}^{im}\,t + B_i \sin \lambda_{Bi}^{im}\,t)\,\hat{\mathbf{u}}_{0i}. \qquad (5.86)$$

Einsetzen der Anfangsbedingung in (5.86) und Linksmultiplikation mit $\hat{\mathbf{u}}_{0k}^T\,\mathbf{M}$ ergibt mit der Orthonormierung (5.18) die Integrationskonstanten

$$A_i = \hat{\mathbf{u}}_{0i}^T\,\mathbf{M}\,\mathbf{u}_0,\; B_i = \frac{1}{\lambda_{Bi}^{im}}\,\hat{\mathbf{u}}_{0i}^T\,\mathbf{M}\,\dot{\mathbf{u}}_0,\; \lambda_{Bi}^{im} \neq 0. \qquad (5.87)$$

Die freien Schwingungen ergeben sich in diesem Fall auch wieder als Superposition der Eigenvektoren $\hat{\mathbf{u}}_{0i}$ als gedämpfte phasenverschobene Sinusschwingungen bezogen auf den Freiheitsgrad-Index i, jedoch besitzen die Komponenten jedes Freiheitsgrades i dieselbe Phasenverschiebung. Die Laplacetransformierte von (5.86) mit den Konstanten (5.87) liefert die Gleichung

$$\mathbf{U}(s) = \sum_{i=1}^{n} \left[\hat{\mathbf{u}}_{0i}^T\,\mathbf{M}\,\mathbf{u}_0 \frac{s - \lambda_{Bi}^{re}}{(s - \lambda_{Bi}^{re})^2 + \lambda_{Bi}^{im\,2}} + \hat{\mathbf{u}}_{0i}^T\,\mathbf{M}\,\dot{\mathbf{u}}_0\,\frac{1}{(s - \lambda_{Bi}^{re})^2 + \lambda_{Bi}^{im\,2}}\right]\hat{\mathbf{u}}_{0i}. \qquad (5.88)$$

5.1.4 Das strukturell gedämpfte System

Die Bewegungsgleichung des passiven strukturell gedämpften Systems mit n Freiheitsgraden (vgl. (5.7) mit $\mathbf{B} = \mathbf{0}$) ist gegeben durch

$$\mathbf{M}\,\ddot{\mathbf{u}}(t) + \frac{1}{\Omega}\,\mathbf{D}\,\dot{\mathbf{u}}(t) + \mathbf{K}\,\mathbf{u}(t) = \mathbf{p}(t) \qquad (5.89)$$

mit

$$\mathbf{p}^T(t) = (p_1(t), \ldots, p_n(t)),\; p_i(t) = p_{0i} \sin(\Omega t + \varphi_i), \qquad (5.90a)$$

wobei p_{0i}, Ω, φ_i, $i = 1(1)n$, reell sind. Sie gilt nur für harmonische Bewegungen (s. Abschnitt 5.1.1). Wird für die punktweise phasenverschobene Erregung (5.90a) die komplexe Ersatzkraft

$$\left.\begin{aligned} &\mathbf{p}_{ers}^T(t) := \hat{\mathbf{p}}\,e^{j\Omega t},\; \hat{\mathbf{p}}^T := (\hat{p}_1, \ldots, \hat{p}_n), \\ &\hat{p}_i := p_{0i}\,e^{j\varphi_i} \end{aligned}\right\} \qquad (5.91)$$

eingeführt, so läßt sich $\mathbf{p}(t)$ einfach ausdrücken durch

$$\mathbf{p}(t) = \text{Im}\,[\mathbf{p}_{ers}(t)] = \text{Im}\,(\hat{\mathbf{p}}\, e^{j\Omega t}).^{1} \tag{5.90b}$$

Das lineare System, beschrieben durch die Gl. (5.89), antwortet mit der Erregungsfrequenz Ω, so daß mit dem Ansatz

$$\mathbf{u}_{ers}(t) = \hat{\mathbf{u}}\, e^{j\Omega t} \tag{5.92}$$

die erweiterte Bewegungsgleichung

$$\mathbf{M}\,\ddot{\mathbf{u}}_{ers}(t) + \frac{1}{\Omega}\,\mathbf{D}\,\dot{\mathbf{u}}_{ers}(t) + \mathbf{K}\,\mathbf{u}_{ers}(t) = \mathbf{p}_{ers}(t)$$

in der Form

$$(-\Omega^2 \mathbf{M} + \mathbf{K} + j\mathbf{D})\,\hat{\mathbf{u}} = \hat{\mathbf{p}} \tag{5.93}$$

geschrieben werden kann und zu der reellwertigen Erregung (5.90a) die reellwertige, physikalisch interpretierbare Antwort

$$\mathbf{u}(t) = \text{Im}\,[\hat{\mathbf{u}}\, e^{j\Omega t}]$$

gehört.

Um in Analogie zu dem passiven ungedämpften und viskos gedämpften System die Antwort $\hat{\mathbf{u}}$ des strukturell gedämpften Systems nach Vektoren eines vollständigen Vektorsystems (n voneinander linear unabhängige Vektoren mit n Komponenten) zu entwickeln, d.h., um die inverse dynamische Steifigkeitsmatrix in Spektralform angeben zu können, bieten sich auch hier die Eigenlösungen des aus (5.93) folgenden Matrizeneigenwertproblems an. Die Eigenvektoren jedoch besitzen nicht wie die Eigenvektoren des ungedämpften oder viskos gedämpften Systems eine physikalische Bedeutung, da mit ihnen die freien Schwingungen des Systems nicht beschrieben werden können.

5.1.4.1 Das Eigenwertproblem

Das Eigenwertproblem folgt aus Gl. (5.93) mit dem (5.92) entsprechenden Ansatz zu

$$(\lambda_D^2\, \mathbf{M} + \mathbf{K} + j\,\mathbf{D})\,\hat{\mathbf{u}}_D = \mathbf{0}. \tag{5.94}$$

Die Eigenlösungen des Matrizeneigenwertproblems (5.94) besitzen die folgenden Eigenschaften:

- Die Eigenwerte $\Lambda_D := \Lambda_D^{re} + j\Lambda_D^{im} := -\lambda_D^2$ sind komplex mit $\Lambda_D^{re} \geqslant 0$, $\Lambda_D^{im} \geqslant 0$ für $\mathbf{D}$ positiv semidefinit. Denn es gilt:

$$\hat{\mathbf{u}}_D^{*T}\,(\lambda_D^2\, \mathbf{M} + \mathbf{K} + j\,\mathbf{D})\,\hat{\mathbf{u}}_D = 0,$$

$$\Lambda_D = \Lambda_D^{re} + j\Lambda_D^{im} = \frac{\hat{\mathbf{u}}_D^{*T}\,(\mathbf{K} + j\,\mathbf{D})\,\hat{\mathbf{u}}_D}{\hat{\mathbf{u}}_D^{*T}\,\mathbf{M}\,\hat{\mathbf{u}}_D}, \quad \hat{\mathbf{u}}_D^{*T}\,\mathbf{M}\,\hat{\mathbf{u}}_D > 0 \text{ etc.},$$

$$\Lambda_D^{re} = \frac{\hat{\mathbf{u}}_D^{*T}\,\mathbf{K}\,\hat{\mathbf{u}}_D}{\hat{\mathbf{u}}_D^{*T}\,\mathbf{M}\,\hat{\mathbf{u}}_D} \geqslant 0, \quad \Lambda_D^{im} = \frac{\hat{\mathbf{u}}_D^{*T}\,\mathbf{D}\,\hat{\mathbf{u}}_D}{\hat{\mathbf{u}}_D^{*T}\,\mathbf{M}\,\hat{\mathbf{u}}_D} \geqslant 0.$$

1 und etwas aufwendiger in der Form $\mathbf{p}(t) = \frac{1}{2j}\,[\mathbf{p}_{ers}(t) - \overset{*}{\mathbf{p}}_{ers}(t)]$.

- Wegen det $\mathbf{M} \neq 0$ existieren n Eigenwerte Λ_{Di}, i = 1(1)n, wenn mehrfache Eigenwerte entsprechend ihrer Vielfalt gezählt werden.
- Rechtseigenvektoren und Linkseigenvektoren sind gleich.
- Die zu den Eigenwerten Λ_{Di} gehörenden Eigenvektoren $\hat{\mathbf{u}}_{Di}$ sind im allgemeinen komplex und brauchen nicht voneinander linear unabhängig zu sein (s. [5.3], Abschnitt 1.24, S. 27ff). Unter der Voraussetzung disjunkter Eigenwerte sind die Eigenvektoren linear unabhängig [5.2].

Als Hinweis für die mögliche lineare Abhängigkeit der Eigenvektoren sei angemerkt: Die Eigenvektoren folgen aus einem linearen Gleichungssystem mit komplexen Koeffizienten. Das allgemeine Matrizeneigenwertproblem (5.94) mit reell symmetrischer, positiv definiter Matrix **M** und komplex symmetrischer Matrix $\mathbf{S} := \mathbf{K} + \mathrm{j}\,\mathbf{D}$ läßt sich auf ein spezielles Matrizeneigenwertproblem mit komplex symmetrischer Matrix $A = A^{re} + \mathrm{j} A^{im} := (\mathbf{M}_1^T)^{-1}\,\mathbf{S}\,\mathbf{M}_1^{-1}$, $\mathbf{M} = \mathbf{M}_1^T\,\mathbf{M}_1$ (Cholesky-Zerlegung), und dieses wieder (s. [3.9], § 13.9) auf eine spezielle 2 n-reihige reelle Ersatzaufgabe mit der Matrix

$$A_{2n} := \begin{pmatrix} A^{re}, & -A^{im} \\ A^{im}, & A^{re} \end{pmatrix}$$

transformieren, wobei die letzte Matrix sich durch keine besonderen Eigenschaften (z.B. Symmetrie) auszeichnet, die eine diesbezügliche Aussage ermöglicht.

- Unter der Voraussetzung einer regulären Modalmatrix $\hat{\mathbf{U}}_D := (\hat{\mathbf{u}}_{D1}, \ldots, \hat{\mathbf{u}}_{Dn})$ gelten die verallgemeinerten Orthogonalitätsbedingungen

$$\left.\begin{aligned} \mathbf{M}_D &:= \hat{\mathbf{U}}_D^T\,\mathbf{M}\,\hat{\mathbf{U}}_D = \mathrm{diag}\,(m_{Di}), \\ \mathbf{S}_D &:= \hat{\mathbf{U}}_D^T\,(\mathbf{K} + \mathrm{j}\,\mathbf{D})\,\hat{\mathbf{U}}_D = \mathbf{M}_D\boldsymbol{\Lambda}_D, \quad \boldsymbol{\Lambda}_D := \mathrm{diag}\,(\Lambda_{Di}). \end{aligned}\right\} \tag{5.95}$$

- Die Gleichung (5.94) läßt sich in der Form

$$-\mathbf{M}\,\hat{\mathbf{U}}_D\boldsymbol{\Lambda}_D + (\mathbf{K} + \mathrm{j}\,\mathbf{D})\,\hat{\mathbf{U}}_D = \mathbf{0}, \tag{5.93a}$$

schreiben.

Es verbleibt, den Sonderfall der generalisierten diagonalen Dämpfungsmatrix bezüglich der Modalmatrix $\hat{\mathbf{U}}_0$ des zugeordneten konservativen Systems zu betrachten. Die Bedingung (5.61) bzw. (5.62) gilt auch für das System mit struktureller Dämpfung, wie ihre Herleitung und die Gl. (5.89) im Vergleich zu Gl. (5.8) zeigen, so daß mit

$$\hat{\mathbf{u}}_D = \hat{\mathbf{U}}_0\hat{\mathbf{q}}_D \tag{5.96}$$

und mit der generalisierten Dämpfung

$$d_{Ei} := \hat{\mathbf{u}}_{0i}^T\,\mathbf{D}\,\hat{\mathbf{u}}_{0i} \tag{5.97}$$

das Matrizeneigenwertproblem (5.94) übergeht in das Matrizeneigenwertproblem

$$[\mathbf{M}_g(-\Lambda_D\,\mathbf{I} + \boldsymbol{\Lambda}_0) + \mathrm{j}\,\mathbf{B}_E]\,\hat{\mathbf{q}}_D = \mathbf{0}, \ \mathbf{B}_E := \mathrm{diag}\,(d_{Ei}), \tag{5.98a}$$

$$[m_{gi}(-\Lambda_D + \lambda_{0i}) + \mathrm{j}\,d_{Ei}]\,\hat{q}_{Di} = 0, \ i = 1(1)n. \tag{5.98b}$$

Die Gl. (5.98b) liefert mit $\hat{q}_{0i} \neq 0$ die Beziehung

$$\Lambda_D = \Lambda_{Di} = \lambda_{0i} + \mathrm{j}\,\frac{d_{Ei}}{m_{gi}}, \tag{5.99a}$$

also
$$\left.\begin{aligned} \Lambda_{Di}^{re} &= \lambda_{0i}, \\ \Lambda_{Di}^{im} &= \frac{d_{Ei}}{m_{gi}}. \end{aligned}\right\} \tag{5.99b}$$

Damit ist $\hat{q}_{Di} \neq 0$ und $\hat{q}_{Dk} = 0$ für $i \neq k$, d.h. bis auf einen Faktor ist der i-te Eigenvektor von (5.98) gleich dem Einheitsvektor: $\hat{\mathbf{q}}_{Di} = \mathbf{e}_i$. Es folgt bei modaler Dämpfungsmatrix $\mathbf{B}_E$ in spezieller Normierung (vgl. Gl. (5.65))

$$\hat{\mathbf{u}}_{Di}^{N} = \hat{\mathbf{U}}_0 \hat{\mathbf{q}}_{Di} = \hat{\mathbf{U}}_0 \mathbf{e}_i = \hat{\mathbf{u}}_{0i}. \tag{5.100}$$

Das mittels einer Kongruenztransformation mit (5.96) diagonalisierbare Matrizeneigenwertproblem (5.94) besitzt als Eigenvektoren die des zugeordneten konservativen Systems. In diesem Fall ist also $\hat{\mathbf{u}}_{Di}^{re} \sim \hat{\mathbf{u}}_{Di}^{im}$ und die $\hat{\mathbf{u}}_{Di}$ sind reell normierbar. Hieraus folgt, daß die Dämpfungsmatrix **D** mit der Eigenschaft (5.62) die Eigenvektoren $\hat{\mathbf{u}}_{0i}$ besitzt. Die Gln. (5.98) sagen ferner aus, daß in dem betrachteten Sonderfall mit der Kongruenztransformation entsprechend (5.96) die Gln. (5.94) und damit auch (5.89) entkoppelt werden (Hauptachsentransformation): n voneinander unabhängige Einfreiheitsgradsysteme.

Als Analogon zu dem Dämpfungsmaß α_i des viskos gedämpften passiven Systems (5.66a) mit diagonaler generalisierter Dämpfungsmatrix sei die Größe

$$g_i := \frac{\Lambda_{Di}^{im}}{\Lambda_{Di}^{re}} = \frac{d_{Ei}}{\omega_{0i}^2\, m_{gi}} \tag{5.101}$$

eingeführt, die *formal* als modale Dämpfung (effektive Dämpfung) hinsichtlich der Eigenvektoren $\hat{\mathbf{u}}_{0i}$ bezeichnet wird. Das strukturell gedämpfte System, dessen Dämpfungsmatrix der Bequemlichkeitshypothese genügt, wird also für jeden Freiheitsgrad durch die generalisierten Werte

$$\omega_{0i},\ g_i,\ m_{gi},\ k_{gi} = \omega_{0i}^2\, m_{gi} \text{ und die Eigenvektoren } \hat{\mathbf{u}}_{0i}$$

beschrieben. Die effektive Dämpfung g_i kann für kleine Werte $g_i \ll 1$ auch als Verlustwinkel

$$k_{gi} + j\, d_{Ei} = k_{gi}(1 + j\, g_i) \doteq k_{gi}\, e^{j g_i} \tag{5.102}$$

dargestellt werden. Gilt die Bequemlichkeitshypothese nicht, so müssen für $\mathbf{B}_g$ alle Elemente bestimmt werden.

Setzt man die Koeffizienten der generalisierten Dämpfungskräfte in den Gln. (5.98b) und (5.63b) gleich, so erhält man für schwach gedämpfte Systeme (5.63b) die Beziehung $\lambda_B^{im}\ b_{Ei} = d_{Ei}$, die mit den Gln. (5.64b), (5.66a) und (5.101) für die modalen Dämpfungen des viskos und strukturell gedämpften Systems bei Gültigkeit der Bequemlichkeitshypothese den Zusammenhang

$$g_i = 2\,\alpha_i\, |\sqrt{1 - \alpha_i^2}| \tag{5.103}$$

liefert. Für $\alpha_i^2 \ll 1$ folgt

$$g_i \doteq 2\,\alpha_i. \tag{5.104}$$

Anmerkung: Zu demselben Ergebnis (5.104) gelangt man sowohl über die Betrachtung von viskos und strukturell gedämpften Einfreiheitsgradsystemen mit harmonischer Erregung für eine Erregungsfrequenz gleich der Eigenfrequenz des gedämpften Systeme (modale Dämpfung) als auch aus der Gleichsetzung von $\lambda_{Bi}^{re} = \lambda_{Di}^{re}$.

5.1.4.2 Die erzwungenen Schwingungen

Die erzwungenen Schwingungen für harmonische Erregungen beschreibt die Gl. (5.89). Die Transformation mit Hilfe der Modalmatrix $\hat{\mathbf{U}}_D$

$$\mathbf{u}(t) = \hat{\mathbf{u}}\, e^{j\Omega t} = \hat{\mathbf{U}}_D\, \mathbf{q}(t), \quad \mathbf{q}(t) = \hat{\mathbf{q}}\, e^{j\Omega t} \tag{5.105}$$

vermag mit den Orthogonalitätsbeziehungen (5.95) und der Normierung $\mathbf{M}_D = \mathbf{I}$ die Gleichungen des Systems (5.89) zu entkoppeln:

$$\begin{aligned}
&(-\Omega^2 \mathbf{I} + \boldsymbol{\Lambda}_D)\, \hat{\mathbf{q}} = \hat{\mathbf{U}}_D^T\, \hat{\mathbf{p}},\\
&\hat{\mathbf{q}} = (-\Omega^2 \mathbf{I} + \boldsymbol{\Lambda}_D)^{-1}\, \hat{\mathbf{U}}_D^T\, \hat{\mathbf{p}},\\
&\hat{\mathbf{u}} = \hat{\mathbf{U}}_D\, \hat{\mathbf{q}} = \hat{\mathbf{U}}_D\, (-\Omega^2 \mathbf{I} + \boldsymbol{\Lambda}_D)^{-1}\, \hat{\mathbf{U}}_D^T\, \hat{\mathbf{p}}\\
&\quad = \sum_{i=1}^{n} \frac{\hat{\mathbf{u}}_{Di}^T\, \hat{\mathbf{p}}}{\Lambda_{Di} - \Omega^2}\, \hat{\mathbf{u}}_{Di}\,.
\end{aligned} \tag{5.106}$$

Die Gl. (5.106) ist die Entwicklung des Antwortvektors $\hat{\mathbf{u}}$ des strukturell gedämpften Systems auf eine harmonische Erregung mit dem Kraftvektor $\hat{\mathbf{p}}$ und der reellen Erregungsfrequenz Ω nach den Eigenvektoren $\hat{\mathbf{u}}_{Di}$ des gedämpften Systems: Entwicklung von $\hat{\mathbf{u}}$ im n-dimensionalen Vektorraum C_n über dem Körper der komplexen Zahlen. Man beachte die formale Analogie der Entwicklung (5.106) mit der des zugeordneten konservativen Systems (5.34) in der Normierung $m_{gi} = 1$ mit $\lambda_{0i} = \omega_{0i}^2$, wie es mit dem Unterschied einer komplexen Steifigkeit und einer reellen Steifigkeit auch nicht anders zu erwarten war. Damit lassen sich Diskussionen in der üblichen Terminologie über Resonanz, Überlagerung der Eigenvektoren in der Antwort $\hat{\mathbf{u}}$, Existenz der Inversen von (5.106) abhängig von $\Lambda_{Di}^{im} \neq 0$ (für echt gedämpfte Systeme), abhängig von der Erregungsfrequenz usw. führen.

Eine Entwicklung der Antwort $\hat{\mathbf{u}}$ nach den Eigenvektoren des zugeordneten ungedämpften Systems ist allgemein nicht möglich.

$$\begin{aligned}
&\hat{\mathbf{u}} = \hat{\mathbf{U}}_0 \hat{\mathbf{q}}_0, \quad \mathbf{M}_g = \mathbf{I},\\
&(-\Omega^2 \mathbf{I} + j\, \mathbf{B}_g + \boldsymbol{\Lambda}_0)\, \hat{\mathbf{q}}_0 = \hat{\mathbf{U}}_0^T\, \hat{\mathbf{p}},\\
&\hat{\mathbf{u}} = \hat{\mathbf{U}}_0 \hat{\mathbf{q}}_0 = \hat{\mathbf{U}}_0 (-\Omega^2 \mathbf{I} + \boldsymbol{\Lambda}_0 + j\, \mathbf{B}_g)^{-1}\, \hat{\mathbf{U}}_0^T \hat{\mathbf{p}},
\end{aligned} \tag{5.107}$$

da die Inverse in (5.107), obwohl sie für echt gedämpfte Systeme existiert, wegen $\mathbf{B}_g \neq \mathbf{B}_E$ keine Diagonalmatrix ist und demzufolge die obige Transformation die Gleichungen nicht entkoppelt,

$$(-\Omega^2 + \lambda_{0i})\, \hat{q}_{0i} + \sum_{k=1}^{n} b_{gik}\, \hat{q}_{0k} = \hat{\mathbf{u}}_{0i}^T\, \hat{\mathbf{p}}. \tag{5.108}$$

Die Gl. (5.108) enthält durch das Auftreten der Komponenten $\hat{q}_{0k}$, $k \neq i$, in der Form $b_{gik}\, \hat{q}_{0k}$ Dämpfungskopplungen, d.h. die Gl. (5.107) führt für $\hat{\mathbf{u}}$ nicht auf eine Summendarstellung in den Eigenschwingungsformen $\hat{\mathbf{u}}_{0i}$.

Für den Fall $\mathbf{B}_g = \mathbf{B}_E$ (Bequemlichkeitshypothese) gilt für die Inverse in Gl. (5.107)

$$(-\Omega^2 \mathbf{I} + \boldsymbol{\Lambda}_0 + j\, \mathbf{B}_E)^{-1} = \mathrm{diag}\left(\frac{1}{\lambda_{0i} - \Omega^2 + j\, d_{Ei}}\right),$$

und es folgt mit Gl. (5.101) der Amplitudenvektor

$$\hat{u} = \sum_{i=1}^{n} \frac{\hat{u}_{0i}^T \hat{p}}{\omega_{0i}^2 - \Omega^2 + j\, g_i \omega_{0i}^2}\, \hat{u}_{0i} \tag{5.109}$$

als Superposition der Eigenschwingungsformen des zugeordneten ungedämpften Systems.

5.1.5 Weitere Eigenschaften des gedämpften Systems

Abgesehen von dem Sonderfall, in dem für die gedämpften Systeme die Bequemlichkeitshypothese gilt, sind die Eigenvektoren der gedämpften Systeme komplex.

Anmerkung: Bis in heutige Zeit werden vielfach noch die Eigenschwingungsgrößen des zugeordneten ungedämpften Systems identifiziert, obwohl sie, abgesehen von dem Sonderfall $\mathbf{B}_g = \mathbf{B}_E$, bei gedämpften Systemen nicht die herausragende Rolle wie die Eigenlösungen des gedämpften Systems spielen (Hauptachsentransformation: Entkopplung der Bewegungsgleichungen).

Etwas anderes ist es natürlich, wenn die Eigenschwingungsgrößen aus der Systemanalyse (aufgrund der Konstruktionszeichnungen), verifiziert oder korrigiert werden sollen, wobei die Dämpfungsmatrix im allgemeinen unbekannt ist und deshalb das zugeordnete ungedämpfte System zugrunde gelegt wird.

Das folgende Beispiel zeigt für passive viskos gedämpfte Systeme mit schwacher Dämpfung und einer generalisierten Dämpfungsmatrix $\mathbf{B}_g$, in der betragsmäßig die Hauptdiagonalelemente überwiegen, die angenäherte Auswirkung der Nichthauptdiagonalelemente auf die Eigenlösungen.

Beispiel 5.3: In der Praxis werden häufig passive viskos (echt) gedämpfte Systeme mit schwacher Dämpfung (s. (5.49a)) behandelt, die darüber hinaus eine generalisierte Dämpfungsmatrix $\mathbf{B}_g = (b_{gik})$ besitzen, deren Hauptdiagonalelemente die restlichen Elemente dem Betrage nach überwiegen. Dieses ist häufig bei Konstruktionen der Fall, die keine gesonderten Dämpfungselemente (Hydraulikzylinder, Zusatzdämpfer usw.) besitzen. Mit dem Störungsparameter ϵ, $0 \leqslant \epsilon < 1$, gilt also

$$\mathbf{B}_g = \operatorname{diag}(b_{Ei}) + \epsilon[\hat{\mathbf{U}}_0^T \mathbf{B}\, \hat{\mathbf{U}}_0 - \operatorname{diag}(b_{Ei})], \quad b_{gii} =: b_{Ei}.$$

Wie wirken sich die Dämpfungselemente von $\mathbf{B}_g$ außerhalb der Hauptdiagonalen auf die Eigenlösungen des Systems aus?

Von der Gl. (5.47) für den i-ten Freiheitsgrad ausgehend,

$$(\lambda_{Bi}^2 \mathbf{M} + \lambda_{Bi} \mathbf{B} + \mathbf{K})\, \hat{\mathbf{u}}_{Bi} = \mathbf{0},$$

erhält man mit dem Ansatz $\hat{\mathbf{u}}_{Bi} = \hat{\mathbf{U}}_0 \hat{\mathbf{q}}_i$ und Linksmultiplikation mit $\hat{\mathbf{U}}_0^T$ unter Berücksichtigung der verallgemeinerten Orthogonalitätsbeziehungen (5.15) mit $\mathbf{M}_g = \mathbf{I}$ und der obigen generalisierten Dämpfungsmatrix die Gleichung

$$\{\lambda_{Bi}^2 \mathbf{I} + \lambda_{Bi} [(1-\epsilon) \operatorname{diag}(b_{Ei}) + \epsilon\, (b_{gik})] + \mathbf{\Lambda}_0\} \hat{\mathbf{q}}_i = \mathbf{0}.$$

Sie liefert für $\epsilon = 0$ die Gl. (5.63b) mit $\lambda_{Bi}(\epsilon = 0) = \lambda_{Ei}$ nach Gl. (5.64) mit $\hat{\mathbf{q}}_i(\epsilon = 0) = \hat{\mathbf{q}}_{Ei} = \mathbf{e}_i$:

$$[\lambda_{Ei}^2 \mathbf{I} + \lambda_{Ei} \operatorname{diag}(b_{Ei}) + \mathbf{\Lambda}_0]\, \hat{\mathbf{q}}_{Ei} = \mathbf{0}.$$

Das ist die nullte Näherung des Problems. Um die Eigenlösungen der Aufgabe in erster

Näherung zu erhalten, wird der Ansatz

$$\lambda_{Bi} = \lambda_{Ei} + \Delta\lambda_i, \quad \hat{\mathbf{u}}_{Bi} = \hat{\mathbf{u}}_{oi} + \Delta\hat{\mathbf{u}}_i$$

eingeführt. Es ist zu erwarten, daß für ein hinreichend kleines ϵ die Auswirkung der Elemente ϵb_{gik}, $i \neq k$, auf $\Delta\lambda_i$, $\Delta\hat{\mathbf{u}}_i$ derart sein wird, daß $|\Delta\lambda_i|$ bzw. $\|\Delta\hat{\mathbf{u}}_i\|$ klein gegenüber $|\lambda_{Ei}|$ bzw. $\|\hat{\mathbf{u}}_{oi}\|$ sein wird. Vernachlässigt man Glieder 2. und höherer Ordnung in ϵ, $\Delta\lambda_i$, $\Delta\hat{\mathbf{u}}_i$, so folgt:

$$[(\lambda_{Ei}^2 + 2\,\lambda_{Ei}\,\Delta\lambda_i)\,\mathbf{M} + (\lambda_{Ei} + \Delta\lambda_i)\,\mathbf{B} + \mathbf{K}]\,(\hat{\mathbf{u}}_{oi} + \Delta\hat{\mathbf{u}}_i) = \mathbf{0},$$

$$\{(\lambda_{Ei}^2 + 2\,\lambda_{Ei}\Delta\lambda_i)\,\mathbf{I} + (\lambda_{Ei} + \Delta\lambda_i)\,[(1-\epsilon)\,\mathrm{diag}\,(b_{Ei}) + \epsilon\,(b_{gik})] + \mathbf{\Lambda}_0\}\,\mathbf{e}_i +$$

$$+ \{\lambda_{Ei}^2\,\mathbf{I} + \lambda_{Ei}\,[(1-\epsilon)\,\mathrm{diag}\,(b_{Ei}) + \epsilon\,(b_{gik})] + \mathbf{\Lambda}_0\}\,\Delta\hat{\mathbf{q}}_i \doteq \mathbf{0}$$

mit $\Delta\hat{\mathbf{u}}_i = \hat{\mathbf{U}}_0\,\Delta\hat{\mathbf{q}}_i$. Berücksichtigung des Matrizeneigenwertproblems bez. λ_{Ei}, $\mathbf{e}_i$ und weiterer Linearisierung liefert schließlich die Gl.

$$\{2\,\lambda_{Ei}\,\Delta\lambda_i\,\mathbf{I} + \lambda_{Ei}\,\epsilon\,[(b_{gik}) - \mathrm{diag}\,(b_{Ei})] + \Delta\lambda_i\,\mathrm{diag}\,(b_{Ei})\}\,\mathbf{e}_i +$$

$$+ \{\lambda_{Ei}^2\,\mathbf{I} + \lambda_{Ei}\,\mathrm{diag}\,(b_{Ei}) + \mathbf{\Lambda}_0\}\,\Delta\hat{\mathbf{q}}_i \doteq \mathbf{0}.$$

Diese angenäherte Gleichung von links mit $\mathbf{e}_i^T$ multipliziert und beachtet, daß der zweite Summand gleich Null wird,

$$2\,\lambda_{Ei}\,\Delta\lambda_i + \lambda_{Ei}\,\epsilon\,(b_{Ei} - b_{Ei}) + \Delta\lambda_i\,b_{Ei} \doteq 0,$$

$$\Delta\lambda_i(2\,\lambda_{Ei} + b_{Ei}) \doteq 0,$$

ergibt wegen des komplexen Wertes von λ_{Ei} und reellem b_{Ei} die Eigenwert-Änderung $\Delta\lambda_i \doteq 0$. D.h., die Auswirkung der Elemente ϵb_{gik}, $i \neq k$, auf den Eigenwert ist von 2. Ordnung. Damit vereinfacht sich die Gleichung

$$\lambda_{Ei}\,\epsilon\,[(b_{gik}) - \mathrm{diag}\,(b_{Ei})]\,\mathbf{e}_i + [\lambda_{Ei}^2\,\mathbf{I} + \lambda_{Ei}\,\mathrm{diag}\,(b_{Ei}) + \mathbf{\Lambda}_0]\,\Delta\hat{\mathbf{q}}_i \doteq \mathbf{0}.$$

Diese Beziehung für die Ermittlung der Korrektur $\Delta\,\hat{\mathbf{q}}_i$ umgeschrieben, lautet:

$$[\lambda_{Ei}^2\,\mathbf{I} + \lambda_{Ei}\,\mathrm{diag}\,(b_{Ei}) + \mathbf{\Lambda}_0]\,\Delta\hat{\mathbf{q}}_i \doteq -\lambda_{Ei}\,\epsilon\,[(b_{gik}) - \mathrm{diag}\,(b_{Ei})]\,\mathbf{e}_i.$$

Den Ansatz

$$\Delta\hat{\mathbf{q}}_i = \sum_{k=1}^{n} a_k\,\mathbf{e}_k$$

berücksichtigt und die obige Gleichung von links mit $\mathbf{e}_i^T$ multipliziert, liefert die Gleichung $0 \cdot a_i \doteq 0$. Damit kann a_i jeden Wert annehmen, die gewählte Normierung der Eigenvektoren $\hat{\mathbf{u}}_{Bi}$ legt die Wahl von $a_i = 0$ nahe, womit

$$\Delta\hat{\mathbf{q}}_i = \sum_{\substack{k=1 \\ k \neq i}}^{n} a_k\,\mathbf{e}_k$$

folgt. Linksmultiplikation der obigen Gleichung mit $\mathbf{e}_K^T$, $K \in \{1, \ldots, i-1, i+1, \ldots, n\}$ unter Berücksichtigung des Ansatzes für $\Delta\hat{\mathbf{q}}_i$ liefert die Bestimmungsgleichung für a_K,

$$(\lambda_{Ei}^2 + \lambda_{Ei}\,b_{EK} + \lambda_{0K})\,a_K \doteq -\lambda_{Ei}\,\epsilon\,b_{giK}, \quad b_{giK} = b_{gKi},$$

$$a_K \doteq -\frac{\lambda_{Ei}\,\epsilon\,b_{giK}}{\lambda_{Ei}^2 + \lambda_{Ei}\,b_{EK} + \lambda_{0K}} =$$

$$= -\frac{\lambda_{Ei}\,\epsilon\,b_{giK}}{\lambda_{Ei}^2 + \lambda_{Ei}\,b_{Ei} + \lambda_{0i} + \lambda_{Ei}\,(b_{EK} - b_{Ei}) + \lambda_{0K} - \lambda_{0i}}$$

$$= -\frac{\lambda_{Ei}\,\epsilon\,b_{giK}}{\lambda_{Ei}\,(b_{EK} - b_{Ei}) + \lambda_{oK} - \lambda_{oi}}$$

$$\doteq -\frac{(-\alpha_i + j)\,\epsilon\,b_{giK}}{(-\alpha_i + j)\,(b_{EK} - b_{Ei}) + \frac{\omega_{oK}^2}{\omega_{oi}} - \omega_{oi}}.$$

In der vorletzten Zeile wurde die Bestimmungsgleichung für λ_{Ei} berücksichtigt und in der letzten Zeile wurde gemäß der Voraussetzung (schwache Dämpfung) $\lambda_{Ei}^{im} \doteq \omega_{oi}$ (s. Gl. (5.66 b)) gesetzt.
Mit $\alpha_i\epsilon \ll 1$ vereinfacht sich der obige Zähler, und es folgt schließlich

$$a_k \doteq -j\,\frac{\epsilon\,b_{gik}}{\omega_{oi}\left[2\,(-\alpha_i + j)\left(\frac{\omega_{ok}}{\omega_{oi}}\,\alpha_k - \alpha_i\right) + \left(\frac{\omega_{ok}}{\omega_{oi}}\right)^2 - 1\right]}, \quad k \neq i.$$

Damit ist die Auswirkung der Nichthauptdiagonalelemente der generalisierten Dämpfungsmatrix $\mathbf{B}_g$ unter der genannten Voraussetzung von 1. Ordnung bezüglich der Eigenvektoren. Die angenäherten Eigenvektoren

$$\hat{\mathbf{u}}_{Bi} = \hat{\mathbf{u}}_{oi} + \Delta\hat{\mathbf{u}}_i \doteq \hat{\mathbf{u}}_{oi} - j\sum_{\substack{k=1\\k\neq i}}^{n} \frac{\epsilon\,b_{gik}}{\omega_{oi}\left[2(-\alpha_i + j)\left(\frac{\omega_{ok}}{\omega_{oi}}\alpha_k - \alpha_i\right) + \left(\frac{\omega_{ok}}{\omega_{oi}}\right)^2 - 1\right]}\,\hat{\mathbf{u}}_{ok}$$

zeigen im Real- und Imaginärteil das Orthogonalitätsverhalten (5.15). Kleine Abweichungen in der generalisierten Dämpfungsmatrix $\mathbf{B}_g$ gegenüber der Diagonalmatrix $\mathbf{B}_E$ wirken sich also kaum auf Eigenfrequenz und Dämpfungsmaß aus, sie machen sich in erster Linie als Phasenverschiebung in den einzelnen Systempunkten der Eigenschwingungsform des gedämpften Systems bemerkbar.
Mit diesem Beispiel ist ein Weg aufgezeigt worden, wie die Eigenschwingungsformen eines schwach gedämpften Systems näherungsweise durch die Eigenschwingungsgrößen des zugeordneten konservativen Systems dargestellt werden können (Störungsrechnung; s. auch Beispiel 5.2).

Nachstehend wird gezeigt, daß eine Entwicklung der Antwort des gedämpften Systems auf eine spezielle harmonische Mehrpunkterregung nach n *reellen* (Charakteristik-)Vektoren möglich ist. Die folgenden Ausführungen sind für die Resonanztheorie von Mehrfreiheitsgradsystemen grundlegend.

5.1.5.1 Die Charakteristikschwingungen

Das passive System (5.7) besitzt eine Eigenschaft, die aus der Fragestellung resultiert [5.7, 5.8]: Existiert für sinusförmige Schwingungen ein reeller Kraftvektor $\hat{\mathbf{p}} = \mathbf{p}_0$ bei vorgegebener Erregungsfrequenz Ω derart, daß die Komponenten des Antwortvektors $\hat{\mathbf{u}}_c$ untereinander phasengleich (aber nicht unbedingt phasengleich mit $\mathbf{p}_0$) sind?

Wird der Antwortvektor auf eine derartige Erregung $\mathbf{p}_0$ mit

$$\hat{\mathbf{u}}_c = \hat{\mathbf{u}}_v\,e^{-j\varphi} \tag{5.110}$$

bezeichnet, wobei die Komponenten von $\hat{\mathbf{u}}_v$ und φ reell sind (man vergleiche die Ausführungen zur komplexen Darstellung im Abschnitt 5.1.4), so folgt aus Gl. (5.7) die Gleichung

$$[-\Omega^2\mathbf{M} + j\Omega(\mathbf{B} + \frac{1}{\Omega}\,\mathbf{D}) + \mathbf{K}]\,\hat{\mathbf{u}}_v\,e^{-j\varphi} = \mathbf{p}_0. \tag{5.111}$$

Zerlegung in Real- und Imaginärteil liefert mit der Eulerschen Formel für $e^{-j\varphi}$ die beiden Gleichungen

$$[(-\Omega^2 \mathbf{M} + \mathbf{K}) \cos \varphi + (\Omega \mathbf{B} + \mathbf{D}) \sin \varphi]\, \hat{\mathbf{u}}_v = \mathbf{p}_0, \tag{5.112a}$$

$$[(-\Omega^2 \mathbf{M} + \mathbf{K}) \sin \varphi - (\Omega\, \mathbf{B} + \mathbf{D}) \cos \varphi]\, \hat{\mathbf{u}}_v = \mathbf{0}. \tag{5.112b}$$

Substitution von

$$\Phi_v := \tan \varphi \tag{5.113}$$

und – wegen der eindeutigen Zuordnung von Φ_v zu φ – Einschränkung des φ-Bereiches auf

$$-\frac{\pi}{2} \leqslant \varphi < \frac{\pi}{2}, \tag{5.114}$$

führen mit der Gl. (5.112b) auf das Matrizeneigenwertproblem

$$[(-\Omega^2 \mathbf{M} + \mathbf{K})\, \Phi_v - (\Omega\, \mathbf{B} + \mathbf{D})]\, \hat{\mathbf{u}}_v = 0 \tag{5.115}$$

für jede Erregungsfrequenz Ω mit dem Eigenwert $\Phi_v(\Omega)$ und dem Eigenvektor $\hat{\mathbf{u}}_v(\Omega)$ (nach [5.2] proper numbers und proper vectors). Die Eigenlösungen besitzen die folgenden Eigenschaften:

- Mit $\Omega \mathbf{B} + \mathbf{D}$ positiv semidefinit sind die Eigenwerte Φ_v reell und für $\Omega \neq \omega_{0i}$ ist $\det(-\Omega^2 \mathbf{M} + \mathbf{K}) \neq 0$, und es existieren n Eigenwerte Φ_{vi}, $i = 1(1)n$.
  Der Beweis wird entsprechend wie beim konservativen System geführt.
- Für $\Omega \neq \omega_{0i}$ und positiv definiter Matrix $\Omega \mathbf{B} + \mathbf{D}$ existieren n linear unabhängige Eigenvektoren $\hat{\mathbf{u}}_{vi}$, die reell normierbar sind.
  Der Beweis entspricht unter den getroffenen Voraussetzungen mit dem Eigenwert $1/\Phi_v$ dem beim konservativen System.
- Mit den Definitionen

$$\hat{\mathbf{U}}_v := (\hat{\mathbf{u}}_{v1}, \ldots, \hat{\mathbf{u}}_{vn}),\ \mathbf{\Phi}_v := \operatorname{diag}(\Phi_{vi}) \tag{5.116}$$

  geht die Gl. (5.115) über in

$$(-\Omega^2 \mathbf{M} + \mathbf{K})\, \hat{\mathbf{U}}_v\, \mathbf{\Phi}_v - (\Omega\, \mathbf{B} + \mathbf{D})\, \hat{\mathbf{U}}_v = \mathbf{0}, \tag{5.117}$$

  und es gelten gemäß dem allgemeinen Matrizeneigenwertproblem die nachstehenden Orthogonalitätsrelationen:

$$\left.\begin{aligned} \hat{\mathbf{U}}_v^T (-\Omega^2 \mathbf{M} + \mathbf{K})\, \hat{\mathbf{U}}_v &= \mathbf{R}_v = \operatorname{diag}(r_{vi}), \\ \hat{\mathbf{U}}_v^T (\Omega\, \mathbf{B} + \mathbf{D})\, \hat{\mathbf{U}}_v &= \mathbf{R}_v\, \mathbf{\Phi}_v. \end{aligned}\right\} \tag{5.118}$$

  Die Matrix $\mathbf{R}_v$ ist regulär, und sie ergibt sich aus der gewählten Normierung der $\hat{\mathbf{u}}_{vi}$. Entsprechend der Voraussetzung muß $\mathbf{R}_v \mathbf{\Phi}_v$ positiv definit sein (oder bei nichtnegativ definiter Matrix $\Omega \mathbf{B} + \mathbf{D}$ und der Voraussetzung $\det \hat{\mathbf{U}}_v \neq 0$: positiv semidefinit), d.h., $\operatorname{sgn} r_{vi} = \operatorname{sgn} \Phi_{vi}$. Damit liegt die Normierung

$$r_{vi} = \cos \varphi_i = \frac{\operatorname{sgn} \Phi_{vi}}{\sqrt{1 + \Phi_{vi}^2}} \tag{5.119}$$

  nahe,

und es folgt:

$$\left.\begin{aligned} &\mathbf{\Phi} := \text{diag}\,(\text{sgn}\,\Phi_{vi}),\ \mathbf{\Phi}^{-1} = \mathbf{\Phi},\ \mathbf{\Phi}^2 = \mathbf{I}, \\ &\mathbf{R}_v = \mathbf{\Phi}(\mathbf{I} + \mathbf{\Phi}_v^2)^{-1/2}. \end{aligned}\right\} \tag{5.120}$$

- Für $\varphi = -\pi/2$ liegt der Sonderfall des konservativen Systems (5.12) vor, wie es die Gl. (5.112b) zeigt (s. Aufgabe 5.10).

Die Charakteristikwerte Φ_{vi} und die Charakteristikvektoren $\hat{\mathbf{u}}_{vi}$ sind von der Erregungsfrequenz abhängig. Ist $\Omega\,\mathbf{B} + \mathbf{D}$ positiv definit, dann läßt sich zeigen [5.2], daß die Charakteristikwerte $\Phi_{vi}(\Omega)$ monoton wachsende Funktionen von Ω sind, ausgenommen für $\Omega = \omega_{0i}$.

Es verbleibt die Frage nach der Existenz der Erregung zu beantworten. Die Erregung $\mathbf{p}_{0i}$ mit der geforderten Eigenschaft ergibt sich für jeden Freiheitsgrad i aus der Gl. (5.112a) mit den Charakteristikwerten Φ_{vi} und den Charakteristikvektoren $\hat{\mathbf{u}}_{vi}$ des Matrizeneigenwertproblems (5.115).

Die Gl. (5.112a) für jeden Freiheitsgrad durch $\cos\varphi_i \neq 0$ dividiert und matriziell zusammengefaßt führt mit den Definitionen (5.116), der Normierung (5.120) auf die Gleichung

$$(-\Omega^2\mathbf{M} + \mathbf{K})\,\hat{\mathbf{U}}_v + (\Omega\,\mathbf{B} + \mathbf{D})\,\hat{\mathbf{U}}_v\,\mathbf{\Phi}_v = \mathbf{P}_0\mathbf{\Phi}(\mathbf{I} + \mathbf{\Phi}_v^2)^{1/2} \tag{5.121}$$

mit $\mathbf{P}_0 := (\mathbf{p}_{01}, \ldots, \mathbf{p}_{0n})$. Linksmultiplikation von (5.121) mit $\hat{\mathbf{U}}_v^T$, die Orthogonalitätseigenschaften (5.118) und die Normierung (5.120) beachtet, ergibt die Gleichung

$$\mathbf{\Phi}(\mathbf{I} + \mathbf{\Phi}_v^2)^{1/2} = \hat{\mathbf{U}}_v^T\,\mathbf{P}_0\,\mathbf{\Phi}(\mathbf{I} + \mathbf{\Phi}_v^2)^{1/2}$$

und hieraus die Gleichung

$$\hat{\mathbf{U}}_v^T\,\mathbf{P}_0 = \mathbf{I}. \tag{5.122}$$

Für Erregungsfrequenzen $\Omega \neq \omega_{0i}$ und eine reguläre Matrix der Charakteristikvektoren $\hat{\mathbf{U}}_v$ sind die Erregungsvektoren $\mathbf{p}_{0i}(\Omega)$ voneinander linear unabhängig und bilden mit den Charakteristikvektoren $\hat{\mathbf{u}}_{vi}$ ein Biorthonormalsystem.

5.1.5.2 Entwicklung der dynamischen Antwort nach den Charakteristikgrößen

Die erzwungenen Schwingungen des Systems (5.110) genügen der Gl. (5.111). Die reguläre Transformation

$$\hat{\mathbf{u}}_c = \hat{\mathbf{U}}_v\,\hat{\mathbf{q}} \tag{5.123}$$

in die Gl. (5.111) eingesetzt, von links mit $\hat{\mathbf{U}}_v^T$ multipliziert ergibt mit den Orthogonalitätseigenschaften (5.118) den Vektor der generalisierten Koordinaten

$$\hat{\mathbf{q}} = (\mathbf{I} + \mathrm{j}\,\mathbf{\Phi}_v)^{-1}\,\mathbf{R}_v^{-1}\,\hat{\mathbf{U}}_v^T\,\mathbf{p}_0,$$

aus dem entsprechend der Transformation (5.123) der Vektor der erzwungenen Schwingungen folgt:

$$\begin{aligned} \hat{\mathbf{u}}_c &= \hat{\mathbf{U}}_v\,\hat{\mathbf{q}} = \hat{\mathbf{U}}_v(\mathbf{I} + \mathrm{j}\mathbf{\Phi}_v)^{-1}\,\mathbf{R}_v^{-1}\,\hat{\mathbf{U}}_v^T\,\mathbf{p}_0 \\ &= \sum_{i=1}^{n} \frac{\hat{\mathbf{u}}_{vi}^T\,\mathbf{p}_0}{(1 + \mathrm{j}\Phi_{vi})\,r_{vi}}\,\hat{\mathbf{u}}_{vi}. \end{aligned} \tag{5.124}$$

Die Normierung (5.120) gewählt und (5.114) mit (5.113) genommen, läßt (5.124) übergehen in

$$\hat{\mathbf{u}}_c = \sum_{i=1}^{n} \operatorname{sgn} \Phi_{vi} \frac{(1 - j\,\Phi_{vi})\,\hat{\mathbf{u}}_{vi}^T \mathbf{p}_0}{|\sqrt{1 + \Phi_{vi}^2}|}\,\hat{\mathbf{u}}_{vi} \tag{5.125a}$$

$$= \sum_{i=1}^{n} e^{-j\varphi_i} (\hat{\mathbf{u}}_{vi}^T \mathbf{p}_0)\,\hat{\mathbf{u}}_{vi}. \tag{5.125b}$$

Das Resultat ist bestechend einfach, nämlich eine Entwicklung der dynamischen Antwort nach reellen verallgemeinert orthogonalen Vektoren. Nachteilig ist hierbei, daß diese Entwicklung für jede Erregungsfrequenz Ω durchzuführen ist (vgl. (5.115)).

Die Tabelle 5.1 enthält eine Zusammenstellung der Eigenlösungen der betrachteten passiven Systeme. Die Tabelle 5.2 gibt die Entwicklung der Antwortvektoren passiver Systeme nach ihren Eigenvektoren und den Eigenvektoren zugeordneter Systeme bei harmonischer Erregung wieder. Sie zeigt außerdem das Resonanzverhalten der Systeme.

Anmerkung: Die hier behandelten Systeme sind dann vollständig steuerbar (s. Bild 1.9), wenn der Erregungsvektor zu keinem Eigenvektor orthogonal ist (s. Entwicklung der dynamischen Antworten nach den Eigenvektoren, Hautus-Kriterium [1.4, 1.10]). Die vollständige Steuerbarkeit kann z.B. auch für das passive ungedämpfte System beschrieben werden durch:

$$\mathbf{p}_0 = \hat{\mathbf{U}}_0 \mathbf{r} = \sum_{i=1}^{n} r_i \hat{\mathbf{u}}_{0i} \quad \text{mit } r_i \neq 0,\ i = 1(1)n.$$

5.1.6 Aktive Systeme

Obwohl (asymptotisch stabile) aktive Systeme mit n Freiheitsgraden, wie sie durch die Bewegungsgleichung (5.9) beschrieben werden, im folgenden nicht behandelt werden (von Hinweisen abgesehen), sei doch der grundsätzliche Unterschied zu den passiven Systemen angedeutet.

Vorausgesetzt sei ein (determiniertes, elastomechanisches) System, das

- linear,
- zeitinvariant,
- viskos gedämpft,
- asymptotisch stabil [1.4]

sei und n Freiheitsgrade besitze: Allgemein lautet die Bewegungsgleichung

$$\mathbf{A}_2 \ddot{\mathbf{u}}(t) + \mathbf{A}_1 \dot{\mathbf{u}}(t) + \mathbf{A}_0 \mathbf{u}(t) = \mathbf{p}(t). \tag{5.126}$$

Die Matrizen $\mathbf{A}_2$, $\mathbf{A}_1$, $\mathbf{A}_0$ sind quadratisch n-ter Ordnung und besitzen reelle Elemente, sie brauchen aber nicht mehr symmetrisch zu sein.

Die homogene Gleichung

$$\mathbf{A}_2 \ddot{\mathbf{u}}(t) + \mathbf{A}_1 \dot{\mathbf{u}}(t) + \mathbf{A}_0 \mathbf{u}(t) = \mathbf{0} \tag{5.127}$$

beschreibt z.B. das Flatterproblem [5.9], das im Flugzeugbau auftritt und generalisierte aerodynamische Kräfte als lineare Funktionen der Verschiebungen und ihrer Ableitungen

Tabelle 5.1: Übersicht über die verschiedenen Eigenlösungen passiver Systeme mit n Freiheitsgraden

Bezeichnung	ungedämpftes System	viskos gedämpftes System	viskos gedämpftes System mit diagonaler generalisierter Dämpfungsmatrix
1	2	3	4
Matrizeneigenwertproblem	$(-\lambda_0 \mathbf{M} + \mathbf{K})\, \hat{\mathbf{u}}_0 = \mathbf{0}$	$(\lambda_B^2 \mathbf{M} + \lambda_B \mathbf{B} + \mathbf{K})\, \hat{\mathbf{u}}_B = \mathbf{0}$	$(\lambda_E^2 \mathbf{M} + \lambda_E \mathbf{B} + \mathbf{K})\, \hat{\mathbf{u}}_0 = \mathbf{0}$ mit $\mathbf{K}\mathbf{M}^{-1}\mathbf{B} = \mathbf{B}\mathbf{M}^{-1}\mathbf{K}$, es folgt $\mathbf{B}_E := \hat{\mathbf{U}}_0^T \mathbf{B} \hat{\mathbf{U}}_0 =$ diag (b_{Ei})
Eigenschaften der Eigenwerte	• $\lambda_{0i} = \omega_{0i}^2 \geq 0, \quad i = 1(1)n$	• $\lambda_{Bl} = \overset{re}{\lambda}_{Bl} + j\,\overset{im}{\lambda}_{Bl}, \quad l = 1(1)\,2n$ • $\lambda_{Br} \leq 0$, $r = 1(1)\,2s$, $\lambda_{B2s+k} = \overset{re}{\lambda}_{B2s+k} + j\,\overset{im}{\lambda}_{B2s+k}$, $\overset{re}{\lambda}_{B2s+k} \leq 0$, $\overset{im}{\lambda}_{B2s+k} \geq 0$, $k = 1(1)\,n-s$, $\lambda_{Bn+s+k} = \lambda^*_{B2s+k}$	• $\lambda_{Ei} = \overset{re}{\lambda}_{Ei} + j\,\overset{im}{\lambda}_{Ei}, \quad i = 1(1)\,n$, • $\overset{re}{\lambda}_{Ei} \leq 0$, $\overset{im}{\lambda}_{Ei} \geq 0$
Eigenfrequenz	• ω_{0i}	• $\omega_{B2s+k} = \overset{im}{\lambda}_{B2s+k}$	• $\omega_{0i} \mid \sqrt{1-\alpha_i^2} \mid = \overset{im}{\lambda}_{Bi}$
effektive Dämpfung	• –	• $\alpha_{B2s+k} = -\overset{re}{\lambda}_{B2s+k} / \overset{im}{\lambda}_{B2s+k}$	• $\alpha_i = b_{Ei}/(2\,\omega_{0i}\, m_{gi})$
Eigenschaften der Eigenvektoren (Rechtseigenvektor und Linkseigenvektor sind gleich)	• $\hat{\mathbf{u}}_{0i}$, reell normierbar • linear unabhängig	• $\hat{\mathbf{u}}_{Br}$ reell normierbar, $\hat{\mathbf{u}}_{B2s+k}$ komplex, $\hat{\mathbf{u}}_{Bn+s+k} = \hat{\mathbf{u}}^*_{B2s+k}$ • für disjunkte Eigenwerte sind n Eigenvektoren linear unabhängig	• $\hat{\mathbf{u}}_{0i}$ reell normierbar • linear unabhängig
Orthonormierung	• $\hat{\mathbf{u}}_{0i}^T \mathbf{M}\, \hat{\mathbf{u}}_{0k} = \delta_{ik}\, m_{gi} \geq 0,\ m_{gi} > 0$ • $\hat{\mathbf{u}}_{0i}^T \mathbf{K}\, \hat{\mathbf{u}}_{0k} = \delta_{ik}\, k_{gi} \geq 0$, $k_{gi} = \lambda_{0i}\, m_{gi}$; $i, k = 1(1)n$	• $(\lambda_{Bi} + \lambda_{Bk})\, \hat{\mathbf{u}}_{Bi}^T \mathbf{M}\, \hat{\mathbf{u}}_{Bk} + \hat{\mathbf{u}}_{Bi}^T \mathbf{B}\, \hat{\mathbf{u}}_{Bk} = \delta_{ik}$ • $\lambda_{Bi}\lambda_{Bk}\, \hat{\mathbf{u}}_{Bi}^T \mathbf{M}\, \hat{\mathbf{u}}_{Bk} - \hat{\mathbf{u}}_{Bi}^T \mathbf{K}\, \hat{\mathbf{u}}_{Bk} = \delta_{ik}\, \lambda_{Bi}$; $i, k = 1(1)\,2n$	• $\hat{\mathbf{u}}_{0i}^T \mathbf{M}\, \hat{\mathbf{u}}_{0k} = \delta_{ik}\, m_{gi} \geq 0,\ m_{gi} > 0$ • $\hat{\mathbf{u}}_{0i}^T \mathbf{K}\, \hat{\mathbf{u}}_{0k} = \delta_{ik}\, k_{gi} \geq 0,\ k_{gi} = \lambda_{0i}\, m_{gi}$ • $\hat{\mathbf{u}}_{0i}^T \mathbf{B}\, \hat{\mathbf{u}}_{0k} = \delta_{ik}\, b_{Ei} \geq 0; \quad i, k = 1(1)\,n$
Modalmatrix	• $\hat{\mathbf{U}}_0$, det $\hat{\mathbf{U}}_0 \neq 0$	• $\hat{\mathbf{U}}_B = (\hat{\mathbf{U}}_{B1}, \hat{\mathbf{U}}_{B2}, \hat{\mathbf{U}}^*_{B2})$, $\hat{\mathbf{U}}_{B1} := (\hat{\mathbf{u}}_{B1}, \ldots, \hat{\mathbf{u}}_{B2s})$, $\hat{\mathbf{U}}_{B2} := (\hat{\mathbf{u}}_{B2s+1}, \ldots, \hat{\mathbf{u}}_{Bn+s})$, rg $\hat{\mathbf{U}}_B = n$	• $\hat{\mathbf{U}}_0$, det $\hat{\mathbf{U}}_0 \neq 0$
Diagonalmatrix der Eigenwerte	• $\Lambda_0 :=$ diag (λ_{0i})	• $\Lambda_B :=$ diag $(\lambda_{Bl}) =$ diag $(\Lambda_{B1}, \Lambda_{B2}, \Lambda^*_{B2})$; $\Lambda_{B1} :=$ diag (λ_{Br}), $\Lambda_{B2} :=$ diag (λ_{B2s+k})	• $\Lambda_{BE} :=$ diag (λ_{Ei})
Matrizeneigenwertproblem	• $-\mathbf{M}\, \hat{\mathbf{U}}_0\, \Lambda_0 + \mathbf{K}\, \hat{\mathbf{U}}_0 = \mathbf{0}$	• $\mathbf{M}\, \hat{\mathbf{U}}_B\, \Lambda_B^2 + \mathbf{B}\, \hat{\mathbf{U}}_B\, \Lambda_B + \mathbf{K}\, \hat{\mathbf{U}}_B = \mathbf{0}$	• $\mathbf{M}\, \hat{\mathbf{U}}_0\, \Lambda_{BE}^2 + \mathbf{B}\, \hat{\mathbf{U}}_0\, \Lambda_{BE} + \mathbf{K}\, \hat{\mathbf{U}}_0 = \mathbf{0}$
generalisierte Matrizen (Orthonormierung)	• $\mathbf{M}_g := \hat{\mathbf{U}}_0^T \mathbf{M}\, \hat{\mathbf{U}}_0 =$ diag (m_{gi}) • $\mathbf{K}_g := \hat{\mathbf{U}}_0^T \mathbf{K}\, \hat{\mathbf{U}}_0 = \mathbf{M}_g\, \Lambda_0 =$ diag $(\lambda_{0i}\, m_{gi})$	• $\Lambda_B\, \hat{\mathbf{U}}_B^T \mathbf{M}\, \hat{\mathbf{U}}_B + \hat{\mathbf{U}}_B^T \mathbf{M}\, \hat{\mathbf{U}}_B\, \Lambda_B + \hat{\mathbf{U}}_B^T \mathbf{B}\, \hat{\mathbf{U}}_B = \mathbf{I}$ • $\Lambda_B\, \hat{\mathbf{U}}_B^T \mathbf{M}\, \hat{\mathbf{U}}_B\, \Lambda_B - \hat{\mathbf{U}}_B^T \mathbf{K}\, \hat{\mathbf{U}}_B = \Lambda_B$	• $\mathbf{M}_g := \hat{\mathbf{U}}_0^T \mathbf{M}\, \hat{\mathbf{U}}_0 =$ diag (m_{gi}) • $\mathbf{K}_g := \hat{\mathbf{U}}_0^T \mathbf{K}\, \hat{\mathbf{U}}_0 = \mathbf{M}_g\, \Lambda_0 =$ diag $(\lambda_{0i}\, m_{gi})$ • $\mathbf{B}_E := \hat{\mathbf{U}}_0^T \mathbf{B}\, \hat{\mathbf{U}}_0 =$ diag (b_{Ei})

Bezeichnung	strukturell gedämpftes System	strukturell gedämpftes System mit diagonaler generalisierter Dämpfungsmatrix	zugeordnete Charakteristikschwingungen
1	5	6	7
Matrizeneigenwertproblem	$(-\Lambda_D \mathbf{M} + j\,\mathbf{D} + \mathbf{K})\,\hat{\mathbf{u}}_D = \mathbf{0}$	$(-\Lambda_E \mathbf{M} + j\,\mathbf{D} + \mathbf{K})\,\hat{\mathbf{u}}_0 = \mathbf{0}$ mit $\mathbf{K}\,\mathbf{M}^{-1}\mathbf{D} = \mathbf{D}\,\mathbf{M}^{-1}\mathbf{K}$, es folgt $\mathbf{B}_E := \hat{\mathbf{U}}_0^T \mathbf{D}\,\hat{\mathbf{U}}_0 =$ $= \operatorname{diag}(d_{Ei})$	$[(-\Omega^2 \mathbf{M} + \mathbf{K})\,\Phi_v - (\Omega\,\mathbf{B} + \mathbf{D})]\,\hat{\mathbf{u}}_v = \mathbf{0}$
Eigenschaften der Eigenwerte	• $\Lambda_{Di} = \Lambda_{Di}^{re} + j\,\Lambda_{Di}^{im} = -\lambda_{Di}^2$, $i = 1(1)\,n$, • $\Lambda_{Di}^{re} \geqslant 0$, $\Lambda_{Di}^{im} \geqslant 0$	• $\Lambda_{Ei} = \Lambda_{Ei}^{re} + j\,\Lambda_{Ei}^{im}$, $i = 1(1)\,n$, • $\Lambda_{Ei}^{re} \geqslant 0$, $\Lambda_{Ei}^{im} \geqslant 0$	• $\Phi_{vi} \gtreqless 0$, $i = 1(1)\,n$ für $\Omega \neq \omega_{0i}$
Eigenfrequenz	• –	• $\omega_{0i}\,\dfrac{\lvert\sqrt{1 + \lvert\sqrt{1 + g_i^2}\rvert}\rvert}{\lvert\sqrt{2}\rvert}$	• –
effektive Dämpfung	• –	• $g_i = d_{Ei}/(\omega_{0i}^2\, m_{gi})$	• –
Eigenschaften der Eigenvektoren (Rechtseigenvektor und Linkseigenvektor sind gleich)	• $\hat{\mathbf{u}}_{Di}$ komplex • für disjunkte Eigenwerte linear unabhängig	• $\hat{\mathbf{u}}_{0i}$ rell normierbar • linear unabhängig	• $\hat{\mathbf{u}}_{vi}$ reell normierbar • für $\Omega \neq \omega_{0i}$ und $\Omega\,\mathbf{B} + \mathbf{D}$ positiv definit linear unabhängig
Orthonormierung	• $\hat{\mathbf{u}}_{Di}^T \mathbf{M}\,\hat{\mathbf{u}}_{Dk} = \delta_{ik}\, m_{Di}$ • $\hat{\mathbf{u}}_{Di}^T (\mathbf{K} + j\,\mathbf{D})\,\hat{\mathbf{u}}_{Dk} = \delta_{ik}\,\Lambda_{Di}\, m_{Di}$; $i, k = 1(1)\,n$	• $\hat{\mathbf{u}}_{0i}^T \mathbf{M}\,\hat{\mathbf{u}}_{0k} = \delta_{ik}\, m_{gi} \geqslant 0$, $m_{gi} > 0$ • $\hat{\mathbf{u}}_{0i}^T \mathbf{K}\,\hat{\mathbf{u}}_{0k} = \delta_{ik}\, k_{gi} \geqslant 0$, $k_{gi} = \lambda_{0i}\, m_{gi}$ • $\hat{\mathbf{u}}_{0i}^T \mathbf{D}\,\hat{\mathbf{u}}_{0k} = \delta_{ik}\, d_{Ei} \geqslant 0$; $i, k = 1(1)\,n$	• $\hat{\mathbf{u}}_{vi}^T (-\Omega^2 \mathbf{M} + \mathbf{K})\,\hat{\mathbf{u}}_{vk} = \delta_{ik}\, r_{vi}$, $\operatorname{sgn} r_{vi} = \operatorname{sgn} \Phi_{vi}$ • $\hat{\mathbf{u}}_{vi}^T (\Omega\,\mathbf{B} + \mathbf{D})\,\hat{\mathbf{u}}_{vk} = \delta_{ik}\,\Phi_{vi}\, r_{vi}$; $i, k = 1(1)\,n$
Modalmatrix	• $\hat{\mathbf{U}}_D$, $\det \hat{\mathbf{U}}_D \neq 0$	• $\hat{\mathbf{U}}_0$, $\det \hat{\mathbf{U}}_0 \neq 0$	• $\hat{\mathbf{U}}_v$, $\det \hat{\mathbf{U}}_v \neq 0$
Diagonalmatrix der Eigenwerte	• $\Lambda_D := \operatorname{diag}(\Lambda_{Di})$	• $\Lambda_E := \operatorname{diag}(\Lambda_{Ei})$	• $\Phi_v := \operatorname{diag}(\Phi_{vi})$
Matrizeneigenwertproblem	$-\mathbf{M}\,\hat{\mathbf{U}}_D\,\Lambda_D + (\mathbf{K} + j\,\mathbf{D})\,\hat{\mathbf{U}}_D = \mathbf{0}$	• $-\mathbf{M}\,\hat{\mathbf{U}}_0\,\Lambda_E + (\mathbf{K} + j\,\mathbf{D})\,\hat{\mathbf{U}}_0 = \mathbf{0}$	• $(-\Omega^2 \mathbf{M} + \mathbf{K})\,\hat{\mathbf{U}}_v\,\Phi_v - (\Omega\,\mathbf{B} + \mathbf{D})\,\hat{\mathbf{U}}_v = \mathbf{0}$
generalisierte Matrizen (Orthonormierung)	• $\mathbf{M}_D := \hat{\mathbf{U}}_D^T \mathbf{M}\,\hat{\mathbf{U}}_D = \operatorname{diag}(m_{Di})$ • $\mathbf{S}_D := \hat{\mathbf{U}}_D^T (\mathbf{K} + j\,\mathbf{D})\,\hat{\mathbf{U}}_D =$ $= \mathbf{M}_D\,\Lambda_D = \operatorname{diag}(\Lambda_{Di}\, m_{Di})$	• $\mathbf{M}_g := \hat{\mathbf{U}}_0^T \mathbf{M}\,\hat{\mathbf{U}}_0 = \operatorname{diag}(m_{gi})$ • $\mathbf{K}_g := \hat{\mathbf{U}}_0^T \mathbf{K}\,\hat{\mathbf{U}}_0 = \mathbf{M}_g\,\Lambda_0 = \operatorname{diag}(\lambda_{0i}\, m_{gi})$ • $\mathbf{B}_E := \hat{\mathbf{U}}_0^T \mathbf{D}\,\hat{\mathbf{U}}_0 = \operatorname{diag}(d_{Ei})$	• $\mathbf{R}_v := \hat{\mathbf{U}}_v^T (-\Omega^2 \mathbf{M} + \mathbf{K})\,\hat{\mathbf{U}}_v = \operatorname{diag}(r_{vi})$ • $\mathbf{Q}_v := \hat{\mathbf{U}}_v^T (\Omega\,\mathbf{B} + \mathbf{D})\,\hat{\mathbf{U}}_v = \mathbf{R}_v\,\Phi_v =$ $= \operatorname{diag}(\Phi_{vi}\, r_{vi})$

Tabelle 5.2: Entwicklung der erzwungenen Schwingungen $\mathbf{u}(t) = \hat{\mathbf{u}}\, e^{j\Omega t}$ passiver Systeme auf die harmonische Erregung $\mathbf{p}_0\, e^{j\Omega t}$ nach Eigenvektoren, Resonanzverhalten

Bezeichnung	ungedämpftes System	viskos gedämpftes System mit nichtdiagonaler generalisierter Dämpfungsmatrix	viskos gedämpftes System mit diagonaler generalisierter Dämpfungsmatrix
1	2	3	4
Bewegungsgleichung	$(-\Omega^2 \mathbf{M} + \mathbf{K})\,\hat{\mathbf{u}} = \mathbf{p}_0$	$(-\Omega^2 \mathbf{M} + j\,\Omega\,\mathbf{B} + \mathbf{K})\,\hat{\mathbf{u}} = \mathbf{p}_0$	s. Spalte 3 mit $B_E = \mathrm{diag}\,(b_{Ei})$
Entwicklung nach den Eigenvektoren des zugeordneten ungedämpften Systems	$\hat{\mathbf{u}} = \sum_{i=1}^{n} \frac{\hat{\mathbf{u}}_{0i}^T\,\mathbf{p}_0}{(\lambda_{0i} - \Omega^2)\,m_{gi}}\,\hat{\mathbf{u}}_{0i}$	existiert nicht	$\hat{\mathbf{u}} = \sum_{i=1}^{n} \frac{\hat{\mathbf{u}}_{0i}^T\,\mathbf{p}_0}{(\lambda_{0i} - \Omega^2)\,m_{gi} + j\,\Omega\,b_{Ei}}\,\hat{\mathbf{u}}_{0i}$
Entwicklung nach den Eigenvektoren des gedämpften Systems	entfällt	$\hat{\mathbf{u}} = \sum_{l=1}^{2n} \frac{\hat{\mathbf{u}}_{Bl}^T\mathbf{p}_0}{j\Omega - \lambda_{Bl}}\,\hat{\mathbf{u}}_{Bl} = \sum_{r=1}^{2s} \frac{\hat{\mathbf{u}}_{Br}^T\,\mathbf{p}_0}{j\Omega - \lambda_{Br}}\,\hat{\mathbf{u}}_{Br} + \sum_{k=1}^{n-s}\left[\frac{\hat{\mathbf{u}}_{B2s+k}^T\,\mathbf{p}_0}{j\Omega - \lambda_{B2s+k}}\,\hat{\mathbf{u}}_{B2s+k} + \frac{\hat{\mathbf{u}}_{B2s+k}^{*T}\,\mathbf{p}_0}{j\Omega - \lambda_{B2s+k}^*}\,\hat{\mathbf{u}}_{B2s+k}^*\right]$	s. oben
Entwicklung nach den Charakteristikvektoren	Sonderfall s. oben	$\hat{\mathbf{u}} = \sum_{i=1}^{n} \frac{\hat{\mathbf{u}}_{vi}^T\,\mathbf{p}_0}{(1 + j\,\Phi_{vi})\,r_{vi}}\,\hat{\mathbf{u}}_{vi}$, $(\mathbf{D} = \mathbf{0})$	$\hat{\mathbf{u}} = \sum_{i=1}^{n} \frac{\hat{\mathbf{u}}_{vi}^T\,\mathbf{p}_0}{(1 + j\,\Phi_{vi})\,r_{vi}}\,\hat{\mathbf{u}}_{vi}$, $(\mathbf{D} = \mathbf{0})$
Resonanz mit $\mathbf{p}_0$ = **const.**	$\Omega = \omega_{0i}$	$\Omega = \lambda_{Bl}^{im}$	$\Omega = \omega_{0i}$
Isolation des K-ten Freiheitsgrades des zugeordneten konservativen Systems[2] mit $\mathbf{p}_{0K}$ $(\hat{\mathbf{u}} \sim \hat{\mathbf{u}}_{0K})$	$\hat{\mathbf{u}}_{0i}^T\,\mathbf{p}_{0K} = \begin{cases} 0 \text{ für } i \neq K \\ \neq 0 \text{ für } i = K \end{cases}$ für alle Ω, z. B. $\mathbf{p}_{0K} \sim \mathbf{M}\,\hat{\mathbf{u}}_{0K}$	$\hat{\mathbf{u}} = \hat{\mathbf{u}}^{re} + j\,\hat{\mathbf{u}}^{im}$, [1] also $(-\Omega^2\mathbf{M} + \mathbf{K})\,\hat{\mathbf{u}}^{re} - \Omega\,\mathbf{B}\,\hat{\mathbf{u}}^{im} = \mathbf{p}_0$ $\Omega\,\mathbf{B}\,\hat{\mathbf{u}}^{re} + (-\Omega^2\mathbf{M} + \mathbf{K})\,\hat{\mathbf{u}}^{im} = \mathbf{0}$, es folgt $\Omega = \omega_{0K}$ $\hat{\mathbf{u}}^{re}(\omega_{0K}) = \mathbf{0}$, folglich $\mathbf{p}_{0K} = -\,\omega_{0K}\,\mathbf{B}\,\hat{\mathbf{u}}_{0K}$ mit $\hat{\mathbf{u}}^{im}(\omega_{0K}) = \hat{\mathbf{u}}_{0K}$	$\hat{\mathbf{u}}_{0i}^T\,\mathbf{p}_{0K} = \begin{cases} 0 \text{ für } i \neq K \\ \neq 0 \text{ für } i = K \end{cases}$ für alle Ω, z. B. $\mathbf{p}_{0K} \sim \mathbf{M}\,\hat{\mathbf{u}}_{0K}$
Isolation des K-ten Freiheitsgrades der Charakteristik-Schwingungen, Ω = const.	Sonderfall s. oben	$\hat{\mathbf{u}}_{vi}^T\,\mathbf{p}_{0K} = \begin{cases} 0 \text{ für } i \neq K \\ \neq 0 \text{ für } i = K. \end{cases}$ z. B. $\mathbf{p}_{0K} \sim \mathbf{B}\,\hat{\mathbf{u}}_{vK}$	$\hat{\mathbf{u}}_{vi}^T\,\mathbf{p}_{0K} = \begin{cases} 0 \text{ für } i \neq K \\ \neq 0 \text{ für } i = K \end{cases}$ z. B. $\mathbf{p}_{0K} \sim \mathbf{B}\,\hat{\mathbf{u}}_{vK}$

Bezeichnung	strukturell gedämpftes System mit nichtdiagonaler generalisierter Dämpfungsmatrix	strukturell gedämpftes System mit diagonaler generalisierter Dämpfungsmatrix
1	5	6
Bewegungsgleichung	$(-\Omega^2 \mathbf{M} + \mathbf{K} + j\,\mathbf{D})\,\hat{\mathbf{u}} = \mathbf{p}_o$	s. Spalte 5 mit $\mathbf{B}_E = \text{diag}\,(d_{Ei})$
Entwicklung nach den Eigenvektoren des zugeordneten ungedämpften Systems	existiert nicht	$\hat{\mathbf{u}} = \sum_{i=1}^{n} \frac{\hat{\mathbf{u}}_{oi}^T \mathbf{p}_o}{(\lambda_{oi} - \Omega^2)\, m_{gi} + j\, d_{Ei}}\, \hat{\mathbf{u}}_{oi}$
Entwicklung nach den Eigenvektoren des gedämpften Systems	$\hat{\mathbf{u}} = \sum_{i=1}^{n} \frac{\hat{\mathbf{u}}_{Di}^T \mathbf{p}_o}{(\Lambda_{Di} - \Omega^2)\, m_{Di}}\, \hat{\mathbf{u}}_{Di}$	s. oben
Entwicklung nach den Charakteristikvektoren	$\hat{\mathbf{u}} = \sum_{i=1}^{n} \frac{\hat{\mathbf{u}}_{vi}^T \mathbf{p}_o}{(1 + j\,\Phi_{vi})\, r_{vi}}\, \hat{\mathbf{u}}_{vi}, \quad (\mathbf{B} = \mathbf{0})$	$\hat{\mathbf{u}} = \sum_{i=1}^{n} \frac{\hat{\mathbf{u}}_{vi}^T \mathbf{p}_o}{(1 + j\,\Phi_{vi})\, r_{vi}}\, \hat{\mathbf{u}}_{vi}, \; (\mathbf{B} = \mathbf{0})$
Resonanz mit $\mathbf{p}_o$ = const.	$\Omega = \lvert\sqrt{\Lambda_{Di}^{re}}\rvert$	$\Omega = \omega_{oi}$
Isolation des K-ten Freiheitsgrades des zugeordneten konservativen Systems[2] mit $\mathbf{p}_{oK}$ $(\hat{\mathbf{u}} \sim \hat{\mathbf{u}}_{oK})$	$\hat{\mathbf{u}} = \hat{\mathbf{u}}^{re} + j\,\hat{\mathbf{u}}^{im}$,[1] also $(-\Omega^2 \mathbf{M} + \mathbf{K})\,\hat{\mathbf{u}}^{re} - \mathbf{D}\,\hat{\mathbf{u}}^{im} = \mathbf{p}_o$, $\mathbf{D}\,\hat{\mathbf{u}}^{re} + (-\Omega^2 \mathbf{M} + \mathbf{K})\,\hat{\mathbf{u}}^{im} = \mathbf{0}$, es folgt $\Omega = \omega_{oK}$ $\hat{\mathbf{u}}^{re}(\omega_{oK}) = \mathbf{0}$ folglich $\mathbf{p}_{oK} = -\mathbf{D}\,\hat{\mathbf{u}}_{oK}$ mit $\hat{\mathbf{u}}^{im}(\omega_{oK}) = \hat{\mathbf{u}}_{oK}$	$\hat{\mathbf{u}}_{oi}^T \mathbf{p}_{oK} = \begin{cases} 0 \text{ für } i \neq K \\ \neq 0 \text{ für } i = K \end{cases}$ für alle Ω, z. B. $\mathbf{p}_{oK} \sim \mathbf{M}\,\hat{\mathbf{u}}_{oK}$
Isolation des K-ten Freiheitsgrades der Charakteristik-Schwingungen, Ω = const.	$\hat{\mathbf{u}}_{vi}^T \mathbf{p}_{oK} = \begin{cases} 0 \text{ für } i \neq K \\ \neq 0 \text{ für } i = K \end{cases}$ z. B. $\mathbf{p}_{oK} \sim \mathbf{D}\,\hat{\mathbf{u}}_{vK}$	$\hat{\mathbf{u}}_{vi}^T \mathbf{p}_{oK} = \begin{cases} 0 \text{ für } i \neq K \\ \neq 0 \text{ für } i = K \end{cases}$ z. B. $\mathbf{p}_{oK} \sim \mathbf{D}\,\hat{\mathbf{u}}_{vK}$

1 Phasenresonanz s. Aufgabe 5.11, Näheres s. Abschnitt 5.2

2 Die Isolation eines komplexen Eigenvektors ist im allgemeinen mit (reellem) $\mathbf{p}_o$ nicht möglich.

beinhaltet: Selbsterregte Schwingungen. Die sinusförmigen Schwingungen von (5.127) werden mit dem Produktansatz

$$\mathbf{u}(t) = \hat{\mathbf{u}}_B \, e^{j\omega_B t} \tag{5.46}$$

als Lösungen des quadratischen Matrizeneigenwertproblems

$$(\lambda_B^2 \, \mathbf{A}_2 + \lambda_B \, \mathbf{A}_1 + \mathbf{A}_0) \, \hat{\mathbf{u}}_B = \mathbf{0}, \quad \lambda_B := j\omega_B \tag{5.128}$$

beschrieben. Die numerische Behandlung kann im Zustandsraum oder auch in der obigen Formulierung erfolgen. Beim Flatterproblem sind die Matrizenelemente noch von einem Parameter, der auf die Anströmungsgeschwindigkeit bezogenen Frequenz (multipliziert mit einer Bezugslänge, um den Parameter dimensionslos zu erhalten), abhängig, womit sich die Eigenlösungen als Funktionen der Geschwindigkeit ergeben (Stabilitätsuntersuchungen). Diesbezügliche Lösungsmethoden werden in [5.10, 5.11] diskutiert. Die Rechtseigenvektoren von (5.128) sind wegen der fehlenden Symmetrie der Matrizen von den Linkseigenvektoren $\hat{\mathbf{v}}_B$ verschieden:

$$\hat{\mathbf{v}}_B^T (\lambda_B^2 \, \mathbf{A}_2 + \lambda_B \mathbf{A}_1 + \mathbf{A}_0) = \mathbf{0}. \tag{5.129}$$

Damit ist schon der grundsätzliche Unterschied zu den behandelten passiven Systemen genannt: Neben den Rechtseigenvektoren sind die Linkseigenvektoren zu berücksichtigen. Damit lassen sich ganz entsprechende Aussagen für aktive Systeme wie für die passiven Systeme machen.

Mit der Matrix der Linkseigenvektoren $\hat{\mathbf{V}}_B := (\hat{\mathbf{v}}_{B1}, ..., \hat{\mathbf{v}}_{B2n})$ geht die Orthonormierung (5.53) über in

$$\left.\begin{aligned} &\Lambda_B \hat{\mathbf{V}}_B^T \mathbf{A}_2 \hat{\mathbf{U}}_B + \hat{\mathbf{V}}_B^T \mathbf{A}_2 \hat{\mathbf{U}}_B \Lambda_B + \hat{\mathbf{V}}_B^T \mathbf{A}_1 \hat{\mathbf{U}}_B = \mathbf{I}, \\ &\Lambda_B \hat{\mathbf{V}}_B^T \mathbf{A}_2 \hat{\mathbf{U}}_B \Lambda_B - \hat{\mathbf{V}}_B^T \mathbf{A}_0 \hat{\mathbf{U}}_B = \Lambda_B \end{aligned}\right\} \tag{5.130}$$

bzw. die letzte Gleichung von (5.53a) in

$$\hat{\mathbf{U}}_B \, \hat{\mathbf{V}}_B^T = \mathbf{0}. \tag{5.130a}$$

Anmerkung: Läßt sich das Matrizeneigenwertproblem als spezielle Eigenwertaufgabe $\mathbf{A}\mathbf{x} = \lambda \, \mathbf{x}$ formulieren, dann können die Linkseigenvektoren $\mathbf{y}$, $\mathbf{A}^T\mathbf{y} = \lambda \, \mathbf{y}$, für eine diagonalähnliche n-reihige quadratische Matrix $\mathbf{A}$ (zu jedem mehrfach auftretenden Eigenwert λ_0 besitzt die Matrix $\mathbf{A} - \lambda_0 \mathbf{I}$ den vollen Rangabfall n_0 mit n_0 der Vielfachheit von λ_0) infolge ihrer Eigenschaft der Biorthonormierung

$$\mathbf{X}^T\mathbf{Y} = \mathbf{I}, \mathbf{X} := (\mathbf{x}_1, ..., \mathbf{x}_n), \mathbf{Y} := (\mathbf{y}_1, ..., \mathbf{y}_n),$$

aus den Rechtseigenvektoren ermittelt werden: $\mathbf{Y} = (\mathbf{X}^T)^{-1}$.
Für schwach viskos gedämpfte Systeme ergibt sich die Modalmatrix $\hat{\mathbf{V}}_B$ z.B. bei Kenntnis der Eigenwerte aus den Rechtseigenvektoren *und* der Systemmatrix $\mathbf{A}_2$. Die Modalmatrix folgt aus der Orthonormierung (5.130) und z.B. der Kenntnis der Trägheitsmatrix $\mathbf{A}_2$ (vgl. die Anmerkung im Abschnitt 5.1.8.1, die Gleichung für $\mathbf{A}_2^{-1}$; hieraus läßt sich die Modalmatrix $\hat{\mathbf{V}}_B$ nicht ermitteln, da $\hat{\mathbf{U}}_B^T \hat{\mathbf{U}}_B$ quadratisch 2n-ter Ordnung mit dem Rang n und daher nicht invertierbar ist) durch Übergang auf den Zustandsraum:

$$A := \begin{pmatrix} \mathbf{0} & \mathbf{A}_2 \\ \mathbf{A}_2 & \mathbf{A}_1 \end{pmatrix}, \quad C := \begin{pmatrix} -\mathbf{A}_2 & \mathbf{0} \\ \mathbf{0} & \mathbf{A}_0 \end{pmatrix}, \quad R := \begin{pmatrix} \hat{\mathbf{U}}_B \, \Lambda_B \\ \hat{\mathbf{U}}_B \end{pmatrix}, \quad Q := \begin{pmatrix} \hat{\mathbf{V}}_B \, \Lambda_B \\ \hat{\mathbf{V}}_B \end{pmatrix},$$

es folgt aus (5.130):

$$Q^T A R = \mathbf{I}, Q^T C R = -\Lambda_B.$$

Aus der 2. Gleichung folgt

$$Q^T = -\Lambda_B R^{-1} C^{-1} \quad \text{oder} \quad (\Lambda_B \hat{\mathbf{V}}_B^T, \hat{\mathbf{V}}_B^T) = -\Lambda_B R^{-1} \begin{pmatrix} -\mathbf{A}_2^{-1} & \mathbf{0} \\ \mathbf{0} & \mathbf{A}_0^{-1} \end{pmatrix}.$$

Mit $R^{-1} =: (\mathbf{G}_1, \mathbf{G}_2)$ folgt hieraus

$$\hat{\mathbf{V}}_B^T = \mathbf{G}_1 \mathbf{A}_2^{-1} (\text{und } \hat{\mathbf{V}}_B^T = -\Lambda_B \mathbf{G}_2 \mathbf{A}_0^{-1}).$$

Um einen Formalismus für die Identifikation der Linkseigenvektoren z.B. bei harmonischer Erregung zu erhalten, wird die Gl. (5.133a) zugrunde gelegt. Die Rechtseigenvektoren sind nur bis auf einen Faktor bestimmbar:

$$\mathbf{a}_i = \hat{\mathbf{u}}_{Bi}(\hat{\mathbf{v}}_{Bi}^T \mathbf{p}_0) =: \hat{\mathbf{u}}_{Bi} c_i, \quad i = 1(1)2\,n.$$

Für schwach gedämpfte Systeme mit n linear unabhängigen reellen Erregervektoren $\mathbf{p}_{0k}$, $k = 1(1)\,n$ gilt:

$$\hat{\mathbf{U}}_B = (\hat{\mathbf{U}}_{B2}, \hat{\mathbf{U}}_{B2}^*), \quad \hat{\mathbf{V}}_B = (\hat{\mathbf{V}}_{B2}, \hat{\mathbf{V}}_{B2}^*) = (\hat{\mathbf{v}}_{B1}, \ldots, \hat{\mathbf{v}}_{B2n}),$$

$$\mathbf{A}_k := (\mathbf{a}_{1k}, \ldots, \mathbf{a}_{nk}) = \hat{\mathbf{U}}_{B2} \mathbf{C}_k, \mathbf{C}_k := \text{diag}\,(c_{ik}), \quad c_{ik} = \mathbf{v}_{Bi}^T \mathbf{p}_{0k},$$

es folgt

$$\sum_{i=1}^{n} \mathbf{a}_{ik} = \hat{\mathbf{U}}_{B2} \hat{\mathbf{V}}_{B2}^T \mathbf{p}_{0k}, \quad k = 1(1)\,n.$$

Diese Gleichung kann mit den Matrizen $\mathbf{P} := (\mathbf{p}_{01}, \ldots, \mathbf{p}_{0n})$, $\det \mathbf{P} \neq 0$,

$$\mathbf{\Sigma} := \sum_{i=1}^{n} (\mathbf{a}_{i1}, \ldots, \mathbf{a}_{in})$$

in die Form $\mathbf{\Sigma} = \hat{\mathbf{U}}_{B2} \hat{\mathbf{V}}_{B2}^T \mathbf{P}$ überführt werden, die die Matrix

$$\hat{\mathbf{V}}_{B2}^T = \hat{\mathbf{U}}_{B2}^{-1} \mathbf{\Sigma} \mathbf{P}^{-1}$$

ergibt. In die Normierung (5.130a),

$$\hat{\mathbf{U}}_B \hat{\mathbf{V}}_B^T = \hat{\mathbf{U}}_{B2} \hat{\mathbf{V}}_{B2}^T + \hat{\mathbf{U}}_{B2}^* \hat{\mathbf{V}}_{B2}^{*T} = \mathbf{0},$$

$\mathbf{V}_{B2}^T$ eingesetzt, führt mit der reellen Matrix $\mathbf{P}$ auf die Gleichung $\mathbf{\Sigma} \mathbf{P}^{-1} + \mathbf{\Sigma}^* \mathbf{P}^{-1} = \mathbf{0}$, es folgt: $\mathbf{\Sigma} + \mathbf{\Sigma}^* = \mathbf{0}$, also $\text{Re}\, \mathbf{\Sigma} = \mathbf{0}$. Damit ist die Verknüpfungsmatrix $(\mathbf{\Sigma} \mathbf{P}^{-1})$ rein imaginär:

$$\hat{\mathbf{V}}_{B2}^T = \hat{\mathbf{U}}_{B2}^{-1} (\mathbf{\Sigma} \mathbf{P}^{-1}), \hat{\mathbf{V}}_{B2}^{*T} = -\hat{\mathbf{U}}_{B2}^{*-1} (\mathbf{\Sigma} \mathbf{P}^{-1}),$$

$$\text{Re}\, \hat{\mathbf{V}}_{B2}^T = -\text{Im}\, [\hat{\mathbf{U}}_{B2}^{-1} (\mathbf{\Sigma} \mathbf{P}^{-1})], \text{Im}\, \hat{\mathbf{V}}_{B2}^T = \text{Re}\, [\hat{\mathbf{U}}_{B2}^{-1} (\mathbf{\Sigma} \mathbf{P}^{-1})].$$

Da die Rechtseigenvektoren nur bis auf einen Faktor bestimmt sind, erhält man die Linkseigenvektoren ebenfalls nur bis auf einen Faktor. Für das oben geschilderte Vorgehen ist die Messung der Erregervektoren notwendig.
Aus der Erregung $\mathbf{p}_{0k}$ erhält man die komplexe Amplitudenmatrix

$$\mathbf{A}_k = \hat{\mathbf{U}}_{B2} \mathbf{C}_k, \quad \text{folglich} \quad \hat{\mathbf{U}}_{B2} = \mathbf{A}_k \mathbf{C}_k^{-1}.$$

Diese Teilmodalmatrix in das Ergebnis für $\hat{\mathbf{V}}_{B2}^T$ eingesetzt, liefert die transponierte Teilmodalmatrix der Linkseigenvektoren zu

$$\hat{\mathbf{V}}_{B2}^T = \mathbf{C}_k \mathbf{A}_k^{-1} (\mathbf{\Sigma} \mathbf{P}^{-1}),$$

die wiederum in Gl. (5.132) mit $s = j\Omega$ für eine beliebige harmonische Erregung verwendet werden kann, um den Antwortvektor $U(j\Omega)$ auszudrücken:

$$U(j\Omega) = \hat{U}_B(j\Omega I - \Lambda_B)^{-1}\, \hat{V}_B^T\, p_o$$

$$= (A_k\; C_k^{-1}\; A_k^* C_k^{*-1})\,(j\Omega I - \Lambda_B)^{-1} \begin{pmatrix} C_k A_k^{-1}\;(\Sigma\, P^{-1}) \\ -C_k^* A_k^{*-1}(\Sigma\, P^{-1}) \end{pmatrix} p_o$$

$$= (A_k, A_k^*) \begin{pmatrix} C_k^{-1}, & 0 \\ 0, & C_k^{*-1} \end{pmatrix} (j\Omega I - \Lambda_B)^{-1} \begin{pmatrix} C_k, & 0 \\ 0, & C_k^* \end{pmatrix} \begin{pmatrix} A_k^{-1}\;(\Sigma\, P^{-1}) \\ -A_k^{*-1}\;(\Sigma\, P^{-1}) \end{pmatrix} p_o.$$

Da die Matrizen C_k und $(j\Omega I - \Lambda_B)$ diagonal sind, hebt sich die unbekannte Matrix C_k heraus, so daß

$$U(j\Omega) = (A_k, A_k^*)\,(j\Omega I - \Lambda_B)^{-1} \begin{pmatrix} A_k^{-1} \\ -A_k^{*-1} \end{pmatrix} (\Sigma\, P^{-1})\, p_o$$

gilt, und man bei Kenntnis der Matrix $\Sigma\, P^{-1}$ anstelle der Rechtseigenvektoren und Linkseigenvektoren die komplexen Amplitudenvektoren verwenden darf, die bei der Identifikation ermittelt werden.

Durch Laplacetransformation der Bewegungsgleichung (5.126) mit den Anfangsbedingungen Null erhält man die Gleichung

$$(s^2 A_2 + s\, A_1 + A_0)\, U(s) = P(s) \tag{5.131}$$

und demzufolge den Antwortvektor

$$U(s) = (s^2 A_2 + s\, A_1 + A_0)^{-1}\, P(s).$$

Die Systemantwort läßt sich aufgrund der Orthonormierung der Rechts- und Linkseigenvektoren nach denselben entwickeln (Spektralzerlegung):

$$U(s) = \hat{U}_B(I\, s - \Lambda_B)^{-1}\, \hat{V}_B^T\, P(s)$$

$$= \sum_{l=1}^{2n} \frac{\hat{v}_{Bl}^T\, P(s)}{s - \lambda_{Bl}}\, \hat{u}_{Bl}. \tag{5.132}$$

Allgemein kann (5.132) für schwach gedämpfte Systeme in der Form

$$U(s) = \sum_{l=1}^{2n} \frac{a_l}{s - \lambda_{Bl}} = \sum_{i=1}^{n} \left(\frac{a_i}{s - \lambda_{Bi}} + \frac{a_i^*}{s - \lambda_{Bi}^*} \right) \tag{5.133}$$

geschrieben werden, wobei gilt:

$$a_i := \hat{u}_{Bi}(\hat{v}_{Bi}^T\, p_o), \quad s = j\Omega \qquad \text{für harmonische Erregung} \tag{5.133a}$$

$$a_i := \hat{u}_{Bi}\, [\hat{v}_{Bi}^T \int_0^{T_0} e^{-\lambda_{Bi} t}\, p(t)\, dt] \qquad \text{für impulsförmige Erregung} \tag{5.133b}$$

$p(t) \neq 0$ nur für $0 \leqslant t \leqslant T_0$.
Die Antwort gilt für $t \geqslant T_0$.

$$a_i := \hat{u}_{Bi}\, (\hat{v}_{Bi}^T\, P(s)). \tag{5.133c}$$

Details hierzu können [5.2] entnommen werden. Herleitung und Eigenschaften der einzelnen Größen entsprechen denen der passiven Systeme, sei es das Resonanzphänomen, die freien Schwingungen oder die Anregung nur eines Freiheitsgrades.

Anmerkung: Die Frequenzgang- und Übertragungsmatrizen der betrachteten passiven Systeme (s. Aufgabe 5.13) zeigen übereinstimmend die nachstehenden Eigenschaften:

- Sie sind quadratische Matrizen, die per se symmetrisch sind.
- Sie sind aus der Summe der dyadischen Produkte der Eigenvektoren je Freiheitsgrad aufgebaut. Die Summanden enthalten im Nenner des skalaren Faktors alle skalaren Modalgrößen des jeweiligen Freiheitsgrades.
- Damit enthält eine Reihe (Zeile oder Spalte) alle Eigenschwingungsgrößen des Systems.

Die Übertragungsmatrix des viskos gedämpften aktiven Systems, sie folgt aus Gl. (5.132) zu

$$H(s) = \sum_{l=1}^{2n} \frac{\hat{u}_{Bl}\,\hat{v}_{Bl}^T}{s - \lambda_{Bl}},$$

enthält dagegen alle Eigenschwingungsgrößen in einer Zeile *und* Spalte. Jedoch sind die Eigenwerte schon in einer Reihe vorhanden.

Diese Eigenschaften der Frequenzgang- bzw. Übertragungsmatrizen ermöglichen für die Systemidentifikation und damit für die Praxis einige wichtige Schlußfolgerungen: Für passive Systeme lautet ein Element der Übertragungsmatrix (sinngemäß für die Frequenzmatrix)

$$H_{kl}(s) = \sum_i \frac{a_{kli}}{s - s_i} = \frac{P_{kl}(s)}{Q(s)} \quad \text{(Partialbruchzerlegung)}$$

mit den Eigenwerten s_i. Die Eigenwerte ergeben sich aus $Q(s) = 0$ (Pole von $H_{kl}(s)$) zu $s = s_i$. Multiplikation von $H_{kl}(s)$ mit $s - s_\nu$ liefert:

$$\frac{P_{kl}(s)\,(s - s_\nu)}{Q(s)} = \frac{P_{kl}(s)}{Q(s)/(s - s_\nu)} = \sum_i \frac{a_{kli}(s - s_\nu)}{s - s_i};$$

für $s = s_\nu$ folgt:

$$\frac{P_{kl}(s_\nu)}{N(s_\nu)} = a_{kl\nu} \quad \text{mit } N(s_\nu) := \left.\frac{Q(s)}{s - s_\nu}\right|_{s = s_\nu}.$$

- Aus (gemessenen) $H_{kl}(s)$ für $k = 1(1)n$ und festem l lassen sich alle Eigenschwingungsgrößen ermitteln, denn die a_{kli} setzen sich aus den Eigenvektor-Komponenten zusammen.
- Für die passiven Systeme genügt es, z.B. die Verschiebungen in n Punkten bei Erregung in einem Punkt zu messen (eine Spalte der Matrix) oder umgekehrt, Messung in einem Punkt und Erregung nacheinander in n Punkten (eine Zeile der Matrix).

Die erste Schlußfolgerung ist theoretischer Natur, denn in praxi können Schwierigkeiten numerischer Art auftreten, die angedeutet seien. Erfolgt die Erregung an einer Stelle (l), so kann der Fall eintreten, daß zwar alle Freiheitsgrade in H_{kl} enthalten sind (vollständig steuerbar), daß aber einige Freiheitsgrade in H_{kl} überwiegen, andere dagegen nur vernachlässigbare Anteile liefern (Beobachtbarkeit!). Abhängig von der Wahl von s im Vergleich zu den Eigenwerten kann auch der Fall eintreten, daß $|s| \gg |s_\nu|$ oder $|s| \ll |s_\nu|$ ist, dann sind die zugehörigen Summanden von H_{kl} näherungsweise proportional $1/s$ oder konstant (vgl. Aufgabe 5.4). In diesen Fällen treten numerische Schwierigkeiten in der Weise auf, daß die Modalgrößen der betreffenden Freiheitsgrade nicht bzw. nur sehr fehlerbehaftet bestimmbar sind (Identifizierbarkeit!). In diesen Fällen liegt der Gedanke nahe, die Freiheitsgrade, die in den gemessenen Übertragungs-

funktionen mit nichtvernachlässigbaren Anteilen enthalten sind, über die Partialbruchzerlegung zu modellieren (→ effektive Anzahl von Freiheitsgraden) und den verbleibenden (determinierten) Fehler der durch die Partialbruchzerlegung nicht erfaßten – aber in den gemessenen Übertragungsfunktionen nur schwach enthaltenen – Freiheitsgrade durch Hinzufügen eines Terms $a + b/s$; $a, b = \text{const.}$; zu modellieren (Fehlermodellierung! Vgl. Abschnitt 5.2.3).
Die Schlußfolgerung, daß durch die Spektraldarstellung (Darstellung durch die Modalgrößen) der Übertragungs- bzw. Frequenzgangmatrix die Inversion der dynamischen Steifigkeitsmatrix in dem betreffenden Raum vermieden wird, wurde bereits im Abschnitt 5.1.2.2 angemerkt.

5.1.7 Der Einfluß von Randbedingungen und Anfangsbedingungen

Bekanntlich sind die Modalgrößen (zumindest der ersten Freiheitsgrade, geordnet nach aufsteigenden Eigenfrequenzen) empfindlich abhängig von den Randbedingungen. Lassen sich die tatsächlich vorliegenden Randbedingungen des betrachteten Systems im Versuch nicht verwirklichen, dann sollten einfache determinierte Randbedingungen im Versuch eingeführt werden, um sie dann rechnerisch zu berücksichtigen. Sind nichtlineare Einspannelemente vorhanden, so sollten diese für den Versuch durch lineare bekannte oder bezüglich ihrer elastomechanischen Eigenschaften bestimmbare Einspannelemente ersetzt werden, das nichtlineare Element gesondert experimentell untersucht (nichtparametrische Identifikation) und anschließend rechnerisch in das linear identifizierte System eingeführt werden. Weiter sei angemerkt, daß sich starre Einspannungen u.U. schlecht verwirklichen lassen, so daß es oft besser ist, eine definierte lineare elastische Einspannung des Systems zu wählen, um dann anschließend die Ergebnisse für die starre Einspannung rechnerisch zu erhalten (vgl. auch den Aufsatz von E. Breitbach über die Identifikation nichtlinearer Systeme in [5.73]). Sollen die Eigenschaften des nichteingespannten, freien Systems aus einem Versuch mit eingespanntem System bestimmt werden (Flugzeug, Rakete), so kann das betreffende System tieffrequent derart eingespannt (aufgehängt) werden, daß die Modalgrößen der Einspannfreiheitsgrade (die die Starrkörperfreiheitsgrade mit den Frequenzen Null repräsentieren sollen) die elastischen Systemfreiheitsgrade vernachlässigbar beeinflussen (höchste Einspann-Eigenfrequenz *mindestens* 1/4 der Grund-Eigenfrequenz des zu untersuchenden Systems, die Einspannpunkte sind so zu wählen, daß die Befestigung des Systems an ihnen keine steifigkeitsändernden Vorspannungen in Systemteilen hervorrufen usw.). Um die eben angedeuteten Schwierigkeiten zu umgehen, ist in [5.12] ein Verfahren angegeben, das von nichttieffrequenten Einspannungen ausgeht und über die Messung der Einspannkräfte die Systemeigenschaften des nichteingespannten Systems zu ermitteln erlaubt.

Beispiel 5.4: Für ein ungedämpftes System sei

- $\mathbf{u}(t)$ der (n, 1)-Verschiebungsvektor im körperfesten Koordinatensystem, dessen Ursprung im Bezugspunkt (Bezugselement) liege,
- $\mathbf{G}$ die (n, n)-Nachgiebigkeits-(Einfluß-)matrix des im Bezugselement starr eingespannten Systems,
- $\mathbf{M}$ die zugehörige (n, n)-Trägheitsmatrix,
- $\mathbf{w}(t)$ der (n, 1)-Verschiebungsvektor des Systems im raumfesten Koordinatensystem und
- $\mathbf{w}_S(t)$ der (m, 1)-Verschiebungsvektor des Bezugselementes im zum körperfesten Koordinatensystem parallelen raumfesten Koordinatensystem ($\mathbf{w}_S = \mathbf{0}$, es folgt $\mathbf{w} = \mathbf{u}$).

Der Formalismus für die Eigenschwingungen bei verschiedenen Einspannungen des Systems wird im folgenden hergeleitet. Der Verschiebungsvektor im raumfesten Koordinatensystem genügt der kinematischen Beziehung

$$\mathbf{w}(t) = \mathbf{T}\,\mathbf{w}_S(t) + \mathbf{u}(t).$$

Sie ist nur für kleine (verallgemeinerte) Verschiebungen gültig. Die Anzahl m der Komponenten von $\mathbf{w}_S(t)$ beträgt 6 für ein dreidimensionales diskretisiertes Kontinuum. Eine entsprechende Anzahl Nullen enthält demzufolge $\mathbf{u}(t)$ für die Verschiebungen des Bezugselements. Die (n, m)-Matrix $\mathbf{T}$ ist eine Transformationsmatrix (geometrische Matrix, für das freie System ist sie die Modalmatrix der Starrkörper-Freiheitsgrade). Die Verschiebung $\mathbf{w}(t)$ liefert den Beschleunigungsvektor

$$\ddot{\mathbf{w}}(t) = \mathbf{T}\,\ddot{\mathbf{w}}_S(t) + \ddot{\mathbf{u}}(t)$$

und somit den Vektor der Trägheitskräfte zu

$$-\mathbf{M}\,\ddot{\mathbf{w}}(t) = -\mathbf{M}[\mathbf{T}\,\ddot{\mathbf{w}}_S(t) + \ddot{\mathbf{u}}(t)],$$

der mit dem Vektor $\mathbf{p}_a(t)$ der Belastungskräfte den Vektor (Reaktionskräfte; d'Alembert)

$$\mathbf{p}(t) = \mathbf{p}_a(t) - \mathbf{M}\,\ddot{\mathbf{w}}(t)$$

ergibt. Die Elastizitätsbeziehung

$$\mathbf{u}(t) = \mathbf{G}\,\mathbf{p}(t) = \mathbf{G}[\mathbf{p}_a(t) - \mathbf{M}\,\ddot{\mathbf{w}}(t)]$$

führt damit auf die Bewegungsgleichung

$$\mathbf{G}\,\mathbf{M}\,\ddot{\mathbf{w}}(t) + \mathbf{w}(t) - \mathbf{T}\,\mathbf{w}_S(t) = \mathbf{G}\,\mathbf{p}_a(t)$$

im raumfesten und auf $\mathbf{G}\,\mathbf{M}[\mathbf{T}\,\ddot{\mathbf{w}}_S(t) + \ddot{\mathbf{u}}(t)] + \mathbf{u}(t) = \mathbf{G}\,\mathbf{p}_a(t)$ im körperfesten Koordinatensystem.

Mit der virtuellen Arbeit $\delta\mathbf{A} = \mathbf{p}^T(t)\delta\mathbf{w}$ und der virtuellen Formänderungsarbeit $\delta E_{pot} = \mathbf{p}^T(t)\delta\mathbf{u}(t) + \mathbf{p}_S^T(t)\,\mathbf{T}\,\delta\mathbf{w}_S(t)$, wobei $\mathbf{p}_S(t)$ der Vektor der elastischen Rückstellkräfte bei elastischer Einspannung des Bezugselements ist, folgt aus dem Prinzip der virtuellen Arbeiten die Gleichgewichtsbedingung $\delta\mathbf{A} = \delta E_{pot}$:

$$\mathbf{p}^T(t)\delta\mathbf{w}(t) = \mathbf{p}^T(t)\delta\mathbf{u}(t) + \mathbf{p}_S^T(t)\,\mathbf{T}\delta\mathbf{w}_S(t).$$

Einsetzen von $\mathbf{w}(t)$ in die Gleichgewichtsbedingung liefert die Gl.

$$\mathbf{p}^T(t)\,[\mathbf{T}\delta\mathbf{w}_S(t) + \delta\mathbf{u}(t)] = \mathbf{p}^T(t)\delta\mathbf{u}(t) + \mathbf{p}_S^T(t)\,\mathbf{T}\delta\mathbf{w}_S(t),$$

$$\mathbf{p}^T(t)\,\mathbf{T}\delta\mathbf{w}_S(t) = \mathbf{p}_S^T(t)\,\mathbf{T}\delta\mathbf{w}_S(t),$$

sie gilt für jede virtuelle Verschiebung $\mathbf{w}_S(t)$, also ist

$$\mathbf{p}^T(t)\,\mathbf{T} = \mathbf{p}_S^T(t)\,\mathbf{T}$$

bzw.

$$\mathbf{T}^T\,\mathbf{p}(t) = \mathbf{T}^T\,\mathbf{p}_S(t),$$

$$\mathbf{T}^T[\mathbf{p}_a(t) - \mathbf{M}\,\ddot{\mathbf{w}}(t)] = \mathbf{T}^T\,\mathbf{p}_S(t).$$

$\mathbf{p}_a(t) = \mathbf{0}$ beschreibt die freien Schwingungen. Die Bewegungsgleichungen und Gleichgewichtsbedingungen gehen für die beiden Koordinatensysteme mit dem Produktansatz über in

$$(-\omega_0^2\mathbf{G}\,\mathbf{M} + \mathbf{I})\hat{\mathbf{w}} - \mathbf{T}\,\hat{\mathbf{w}}_S = \mathbf{0}, \quad \omega_0^2\mathbf{T}^T\,\mathbf{M}\,\hat{\mathbf{w}} = \mathbf{T}^T\,\hat{\mathbf{p}}_S,$$

$$-\omega_0^2\mathbf{G}\,\mathbf{M}(\mathbf{T}\,\hat{\mathbf{w}}_S + \hat{\mathbf{u}}) + \hat{\mathbf{u}} = \mathbf{0}, \quad \omega_0^2\mathbf{T}^T\,\mathbf{M}(\mathbf{T}\,\hat{\mathbf{w}}_S + \hat{\mathbf{u}}) = \mathbf{T}^T\,\hat{\mathbf{p}}_S.$$

Fallunterscheidungen bezüglich der Einspannung:

1. Starre Einspannung: $\hat{\mathbf{w}}_S = \mathbf{0}$, es folgt: $\hat{\mathbf{u}} = \hat{\mathbf{w}}$,

   $\omega_0^2 \mathbf{G}\,\mathbf{M}\,\hat{\mathbf{u}} = \hat{\mathbf{u}}.$

2. Elastische Einspannung: $\hat{\mathbf{p}}_S =: \mathbf{K}_S\,\hat{\mathbf{w}}_S$. Die Gleichgewichtsbedingung führt mit der quadratischen Matrix $\mathbf{T}^T\,\mathbf{K}_S$ der Ordnung m auf $\hat{\mathbf{w}}_S = \omega_0^2(\mathbf{T}^T\mathbf{K}_S)^{-1}\mathbf{T}^T\,\mathbf{M}\,\hat{\mathbf{w}}$ und damit auf das Eigenwertproblem

   $(-\,\omega_0^2\mathbf{G}\,\mathbf{M} + \mathbf{I})\,\hat{\mathbf{w}} - \omega_0^2\mathbf{T}(\mathbf{T}^T\mathbf{K}_S)^{-1}\mathbf{T}^T\mathbf{M}\,\hat{\mathbf{w}} = \mathbf{0},$

   $\omega_0^2[\mathbf{G} + \mathbf{T}(\mathbf{T}^T\mathbf{K}_S)^{-1}\mathbf{T}^T]\mathbf{M}\,\hat{\mathbf{w}} = \hat{\mathbf{w}}$

   im raumfesten Koordinatensystem. Nach dem Maxwellschen Reziprozitätsgesetz muß die Einflußmatrix

   $\mathbf{G}_{el} := \mathbf{G} + \mathbf{T}(\mathbf{T}^T\,\mathbf{K}_S)^{-1}\,\mathbf{T}^T$

   symmetrisch sein, $\mathbf{G}_{el} = \mathbf{G}_{el}^T : \mathbf{T}^T\mathbf{K}_S = (\mathbf{T}^T\mathbf{K}_S)^T = \mathbf{K}_S^T\mathbf{T}.$

3. Das freie System: $\hat{\mathbf{p}}_S = \mathbf{0}$, es folgt $\omega_0^2\mathbf{T}^T\,\mathbf{M}\,\hat{\mathbf{w}} = \mathbf{0}$ bzw.

   $\omega_0^2\mathbf{T}^T\mathbf{M}(\mathbf{T}\,\hat{\mathbf{w}}_S + \hat{\mathbf{u}}) = \mathbf{0}$ und damit $\hat{\mathbf{w}}_S = -(\mathbf{T}^T\mathbf{M}\,\mathbf{T})^{-1}\mathbf{T}^T\,\mathbf{M}\,\hat{\mathbf{u}}.$

   $\hat{\mathbf{w}}_S$ in das Eigenwertproblem im körperfesten Koordinatensystem eingesetzt:

   $\omega_0^2\,\mathbf{G}\,\mathbf{M}[-\mathbf{T}(\mathbf{T}^T\,\mathbf{M}\,\mathbf{T})^{-1}\,\mathbf{T}^T\,\mathbf{M} + \mathbf{I}]\,\hat{\mathbf{u}} = \hat{\mathbf{u}},$

   $\omega_0^2\mathbf{G}[-\,\mathbf{M}\,\mathbf{T}(\mathbf{T}^T\,\mathbf{M}\,\mathbf{T})^{-1}\,\mathbf{T}^T + \mathbf{I}]\,\mathbf{M}\,\hat{\mathbf{u}} = \hat{\mathbf{u}}$

   mit $\mathbf{G_f} := \mathbf{G}[\mathbf{I} - \mathbf{M}\,\mathbf{T}(\mathbf{T}^T\,\mathbf{M}\,\mathbf{T})^{-1}\mathbf{T}^T] = \mathbf{G_f^T}.$

Die eben angedeuteten Fälle seien hier jedoch nicht untersucht und vertieft (es sind Probleme der Systemanalyse), sondern es wird der Einfluß „kleiner" Änderungen der Einspannparameter angesprochen, um die Empfindlichkeit der dynamischen Größen auf dieselben erkennen zu können. Eine Möglichkeit hierzu bietet die differentielle Fehleranalyse [3.11] für Systeme ohne Freiheitsgradänderungen, wie sie im folgenden noch verwendet wird, und deshalb an dieser Stelle nicht behandelt wird. In [5.13] werden die Auswirkungen bei differentiellen Systemparameteränderungen auf die Modalgrößen ausführlich dargestellt.

Drückt man die modifizierte Einspannung, die die Anzahl der Freiheitsgrade des Systems unbeeinflußt läßt, durch endliche Steifigkeits- und Trägheitsänderungen $\Delta\mathbf{K}$ und $\Delta\mathbf{M}$ gegenüber den Matrizen $\mathbf{K}$, $\mathbf{M}$ der ungeänderten Einspannung aus, und liegt ein passives System vor, so bewirken $\Delta\mathbf{K}$ und $\Delta\mathbf{M}$ beim zugeordneten ungedämpften System (5.14) Änderungen der Modalgrößen in der Form $\Lambda_0 + \Delta\Lambda$, $\hat{\mathbf{U}}_0 + \Delta\hat{\mathbf{U}}$:

$$-\,(\mathbf{M} + \Delta\mathbf{M})\,(\hat{\mathbf{U}}_0 + \Delta\hat{\mathbf{U}})\,(\Lambda_0 + \Delta\Lambda) + (\mathbf{K} + \Delta\mathbf{K})\,(\hat{\mathbf{U}}_0 + \Delta\hat{\mathbf{U}}) = \mathbf{0}. \qquad (5.134)$$

Setzen wir Änderungen voraus, die mit hinreichender Genauigkeit eine Linearisierung der Gl. (5.134) bezüglich der Änderungsgrößen erlaubt, dann geht die Gl. (5.134) über in

$$(-\,\mathbf{M}\,\hat{\mathbf{U}}_0 - \mathbf{M}\,\Delta\hat{\mathbf{U}} - \Delta\mathbf{M}\,\hat{\mathbf{U}}_0)\,\Lambda_0 - \mathbf{M}\,\hat{\mathbf{U}}_0\,\Delta\Lambda + \mathbf{K}\,\hat{\mathbf{U}}_0 + \mathbf{K}\Delta\hat{\mathbf{U}} + \Delta\mathbf{K}\hat{\mathbf{U}}_0 \doteq \mathbf{0}.$$

Berücksichtigen des ungeänderten Matrizeneigenwertproblems (5.14), Linksmultiplikation der Gleichung mit der transponierten Modalmatrix $\hat{\mathbf{U}}_0^T$ und Beachten der Orthogonalitätsbedingungen (5.15) mit $\mathbf{M_g} = \mathbf{I}$ liefern die Gleichung

$$(-\,\hat{\mathbf{U}}_0^T\,\mathbf{M}\,\Delta\hat{\mathbf{U}} - \hat{\mathbf{U}}_0^T\,\Delta\mathbf{M}\,\hat{\mathbf{U}}_0)\,\Lambda_0 - \Delta\Lambda + \hat{\mathbf{U}}_0^T\,\mathbf{K}\,\Delta\hat{\mathbf{U}} + \hat{\mathbf{U}}_0^T\,\Delta\mathbf{K}\,\hat{\mathbf{U}}_0 \doteq \mathbf{0}.$$

Der Ansatz

$$\Delta \hat{\mathbf{U}} = \hat{\mathbf{U}}_0 \mathbf{A} \qquad (5.135)$$

führt schließlich auf die Gleichung

$$(-\mathbf{A} - \hat{\mathbf{U}}_0^T \,\Delta \mathbf{M}\, \hat{\mathbf{U}}_0)\,\mathbf{\Lambda}_0 - \Delta \mathbf{\Lambda} + \mathbf{\Lambda}_0 \mathbf{A} + \hat{\mathbf{U}}_0^T \Delta \mathbf{K}\, \hat{\mathbf{U}}_0 \doteq \mathbf{0},$$

die nach $\Delta\Lambda$ aufgelöst wird:

$$\Delta \mathbf{\Lambda} \doteq \hat{\mathbf{U}}_0^T \,\Delta \mathbf{K}\, \hat{\mathbf{U}}_0 + \mathbf{\Lambda}_0 \mathbf{A} - (\mathbf{A} + \hat{\mathbf{U}}_0^T \,\Delta \mathbf{M}\, \hat{\mathbf{U}}_0)\,\mathbf{\Lambda}_0. \qquad (5.136)$$

Setzt man abkürzend für die bekannten generalisierten Änderungen

$$\left.\begin{aligned} \Delta \mathbf{K}_g &:= \hat{\mathbf{U}}_0^T \,\Delta \mathbf{K}\, \hat{\mathbf{U}}_0 = (\Delta k_{gik}), \\ \Delta \mathbf{M}_g &:= \hat{\mathbf{U}}_0^T \,\Delta \mathbf{M}\, \hat{\mathbf{U}}_0 = (\Delta m_{gik}), \end{aligned}\right\} \qquad (5.137)$$

so ergeben sich für die Hauptdiagonalelemente von (5.136)

$$\Delta \lambda_{0i} \doteq \Delta k_{gii} - \lambda_{0i}\, \Delta m_{gii}, \qquad (5.138)$$

d.h., mit der Näherung (5.138) sind ohne Kenntnis von $\Delta \hat{\mathbf{U}}$ die Eigenwert-Änderungen bekannt. Für $i \neq k$ folgt aus (5.136):

$$0 \doteq \Delta k_{gik} + \lambda_{0i}\, a_{ik} - \lambda_{0k}\, a_{ik} - \lambda_{0k}\, \Delta m_{gik},$$

also unter der Voraussetzung einfacher Eigenwerte

$$a_{ik} \doteq \frac{\Delta k_{gik} - \lambda_{0k}\, \Delta m_{gik}}{\lambda_{0k} - \lambda_{0i}}. \qquad (5.139\text{a})$$

Die Hauptdiagonalelemente a_{ii} folgen aus der Normierungsvorschrift:

$$(\hat{\mathbf{U}}_0 + \Delta \hat{\mathbf{U}})^T\, (\mathbf{M} + \Delta \mathbf{M})\, (\hat{\mathbf{U}}_0 + \Delta \hat{\mathbf{U}}) = \mathbf{I}, \quad \hat{\mathbf{U}}_0^T\, \mathbf{M}\, \hat{\mathbf{U}}_0 = \mathbf{I},$$

$$\mathbf{I} + \Delta\, \hat{\mathbf{U}}^T\, \mathbf{M}\, \hat{\mathbf{U}}_0 + \Delta\, \mathbf{M}_g + \hat{\mathbf{U}}_0^T\, \mathbf{M}\, \Delta \mathbf{U} \doteq \mathbf{I},$$

$$\mathbf{A}^T + \Delta \mathbf{M}_g + \mathbf{A} \doteq 0,$$

$$a_{ii} \doteq -\frac{1}{2}\, \Delta m_{gii}. \qquad (5.139\text{b})$$

Die Näherungsgleichungen (5.138) und (5.139) zeigen, daß die (additiven) Eigenwert-Änderungen aufgrund von generalisierten Steifigkeitsänderungen erfolgen, die der Eigenvektoren jedoch (multiplikativ) aufgrund von generalisierten Massenänderungen.

Sonderfälle, wie Einspannänderungen lediglich die Steifigkeit betreffend usw. sind in dem obigen Formalismus enthalten.

Interessiert nur die Eigenwert-Änderung, so kann der Rayleighsche Quotient zur Untersuchung herangezogen werden, wie es beispielsweise in [5.14] für Balken durchgeführt worden ist.

Wird in der im Versuch realisierten Einspannung lediglich die Dämpfung des als strukturell gedämpft angenommenen passiven Systems um $\Delta \mathbf{D}$ gegenüber der tatsächlichen Dämpfungsmatrix $\mathbf{D}$ geändert, so läßt sich ihr Einfluß auf die Modalgrößen des gedämpften Systems wieder linearisiert ermitteln. Die Dämpfungsänderung $\Delta \mathbf{D}$ verursacht die Modalgrößenänderungen $\Delta\,\hat{\mathbf{U}}$, $\Delta\,\Lambda$: Entsprechend dem Matrizeneigenwertproblem (5.93a) gilt

$$-\mathbf{M}(\hat{\mathbf{U}}_D + \Delta\hat{\mathbf{U}})(\Lambda_D + \Delta\Lambda) + [\mathbf{K} + j(\mathbf{D} + \Delta\mathbf{D})](\hat{\mathbf{U}}_D + \Delta\hat{\mathbf{U}}) = \mathbf{0}, \qquad (5.140)$$

Berücksichtigen von (5.93a), (5.95) mit $\mathbf{M}_D = \mathbf{I}$, Linksmultiplikation der Gleichung mit $\hat{\mathbf{U}}_D^T$ und Linearisieren bezüglich der Änderungsmatrizen führt auf die Näherung

$$-\hat{\mathbf{U}}_D^T\,\mathbf{M}\,\Delta\hat{\mathbf{U}}\Lambda_D - \Delta\Lambda + \hat{\mathbf{U}}_D^T(\mathbf{K} + j\mathbf{D})\,\Delta\hat{\mathbf{U}} + j\hat{\mathbf{U}}_D^T\,\Delta\mathbf{D}\,\hat{\mathbf{U}}_D \doteq \mathbf{0}.$$

Mit dem Ansatz

$$\Delta\hat{\mathbf{U}} = \hat{\mathbf{U}}_D\mathbf{A} \qquad (5.141)$$

folgt die Matrix der Eigenwert-Änderungen zu

$$\Delta\Lambda \doteq \Lambda_D\,\mathbf{A} - \mathbf{A}\Lambda_D + j\,\hat{\mathbf{U}}_D^T\,\Delta\mathbf{D}\,\hat{\mathbf{U}}_D,$$

deren Hauptdiagonalelemente

$$\Delta\lambda_{Di} \doteq j\,\hat{\mathbf{u}}_{Di}^T\,\Delta\mathbf{D}\,\hat{\mathbf{u}}_{Di}, \quad i = 1(1)n, \qquad (5.142)$$

lauten. Damit ist die Änderung des Eigenwerts durch die Dämpfungsänderung der Einspannung berechenbar. Die Elemente der Matrix $\mathbf{A}$ des Ansatzes (5.141) folgen aus den Nichthauptdiagonalelementen von $\Delta\Lambda$ und der Normierungsvorschrift zu

$$\left.\begin{aligned} a_{ik} &\doteq j\,\frac{\hat{\mathbf{u}}_{Di}^T\,\Delta\,\mathbf{D}\,\hat{\mathbf{u}}_{Dk}}{\lambda_{Dk} - \lambda_{Di}} = a_{ki}, \quad i \neq k, \\ a_{ii} &\doteq 0. \end{aligned}\right\} \qquad (5.143)$$

Schließlich sei noch die Einspannmodifikation, ausgedrückt durch die Matrizen $\Delta\mathbf{A}_2$, $\Delta\mathbf{A}_1$, $\Delta\mathbf{A}_0$, des viskos gedämpften aktiven Systems auf die dynamische Antwort über eine linearisierte Fehlerrechnung behandelt. Für die Anfangsbedingungen Null gilt entsprechend Gleichung (5.131) die Bewegungsgleichung

$$[s^2(\mathbf{A}_2 + \Delta\mathbf{A}_2) + s(\mathbf{A}_1 + \Delta\mathbf{A}_1) + \mathbf{A}_0 + \Delta\mathbf{A}_0]\,[\mathbf{U}(s) + \Delta\mathbf{U}(s)] = \mathbf{P}(s). \qquad (5.144)$$

Die Auswirkung der Einspannänderung betrifft hier lediglich den Antwortvektor. Es folgt

$$(s^2\Delta\mathbf{A}_2 + s\Delta\mathbf{A}_1 + \Delta\mathbf{A}_0)\,\mathbf{U}(s) + (s^2\mathbf{A}_2 + s\mathbf{A}_1 + \mathbf{A}_0)\,\Delta\,\mathbf{U}(s) \doteq \mathbf{0},$$

und damit die Änderung in der dynamischen Antwort zu

$$\Delta\mathbf{U}(s) \doteq -(s^2\,\mathbf{A}_2 + s\,\mathbf{A}_1 + \mathbf{A}_0)^{-1}(s^2\Delta\mathbf{A}_2 + s\Delta\mathbf{A}_1 + \Delta\mathbf{A}_0)\,\mathbf{U}(s) \qquad (5.145)$$

für $s \neq \lambda_{Bl}$. Die Auswirkung endlicher Änderungen auf die Modalgrößen ist in [5.15] diskutiert.

Nun sind bei den hier behandelten Systemen nicht nur Randbedingungen sondern auch Anfangsbedingungen zu berücksichtigen. Deshalb sei schließlich in Form einer differentiellen Fehleranalyse die Empfindlichkeit der Antwort des Systems auf die Anfangsbedingungen an einem Beispiel untersucht. (Den Einfluß von gestörten Antworten auf die Schätzwerte liefert das Parameterschätzverfahren, s. Beispiel 3.11.) Da die vorherigen Abschnitte zeigten, wie Mehrfreiheitsgradsysteme über ihre Hauptachsentransformationen auf ungekoppelte Einfreiheitsgradsysteme zurückgeführt werden können, wird das viskos gedämpfte Einfreiheitsgradsystem

$$m\,\ddot{q}(t) + b\,\dot{q}(t) + k\,q(t) = p_q(t), \quad q(0) =: q_0,\ \dot{q}(t)/_{t=0} =: \dot{q}_0, \tag{5.146}$$

betrachtet. Die Lösung der Gleichung (5.146) ist von den Anfangsbedingungen abhängig: $q(q_0, \dot{q}_0, t)$. Wie lautet die Lösung $q(q_0 + \Delta q_0, \dot{q}_0 + \Delta\dot{q}_0, t)$ in engerer Umgebung der Anfangsbedingungen $q_0, \dot{q}_0$? Die Taylorentwicklung

$$q(q_0 + \Delta q_0, \dot{q}_0 + \Delta\dot{q}_0, t) = q(q_0, \dot{q}_0, t) + \left.\frac{\partial q(q_1, q_2, t)}{\partial q_1}\right|_{\substack{q_1 = q_0\\ q_2 = \dot{q}_0}} \Delta q_0 + \left.\frac{\partial q(q_1, q_2, t)}{\partial q_2}\right|_{\substack{q_1 = q_0\\ q_2 = \dot{q}_0}} \Delta\dot{q}_0 + \ldots \tag{5.147}$$

beschreibt die Antwort für geänderte Anfangsbedingungen mit Systemgrößen für die ungeänderten Anfangsbedingungen. Die Konvergenz der Reihe (5.147) und damit die Anzahl der zu berücksichtigenden Glieder zur Beschreibung der Systemantwort $q(q_0 + \Delta q_0, \dot{q}_0 + \Delta\dot{q}_0, t)$ hängt von der geforderten Genauigkeit der Aussage, dem Verhalten der partiellen Ableitungen in der Umgebung der Anfangsbedingungen $q_0, \dot{q}_0$ und der Größe der Änderungen $\Delta q_0, \Delta\dot{q}_0$ ab. Beschränkt man sich auf die lineare Extrapolation (1. Ordnung), so enthält die Reihe (5.147) die partiellen Ableitungen 1. Ordnung $\partial q/\partial q_0$, $\partial q/\partial\dot{q}_0$ als Maße für den Einfluß geänderter Anfangsbedingungen auf die Systemantwort: Die Empfindlichkeit der Systemantwort bezüglich ihrer Anfangsbedingungen wird also jeweils durch die partiellen Ableitungen 1. Ordnung nach den Anfangsbedingungen beschrieben, man bezeichnet sie deshalb auch als Verstärkungsfaktoren oder Sensitivitätsfunktionen.

Die Bewegungsgleichung (5.146) partiell nach q_0 bzw. $\dot{q}_0$ differenziert,

$$m\,\frac{\partial^3 q}{\partial q_0\,\partial t^2} + b\,\frac{\partial^2 q}{\partial q_0\,\partial t} + k\,\frac{\partial q}{\partial q_0} = 0,$$

$$m\,\frac{\partial^3 q}{\partial \dot{q}_0\,\partial t^2} + b\,\frac{\partial^2 q}{\partial \dot{q}_0\,\partial t} + k\,\frac{\partial q}{\partial \dot{q}_0} = 0,$$

liefert mit den Abkürzungen

$$r_1(t) := \frac{\partial q(q_0, \dot{q}_0, t)}{\partial q_0}, \quad r_2(t) := \frac{\partial q(q_0, \dot{q}_0, t)}{\partial \dot{q}_0} \tag{5.148}$$

bei Vertauschung der Differentiationsreihenfolge (die statthaft ist, da sich q stets in der Form

$$q(q_0, \dot{q}_0, t) = A(q_0, \dot{q}_0)\, f_1(t) + B(q_0, \dot{q}_0)\, f_2(t) + f_3(t)$$

schreiben läßt) die Sensivitivitätsgleichungen

$$m\frac{\partial^2 r_{1,2}(t)}{\partial t^2} + b\,\frac{\partial r_{1,2}(t)}{\partial t} + k r_{1,2}(t) = 0. \tag{5.149}$$

Da die Anfangsbedingungen $q_0, \dot{q}_0$ von der Zeit t nicht abhängen, stimmen die totalen Ableitungen $dr_{1,2}/dt$ mit den partiellen Ableitungen $\partial r_{1,2}/\partial t$ überein, es folgt

$$m\,\ddot{r}_{1,2}(t) + b\,\dot{r}_{1,2}(t) + k\,r_{1,2}(t) = 0; \tag{5.150a}$$

damit ist auch die Schreibweise $r_{1,2}(t) = r_{1,2}(q_0, \dot{q}_0, t)$ in (5.148) gerechtfertigt. Um die Anfangsbedingungen für die Sensitivitätsfunktionen zu ermitteln, wird $q(q_0, \dot{q}_0, t)$ in eine Maclaurinsche Reihe entwickelt:

$$q(q_0, \dot{q}_0, t) = q_0 + \dot{q}_0 t + \dots$$

Hieraus ergeben sich die Anfangsbedingungen zu

$$\left.\begin{aligned} r_1(0) &= \left.\frac{\partial q}{\partial q_0}\right|_{t=0} = 1, \quad \dot{r}_1(t)\Big|_{t=0} = \left.\frac{\partial^2 q}{\partial t \partial q_0}\right|_{t=0} = 0, \\ r_2(0) &= \left.\frac{\partial q}{\partial \dot{q}_0}\right|_{t=0} = 0, \quad \dot{r}_2(t)\Big|_{t=0} = \left.\frac{\partial^2 q}{\partial t \partial \dot{q}_0}\right|_{t=0} = 1. \end{aligned}\right\} \tag{5.150b}$$

Die Sensitivitätsgleichungen entsprechen der ursprünglichen Bewegungsgleichung mit rechter Seite gleich Null und geänderten Anfangsbedingungen. Ihre Lösung ist

$$r_{1,2} = e^{-\delta t}\,(A_{1,2} \sin \omega_D t + B_{1,2} \cos \omega_D t)$$

bzw. mit den Anfangsbedingungen (5.150b)

$$\left.\begin{aligned} r_1 &= e^{-\delta t}\left(\frac{\delta}{\omega_D} \sin \omega_D t + \cos \omega_D t\right), \\ r_2 &= e^{-\delta t}\,\frac{1}{\omega_D} \sin \omega_D t. \end{aligned}\right\} \tag{5.151}$$

Die Sensitivitätsfunktionen (5.149) verlaufen gemäß den Sprung- und Stoßübertragungsfunktionen des Systems, d.h., die Auswirkung von Anfangsbedingungs-Änderungen klingen hier in erster Ordnung exponentiell mit der Zeit ab:

$$\Delta q \doteq \frac{\partial q}{\partial q_0}\,\Delta q_0, \quad \Delta q \doteq \frac{\partial q}{\partial \dot{q}_0}\,\Delta \dot{q}_0. \tag{5.152}$$

In entsprechender Weise lassen sich die Auswirkungen der Systemparameter-Schätzfehler auf die Antwort des Systems untersuchen.

5.1.8 Entwicklung der Systemparameter-Matrizen

Die Darstellung der Frequenzgangmatrizen (Übertragungsmatrizen) passiver Systeme als Überlagerung der dyadischen Produkte gebildet aus den Eigenvektoren ist bereits in den Gln. (5.35), (5.74) explizit und in den Gln. (5.106), (5.124), (5.132) implizit enthalten (s. auch Aufgabe 5.13). Im folgenden werden die Zusammenhänge zwischen den Systemparameter-Matrizen passiver Systeme mit n Freiheitsgraden und den Eigenschwingungsgrößen hergeleitet, und es wird auf ihre Bedeutung für die Praxis eingegangen.

5.1.8.1 Systemparameter-Matrizen und Eigenschwingungsgrößen

Die verallgemeinerten Orthogonalitätsbeziehungen des zugeordneten ungedämpften Systems (5.15) mit der Normierung

$$\hat{\mathbf{U}}_0^T\,\mathbf{M}\,\hat{\mathbf{U}}_0 = \mathbf{I}$$

liefert die Trägheitsmatrix

$$\mathbf{M} = (\hat{\mathbf{U}}_0\,\hat{\mathbf{U}}_0^T)^{-1} \tag{5.153a}$$

bzw. invertiert (**M** positiv definit) die einfache Spektraldarstellung

$$\mathbf{M}^{-1} = \hat{\mathbf{U}}_0 \hat{\mathbf{U}}_0^T = \sum_{i=1}^{n} \hat{\mathbf{u}}_{0i} \hat{\mathbf{u}}_{0i}^T. \tag{5.153b}$$

Die Gleichung für die generalisierte Steifigkeitsmatrix erlaubt die Darstellung

$$\mathbf{K} = (\hat{\mathbf{U}}_0^T)^{-1} \mathbf{\Lambda}_0 \hat{\mathbf{U}}_0^{-1}, \tag{5.154a}$$

in der die inverse Modalmatrix aus der Normierung eingesetzt werden kann:

$$\mathbf{K} = \mathbf{M} \hat{\mathbf{U}}_0 \mathbf{\Lambda}_0 \hat{\mathbf{U}}_0^T \mathbf{M} = \sum_{i=1}^{n} \lambda_{0i} \mathbf{M} \hat{\mathbf{u}}_{0i} \hat{\mathbf{u}}_{0i}^T \mathbf{M}. \tag{5.154b}$$

Die Nachgiebigkeitsmatrix, sofern sie existiert, $\mathbf{G} := \mathbf{K}^{-1}$ folgt aus der Gl. (5.154a) unmittelbar zu

$$\mathbf{G} = \hat{\mathbf{U}}_0 \mathbf{\Lambda}_0^{-1} \hat{\mathbf{U}}_0^T = \sum_{i=1}^{n} \frac{1}{\lambda_{0i}} \hat{\mathbf{u}}_{0i} \hat{\mathbf{u}}_{0i}^T. \tag{5.155}$$

Geht man von dem allgemeinen Matrizeneigenwertproblem (5.12) auf das spezielle Matrizeneigenwertproblem unter Beibehaltung der Symmetrieeigenschaften über (vgl. Abschnitt 5.1.9.1),

$$\begin{aligned}
&\mathbf{M} = \mathbf{M}^{\frac{1}{2}} \mathbf{M}^{\frac{1}{2}},\\
&(-\lambda_0 \mathbf{M}^{\frac{1}{2}} + \mathbf{M}^{-\frac{1}{2}} \mathbf{K} \mathbf{M}^{-\frac{1}{2}} \mathbf{M}^{\frac{1}{2}}) \hat{\mathbf{u}}_0 = \mathbf{0}\\
&\mathbf{x}_0 := \mathbf{M}^{\frac{1}{2}} \hat{\mathbf{u}}_0,\\
&\mathbf{K}_s := \mathbf{M}^{-\frac{1}{2}} \mathbf{K} \mathbf{M}^{-\frac{1}{2}}, \quad \mathbf{G}_s := \mathbf{K}_s^{-1} = \mathbf{M}^{\frac{1}{2}} \mathbf{G} \mathbf{M}^{\frac{1}{2}}\\
&\mathbf{K}_s \mathbf{x}_0 = \lambda_0 \mathbf{x}_0,\\
&\mathbf{G}_s \mathbf{x}_0 = \frac{1}{\lambda_0} \mathbf{x}_0, \quad \lambda_0 \neq 0,
\end{aligned}$$

wobei wegen $\mathbf{x}_0^T \mathbf{x}_0 = \hat{\mathbf{u}}_0^T \mathbf{M} \hat{\mathbf{u}}_0$, $\mathbf{X}_0 := (\mathbf{x}_{01}, \ldots, \mathbf{x}_{0n})$

$$\mathbf{X}_0^T \mathbf{X}_0 = \mathbf{M}_g$$

ist, woraus

$$\mathbf{X}_0^{-1} = \mathbf{M}_g^{-1} \mathbf{X}_0^T$$

folgt, so erhält man die Entwicklungen

$$\mathbf{K}_s = \mathbf{X}_0 \mathbf{\Lambda}_0 \mathbf{X}_0^{-1} = \sum_{i=1}^{n} \frac{\lambda_{0i}}{m_{gi}} \mathbf{x}_{0i} \mathbf{x}_{0i}^T,$$

$$\mathbf{G}_s = \mathbf{X}_0 \mathbf{\Lambda}_0^{-1} \mathbf{X}_0^{-1} = \sum_{i=1}^{n} \frac{1}{\lambda_{0i} m_{gi}} \mathbf{x}_{0i} \mathbf{x}_{0i}^T.$$

Die beiden Matrizen unterscheiden sich in ihren Entwicklungen durch die Faktoren λ_{0i} und $\frac{1}{\lambda_{0i}}$ entsprechend den Eigenwert-Definitionen der zugehörigen speziellen Matrizeneigenwertprobleme. D.h., in die Matrix $\mathbf{K}_s$ gehen die durch m_{gi} dividierten dyadischen Produkte der Eigenvektoren für die höheren Eigenfrequenzen stärker ein als in der inversen Formulierung und umgekehrt, in der Matrix $\mathbf{G}_s$ werden die Summandenmatrizen, dividiert durch die zugehörigen generalisierten Massen, der niedrigeren Eigenfrequenzen gegenüber der Steifigkeitsformulierung betont. Werden die Eigenvektoren derart normiert, daß ihre betragsmäßig größte Komponente gleich Eins ist, dann sind die Elemente der dyadischen Produkte kleiner oder höchstens gleich Eins. Man erkennt dann aus den obigen Entwicklungen, daß für Eigenwerte λ_{0i}, nach ihrer Größe in aufsteigender Folge geordnet, unter bestimmten Voraussetzungen in der Steifigkeitsformulierung die Freiheitsgrade mit den höheren Eigenfrequenzen, in der Nachgiebigkeitsformulierung die Freiheitsgrade mit den niedrigen Eigenfrequenzen bevorzugt eingehen. Diese Voraussetzungen betreffen das Eigenschwingungsverhalten des Systems, nämlich ab einer Stelle $n' < n$ muß die Folge $\lambda_{0i'}\, m_{gi'}$, $i' \geqslant n'$, bzw. die Folge $\lambda_{0i'}/m_{gi'}$ monoton zunehmend im engeren Sinne sein.

Beim viskos gedämpften System ergibt die 2. Gleichung von (5.53) von rechts mit $\hat{\mathbf{U}}_B^T$ und von links mit $\hat{\mathbf{U}}_B$ multipliziert unter Beachtung von (5.53a) die Gleichung

$$(\hat{\mathbf{U}}_B\, \boldsymbol{\Lambda}_B\, \hat{\mathbf{U}}_B^T)\, \mathbf{M}\, (\hat{\mathbf{U}}_B\, \boldsymbol{\Lambda}_B\, \hat{\mathbf{U}}_B^T) = \hat{\mathbf{U}}_B\, \boldsymbol{\Lambda}_B\, \hat{\mathbf{U}}_B^T,$$

folglich die Trägheitsmatrix zu

$$\mathbf{M} = (\hat{\mathbf{U}}_B\, \boldsymbol{\Lambda}_B\, \hat{\mathbf{U}}_B^T)^{-1}, \tag{5.156a}$$

bzw. ihre Inverse zu

$$\mathbf{M}^{-1} = \hat{\mathbf{U}}_B\, \boldsymbol{\Lambda}_B\, \hat{\mathbf{U}}_B^T = \sum_{l=1}^{2n} \lambda_{Bl}\, \hat{\mathbf{u}}_{Bl}\, \hat{\mathbf{u}}_{Bl}^T. \tag{5.156b}$$

Die Dämpfungsmatrix folgt beispielsweise aus der Gl. (5.52) durch Rechtsmultiplikation mit $\hat{\mathbf{U}}_B^T$ und mit den Gln. (5.53a) und (5.156b),

$$\mathbf{M}\, \hat{\mathbf{U}}_B\, \boldsymbol{\Lambda}_B^2\, \hat{\mathbf{U}}_B^T + \mathbf{B}\, \mathbf{M}^{-1} = \mathbf{0},$$

$$\mathbf{B} = -\mathbf{M}\, \hat{\mathbf{U}}_B\, \boldsymbol{\Lambda}_B^2\, \hat{\mathbf{U}}_B^T\, \mathbf{M} = -\sum_{l=1}^{2n} \lambda_{Bl}^2\, \mathbf{M}\, \hat{\mathbf{u}}_{Bl}\, \hat{\mathbf{u}}_{Bl}^T\, \mathbf{M}. \tag{5.157}$$

Die Steifigkeitsmatrix $\mathbf{K}$ erhält man aus der Gl. (5.52) mit der Matrix $\mathbf{B}$ aus der Gl. (5.157):

$$\mathbf{M}\, \hat{\mathbf{U}}_B\, \boldsymbol{\Lambda}_B^2\, (\mathbf{I} - \hat{\mathbf{U}}_B^T\, \mathbf{M}\, \hat{\mathbf{U}}_B\, \boldsymbol{\Lambda}_B) + \mathbf{K}\, \hat{\mathbf{U}}_B = \mathbf{0},$$

wenn diese Gleichung von rechts mit $\boldsymbol{\Lambda}_B\, \hat{\mathbf{U}}_B^T$ multipliziert,

$$\mathbf{M}\, \hat{\mathbf{U}}_B\, \boldsymbol{\Lambda}_B^2\, (\mathbf{I} - \hat{\mathbf{U}}_B^T\, \mathbf{M}\, \hat{\mathbf{U}}_B\, \boldsymbol{\Lambda}_B)\, \boldsymbol{\Lambda}_B\, \hat{\mathbf{U}}_B^T + \mathbf{K}\, \hat{\mathbf{U}}_B\, \boldsymbol{\Lambda}_B\, \hat{\mathbf{U}}_B^T = \mathbf{0},$$

und hierin (5.156a) berücksichtigt wird,

$$\mathbf{K} = -\mathbf{M}\, \hat{\mathbf{U}}_B\, \boldsymbol{\Lambda}_B^2\, (\mathbf{I} - \hat{\mathbf{U}}_B^T\, \mathbf{M}\, \hat{\mathbf{U}}_B\, \boldsymbol{\Lambda}_B)\boldsymbol{\Lambda}_B\, \hat{\mathbf{U}}_B^T\, \mathbf{M}. \tag{5.158}$$

Wesentlich einfacher als **K** ergibt sich die Spektraldarstellung der Nachgiebigkeitsmatrix $\mathbf{G} := \mathbf{K}^{-1}$ sofern det $\mathbf{K} \neq 0$ ist. Die zweite Gleichung von (5.53) nach $\hat{\mathbf{U}}_B^T \mathbf{K} \hat{\mathbf{U}}_B$ aufgelöst, von links mit $\hat{\mathbf{U}}_B \Lambda_B^{-1}$ multipliziert,

$$\hat{\mathbf{U}}_B \Lambda_B^{-1} \hat{\mathbf{U}}_B^T \mathbf{K} \hat{\mathbf{U}}_B = - \hat{\mathbf{U}}_B,$$

und von rechts mit $\Lambda_B \hat{\mathbf{U}}_B^T$ multipliziert und **M** aus Gl. (5.156a) eingesetzt:

$$\hat{\mathbf{U}}_B \Lambda_B^{-1} \hat{\mathbf{U}}_B^T \mathbf{K} \mathbf{M}^{-1} = - \mathbf{M}^{-1}.$$

Es folgt die Nachgiebigkeitsmatrix

$$\mathbf{G} = - \hat{\mathbf{U}}_B \Lambda_B^{-1} \hat{\mathbf{U}}_B^T = - \sum_{l=1}^{2n} \frac{1}{\lambda_{Bl}} \hat{\mathbf{u}}_{Bl} \hat{\mathbf{u}}_{Bl}^T, \tag{5.159}$$

in der die i-ten dyadischen Produkte der Eigenvektoren mit $1/\lambda_{Bl}$ gewichtet sind.

Anmerkung: In entsprechender Weise ergeben sich die Systemparameter-Matrizen viskos gedämpfter aktiver Systeme. Mit den Bezeichnungen des Abschnittes 5.1.6 gelten die Beziehungen mit det $\mathbf{A}_2 \neq 0$, det $\mathbf{A}_0 \neq 0$ [5.2]:

$$\mathbf{A}_2^{-1} = \hat{\mathbf{U}}_B \Lambda_B \hat{\mathbf{V}}_B^T,$$

$$\mathbf{A}_1 = -\mathbf{A}_2 \hat{\mathbf{U}}_B \Lambda_B^2 \hat{\mathbf{V}}_B^T \mathbf{A}_2,$$

$$\mathbf{A}_0^{-1} = - \hat{\mathbf{U}}_B \Lambda_B^{-1} \hat{\mathbf{V}}_B^T.$$

Das strukturell gedämpfte System (Abschnitt 5.1.4) mit den verallgemeinerten Orthogonalitätsbeziehungen (5.95) in der Normierung $\mathbf{M}_D = \mathbf{I}$ und der komplexen Steifigkeitsmatrix $\mathbf{K} + \mathrm{j}\,\mathbf{D}$ zeigt formal keinen Unterschied zum zugeordneten ungedämpften System. Unter Beachtung der Real- und Imaginärteile gelten mit den in Abschnitt 5.1.4 getroffenen Regularitätsforderungen die Darstellungen:

$$\mathbf{M} = (\hat{\mathbf{U}}_D \hat{\mathbf{U}}_D^T)^{-1}, \tag{5.160a}$$

$$\mathbf{M}^{-1} = \hat{\mathbf{U}}_D \hat{\mathbf{U}}_D^T = \sum_{i=1}^{n} \hat{\mathbf{u}}_{Di} \hat{\mathbf{u}}_{Di}^T, \tag{5.160b}$$

$$\begin{aligned} \mathbf{D} &= \mathrm{Im}\,[(\hat{\mathbf{U}}_D^T)^{-1} \Lambda_D \hat{\mathbf{U}}_D^{-1}] \\ &= \mathrm{Im}\,(\mathbf{M} \hat{\mathbf{U}}_D \Lambda_D \hat{\mathbf{U}}_D^T \mathbf{M}), \end{aligned} \tag{5.161}$$

$$\begin{aligned} \mathbf{K} &= \mathrm{Re}\,[(\hat{\mathbf{U}}_D^T)^{-1} \Lambda_D \hat{\mathbf{U}}_D^{-1}] \\ &= \mathrm{Re}\,(\mathbf{M} \hat{\mathbf{U}}_D \Lambda_D \hat{\mathbf{U}}_D^T \mathbf{M}), \end{aligned} \tag{5.162}$$

$$(\mathbf{K} + \mathrm{j}\,\mathbf{D})^{-1} = \hat{\mathbf{U}}_D \Lambda_D^{-1} \hat{\mathbf{U}}_D^T = \sum_{i=1}^{n} \frac{1}{\Lambda_{Di}} \hat{\mathbf{u}}_{Di} \hat{\mathbf{u}}_{Di}^T. \tag{5.163}$$

Schließlich sei angemerkt, daß eine Darstellung der Systemparameter-Matrizen mit den Charakteristikgrößen des Systems (Abschnitt 5.1.5.1) ebenfalls möglich ist. Die Tabelle 5.3 enthält eine Zusammenstellung der gefundenen Zusammenhänge (hinsichtlich der Frequenzgangmatrizen s. Aufgabe 5.13).

Tabelle 5.3 Zusammenhang zwischen den Systemparameter-Matrizen und den Eigenschwingungsgrößen für passive Systeme

Bezeichnung \ System	ungedämpftes System	viskos gedämpftes System	strukturell gedämpftes System
Matrizen-eigenwertproblem	$(-\lambda_{oi}\mathbf{M}+\mathbf{K})\,\hat{\mathbf{u}}_{oi}=\mathbf{0}$ $i=1(1)n,\ \mathbf{M}_g=\mathbf{I}$	$(\lambda_{Bl}^2\mathbf{M}+\lambda_{Bl}\mathbf{B}+\mathbf{K})\,\hat{\mathbf{u}}_{Bl}=\mathbf{0}$ $l=1(1)2n,\ \Lambda_B\hat{\mathbf{U}}_B^T\mathbf{M}\hat{\mathbf{U}}_B+\hat{\mathbf{U}}_B^T\mathbf{M}\hat{\mathbf{U}}_B\Lambda_B+\hat{\mathbf{U}}_B^T\mathbf{B}\hat{\mathbf{U}}_B=\mathbf{I}$	$(-\Lambda_{Di}\mathbf{M}+\mathbf{K}+j\mathbf{D})\,\hat{\mathbf{u}}_{Di}=\mathbf{0}$ $i=1(1)n,\ \mathbf{M}_D=\mathbf{I}$
Trägheitsmatrix	$\mathbf{M}=(\hat{\mathbf{U}}_o\hat{\mathbf{U}}_o^T)^{-1}$	$\mathbf{M}=(\hat{\mathbf{U}}_B\Lambda_B\hat{\mathbf{U}}_B^T)^{-1}$	$\mathbf{M}=(\hat{\mathbf{U}}_D\hat{\mathbf{U}}_D^T)^{-1}$
inverse Trägheitsmatrix	$\mathbf{M}^{-1}=\hat{\mathbf{U}}_o\hat{\mathbf{U}}_o^T=\sum_{i=1}^{n}\hat{\mathbf{u}}_{oi}\hat{\mathbf{u}}_{oi}^T$	$\mathbf{M}^{-1}=\hat{\mathbf{U}}_B\Lambda_B\hat{\mathbf{U}}_B^T=\sum_{l=1}^{2n}\lambda_{Bl}\hat{\mathbf{u}}_{Bl}\hat{\mathbf{u}}_{Bl}^T$	$\mathbf{M}^{-1}=\hat{\mathbf{U}}_D\hat{\mathbf{U}}_D^T=\sum_{i=1}^{n}\hat{\mathbf{u}}_{Di}\hat{\mathbf{u}}_{Di}^T$
Dämpfungsmatrix	–	$\mathbf{B}=-\mathbf{M}\hat{\mathbf{U}}_B\Lambda_B^2\hat{\mathbf{U}}_B^T\mathbf{M}$ $=-\sum_{l=1}^{2n}\lambda_{Bl}^2\mathbf{M}\hat{\mathbf{u}}_{Bl}\hat{\mathbf{u}}_{Bl}^T\mathbf{M}$	$\mathbf{D}=\mathrm{Im}\,[(\hat{\mathbf{U}}_D^T)^{-1}\Lambda_D\hat{\mathbf{U}}_D^{-1}]$ $=\mathrm{Im}\,(\mathbf{M}\hat{\mathbf{U}}_D\Lambda_D\hat{\mathbf{U}}_D^T\mathbf{M})$
Steifigkeitsmatrix	$\mathbf{K}=(\hat{\mathbf{U}}_o^T)^{-1}\Lambda_o\hat{\mathbf{U}}_o^{-1}$ $=\mathbf{M}\hat{\mathbf{U}}_o\Lambda_o\hat{\mathbf{U}}_o^T\mathbf{M}$ $=\sum_{i=1}^{n}\lambda_{oi}\mathbf{M}\hat{\mathbf{u}}_{oi}\hat{\mathbf{u}}_{oi}^T\mathbf{M}$	$\mathbf{K}=-\mathbf{M}\hat{\mathbf{U}}_B\Lambda_B^2(\mathbf{I}-\hat{\mathbf{U}}_B^T\mathbf{M}\hat{\mathbf{U}}_B\Lambda_B)\Lambda_B\hat{\mathbf{U}}_B^T\mathbf{M}$	$\mathbf{K}=\mathrm{Re}\,[(\hat{\mathbf{U}}_D^T)^{-1}\Lambda_D\hat{\mathbf{U}}_D^{-1}]$ $=\mathrm{Re}\,(\mathbf{M}\hat{\mathbf{U}}_D\Lambda_D\hat{\mathbf{U}}_D^T\mathbf{M})$
Nachgiebigkeitsmatrix	$\mathbf{G}=\mathbf{K}^{-1}=\hat{\mathbf{U}}_o\Lambda_o^{-1}\hat{\mathbf{U}}_o^T$ $=\sum_{i=1}^{n}\frac{1}{\lambda_{oi}}\hat{\mathbf{u}}_{oi}\hat{\mathbf{u}}_{oi}^T$	$\mathbf{G}=\mathbf{K}^{-1}=-\hat{\mathbf{U}}_B\Lambda_B^{-1}\hat{\mathbf{U}}_B^T$ $=-\sum_{l=1}^{2n}\frac{1}{\lambda_{Bl}}\hat{\mathbf{u}}_{Bl}\hat{\mathbf{u}}_{Bl}^T$	$(\mathbf{K}+j\mathbf{D})^{-1}=\hat{\mathbf{U}}_D\Lambda_D^{-1}\hat{\mathbf{U}}_D^T$ $=\sum_{i=1}^{n}\frac{1}{\Lambda_{Di}}\hat{\mathbf{u}}_{Di}\hat{\mathbf{u}}_{Di}^T$
Frequenzgangmatrix	$\mathbf{F}(j\omega)=(-\omega^2\mathbf{M}+\mathbf{K})^{-1}$ $=\hat{\mathbf{U}}_o(-\omega^2\mathbf{I}+\Lambda_o)^{-1}\hat{\mathbf{U}}_o^T$ $=\sum_{i=1}^{n}\frac{\hat{\mathbf{u}}_{oi}\hat{\mathbf{u}}_{oi}^T}{\omega_{oi}^2-\omega^2}$	$\mathbf{F}(j\omega)=(-\omega^2\mathbf{M}+j\omega\mathbf{B}+\mathbf{K})^{-1}$ $=\hat{\mathbf{U}}_B(j\omega\mathbf{I}-\Lambda_B)^{-1}\hat{\mathbf{U}}_B^T$ $=\sum_{l=1}^{2n}\frac{\hat{\mathbf{u}}_{Bl}\hat{\mathbf{u}}_{Bl}^T}{j\omega-\lambda_{Bl}}$	$\mathbf{F}(j\Omega)=(-\Omega^2\mathbf{M}+\mathbf{K}+j\mathbf{D})^{-1}$ $=\hat{\mathbf{U}}_D(-\Omega^2\mathbf{I}+\Lambda_D)^{-1}\hat{\mathbf{U}}_D^T$ $=\sum_{i=1}^{n}\frac{\hat{\mathbf{u}}_{Di}\hat{\mathbf{u}}_{Di}^T}{\Lambda_{Di}-\Omega^2}$

5.1.8.2 Praktische Erwägungen

Liegen die Eigenschwingungsgrößen des Systems aus der Identifikation vor, so könnte man theoretisch aus ihnen nach Tafel 5.3 die Systemparameter ermitteln. Jedoch stehen diesem Vorgehen zwei Gesichtspunkte entgegen: Die Identifikationsergebnisse sind 1. im allgemeinen unvollständig [5.16], und 2. sind sie fehlerbehaftet, so daß bei jedem determinierten Rechengang die Fehler voll in die so ermittelten Systemparameter eingehen.

Das Rechenmodell der Systemanalyse besitze n Freiheitsgrade, das Versuchsmodell der Identifikation besitzt im allgemeinen $N \leqslant n$ Freiheitsgrade bei $m \geqslant N$ Meßpunkten. Wir setzen voraus, daß die Kollokationspunkte (Knotenpunkte) des Rechenmodells eine Obermenge der Meßpunkte bilden. ($n \geqslant m \geqslant N$; es ist nicht selbstverständlich, daß in der Praxis die Meßpunkte mit den Kollokationspunkten zusammenfallen. Wurde dieses Koordinierungsproblem nicht gelöst, dann kommt ein Interpolationsproblem hinzu.). Für $n > N$ ist damit das Versuchsmodell in bezug auf die Anzahl der Freiheitsgrade des Rechenmodells unvollständig. Die im Versuch aus verschiedenen Ursachen nicht ermittelten Eigenschwingungsgrößen für die $n - N$ Freiheitsgrade müssen durchaus nicht diejenigen mit den höchsten Eigenfrequenzen sein, sondern verglichen mit der Rechnung können auch im unteren Frequenzbereich Lücken in der Folge der versuchsmäßig ermittelten Eigenschwingungsgrößen auftreten. (Nach dem heutigen Stand der Technik kann dieser Fall jedoch vermieden werden.) Der umgekehrte Fall, daß die Rechnung nicht alle identifizierten Eigenschwingungsgrößen enthält, kommt ebenfalls vor (Genauigkeit der Modellierung: physikalisches Modell, s. Bild 1.5). In beiden Fällen muß überprüft werden, ob es sich in bezug auf die Aufgabenstellung um wesentliche Freiheitsgrade handelt. Diese spezielle Problematik sei hier nicht weiter vertieft. Im folgenden ist allgemein die Ermittlung der Systemparameter-Matrizen aus identifizierten Eigenschwingungsgrößen für das zugeordnete ungedämpfte System (das im allgemeinen dem Rechenmodell zugrunde liegt) diskutiert.

Die versuchsmäßige Bestimmung der Nachgiebigkeitsmatrix **G** des untersuchten Systems erfolgt üblicherweise durch einen statischen Versuch. Zusätzlich kann **G** dann durch die gemessenen Eigenschwingungsgrößen verifiziert werden. **G** könnte aber auch aus den identifizierten Eigenschwingungsgrößen allein berechnet werden. Durch die mit der Identifikation verbundenen Schwierigkeiten und durch Meßfehler sind die identifizierten Eigenschwingungsformen mehr oder weniger nicht verallgemeinert orthogonal, wodurch die generalisierte Massenmatrix $\mathbf{M}_g$ im allgemeinen nichtdiagonal wird, was dazu führt, daß **G** nichtsymmetrisch ist und über die Mittelung der Nichthauptdiagonalglieder symmetrisiert werden muß [5.17 bis 5.21]. W.P. Rodden behandelt in [5.18] das Problem für ein beliebig eingespanntes System. Der Approximationsfehler infolge Mitnahme einer beschränkten Anzahl von Eigenschwingungsformen wird anhand von Beispielen demonstriert (Abbrechfehler, truncation error). Die gemessenen Eigenschwingungsformen sollten zumindest vor ihrer Weiterverarbeitung bezüglich der Trägheitsmatrix des Rechenmodells orthogonalisiert werden (Gram-Schmidt-Orthogonalisierungsverfahren, s. insbesondere [5.22]), zumindest in den Fällen, in denen die Trägheitsdaten aus den Konstruktionszeichnungen mit hinreichender Genauigkeit ermittelbar sind, was bei vielen Systemen mit den existierenden Routinen möglich ist.

Die Nachgiebigkeitsmatrix nach Gl. (5.155) besitze die Elemente g_{rs},

$$\mathbf{G} =: (g_{rs}),\; g_{rs} := \sum_{i=1}^{n} g_{rs}^{(i)},\; g_{rs}^{(i)} := \frac{\hat{u}_{0ri}\,\hat{u}_{0si}}{\lambda_{0i}}. \qquad (5.164)$$

Ihre Nenner sind stets positiv und für r = s sind die Summanden $g_{rr}^{(i)}$ sämtlich positiv, die Partialsummen

$$G_{rr}^{\nu} := \sum_{i=1}^{\nu} g_{rr}^{(i)}, \quad \nu = 1(1)n, \tag{5.165}$$

bilden eine monoton wachsende Folge, d.h. g_{rr} wird mit wachsendem ν durch G_{rr}^{ν} von einer Seite her angenähert. Für $r \neq s$ dagegen kann $\hat{u}_{0ri}\, \hat{u}_{0si} \gtrless 0$ sein, so daß die Werte g_{rs} durch die entsprechenden Partialsummen nicht von einer Seite her angenähert zu werden brauchen. Mit $N \leqslant m < n$ kann die Nachgiebigkeitsmatrix

$$\tilde{\mathbf{C}} := \sum_{i=1}^{N} \frac{1}{\hat{\lambda}_{0i}} \hat{\mathbf{u}}_{0i}\, \hat{\mathbf{u}}_{0i}^{T} = \tilde{\mathbf{C}}^{T} \tag{5.166}$$

der Ordnung m und dem Rang N gebildet werden. $\tilde{\mathbf{C}}$ ist von vornherein symmetrisch, aber nicht direkt vergleichbar mit **G**. Übereinstimmend mit [5.18] wird vorgeschlagen, die aus identifizierten Ergebnissen resultierende Matrix $\tilde{\mathbf{C}}$ mit der entsprechenden Matrix $\mathbf{C}_{RM}$ zu vergleichen, die nach Gl. (5.155) aus den Ergebnissen des Rechenmodells für die dem Versuchsmodell zugrundeliegenden Kollokationspunkte (gleich Meßpunkte) und Freiheitsgrade berechnet werden kann. Den Einfluß der Freiheitsgrade mit den höheren Eigenfrequenzen (Abbrechfehler) enthält man mit Hilfe der Partialsummen (5.165). Offen bleibt damit noch, wie die Korrektur von $\mathbf{C}_{RM}$ bei nicht hinreichender Übereinstimmung mit $\tilde{\mathbf{C}}$ zu vollziehen ist. Hierfür werden im Kapitel 6 jedoch Schätzverfahren bereitgestellt. Eine gewisse Verbesserung der Elemente von $\tilde{\mathbf{C}}$ kann noch durch Glättung der Einflußlinien (Spalten von $\tilde{\mathbf{C}}$) erreicht werden.

Da $\hat{\mathbf{U}}_0$ aus der Identifikation eine (m, N)-Matrix ist, läßt sich die Steifigkeitsmatrix nach Gl. (5.154a) auf gewöhnlichem Wege nicht bilden. Nutzt man jedoch die Möglichkeit, die Pseudoinverse (generalisierte Inverse, hier Linksinverse [5.23]) von $\hat{\mathbf{U}}_0$ zu bilden, so läßt sich mit der N-reihigen Diagonalmatrix der identifizierten Eigenwerte $\hat{\Lambda}_0$ eine Näherung $\tilde{\mathbf{K}}$ nach (5.154a) berechnen, die direkt vergleichbar wäre mit der Steifigkeitsmatrix $\mathbf{K}_{RM}$ des Rechenmodells. $\mathbf{K}_{RM}$ wird für die Meßpunkte des Versuchsmodells aus den N (oder den m < N) Eigenschwingungsgrößen des Rechenmodells gebildet, die den identifizierten Eigenschwingungsgrößen entsprechen. Weiter kann nach Gl. (5.154b) die Trägheitsmatrix **M** des Rechenmodells verwendet werden (sofern sie mit hinreichender Genauigkeit bestimmt wurde). Schließlich führt auch die Gl. (5.154b) mit der Matrix der geschätzten Eigenvektoren $\hat{\mathbf{U}}_0$ und einer passenden Pseudoinversen $\tilde{\mathbf{M}}$ von $(\tilde{\mathbf{M}}^{-1})$ zum Ziel. $(\tilde{\mathbf{M}}^{-1})$ wird mit den N identifizierten Eigenschwingungsformen nach Gl. (5.153b) ermittelt. Der Vergleich von $(\tilde{\mathbf{M}}^{-1})$ mit der entsprechenden Matrix des Rechenmodells erfolgt wie bei der Nachgiebigkeitsmatrix beschrieben. Eine ggf. notwendige Verbesserung von **M**, $\mathbf{M}_{RM}$ oder $(\tilde{\mathbf{M}}^{-1})$ erreicht man, indem zur Korrektur das gemessene Gesamtgewicht oder gemessene Gewichte von Subsystemen verwendet werden (Formulierung von Nebenbedingungen, Zielfunktionen und z.B. Anwendung der Fehlerquadratmethode).

Die geschilderten Vorgehensweisen sind für den Vergleich von gerechneten (Rechenmodell) mit den aus identifizierten Eigenschwingungsgrößen ermittelten Systemparameter-Matrizen angebracht, jedoch nicht zur Erstellung eines Systemmodells. Diesbezüglich vergleiche die Korrektur der Systemparameter-Matrizen des Rechenmodells im Abschnitt 6.

5.1.9 Hinweise zur numerischen Behandlung

5.1.9.1 Berechnung von Eigenschwingungsgrößen

Die Eigenschwingungen der hier behandelten Systeme führen auf das allgemeine (lineare) Matrizeneigenwertproblem

$$(\mathbf{A_a} - \lambda \mathbf{B_a})\,\mathbf{x_a} = \mathbf{0} \tag{5.167}$$

einerseits mit n-reihigen symmetrischen Matrizen $\mathbf{A_a}$, $\mathbf{B_a}$ und

α1) reellen Elementen, $\mathbf{B_a}$ positiv definit und $\mathbf{A_a}$ positiv semidefinit (Abschnitt 5.1.2),

α2) $\mathbf{B_a}$ reell und positiv definit, $\mathbf{A_a}$ komplex (Abschnitt 5.1.4),

α3) $\mathbf{A_a}$ reell oder komplex, aber $\mathbf{B_a}$ positiv semidefinit (Sonderfall in Abschnitt 5.1.5.1, Abschnitt 5.1.8.2) und andererseits mit

α4) 2n-reihigen symmetrischen Matrizen mit regulärer Matrix $\mathbf{B_a}$ (Abschnitt 5.1.3.1).

Neben der Eigenschwingungs-Darstellung viskos gedämpfter Systeme im Zustandsraum, werden die Eigenschwingungen auch durch das quadratische Matrizeneigenwertproblem beschrieben,

$$(\lambda^2 \mathbf{A}_2 + \lambda\, \mathbf{A}_1 + \mathbf{A}_0)\,\mathbf{x} = \mathbf{0}, \tag{5.168}$$

mit n reihigen Matrizen $\mathbf{A}_2$, $\mathbf{A}_1$, $\mathbf{A}_0$ mit reellen Elementen und

β1) symmetrischen Matrizen, $\mathbf{A}_2$ positiv definit, $\mathbf{A}_1$ und $\mathbf{A}_0$ positiv definit oder semidefinit (Abschnitt 5.1.3.1),

β2) nichtsymmetrischen Matrizen (Abschnitt 5.1.6), wenn von einer weiteren Spezifizierung (vgl. Abschnitt 5.1.1, Gl. (5.9)) abgesehen wird.

Am Beispiel des viskos gedämpften passiven Systems in der Zustandsformulierung (5.54) entsprechend der obigen Einteilung α4) oder in der speziellen Schreibweise gemäß (2.69) ist zu sehen, daß 1. das allgemeine Matrizeneigenwertproblem (5.167) unter bestimmten Voraussetzungen auf ein spezielles Matrizeneigenwertproblem

$$(\mathbf{A} - \lambda\, \mathbf{I})\,\mathbf{x} = \mathbf{0} \tag{5.169}$$

zurückführbar ist und 2. das quadratische Matrizeneigenwertproblem (5.168) unter Ordnungsverdopplung als allgemeines Matrizeneigenwertproblem geschrieben werden kann, wobei abhängig von der Transformationswahl die Symmetrie der Matrizen verloren gehen kann.

Ist eine der beiden Matrizen $\mathbf{A_a}$, $\mathbf{B_a}$ des allgemeinen Matrizeneigenwertproblems regulär, dann kann über Linksmultiplikation mit der Inversen der regulären Matrix das spezielle Matrizeneigenwertproblem erzeugt werden. Für passive Systeme (symmetrische Matrizen) mit $\mathbf{B_a}$ regulär und symmetrisch wird zweckmäßig die Cholesky-Zerlegung der Matrix $\mathbf{B_a} = \mathbf{R}^T\,\mathbf{R}$ gewählt,

$$(\mathbf{A_a} - \lambda\, \mathbf{R}^T\,\mathbf{R})\,\mathbf{x_a} = \mathbf{0}, \tag{5.170a}$$

und die Überführung der Aufgabe in das spezielle Matrizeneigenwertproblem

$$[(\mathbf{R}^T)^{-1}\,\mathbf{A_a}\,\mathbf{R}^{-1} - \lambda\,\mathbf{I}]\,(\mathbf{R}\,\mathbf{x_a}) = \mathbf{0}, \tag{5.170b}$$

mit symmetrischer Matrix $\mathbf{A} = \mathbf{R}^{T-1}\mathbf{A_a}\,\mathbf{R}^{-1}$ mit den Eigenvektoren $\mathbf{z} := \mathbf{R}\,\mathbf{x_a}$ vorgenommen, was sich auf den Rechenaufwand, bezüglich Kondition und Genauigkeit günstig auswirkt. Sollte $\mathbf{B}_a$ singulär sein (entartete Systeme [3.12]) aber $\mathbf{A}_a$ regulär, so kann mit dem inversen Eigenwert $\mu := 1/\lambda$ wieder die spezielle Matrizeneigenwertaufgabe erhalten werden. Routinen (Prozeduren) zur Lösung des allgemeinen Matrizeneigenwertproblems mit symmetrischen Matrizen besitzen im allgemeinen einen Vorspann, der die Cholesky-Zerlegung enthält oder die Matrix $\mathbf{B}_a$ auf Diagonalgestalt transformiert, $\mathbf{D}_a := \mathbf{U}^T \mathbf{B}_a \mathbf{U}$, (vermöge einer orthogonalen Matrix $\mathbf{U}$ nach der (erweiterten) Methode von Jacobi; die Diagonalmatrix $\mathbf{D}_a$ enthält die Eigenwerte der Matrix $\mathbf{B}_a$), womit das spezielle Matrizeneigenwertproblem schon fast erreicht ist, Rechts- und Linksmultiplikation der transformierten Matrizen $\mathbf{U}^T \mathbf{A}_a \mathbf{U}$, $\mathbf{D}_a$ mit $\mathbf{D}_a^{-\frac{1}{2}}$ führt dann auf das spezielle Matrizeneigenwertproblem.

Es genügt daher letztlich, Prozeduren zur Lösung des speziellen Matrizeneigenwertproblems zu nennen. Sollen alle Eigenlösungen des speziellen symmetrischen (hermiteschen) Matrizeneigenwertproblems berechnet werden, so liefert die zyklische Jacobi-Methode (unitäre Transformationen, die die Matrix auf Diagonalgestalt der Eigenwerte bringen) recht genaue Resultate. Für die Behandlung nichthermitescher Matrizen ist die Jacobische Methode von P.J. Eberlein [5.24] abgewandelt worden. Bei der Methode von Givens wird mit einer endlichen Anzahl von Ähnlichkeitstransformationen die symmetrische Matrix $\mathbf{A}$ auf Tridiagonalgestalt gebracht. Householder benutzt dafür orthogonale hermitesche Matrizen. Die Eigenwerte werden dann aus der Tridiagonalmatrix mit Hilfe der Sturmschen Ketten gewonnen. Der LR-Algorithmus von H. Rutishauser für nichthermitesche Matrizen basiert auf der Zerlegung der Matrix $\mathbf{A}$ in das Produkt einer unteren und einer oberen Dreiecksmatrix. Wird anstelle der Dreieckszerlegung eine Produktdarstellung von $\mathbf{A}$ in eine unitäre und in eine obere Dreiecksmatrix verwendet, so erhält man den QR-Algorithmus von J.F.G. Francis.

Die Eigenvektoren von tridiagonalen Matrizen lassen sich formal explizit leicht angeben, die Formeln erweisen sich jedoch numerisch als sehr instabil, weshalb hier die gebrochene Vektoriteration von H. Wielandt (inverse Iteration), vereinfacht und verbessert von H. Wittmeyer [5.25, 3.9], geeignet ist. In diesem Zusammenhang sei noch eine Prozedur von K.K. Gupta [5.26] erwähnt, die ebenfalls auf der inversen Iteration beruht, kombiniert mit Sturmschen Ketten.

Interessiert man sich lediglich für den betragsmäßig größten Eigenwert (betragsmäßig kleinsten Eigenwert durch Übergang auf das inverse Problem) einer (symmetrischen, hermiteschen oder nichthermiteschen) Matrix $\mathbf{A}$, so ist das klassische Verfahren der von Mises-Iteration (Potenzmethode) mit Konvergenzverbesserung zu empfehlen. Unter Verwendung der Orthogonalitätseigenschaften der Eigenvektoren kann dann (ohne Kenntnis der Linkseigenvektoren bei nichthermiteschen Matrizen) der Rechtseigenvektor des betragsmäßig größten Eigenwertes eliminiert werden (Deflation, ohne Ordnungserniedrigung), so daß der betragsmäßig zweitgrößte Eigenwert jetzt der größte ist usw. Sollen dagegen von vornherein $n' < n$ Eigenlösungen bestimmt werden, so können diese Eigenlösungen auch gleichzeitig iteriert werden: Simultane Vektoriteration. Die klassische Iteration kann auch ohne Inversion einer Matrix auf die allgemeine Matrizeneigenwertaufgabe angewendet werden, wobei die Matrizen $\mathbf{A}_a$, $\mathbf{B}_a$ vertauscht werden können, um den kleinsten Eigenwert zu erhalten.

Eine oder einzelne Eigenlösungen der betrachteten Matrizeneigenwertprobleme erhält man mit dem mehrdimensionalen Newtonverfahren [3.6], dessen Anwendung auf das Flatterproblem in [5.11] enthalten ist. Im Zusammenhang mit dem nichthermiteschen quadratischen Matrizeneigenwertproblem werden einige Lösungsverfahren in [5.10] diskutiert.

Einzelheiten zu den hier erwähnten und anderen Verfahren können in [5.3, 3.9, 5.27, 5.28] nachgelesen werden; [5.27] enthält auf S. 191f. eine Übersicht und eine gewisse Wertung wie auch [5.10]. Algolprozeduren findet der Leser in [5.29 und 5.30], Fortran-Programme in [5.31, 5.26].

5.1.9.2 Kondensation von Freiheitsgraden

Die Ausführungen im Abschnitt 5.1.8.2 zeigen u.a., daß für Vergleichszwecke die Ordnungen von Matrizeneigenwertproblemen u.U. reduziert werden müssen. Will man das System nicht neu modellieren, bietet sich hier die Reduktion von Freiheitsgraden durch Kondensation an, auf die später noch zurückgegriffen wird. Betrachtet wird das passive System mit n Freiheitsgraden in der Formulierung (4.39) mit der dynamischen Steifigkeitsmatrix $\mathbf{S}(s)$, die beim viskos gedämpften System die Gestalt $\mathbf{S}(s) := s^2\mathbf{M} + s\mathbf{B} + \mathbf{K}$ besitzt. Bezeichnet man mit $\mathbf{U}_W(s) \in C_{n-m}$, $m \in \mathbb{N}$, $m < n$, die verbleibenden (wesentlichen, primären) Verschiebungskoordinaten (Freiheitsgrade) und mit $\mathbf{U}_R(s) \in C_m$ die zu eliminierenden (restlichen, sekundären) Koordinaten (Freiheitsgrade), partitioniert man den Vektor der äußeren Kräfte und die dynamische Matrix entsprechend (der Einfachheit halber wird das Argument s im folgenden unterdrückt),

$$\mathbf{S}\,\mathbf{U} = \mathbf{P}, \quad \begin{pmatrix} \mathbf{S}_{WW} & \mathbf{S}_{WR} \\ \mathbf{S}_{RW} & \mathbf{S}_{RR} \end{pmatrix} \begin{pmatrix} \mathbf{U}_W \\ \mathbf{U}_R \end{pmatrix} = \begin{pmatrix} \mathbf{P}_W \\ \mathbf{P}_R \end{pmatrix}, \tag{5.171}$$

dann liefert die zweite Gleichung von (5.171) unter der Voraussetzung $\det \mathbf{S}_{RR}(s) \neq 0$ (s darf kein Eigenwert des Subsystems der restlichen Freiheitsgrade sein) die restlichen Koordinaten abhängig von den wesentlichen Koordinaten:

$$\mathbf{U}_R = \mathbf{S}_{RR}^{-1}\,(\mathbf{P}_R - \mathbf{S}_{RW}\,\mathbf{U}_W), \tag{5.172}$$

die in die erste Gleichung von (5.171) eingesetzt, das in der Ordnung reduzierte Gleichungssystem, nämlich der Ordnung n − m, in den wesentlichen Koordinaten ohne jede Vernachlässigung ergibt:

$$(\mathbf{S}_{WW} - \mathbf{S}_{WR}\,\mathbf{S}_{RR}^{-1}\,\mathbf{S}_{RW})\,\mathbf{U}_W = \mathbf{P}_W - \mathbf{S}_{WR}\,\mathbf{S}_{RR}^{-1}\,\mathbf{P}_R. \tag{5.173}$$

Das Gleichungssystem (5.173) ist das dynamisch kondensierte System mit der kondensierten $(n-m, n-m)$-dynamischen Matrix $\mathbf{S}_c$:

$$\left.\begin{aligned} &\mathbf{S}_c\,\mathbf{U}_W = \mathbf{P}_c, \\ &\mathbf{S}_c := \mathbf{S}_{WW} - \mathbf{S}_{WR}\,\mathbf{S}_{RR}^{-1}\,\mathbf{S}_{RW}, \\ &\mathbf{P}_c := \mathbf{P}_W - \mathbf{S}_{WR}\,\mathbf{S}_{RR}^{-1}\,\mathbf{P}_R. \end{aligned}\right\} \tag{5.174}$$

Die dynamische Kondensation als Elimination der restlichen Freiheitsgrade kann für die Eigenschwingungen, $\mathbf{P} = \mathbf{0}$,

$$\mathbf{S}(\lambda)\,\hat{\mathbf{u}} = \mathbf{0}, \mathbf{S} = \mathbf{S}^T, \quad \lambda - \text{Eigenwert} \tag{5.175}$$

auch als Kongruenztransformation (Energiebetrachtungen) durchgeführt werden. Hierzu wird der Eigenvektor $\hat{\mathbf{u}}^T =: (\hat{\mathbf{u}}_W^T, \hat{\mathbf{u}}_R^T)$ durch den Eigenvektor $\hat{\mathbf{u}}_W$ der wesentlichen Koordinaten mittels der Transformationsmatrix $\mathbf{T}_D$ ausgedrückt,

$$\hat{\mathbf{u}} = \begin{pmatrix} \hat{\mathbf{u}}_W \\ \hat{\mathbf{u}}_R \end{pmatrix} = \mathbf{T}_D\, \hat{\mathbf{u}}_W, \quad \mathbf{T}_D(\lambda) := \begin{pmatrix} \mathbf{I} \\ -\mathbf{S}_{RR}^{-1}(\lambda)\, \mathbf{S}_{RW}(\lambda) \end{pmatrix}, \quad (n, n-m)\text{-Matrix}, \tag{5.176a}$$

und schließlich die Kongruenztransformation mit der Matrix $\mathbf{T}_D$ auf die Gl. (5.175) angewendet:

$$\mathbf{T}_D^T\, \mathbf{S}(\lambda)\, \mathbf{T}_D\, \hat{\mathbf{u}}_W = \mathbf{0}, \mathbf{T}_D^T = (\mathbf{I}, -\mathbf{S}_{WR}\, \mathbf{S}_{RR}^{-1}). \tag{5.176b}$$

Die kinetische und potentielle Energie (5.1), (5.2) und die Dissipationsfunktionen (5.3), (5.4) werden entsprechend transformiert.

Der Nachteil der dynamischen Kondensation liegt beim dynamischen Antwortproblem ($\mathbf{P}(s) \neq \mathbf{0}$) in dem Bilden der Inversen $\mathbf{S}_{RR}^{-1}(s)$ für jeden Wert s, beim Matrizeneigenwertproblem darin, daß die Inverse von $\mathbf{S}_{RR}(\lambda)$ die gesuchten Eigenwerte enthält. Im allgemeinen läßt sich das dynamisch kondensierte Matrizeneigenwertproblem (5.176b) nicht mehr explizit in den Eigenwerten formulieren.

Beispiel 5.5: $(-\lambda_0 \mathbf{M} + \mathbf{K})\, \hat{\mathbf{u}}_0 = \mathbf{0}, \quad \hat{\mathbf{u}}_0 = \begin{pmatrix} \hat{\mathbf{u}}_{0W} \\ \hat{\mathbf{u}}_{0R} \end{pmatrix},$

$$\left[-\lambda_0 \begin{pmatrix} \mathbf{M}_{WW} & \mathbf{M}_{WR} \\ \mathbf{M}_{RW} & \mathbf{M}_{RR} \end{pmatrix} + \begin{pmatrix} \mathbf{K}_{WW} & \mathbf{K}_{WR} \\ \mathbf{K}_{RW} & \mathbf{K}_{RR} \end{pmatrix} \right] \begin{pmatrix} \hat{\mathbf{u}}_{0W} \\ \hat{\mathbf{u}}_{0R} \end{pmatrix} = \mathbf{0},$$

$$\mathbf{T}_D(\lambda_0) = \begin{pmatrix} \mathbf{I} \\ -(-\lambda_0 \mathbf{M}_{RR} + \mathbf{K}_{RR})^{-1} (-\lambda_0 \mathbf{M}_{RW} + \mathbf{K}_{RW}) \end{pmatrix},$$

es folgt

$$[-\lambda_0 \mathbf{M}_{WW} + \mathbf{K}_{WW} - (-\lambda_0 \mathbf{M}_{WR} + \mathbf{K}_{WR})(-\lambda_0 \mathbf{M}_{RR} + \mathbf{K}_{RR})^{-1} (-\lambda_0 \mathbf{M}_{RW} + \mathbf{K}_{RW})]\, \hat{\mathbf{u}}_{0W} = \mathbf{0}.$$

Hinweis: Lösung mit Hilfe des mehrdimensionalen Newtonverfahrens, s. Abschnitt 5.1.9.1.

Um diesen Nachteil der dynamischen Kondensation zu umgehen, können verschiedene Vereinfachungen getroffen werden. Eine Vereinfachung besteht darin, daß mit fest gewähltem $\tilde{s}$ bzw. $\tilde{\lambda}$ die Inverse $\mathbf{S}_{RR}^{-1}(\tilde{s})$ bzw. $\mathbf{S}_{RR}^{-1}(\tilde{\lambda})$ einmal gebildet wird und damit die Rechnungen durchgeführt werden. Wählt man zur Vereinfachung des Matrizeneigenwertproblems (5.176b) anstelle einer Inversen $\mathbf{S}_{RR}^{-1}(\tilde{\lambda})$ für alle Freiheitsgrade die Inverse $\mathbf{S}_{RR}^{-1}(\tilde{\lambda}_i)$ mit festgewähltem Wert $\tilde{\lambda}_i$ je Freiheitsgrad i, so wird diese Maßnahme sich genauigkeitssteigernd auswirken, wenn die $\tilde{\lambda}_i$ nur hinreichend nahe an den gesuchten Eigenwerten λ_i liegen (vereinfachtes Newtonverfahren).

Eine andere, weitergehende Vereinfachung besteht darin, daß in der Gl. (5.172) für die restlichen Freiheitsgrade die Inverse $\mathbf{S}_{RR}^{-1}$ (abhängig von s bzw. λ) durch $\mathbf{K}_{RR}^{-1} = \mathbf{G}_{RR}$ ersetzt wird,

$$\left.\begin{aligned} \mathbf{U}_R(s) &\doteq \mathbf{U}_R^{(3)} := \mathbf{G}_{RR}\, (\mathbf{P}_R - \mathbf{S}_{RW}\, \mathbf{U}_W^{(3)}), \text{ bzw.} \\ \mathbf{T}_D(\lambda) &\doteq \mathbf{T}^{(3)}\, (\lambda^{(3)}) := \begin{pmatrix} \mathbf{I} \\ -\mathbf{G}_{RR}\, \mathbf{S}_{RW}\, (\lambda^{(3)}) \end{pmatrix}. \end{aligned}\right\} \tag{5.177}$$

Man erhält natürlich nur Näherungen $\mathbf{U}_W^{(3)}(s)$, $\mathbf{U}_R^{(3)}(s)$ bzw. $\lambda^{(3)}$, $\hat{\mathbf{u}}_W^{(3)}$, $\hat{\mathbf{u}}_R^{(3)}$ statt der exakten Ausdrücke, da die Näherungen (5.177) auch die Gln. (5.173) bzw. (5.176) abwandeln. Mit (5.177) wird die Trägheitsmatrix $\mathbf{M}_{RR}$ vernachlässigt, beim ungedämpften System bezeichnet man die obige Vereinfachung als quasistatische Kondensation. Eine noch weitergehende Vereinfachung beim ungedämpften System erreicht man durch die zusätzliche Vernachlässigung der Trägheitskopplungsmatrix $\mathbf{M}_{RW}$ in Gl. (5.177):

$$\left.\begin{aligned} &\mathbf{U}_R(s) \doteq \mathbf{U}_R^{(2)} := \mathbf{G}_{RR}\,(\mathbf{P}_R - \mathbf{K}_{RW}\,\mathbf{U}_W^{(2)}) \text{ bzw.} \\ &\mathbf{T}_D(\lambda) \doteq \mathbf{T}^{(2)} := \begin{pmatrix} \mathbf{I} \\ -\mathbf{G}_{RR}\,\mathbf{K}_{RW} \end{pmatrix}. \end{aligned}\right\} \tag{5.178}$$

Bei gedämpften Systemen wird also die entsprechende Dämpfungskopplungsmatrix vernachlässigt. Die Vereinfachung (5.178) kann als statische Kondensation (Guyan-Reduktion) gegenüber der dynamischen Kondensation bezeichnet werden, da die restlichen Freiheitsgrade nur noch Steifigkeitskopplungen enthalten. In den Näherungen (5.178) wird neben $\mathbf{M}_{RR}$ auch die Trägheitskopplung $\mathbf{M}_{RW}$ vernachlässigt, in der sich ergebenden Gleichung in den wesentlichen Freiheitsgraden (5.173),

$$(\mathbf{S}_{WW} - \mathbf{S}_{WR}\,\mathbf{G}_{RR}\,\mathbf{K}_{RW})\,\mathbf{U}_W^{(2)} = \mathbf{P}_W - \mathbf{S}_{WR}\,\mathbf{G}_{RR}\,\mathbf{P}_R,$$

wird jedoch $\mathbf{M}_{WR}$ (und die entsprechende Dämpfungsmatrix) berücksichtigt. Wegen $\mathbf{M}_{WR} = \mathbf{M}_{RW}^T$ ist das Vorgehen bei der statischen Kondensation gewissermaßen inkonsequent. Vernachlässigt man jetzt noch $\mathbf{M}_{WR}$ und die zugehörige Dämpfungsmatrix in dem gesamten Formalismus, so reduziert sich die Gl. (5.173) auf

$$(\mathbf{S}_{WW} - \mathbf{K}_{WR}\,\mathbf{G}_{RR}\,\mathbf{K}_{RW})\,\mathbf{U}_W^{(1)} = \mathbf{P}_W - \mathbf{K}_{WR}\,\mathbf{G}_{RR}\,\mathbf{P}_R, \tag{5.179}$$

aus der sich für $\mathbf{P}^T = (\mathbf{P}_W^T, \mathbf{P}_R^T) = \mathbf{0}$ das dazugehörige Matrizeneigenwertproblem ergibt.

Die Vereinfachungen bezüglich der Transformationsmatrix $\mathbf{T}_D$ bedeuten für das System eine aufgeprägte Zwängung. Für das Rayleigh-Ritz-Verfahren, angewendet auf passive ungedämpfte Systeme, ist bekannt, daß die Eigenfrequenzen von diesem klassischen Verfahren überschätzt werden [5.32]. Die Verallgemeinerung von Courant [5.33] gilt für jede aufgeprägte Zwängung, also auch für die Kondensation. Diese Aussage zur Eigenfrequenz-Überschätzung ist jedoch nur für Eigenfrequenzen ω_{0i} des passiven ungedämpften Gesamtsystems bis zur niedrigsten Eigenfrequenz des in der Transformationsmatrix $\mathbf{T}^{(L)}$ stehenden vereinfachten Teilsystems bestehend aus den restlichen Freiheitsgraden gültig, also bei der quasistatischen und statischen Transformation ($\mathbf{G}_{RR} = \mathbf{K}_{RR}^{-1}$) nur bis zur Eigenfrequenz $\omega_0 = 0$, bei der vereinfachten dynamischen Kondensation ($\mathbf{K}_{RR} - \tilde{\omega}_i^2\mathbf{M}_{RR}$) nur für Eigenfrequenzen ω_{0i} kleiner als die gewählte Frequenz $\tilde{\omega}_i$ [5.34].

Die weitestgehende Vereinfachung der dynamischen Kondensation besteht in der Vernachlässigung der restlichen Freiheitsgrade:

$$\mathbf{U}_R(s) \doteq \mathbf{U}_R^{(0)} = \mathbf{0} \quad \text{bzw.} \quad \hat{\mathbf{u}}_R \doteq \hat{\mathbf{u}}_R^{(0)} = \mathbf{0}, \quad \mathbf{T}^{(0)} = \begin{pmatrix} \mathbf{I} \\ \mathbf{0} \end{pmatrix}. \tag{5.180}$$

Die Näherungen des Eigenwertproblems aus der statischen bzw. quasistatischen Kondensation sind dort wenig fehlerbehaftet, wo die vernachlässigten Trägheitskräfte der restlichen Freiheitsgrade praktisch nicht relevant sind, d.h. solange die Eigenfrequenzen der restlichen Freiheitsgrade einen hinreichend großen Abstand zu den Eigenfrequenzen der wesentlichen Freiheitsgrade besitzen. Die Auswirkungen der Vernachlässigungen können über Frequenzabschätzungen angenähert ermittelt werden.

Beispiel 5.6: Unter welchen Bedingungen dürfen in dem nachstehend behandelten Fall die restlichen Freiheitsgrade nicht vernachlässigt werden? Vereinfachend wird das passive ungedämpfte System ohne Erregung betrachtet:

$$\left[-\lambda_0 \begin{pmatrix} \mathbf{M}_{WW} & \mathbf{M}_{WR} \\ \mathbf{M}_{RW} & \mathbf{M}_{RR} \end{pmatrix} + \begin{pmatrix} \mathbf{K}_{WW} & \mathbf{0} \\ \mathbf{0} & \mathbf{K}_{RR} \end{pmatrix}\right] \begin{pmatrix} \hat{\mathbf{u}}_W \\ \hat{\mathbf{u}}_R \end{pmatrix} = \mathbf{0}.$$

Die Eigenwertprobleme

$$(-\lambda_{0W,j}\, \mathbf{M}_{WW} + \mathbf{K}_{WW})\, \hat{\mathbf{u}}_{0W,j} = \mathbf{0}, \qquad j = 1(1)n - m,\ n > m,$$

$$(-\lambda_{0R,k}\, \mathbf{M}_{RR} + \mathbf{K}_{RR})\, \hat{\mathbf{u}}_{0R,k} = \mathbf{0}, \qquad k = 1(1)m,\ m \geqslant 1,$$

führen auf die Modalmatrizen $\hat{\mathbf{U}}_{0W}$, $\hat{\mathbf{U}}_{0R}$ und Diagonalmatrizen der Eigenwerte $\mathbf{\Lambda}_{0W}$, $\mathbf{\Lambda}_{0R}$. Die Modaltransformation

$$\begin{pmatrix} \hat{\mathbf{u}}_W \\ \hat{\mathbf{u}}_R \end{pmatrix} = \begin{pmatrix} \hat{\mathbf{U}}_{0W} & \mathbf{0} \\ \mathbf{0} & \hat{\mathbf{U}}_{0R} \end{pmatrix} \begin{pmatrix} \hat{\mathbf{q}}_W \\ \hat{\mathbf{q}}_R \end{pmatrix} =: \mathbf{T} \begin{pmatrix} \hat{\mathbf{q}}_W \\ \hat{\mathbf{q}}_R \end{pmatrix}$$

und anschließende Linksmultiplikation mit $\mathbf{T}^T$ überführt das obige Matrizeneigenwertproblem in das Problem

$$\left[-\lambda_0 \begin{pmatrix} \mathbf{I} & \boldsymbol{M}_{WR} \\ \boldsymbol{M}_{RW} & \mathbf{I} \end{pmatrix} + \begin{pmatrix} \mathbf{\Lambda}_{0W} & \mathbf{0} \\ \mathbf{0} & \mathbf{\Lambda}_{0R} \end{pmatrix}\right] \begin{pmatrix} \hat{\mathbf{q}}_W \\ \hat{\mathbf{q}}_R \end{pmatrix} = \mathbf{0}, \quad \boldsymbol{M}_{WR} := \hat{\mathbf{U}}_{0W}^T \mathbf{M}_{WR} \hat{\mathbf{U}}_{0R} = \boldsymbol{M}_{RW}^T,$$

dessen untere Zeile die Gleichung

$$(\mathbf{\Lambda}_{0R} - \lambda_0 \mathbf{I})\, \hat{\mathbf{q}}_R = \lambda_0 \boldsymbol{M}_{RW}\, \hat{\mathbf{q}}_W$$

liefert. Hieraus folgt der Eigenvektor der restlichen Koordinaten (Freiheitsgrade) ausgedrückt durch die wesentlichen Koordinaten (Freiheitsgrade) zu

$$\hat{\mathbf{q}}_R = \lambda_0 (\mathbf{\Lambda}_{0R} - \lambda_0 \mathbf{I})^{-1} \boldsymbol{M}_{RW}\, \hat{\mathbf{q}}_W,$$

vorausgesetzt, es ist $\lambda_{0i} \neq \lambda_{0R,k}$. Der vor den Komponenten von $\boldsymbol{M}_{RW}\, \hat{\mathbf{q}}_W$ stehende Faktor lautet

$$\frac{\lambda_0}{\lambda_{0R,k} - \lambda_0} = \frac{1}{\lambda_{0R,k}/\lambda_0 - 1}.$$

Die Komponenten $\hat{q}_{R,k}$ können demzufolge dann vernachlässigt werden, wenn der größte interessierende Eigenwert λ_0 des Systems (gleich λ_{0n-m}) sehr klein gegenüber dem kleinsten Eigenwert aus $\{\lambda_{0R,k}\}$ ist, vorausgesetzt, die Elemente der Trägheitskopplungsmatrix $\boldsymbol{M}_{RW}$ sind hinreichend klein derart, daß die Elemente von $\lambda_0(\mathbf{\Lambda}_{0R} - \lambda_0 \mathbf{I})^{-1} \boldsymbol{M}_{RW}$ dem Betrage nach sehr klein gegenüber Eins sind. In diesem Fall wird das weniger aufwendige Matrizeneigenwertproblem

$$(-\tilde{\lambda}_0 \mathbf{M}_{WW} + \mathbf{K}_{WW})\, \tilde{\mathbf{u}}_W = \mathbf{0}$$

gute Näherungen für λ_0, $\hat{\mathbf{u}}_W$ liefern.

Man ersieht an diesem Beispiel, daß alleinige Frequenzabschätzungen ohne Betrachtung der Kopplungsmatrizen nicht ausreichen. ‹

In [5.34] hat H. Röhrle die Kondensation ausführlich beschrieben und auch die Aufteilung in wesentliche und restliche Freiheitsgrade diskutiert. Allerdings ist das zuletzt genannte Problem noch nicht vollständig vom theoretischen Standpunkt aus gelöst, so daß speziell im Falle nichtselbstadjungierter Bewegungsgleichungen auf Fehlerbetrachtungen nicht verzichtet werden kann. In [5.35] werden für das Flatterproblem (parameterabhängiges Matrizeneigenwertproblem eines aktiven Systems) die dynamische Kondensation und Vereinfachungen mit (linearisierten) Fehlerbetrachtungen diskutiert, die für die Eigenschwingungen passiver Systeme (5.175) hier angeführt seien.

Das dynamisch kondensierte Matrizeneigenwertproblem der reduzierten Ordnung n − m (in den wesentlichen Freiheitsgraden) lautet

$$\mathbf{S}_c(\lambda)\,\hat{\mathbf{u}}_W = \mathbf{0}, \quad \mathbf{S}_c := \mathbf{T}_D^T\,\mathbf{S}\,\mathbf{T}_D. \tag{5.181}$$

Wird statt der Transformationsmatrix $\mathbf{T}_D$ eine abgeänderte, vereinfachte Matrix $\mathbf{T}^{(L)}$ derselben Ordnung wie $\mathbf{T}_D$ verwendet, so führt die Kongruenztransformation auf das abgeänderte, angenäherte Matrizeneigenwertproblem

$$\mathbf{S}_c^{(L)}(\lambda^{(L)})\,\hat{\mathbf{u}}_W^{(L)} = \mathbf{0}, \quad \mathbf{S}_c^{(L)} := (\mathbf{T}^{(L)})^T\,\mathbf{S}\,\mathbf{T}^{(L)}, \tag{5.182}$$

mit den zu ermittelnden Näherungen $\lambda^{(L)}$ und $\hat{\mathbf{u}}_W^{(L)}$ anstelle der Eigenlösung λ, $\hat{\mathbf{u}}_W$. Vereinbart seien zusammenfassend die Bezeichnungen:

(5.183)

- L = 0: Vernachlässigung aller restlichen Freiheitsgrade. Gl. (5.180): $\mathbf{T}^{(0)T} = (\mathbf{I}, \mathbf{0}^T)$
- L = 1: Statische Kondensation gemäß Gl. (5.179): $\mathbf{T}^{(1)} = \mathbf{T}^{(2)}$ *und* $\mathbf{M}_{WR} = \mathbf{0}$
- L = 2: Guyan-Kondensation, Gl. (5.178): $\mathbf{T}^{(2)T} \doteq (\mathbf{I}, -\mathbf{K}_{WR}\,\mathbf{G}_{RR})$
- L = 3: Quasistatische Kondensation, Gl. (5.177): $\mathbf{T}^{(3)T} = (\mathbf{I}, -\mathbf{S}_{WR}\,\mathbf{G}_{RR})$
- L = 4: $\mathbf{T}^{(4)} := \mathbf{T}_{D1}$, in $\mathbf{T}_{D1}$ ist gegenüber $\mathbf{T}_D$ die Matrix $\mathbf{S}_{RR}(\lambda)$ durch $\mathbf{S}_{RR}(\tilde{\lambda})$ mit fest gewähltem $\tilde{\lambda}$ ersetzt
- L = 5: $\mathbf{T}^{(5)} := \mathbf{T}_{D2}$, in $\mathbf{T}_{D2}$ ist gegenüber $\mathbf{T}_D$ die Matrix $\mathbf{S}_{RR}(\lambda)$ für jeden Freiheitsgrad i durch $\mathbf{S}_{RR}(\tilde{\lambda}_i)$ mit fest gewählten Werten $\tilde{\lambda}_i$ ersetzt
- L = 6: $\mathbf{T}^{(6)} := \mathbf{T}_D$ entspricht der exakten Lösung, also der dynamischen Kondensation.

Die Fehler der Näherungen sind definiert durch:

$$\left.\begin{aligned} \Delta\mathbf{S}_c^{(L)}(\lambda^{(L)}, \Delta\lambda^{(L)}) &:= \mathbf{S}_c(\lambda) - \mathbf{S}_c^{(L)}(\lambda^{(L)}),\\ \Delta\lambda^{(L)} &:= \lambda - \lambda^{(L)},\\ \Delta\hat{\mathbf{u}}_W^{(L)} &:= \hat{\mathbf{u}}_W - \hat{\mathbf{u}}_W^{(L)},\\ \Delta\hat{\mathbf{u}}_R^{(L)} &:= \hat{\mathbf{u}}_R - \hat{\mathbf{u}}_R^{(L)}. \end{aligned}\right\} \tag{5.184}$$

Die Fehlerdefinitionen in die Gl. (5.181) eingesetzt, und die Gl. (5.182) berücksichtigt, führt linearisiert bezüglich der Fehlerterme auf die Näherung

$$\Delta\mathbf{S}_c^{(L)}(\lambda^{(L)}, \Delta\lambda^{(L)})\,\hat{\mathbf{u}}_W^{(L)} + \mathbf{S}_c^{(L)}(\lambda^{(L)})\,\Delta\hat{\mathbf{u}}_W^{(L)} \doteq \mathbf{0}. \tag{5.185}$$

(5.185) von links mit $\hat{\mathbf{u}}_W^{(L)T}$ multipliziert, ergibt mit (5.182) die skalare Gleichung

$$\hat{\mathbf{u}}_W^{(L)T}\,\Delta\mathbf{S}_c^{(L)}(\lambda^{(L)}, \Delta\lambda^{(L)})\,\hat{\mathbf{u}}_W^{(L)} \doteq 0, \tag{5.186}$$

in der lediglich $\Delta\lambda^{(L)}$ unbekannt ist. Zur weiteren Vereinfachung wird in $\Delta\mathbf{S}_c^{(L)}$der Term $\mathbf{S}_c(\lambda) = \mathbf{S}_c(\lambda^{(L)} + \Delta\lambda^{(L)})$ nach Taylor entwickelt und nach dem linearen Glied die Entwicklung abgebrochen,

$$\Delta\mathbf{S}_c^{(L)}(\lambda^{(L)}, \Delta\lambda^{(L)}) \doteq \mathbf{S}_c(\lambda^{(L)}) - \mathbf{S}_c^{(L)}(\lambda^{(L)}) + \frac{\partial}{\partial\lambda}\,\mathbf{S}_c(\lambda)\Big/_{\lambda=\lambda^{(L)}}\Delta\lambda^{(L)}. \tag{5.187}$$

Die Gl. (5.187) von rechts mit $\hat{\mathbf{u}}_W^{(L)}$ und von links mit $\hat{\mathbf{u}}_W^{(L)T}$ multipliziert, die Gln. (5.182) und (5.186) berücksichtigt, liefert den linearisierten Fehler des Eigenwertes für jeden wesentlichen Freiheitsgrad zu

$$\Delta\lambda^{(L)} \doteq -\frac{\hat{\mathbf{u}}_W^{(L)T}\,\mathbf{S}_c(\lambda^{(L)})\hat{\mathbf{u}}_W^{(L)}}{\hat{\mathbf{u}}_W^{(L)T}\left[\frac{\partial}{\partial\lambda}\,\mathbf{S}_c(\lambda)\Big/_{\lambda=\lambda^{(L)}}\right]\hat{\mathbf{u}}_W^{(L)}}. \tag{5.188}$$

Die Näherung $\Delta\lambda^{(L)}$ und (5.187) in Gl. (5.185) eingesetzt,

$$\mathbf{S}_c^{(L)}(\lambda^{(L)})\,\Delta\,\hat{\mathbf{u}}_W^{(L)} \doteq -\left[\mathbf{S}_c(\lambda^{(L)}) + \frac{\partial}{\partial\lambda}\,\mathbf{S}_c(\lambda)\Big/_{\lambda=\lambda^{(L)}}\Delta\lambda^{(L)}\right]\hat{\mathbf{u}}_W^{(L)}, \tag{5.189}$$

ergibt ein lineares inhomogenes Gleichungssystem zur Ermittlung von $\Delta\hat{\mathbf{u}}_W^{(L)}$. Diese Systemmatrix des Gleichungssystems besitzt bei einfachen Eigenwerten den Rang $n - m - 1$ und unter Berücksichtigung der Normierung von $\hat{\mathbf{u}}_W^{(L)}$ (Bestimmungsgleichung für eine Komponente) auch ebensoviele Unbestimmte. Damit sind die Fehler der angenäherten Eigenlösung des Problems (5.182) über die Lösung eines linearen Gleichungssystems der Ordnung $n - m - 1$ und einer skalaren Gleichung für jeden der $n - m$ wesentlichen Freiheitsgrade in erster Näherung bestimmbar. Den Vektor $\hat{\mathbf{u}}_R^{(L)}$ erhält man aus der Transformation

$$\begin{pmatrix}\hat{\mathbf{u}}_W^{(L)}\\ \hat{\mathbf{u}}_R^{(L)}\end{pmatrix} = \mathbf{T}^{(L)}\,\hat{\mathbf{u}}_W^{(L)}, \tag{5.190a}$$

den Vektor $\hat{\mathbf{u}}_R$ mit $\hat{\mathbf{u}}_W \doteq \hat{\mathbf{u}}_W^{(L)} + \Delta\hat{\mathbf{u}}_W^{(L)}$ aus der Transformation

$$\begin{pmatrix}\hat{\mathbf{u}}_W\\ \hat{\mathbf{u}}_R\end{pmatrix} \doteq \mathbf{T}_D\,(\hat{\mathbf{u}}_W^{(L)} + \Delta\hat{\mathbf{u}}_W^{(L)}), \tag{5.190b}$$

damit ist die rechte Seite von

$$\Delta\hat{\mathbf{u}}_R^{(L)} := \hat{\mathbf{u}}_R - \hat{\mathbf{u}}_R^{(L)} \tag{5.190c}$$

bekannt und der Fehler $\Delta\hat{\mathbf{u}}_R^{(L)}$ angenähert berechenbar.

Beispiel 5.7: $(-\lambda_0\mathbf{M} + \mathbf{K})\,\hat{\mathbf{u}}_0 = \mathbf{0}, \quad \hat{\mathbf{u}}_0 =: \begin{pmatrix}\hat{\mathbf{u}}_{0W}\\ \hat{\mathbf{u}}_{0R}\end{pmatrix},$

die dynamische Kondensation mit

$$\mathbf{T}_D := \begin{pmatrix}\mathbf{I}\\ -(-\lambda_0\mathbf{M}_{RR} + \mathbf{K}_{RR})^{-1}(-\lambda_0\mathbf{M}_{RW} + \mathbf{K}_{RW})\end{pmatrix}$$

führt auf das Ergebnis im Beispiel 5.5 mit

$$\mathbf{S}_c(\lambda_0) := -\lambda_0\mathbf{M}_{WW} + \mathbf{K}_{WW} - (-\lambda_0\mathbf{M}_{WR} + \mathbf{K}_{WR})(-\lambda_0\mathbf{M}_{RR} + \mathbf{K}_{RR})^{-1}(-\lambda_0\mathbf{M}_{RW} + \mathbf{K}_{RW}).$$

L = 1 (vgl. (5.183)):

$$\mathbf{S}_c^{(1)}(\lambda^{(1)}) := -\lambda^{(1)}\,\mathbf{M}_{WW} + \mathbf{K}_{WW} - \mathbf{K}_{WR}\,\mathbf{K}_{RR}^{-1}\,\mathbf{K}_{RW},$$

es folgt

$\lambda^{(1)}$, $\hat{\mathbf{u}}_W^{(1)}$ für jeden Freiheitsgrad.

$$\Delta\mathbf{S}_c^{(1)}(\lambda^{(1)}, \Delta\lambda^{(1)}) \doteq \mathbf{S}_c(\lambda^{(1)}) - \mathbf{S}_c^{(1)}(\lambda^{(1)}) + \frac{\partial}{\partial\lambda}\,\mathbf{S}_c(\lambda)\Big/_{\lambda=\lambda^{(1)}}\,\Delta\lambda^{(1)},$$

$$\frac{\partial}{\partial\lambda}\,\mathbf{S}_c(\lambda) = -\,\mathbf{M}_{WW} + \mathbf{M}_{WR}\,(-\lambda\mathbf{M}_{RR} + \mathbf{K}_{RR})^{-1}\,(-\lambda\,\mathbf{M}_{RW} + \mathbf{K}_{RW})$$

$$-(-\lambda\mathbf{M}_{WR} + \mathbf{K}_{WR})\,(-\lambda\mathbf{M}_{RR} + \mathbf{K}_{RR})^{-1}\,\mathbf{M}_{RR}(-\lambda\,\mathbf{M}_{RR} + \mathbf{K}_{RR})^{-1}\,(-\lambda\mathbf{M}_{RW} + \mathbf{K}_{RW})$$

$$+\,(-\lambda\mathbf{M}_{WR} + \mathbf{K}_{WR})\,(-\lambda\mathbf{M}_{RR} + \mathbf{K}_{RR})^{-1}\,\mathbf{M}_{RW}.$$

Damit sind die Ausdrücke zur Berechnung von $\Delta\lambda^{(1)}$ aus (5.188) bereitgestellt, die Fehler $\Delta\hat{\mathbf{u}}_W^{(1)}$ folgen aus (5.185). Sind die linearisierten Fehler hinreichend genau, dann sind sie als Korrekturen brauchbar: $\lambda_0 \doteq \lambda^{(1)} + \Delta\lambda^{(1)}$, $\hat{\mathbf{u}}_{0W} \doteq \hat{\mathbf{u}}_W^{(1)} + \Delta\hat{\mathbf{u}}_W^{(1)}$. Die übrigen Größen sind mit (5.190) berechenbar.

Damit sind die angenähert korrigierten Eigenlösungen für die n − m wesentlichen Freiheitsgrade bekannt. Die Eigenlösung für die restlichen m Freiheitsgrade sind mit den singulären Transformationsmatrizen $\mathbf{T}_D$, $\mathbf{T}^{(L)}$ nicht zu berechnen, dieses ist erst möglich, wenn die Transformation zu einer regulären ergänzt wird, s. [5.35].

Anmerkung: Die Kondensation von Freiheitsgraden ist nicht nur vom Übergang von Systembeschreibungen für das statische Systemverhalten mit sehr vielen Freiheitsgraden (Größenordnung 10^3 bis 10^4) zu denen für das dynamische Verhalten mit erheblich weniger Freiheitsgraden nützlich, sondern sie ist auch ein mächtiges Handwerkszeug für die Subsystemtechnik. Hier werden zunächst Systemteile mit definierten Schnittstellen (Subsysteme) für gewählte Randbedingungen, die den tatsächlichen Randbedingungen möglichst nahekommen, berechnet oder identifiziert. Diese Ergebnisse, z.B. die Modalgrößen der Subsysteme, dienen dann der Berechnung des dynamischen Verhaltens des Gesamtsystems: Modalsynthese (Synthese, d.h. Aufbau der Bewegungsgleichungen des Gesamtsystems aus denen der Subsysteme über Gleichgewichts- und Verträglichkeitsbedingungen, ggf. über Energiebetrachtungen und Modaltransformation in generalisierte Koordinaten). Da aus aufwands- bzw. versuchstechnischen Gründen immer nur Untermengen der Subsystem-Modalgrößen zur Verfügung stehen (sie sollten die wesentlichen Freiheitsgrade der Subsysteme beschreiben), bilden sie für die Modaltransformation ein unvollständiges Vektorsystem, das 1. nur die Berechnung für eine Teilmenge der Freiheitsgrade des Gesamtsystems erlaubt und 2. die berechenbaren Ergebnisse für das Gesamtsystem fehlerbehaftet liefert. Nur wenn das Vektorsystem der Modaltransformation relativ vollständig ist, d.h., es sind die Energieanteile der restlichen Freiheitsgrade gegenüber denen der wesentlichen Freiheitsgrade vernachlässigbar, werden die Ergebnisse für das Gesamtsystem hinreichend genau seine wesentlichen Freiheitsgrade erfassen. Offen bleibt im allgemeinen die Beantwortung der Frage, welche Freiheitsgrade sind für die Subsysteme und das Gesamtsystem wesentlich. Auch hier erhält man über eine angenäherte Fehlerbetrachtung Anhaltspunkte oder sogar Korrekturen für die Ergebnisse der Modalsynthese, ohne daß die Eigenvektoren der restlichen Freiheitsgrade der Subsysteme bekannt sein müssen [5.90].

Die Diskussionen im Abschnitt 5.1.7 hinsichtlich der Änderungen von Randbedingungen gelten auch allgemein für Systemmodifikationen ohne Änderung der Anzahl der Freiheitsgrade des nichtmodifizierten Systems. Beinhalten dagegen Systemmodifikationen eine Änderung der Anzahl der System-Freiheitsgrade, dann können diese Systemmodifikationen recht einfach mit der Subsystemtechnik formuliert werden.

5.2 Das Phasenresonanzverfahren

Das klassische Verfahren zur experimentellen Ermittlung der Eigenschwingungsgrößen des zugeordneten ungedämpften Systems ist das Phasenresonanzverfahren. Es verwendet eine harmonische Mehrpunkterregung und gilt als erprobtes Verfahren.

5.2.1 Grundlagen

Das passive lineare viskos gedämpfte System mit n Freiheitsgraden (5.8) und positiv definiter Dämpfungsmatrix **B** (echt gedämpftes System) harmonisch erregt,

$$\mathbf{p}(t) = \mathbf{p}_0\, e^{j\Omega t},$$

antwortet in der Erregungsfrequenz Ω: $\mathbf{u}(t) = \hat{\mathbf{u}}\, e^{j\Omega t}$,

$$(-\Omega^2 \mathbf{M} + j\,\Omega\,\mathbf{B} + \mathbf{K})\,\hat{\mathbf{u}} = \mathbf{p}_0. \tag{5.191a}$$

Der komplexe Amplitudenantwortvektor $\hat{\mathbf{u}} = \hat{\mathbf{u}}^{re} + j\,\hat{\mathbf{u}}^{im}$ in die Gl. (5.191a) eingesetzt, liefert die Real- und Imaginärteilgleichungen

$$(-\Omega^2 \mathbf{M} + \mathbf{K})\,\hat{\mathbf{u}}^{re} - \Omega\,\mathbf{B}\,\hat{\mathbf{u}}^{im} = \mathbf{p}_0, \tag{5.191b}$$

$$\Omega\,\mathbf{B}\,\hat{\mathbf{u}}^{re} + (-\Omega^2\,\mathbf{M} + \mathbf{K})\,\hat{\mathbf{u}}^{im} = \mathbf{0}. \tag{5.191c}$$

Zur Erregung *eines* Freiheitsgrades $i \in \{1, ..., n\}$ des Systems sind die Bedingungen

$$\left.\begin{array}{l} \Omega = \omega_{0i} \quad \textit{und} \\ \hat{\mathbf{u}}^{re}(\omega_{0i}) = \mathbf{0} \end{array}\right\} \tag{5.192}$$

notwendig und hinreichend: Zur Erregung des i-ten Freiheitsgrades des zugeordneten ungedämpften Systems muß die Erregungsfrequenz Ω gleich der Eigenfrequenz ω_{0i} und der Erregungsvektor derart gewählt werden, daß für alle Systempunkte $\hat{u}_k^{re}(\omega_{0i}) = 0$, $k = 1(1)n$, gilt. Die Bedingungen (5.192) mit $\hat{\mathbf{u}}^{im}(\omega_{0i}) := \hat{\mathbf{u}}_{0i}$ in (5.191b und c) eingesetzt, führt auf die Gleichungen

$$-\,\omega_{0i}\,\mathbf{B}\,\hat{\mathbf{u}}_{0i} = \mathbf{p}_{0i}, \tag{5.193a}$$

$$(-\,\omega_{0i}^2\,\mathbf{M} + \mathbf{K})\,\hat{\mathbf{u}}_{0i} = \mathbf{0}. \tag{5.193b}$$

$\hat{\mathbf{u}}^{im}(\omega_{0i})$ ist also der Eigenvektor der i-ten Eigenlösung von (5.193b): $\hat{\mathbf{u}}_{0i}$. Die Antwort des Systems auf die Erregung (5.193a) in der Erregungsfrequenz $\Omega = \omega_{0i}$ mit $\hat{\mathbf{u}}^{re}(\omega_{0i}) = \mathbf{0}$ erfüllt das Matrizeneigenwertproblem (5.193b), d.h., das System schwingt in der i-ten Eigenschwingungsform des zugeordneten ungedämpften Systems und nur in dieser. Die Gl. (5.193a) sagt aus, daß die hierfür notwendige Erregung an die Dämpfungskraft angepaßt sein muß, sie muß gleich der unbekannten (!) Dämpfungskraft in der gesuchten Eigenschwingungsform $\hat{\mathbf{u}}_{0i}$ gewählt werden,

$$\mathbf{p}_{0i} = -\,\omega_{0i}\,\mathbf{B}\,\hat{\mathbf{u}}_{0i} = -\,\omega_{0i}\,\mathbf{B}\,\hat{\mathbf{u}}^{im}(\omega_{0i}) = j\omega_{0i}\,\mathbf{B}\,\hat{\mathbf{u}}(\omega_{0i}), \tag{5.193c}$$

und sie ist um $\pi/2$ phasenverschoben zum Antwortvektor $\hat{\mathbf{u}}$ (Phasenkriterium): Die Erregung muß die entsprechende Dämpfungskraft kompensieren (vgl. Beispiel 5.2, Bilder 5.3 a–d, wo das Phasenkriterium angenähert erfüllt ist: Aufgabe 5.23). Mit der Bezeichnung

$I = i$ soll im folgenden stärker hervorgehoben werden, daß eine und nur eine Eigenschwingungsform mit dem Index $i \in \{1, ..., n\}$ angeregt wird.

Gilt für das passive viskos gedämpfte System die Bequemlichkeitshypothese, dann ist die Dämpfungsmatrix über die Kongruenztransformation mit $\hat{\mathbf{U}}_0$ diagonalisierbar ($\mathbf{B}_g = \mathbf{B}_E$). Wählt man $\mathbf{p}_0 = \mathbf{p}_{0I}$ derart, daß $\mathbf{p}_{0I}$ mit den Eigenvektoren $\hat{\mathbf{u}}_{0k}$, $k \neq I$, ein Biorthogonalsystem bildet, dann enthält die Entwicklung der dynamischen Antwort nach den Eigenvektoren $\hat{\mathbf{u}}_{0i}$ (vgl. Aufgabe 5.4),

$$\hat{\mathbf{u}} = \sum_{i=1}^{n} \frac{\hat{\mathbf{u}}_{0i}^T \mathbf{p}_0}{\omega_{0i}^2 - \Omega^2 + j\,2\,\alpha_i\,\omega_{0i}\,\Omega}\,\hat{\mathbf{u}}_{0i}, \quad m_{gi} = 1, \tag{5.194}$$

nur den I-ten Summanden:

$$\hat{\mathbf{u}} = \frac{\hat{\mathbf{u}}_{0I}^T \mathbf{p}_{0I}}{\omega_{0I}^2 - \Omega^2 + j\,2\alpha_I\omega_{0I}\,\Omega}\,\hat{\mathbf{u}}_{0I},$$

$\mathbf{p}_{0I} \sim \mathbf{B}\,\hat{\mathbf{u}}_{0I}$ nach Gl. (5.193c). Die Systemantwort ist in diesem Fall proportional $\hat{\mathbf{u}}_{0I}$, d.h., das System schwingt infolge der an die Eigenschwingungsform $\hat{\mathbf{u}}_{0I}$ angepaßten Erregung $\mathbf{p}_{0I}$ (mit $\mathbf{p}_{0I}$ nach Gl. (5.193c) ergeben sich die Zähler der obigen Entwicklungskoeffizienten zu: $\hat{\mathbf{u}}_{0i}^T \mathbf{p}_{0I} \sim \hat{\mathbf{u}}_{0i}^T \mathbf{B}\,\hat{\mathbf{u}}_{0I} = b_{EI}\delta_{iI}$; infolge der verallgemeinerten Orthogonalität (5.13) der Eigenvektoren $\hat{\mathbf{u}}_{0i}$ ist aber auch $\mathbf{p}_{0I} \sim \mathbf{M}\,\hat{\mathbf{u}}_{0I}$ ein angepaßter Erregungsvektor) für *jede* Erregungsfrequenz Ω in der I-ten Eigenschwingungsform des zugeordneten ungedämpften Systems. Da die Entwicklungsfaktoren von $\hat{\mathbf{u}}$ Einfreiheitsgradsysteme beschreiben (nämlich nach Gl. (5.63) den i-ten Freiheitsgrad des Mehrfreiheitsgradsystems in generalisierten Koordinaten), entspricht die Systemantwort in jedem Meßpunkt (Systempunkt, Komponente des Antwortvektors) für alle Erregungsfrequenzen der eines Einfreiheitsgradsystems (vgl. Tabelle 5.2, S. 284f.)

Die Systemantwort für das passive viskos gedämpfte System mit $\mathbf{B}_g \neq \mathbf{B}_E$ läßt sich nicht nach den Eigenvektoren $\hat{\mathbf{u}}_{0i}$ entwickeln. Das System schwingt nach dem Phasenresonanzkriterium jedoch in der Erregungsfrequenz $\Omega = \omega_{0I}$ in der Eigenschwingungsform $\hat{\mathbf{u}}_{0I}$. Für (schwach) gedämpfte Systeme mit betragsmäßig überwiegenden Hauptdiagonalelementen von $\mathbf{B}_g$ unterscheiden sich die Eigenschwingungsgrößen von denen des zugeordneten Systems mit $\mathbf{B}_E := \operatorname{diag}(b_{gii})$ gemäß den Ausführungen des Beispiels 5.3 nur gering, vorausgesetzt, die Eigenfrequenzen ω_{0I-1}, ω_{0I+1} sind mit der Eigenfrequenz ω_{0I} nicht eng benachbart. Außerdem zeigt der i-te Summand der Spektralzerlegung (5.73) für schwach gedämpfte Systeme,

$$\hat{\mathbf{u}} = \sum_{i=1}^{n} \left(\frac{\mathbf{a}_i}{j\Omega - \lambda_{Bi}} + \frac{\mathbf{a}_i^*}{j\Omega - \lambda_{Bi}^*} \right), \quad \mathbf{a}_i = (\hat{\mathbf{u}}_{Bi}^T \mathbf{p}_0)\,\hat{\mathbf{u}}_{Bi},$$

entsprechend der Lösung der Aufgabe 5.5 Analogien zum viskos gedämpften Einfreiheitsgradsystem, insbesondere ist die Ortskurve der Antwortkomponenten in engerer Umgebung von $\Omega = \omega_{0I}$ kreisähnlich d.h., in einem engen Erregungsfrequenzintervall $\omega_{0I}(1 - \epsilon) \leqslant \Omega \leqslant \omega_{0I}(1 + \epsilon)$, $0 < \epsilon \ll 1$, kann die Antwort jedes Systempunktes durch die Antwort eines viskos gedämpften Einfreiheitsgradsystems (vgl. Abschnitt 2.2.2, Bild 2.28) approximiert werden. Für $\Omega = \omega_{0I}$ (Phasenresonanz) erhält man hieraus die Eigenschwingungsgrößen des zugeordneten ungedämpften Systems und die modale Dämpfung entsprechend b_{gII}.

Die experimentelle Trennung (erregungsmäßige Isolation nach dem Phasenresonanzverfahren) der Eigenschwingungsformen passiver viskos gedämpfter Systeme mit schwacher Dämpfung (phasenreine Erregung *einer* Eigenschwingungsform des zugeordneten ungedämpften Systems) erlaubt damit die Ermittlung der Eigenschwingungsgrößen des zugeordneten ungedämpften Systems und modaler Dämpfungswerte mit Hilfe der Auswertegleichungen für Einfreiheitsgradsysteme.

Auf passive strukturell gedämpfte Systeme läßt sich das Phasenkriterium ebenfalls anwenden, die Überlegungen sind dieselben wie oben, das Ergebnis enthält die Tabelle 5.2.

Die Merkmale des Phasenresonanzverfahrens sind demzufolge:

- Anwendung des Phasenkriteriums,
- experimentelle (oder rechnerische) Anpassung der Erregerkräfte zwecks Erregung einer Eigenschwingungsform des zugeordneten ungedämpften Systems,
- Ermittlung (Schätzung) der Eigenschwingungsgrößen des zugeordneten ungedämpften Systems und (im allgemeinen) eines Dämpfungskoeffizienten des gedämpften Systems mit den Auswertegleichungen für Einfreiheitsgradsysteme.

Hieraus folgt:

- Das System muß, um an möglichst vielen und günstigen Stellen Erreger anbringen zu können, zumindest in den notwendigen Systempunkten zugänglich sein.
- Es sind (theoretisch) n verschiedene Erregerkonfigurationen notwendig, so daß die zugehörigen Erregungsvektoren $\mathbf{p}_{0i}$, $i = 1(1)n$, voneinander linear unabhängig sind.
- Dem Phasenresonanzverfahren liegt a priori kein Schätzverfahren zugrunde.

Anmerkung: Wohl können in Erweiterung des Verfahrens a posteriori Schätzungen der einzelnen Größen mit Hilfe der Einfreiheitsgradsystem-Auswertegleichungen vorgenommen werden, jedoch abhängig von der Güte der Erregungsanpassung, s. Abschnitt 5.2.3.

Die Anregung *einer* Eigenschwingungsform erfordert die Erfüllung der Phasenresonanzbedingung $\hat{\mathbf{u}}^{re}(\omega_{0I}) = \mathbf{0}$. Hierzu müssen die Erregerkräfte, die Erregungsfrequenzen und die Kraftangriffspunkte (bei weniger Erreger- als Systempunkten) unabhängig voneinander verändert werden. Es genügt nicht, das Phasenkriterium lediglich für einige ausgewählte Aufnehmer (Pilotaufnehmer, die in bezug auf die zu messende Eigenschwingungsform betragsmäßig große Antworten liefern) zu erfüllen, die Messung durchzuführen und dabei die Realteile der restlichen Aufnehmer zu kontrollieren. Zu häufig würde man feststellen, daß das Phasenkriterium für die restlichen Systempunkte nicht hinreichend erfüllt wurde, d.h. die Erregungsanpassung unzulänglich war. Je mehr Systempunkte gleichzeitig auf die Erfüllung von $\hat{u}_k^{re} = 0$ beobachtet werden können, desto besser kann entschieden werden, ob eine angepaßte Erregung (in praxi nur näherungsweise) erreicht worden ist, der experimentelle Aufwand ist allerdings auch größer. Die Indikatorfunktion [5.36] hilft diese Aufgabe zu lösen. Die Phasenabweichung im Systempunkt k vom Phasenresonanzwinkel $\pi/2$ ist dem Betrag nach durch $|\sin \psi_k| = |\hat{u}_k^{re}|/|\hat{u}_k|$ gegeben, mit $|\hat{u}_k|$ dem Betrag der Verschiebung im Punkt k. In der Praxis werden im allgemeinen $k = 1(1)m < n$ Systempunkte (Meßpunkte) betrachtet. Um den von Null verschiedenen Phasenabweichungen der Meßpunkte ein größeres Gewicht beizumessen, die in Verbindung mit größeren Werten der örtlichen kinetischen Energie auftreten, wird die Wichtung $m_k|\hat{u}_k|^2$ eingeführt: $|\sin \psi_k|\, m_k |\hat{u}_k|^2 = |\hat{u}_k^{re}|\, m_k |\hat{u}_k|$. Die diskreten Massen m_k mögen die Massenverteilung des Systems in der Umgebung des jeweiligen Meßpunktes repräsentieren (Näherung aus der Systemanalyse). Summation der gewichteten Beträge der Phasenabweichungen und

Normierung auf $\sum_{k=1}^{m} m_k |\hat{u}_k|^2$ führen auf die Indikatorfunktion

$$\Delta(\mathbf{p}_0, \Omega) := \frac{\hat{\mathbf{u}}_A^{reT} \operatorname{diag}(m_k)\, \hat{\mathbf{u}}_A}{\hat{\mathbf{u}}_A^T \operatorname{diag}(m_k)\, \hat{\mathbf{u}}_A}\,, \quad \left.\begin{aligned} \hat{\mathbf{u}}_A^{reT} &:= (|\hat{u}_1^{re}(\Omega)|, \ldots, |\hat{u}_m^{re}(\Omega)|), \\ \hat{\mathbf{u}}_A^T &:= (|\hat{u}_1(\Omega)|, \ldots, |\hat{u}_m(\Omega)|), \end{aligned}\right\} \tag{5.195}$$

abhängig von der jeweiligen Erregerkonfiguration und der Erregungsfrequenz Ω. Die Indikatorfunktion ist Null bei Phasenreinheit in allen Punkten und kann wegen $m_k > 0$ maximal den Wert Eins annehmen: $0 \leqslant \Delta(\mathbf{p}_0, \Omega) \leqslant 1$. Man kann aus ihr also die Güte der Erregungsanpassung in der jeweiligen Resonanz ablesen. Das Bild 5.6 zeigt ein Beispiel für die Indikatorfunktion nach [5.36]. Sie besitzt die nachstehenden Vorteile:

- weitgehende Unabhängigkeit vom Erregerkraftniveau,
- gleichzeitige Erfassung vieler (maximal aller) Systempunkte,
- Übersichtlichkeit in der Darstellung und Einfachheit in der Auswertung (Erkennen von Freiheitsgraden, Resonanzfrequenzen, Güte der Erregungsanpassung).

Die Indikatorfunktion als Summenkriterium gibt allerdings keinen Hinweis auf die Meßpunkte mit unzulässig großen Phasenabweichungen.

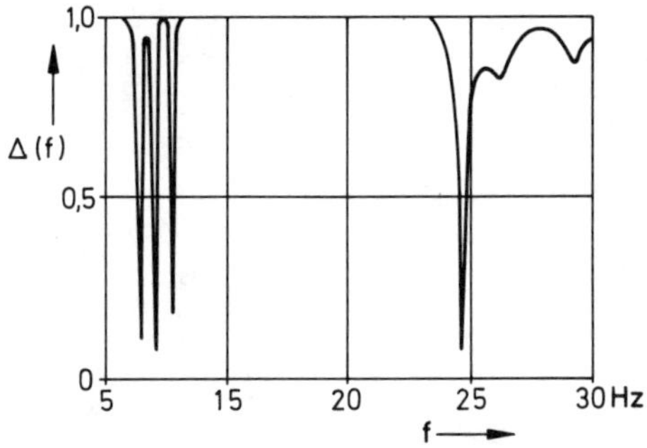

Bild 5.6 Beispiel der Indikatorfunktion Δ(f) für einen vorgegebenen Erregungsvektor $\mathbf{p}_0$

Anmerkung: Eine Aussage darüber, welche Phasenabweichungen als unzulässig anzusehen sind, kann allgemein natürlich nicht getroffen werden. Diese Aussage ist von der vorhandenen Versuchsanlage (Anzahl der Erreger, Kraft- und Frequenzbereich usw., Wahl der Meßaufnehmer usw.), dem zu untersuchenden System, den Genauigkeitsforderungen für die Eigenschwingungsgrößen und nicht zuletzt von der Erfahrung der Versuchsmannschaft abhängig.

Ergänzend zu dem bisher Ausgeführten werden die Vor- und Nachteile des Phasenresonanzverfahrens in dem Abschnitt 5.2.3 diskutiert.

5.2.2 Auswertemethoden für Einfreiheitsgradsysteme

Die Auswertemethoden für lineare zeitinvariante Einfreiheitsgradsysteme werden für viskose Dämpfungskräfte und harmonische Erregung dargestellt. Das betreffende Einfreiheitsgradsystem kann ein Modell in pyhsikalischen Lagekoordinaten oder in generalisierten Koordinaten (generalisiertes Einfreiheitsgradsystem) sein.

Für kleine Dämpfungswerte gilt für die effektiven Dämpfungen des viskos und strukturell gedämpften Systems nach den Ergebnissen der Aufgabe 2.19 und Gl. (5.104) die Beziehung $g \doteq 2\,\alpha$. Damit können die nachstehenden Methoden für kleine effektive Dämpfungen auch für strukturell gedämpfte Einfreiheitsgradsysteme verwendet werden. Die Herleitung der Auswertemethoden für strukturell gedämpfte Einfreiheitsgradsysteme kann genauso wie für viskos gedämpfte Einfreiheitsgradsysteme erfolgen, sie sei dem interessierten Leser empfohlen. Im folgenden werden nur die wichtigsten Eigenschaften der Frequenzgänge und Auswertemethoden wiedergegeben, Vollständigkeit wird nicht angestrebt, ausführliche Darstellungen und Diskussionen findet der Leser in [5.37] und [5.38] einschließlich der dort angegebenen zahlreichen Literatur.

5.2.2.1 Eigenschaften der Frequenzgänge

Die Bilder 2.28 und 5.7 zeigen, daß der Imaginärteil der Antwort bei harmonischer Erregung und konstanter Erregungsamplitude eine schmalere und damit ausgeprägtere Resonanzüberhöhung als die zugehörige Amplitude zeigt. Weiter erkennt man, daß der Realteil zwei Extrema aufweist, die der Phasenfrequenzgang (vgl. Bild 5.7) nicht besitzt. Die Darstellung von Real- und Imaginärteil über der Frequenz hat also Vorteile gegenüber der Darstellung des Amplituden- und Phasenfrequenzganges.

Das viskos gedämpfte Einfreiheitsgradsystem

$$m\,\ddot{u}(t) + b\,\dot{u}(t) + k\,u(t) = p_0\,e^{j\Omega t}$$

mit den Kenngrößen

$$\omega_0 := \left|\sqrt{\frac{k}{m}}\right|, \quad \omega_D := \omega_0 \left|\sqrt{1 - D^2}\right|,$$

$$\alpha = D := \frac{\delta}{\omega_0}, \quad \delta := \frac{b}{2\,m}, \quad \eta := \frac{\Omega}{\omega_0}$$

besitzt den Frequenzgang

$$F(j\Omega) = \frac{\hat{u}}{p_0} = \frac{1}{k(1 - \eta^2 + j\,2\,\alpha\eta)} = \frac{1}{k}\,\frac{1 - \eta^2 - j\,2\,\alpha\eta}{(1 - \eta^2)^2 + 4\,\alpha^2\eta^2}$$

und damit den dimensionslosen Frequenzgang (bezogene Verschiebung, bezogener Frequenzgang)

$$f(\eta) := k\,F(j\Omega) = \frac{\hat{u}}{p_0/k} = \frac{1 - \eta^2 - j\,2\alpha\eta}{(1 - \eta^2)^2 + 4\,\alpha^2\eta^2} \tag{5.196}$$

mit dem Real- und Imaginärteil

$$f^{re}(\eta) = \frac{1 - \eta^2}{(1 - \eta^2)^2 + 4\,\alpha^2\eta^2} = (1 - \eta^2)\,|f(\eta)|^2, \tag{5.196a}$$

$$f^{im}(\eta) = \frac{-2\,\alpha\,\eta}{(1 - \eta^2)^2 + 4\,\alpha^2\eta^2} = -2\,\alpha\,\eta\,|f(\eta)|^2, \tag{5.196b}$$

dem Betrag

$$|f(\eta)| = \frac{1}{\left|\sqrt{(1 - \eta^2)^2 + 4\,\alpha^2\eta^2}\right|} \tag{5.196c}$$

und der Phasenverschiebung

$$\tan\varphi = \frac{-2\,\alpha\,\eta}{1 - \eta^2}. \tag{5.196d}$$

Die Werte der obigen Ausdrücke für die Argumente $\eta = 0, 1, \to \infty$ sind in der Tabelle 5.4 zusammengestellt (s. Aufgabe 2.19):

Tabelle 5.4 Kennzeichnende Werte für das viskos gedämpfte Einfreiheitsgradsystem

η	$\lvert f(\eta)\rvert$	$\varphi(\eta)$	$f^{re}(\eta)$	$f^{im}(\eta)$
0	1	0	1	0
1	$\frac{1}{2\alpha}$	$-\frac{\pi}{2}$	0	$-\frac{1}{2\alpha}$
∞	0	$-\pi$[1]	0	0

Die Extremwerte des Betrages $|f(\eta)|$ folgen aus

$$\frac{d}{d\eta}|f(\eta)| = -2\eta\,[-(1-\eta^2) + 2\alpha^2]\,|f(\eta)|^3 \tag{5.197a}$$

wegen $|f(\eta)| \neq 0$ zu $(\eta \neq 0)$

$$\eta_R = |\sqrt{1-2\alpha^2}|, \quad |f(\eta_R)| = \frac{1}{2\alpha|\sqrt{1-\alpha^2}|}. \tag{5.197b}$$

Die Amplitudenresonanz η_R, definiert als Maximum von $|f(\eta)|$ liegt vor der Eigenfrequenz $\eta_0 = 1$. Gegenüber der Eigenfrequenz ω_D des gedämpften Systems, $\eta_D = \frac{\omega_D}{\omega_0} = |\sqrt{1-\alpha^2}|$, gilt ebenfalls $\eta_R < \eta_D$. Die Extremwerte des bezogenen Realteilfrequenzganges folgen aus

$$\frac{d}{d\eta} f^{re}(\eta) = 2\eta\,|f(\eta)|^2\{-1 + 2(1-\eta^2)\,[(1-\eta^2) - 2\alpha^2]\,|f(\eta)|^2\}$$

zu $(\eta \neq 0)$

$$\left.\begin{aligned} \eta_a &= |\sqrt{1-2\alpha}|, \quad f^{re}(\eta_a) = \frac{1}{4\alpha(1-\alpha)}, \\ \eta_b &= |\sqrt{1+2\alpha}|, \quad f^{re}(\eta_b) = -\frac{1}{4\alpha(1+\alpha)}. \end{aligned}\right\} \tag{5.198}$$

Für den Imaginärteil schließlich ergibt sich das Extremum aus

$$\frac{d}{d\eta} f^{im}(\eta) = -2\alpha\,|f(\eta)|^2\{1 + 4\eta^2\,[(1-\eta^2) - 2\alpha^2]\,|f(\eta)|^2\}$$

gleich Null gesetzt zu

$$\left.\begin{aligned} \eta_{imR}^2 &= \frac{1}{3}(1-2\alpha^2) + \frac{2}{3}|\sqrt{1-\alpha^2+\alpha^4}|, \\ \eta_{imR} &\doteq |\sqrt{1-\alpha^2}| = \eta_D \quad \text{für } \alpha^4 \ll \alpha^2. \end{aligned}\right\} \tag{5.199}$$

1 Der Wert ergibt sich zu $-\pi$, vgl. Bild 5.7, aus der Grenzbetrachtung von f^{im}/f^{re} infolge der Mehrdeutigkeit der Arctan-Funktion.

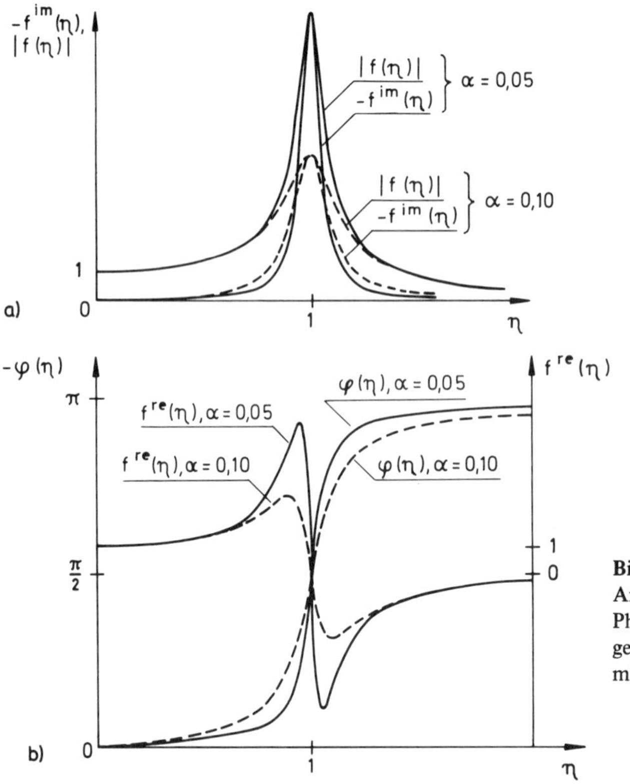

Bild 5.7 Bezogene Imaginärteil- und Amplituden- (a), Realteil- und Phasenfrequenzgänge (b) des viskos gedämpften Einfreiheitsgradsystems mit $\alpha = 0{,}05$ und $0{,}10$

Im Bild 5.7 sind die interessierenden Funktionen für α-Werte gleich 0,05 und 0,10 skizziert.

In Ergänzung zu Tabelle 5.4 lauten die Funktionswerte für η_R und η_D:

Tabelle 5.5 Kennzeichnende Werte für das viskos gedämpfte Einfreiheitsgradsystem

η	$\lvert f(\eta)\rvert$	$\varphi(\eta)$	$f^{re}(\eta)$	$f^{im}(\eta)$
η_R	$\frac{1}{2\alpha\lvert\sqrt{1-\alpha^2}\rvert}$	$\arctan\left(-\frac{1}{\alpha}\lvert\sqrt{1-2\alpha^2}\rvert\right)$	$\frac{1}{2(1-\alpha^2)}$	$\frac{-\lvert\sqrt{1-2\alpha^2}\rvert}{2\alpha(1-\alpha^2)}$
η_D	$\frac{1}{\alpha\lvert\sqrt{4-3\alpha^2}\rvert}$	$\arctan\left(-\frac{2}{\alpha}\lvert\sqrt{1-\alpha^2}\rvert\right)$	$\frac{1}{4-3\alpha^2}$	$\frac{-\lvert\sqrt{1-\alpha^2}\rvert}{2\alpha(1-\frac{3}{4}\alpha^2)}$

Es interessieren noch die Steigungen des Realteil- und Phasenfrequenzganges an der Stelle $\eta_0 = 1$. Mit $|f(1)| = \frac{1}{2\alpha}$ aus Tabelle 5.4 folgen

$$\frac{d}{d\eta} f^{re}(\eta)\Big/_{\eta_0=1} = -\frac{1}{2\alpha^2}, \tag{5.200}$$

$$\frac{d}{d\eta} \varphi(\eta)\Big/_{\eta_0=1} = -\frac{1}{\alpha}. \tag{5.201}$$

Die Ortskurve des Einfreiheitsgradsystems erhält man aus den Gln. (5.196) durch Elimination von η. Mit $|f(\eta)|^2 = [f^{re}(\eta)]^2 + [f^{im}(\eta)]^2$ kann die Gl. (5.196b) nach η aufgelöst und in die Gl. (5.196a) eingesetzt werden:

$$(f^{re2} + f^{im2})^2 - f^{re}(f^{re2} + f^{im2}) - \frac{1}{4\alpha^2} f^{im2} = 0. \tag{5.202}$$

Für den interessierenden η-Bereich, $\eta \geqslant 0$, liegt die Kurve im 3. und 4. Quadranten der f^{re}, f^{im}-Ebene, sie schneidet die f^{re}-Achse in den Punkten 0 und 1, die f^{im}-Achse in den Punkten $-\frac{1}{2\alpha}$ und 0 und ist kreisähnlich (Bild 2.28).

Werden zur Messung der dynamischen Antworten nicht Wegaufnehmer sondern Geschwindigkeits- oder Beschleunigungsaufnehmer eingesetzt, so ergeben sich ganz entsprechende Ausdrücke, die hier nicht aufgeführt werden sollen. Angemerkt sei lediglich, daß die Ortskurve des dimensionslosen Geschwindigkeitsvektors ein Kreis mit den Mittelpunktskoordinaten $\frac{1}{4\alpha}$, 0 und dem Radius $\frac{1}{4\alpha}$ ist (Aufgabe 5.25).

Damit sind für das Einfreiheitsgradsystem die wesentlichen Gleichungen bereitgestellt und ihre Eigenschaften diskutiert worden. Ergänzend hierzu sei angemerkt, daß die betrachteten Funktionen im Frequenzraum durch Differentiation nach der Erregungsfrequenz ausgeprägtere Charakteristiken bezüglich der Resonanz aufweisen als die nichtdifferenzierten Ausdrücke, wie es z.B. aus Gl. (5.197a) ablesbar ist.

Diese Eigenschaften der Antwort eines Einfreiheitsgradsystems werden bei der Identifikation von Mehrfreiheitsgradsystemen nach dem Phasenresonanzverfahren (also unter Meßbedingungen) genutzt. Die Isolation einer Eigenschwingungsform $\hat{\mathbf{u}}_{0I}$ nach dem Phasenresonanzverfahren gelingt in praxi im allgemeinen nur angenähert (s. Abschnitt 5.2.3). Die Antworten $\hat{\mathbf{u}}_k$ der Systempunkte k enthalten dann neben den Resonanzanteilen $\hat{\mathbf{u}}_{0I,k}$, approximiert durch die Antwort eines viskos gedämpften Einfreiheitsgradsystems, noch Nichtresonanzanteile aus der Erregung von Eigenschwingungsformen zu ω_{0I} benachbarter Eigenfrequenzen (Überlagerung von Eigenschwingungsformen). Hierbei kann festgestellt werden, daß die Resonanzfrequenzen der Imaginärteilkurven näher an den Eigenfrequenzen des zugeordneten ungedämpften Systems liegen als die Maximumabszissen der Betragsantworten. Weiter sei noch erwähnt, daß bei Systemen, die sich durch keine diagonale generalisierte Dämpfungsmatrix $\mathbf{B}_g$ auszeichnen, die Verwendung der Real- und Imaginärteilantworten die Auswirkung der Dämpfungskopplung gegenüber der bei Verwendung von Phasen- und Betragsantworten mindert [5.39]. Die z.B. zur Eigenfrequenzbestimmung oder Dämpfungsermittlung notwendigen Differentiationen erfordern

1. die Kenntnis der entsprechenden Funktionen in der Umgebung der Resonanzfrequenzen (d.h. Antwortmessung nicht nur für $\Omega = \omega_0$, sondern in einer Umgebung von ω_0), womit ein größeres Informationsangebot als durch die Antwortmessung für nur eine Frequenz erreicht wird, und
2. eine Kurvenapproximation (Schätzung), will man die Aufrauhung der Meßfehler vermeiden.

Abgesehen von den durch Differentiation nach der Erregerfrequenz erzielbaren ausgeprägteren Resonanzcharakteristiken, mindert die Differentiation auch bei vorhandenen Nichtresonanzanteilen deren Einfluß auf die Modellantwort des Einfreiheitsgradsystems und der darauf basierenden Auswertung, denn beispielsweise konstante Nichtresonanzanteile werden Null usw.

Anmerkung: Die Ergebnisse dieses Abschnittes setzen die Verwendung des Phasenresonanzverfahrens nicht voraus. Sie können in geeigneter Weise auf die Antworten jedes gestörten Einfreiheitsgradsystems angewendet werden.
Entsprechend den Ausführungen des Abschnittes 2.2.2 sind die Frequenzgangbetrachtungen nicht auf eine harmonische Erregung beschränkt.

5.2.2.2 Ermittlung der Eigenfrequenz ω_0

Werden die Ausführungen des vorherigen Abschnittes beachtet, dann bleiben das Phasenkriterium ($\hat{u}^{re} = 0$ bzw. $f^{re} = 0$) und Amplitudenkriterium

$$\left(\frac{d}{d\eta}|\hat{u}| = 0 \quad \text{bzw.} \quad \frac{d}{d\eta}|f| = 0\right)$$

zur Eigenfrequenz-Ermittlung außer Betracht. Ausgenommen sei die Ermittlung der Eigenfrequenz durch Differentiation aus der Indikatorfunktion (5.195), der eine gewichtete Mittelwertbildung zugrunde liegt. Es werden das

- Wendepunktkriterium (Realteilkriterium $\frac{d^2}{d\eta^2}\hat{u}^{re} = 0, \quad \frac{d^2}{d\eta^2} f^{re} = 0$),
- Imaginärteilkriterium $\left(\frac{d}{d\eta}\hat{u}^{im} = 0, \quad \frac{d}{d\eta} f^{im} = 0\right)$,
- Ortskurvenkriterium ($d^2s/d\eta^2 = 0$)

diskutiert. Das Wendepunktkriterium ist eine Näherung (der Fehler in der bezogenen Frequenz η_0 ist angenähert $\frac{1}{6}\alpha^2$), die digital ausgeführt, eine zweimalige numerische Differentiation der Meßwerte bedingt, die wegen der Fehleraufrauhung nicht ratsam ist, ausgenommen, es wurde vorher eine Kurvenapproximation durchgeführt. Das Bild 5.7 veranschaulicht die ersten beiden Kriterien zur Eigenfrequenz-Ermittlung. Das angegebene Ortskurvenkriterium für die Bogenlänge s der Ortskurve (Bild 5.8) stellt eine Näherung dar (mit einem Fehler für die bezogene Frequenz von ungefähr $\frac{1}{2}\alpha^2$, exakt wäre $d^2s/d(\omega^2)^2 = 0$ anstelle von $d^2s/d\eta^2 = 0$). Im früheren Schrifttum ist die Mächtigkeit des Ortskurvenkriteriums vielerorts hervorgehoben und durch spezielle Beispiele eines Meßpunktes belegt worden. Jedoch liegen in der Praxis (Mehrfreiheitsgradsystem) viele Meßpunkte vor, und es ist unwahrscheinlich, daß alle Schriebe gleich schlecht auszuwerten sind (vgl. diesbezüglich auch Abschnitt 5.2.3), deshalb wird dem Imaginärteilkriterium wegen seiner Einfachheit

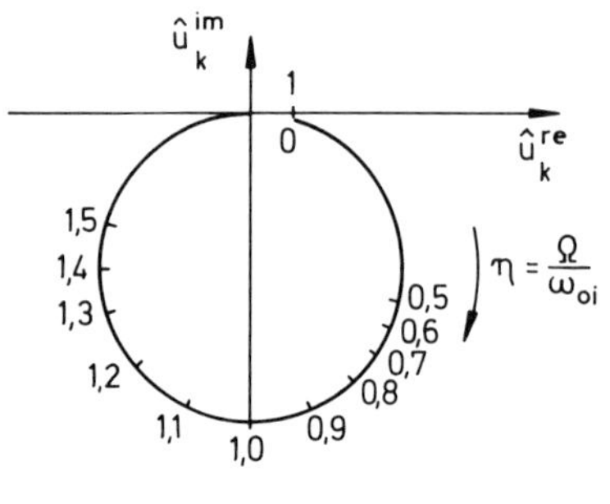

Bild 5.8 Das Ortskurvenkriterium
(s_k: Bogenlänge der Ortskurve der k-ten Meßstelle)

der Vorzug gegeben. Bei hinreichender Kraftamplitude der harmonischen Erregung, hinreichender Frequenzauflösung und genügend vielen Meßstellen werden bei ihm selten Eigenfrequenznachbarschaften übersehen. Das Nichterkennen von dicht benachbarten Eigenfrequenzen (bei großer Dämpfung) kann jedoch nicht ausgeschlossen werden, hier könnte evtl. das Ortskurvenkriterium bei sehr genauen Meßwerten eine Trennung der Eigenfrequenzen bewirken, mit Sicherheit aber eine verbesserte angepaßte Erregung.

Bei der praktischen Anwendung des Imaginärteilkriteriums auf den vorliegenden Schrieb $\hat{u}_k^{im}(\eta)$, k = 1(1) m, der k-ten Meßstelle bewirkt einerseits der Meßfehler (prozentual vom Nennbereich des Aufnehmers) der ortsabhängigen Verschiebung und andererseits der örtlich unterschiedliche Kopplungseinfluß der Freiheitsgrade (ein Aufnehmer im Knoten der betreffenden Eigenschwingungsform läßt diese nicht erkennen), daß die ermittelten Eigenfrequenzen $\omega_0^{(k)}$ unterschiedlich fehlerbehaftet sind. Zur Ermittlung der Eigenfrequenzen ω_0 aus den Werten $\omega_0^{(k)}$ wird deshalb eine gewichtete Mittelwertbildung empfohlen, welche die am stärksten fehlerbehafteten Werte am wenigsten berücksichtigt. Als Gewichte bieten sich die Ordinaten $|\hat{u}_k^{im}(\omega_0^{(k)})|$ an, vorausgesetzt, die Nichtresonanzanteile sind in der näheren Umgebung von $\omega_0^{(k)}$ nahezu konstant. Bei Schrieben, die eine Eigenfrequenz-Nachbarschaft aufzeigen, sollten nur diejenigen für die benachbarten Eigenfrequenzen ausgewertet werden, die durch ein erkennbares Minimum (Maximum bei negativer Eigenvektor-Komponente) in dem u_k^{im}-Schrieb getrennt sind; als Gewichte können die Beträge der Differenzen der beiden Maximumordinaten oder der Maximum-Minimumordinaten genommen werden (Bild 5.9a). Macht sich eine Eigenfrequenz-Nachbarschaft lediglich durch eine mehr oder weniger starke Steigungsänderung bemerkbar (Bild 5.9b), dann sollte entsprechend dem Imaginärteilkriterium lediglich das Extremum ausgewertet werden. Als Gewicht des so ermittelten Wertes wird lediglich der Betrag der Differenz der Extremumordinate und der Ordinate an der Stelle der starken Steigungsänderung genommen (Bild 5.9b), wenn die Resonanzüberhöhung stark unsymmetrisch ist. Fehlerbetrachtungen zum Imaginärteilkriterium sind im Anhang von [5.38] enthalten.

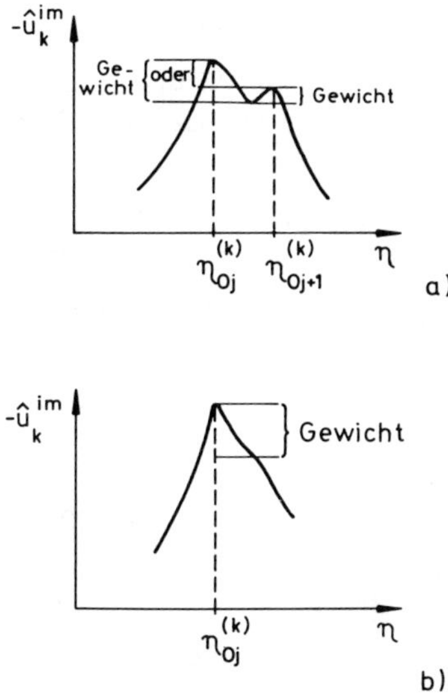

Bild 5.9 Darstellung zur gewichteten Mittelwertbildung der schriebabhängigen Werte $\eta_{0j}^{(k)}(\omega_{0j}^{(k)})$

5.2.2.3 Ermittlung der effektiven Dämpfung α

Bei der Ermittlung der effektiven Dämpfung $2\alpha \doteq g$ (vgl. Gl. (5.104)) werden Methoden ebenfalls nicht betrachtet, die durch die stets vorhandenen Nichtresonanzanteile (aus nur angenäherter angepaßter Erregung der Mehrfreiheitsgradsysteme) die Ergebnisse stark verfälschen. Die Methoden sind z.B. die Auswertung der Extremumordinaten des Amplituden- und Imaginärteilfrequenzganges (vgl. Tabelle 5.4) und die der Halbwertsbreite des Imaginärteilfrequenzganges (vgl. Aufgabe 3.39; für harmonische Erregung ist $|\hat{u}|_{max}/|\sqrt{2}|$ abzulesen, da S_{uu} die Amplituden quadratisch enthält). Auch die in der Praxis gern verwendeten Ausschwingkurven (angenähert angepaßte Erregung zur Erregung eines Freiheitsgrades, plötzliches Abschalten der Erregung – möglichst ohne einen Stoß einzuleiten, d.h. z.B. bei elektromagnetischen Erregern, Aufrechterhaltung des Erregerstromes und mechanische Trennung vom Objekt – und Messung des Abklingvorganges) sind zur Dämpfungsermittlung entsprechend Bild 5.10 und Gl. (2.20) wegen der direkten Ordinatenablesung ungünstig. Hinzu kommt, daß nach der Erregungsabschaltung abhängig von der Dämpfungskopplung ($\mathbf{B}_g \neq \mathbf{B}_E$) die vorher erregte Eigenschwingungsform durch hinzukommende Eigenschwingungsformen gestört wird, erkennbar durch die auftretende nichtkonstante Schwingfrequenz ungleich $\omega_0^{(k)}$ und Schwebungen. Eine Diskussion verschiedener Methoden zur Ermittlung der effektiven Dämpfungen findet der Leser in [5.40].

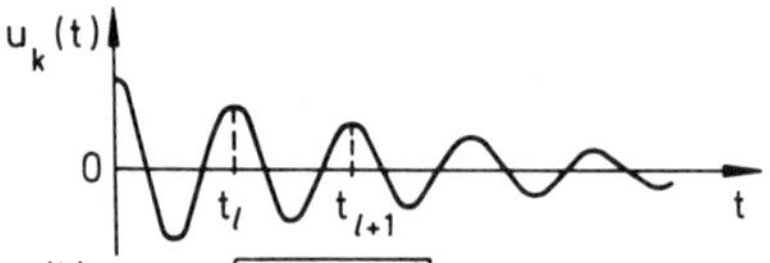

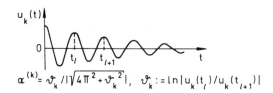

$$\alpha^{(k)} = \vartheta_k / |\sqrt{4\pi^2 + \vartheta_k^2}|, \quad \vartheta_k := \ln|u_k(t_l)/u_k(t_{l+1})|$$

Bild 5.10 Ermittlung der effektiven Dämpfung aus Ausschwingkurven

Es verbleibt im wesentlichen die Diskussion der Dämpfungsermittlung aus den
- Steigungen des Realteilfrequenzganges,
- Extremwertabszissen des Realteilfrequenzganges,
- Ortskurven,
- Erregerarbeiten zur Aufrechterhaltung der Eigenschwingung: Energiemethode.

Die Steigung des Realteilfrequenzganges (5.200) liefert mit der Beziehung (unter Verwendung von (5.196) und Tabelle 5.4)

$$\alpha^{(k)} = \omega_0^{(k)}\, \hat{u}_k^{im}(\omega_0^{(k)}) / \left[\frac{d}{d\Omega}\, \hat{u}_k^{re} \Big/_{\Omega = \omega_0^{(k)}} \right] \tag{5.203}$$

die effektive Dämpfung im k-ten Systempunkt. Günstiger ist es jedoch, die Extremalabszissen des Realteilfrequenzganges zu verwenden (es geht keine Ordinatenablesung ein). Nach Gl. (5.198) stehen hierfür die Gleichungen

$$2\alpha = 1 - \eta_a^2, \tag{5.204a}$$

$$2\alpha = \eta_b^2 - 1, \tag{5.204b}$$

$$2\alpha = \frac{1}{2}(\eta_b^2 - \eta_a^2), \tag{5.204c}$$

$$2\alpha = \frac{\eta_b^2 - \eta_a^2}{\eta_b^2 + \eta_a^2} = \frac{1 - \left(\frac{\eta_a}{\eta_b}\right)^2}{1 + \left(\frac{\eta_a}{\eta_b}\right)^2} \tag{5.204d}$$

zur Verfügung. Als Kontrollgleichung könnte man $\eta_a^2 + \eta_b^2 = 2$ verwenden. Die günstigste Rechenvorschrift hängt davon ab, ob sich beide Werte η_a, η_b ermitteln und wie genau sie sich bestimmen lassen. (5.204) wird auf die Extremwertstellen jedes Realteilschriebes k angewendet.

Die Ermittlung der effektiven Dämpfung aus der Ortskurve (5.202),

$$2\,\alpha^{(k)} = \left|\, 1 - \left(\frac{\Omega}{\omega_0^{(k)}}\right)^2 \right| / \left| \sqrt{|\hat{u}_k\,(\omega_0^{(k)})/\hat{u}_k(\Omega)|^2 - 1} \right|, \tag{5.205}$$

wird für Ω-Werte aus unmittelbarer Umgebung von $\omega_0^{(k)}$ vorgenommen (s. Bild 5.11). Konstante Nichtresonanzanteile bewirken eine Mittelpunktsverschiebung der Ortskurve und können somit durch Verschiebung des Koordinatensystems berücksichtigt werden. Bezüglich nichtkonstanter Nichtresonanzanteile bei der Ortskurvenapproximation vgl. Aufgabe 5.27 und Abschnitt 5.2.3. Es sei darauf hingewiesen, daß die Auswertegleichung (5.205) in dem verschobenen und gedrehten Koordinatensystem formuliert ist, das die Störanteile berücksichtigt.

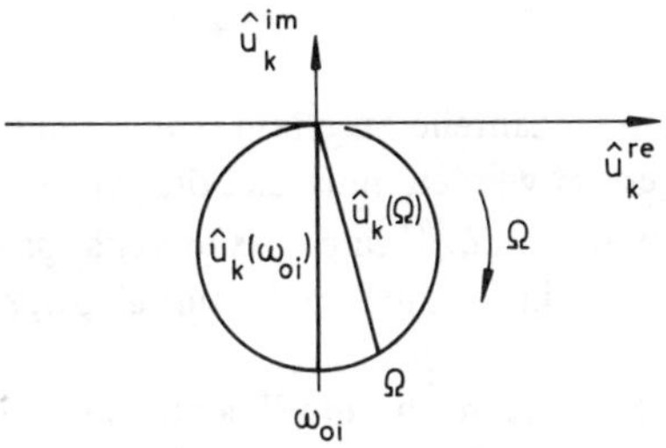

Bild 5.11 Dämpfungsermittlung aus der Ortskurve

Schließlich kann die Erregerarbeit zur Aufrechterhaltung der Eigenschwingung des betreffenden Freiheitsgrades zur Dämpfungsmaßermittlung herangezogen werden. Die Gl. (5.193a) von links mit $\hat{\mathbf{u}}_{0i}^T$ multipliziert und entsprechend der Bequemlichkeitshypothese die Beziehung (5.66a) beachtet, liefert für den betrachteten i-ten Freiheitsgrad (vorher wurde der Index i unterdrückt)

$$2\,\alpha_i = -\frac{\hat{\mathbf{u}}_{0i}^T\,\mathbf{p}_{0i}}{\omega_{0i}^2\,m_{gi}}\,. \tag{5.206}$$

Hier geht erstmals die Messung der angepaßten Erregerkräfte ein. Die Auswertegleichung enthält weiter den gemessenen Eigenvektor, die gemessene Eigenfrequenz und generalisierte Masse (s. Abschnitt 5.2.2.5). Sämtliche Meßfehler wirken sich in der so ermittelten effektiven Dämpfung aus, insbesondere die Abweichung des verwendeten Erregungsvektors von dem erforderlichen angepaßten Erregungsvektor.

Auch hier empfiehlt sich eine gewichtete Mittelwertbildung der m Werte $\alpha_i^{(k)}$, $k = 1(1)m$, die für das Extremwertabszissenkriterium entsprechend wie für die Eigenfrequenz-Ermittlung diskutiert, vorgenommen werden kann. Eine Fehlerdiskussion der effektiven Dämpfung aus den Extremalabszissen des Realteilfrequenzganges enthält [5.38], Annex III.2.

Obwohl die Phasenresonanzmethode nicht der Bequemlichkeitshypothese bedarf, wurde sie bei der Energiemethode explizit und bei den anderen hier diskutierten Verfahren implizit verwendet; denn alle Einfreiheitsgradsystem-Auswertemethoden liefern *eine* effektive Dämpfung je Freiheitsgrad. Sollen alle Elemente der generalisierten Dämpfungsmatrix $\mathbf{B}_g$ ($\neq \mathbf{B}_E$, Gl. (5.60)) bestimmt werden, so wird wieder von der Gl. (5.193a) ausgegangen, die mit $\hat{\mathbf{u}}_{0k}^T$ linksmultipliziert wird:

$$-\omega_{0i}\, \hat{\mathbf{u}}_{0k}^T\, \mathbf{B}\, \hat{\mathbf{u}}_{0i} = \hat{\mathbf{u}}_{0k}^T\, \mathbf{p}_{0i}, \quad i, k = 1(1)n. \tag{5.207}$$

Die Güte der Elemente (5.207) hängt hier wieder von der Ungenauigkeit der phasenreinen Erregung und den Meßfehlern der Eigenvektor-Komponenten ab.

5.2.2.4 Ermittlung der Eigenschwingungsform

Schwingt das untersuchte Mehrfreiheitsgradsystem infolge der angenähert verwirklichten Erregung $\mathbf{p}_{0i}$ in der i-ten Eigenschwingungsform, so liefert mit $\hat{\mathbf{u}}^{re}(\omega_{0i}) = \mathbf{0}$ die Verschiebungsmessung $\hat{\mathbf{u}}^{im}(\omega_{0i}) = \hat{\mathbf{u}}_{0i}$ die gesuchte Eigenschwingungsform $\hat{\mathbf{u}}_{0i}$:

- Imaginärteilordinaten des Einfreiheitsgradsystems für jede Meßstelle k an der Stelle $\Omega = \omega_{0i}^{(k)}$.

Eine zweite Möglichkeit besteht in der Messung der

- Ortskurvendurchmesser,

(s. Gl. (5.202)), die – wie schon erwähnt – Nichtresonanzanteile zu eliminieren erlaubt (s. Aufgabe 5.27 und auch Abschnitt 5.2.3). Vorausgesetzt werden muß, daß die gemessenen Ortskurvenpunkte für Ω-Werte in engerer Umgebung von $\omega_{0i}^{(k)}$ eine Ortskurvenapproximation (angenähert ein Kreis) erlauben. Das Ortskurvenkriterium kann somit günstiger als die Ordinatenablesung beim Imaginärteilkriterium sein.

Die Ermittlung der Eigenschwingungsgrößen des Systems nach dem Phasenresonanzverfahren erfolgt wegen unbekannter linker Seite der Gl. (5.193a), wie im Abschnitt 5.2.1 beschrieben, mit einem angepaßten Erregungsvektor proportional zu $\mathbf{p}_{0i}$: $\mathbf{p}_{0i}^N \doteq K_i\, \mathbf{p}_{0i} = -\omega_{0i}\, \mathbf{B}\, K_i\, \hat{\mathbf{u}}_{0i}$. Demzufolge erhält man die Eigenvektoren in irgendeiner Normierung $\hat{\mathbf{u}}_{0i}^N := K_i\, \hat{\mathbf{u}}_{0i}$, so daß sich die generalisierten Massen m_{gi}^N im allgemeinen nicht zu Eins ergeben. Da die Normierung der Eigenvektoren stets angegeben ist, wird im folgenden der obere Index N wieder unterdrückt.

5.2.2.5 Ermittlung der generalisierten Masse

Der Antwortvektor $\hat{\mathbf{u}}(\Omega)$ eines schwach gedämpften Systems, für das die Bequemlichkeitshypothese gilt, läßt sich in der Spektraldarstellung (5.194),

$$\hat{\mathbf{u}} = \sum_{i=1}^{n} \frac{\hat{\mathbf{u}}_{0i}^T\, \mathbf{p}_0}{\omega_{0i}^2 - \Omega^2 + j\, 2\, \alpha_i \omega_{0i} \Omega}\, \hat{\mathbf{u}}_{0i}$$

mit $m_{gi} = 1$ schreiben. Für Eigenvektoren mit beliebiger Normierung geht die obige Gleichung über in

$$\hat{\mathbf{u}} = \sum_{i=1}^{n} \frac{\hat{\mathbf{u}}_{0i}^T\, \mathbf{p}_0}{m_{gi}\, (\omega_{0i}^2 - \Omega^2 + j\, 2\alpha_i\, \omega_{0i} \Omega)}\, \hat{\mathbf{u}}_{0i};$$

wobei die generalisierten Massen außer von der Trägheitsmatrix auch von der gewählten Normierung der Eigenvektoren abhängen. Beim Erfülltsein des Phasenkriteriums, $\hat{\mathbf{u}}^{re}(\omega_{0i}) = \mathbf{0}$, für $\Omega = \omega_{0I}$ und $\mathbf{p}_0 = \mathbf{p}_{0I}$ nach Gl. (5.193c), folgt:

$$\hat{\mathbf{u}}(\omega_{0I}) = j\, \hat{\mathbf{u}}^{im}(\omega_{0I}) = \frac{\hat{\mathbf{u}}_{0I}^T \mathbf{p}_{0I}}{j\, m_{gI}\, 2\, \alpha_I\, \omega_{0I}^2}\, \hat{\mathbf{u}}_{0I}.$$

Die im vorherigen Abschnitt beschriebene Ermittlung der Eigenvektoren, $\hat{\mathbf{u}}_{0i} \overset{!}{\doteq} \hat{\mathbf{u}}^{im}(\omega_{0i})$, bedingt demzufolge

$$-\frac{\hat{\mathbf{u}}_{0i}^T \mathbf{p}_{0i}}{2\, \alpha_i\, \omega_{0i}^2\, m_{gi}} \overset{!}{\doteq} 1.$$

Diese Forderung führt wieder auf die Gl. (5.206). Damit ist für jede Erregung $\mathbf{p}_{0i}$ mit beliebig normierten Eigenvektoren $\hat{\mathbf{u}}_{0i}$ die obige Spektraldarstellung eindeutig. D.h. aber, daß für jeden Freiheitsgrad nicht nur die Eigenfrequenz, die Eigenschwingungsform und effektive Dämpfung, sondern auch die generalisierte Masse m_{gi} (für die gewählte Normierung der Eigenvektoren) ermittelt werden muß. Mit Kenntnis der Eigenfrequenzen ω_{0i} und der generalisierten Massen m_{gi} sind auch die generalisierten Steifigkeiten $k_{gi} = \omega_{0i}^2\, m_{gi}$ (5.13) bekannt.

Zur Messung der generalisierten Masse können folgende Verfahren angewendet werden:

- Energiemethode,
- Zusatzmassenmethode,
- Aufbringen von um $\frac{\pi}{2}$ phasenverschobenen Zusatzkräften.

Ist die effektive Dämpfung des untersuchten Freiheitsgrades nach einem der im Abschnitt 5.2.2.3 diskutierten Verfahren, ausgenommen über die Energiemethode, ermittelt, dann kann die Gl. (5.206) zur Ermittlung der generalisierten Masse verwendet werden:

$$m_{gi} = -\frac{\hat{\mathbf{u}}_{0i}^T \mathbf{p}_{0i}}{\omega_{0i}^2\, 2\, \alpha_i}.$$

Ihre Nachteile sind schon diskutiert und durch die Erfahrung bestätigt worden.

Die Zusatzmassenmethode erfordert einen zusätzlichen Versuch. An bestimmten Meßstellen des Systems oder einfacher, an den Erregungsorten werden kleine Zusatzmassen derart angebracht, daß sie keine meßbare Eigenschwingungsform-Änderung aber eine Eigenfrequenz-Verstimmung hervorrufen. Der Formalismus entspricht dem, der zu Gl. (5.138) führte, jedoch mit $\mathbf{M}_g \neq \mathbf{I}$ und $\Delta\hat{\mathbf{u}}_{0i} = \mathbf{0}$:

$$[-(\omega_{0i} + \Delta\omega_{0i})^2\, (\mathbf{M} + \Delta\mathbf{M}) + \mathbf{K}]\, \hat{\mathbf{u}}_{0i} = \mathbf{0}.$$

Sind die Zusatzmassen für alle Orte gleich Δm und so klein, daß Änderungs- bzw. Zusatzterme zweiter und höherer Ordnung vernachlässigbar sind, so folgt

$$(2\, \omega_{0i}\, \Delta\omega_{0i}\, \mathbf{M} + \omega_{0i}^2\, \Delta\mathbf{M})\;\; \hat{\mathbf{u}}_{0i} \doteq \mathbf{0},$$

$$m_{gi} = -\frac{\omega_{0i}}{2\, \Delta\omega_{0i}}\, \Delta m_{gi}, \quad \Delta m_{gi} := \hat{\mathbf{u}}_{0i}^T\, \Delta\mathbf{M}\, \hat{\mathbf{u}}_{0i}. \tag{5.208}$$

Die Matrix der Zusatzmassen $\Delta\mathbf{M}$ ist bekannt, die Frequenzverstimmung $\Delta\omega_{0i}$ wird gemessen, die Eigenvektoren sind ebenfalls bekannt, damit kann m_{gi} berechnet werden. Die Wahl von $\Delta\mathbf{M} \sim \mathbf{M}$ erfüllt die Bedingung $\Delta\hat{\mathbf{u}}_{0i} = \mathbf{0}$. Der Zusammenhang zwischen $\Delta\omega_{0i}$ und Δm, $\Delta m_{gi} = \Delta m \cdot c_i$, $c_i := \hat{\mathbf{u}}_{0i}^T\, \boldsymbol{G}\, \hat{\mathbf{u}}_{0i} = \text{const.}$ mit der geometrischen Matrix $\boldsymbol{G} := \frac{1}{\Delta m}\,\Delta\mathbf{M}$, ist ein linearer, so daß aus der Steigung der Geraden (aus verschiedenen Werten Δm und Ausgleichsrechnung, vermittelnde Beobachtungen)

$$\Delta m = -\tan\epsilon_i\, \Delta\omega_{0i}$$

die generalisierte Masse berechnet werden kann:

$$m_{gi} = \frac{\omega_{0i}}{2}\,\frac{\Delta m_{gi}}{\Delta m}\,\tan\epsilon_i. \tag{5.208a}$$

Für die Berechnung von Δm_{gi} werden die Eigenvektoren $\hat{\mathbf{u}}_{0i}$ häufig gemäß Gl. (5.16) normiert. Das Bild 5.12 veranschaulicht das Vorgehen und enthält Zahlenbeispiele eines realen Versuches an einem Transportflugzeug im Vergleich mit denen nach der Energiemethode.

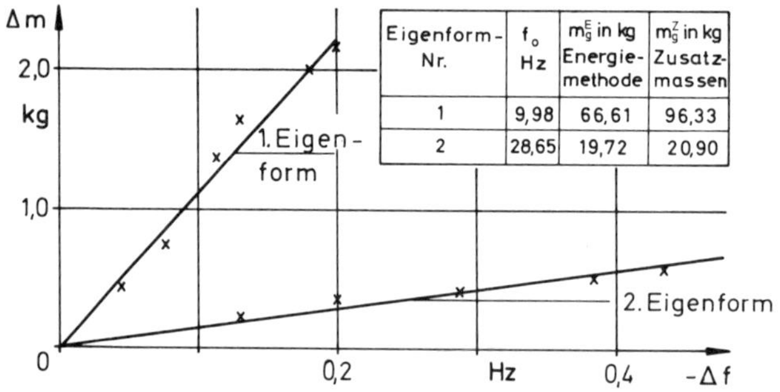

Eigenform-Nr.	f_0 Hz	m_g^E in kg Energie-methode	m_g^Z in kg Zusatz-massen
1	9,98	66,61	96,33
2	28,65	19,72	20,90

Bild 5.12 Ermittlung von generalisierten Massen nach der Zusatzmassenmethode

Neben der möglichen Fehlerermittlung ist die Wahl der Größe der Zusatzmassen innerhalb der getroffenen Voraussetzungen und Vereinfachungen leicht über die Abweichung der Meßpunkte von der Ausgleichsgeraden zu kontrollieren. Die elektronische Simulation von Zusatzmassen (positiv, negativ), bei der früher hochfrequente Klirrschwingungen im Erregersystem das Ergebnis verfälschten, ist heute praktikabel [5.36].

Statt Zusatzmassen können auch Zusatzsteifigkeiten, zusammengefaßt in der Matrix $\Delta\mathbf{K}$, verwendet werden. Werden solche Zusatzsteifigkeiten (z.B. über lineare Zusatzfedern) in einem ergänzenden Versuch verwendet, die die Eigenschwingungsform nicht ändern (Kontrolle, ob die Bedingung zumindest angenähert erfüllt ist), so wirkt sie sich beim Erfülltsein des Phasenkriteriums für das sonst ungeänderte System durch eine Eigenfrequenz-Verstimmung aus:

$$[-(\omega_{0i} + \Delta\omega_{0i})^2\mathbf{M} + \mathbf{K} + \Delta\mathbf{K}]\,\hat{\mathbf{u}}_{0i} = \mathbf{0},$$

$$-2\,\omega_{0i}\Delta\omega_{0i} m_{gi} + \Delta k_{gi} \doteq 0, \Delta k_{gi} := \hat{\mathbf{u}}_{0i}^T\,\Delta\mathbf{K}\,\hat{\mathbf{u}}_{0i},$$

$$m_{gi} \doteq \frac{1}{2\,\Delta\omega_{0i}\,\omega_{0i}}\,\Delta k_{gi}. \tag{5.209}$$

Es ergibt sich auch hier wieder ein linearer Zusammenhang zwischen der Frequenzverstimmung und der Zusatzsteifigkeit. In der Phasenresonanz ist die Erregerkraft $\mathbf{p}_0$ um $\pi/2$ phasenverschoben zur Eigenschwingungsform $\hat{\mathbf{u}}_{0i}$, die zusätzliche elastische Rückstellkraft $\Delta\mathbf{K}\ \hat{\mathbf{u}}_{0i}$ ist also um $\pi/2$ phasenverschoben zur Erregerkraft, so daß sie durch eine um $\pi/2$ zur Erregerkraft $\mathbf{p}_{0i}$ phasenverschobene Zusatzkraft $\Delta\hat{\mathbf{p}}_i$ simuliert werden kann: $\Delta k_{gi} = \hat{\mathbf{u}}_{0i}^T\ \Delta\hat{\mathbf{p}}_i$. Werden die Zusätzkräfte untereinander gleich $\Delta\hat{p}_i$ gewählt, so ist wieder der lineare Zusammenhang zwischen $\Delta\omega_{0i}$ und $\Delta\hat{p}_i$ gegeben (Ausgleichsgerade usw. Bild 5.13).

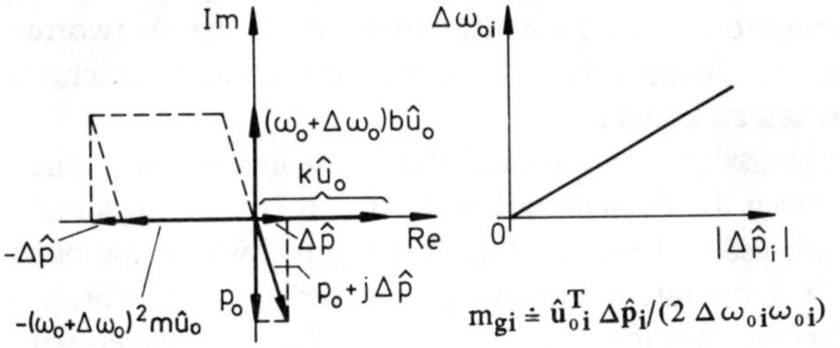

Bild 5.13 Auswertemethode für das Einfreiheitsgradsystem zur Ermittlung der generalisierten Massen mit Hilfe von um $\pi/2$ phasenverschobenen Zusatzkräften ($\hat{u}_o > 0$ dargestellt)

Für den Fall, daß die Trägheitsmatrix **M** aus der Systemanalyse hinreichend genau bekannt ist, – sie wurde ggf. über das Gesamtgewicht und/oder die Gewichte von Teilsystemen verifiziert oder auch korrigiert (vgl. Abschnitt 5.1.8.2) – können mit ihr und den gemessenen (und orthogonalisierten) Eigenschwingungsformen die generalisierten Massen schließlich berechnet werden.

Hinsichtlich einer Diskussion der einzelnen Methoden zur Ermittlung der generalisierten Massen sei auf [5.36] und [5.41] verwiesen. Die Methoden, denen Zusatzkräfte zugrunde liegen, verwenden linearisierte Gleichungen bezüglich der Frequenzverstimmung und setzen voraus, daß keine (oder vernachlässigbare) Eigenschwingungsform-Änderungen vorhanden sind, Korrekturterme infolge Eigenschwingungsform-Änderung sind in [5.42] enthalten. Zur Ermittlung der generalisierten Massen bevorzugte man früher die Methode der Zusatzmassen, heute werden die generalisierten Massen häufig mit Hilfe der um $\pi/2$ phasenverschobenen Zusatzkräfte oder auch rechnerisch aus der Kenntnis der Trägheitsmatrix (aus der Systemanalyse) und den gemessenen Eigenschwingungsformen bestimmt.

5.2.3 Durchführung

Das Phasenresonanzverfahren, wie es in (5.193) formuliert ist, gilt für jede Dämpfungsmatrix **B**. Die Elemente der generalisierten Dämpfungsmatrix $\mathbf{B}_g = \hat{\mathbf{U}}_0^T\mathbf{B}\ \hat{\mathbf{U}}_0$ können entsprechend Gl. (5.207) (theoretisch) ermittelt werden. Das Phasenresonanzverfahren kombiniert mit den Auswertegleichungen für Einfreiheitsgradsysteme, d.h. für Erregungsfrequenzen Ω auch ungleich ω_{0i}, setzt eine diagonale generalisierte Dämpfungsmatrix $\mathbf{B}_E$ voraus. Eng benachbarte Eigenfrequenzen ω_{0i} der als schwach gedämpft vorausgesetzten Systeme mußten hierbei wegen der in Praxis stets unvollkommenen Erregungsanpassung ausgeschlossen werden.

Beim Phasenresonanzverfahren können zwei Versuchsphasen unterschieden werden: 1. Vor- und 2. Hauptversuche. Die Vorversuche dienen dazu, das System „kennenzulernen", d.h., die Eigenfrequenzen angenähert zu ermitteln und günstige, angenähert angepaßte Erregerkonfigurationen aufzufinden (Indikatorfunktion). Aus diesen Ergebnissen folgen dann die Modalitäten für die Hauptversuche: Frequenzbereiche, Frequenzschrittweiten falls die Erregungsfrequenzvorgabe diskret erfolgt bzw. Durchstimmgeschwindigkeiten des Frequenzgenerators beim Gleitfrequenzverfahren, Erregerkonfigurationen usw. Die Hauptversuche liefern die Systemantworten in den Meßpunkten für die gewählten Erregerkonfigurationen und für die jeweiligen Teilfrequenzbereiche. Zumindest in einer Erregungsfrequenz ($\Omega \doteq \omega_{0i}$) sollte je Eigenschwingungsform eine Linearitätsüberprüfung der Antworten erfolgen (Variation der Kraftniveaus), um innerhalb des linearen Bereiches mit hinreichend großen Erregerkraftamplituden arbeiten zu können.

Wegen der erforderlichen Erregungsanpassung bedarf das Phasenresonanzverfahren einer Mehrpunkterregung (somit müssen die Systempunkte, an denen Erreger angebracht werden müssen, hierfür auch zugänglich sein). Die Ermittlung der Eigenschwingungsgrößen des zugeordneten ungedämpften Systems mit n Freiheitsgraden verlangt theoretisch n voneinander linear unabhängige Erregungsvektoren $\mathbf{p}_{0i}$, $i = 1(1)n$. Im allgemeinen wird man mit einer erheblich geringeren Anzahl n_p von Erregern als das Modell Freiheitsgrade besitzt, arbeiten müssen und teilweise auch können, abhängig von der Dämpfungskraftverteilung gemäß (5.193c). Zur Identifikation eines Flugzeuges genügen erfahrungsgemäß zwischen 2 und 12 Erreger, um die Eigenschwingungsgrößen in einem Frequenzbereich von ungefähr 0 bis 100 Hz mit verschiedenen Erregerkonfigurationen zu bestimmen. Die in praxi stets nur angenähert erreichbare Erregungsanpassung (das Kontinuum ist durch ein diskretes System modelliert: $n < \infty$, m Meßpunkte, $n_p < n$ Erreger) und die Approximation für Systeme mit $\mathbf{B}_g \neq \mathbf{B}_E$ für Frequenzen $\Omega \neq \omega_{0i}$ führt dazu, daß in den gemessenen Systemantworten $\hat{u}_k$ nicht nur die Komponenten proportional $\hat{u}_{0ki}$ (Resonanzanteile) *eines* Eigenvektors $\hat{\mathbf{u}}_{0i}$ enthalten sind, sondern in Superposition auch Anteile proportional den Eigenvektor-Komponenten, die benachbarten Eigenfrequenzen zugeordnet sind (Nichtresonanzanteile). Die Unterdrückung einer in den Antworten enthaltenen unerwünschten Eigenschwingungsform wird dann erleichtert, wenn die Kraftangriffspunkte in den Knotenlinien der unerwünschten Eigenschwingungsform gewählt werden. Zum Auffinden der jeweils „passenden" Erregerkonfiguration (Erregerorte, Kraftamplituden) dienen a priori-Kenntnisse über das System verbunden mit der Probiertechnik. Dieses Vorgehen ist weit verbreitet, jedoch existieren auch rechnerische Verfahren zur Erregungsanpassung aus gemessenen dynamischen Antworten [5.43 bis 5.50]. Hinsichtlich einer Diskussion einiger Verfahren vgl. auch [5.51, 5.37]. Die Messung der Systemantworten in Abhängigkeit von der Erregungsfrequenz bei vorgegebener Erregerkonfiguration verlangt konstante Erregerkraftamplituden in dem betreffenden Erregungsfrequenzintervall (s. die Auswertegleichungen der Einfreiheitsgradsysteme des Abschnittes 5.2.2), was beim Einsatz mehrerer Erreger schwierig sein kann (vgl. Abschnitt 4.1.1).

Insgesamt gesehen ist beim Phasenresonanzverfahren die Anpassung der Erregungen notwendig. Das Verfahren versagt, wenn die Voraussetzungen nicht erfüllt werden können. Dieses ist insbesondere dann der Fall, wenn bei eng benachbarten Eigenfrequenzen des zugeordneten ungedämpften Systems und bei einander ähnelnden Eigenschwingungsformen die

Erregungsanpassung nicht mit der erforderlichen Genauigkeit gelingt (s. Resonanzdiskussionen, Anpassung der Erregung, Approximation beim Mehrfreiheitsgradsystem mit $\mathbf{B}_g \neq \mathbf{B}_E$).

Beispiel 5.8: Ein passives strukturell gedämpftes System, das der Bequemlichkeitshypothese genügt, besitzt die Modalgrößen

$$f_{01} = 6{,}0\ \text{Hz},\quad g_1 = 0{,}03,\quad m_{g1}^N = 2,\quad \hat{\mathbf{u}}_{01}^{NT} = (1, 1),$$

$$f_{02} = 6{,}2\ \text{Hz},\quad g_2 = 0{,}05,\quad m_{g2}^N = 2,\quad \hat{\mathbf{u}}_{02}^{NT} = (-1, 1).$$

Zur harmonischen Anregung des Systems steht nur ein Erreger zur Verfügung. Demzufolge können die dynamischen Antworten des Systems in dem interessierenden Frequenzbereich von ungefähr 5,0 Hz bis 7,0 Hz nur mit den Erregungsvektoren $\mathbf{p}_1^T = (1, 0)$, $\mathbf{p}_2^T = (0, 1)$ ermittelt werden. Mißt man (in diesem Falle: berechnet man nach Gl. (5.109)) die Antworten des Systems für die beiden Erregerkonfigurationen, dann erhält man jeweils Antworten mit demselben Informationsgehalt, nämlich nur jeweils eine Antwortkomponente (Meßpunkt) zeigt die beiden System-Freiheitsgrade deutlich. Das Bild 5.14a gibt die Real- und Imaginärteile der beiden Antwortkomponenten (Punkt 1,2) über der Frequenz f in Hz für die 2. Erregerkonfiguration wieder, auf die die Auswertung beschränkt sei. Die nachstehende Tabelle 5.6 enthält einige Zahlenwerte.

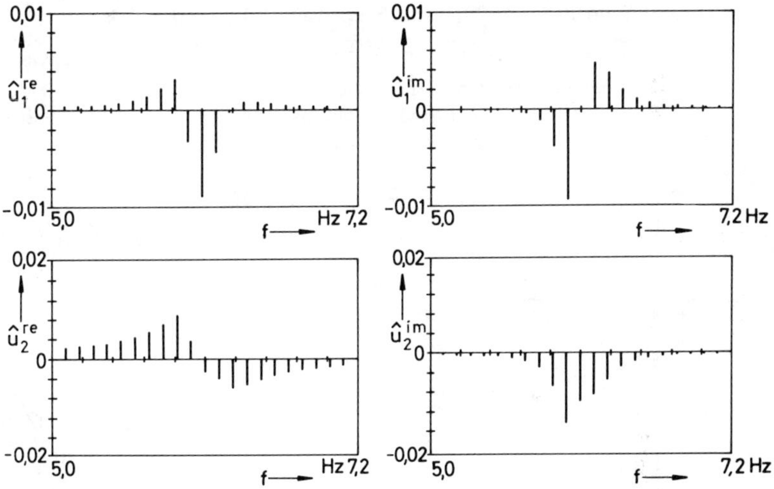

a)

Bild 5.14a) Real- und Imaginärteile der Antwortkomponenten auf die harmonische Erregung mit $\mathbf{p}_2^T = (0, 1)$

Das Phasenresonanzkriterium ($\hat{u}_{1,2}^{re} = 0$) liefert die Näherungen $f_{01}^{p_1} = 5{,}95$ Hz, $f_{02}^{p_1} = 6{,}32$ Hz, $f_{01}^{p_2} = 6{,}05$ Hz; $f_{02}^{p_2}$ existiert nicht. Das Imaginärteilkriterium ($d\hat{u}_{1,2}^{im}/df = 0$) ergibt die Näherungen $f_{01}^{I_1} = 6{,}0$ Hz, $f_{02}^{I_1} = 6{,}2$ Hz, $f_{01}^{I_2} = 6{,}0$ Hz; $f_{02}^{I_2}$ existiert nicht. Die effektiven Dämpfungen aus den Extremwertabszissen der Realteilantworten nach Gl. (5.204) mit $g \doteq 2\,\alpha$ ergeben sich zu:

$$\omega_{01}\eta_a^{(1)} = 5{,}9 \cdot 2\,\pi\,s^{-1},\quad \omega_{01}\eta_b^{(1)} = 6{,}1 \cdot 2\,\pi\,s^{-1},\quad g_1^{(1)} = 0{,}033;\quad \omega_{02}\eta_a^{(1)} \doteq 6{,}1 \cdot 2\,\pi\,s^{-1},$$

$$\omega_{02}\eta_b^{(1)} = 6{,}4 \cdot 2\,\pi\,s^{-1},\quad g_2^{(1)} = 0{,}048;\quad \omega_{01}\eta_a^{(2)} = 5{,}9 \cdot 2\,\pi\,s^{-1},\quad \omega_{01}\eta_b^{(2)} = 6{,}3 \cdot 2\,\pi\,s^{-1},$$

$$g_1^{(2)} = 0{,}065.$$

Tabelle 5.6 „Gemessene" dynamische Antworten $\hat{u}_1$, $\hat{u}_2$ für $\mathbf{p}_2$

f [Hz]	$\hat{u}_1^{re} \cdot 10^2$	$\hat{u}_1^{im} \cdot 10^2$	$\hat{u}_2^{re} \cdot 10^2$	$\hat{u}_2^{im} \cdot 10^2$
5,6	0,092	−0,015	0,426	−0,106
7	137	039	522	164
8	216	112	671	294
9	311	385	856	674
6,0	−0,320	920	320	−1,425
1	882	052	−0,283	−0,987
2	434	+0,467	434	851
3	015	371	617	556
4	+0,074	189	562	295
5	068	100	462	168
6	053	058	381	105

Die nach den Auswertemethoden für Einfreiheitsgradsysteme folgenden Näherungen aus dem Schrieb 1 (Punkt, Komponente 1) stimmen mit den exakten Werten relativ gut überein, jedoch sind die Näherungen für Eigenfrequenz und Dämpfung des 1. Freiheitsgrades aus dem Schrieb 2 stark fehlerbehaftet, wie es jedoch aus der Überlagerung der Antworten beider Freiheitsgrade nicht anders zu erwarten ist. Die Eigenvektor-Komponenten liest man ab zu:

Schrieb 1: −0,920; 0,467, Schrieb 2: −1,425; < 0, es folgt:

$\tilde{\mathbf{u}}_{01}^{T} = (-0{,}920; -1{,}425)$, $\tilde{\mathbf{u}}_{01}^{NT} = (0{,}6, 1{,}0)$; $\tilde{\mathbf{u}}_{02}^{N}$ läßt sich nicht aus den Extremwertordinaten bestimmen (falls man nicht die Ordinate von Schrieb 2 an der Stelle f_{02}^{I1} nimmt). Man erkennt, daß die Ordinatenablesung die Einflüsse der Antworten benachbarter Freiheitsgrade voll enthält.

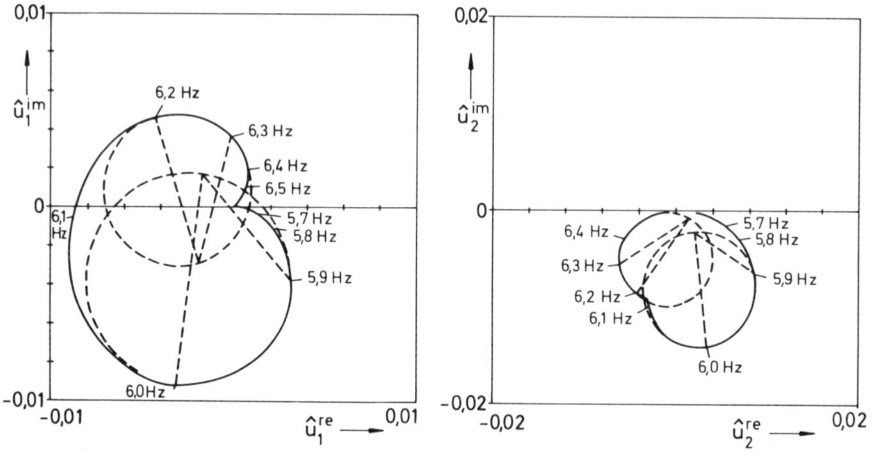

b)

Bild 5.14b) Ortskurven der Antwortkomponenten auf die harmonische Erregung mit $\mathbf{p}_0^T = (0, 1)$

Das Bild 5.14b gibt die zugehörigen Ortskurven wieder. Die Eigenfrequenzen wurden nach dem Imaginärteilkriterium zu 6,0 Hz und 6,2 Hz bestimmt, die angenäherte Konstruktion von Kreisen (im Bild 5.14b gestrichelt eingezeichnet) in engerer Umgebung der Eigenfrequenz führt zu Ablesungen für die im folgenden zur Dämpfungsermittlung nach Gl. (5.205) verwendeten Durchmesser und Sekanten (Längeneinheiten je Ortskurve ohne Berücksichtigung der verschiedenen Maßstäbe, denn es werden jeweils die Verhältnisse von Längen aus einer Ortskurve gebildet):

$$g_1^{(1)} \doteq 2\,\alpha_1^{(1)} = \left[1 - \left(\frac{5,9}{6,0}\right)^2\right] / \left|\sqrt{(7,2/4,85)^2 - 1}\right| = 0,030,$$

$$g_2^{(1)} \doteq 2\,\alpha_2^{(1)} = \left|1 - \left(\frac{6,3}{6,2}\right)^2\right| / \left|\sqrt{(5,2/4,5)^2 - 1}\right| = 0,056,$$

$$g_1^{(2)} \doteq 2\,\alpha_1^{(2)} = \left[1 - \left(\frac{5,9}{6,0}\right)^2\right] / \left|\sqrt{(3,9/2,6)^2 - 1}\right| = 0,030,$$

$$g_2^{(2)} \doteq 2\,\alpha_2^{(2)} = \left|1 - \left(\frac{6,3}{6,2}\right)^2\right| / \left|\sqrt{(3,0/2,8)^2 - 1}\right| = 0,085.$$

Die Durchmesser der angenähert von Nichtresonanzanteilen befreiten Ortskurven bilden unter Berücksichtigung der verschiedenen Maßstäbe die angenäherten Eigenvektoren:

$$\begin{pmatrix} 7,2 \\ 3,9 \cdot 2 \end{pmatrix} \to \hat{\mathbf{u}}_{01}^{K} = \begin{pmatrix} 0,9 \\ 1,0 \end{pmatrix}, \quad \begin{pmatrix} 5,2 \\ -3,0 \cdot 2 \end{pmatrix} \to \hat{\mathbf{u}}_{02}^{K} = \begin{pmatrix} -0,9 \\ 1,0 \end{pmatrix},$$

die erheblich genauer als die angenäherten Eigenvektoren aus den Ordinaten der Imaginärteilextrema sind.

Angemerkt werden muß zu diesem Beispiel noch, daß auch mit *einem* Erreger bessere Ergebnisse, als oben dargestellt, erzielt werden können. Aus den Antwortmessungen $\hat{\mathbf{u}}_1$, $\hat{\mathbf{u}}_2$ mit den Erregungsvektoren $\mathbf{p}_1$, $\mathbf{p}_2$ können die angepaßten Erregungsvektoren $\mathbf{p}_{01}$ und $\mathbf{p}_{02}$ berechnet werden. Da sowohl $\mathbf{p}_{01}$ als auch $\mathbf{p}_{02}$ als Linearkombinationen von $\mathbf{p}_1$ und $\mathbf{p}_2$ darstellbar sind, sind auch ihre Antworten durch die gleiche Linearkombination von $\hat{\mathbf{u}}_1$ und $\hat{\mathbf{u}}_2$ ausdrückbar. Allerdings ist der Versuchsaufwand doppelt so groß wie oben.

G. de Vries hat sich in einer Reihe von Veröffentlichungen [5.52 bis 5.55] mit verschiedenen Methoden der Erregungsanpassung auseinandergesetzt und sie als unbefriedigend empfunden. Er kam zu dem Schluß, daß ein schwingungsfähiges elastomechanisches System, welches durch eine diagonale generalisierte Dämpfungsmatrix $\mathbf{B}_E$ ausgezeichnet ist und demzufolge zum Schwingen in einer Eigenschwingungsform des zugeordneten ungedämpften Systems durch eine angepaßte Erregung unabhängig von der Erregungsfrequenz gebracht werden kann, viel „allgemeiner" als die anderen behandelt werden kann. Deshalb sollte nach G. de Vries die Erregung so angepaßt werden, daß einmal die Dämpfungsmatrix durch Einführung von um $\pi/2$ phasenverschobenen Zusatzkräften (zusätzliche Dämpfungskräfte, vgl. Gl. (5.193c)) so geändert wird, daß die generalisierte Dämpfungsmatrix bezüglich der Eigenschwingungsformen des zugeordneten ungedämpften Systems eine Diagonalmatrix ist, und zum anderen, daß dieses so dämpfungsmäßig geänderte System in einer Eigenschwingungsform schwingt. Die erste Anpassung ist eine Anpassung des Systems an die vorgegebene Struktur der Bewegungsgleichung.

Als Kriterium für die Anpassung des Systems (Dämpfungsentkopplung bezüglich $\mathbf{B}_g$) kann die Symmetrieeigenschaft der Ortskurve in der Umgebung der Eigenfrequenz des zugeordneten konservativen Systems genommen werden. Ein weiteres Kriterium ist die synchrone Bewegung aller Systempunkte (Meßpunkte). Die synchrone Bewegung muß bei der erregungsmäßigen Isolation eines Freiheitsgrades nach dem Abschalten der zugehörigen angepaßten Erregung $\mathbf{p}_0$, also nicht der elektrisch simulierten zusätzlichen Dämpfungskräfte, erhalten bleiben.

Das Phasenresonanzverfahren ist aus der Sicht des Mechanikers nahezu ideal, denn es liefert die Charakteristika eines Mehrfreiheitsgradsystems übersichtlich als Antworten von Einfreiheitsgradsystemen. Aus dem Blickfeld des Statistikers ergibt sich der Nachteil, daß dem Phasenresonanzverfahren von vornherein keine Parameterschätzung zugrunde liegt, sondern die Parameterschätzung erst aufgrund von Meßwerten infolge einer angenähert angepaßten Erregung angewendet wird. Die Meßwerte enthalten neben stochastischen Störgrößen auch in mehr oder weniger nichtvernachlässigbarem Maße Nichtresonanzanteile, abhängig von der Güte der Erregungsanpassung, als deterministische Fehler. Im Abschnitt 5.2.2 sind die Auswertungen der Systemantworten nach den Gleichungen für Einfreiheitsgradsysteme bereits hinsichtlich einer Minimierung von Nichtresonanzanteilen diskutiert worden. Um diese Ergebnisse sinnvoll mit der Parameterschätzung verknüpfen zu können, dürfen die Gleichungen der Einfreiheitsgradsysteme den gemessenen Systemantworten nicht direkt zugrundegelegt werden, sondern sie müssen um Terme erweitert werden, die die deterministischen Störanteile erfassen: Fehlermodellierung. Unter den genannten Voraussetzungen enthält die Antwort $\hat{\mathbf{u}}$ infolge der in praxi nur angenähert erreichbaren angepaßten Erregung $\mathbf{p}_{0I}$ überwiegend den Term (s. Gl. (5.194))

$$\frac{\hat{\mathbf{u}}_{0I}^T \mathbf{p}_{0I}}{\omega_{0I}^2 - \Omega^2 + j\,2\,\alpha_I \omega_{0I}\,\Omega}\,\hat{\mathbf{u}}_{0I}$$

der Entwicklung (exakt für $\mathbf{B}_E$, approximativ für $B_g \neq \mathbf{B}_E$)

$$\hat{\mathbf{u}} = \sum_{i=1}^{n} \frac{\hat{\mathbf{u}}_{0i}^T \mathbf{p}_{0I}}{\omega_{0i}^2 - \Omega^2 + j\,2\,\alpha_I\,\omega_{0I}\,\Omega}\,\hat{\mathbf{u}}_{0i}.$$

Die Zähler der Entwicklungskoeffizienten sind durch die angenähert angepaßte Erregung dem Betrage nach klein gegenüber dem Betrage von $\hat{\mathbf{u}}_{0I}^T\,\mathbf{p}_{0I}$, aber im allgemeinen von Null verschieden. Die Nenner der Entwicklungskoeffizienten enthalten neben den generalisierten Dämpfungen multipliziert mit Ω für $i < I$ als überwiegende Größe die Erregungsfrequenz zum Quadrat mit $\Omega^2 \doteq \omega_{0I}^2 \gg \omega_{0i}^2$ (Vor.: keine eng benachbarten Eigenfrequenzen zu ω_{0I}; Ω wird nur in einer engeren Umgebung von ω_{0I} variiert). Für $i > I$ überwiegt in den Nennern der Entwicklungskoeffizienten $\omega_{0i}^2 \gg \Omega^2 \doteq \omega_{0I}^2$. Damit enthält die Systemantwort neben dem überwiegenden I-ten Term Fehlerausdrücke a_k/Ω^2 (proportional den Trägheitskräften der Nichtresonanzanteile im Meßpunkt k) und b_k (proportional den elastischen Kräften der Nichtresonanzanteile):

$$\hat{u}_k \doteq \frac{\hat{\mathbf{u}}_{0I}^T\,\mathbf{p}_{0I}}{\omega_{0I}^2 - \Omega^2 + j\,2\,\alpha_I\omega_{0I}\Omega}\,\hat{u}_{0I,k} + \frac{a_k}{\Omega^2} + b_k,\quad \omega_{0I}(1-\epsilon) \leqslant \Omega \leqslant \omega_{0I}(1+\epsilon),\quad 0 < \epsilon < 1.$$

Diese Näherung ist die Gleichung des Einfreiheitsgradsystems erweitert mit zwei Fehlertermen, die einer Schätzung mit den Meßwerten für $\hat{u}_k^{re}(\Omega_r)$, $u_k^{im}(\Omega_r)$, $r = 1(1)N$, des k-ten Meßpunktes als Modellgleichung dient: Parameterschätzung von Einfreiheitsgradsystemen mit Fehlermodellierung (curve fitting by single degree-of-freedom-systems with error modelling). Um die hieraus folgende kennwertnichtlineare Identifikation zu umgehen, kann anstelle der obigen Modellgleichung auch ein Polynom in Ω angesetzt werden, um dann die im Abschnitt 5.2.2 genannten Kriterien anzuwenden.

Beispiel 5.9: Die harmonische Erregung eines passiven viskos gedämpften Systems mit 2 Freiheitsgraden führt auf die in Tabelle 5.7 zusammengestellten Meßwerte.

Tabelle 5.7 Gemessene dynamische Antworten aufgrund einer harmonischen Erregung

i	Ω_i s^{-1}	$\hat{u}_1^{re}$ mm	$\hat{u}_1^{im}$ mm	$\hat{u}_2^{re}$ mm	$\hat{u}_2^{im}$ mm
1	31,0	4,53	–4,88	2,70	–4,57
2	1	4,35	–5,45	2,49	–5,13
3	2	4,05	–6,07	2,13	–5,69
4	3	3,60	–6,65	1,56	–6,27
5	4	3,00	–7,18	0,84	–6,75
6	5	2,18	–7,57	0	–7,08
7	6	1,35	–7,79	–0,95	–7,22
8	7	0,48	–7,73	–2,00	–7,17
9	8	–0,27	–7,49	–2,95	–6,84

Das Bild 5.15 zeigt die Real-, Imaginärteile und Ortskurven der dynamischen Antworten für die beiden Meßpunkte.

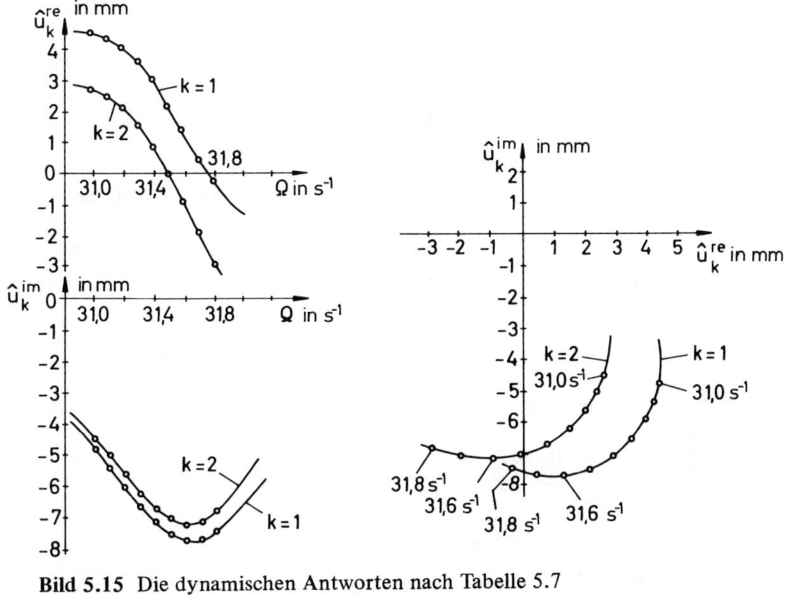

Bild 5.15 Die dynamischen Antworten nach Tabelle 5.7

Die Ermittlung der Eigenfrequenz ω_{01} erfolge mit Hilfe von Ausgleichsparabeln $f(\Omega) = a\,\Omega^2 + b\,\Omega + c$ (Methode der kleinsten Fehlerquadrate) für die Imaginärteile $\hat{u}_k^{im}(\Omega_i)$, $k = 1,2$. Um die Symmetrie der Imaginärteilkurven besser mit den Ausgleichsparabeln zu erfassen, werden lediglich Meßwerte für Ω_3 bis Ω_9 berücksichtigt. Die sich ergebenden Normalgleichungssysteme sind schlecht konditioniert, $\sum_{i=3}^{9} \Omega_i^4 =: [\Omega^4] \doteq 30^4 \cdot 7$ und $[\Omega^0] = [1] = 7$), deshalb empfiehlt es sich, vor der numerischen Rechnung z.B. die Verschiebung $\Omega - \Omega_3$ durchzuführen. Als Minimumabszissen (Imaginärteilkriterium) der so erhaltenen Ausgleichsparabeln erhält man:

$\hat{\omega}_{01}^{(1)} = 31{,}61\ \text{s}^{-1}$, $\hat{\omega}_{01}^{(2)} = 31{,}64\ \text{s}^{-1}$, also als Mittelwert

$\hat{\omega}_{01} = 31{,}62 \pm 0{,}02\ \text{s}^{-1}$. Der exakte Wert ist

$\omega_{01} = 31{,}62\ \text{s}^{-1}$.

Die beiden Teilortskurven (Bild 5.15) sollen über die Methode der kleinsten Fehlerquadrate approximiert werden.

Die Ortskurve ist in der Nachbarschaft der Eigenfrequenz in guter Näherung ein Kreis, $f(x, y) = (x - a)^2 + (y - b)^2 - r^2 = 0$, $x := \hat{u}^{re}$, $y := \hat{u}^{im}$. Für $k = 1, 2$ gilt der folgende Formalismus: Fehlerdefinition: $v := f(\tilde{x}, \tilde{y}, a, b, r)$, $\tilde{x}, \tilde{y}$-Meßwerte. Mit den Näherungen $\tilde{a}, \tilde{b}, \tilde{r}$ für die Parameterwerte a, b, r und den Abweichungen $\Delta a := a - \tilde{a}$, $\Delta b := b - \tilde{b}$, $\Delta r := r - \tilde{r}$ liefert die Taylorentwicklung

$$f(x, y, a, b, r) = f(x, y, \tilde{a}, \tilde{b}, \tilde{r}) + \frac{\partial f}{\partial a}\bigg/_{\substack{a=\tilde{a}\\ b=\tilde{b}\\ r=\tilde{r}}} \Delta a + \frac{\partial f}{\partial b}\bigg/_{\substack{a=\tilde{a}\\ b=\tilde{b}\\ r=\tilde{r}}} \Delta b + \frac{\partial f}{\partial r}\bigg/_{\substack{a=\tilde{a}\\ b=\tilde{b}\\ r=\tilde{r}}} \Delta r + \ldots,$$

die nach den linearen Gliedern in den Abweichungen abgebrochen, den Fehler

$$v = (\tilde{x} - \tilde{a})^2 + (\tilde{y} - \tilde{b})^2 - \tilde{r}^2 - 2(\tilde{x} - \tilde{a})\,\Delta a - 2(\tilde{y} - \tilde{b})\Delta b - 2\,\tilde{r}\Delta r,$$

kurz:

$$v_i = \tilde{f}_i + \xi_i\,\Delta a + \eta_i \Delta b + \zeta_i \Delta r, \quad i = 1\,(1)\,N, \quad N = 9,$$

$$\tilde{f}_i = f(\tilde{x}_i, \tilde{y}_i, \tilde{a}, \tilde{b}, \tilde{r}),\ \xi_i := -2(\tilde{x}_i - \tilde{a}), \quad \eta_i := -2(\tilde{y}_i - \tilde{b}), \quad \zeta_i = -2\,\tilde{r}\ \text{ergibt.}$$

Zielfunktion: $J(\Delta a, \Delta b, \Delta r) := \sum_{i=1}^{N} v_i^2 \rightarrow \text{Min.}$

Die notwendigen Bedingungen führen auf die Normalgleichungen

$$[\xi^2]\,\Delta\hat{a} + [\xi\eta]\,\Delta\hat{b} + [\xi\zeta]\,\Delta\hat{r} = -[\xi\tilde{f}]$$

$$[\xi\eta]\,\Delta\hat{a} + [\eta^2]\,\Delta\hat{b} + [\eta\zeta]\,\Delta\hat{r} = -[\eta\tilde{f}]$$

$$[\xi\zeta]\,\Delta\hat{a} + [\eta\zeta]\,\Delta\hat{b} + [\zeta^2]\,\Delta\hat{r} = -[\zeta\tilde{f}]$$

mit $[\ldots] = \sum_{i=1}^{N} \ldots$

Die Startwerte aus Bild 5.15

$\hat{a}_1^{(0)} = 1{,}1$ $\quad \hat{b}_1^{(0)} = -4{,}3$ $\quad \hat{r}_1^{(0)} = 3{,}5$

$\hat{a}_2^{(0)} = -1{,}2$ $\quad \hat{b}_1^{(0)} = -3{,}1$ $\quad \hat{r}_2^{(0)} = 4{,}2$

führen auf die Lösungen:

$\hat{a}_1 = 1{,}049,$ $\quad \hat{b}_1 = -4{,}25\,,$ $\quad \hat{r}_1 = 3{,}517,$

$\hat{a}_2 = -1{,}131,$ $\quad \hat{b}_2 = -3{,}127,$ $\quad \hat{r}_2 = 4{,}124.$

Da der Vergleich mit den exakten (vorgegebenen) Werten möglich ist, wurden die Kovarianzen nicht berechnet.

Die geschätzten Radien liefern mit der Normierung $\hat{r}_2^N = 1$ sofort $\hat{\hat{u}}_{01,1} = 0{,}85$; $\hat{\hat{u}}_{01,2} = 1$. Da die Ortskurvenschätzung in $\hat{u}_k$ und nicht in den bezogenen Größen f (s. (5.196)) durchgeführt wurde, liefern die Radien natürlich nicht sofort $1/(2\,\alpha)$. Die Gl. (5.205) im verschobenen Koordinatensystem entsprechend den mittelpunktverschobenen Ortskurven führt für diese mit den obigen Schätzwerten auf den Rechengang:

k = 1: $\omega_0^{(1)} = \hat{\omega}_{01} = 31{,}62\ \mathrm{s}^{-1}$, für die verschobene Ortskurve: $\hat{u}_1^V(\omega_{01}^{(1)}) = 2\,\hat{r}_1 = 7{,}03$ mm. Gewählt wird $\Omega = \Omega_b = 31{,}5\ \mathrm{s}^{-1}$, für die verschobene Ortskurve gilt: $\hat{u}_1^V(\Omega_b) = |\sqrt{(2{,}18 - 0{,}93)^2 + (-7{,}57 + 0{,}74)^2}| = 6{,}94$ mm.

(Die Geradengleichung für den Ortskurvendurchmesser durch die Punkte $\hat{a}_1$, $\hat{b}_1$ und $\hat{u}_1^{re}(31{,}62) = 1{,}17$ mm, $\hat{u}_1^{im}(31{,}62) = -7{,}80$ mm – letztere aus den Ausgleichsparabeln – liefert als Schnittpunkte mit der geschätzten Ortskurvengleichung den für die Berechnung der Sekantenlänge benötigten 2. Ortskurvenpunkt.)

$$2\,\alpha_1^{(1)} = \left[1 - \left(\frac{31{,}5}{31{,}62}\right)^2\right] / \left| \sqrt{\left(\frac{7{,}03}{6{,}94}\right)^2 - 1} \right| = 0{,}047.$$

k = 2: $\omega_0^{(2)} = \hat{\omega}_{01} = 31{,}62\ \mathrm{s}^{-1}$, $\hat{u}_2^V(\omega_{01}^{(2)}) = 2\,\hat{r}_2 = 8{,}25$ mm,

$\Omega = \Omega_b = 31{,}5\ \mathrm{s}^{-1}$, $\hat{u}_2^V(\Omega_b) = |\sqrt{(1{,}08)^2 + (-7{,}08 - 0{,}96)^2}| = 8{,}11$ mm,

$$2\,\alpha_1^{(2)} = \left[1 - \left(\frac{31{,}5}{31{,}62}\right)^2\right] / \left| \sqrt{\left(\frac{8{,}25}{8{,}11}\right)^2 - 1} \right| = 0{,}041.$$

Als Mittelwert folgt $2\,\hat{\alpha}_1 = 0{,}044 \pm 0{,}003$. Die exakten Werte sind: $\omega_{01} = 31{,}625\ \mathrm{s}^{-1}$, $2\,\alpha_1 = 0{,}05$, $\hat{u}_{01,1} = 1 = \hat{u}_{01,2}$. (Dieses Beispiel soll das Wesentliche verdeutlichen, es erhebt keinen Anspruch auf einen programmierfähigen optimalen Formelplan.)

Der Fall eng benachbarter Eigenfrequenzen ist ausgeschlossen, hier hilft letztlich nur eine rechnerische Trennung der zu modellierenden Freiheitsgrade aus den Systemantworten (s. Phasentrennungstechnik, Abschnitt 5.3).

Die Entwicklung des Phasenresonanzverfahrens – als Methode zur direkten Messung von Eigenschwingungsgrößen – zu seiner damaligen (und noch heutigen) Bedeutung ist mit daraus zu erklären, daß die Ermittlung der notwendigen Antworten $\hat{\mathbf{u}}(\Omega)$ im Frequenzraum nach Gl. (2.7) aus gemessenen analogen Signalen $\mathbf{u}(t)$ im Zeitraum für vorgegebene Erregungsfrequenzen Ω einfach auf analogem Weg erhalten wird.

Ein wesentlicher Vorteil des Phasenresonanzverfahrens ist der, daß über die Steuerung der Erregerkraftamplituden das Verschiebungsniveau des Meßpunktes mit maximaler Verschiebung in jeder Eigenschwingungsform jeweils konstant gehalten werden kann. Damit ist eine parametrische Untersuchung nichtlinearer Systeme möglich.

Teils wiederholend sei noch bezüglich der Durchführung erwähnt, daß

- der Einspannung des Systems im Vergleich zu den interessierenden Randbedingungen (zusätzliche Freiheitsgrade usw.),
- den Zusatzmassen usw. der verwendeten Aufnehmer, Erreger,
- der Konstanthaltung der Erregerkräfte über Ω usw.

Beachtung geschenkt werden muß. Ergänzend zu den ermittelten Eigenvektoren empfiehlt sich die Orthogonalitätskontrolle derselben mit der Trägheitsmatrix der Systemanalyse (die Ermittlung der Trägheitsdaten mit hinreichender Genauigkeit ist in den meisten Fällen eine Routineangelegenheit), notfalls sind die Eigenvektoren zu orthogonalisieren (s. diesbezüglich Abschnitt 5.1.8.2, [5.22]).

Handelsübliche Identifikationsprogramme besitzen im allgemeinen die Auswertemöglichkeit der Parameterschätzung von Einfreiheitsgradsystemen (also systempunktweise) mit Fehlermodellierung, ohne daß auf das Phasenresonanzverfahren Bezug genommen wird, denn unabhängig von der verwendeten Erregung obliegt die Wahl dieses Auswerteprogrammteiles dem Benutzer.

5.3 Die Phasentrennungstechnik

Die rechnerische Ermittlung der Eigenschwingungsgrößen eines Mehrfreiheitsgradsystems aus gemessenen dynamischen Antworten, basierend auf der Entwicklung des Antwortvektors nach den Eigenvektoren des Systems, bezeichnet man als Phasentrennungstechnik. Im Vergleich zum Phasenresonanzverfahren ist bei der Phasentrennungstechnik der Aufwand von der experimentellen Seite auf die rechentechnische Seite verlagert. Die Identifikationsprogramme für Prozeßrechner und digitale Fourieranalysatoren basieren heute – neben den möglichen Einfreiheitsgradsystem-Auswertemethoden – fast ausschließlich auf der Phasentrennungstechnik, wobei sowohl deterministische Approximationsverfahren (z.B. Interpolation) als auch Parameterschätzverfahren mit den unterschiedlichsten Algorithmen anzutreffen sind.

Sollen derartige Identifikationsmethoden das erprobte und mit Einschränkungen bewährte Phasenresonanzverfahren ergänzen oder ersetzen, dann müssen sie folgende Anforderungen erfüllen:

- Ermittlung der Eigenschwingungsgrößen in dem Umfang, daß in dem betrachteten Frequenzbereich die Systemantwort innerhalb vorgegebener Fehlerschranken durch diese beschreibbar ist.

Diese Anforderung ergibt sich aus der Aufgabenstellung.

- Die Trennung sich gegenseitig beeinflussender Eigenschwingungsformen in der Systemantwort muß ohne große Schwierigkeiten möglich sein.

Hierdurch sollen die Schwierigkeiten des Phasenresonanzverfahrens resultierend aus der erforderlichen Erregungsanpassung ausgeräumt werden.

- Das jeweilige Verfahren muß einfach anzuwenden sein, d.h., es soll möglichst wenige Erregerkonfigurationen (mit Mehrpunkterregung oder Erregung mit einem Erreger) bei nichtangepaßter Erregung benötigen. Die Zugänglichkeit des Systems in *allen* Punkten zwecks Anbringung von Erregern darf *nicht* vorausgesetzt werden.

Diese Forderung bezüglich der Erregung ist aus sich heraus verständlich. Die im Gegensatz zum Phasenresonanzverfahren verwendete nichtangepaßte Erregung impliziert per se eine Überlagerung der Eigenschwingungsformen in der Systemantwort, so daß die zweite Forderung notwendig aus der nichtangepaßten Erregung resultiert.

- Das Verfahren soll einfach und mit geringem Versuchs- und Zeitaufwand zu handhaben sein. Die Fehlermöglichkeiten sind gering zu halten.

Damit sind derartige Verfahren als wirtschaftlich gekennzeichnet. Darüber hinaus ermöglicht eine schnelle Versuchsdurchführung eine frühzeitige Freigabe des Versuchsgerätes (z.B. Prototyp) für andere Zwecke.

- Die Phasentrennungsverfahren sollten möglichst Schätzverfahren sein, um stochastische Störungen zu minimieren.

Die Phasentrennungsmethoden basieren auf der rechnerischen Trennung von sich überlagernden Eigenvektoren in den Antwortvektoren, sie sind damit prädestiniert, Freiheitsgrade mit eng benachbarten Eigenfrequenzen zu trennen. Die Praxis zeigt in diesem Fall ihre Überlegenheit gegenüber dem Phasenresonanzverfahren.

Bei den im folgenden behandelten ersten drei Verfahren (Abschnitte 5.3.1.1, 2 und 5.3.2.1) steht das dynamische Verhalten des Systems im Vordergrund, während die statistischen Methoden in dem Sinne in den Hintergrund treten, daß die Parameterschätzung in linearisierter Form nicht direkt auf die gesuchten Parameter angewendet wird und die Schätzparameter die gesuchten Parameter nur teilweise enthalten. Bei dem im Abschnitt 5.3.2.2 diskutierten Verfahren sind die Verhältnisse umgekehrt, hier wird ausgehend von einem Schätzverfahren ein kennwertlineares Modell erstellt, das dynamische Verhalten des Systems bleibt im Hintergrund.

5.3.1 Das strukturell gedämpfte System unter harmonischer Erregung

Anknüpfend an das Phasenresonanzverfahren wird eine harmonische Ein- oder Mehrpunkterregung zugrundegelegt.

Es sei darauf hingewiesen, daß man die Verfahren dieses Abschnitts auch benutzen kann, wenn aus einer vorausgegangenen nichtparametrischen Identifikation (vgl. die Abschnitte 4.2 und 4.4) mit nichtharmonischer Erregung die Frequenzgangmatrix bekannt ist: Man errechnet nach Vorgabe einer harmonischen Erregung die zugehörigen Systemantworten über die Frequenzgangmatrix nach Gl. (2.64).

5.3.1.1 Modale Dämpfung

Die Antwort des strukturell gedämpften Systems sei in m relevanten Systempunkten gemessen und mit $n \leqslant m$ Freiheitsgraden modelliert. Genügt das System der Bequemlichkeitshypothese, so läßt die Systemantwort sich in der Form

$$\hat{\mathbf{u}} = \sum_{i=1}^{n} \frac{\hat{\mathbf{u}}_{0i}^T \hat{\mathbf{p}}}{m_{gi}(\omega_{0i}^2 - \Omega^2) + j d_{Ei}} \hat{\mathbf{u}}_{0i} \tag{5.109}$$

darstellen. Hierbei wird eine Erregerkonfiguration mit dem reellen Erregungsvektor $\mathbf{p}_0$ = const. angenommen. Mit der modalen Dämpfung

$$g_i := \frac{d_{Ei}}{\omega_{0i}^2 \, m_{gi}}, \tag{5.101}$$

der Abstimmung (bezogene Erregungsfrequenz)

$$\eta := \frac{\Omega}{\omega_{01}}, \tag{5.210}$$

den Frequenzverhältnissen

$$\nu_i := \frac{\omega_{01}}{\omega_{0i}} \tag{5.211}$$

und der Normierung

$$\hat{\mathbf{u}}_{0i}^N := \frac{\hat{\mathbf{u}}_{0i}^T \mathbf{p}_0}{\omega_{0i}^2 \, g_i \, m_{gi}} \hat{\mathbf{u}}_{0i}, \quad \hat{\mathbf{u}}_{0i}^T \mathbf{p}_0 \neq 0, \tag{5.212}$$

für die Eigenvektoren geht die Gl. (5.109) über in die Gleichung

$$\hat{\mathbf{u}} = \sum_{i=1}^{n} g_i \frac{1 - \nu_i^2 \eta^2 - j g_i}{(1 - \nu_i^2 \eta^2)^2 + g_i^2} \hat{\mathbf{u}}_{0i}^N. \tag{5.213}$$

Die Gl. (5.213) enthält infolge der Normierung (5.212) den Kraftvektor $\mathbf{p}_0$ und die generalisierten Massen m_{gi} nicht mehr explizit.

Die zu den Frequenzen Ω_r, r = 1(1)n, gehörenden Real- und Imaginärteilantworten $\hat{\mathbf{u}}^{re}(\Omega_r) =: \hat{\mathbf{u}}_r^{re}$, $\hat{\mathbf{u}}^{im}(\Omega_r) =: \hat{\mathbf{u}}_r^{im}$ seien in den (m, n)-Matrizen $\hat{\mathbf{U}}^{re} := (\hat{\mathbf{u}}_1^{re}, \ldots, \hat{\mathbf{u}}_n^{re})$, $\hat{\mathbf{U}}^{im} := (\hat{\mathbf{u}}_1^{im}, \ldots, \hat{\mathbf{u}}_n^{im})$ zusammengefaßt:

$$\hat{\mathbf{U}} := (\hat{\mathbf{u}}_1, \ldots, \hat{\mathbf{u}}_n) = \hat{\mathbf{U}}^{re} + j\,\hat{\mathbf{U}}^{im}. \tag{5.214}$$

Mit der (m, n)-Teil-Modalmatrix $\hat{\mathbf{U}}_0^N$ entsprechend der Normierung (5.212) und mit den (n, n)-Matrizen

$$\left.\begin{aligned} \mathbf{A} &= (a_{ir}), \quad a_{ir} := \frac{g_i(1 - \nu_i^2 \eta_r^2)}{(1 - \nu_i^2 \eta_r^2)^2 + g_i^2}, \\ \mathbf{B} &= (b_{ir}), \quad b_{ir} := \frac{-g_i^2}{(1 - \nu_i^2 \eta_r^2)^2 + g_i^2}, \quad i, r = 1(1)n, \end{aligned}\right\} \tag{5.215}$$

kann die Gl. (5.213) in Real- und Imaginärteil aufgespalten als

$$\hat{\mathbf{U}}^{re} = \hat{\mathbf{U}}_0^N\,\mathbf{A}, \tag{5.216a}$$

$$\hat{\mathbf{U}}^{im} = \hat{\mathbf{U}}_0^N\,\mathbf{B}, \tag{5.216b}$$

geschrieben werden.

Die Gln. (5.216) wurden für gemessene Antwortvektoren und für bekannte Eigenfrequenzen und Dämpfungsmaße von C.V. Stahle und W.R. Forlifer [5.56, 5.57] zur rechnerischen Trennung von Eigenschwingungsformen benutzt. Die Eigenfrequenzen und Dämpfungsmaße ermittelten C.V. Stahle und W.R. Forlifer aus den Extremwertabszissen der Imaginärteil- und Realteilantworten (Auswertemethoden der Einfreiheitsgradsysteme). C.V. Stahle [5.57] schlägt vor, für die Erregungsfrequenzen die Eigenfrequenzen zu wählen und aus der Gl. (5.216b) die Eigenvektoren zu berechnen. Dieses Vorgehen ist jedoch für die Trennung von ähnlichen Eigenschwingungsformen mit eng benachbarten Eigenfrequenzen und ungefähr gleichen Dämpfungsmaßen ungeeignet. Der Verfasser erweiterte dieses Vorgehen konsequent auf die Identifikation aller Eigenschwingungsgrößen [5.38].

Die Elimination der Teilmodalmatrix $\hat{\mathbf{U}}_0^N$ mit dem Rang n aus den Gln. (5.216),

$$\hat{\mathbf{U}}_0^N = \hat{\mathbf{U}}^{im}\,\mathbf{B}^{-1}, \quad \det \mathbf{B}^{-1} \neq 0^1,$$

führt auf die Gleichung

$$\hat{\mathbf{U}}^{re} = \hat{\mathbf{U}}^{im}\,\mathbf{B}^{-1}\mathbf{A}, \tag{5.217}$$

1 Die Elemente der quadratischen Matrix **B** der Ordnung n sind von den Eigenfrequenzen, Dämpfungsmaßen und Erregungsfrequenzen abhängig. Eine notwendige Bedingung für $\det \mathbf{B} \neq 0$ hinsichtlich des Systems ist, daß nicht paarweise gleiche Eigenfrequenzen *und* gleiche Dämpfungsmaße vorhanden sind (sonst wären zwei Zeilen gleich). Unter der Einschränkung $\det [\mathbf{B}(\Omega_1, \ldots, \Omega_n)] \not\equiv 0$ hinsichtlich des untersuchten Systems lassen sich stets n Erregungsfrequenzen Ω_r derart finden, daß $\det [\mathbf{B}(\Omega_1, \ldots, \Omega_n)] \neq 0$ ist: $\Omega_r \neq \omega_{0j}$, $\Omega_r \neq \Omega_j$ für $r \neq j$, werden n – 1 Erregungsfrequenzen $\Omega_1, \ldots, \Omega_l, \Omega_{l+1}, \ldots, \Omega_n$ gewählt (vorgegeben), det **B** wird nach der l-ten Spalte entwickelt, es folgt ein Polynom 4(n – 1)-ten Grades in Ω_l. Jede Wahl von Ω_l ungleich den reellen Nullstellen des Polynoms erfüllt die Forderung $\det \mathbf{B} \neq 0$.

die neben den dynamischen Antworten des Systems und den Erregungsfrequenzen nur noch die n Eigenfrequenzen ω_{0i} und die n Dämpfungsmaße g_i enthält. Für gemessene Antworten

$$\hat{\mathbf{U}}^{M} = \hat{\mathbf{U}}^{reM} + j\,\hat{\mathbf{U}}^{im\,M} \tag{5.218}$$

geht die Gl. (5.217) in die Fehlergleichung

$$\mathbf{V} := \hat{\mathbf{U}}^{reM} - \hat{\mathbf{U}}^{im\,M}\,\mathbf{B}^{-1}\mathbf{A} \tag{5.219}$$

über. Zur Parameterschätzung wird die Gl. (5.219) mit $(\hat{\mathbf{U}}^{im\,M})^T$ linksmultipliziert und das Orthogonalitätsverfahren (vgl. Abschnitt 3.3.4) angewendet:

$$(\hat{\mathbf{U}}^{im\,M})^T\,\mathbf{V}\,/_{a_{ir} = \tilde{a}_{ir},\; b_{ir} = \tilde{b}_{ir}} = \mathbf{0}. \tag{5.220}$$

Mit den Abkürzungen

$$\left.\begin{aligned} \mathbf{Z}_{11} &:= (\hat{\mathbf{U}}^{im\,M})^T\,\hat{\mathbf{U}}^{im\,M}, \\ \mathbf{Z}_{12} &:= (\hat{\mathbf{U}}^{im\,M})^T\,\hat{\mathbf{U}}^{reM}, \\ \mathbf{Z} &:= \mathbf{Z}_{11}^{-1}\,\mathbf{Z}_{12} = (z_{ir}), \quad \det \mathbf{Z}_{11} \neq 0^1, \end{aligned}\right\} \tag{5.221}$$

führt (5.220) auf die Gleichung

$$\tilde{\mathbf{A}} - \tilde{\mathbf{B}}\,\mathbf{Z} = \mathbf{0}. \tag{5.222}$$

Zwischen den Elementen a_{ir}, b_{ir} bzw. $\tilde{a}_{ir}$, $\tilde{b}_{ir}$ der Matrizen $\mathbf{A}$, $\mathbf{B}$ bzw. $\tilde{\mathbf{A}}$, $\tilde{\mathbf{B}}$ besteht die Beziehung (s. Gl. (5.215))

$$a_{ir}^2 = -b_{ir}\,(1 + b_{ir}), \tag{5.223}$$

so daß die Gl. (5.222) übergeht in das quadratische Gleichungssystem mit n^2 Gleichungen

$$\tilde{b}_{ir}\,(1 + \tilde{b}_{ir}) + (\sum_{k=1}^{n} \tilde{b}_{ik}\,z_{kr})^2 = 0, \quad i, r = 1(1)n, \tag{5.224}$$

zur Ermittlung der $\tilde{b}_{ir}$. Für einen fest gewählten Index i = I ist (5.224) ein quadratisches Gleichungssystem der Ordnung n in den n Unbestimmten $\tilde{\mathbf{b}}_I^T =: (\tilde{b}_{I1}, ..., \tilde{b}_{In})$; damit beschreibt für i = 1(1)n (5.224) n quadratische Gleichungssysteme der Ordnung n mit identischen Koeffizienten für die Unbestimmten $\tilde{\mathbf{b}}_i$: Für ein quadratisches Gleichungssystem der Ordnung n sind n physikalisch sinnvolle Lösungs-n-tupel zu bestimmen.

Die Gl. (5.219) mit den (impliziten) Parametern Γ_{ir},

$$\mathbf{\Gamma} := \mathbf{B}^{-1}\mathbf{A} =: (\Gamma_{ir}) =: (\mathbf{\Gamma}_1, ..., \mathbf{\Gamma}_n), \quad \mathbf{\Gamma}_r^T = (\Gamma_{1r}, ..., \Gamma_{nr}),$$

in Form von Spaltenvektoren geschrieben,

$$\mathbf{V} := (\mathbf{v}_1, ..., \mathbf{v}_n) = (\hat{\mathbf{u}}_1^{reM}, ..., \hat{\mathbf{u}}_n^{reM}) - \hat{\mathbf{U}}^{im\,M}(\mathbf{\Gamma}_1, ..., \mathbf{\Gamma}_n),$$

$$\mathbf{v}_r = \hat{\mathbf{u}}_r^{reM} - \hat{\mathbf{U}}^{im\,M}\,\mathbf{\Gamma}_r,$$

1 Die Matrix $\mathbf{Z}_{11}$ ist entsprechend ihrer Definition unter der Voraussetzung det $\mathbf{B}(\Omega_1, ..., \Omega_n) \neq 0$ bei geeigneter Wahl der Erregungsfrequenzen – die stets möglich ist – positiv definit [5.38], d.h. det $\mathbf{Z}_{11} \neq 0$ ist immer erfüllbar.

führt mit der Gaußschen Transformation auf die Normalgleichungen (Methode der kleinsten Fehlerquadrate bezüglich des Parametervektors $\mathbf{\Gamma}_r$)

$$(\hat{\mathbf{U}}^{\text{im M}})^T \hat{\mathbf{U}}^{\text{im M}} \mathbf{\Gamma}_r = (\hat{\mathbf{U}}^{\text{im M}})^T \hat{\mathbf{u}}_r^{\text{reM}} .$$

Mit der Pseudo-(Halb-)Inversen

$$[(\hat{\mathbf{U}}^{\text{im M}})^T \hat{\mathbf{U}}^{\text{im M}}]^{-1} (\hat{\mathbf{U}}^{\text{im M}})^T = \mathbf{Z}_{11}^{-1} (\hat{\mathbf{U}}^{\text{im M}})^T$$

folgen die Parametervektoren

$$\tilde{\mathbf{\Gamma}}_r = \mathbf{Z}_{11}^{-1} (\hat{\mathbf{U}}^{\text{im M}})^T \hat{\mathbf{u}}_r^{\text{reM}}, \quad r = 1(1)n,$$

matriziell gilt also mit (5.221)

$$\tilde{\mathbf{\Gamma}} = \mathbf{Z}_{11}^{-1} (\hat{\mathbf{U}}^{\text{im M}})^T \hat{\mathbf{U}}^{\text{reM}} = \mathbf{Z}_{11}^{-1} \mathbf{Z}_{12}$$

bzw.

$$\tilde{\mathbf{B}}^{-1} \tilde{\mathbf{A}} = \mathbf{Z}_{11}^{-1} \mathbf{Z}_{12} = \mathbf{Z}$$

und damit (5.222). Demzufolge ist die Orthogonalitätsmethode (5.220) gleichbedeutend mit der Methode der kleinsten Fehlerquadrate bezüglich der unbekannten Elemente der Matrix ($\mathbf{B}^{-1} \mathbf{A}$). Im Vergleich zu Gl. (3.98) kann die Orthogonalitätsforderung (5.220) auch angenähert als Methode der Hilfsvariablen gedeutet werden. (Nur angenähert, weil die Wahl der Hilfsvariablenmatrix $\hat{\mathbf{U}}^{\text{im M}}$ gemäß Beispiel 3.14 nicht optimal ist, so daß die $\tilde{b}_{ir}$ verzerrte Schätzungen sind, die nur bei hinreichend kleinen Störungen zufriedenstellend sein werden.)

Aus dem Gleichungssystem (5.224) sind also die n^2 physikalisch relevanten Werte $\tilde{b}_{ir}$ berechenbar. Wählt man die Erregungsfrequenzen Ω_r in engerer Umgebung der Eigenfrequenzen, um mittels relativ kleiner Erregerkräfte meßbare und möglichst wenig fehlerbehaftete Antworten für das lineare System zu erhalten, so können mit den Abkürzungen

$$\left.\begin{aligned} \alpha_{ri} &:= 1 - \nu_i^2 \eta_r^2 = 1 - \frac{\Omega_r^2}{\omega_{0i}^2}, \\ x_{ir} &:= \operatorname{sgn} \alpha_{ri} \left| \sqrt{-\left(1 + \frac{1}{\tilde{b}_{ir}}\right)} \right|, \end{aligned}\right\} \qquad (5.225)$$

– das Bild 5.16 zeigt ein Beispiel zur Wahl der Erregungsfrequenzen und den sich ergebenden Vorzeichen der α_{ri} – und den Definitionen (5.215) z.B. die folgenden Gleichungen zur Ermittlung der Eigenfrequenzen und Dämpfungsmaße herangezogen werden:

$$\left.\begin{aligned} \omega_{0i}^{(\tau)2} &= \frac{\Omega_i^2 x_{i\tau} - \Omega_\tau^2 x_{ii}}{x_{i\tau} - x_{ii}}, \\ g_i^{(\tau)} &= \frac{\Omega_i^2 - \Omega_\tau^2}{\Omega_i^2 x_{i\tau} - \Omega_\tau^2 x_{ii}}, \quad \{\tau \mid \tau \in \{1, 2, ..., n\}, \tau \neq i\}. \end{aligned}\right\} \qquad (5.226)$$

Die Mittelwerte

$$\left.\begin{aligned} \hat{\omega}_{0i} &= \bar{\omega}_{0i} = \frac{1}{n-1} \sum_{\substack{\tau=1 \\ \tau \neq i}}^{n} \omega_{0i}^{(\tau)}, \\ \hat{g}_i &= \bar{g}_i = \frac{1}{n-1} \sum_{\substack{\tau=1 \\ \tau \neq i}}^{n} g_i^{(\tau)} \end{aligned}\right\} \qquad (5.227)$$

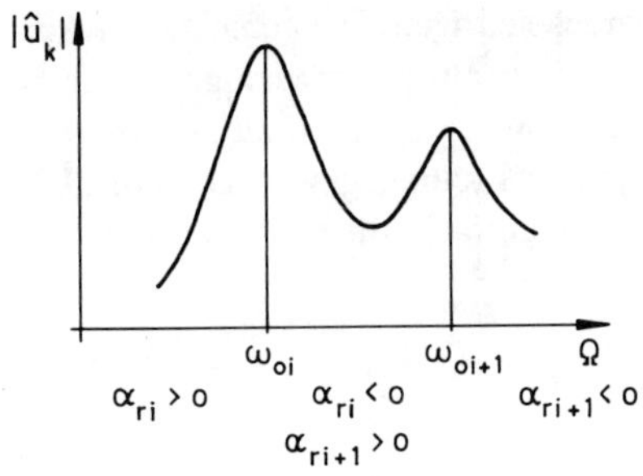

Bild 5.16 Zur Wahl der Erregungsfrequenzen und der sich ergebenden Vorzeichen für die α_{ri}

sind dann die Schätzwerte für die gesuchten Eigenfrequenzen und Dämpfungsmaße des Systems, die zudem noch über die Schätzungen der Varianzen Fehleraussagen erlauben.

Die Werte (5.227) in die Matrizenelemente (5.215) eingesetzt, liefern die Matrizen $\bar{\mathbf{A}}$, $\bar{\mathbf{B}}$, die nach den Gln. (5.216) die Teilmodalmatrizen

$$\left.\begin{aligned} &\hat{\mathbf{U}}_0^{N\,(1)} = \hat{\mathbf{U}}^{reM}\,\bar{\mathbf{A}}^{-1}, \quad \det \bar{\mathbf{A}} \neq 0, \\ \text{und} \quad & \\ &\hat{\mathbf{U}}_0^{N\,(2)} = \hat{\mathbf{U}}^{im\,M}\,\bar{\mathbf{B}}^{-1}, \end{aligned}\right\} \tag{5.228}$$

ergeben. Eine Schätzung der Teilmodalmatrix ist

$$\hat{\hat{\mathbf{U}}}_0^N = \bar{\hat{\mathbf{U}}}_0^N = \frac{1}{2}(\hat{\mathbf{U}}_0^{N\,(1)} + \hat{\mathbf{U}}_0^{N\,(2)}). \tag{5.229}$$

Die geschätzten Eigenvektoren in der Normierung (5.212) mögen jetzt auf die betragsmäßig größte Komponente gleich Eins normiert werden:

$$\left.\begin{aligned} &|\bar{\hat{u}}_{0Ki}^N| := \max_k (|\bar{\hat{u}}_{0ki}^N|), \\ &\bar{\hat{\mathbf{u}}}_{0i} = \frac{1}{\bar{\hat{u}}_{0Ki}^N}\,\bar{\hat{\mathbf{u}}}_{0i}^N, \end{aligned}\right\} \tag{5.230}$$

mit $\bar{\hat{u}}_{0Ki} = 1$.

Die Ermittlung der Schätzwerte für ω_{0i}, g_i, $\hat{\mathbf{u}}_{0i}$ erfolgte ohne Kenntnis des Erregungsvektors $\mathbf{p}_0$. Es verbleibt, die generalisierten Massen zu bestimmen. Hierzu dienen die Normierungsvorschriften (5.212) und (5.230):

$$\hat{m}_{gi} = \frac{\bar{\hat{\mathbf{u}}}_{0i}^T\,\mathbf{p}_0^M}{\bar{\omega}_{0i}^2\,\bar{g}_i\,\bar{\hat{u}}_{0Ki}^N}. \tag{5.231}$$

Die Messung des Erregungsvektors $\mathbf{p}_0 = \mathbf{p}_0^M$ ist zur Berechnung der generalisierten Masse notwendig. Die Gl. (5.231) ist von dem Normierungsfaktor $\bar{\hat{u}}_{0Ki}^N$ abgesehen, formal die gleiche wie die zur Ermittlung der generalisierten Massen nach der Energiemethode (vgl. Abschnitt 5.2.2.5 für das viskos gedämpfte System). Die Gl. (5.231) ist jedoch weitergehend, da hier kein angepaßter Erregungsvektor verwendet wird und demzufolge diesbezüglich lediglich die Meßfehler der Kraftamplituden in die Ermittlung von $\hat{m}_{gi}$ eingehen.

Zur Anwendung des Verfahrens ist folgendes zu bemerken:

- Die Anzahl n der Freiheitsgrade kann von der Aufgabenstellung her relativ groß sein. Es ist jedoch nicht notwendig, für die rechnerische Ermittlung der Eigenschwingungsgrößen alle Freiheitsgrade in einer Rechnung zu berücksichtigen. Die gemessenen Antworten in einer gewählten Erregerkonfiguration enthalten nur einige wenige Freiheitsgrade je Frequenzteilintervall, die einen nicht vernachlässigbaren Anteil zu der Antwort beisteuern: Diese Anzahl wird effektive Anzahl n_{eff} von Freiheitsgraden genannt. Das Bild 5.17 veranschaulicht diesen Sachverhalt. n_{eff} kann einfach mit Hilfe der Spektralzerlegung definiert werden:

$$\hat{u} = \sum_{i=l}^{l+n_{eff}-1} \frac{\hat{u}_{0i}^T p_0}{m_{gi}(\omega_{0i}^2 - \Omega^2) + j\, d_{Ei}} \hat{u}_{0i} + \epsilon,$$

$$\epsilon := \sum_{s=1}^{l-1} \frac{\hat{u}_{0s}^T p_0}{m_{gs}(\omega_{0s}^2 - \Omega^2) + j\, d_{Es}} \hat{u}_{0s} + \sum_{t=n_{eff}+l}^{n} \frac{\hat{u}_{0t}^T p_0}{m_{gt}(\omega_{0t}^2 - \Omega^2) + j\, d_{Et}} \hat{u}_{0t} \tag{5.232}$$

mit $\|\epsilon\| \ll \|\hat{u}\|$, $1 \leqslant n_{eff} \leqslant n$, für $\omega_{0l-1} < \Omega < \omega_{0l+n_{eff}}$.

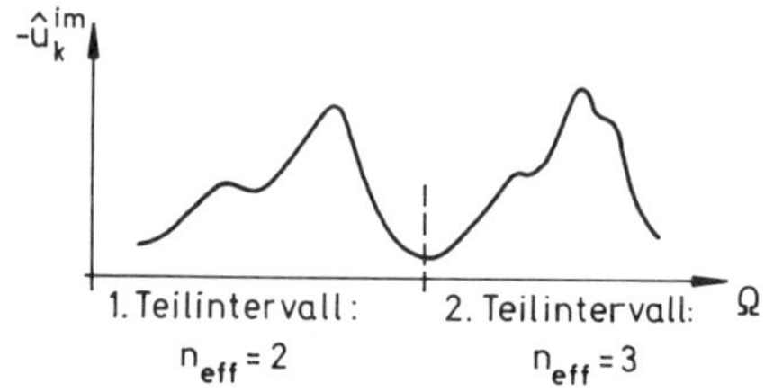

Bild 5.17 Zur Definition der effektiven Anzahl n_{eff} von Freiheitsgraden

Demzufolge werden mehrere Rechnungen für die gewählte Erregung und für die innerhalb bestimmter Frequenzteilintervalle geltende effektive Anzahl von Freiheitsgraden durchgeführt.

In dem obigen Formalismus ist also $n = n_{eff}$ zu setzen. Die sich ergebende Anzahl n_{eff} ist von der Wahl der Erregerkonfiguration abhängig, deshalb wird zunächst auf diese eingegangen.

- Die Wahl der Erregerkonfiguration(en) muß so erfolgen, daß entweder alle Freiheitsgrade in dem betrachteten Frequenzintervall erregt werden und in nichtvernachlässigbarem Maße in den gemessenen Antworten enthalten sind, oder aber es müssen mehrere Erregerkonfigurationen pro Frequenzteilintervall gewählt werden, so daß alle in diesem Intervall vorhandenen Freiheitsgrade des Systems rechnerisch erfaßt werden können. Insofern ist die Erregerkonfiguration nicht beliebig. Zweckmäßig ist jeweils eine Erregung, für die in den Antworten nicht ein Freiheitsgrad stark überwiegt (auch schon aus Linearitätsüberlegungen). Im allgemeinen wird man einige wenige (nichtangepaßte) Erregerkonfigurationen wählen, nämlich jeweils eine je Baugruppe und/oder Frequenzteilintervall, und somit zu verschiedenen effektiven Anzahlen von Freiheitsgraden gelangen.
- Die Ermittlung der effektiven Anzahl von Freiheitsgraden je Frequenzteilintervall und Erregerkonfiguration kann aus den Antwort-Imaginärteilschrieben (Extrema) entnommen werden oder aus den Indikatorfunktionen (5.195). Ansätze zur rechnerischen Ermittlung von n_{eff} sind in [5.58] erwähnt (vgl. auch Abschnitt 5.4.1). Sollte n_{eff} aus den Antwortschrieben oder der Indikatorfunktion nicht eindeutig zu entnehmen sein,

so können die Eigenschwingungsgrößen iterativ identifiziert werden. Für ein vorgegebenes n_{eff} werden die Eigenschwingungsgrößen berechnet, mit diesen werden z.B. die dynamischen Antworten nach Gl. (5.232) mit $\epsilon = \mathbf{0}$ ermittelt (synthetisiert) und mit den gemessenen Antworten verglichen. Fällt der Vergleich nicht zufriedenstellend aus, so wird die Identifikation nach der Phasentrennungstechnik mit abgewandeltem n_{eff} wiederholt und anhand des genannten (globalen) Kriteriums überprüft. Dieses Vorgehen führt zur iterativen Ermittlung von n_{eff}, es ist erfolgreich in [5.59] angewendet worden. Bei richtiger Wahl von n_{eff} sind die geschätzten Varianzen der identifizierten Eigenschwingungsgrößen kleiner als für falsch angenommene Werte von n_{eff} (s. [5.59]); der Vergleich der geschätzten Varianzen für angenommene Werte von n_{eff} kann als nichtglobales Kriterium zur Ermittlung von n_{eff} verwendet werden. Die effektive Anzahl von Freiheitsgraden sollte durch die Wahl der Erregerkonfiguration klein gehalten werden, denn hierfür liegen positive Erfahrungen mit dem Verfahren vor. Bei der Identifikation der Eigenschwingungsgrößen beispielsweise von Flugzeugen treten erfahrungsgemäß 2 bis 6 effektive Freiheitsgrade auf, selten ist hierbei ihre Anzahl größer als 4.

- Die Anzahl $m \geqslant n_{eff}$ der Meßpunkte muß hinreichend groß sein, um die Eigenschwingungsform beschreiben, eine Parameterschätzung durchführen zu können und um möglichst keinen Freiheitsgrad zu übersehen.
- Die Wahl der in die Rechnung eingehenden dynamischen Antworten sollte für Erregungsfrequenzen Ω_r in engerer Umgebung aller n_{eff} Resonanzfrequenzen (und nicht einer Resonanzfrequenz allein) erfolgen, um mit kleinen Kraftamplituden hinreichend große Verschiebungen mit kleinen Meßfehlern (abhängig vom Meßbereich der Aufnehmer) im linearen Bereich messen zu können. Weiter empfiehlt es sich, in der Umgebung jeder Resonanzfrequenz die dynamischen Antworten für mehrere Erregungsfrequenzen durchzumessen, um ggf. die Rechnungen über die Erregungsfrequenzen variieren (Iteration bezüglich n_{eff}!) und um Kontrollrechnungen mit den identifizierten Werten über die dynamischen Antworten (synthetische Antworten) durchführen zu können, der zusätzliche Aufwand ist minimal. Sorgfalt ist bei der Wahl der Erregungsfrequenzen bei sehr eng benachbarten Eigenfrequenzen angebracht (es sind nur die Resonanzfrequenzen, nicht aber die Eigenfrequenzen bekannt, im übrigen ist das Vorzeichen von α_{ri} unproblematisch zu ermitteln).
- Die Lösung der quadratischen Gleichungssysteme (5.224) kann z.B. mit Hilfe der Parameter-Störungsmethode kombiniert mit dem Newton-Raphsonverfahren erfolgen. Hierbei wird von dem Gleichungssystem

$$\tilde{b}_{ir}^{(0)}\,(1 + \tilde{b}_{ir}^{(0)}) = 0, \quad i, r = 1(1)n, \tag{5.233}$$

mit den bekannten nichttrivialen Lösungen $\tilde{b}_{ir}^{(0)} = -1$ ausgegangen, die Koeffizienten des Systems (5.233) werden schrittweise in die Koeffizienten des Systems (5.224) überführt, und das jeweils neue quadratische Gleichungssystem wird mit dem Newton-Raphsonverfahren gelöst, wobei als Startelement für die Iteration jeweils die Lösung des vorherigen, ungestörten Gleichungssystems dient. Durch geeignete Wahl der Störungsschrittweite ist die Konvergenz gesichert. Anhaltspunkte für die physikalisch relevante Lösung von (5.224) und damit verbesserte Startwerte als $\tilde{b}_{ir}^{(0)} = -1$ für die Iteration erhält man mit Näherungen für α_{ri} und für die modalen Dämpfungen g_i aus der Definition (5.215) der b_{ir} (s. auch Aufgabe 5.32).

- Die Mittelwerte (5.227), (5.229) können in bestimmten Fällen (gekennzeichnet durch stark voneinander abweichende Werte abhängig von τ) durch Schätzungen aus einer gewichteten Mittelwertbildung ersetzt werden.
- Die Berechnung der generalisierten Massen nach Gl. (5.231) setzt eine gute Schätzung der Eigenfrequenzen, Dämpfungsmaße, Eigenvektoren und eine wenig fehlerbehaftete Messung der Erregerkräfte voraus. Außerdem sollten die Erregerkräfte möglichst an solchen Stellen angreifen, an denen die Eigenvektor-Komponenten relativ groß sind und damit wenig fehlerbehaftet gemessen werden können.

Die Tabelle 5.8 enthält zusammenfassend einen Auswertevorschlag für die hier dargestellte Phasentrennungsmethode.

Anmerkung: Die Varianzen der identifizierten Eigenschwingungsgrößen können geschätzt werden: Standardabweichungen der Mittelwerte bzw. mit Hilfe der Fehlerfortpflanzung. Diese Schätzungen sollten in jedem Fall berechnet werden. Diese Angaben ersetzen (für Mittelwerte aus hinreichend vielen Werten) bzw. ergänzen zumindest den globalen (bezüglich der Eigenschwingungsgrößen) Vergleich zwischen den gemessenen und synthetischen Antworten (vgl. Zeile 9 in Tabelle 5.8).

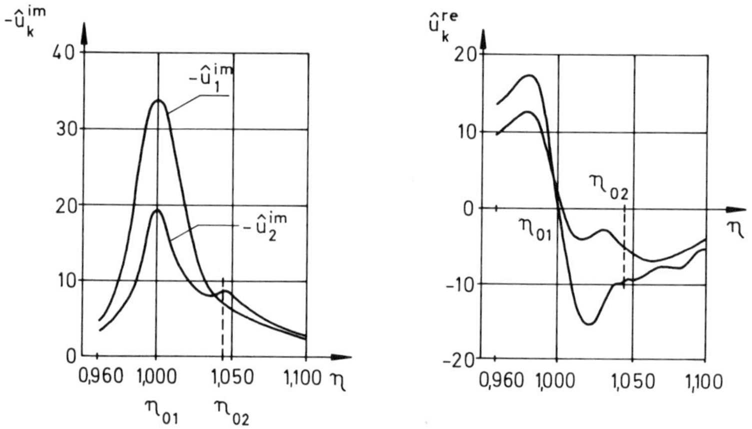

Bild 5.18 Real- und Imaginärteilschriebe mit $\eta_{01} = \omega_{01}/\omega_{01} = 1$, $\eta_{02} = \omega_{02}/\omega_{01} = 1{,}0455$

Beispiel 5.10 Das System mit den Ausgangsdaten $n = n_{eff} = m = 2$, $\omega_{01} = 22\ s^{-1}$, $f_{01} = 3{,}50$ Hz, $\omega_{02} = 23\ s^{-1}$, $f_{02} = 3{,}66$ Hz, $g_1 = 0{,}03$, $g_2 = 0{,}05$, $\hat{\mathbf{u}}_{01}^T = (1; 0{,}5)$, $\hat{\mathbf{u}}_{02}^T = (0{,}5; 1)$, $m_{g_1} = 22^{-2}$, $m_{g_2} = 20^{-2}$ führt mit der Erregung $\mathbf{p}_0^T = (1, 0)$ auf die Real- und Imaginärteilantworten im Frequenzraum, wie sie in dem Bild 5.18 wiedergegeben sind. Die Matrix der dynamischen Antworten für die Erregungsfrequenzen $\Omega_1 = 22{,}22\ s^{-1}$ und $\Omega_2 = 23{,}10\ s^{-1}$ lautet

$$\hat{\mathbf{U}} = \hat{\mathbf{U}}^M = \begin{pmatrix} -13{,}5903 - 24{,}3730\,j; -9{,}6268 - 6{,}3194\,j \\ -4{,}0596 - 14{,}2369\,j; -5{,}7741 - 8{,}6937\,j \end{pmatrix}.$$

Es folgt:

$$\mathbf{Z} = \begin{pmatrix} 0{,}75864; 0{,}38715 \\ -0{,}77540; 0{,}03015 \end{pmatrix}.$$

Tabelle 5.8: Auswertungsvorschlag für das Phasentrennungsverfahren nach Abschnitt 5.3.1.1

Nr.	Beschreibung	Gleichung	Bezug
1	Wahl von $n = n_{eff}$ abhängig von p_0 und dem jeweiligen Frequenzteilintervall		
2	Wahl von Ω_r, $r = 1(1)n$		
3	Messung der erzwungenen Schwingungen $\hat{u}_r^M$, $r = 1(1)n$	$\hat{U}^M = \hat{U}^{reM} + j\,\hat{U}^{imM} = (\hat{u}_1^M, \ldots, \hat{u}_n^M)$	(5.218)
4	Berechnung der Matrix Z	$Z_{11} = (\hat{U}^{imM})^T\,\hat{U}^{imM}$, $Z_{12} = (\hat{U}^{imM})^T\,\hat{U}^{reM}$, $Z = Z_{11}^{-1}\,Z_{12} = (z_{ir})$	(5.221)
5	Aufstellung und Lösung der quadratischen Gleichungssysteme	$\tilde{b}_{ir}(1 + \tilde{b}_{ir}) + \left(\sum\limits_{k=1}^{n} \tilde{b}_{ik} z_{kr}\right)^2 = 0, \quad i, r = 1(1)n$	(5.224)
6	Ermittlung der Eigenfrequenzen und Dämpfungsmaße	$x_{ir} := \operatorname{sgn}\alpha_{ri}\,\left\| \sqrt{-\left(1 + \frac{1}{b_{ir}}\right)} \right\|$, $\alpha_{ri} := 1 - \left(\frac{\Omega_r}{\omega_{0i}}\right)^2 = 1 - \nu_i^2\eta_r^2$	(5.225)
		$\hat{\omega}_{0i} = \frac{1}{n-1}\sum\limits_{\substack{\tau=1\\ \tau\neq i}}^{n} \omega_{0i}^{(\tau)}$,	(5.227)
		$\omega_{0i}^{(\tau)2} = \frac{\Omega_i^2 x_{i\tau} - \Omega_\tau^2 x_{ii}}{x_{i\tau} - x_{ii}}, \quad \tau \neq i$	(5.226)
		$\hat{g}_i = \frac{1}{n-1}\sum\limits_{\substack{\tau=1\\ \tau\neq i}}^{n} g_i^{(\tau)}$	(5.227)
		$g_i^{(\tau)} = \frac{\Omega_i^2 - \Omega_\tau^2}{\Omega_i^2 x_{i\tau} - \Omega_\tau^2 x_{ii}}, \quad \tau \neq i$	(5.226)
7	Ermittlung der Eigenschwingungsformen und Normierung	$\hat{U}_0^{N(1)} = \hat{U}^{reM}\,\bar{A}^{-1}$, $\hat{U}_0^{N(2)} = \hat{U}^{imM}\,\bar{B}^{-1}$	(5.228)
		$\hat{\hat{U}}_0^N = \frac{1}{2}(\hat{U}_0^{N(1)} + \hat{U}_0^{N(2)}) = (\hat{\hat{u}}_{01}^N, \ldots, \hat{\hat{u}}_{0n}^N)$	(5.229)
		$\|\hat{\hat{u}}_{0Ki}^N\| = \max\limits_k (\|\hat{\hat{u}}_{0ki}^N\|)$, $\hat{\hat{u}}_{0i} = \frac{1}{\hat{\hat{u}}_{0Ki}^N}\,\hat{\hat{u}}_{0i}^N$	(5.230)
8	Ermittlung der generalisierten Massen, Messung von p_0^M	$\hat{m}_{gi} = \frac{\hat{\hat{u}}_{0i}^T\,p_0^M}{\hat{\omega}_{0i}^2\,\hat{g}_i\,\hat{\hat{u}}_{0Ki}^N}$	(5.231)
9	Kontrolle der identifizierten Größen über $\hat{u}_{Rech}(\Omega)$ (synthetischer Antwortvektor) und $\hat{u}^M(\Omega)$ für $\Omega \neq \Omega_r$	$\hat{u}_{Rech} = \sum\limits_{i=1}^{n} \hat{g}_i\,\frac{1 - \hat{\nu}_i^2\hat{\eta}^2 - j\hat{g}_i}{(1 - \hat{\nu}_i^2\hat{\eta}^2)^2 + \hat{g}_i^2}\,\hat{\hat{u}}_{0i}^N$	(5.213)

Das quadratische Gleichungssystem lautet somit für i = 1:

$r = 1\colon \tilde{b}_{11}(1 + \tilde{b}_{11}) + (0{,}75864\,\tilde{b}_{11} - 0{,}77540\,\tilde{b}_{12})^2 = 0,$

$r = 2\colon \tilde{b}_{12}(1 + \tilde{b}_{12}) + (0{,}38715\,\tilde{b}_{11} + 0{,}03015\,\tilde{b}_{12})^2 = 0.$

Für i = 2 ergibt sich das obige Gleichungssystem in $\tilde{b}_{21}$, $\tilde{b}_{22}$, so daß mit

$$\tilde{b}_1 := \begin{cases} \tilde{b}_{11} \\ \tilde{b}_{21} \end{cases}, \quad \tilde{b}_2 := \begin{cases} \tilde{b}_{12} \\ \tilde{b}_{22} \end{cases}$$

zwei physikalisch sinnvolle Lösungspaare der Operatorgleichung $\mathbf{T\,b} = \mathbf{0}$ mit $\mathbf{b}^T := (\tilde{b}_1, \tilde{b}_2)$,

$$\mathbf{T} := \begin{pmatrix} 1 + (1 + 0{,}75864^2)\tilde{b}_1 - 0{,}75864 \cdot 0{,}77540\,\tilde{b}_2; 0{,}77540^2\,\tilde{b}_2 - 0{,}75864 \cdot 0{,}77540\,\tilde{b}_1 \\ 0{,}38715^2\tilde{b}_1 - 0{,}38715 \cdot 0{,}03015\,\tilde{b}_2; 1 + (1 + 0{,}03015^2)\,\tilde{b}_2 - 0{,}38715 \cdot 0{,}03015\,\tilde{b}_1 \end{pmatrix}$$

aufzusuchen sind.

Bei der Parameter-Störungsmethode wird nun anstelle der Gleichung $\mathbf{T\,b} = \mathbf{0}$ die Gleichung $\mathbf{S}_\kappa \mathbf{b}^{(\kappa)} = \mathbf{0}$ mit $\mathbf{S}_\kappa := \mathbf{S}_0 + (\mathbf{T} - \mathbf{S}_0)\,\frac{\kappa}{N}$, $\kappa = 0(1)N$, betrachtet. Die Wahl von $\mathbf{S}_0$ (aus derselben Familie wie T) aus $\tilde{b}_{ir}^{(0)}(1 + \tilde{b}_{ir}^{(0)}) = 0$ mit $\tilde{\mathbf{B}}_{(0)} = -\mathbf{I}$ zu

$$\mathbf{S}_0 = \begin{pmatrix} 1 + \tilde{b}_1, & 0 \\ 0, & 1 + \tilde{b}_2 \end{pmatrix}$$

mit den bekannten Lösungen $\mathbf{b}_1^{(0)T} = (-1, 0)$, $\mathbf{b}_2^{(0)T} = (0, -1)$ führt mit $\kappa = 0$ auf die erste zu lösende Gleichung $\mathbf{S}_0\mathbf{b}^{(0)} = \mathbf{0}$; $\kappa = N$ ergibt die Ausgangsgleichung $\mathbf{S}_N\mathbf{b}^{(N)} = \mathbf{T\,b} = \mathbf{0}$. Die iterative Lösung der Gleichungen $\mathbf{S}_\kappa\mathbf{b}^{(\kappa)} = \mathbf{0}$ kann nach dem Newtonverfahren erfolgen [3.6],

$\mathbf{b}_{i+1}^{(\kappa)} = \mathbf{b}_i^{(\kappa)} - [\mathbf{S}'_\kappa(\mathbf{b}_i^{(\kappa)})]^{-1}\,\mathbf{S}_\kappa\mathbf{b}_i^{(\kappa)}$, Iterationsindex: i = 0,1 ...,

– $\mathbf{S}'_\kappa(\mathbf{b}_i^{(\kappa)})$ ist die Fréchet-Ableitung von $\mathbf{S}_\kappa$ an der Stelle $\mathbf{b}_i^{(\kappa)}$ – deren Konvergenz mit dem Startvektor $\mathbf{b}_0^{(\kappa)} = \mathbf{b}^{(\kappa-1)}$ für $\kappa = 1(1)N$ durch die Änderung von $\mathbf{S}_{\kappa-1}$ nach $\mathbf{S}_\kappa$ bestimmt wird. Durch hinreichend großes N kann somit die Konvergenz gesichert werden. Die Fréchet-Ableitung von $\mathbf{S}_\kappa = \mathbf{S}_{\kappa(\mathbf{b})} = \mathbf{S}_{0(\mathbf{b})} + (\mathbf{T}_{(\mathbf{b})} - \mathbf{S}_{0(\mathbf{b})})\,\frac{\kappa}{N}$ ergibt sich nach [3.6] aus der Differenz $\mathbf{S}_{\kappa(\mathbf{b}+\Delta\mathbf{b})}\,(\mathbf{b} + \Delta\mathbf{b}) - \mathbf{S}_{\kappa(\mathbf{b})}\,\mathbf{b}$ durch Vernachlässigung aller Glieder höherer als linearer Ordnung in den Komponenten von $\Delta\mathbf{b}$:

$$\mathbf{S}'_{\kappa(\mathbf{b})}\,\Delta\mathbf{b} = \mathbf{S}'_{0(\mathbf{b})}\,\Delta\mathbf{b} + \frac{\kappa}{N}\,(\mathbf{T}'_{(\mathbf{b})} - \mathbf{S}'_{0(\mathbf{b})})\,\Delta\mathbf{b}$$

mit $\mathbf{S}'_{0(\mathbf{b})}$ aus

$$\mathbf{S}_{0(\mathbf{b}+\Delta\mathbf{b})}\,(\mathbf{b} + \Delta\mathbf{b}) - \mathbf{S}_{0(\mathbf{b})}\,\mathbf{b} = \begin{pmatrix} (1 + \tilde{b}_1 + \Delta b_1)\,(\tilde{b}_1 + \Delta b_1) \\ (1 + \tilde{b}_2 + \Delta b_2)\,(\tilde{b}_2 + \Delta b_2) \end{pmatrix} - \begin{pmatrix} (1 + \tilde{b}_1)\,\tilde{b}_1 \\ (1 + \tilde{b}_2)\,\tilde{b}_2 \end{pmatrix},$$

$$\mathbf{S}'_{0(\mathbf{b})}\Delta\mathbf{b} = \begin{pmatrix} (1 + 2\,\tilde{b}_1)\,\Delta b_1 \\ (1 + 2\,\tilde{b}_2)\,\Delta b_2 \end{pmatrix} = \begin{pmatrix} 1 + 2\,\tilde{b}_1, & 0 \\ 0, & 1 + 2\,\tilde{b}_2 \end{pmatrix} \begin{pmatrix} \Delta b_1 \\ \Delta b_2 \end{pmatrix},$$

es folgt

$$\mathbf{S}'_{0(\mathbf{b})} = \begin{pmatrix} 1 + 2\,\tilde{b}_1, & 0 \\ 0, & 1 + 2\,\tilde{b}_2 \end{pmatrix}$$

und $\mathbf{T}'_{(\mathbf{b})}$ aus

$$\mathbf{T}_{(\mathbf{b}+\Delta\mathbf{b})}(\mathbf{b}+\Delta\mathbf{b}) - \mathbf{T}_{(\mathbf{b})}\,\mathbf{b} =$$

$$\begin{pmatrix} 2\cdot 1{,}57553\,\tilde{b}_1\Delta b_1 - 0{,}58825\,\tilde{b}_1\Delta b_2 + \Delta b_1 + 2\cdot 0{,}60125\,\tilde{b}_2\Delta b_2 - 0{,}58825\,\tilde{b}_2\Delta b_1 \\ \quad -0{,}58825\,\tilde{b}_2\Delta b_1 \qquad\qquad\qquad\qquad - 0{,}58825\,\tilde{b}_1\Delta b_2 \\ \\ 2\cdot 0{,}14989\,\tilde{b}_1\Delta b_1 - 0{,}01167\,\tilde{b}_1\Delta b_2 + 2\cdot 1{,}00091\,\tilde{b}_2\Delta b_2 - 0{,}01167\,\tilde{b}_2\Delta b_1 + \Delta b_2 \\ \quad - 0{,}01167\,\tilde{b}_2\Delta b_1 \qquad\qquad\qquad\qquad - 0{,}01167\,\tilde{b}_1\Delta b_2 \end{pmatrix}$$

zu

$$\mathbf{T}'_{(\mathbf{b})} = \begin{pmatrix} 1 + 3{,}15106\,\tilde{b}_1 - 1{,}17650\,\tilde{b}_2; & -1{,}17650\,\tilde{b}_1 + 1{,}20250\,\tilde{b}_2 \\ \\ 0{,}29978\,\tilde{b}_1 - 0{,}02334\,\tilde{b}_2; & -0{,}02334\,\tilde{b}_1 + 2{,}00182\,\tilde{b}_2 \end{pmatrix}$$

Eine andere Möglichkeit besteht darin, das Newton-Raphson-Verfahren bei Kenntnis hinreichend genauer Startelemente direkt auf das quadratische Gleichungssystem anzuwenden [5.38]. Als Ergebnis erhält man:

$$\tilde{\mathbf{B}} = \begin{pmatrix} -0{,}6901; & -0{,}0788 \\ \\ -0{,}3596; & -0{,}9708 \end{pmatrix}.$$

Die weiteren Größen ergeben sich zu:

$$x_{11} = -0{,}6701,$$
$$x_{12} = -3{,}4191,$$
$$x_{21} = 1{,}3345,$$
$$x_{22} = -0{,}1734,$$

$$\omega_{01}^{(2)2} = 484{,}01\ s^{-2}, \quad \hat{\omega}_{01} = \omega_{01}^{(2)} = 22{,}000\ s^{-1},$$

$$\omega_{02}^{(1)2} = 529{,}02\ s^{-2}, \quad \hat{\omega}_{02} = \omega_{02}^{(1)} = 23{,}000\ s^{-1},$$

$$g_1^{(2)} = 0{,}0300, \quad \hat{g}_1 = g_1^{(2)},$$

$$g_2^{(1)} = 0{,}0500, \quad \hat{g}_2 = g_1^{(1)}.$$

Die Vorteile des Verfahrens sind offensichtlich. Es erfüllt unter den genannten Voraussetzungen über das elastomechanische System alle für die Phasentrennungsmethoden aufgestellten Forderungen. Es ist zur Trennung von Freiheitsgraden mit eng benachbarten Eigenfrequenzen prädestiniert, der Versuchsaufwand ist gering, grundsätzlich brauchen für n_{eff} Freiheitsgrade nur die erzwungenen Schwingungen für n_{eff} Erregerfrequenzen in enger Umgebung der Resonanzfrequenzen in einer Erregerkonfiguration gemessen zu werden. Für $n_{eff} = 1$ erübrigt es sich, die Phasentrennungstechnik anzuwenden, hier können die Auswertemethoden für Einfreiheitsgradsysteme mit Parameterschätzung angewendet werden (jedoch liefert auch hier das geschilderte Verfahren gute Ergebnisse [5.62]). Die Nachteile des Verfahrens sind: Die Ermittlung von n_{eff} kann auf Schwierigkeiten stoßen (erkennbar aus Lösungsschwierigkeiten, Fehlern), die jedoch durch das beschriebene iterative Vorgehen mit n_{eff} als Parameter behoben werden können. Die Phasentrennungstechnik bedarf einer Erregung mit $\mathbf{p}_0$ = const. Die n_{eff} Freiheitsgrade werden in dem betrachteten Frequenzteilintervall im allgemeinen mit unterschiedlichem Verschiebungsniveau angeregt, die Phasentrennungstechnik ist deshalb auch nicht geeignet zur parametrischen Untersuchung von (nur schwach) nichtlinearen Systemen.

Im Zusammenhang mit der Wahl von n_{eff} stellt sich noch die Frage, inwieweit eine Fehlermodellierung (vgl. Abschnitt 5.2.3) der Freiheitsgrade, die in Gl. (5.232) in dem Vektor ϵ zusammengefaßt sind, weiterhelfen würde. Beeinflussen Eigenschwingungsformen für Eigenfrequenzen außerhalb des betrachteten Frequenzteilintervalls die gemessenen Antworten $\hat{\mathbf{u}}^M$ nicht vernachlässigbar, so muß unterschieden werden, ob dieser Einfluß aus Trägheitskräften oder Steifigkeitskräften von Freiheitsgraden außerhalb des betrachteten Frequenzintervalls herrührt oder ob er beide oder alle Kräftearten enthält. Im ersten Fall wäre eine zusätzliche Fehlermodellierung günstig, wenn man das Frequenzteilintervall nicht vergrößern und evtl. eine andere Erregerkonfiguration wählen will, im zweiten Fall führt eine Erweiterung des Frequenzteilintervalls mit einer Erhöhung von n_{eff} zum Ziel.

Das Verfahren wurde sowohl an Rechenbeispielen [5.38, 5.60] mit [5.61], an einem Labormodell [5.59] als auch in der Praxis [5.62, 5.63] erfolgreich angewendet.

5.3.1.2 Nichtmodale Dämpfung

Die Annahme einer modalen Dämpfung bezüglich der Eigenvektoren des zugeordneten ungedämpften Systems wird fallengelassen. Der Phasentrennungstechnik liegt dann die Gl. (5.106) mit der Normierung $\mathbf{M}_D = \mathbf{I}$ zugrunde, die natürlich wieder *eine* „Dämpfung“ je Freiheitsgrad innerhalb der Entwicklung nach den Eigenvektoren des *gedämpften* Systems besitzt. In Anlehnung an den vorherigen Abschnitt werden die dimensionslosen reellen Größen

$$\left.\begin{aligned} \xi^2 &:= \frac{\Omega^2}{\Lambda_{D1}^{re}}, \\ \mu_i^2 &:= \frac{\Lambda_{D1}^{re}}{\Lambda_{Di}^{re}}, \\ \gamma_i &:= \frac{\Lambda_{Di}^{im}}{\Lambda_{Di}^{re}} \end{aligned}\right\} \tag{5.234}$$

eingeführt. Die Indizierung der Werte Λ_{Di} sei so vorgenommen, daß mit steigendem Index i die Werte Λ_{Di}^{re} eine monoton wachsende Folge bilden. Einsetzen von (5.234) in die Gl. (5.106) führt auf

$$\hat{\mathbf{u}} = \sum_{i=1}^{n} \frac{\hat{\mathbf{u}}_{Di}^T \hat{\mathbf{p}}}{\Lambda_{Di}^{re}} \frac{1 - \mu_i^2 \xi^2 - j\gamma_i}{(1 - \mu_i^2 \xi^2)^2 + \gamma_i^2} \hat{\mathbf{u}}_{Di}. \tag{5.235}$$

Einführen der Normierung mit $\hat{\mathbf{p}} \urcorner \hat{\mathbf{p}}(\Omega)$

$$\hat{\mathbf{u}}_{Di}^c := \frac{\hat{\mathbf{u}}_{Di}^T \hat{\mathbf{p}}}{\gamma_i \Lambda_{Di}^{re}} \hat{\mathbf{u}}_{Di} \tag{5.236}$$

und Erweitern der Summanden von (5.235) mit γ_i liefert die Spektralzerlegung der dynamischen Antwort (5.235) in der Form

$$\hat{\mathbf{u}} = \sum_{i=1}^{n} \gamma_i \frac{1 - \mu_i^2 \xi^2 - j\gamma_i}{(1 - \mu_i^2 \xi^2)^2 + \gamma_i^2} \hat{\mathbf{u}}_{Di}^c, \tag{5.237}$$

die formal mit der Gl. (5.213) übereinstimmt. Die Real- und Imaginärteile lauten jedoch im Gegensatz zu den sich aus (5.213) ergebenden Gleichungen wegen der komplexen

Eigenvektoren

$$\hat{\mathbf{u}}^{\mathrm{re}} = \sum_{i=1}^{n} \gamma_i \frac{(1 - \mu_i^2 \xi^2)\, \hat{\mathbf{u}}_{\mathrm{Di}}^{\mathrm{cre}} + \gamma_i\, \hat{\mathbf{u}}_{\mathrm{Di}}^{\mathrm{cim}}}{(1 - \mu_i^2 \xi^2)^2 + \gamma_i^2}, \tag{5.238a}$$

$$\hat{\mathbf{u}}^{\mathrm{im}} = \sum_{i=1}^{n} \gamma_i \frac{\gamma_i\, \hat{\mathbf{u}}_{\mathrm{Di}}^{\mathrm{cre}} - (1 - \mu_i^2 \xi^2)\, \hat{\mathbf{u}}_{\mathrm{Di}}^{\mathrm{cim}}}{(1 - \mu_i^2 \xi^2)^2 + \gamma_i^2}. \tag{5.238b}$$

Damit stünde einem Identifikationsverfahren mit reellen Größen entsprechend dem des vorherigen Abschnittes nichts im Wege. Dieser Weg erweist sich jedoch als unzweckmäßig [5.64].

Da die Eigenwerte und Eigenvektoren des strukturell gedämpften Systems komplex sind, bietet sich der Formalismus mit Größen im komplexen Zahlkörper an. Die Systemantworten seien wieder in m Systempunkten gemessen und für $n \leqslant m$ Freiheitsgrade modelliert. Die Gl. (5.106) für die Erregungsfrequenzen Ω_r, $r = 1(1)s$, kann mit der Eigenvektor-Normierung

$$\hat{\mathbf{u}}_{\mathrm{Di}}^{\mathrm{N}} := (\hat{\mathbf{u}}_{\mathrm{Di}}^{\mathrm{T}}\, \hat{\mathbf{p}})\, \hat{\mathbf{u}}_{\mathrm{Di}} \tag{5.239}$$

und der Teilmodalmatrix $\hat{\mathbf{U}}_{\mathrm{D}}^{\mathrm{N}} := (\hat{\mathbf{u}}_{\mathrm{D1}}^{\mathrm{N}}, ..., \hat{\mathbf{u}}_{\mathrm{Dn}}^{\mathrm{N}})$ als Matrizengleichung

$$\hat{\mathbf{U}} = \hat{\mathbf{U}}_{\mathrm{D}}^{\mathrm{N}}\, \mathbf{C} \tag{5.240}$$

geschrieben werden. Die Verknüpfungsmatrix $\mathbf{C}$ ist damit gegeben durch

$$\mathbf{C} = (c_{ir}), \quad c_{ir} := \frac{1}{\Lambda_{\mathrm{Di}} - \Omega_r^2}, \quad r = 1(1)s, \quad i = 1(1)n. \tag{5.241}$$

Die Elemente c_{ir} können wegen $0 \leqslant \Omega_r < \infty$ nicht Null werden, außerdem sind sie für echt gedämpfte Systeme stets beschränkt. Damit nicht zwei Zeilen der Matrix $\mathbf{C}$ gleich sind und für $s = n$ $\det \mathbf{C} \neq 0$ ist, müssen die Eigenwerte Λ_{Di} voneinander verschieden sein, womit die Teilmodalmatrix spaltenregulär ist. Mit der Wahl von $\Omega_r \neq \Omega_j$ für $r \neq j$ wird erreicht, daß je zwei Spalten der Matrix $\mathbf{C}$ voneinander verschieden sind. Unter der Voraussetzung $\det [\mathbf{C}(\Omega_1, ..., \Omega_n)] \not\equiv 0$ bezüglich der Eigenwerte des elastomechanischen Systems lassen sich stets n-tupel von Erregungsfrequenzen so wählen, daß auch $\det [\mathbf{C}(\Omega_1, ..., \Omega_n)] \neq 0$ ist.[1]

Die Wahl von zwei Erregungsfrequenzmengen mit $s = n$,

$$\Omega_\alpha := \{\Omega_1, ..., \Omega_n\}, \qquad \Omega_\beta := \{\Omega_{n+1}, ..., \Omega_{2n}\}, \tag{5.242}$$

und die zugehörigen Matrizen der dynamischen Antworten $\hat{\mathbf{U}}_\alpha$, $\hat{\mathbf{U}}_\beta$ in der Gl. (5.240) berücksichtigt, ergibt die beiden Gleichungen

$$\hat{\mathbf{U}}_\alpha = \hat{\mathbf{U}}_{\mathrm{D}}^{\mathrm{N}}\, \mathbf{C}_\alpha =: (\hat{\mathbf{u}}_1, ..., \hat{\mathbf{u}}_n), \tag{5.243}$$

$$\hat{\mathbf{U}}_\beta = \hat{\mathbf{U}}_{\mathrm{D}}^{\mathrm{N}}\, \mathbf{C}_\beta =: (\hat{\mathbf{u}}_{n+1}, ..., \hat{\mathbf{u}}_{2n}), \tag{5.244}$$

1 Vgl. Fußnote auf Seite 338. Die Einschränkung $\Lambda_{\mathrm{Di}} \neq \Lambda_{\mathrm{Dj}}$ für $i \neq j$ ist für elastomechanische Systeme aus der Praxis nicht weitgehend, denn sie bedeutet, daß für $\Lambda_{\mathrm{Di}}^{\mathrm{re}} = \Lambda_{\mathrm{Dj}}^{\mathrm{re}}$ lediglich $\Lambda_{\mathrm{Di}}^{\mathrm{im}} \neq \Lambda_{\mathrm{Dj}}^{\mathrm{im}}$ bzw. umgekehrt für $\Lambda_{\mathrm{Di}}^{\mathrm{im}} = \Lambda_{\mathrm{Dj}}^{\mathrm{im}}$ dann $\Lambda_{\mathrm{Di}}^{\mathrm{re}} \neq \Lambda_{\mathrm{Dj}}^{\mathrm{re}}$ gelten muß.

die die Elimination der Teilmodalmatrix $\hat{\mathbf{U}}_D^N$ erlauben:

$$\hat{\mathbf{U}}_\alpha \mathbf{C}_\alpha^{-1} = \hat{\mathbf{U}}_\beta \mathbf{C}_\beta^{-1}. \tag{5.245}$$

Die Gleichungen zeigen, daß die 2 n Erregungsfrequenzen so gewählt werden müssen, daß erstens det $\mathbf{C}_{\alpha,\beta} \neq 0$ gilt und zweitens (5.245) nicht zur Identität ausartet. Letzteres bedeutet, mindestens *eine* Erregungsfrequenz $\Omega_l \in \Omega_\beta$ muß von den $\Omega_1, \ldots, \Omega_n$, verschieden gewählt werden, $\Omega_l \notin \Omega_\alpha$.

Wird hier wie im vorherigen Abschnitt mit der effektiven Anzahl der Freiheitsgrade $n_{eff} = n$ gearbeitet – deren Definition entsprechend (5.232) mit (5.106) erfolgt –, dann sind mit m Meßstellen und $m \geqslant n$ die Matrizen $\hat{\mathbf{U}}_\alpha$, $\hat{\mathbf{U}}_\beta$ (m, n)-Matrizen. Die quadratischen Matrizen $\mathbf{C}_{\alpha,\beta}$ der Ordnung n enthalten die n Unbestimmten Λ_{Di}, so daß aus der Gleichung (5.245) die Ungleichung $m \cdot n \geqslant n$, also $m \geqslant 1$ folgt.

Die Gl. (5.240) enthält n + mn komplexe Unbestimmte. Die Wahl von s Erregungsfrequenzen führt in (5.240) auf m s Gleichungen zur Ermittlung der n(1 + m) Unbestimmten. Für s muß also die Ungleichung $m\,s \geqslant n(1 + m)$ gelten:

$$n\left(1 + \frac{1}{m}\right) \leqslant s, \quad m \geqslant 1, \tag{5.246}$$

d.h., für $m \geqslant n$ bedingt das Vorgehen die Messung der erzwungenen Schwingungen für n + 1 Erregungsfrequenzen in Übereinstimmung mit den Überlegungen zur Wahl der Erregungsfrequenzen (5.242).

Mit den gemessenen Antworten $\hat{\mathbf{U}}_\alpha^M$, $\hat{\mathbf{U}}_\beta^M$ kann aus Gl. (5.245) die Fehlermatrix

$$\mathbf{V} := \hat{\mathbf{U}}_\alpha^M \mathbf{C}_\alpha^{-1} - \hat{\mathbf{U}}_\beta^M \mathbf{C}_\beta^{-1} \tag{5.247}$$

gebildet werden. Die Orthogonalitätsmethode mit der Wichtungsmatrix $\hat{\mathbf{U}}_\alpha^M$,

$$\hat{\mathbf{U}}_\alpha^{MT} \mathbf{V}\big/_{\mathbf{C}=\tilde{\mathbf{C}}} = \mathbf{0}, \tag{5.248}$$

ergibt die Gleichung

$$\hat{\mathbf{U}}_\alpha^{MT} \hat{\mathbf{U}}_\alpha^M \tilde{\mathbf{C}}_\alpha^{-1} = \hat{\mathbf{U}}_\alpha^{MT} \hat{\mathbf{U}}_\beta^M \tilde{\mathbf{C}}_\beta^{-1},$$

die mit den Abkürzungen

$$\left.\begin{aligned} \mathbf{W}_{11} &:= \hat{\mathbf{U}}_\alpha^{MT} \hat{\mathbf{U}}_\alpha^M, \\ \mathbf{W}_{12} &:= \hat{\mathbf{U}}_\alpha^{MT} \hat{\mathbf{U}}_\beta^M, \\ \mathbf{W} &:= \mathbf{W}_{11}^{-1} \mathbf{W}_{12} = (w_{ir})^1 \end{aligned}\right\} \tag{5.249}$$

in der Form

$$\tilde{\mathbf{C}}_\beta = \tilde{\mathbf{C}}_\alpha \mathbf{W} \tag{5.250}$$

geschrieben werden kann. Sie umfaßt n^2 Gleichungen für die n Unbestimmten $\tilde{\Lambda}_{Di}$. Die statistische Deutung des beschriebenen Verfahrens kann entsprechend wie im vorherigen Abschnitt vorgenommen werden.

1 Die Regularitätsbedingungen von $\mathbf{W}_{11}$ folgen unmittelbar aus (5.243), (5.244).

Für das (i, r)-te Element der Matrix $\widetilde{\mathbf{C}}_\beta$ ergibt sich aus der Gl. (5.250) mit (5.241)

$$\frac{1}{\widetilde{\Lambda}_{Di} - \Omega^2_{n+r}} = \sum_{k=1}^{n} \frac{w_{kr}}{\widetilde{\Lambda}_{Di} - \Omega^2_k}, \quad i, r = 1(1)n. \tag{5.251}$$

Bringt man die Gl. (5.251) auf den Hauptnenner, so erhält man mit paarweise voneinander verschiedenen 2 n Erregungsfrequenzen, $\Omega_l \neq \Omega_{l'}$ für $l \neq l'$ mit $l, l' = 1(1)2n$, für jedes r ein Polynom n-ten Grades in $\widetilde{\Lambda}_{Di}$ mit komplexen Koeffizienten:

$$P_r(\widetilde{\Lambda}_{Di}) := \prod_{k=1}^{n} (\widetilde{\Lambda}_{Di} - \Omega^2_k) - (\widetilde{\Lambda}_{Di} - \Omega^2_{n+r}) \sum_{k=1}^{n} \prod_{\substack{\sigma=1 \\ \sigma \neq k}}^{n} (\widetilde{\Lambda}_{Di} - \Omega^2_\sigma) w_{kr} = 0,$$
$$r, i = 1(1)n. \tag{5.252}$$

Damit sind die Wurzeln $\widetilde{\Lambda}^{(r)}_{Di}$ von (5.252) als bekannt anzusehen, und es können die entsprechenden Mittelwerte

$$\hat{\Lambda}_{Di} = \frac{1}{n} \sum_{r=1}^{n} \widetilde{\Lambda}^{(r)}_{Di} \tag{5.253}$$

mit ihren Varianzen als Schätzungen für die Eigenwerte Λ_{Di} gebildet werden.

Es verbleibt, die Eigenvektoren zu ermitteln: Aus den Gleichungen entsprechend (5.243), (5.244) können die Näherungen der Teilmodalmatrizen

$$\left.\begin{aligned} \widetilde{\hat{\mathbf{U}}}{}^N_{D\alpha} &= \hat{\mathbf{U}}^M_\alpha \hat{\mathbf{C}}^{-1}_\alpha, \\ \widetilde{\hat{\mathbf{U}}}{}^N_{D\beta} &= \hat{\mathbf{U}}^M_\beta \hat{\mathbf{C}}^{-1}_\beta \end{aligned}\right\} \tag{5.254}$$

und damit die Schätzung

$$\hat{\mathbf{U}}^N_D = \frac{1}{2}(\widetilde{\hat{\mathbf{U}}}{}^N_{D\alpha} + \widetilde{\hat{\mathbf{U}}}{}^N_{D\beta}) \tag{5.255}$$

mit ihrer Standardabweichung berechnet werden. Mit den Definitionen (5.236), (5.239) lassen sich noch andere Normierungen der Eigenvektoren einführen. Mit der gewählten Normierung $\hat{\mathbf{u}}^b_{Di} = c_i\, \hat{\mathbf{u}}^N_{Di}$ und (5.239), $\hat{\mathbf{u}}^b_{Di} = c_i \hat{\mathbf{u}}^N_{Di} = c_i(\hat{\mathbf{u}}^T_{Di}\, \hat{\mathbf{p}})\, \hat{\mathbf{u}}_{Di}$ sind die generalisierten Massen

$$m^b_{Di} := \hat{\mathbf{u}}^{bT}_{Di} \mathbf{M}\, \hat{\mathbf{u}}^b_{Di} = c_i^2 (\hat{\mathbf{u}}^T_{Di}\, \hat{\mathbf{p}})^2 \hat{\mathbf{u}}^T_{Di} \mathbf{M}\, \hat{\mathbf{u}}_{Di} = c_i^2 (\hat{\mathbf{u}}^T_{Di}\, \hat{\mathbf{p}})^2,$$

$$m_{Di} := \hat{\mathbf{u}}^T_{Di} \mathbf{M}\, \hat{\mathbf{u}}_{Di} = 1.$$

Es folgt mit $\hat{\mathbf{u}}_{Di} = \hat{\mathbf{u}}^b_{Di} / |\sqrt{m^b_{Di}}|$:

$$m^b_{Di} = c_i^2 (\hat{\mathbf{u}}^{bT}_{Di}\, \hat{\mathbf{p}})^2 / m^b_{Di} \text{ und schließlich } m^b_{Di} = c_i(\hat{\mathbf{u}}^{bT}_{Di}\, \hat{\mathbf{p}}).$$

Für die Ermittlung der generalisierten Massen ist die Kraftmessung erforderlich. Damit sind Schätzungen für alle Eigenschwingungsgrößen des Systems bekannt.

Der Sonderfall $\mathbf{D_g} = \mathbf{D_E}$ mit den Beziehungen (5.99) bis (5.101) und (5.109) (vgl. hierzu auch die der Gl. (5.65) folgende Anmerkung) ist oben eingeschlossen [5.64]. Der Unterschied zwischen der obigen und der im vorherigen Abschnitt beschriebenen Methode ergibt sich – abgesehen von den verschiedenen Normierungen – aus den unterschiedlichen Gleichungen und Verknüpfungen einmal des 2 n-dimensionalen Vektorraumes über dem reellen

Zahlkörper für n Erregungsfrequenzen und zum anderen des n-dimensionalen Vektorraumes über dem komplexen Zahlkörper für 2 n Erregungsfrequenzen. Das im vorherigen Abschnitt beschriebene Verfahren führt für die Schätzung der Eigenfrequenzen und Dämpfungsmaße im wesentlichen auf die Lösung von n quadratischen Gleichungssystemen der Ordnung n in den $\tilde{b}_{ir}$ im Vergleich zu den n Polynomen n-ten Grades in $\tilde{\Lambda}_{Di}$ hier.

Hinsichtlich der Durchführung des Verfahrens gelten hier prinzipiell die gleichen Aussagen bezüglich der zu betrachtenden effektiven Anzahl von Freiheitsgraden, der Anzahl der Meßstellen, der Wahl der Erregungsfrequenzen und der Erregerkonfiguration wie für das im vorherigen Abschnitt dargestellte Verfahren, so daß sie hier nicht wiederholt sind. Zweckmäßig ist die Wahl von zwei (verschiedenen) Erregungsfrequenzen je Resonanzfrequenz, also die Wahl von 2 n voneinander verschiedenen Erregungsfrequenzen. Im Falle von nur $n + 1 \leqslant s < 2n$ möglichen voneinander verschiedenen Erregungsfrequenzen sind die Polynome (5.252) für $2n - s$ Indizes r identisch Null (s. Gln. (5.245), (5.251)) und die Mittelwertbildung (5.253) ist durch eine geringere Anzahl von zu mittelnden Werten beeinträchtigt ($s - n$ Mittelungen; vgl. Aufgabe 5.34). Zur Bestimmung der Wurzeln der Polynome (5.252) können je nach ihrem Grad die bekannten Lösungsverfahren herangezogen werden. In [5.64] wurde ebenfalls wieder die Parameter-Störungsmethode kombiniert mit der Newton-Raphson-Methode (s. Abschnitt 5.3.1.1) ausgehend von den Polynomen

$$P_r^{(0)}(\Lambda_{Di(0)}) := \prod_{k=1}^{n} (\Lambda_{Di(0)} - \Omega_k^2) = 0$$

mit den bekannten Wurzeln $\Lambda_{Di(0)} = \Omega_i^2$ verwendet.

Das hier dargestellte Verfahren zur Identifikation der Eigenschwingungsgrößen eines beliebig strukturell gedämpften Systems ist eine Erweiterung des Phasentrennungsverfahrens des Abschnittes 5.3.1.1. Die Erweiterung liegt im Fallenlassen der Voraussetzung einer diagonalen generalisierten Dämpfungsmatrix bezüglich der Eigenschwingungsformen des zugeordneten ungedämpften Systems. Es führt folgerichtig auf die Eigenschwingungsgrößen des gedämpften Systems. Das Verfahren bedingt bei der effektiven Anzahl von Freiheitsgraden $n = n_{eff}$ je Frequenzteilintervall für $m \geqslant n_{eff}$ Meßstellen die Messung der erzwungenen Schwingungen mindestens für $n_{eff} + 1$ voneinander verschiedenen Erregungsfrequenzen in der Umgebung der Resonanzfrequenzen bei *einer* Erregerkonfiguration. Damit ist der versuchsmäßige Teil beendet. Es verbleibt im wesentlichen, n_{eff} Polynome n_{eff}-ten Grades aufzustellen, deren Wurzeln zu berechnen und zwei lineare Gleichungssysteme zu lösen. Die Tabelle 5.9 enthält den Auswertungsvorschlag.

Die Vorteile des Verfahrens sind dieselben wie die für das im vorherigen Abschnitt beschriebene Verfahren. Der versuchsmäßige Aufwand ist gering, das Verfahren bietet sich insbesondere zur Trennung von sich überlagernden Freiheitsgraden an. Ein Beispiel zur Anwendung des Verfahrens ist in [5.64] mit $n_{eff} = 3$ für ein Transportflugzeug enthalten.[1]

Liegt ein schwach viskos gedämpftes System vor, für das die Bequemlichkeitshypothese gilt, so kann mit der Beziehung (5.104) der Formalismus ebenfalls verwendet werden.

1 Vgl. bezüglich dieses Verfahrens auch die Ausführungen in [5.112].

Tabelle 5.9: Auswertungsvorschlag für das Phasentrennungsverfahren nach Abschnitt 5.3.1.2

Nr.	Beschreibung	Gleichung	Bezug
1	Festlegung der Frequenzteilintervalle mit sich beeinflussenden Freiheitsgraden abhängig von der (den) gewählten Erregerkonfiguration(en), Bestimmung von n_{eff} (im folgenden wird nur noch ein Frequenzteilintervall mit $n = n_{eff}$ Freiheitsgraden, $\hat{p}$ betrachtet).		
2	Wahl der 2 n Erregungsfrequenzen, Messung der erzwungenen Schwingungen, Bereitstellen von $\hat{U}_{\alpha}^{M}, \hat{U}_{\beta}^{M}$	$\Omega_{\alpha} := \{\Omega_1, ..., \Omega_n\}, \Omega_{\beta} := \{\Omega_{n+1}, ..., \Omega_{2n}\}$, mit n + 1 voneinander verschiedenen Erregungsfrequenzen, $\hat{U}_{\alpha}^{M} := (\hat{u}_1^M, ..., \hat{u}_n^M)$, $\hat{U}_{\beta}^{M} := (\hat{u}_{n+1}^M, ..., \hat{u}_{2n}^M)$	(5.242)
3	Berechnung der Matrix W	$W_{11} := \hat{U}_{\alpha}^{MT}\, \hat{U}_{\alpha}^{M},\ W_{12} := \hat{U}_{\alpha}^{MT} \hat{U}_{\beta}^{M},\ W = W_{11}^{-1} W_{12}$	(5.249)
4	Aufstellen der Polynome $P_r(\tilde{\Lambda}_{Di})$	$P_r(\tilde{\Lambda}_{Di}) = \prod_{k=1}^{n} (\tilde{\Lambda}_{Di} - \Omega_k^2)$ $- (\tilde{\Lambda}_{Di} - \Omega_{n+r}^2) \sum_{k=1}^{n} \prod_{\substack{\sigma=1 \\ \sigma \neq k}}^{n} (\tilde{\Lambda}_{Di} - \Omega_{\sigma}^2) w_{kr}$ $\forall\, i, r \in \{1, 2, ..., n\}$	(5.252)
5	Ermittlung der Wurzeln	$P_r(\tilde{\Lambda}_{Di}) = 0,\ \tilde{\Lambda}_{Di}^{(r)}$	
6	Mittelwertbildung	$\hat{\Lambda}_{Di} = \frac{1}{n} \sum_{r=1}^{n} \tilde{\Lambda}_{Di}^{(r)},\ i = 1, 2, ..., n$	(5.253)
7	Berechnung der angenäherten Modalmatrizen	$\tilde{U}_{D\alpha}^{N} = \hat{U}_{\alpha}^{M} \hat{C}_{\alpha}^{-1},\ \tilde{U}_{D\beta}^{N} = \hat{U}_{\beta}^{M} \hat{C}_{\beta}^{-1}$	(5.254)
8	Schätzung der Modalmatrix	$\hat{\hat{U}}_{D}^{N} = \frac{1}{2} (\tilde{U}_{D\alpha}^{N} + \tilde{U}_{D\beta}^{N})$	(5.255)
9	Kontrolle der identifizierten Größen über den Vergleich von $\hat{u}^M(\Omega)$ für $\Omega \in \Omega_{\alpha}, \Omega_{\beta}$ mit $\hat{u}_{Rech}(\Omega)$ (synthetischer Antwortvektor): Sind die Abweichungen der Real- und Imaginärteile von $\lvert \hat{u}^M(\Omega) - \hat{u}_{Rech}(\Omega) \rvert$ der einzelnen Meßplätze (Vektorkomponenten) in der Größenordnung der Meßfehler, dann war die Wahl von $n = n_{eff}$ bezüglich des zugrundegelegten Antwortkriteriums richtig.	$\hat{u}_{Rech}(\Omega) = \sum_{i=1}^{n} \frac{1}{\hat{\hat{\Lambda}}_{Di} - \Omega^2}\, \hat{\hat{u}}_{Di}^{N}$	(5.240)

5.3.2 Das viskos gedämpfte System unter transienter Erregung

Es seien die Eigenschwingungsgrößen eines viskos gedämpften passiven ($\hat{\mathbf{v}}_{Bi} = \hat{\mathbf{u}}_{Bi}$) oder aktiven ($\hat{\mathbf{v}}_{Bi} \neq \hat{\mathbf{u}}_{Bi}$) Systems bei transienter (determinierter) Erregung zu identifizieren. Wie schon im Abschnitt 5.3.1 angedeutet, können abhängig von den zur Verfügung stehenden gemessenen Größen (Fehlermodelle, s. Bild 1.8) und dem gewählten Parameterschätzverfahren verschiedene Phasentrennungsverfahren aufgestellt werden. Im folgenden werden zwei Verfahren im Frequenzbereich beschrieben, die als Schätzverfahren die Methode der gewichteten kleinsten Fehlerquadrate verwenden.

5.3.2.1 Die freien Schwingungen

Für die transiente Erregung $\mathbf{p}(t) \not\equiv \mathbf{0}$ in dem Intervall $0 \leqslant t \leqslant T_0$ ist die Antwort des Systems durch die Gl. (5.133) mit (5.133b) gegeben. Entsprechend der (5.133) folgenden Anmerkung und der Einführung der effektiven Anzahl von Freiheitsgraden im Abschnitt 5.3.1 genügt daher die Messung der Systemantwort einer Meßstelle ($m = 1$) in einem beschränkten Frequenzteilintervall, um hieraus die Eigenfrequenzen und Dämpfungsmaße der betreffenden Freiheitsgrade zu ermitteln. Da in der Praxis häufig der Fall auftritt, daß nur wenige Meßstellen zur Verfügung stehen und vorrangig die Eigenfrequenzen und Dämpfungsmaße interessieren (z.B. bei Flugschwingungsversuchen zur Untersuchung der aeroelastischen Stabilität, Nachweis der Flatterfreiheit; aeroelastische Nachweise im Hochbau), außerdem oft die erregende Kraft (Kraftvektor $\mathbf{p}(t)$) nicht (genau genug) gemessen werden kann, wird das Verfahren für die Auswertung *einer* gemessenen Systemantwort ($m = 1$) zur Identifikation der Eigenfrequenzen und Dämpfungsmaße dargestellt.

Damit verbleibt als Fehler zwischen System und Modell nur der Ausgangsfehler (Bild 1.8), d.h., es wird das Vorwärtsmodell benutzt. Dieses Identifikationsmodell ist im allgemeinen kennwertnichtlinear. Der Ausgangsfehler der k-ten Meßstelle im s-Raum ist gegeben durch

$$V_k(s_r) := U_k^M(s_r) - U_k(s_r), \tag{5.256}$$

hierbei ist $U_k^M(s)$ die (Laplacetransformierte gemessene) Systemantwort der k-ten Meßstelle und $U_k(s)$ die zugehörige Modellantwort für die Laplacevariablen s_r, $r = 1(1)N$.

Mit

$$U_k(s_r) = \sum_{i=1}^{n} \left(\frac{a_{ik}}{s_r - \lambda_{Bi}} + \frac{a_{ik}^*}{s_r - \lambda_{Bi}^*} \right) \tag{5.257}$$

für schwach gedämpfte Systeme lautet der Vektor der Ausgangsfehler für die N Laplacevariablen s_r:

$$\left.\begin{aligned} &\mathbf{V}_k^T := (V_k(s_1), \ldots, V_k(s_N)), \ \mathbf{U}_k^{MT} := (U_k^M(s_1), \ldots, U_k^M(s_N)), \\ &\mathbf{L} := \begin{pmatrix} \frac{1}{s_1 - \lambda_{B1}}, & \ldots, \frac{1}{s_1 - \lambda_{Bn}}, & \frac{1}{s_1 - \lambda_{B1}^*}, & \ldots, \frac{1}{s_1 - \lambda_{Bn}^*} \\ \frac{1}{s_N - \lambda_{B1}}, & \ldots, \frac{1}{s_N - \lambda_{Bn}}, & \frac{1}{s_N - \lambda_{B1}^*}, & \ldots, \frac{1}{s_N - \lambda_{Bn}^*} \end{pmatrix}, \end{aligned}\right\} \tag{5.258a}$$

$$\mathbf{b}_k^T := (\mathbf{b}_{k1}^T, \mathbf{b}_{k2}^T) := (a_{1k}, \ldots, a_{nk}, a_{1k}^*, \ldots, a_{nk}^*),$$

$$\mathbf{V}_k = \mathbf{U}_k^M - \mathbf{L}\,\mathbf{b}_k. \tag{5.258b}$$

Als Zielfunktional wird (3.66b) unter Berücksichtigung komplexer Werte für den Fehler gewählt:

$$J_k = \mathbf{V}_k^{*T}\,\mathbf{G}\,\mathbf{V}_k. \tag{5.259}$$

Das Zielfunktional wird nun in dem Sinne linearisiert, daß es bezüglich des komplexen Amplitudenvektors $\mathbf{b}_k$ minimiert wird, hierbei werden für die Eigenwerte λ_{Bi}, i = 1(1)n, Schätzwerte $\lambda_{Bi}^{(0)}$ eingesetzt, die zunächst direkt aus den Laplacetransformierten der gemessenen Systemantworten entnommen werden, z.B. nach den Auswertemethoden für Einfreiheitsgradsysteme.

Entsprechend den Ausführungen des Abschnittes 3.3.3 liefert die Zielfunktion (5.259) mit dem (N, 1)-Vektor (5.258b) damit in nullter Näherung den Schätzvektor

$$\hat{\mathbf{b}}_k^{(0)} = (\mathbf{L}^{*(0)T}\,\mathbf{G}\,\mathbf{L}^{(0)})^{-1}\,\mathbf{L}^{*(0)T}\,\mathbf{G}\,\mathbf{U}_k^M. \tag{5.260a}$$

Die positiv definite diagonale (N, N)-Wichtungsmatrix $\mathbf{G} = \mathrm{diag}(G_r)$ ist passend zu wählen, z.B. hat sich in [5.65, 5.66] die Wahl von

$$\left.\begin{aligned} G_r &= \left(\frac{|U_k^M(s_r)|}{U_{k\,max}^M}\right)^{\alpha}, \quad \alpha = 1, 2, \ldots \\ U_{k\,max}^M &:= \max_r\,(|U_k^M(s_r)|), \end{aligned}\right\} \tag{5.261}$$

bewährt, um die Werte der Laplacetransformierten $U_k^M(s)$ in der Nähe der Resonanzstellen durch entsprechende Wichtung zu bevorzugen. Die (2n, 2n)-Matrix $(\mathbf{L}^{*T}\,\mathbf{G}\,\mathbf{L})$ ist dann regulär, wenn die (N, 2n)-Matrix $\mathbf{L}$ spaltenregulär ist. Letzteres ist mit $s_r \neq \lambda_{Bl}$, r = 1(1)N, l = 1(1) 2n, $s_r \neq s_j$ für r ≠ j erfüllt, wenn die Eigenwerte λ_{Bl} paarweise voneinander verschieden sind. Damit gilt für die Anzahl N der Messungen bezüglich s_r : $N \geqslant 2n$.

Da die in das Funktional eingesetzten Schätzwerte $\lambda_{Bi}^{(0)}$ im allgemeinen nicht den wahren Eigenwerten entsprechen, ergibt sich $\Delta\mathbf{b}_k^{(0)} = \hat{\mathbf{b}}_{k1}^{(0)} - \hat{\mathbf{b}}_{k2}^{(0)*} \neq \mathbf{0}$. Dieser Sachverhalt kann für ein Iterationsverfahren folgendermaßen genutzt werden [5.67]:

$$\left.\begin{aligned} \hat{\mathbf{b}}_k^{(\gamma)} &= (\mathbf{L}^{*(\gamma)T}\,\mathbf{G}\,\mathbf{L}^{(\gamma)})^{-1}\,\mathbf{L}^{*(\gamma)T}\,\mathbf{G}\,\mathbf{U}_k^M, \quad \gamma = 0, 1, \ldots \\ \hat{\mathbf{b}}_k^{(\gamma)T} &=: (\hat{\mathbf{b}}_{k1}^{(\gamma)T}, \hat{\mathbf{b}}_{k2}^{(\gamma)T}), \quad \Delta\mathbf{b}_k^{(\gamma)} := \hat{\mathbf{b}}_{k1}^{(\gamma)} - \hat{\mathbf{b}}_{k2}^{(\gamma)*}, \\ \lambda_{Bi}^{(\gamma+1)} &= \lambda_{Bi}^{(\gamma)} + \Delta\lambda_{Bi}^{(\gamma)}(\Delta\mathbf{b}_k^{(\gamma)}). \end{aligned}\right\} \tag{5.260b}$$

Die Differenz $\Delta\mathbf{b}_k^{(\gamma)}$ muß beim Erfülltsein der Gl. (5.257) gleich dem Nullvektor sein, d.h., bei Konvergenz des Iterationsverfahrens wird $\|\Delta\mathbf{b}_k^{(\gamma)}\| < \delta_k$ mit δ_k einer vorgegebenen Schranke. Für ein genügend großes γ unterschreitet der Zuwachs $\Delta\lambda_{Bi}^{(\gamma)}(\Delta\mathbf{b}_k^{(\gamma)})$ die vorgegebene Schranke für $|\lambda_{Bi}^{(\gamma+1)} - \lambda_{Bi}^{(\gamma)}|$. Bei genügend guten Anfangsnäherungen $\lambda_{Bi}^{(0)}$ konvergiert das Verfahren [5.67] erfahrungsgemäß [5.66] nach wenigen Iterationsschritten: $\lambda_{Bi}^{(\gamma+1)} \to \hat{\lambda}_{Bi}$, $\hat{\mathbf{b}}_k^{(\gamma+1)} \to \hat{\mathbf{b}}_k$.

Damit sind die Schätzungen für λ_{Bi}, a_{ik}, i = 1(1)n, als bekannt anzusehen. Zur Durchführung des oben geschilderten Phasentrennungsverfahrens [5.65] ist anzumerken, daß

- die Antworten $U_k^M(s_r)$ mit Hilfe der Fast-Fouriertransformation aus $u_k^M(t)$ mit einem geeigneten Exponentialfenster im Intervall $[T_0, T_0 + T']$ gewonnen werden,

- die Wahl der Auswahlfrequenzen Im $s_r = \omega_r$ nicht beliebig ist, sondern sie wegen der genannten Voraussetzungen zweckmäßig rechts und links von den Resonanzfrequenzen gewählt werden sollten,
- bezüglich der Wahl von $n_{eff} = n$ die diesbezüglichen Ausführungen des Abschnittes 5.3.1 gelten. Wurde n_{eff} richtig vorgegeben, erweisen sich die Schätzungen unabhängig von der Wahl der Frequenzen ω_r (Kriterium!).

Beispiel 5.11 Das Flugzeug VFW 614 wurde im Flugschwingungsversuch (also während des Fluges) u.a. durch Schläge auf das Steuerhorn erregt, und die Antworten wurden in verschiedenen Systempunkten gemessen (Bild 2.18). Dem Bild 2.18 entnimmt man $n_{eff} = 1$, die Zeitfunktionen zeigen eine Schwebung, so daß mindestens zwei effektive Freiheitsgrade vermutet werden können. Die Laplacetransformierte der Signale wurde mit Hilfe der Fast-Fouriertransformation für eine Integrationszeit $T' = 2{,}2$ s und einem Exponentialfenster mit $\alpha = 1{,}7\ s^{-1}$ berechnet. Es sei der Meßpunkt k entsprechend der Bezeichnung 111 im Bild 2.18 betrachtet. Das zugehörige Bild 2.18c zeigt $n_{eff} = 1$. Die Rechnungen hierfür mit N = 2 Auswahlfrequenzen $\omega_{1,2}/2\pi = f_{1,2}$ wurden mit $f_1 = 8{,}15$ Hz, $f_2 = 8{,}55$ Hz ungefähr symmetrisch zur Resonanzfrequenz begonnen und mit um 0,2 Hz erniedrigten bzw. erhöhten Auswahlfrequenzen mit den zugehörigen Laplacetransformierte-Werten der Antwort jeweils wiederholt. Die sich ergebenden Schätzwerte für die Eigenfrequenzen und für das Dämpfungsmaß sind abhängig von der jeweils niedrigsten Auswahlfrequenz im Bild 5.19 dargestellt (×). Man sieht, die identifizierten Eigenfrequenzen sind nahezu konstant, die identifizierten Dämpfungsmaße jedoch stark von den Auswahlfrequenzen abhängig.
Die Rechnungen mit $n_{eff} = 2$, N = 4 erfolgten bez. der Auswahlfrequenzen entsprechend denen mit einem effektiven Freiheitsgrad. Als Startwerte für die Iteration wurden die zu den unteren und oberen 3-dB-Punkten gehörenden Frequenzen $f_{01}^{(o)} = 7{,}83$ Hz, $f_{02}^{(o)} = 8{,}85$ Hz und für die Dämpfungsmaße $2\,\alpha_1^{(o)} = 2\,\alpha_2^{(o)} = 12{,}2\%$ gewählt. Die Ergebnisse sind wieder über der jeweils kleinsten Auswahlfrequenz in Bild 5.19 eingetragen (Freiheitsgrad i = 1 : ○, i = 2 : ●). Der Verlauf der identifizierten Werte ist jetzt nahezu konstant. Rechnungen mit $n_{eff} = 3$ konvergierten nicht.

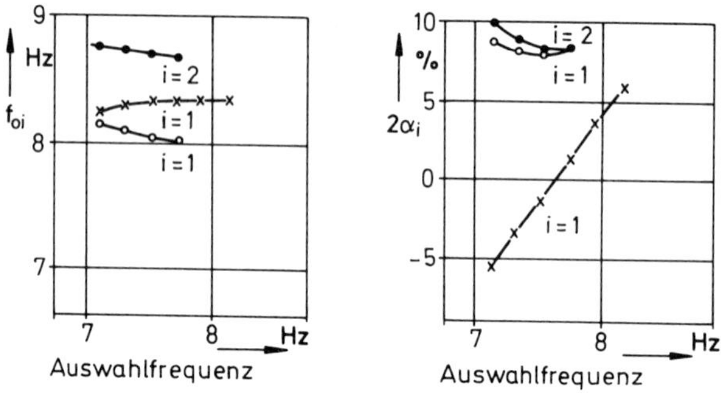

Bild 5.19 Identifizierte Eigenfrequenzen und Dämpfungsmaße für $n_{eff} = 1$ und 2, abhängig von den Auswahlfrequenzen

Die Anwendung des Verfahrens ist in [5.66] enthalten. Zusammenfassend sind Phasentrennungsmethoden zur Eigenfrequenz- und Dämpfungsermittlung in [5.40] referiert. Aus der dem Verfahren zugrunde gelegten Gl. (5.133) mit den Vektoren $\mathbf{a}_i$ gemäß den Gln. (5.133a–c) erkennt man, daß das Verfahren auch für die erzwungenen Schwingungen mit transienter oder harmonischer Erregung gilt, wobei lediglich die zu verwendende Fensterfunktion abhängig von der Signalform abzuwandeln ist. Die Erregung kann mit einem Erreger oder mit einer Mehrpunkterregung durchgeführt werden. Besteht die Möglichkeit, mehr als eine Meßstelle auswerten zu können, so sind die Rechnungen für jede Meßstelle zu wiederholen (und die Ergebnisse zu mitteln) oder ein Formalismus zu verwenden, der die Meßstellen matriziell zusammenfaßt [5.40].

Die beschriebene Phasentrennungsmethode liefert ebenfalls Schätzwerte für die Rechtseigenvektor-Komponenten in der Form $a_{ik} = c_i \hat{u}_{Bik}$. Hinsichtlich der Ermittlung der Linkseigenvektor-Komponenten vgl. die erste Anmerkung des Abschnittes 5.1.6.

5.3.2.2 Die erzwungenen Schwingungen

Die Identifikation der Eigenschwingungsgrößen aus den erzwungenen Schwingungen wurde schon im Abschnitt 5.3.2.1 (indirekt) abgehandelt. Hier soll jedoch ein kennwertlineares Modell verwendet werden, um statistische Verfahren, z.B. die Methode der kleinsten Fehlerquadrate direkt anwenden zu können. Die Darstellung folgt [5.68].

Ausgehend von der Gl. (5.133) werde das viskos gedämpfte System nur in einem Punkt (etwa dem ν-ten Punkt) erregt, dann erhält man im k-ten Systempunkt die Übertragungsfunktionen (für $s = j\Omega$ den Frequenzgang)

$$F_{k\nu}(s) = \frac{U_k(s)}{P_\nu(s)} = \sum_{l=1}^{2n} \frac{a_{lk}^{\nu}}{s - \lambda_{Bl}} \tag{5.262}$$

mit

$$a_{lk}^{\nu} := a_{lk}/P_\nu(s), \qquad \mathbf{P}^T(s) = \big(0, ..., 0, P_\nu(s), 0, ..., 0\big) \tag{5.263}$$

aus den Gln. (5.133). Die Gl. (5.262) läßt sich auch als gebrochen rationale Funktion in der Form

$$F_{k\nu}(s) = \frac{\sum\limits_{l=1}^{2n} a_{lk}^{\nu} \prod\limits_{i=1,\, i\neq l}^{2n} (s - \lambda_{Bi})}{\prod\limits_{i=1}^{2n} (s - \lambda_{Bi})} =$$

$$=: \left[\sum_{i=0}^{2n-1} s^i b_i\right] \Big/ \left[\sum_{i=0}^{2n} s^i d_i\right] \tag{5.264}$$

schreiben, wobei ohne Beschränkung der Allgemeinheit $d_0 = 1$ gesetzt werden darf.

Die Polynomkoeffizienten in (5.264) sollen nun so bestimmt werden, daß die Summe der gewichteten quadratischen Abweichungen der „gemessenen" Frequenzgangwerte $F_{k\nu}^M(s_r)$ von denen nach Gl. (5.264) berechneten Werte an den Stellen s_r, $r = 1(1)N$, ein Minimum wird. Der Abweichung

$$V_{k\nu}(s_r) := F_{k\nu}^M(s_r) + F_{k\nu}^M(s_r) \sum_{i=1}^{2n} s_r^i d_i - \sum_{i=1}^{2n} s_r^{i-1} b_{i-1} \tag{5.265}$$

liegt das verallgemeinerte Modell (Bild 1.8c) zugrunde. Die N Gleichungen mit den Abkürzungen

$$\left.\begin{aligned}
&\mathbf{V}_{k\nu}^{T} := (V_{k\nu}(s_1), \ldots, V_{k\nu}(s_N)),\\
&\mathbf{F}_{k\nu}^{MT} := (F_{k\nu}^{M}(s_1), \ldots, F_{k\nu}^{M}(s_N)),\\
&\mathbf{l}_{1i}^{T} := -(s_1^{i-1}, \ldots, s_N^{i-1}),\\
&\mathbf{l}_{2i}^{T} := (F_{k\nu}^{M}(s_1)\, s_1^{i}, \ldots, F_{k\nu}^{M}(s_N)\, s_N^{i}), \quad i = 1(1)2n,\\
&\boldsymbol{L} := (\boldsymbol{L}_1, \boldsymbol{L}_2),\\
&\boldsymbol{L}_1 := (\mathbf{l}_{11}, \ldots, \mathbf{l}_{1\,2\,n}),\\
&\boldsymbol{L}_2 := (\mathbf{l}_{21}, \ldots, \mathbf{l}_{2\,2\,n}),\\
&\beta^{T} := (b_0, b_1, \ldots, b_{2n-1}, d_1, \ldots, d_{2\,n}),
\end{aligned}\right\} \tag{5.266a}$$

lauten matriziell zusammengefaßt

$$\mathbf{V}_{k\nu} = \mathbf{F}_{k\nu}^{M} + \boldsymbol{L}\,\beta. \tag{5.266b}$$

Mit der Wichtungsmatrix **G** (vgl. (3.66b)) erhält man dann als Schätzvektor

$$\hat{\beta} = (\boldsymbol{L}^{*T}\,\mathbf{G}\,\boldsymbol{L})^{-1}\,\boldsymbol{L}^{*T}\,\mathbf{G}\,\mathbf{F}_{k\nu}^{M}. \tag{5.267}$$

Damit ergeben sich die Eigenwerte $\lambda_{B\,l}$, $l = 1(1)2n$, aus den Nullstellen des Nennerpolynoms der Gl. (5.264) und aus Gl. (5.262) die Zähler a_{lk}^{ν}. Werden die Frequenzgänge in allen n Systempunkten bei Erregung allein im ν-ten Systempunkt gemessen, so erhält man bei passiven Systemen Schätzungen für sämtliche Eigenvektoren (vgl. die letzte Anmerkung im Abschnitt 5.1.6).

Ein Beispiel für eine Anpassung eines Frequenzganges mit der Methode der kleinsten Fehlerquadratsumme nach [5.69, 5.70] zeigt das Bild 5.20.

Wird das System in mehr als einem Punkt erregt, dann werden statt der Frequenzgänge die Systemantworten nach Gl. (5.133) direkt verwendet.

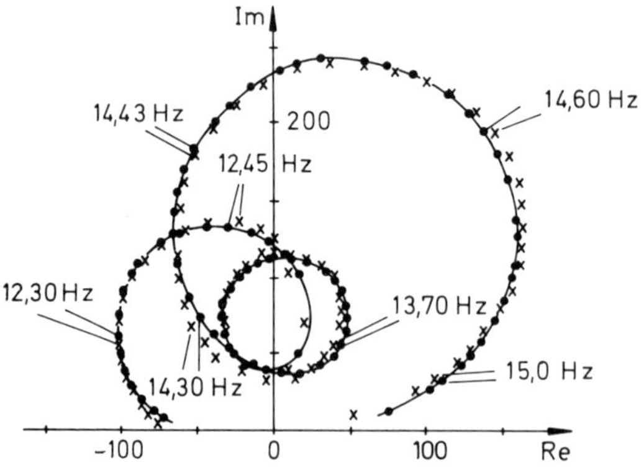

Bild 5.20 Beispiel für die Ergebnisse eines Phasentrennungsverfahrens mit $n_{eff} = 3$ nach [5.69, 5.70] : x gemessene Frequenzgangwerte, • aus den identifizierten Werten berechnete Frequenzgangwerte

5.3.3 Zur Durchführung

Die Methoden der Phasentrennungstechnik bedürfen keiner angepaßten Erregung wie das Phasenresonanzverfahren. Die Erregung kann innerhalb von Frequenzteilintervallen abhängig von der effektiven Anzahl n_{eff} von Freiheitsgraden beliebig gewählt werden, es muß nur darauf geachtet werden, daß alle Freiheitsgrade in dem Frequenzteilintervall derart angeregt werden (Steuerbarkeit) daß sie nicht einen vernachlässigbaren Anteil in den zu messenden m Antworten liefern (Beobachtbarkeit, Identifizierbarkeit). Die behandelten Phasentrennungsmethoden im Frequenzbereich verwenden $m \lesseqgtr n_{eff}$ gemessene Systemantworten für $N \geqslant n_{eff}$ Frequenzen, basieren auf der Spektralzerlegung der Antworten und liefern Schätzungen der Eigenschwingungsgrößen.

Die identifizierten Größen werden desto genauer sein, je geringer die (stochastischen) Meßfehler sind. Dieses bedingt die Messung der Systemantworten in Resonanznähe. Bezüglich der Genauigkeit der Schätzungen empfiehlt sich eine Mehrpunkterregung und die Wahl von $m > n_{eff}$.

Die verwendeten Parameterschätzverfahren erlauben – zumindest bei Linearisierung – Schätzungen für die zugehörigen Kovarianzen zu ermitteln. Eine Kontrolle für die Güte der Schätzwerte ist der Vergleich der gemessenen mit den mit Hilfe der identifizierten Größen berechneten dynamischen Antworten im Bildraum. Diese Kontrolle ist aber nur eine globale (nämlich bezüglich der Antworten und nicht der Eigenschwingungsgrößen je Freiheitsgrad), denn Fehler in den Eigenschwingungsgrößen, die sich in den Antworten (Spektralzerlegung) aufheben oder mindern, können durch den Vergleich nicht aufgedeckt werden. Eine andere Kontrollmöglichkeit ist, die Schätzungen für verschiedene Stichproben durchzuführen.

Ein Nachteil der Phasentrennungsmethoden besteht darin, daß sie sich zur parametrischen Identifikation nichtlinearer Systeme nicht eignen, da die Verschiebungen der einzelnen Freiheitsgrade mit unterschiedlichem Niveau in der Systemantwort enthalten sind.[1] Die Ermittlung der effektiven Anzahl von Freiheitsgraden kann sich schwierig gestalten.

Anmerkung: Wurden die Eigenschwingungsgrößen des zugeordneten ungedämpften Systems für z. B. N – 2 Freiheitsgrade von N erforderlichen Freiheitsgraden mit Hilfe des Phasenresonanzverfahrens mit hinreichender Genauigkeit gemessen, und bereitete die Messung der Eigenschwingungsgrößen für die restlichen 2 Freiheitsgrade mit benachbarten Eigenfrequenzen wegen unzureichender Erregungsanpassung Schwierigkeiten (weil beispielsweise das System die Erregung in den erforderlichen Punkten nicht zuließ), so könnte man die Meßergebnisse des Phasenresonanzverfahrens (mit entsprechenden Meßergebnissen für Erregungsfrequenzen in der Umgebung der Resonanzstellen) als Grundlage für die Identifikation der Eigenschwingungsgrößen mittels der Phasentrennungstechnik verwenden. Gilt die Bequemlichkeitshypothese nicht für das gedämpfte System, dann erhält man für diese 2 Freiheitsgrade die Eigenschwingungsgrößen des gedämpften Systems. Ihre Umrechnung in die des zugeordneten ungedämpften Systems kann für schwach gedämpfte Systeme näherungsweise erfolgen, vgl. hierzu das Beispiel 5.3, den Vortrag von R. Dat und R. Ohayon in [5.103] und den Aufsatz [5.112].

1 Kraft-Verschiebungsuntersuchungen helfen bei der Abschätzung des Einflusses von Nichtlinearitäten auf die Eigenschwingungsformen. Hinsichtlich der Auswirkung von Nichtlinearitäten auf Eigenfrequenzen und Dämpfungsmaße s. z. B. [5.87] und das dort zitierte Schrifttum.

5.4 Weitere parametrische Identifikationsverfahren

Die vorher aufgeführten Identifikationsverfahren liefern Schätzungen von Modalgrößen, sie sind im Frequenzraum formuliert und kommen mit Messungen der Ein- und Ausgangsgrößen aus, ohne daß man alle Zustandsgrößen kennen muß (z.B. nur Messung der Kräfte und Verschiebungen). Neben diesen Verfahren existiert eine Vielzahl von anderen Verfahren. Z.B. ist in [5.71] von H.G. Küssner ein Verfahren mitgeteilt, das im Gegensatz zu [5.64] (s. Abschnitt 5.3.1.2) die Abhängigkeit der Erregeramplituden von der Erregungsfrequenz zuläßt. H. Wittmeyer [5.72] kombiniert das klassische Phasenresonanzverfahren mit der Phasentrennungstechnik. Aus mehreren Versuchsläufen wird iterativ eine angepaßte Erregung berechnet und verwirklicht.

Es würde den Rahmen dieser „Einführung" bei weitem sprengen, weitere Verfahren aufzuzählen und zu diskutieren, eine Übersicht zu geben und eine Wertung vorzunehmen. Statt dessen seien lediglich einige Hinweise gegeben, und ergänzend sei ein Zeitbereichsverfahren angeführt. Eine ausführliche Zusammenstellung einzelner Identifikationsverfahren findet der Leser in dem Buch von M. Radeş [5.37]. Das Buch [5.73], aus dem einzelne Aufsätze schon zitiert wurden, enthält einen Querschnitt zu dem Thema, beginnend mit den theoretischen Grundlagen, über die Diskussion einiger Verfahren einschließlich Anwendungen und kommerzieller Software bis hin zu neuen Perspektiven.

An grundlegenden älteren Arbeiten zur Systemidentifikation (Resonanzversuche) seien erwähnt: C.D. Kennedy and C.D.P. Pancu [5.74] (1947), E. Schultze [5.75] (1955), R.W. Traill-Nash [5.44] (1961) und R.E.D. Bishop and G.M.L. Gladwell [5.76] (1963). Übersichtsaufsätze enthalten die Schrifttumsangaben [5.77] bis [5.84], zusätzlich seien diesbezüglich noch erwähnt [5.85] und insbesondere [5.58]. Die Übersichtsarbeiten enthalten teilweise eine Klassifizierung von Identifikationsverfahren nach verschiedenen Gesichtspunkten, teilweise damit auch einen Vergleich, jedoch selten eine Wertung (s. diesbezüglich [5.60] zusammen mit [5.61] und [5.79]).

Die Verfahren zur Identifikation der direkten Systemparameter sind nicht so zahlreich wie die zur Ermittlung der indirekten, modalen Parameter. Sie werden an dieser Stelle nicht diskutiert, da auf die (indirekte) Identifikation der Systemparametermatrizen im Kapitel 6 ausführlich eingegangen wird. Zeitbereichsverfahren, also Verfahren, die im Zeitraum formuliert sind, gibt es relativ wenige (vgl. hierzu [5.58], wo ein Zeitbereichsverfahren mitgeteilt wird und [5.86]), weshalb ergänzend zu den bisherigen Ausführungen der Abschnitt 5.4.1 ein solches Verfahren enthält.

Schrifttum über einzelne Identifikationsverfahren und Anwendungen findet der Leser (ohne Anspruch auf Vollständigkeit) im Abschnitt 5.6 unter dem ergänzenden Schrifttum und in dem dort zitierten Schrifttum.

Anmerkung: Besitzt das zu untersuchende System (schwache) Nichtlinearitäten, so ist die Auswirkung der nichtlinearen Terme der Bewegungsgleichung für harmonische Erregung mit konstanten Kräften in Resonanznähe besonders groß. Soll von diesem System das zugeordnete lineare System identifiziert werden, so sollten der Identifikation keine dynamischen Antwortmessungen in Resonanznähe zugrunde gelegt werden (s. [5.87] und das dort zitierte Schrifttum, s. auch [5.73]).

5.4.1 Ein Zeitbereichsverfahren

Die freien Schwingungen eines linearen viskos gedämpften Systems mit n Freiheitsgraden können direkt, d.h. mit den gemessenen Systemantworten zu bestimmten Zeiten, für eine Identifikation der Eigenschwingungsgrößen verwendet werden [5.88]. Die Herleitung des Verfahrens in seinen grundlegenden Gleichungen erfolgt in den gemessenen Verschiebungen $\mathbf{u}(t)$. Nach Gl. (5.82a) lassen sie sich in der Form

$$\mathbf{u}(t) = \sum_{l=1}^{2n} \hat{\mathbf{u}}_{Bl}^{N}\, e^{\lambda_{Bl} t} \tag{5.268}$$

mit bestimmter Normierung der Eigenvektoren $\hat{\mathbf{u}}_{Bl}^{N}$ schreiben. Werden statt Verschiebungen die Geschwindigkeiten oder Beschleunigungen gemessen, so ist die Umrechnung einfach,

$$\dot{\mathbf{u}}(t) = \sum_{l=1}^{2n} \lambda_{Bl} \hat{\mathbf{u}}_{Bl}^{N}\, e^{\lambda_{Bl} t} =: \sum_{l=1}^{2n} \hat{\mathbf{u}}_{Bl}^{N\cdot}\, e^{\lambda_{Bl} t},$$

$$\ddot{\mathbf{u}}(t) = \sum_{l=1}^{2n} \lambda_{Bl}^{2}\, \hat{\mathbf{u}}_{Bl}^{N}\, e^{\lambda_{Bl} t} =: \sum_{l=1}^{2n} \hat{\mathbf{u}}_{Bl}^{N\cdot\cdot}\, e^{\lambda_{Bl} t},$$

sie wirkt sich in anderer, unterschiedlicher Normierung der Eigenvektoren aus, so daß der nachstehende Formalismus auch für Geschwindigkeits- bzw. Beschleunigungsmessungen verwendbar ist.

Die Verschiebungsvektoren der freien Schwingungen zu beliebigen Zeiten t_j genommen, $\mathbf{u}(t_j) =: \mathbf{u}_j$, $j = 1(1)2n$ und in der Matrix $\mathbf{U} := (\mathbf{u}_1, \ldots, \mathbf{u}_{2n})$ zusammengefaßt, führt aufgrund von (5.268) auf die Gleichung

$$\mathbf{U} = \hat{\mathbf{U}}_{B}^{N}\, \mathbf{E}, \text{ (n, 2n)-Matrix}, \tag{5.269a}$$

mit $\hat{\mathbf{U}}_{B}^{N}$ der Modalmatrix und der (2n, 2n)-Matrix

$$\mathbf{E} := \begin{pmatrix} e^{\lambda_{B1} t_1}, & e^{\lambda_{B1} t_2}, & \ldots, & e^{\lambda_{B1} t_{2n}} \\ e^{\lambda_{B2} t_1}, & e^{\lambda_{B2} t_2}, & \ldots, & e^{\lambda_{B2} t_{2n}} \\ \cdots & \cdots & \cdots & \cdots \\ e^{\lambda_{B2n} t_1}, & e^{\lambda_{B2n} t_2}, & \ldots, & e^{\lambda_{B2n} t_{2n}} \end{pmatrix}. \tag{5.269b}$$

Antwortmessungen um Δt zeitverschoben zu t_j, $\mathbf{u}_j(\Delta t) := \mathbf{u}(t_j + \Delta t)$, ergeben mit der (n, 2n)-Matrix $\mathbf{U}_{\Delta t}$, die die Antwortvektoren $\mathbf{u}_j(\Delta t)$ als Spaltenvektoren enthält, die Beziehung

$$\mathbf{U}_{\Delta t} = \hat{\mathbf{U}}_{B}^{N} \begin{pmatrix} e^{\lambda_{B1}(t_1 + \Delta t)}, & \ldots, & e^{\lambda_{B1}(t_{2n} + \Delta t)} \\ \cdots & \cdots & \cdots \\ e^{\lambda_{B2n}(t_1 + \Delta t)}, & \ldots, & e^{\lambda_{B2n}(t_{2n} + \Delta t)} \end{pmatrix}$$

$$=: \hat{\mathbf{U}}_{B}^{N}\, e^{\Lambda_B \Delta t}\, \mathbf{E} \tag{5.270}$$

(vgl. (5.77)). Entsprechend gilt für Antworten um Δt später als $t_j + \Delta t$ mit $\mathbf{u}_j(2\Delta t) := \mathbf{u}(t_j + 2\,\Delta t)$ als Spaltenvektoren von $\mathbf{U}_{2\Delta t}$:

$$\mathbf{U}_{2\Delta t} = \hat{\mathbf{U}}_{B}^{N}\, e^{2\Lambda_B \Delta t}\, \mathbf{E}. \tag{5.271}$$

Die Gln. (5.269) mit (5.270) und (5.271) zusammengefaßt ergeben

$$\Phi_1 := \begin{pmatrix} \mathbf{U} \\ \mathbf{U}_{\Delta t} \end{pmatrix} = \begin{pmatrix} \hat{\mathbf{U}}_B^N \\ \hat{\mathbf{U}}_B^N \, e^{\Lambda_B \Delta t} \end{pmatrix} \mathbf{E} =: \Psi_1 \mathbf{E} \tag{5.272}$$

und

$$\Phi_2 := \begin{pmatrix} \mathbf{U}_{\Delta t} \\ \mathbf{U}_{2\Delta t} \end{pmatrix} = \begin{pmatrix} \hat{\mathbf{U}}_B^N \\ \hat{\mathbf{U}}_B^N \, e^{\Lambda_B \Delta t} \end{pmatrix} e^{\Lambda_B \Delta t} \, \mathbf{E} =: \Psi_2 \mathbf{E}, \quad \Psi_2 = \Psi_1 \, e^{\Lambda_B \Delta t}. \tag{5.273}$$

Wird die Matrix **E** eliminiert, so liefert das die Gleichung

$$\Phi_2 = \Psi_2 \Psi_1^{-1} \, \Phi_1$$

bzw. nach Rechtsmultiplikation mit $\Phi_1^{-1} \, \Psi_1$ die Gleichung

$$\Phi_2 \Phi_1^{-1} \, \Psi_1 = \Psi_2. \tag{5.274}$$

Die (2n, 2n)-Matrizen $\Phi_{1,2}$, $\Psi_{1,2}$ sind invertierbar [5.88], sofern nicht zwei Eigenwerte λ_{Bl} gleich sind.[1] Für die Spaltenvektoren ψ_{1l}, ψ_{2l} von Ψ_1, Ψ_2 gilt entsprechend Gleichung (5.274)

$$\Phi_2 \Phi_1^{-1} \, \psi_{1l} = \psi_{2l}, \quad l = 1(1)2n. \tag{5.275}$$

Aus dem Zusammenhang (5.273) zwischen $\Psi_{1,2}$ folgt für die Vektoren ψ_{1l} und ψ_{2l} die Beziehung

$$\psi_{2l} = \psi_{1l} \, e^{\lambda_{Bl} \Delta t}, \tag{5.276}$$

die in der Gl. (5.275) berücksichtigt, auf das Matrizeneigenwertproblem

$$\Phi \psi_{1l} = e^{\lambda_{Bl} \Delta t} \, \psi_{1l}, \quad \Phi := \Phi_2 \Phi_1^{-1}, \tag{5.277}$$

mit den Eigenwerten $e^{\lambda_{Bl} \Delta t}$ und den Eigenvektoren ψ_{1l}, $l = 1(1)2n$, führt. In dem Matrizeneigenwertproblem sind die Elemente der Matrix Φ aus den Antwortmessungen berechenbar, und es ist Δt bekannt. Damit lassen sich die Eigenwerte λ_{Bl} aus den Eigenwerten $e^{\lambda_{Bl} \Delta t}$ berechnen und die Eigenvektoren $\hat{\mathbf{u}}_{Bl}^N$ folgen aus den ersten n Komponenten der Eigenvektoren ψ_{1l} (vgl. (5.272)).

Geht man auch bei diesem Verfahren davon aus, daß die gemessenen freien Schwingungen lediglich n_{eff} Freiheitsgrade aus einem Frequenzteilintervall $[\omega_{min}, \omega_{max}]$ enthalten, so muß diese effektive Anzahl von Freiheitsgraden bekannt sein, um die erforderlichen Rechnungen, insbesondere die Inversionen, durchführen zu können. Die Matrizen $\Phi_{1,2}$ besitzen dann den Rang $2n_{eff}$ (vgl. Fußnote unten). Die Ermittlung von n_{eff} läuft damit

1 Die Spaltenvektoren der Matrizen $\Psi_{1,2}$ sind proportional zu den Eigenvektoren, die für disjunkte Eigenwerte voneinander linear unabhängig sind: $\Psi_{1,2}$ regulär. Die Matrix **E** kann mit der Substitution $\alpha_i := e^{\lambda_{Bi} \Delta t}$ und t_1 willkürlich zu Null gewählt, $t_j =: (j-1)\,\Delta t$, auf eine Vandermondesche Determinante $\neq 0$ zurückgeführt werden. Die Determinante setzt sich aus dem Produkt der Faktoren $(e^{\lambda_{Bi} \Delta t} - e^{\lambda_{Bj} \Delta t})$ zusammen, d.h. es muß $\lambda_{Bi} \neq \lambda_{Bj}$ für $i \neq j$ gelten, und im Falle $\lambda_{Bi}^{re} = \lambda_{Bj}^{re}$ dürfen die dazugehörigen Imaginärteile sich nicht additiv um Vielfache von 2π unterscheiden. Damit sind auch die Matrizen $\Phi_{1,2}$ regulär.

auf eine Rangbestimmung z.B. der Matrix Φ_1 hinaus. Für eine Modellierung mit $n > n_{eff}$ ist jedoch wegen der stets vorhandenen Datenfehler (Störungen aus der Messung, Rundungsfehler) die Determinante der (2n, 2n)-Matrix Φ_1 nie gleich Null, sondern nimmt einen kleinen Wert an. Dieselbe Aussage gilt mit $n > n_{eff}$ für die Unterdeterminanten der (n, 2n)-Matrix **U**. Die Rangbestimmung erfolgt zweckmäßig für die (n, n)-Matrix $\mathbf{U}\,\mathbf{U}^T$ (Aufwand!) durch Dreieckszerlegung [3.11]:

$$\mathbf{U}\,\mathbf{U}^T = \mathbf{L}\,\mathbf{R},$$

$$\mathbf{L} = \begin{pmatrix} 1 & & & 0 \\ l_{21} & \ddots & & \\ \vdots & & \ddots & \\ l_{n1} & \cdots & l_{n,n-1}, & 1 \end{pmatrix}, \quad \mathbf{R} = \begin{pmatrix} r_{11} & \cdots & r_{1n} \\ & \ddots & \vdots \\ 0 & & r_{nn} \end{pmatrix}.$$

Für die Determinante gilt $\det(\mathbf{U}\,\mathbf{U}^T) = \det \mathbf{R} = r_{11} r_{22} \ldots r_{nn}$, wobei $n - n_{eff}$ Werte r_{ii} gleich Null oder annähernd gleich Null sind. Der Rangabfall $n - n_{eff}$ bzw. die Anzahl der effektiven Freiheitsgrade n_{eff} ist – bei nach ihrer absoluten Größe geordneten Werten von r_{ii} – aus dem plötzlichen Abfall in der Wertfolge an der Stelle $i = n_{eff}$ zu erkennen. Einsichtig wird die Aussage durch folgende Überlegung: Partitioniert man die Dreieckszerlegung entsprechend

$$\begin{pmatrix} \mathbf{L}_{11} & \mathbf{0} \\ \mathbf{L}_{21} & \mathbf{L}_{22} \end{pmatrix} \begin{pmatrix} \mathbf{R}_{11} & \mathbf{R}_{12} \\ \mathbf{0} & \mathbf{R}_{22} \end{pmatrix} = \begin{pmatrix} \mathbf{A}_{11} & \mathbf{A}_{12} \\ \mathbf{A}_{21} & \mathbf{A}_{22} \end{pmatrix} = \mathbf{U}\,\mathbf{U}^T,$$

so ist $\mathbf{L}_{11}\mathbf{R}_{11} = \mathbf{A}_{11}$, also $\det \mathbf{R}_{11} = \det \mathbf{A}_{11}$. Ohne Beschränkung der Allgemeinheit für diese Überlegungen (nicht für die Rechnung) denkt man sich die Zeilen von $\mathbf{U}\,\mathbf{U}^T$ derart permutiert, daß die n_{eff}-te Hauptabschnittsmatrix regulär ist. Ist $\mathbf{A}_{11}$ eine (i, i)-Matrix, so ist ihre Determinante $r_{11} \ldots r_{ii} = \det \mathbf{A}_{11}$. Bezeichnet man mit $\mathbf{A}_i$ die i-te Hauptabschnittsmatrix von der im o.g. Sinn permutierten Matrix $\mathbf{U}\,\mathbf{U}^T$, so folgt

$$r_{ii} = \det \mathbf{A}_i / (\det \mathbf{A}_{i-1}), \quad i \geqslant 2,$$

$$r_{11} = \det \mathbf{A}_1.$$

r_{ii} ergibt sich also aus einem Determinantenverhältnis, das für $i = n_{eff} + 1$ einen sehr kleinen Wert ($\mathbf{A}_{n_{eff}}$ regulär, $\mathbf{A}_{n_{eff}+1}$ singulär oder nahezu singulär) gegenüber dem Wert $r_{n_{eff},\,n_{eff}}$ annimmt, w.z.z.w. Diese Möglichkeit zur Bestimmung von n_{eff} setzt voraus, daß nicht von vornherein – d.h. infolge von Eigenschaften der Matrix $\mathbf{U}\,\mathbf{U}^T$, auch bei fehlerfreier Messung – einzelne Werte der r_{ii}, $i \leqslant n_{eff}$, sehr klein gegenüber den restlichen Werten sind.

Der bisher geschilderte Rechengang enthält noch keinerlei Schätzung. Um auf die Methode der kleinsten Fehlerquadrate zurückzukommen, werden wieder mehr als 2 n_{eff} Daten verwendet. Die Gaußsche Transformation überführt damit das Matrizeneigenwertproblem (5.277) auf das Matrizeneigenwertproblem

$$(\Phi_2 \Phi_1^T)(\Phi_1 \Phi_1^T)^{-1}\, \hat{\psi}_{1l} = e^{\hat{\lambda}_{Bl} \Delta t}\, \hat{\psi}_{1l}. \tag{5.278}$$

Andere Möglichkeiten der Parameterschätzung sind in [5.88, 5.89] erwähnt. [5.89] enthält die Formulierung des Zeitbereichsverfahrens für einen Meßpunkt.

Hinsichtlich der praktischen Durchführung ist noch auf die Zeitschrittweite Δt einzugehen. Die Eigenwerte

$$e^{\lambda_{Bl}\Delta t} =: a_l + jb_l \tag{5.279}$$

liefern die Eigenschwingfrequenzen

$$\omega_{Bl} = \lambda_{Bl}^{im} \tag{5.57c}$$

und die Abklingkonstanten

$$\delta_{Bl} = -\lambda_{Bl}^{re} \tag{5.57d}$$

für schwach gedämpfte Systeme (oder mit den Indizes 2 s + k für die konjugiert komplex auftretenden Wurzeln, die restlichen Wurzeln sind reell). Es folgt

$$a_l + jb_l = e^{-\delta_{Bl}\Delta t}(\cos\omega_{Bl}\Delta t + j\sin\omega_{Bl}\Delta t),$$

$$-\delta_{Bl} = \frac{1}{2\,\Delta t}\ln(a_l^2 + b_l^2), \tag{5.280a}$$

$$\omega_{Bl} = \frac{1}{\Delta t}\cdot\begin{cases}\left(\arctan\dfrac{b_l}{a_l} + 2\,k\,\pi\right) & \text{für } b_l > 0,\\[2ex] \left[\arctan\dfrac{b_l}{a_l} + (2\,k+1)\,\pi\right] & \text{für } b_l < 0,\end{cases} \tag{5.280b}$$

mit $0 \leqslant \arctan\dfrac{b_l}{a_l} \leqslant \pi$ und $k = 0, 1, \ldots$ Die Eigenschwingungsfrequenz ω_{Bl} ist somit von der Zeitschrittweite Δt und von k abhängig, anders ausgedrückt, zwischen k und Δt muß ein bestimmter Zusammenhang bestehen, damit Mehrdeutigkeit vermieden wird. Die Gl. (5.280b) führt auf die Einschränkung

$$\frac{2\,k\pi}{\Delta t} < \omega_{Bl} < \frac{2\,(k+1)\,\pi}{\Delta t}, \quad k = 0, 1, \ldots \tag{5.281}$$

Mit $\min\limits_l \omega_{Bl} > \omega_{min}$ und $\max\limits_l \omega_{Bl} < \omega_{max}$, d.h. die Eigenfrequenzen der effektiven Freiheitsgrade liegen in dem Frequenzteilintervall $[\omega_{min}, \omega_{max}]$, und mit der „Abtastfrequenz“ $f_s := 1/\Delta t$ erfordert (5.281):

$$2\,k\,\pi\,f_s < \omega_{min}, \quad 2\,(k+1)\,\pi\,f_s > \omega_{max} \tag{5.282a}$$

oder

$$\frac{\omega_{max}}{2\,(k+1)\,\pi} < f_s < \frac{\omega_{min}}{2\,k\,\pi}, \quad k = 0, 1, \ldots \tag{5.282b}$$

Die Frequenzteilintervallgrenzen direkt mit k verknüpft, liefert aus (5.282b)

$$\frac{\omega_{max}}{\omega_{min}} < \frac{k+1}{k}\,. \tag{5.283}$$

Die Ungleichungen (5.283) und (5.282b) erfordern für $\omega_{min} = 0$ die Wahl von $k = 0$ und $f_s > \omega_{max}/2\,\pi$, wobei letzteres u.U. schwierig zu erfüllen ist, wenn ω_{max} sehr groß ist. Ist z.B. $\omega_{min} = 0$, $\omega_{max} = 2\,\pi\cdot 200\ s^{-1}$, so folgt $f_s > 200$ Hz, also $\Delta t = 1/f_s < 0{,}005$ s. Weitere Ausführungen hierzu und Beispiele sind dem angegebenen Schrifttum [5.88, 5.89] zu entnehmen.

5.5 Aufgaben

5.1 Die Eigenschwingungen eines freien Dehnstabes sind zu berechnen (Bild 5.21). In zwei Stabelemente zerlegt, führt das System auf das Rechenmodell mit den Matrizen

$$\mathbf{K} = \frac{AE}{l}\begin{pmatrix} 1 & -1 & 0 \\ -1 & 2 & -1 \\ 0 & -1 & 1 \end{pmatrix}, \mathbf{M} = \frac{\rho A l}{6}\begin{pmatrix} 2 & 1 & 0 \\ 1 & 4 & 1 \\ 0 & 1 & 2 \end{pmatrix},$$

mit A der Querschnittsfläche, E dem Elastizitätsmodul und ρ der Dichte. Wie lauten seine Eigenschwingungsgrößen, zeige die verallgemeinerte Orthogonalität der Eigenschwingungsformen. Weiter sind die Eigenschwingungsgrößen des an der Stelle x = 0 starr eingespannten Stabes anzugeben.

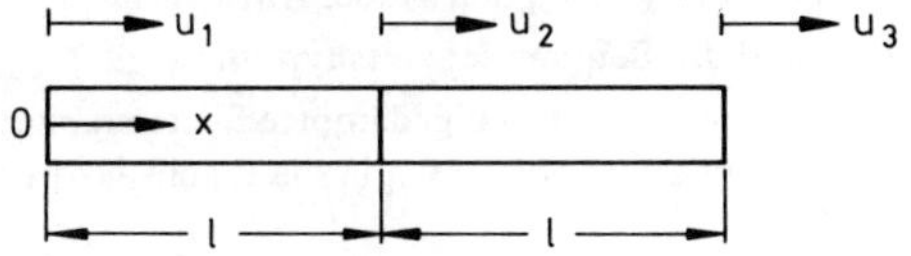

Bild 5.21

5.2 a) Die von dem Kraftvektor $\mathbf{p}(t)$ und dem Verschiebungsvektor $\mathbf{u}(t)$ verrichtete Arbeit ist

$$A(t) = \int_0^t \mathbf{p}^T(t')\, \dot{\mathbf{u}}(t')\, dt'.$$

Sie ist im s-Raum ungleich $\mathbf{P}^T(s)\ \mathbf{U}(s)$. Wie lautet $A(t)$ für eine harmonische Erregung und besteht ein Zusammenhang mit den Entwicklungskoeffizienten in Gl. (5.34)?

b) Es ist die Gl. (5.35a) zu diskutieren (Rang, physikalische Interpretation).

5.3 Wie ändern sich Eigenwerte und Eigenschwingungsformen des in Aufgabe 5.1 formulierten einseitig starr eingespannten Systems bei Hinzunahme einer viskosen Dämpfung mit $\mathbf{B} = \beta\,\mathbf{K}$?

5.4 Anhand der Gl. (5.73) ist für ein schwach gedämpftes System mit modaler (proportionaler) Dämpfung das Resonanzphänomen zu diskutieren (man betrachte die m-te Meßstelle, Komponente).

5.5 Gegeben sei ein passives viskos und schwach gedämpftes System mit harmonischer Erregung $\hat{\mathbf{p}} = \mathbf{p}_0$ (reell).

a) Es sind die Summanden der Spektralzerlegung (5.73) mit dem viskos gedämpften Einfreiheitsgradsystem zu vergleichen.

b) Die Erregung sei so gewählt, daß die m-te Komponente des Antwortvektors die K-te Eigenschwingungsform enthält. Wie lautet die Gleichung der zugehörigen Ortskurve und unter welchen Bedingungen ist sie ein Kreis, in guter Annäherung ein Kreis?

5.6 Ein zweigeschossiger Stockwerkrahmen mit starren Riegeln und (nahezu) masselosen Stützen wird an seinem Fundament A–B im Zeitintervall $[0, T_0]$ aus seiner Ruhelage um $u_0 = 0{,}01$ m verschoben (Bild 5.22). Welche Bewegungen $\mathbf{u}^T(t) := (u_1(t), u_2(t))$ führt der Rahmen während und nach der Verschiebung aus (1. Bewegungsgln., 2. Eigenschwingungsgrößen, 3. transientes Verhalten nach Gl. (5.78), 4. welche anderen Möglichkeiten existieren?)? Was geschieht, wenn $T_0 = \frac{1}{f_1}$ oder $T_0 = \frac{1}{f_2}$ ($f_{1,2}$ 1. und 2. Eigenfrequenz des Stockwerkrahmens) ist?

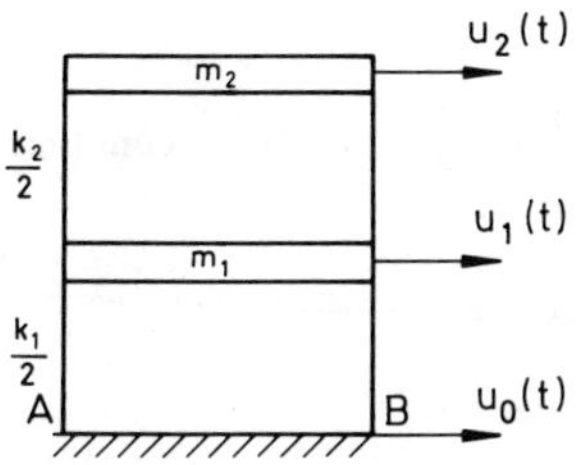

Bild 5.22

5.7 Wie lauten die Energieausdrücke des strukturell gedämpften Systems? Lassen sie sich durch Transformation in generalisierte Koordinaten auf ähnlich einfache Ausdrücke wie beim passiven ungedämpften System zurückführen?

5.8 Ein strukturell gedämpftes 2-Freiheitsgradsystem mit $\lambda_{D1} = 18{,}8496\,(-0{,}02 + j)$ und $\lambda_{D2} = 43{,}9823\,(-0{,}05 + j)$ werde mit $\hat{p} = a\,\hat{u}_{D1} + b\,\hat{u}_{D2}$ erregt, wobei
$\hat{u}_{D1}^T\,\hat{u}_{D2} = 0$, $\hat{u}_{D1}^T\,\hat{u}_{D1} = \hat{u}_{D2}^T\,\hat{u}_{D2} = 1$ gelte.
1. Wie lauten die Eigenwerte des Systems?
2. Es ist der Antwortvektor $\hat{u}$ für die Fälle $a \neq 0$, $b = 0$ und $a = 0$, $b \neq 0$ anzugeben.
3. Für $a\,|\hat{u}^{re}_{D1,i}|/(b\,|\hat{u}^{re}_{D2,i}|) = 1$ ist unter Vernachlässigung von $\hat{u}^{im}_{D1,i} \doteq 0$, $\hat{u}^{im}_{D2,i} \doteq 0$ (vgl. (5.100)) das Erregungsfrequenzintervall anzugeben, für das die Antwortkomponente $\hat{u}_i^{im}$ lediglich 3% der Antwort des 2. Freiheitsgrades enthält.
4. In welchem Erregungsfrequenzintervall enthält $\hat{u}_i^{im}$ lediglich 3% der Antwort des 1. Freiheitsgrades, wenn $b\,|\hat{u}^{re}_{D2,i}|/(a\,|\hat{u}^{re}_{D1,i}|) = 1$ ist und die Bequemlichkeitshypothese gilt?

5.9 Die Aufgabenstellung des Beispiels 5.3 ist auf das strukturell gedämpfte System anzuwenden.

5.10 Unter welchen Bedingungen gehen die Charakteristikvektoren $\hat{u}_{vi}$ in die Eigenvektoren $\hat{u}_{0i}$ des zugeordneten konservativen Systems über?

5.11 Wie lautet der Vektor a_i in Gl. (5.133a) für passive Systeme?

5.12 Gegeben ist die „Flatterdeterminante" (des Matrizeneigenwertproblems (5.128))

$$\begin{vmatrix} -8\,\nu_r^2 + 2\,j\nu_r + \gamma, & 2{,}4 \\ -0{,}5\,j\nu_r, & -0{,}5\,\nu_r^2 + 0{,}3\,j\nu_r - 0{,}6 + \gamma \end{vmatrix} = 0.$$

γ ist ein Wert umgekehrt proportional zur Anströmgeschwindigkeit v. ν_r ist eine bezogene Frequenz, die für eine harmonische Schwingung (Flatterfall) reell ist. Wie groß ist ν_r für $\gamma = 0{,}770$? Welches sind die zugehörigen Rechts- und Linkseigenvektoren?

5.13 Wie lauten die Frequenzgang- und Übertragungsmatrizen der betrachteten passiven Systeme?

5.14 Die Eigenschwingungsgrößen des freien Systems bestehend aus den Elementen m_1, m_2, k, sollen aus dem tieffrequent eingespannten System (Bild 5.23) mit den Eigenfrequenzen $\omega_{01,2}$ ermittelt werden. Die „Aufhängefrequenz" ω_S, $\omega_S^2 := k_S/(m_S + m_1)$, wird zu $\omega_S = \epsilon\,\omega_{f2}$ gewählt, $\omega_{f2} \neq 0$ ist die Eigenfrequenz des freien Systems, $0 < \epsilon < 1$. Mit $m_S/m_1 = \mu \ll 1$ sind die Fehler

$$|\Delta\omega_{f2}|/\omega_{f2} = |\omega_{f2} - \omega_{02}|/\omega_{f2} \leqslant p\%$$

zu bestimmen. Wird ein System (z.B. Flugzeug) für den 1. elastischen Freiheitsgrad grob durch das der Aufgabe zugrunde gelegte freie System angenähert, wie müssen dann die Massen m_1, m_2 gewählt werden, damit man mit $\epsilon = 1/4$ einen Eigenfrequenz-Fehler von 2% erreicht? In anderen Worten: Kann das System an beliebigen Teilen befestigt werden?

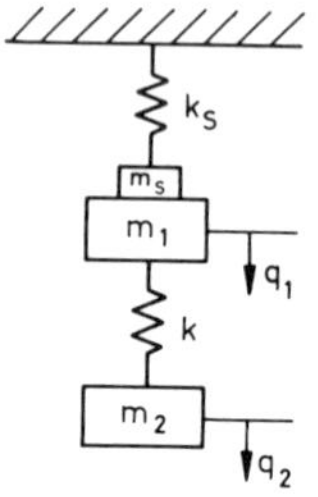

Bild 5.23 Meßsystem (s. Bild 1.5)

5.15 Das freie System und das Meßsystem der Aufgabe 5.14 sind für $m_S = 0$ mit dem Formalismus des Beispiels 5.4 zu beschreiben.

5.16 Für das in Aufgabe 5.14 skizzierte System sei:
$m_1 = 100$ kg, $m_2 = 10$ kg, $m_S = 1$ kg,
$k = 157 \cdot 10^2$ N/m, $k_S = 4 \cdot 10^3$ N/m.
1. Welches sind die Eigenschwingungsgrößen des Meßsystems?

2. Wie stark weichen die Eigenschwingungsgrößen des Meßsystems gegenüber den Eigenschwingungsgrößen des nicht eingespannten Systems ($m_S = 0$) ab?
3. Die Einspannung des Meßsystems wird geändert um $\Delta m_S = 0{,}3$ kg, $\Delta k_S = 1 \cdot 10^3$ N/m. Vergleiche die Auswirkung der modifizierten Einspannung auf die Eigenschwingungsgrößen aus der exakten Rechnung mit den Ergebnissen aus den Näherungen (5.135), (5.138), (5.139).

5.17 Die Empfindlichkeitsuntersuchungen (5.146) bis (5.152) sind mit der Lösung der Bewegungsgl. (5.146) mit den gegebenen Anfangsbedingungen direkt durchzuführen.

5.18 Es sind die Systemparametermatrizen des im Beispiel 5.2 verwendeten viskos gedämpften Systems aus den Eigenschwingungsgrößen zu berechnen. Sind nur die Eigenlösungen des 1. Freiheitsgrades bekannt, so können ebenfalls Teilsystem-Parametermatrizen berechnet werden (obere Summationsgrenze $2n = 2$). Sind diese Matrizen Näherungen für **M**, **B**, **K**?

5.19 Es sind die Nachgiebigkeitsmatrix **G** des ungedämpften Systems des Beispiels 5.2 entsprechend Gl. (5.166) zu berechnen. Welchen Anteil liefert der 2. Freiheitsgrad zu **G**? Es sind die Näherungen $\tilde{\mathbf{C}}$ für N = 1, 2 und $\tilde{\mathbf{K}} = \tilde{\mathbf{C}}^{-1}$ aus den identifizierten Werten $\hat{f}_{01} = 6{,}61$ Hz, $\hat{m}_{g1} = 10$, $\hat{\hat{\mathbf{u}}}_{01}^T = (1; 0{,}63)$, $\hat{f}_{02} = 13{,}75$ Hz, $\hat{m}_{g2} = 8$, $\hat{\hat{\mathbf{u}}}_{02}^T = (-0{,}23; 1)$ zu berechnen und mit den exakten Werten zu vergleichen.

5.20 Was bedeutet die Vereinfachung (5.177) für die transformierte Steifigkeitsmatrix des Systems $(-\lambda_0 \mathbf{M} + \mathbf{K})\,\hat{\mathbf{u}}_0 = \mathbf{0}$?

5.21 Für das passive ungedämpfte System enthält Beispiel 5.5 die dynamisch kondensierte Formulierung für die Eigenschwingungen. Die Guyan-Reduktion ($\mathbf{M}_{RR} \Rightarrow \mathbf{0}$, $\mathbf{M}_{RW} \Rightarrow \mathbf{0}$) ergibt damit die kondensierten Matrizen

$$\mathbf{K}_c^{(2)} := \mathbf{K}_{WW} - \mathbf{K}_{WR}\,\mathbf{K}_{RR}^{-1}\,\mathbf{K}_{RW},$$

$$\mathbf{M}_c^{(2)} := \mathbf{M}_{WW} - \mathbf{M}_{WR}\,\mathbf{K}_{RR}^{-1}\,\mathbf{K}_{RW}.$$

Die Kondensation über die Transformation (5.182) mit

$$\mathbf{T}^{(2)} := \begin{pmatrix} \mathbf{I} \\ -\mathbf{G}_{RR}\,\mathbf{K}_{RW} \end{pmatrix}, \text{ Gl. (5.178), liefert:}$$

$$\mathbf{K}_G := \mathbf{T}^{(2)T}\,\mathbf{K}\,\mathbf{T}^{(2)} = (\mathbf{I}, -\mathbf{K}_{WR}\,\mathbf{G}_{RR})\,\mathbf{K} \begin{pmatrix} \mathbf{I} \\ -\mathbf{G}_{RR}\,\mathbf{K}_{RW} \end{pmatrix} =$$

$$= (\mathbf{I}, -\mathbf{K}_{WR}\,\mathbf{G}_{RR}) \begin{pmatrix} \mathbf{K}_{WW} - \mathbf{K}_{WR}\,\mathbf{G}_{RR}\,\mathbf{K}_{RW} \\ \mathbf{0} \end{pmatrix} =$$

$$= \mathbf{K}_{WW} - \mathbf{K}_{WR}\,\mathbf{G}_{RR}\,\mathbf{K}_{RW} = \mathbf{K}_c^{(2)},$$

$$\mathbf{M}_G := \mathbf{T}^{(2)T}\,\mathbf{M}\,\mathbf{T}^{(2)} = (\mathbf{I}, -\mathbf{K}_{WR}\,\mathbf{G}_{RR}) \begin{pmatrix} \mathbf{M}_{WW} - \mathbf{M}_{WR}\,\mathbf{G}_{RR}\,\mathbf{K}_{RW} \\ \mathbf{M}_{RW} - \mathbf{M}_{RR}\,\mathbf{G}_{RR}\,\mathbf{K}_{RW} \end{pmatrix} =$$

$$:= \mathbf{M}_{WW} - \mathbf{M}_{WR}\,\mathbf{G}_{RR}\,\mathbf{K}_{RW} - \mathbf{K}_{WR}\,\mathbf{G}_{RR}\,\mathbf{M}_{RW} + \mathbf{K}_{WR}\,\mathbf{G}_{RR}\,\mathbf{M}_{RR}\,\mathbf{G}_{RR}\,\mathbf{K}_{RW}.$$

Warum sind $\mathbf{M}_c^{(2)}$ und $\mathbf{M}_G$ verschieden?

5.22 Das Matrizeneigenwertproblem

$$\left[-\omega_0^2 \begin{pmatrix} 1 & 0 & 0 \\ 0 & 1 & 0 \\ 0 & 0 & 0{,}1 \end{pmatrix} + 10^3 \begin{pmatrix} 2 & -1 & 0 \\ -1 & 2 & -1 \\ 0 & -1 & 10 \end{pmatrix}\right] \hat{\mathbf{u}}_0 = \mathbf{0}$$

eines beidseitig eingespannten Kettenschwingers soll näherungsweise mit L = 1 (vgl. (5.183)) mit der Verschiebungskoordinate der 3. Masse als restliche Koordinate kondensiert gerechnet werden. Die Ergebnisse sind mit den exakten Werten zu vergleichen. Welche Werte nehmen die Fehler aus der linearisierten Fehlerrechnung an, kann man sie als Korrekturwerte verwenden?

5.23 Das System des Beispiels 5.2 soll jeweils so erregt werden, daß es in den Eigenschwingungsformen des zugeordneten ungedämpften Systems schwingt. Wie gut nähern die Erregungsvektoren proportional zu $\mathbf{M}\,\hat{\mathbf{u}}_{01}$, $\mathbf{M}\,\hat{\mathbf{u}}_{02}$ die angepaßten Erregungsvektoren $\mathbf{p}_{01}$, $\mathbf{p}_{02}$ an?

5.24 Der in Bild 5.24 skizzierte Schwinger mit $m_1 = m_2 = m_3$, $k_1 = k_3 = 0{,}057\, k_2$, $b_1 = b_3 = 0{,}057\, b_2$ werde harmonisch mit $\mathbf{p}_0^T = (0, p_0, 0)$ erregt. Die gemessenen Antworten sind:

Ω	$\hat{u}^{re}_{1,3} \cdot 10^{+3}$	$\hat{u}^{im}_{1,3} \cdot 10^{+3}$	$\hat{u}^{re}_{2} \cdot 10^{+4}$	$\hat{u}^{im}_{2} \cdot 10^{+4}$
s^{-1}	m	m	m	m
69,0	0,13	−0,10	0,23	−0,11
70,0	0,12	−0,19	0,22	−0,21
71,0	−0,02	−0,26	0,07	−0,29
72,0	−0,13	−0,16	−0,04	−0,18
73,0	−0,12	−0,08	−0,04	−0,09
74,0	−0,10	−0,04	−0,01	−0,05
75,0	−0,08	−0,03	+0,01	−0,03
76,0	−0,07	−0,02	0,02	−0,02
327,0	−0,0064	0,0072	1,10	−1,34
329,0	−0,0055	0,0095	0,92	−1,76
331,0	−0,0031	0,0115	0,48	−2,14
333,0	0,0004	0,0120	−0,16	−2,24
335,0	0,0035	0,0106	−0,74	−1,97
337,0	0,0051	0,0082	−1,04	−1,54

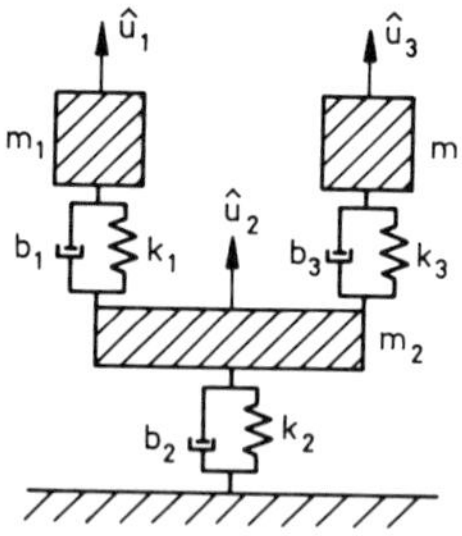

Bild 5.24

Die Eigenfrequenzen ω_{0i} des Systems liegen bei 11,25 Hz, 11,95 Hz und 52,9 Hz. Werden mit der gewählten Erregung alle Eigenschwingungsformen des zugeordneten ungedämpften Systems gleich gut erregt?

5.25 Wie lauten die Gleichungen für den dimensionslosen Frequenzgang und die Ortskurve des viskos gedämpften Einfreiheitsgradsystems bei Geschwindigkeitsmessungen infolge harmonischer Erregung?

5.26 Es ist die Eigenfrequenz-Ermittlung des Beispiels 5.8 nachzuvollziehen.

5.27 a) Es ist die Ermittlung der effektiven Dämpfungen des Beispiels 5.8 nachzuvollziehen.
b) Wie wirken sich nichtkonstante Nichtresonanzanteile auf die Ortskurve aus?
Hinweis: Man gehe von Aufgabe 5.25 aus.

5.28 Die Eigenschwingungsform-Ermittlung im Beispiel 5.8 ist nachzuvollziehen.

5.29 Für das System des Beispiels 5.2 ist die generalisierte Masse m_{g1} nach der Zusatzmassenmethode zu bestimmen. Gegeben sind

$\omega_{01} = 6{,}63 \cdot 2\pi\, s^{-1}$, $\hat{\mathbf{u}}_{01}^T = (1; 0{,}5407)$ und die Meßwerte

Δm[kg]	0,1	0,2	0,3	0,4	0,5
Δf_1 [Hz]	−0,04	−0,07	−0,11	−0,14	−0,18

Eine Fehlerbetrachtung erübrigt sich, da lt. Beispiel 5.2 der exakte Wert $m_{g1} = 11{,}75$ kg zum Vergleich vorliegt.

5.30 Es seien die Eigenvektoren

$$\hat{\hat{U}}_0 = \begin{pmatrix} -0{,}9; & 0{,}2 \\ -0{,}1; & 1{,}1 \\ 0{,}1; & -0{,}1 \end{pmatrix}$$

identifiziert. Der Einfachheit halber wird $\mathbf{M} = \mathbf{I}$ angenommen. Wie lauten die korrigierten, orthonormierten Eigenvektoren $\hat{\mathbf{u}}_{0i}^{K}$, i = 1,2?
Hinweis: Schmidtsches Orthogonalisierungsverfahren, s. z.B. [5.27].

5.31 Wie groß ist der mittlere Fehler der generalisierten Masse nach Gl. (5.231) für die folgenden Schätzwerte mit zugehörigen mittleren Fehlern (geschätzte Standardabweichungen)?

$\overline{\omega}_{02} = 86{,}77\ \mathrm{s}^{-1}$, $\hat{\sigma}_{\overline{\omega}_{02}} = 0{,}01\ \mathrm{s}^{-1}$, $\overline{g}_2 = 0{,}0688$, $\hat{\sigma}_{\overline{g}_2} = 0{,}001$

$\overline{\hat{\mathbf{u}}}_{02}^{T} = (-0{,}3244; 1)$, mittlerer Fehler beider Komponenten: 0,005

$\mathbf{p}_0^{MT} = 2758{,}06\ (1, -1)$ [N], mittlerer Fehler (10, 50) [N],

$\overline{\hat{u}}_{022}^{N} = -1$ m.

5.32 Entsprechend den Ausgangsdaten des Beispiels 5.9 mit $n_{eff} = m = 2$ wurde in Resonanznähe für die Erregungsfrequenzen $\Omega_1 = 31{,}4\ \mathrm{s}^{-1}$, $\Omega_2 = 33{,}4\ \mathrm{s}^{-1}$ abgelesen:

$$\hat{U}^{M} = \begin{pmatrix} 3{,}00; & -5{,}48 \\ 0{,}84; & -0{,}12 \end{pmatrix} + j \begin{pmatrix} -7{,}18; & -5{,}07 \\ -6{,}75; & 2{,}61 \end{pmatrix} \text{ mm.}$$

Für die 2. Ablesung gilt (im Beispiel 5.9 nicht enthalten): $\alpha_{21}, \alpha_{22} < 0$. Gesucht sind mittels der Phasentrennungsmethode des Abschnittes 5.3.1.1 die Eigenschwingungsgrößen.
Hinweis: Lösung des Gleichungssystems (5.224) mit Hilfe des Newtonverfahrens; Erregungsfrequenzen in Resonanznähe bedeuten nach (5.215) $\mathfrak{b}_{11} = \mathfrak{b}_{22} \doteq -1$, damit lassen sich die fehlenden Startelemente für die Iteration aus den quadratischen Gleichungen berechnen.

5.33 Ein strukturell gedämpftes System werde harmonisch erregt (Resonanzfrequenzen bei 22 s^{-1}, 23 s^{-1}). Für die Erregungsfrequenzen

$\Omega_\alpha = \{22{,}20; 23{,}25\}$,

$\Omega_\beta = \{22{,}05; 22{,}95\}$

wurden mit der Erregung $\mathbf{p}_0^{T} = (1{,}0)$ die Antworten gemessen:

$$\hat{U}_\alpha = 10 \begin{pmatrix} -1{,}93756 - j\,3{,}08585; & -0{,}55891 - j\,0{,}48157 \\ -1{,}19164 - j\,0{,}78596; & -0{,}24325 - j\,0{,}76333 \end{pmatrix},$$

$$\hat{U}_\beta = 10 \begin{pmatrix} 0{,}06239 - j\,3{,}65761; & -0{,}53527 - j\,0{,}37234 \\ -0{,}54434 - j\,1{,}59791; & 0{,}14533 - j\,0{,}70561 \end{pmatrix}.$$

Es ist das Verfahren gemäß dem Auswertungsvorschlag der Tabelle 5.9 anzuwenden.

5.34 Das strukturell gedämpfte System mit $\Lambda_{D1}^{re} = 350$, $\Lambda_{D2}^{re} = 360$, $\gamma_1 = 0{,}03$, $\gamma_2 = 0{,}05$,

$$\hat{\mathbf{u}}_{D1} = \begin{pmatrix} 1 + j\,0{,}2 \\ 1 - j\,0{,}1 \\ 0{,}5 - j\,0{,}1 \end{pmatrix}, \quad \hat{\mathbf{u}}_{D2} = \begin{pmatrix} 1 - j\,0{,}3 \\ -1 + j\,0{,}2 \\ 0{,}1 - j\,0{,}1 \end{pmatrix},$$

sei mit $\mathbf{p}_0^{T} = (0, 1, 0)$ harmonisch erregt. Die Antwortmessungen sind für die Erregungsfrequenzen entsprechend $\Omega_1^2 = 324$, $\Omega_2^2 = 355$, $\Omega_3^2 = 400$ erfolgt (vgl. Gl. (5.106)):

$$\hat{\mathbf{u}}_1 = \begin{pmatrix} 0{,}01973 + j\,0{,}01124 \\ 0{,}04696 - j\,0{,}03939 \\ 0{,}01376 - j\,0{,}00795 \end{pmatrix}, \quad \hat{\mathbf{u}}_2 = \begin{pmatrix} -0{,}01762 - j\,0{,}02724 \\ -0{,}05900 - j\,0{,}12471 \\ -0{,}02472 - j\,0{,}02665 \end{pmatrix},$$

$$\hat{\mathbf{u}}_3 = \begin{pmatrix} 0{,}00508 - j\,0{,}00762 \\ -0{,}04347 - j\,0{,}00082 \\ -0{,}00720 - j\,0{,}00084 \end{pmatrix}.$$

Mit den Antwortmatrizen $\hat{U}_\alpha$, $\hat{U}_\beta$ für $\Omega_\alpha = \{\Omega_1, \Omega_2\}$, $\Omega_\beta = \{\Omega_2, \Omega_3\}$ ist das Phasentrennungsverfahren des Abschnittes 5.3.1.2 anzuwenden.

5.35 Der Formalismus des Abschnittes 5.3.1.2 gilt auch für schwach viskos gedämpfte Systeme, die der Bequemlichkeitshypothese genügen. Präzisiere diese Aussage!

5.36 Welche Vor. müssen bez. der Wahl von s_r, N bei Messung der Frequenzgänge in allen n Systempunkten und Erregung allein im k-ten Systempunkt gelten?

5.37 Wie lautet die Formulierung des Verfahrens im Abschnitt 5.3.2.2 für eine Mehrpunkterregung und Verwendung eines Meßpunktes?

5.38 Die Gl. (5.278) ist herzuleiten.
Anleitung: Man gehe von der $(2\,n_{eff}, 2\,n)$-Fehlermatrix $V := \Phi_2 - \Psi_2 \Psi_1^{-1} \Phi_1$ aus, definiere als m-ten Fehlervektor den Zeilenvektor $e_m^T V$ mit dem Einheitsvektor $e_m^T := (0, \ldots, 0, \underbrace{1}_{\text{m-tes Element}}, 0, \ldots 0)$ und minimiere die m-te Fehlerquadratsumme $J_m := e_m^T\, V\, V^T\, e_m$ bezüglich des Parametervektors $(\Psi_2 \Psi_1^{-1})^T\, e_m$, $m = 1(1)2n_{eff}$. Was bedeutet hierbei $n > n_{eff}$?

5.6 Schrifttum

[5.1] *Hamel, G.:* Theoretische Mechanik. Eine einheitliche Einführung in die gesamte Mechanik; Grundlehren der mathematischen Wissenschaften 57, Springer-Verlag, Berlin, Heidelberg, New York, 1978

[5.2] *Lancaster, P.:* Lambda-matrices and Vibrating Systems; Pergamon Press Oxford, London, Edinburgh, New York, Toronto, Paris, Braunschweig, 1966

[5.3] *Wilkinson, J.H.:* The Algebraic Eigenvalue Problem, Clarendon Press, Oxford, 1965

[5.4] *Mahalingam, S./Bishop, R.E.D.:* The Response of a System with Repeated Natural Frequencies to Force and Displacement Excitation; J. of Sound and Vibration (1974) 36 (2), 285–295

[5.5] *Caughey, T.K./O'Kelly, M.E.J.:* Classical Normal Modes in Damped Linear Dynamic Systems; ASME Transact., Ser. E., J. Appl. Mech. 32 (1965), 583–588

[5.6] *Caughey, T.K.:* Classical Normal Modes in Damped Linear Dynamic Systems; ASME Transact. J. Appl. Mech. (1960), June, 269–271

[5.7] *Veubeke Fraejis de, B.M.:* A Variational Approach to Pure Mode Excitation Based on Characteristics Phase Lag Theory; AGARD Rep. 39, April 1956

[5.8] *Veubeke Fraejis de, B.M.:* Les déphasages caractéristiques en présence de modes rigides et de modes non amortis; Academic royal de Belgique, Bulletin de la Classe des Sciences, (5) 51, 1965

[5.9] *Försching, H.W.:* Grundlagen der Aeroelastik; Springer-Verlag Berlin, Heidelberg, New York, 1974

[5.10] *Natke, H.G.:* Computer Methods for Solving Matrix Eigenvalue Problems with Regard to Applications to the Classical Flutter Equation; in VFW-Fokker Entwicklungstechnische Berichte, Band 3, 1974, 1–12

[5.11] *Natke, H.G./Dellinger, E.:* Funktionalanalytische Behandlung der Flattergleichung unter Verwendung des Newton-Verfahrens; Z. Flugwiss. 20 (1972), Heft 8, 300–306

[5.12] *Berman, A./Giansante, N.:* Determination of Free-body-responses from Constrained Tests; AIAA Journal (11) No. 12, 1973, 1622–1625

[5.13] *Hochweller, W.:* Differentielle Änderungen; Bericht CRI-B-2/80, Universität Hannover, 1980

[5.14] *Mahalingam, S.:* Effect of a Change in Position of a Support on the Natural Frequencies and Modes of Vibration of a System; J. Mech. Engineering Science, Vol. 7, Nr. 3, 1965, 271–278

[5.15] *Hochweller, W.:* Endliche Änderungen; Bericht CRI-B-6/80, Universität Hannover, 1980

[5.16] *Berman, A./Flannelly, W.G.:* Theory of Incomplete Models of Dynamic Structures; AIAA Journal 9, No. 8 (1971), 1481–1487

[5.17] *Gravitz, S.I.:* An Analytical Procedure for Orthogonalization of Experimentally Measured Modes; J. Aero./Space Scie. 25, No. 11, 1958

[5.18] *Rodden, W.P.:* A Method for Deriving Structural Influence Coefficients from Ground Vibration Tests; AIAA Journal 5, No. 5, May 1967

[5.19] *Cross, A.K.:* Generalized Spectral Representation in Aeroelasticity, Part 1; J. Aero/Space Scie. 26, No. 11, Nov. 1959

[5.20] *Cross, A.K.:* Generalized Spectral Representation in Aeroelasticity, Part 2; J. Aero./Space Scie. 28, No. 5, 1961

[5.21] *McGrew, J.:* Orthogonalisation of Measured Modes and Calculation of Influence Coefficients; AIAA Journal, Vol. 7, No. 4 (1969), 774–776

[5.22] *Baruch, M./Itzhack, I.Y.B.:* Optimal Weighted Orthogonalization of Measured Modes; TAE Report No. 297, Israel Institute of Technology, Department of Aeronautical Eng. Technion, Haifa, 1977

[5.23] *Rao, C.R./Mitra, S.K.:* Generalized Inverse of Matrices and its Applications; John Wiley and Sons, Inc., New York, London, Sidney, Toronto, 1971

[5.24] *Eberlein, P.J.:* Solution to the Complex Eigenproblem by a Norm Reducing Jacobi Type Method; Num. Math. 14 (1970), 232–245

[5.25] *Wittmeyer, H.:* Berechnung einzelner Eigenwerte eines algebraischen linearen Eigenwertproblems durch „Störiteration"; Z. Angew. Math. Mech. 35 (1955), 441–452

[5.26] *Gupta, K.K.:* Eigenproblem Solution of Damped Structural Systems; Internat. J. Numerical Methods in Eng., 8 (1974), 877–911

[5.27] *Schwarz, H.R.:* Numerik symmetrischer Matrizen, Leitfäden der angewandten Mathematik und Mechanik; B.G. Teubner Stuttgart, 1972

[5.28] *Jennings, A.:* Eigenvalue Methods for Vibration Analysis; The Shock and Vibration Digest 12 (1980) 2, 3–16

[5.29] *Wilkinson, J.H./Reinsch, C.:* Handbook for Automatic Computation, Vol. II, Linear Algebra; Springer-Verlag, Berlin, Heidelberg, New York, 1971

[5.30] *Dekker, T.J./Hoffmann, W.:* Algol 60 Procedures in Numerical Algebra (Part 1), Part 2; Mathematisch. Centrum Amsterdam, 1968

[5.31] *Smith, B.T./Boyle, J.M./Garbow, B.S./Ikebe, Y./Klema, V.C./Moler, C.B.:* Matrix Eigensystem Routines – EISPACK Guide; Lecture Notes in Computer Sciences, Vol. 6, Springer-Verlag, Berlin, Heidelberg, New York, 1974

[5.32] *Collatz, L.:* Eigenwertprobleme und ihre numerische Behandlung; Akademische Verlagsgesellschaft, Leipzig, 1945

[5.33] *Courant, R./Hilbert, P.:* Methods of Mathematical Physics, Vol. 1; Interscience, New York, 1966

[5.34] *Röhrle, H.:* Reduktion von Freiheitsgraden bei Strukturdynamik-Aufgaben, Habilitations-Schrift, Universität Hannover, 1979

[5.35] *Natke, H.G.:* Zur Matrixreduktion beim Flatterproblem; Ing.-Archiv, 44 (1975), 317–326

[5.36] *Breitbach, E.:* Neuere Entwicklungen auf dem Gebiet des Standschwingungsversuches an Luft- und Raumfahrtstrukturen; VDI-Berichte Nr. 221 (1974), 33–40

[5.37] *Radeş, M.:* Metode Dinamice Pentru Identificarea Sistemelor Mecanice; Academiei Republicii Socialiste Romania, 1979

[5.38] *Natke, H.G.:* Ein Verfahren zur rechnerischen Ermittlung der Eigenschwingungsgrößen aus den Ergebnissen eines Schwingungsversuches in einer Erregerkonfiguration; Dissertation, Technische Hochschule München, 1968; engl. Übersetzung: NASA-TT-F-12446, 1969

[5.39] *Beatrix, C.:* La discrimination des modes propres voisins lors de l'essai vibrations harmoniques; La Rech. Aerosp. No. 101, Juil.-Août., 1964

[5.40] *Natke, H.G./Strutz, K.-D.:* Dämpfungsermittlung bei elastomechanischen Systemen aus ihren Schwingungsantworten mit sich gegenseitig beeinflussenden Freiheitsgraden; in: Dämpfungsverhalten von Werkstoffen und Bauteilen – Viskoelastische Systeme –; Kolloquium – TU Berlin, 13./14. Okt. 1975, VDI-GKE, TU Berlin, 305–348

[5.41] *Försching, H.:* Kritischer Vergleich der Methoden zur experimentellen Bestimmung der generalisierten Massen von Eigenschwingungsformen elastomechanischer Systeme; VDI-Berichte Nr. 88, 1965

[5.42] *Natke, H. G.:* Bemerkungen zur Ermittlung der generalisierten Werte eines linearen elastomechanischen Systems durch Massen- und Steifigkeitsänderungen; Bericht Ev-B10 der Vereinigten Flugtechnischen Werke GmbH, 1969

[5.43] *Clerc, D.:* Sur l'appropriation des forces d'excitation lors des essais de vibration en régime harmonique; La Rech. Aeron. Nr. 87, 55, Mars-Avril 1962

[5.44] *Traill-Nash, R. W.:* Some Theoretical Aspects of Resonance Testing and Proposals for a Technique Combining Experiment and Computation; Australien Defence Scientific Service, ARL/SM. 280, April 1961

[5.45] *Hawkins, F. J.:* An Automatic Shake Testing Technique for Exciting the Normal Modes of Vibration of Complex Structures; AIAA Symposium, Sept. 1965

[5.46] *Taylor, G. A./Gaukroger, D. R./Skingle, C. W.:* MAMA-A Semi-Automatic Technique for Exciting the Principal Modes of Vibration of Complex Structures; ARC. R & M. No. 3590, 1969

[5.47] *Deck, A.:* Méthode automatique d'appropriation des forces d'excitation dans l'essai au sol d'une structure d'avion; ONERA, Techn. Paper No. 870, 1970

[5.48] *Wittmeyer, H.:* Ein iteratives, experimentell-rechnerisches Verfahren zur Bestimmung der dynamischen Kenngrößen eines schwach gedämpften elastischen Körpers; Z. Flugwiss. 19 (1971), 229–241

[5.49] *Fillod, R./Piranda, J.:* Research Method of the Eigenmodes and Generalized Elements of a Linear Mechanical Structure; The Shock and Vibration Bulletin 48, Part 3, September 1978, 5–12

[5.50] *Fillod, R.:* Contribution a l'identification des structures mécaniques linéaris; Thése, Faculté des Sciences et des Techniques de l'Université de Franche-Comté, Besançon, 1980

[5.51] *Natke, H. G.:* Einführung in die Problematik des Standschwingungsversuches; in Dynamik von Strukturen, Mitteilung 2/71 des Instituts für Mechanik der Technischen Universität Hannover und der Vereinigte Flugtechnische Werke-Fokker GmbH, Werk Lemwerder, 1971, 64–106

[5.52] *Vries de, G.:* Le problème de l'appropriation des forces d'excitation dans l'essai de vibration; La Rech. Aerosp. No. 102, Sept.-Oct. 1964

[5.53] *Vries de, G.:* Analyse des réponses d'une structure mécanique dans l'essai global de vibration; Symposium IUTAM, Paris 1965 (Revue Française de Mécanique, Nr. 13, 1965)

[5.54] *Vries de, G.:* Neuere Verfahren zur Messung von Kennwerten durch Schwingungsversuche; VDI-Berichte 88, 1965

[5.55] *Vries de, G.:* Les principes de l'essai global de vibration d'une structure; La Rech. Aerosp. No. 108, Sept.-Oct. 1965

[5.56] *Stahle, C. V./Forlifer, W. R.:* Ground Vibration Testing of Complex Structures; AIA-AFOSR Flight Flutter Testing Symposium, Washington, D.C., May 1958

[5.57] *Stahle, C. V.:* Phase Separation Technique for Ground Vibration Testing; Aerospace Engineering, July 1962

[5.58] *Schwarz, R. G.:* Identifikation mechanischer Mehrkörpersysteme; Fortschr.-Ber. VDI-Z. Reihe 8, Nr. 30, 1980

[5.59] *Natke, H. G.:* Anwendung eines versuchsmäßig-rechnerischen Verfahrens zur Ermittlung der Eigenschwingungsgrößen eines elastomechanischen Systems bei einer Erregerkonfiguration; Z. Flugwiss. 18 (1970), Heft 8, 290–303

[5.60] *Niedbal, N.:* State of the Art of Modal Survey Test Techniques; In: Modal Survey, European Space Agency, ESA SP 121 (1976), 13–24

[5.61] *Natke, H. G./Cottin, N.:* Some Remarks on the Application of Phase Separation Technique; Z. Flugwiss. Weltraumforsch. 2 (1978), Heft 3, 199–200

[5.62] *Natke, H. G.:* Zur Ermittlung der Eigenschwingungsgrößen aus einem Standschwingungsversuch in einer Erregerkonfiguration; Z. Flugwiss. 20 (1972), Heft 4, 129–136

[5.63] *Breitbach, E.:* Identification Methods II: Concepts of J. Angélini, H.G. Natke, H. Wittmeyer and DFVLR (Göttingen), Experiences with Applications; In the Advanced School on Identification of Vibrating Structures, Oct. 20–24, 1980, CISM, Udine

[5.64] *Natke, H. G.:* Die Berechnung der Eigenschwingungsgrößen eines gedämpften Systems aus den Ergebnissen eines Schwingungsversuches in einer Erregerkonfiguration; Jahrbuch 1971 der DGLR, 98–120

[5.65] *Cottin, N./Dellinger, E.:* Bestimmung der dynamischen Kenngrößen linearer elastomechanischer Systeme aus Impulsantworten; Z. Flugwiss. 22 (1974) 8, 259–266

[5.66] *Strutz, K.-D./Cottin, N./Eckhardt, K.:* Anwendungen und Erfahrungen mit einem digitalen Auswerteverfahren zur Bestimmung der dynamischen Kenngrößen eines linearen elastomechanischen Systems aus Impulsantworten; Z. Flugwiss. 24 (1976) 4, 209–219

[5.67] *Krawczyk, R.:* Über Iterationsverfahren bei nichtlinearen Gleichungssystemen; ZAMM 49 (1969), 341–349

[5.68] *Cottin, N./Natke, H.G.:* Parametrische Identifikation; im VDI-Lehrgang: Zeitreihen- und Modalanalyse: Identifikation technischer Konstruktionen, VDI-BW 32–22, 1980

[5.69] *Dat, R.:* Détermination des modes propres d'une structure par essai de vibration avec excitation non appropriée; Rech. Aerosp. No. 2 (1973), 99–118

[5.70] *Dat, R.:* Détermination des charactéristiques dynamiques d'une structure à partir d'un essai de vibration avec excitation ponctuelle; Rech. Aerosp. No. 5 (1973), 301–306

[5.71] *Küssner, H.G.:* Theorie dreier Verfahren zur Bestimmung der Parameter eines elastomechanischen Systems im Standschwingungsversuch; Z. Flugwiss. 19 (1971), 53–61

[5.72] *Wittmeyer, H.:* Standschwingungsversuch einer Struktur mit Dämpfungskopplung und Frequenznachbarschaft; Z. Flugwiss. 24 (1976), 139–151

[5.73] *Natke, H.G. (Editor):* Identification of Vibrating Structures; CISM Courses and Lectures No. 272, Springer-Verlag, Wien, New York 1982

[5.74] *Kennedy, C.D./Pancu, C.D.P.:* Use of Vectors in Vibration Measurement and Analysis; J. Aeron. Scie. 14, No. 11, 1947

[5.75] *Schultze, E.:* Die Erregung reiner Eigenschwingungen von Flugzeugflügeln. Eine Anwendung der Theorie der Integralgleichungen; ZAMP, Vol. VI, 1955

[5.76] *Bishop, R.E.D./Gladwell, G.M.L.:* An Investigation into the Theory of Resonance Testing; Aeron. Res. Council, A.1. Rep. ARC 22, 381, 0.1596, 1960 also Phil. Trans. Roy. Soc., Vol. 255. A. 1055, Jan. 1963

[5.77] *Berman, A.:* Determining Structural Parameters from Dynamic Testing; The Shock and Vibration Digest 7 (1975) 1, 10–17

[5.78] *Wells, W.R.:* Stochastic Parameter Estimation for Dynamic Systems; The Shock and Vibration Digest 7 (1975) 2, 86–91

[5.79] *Natke, H.G.:* Probleme der Strukturidentifikation-Teilübersicht über Stand- und Flugschwingungsversuchsverfahren; Z. Flugwiss. 23 (1975), Heft 4, 116–125

[5.80] *Gersch, W.:* Parameter Identification: Stochastic Process Techniques; The Shock and Vibration Digest 7 (1975) 11, 71–86

[5.81] *Radeş, M.:* Methods for the Analysis of Structural Frequency-Response Measurement Data; The Shock and Vibration Digest 8 (1976) 2, 73–88

[5.82] *Natke, H.G.:* Survey of European Ground and Flight Vibration Test Methods; Transactions of the ASME, J. Appl. Mech., Sept. 1977, 2785–2798

[5.83] *Berman, A.:* Parameter Identification Techniques for Vibrating Structures; The Shock and Vibration Digest 11 (1979) 1, 13–16

[5.84] *Radeş, M.:* Analysis Techniques of Experimental Frequency Response Data; The Shock and Vibration Digest 11 (1979) 2, 15–24

[5.85] *Van Honacker, P.:* The Use of Modal Parameters of Mechanical Structures in Sensitivity Analysis-, System Synthesis- and System Identification Methods; Dissertation, Katholieke Universiteit Te Leuven, 80D04, 1980

[5.86] *Jahn, K.-D.:* Rechnergestützte Auswertung von Schwingungsuntersuchungen; Dissertation, Techn. Universität Hannover, 1978

[5.87] *Natke, H.G.:* Fehlerbetrachtungen zur parametrischen Identifikation eines Systems mit kubichem Steifigkeits- und Dämpfungsterm; Techn. Universität München, Czerwenka-Festschrift 1979

[5.88] *Ibrahim, S.R./Mikulcik, E.C.:* A Method for the Direct Identification of Vibration Parameters from the Free Response; Shock and Vibration Bulletin 47, No. 4, 1977, 183–198

[5.89] *Zaghlool, S.A.:* Single-Station Time-Domain Vibration Testing Technique: Theory and Application; J. of Sound and Vibration (1980) 72 (2), 205–234

[5.90] *Natke, H.G.:* Angenäherte Fehlerermittlung für Modalsynthese – Ergebnisse innerhalb der Systemanalyse und Systemidentifikation; ZAMM 61, 1, 1981, 41–58

Ergänzendes Schrifttum:

[5.91] *Shinozuka, M./Imai, H./Enami, Y./Takemura, K.:* Identification of Aerodynamic Characteristics of a Suspension Bridge Based on Field Data; Internat. Union of Theoretical and Applied Mathematics Symposium on Stochastic Problems in Dynamics, 1976, 214–236

[5.92] *Denery, D. G.:* Identification of System Parameters from Input-Output Data with Application to Air Vehicles; NASA TN D-6468, Washington, D.C., 1971

[5.93] *Klosterman, A. L.:* On the Experimental Determination and the Use of Modal Representations of Dynamic Characteristics; Ph. D. Dissertation, University of Cincinnati, 1971

[5.94] *Bonilla, C. F./Jaeger, T. A. (Editors):* Vibration Testing and Seismic Analysis of Nuclear Power Plants; Nuclear Engineering and Design, Vol. 25, 1973, North-Holland Publ. Comp., Amsterdam

[5.95] *Torkamani, M. A. M./Hart, G. C.:* Earthquake Engineering: Parameter Identification; ASCE National Structural Engineering Convention, Reprint 2499, 1975, 1–30

[5.96] *Goyder, H. G. D.:* Structural Modelling by the Curve Fitting of Measured Frequency Response Data; Inst. of Sound and Vibr. Research, Techn. Rep. 87, 1976

[5.97] *Sidar, M.:* Recursive Identification and Tracking of Parameters for Linear and Non-linear Multivariable Systems; Int. J. Control 1976, 24, No. 3, 361–378

[5.98] *Simonian, S./Hart, G. C.:* Identification of Structural Component Failures under Dynamic Loading; SAE 770958, 1977

[5.99] *Link, M./Vollan, A.:* Identification of Structural System Parameters from Dynamic Response Data; Z. Flugwiss. Weltraumforsch. 2 (1978), Heft 3, 165–174

[5.100] *Wiley, G./Ashton, W./Van Benschoten, J./Schendel, J.:* Space Shuttle Main Propulsion Test: System Resonance Survey by Single Point Excitation Method; SAE 781045, 1978

[5.101] *Béliveau, J.-G.:* First Order Formulation of Resonance Testing; J. of Sound and Vibration (1979) 65 (3), 319–327

[5.102] *Gersch, W./Martinelli, F.:* Estimation of Structural System Parameters from Stationary and Non-stationary Ambient Vibrations: An Exploratory-Confirmatory Analysis; J. of Sound and Vibration (1979) 65 (3), 303–318

[5.103] – Problèmes d'Identification en Dynamique des Structures Mécaniques; Euromech 131, Besançon, 1980

[5.104] *Coupry, G.:* Nouvelle methode d'identification des modes d'une structure; ICTAM-Congress, Toronto, 1980

[5.105] *Gaukroger, D. R./Skingle, C. W./Heron, K. H.:* An Application of System Identification to Flutter Testing; J. of Sound and Vibration (1980) 72 (2), 141–150

[5.106] *Goyder, H. G. D.:* Methods and Application of Structural Modelling from Measured Structural Frequency Response Data; J. of Sound and Vibration (1980) 68 (2), 209–230

[5.107] *Oltmann, R.:* Identifikation amplitudenabhängiger Luftkraftparameter und ihre Verwendung bei der Stabilitätsuntersuchung aeroelastischer Zwei-Freiheitsgrad-Systeme; Dissertation, Universität Hannover, 1980

[5.108] *Radeş, M.:* Identificarea Structurala A Sistemelor cu Amortizare Neproportionala; Conferinta „Vibratii in constructia de masini", Timisoara, 1980, 53–60

[5.109] *Schlegel, V.:* Zur Parameteridentifikation von Turboläufern aus dem Schwingungsverhalten; Fortschr.-Ber. VDI-Z. Reihe 11, Nr. 35, 1981

[5.110] *Prößler, E.-K.:* Experimentell-rechnerische Analyse von Maschinenschwingungen, Wege zur gezielten Verbesserung des dynamischen Verhaltens von Werkzeugmaschinen; Fortschr.-Ber. VDI-Z. Reihe 11, Nr. 36, 1981

[5.111] *Bathe, K.-J./Wilson, E. L.:* Numerical Methods in Finite Element Analysis; Prentice-Hall, Inc., Englewood Cliffs, New Jersey, 1976

[5.112] *Niedbal, N.:* Survey of the State of the Art in Modern Ground Vibration Testing; Proc. International Symposium on Aeroelasticity (Organization DGLR), Nürnberg, Oct. 5–7, 1981

6 Indirekte Identifikation: Korrektur der Systemparameter des Rechenmodells

Die Systemanalyse liefert mit ihrem Rechenmodell (s. Bild 1.5) Ergebnisse, deren Genauigkeit von der Modellierung (einschließlich Diskretisierung) und der Güte der (direkten) Systemparameterwerte abhängt. Versuche mit dem realen System ergeben Identifkationsergebnisse, z.B. Schätzungen dynamischer Antworten im Zeit- und Frequenzraum oder Eigenschwingungsgrößen: Ergebnisse des Versuchsmodells. Vergleicht man die Ergebnisse des Rechenmodells mit denen des Versuchsmodells, so werden diese mehr oder weniger voneinander abweichen. Treten Abweichungen auf, die eine vorgegebene Fehlerschranke nicht überschreiten, so ist das Rechenmodell verifiziert. Überschreiten die Abweichungen die vorgegebene Fehlerschranke, dann ist eine Korrektur des Rechenmodells mit Hilfe der Ergebnisse des Versuchsmodells notwendig. Ist die Struktur des mathematischen Modells hinreichend genau, dann läuft die Korrektur auf eine Parameteranpassung hinaus, welche das korrigierte Rechenmodell ergibt (Bild 1.5). Das so gewonnene korrigierte Rechenmodell vermag realistischere Vorhersagen als das Rechenmodell zu liefern. Korrekturrechnungen dienen somit auch als Grundlage für weitere systemanalytische Untersuchungen, z.B. für Systemmodifikationen und für die Systemsynthese.

Die systematische Korrektur von Systemparameter-Matrizen des Rechenmodells durch Identifikationsergebnisse, z.B. gemessene Frequenzgänge, die unter Berücksichtigung der Gesichtspunkte der Stochastik, wie oben behandelt, möglichst fehlerarm gewonnen werden, ist wieder eine Identifikation, die jedoch die Werte des Rechenmodells verwendet. Sie wird deshalb zur Unterscheidung von der (direkten) Identifikation des Abschnittes 5 als indirekte Identifikation bezeichnet.

Die indirekte Identifikation beginnt mit einem Vergleich des Rechenmodells mit dem Versuchsmodell. Es sei der direkte und indirekte Vergleich unterschieden. Im ersten Fall werden die direkten oder indirekten Systemparameter (vgl. Kapitel 5) des Rechenmodells mit denen des Versuchsmodells verglichen, im zweiten nichtparametrische Größen, insbesondere dynamische Antworten, welche die Systemparameter implizit enthalten.

Sind die Systemparameterwerte des betrachteten Systems identifiziert und stimmt die Anzahl der Freiheitsgrade des Rechenmodells und Versuchsmodells überein, so läßt sich der direkte Vergleich unmittelbar durchführen.

Ist die Anzahl der Freiheitsgrade des Rechenmodells verschieden von der des Versuchsmodells – im allgemeinen wird das Rechenmodell eine größere Anzahl besitzen –, dann muß für den direkten Vergleich ein bezüglich der Anzahl der Freiheitsgrade reduziertes Rechenmodell aufgestellt werden. Die Reduktion der Freiheitsgrade kann dadurch erfolgen, daß ein vereinfachtes Rechenmodell aufgestellt wird (aufgrund der Erkenntnisse aus Systemanalyse und Identifikation) oder aber, daß das ursprüngliche Rechenmodell kondensiert wird (vgl. Abschnitt 5.1.9.2).

Werden Eigenschwingungsgrößen für das System identifiziert, so können daraus eingeschränkt Systemparameter-Matrizen entsprechend den Ausführungen des Abschnittes 5.1.8

ermittelt werden. Auf die hierbei auftretenden Schwierigkeiten, bedingt durch die Unvollständigkeit des Versuchsmodells, ist im Abschnitt 5.1.8.2 hingewiesen worden. Wird stattdessen ein direkter Vergleich der Eigenschwingungsgrößen des Rechenmodells mit den Eigenschwingungsgrößen des Versuchsmodells vorgenommen, so kann er in praxi problematisch sein. Werden im einfachsten Fall nur die Eigenfrequenzen $\hat{\omega}_{0r}$ des zugeordneten ungedämpften Systems identifiziert, so können Schwierigkeiten bei der Zuordnung auftreten, wie das nachstehende Beispiel 6.1 zeigt.

Beispiel 6.1: Eigenfrequenzen der Systemanalyse seien f_{0i}: 2,47 Hz, 3,50 Hz, 4,61 Hz, die der Identifikation seien $\hat{f}_{0r}$: 2,51 Hz, 4,20 Hz, 5.30 Hz.
Es liegt nahe, die Zuordnung der Eigenfrequenzen in ihrer wertmäßig aufsteigenden Folge vorzunehmen. Das Bild 6.1 zeigt die zu $f_{01,2}$ und $\hat{f}_{01,2}$ gehörenden Eigenschwingungsformen. In diesem Beispiel ist $\hat{f}_{02}$ der Eigenfrequenz f_{03} zuzuordnen.

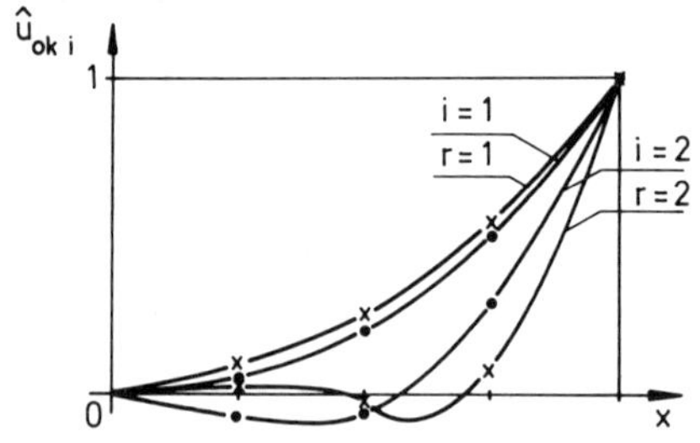

Bild 6.1 Eigenschwingungsformen des ungedämpften Systems,
● Ergebnisse des Rechenmodells
X Meßwerte

Eigenwerte von Rechenmodell und Versuchsmodell können somit im allgemeinen ohne zusätzliche Informationen nicht miteinander verglichen werden. Diese zusätzlichen Informationen sind im Beispiel 6.1 die zugehörigen Eigenschwingungsformen. Einfacher gestaltet sich also der Vergleich von Eigenwerten und Eigenschwingungsformen. Aber auch hier kann eine Zuordnung noch unsicher sein. Dann sollten zusätzlich die zugehörigen generalisierten Massen (Energiebetrachtungen, berechnet mit Hilfe der Trägheitsmatrix des Rechenmodells) miteinander verglichen werden. Genügt auch dieser (globale) Vergleich nicht, so muß tiefer ins Detail gegangen werden, z.B. müssen die generalisierten Massen von Subsystemen miteinander verglichen werden.

Der indirekte Vergleich von Rechenmodell und Versuchsmodell z.B. anhand dynamischer Antworten im Frequenzraum in allen oder in wesentlichen Systempunkten ist ein summarischer. Sind die Systemparameterwerte fehlerbehaftet, so brauchen die Fehler in der Systemantwort nicht erkennbar zu sein. So kann man sich durchaus vorstellen, daß einzelne Modalgrößen derart fehlerbehaftet sind, daß sich die Fehler in der Systemantwort als Superposition der Eigenvektoren (Spektraldarstellung) gerade aufheben. Jedoch kann ein derartiges Modell für die spezielle Aufgabenstellung, nämlich Simulation von dynamischen Antworten in einem bestimmten Frequenzbereich mit vorgegebener Genauigkeit, trotz fehlerbehafteter Eigenschwingungsgrößen durchaus akzeptabel sein.

Im folgenden wird die Parameteranpassung von linearen passiven Systemen behandelt. Das Bild 6.2 zeigt den Ablauf schematisch. Der Vergleich entsprechender Werte des Versuchsmodells und Rechenmodells möge eine Korrektur des Rechenmodells erfordern. Sie führt auf das korrigierte Rechenmodell, das sich von dem Rechenmodell durch die Wahl freier Parameter (Korrekturansatz) unterscheidet. Eine eindeutige Zuordnung der identi-

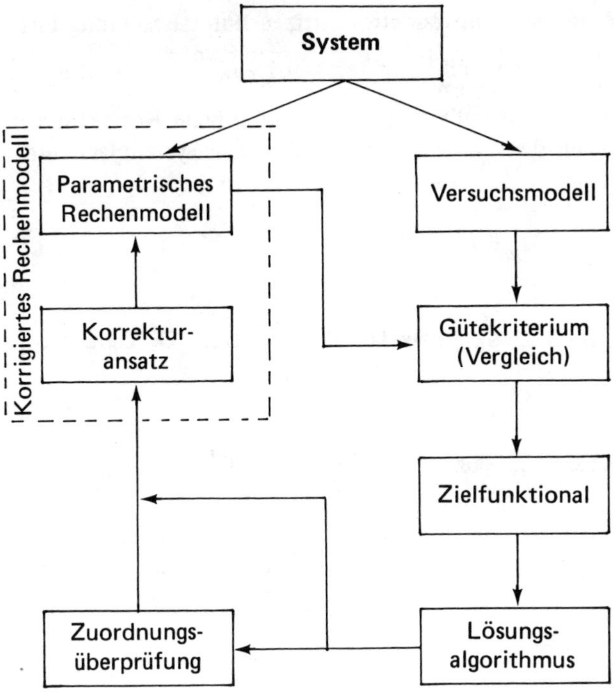

Bild 6.2
Parameteranpassung

fizierten Größen zu den entsprechenden Größen des korrigierten Rechenmodells einschließlich der des Rechenmodells sei vorausgesetzt. Gemäß der Aufgabenstellung sind Residuen bezüglich der Werte des Versuchsmodells und der Größen des korrigierten Rechenmodells zu bilden (Vergleich, Wahl des Gütekriteriums). Die Wahl eines Zielfunktionals in Verbindung mit einer Fehlernorm führt mit der Minimierungsforderung bezüglich des Zielfunktionals zu einem Gleichungssystem in den Unbekannten (Schätzverfahren).

Es verbleibt, zur Lösung des Gleichungssystems einen Lösungsalgorithmus zu wählen. Im allgemeinen werden sich die gesuchten Parameterschätzwerte iterativ ergeben. Während der Iteration muß u.U. darauf geachtet werden, daß die Zuordnung der Größen zwischen Versuchsmodell und korrigiertem Rechenmodell nicht verlorengeht.

Die Korrektur parametrischer Rechenmodelle mittels experimentell ermittelter Größen ist ein verhältnismäßig junges Arbeitsgebiet, demzufolge sind hier noch viele Fragen offen bzw. nicht optimal beantwortet. Erfahrungen für Systeme mit großer Anzahl von (dynamischen) Freiheitsgraden stehen noch aus.

6.1 Parameteranpassung mit Hilfe der Methode der gewichteten kleinsten Fehlerquadrate

Die passiven Systeme sind durch reelle symmetrische Systemparameter-Matrizen gekennzeichnet, die entweder dem Raum $L_{n,n}$ der positiv definiten Matrizen oder dem Raum $L'_{n,n}$ der reellen symmetrischen Matrizen angehören.

Die Korrektur aller Elemente der Systemparameter-Matrizen unter Beachtung ihrer Symmetrie ist sehr aufwendig. Es wären bei voll besetzten Matrizen $3\,\frac{n^2+n}{2}$ (z.B.: n = 3, also 18) Werte zu korrigieren. Es wird deshalb eine globale, faktorielle Korrektur der Systemparameter-Matrizen von Teilen des Systems durchgeführt. Die Systemparameter-Matrizen werden gemäß den Ansätzen

$$\mathbf{M} = \mathbf{M}' + \sum_{\sigma=1}^{S} \mathbf{M}_\sigma, \quad \mathbf{M}', \mathbf{M}_\sigma \in L'_{n,n}, S \in \mathbb{N}, \tag{6.1a}$$

$$\mathbf{B} = \mathbf{B}' + \sum_{\rho=1}^{R} \mathbf{B}_\rho, \quad \mathbf{B}', \mathbf{B}_\rho \in L'_{n,n} \text{ bzw. } \mathbf{D} = \mathbf{D}' + \sum_{\rho=1}^{R} \mathbf{D}_\rho, \quad \mathbf{D}', \mathbf{D}_\rho \in L'_{n,n}, \; R \in \mathbb{N}, \tag{6.1b}$$

$$\mathbf{K} = \mathbf{K}' + \sum_{\iota=1}^{I} \mathbf{K}_\iota, \quad \mathbf{K}', \mathbf{K}_\iota \in L'_{n,n} \text{ bzw. } \mathbf{G} = \mathbf{G}' + \sum_{\iota=1}^{I} \mathbf{G}_\iota, \quad \mathbf{G}', \mathbf{G}_\iota \in L'_{n,n}, I \in \mathbb{N}, \tag{6.1c}$$

additiv aus Summandenmatrizen mit jeweils unabhängigen Summanden zusammengesetzt. Die faktorielle Korrektur mit zu schätzenden Parametern $a_{M\sigma}$, $a_{B\rho}$ bzw. $a_{D\rho}$, $a_{K\iota}$ bzw. $a_{G\iota}$ führt über den Korrekturansatz

$$\mathbf{M}^K := \mathbf{M}' + \sum_{\sigma=1}^{S} a_{M\sigma}\, \mathbf{M}_\sigma, \tag{6.2a}$$

$$\mathbf{B}^K := \mathbf{B}' + \sum_{\rho=1}^{R} a_{B\rho}\, \mathbf{B}_\rho \text{ bzw. } \mathbf{D}^K := \mathbf{D}' + \sum_{\rho=1}^{R} a_{D\rho}\, \mathbf{D}_\rho, \tag{6.2b}$$

$$\mathbf{K}^K := \mathbf{K}' + \sum_{\iota=1}^{I} a_{K\iota}\, \mathbf{K}_\iota \text{ bzw. } \mathbf{G}^K := \mathbf{G}' + \sum_{\iota=1}^{I} a_{G\iota}\, \mathbf{G}_\iota. \tag{6.2c}$$

auf die korrigierten Systemparameter-Matrizen des korrigierten Rechenmodells. In der Formulierung (6.2) werden aufgrund von a priori-Kenntnissen nur die indizierten Matrizensummanden korrigiert. Der Sonderfall $\mathbf{M}' = \mathbf{0}$ usw. ist oben enthalten.

Für $a_{M\sigma} = a_{B\rho} = a_{D\rho} = a_{K\iota} = a_{G\iota} = 1$ sind die korrigierten Systemparameter-Matrizen (6.2) gleich den Matrizen des (unkorrigierten) Rechenmodells (6.1). (Dieser Sachverhalt kann für eine iterative Korrektur mit den Startelementen Eins genutzt werden.) Man erkennt, daß der Korrekturansatz (6.2) den Fall der Korrektur der einzelnen Matrizenelemente unter Berücksichtigung der Symmetrie der Matrizen enthält:

$$I, R, S \leqslant \frac{n(n+1)}{2}\,. \tag{6.3a}$$

Die Elemente der Systemparameter-Matrizen setzen sich aus Kennwerten (Parametern) der einzelnen (realen) Konstruktionselemente zusammen (Konstruktionselement-Parameter, design variables). Sollen (evtl. zu einem Teil) diese Konstruktionselement-Parameter, Anzahl m, korrigiert werden (s. Abschnitt 6.5), so muß gelten:

$$J = I + R + S \leqslant m. \tag{6.3b}$$

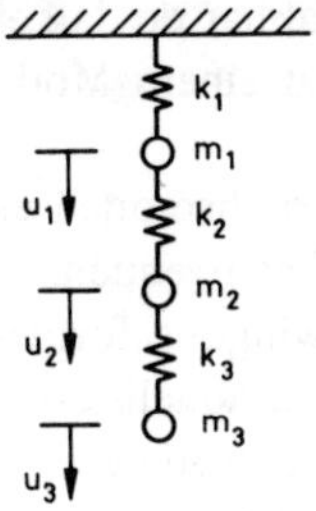

Bild 6.3 3-Massen-Kettenschwinger

Beispiel 6.2 Für den im Bild 6.3 dargestellten Kettenschwinger lauten die Systemparameter-Matrizen:

$$\mathbf{M} = \begin{pmatrix} m_1, & 0, & 0 \\ 0, & m_2, & 0 \\ 0, & 0, & m_3 \end{pmatrix}, \quad \mathbf{K} = \begin{pmatrix} k_1 + k_2, & -k_2, & 0 \\ -k_2, & k_2 + k_3, & -k_3 \\ 0, & -k_3, & k_3 \end{pmatrix}.$$

Eine physikalisch interpretierbare Aufteilung in Submatrizen ist z.B.:

$$\mathbf{M}' = 0, \quad \mathbf{M}_1 = \begin{pmatrix} m_1, & 0, & 0 \\ 0, & 0, & 0 \\ 0, & 0, & 0 \end{pmatrix}, \quad \mathbf{M}_2 = \begin{pmatrix} 0, & 0, & 0 \\ 0, & m_2, & 0 \\ 0, & 0, & 0 \end{pmatrix}, \quad \mathbf{M}_3 = \begin{pmatrix} 0, & 0, & 0 \\ 0, & 0, & 0 \\ 0, & 0, & m_3 \end{pmatrix},$$

$$\mathbf{K}' = 0, \quad \mathbf{K}_1 = \begin{pmatrix} k_1, & 0, & 0 \\ 0, & 0, & 0 \\ 0, & 0, & 0 \end{pmatrix}, \quad \mathbf{K}_2 = \begin{pmatrix} k_2, & -k_2, & 0 \\ -k_2, & k_2, & 0 \\ 0, & 0, & 0 \end{pmatrix}, \quad \mathbf{K}_3 = \begin{pmatrix} 0, & 0 & 0 \\ 0, & k_3, & -k_3 \\ 0, & -k_3, & -k_3 \end{pmatrix}$$

Beispiel 6.3: Betrachtet man den Kettenschwinger des Beispiels 6.2, so ist es denkbar, daß in dem zugehörigen Rechenmodell beispielsweise nur die Federkonstante k_2 fehlerhaft angesetzt ist. Das bedeutet in der Steifigkeitsmatrix-Zerlegung

$$\mathbf{K} = \begin{pmatrix} k_2, & -k_2, & 0 \\ -k_2, & k_2, & 0 \\ 0, & 0, & 0 \end{pmatrix} + \begin{pmatrix} k_1, & 0, & 0 \\ 0, & k_3, & -k_3 \\ 0, & -k_3, & k_3 \end{pmatrix} =: \mathbf{K}_1 + \mathbf{K}',$$

daß lediglich die Submatrix $\mathbf{K}_1$ faktoriell korrigiert zu werden braucht: I = 1.

Die Summandenmatrizen in (6.1) sind reelle symmetrische Matrizen der Ordnung n, sie werden im folgenden kurz auch Submatrizen genannt. Sie können reale Subsysteme aber auch Subsysteme im übertragenen Sinne (z.B. lediglich die aus Wölbkraftgruppen resultierenden Nachgiebigkeiten einzelner Einspannelemente) beschreiben. Durch den vereinfachten und doch flexiblen Korrekturansatz (6.2) ist die indirekte Identifikation auf die Schätzung der Korrekturparameter, zusammengefaßt in den Parametervektoren $\mathbf{a}_K$, $\mathbf{a}_G \in R_I$, $\mathbf{a}_B$, $\mathbf{a}_D \in R_R$, $\mathbf{a}_M \in R_S$ zurückgeführt. Die Verwendung des Korrekturansatzes birgt jedoch auch Probleme in sich, auf die im Abschnitt 6.2.4.4 eingegangen wird. Der Korrekturansatz (6.2) erscheint von der Praxis gesehen unter den nachstehenden Gesichtspunkten berechtigt:

1. Viele Rechenmodelle der Praxis sind so aufgebaut, daß die Systemparameter-Matrizen aus Matrizen bestehen, die für Subsysteme ermittelt wurden und die mit unterschiedlichen Annahmen und Genauigkeiten berechnet wurden.
2. Häufig sind Systemparameter-Matrizen für die Subsysteme hinreichend genau berechenbar bzw. einzeln korrigierbar. Die Verbindungen der Subsysteme miteinander sind

jedoch u.U. infolge ihrer Kompliziertheit nur schwierig erfaßbar, so daß eine Korrektur der Parameterwerte bezüglich der Verbindungselemente zu einem Modell mit hinreichender Genauigkeit führen kann.

3. Wird ein direkter Vergleich zugrunde gelegt, dann ist das Versuchsmodell im allgemeinen unvollständig. Sei es, daß aus bestimmten Gründen nur Eigenfrequenzen identifiziert oder bei der Identifikation von Eigenfrequenzen, Eigenschwingungsformen und generalisierten Werten diese nicht für alle Freiheitsgrade des Rechenmodells ermittelt wurden. Hinzu kommt, daß u.U. keine eindeutige Zuordnung der identifizierten Eigenschwingungsgrößen zu denen des Rechenmodells möglich ist und deshalb nur mit der Teilmenge der identifizierten Eigenschwingungsgrößen gearbeitet werden muß, die sich zu den entsprechenden Werten des Rechenmodells eindeutig zuordnen läßt. Um ein überbestimmtes Gleichungssystem in den zu schätzenden Parametern zu erhalten, muß ein vereinfachter Korrekturansatz eingeführt werden.

Mit νN sei die Anzahl der (reellen, komplexen) Werte bezeichnet, die für die Korrektur zur Verfügung stehen. Sind beispielsweise N Eigenlösungen $\hat{\lambda}_{0r}$, $\hat{\mathbf{u}}_{0r}$, r = 1(1)N, des passiven ungedämpften Systems identifiziert, denen auch N Eigenlösungen des Rechenmodells zugeordnet werden können, so besteht die Informationsmenge zur Korrektur aus $\nu N = N + nN = (n+1)N$ Werten: $\nu = n+1$. Der später im Einzelfall zu beschreibende Residuenvektor $\mathbf{v} \in C_{\nu N}$ (Gütekriterium) hängt von den Korrekturparametervektoren ab:

$$\mathbf{v} = \mathbf{v}(\mathbf{a}) \in C_{\nu N}\,. \tag{6.4}$$

Der Korrekturparameter-Vektor $\mathbf{a}^T := (a_1, ..., a_J)$ setzt sich aus den Vektoren $\mathbf{a}_M^T := (a_{M1}, ..., a_{MS})$, $\mathbf{a}_B^T := (a_{B1}, ..., a_{BR})$ bzw. $\mathbf{a}_D^T := (a_{D1}, ..., a_{DR})$ und $\mathbf{a}_K^T := (a_{K1}, ..., a_{KI})$ bzw. $\mathbf{a}_G^T := (a_{G1}, ..., a_{GI})$ zusammen, J = I + R + S, abhängig davon, was für ein System vorliegt und welche Systemparameter-Matrizen korrigiert werden sollen. Die Wichtung des Residuenvektors $\mathbf{v}$ mit einer reellen oder komplexen regulären (νN, νN)-Matrix $\mathbf{G}_v \urcorner \mathbf{G}_v(\mathbf{a})$ führt für die Methode der gewichteten kleinsten Fehlerquadrate auf das reellwertige Zielfunktional

$$J(\mathbf{a}) := \mathbf{v}^{*T}\, \mathbf{G}_v^{*T}\, \mathbf{G}_v\, \mathbf{v} =: \mathbf{v}^{*T}\, \mathbf{G}_w\, \mathbf{v} \rightarrow \mathrm{Min}(\mathbf{a}). \tag{6.5}$$

Die Wichtungsmatrix $\mathbf{G}_w := \mathbf{G}_v^{*T}\, \mathbf{G}_v$[1] ist mit $\mathbf{G}_W = \mathbf{G}_W^{*T}$ hermitesch und positiv definit (vgl. z.B. [3.9]).

Die notwendigen Bedingungen führen mit den Beziehungen

$$\frac{\partial J(\mathbf{a})}{\partial a_j} = \frac{\partial \mathbf{v}^{*T}}{\partial a_j}\mathbf{G}_W\, \mathbf{v} + \mathbf{v}^{*T}\, \mathbf{G}_W\, \frac{\partial \mathbf{v}}{\partial a_j}\,,$$

$$\mathbf{v}^{*T}\mathbf{G}_W \frac{\partial \mathbf{v}}{\partial a_j} = \left(\mathbf{v}^{*T}\mathbf{G}_W \frac{\partial \mathbf{v}}{\partial a_j}\right)^T = \frac{\partial \mathbf{v}^T}{\partial a_j}\, \mathbf{G}_W^T\, \mathbf{v}^* = \left(\frac{\partial \mathbf{v}^{*T}}{\partial a_j}\, \mathbf{G}_W^{*T}\, \mathbf{v}\right)^* = \left(\frac{\partial \mathbf{v}^{*T}}{\partial a_j}\, \mathbf{G}_W \mathbf{v}\right)^*$$

und demzufolge mit

$$\frac{\partial J(\mathbf{a})}{\partial a_j} = \frac{\partial \mathbf{v}^{*T}}{\partial a_j}\mathbf{G}_W\, \mathbf{v} + \left(\frac{\partial \mathbf{v}^{*T}}{\partial a_j}\, \mathbf{G}_W\, \mathbf{v}\right)^* = 2\,\mathrm{Re}\left(\frac{\partial \mathbf{v}^{*T}}{\partial a_j}\, \mathbf{G}_W\, \mathbf{v}\right)$$

1 Die Wichtungsmatrix (vgl. Abschnitt 3.3.3) wird hier wegen des möglichen Auftretens der Nachgiebigkeitsmatrix **G** mit dem Index W versehen.

auf die Ausgangsgleichungen zur Berechnung der Schätzwerte

$$\left.\begin{array}{l}\left[\dfrac{\partial \mathbf{v}^{*T}}{\partial a_j}\mathbf{G_W}\,\mathbf{v}+\left(\dfrac{\partial \mathbf{v}^{*T}}{\partial a_j}\mathbf{G_W}\mathbf{v}\right)^*\right]\Big/_{\mathbf{a}=\hat{\mathbf{a}}}=2\,\mathrm{Re}\left(\dfrac{\partial \mathbf{v}^{*T}}{\partial a_j}\mathbf{G_W}\,\mathbf{v}\right)\Big/_{\mathbf{a}=\hat{\mathbf{a}}}=0,\\ j=1(1)J,\ J=I+R+S.\end{array}\right\}\tag{6.6a}$$

Beachtet man, daß J(**a**) reellwertig ist, J(**a**) = J*(**a**), so können die Gln. (6.6a) auch in der Form

$$\left.\begin{array}{l}\left[\dfrac{\partial \mathbf{v}^{T}}{\partial a_j}\mathbf{G_W^*}\,\mathbf{v}^*+\left(\dfrac{\partial \mathbf{v}^{T}}{\partial a_j}\mathbf{G_W^*}\,\mathbf{v}^*\right)^*\right]\Big/_{\mathbf{a}=\hat{\mathbf{a}}}=2\,\mathrm{Re}\left(\dfrac{\partial \mathbf{v}^{T}}{\partial a_j}\mathbf{G_W^*}\,\mathbf{v}^*\right)\Big/_{\mathbf{a}=\hat{\mathbf{a}}}=0,\\ j=1(1)J,\end{array}\right\}\tag{6.6b}$$

geschrieben werden.

Entsprechend (3.80) sei die (νN, J)-Funktionalmatrix

$$\mathbf{Dv} := -\left(\frac{\partial \mathbf{v}}{\partial a_1},\ldots,\frac{\partial \mathbf{v}}{\partial a_J}\right)\tag{6.7}$$

eingeführt. Damit lassen sich die Gln. (6.6b) in Matrixform schreiben:

$$[\mathbf{Dv}^T\mathbf{G_W^*}\,\mathbf{v}^*+(\mathbf{Dv}^T\mathbf{G_W^*}\,\mathbf{v}^*)^*]/_{\mathbf{a}=\hat{\mathbf{a}}}=2\,\mathrm{Re}\,(\mathbf{Dv}^T\mathbf{G_W^*}\,\mathbf{v}^*)/_{\mathbf{a}=\hat{\mathbf{a}}}=\mathbf{0}.\tag{6.8}$$

Dieses sind J Gleichungen zur Ermittlung der J Schätzwerte aus νN Residuen.

Ist der Residuenvektor **v** linear in den Korrekturparametern (vgl. (3.81)),

$$\mathbf{v}\overset{!}{=}\mathbf{b}-\mathbf{Dv}\,\mathbf{a},\quad \mathbf{b}\in C_{\nu N},\quad \mathbf{b}\,\neg\,\mathbf{b}(\mathbf{a}),\quad \mathbf{Dv}\,\neg\,\mathbf{Dv}(\mathbf{a}),\tag{6.9}$$

so führt (6.8) auf ein lineares Gleichungssystem zur Ermittlung der Schätzwerte von **a**:

$$\begin{aligned}&\mathbf{Dv}^T\,\mathbf{G_W^*}(\mathbf{b}^*-\mathbf{Dv}^*\,\hat{\mathbf{a}})+\mathbf{Dv}^{*T}\,\mathbf{G_W}(\mathbf{b}-\mathbf{Dv}\,\hat{\mathbf{a}})=\mathbf{0},\\ &\hat{\mathbf{a}}=[\mathbf{Dv}^T\,\mathbf{G_W^*}\,\mathbf{Dv}^*+(\mathbf{Dv}^T\,\mathbf{G_W^*}\,\mathbf{Dv}^*)^*]^{-1}\,[\mathbf{Dv}^T\,\mathbf{G_W^*}\mathbf{b}^*+(\mathbf{Dv}^T\,\mathbf{G_W^*}\mathbf{b}^*)^*]\\ &\phantom{\hat{\mathbf{a}}}=[\mathrm{Re}\,(\mathbf{Dv}^T\,\mathbf{G_W^*}\,\mathbf{Dv}^*)]^{-1}\,\mathrm{Re}\,(\mathbf{Dv}^T\,\mathbf{G_W^*}\,\mathbf{b}^*).\end{aligned}\tag{6.10}$$

Neben der Bedingung (6.3) muß also für die Matrix $\mathrm{Re}(\mathbf{Dv}^T\mathbf{G_W^*}\mathbf{Dv}^*)$ mit Maximalrang J, der vorausgesetzt wurde, auch die Ungleichung

$$J \leqslant \nu N\tag{6.11}$$

erfüllt sein, das Gleichheitszeichen führt auf J Residuen für J Korrekturfaktoren.

Ist der Residuenvektor **v** nichtlinear in den Korrekturfaktoren a_j, dann muß auf die in den Schätzwerten nichtlineare Matrizengleichung (6.8) zurückgegriffen werden. Häufig kann aber auch der Formalismus (6.10) für nichtkennwertlineare Modelle in der Formulierung **v** = **b** – **Dv a** mit **b** = **b**(**a**), **Dv** = **Dv**(**a**) herangezogen werden, der eine übersichtliche Darstellung erlaubt. Zur Lösung des nichtlinearen Gleichungssystems – als rein mathematisches Problem – kommen u.a. die im Abschnitt 3.3.3 angeführten Methoden – s. z.B. (3.85) – in Frage. Lassen sich die gesuchten Parameter explizit in die Gl. (6.8) einführen, so daß die Struktur des Gleichungssystems bekannt ist, führen u.U. andere Lösungsmethoden schneller zum Ziel (vgl. beispielsweise Abschnitt 5.3). Denkt man an eine Entwicklung der nichtlinearen Gleichungen, dann ist die Einführung von $\Delta\hat{\mathbf{a}} := \hat{\mathbf{a}} - \mathbf{e}$, $\mathbf{e}^T :=$

(1, ..., 1), u.U. sinnvoll. Auf die iterative Lösung wird bei der Durchführung (s. Abschnitt 6.2.4.5) nochmals kurz zurückgekommen.

Hinsichtlich der Kovarianz der Schätzwerte vgl. Abschnitt 3.3.3 und Abschnitt 6.2.4.1.

Die Korrekturansätze (6.2) enthalten die Korrektur der Steifigkeitsmatrix alternativ zu der der Nachgiebigkeitsmatrix. Beachtet man den Zusammenhang zwischen den Matrizen **K**, **G** und den Eigenschwingungsgrößen entsprechend Tabelle 5.3 und die im Abschnitt 5.1.8.1 enthaltenen diesbezüglichen Ausführungen, die besagen, daß unter bestimmten Voraussetzungen die Steifigkeitsformulierung die höherfrequenten Freiheitsgrade und die Nachgiebigkeitsformulierung die niederfrequenten Freiheitsgrade betont, so ergibt sich schon der erste Hinweis für die Formulierungswahl: Gibt das Rechenmodell unter den im Abschnitt 5.1.8.1 genannten Voraussetzungen bezüglich des Eigenschwingungsverhaltens das Systemverhalten im niederfrequenten Bereich gut – was im allgemeinen der Fall ist –, dagegen im höherfrequenten Bereich unzulänglich wieder, dann erscheint ohne Einführung einer speziellen Wichtungsmatrix eine Parameteranpassung in der Steifigkeitsformulierung effizienter als in der Nachgiebigkeitsformulierung. Umgekehrt gilt die entsprechende Aussage.

Die Wahl des Residuenvektors hängt von der Aufgabenstellung ab, z.B. Anpassung von Eigenwerten und Eigenvektoren oder Korrektur des Rechenmodells für dynamische Antworten. Im letzten Fall setzt sich der Residuenvektor z.B. mit den gemessenen Größen $\hat{\mathbf{u}}^M(\Omega_r)$ und den korrigierten Modellantworten $\hat{\mathbf{u}}^K(\Omega_r)$ für harmonische Erregung mit den Erregungsfrequenzen Ω_r aus den Elementen $\hat{\mathbf{u}}^M(\Omega_r) - \hat{\mathbf{u}}^K(\Omega_r)$ gemäß (3.78) zusammen. Muß bei der Korrektur des Rechenmodells auf schon vorliegende identifizierte Größen zurückgegriffen werden, die nicht direkt der Aufgabenstellung entsprechen, so kann damit ebenfalls eine Korrektur durchgeführt werden, die jedoch nur ein optimales korrigiertes Rechenmodell gemäß der Wahl des Gütekriteriums (Residuenvektor) bei gegebener Zielfunktion (6.5) liefert. Die Fehlerauswirkung auf die interessierenden Größen ergibt dann eine Empfindlichkeitsanalyse (Abschnitt 6.2.4.3).

Bevor verschiedene Anpassungsalgorithmen diskutiert werden, seien die Voraussetzungen und Grundlagen für die Parameteranpassung zusammengefaßt:

- lineare passive diskrete Systeme,
- das Versuchsmodell kann unvollständig sein,
- globale, faktorielle Korrektur von Submatrizen der Systemparameter-Matrizen
- Methode der gewichteten kleinsten Fehlerquadrate.[1]

6.2 Das ungedämpfte System

Das ungedämpfte System spielt in der Systemanalyse eine große Rolle, so daß zunächst eine Korrektur der Systemparameter-Matrizen des ungedämpften Systems anhand identifizierter Eigenschwingungsgrößen behandelt wird. Anschließend wird die Korrektur mit gemessenen dynamischen Antworten aufgrund harmonischer Erregungen diskutiert, gefolgt von Durchführungsangaben. Die im Zusammenhang mit dem ungedämpften System auftretenden Größen sind sämtlich reell.

1 Neben dem im Abschnitt 3.3.3 dargelegten statistischen Hintergrund s. auch die Ausführungen des Abschnittes 6.6.

6.2.1 Korrektur mittels Eigenwerte

Eigenfrequenzen des zugeordneten ungedämpften Systems lassen sich relativ leicht identifizieren. Den identifizierten Eigenwerten $\hat{\lambda}_{0r} := \hat{\omega}_{0r}^2$, $r = 1(1)N \leqslant n$ sind die Eigenschwingungsgrößen des korrigierten Rechenmodells zugeordnet, die dem Matrizeneigenwertproblem

$$(-\lambda_{0r}^K \mathbf{M}^K + \mathbf{K}^K)\, \hat{\mathbf{u}}_{0r}^K = \mathbf{0}, \quad r = 1(1)N \tag{6.12}$$

genügen. Die Eigenlösungen von (6.12) sind damit von den Korrekturfaktoren abhängig (oberer Index K!). Es wird vorausgesetzt, daß eine eindeutige Zuordnung der identifizierten Werte $\hat{\lambda}_{0r}$ zu den Eigenwerten λ_{0r} des Rechenmodells sowie zu den korrigierten Eigenwerten λ_{0r}^K möglich ist.

6.2.1.1 Korrektur der Steifigkeitsmatrix

Ist die Trägheitsmatrix $\mathbf{M}$ des Rechenmodells hinreichend genau, $\mathbf{M}^K = \mathbf{M}$, so genügt eine Korrektur der Steifigkeitsmatrix mit dem Korrekturansatz (6.2c), d.h., der Korrekturvektor $\mathbf{a}$ geht über in den Vektor $\mathbf{a}_K = \mathbf{a}$. Die Eigenschwingungsgrößen des korrigierten Rechenmodells genügen damit dem Matritzeneigenwertproblem

$$(-\lambda_{0r}^K \mathbf{M} + \mathbf{K}^K)\, \hat{\mathbf{u}}_{0r}^K = \mathbf{0}, \quad r = 1(1)N. \tag{6.13}$$

Der Residuenvektor ist definiert durch

$$\mathbf{v}_1^T := (\hat{\lambda}_{01} - \lambda_{01}^K, \ldots, \hat{\lambda}_{0N} - \lambda_{0N}^K). \tag{6.14}$$

Die Funktionalmatrix (6.7) lautet demzufolge

$$\mathbf{D}\mathbf{v}_1 = -\left(\frac{\partial \mathbf{v}_1}{\partial a_{K1}}, \ldots, \frac{\partial \mathbf{v}_1}{\partial a_{KI}}\right), \tag{6.15}$$

sie ist eine (N, I)-Matrix, also gilt in diesem Fall $\nu = 1$ (vgl. (6.4)). Zur Ermittlung der partiellen Ableitungen $\partial \mathbf{v}_1 / \partial a_{K\iota}$ mit dem Vektor (6.14) werden die partiellen Ableitungen $\partial \lambda_{0r}^K / \partial a_{K\iota}$, $r = 1(1)N$, benötigt. Hierzu wird das Matrizeneigenwertproblem (6.13) partiell nach $a_{K\iota}$ differenziert:

$$\left(-\frac{\partial \lambda_{0r}^K}{\partial a_{K\iota}} \mathbf{M} + \mathbf{K}_\iota\right) \hat{\mathbf{u}}_{0r}^K + (-\lambda_{0r}^K \mathbf{M} + \mathbf{K}^K)\, \frac{\partial \hat{\mathbf{u}}_{0r}^K}{\partial a_{K\iota}} = \mathbf{0}. \tag{6.16}$$

Linksmultiplikation von (6.16) mit $\hat{\mathbf{u}}_{0r}^{KT}$ liefert unter Beachtung von (6.13) (der zweite Term der linken Seite ist gleich dem Nullvektor) mit der Normierung $m_{gr}^K = \hat{\mathbf{u}}_{0r}^{KT} \mathbf{M}\, \hat{\mathbf{u}}_{0r}^K = 1$ für die Eigenvektoren die Ableitungen zu

$$\frac{\partial \lambda_{0r}^K}{\partial a_{K\iota}} = \hat{\mathbf{u}}_{0r}^{KT} \mathbf{K}_\iota\, \hat{\mathbf{u}}_{0r}^K =: k_{gr\iota}^K. \tag{6.17}$$

Die differentielle Änderung des r-ten korrigierten Eigenwertes infolge einer differentiellen Änderung des ι-ten Korrekturfaktors ist also gleich der r-ten generalisierten Steifigkeit der Submatrix $\mathbf{K}_\iota$ (Sensitivitätsfunktion, Verstärkungsfaktor). Die generalisierte „Sub-Steifigkeit“ $k_{gr\iota}^K$ des korrigierten Rechenmodells wird mit den Eigenvektoren $\hat{\mathbf{u}}_{0r}^K$ des korrigierten Rechenmodells gebildet, die von den Korrekturfaktoren $a_{K\iota}$ abhängen (vgl. (6.13)), folglich ist $k_{gr\iota}^K = k_{gr\iota}^K\,(\mathbf{a}_K)$. Nach Gl. (5.18) ist der r-te Eigenwert gleich der r-ten generalisierten Steifigkeit des Gesamtsystems. Mit den Gln. (6.2c) und (6.17) folgt der korrigierte Eigenwert zu

$$\lambda_{0r}^K = k_{gr}^K = \hat{\mathbf{u}}_{0r}^{KT} \mathbf{K}^K \hat{\mathbf{u}}_{0r}^K = \hat{\mathbf{u}}_{0r}^{KT} \mathbf{K}' \hat{\mathbf{u}}_{0r}^K + \hat{\mathbf{u}}_{0r}^{KT} \left(\sum_{\iota=1}^{I} a_{K\iota} \mathbf{K}_\iota \right) \hat{\mathbf{u}}_{0r}^K$$

$$=: k_{gr}^{\prime K} + \sum_{\iota=1}^{I} a_{K\iota}\, k_{gr\iota}^K = k_{gr}^{\prime K} + \sum_{\iota=1}^{I} \frac{\partial \lambda_{0r}^K}{\partial a_{K\iota}}\, a_{K\iota}, \tag{6.18}$$

er ist explizit linear in den Korrekturparametern darstellbar, jedoch im allgemeinen wegen $k_{gr}^{\prime K} = k_{gr}^{\prime K}(\mathbf{a}_K)$ und $\partial\lambda_{0r}^K/\partial a_{K\iota} = k_{gr\iota}^K\,(\mathbf{a}_K)$ nichtlinear von ihnen abhängig. Mit den Elementen

$$\hat{\lambda}_{0r} - \lambda_{0r}^K = \hat{\lambda}_{0r} - k_{gr}^{\prime K} - \sum_{\iota=1}^{I} \frac{\partial \lambda_{0r}^K}{\partial a_{K\iota}}\, a_{K\iota}$$

des Residuenvektors $\mathbf{v}_1$ kann für diesen

$$\mathbf{v}_1 = \mathbf{b}_1 - \mathrm{D}\mathbf{v}_1\, \mathbf{a}_K. \tag{6.19}$$

geschrieben werden mit

$$\mathrm{D}\mathbf{v}_1 = \begin{pmatrix} k_{g11}^K, \ldots, k_{g1I}^K \\ \ldots\ldots\ldots\ldots \\ k_{gN1}^K, \ldots, k_{gNI}^K \end{pmatrix}, \; \mathbf{b}_1^T := (\hat{\lambda}_{01} - k_{g1}^{\prime K}, \ldots, \hat{\lambda}_{0N} - k_{gN}^{\prime K}). \tag{6.20}$$

Die Funktionalmatrix $\mathrm{D}\mathbf{v}_1$ besteht aus den generalisierten „Substeifigkeiten“ (6.17), $\mathbf{b}_1$ enthält die generalisierten Substeifigkeiten $k_{gr}^{\prime K}$, demzufolge hängen beide Größen von den Korrekturparametern $a_{K\iota}$ ab. Mit den Gln. (6.19) und (6.20) führt die notwendige Bedingung (6.8) auf das reelle Gleichungssystem

$$\hat{\mathbf{a}}_K = [(\mathrm{D}\mathbf{v}_1^T\, \mathbf{G}_W\, \mathrm{D}\mathbf{v}_1)^{-1}\, \mathrm{D}\mathbf{v}_1^T\, \mathbf{G}_W\, \mathbf{b}_1]\big/_{\mathbf{a}_K = \hat{\mathbf{a}}_K}, \; \mathbf{G}_W = \mathrm{diag}(g_r). \tag{6.21}$$

Wegen $\mathrm{D}\mathbf{v}_1 = \mathrm{D}\mathbf{v}_1(\mathbf{a}_K)$ und wegen $\mathbf{b}_1 = \mathbf{b}_1(\mathbf{a}_K)$ für $\mathbf{K}' \neq \mathbf{0}$ muß die rechte Seite von (6.21) an der Stelle $\mathbf{a}_K = \hat{\mathbf{a}}_K$ genommen werden. Damit liegt ein in den Schätzwerten nichtlineares Gleichungssystem vor. Die Schreibweise (6.21) bietet sich an, wenn (6.21) derart linearisiert wird, daß (6.18) mit (6.17) für die Eigenvektoren $\hat{\mathbf{u}}_{0r}$ des Rechenmodells verwendet wird (1. Iterationsschritt).

Da die rechte Seite von (6.21) in den generalisierten Substeifigkeiten die Eigenvektoren des korrigierten Rechenmodells enthält, muß das Gleichungssystem in Verbindung mit dem Matrizeneigenwertproblem (6.13) gelöst werden. Das Verfahren ist bezüglich der Eigenvektoren adaptiv, d.h., über die Korrektur der Eigenwerte werden gleichzeitig auch die Eigenvektoren angepaßt. Der allgemeine iterative Rechengang in der Formulierung (6.21) lautet somit:

$$\left.\begin{array}{l}
0.\ k = 0,\ k - \text{Iterationsindex} \\
1.\ k_{gr\iota}^{K(k)} := \hat{\mathbf{u}}_{0r}^{K(k)T} \mathbf{K}_\iota\, \hat{\mathbf{u}}_{0r}^{K(k)},\ k_{gr}^{\prime K(k)} := \hat{\mathbf{u}}_{0r}^{K(k)T}\ \mathbf{K}'\hat{\mathbf{u}}_{0r}^{K(k)}, \\
\quad \hat{\mathbf{u}}_{0r}^{K(k)} \text{ aus } (-\lambda_{0r}^{K(k)}\ \mathbf{M} + \mathbf{K}^{K(k)})\ \hat{\mathbf{u}}_{0r}^{K(k)} = \mathbf{0} \\
\quad \text{mit } \mathbf{K}^{K(k)} = \mathbf{K}' + \sum_{\iota=1}^{I} a_{K\iota}^{(k)}\ \mathbf{K}_\iota,\ \text{Startelement z.B. } \mathbf{a}_K^{(0)} = \mathbf{e}, \\
\quad \text{Normierung } m_{gr}^{K(k)} = \hat{\mathbf{u}}_{0r}^{K(k)T}\ \mathbf{M}\ \hat{\mathbf{u}}_{0r}^{K(k)} = 1 \\
2.\ \mathbf{a}_K^{(k+1)} = (\mathbf{Dv}_1^{(k)T}\ \mathbf{G}_W\ \mathbf{Dv}_1^{(k)})^{-1}\ \mathbf{Dv}_1^{(k)T}\ \mathbf{G}_W\ \mathbf{b}_1^{(k)} \\
3.\ \text{Wiederholung der Rechnung ab 1. bis } \| \mathbf{a}_K^{(k+1)} - \mathbf{a}_K^{(k)} \| \\
\quad \text{kleiner als eine vorgegebene Schranke wird: } \mathbf{a}_K^{(k+1)} \rightarrow \hat{\mathbf{a}}_K.
\end{array}\right\} \tag{6.22}$$

Die Iteration beginnt also mit den Eigenvektoren des Rechenmodells. Bei größeren Abweichungen zwischen $\lambda_{0r}^{K(k)}$ und $\hat{\lambda}_{0r}$ kann über k (während der Iteration) die Zuordnung der Eigenwerte (z.B. mit wachsendem Index in aufsteigender Wertfolge) verlorengehen. Sie muß deshalb während der Iteration überprüft und notfalls wiederhergestellt werden. Dieses kann über die Orthonormierung

$$\hat{\mathbf{u}}_{0r}^{K(k+1)T}\ \mathbf{M}\ \hat{\mathbf{u}}_{0r}^{K(k)} = \delta_r^{k+1,k} \tag{6.23}$$

geschehen, denn bei richtiger Zuordnung muß $\delta_r^{k+1,k} \doteq 1$ gelten, anderenfalls muß der Wert annähernd gleich Null sein.

Wie einleitend schon erwähnt, werden in bestimmten Fällen durch die Korrektur mit $\mathbf{G}_W = \mathbf{I}$ bei geeigneter Wahl der Submatrizen die Freiheitsgrade des korrigierten Rechenmodells mit den höheren Eigenfrequenzen betont.

Beispiel 6.4: Der Kettenschwinger der Aufgabe 5.22 mit den Systemparameter-Matrizen

$$\mathbf{M} = \begin{pmatrix} 1; & 0; & 0 \\ 0; & 1; & 0 \\ 0; & 0; & 0{,}1 \end{pmatrix}, \quad \mathbf{K}_{\text{System}} = 10^3 \begin{pmatrix} 2; & -1; & 0 \\ -1; & 2; & -1 \\ 0; & -1; & 10 \end{pmatrix}$$

sei mit fehlerhaften Federkonstanten modelliert:

$$\mathbf{K} = 10^3 \begin{pmatrix} 1{,}8; & -0{,}8; & 0 \\ -0{,}8; & 1{,}8; & -1 \\ 0; & -1; & 9{,}5 \end{pmatrix}.$$

Aus der Systemidentifikation stehen die beiden Schätzwerte $\hat{\lambda}_{01} = 0{,}948 \cdot 10^3$, $\hat{\lambda}_{02} = 2{,}933 \cdot 10^3$ zur Verfügung (die exakten Werte – also für das System – sind nach Aufgabe 5.22: $0{,}94825 \cdot 10^3$; $2{,}93498 \cdot 10^3$). Wie groß ist der Korrekturfaktor für die Steifigkeitssubmatrix

$$\mathbf{K}_1 := 10^3 \begin{pmatrix} 0{,}8; & -0{,}8; & 0 \\ -0{,}8; & 0{,}8; & 0 \\ 0; & 0; & 0 \end{pmatrix}?$$

Das Matrizeneigenwertproblem des korrigierten Rechenmodells lautet

$$(-\lambda_{0r}^K\, \mathbf{M} + a_{K1}'\, \mathbf{K}_1 + \mathbf{K}')\ \hat{\mathbf{u}}_{0r}^K = \mathbf{0}, \quad r = 1, 2,$$

$$\mathbf{K}' := 10^3 \begin{pmatrix} 1; & 0; & 0 \\ 0; & 1; & -1 \\ 0; & -1; & 9{,}5 \end{pmatrix}.$$

Entsprechend dem Formalismus (6.22) werden für den 1. Iterationsschritt die Eigenvektoren $\hat{\mathbf{u}}_{0r}^{K(0)} := \hat{\mathbf{u}}_{0r}$ des Rechenmodells

$$(-\lambda_{0r}\,\mathbf{M} + \mathbf{K})\,\hat{\mathbf{u}}_{0r} = \mathbf{0}$$

benötigt. Das charakteristische Polynom des Rechenmodells

$$(-\lambda_0 + 1{,}8 \cdot 10^3)^2\,(-0{,}1\,\lambda_0 + 9{,}5 \cdot 10^3) - 10^6\,(-\lambda_0 + 1{,}8 \cdot 10^3) +$$

$$-\,0{,}64 \cdot 10^6\,(-0{,}1\,\lambda_0 + 9{,}5 \cdot 10^3) = 0$$

liefert die Wurzeln

$$\lambda_{01}^{K(0)} = \lambda_{01} = 0{,}94508 \cdot 10^3,$$

$$\lambda_{02}^{K(0)} = \lambda_{02} = 2{,}54774 \cdot 10^3,$$

$$(\lambda_{03} = 95{,}10718 \cdot 10^3, \text{ exakt: } 100{,}10 \cdot 10^3).$$

Die dazugehörigen Eigenvektoren sind

$$\hat{\mathbf{u}}_{01}^{NT} = (0{,}9358; 1; 0{,}1063), \text{ exakt: } (0{,}9508; 1; 0{,}1010),$$

$$\hat{\mathbf{u}}_{02}^{NT} = (1; -0{,}9347; -0{,}1011), \text{ exakt: } (1; -0{,}9498; -0{,}0979)$$

bzw. in der Normierung $m_{gr}^{k(0)} = 1$:

$$\hat{\mathbf{u}}_{01}^{K(0)T} = \hat{\mathbf{u}}_{01}^{T} = (0{,}6831; 0{,}7299; 0{,}0776),$$

$$\hat{\mathbf{u}}_{02}^{K(0)T} = \hat{\mathbf{u}}_{02}^{T} = (0{,}7304; -0{,}6827; -0{,}0738).$$

Die generalisierten Steifigkeiten der Submatrix $\mathbf{K}_1$ ergeben sich nach (6.17) zu:

$$k_{g11}^{K(0)} = \hat{\mathbf{u}}_{01}^{K(0)T}\,\mathbf{K}_1\,\hat{\mathbf{u}}_{01}^{K(0)} = 1{,}7522,$$

$$k_{g21}^{K(0)} = \hat{\mathbf{u}}_{02}^{K(0)T}\,\mathbf{K}_1\,\hat{\mathbf{u}}_{02}^{K(0)} = 1{,}5975 \cdot 10^3.$$

Die generalisierten Substeifigkeiten unterscheiden sich wesentlich, sie sind nach (6.17) gleich den Änderungen der Eigenwerte nach dem Korrekturfaktor: $\partial \lambda_{0r}^{K} / \partial a_{K1}$. D.h., der Einfluß einer Änderung von a_{K1} auf den korrigierten Eigenwert $\lambda_{02}^{K(0)}$ ist um Größenordnungen stärker als auf den Eigenwert $\lambda_{01}^{K(0)}$ in Übereinstimmung mit den Abweichungen der Eigenwerte des Rechenmodells von den Schätzwerten und damit den Eigenwerten des Systems. Mit den generalisierten Substeifigkeiten ergibt sich die Funktionalmatrix (6.20) zu

$$Dv_1^{(0)} = \begin{pmatrix} 1{,}7522 \\ 1{,}5975 \cdot 10^3 \end{pmatrix}$$

und der Vektor $\mathbf{b}_1^{(0)}$, zu bilden aus den Komponenten $\hat{\lambda}_{0r} - \hat{\mathbf{u}}_{0r}^{K(0)T} \cdot \mathbf{K}'\,\hat{\mathbf{u}}_{0r}^{K(0)}$ nach (6.20), ist mit

$$k_{g1}'^{K(0)} = \hat{\mathbf{u}}_{01}^{K(0)T}\,\mathbf{K}'\,\hat{\mathbf{u}}_{01}^{K(0)} = 0{,}94331 \cdot 10^3,\ k_{g2}'^{K(0)} = \hat{\mathbf{u}}_{02}^{K(0)T}\,\mathbf{K}'\,\hat{\mathbf{u}}_{02}^{K(0)} = 0{,}95054 \cdot 10^3:$$

$$\mathbf{b}_1^{(0)T} = 10^3\,(0{,}0047; 1{,}982).$$

Der Korrekturfaktor folgt damit nach (6.22) zu ($\mathbf{G}_W = \mathbf{I}$):

$$a_{K1}^{(1)} = \frac{3{,}1663}{2{,}5520} = 1{,}241.$$

Diesem ersten Iterationsschritt müßte sich der zweite anschließen usw., da jedoch die exakten Werte bekannt sind, zeigt die korrigierte Substeifigkeitsmatrix

$$a_{K1}^{(1)}\,\mathbf{K}_1 = 1{,}241 \cdot 10^3 \begin{pmatrix} 0{,}8; & -0{,}8; & 0 \\ -0{,}8; & 0{,}8; & 0 \\ 0; & 0; & 0 \end{pmatrix} = 10^3 \begin{pmatrix} 0{,}99; & -0{,}99; & 0 \\ -0{,}99; & 0{,}99; & 0 \\ 0; & 0; & 0 \end{pmatrix},$$

daß mit diesem 1. Iterationsschritt die exakten Werte nahezu erreicht sind und damit die Korrektur vollzogen ist: $\hat{a}_{K1} = a_{K1}^{(1)}$,

$$\mathbf{K}^K = \hat{a}_{K1}\,\mathbf{K}_1 + \mathbf{K}' = 10^3 \begin{pmatrix} 1{,}99; & -0{,}99; & 0 \\ -0{,}99; & 1{,}99; & -1 \\ 0; & -1; & 9{,}5 \end{pmatrix}:$$

Durch den gewählten Korrekturansatz bleibt natürlich das Element k_{33}^K unbeeinflußt (vgl. Aufgabe 6.1).

6.2.1.2 Korrektur der Nachgiebigkeitsmatrix

Vorgegeben sind wieder die Schätzwerte $\hat{\lambda}_{0r}$, r = 1(1)N. Das Matrizeneigenwertproblem des korrigierten Rechenmodells in der Nachgiebigkeitsformulierung (ohne Berücksichtigung numerischer Belange – Symmetrie, s. Abschnitt 5.1.9.1 –) lautet mit der Annahme $\mathbf{M}^K = \mathbf{M}$

$$(-\mathbf{G}^K \mathbf{M} + \frac{1}{\lambda_{0r}^K}\mathbf{I})\,\hat{\mathbf{u}}_{0r}^K = \mathbf{0}, \quad r = 1(1)N, \quad \lambda_{0r}^K \neq 0. \tag{6.24}$$

Mit den Residuenelementen, zweckmäßig gewählt in den reziproken Eigenwerten,

$$\frac{1}{\hat{\lambda}_{0r}} - \frac{1}{\lambda_{0r}^K} \tag{6.25}$$

sind die partiellen Ableitungen $\partial(1/\lambda_{0r}^K)/\partial a_{G\iota}$ zu bestimmen. Die Gl. (6.24) partiell nach $a_{G\iota}$ differenziert und anschließend linksmultipliziert mit $\hat{\mathbf{u}}_{0r}^{KT}\mathbf{M}$,

$$-\hat{\mathbf{u}}_{0r}^{KT}\mathbf{M}\,\mathbf{G}_\iota\,\mathbf{M}\,\hat{\mathbf{u}}_{0r}^K + \frac{\partial}{\partial a_{G\iota}}\left(\frac{1}{\lambda_{0r}^K}\right)\hat{\mathbf{u}}_{0r}^{KT}\,\mathbf{M}\,\hat{\mathbf{u}}_{0r}^K + \hat{\mathbf{u}}_{0r}^{KT}\mathbf{M}\left(-\mathbf{G}^K\mathbf{M} + \right.$$
$$\left. + \frac{1}{\lambda_{0r}^K}\mathbf{I}\right)\frac{\partial\hat{\mathbf{u}}_{0r}^K}{\partial a_{G\iota}} = 0, \tag{6.26}$$

liefert mit der Normierung $m_{gr}^K = \hat{\mathbf{u}}_{0r}^{KT}\mathbf{M}\,\hat{\mathbf{u}}_{0r}^K = 1$ und dem dritten Term auf der linken Seite der Gleichung gleich Null – wegen (6.24) – die Ableitungen zu

$$\frac{\partial}{\partial a_{G\iota}}\left(\frac{1}{\lambda_{0r}^K}\right) = \hat{\mathbf{u}}_{0r}^{KT}\,\mathbf{M}\,\mathbf{G}_\iota\,\mathbf{M}\,\hat{\mathbf{u}}_{0r}^K =: g_{gr\iota}^K. \tag{6.27}$$

Auch hier läßt sich die r-te generalisierte Nachgiebigkeit in der gewählten Normierung der Eigenvektoren durch den Kehrwert des Eigenwertes ausdrücken (aus (6.24) nach Linksmultiplikation mit $\hat{\mathbf{u}}_{0r}^{KT}\,\mathbf{M}$ folgend)

$$\frac{1}{\lambda_{0r}^K} =: g_{gr}^K := \hat{\mathbf{u}}_{0r}^{KT}\,\mathbf{M}\,\mathbf{G}^K\,\mathbf{M}\,\hat{\mathbf{u}}_{0r}^K = g_{gr}^K\,(\mathbf{a}_G). \tag{6.28}$$

Den Korrekturansatz (6.2c) in (6.28) eingesetzt und (6.27) beachtet,

$$\frac{1}{\lambda_{0r}^K} = \hat{\mathbf{u}}_{0r}^{KT}\,\mathbf{M}\,(\mathbf{G}' + \sum_{\iota=1}^{I} a_{G\iota}\,\mathbf{G}_\iota)\,\mathbf{M}\,\hat{\mathbf{u}}_{0r}^K =: g_{gr}'^K + \sum_{\iota=1}^{I} a_{G\iota}\,g_{gr\iota}^K =$$
$$= g_{gr}'^K + \sum_{\iota=1}^{I}\frac{\partial}{\partial a_{G\iota}}\left(\frac{1}{\lambda_{0r}^K}\right)a_{G\iota}, \tag{6.29}$$

führt wieder auf Residuenelemente (6.25), explizit darstellbar in den Korrekturfaktoren

$$\frac{1}{\hat{\lambda}_{0r}} - \frac{1}{\lambda_{0r}^K} = \frac{1}{\hat{\lambda}_{0r}} - g_{gr}'^K - \sum_{\iota=1}^{I} \frac{\partial}{\partial a_{G\iota}} \left(\frac{1}{\lambda_{0r}^K}\right) a_{G\iota}. \tag{6.30}$$

Mit dem Residuenvektor

$$\mathbf{v}_2^T := \left(\frac{1}{\hat{\lambda}_{01}} - \frac{1}{\lambda_{01}^K}, \ldots, \frac{1}{\hat{\lambda}_{0N}} - \frac{1}{\lambda_{0N}^K}\right) \tag{6.31}$$

kann demzufolge entsprechend Gl. (6.9)

$$\mathbf{v}_2 = \mathbf{b}_2 - \mathrm{D}\mathbf{v}_2 \mathbf{a}_G \tag{6.32}$$

geschrieben werden mit

$$\mathrm{D}\mathbf{v}_2 = \begin{pmatrix} g_{g11}^K, \ldots, g_{g1I}^K \\ \ldots\ldots\ldots \\ g_{gN1}^K, \ldots, g_{gNI}^K \end{pmatrix}, \quad \mathbf{b}_2^T := \left(\frac{1}{\hat{\lambda}_{01}} - g_{g1}'^K, \ldots, \frac{1}{\hat{\lambda}_{0N}} - g_{gN}'^K\right). \tag{6.33}$$

Wegen $\mathrm{D}\mathbf{v}_2 = \mathrm{D}\mathbf{v}_2(\mathbf{a}_G)$ und wegen $\mathbf{b}_2 = \mathbf{b}_2(\mathbf{a}_G)$ für $\mathbf{G}' \neq \mathbf{0}$ ergeben sich die Schätzwerte für die Korrekturfaktoren iterativ aus der Gleichung

$$\hat{\mathbf{a}}_G = [(\mathrm{D}\mathbf{v}_2^T \mathbf{G}_W \mathrm{D}\mathbf{v}_2)^{-1} \mathrm{D}\mathbf{v}_2^T \mathbf{G}_W \mathbf{b}_2]\Big|_{\mathbf{a}_G = \hat{\mathbf{a}}_G}, \; \mathbf{G}_W = \mathrm{diag}(g_r), \; \nu = 1 \tag{6.34}$$

unter Berücksichtigung des Matrizeneigenwertproblems (6.24) und der Normierung der Eigenvektoren des korrigierten Rechenmodells $m_{gr}^K = 1$, weil die rechte Seite von (6.34) von den korrigierten Eigenvektoren $\hat{\mathbf{u}}_{0r}^K(\mathbf{a}_G)$ abhängt. Somit werden die Eigenvektoren des korrigierten Rechenmodells mit angepaßt (adaptives Verfahren).

In bestimmten Fällen werden durch die Korrektur mit $\mathbf{G}_W = \mathbf{I}$ bei geeigneter Wahl der Submatrizen die Freiheitsgrade mit niedrigen Eigenfrequenzen betont. Der Rechengang entspricht dem im vorherigen Abschnitt beschriebenen. Der Fall $\mathbf{G}' = \mathbf{0}$ ist in dem obigen Formalismus ebenfalls enthalten, der Vektor $\mathbf{b}_2$ enthält dann lediglich die identifizierten Eigenwerte.

6.2.1.3 Korrektur der Trägheitsmatrix

Die alleinige Korrektur der Trägheitsmatrix setzt $\mathbf{K}^K = \mathbf{K}$ für das korrigierte Rechenmodell (6.12) voraus. Die Korrektur der Trägheitsmatrix des Rechenmodells kann beispielsweise bei Offshore-Bauwerken in den Fällen notwendig werden, in denen das Rechenmodell für das zugeordnete ungedämpfte elastomechanische System im Vakuum hinreichend genau bestimmbar ist und die Trägheitsdaten des Systems im (strömenden) Wasser (mitschwingende Wassermassen) aus identifizierten Eigenfrequenzen über eine Korrektur geschätzt werden sollen. Es sind auch Fälle denkbar, in denen die Massenkonfiguration des experimentell untersuchten Systems nur grob bekannt ist (z.B. unbekannte Tankfüllungen und deren Einfluß usw.) und demzufolge eine Diskrepanz zwischen der Trägheitsmatrix des Rechenmodells und der des Versuchsmodells besteht. Hier ist eine Korrektur der Trägheitsmatrix angebracht.

Das Matrizeneigenwertproblem des korrigierten Rechenmodells mit $\mathbf{K}^K = \mathbf{K}$,

$$(-\lambda_{0r}^K \mathbf{M}^K + \mathbf{K})\, \hat{\mathbf{u}}_{0r}^K = \mathbf{0}, \quad r = 1(1)N, \tag{6.35}$$

läßt sich mit dem reziproken Eigenwert

$$\kappa_{0r}^{K} := 1/\lambda_{0r}^{K}, \quad \lambda_{0r}^{K} \neq 0, \tag{6.36}$$

in die Form

$$(-\kappa_{0r}^{K}\,\mathbf{K} + \mathbf{M}^{K})\,\hat{\mathbf{u}}_{0r}^{K} = \mathbf{0} \tag{6.37}$$

überführen. Vergleicht man die beiden Matrizeneigenwertprobleme (6.13) und (6.37), so stellt man fest, daß sie denselben Aufbau besitzen. Mit dem Residuenvektor

$$\mathbf{v}_3^T := (\hat{\kappa}_{01} - \kappa_{01}^{K}, \ldots, \hat{\kappa}_{0N} - \kappa_{0N}^{K}) \tag{6.38}$$

liegt das gleiche Problem wie das im Abschnitt 6.2.1.1 behandelte vor. Die Matrizen **M** und **K**, $\mathbf{K}^K$ und $\mathbf{M}^K$ sind lediglich zu vertauschen, und es ist λ_{0r}^{K} durch κ_{0r}^{K} zu ersetzen. Liegt ein Programm für das Verfahren des Abschnittes 6.2.1.1 vor, so kann dieses ohne Änderung mit der oben beschriebenen veränderten Eingabe für die Korrektur der Trägheitsmatrix verwendet werden.

Der Formelplan ergibt sich demzufolge zu:

$$\hat{\mathbf{a}}_M = [(\mathbf{D}\mathbf{v}_3^T\,\mathbf{G}_W\,\mathbf{D}\mathbf{v}_3)^{-1}\,\mathbf{D}\mathbf{v}_3^T\,\mathbf{G}_W\,\mathbf{b}_3\,]\Big|_{\mathbf{a}_M = \hat{\mathbf{a}}_M}, \quad \mathbf{G}_W = \mathrm{diag}(g_r) \tag{6.39}$$

$$\left.\begin{aligned} &\mathbf{D}\mathbf{v}_3 := \begin{pmatrix} m_{g11}^{KN}, \ldots, m_{g1S}^{KN} \\ \ldots\ldots\ldots\ldots \\ m_{gN1}^{KN}, \ldots, m_{gNS}^{KN} \end{pmatrix}, \qquad m_{gr\sigma}^{KN} := \hat{\mathbf{u}}_{0r}^{KNT}\mathbf{M}_\sigma\,\hat{\mathbf{u}}_{0r}^{KN}, \\ &\mathbf{b}_3^T := (\hat{\kappa}_{01} - m_{g1}^{\prime KN}, \ldots, \hat{\kappa}_{0N} - m_{gN}^{\prime KN}),\; m_{gr}^{\prime KN} := \hat{\mathbf{u}}_{0r}^{KNT}\,\mathbf{M}'\,\hat{\mathbf{u}}_{0r}^{KN}. \end{aligned}\right\} \tag{6.40}$$

Die Normierung der Eigenvektoren des Matrizeneigenwertproblems (6.37) muß zur formalen Übereinstimmung mit dem Matrizeneigenwertproblem (6.13) bezüglich der Matrix **K** erfolgen:

$$\hat{\mathbf{u}}_{0r}^{KNT}\,\mathbf{K}\,\hat{\mathbf{u}}_{0r}^{KN} = 1, \quad r = 1(1)N. \tag{6.41}$$

Der Zusammenhang zwischen den Eigenvektoren $\hat{\mathbf{u}}_{0r}^{K}$ und $\hat{\mathbf{u}}_{0r}^{KN}$ folgt aus den Normierungsbedingungen für die Eigenvektoren des Matrizeneigenwertproblems (6.13)

$$\hat{\mathbf{u}}_{0r}^{KT}\,\mathbf{M}\,\hat{\mathbf{u}}_{0r}^{K} = 1,$$

$$\hat{\mathbf{u}}_{0r}^{KT}\,\mathbf{K}\,\hat{\mathbf{u}}_{0r}^{K} = \lambda_{0r}^{K}$$

zu

$$\hat{\mathbf{u}}_{0r}^{KN} := \hat{\mathbf{u}}_{0r}^{K}\,/|\sqrt{\lambda_{0r}^{K}}|\,. \tag{6.42}$$

Trotz der Schreibweise (6.39) liegt wieder ein in den Schätzwerten nichtlineares Gleichungssystem vor, da $\hat{\mathbf{u}}_{0r}^{KN} = \hat{\mathbf{u}}_{0r}^{KN}(\mathbf{a}_M)$ gilt.

Beispiel 6.5: Für das dem Beispiel 6.4 zugrunde liegende System laute das Rechenmodell:

$$\mathbf{M} = \begin{pmatrix} 0{,}7; & 0; & 0 \\ 0; & 0{,}7; & 0 \\ 0; & 0; & 0{,}1 \end{pmatrix}, \qquad \mathbf{K} = 10^3 \begin{pmatrix} 2, & -1, & 0 \\ -1, & 2, & -1 \\ 0, & -1, & 10 \end{pmatrix}.$$

Die Eigenlösungen des Rechenmodells sind:

$\lambda_{01} = 1{,}3543 \cdot 10^3$, $\hat{\mathbf{u}}_{01}^T = (0{,}8232; 0{,}8660; 0{,}0878)$, $m_{g1} = 1$,

$\lambda_{02} = 4{,}2131 \cdot 10^3$, $\hat{\mathbf{u}}_{02}^T = (0{,}8666; -0{,}8225; -0{,}0859)$, $m_{g2} = 1$.

Die Teilträgheitsmatrix

$$\mathbf{M}_1 = \begin{pmatrix} 0{,}7, & 0; & 0 \\ 0; & 0{,}7; & 0 \\ 0; & 0; & 0 \end{pmatrix}$$

soll anhand der identifizierten Eigenwerte

$\hat{\lambda}_{01} = 0{,}948 \cdot 10^3; \hat{\lambda}_{02} = 2{,}933 \cdot 10^3$

korrigiert werden:

$$\mathbf{M}' = \begin{pmatrix} 0; & 0; & 0 \\ 0; & 0; & 0 \\ 0; & 0; & 0{,}1 \end{pmatrix}.$$

Um den Formalismus des Abschnittes 6.2.1.1 verwenden zu können, sind die Matrizen **M** und **K** des Rechenmodells und die des korrigierten Rechenmodells formal zu vertauschen. Mit $\kappa_{01} = 1/\lambda_{01} = 0{,}7384 \cdot 10^{-3}$, $\kappa_{02} = 1/\lambda_{02} = 0{,}2374 \cdot 10^{-3}$, ($\hat{\kappa}_{01} = 1{,}0549 \cdot 10^{-3}$, $\hat{\kappa}_{02} = 0{,}3410 \cdot 10^{-3}$) sind die Eigenvektoren derart umzunormieren, daß $\hat{\mathbf{u}}_{or}^{NT} \mathbf{K}\, \hat{\mathbf{u}}_{or}^{N} = 1$ gilt. Es folgen entsprechend (6.42): $\hat{\mathbf{u}}_{01}^{N} = 0{,}02717\, \hat{\mathbf{u}}_{01}$, $\hat{\mathbf{u}}_{02}^{N} = 0{,}01541\, \hat{\mathbf{u}}_{02}$. Die generalisierten Submassen ergeben sich aus den Definitionen (6.40) im ersten Iterationsschritt mit den Werten des Rechenmodells zu:

$m_{g_{11}}^{KN(0)} = 0{,}7378 \cdot 10^{-2}$,
$m_{g_{21}}^{KN(0)} = 0{,}2372 \cdot 10^{-3}$,
$m'^{KN(0)}_{g_1} = 0{,}5689 \cdot 10^{-6}$,
$m'^{KN(0)}_{g_2} = 0{,}1750 \cdot 10^{-6}$,

also ist

$$\mathbf{Dv}_3^{(0)} = \begin{pmatrix} 0{,}7378 \\ 0{,}2372 \end{pmatrix} 10^{-3}, \qquad \mathbf{b}_3^{(0)} = \begin{pmatrix} 1{,}0543 \\ 0{,}3408 \end{pmatrix} 10^{-3}.$$

Das Gleichungssystem (6.39) liefert somit den Korrekturfaktor

$a_{M_1}^{(1)} = 1{,}6650 \cdot 0{,}8587 = 1{,}43.$

Damit erhält man die korrigierten Massen $a_{M_1}^{(1)} \cdot 0{,}7 = 1{,}001$, d.h. im Vergleich zu den exakten Daten (Beispiel 6.4), daß mit einem Rechenschritt die Anpassung erreicht wird: $a_{M_1}^{(1)} = \hat{a}_{M_1}$.

6.2.1.4 Korrektur der Trägheits- und Steifigkeits- bzw. Nachgiebigkeitsmatrix

Die Korrektur der Trägheits- und Steifigkeitsmatrix bzw. der Trägheits- und Nachgiebigkeitsmatrix ist mit den Korrekturverfahren der Abschnitte 6.2.1.3 und 6.2.1.1 bzw. 6.2.1.2 leicht durchzuführen: Gruppenkorrektur in Einzelschritten. Man beginnt beispielsweise im 1. Iterationsschritt mit der Korrektur der Trägheitsmatrix und schließt mit dem so korrigierten Rechenmodell die Korrektur der Steifigkeitsmatrix an. Der Vorteil dieses Vorgehens besteht darin, daß ein Korrekturprogramm verwendet werden kann und lediglich eine Umorganisation der Daten (Adressen) vorgenommen werden muß. Entsprechend erfolgt die Korrektur der Trägheits- und Nachgiebigkeitsmatrix.

Beispiel 6.6: Das System des Beispiels 6.4 mit den Systemparameter-Matrizen für das Rechenmodell

$$\mathbf{M} = \begin{pmatrix} 0{,}7; & 0; & 0 \\ 0; & 0{,}7; & 0 \\ 0; & 0; & 0{,}1 \end{pmatrix}, \quad \mathbf{K} = 10^3 \begin{pmatrix} 1{,}8; & -0{,}8; & 0 \\ -0{,}8; & 1{,}8; & -1 \\ 0; & -1; & 9{,}5 \end{pmatrix}$$

soll anhand der Eigenwerte $\lambda_{01} = 0{,}948 \cdot 10^3$, $\lambda_{02} = 2{,}933 \cdot 10^3$ korrigiert werden. Die Submatrizenaufteilung soll entsprechend der Aufteilung der Beispiele 6.4 und 6.5 erfolgen:

$$\mathbf{M}' = \begin{pmatrix} 0; & 0; & 0 \\ 0; & 0; & 0 \\ 0; & 0; & 0{,}1 \end{pmatrix}, \quad \mathbf{M}_1 = \begin{pmatrix} 0{,}7; & 0; & 0 \\ 0; & 0{,}7; & 0 \\ 0; & 0; & 0 \end{pmatrix},$$

$$\mathbf{K}' = 10^3 \begin{pmatrix} 1; & 0; & 0 \\ 0; & 1; & -1 \\ 0; & -1; & 9{,}5 \end{pmatrix}, \quad \mathbf{K}_1 = 10^3 \begin{pmatrix} 0{,}8; & -0{,}8; & 0 \\ -0{,}8; & 0{,}8; & 0 \\ 0; & 0; & 0 \end{pmatrix}.$$

Im ersten Iterationsschritt werde die Trägheitsmatrix korrigiert. Zunächst müssen die Eigenlösungen des Rechenmodells für den 1. Iterationsschritt bereitgestellt werden:

$$\lambda_{01} = 1{,}3498 \cdot 10^3, \quad \hat{\mathbf{u}}_{01}^T = (0{,}8162; 0{,}8725; 0{,}0932),$$
$$\lambda_{02} = 3{,}6388 \cdot 10^3, \quad \hat{\mathbf{u}}_{02}^T = (0{,}8732; -0{,}8155; -0{,}0893)$$

bzw. (s. (6.36), (6.42))

$$\kappa_{01} = 0{,}7409 \cdot 10^{-3}; \; \hat{\mathbf{u}}_{01}^N = 0{,}02722\, \hat{\mathbf{u}}_{01},$$
$$\kappa_{02} = 0{,}2748 \cdot 10^{-3}; \; \hat{\mathbf{u}}_{02}^N = 0{,}01658\, \hat{\mathbf{u}}_{02}.$$

Entsprechend dem Formalismus (6.40) sind die generalisierten Submassen zu berechnen:

$$m_{g11}^{K(0)} = 0{,}7402 \cdot 10^{-3}$$
$$m_{g21}^{K(0)} = 0{,}2746 \cdot 10^{-3}$$
$$m_{g1}^{\prime K(0)} = 0{,}643 \cdot 10^{-6}$$
$$m_{g2}^{\prime K(0)} = 0{,}219 \cdot 10^{-6}.$$

Es folgen nach (6.40) die Vektoren

$$\mathbf{Dv}_3^{(0)} = \begin{pmatrix} 0{,}7402 \\ \\ 0{,}2746 \end{pmatrix} 10^{-3}, \quad \mathbf{b}_3 = \begin{pmatrix} 1{,}0542 \\ \\ 0{,}3407 \end{pmatrix} 10^{-3}.$$

Die Gl. (6.39) liefert:

$$a_{M1}^{(1)} = 1{,}604 \cdot 0{,}874 = 1{,}40.$$

Die korrigierten Massen ergeben sich schon recht genau zu $a_{M1}^{(1)} \cdot 0{,}7 = 0{,}98$ (exakt gleich 1). Die Matrix $\mathbf{M}^K \doteq \mathbf{M}' + a_{M1}^{(1)} \mathbf{M}_1$ in das Rechenmodell eingesetzt und mit diesem neuen, teilkorrigierten Rechenmodell das Korrekturverfahren des Abschnittes 6.2.1.1 zur Korrektur der Steifigkeitsmatrix verwendet, führt auf den Rechengang des Beispiels 6.4 mit angenähert gleichen Werten, der deshalb hier nicht wiederholt wird. Jeweils ein Rechengang der gruppenweisen Korrektur von Trägheits- und Steifigkeitsmatrix liefert für dieses Beispiel ein recht genaues korrigiertes Rechenmodell.

6.2.1.5 Korrektur der Steifigkeitsmatrix über das Matrizeneigenwertproblem

Das Verfahren zur Korrektur der Steifigkeitsmatrix mittels gemessener Eigenwerte ($\mathbf{M}^K = \mathbf{M}$) des Abschnittes 6.2.1.1 verwendet die Eigenwert-Residuen $\hat{\lambda}_{0r} - \lambda_{0r}^K$ und bedarf zu seiner Anwendung der Lösung des Matrizeneigenwertproblems (6.13) des korrigierten Rechenmodells. Es liegt nun der Gedanke nahe, anstelle der skalaren Eigenwert-Residuen eine vektorielle Residuumsgröße zu wählen, die das gesamte Matrizeneigenwertproblem umfaßt. Hierzu wird in das Matrizeneigenwertproblem (6.13) der r-te identifizierte Eigenwert $\hat{\lambda}_{0r}$ anstelle des korrigierten Eigenwertes $\lambda_{0r}^K \neq \hat{\lambda}_{0r}$ eingesetzt,

$$(-\hat{\lambda}_{0r}\,\mathbf{M} + \mathbf{K}^K)\,\hat{\mathbf{u}}_{0r}^K = \boldsymbol{\epsilon}_{1r}, \quad r = 1(1)N. \tag{6.43}$$

Die linke Seite von (6.43) liefert statt des (Kraft-)Nullvektors das Residuum $\boldsymbol{\epsilon}_{1r}$, das auf den Residuenvektor

$$\mathbf{v}_5^T := (\boldsymbol{\epsilon}_{11}^T, \ldots, \boldsymbol{\epsilon}_{1N}^T) \tag{6.44}$$

führt. Der Residuenvektor $\mathbf{v}_5$ besitzt nN Komponenten, also ist $\nu = n$. Zur Berechnung der (nN, I) Funktionalmatrix (6.7) werden die partiellen Ableitungen der Elemente des Residuenvektors (6.44) benötigt:

$$\frac{\partial \boldsymbol{\epsilon}_{1r}}{\partial a_{K\iota}} = \mathbf{K}_\iota\,\hat{\mathbf{u}}_{0r}^K + (-\hat{\lambda}_{0r}\,\mathbf{M} + \mathbf{K}^K)\,\frac{\partial \hat{\mathbf{u}}_{0r}^K}{\partial a_{K\iota}}, \quad \iota = 1(1)I. \tag{6.45}$$

Sie enthalten die partiellen Ableitungen der Eigenvektoren des korrigierten Rechenmodells (6.13) nach den Korrekturfaktoren. Um diese zu bestimmen, werden, ausgehend von dem Matrizeneigenwertproblem (6.13) des korrigierten Rechenmodells, zwei Möglichkeiten angeführt.

Eine Möglichkeit zur Ermittlung der partiellen Ableitungen der Eigenvektoren geht von der Gl. (6.16) mit (6.17) aus. Mit der Abkürzung

$$\boldsymbol{\xi}_{r\iota}^K = \boldsymbol{\xi}_{r\iota}^K(\mathbf{a}_K) := \frac{\partial \hat{\mathbf{u}}_{0r}^K}{\partial a_{K\iota}} \tag{6.46a}$$

folgt das lineare Gleichungssystem

$$(-\lambda_{0r}^K\,\mathbf{M} + \mathbf{K}^K)\,\boldsymbol{\xi}_{r\iota}^K = (k_{gr\iota}^K\,\mathbf{M} - \mathbf{K}_\iota)\,\hat{\mathbf{u}}_{0r}^K, \quad r = 1(1)N, \quad \iota = 1(1)I, \tag{6.46b}$$

mit singulärer Systemmatrix, deren Elemente von den Korrekturfaktoren abhängen. (6.46) besitzt für einfache Eigenwerte eine einfach unendliche Schar nichttrivialer Lösungen für $(k_{gr\iota}^K\,\mathbf{M} - \mathbf{K}_\iota)\,\hat{\mathbf{u}}_{0r}^K \neq \mathbf{0}$.

Beweis: Nach [3.9] gilt der Satz: Ein inhomogenes Gleichungssystem – also (6.46b) – ist dann und nur dann lösbar, seine Gleichungen sind dann und nur dann miteinander verträglich, wenn die rechte Seite orthogonal ist zu den Lösungen des transponierten homogenen Systems. Das transponierte homogene Gleichungssystem von (6.46b) lautet wegen des vorausgesetzten passiven Systems

$$(-\lambda_{0r}^K\,\mathbf{M} + \mathbf{K}^K)\,\mathbf{y} = \mathbf{0},$$

es besitzt die Lösung $\mathbf{y} = \hat{\mathbf{u}}_{0r}^K$. Sie ist orthogonal zu der rechten Seite von (6.46b):

$$\hat{\mathbf{u}}_{0r}^{KT}\,(k_{gr\iota}^K\,\mathbf{M} - \mathbf{K}_\iota)\,\hat{\mathbf{u}}_{0r}^K = k_{gr\iota}^K \cdot 1 - k_{gr\iota}^K = 0,$$

w.z.b.w. Multipliziert man die Gl. (6.46b) von links mit der transponierten regulären Modalmatrix $\hat{\mathbf{U}}_0^{KT}$ des korrigierten Rechenmodells und führt den Vektor $\mathbf{z}_{r\iota}$ über die Transformation

$$\boldsymbol{\xi}_{r\iota}^K = \hat{\mathbf{U}}_0^K \, \mathbf{z}_{r\iota} \tag{6.47a}$$

ein, so erhält man unter Berücksichtigung der Orthonormierung der Eigenvektoren des korrigierten Rechenmodells das Gleichungssystem

$$\mathbf{A}_r \, \mathbf{z}_{r\iota} := (-\lambda_{0r}^K \, \mathbf{I} + \Lambda_0^K) \, \mathbf{z}_{r\iota} = k_{gr\iota}^K \, \mathbf{e}_r - \hat{\mathbf{U}}_0^{KT} \, \mathbf{K}_\iota \, \hat{\mathbf{u}}_{0r}^K =: \mathbf{b}_{r\iota} \tag{6.47b}$$

mit $\Lambda_0^K := \mathrm{diag}\,(\lambda_{0k}^K)$, $k = 1(1)n$, und r-ter Spalte von $\mathbf{A}_r$ gleich dem Nullvektor. Die r-te Komponente der rechten Seite ist ebenfalls gleich Null, $\mathbf{e}_r^T \mathbf{b}_{r\iota} = k_{gr\iota}^K - \hat{\mathbf{u}}_{0r}^{KT} \mathbf{K}_\iota \, \hat{\mathbf{u}}_{0r}^K = k_{gr\iota}^K - k_{gr\iota}^K = 0$, so daß die r-te Komponente von $\mathbf{z}_{r\iota}$ beliebig wählbar ist. Mit der Wahl $\mathbf{e}_r^T \mathbf{z}_{r\iota} = 0$ ergibt sich aus (6.47a) $\boldsymbol{\xi}_{r\iota}^K$ unabhängig von dem Eigenvektor $\hat{\mathbf{u}}_{0r}^K$ (vgl. die Entwicklung (6.50)), für $\mathbf{e}_r^T \mathbf{z}_{r\iota} = c = \text{const.}$ wird zu dem vorherigen Ergebnis für $\boldsymbol{\xi}_{r\iota}^K$ das c-fache des Eigenvektors $\hat{\mathbf{u}}_{0r}^K$ addiert (Lösung des homogenen Systems, allgemeine Lösung des inhomogenen Gleichungssystems).

Beispiel 6.7: Denkt man sich die Eigenvektoren $\hat{\mathbf{u}}_{0r}^K$ derart normiert, daß die betragsmäßig größte Komponente gleich 1 ist, so ist ihre partielle Ableitung nach dem Korrekturfaktor $a_{K\iota}$ gleich Null: Streichen der entsprechenden Zeile und Spalte in dem Gleichungssystem (6.46b).

Der zweite Weg zur Bestimmung des Vektors $\boldsymbol{\xi}_{r\iota}^K$ ist seine Entwicklung nach den Eigenvektoren des korrigierten Rechenmodells:

$$\boldsymbol{\xi}_{r\iota}^K = \sum_{k=1}^{n} \alpha_{rk}^{(\iota)} \, \hat{\mathbf{u}}_{0k}^K . \tag{6.48}$$

Den Ansatz (6.48) in (6.46) eingesetzt und von links mit $\hat{\mathbf{u}}_{0L}^{KT}$, $L \in \{1, \ldots, n\}$, $L \neq r$, multipliziert, ergibt unter Beachtung der verallgemeinerten Orthogonalitätseigenschaften (5.13) der Eigenvektoren für einfache Eigenwerte:

$$\hat{\mathbf{u}}_{0L}^{KT} (-\lambda_{0r}^K \, \mathbf{M} + \mathbf{K}^K) \, \alpha_{rL}^{(\iota)} \, \hat{\mathbf{u}}_{0L}^K = - \hat{\mathbf{u}}_{0L}^{KT} \, \mathbf{K}_\iota \, \hat{\mathbf{u}}_{0r}^K ,$$

also mit $m_{gL}^K = 1$ und $k_{gL}^K = \lambda_{0L}^K$:

$$\alpha_{rL}^{(\iota)} = \frac{\hat{\mathbf{u}}_{0L}^{KT} \; \mathbf{K}_\iota \hat{\mathbf{u}}_{0r}^K}{\lambda_{0r}^K - \lambda_{0L}^K} , \quad \mathbf{L} \neq \mathbf{r}. \tag{6.49a}$$

Zur Bestimmung von $\alpha_{rr}^{(\iota)}$ wird die r-te generalisierte Masse des korrigierten Rechenmodells partiell nach $a_{K\iota}$ differenziert:

$$\hat{\mathbf{u}}_{0r}^{KT} \, \mathbf{M} \, \frac{\partial \hat{\mathbf{u}}_{0r}^K}{\partial a_{K\iota}} = 0. \tag{6.49b}$$

Mit (6.48) führt dieses wieder unter Beachtung der verallgemeinerten Orthonormierung auf

$$\hat{\mathbf{u}}_{0r}^{KT} \, \mathbf{M} \left(\sum_{k=1}^{n} \alpha_{rk}^{(\iota)} \, \hat{\mathbf{u}}_{0k}^K \right) = \alpha_{rr}^{(\iota)} \, \hat{\mathbf{u}}_{0r}^{KT} \, \mathbf{M} \, \hat{\mathbf{u}}_{0r}^K = 0, \tag{6.49c}$$

und somit auf

$$\alpha_{rr}^{(\iota)} = 0. \tag{6.49d}$$

Damit kann die partielle Ableitung der Eigenvektoren des korrigierten Rechenmodells (6.48) berechnet werden aus

$$\xi_{r\iota}^{K} = \sum_{\substack{k=1 \\ k \neq r}}^{n} \frac{\hat{\mathbf{u}}_{0k}^{KT} \mathbf{K}_{\iota} \hat{\mathbf{u}}_{0r}^{K}}{\lambda_{0r}^{K} - \lambda_{0k}^{K}} \hat{\mathbf{u}}_{0k}^{K}. \tag{6.50}$$

Mit der Lösung (6.50) ist eine Sonderlösung des Gleichungssystems (6.46b) ermittelt, zu der noch die Lösung des homogenen Gleichungssystems von (6.46b), nämlich $c \cdot \hat{\mathbf{u}}_{0r}^{K}$, $c =$ const., addiert werden kann. Es interessiert jedoch nicht die allgemeine Lösung, sondern die zu $\hat{\mathbf{u}}_{0r}^{K}$, in der (verwendeten) Normierung $\hat{\mathbf{u}}_{0r}^{KT} \mathbf{M} \hat{\mathbf{u}}_{0r}^{K} = 1$, gehörende Lösung. Bezeichnet man die Sonderlösung (6.50) mit $\xi_{r\iota}^{K0}$ und die allgemeine Lösung mit $\xi_{r\iota}^{K} = \xi_{r\iota}^{K0} + c\,\hat{\mathbf{u}}_{0r}^{K}$, so folgt aus der Gl. (6.49b):

$$\hat{\mathbf{u}}_{0r}^{KT} \mathbf{M} (\xi_{r\iota}^{K0} + c\,\hat{\mathbf{u}}_{0r}^{K}) = 0,$$

$$c = -\hat{\mathbf{u}}_{0r}^{KT} \mathbf{M}\, \xi_{r\iota}^{K0} = 0.$$

D.h., der zu $\hat{\mathbf{u}}_{0r}^{K}$ gehörende Vektor $\xi_{r\iota}^{K}$ ist die Sonderlösung (6.50) bzw. die Lösung des Gleichungssystems (6.46b) mit $\mathbf{e}_r^T \mathbf{z}_{r\iota} = 0$.

Der Nachteil der Berechnung der Vektoren $\xi_{r\iota}^{K}$ nach Gl. (6.50) ist offensichtlich: Es werden alle Eigenvektoren des korrigierten Rechenmodells benötigt. Die Ermittlung von $\xi_{r\iota}^{K}$ aus dem linearen Gleichungssystem (6.46) dagegen kommt mit der Berechnung von $N \leqslant n$ Eigenvektoren aus. Damit können die partiellen Ableitungen $\xi_{r\iota}^{K} = \partial \hat{\mathbf{u}}_{0r}^{K} / \partial a_{K\iota}$ als bekannt angesehen werden.

Die Funktionalmatrix $\mathbf{Dv}_5$ des Residuenvektors (6.44) entsprechend ihrer Definition (6.7),

$$\mathbf{Dv}_5 = -\begin{pmatrix} \dfrac{\partial \epsilon_{11}}{\partial a_{K1}}, \ldots, \dfrac{\partial \epsilon_{11}}{\partial a_{KI}} \\ \cdots\cdots\cdots \\ \dfrac{\partial \epsilon_{1N}}{\partial a_{K1}}, \ldots, \dfrac{\partial \epsilon_{1N}}{\partial a_{KI}} \end{pmatrix} =: -\left(\frac{\partial \epsilon_{1r}}{\partial a_{K\iota}}\right), \tag{6.51}$$

r = Zeilenindex, ι = Spaltenindex,

kann also mit den Beziehungen (6.45), (6.46a) gebildet und in (6.8) mit (6.44), (6.43) eingesetzt werden, wobei die (nN, nN)-Wichtungsmatrix $\mathbf{G}_W = \mathrm{diag}(\mathbf{G}_{Wr})$, $\mathbf{G}_{Wr} \in L_{n,n}$, und $\mathbf{a} = \mathbf{a}_K$ ist.

Die Gl. (6.8) in Summenschreibweise,

$$\sum_{r=1}^{N} \left(\frac{\partial \epsilon_{1r}^T}{\partial a_{K\iota}} \mathbf{G}_{Wr}\, \epsilon_{1r}\right) \Big/_{\mathbf{a}_K = \hat{\mathbf{a}}_K} = 0, \; \iota = 1(1)I,$$

ergibt mit den Größen (6.43), (6.45), der Abkürzung (6.46a) und dem Korrekturansatz (6.2c) das Gleichungssystem quadratisch explizit darstellbar in den Unbestimmten:

$$\sum_{r=1}^{N} \{[\xi_{r\iota}^{KT}(-\hat{\lambda}_{0r}\mathbf{M} + \mathbf{K}') + \hat{\mathbf{u}}_{0r}^{KT}\mathbf{K}_{\iota}]\,\mathbf{G}_{Wr}\,(-\hat{\lambda}_{0r}\mathbf{M} + \mathbf{K}') +$$

$$+\sum_{\nu=1}^{I} a_{K\nu}([\xi_{r\iota}^{KT}(-\hat{\lambda}_{0r}\mathbf{M}+\mathbf{K}')+\hat{\mathbf{u}}_{0r}^{KT}\mathbf{K}_\iota]\,\mathbf{G}_{wr}\,\mathbf{K}_\nu +$$

$$+\xi_{r\iota}^{KT}\mathbf{K}_\nu\,\mathbf{G}_{wr}\,(-\hat{\lambda}_{0r}\mathbf{M}+\mathbf{K}'))+$$

$$+\sum_{\nu=1}^{I}\sum_{\mu=1}^{I} a_{K\nu}\,a_{K\mu}\,\xi_{r\iota}^{KT}\mathbf{K}_\nu\,\mathbf{G}_{wr}\,\mathbf{K}_\mu\}\,\hat{\mathbf{u}}_{0r}^{K}\Big/_{a_K=\hat{a}_K}=\mathbf{0}. \qquad (6.52)$$

(6.52) ist in Verbindung mit dem Matrizeneigenwertproblem (6.13) zur Ermittlung der Eigenvektoren $\hat{\mathbf{u}}_{0r}^{K}$ und dem Gleichungssystem (6.46b) zur Berechnung der partiellen Ableitungen der Eigenvektoren des korrigierten Rechenmodells nach den Korrekturfaktoren zu lösen. Das Korrekturverfahren ist also wieder adaptiv bezüglich der Eigenvektoren des korrigierten Rechenmodells. Der Rechenaufwand ist nicht unerheblich.

Die Auswirkung der hier gewählten Anpassung über die Vektoren (6.43) bei gleicher Meßinformation im Vergleich zu der über die Eigenwert-Residuen (Abschnitt 6.2.1.1) ist durch Fehlerbetrachtungen beschreibbar (s. Abschnitt 6.2.4.3).

Beispiel 6.8: Zu dem Rechenmodell mit den Systemparameter-Matrizen

$$\mathbf{M}=\begin{pmatrix}1; & 0; & 0\\ 0; & 1; & 0\\ 0; & 0; & 0{,}1\end{pmatrix},\qquad \mathbf{K}=10^3\begin{pmatrix}1{,}7; & -0{,}8; & 0\\ -0{,}8; & 1{,}7; & -0{,}8\\ 0; & -0{,}8; & 9{,}0\end{pmatrix}$$

seien die Eigenwerte $\hat{\lambda}_{01}=0{,}948\cdot10^3$, $\hat{\lambda}_{02}=2{,}933\cdot10^3$ (vgl. Beispiel 6.4) als Schätzwerte vorgegeben. Es soll die Steifigkeitsmatrix mit I = 1 über die Kraftnullvektoren korrigiert werden: $\mathbf{K}=\mathbf{K}_1$, $\mathbf{K}'=\mathbf{0}$, $\mathbf{M}^K=\mathbf{M}$. Das Matrizeneigenwertproblem des Rechenmodells

$$(-\lambda_{0r}\mathbf{M}+\mathbf{K})\,\hat{\mathbf{u}}_{0r}=\mathbf{0},\quad r=1,2,$$

besitzt die Eigenlösungen

$$\lambda_{01}=0{,}8633\cdot10^3,\ \hat{\mathbf{u}}_{01}^T=(0{,}6909;0{,}7226;0{,}0648),$$
$$\lambda_{02}=2{,}4643\cdot10^3,\ \hat{\mathbf{u}}_{02}^T=(0{,}7229;-0{,}6907;-0{,}0631)$$

mit $m_{g1}=m_{g2}=1$. Die iterative Lösung des Gleichungssystems (6.52) erfolgt im 1. Iterationsschritt mit $\lambda_{0r}^{K(0)}=\lambda_{0r}$, $\hat{\mathbf{u}}_{0r}^{K(0)}=\hat{\mathbf{u}}_{0r}$, den Eigenlösungen des Rechenmodells. Weiter werden die Ableitungen $\xi_{r1}^{K(0)}$ nach Gleichung (6.46b) benötigt:

$$(-\lambda_{0r}^{K(0)}\mathbf{M}+\mathbf{K}^{K(0)})\,\xi_{r1}^{K(0)}=(k_{gr1}^{K(0)}\,\mathbf{M}-\mathbf{K})\,\hat{\mathbf{u}}_{0r}^{K(0)}.$$

Diese Gleichung geht mit den Eigenlösungen des Rechenmodells, mit den generalisierten Steifigkeiten $k_{gr1}^{K(0)}=\hat{\mathbf{u}}_{0r}^T\mathbf{K}\,\hat{\mathbf{u}}_{0r}=\lambda_{0r}$, (vgl. (5.18)) und $\mathbf{K}^{K(0)}=\mathbf{K}$ über in das Matrizeneigenwertproblem

$$(-\lambda_{0r}\mathbf{M}+\mathbf{K})\,(\xi_{r1}^{K(0)}+\hat{\mathbf{u}}_{0r})=\mathbf{0},$$

aus dem die triviale Lösung $\xi_{r1}^{K(0)}=\mathbf{0}$ folgt. Damit vereinfacht sich (6.52) im 1. Iterationsschritt zu ($\mathbf{G}_W=\mathbf{I}$)

$$\sum_{r=1}^{2}\hat{\mathbf{u}}_{0r}^T\,\mathbf{K}(-\hat{\lambda}_{0r}\mathbf{M}+a_{K1}^{(1)}\,\mathbf{K})\,\hat{\mathbf{u}}_{0r}=0.$$

Es folgt

$$-0{,}948 \cdot 0{,}8630 + a_{K1}^{(1)}\ 0{,}7451 - 2{,}933 \cdot 2{,}4635 + a_{K1}^{(1)}\ 6{,}0708 = 0,$$

$$a_{K1}^{(1)} = 1{,}18.$$

Man erkennt, daß man mit $\hat{a}_{K1}^{(1)} \doteq \hat{a}_{K1}$ der System-Steifigkeitsmatrix (s. Beispiel 6.4) sehr nahe kommt:

$$\mathbf{K}^K = 1{,}18\,\mathbf{K} = 10^3 \begin{pmatrix} 2{,}01; & -0{,}94; & 0 \\ -0{,}94; & 2{,}01; & -0{,}94 \\ 0; & -0{,}94; & 10{,}62 \end{pmatrix}.$$

Das Beispiel 6.8 zeigt, daß das Korrekturverfahren hier auch für $\xi_{r\iota}^K = \mathbf{0}$ zum Ziel führt. Die Hintergründe hierfür seien kurz beleuchtet. Die Gl. (6.50) sagt aus, daß die differentielle Änderung des r-ten Eigenvektors aus den Eigenvektoren für $k = 1(1)n$ mit $k \neq r$ gebildet wird. Dieser Sachverhalt folgt wesentlich aus der Voraussetzung $\mathbf{M}^K = \mathbf{M}$. Deutlich wird diese Aussage aus den linearisierten Änderungsuntersuchungen des Abschnittes 5.1.7. Mit $\mathbf{M}^K = \mathbf{M} + \Delta\mathbf{M}$, $\mathbf{K}^K = \mathbf{K} + \Delta\mathbf{K}$ ergibt sich das Matrizeneigenwertproblem (5.134) für das korrigierte Rechenmodell. Die Änderung der Modalmatrix (5.135) des Rechenmodells, $\Delta\hat{\mathbf{U}} = \hat{\mathbf{U}}_0\mathbf{A}$, $\hat{\mathbf{U}}_0^K = \hat{\mathbf{U}}_0 + \Delta\hat{\mathbf{U}}$, führt nach (5.139b) mit $\mathbf{M}^K = \mathbf{M}$, $\Delta\mathbf{M} = \mathbf{0}$ in 1. Näherung auf $a_{ii} \doteq 0$ für die Hauptdiagonalelemente von $\mathbf{A}$, identisch mit der Aussage aus Gl. (6.50). Die Gl. (5.138) mit $\Delta\mathbf{M} = \mathbf{0}$ weist die Änderung der generalisierten Steifigkeitsmatrix $\hat{\mathbf{u}}_{0r}^T\,\Delta\,\mathbf{K}\,\hat{\mathbf{u}}_{0r}$ in erster Näherung abhängig von der Eigenwert-Änderung $\Delta\lambda_{0i}$ aus, in Übereinstimmung mit (6.17). D.h. die Voraussetzung $\mathbf{M}^K = \mathbf{M}$ ($\Delta\mathbf{M} = \mathbf{0}$) ist für das hier behandelte Korrekturverfahren wesentlich, und sofern die Eigenvektoren $\hat{\mathbf{u}}_{0k}^K$, $k = 1(1)n$ mit $k \neq r$, durch die Wahl der Submatrizen $\mathbf{K}_\iota$ für Eigenwerte λ_{0k}^K benachbart zu λ_{0r}^K (vgl. (6.50)) nur einen geringen, vernachlässigbaren Beitrag zu $\xi_{r\iota}^K$ liefern, $\xi_{r\iota}^K \doteq \mathbf{0}$ bzw. $\hat{\mathbf{u}}_{0r}^K \doteq \hat{\mathbf{u}}_{0r}$, konvergiert das Korrekturverfahren mit $\xi_{r\iota}^K = \mathbf{0}$. $\xi_{r\iota}^K \doteq \mathbf{0}$ ist gegeben, wenn die Eigenwerte des Rechenmodells und des Versuchsmodells sich alle um ungefähr denselben Faktor unterscheiden (s. Abschnitt 5.2.2.5, Eigenfrequenz-Verstimmung des Systems).

Demzufolge sei noch der Sonderfall der Residuen

$$\tilde{\boldsymbol{\epsilon}}_{1r} := (-\hat{\lambda}_{0r}\,\mathbf{M} + \mathbf{K}^K)\,\hat{\mathbf{u}}_{0r}, \quad r = 1(1)N, \tag{6.53}$$

angeführt, der sich aus den Residuen (6.43) mit $\hat{\mathbf{u}}_{0r}^K = \hat{\mathbf{u}}_{0r}$, den Eigenvektoren des korrigierten Rechenmodells gleich den Eigenvektoren des Rechenmodells ergibt. Der Residuenvektor (6.44) geht über in den Vektor

$$\tilde{\mathbf{v}}_5^T := (\tilde{\boldsymbol{\epsilon}}_{11}^T, \ldots, \tilde{\boldsymbol{\epsilon}}_{1N}^T).$$

Die partiellen Ableitungen der Residuen $\boldsymbol{\epsilon}_{1r}$ nach den Korrekturfaktoren $a_{K\iota}$ lauten

$$\frac{\partial \tilde{\boldsymbol{\epsilon}}_{1r}}{\partial a_{K\iota}} = \mathbf{K}_\iota\,\hat{\mathbf{u}}_{0r},$$

sie sind von den Korrekturfaktoren unabhängig. Für den Residuenvektor kann demzufolge der lineare Zusammenhang

$$\tilde{\mathbf{v}}_5 = \tilde{\mathbf{b}}_5 - \mathbf{D}\tilde{\mathbf{v}}_5\,\mathbf{a}_K \tag{6.54a}$$

geschrieben werden, wobei gilt:

$$\left.\begin{aligned} D\tilde{\mathbf{v}}_5 &:= -\begin{pmatrix} \mathbf{K}_1\,\hat{\mathbf{u}}_{01}, \ldots, \mathbf{K}_I\,\hat{\mathbf{u}}_{01} \\ \ldots\ldots\ldots \\ \mathbf{K}_1\,\hat{\mathbf{u}}_{0N}, \ldots, \mathbf{K}_I\,\hat{\mathbf{u}}_{0N} \end{pmatrix}, \\ \tilde{\mathbf{b}}_5^T &:= (-\hat{\lambda}_{01}\,\hat{\mathbf{u}}_{01}^T\,\mathbf{M} + \hat{\mathbf{u}}_{01}^T\,\mathbf{K}', \ldots, -\hat{\lambda}_{0N}\,\hat{\mathbf{u}}_{0N}^T\,\mathbf{M} + \hat{\mathbf{u}}_{0N}^T\,\mathbf{K}'). \end{aligned}\right\} \tag{6.54b}$$

Man erhält also ein kennwertlineares Modell mit der Lösung

$$\hat{\mathbf{a}}_K = (D\tilde{\mathbf{v}}_5^T\,\mathbf{G}_W\,D\tilde{\mathbf{v}}_5)^{-1}\,D\tilde{\mathbf{v}}_5^T\,\mathbf{G}_W\,\tilde{\mathbf{b}}_5. \tag{6.55}$$

Die Schätzung (6.55) folgt aus (6.52) für $\hat{\mathbf{u}}_{0r}^K = \hat{\mathbf{u}}_{0r}$ mit $\xi_{r\iota}^K = \mathbf{0}$ und entspricht dem Ergebnis des 1. Iterationsschrittes zur Lösung von (6.52) mit Startwerten aus dem Rechenmodell folgend. Die Gln. (6.54) mit dem Korrekturverfahren des Abschnittes 6.2.1.1, den Gln. (6.20), (6.21) verglichen, zeigt, daß die Elemente von $D\mathbf{v}_1$, $\mathbf{b}_1$ die generalisierten Werte von $D\tilde{\mathbf{v}}_5$, $\tilde{\mathbf{b}}_5$ bezogen auf das (unkorrigierte) Rechenmodell sind.

6.2.1.6 Korrektur der Nachgiebigkeitsmatrix über das Matrizeneigenwertproblem

Wird mit $\mathbf{M}^K = \mathbf{M}$ das Matrizeneigenwertproblem (6.24) des korrigierten Rechenmodells in der Nachgiebigkeitsformulierung mit der Abkürzung (6.36), $\kappa_{0r}^K := 1/\lambda_{0r}^K$, verwendet,

$$(\mathbf{G}^K\,\mathbf{M} - \kappa_{0r}^K\,\mathbf{I})\,\hat{\mathbf{u}}_{0r}^K = \mathbf{0},$$

in das anstelle der Eigenwerte λ_{0r}^K des korrigierten Rechenmodells die geschätzten Werte $\hat{\kappa}_{0r} = 1/\hat{\lambda}_{0r}$ eingesetzt werden, so erhält man anstelle der (Verschiebungs-)Nullvektoren die Residuen

$$\epsilon_{2r} := (\mathbf{G}^K\,\mathbf{M} - \hat{\kappa}_{0r}\,\mathbf{I})\,\hat{\mathbf{u}}_{0r}^K, \quad r = 1(1)N. \tag{6.56}$$

Entsprechend dem Vorgehen im vorherigen Abschnitt kann jetzt der Korrekturformalismus mit den vektoriellen Residuen ϵ_{2r} hergeleitet werden anstelle mit den skalaren Residuen $\hat{\kappa}_{0r} - \kappa_{0r}^K$ wie im Abschnitt 6.2.1.2.

Mit den Residuen (6.56) folgt der Residuenvektor

$$\mathbf{v}_6^T := (\epsilon_{21}^T, \ldots, \epsilon_{2N}^T). \tag{6.57}$$

Zur Aufstellung der Funktionalmatrix $D\mathbf{v}_6$ werden die partiellen Ableitungen von (6.56) nach den Korrekturfaktoren $a_{G\iota}$, $\iota = 1(1)I$, benötigt:

$$\frac{\partial \epsilon_{2r}}{\partial a_{G\iota}} = \mathbf{G}_\iota\,\mathbf{M}\,\hat{\mathbf{u}}_{0r}^K + (\mathbf{G}^K\,\mathbf{M} - \hat{\kappa}_{0r}\,\mathbf{I})\,\frac{\partial \hat{\mathbf{u}}_{0r}^K}{\partial a_{G\iota}}. \tag{6.58}$$

Die partiellen Ableitungen der Eigenvektoren des korrigierten Rechenmodells

$$\eta_{r\iota}^K := \frac{\partial \hat{\mathbf{u}}_{0r}^K}{\partial a_{G\iota}} \tag{6.59a}$$

ergeben sich aus dem partiell nach den $a_{G\iota}$ differenzierten Matrizeneigenwertproblem (6.24) mit (6.27),

$$(\mathbf{G}^K\,\mathbf{M} - \kappa_{0r}^K\,\mathbf{I})\,\eta_{r\iota}^K = -(\mathbf{G}_\iota\,\mathbf{M} - g_{gr\iota}^K\,\mathbf{I})\,\hat{\mathbf{u}}_{0r}^K, \tag{6.59b}$$

das ein lineares Gleichungssystem der Ordnung n mit singulärer Systemmatrix ist. Für einfache Eigenwerte gelten für die Lösungen $\eta_{r\iota}^{K}$ von (6.59b) dieselben Aussagen wie für $\xi_{r\iota}^{K}$ aus (6.46b): Es existiert eine jeweils einfach unendliche Schar von Lösungen $\eta_{r\iota}^{K} = \eta_{r\iota}^{K}(\mathbf{a}_G)$. Wie auch bei dem Korrekturverfahren für die Steifigkeitsmatrix über das Matrizeneigenwertproblem des vorherigen Abschnittes können die Ableitungen $\eta_{r\iota}^{K}$ aus der Entwicklung nach den Eigenvektoren des korrigierten Rechenmodells

$$\eta_{r\iota}^{K} = \sum_{k=1}^{n} \beta_{rk}^{(\iota)} \hat{\mathbf{u}}_{0k}^{K} \tag{6.60a}$$

berechnet werden. (6.60a) in (6.59b) eingesetzt und von links mit $\hat{\mathbf{u}}_{0L}^{KT}\mathbf{M}$ multipliziert, ergibt unter Berücksichtigung der verallgemeinerten Orthogonalitätseigenschaften für jedes $L = k \neq r$ für einfache Eigenwerte die Entwicklungskoeffizienten

$$\beta_{rk}^{(\iota)} = \frac{\hat{\mathbf{u}}_{0k}^{KT}\,\mathbf{M}\,\mathbf{G}_{\iota}\,\mathbf{M}\,\hat{\mathbf{u}}_{0r}^{K}}{\kappa_{0r}^{K} - \kappa_{0k}^{K}}, \quad k \neq r.$$

(6.60a) in

$$\frac{\partial m_{gr}^{K}}{\partial a_{G\iota}} = 2\,\hat{\mathbf{u}}_{0r}^{KT}\,\mathbf{M}\,\dot{\eta}_{r\iota}^{K} = 0$$

eingesetzt, liefert infolge der verallgemeinerten Orthogonalität der Eigenvektoren den Koeffizienten

$$\beta_{rr}^{(\iota)} = 0.$$

Es folgt insgesamt für (6.60a) das Ergebnis

$$\eta_{r\iota}^{K} = \sum_{\substack{k=1\\k\neq r}}^{n} \frac{\hat{\mathbf{u}}_{0k}^{KT}\,\mathbf{M}\,\mathbf{G}_{\iota}\,\mathbf{M}\,\hat{\mathbf{u}}_{0r}^{K}}{\kappa_{0r}^{K} - \kappa_{0k}^{K}}\,\hat{\mathbf{u}}_{0k}^{K}. \tag{6.60b}$$

Im Gegensatz zur Berechnung der $\eta_{r\iota}^{K}$ aus dem linearen Gleichungssystem (6.59b) verlangt ihre Ermittlung nach (6.60b) die Kenntnis aller Eigenvektoren $\hat{\mathbf{u}}_{0k}^{K}$, $k = 1(1)n$.

Damit sind alle Größen bereitgestellt, um das Gleichungssystem (6.8) aufzustellen. Die Funktionalmatrix $\mathbf{Dv}_6$ des Residuenvektors (6.57) erhält man aus ihrer Definition (6.7). Die Wichtungsmatrix $\mathbf{G}_W$ setzt sich aus Teilmatrizen zusammen wie im vorherigen Abschnitt angegeben. In Summenschreibweise stellt sich (6.8) wie nachstehend aufgeführt dar:

$$\sum_{r=1}^{N} \left(\frac{\partial \boldsymbol{\epsilon}_{2r}^{T}}{\partial a_{G\iota}} \mathbf{G}_{wr}\, \boldsymbol{\epsilon}_{2r} \right) \Big/_{\mathbf{a}_G = \hat{\mathbf{a}}_G} = 0, \quad \iota = 1(1)I,$$

$$\begin{aligned}
&\sum_{r=1}^{N} \{[\hat{\mathbf{u}}_{0r}^{KT}\,\mathbf{M}\,\mathbf{G}_{\iota} + \eta_{r\iota}^{KT}(\mathbf{M}\,\mathbf{G}' - \hat{\kappa}_{0r}\,\mathbf{I})]\,\mathbf{G}_{wr}\,(\mathbf{G}'\,\mathbf{M} - \hat{\kappa}_{0r}\,\mathbf{I}) + \\
&+ \sum_{\nu=1}^{I} a_{G\nu}\,[\eta_{r\iota}^{KT}\,\mathbf{M}\,\mathbf{G}_{\nu}\,\mathbf{G}_{wr}\,(\mathbf{G}'\,\mathbf{M} - \hat{\kappa}_{0r}\,\mathbf{I}) + \\
&+ \hat{\mathbf{u}}_{0r}^{KT}\,\mathbf{M}\,\mathbf{G}_{\iota}\,\mathbf{G}_{wr}\,\mathbf{G}_{\nu}\,\mathbf{M} + \eta_{r\iota}^{KT}(\mathbf{M}\,\mathbf{G}' - \hat{\kappa}_{0r}\,\mathbf{I})\,\mathbf{G}_{wr}\,\mathbf{G}_{\nu}\,\mathbf{M}] + \\
&+ \sum_{\nu=1}^{I}\sum_{\mu=1}^{I} a_{G\nu}\,a_{G\mu}\,\eta_{r\iota}^{KT}\,\mathbf{M}\,\mathbf{G}_{\nu}\,\mathbf{G}_{wr}\,\mathbf{G}_{\mu}\,\mathbf{M}\}\,\hat{\mathbf{u}}_{0r}^{K} \Big/_{\mathbf{a}_G = \hat{\mathbf{a}}_G} = 0.
\end{aligned} \tag{6.61}$$

Das Gleichungssystem (6.61) ist in den Schätzparametern nichtlinear, die Vektoren $\hat{\mathbf{u}}_{0r}^{K}$ und $\eta_{r\iota}^{K}$ hängen von den $\hat{a}_{G\iota}$ ab. Die Lösung von (6.61) erfordert ein iteratives Vorgehen zusammen mit den Gln. (6.24) und (6.59) bzw. (6.60) unter Beachtung von $m_{gr}^{K} = 1$. Die Gleichungen sind wiederum ohne Rücksicht auf mögliche Symmetrieeigenschaften der Matrizenprodukte hergeleitet. Zur Aufstellung eines programmierfähigen Formelplanes müssen die obigen Gleichungen noch entsprechend modifiziert werden.

Der Sonderfall $\hat{\mathbf{u}}_{0r}^{K} = \hat{\mathbf{u}}_{0r}$ mit $\eta_{r\iota}^{K} = \mathbf{0}$ führt ganz entsprechend wie im vorherigen Abschnitt mit $\xi_{r\iota}^{K} = \mathbf{0}$ (1. Iterationsschritt für (6.61) mit den Werten des Rechenmodells) auf ein kennwertlineares Gleichungssystem

$$\sum_{r=1}^{N} \sum_{\nu=1}^{I} \hat{a}_{G\nu}\, \hat{\mathbf{u}}_{0r}^{T}\, \mathbf{M}\, \mathbf{G}_{\iota}\, \mathbf{G}_{wr}\, \mathbf{G}_{\nu}\, \mathbf{M}\, \hat{\mathbf{u}}_{0r} =$$

$$= - \sum_{r=1}^{N} \hat{\mathbf{u}}_{0r}^{T}\, \mathbf{M}\, \mathbf{G}_{\iota}\, \mathbf{G}_{wr}\, (\mathbf{G}'\, \mathbf{M} - \hat{\kappa}_{0r}\, \mathbf{I})\, \hat{\mathbf{u}}_{0r}, \quad \iota = 1(1)I. \qquad (6.62)$$

Anmerkung: Die Korrektur der Trägheitsmatrix über das Matrizeneigenwertproblem (6.37) erfolgt mit $\mathbf{K}^{K} = \mathbf{K}$ und den Residuen $(-\hat{\kappa}_{0r}\, \mathbf{K} + \mathbf{M}^{K})\, \hat{\mathbf{u}}_{0r}^{K}$.
Der formale Vergleich der Matrizeneigenwertprobleme (6.13) und (6.37), der Residuen (6.43) und $(-\hat{\kappa}_{0r}\, \mathbf{K} + \mathbf{M}^{K})\, \hat{\mathbf{u}}_{0r}^{K}$ zeigt wieder (vgl. Abschnitt 6.2.1.3), daß ein Programm für das Korrekturverfahren der Steifigkeitsmatrix über das Matrizeneigenwertproblem verwendet werden kann, sofern die jeweils korrespondierenden Größen eingesetzt werden.
Eine Korrektur aller Systemparameter-Matrizen über das Matrizeneigenwertproblem kann entsprechend den Ausführungen des Abschnittes 6.2.1.4 als Gruppeniteration erfolgen.

6.2.2 Korrektur mittels Eigenwerte und Eigenvektoren

Die Korrektur des Rechenmodells ausschließlich mittels identifizierter Eigenwerte liefert auch korrigierte Eigenvektoren (diesbezüglich adaptiv). Es kann jedoch nicht erwartet werden, daß die so korrigierten Eigenvektoren dieselbe Genauigkeit aufweisen, wie sie sich aufgrund einer Korrektur mittels identifizierter Eigenwerte *und* Eigenvektoren ergeben würden.

Im folgenden wird die Anpassung von Systemparameter-Matrizen passiver ungedämpfter Systeme über gemessene Eigenwerte $\hat{\lambda}_{0r}$ und Eigenvektoren $\hat{\mathbf{u}}_{0r}$, $r = 1(1)N \leqslant n$ behandelt. Eine Korrektur des Rechenmodells ausschließlich mittels gemessener Eigenvektoren kommt praktisch nicht vor, da mit den Eigenvektoren auch stets die Eigenfrequenzen identifiziert werden (s. jedoch die Anmerkung im Abschnitt 6.3.3.1).

Die Korrekturverfahren mittels identifizierter Eigenwerte des Abschnittes 6.2.1 beinhalten allgemein kennwertnichtlineare Modelle. Der Sonderfall der Korrektur über das Matrizeneigenwertproblem mit $\hat{\mathbf{u}}_{0r}^{K} = \hat{\mathbf{u}}_{0r}$, also mit Eigenvektoren unabhängig von den Korrekturparametern, ergibt jedoch ein kennwertlineares Verfahren. Werden nun identifizierte Eigenvektoren anstelle der Eigenvektoren des korrigierten Rechenmodells in das Matrizeneigenwertproblem eingesetzt, so führt mit den zugehörigen Residuen die Methode der gewichteten Fehlerquadratsumme ebenfalls auf ein im nächsten Abschnitt behandeltes kennwertlineares Verfahren.

6.2.2.1 Korrektur der Trägheits- und Steifigkeitsmatrix über das Matrizeneigenwertproblem

Das Matrizeneigenwertproblem des korrigierten Rechenmodells ist mit (6.12) gegeben. Die vorliegenden Schätzungen $\hat{\lambda}_{0r}, \hat{\mathbf{u}}_{0r}$, r = 1 (1) N, anstelle der Eigenlösung in das Matrizeneigenwertproblem (6.12) eingesetzt,

$$(-\hat{\lambda}_{0r}\,\mathbf{M}^K + \mathbf{K}^K)\,\hat{\mathbf{u}}_{0r} =: \boldsymbol{\epsilon}_r, \quad r = 1(1)N, \tag{6.63}$$

führen auf Fehlervektoren $\boldsymbol{\epsilon}_r$. Aus dem Residuenvektor

$$\mathbf{v}_7^T := (\boldsymbol{\epsilon}_1^T, \ldots, \boldsymbol{\epsilon}_N^T) \tag{6.64}$$

mit nN Komponenten (ν = n) erhält man die (nN, I + S)-Funktionalmatrix

$$\mathbf{D}\mathbf{v}_7 = -\left(\frac{\partial \mathbf{v}_7}{\partial a_{M1}}, \ldots, \frac{\partial \mathbf{v}_7}{\partial a_{MS}}, \frac{\partial \mathbf{v}_7}{\partial a_{K1}}, \ldots, \frac{\partial \mathbf{v}_7}{\partial a_{KI}}\right) =: (\mathbf{D}\mathbf{v}_M, \mathbf{D}\mathbf{v}_K) \tag{6.65}$$

mit den Elementen

$$\frac{\partial \boldsymbol{\epsilon}_r}{\partial a_{M\sigma}} = -\hat{\lambda}_{0r}\,\mathbf{M}_\sigma\,\hat{\mathbf{u}}_{0r}, \quad \frac{\partial \boldsymbol{\epsilon}_r}{\partial a_{K\iota}} = \mathbf{K}_\iota\,\hat{\mathbf{u}}_{0r}, \tag{6.66}$$

die unmittelbar aus (6.63) folgen. Damit gilt

$$\mathbf{D}\mathbf{v}_M := -\left(\frac{\partial \boldsymbol{\epsilon}_r}{\partial a_{M\sigma}}\right) = (\hat{\lambda}_{0r}\,\mathbf{M}_\sigma\,\hat{\mathbf{u}}_{0r}), \quad r - \text{Zeilen-}, \sigma - \text{Spaltenindex}, \tag{6.67a}$$

$$\mathbf{D}\mathbf{v}_K := -\left(\frac{\partial \boldsymbol{\epsilon}_r}{\partial a_{K\iota}}\right) = -(\mathbf{K}_\iota\,\hat{\mathbf{u}}_{0r}), \quad \iota - \text{Spaltenindex}. \tag{6.67b}$$

Die Funktionalmatrix $\mathbf{D}\mathbf{v}_7$ ist von den Korrekturparametern unabhängig. In die Gl. (6.63) mit (6.2a) und (6.2c) die Ableitungen (6.66) eingearbeitet, ergibt für die Fehlervektoren die Linearkombination

$$\boldsymbol{\epsilon}_r = -\hat{\lambda}_{0r}\,\mathbf{M}'\,\hat{\mathbf{u}}_{0r} + \sum_{\sigma=1}^{S} \frac{\partial \boldsymbol{\epsilon}_r}{\partial a_{M\sigma}}\,a_{M\sigma} + \mathbf{K}'\,\hat{\mathbf{u}}_{0r} + \sum_{\iota=1}^{I} \frac{\partial \boldsymbol{\epsilon}_r}{\partial a_{K\iota}}\,a_{K\iota} \tag{6.68}$$

bzw. für den Residuenvektor mit (6.67) und (6.65)

$$\left.\begin{aligned} &\mathbf{v}_7 = \mathbf{b}_7 - \mathbf{D}\mathbf{v}_M\,\mathbf{a}_M - \mathbf{D}\mathbf{v}_K\,\mathbf{a}_K = \mathbf{b}_7 - \mathbf{D}\mathbf{v}_7\,\mathbf{a}, \\ &\mathbf{b}_7^T := (\hat{\mathbf{u}}_{01}^T(-\hat{\lambda}_{01}\,\mathbf{M}' + \mathbf{K}'), \ldots, \hat{\mathbf{u}}_{0N}^T(-\hat{\lambda}_{0N}\,\mathbf{M}' + \mathbf{K}')). \end{aligned}\right\} \tag{6.69}$$

Für $\mathbf{K}' = \mathbf{0}$, $\mathbf{M}' = \mathbf{0}$ besitzt der Residuenvektor in (6.69) keinen konstanten Term (vgl. (6.69), $\mathbf{b}_7 = \mathbf{0}$), so daß für diesen Fall, der zunächst diskutiert sei, die Methode der kleinsten Quadrate ein homogenes lineares Gleichungssystem liefert:

$$\mathbf{D}\mathbf{v}_7^T\,\mathbf{G}_W\,\mathbf{D}\mathbf{v}_7\,\hat{\mathbf{a}} = \mathbf{0}. \tag{6.70a}$$

Das Gleichungssystem (6.70a) kann bezüglich der Schätzvektoren $\hat{\mathbf{a}}_M$ und $\hat{\mathbf{a}}_K$ mit (6.65) zerlegt werden:

$$\left.\begin{aligned} &\mathbf{D}\mathbf{v}_M^T\,\mathbf{G}_W\,\mathbf{D}\mathbf{v}_M\,\hat{\mathbf{a}}_M + \mathbf{D}\mathbf{v}_M^T\,\mathbf{G}_W\,\mathbf{D}\mathbf{v}_K\,\hat{\mathbf{a}}_K = \mathbf{0}, \\ &\mathbf{D}\mathbf{v}_K^T\,\mathbf{G}_W\,\mathbf{D}\mathbf{v}_M\,\hat{\mathbf{a}}_M + \mathbf{D}\mathbf{v}_K\,\mathbf{G}_W\,\mathbf{D}\mathbf{v}_K\,\hat{\mathbf{a}}_K = \mathbf{0}. \end{aligned}\right\} \tag{6.70b}$$

Damit das lineare homogene Gleichungssystem (6.70) eine von der trivialen verschiedene Lösung besitzt, muß wegen $\mathbf{G_W} \in L_{nN,nN}$ die (I + S, I + S)-Matrix $\mathbf{Dv}_7^T\,\mathbf{Dv}_7$ singulär sein.

Beispiel 6.9: Vorgegeben seien die Schätzungen $\hat{\lambda}_{01} = 20$, $\hat{\mathbf{u}}_{01}^T = (1,0)$ für ein System mit n = 2 Freiheitsgraden. Die Systemparameter-Matrizen des Rechenmodells

$$\mathbf{M} = \begin{pmatrix} 0{,}9; & 0 \\ 0; & 1{,}1 \end{pmatrix}, \quad \mathbf{K} = \begin{pmatrix} 19, & 0 \\ 0, & 29 \end{pmatrix}$$

seien in die Submatrizen $\mathbf{M}_1 = \mathbf{M}$, demnach ist $\mathbf{M}' = \mathbf{0}$, S = 1, und

$$\mathbf{K}' = \mathbf{0},\ \mathbf{K}_1 = \begin{pmatrix} 19, & 0 \\ 0, & 0 \end{pmatrix}, \quad \mathbf{K}_2 = \begin{pmatrix} 0, & 0 \\ 0, & 29 \end{pmatrix}, \quad \iota = 1(1)2,\ I = 2,$$

zerlegt. Es ist also nN = 2 und I + S = 3 mit nN < I + S. Das Gleichungssystem (6.63) lautet somit:

$$\left[-20\, a_{M1} \begin{pmatrix} 0{,}9; & 0 \\ 0; & 1{,}1 \end{pmatrix} + a_{K1} \begin{pmatrix} 19, & 0 \\ 0, & 0 \end{pmatrix} + a_{K2} \begin{pmatrix} 0, & 0 \\ 0, & 29 \end{pmatrix}\right] \begin{pmatrix} 1 \\ 0 \end{pmatrix} = \boldsymbol{\epsilon}_1,$$

$$\begin{pmatrix} (-18\, a_{M1} + 19\, a_{K1}) \cdot 1 + 0 \\ 0 \quad + (-22\, a_{M1} + 29\, a_{K2}) \cdot 0 \end{pmatrix} = \begin{pmatrix} -18\, a_{M1} + 19\, a_{K1} \\ 0 \end{pmatrix} = \boldsymbol{\epsilon}_1.$$

Mit N = 1 ist $\mathbf{v}_7 = \boldsymbol{\epsilon}_1$. Es folgt die (2,3)-Funktionalmatrix

$$\mathbf{Dv}_7 = -\begin{pmatrix} -18, & 19, & 0 \\ 0, & 0, & 0 \end{pmatrix}.$$

Die Wichtungsmatrix gleich der Einheitsmatrix gewählt, $\mathbf{G_W} = \mathbf{I}$, ergibt für (6.70) das homogene Gleichungssystem

$$\begin{pmatrix} -18, & 0 \\ 19, & 0 \\ 0, & 0 \end{pmatrix} \begin{pmatrix} -18, & 19, & 0 \\ 0, & 0, & 0 \end{pmatrix} \begin{pmatrix} \hat{a}_{M1} \\ \hat{a}_{K1} \\ \hat{a}_{K2} \end{pmatrix} = \mathbf{0},$$

$$\begin{pmatrix} 18^2, & -18 \cdot 19, & 0 \\ -19 \cdot 18, & 19^2, & 0 \\ 0, & 0, & 0 \end{pmatrix} \begin{pmatrix} \hat{a}_{M1} \\ \hat{a}_{K1} \\ \hat{a}_{K2} \end{pmatrix} = \mathbf{0},$$

mit singulärer Systematrix:

$$18\, \hat{a}_{M1} - 19\, \hat{a}_{K1} = 0,$$
$$-18\, \hat{a}_{M1} + 19\, \hat{a}_{K1} = 0.$$

Das Gleichungssystem reduziert sich auf eine Gleichung:

$$\hat{a}_{K1} = \frac{18}{19}\, \hat{a}_{M1}.$$

Damit ist der Fehlervektor $\boldsymbol{\epsilon}_1$ gleich dem Nullvektor: $\boldsymbol{\epsilon}_1 = \mathbf{0}$, demzufolge ist $\mathbf{v}_7 = \mathbf{0}$. Das Gleichungssystem (6.63) ist somit homogen, d.h. mit singulärer Systemdeterminante wird $\hat{\lambda}_{01}$, $\hat{\mathbf{u}}_{01}$ Eigenlösung des Problems:

$$\begin{vmatrix} -18\, \hat{a}_{M1} + 19\, \hat{a}_{K1}, & 0 \\ 0 &, -22 \hat{a}_{M1} + 29 \hat{a}_{K2} \end{vmatrix} = (-18\, \hat{a}_{M1} + 19\, \hat{a}_{K1})(-22\, \hat{a}_{M1} + 29 \hat{a}_{K2}) = 0.$$

Der Korrekturfaktor $\hat{a}_{K_2}$ kann beliebig gewählt werden, so z.B. aus dem zweiten Faktor der Systemdeterminante zu

$$\hat{a}_{K_2} = \frac{22}{29}\hat{a}_{M_1}.$$

Damit ist eine zweifach unendliche Lösungsschar der Korrekturparameter gefunden, denn eine 3. Bestimmungsgleichung läßt sich wegen des homogenen Gleichungssystems nicht finden: Die homogene Gl. (6.63) kann mit einem beliebigen von Null verschiedenen Faktor multipliziert werden, d.h., die verbleibende Unbekannte kann frei gewählt werden, z.B. $\hat{a}_{M_1} = 1$. Es folgt $\hat{a}_{K_1} = 18/19$, $\hat{a}_{K_2} = 22/29$.
Es stellt sich sofort die Frage: Wird die 2. Eigenlösung des Problems mitkorrigiert?

$$\left[-\lambda_{02}^{K}\begin{pmatrix}0{,}9; & 0\\ 0; & 1{,}1\end{pmatrix} + \begin{pmatrix}18, & 0\\ 0, & 22\end{pmatrix}\right]\hat{\mathbf{u}}_{02}^{K} = \mathbf{0},$$

charakteristisches Polynom: $(-\lambda_{02}^{K}\,0{,}9 + 18)\,(-\lambda_{02}^{K}\,1{,}1 + 22) = 0$, es folgt $\lambda_{02}^{K} = \hat{\lambda}_{01}$.
Diese Doppelwurzel ist von der 2. Eigenlösung des exakten Matrizeneigenwertproblems weit entfernt ($\hat{\lambda}_{02} = 30$, $\hat{\mathbf{u}}_{02}^{T} = (0,1)$).

In dem Beispiel 6.9 ist $nN < I + S$, deshalb scheint das Ergebnis nicht weiter verwunderlich zu sein. Wie sind jedoch die Verhältnisse für $nN > I + S$?

Beispiel 6.10: Die Gl. (6.63) möge erfüllt werden mit $\hat{\lambda}_{01} = 20$, $\hat{\mathbf{u}}_{01}^{T} = (1, 0, 0)$ und den Systemparameter-Matrizen

$$\mathbf{M} = \mathbf{M}_1 = \begin{pmatrix}0{,}9; & 0; & 0\\ 0; & 1{,}1; & 0\\ 0; & 0; & 1\end{pmatrix}, \qquad \mathbf{K} = \mathbf{K}_1 = \begin{pmatrix}19; & 0; & 0\\ 0; & 29; & 0\\ 0; & 0; & 40\end{pmatrix}.$$

Es ist also $n = 3, N = 1, I = 1, S = 1, nN = 3 > I + S = 2$. Die Gl. (6.63) lautet $(-20\,a_{M_1}\mathbf{M}_1 + a_{K_1}\mathbf{K}_1)\,\hat{\mathbf{u}}_{01} = \boldsymbol{\epsilon}_1$,

$$\boldsymbol{\epsilon}_1 = \begin{pmatrix}-18\,a_{M_1} + 19\,a_{K_1}\\ 0\\ 0\end{pmatrix}.$$

$\mathbf{v}_7 = \boldsymbol{\epsilon}_1$. Die (3,2)-Funktionalmatrix ergibt sich aus der Definition (6.65) zu

$$D\mathbf{v}_7 = \begin{pmatrix}18; & -19\\ 0; & 0\\ 0; & 0\end{pmatrix}.$$

Mit $\mathbf{G}_W = \mathbf{I}$ folgt das homogene Gleichungssystem

$$18\,a_{M_1} - 19\,a_{K_1} = 0,$$
$$-18\,a_{M_1} + 19\,a_{K_1} = 0.$$

Damit liegen ähnliche Verhältnisse vor wie im Beispiel 6.9 (einfach unendliche Lösungsschar).

Es liegt die Vermutung nahe, daß bei dem gewählten Ansatz mit $\mathbf{M}' = \mathbf{0}$, $\mathbf{K}' = \mathbf{0}$ stets $\boldsymbol{\epsilon}_r = \mathbf{0}$ und demzufolge $\mathbf{v}_7 = \mathbf{0}$ ist, d.h., die geschätzten Eigenwerte und Eigenvektoren als Eigenlösungen des korrigierten Rechenmodells angenommen werden. Mit der Annahme $\mathbf{v}_7 \stackrel{!}{=} \mathbf{0}$ für $\mathbf{b}_7 = \mathbf{0}$ liefert (6.69) mit der Wichtungsmatrix $\mathbf{G}_W \in L_{nN,nN}$ und der Gaußschen Transformation sofort die Gl. (6.70), womit die Korrekturfaktoren determiniert ermittelt sind. Es verbleibt zu zeigen, daß eine nichttriviale Lösung nur mit $\mathbf{v}_7 = \mathbf{0}$ ($\boldsymbol{\epsilon}_r = \mathbf{0}$) möglich ist. Für $N \leqslant I + S$ und $\boldsymbol{\epsilon}_r = \mathbf{0}$ ist das charakteristische Polynom von (6.63) mit vorgegebener

Wurzel $\hat{\lambda}_{0r}$ stets erfüllbar (N Polynome mit je I + S > N Parameterwerten). Für N > I + S ist das charakteristische Polynom jedoch nicht mehr erfüllbar, da mit I + S freien Parametern nicht mehr N > I + S Wurzeln von der zu Null gesetzten Systemdeterminante reproduziert werden können: $\boldsymbol{\epsilon}_r \neq 0$, d.h. $\mathbf{v}_7 \neq \mathbf{0}$. Die Gl. (6.69) mit $\mathbf{b}_7 = \mathbf{0}$, $\mathbf{v}_7 = -\mathbf{Dv}_7\,\mathbf{a} \neq \mathbf{0}$ bedeutet aber, daß mit einer eindeutigen nichttrivalen Lösung $\mathbf{a}^T = (a_1, ..., a_g)$, J = I + S, die Systemmatrix $\mathbf{Dv}_7$ den Maximalrang J = I + S annimmt, also mit $\mathbf{v}_7 \neq \mathbf{0}$ das homogene lineare Gleichungssystem nur die triviale Lösung besitzt, w.z.z.w.

(6.69) mit $\mathbf{b}_7 \neq \mathbf{0}$ führt aufgrund von (6.10) auf das inhomogene lineare Gleichungssystem

$$\mathbf{Dv}_7^T\,\mathbf{G}_W\,\mathbf{Dv}_7\,\hat{\mathbf{a}} = \mathbf{Dv}_7^T\,\mathbf{G}_W\,\mathbf{b}_7 \tag{6.71}$$

mit symmetrischer und positiv definiter Systemmatrix, sofern $\mathbf{Dv}_7$ Maximalrang hat.

Beispiel 6.11: Gegeben seien die Schätzungen $\hat{\lambda}_{01} = 20$, $\hat{\mathbf{u}}_{01}^T = (1, 0, 0, 0)$, $\hat{\lambda}_{02} = 30$, $\hat{\mathbf{u}}_{02}^T = (0, 1, 0, 0)$, $\hat{\lambda}_{03} = 40$, $\hat{\mathbf{u}}_{03}^T = (0, 0, 1, 0)$. Die Matrizen des Rechenmodells

$$\mathbf{M} = \begin{pmatrix} 0{,}9; & 0; & 0; & 0 \\ 0; & 1{,}1; & 0; & 0 \\ 0; & 0; & 0{,}8; & 0 \\ 0; & 0; & 0; & 1 \end{pmatrix}, \quad \mathbf{K} = \begin{pmatrix} 19, & 0, & 0, & 0 \\ 0, & 29, & 0, & 0 \\ 0, & 0, & 41, & 0 \\ 0, & 0, & 0, & 50 \end{pmatrix}$$

seien in die Submatrizen

$$\mathbf{M}_1 = \begin{pmatrix} 0{,}9; & 0; & 0; & 0 \\ 0; & 0; & 0; & 0 \\ 0; & 0; & 0{,}8; & 0 \\ 0; & 0; & 0; & 0 \end{pmatrix} \quad \mathbf{M}' = \begin{pmatrix} 0; & 0; & 0; & 0 \\ 0{,}1; & 1; & 0; & 0 \\ 0; & 0; & 0; & 0 \\ 0; & 0; & 0; & 1 \end{pmatrix}$$

$$\mathbf{K}_1 = \begin{pmatrix} 19, & 0, & 0, & 0 \\ 0, & 0, & 0, & 0 \\ 0, & 0, & 0, & 0 \\ 0, & 0, & 0, & 0 \end{pmatrix} \quad \mathbf{K}' = \begin{pmatrix} 0, & 0, & 0, & 0 \\ 0, & 29, & 0, & 0 \\ 0, & 0, & 41, & 0 \\ 0, & 0, & 0, & 50 \end{pmatrix}$$

zerlegt. Die Fehlervektoren (6.63) ergeben sich zu:

$$\boldsymbol{\epsilon}_1 = \begin{pmatrix} -18\,a_{M1} + 19\,a_{K1} \\ 0 \\ 0 \\ 0 \end{pmatrix}, \quad \boldsymbol{\epsilon}_2 = \mathbf{0}, \; \boldsymbol{\epsilon}_3 = \begin{pmatrix} 0 \\ 0 \\ -32\,a_{M1} \\ 0 \end{pmatrix},$$

$\mathbf{Dv}_M^T = (18, 0, 0, 0, 0, 0, 0, 0, 0, 0, 32, 0)$,

$\mathbf{Dv}_K^T = (-19, \mathbf{0})$. Die Wahl $\mathbf{G}_W = \mathbf{I}$ ergibt die Systemmatrix

$$\mathbf{Dv}_7^T\,\mathbf{Dv}_7 = \begin{pmatrix} \mathbf{Dv}_M^T \\ \mathbf{Dv}_K^T \end{pmatrix} (\mathbf{Dv}_M, \mathbf{Dv}_K) = \begin{pmatrix} 18^2 + 32^2; & -18 \cdot 19 \\ -19 \cdot 18; & 19^2 \end{pmatrix}.$$

Mit $\mathbf{b}_7$ nach Gl. (6.69), $\mathbf{b}_7^T = (0, 0, 0, 0, 0, -4, 0, 0, 0, 0, 41, 0)$, lautet die rechte Seite von (6.71):

$$\mathbf{Dv}_7^T\,\mathbf{b}_7 = \begin{pmatrix} 32 \cdot 41 \\ 0 \end{pmatrix}.$$

Damit folgt das inhomogene Gleichungssystem

$$\begin{pmatrix} 1348; & -342 \\ -342; & 361 \end{pmatrix} \begin{pmatrix} a_{M1} \\ a_{K1} \end{pmatrix} = \begin{pmatrix} 1312 \\ 0 \end{pmatrix}$$

mit der Lösung

$a_{M1} = 1{,}281,$
$a_{K1} = 1{,}214.$

Das Matrizeneigenwertproblem des korrigierten Rechenmodells

$$\left[-\lambda_0^K \begin{pmatrix} 1{,}153; & 0; & 0; & 0 \\ 0; & 1{,}1; & 0; & 0 \\ 0; & 0; & 1{,}025; & 0 \\ 0; & 0; & 0; & 1 \end{pmatrix} + \begin{pmatrix} 23{,}066; & 0; & 0; & 0 \\ 0; & 29; & 0; & 0 \\ 0; & 0; & 41; & 0 \\ 0; & 0; & 0; & 50 \end{pmatrix} \right] \hat{\mathbf{u}}_0^K = \mathbf{0}$$

besitzt die Lösungen: $\lambda_{01}^K = 20{,}01$; $\lambda_{02}^K = 26{,}4$; $\lambda_{03}^K = 40{,}00$; $\lambda_{04}^K = 50$ mit Einheitsvektoren als Eigenvektoren.

Der Sonderfall $S = 0$, $I > 0$, als Korrektur lediglich der Steifigkeitsmatrix ist in dem Formalismus ebenfalls enthalten. $\mathbf{v}_7$ braucht nur nach den $a_{K\iota}$ differenziert zu werden, so daß $\mathbf{D}\mathbf{v}_7$ in $\mathbf{D}\mathbf{v}_K$ übergeht, das bedeutet aber für $\mathbf{K}' = \mathbf{0}$ in Gl. (6.70b), daß lediglich die letzte Gleichung mit $\hat{\mathbf{a}}_M = \mathbf{e}$ (Einsvektor) gilt. Die rechte Seite des Gleichungssystems ist $-\mathbf{D}\mathbf{v}_K^T \mathbf{G}_W \mathbf{D}\mathbf{v}_M \mathbf{e}$. Die Gl. (6.71) geht aus demselben Grund über in die Gleichung

$$\mathbf{D}\mathbf{v}_K^T \mathbf{G}_W \mathbf{D}\mathbf{v}_K \hat{\mathbf{a}}_K = \mathbf{D}\mathbf{v}_K^T \mathbf{G}_W \mathbf{b}_K \tag{6.72a}$$

mit

$$\mathbf{b}_K^T = (-\hat{\lambda}_{01} \hat{\mathbf{u}}_{01}^T \mathbf{M}, \ldots, -\hat{\lambda}_{0N} \hat{\mathbf{u}}_{0N}^T \mathbf{M}) \text{ für } \mathbf{K}' = \mathbf{0}. \tag{6.72b}$$

Demnach muß $-\mathbf{D}\mathbf{v}_M \mathbf{e} = \mathbf{b}_K$ sein. Kontrolle mit (6.67a) unter Berücksichtigung von (6.1a):

$$-\mathbf{e}^T \mathbf{D}\mathbf{v}_M^T = -(1, \ldots, 1) \begin{pmatrix} \hat{\lambda}_{01} \hat{\mathbf{u}}_{01}^T \mathbf{M}_1, \ldots, \hat{\lambda}_{0N} \hat{\mathbf{u}}_{0N}^T \mathbf{M}_1 \\ \ldots\ldots\ldots\ldots \\ \hat{\lambda}_{01} \hat{\mathbf{u}}_{01}^T \mathbf{M}_S, \ldots, \hat{\lambda}_{0N} \hat{\mathbf{u}}_{0N}^T \mathbf{M}_S \end{pmatrix}$$

$$= -\left(\hat{\lambda}_{01} \hat{\mathbf{u}}_{01}^T \sum_{\sigma=1}^{S} \mathbf{M}_\sigma, \ldots, \hat{\lambda}_{0N} \hat{\mathbf{u}}_{0N}^T \sum_{\sigma=1}^{S} \mathbf{M}_\sigma \right)$$

$$= (-\hat{\lambda}_{01} \hat{\mathbf{u}}_{01}^T \mathbf{M}, \ldots, -\hat{\lambda}_{0N} \hat{\mathbf{u}}_{0N}^T \mathbf{M}) \text{ , w.z.z.w.}$$

Die alleinige Korrektur der Steifigkeitsmatrix des Rechenmodells mit $\mathbf{K}' \neq \mathbf{0}$ erhält man aus der Gl. (6.71). Die Lösung der Normalgleichungen hängt wie üblich von dem Rang der jeweiligen Systemmatrix ab.

Da keine Vollständigkeit in der Darstellung der einzelnen Methoden angestrebt wird, wird die Korrektur des Rechenmodells in der Nachgiebigkeitsformulierung, d.h. mittels der Verschiebungs-Fehlervektoren hier nicht hergeleitet. Sie kann ähnlich den Ausführungen des Abschnittes 6.2.1.6 und analog zu dem obigen durchgeführt werden.

6.2.2.2 Korrektur der Systemparameter über Eigenwert- und Eigenvektor-Residuen

Im vorherigen Abschnitt erfolgte die Korrektur der Systemparameter über das Matrizeneigenwertproblem. Dieses Vorgehen führt auf ein kennwertlineares Modell in den Schätzparametern. Die Korrektur über die Eigenwert-Residuen $\hat{\lambda}_{0r} - \lambda_{0r}^K$ und die Eigenvektor-Residuen $\hat{\mathbf{u}}_{0r} - \hat{\mathbf{u}}_{0r}^K$ gemäß dem Formalismus der Methode der kleinsten Fehlerquadratsumme dagegen resultiert in nichtlinearen Gleichungssystemen für die Schätzwerte und ist deshalb in ihrer Anwendung wesentlich aufwendiger.

Kann die Trägheitsmatrix $\mathbf{M}$ des Rechenmodells wieder als hinreichend genau angenommen werden, $\mathbf{M}^K = \mathbf{M}$, so verbleibt eine Korrektur der Steifigkeitsmatrix mit dem Korrekturansatz (6.2c). Der Residuenvektor wird definiert mit

$$\mathbf{v}_8^T := (\hat{\lambda}_{01} - \lambda_{01}^K, \ldots, \hat{\lambda}_{0N} - \lambda_{0N}^K, \hat{\mathbf{u}}_{01}^T - \hat{\mathbf{u}}_{01}^{KT}, \ldots, \hat{\mathbf{u}}_{0N}^T - \hat{\mathbf{u}}_{0N}^{KT}). \tag{6.73}$$

Führt man den Residuenvektor (6.14) in (6.73) ein und definiert

$$\mathbf{v}_8'^T := (\hat{\mathbf{u}}_{01}^T - \hat{\mathbf{u}}_{01}^{KT}, \ldots, \hat{\mathbf{u}}_{0N}^T - \hat{\mathbf{u}}_{0N}^{KT}), \tag{6.74}$$

so geht (6.73) über in

$$\mathbf{v}_8^T = (\mathbf{v}_1^T, \mathbf{v}_8'^T). \tag{6.75}$$

Der Residuenvektor $\mathbf{v}_8$ enthält $N + nN = (n+1)N$ Komponenten: $\nu = n+1$. Die zugehörige $((n+1)N, I)$-Funktionalmatrix $\mathbf{Dv}_8$ lautet gemäß der Partitionierung (6.75)

$$\mathbf{Dv}_8 = \begin{pmatrix} \mathbf{Dv}_1 \\ \\ \mathbf{Dv}_8' \end{pmatrix} \tag{6.76a}$$

mit

$$\mathbf{Dv}_8' := -\left(\frac{\partial \mathbf{v}_8'}{\partial a_{K1}}, \ldots, \frac{\partial \mathbf{v}_8'}{\partial a_{KI}}\right) \tag{6.76b}$$

aufgrund der Definition (6.7), wobei $\partial \mathbf{v}_8'/\partial a_{K\iota}$ gleich den Elementen $-\partial \hat{\mathbf{u}}_{0r}^K/\partial a_{K\iota} = -\boldsymbol{\xi}_{r\iota}^K$ ist. Die Vektoren $\boldsymbol{\xi}_{r\iota}^K$ erhält man aus den Gleichungssystemen (6.46b) oder aus den Entwicklungen (6.50). Es folgt

$$\mathbf{Dv}_8' = \begin{pmatrix} \boldsymbol{\xi}_{11}^K, \ldots, \boldsymbol{\xi}_{1I}^K \\ \cdot\;\cdot\;\cdot\;\cdot\;\cdot\;\cdot\;\cdot \\ \boldsymbol{\xi}_{N1}^K, \ldots, \boldsymbol{\xi}_{NI}^K \end{pmatrix}, \quad (nN, I)\text{-Matrix}. \tag{6.77}$$

Der Residuenvektor (6.75) geht mit (6.19) über in

$$\mathbf{v}_8 = \begin{pmatrix} \mathbf{v}_1 \\ \\ \mathbf{v}_8' \end{pmatrix} = \begin{pmatrix} \mathbf{b}_1 - \mathbf{Dv}_1\, \mathbf{a}_K \\ \\ \mathbf{v}_8' \end{pmatrix},$$

und für das Gleichungssystem (6.8) folgt die nichtlineare Beziehung

$$(\mathbf{Dv}_8^T\, \mathbf{G}_W\, \mathbf{v}_8)\Big/_{\mathbf{a}_K = \hat{\mathbf{a}}_K} = \left[(\mathbf{Dv}_1^T, \mathbf{Dv}_8'^T)\, \mathbf{G}_W \begin{pmatrix} \mathbf{b}_1 - \mathbf{Dv}_1\, \mathbf{a}_K \\ \\ \mathbf{v}_8' \end{pmatrix}\right]\Bigg/_{\mathbf{a}_K = \hat{\mathbf{a}}_K} = \mathbf{0}, \tag{6.78}$$

die mit $\boldsymbol{\xi}_{r\iota}^K = \boldsymbol{\xi}_{r\iota}^K(\mathbf{a}_K)$ und der Normierung $m_{gr}^K = 1$ der Eigenvektoren $\hat{\mathbf{u}}_{0r}^K$ zusammen mit dem Matrizeneigenwertproblem (6.13) gelöst werden muß. Die Wichtungsmatrix $\mathbf{G}_W$ hat entsprechend dem Aufbau des Residuenvektors (6.75) die Gestalt

$$G_W := \begin{pmatrix} G_{W1}, & \mathbf{0} \\ \mathbf{0}, & G_{W2} \end{pmatrix}, \quad \left. \begin{aligned} G_{W1} &:= \operatorname{diag}(g_r),\, g_r > 0,\, r = 1(1)N, \\ G_{W2} &:= \operatorname{diag}(G^1_{Wr}),\, G^1_{Wr} \in L_{n,n} \end{aligned} \right\} \tag{6.79}$$

Die Gl. (6.78) mit der Wichtungsmatrix (6.79) und mit dem Residuenvektor (6.75) ausgeschrieben,

$$(Dv_1^T G_{w1} v_1 + Dv_8'^T G_{w2} v_8') \Big/_{a_K = \hat{a}_K} = \mathbf{0},$$

zeigt, daß die Produkte $Dv_1^T v_1$ und $Dv_8'^T v_8'$ verschiedene Dimensionen besitzen. Damit die Gl. (6.78) in der angegebenen Form bestehen bleiben kann, müssen die Elemente der Wichtungsmatrizen G_{w1}, G_{w2} dimensionsbehaftet sein. Führt man beispielsweise die relativen Fehler $(\hat{\lambda}_{0r} - \lambda_{0r}^K)/\lambda_{0r}$, $(\hat{\mathbf{u}}_{0r} - \hat{\mathbf{u}}_{0r}^K)/\max\limits_i |\hat{u}_{0ir}|$ in den Residuenvektor ein, so gehen die Faktoren $1/\lambda_{0r}$, $1/\max\limits_i |\hat{u}_{0ir}|$ entsprechend in die Matrizen Dv_1, Dv_8' ein, sie treten also in der Gl. (6.87) quadratisch auf und können faktoriell quadratisch in den Elementen der Wichtungsmatrizen berücksichtigt werden.

Die Herleitung des Korrekturverfahrens bezüglich der Nachgiebigkeitsmatrix ($M^K = M$) erfolgt entsprechend (Aufgabe (6.8), hierfür werden die Ableitungen $\partial \hat{\mathbf{u}}_{0r}^K / \partial a_{G\iota} =: \eta_{r\iota}^K$ benötigt, deren Ermittlung im Abschnitt 6.2.1.6 beschrieben worden ist.

Die Korrektur der Trägheitsmatrix mit dem korrigierten Rechenmodell (6.37) folgt wieder dem Formalismus der Korrektur der Steifigkeitsmatrix, wenn anstelle der Größen λ_{0r}, $\mathbf{M}$, $\mathbf{K}$, $\xi_{r\iota}^K$ die Größen κ_{0r}, $\mathbf{K}$, $\mathbf{M}$, $\zeta_{r\sigma}^K := \partial \hat{\mathbf{u}}_{0r}^K / \partial a_{M\sigma}$ für die entsprechenden Modelle (Rechenmodell, korrigiertes Rechenmodell, Versuchsmodell) eingesetzt werden (Aufgabe 6.9).

Die Korrektur der Trägheits- und Steifigkeitsmatrix bzw. Nachgiebigkeitsmatrix kann wieder gruppenweise (vgl. Abschnitt 6.2.1.4) durchgeführt werden.

6.2.3 Korrekturverfahren mittels gemessener Erregung und Antwort

Dynamische Antworten eines Systems für vorgegebene Erregungen lassen sich im allgemeinen sowohl numerisch als auch experimentell leicht ermitteln. Die Messung der Erregung bereitet grundsätzlich ebenfalls keine Schwierigkeiten. Es liegt deshalb nahe, das Rechenmodell mittels gemessener dynamischer Antworten und Kräfte zu korrigieren. Ein Vorteil hierbei gegenüber einer Korrektur mittels geschätzter Eigenschwingungsgrößen besteht darin, daß der Aufwand für die Messung von Eingangs- und Ausgangsgrößen weniger aufwendig ist als die experimentelle Ermittlung der Eigenschwingungsgrößen, denn im Vergleich zum Phasenresonanzverfahren entfällt die Anpassung der Erregerkräfte und im Vergleich zu dem Verfahren der Phasentrennungstechnik entfällt die Berechnung (Schätzung) der Eigenschwingungsgrößen. Die Anforderungen an die Erregung zur experimentellen Ermittlung der dynamischen Systemantworten sind für die hier zu diskutierenden Korrekturverfahren gleich denen zur Identifikation der Eigenschwingungsgrößen nach der Phasentrennungstechnik. Da die gemessenen Systemantworten mit der Spektralzerlegung (5.34) und der Frequenzgangmatrix (5.35) für eine vorgegebene harmonische Erregung mit konstantem Erregungsamplitudenvektor $\mathbf{p}_0$ in der Form

$$\hat{\mathbf{u}}_r^M = \hat{\mathbf{F}}_r\, \mathbf{p}_0,\ \hat{\mathbf{F}}_r := \hat{\mathbf{F}}(\Omega_r) = \sum_{i=1}^{n} \frac{\hat{\mathbf{u}}_{0i}\, \hat{\mathbf{u}}_{0i}^T}{\hat{\lambda}_{0i} - \Omega_r^2}, \quad m_{gi} = 1,$$

geschrieben werden können, eine entsprechende Beziehung für gemessene Erregerkräfte für eine definierte dynamische Antwort existiert, erkennt man, daß der Informationsgehalt der diesen Korrekturverfahren zugrunde liegenden Meßwerte mindestens gleichwertig demjenigen bei der Korrektur mittels identifizierter Eigenwerte und Eigenvektoren (s. auch Abschnitt 6.3.3.1) ist. Ein anderer Vorteil der Korrekturverfahren mittels geschätzter dynamischer Antworten und Erregerkräfte ist, daß für den indirekten Vergleich Schwierigkeiten bei der Zuordnung (wie bei den Eigenschwingungsgrößen) nicht entstehen.

An realen Systemen gemessene Antworten enthalten auch die Reaktionen der Dämpfungskräfte auf die gewählte Erregung. Die nachstehend diskutierten Verfahren sind deshalb für die in diesem Abschnitt betrachteten ungedämpften Rechenmodelle unter noch zu nennenden Bedingungen Näherungsverfahren und sollen deshalb an dieser Stelle nur zur Korrektur der Steifigkeitsmatrix mittels gemessener erzwungener Schwingungen auf harmonische Erregungen hergeleitet werden. Wie der Leser inzwischen weiß (s. Abschnitt 5), bietet die formale Erweiterung für beliebige Erregungen im Frequenzraum keine Schwierigkeiten.

6.2.3.1 Korrektur der Steifigkeitsmatrix über den Ausgangsfehler

Gemessen seien die dynamischen Antworten $\hat{\mathbf{u}}_r^M := \hat{\mathbf{u}}^M(\Omega_r^M)$ aufgrund der ebenfalls gemessenen harmonischen Erregung $\hat{\mathbf{p}}_r^M$ in den Erregungsfrequenzen Ω_r^M, $r = 1(1)N$, für eine vorgegebene Anzahl N. Die gleiche Erregung wird in das Rechenmodell eingeführt:

$$\hat{\mathbf{p}}_r = \hat{\mathbf{p}}_r^M, \quad \Lambda_r := \Omega_r^2 = \Omega_r^{M2}. \tag{6.80}$$

Für das korrigierte Rechenmodell gelte $\mathbf{M}^K = \mathbf{M}$, so daß die dynamischen Antworten der Gleichung

$$(-\Lambda_r\, \mathbf{M} + \mathbf{K}^K)\, \hat{\mathbf{u}}_r^K = \hat{\mathbf{p}}_r, \quad r = 1(1)N, \tag{6.81}$$

genügen. Der Erregungsvektor $\hat{\mathbf{p}}_r$, abhängig von Ω_r, kann für jedes r eine andere Erregungskonfiguration beschreiben.

Mit den Ausgangsfehlern $\hat{\mathbf{u}}_r^M - \hat{\mathbf{u}}_r^K$ lautet der Residuenvektor (Vorwärtsmodell, s. Bild 1.8)

$$\mathbf{v}_9^T := (\hat{\mathbf{u}}_1^{MT} - \hat{\mathbf{u}}_1^{KT}, \ldots, \hat{\mathbf{u}}_N^{MT} - \hat{\mathbf{u}}_N^{KT}), \tag{6.82}$$

wobei

$$\hat{\mathbf{u}}_r^K = (-\Lambda_r\, \mathbf{M} + \mathbf{K}^K)^{-1}\, \hat{\mathbf{p}}_r^M, \quad \Lambda_r \neq \lambda_{0r}^K \tag{6.83}$$

aus Gl. (6.81) folgt. Damit die strukturierte Frequenzgangmatrix

$$\mathbf{F}_r^K := \mathbf{F}^K(\Omega_r) = (-\Lambda_r\, \mathbf{M} + \mathbf{K}^K)^{-1} \tag{6.84}$$

des korrigierten Rechenmodells gebildet werden kann, müssen die Erregungsfrequenzen von den Eigenfrequenzen ω_{0i}, $i = 1(1)n$, verschieden sein. Zur Aufstellung der Funktionalmatrix $\mathbf{Dv}_9$ werden die partiellen Ableitungen von $\hat{\mathbf{u}}_r^K$ nach den Korrekturfaktoren $a_{K\iota}$ benötigt. Differentiation von (6.81) mit Hilfe der Produktregel ergibt

$$\frac{\partial \hat{\mathbf{u}}_r^K}{\partial a_{K\iota}} = -\mathbf{F}_r^K \mathbf{K}_\iota \hat{\mathbf{u}}_r^K. \tag{6.85}$$

Für (6.7) folgt mit (6.82) die (nN, I)-Funktionalmatrix

$$\mathbf{Dv}_9 = -\begin{pmatrix} \mathbf{F}_1^K \mathbf{K}_1 \hat{\mathbf{u}}_1^K, \ldots, \mathbf{F}_1^K \mathbf{K}_I \hat{\mathbf{u}}_1^K \\ \ldots\ldots\ldots\ldots\ldots \\ \mathbf{F}_N^K \mathbf{K}_1 \hat{\mathbf{u}}_N^K, \ldots, \mathbf{F}_N^K \mathbf{K}_I \hat{\mathbf{u}}_N^K \end{pmatrix}, \quad \nu = n. \tag{6.86}$$

Das Korrekturverfahren läßt sich entsprechend Gl. (6.8) mit (6.83) und (6.84) folgendermaßen formulieren:

$$\mathbf{Dv}_9^T \mathbf{G}_W \mathbf{v}_9 \Big/_{\mathbf{a}_K = \hat{\mathbf{a}}_K} =$$

$$= -\begin{pmatrix} \hat{\mathbf{p}}_1^T \mathbf{F}_1^{KT} \mathbf{K}_1 \mathbf{F}_1^{KT}, \ldots, \hat{\mathbf{p}}_N^T \mathbf{F}_N^{KT} \mathbf{K}_1 \mathbf{F}_N^{KT} \\ \ldots\ldots\ldots\ldots\ldots\ldots \\ \hat{\mathbf{p}}_1^T \mathbf{F}_1^{KT} \mathbf{K}_I \mathbf{F}_1^{KT}, \ldots, \hat{\mathbf{p}}_N^T \mathbf{F}_N^{KT} \mathbf{K}_I \mathbf{F}_N^{KT} \end{pmatrix} \mathbf{G}_W \begin{pmatrix} \hat{\mathbf{u}}_1^M - \mathbf{F}_1^K \hat{\mathbf{p}}_1 \\ \ldots\ldots \\ \hat{\mathbf{u}}_N^M - \mathbf{F}_N^K \hat{\mathbf{p}}_N \end{pmatrix} \Bigg/_{\mathbf{a}_K = \hat{\mathbf{a}}_K} = \mathbf{0}. \tag{6.87}$$

Das nichtlineare Gleichungssystem (6.87) muß iterativ gelöst werden [6.1].

Die Annahmen, daß die Messungen der Erregerkräfte und der Erregungsfrequenzen „exakt" sind, erscheinen aufgrund der Ausführungen des Abschnittes 4 nicht so schwerwiegend (die Wahl der Erregerkräfte im Vergleich zu den Eingangsstörungen ist in bestimmten Grenzen steuerbar, und die Erregungsfrequenzen lassen sich über die Periodendauer recht genau messen). Die Verwendung einer Erregerkonfiguration $\mathbf{p}_0$ für N Erregungsfrequenzen reduziert den Versuchsaufwand erheblich. Zweckmäßig wird $\mathbf{p}_0$ so gewählt, daß alle Informationen über das System in den gemessenen Antworten enthalten sind. D.h., (s. die Entwicklung (5.34)) alle in dem interessierenden Frequenzintervall vorhandenen $n = n_{eff}$ Eigenschwingungsformen des Systems müssen durch $\mathbf{p}_0$ in nicht vernachlässigbarem Maße angeregt werden. Hieraus folgt, daß die Erregungsfrequenzen Ω_r den Resonanzfrequenzen in dem betreffenden Frequenzintervall benachbart sein sollten. Um den Dämpfungseinfluß in den gemessenen Antworten gering zu halten und das Verfahren in Näherung für (schwach) gedämpfte Systeme verwenden zu können, dürfen jedoch die Erregungsfrequenzen nicht in unmittelbarer Nähe der Eigenfrequenz des Systems gewählt werden (wo der Einfluß der Dämpfungskräfte am größten ist), was sich jedoch nachteilig auf die Meßgenauigkeit auswirkt.

Hinsichtlich der Anzahl N muß einerseits wegen (6.11) $I \leqslant nN$ gelten und andererseits sollte aus den Überlegungen zur Erregung $N \geqslant n$ gewählt werden.

Fehlerbetrachtungen zu den aus den Systemparameter-Matrizen $\mathbf{M}$ und $\mathbf{K}^K$ folgenden Eigenschwingungsgrößen findet der Leser im Abschnitt 6.2.4.3.

6.2.3.2 *Korrektur der Steifigkeitsmatrix über den Eingangsfehler*

Anstelle des Ausgangsfehlers $\hat{\mathbf{u}}_r^M - \hat{\mathbf{u}}_r^K$ führt der Eingangsfehler (s. Bild 1.8), inverses Modell) $\hat{\mathbf{p}}_r^M - \hat{\mathbf{p}}_r^K$, r = 1(1)N, des harmonisch mit der Frequenz Ω_r erregten Systems auf den Residuenvektor

$$\mathbf{v}_{10}^T := (\hat{\mathbf{p}}_1^{MT} - \hat{\mathbf{p}}_1^{KT}, \ldots, \hat{\mathbf{p}}_N^{MT} - \hat{\mathbf{p}}_N^{KT}). \tag{6.88}$$

Das zugehörige korrigierte Rechenmodell lautet

$$\hat{\mathbf{p}}_r^K = (-\Lambda_r \mathbf{M} + \mathbf{K}^K)\, \hat{\mathbf{u}}_r^M, \tag{6.89}$$

in das die gemessenen dynamischen Antworten eingeführt sind:

$$\hat{\mathbf{u}}_r = \hat{\mathbf{u}}_r^M, \quad \Lambda_r = \Omega_r^{M2}. \tag{6.90}$$

Mit dem Kraftfehler

$$\boldsymbol{\epsilon}_{pr} := \hat{\mathbf{p}}_r^M - (-\Lambda_r \mathbf{M} + \mathbf{K}^K)\, \hat{\mathbf{u}}_r^M$$

läßt sich der Residuenvektor (6.88) in der Form

$$\mathbf{v}_{10}^T := (\boldsymbol{\epsilon}_{p1}^T, \ldots, \boldsymbol{\epsilon}_{pN}^T) \tag{6.91}$$

schreiben. Mit der partiellen Ableitung des Fehlervektors

$$\frac{\partial \boldsymbol{\epsilon}_{pr}}{\partial a_{K\iota}} = -\mathbf{K}_\iota\, \hat{\mathbf{u}}_r^M \tag{6.92}$$

folgt die (nN, I)-Funktionalmatrix

$$\mathbf{D}\mathbf{v}_{10} = \begin{pmatrix} \mathbf{K}_1 \hat{\mathbf{u}}_1^M, \ldots, \mathbf{K}_I \hat{\mathbf{u}}_1^M \\ \cdots\cdots\cdots \\ \mathbf{K}_1 \hat{\mathbf{u}}_N^M, \ldots, \mathbf{K}_I \hat{\mathbf{u}}_N^M \end{pmatrix}, \quad \nu = N \tag{6.93}$$

unabhängig von den Korrekturfaktoren. Damit ist der lineare Zusammenhang

$$\mathbf{v}_{10} = \mathbf{b}_{10} - \mathbf{D}\mathbf{v}_{10}\, \mathbf{a}_K, \mathbf{b}_{10}^T := (\hat{\mathbf{p}}_1^{MT} + \Lambda_1 \hat{\mathbf{u}}_1^{MT} \mathbf{M} - \hat{\mathbf{u}}_1^{MT} \mathbf{K}', \ldots,$$
$$\hat{\mathbf{p}}_N^{MT} + \Lambda_N \hat{\mathbf{u}}_N^{MT} \mathbf{M} - \hat{\mathbf{u}}_N^{MT} \mathbf{K}') \tag{6.94}$$

gegeben, und die Lösung ist nach Gl. (6.10):

$$\hat{\mathbf{a}}_K = (\mathbf{D}\mathbf{v}_{10}^T \mathbf{G}_W \mathbf{D}\mathbf{v}_{10})^{-1}\, \mathbf{D}\mathbf{v}_{10}^T \mathbf{G}_W \mathbf{b}_{10}. \tag{6.95}$$

Hinsichtlich Erregung des (gedämpften) Systems und Messung gelten die Ausführungen des Abschnittes 6.2.3.1. Mit einer Erregerkonfiguration $\mathbf{p}_0^M$ erscheint dieses Vorgehen sehr vorteilhaft (s. aber Abschnitt 6.2.4.1). Jedoch enthält die Funktionalmatrix $\mathbf{D}\mathbf{v}_{10}$ die fehlerbehafteten, gemessenen dynamischen Antworten, die zudem noch (s. die notwendigen Bedingungen (6.6)) mit einem Residuenvektor multipliziert werden, dessen Komponenten sich aus den gemessenen, fehlerbehafteten Antworten zusammensetzen, die mit $(-\Lambda_r \mathbf{M} + \mathbf{K}^K)$ für Erregungsfrequenzen in Resonanznähe multipliziert werden, was sich ungünstig auf die Schätzergebnisse auswirken kann. Die Verwendung resonanzferner Erregungsfrequenzen (um den Dämpfungseinfluß gering zu halten) für die Antwortmessungen liefert aber im allgemeinen größere relative Meßfehler.

6.2.4 Zur Durchführung

Die diskutierten Korrekturverfahren haben alle dasselbe Ziel, nämlich die Verbesserung des Rechenmodells über eine Parameterschätzung anhand von Versuchswerten. Sie basieren teilweise auf verschiedenen Informationsmengen (Art und Anzahl der identifizierten Werte) und gehen deshalb von verschiedenen Gütekriterien (Residuen) aus. Ist eine indirekte Identifikation für die Untersuchungen und Nachweisführungen über das dynamische Systemverhalten vorgesehen und fließen die diesbezüglichen Überlegungen rechtzeitig in die Versuchsplanung ein, so richtet sich die Wahl des Gütekriteriums nach der Aufgabenstellung. Ergibt sich die Notwendigkeit einer indirekten Identifikation erst nach der Durchführung dynamischer Versuche, so ist das Gütekriterium sowohl durch die Aufgabenstellung als auch durch die vorliegenden Meßgrößen gegeben.

Beispiel 6.12: Liegt z.B. die Aufgabe vor, die Steifigkeitsmatrix des Rechenmodells eines Systems zur Simulation von dynamischen Antworten zu korrigieren, so ist dem Problem das Gütekriterium $\hat{\mathbf{u}}_r^M - \hat{\mathbf{u}}_r^K$ unmittelbar angepaßt. Sind jedoch identifizierte Eigenwerte $\hat{\lambda}_{0r}$ vorhanden, und ist es aus bestimmten Gründen unmöglich, ergänzend dynamische Systemantworten experimentell zu bestimmen, so sind folgende Fragen zu klären: Ist es nun für die Lösung der Aufgabe günstiger, die Eigenwerte direkt anzupassen (s. Abschnitt 6.2.1.1) oder über das Matrizeneigenwertproblem (Abschnitt 6.2.1.5)? Oder: Wie wirken sich z.B. Fehler der Korrekturfaktoren auf die Eigenwerte des korrigierten Rechenmodells aus?

Die im Beispiel 6.12 aufgeworfenen und andere mit der Thematik zusammenhängenden Fragen sind noch unbeantwortet. Das für die Korrektur wichtige Problem einer günstigen Aufteilung der Systemparameter-Matrizen in Submatrizen ist bisher nicht direkt behandelt worden. Hierfür müssen die vorhandenen a priori-Kenntnisse, z.B. über die Ungenauigkeiten der Rechenmodell-Ergebnisse, die der identifizierten Werte, über die Größe der Residuenwerte usw. herangezogen werden. Die folgenden Ausführungen sollen die Beantwortung der anstehenden Fragen erleichtern. Nachstehend werden die Fehler der Schätzwerte, Empfindlichkeitsuntersuchungen des Zielfunktionals und der Systemgrößen, die Wahl der Submatrizen diskutiert, und schließlich werden einige Anwendungen zitiert. Rechnerische Fragen – die Submatrizen der Korrekturansätze sind Elemente aus dem Raum $L'_{n,n}$ und u.U. sehr dünn besetzt; Konvergenzuntersuchungen der iterativen Korrekturverfahren[1] – werden nicht behandelt.

6.2.4.1 Fehler der Schätzwerte

Unter den im Abschnitt 3.3.3 genannten Voraussetzungen für das kennwertlineare (linearisierte) Problem liefert – vereinfachend – die Markov-Schätzung die Kovarianzmatrix der Parameterschätzwerte

$$\mathrm{cov}(\hat{\mathbf{a}}) = \sigma_v^2\, \mathrm{E}\{(\mathbf{Dv}^T \mathbf{Dv})^{-1}\} \tag{3.93}$$

1 Die dazugehörigen Gleichungen sind häufig so formuliert, wie sie der linearisierten Form entsprechen würden (in anderen Fällen sind Literaturhinweise zur Lösung angegeben). Die iterative Behandlung dieser nichtlinearen Gleichungen kann z.B. mit der Parameter-Störungsmethode kombiniert mit dem Newton-Raphsonverfahren erfolgen (vgl. Abschnitte 5.3.1.1, Beispiel 5.10; 6.2.4.5), deren Konvergenz gesichert ist. Vgl. in diesem Zusammenhang auch Abschnitt 3.3.3 und [3.30].

mit der Wichtungsmatrix $\mathbf{G}_W^{-1} = \mathrm{cov}(\mathbf{v}) = \sigma_v^2\,\mathbf{I}$. Die Inverse $(\mathbf{Dv}^T\,\mathbf{Dv})^{-1}$ ist also (für kleine Meßfehler) angenähert proportional zur Kovarianzmatrix der Schätzwerte der Korrekturparameter. Eingedenk des linearisierten Problems (vgl. Gl. (3.85)) kann die Matrix

$$\mathbf{Dv}^T\mathbf{Dv} = \begin{pmatrix} \frac{\partial \mathbf{v}^T}{\partial a_1}\frac{\partial \mathbf{v}}{\partial a_1}, \ldots, \frac{\partial \mathbf{v}^T}{\partial a_1}\frac{\partial \mathbf{v}}{\partial a_J} \\ \cdots\cdots\cdots\cdots \\ \frac{\partial \mathbf{v}^T}{\partial a_J}\frac{\partial \mathbf{v}}{\partial a_1}, \ldots, \frac{\partial \mathbf{v}^T}{\partial a_J}\frac{\partial \mathbf{v}}{\partial a_J} \end{pmatrix} = \left(\frac{\partial \mathbf{v}^T}{\partial a_j}\frac{\partial \mathbf{v}}{\partial a_{j'}}\right), \quad j, j' = 1(1)J, \tag{6.96}$$

als Vergleichsbasis für die einzelnen Verfahren dienen. Die Tabelle 6.1 enthält die Elemente der Matrix (6.96) einiger Korrekturverfahren. Die Elemente der Matrix $\mathbf{Dv}^T\mathbf{Dv}$ bei dem Verfahren der Zeile 1 in Tabelle 6.1 bestehen aus den Mischprodukten der korrigierten generalisierten Substeifigkeiten summiert über die N Freiheitsgrade, während sie für das Verfahren der Zeile 5, das zusätzlich zu den Eigenwerten die Korrektur mittels der Eigenvektoren beinhaltet, aus derselben Summe bestehen, zu der erwartungsgemäß (wegen der größeren Informationsbasis) additiv noch die paarweisen Skalarprodukte der differentiellen Änderungen der Eigenvektoren des korrigierten Rechenmodells nach den Korrekturverfahren hinzukommen (positiver Zuwachs in den Hauptdiagonalelementen). Das Verfahren der Zeile 2 enthält als Elemente von $\mathbf{Dv}^T\mathbf{Dv}$ die generalisierten Substeifigkeiten wie die des Verfahrens der Zeile 1, jedoch sind sie aus den generalisierten Submassen und den Eigenwerten gleich Eins des korrigierten Rechenmodells in der Eigenvektor-Normierung (6.41) gebildet. Das Verfahren der Zeile 3 unterscheidet sich von dem Verfahren der Zeile 1 mit der vereinfachenden Annahme $\hat{\lambda}_{0r} \doteq \lambda_{0r}^K$ dadurch, daß die Summanden der Elemente von $\mathbf{Dv}^T\mathbf{Dv}$ in Zeile 1 noch mit den Faktoren $\hat{\mathbf{u}}_{0r}^{KT}\,\mathbf{M}^2\,\hat{\mathbf{u}}_{0r}^K$ multipliziert sind ((6.46b) mit $\lambda_{0r}^K = \hat{\lambda}_{0r}$ in (6.45) eingesetzt). Die in der Tabelle 6.1 vorkommenden Matrizenprodukte $\mathbf{M}_\sigma\,\mathbf{M}_{\sigma'}$, $\mathbf{M}_\sigma\,\mathbf{K}_\iota$, $\mathbf{K}_\iota\,\mathbf{M}_\sigma$, $\mathbf{K}_\iota\,\mathbf{K}_{\iota'}$ sind für entsprechend entkoppelte Submatrizen und ungleiche Indizes gleich der Nullmatrix. Die Matrix $\mathbf{Dv}^T\mathbf{Dv}$ spiegelt somit auch bestimmte Submatrizenkopplungen wider. Je nach Wahl der Submatrizen kann also über die Matrix $\mathbf{Dv}^T\mathbf{Dv}$ mit den Werten des Rechenmodells in erster Näherung ein Hinweis zur Wahl eines günstigen Verfahrens erhalten werden. Je größer $\|\mathbf{Dv}^T\,\mathbf{Dv}\|$, d.h., je kleiner $\|(\mathbf{Dv}^T\,\mathbf{Dv})^{-1}\|$ ist, desto kleiner fällt $\|\mathrm{cov}(\hat{\mathbf{a}})\|$ bei bekanntem (geschätztem) Meßfehler aus. Das einfache kennwertlineare Modell des Abschnittes 6.2.3.2 (Zeile 7 der Tabelle 6.1) muß abhängig von der Wahl der Submatrizen deshalb durchaus nicht besser als das kennwertnichtlineare der Zeile 6 sein, selbstverständlich geht hier noch die Wahl der Erregung ein.

6.2.4.2 Empfindlichkeitsuntersuchung des Zielfunktionals

Das Zielfunktional (6.5) ist bei den hier vorliegenden reellen Residuenvektoren eine quadratische Form in $\mathbf{v} = \mathbf{v}(\mathbf{a})$:

$$J(\mathbf{v}, \mathbf{v}) = \mathbf{v}^T\,\mathbf{G}_W\,\mathbf{v}. \tag{6.5}$$

Die Zielfunktionale der einzelnen Korrekturverfahren unterscheiden sich voneinander durch die verschiedenen Residuen. Wie empfindlich reagiert das Zielfunktional auf Parameteränderungen und was bedeutet eine derartige Aussage?

Tabelle 6.1: Matrizen $Dv^T Dv$ bzw. deren Elemente

Verfahren		Ab-schnitt	Zeilen-nummer	$\left(\frac{\partial v^T}{\partial a_j} \frac{\partial v}{\partial a_j'}\right)$
Korrektur mittels Eigenwerte	die Steifkeitsmatrix	6.2.1.1	1	$\frac{\partial v_1^T}{\partial a_{K\iota}} \frac{\partial v_1}{\partial a_{K\iota'}} = \sum_{r=1}^{N} k_{gr\iota}^{K} k_{gr\iota'}^{K}$
	die Trägheitsmatrix	6.2.1.3	2	$\frac{\partial v_3^T}{\partial a_{M\sigma}} \frac{\partial v_3}{\partial a_{M\sigma'}} = \sum_{r=1}^{N} m_{gr\sigma}^{KN} m_{gr\sigma'}^{KN}$
	die Steifigkeitsmatrix über das Matrizen-eigenwertproblem	6.2.1.5	3	$\frac{\partial v_5^T}{\partial a_{K\iota}} \frac{\partial v_5}{\partial a_{K\iota'}} = \sum_{r=1}^{N} [\hat{\mathbf{u}}_{0r}^{KT} \mathbf{K}_\iota \mathbf{K}_{\iota'} \hat{\mathbf{u}}_{0r}^{K} + \hat{\mathbf{u}}_{0r}^{KT} \mathbf{K}_\iota (-\hat{\lambda}_{0r}\mathbf{M} + \mathbf{K}^K) \xi_{r\iota'}^{K} + \xi_{r\iota}^{KT} (-\hat{\lambda}_{0r}\mathbf{M} + \mathbf{K}^K) \mathbf{K}_{\iota'} \hat{\mathbf{u}}_{0r}^{K} + \xi_{r\iota}^{KT} (-\hat{\lambda}_{0r}\mathbf{M} + \mathbf{K}^K)^2 \xi_{r\iota'}^{K}]$
Korrektur mittels Eigenwerte und Eigenvektoren	die Trägheits- und Steifigkeitsmatrix über das Matrizen-eigenwertproblem	6.2.2.1	4	$\begin{pmatrix} \left(\frac{\partial v_7^T}{\partial a_{M\sigma}} \frac{\partial v_7}{\partial a_{M\sigma'}}\right), & \left(\frac{\partial v_7^T}{\partial a_{M\sigma}} \frac{\partial v_7}{\partial a_{K\iota}}\right) \\ \left(\frac{\partial v_7^T}{\partial a_{K\iota}} \frac{\partial v_7}{\partial a_{M\sigma}}\right), & \left(\frac{\partial v_7^T}{\partial a_{K\iota}} \frac{\partial v_7}{\partial a_{K\iota'}}\right) \end{pmatrix}$, $\frac{\partial v_7^T}{\partial a_{M\sigma}} \frac{\partial v_7}{\partial a_{M\sigma'}} = \sum_{r=1}^{N} \hat{\lambda}_{0r}^2 \hat{\mathbf{u}}_{0r}^T \mathbf{M}_\sigma \mathbf{M}_{\sigma'} \hat{\mathbf{u}}_{0r}$, $\frac{\partial v_7^T}{\partial a_{M\sigma}} \frac{\partial v_7}{\partial a_{K\iota}} = -\sum_{r=1}^{N} \hat{\lambda}_{0r} \hat{\mathbf{u}}_{0r}^T \mathbf{M}_\sigma \mathbf{K}_\iota \hat{\mathbf{u}}_{0r}$ $\frac{\partial v_7^T}{\partial a_{K\iota}} \frac{\partial v_7}{\partial a_{M\sigma}} = \left(\frac{\partial v_7^T}{\partial a_{M\sigma}} \frac{\partial v_7}{\partial a_{K\iota}}\right)^T$, $\frac{\partial v_7^T}{\partial a_{K\iota}} \frac{\partial v_7}{\partial a_{K\iota'}} = \sum_{r=1}^{N} \hat{\mathbf{u}}_{0r}^T \mathbf{K}_\iota \mathbf{K}_{\iota'} \hat{\mathbf{u}}_{0r}$
	die Steifigkeits-matrix	6.2.2.2	5	$\frac{\partial v_8^T}{\partial a_{K\iota}} \frac{\partial v_8}{\partial a_{K\iota'}} = \sum_{r=1}^{N} (k_{gr\iota}^{K} k_{gr\iota'}^{K} + \xi_{r\iota}^{KT} \xi_{r\iota'}^{K})$
Korrektur der Steifig-keitsmatrix mittels gemes-sener Erregung und dynamischer Antworten	Ausgangsfehler	6.2.3.1	6	$\frac{\partial v_9^T}{\partial a_{K\iota}} \frac{\partial v_9}{\partial a_{K\iota'}} = \sum_{r=1}^{N} \hat{\mathbf{u}}_r^{KT} \mathbf{K}_\iota \mathbf{F}_r^{K2} \mathbf{K}_{\iota'} \hat{\mathbf{u}}_r^{K}$, $\mathbf{F}_r^{K} := (-\Lambda_r \mathbf{M} + \mathbf{K}^K)^{-1}$
	Eingangsfehler	6.2.3.2	7	$\frac{\partial v_{10}^T}{\partial a_{K\iota}} \frac{\partial v_{10}}{\partial a_{K\iota'}} = \sum_{r=1}^{N} \hat{\mathbf{u}}_r^{MT} \mathbf{K}_\iota \mathbf{K}_{\iota'} \hat{\mathbf{u}}_r^{M}$

Eine infinitesimale Änderung $\mathbf{da}$ des Vektors $\mathbf{a}$ an der Stelle $\hat{\mathbf{a}}$ bewirkt die differentielle Änderung

$$dJ := \sum_{j=1}^{J} \frac{\partial J(\mathbf{a})}{\partial a_j}\Big/_{\mathbf{a}=\hat{\mathbf{a}}} da_j + \frac{1}{2} \sum_{j=1}^{J} \sum_{j'=1}^{J} \frac{\partial^2 J(\mathbf{a})}{\partial a_j \, \partial a_{j'}}\Big/_{\mathbf{a}=\hat{\mathbf{a}}} da_j \, da_{j'} + \dots \tag{6.97}$$

des Zielfunktionals. Die Extremalforderung (6.8) berücksichtigt, ergibt unter Vernachlässigung von Gliedern 3. und höherer Ordnung

$$\Delta J \doteq \frac{1}{2} \sum_{j=1}^{J} \sum_{j'=1}^{J} \frac{\partial^2 J(\mathbf{a})}{\partial a_j \, \partial a_{j'}}\Big/_{\mathbf{a}=\hat{\mathbf{a}}} \Delta a_j \, \Delta a_{j'} =: \frac{1}{2} \Delta \mathbf{a}^T \left(\frac{\partial^2 J(\mathbf{a})}{\partial a_j \, \partial a_{j'}}\right)\Big/_{\mathbf{a}=\hat{\mathbf{a}}} \Delta \mathbf{a}. \tag{6.98}$$

Hierbei ist $\Delta \mathbf{a}^T := (\Delta a_1, \dots, \Delta a_J)$ und

$$\frac{\partial^2 J(\mathbf{a})}{\partial \mathbf{a} \, \partial \mathbf{a}^T} := \left(\frac{\partial^2 J(\mathbf{a})}{\partial a_j \, \partial a_{j'}}\right) \tag{6.99a}$$

die Hesse-Matrix, deren Elemente

$$\frac{\partial^2 J(\mathbf{a})}{\partial a_j \, \partial a_{j'}} = 2 \left(\frac{\partial \mathbf{v}^T}{\partial a_j} \mathbf{G}_W \frac{\partial \mathbf{v}}{\partial a_{j'}} + \mathbf{v}^T \mathbf{G}_W \frac{\partial^2 \mathbf{v}}{\partial a_j \, \partial a_{j'}}\right) \tag{6.99b}$$

sind. Betrachtet man Gradientenverfahren, so ist ein Verfahren I mit $\Delta J_I > \Delta J_{II}$ bei gleichem Vektor $\Delta \mathbf{a}$ günstiger als ein Verfahren II, denn es konvergiert vergleichsweise schneller, und das Minimum ist numerisch schärfer zu erfassen.

Anmerkung: Der Leser mache sich den Sachverhalt am eindimensionalen Fall klar.

Für den linearen (bzw. den nach (3.85) linearisierten) Fall erhält man für (6.99b) mit dem Residuenvektor $\mathbf{v}$ in der Formulierung (6.9)

$$\frac{\partial^2 J(\mathbf{a})}{\partial a_j \, \partial a_{j'}} = 2\, \mathbf{e}_j^T \mathbf{Dv}^T \mathbf{G}_W \mathbf{Dv}\, \mathbf{e}_{j'}, \qquad \frac{\partial^2 \mathbf{v}}{\partial a_j \, \partial a_{j'}} = \mathbf{0},$$

also

$$\Delta J \doteq \Delta \mathbf{a}^T \mathbf{Dv}^T \mathbf{G}_W \mathbf{Dv}\, \Delta \mathbf{a}. \tag{6.100}$$

Interessant ist noch der Zusammenhang zwischen der Hesse-Matrix und der Kovarianzmatrix der Parameterschätzwerte (3.93) mit der Wichtungsmatrix $\mathbf{G}_W = \sigma_v^{-2} \mathbf{I}$ (3.91) für unkorreliertes und zentriertes $\mathbf{v}$: $E\{\mathbf{v}\} = \mathbf{0}$. Der Erwartungswert der Elemente (6.99b) der Hesse-Matrix ist demzufolge

$$E\left\{\frac{\partial^2 J(\mathbf{a})}{\partial a_j \, \partial a_{j'}}\right\} = 2\, \sigma_v^{-2} \; E\left\{\frac{\partial \mathbf{v}^T}{\partial a_j} \frac{\partial \mathbf{v}}{\partial a_{j'}}\right\},$$

also

$$E\left\{\frac{\partial^2 J(\mathbf{a})}{\partial \mathbf{a} \, \partial \mathbf{a}^T}\right\} = 2\, \sigma_v^{-2} \; E\{\mathbf{Dv}^T \mathbf{Dv}\}. \tag{6.101}$$

Mit (6.101) ist im kennwertlinearen Fall der direkte Zusammenhang mit (3.93) gegeben:

$$\mathrm{cov}(\hat{\mathbf{a}}) = 2\, E\left\{\left(\frac{\partial^2 J(\mathbf{a})}{\partial \mathbf{a} \, \partial \mathbf{a}^T}\right)^{-1}\right\}. \tag{6.102}$$

Unbeantwortet blieb bei den Empfindlichkeitsuntersuchungen die Wahl der Größenordnung der Δa_j. Diesbezüglich sei auf den nächsten Abschnitt verwiesen.

Beispiel 6.13: Für $\mathbf{M} = \mathbf{M}^K$, $\mathbf{K} = \mathbf{K}_1 + \mathbf{K}_2$, $(J = I = 2)$ und $N = 3$ gilt nach Gl. (6.17) in erster Näherung $\Delta\lambda_{0r}^K \doteq k_{gr\iota}^{K(0)} \Delta a_{K\iota}$, also $\Delta a_{K\iota} \doteq \Delta\lambda_{0r}^K / k_{gr\iota}^{K(0)}$, $k_{gr\iota}^{K(0)} \neq 0$.
Mit $\Delta\lambda_{0r}^K \doteq \hat{\lambda}_{0r} - \lambda_{0r}$ lassen sich also die Größenordnungen der $\Delta a_{K\iota}$ bestimmen. Um eine Abschätzung von ΔJ zu erhalten, sollte jeweils das Minimum über r gewählt werden. Für das Verfahren des Abschnittes 6.2.1.1 folgt mit Dv_1 nach Gl. (6.20):

$$Dv_1(\mathbf{e}) = \begin{pmatrix} k_{g11}^{K(0)}, k_{g12}^{K(0)} \\ k_{g21}^{K(0)}, k_{g22}^{K(0)} \\ k_{g31}^{K(0)}, k_{g32}^{K(0)} \end{pmatrix} \quad \text{und } \mathbf{G_W} = \mathbf{I},$$

$$\Delta J_1 \doteq (k_{g11}^{K(0)2} + k_{g21}^{K(0)2} + k_{g31}^{K(0)2})\, \Delta a_{K_1}^2 + 2\,(k_{g11}^{K(0)} k_{g12}^{K(0)} + k_{g21}^{K(0)} k_{g22}^{K(0)} + k_{g31}^{K(0)} k_{g32}^{K(0)})\, \Delta a_{K_1} \cdot \Delta a_{K_2} + (k_{g12}^{K(0)2} + k_{g22}^{K(0)2} + k_{g32}^{K(0)2})\, \Delta a_{K_2}^2 .$$

Für das Verfahren des Abschnittes 6.2.1.5 folgt mit (6.51) und (6.45) und der Vereinfachung $\hat{\lambda}_{0r} \doteq \lambda_{0r}^K$ in (6.45):

$$\left.\frac{\partial \mathbf{e}_{1r}}{\partial a_{K\iota}}\right/_{\mathbf{a}=\mathbf{e}} \doteq k_{gr\iota}^{K(0)}\, \mathbf{M}\, \hat{\mathbf{u}}_{0r},\quad m_{rr'} := \hat{\mathbf{u}}_{0r}^T\, \mathbf{M}^2\, \hat{\mathbf{u}}_{0r'},$$

$$\Delta J_5 \doteq (k_{g11}^{K(0)2} m_{11} + k_{g21}^{K(0)2} m_{22} + k_{g31}^{K(0)2} m_{33})\, \Delta a_{K_1}^2 + 2(k_{g11}^{K(0)} k_{g12}^{K(0)} m_{11} + k_{g21}^{K(0)} k_{g22}^{K(0)} m_{22} + k_{g31}^{K(0)} k_{g32}^{K(0)} m_{33})\, \Delta a_{K_1}\, \Delta a_{K_2} + (k_{g12}^{K(0)2} m_{11} + k_{g22}^{K(0)2} m_{22} + k_{g32}^{K(0)2} m_{33})\, \Delta a_{K_2}^2 .$$

Mit $m_{rr'} > 1$ ist $\Delta J_5 > \Delta J_1$ für eine beliebige Wahl von $\Delta\mathbf{a}$, ebenso ist $\| Dv_5^T Dv_5 \| > \| Dv_1^T Dv_1 \|$, womit das Verfahren des Abschnittes 6.2.1.5 das günstigere wäre. Die Untersuchung der Bedingung $m_{rr'} > 1$ bleibe dem Leser überlassen.

Ergänzend zu den obigen elementaren Untersuchungen findet der Leser in [1.1] weitergehende Ausführungen.

6.2.4.3 Empfindlichkeitsuntersuchungen der Systemgrößen

Die Empfindlichkeitsuntersuchungen bezüglich der Auswirkung von Fehlern der geschätzten Korrekturfaktoren auf die Systemgrößen des Rechenmodells seien als differentielle Fehleranalyse durchgeführt [3.11].

Die Auswirkung von Fehlern Δa_j auf die Systemparameter-Matrizen des korrigierten Rechenmodells erhält man sofort aus dem Korrekturansatz (6.2). So ist z.B. die Auswirkung eines Fehlers $\Delta a_{M\sigma}$ auf $\mathbf{M}^K$ gegeben durch: $\partial\mathbf{M}^K / \partial a_{M\sigma} = \mathbf{M}_\sigma$, $\Delta_\sigma \mathbf{M}^K := \mathbf{M}_\sigma\, \Delta a_{M\sigma}$. Für den Gesamtfehler folgt:

$$d\mathbf{M}^K = \sum_{\sigma=1}^{S} \frac{\partial \mathbf{M}^K}{\partial a_{M\sigma}}\, da_{M\sigma} = \sum_{\sigma=1}^{S} \mathbf{M}_\sigma\, da_{M\sigma}$$

bzw.

$$\Delta\mathbf{M}^K := \sum_{\sigma=1}^{S} \Delta_\sigma \mathbf{M}^K = \sum_{\sigma=1}^{S} \mathbf{M}_\sigma\, \Delta a_{M\sigma} \quad \text{usw.}$$

Die partiellen Ableitungen von **v** nach den Korrekturfaktoren enthalten bereits die partiellen Ableitungen für die Sensitivitätsuntersuchungen. Die partielle Ableitung (6.17), $\partial \lambda_{0r}^K / \partial a_{K\iota} = k_{gr\iota}^K$, gibt an, daß eine differentielle Änderung des r-ten korrigierten Eigenwertes infolge alleiniger differentieller Änderung des Korrekturfaktors $a_{K\iota}$ gleich der r-ten generalisierten Steifigkeit bezüglich der Substeifigkeitsmatrix $\mathbf{K}_\iota$ ist. Die Wahl der Submatrix $\mathbf{K}_\iota$ bei gegebener Eigenschwingungsform ist für den Verstärkungsfaktor $k_{gr\iota}^K$ ausschlaggebend: $\Delta_\iota \lambda_{0r}^K \doteq k_{gr\iota}^K \, \Delta a_{K\iota}$. Damit ist schon ein Anhaltspunkt für die Submatrizenwahl gegeben.

Beispiel 6.14: Im Beispiel 6.4 ergeben sich die Verstärkungsfaktoren im 1. Iterationsschritt zu

$$k_{g11}^{K(0)} = \hat{\mathbf{u}}_{01}^{K(0)T} \mathbf{K}_1 \hat{\mathbf{u}}_{01}^{K(0)} = 1{,}75, \qquad \Delta\lambda_1^{K(0)} \doteq 1{,}75 \, \Delta a_{K1},$$

$$k_{g21}^{K(0)} = \hat{\mathbf{u}}_{02}^{K(0)T} \mathbf{K}_1 \hat{\mathbf{u}}_{02}^{K(0)} = 1{,}60 \cdot 10^3, \quad \Delta\lambda_2^{K(0)} \doteq 1{,}60 \cdot 10^3 \Delta a_{K1}.$$

Der Einfluß einer Änderung von a_{K1} auf den 2. Eigenwert des Rechenmodells ist um Größenordnungen stärker als auf den 1. Eigenwert des Rechenmodells entsprechend den Abweichungen der geschätzten Eigenwerte. Die Wahl der Substeifigkeitsmatrix $\mathbf{K}_1$ ist also richtig erfolgt.

Entsprechend ist die partielle Ableitung (6.27) des inversen Eigenwertes bezüglich $a_{G\iota}$ zu interpretieren. Die differentiellen Änderungen der Eigenvektoren des korrigierten Rechenmodells nach den jeweiligen Korrekturfaktoren sind interpretierbar in den Gln. (6.50) und (6.60b) enthalten. So ist beispielsweise nach Gl. (6.50):

$$\Delta_\iota \hat{\mathbf{u}}_{0r}^K \doteq \Delta a_{K\iota} \sum_{\substack{k=1 \\ k \neq r}}^{n} \frac{\hat{\mathbf{u}}_{0k}^{KT} \mathbf{K}_\iota \hat{\mathbf{u}}_{0r}^K}{\lambda_{0r}^K - \lambda_{0k}^K} \hat{\mathbf{u}}_{0k}^K. \tag{6.103}$$

Die Änderung des Eigenvektors $\hat{\mathbf{u}}_{0r}^K$ infolge einer kleinen Änderung $\Delta a_{K\iota}$ eines Korrekturfaktors $a_{K\iota}$ (d.h. Untersuchungen des Eigenvektors in engerer Umgebung von $\hat{a}_{K\iota}$ an der Stelle 1 oder $\hat{a}_{K\iota}$) kann linearisiert durch eine Verstärkung dargestellt werden, die aus der Superposition der Eigenvektoren des korrigierten Rechenmodells gebildet wird. Die Entwicklungskoeffizienten in (6.103) bestimmen, mit welchem Anteil die einzelnen Eigenvektoren eingehen. Sie hängen sowohl von den Arbeiten $(\mathbf{K}_\iota \hat{\mathbf{u}}_{0k}^K)^T \hat{\mathbf{u}}_{0r}^K$ ab als auch von dem Abstand der den Eigenvektoren zugehörigen Eigenwerte von den Eigenwerten λ_{0r}^K. Eigenvektoren mit Eigenwerten benachbart zum r-ten Eigenwert gehen somit stärker ein als diejenigen, deren Eigenwerte weit entfernt von dem betrachteten r-ten Eigenwert sind.

Die differentiellen Änderungen der dynamischen Antwortvektoren und Kraftvektoren gehen aus den Gln. (6.85) und (6.92) unter den dort beschriebenen Annahmen hervor.

Es fehlen noch die Zusammenhänge zwischen den Änderungen der Eigenschwingungsgrößen und den dynamischen Antworten und zugehörigen Kräften. Die Änderung des dynamischen Antwortvektors infolge fehlerbehafteter Eigenschwingungsgrößen kann aus der Spektralzerlegung (5.34) gewonnen werden. Umgekehrt interessieren auch für die Verfahren der Abschnitte 6.2.3.1, 2 die Einflüsse von Änderungen der Systemantworten und Kräfte auf die Eigenschwingungsgrößen des korrigierten Rechenmodells. Aus der Kettenregel folgt:

$$\frac{\partial \lambda_{0l}^K}{\partial \hat{u}_{kr}^K} = \sum_{\iota=1}^{I} \frac{\partial \lambda_{0l}^K}{\partial a_{K\iota}} \frac{\partial a_{K\iota}}{\partial \hat{u}_{kr}^K}, \quad \frac{\partial \hat{\mathbf{u}}_{0l}^K}{\partial \hat{u}_{kr}^K} = \sum_{\iota=1}^{I} \frac{\partial \hat{\mathbf{u}}_{0l}^K}{\partial a_{K\iota}} \frac{\partial a_{K\iota}}{\partial \hat{u}_{kr}^K}, \tag{6.104}$$

$$\frac{\partial \lambda_{0l}^{K}}{\partial \hat{p}_{kr}^{K}} = \sum_{\iota=1}^{I} \frac{\partial \lambda_{0l}^{K}}{\partial a_{K\iota}} \frac{\partial a_{K\iota}}{\partial \hat{p}_{kr}^{K}}, \quad \frac{\partial \hat{u}_{0l}^{K}}{\partial \hat{p}_{kr}^{K}} = \sum_{\iota=1}^{I} \frac{\partial \hat{u}_{0l}^{K}}{\partial a_{K\iota}} \frac{\partial a_{K\iota}}{\partial \hat{p}_{kr}^{K}}, \tag{6.105}$$

$k, l = 1(1)n, r = 1(1)N.$

Die partiellen Ableitungen nach den Korrekturfaktoren $a_{K\iota}$ sind bekannt (s. jeweils die notwendigen Bedingungen). Es verbleibt, die Ableitungen $\partial a_{K\iota}/\partial \hat{u}_{kr}^{K}$ und $\partial a_{K\iota}/\partial \hat{p}_{kr}^{K}$ zu bestimmen.

In dem korrigierten Rechenmodell (6.81) des im Abschnitt 6.2.3.1 diskutierten Verfahrens sind lediglich die mit K indizierten Größen von den Korrekturfaktoren abhängig (die gemessenen und vorgegebenen Kraftvektoren $\hat{\mathbf{p}}_r^M$ sind von den Korrekturfaktoren unabhängig). Umgekehrt sind die Korrekturfaktoren Funktionen der Komponenten des Antwortvektors $\hat{\mathbf{u}}_r^K$. Es interessiert gemäß der Aufgabenstellung lediglich die gegenseitige Abhängigkeit der Größen in den engeren Umgebungen der Korrekturfaktoren für Werte 1 und $\hat{a}_{K\iota}$. Die Gleichung (6.81) partiell nach der k-ten Komponente des Antwortvektors differenziert, ergibt

$$\frac{\partial \mathbf{K}^K}{\partial \hat{u}_{kr}^K} \hat{\mathbf{u}}_r^K + (-\Lambda_r \mathbf{M} + \mathbf{K}^K)\, \mathbf{e}_k = \mathbf{0}. \tag{6.106}$$

Wird der Korrekturansatz (6.2c) ebenfalls differenziert,

$$\frac{\partial \mathbf{K}^K}{\partial \hat{u}_{kr}^K} = \sum_{\iota=1}^{I} \frac{\partial a_{K\iota}}{\partial \hat{u}_{kr}^K} \mathbf{K}_\iota \tag{6.107}$$

und dieses Ergebnis zusammen mit der Matrix

$$\boldsymbol{K}_r^K := (\mathbf{K}_1 \hat{\mathbf{u}}_r^K, \ldots, \mathbf{K}_I \hat{\mathbf{u}}_r^K) \tag{6.108}$$

in die Gleichung (6.106) eingesetzt, so folgt das Gleichungssystem

$$\boldsymbol{K}_r^K \frac{\partial \mathbf{a}_K}{\partial \hat{u}_{kr}^K} + (-\Lambda_r \mathbf{M} + \mathbf{K}^K)\, \mathbf{e}_k = \mathbf{0} \tag{6.109}$$

für die partiellen Ableitungen der Korrekturfaktoren nach den Antwortkomponenten $\hat{u}_{kr}^K$. Zur Lösung des Gleichungssystems wird es beispielsweise von links mit $\boldsymbol{K}_r^{KT}$ und anschließend unter der Voraussetzung, daß $\boldsymbol{K}_r^{KT} \boldsymbol{K}_r^K$ Maximalrang besitzt (vgl. den Zusammenhang zwischen Dv, Gl. (6.86), und der Definition von $\boldsymbol{K}_r^K$ in (6.108), mit $(\boldsymbol{K}_r^{KT} \boldsymbol{K}_r^K)^{-1}$ linksmultipliziert, die gesuchten Größen ergeben sich zu

$$\frac{\partial \mathbf{a}_K}{\partial \hat{u}_{kr}^K} = -(\boldsymbol{K}_r^{KT} \boldsymbol{K}_r^K)^{-1} \boldsymbol{K}_r^{KT} (-\Lambda_r \mathbf{M} + \mathbf{K}^K)\, \mathbf{e}_k. \tag{6.110}$$

Damit sind die Sensitivitätsfaktoren für die Korrekturparameter bezüglich Änderungen in den Komponenten der dynamischen Antworten des korrigierten Rechenmodells gefunden. Die Gl. (6.110) ermöglicht in erster Näherung die Berechnung der Änderung $\Delta \mathbf{a}_K$ des Parametervektors $\mathbf{a}_K$ infolge einer vorgegebenen Änderung $\Delta \hat{u}_{kr}^K$ der Antwortkomponente $\hat{u}_{kr}^K$. Dieses Ergebnis in die Gl. (6.104) eingesetzt, liefert die Eigenwert-Empfindlichkeiten bezüglich der Antwortkomponenten.

Entsprechend ist das Vorgehen zur Ermittlung von $\partial \mathbf{a}_K / \partial \hat{p}_{kr}^K$ für die Gl. (6.105) aufgrund des Korrekturverfahrens des Abschnittes 6.2.3.2 mit dem korrigierten Rechenmodell (6.89):

$$\left.\begin{aligned} \mathbf{e}_k &= \frac{\partial \mathbf{K}^K}{\partial \hat{p}_{kr}^K} \hat{\mathbf{u}}_r^M, \\ \frac{\partial \mathbf{K}^K}{\partial \hat{p}_{kr}^K} &= \sum_{\iota=1}^{I} \frac{\partial a_{K\iota}}{\partial \hat{p}_{kr}^K} \mathbf{K}_\iota . \end{aligned}\right\} \tag{6.111}$$

Es folgt:

$$\sum_{\iota=1}^{I} \frac{\partial a_{K\iota}}{\partial \hat{p}_{kr}^K} \mathbf{K}_\iota \hat{\mathbf{u}}_r^M = \mathbf{e}_k . \tag{6.112}$$

Mit der Abkürzung

$$\mathcal{K}_r^M := (\mathbf{K}_1 \hat{\mathbf{u}}_r^M, \ldots, \mathbf{K}_I \hat{\mathbf{u}}_r^M) \tag{6.113}$$

und der Pseudoinversen $(\mathcal{K}_r^{MT} \mathcal{K}_r^M)^{-1} \mathcal{K}_r^{MT}$ erhält man die gesuchten Sensitivitätsgleichungen zu

$$\frac{\partial \mathbf{a}_K}{\partial \hat{p}_{kr}^K} = (\mathcal{K}_r^{MT} \mathcal{K}_r^M)^{-1} \mathcal{K}_r^{MT} \mathbf{e}_k . \tag{6.114}$$

Der wesentliche Unterschied zwischen den Korrekturfaktor-Empfindlichkeiten (6.110) und (6.114) ist offensichtlich: Der Sensitivitätsfaktor in (6.110) enthält gegenüber dem in (6.114) zusätzlich die negative dynamische Steifigkeitsmatrix des korrigierten Rechenmodells, wobei der Ausdruck $(-\Lambda_r \mathbf{M} + \mathbf{K}^K) \mathbf{e}_k \Delta \hat{u}_{kr}^K$ einer Kraftvektoränderung entspricht.

Schließlich interessiert noch die Frage, ob bei den Korrekturverfahren aufgrund einer mit $N < n$ eingeschränkten Anzahl identifizierter Eigenwerte bzw. Eigenwerte und Eigenvektoren die restlichen $n - N$ Eigenschwingungsgrößen mitkorrigiert werden. Vergegenwärtigt man sich die Frequenzgänge eines Mehrfreiheitsgradsystems, die ja hierbei aufgrund der vorgegebenen Eigenwerte und evtl. zugehörigen Eigenvektor-Komponenten in einem Frequenzteilintervall korrigiert werden, so läßt die Spektralzerlegung vermuten, daß lediglich Freiheitsgrade mit Eigenwerten unmittelbar benachbart zu den vorgegebenen Eigenwerten beeinflußt werden. Die Größenordnung dieses Einflusses liefert wieder die obige differentielle Fehleranalyse, sie sagt aber nichts über die Art der Änderung (Verbesserung oder Verschlechterung) aus. Diese Frage entfällt bei einer Korrektur mittels erzwungener Schwingungen, sofern die dynamischen Antworten in dem interessierenden Frequenzintervall alle effektiven Freiheitsgrade in nicht vernachlässigbarem Maße enthalten (s. jedoch (6.104), (6.105)).

6.2.4.4 Wahl der Submatrizen

Vor der Durchführung einer Korrektur des Rechenmodells muß aufgrund der Kenntnisse über die Ungenauigkeiten des Rechenmodells und der Ergebnisse einer Empfindlichkeitsanalyse festgelegt werden, welche Systemparameter-Matrizen korrigiert werden sollen. Der Erfolg der Korrektur hängt auch wesentlich von der Wahl der Submatrizen ab.

Häufig sind Unsicherheiten in den Systemparametern von Teilmodellierungen des Rechenmodells bekannt, so daß damit ein Kriterium für eine Submatrizenwahl gegeben ist.

Beispiel 6.15: Im Flugzeugbau z. B. ist es bekannt, daß im allgemeinen die Torsionssteifigkeiten von Tragflächen infolge der getroffenen Vereinfachungen mit zu niedrigen Werten berechnet werden. Die Tragfläche als Balken modelliert und die Nachgiebigkeitsformulierung gewählt, ergibt demzufolge schon eine Aufteilung in Submatrizen zur globalen Korrektur:

$$G = \begin{pmatrix} G^{ZZ}, & G^{Z\alpha} \\ G^{\alpha Z}, & G^{\alpha\alpha} \end{pmatrix}, \quad G_1 = \begin{pmatrix} 0, & 0 \\ 0, & G^{\alpha\alpha} \end{pmatrix}.$$

Die Elemente der Teileinflußmatrizen geben wieder:

G^{ZZ} vertikale Verschiebungen in den Systempunkten infolge Einheitslasten,

$G^{Z\alpha}$ vertikale Verschiebung infolge von Einheitsdrehmomenten, $G^{\alpha Z} = G^{Z\alpha T}$,

$G^{\alpha\alpha}$ Verdrehungen in den Systempunkten infolge von Einheitsdrehmomenten.

Liegt z.B. ein System von einzelnen Balken vor, die statisch unbestimmt miteinander verbunden sind, und wurden die Balkenverbindungen mit Hilfe von Federn vereinfacht modelliert, so wird die zugehörige Substeifigkeitsmatrix sicher stark fehlerbehaftet sein. Diese Substeifigkeitsmatrix, in dem Korrekturansatz berücksichtigt, liefert jedoch unter bestimmten Bedingungen verbesserte Werte für die Substeifigkeitsmatrix.

Die Empfindlichkeitsuntersuchungen des vorherigen Abschnittes geben auch Auskunft über den Einfluß physikalischer Größen bei der Korrektur und damit einen Einblick in das zu behandelnde Problem, abhängig von der Wahl der Submatrizen. So wird man abhängig von den Werten der Residuen die Submatrizen möglichst so wählen, daß die Verstärkungen bezüglich der Korrekturfaktoren mit den Residuenwerten korrespondieren (vgl. Beispiel 6.14). Hierzu müssen also zunächst Submatrizen gewählt werden, die u.U. aufgrund der damit durchgeführten Empfindlichkeitsuntersuchung nachträglich geändert werden müssen (a posteriori-Kenntnisse).

Die Submatrizen sollten bezogen auf den Korrekturansatz (6.2) verträglich gewählt werden.

Beispiel 6.16: Für den 3-Massen-Kettenschwinger des Beispiels 6.2 sei eine Korrektur der Steifigkeitsmatrix erforderlich. Ohne a priori-Kenntnisse über den Aufbau der Steifigkeitsmatrix sei eine Submatrizenaufteilung der Art

$$\mathbf{K}' = \mathbf{0}, \mathbf{K}_1 = \begin{pmatrix} k_1 + k_2, & -k_2, & 0 \\ -k_2, & k_2 + k_3, & 0 \\ 0, & 0, & 0 \end{pmatrix}, \quad \mathbf{K}_2 = \begin{pmatrix} 0, & 0, & 0 \\ 0, & 0, & -k_3 \\ 0, & -k_3, & k_3 \end{pmatrix}$$

vorgenommen. Weisen die Werte der Federsteifigkeiten des Rechenmodells Fehler in verschiedenen Richtungen auf, so ist der Korrekturansatz mit den obigen Submatrizen physikalisch unverträglich. Sind die unverträglichen Abweichungen nicht zu groß, dann erhält man auch hierbei ein verbessertes korrigiertes Rechenmodell [6.1].

Das Rechenmodell für Untersuchungen des dynamischen Systemverhaltens wird oft aus kondensierten Steifigkeits- und Trägheitsmatrizen gebildet. Die statische Gleichgewichtsbeziehung, in der der Verschiebungsvektor in wesentliche und restliche Verschiebungen partitioniert ist,

$$\begin{pmatrix} \mathbf{K}_{WW}, & \mathbf{K}_{WR} \\ \mathbf{K}_{RW}, & \mathbf{K}_{RR} \end{pmatrix} \begin{pmatrix} \mathbf{u}_W \\ \mathbf{u}_R \end{pmatrix} = \begin{pmatrix} \mathbf{p}_W \\ \mathbf{p}_R \end{pmatrix} \tag{6.115}$$

liefert aus der unteren Zeile die Beziehung

$$\mathbf{u}_R = \mathbf{K}_{RR}^{-1} (\mathbf{p}_R - \mathbf{K}_{RW} \mathbf{u}_W),$$

die, in die erste Zeile von (6.115) eingesetzt, die kondensierte Gleichung

$$(\mathbf{K}_{WW} - \mathbf{K}_{WR} \mathbf{K}_{RR}^{-1} \mathbf{K}_{RW}) \mathbf{u}_W = \mathbf{p}_W - \mathbf{K}_{WR} \mathbf{K}_{RR}^{-1} \mathbf{p}_r \tag{6.116}$$

mit der (statisch) kondensierten Steifigkeitsmatrix

$$\mathbf{K}_c := \mathbf{K}_{WW} - \mathbf{K}_{WR} \mathbf{K}_{RR}^{-1} \mathbf{K}_{RW} \tag{6.117}$$

ergibt. Die Gl. (6.117) zeigt, daß die Steifigkeitsmatrix $\mathbf{K}_{WW}$ der wesentlichen Freiheitsgrade mit dem Korrekturansatz (6.2c) behandelt werden kann. Der zweite Summand der Gl. (6.117) – er betrifft die Steifigkeiten der restlichen, sekundären Verschiebungen – kann in die nicht zu korrigierende Matrix $\mathbf{K}'$ genommen werden oder als eine weitere (global zu korrigierende) Submatrix aufgefaßt werden. Man kann notfalls auch die Teilmatrizen $\mathbf{K}_{WR} = \mathbf{K}_{RW}^T$ und $\mathbf{K}_{RR}$ in Submatrizen aufteilen und mit Korrekturfaktoren versehen, nur muß dann iterativ in jedem Iterationsschritt $\mathbf{K}_{WR}^K \mathbf{K}_{RR}^{K-1} \mathbf{K}_{RW}^K$ – abhängig von den Korrekturfaktoren – numerisch erneut berechnet werden. Entsprechend sind die Überlegungen hinsichtlich der kondensierten Trägheitsmatrix.

Bei der dynamischen Kondensation und deren Approximationen, wie im Abschnitt 5.1.9.2 dargelegt, zwingt die Gl. (5.173) zu den gleichen Überlegungen; die dynamische Kondensation ist jedoch aufwendiger, wie es das kondensierte Matrizeneigenwertproblem des Beispiels 5.5 zeigt.

Das Beispiel 6.2 in Verbindung mit dem Beispiel 6.16 deutet die Schwierigkeiten der beschriebenen Korrekturverfahren infolge des Korrekturansatzes (6.2) an. Die Elemente der Systemparameter-Matrizen setzen sich aus den zugehörigen Parametern von Konstruktionselementen des Systems zusammen, die ihrerseits wieder von Konstruktionselement-Parametern (z.B. geometrische, Werkstoff-Parameter) abhängen. Beruhen die Ungenauigkeiten des Rechenmodells auf den Werten der Konstruktionselement-Parameter, dann wird die Submatrizenwahl u.U. sehr schwierig, da in dem Fall der Aufbau, die Zusammensetzung der Systemparameter-Elemente bis zu ihren Entstehungsdaten aus den Konstruktionselementen zurückverfolgt werden muß. Der Zusammenhang läßt sich wieder differentiell ausdrücken [5.13] (s. Abschnitt 6.5).

6.2.4.5 Anwendungen

Wesentliche vorher diskutierte Verfahren für passive ungedämpfte Systeme sind in [6.2] mit entsprechenden Literaturhinweisen zusammenfassend dargestellt. Veröffentlichungen über die Anwendung der Korrekturverfahren sind spärlich.

Beispielrechnungen mit einem 6- und 14-Massen-Kettenschwinger sind in [6.3] und [6.4] wiedergegeben. Hier sind die Nachgiebigkeitsmatrizen mittels vorgegebener Eigenfrequenzen korrigiert worden (Verfahren des Abschnittes 6.2.1.2). Fehlerbehaftete vorgegebene Eigenfrequenzen des Versuchsmodells bewirken, daß Versuchsmodell und Rechenmodell physikalisch nicht mehr miteinander verträglich sind. Die sich ergebenden korrigierten Rechenmodelle konvergieren gegen das jeweilige verfälschte Versuchsmodell. Numerisch machen sich die physikalischen Unverträglichkeiten durch langsame Konvergenz bemerkbar. In [6.1] ist das Verfahren zur Anpassung des Rechenmodells an gemessene dynamische Antworten für vorgegebene Kräfte (s. Abschnitt 6.2.3.1) hergeleitet. Beispielrechnungen für einen 6-Massen-Kettenschwinger und Korrektur der Steifigkeitsmatrix zeigen keine besonderen Schwierigkeiten. Selbst für einen mit dem physikalischen Modell unverträglichen Korrekturansatz ergeben die Korrekturrechnungen verbesserte korrigierte Rechenmodelle, die brauchbare Näherungen[1] darstellen können.

In [6.4] ist das Rechenmodell eines Verkehrsflugzeuges (VFW 614) für symmetrische Eigenschwingungsformen in der Nachgiebigkeitsformulierung an identifizierte Eigenfrequenzen angepaßt. Das physikalische Modell des Flugzeuges ohne Ruder ist ein Balkensystem (Bild 6.4), das mathematische Modell ein Matrizeneigenwertproblem (6.24). Von den Korrekturrechnungen mit verschiedenen Subnachgiebigkeitsmatrizen und identifizierten Eigenfrequenzen zeigt das Bild 6.5 die Korrekturfaktoren $a_{G\iota}^{(\kappa)}$, $\iota = 1, 2, 3$ abhängig vom Iterationsindex κ [2] für die Subnachgiebigkeitsmatrizen betr. Flügelbiegung (Fl_z), Flügeltorsion (Fl_ϑ) und Höhenflossenbiegung (HF_z). Das Bild 6.6 zeigt den Verlauf der

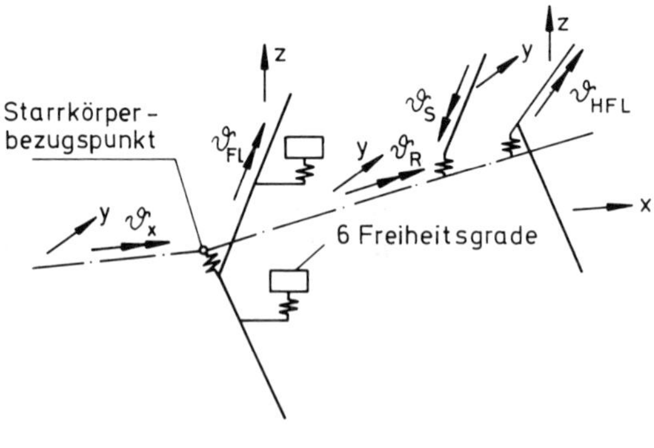

Bild 6.4 Balkenmodell des Flugzeuges ohne Ruder

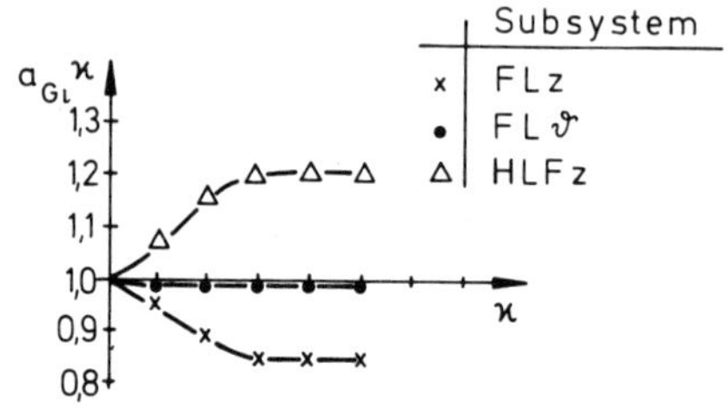

Bild 6.5 Korrekturfaktoren $a_{G\iota}^{(\kappa)}$ über den Iterationsindex

1 Der Ausdruck „brauchbare Näherungen" sei hier nicht weiter definiert. Hinsichtlich Entscheidungskriterien s. z.B. [6.16].

2 κ gibt nicht unbedingt die Gesamtzahl der Iterationen an, da in [6.4] die Parameterstörungsmethode angewendet wurde: 3 modifizierte Gleichungssysteme, 2 Iterationen (Index k entsprechend Abschnitt 6.2.1.1) für das nichtmodifizierte Gleichungssystem.

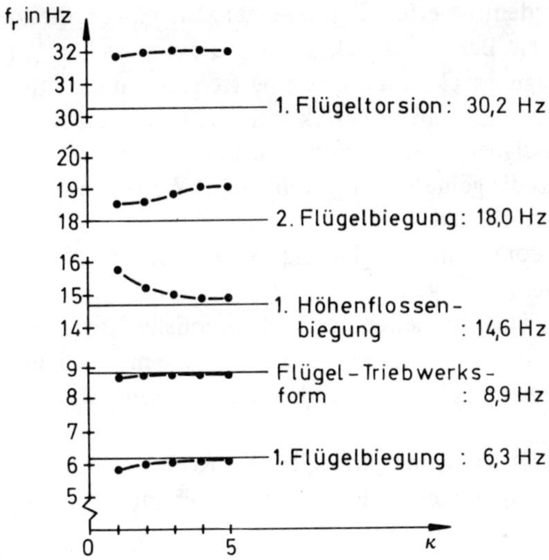

Bild 6.6 Wesentliche Eigenfrequenzen des korrigierten Rechenmodells mit den identifizierten Eigenfrequenzen, von denen für die Korrekturrechnung 6,3 Hz, 8,9 Hz, 14,6 Hz und 18,5 Hz verwendet wurden

wesentlichen Eigenfrequenzen des korrigierten Rechenmodells über κ und die identifizierten Eigenfrequenzen. Ohne auf die Besonderheit der Rechnung hier einzugehen, zeigt das Bild 6.6, daß man ein verbessertes korrigiertes Rechenmodell erhalten hat.

In [6.5] ist u.a. anhand identifizierter Eigenfrequenzen für die Forschungsplattform NORDSEE aufgrund von a priori-Kenntnissen über das System sowie der Versuchsbedingungen (die Zusatzmassen, z.B. Tankfüllungen, der Plattform waren in der Versuchskonfiguration unbekannt) die Trägheitsmatrix (s. Abschnitt 6.2.1.3) korrigiert. Die Korrektur erfolgt mit 2 identifizierten Eigenfrequenzen für 2 Submassenmatrizen ($\mathbf{M}' \neq \mathbf{0}$). Das Ergebnis zeigt die Tabelle 6.2.

Tabelle 6.2: Ergebnis der Korrektur

Iterationsschritt k	$\lambda_{01}^{K(k)}$	$\lambda_{03}^{K(k)}$	$a_{M1}^{(k)}$	$a_{M2}^{(k)}$
0	149,95	389,09	1,0	1,0
1	192,75	639,17	3,19	0,59
2	194,57	641,16	3,10	0,58
Identifizierter Wert	194,57 s^{-2}	641,16 s^{-2}		

Schon 2 Iterationsschritte führten hier zum Ziel.

Eine weitere Anwendung enthält [6.6], die hieraus zu ziehenden Schlußfolgerungen entsprechen denen aus der Korrektur mit dem Verkehrsflugzeug VFW 614 [6.4].

Die bisherigen Erfahrungen bezüglich der Korrekturrechnungen können kurz folgendermaßen zusammengefaßt werden:

- Die Korrektur mittels gemessener Eigenfrequenzen bzw. Eigenfrequenzen und Eigenschwingungsformen bedarf einer eindeutigen Zuordnung dieser Größen zwischen Rechenmodell und Versuchsmodell (ausgenommen die Korrektur – nicht den Vergleich – mittels gemessener Eigenfrequenzen und Eigenschwingungsformen über das Matrizeneigenwertproblem).

- Die der Korrektur zugrunde gelegten identifizierten Eigenfrequenzen müssen die zu korrigierenden Eigenfrequenzen umfassen. Bei der Korrektur mittels dynamischer Antworten müssen mit dem gewählten Erregungsvektor die Erregungsfrequenzen das interessierende Frequenzintervall derart abdecken, daß alle effektiven Freiheitsgrade in der gemessenen Antwort nicht in vernachlässigbarem Maße enthalten sind.
- Die Submatrizen sind so zu wählen, daß die gemessenen (geschätzten) Werte diese über die Korrekturfaktoren entsprechend beeinflussen.

Diese Aussagen folgen bereits aus der theoretischen Herleitung der Korrekturverfahren sowie aus den zugehörigen Sensitivitätsuntersuchungen.

- Vorhandene a priori-Kenntnisse über die Unsicherheiten des Rechenmodells, Kenntnisse über die Ursachen der Abweichungen von Ergebnissen zwischen Rechenmodell und Versuchsmodell (Randbedingung, Meßsystem, physikalische Modelle) sollten unbedingt berücksichtigt werden.
- Größere physikalische Unverträglichkeiten zwischen (korrigiertem) Rechenmodell und Versuchsmodell führen zu Konvergenzschwierigkeiten der Korrekturrechnungen.

6.3 Das viskos gedämpfte System

Die parametrische Identifikation, wie sie im Kapitel 5 beschrieben wird, liefert auch effektive Dämpfungen, die für die indirekte Identifikation verwendet werden können. Die Ergebnisse der nichtparametrischen Identifikation enthalten die Dämpfungskräfte des Systems, so daß auch eine indirekte Identifikation der Dämpfungsparameter möglich ist. Werden die Dämpfungskräfte als viskose Dämpfungskräfte modelliert[1], dann muß die Erregung nicht harmonisch sein.

Abgesehen von der Anpassung der Systemparameter-Matrizen an gemessene dynamische Antworten sind nach Kenntnis des Verfassers die nachstehenden Korrekturverfahren (auch für strukturell gedämpfte Systeme) in der allgemeinen Form mit den Korrekturansätzen (6.2) bisher nicht veröffentlicht worden. Nachstehend sind lediglich die mit der Korrektur gedämpfter Systeme zusammenhängenden Bedingungen und die Formalismen hergeleitet, da Erfahrungen mit diesen Korrekturverfahren nicht vorliegen. Zu den Sensitivitätsuntersuchungen und zur Durchführung gelten prinzipiell die im Abschnitt 6.2.4 getroffenen Aussagen. Die Ermittlung der Varianzen kann für lineare bzw. linearisierte Modelle wie im Abschnitt 3.3.3 beschrieben erfolgen.

6.3.1 Korrektur mittels Eigenwerte und Eigenvektoren

Die Eigenschwingungen des passiven viskos gedämpften Systems mit n Freiheitsgraden werden durch das Matrizeneigenwertproblem (5.47)

$$(\lambda_B^2 \mathbf{M} + \lambda_B \mathbf{B} + \mathbf{K})\, \hat{\mathbf{u}}_B = \mathbf{0}, \tag{5.47}$$

beschrieben (Rechenmodell). Aus der Identifikation seien die Eigenschwingungsgrößen $\hat{\lambda}_{Br}$, $\hat{\mathbf{u}}_{Br}$, $r = 1(1)N \leqslant n$ bekannt. Die identifizierten Größen seien den entsprechenden

1 Die gleichzeitige Modellierung verschiedener Dämpfungsarten ist unzweckmäßig, s. die 1. Anmerkung im Abschnitt 5.1.1.

Größen des Rechenmodells und denen des korrigierten Rechenmodells,

$$(\lambda_{Br}^{K2}\,\mathbf{M}^K + \lambda_{Br}^K\,\mathbf{B}^K + \mathbf{K}^K)\,\hat{\mathbf{u}}_{Br}^K = \mathbf{0}, \tag{6.118}$$

eindeutig zuzuordnen. Die Korrekturansätze sind mit (6.2) gegeben. Sollen alle Systemparameter-Matrizen korrigiert werden, so wird mindestens eine der Submatrizen $\mathbf{M}'$, $\mathbf{B}'$, $\mathbf{K}'$ ungleich der Nullmatrix vorausgesetzt, damit die Korrektur eindeutig ist.

Der Residuenvektor sei entsprechend zu (6.73) definiert durch

$$\mathbf{v}_{B1}^T := (\hat{\lambda}_{B1} - \lambda_{B1}^K, ..., \hat{\lambda}_{BN} - \lambda_{BN}^K, \hat{\mathbf{u}}_{B1}^T - \hat{\mathbf{u}}_{B1}^{KT}, ..., \hat{\mathbf{u}}_{BN}^T - \hat{\mathbf{u}}_{BN}^{KT}). \tag{6.119}$$

Damit sind die Elemente der Wichtungsmatrix wieder dimensionsbehaftet. Die Anzahl der identifizierten Eigenwerte könnte durchaus ungleich denen der identifizierten Eigenvektoren gewählt werden, worauf wegen des formalen Charakters jedoch nicht eingegangen wird. Zum Bilden der (N + nN, J)-Funktionalmatrix $\mathbf{Dv}_{B1}$ nach Gl. (6.7), $\nu = n + 1$, werden die partiellen Ableitungen $\partial\lambda_{Br}^K/\partial a_j$, $\partial\hat{\mathbf{u}}_{Br}^K/\partial a_j$ benötigt. Man erhält sie aus der Differentiation des Matrizeneigenwertproblemes (6.118):

$$\left(2\,\lambda_{Br}^K\,\frac{\partial\lambda_{Br}^K}{\partial a_j}\mathbf{M}^K + \lambda_{Br}^{K2}\,\frac{\partial\mathbf{M}^K}{\partial a_j} + \frac{\partial\lambda_{Br}^K}{\partial a_j}\,\mathbf{B}^K + \lambda_{Br}^K\,\frac{\partial\mathbf{B}^K}{\partial a_j} + \frac{\partial\mathbf{K}^K}{\partial a_j}\right)\hat{\mathbf{u}}_{Br}^K +$$
$$+ (\lambda_{Br}^{K2}\,\mathbf{M}^K + \lambda_{Br}^K\,\mathbf{B}^K + \mathbf{K}^K)\frac{\partial\hat{\mathbf{u}}_{Br}^K}{\partial a_j} = \mathbf{0},$$

zusammengefaßt folgt

$$\frac{\partial\lambda_{Br}^K}{\partial a_j}(2\,\lambda_{Br}^K\,\mathbf{M}^K + \mathbf{B}^K)\,\hat{\mathbf{u}}_{Br}^K + \left(\lambda_{Br}^{K2}\,\frac{\partial\mathbf{M}^K}{\partial a_j} + \lambda_{Br}^K\,\frac{\partial\,\mathbf{B}^K}{\partial a_j} + \frac{\partial\mathbf{K}^K}{\partial a_j}\right)\hat{\mathbf{u}}_{Br}^K +$$
$$+ (\lambda_{Br}^{K2}\mathbf{M}^K + \lambda_{Br}^K\,\mathbf{B}^K + \mathbf{K}^K)\frac{\partial\hat{\mathbf{u}}_{Br}^K}{\partial a_j} = \mathbf{0}. \tag{6.120}$$

Wird die Gl. (6.120) von links mit $\hat{\mathbf{u}}_{Br}^{KT}$ multipliziert, so ist der dritte Summand für ein passives System mit (6.118) gleich Null. Beachtet man weiter die Normierung (5.51) bei dem ersten Summanden,

$$2\,\lambda_{Br}^K\,\hat{\mathbf{u}}_{Br}^{KT}\mathbf{M}^K\,\hat{\mathbf{u}}_{Br}^K + \hat{\mathbf{u}}_{Br}^{KT}\mathbf{B}^K\,\hat{\mathbf{u}}_{Br}^K = 1,$$

so erhält man mit $\mathbf{a}^T = (\mathbf{a}_M^T, \mathbf{a}_B^T, \mathbf{a}_K^T)$ und (6.2):

$$\frac{\partial\lambda_{Br}^K}{\partial a_{M\sigma}} = -\,\lambda_{Br}^{K2}\,\hat{\mathbf{u}}_{Br}^{KT}\mathbf{M}_\sigma\,\hat{\mathbf{u}}_{Br}^K =: -\,\lambda_{Br}^{K2}\,m_{Br\sigma}^K, \tag{6.121 a}$$

$$\frac{\partial\lambda_{Br}^K}{\partial a_{B\rho}} = -\,\lambda_{Br}^K\,\hat{\mathbf{u}}_{Br}^{KT}\,\mathbf{B}_\rho\,\hat{\mathbf{u}}_{Br}^K =: -\,\lambda_{Br}^K\,b_{Br\rho}^K, \tag{6.121 b}$$

$$\frac{\partial\lambda_{Br}^K}{\partial a_{K\iota}} = -\,\hat{\mathbf{u}}_{Br}^{KT}\,\mathbf{K}_\iota\,\hat{\mathbf{u}}_{Br}^K =: -\,k_{Br\iota}^K. \tag{6.121 c}$$

Mit (6.121) sind die Sensitivitätsgleichungen der Eigenwerte des korrigierten Rechenmodells bezüglich der Korrekturfaktoren gegeben. Die Verstärkungsfaktoren auf den rechten Seiten von (6.121) sind naturgemäß komplex und enthalten die hier sog. r-ten generalisierten Subträgheits-, -dämpfungs- und -steifigkeitswerte, nämlich bezüglich der zugehörigen

Submatrizen. Die partiellen Ableitungen der Eigenvektoren nach den Korrekturfaktoren liefert die Gl. (6.120) mit (6.121) direkt. Man erhält die linearen Gleichungssysteme:

$$\zeta^{K}_{Br\sigma} := \frac{\partial \hat{\mathbf{u}}^{K}_{Br}}{\partial a_{M\sigma}},$$

$$(\lambda^{K2}_{Br} \mathbf{M}^{K} + \lambda^{K}_{Br} \mathbf{B}^{K} + \mathbf{K}^{K}) \zeta^{K}_{Br\sigma} = \lambda^{K2}_{Br} [m^{K}_{Br\sigma} (2 \lambda^{K}_{Br} \mathbf{M}^{K} + \mathbf{B}^{K}) - \mathbf{M}_{\sigma}] \hat{\mathbf{u}}^{K}_{Br},$$

$$\eta^{K}_{Br\rho} := \frac{\partial \hat{\mathbf{u}}^{K}_{Br}}{\partial a_{B\rho}}, \tag{6.122b}$$

$$(\lambda^{K2}_{Br} \mathbf{M}^{K} + \lambda^{K}_{Br} \mathbf{B}^{K} + \mathbf{K}^{K}) \eta^{K}_{Br\rho} = \lambda^{K}_{Br} [b^{K}_{Br\rho} (2 \lambda^{K}_{Br} \mathbf{M}^{K} + \mathbf{B}^{K}) - \mathbf{B}_{\rho}] \hat{\mathbf{u}}^{K}_{Br},$$

$$\xi^{K}_{Br\iota} := \frac{\partial \hat{\mathbf{u}}^{K}_{Br}}{\partial a_{K\iota}}, \tag{6.122c}$$

$$(\lambda^{K2}_{Br} \mathbf{M}^{K} + \lambda^{K}_{Br} \mathbf{B}^{K} + \mathbf{K}^{K}) \xi^{K}_{Br\iota} = [k^{K}_{Br\iota} (2 \lambda^{K}_{Br} \mathbf{M}^{K} + \mathbf{B}^{K}) - \mathbf{K}_{\iota}] \hat{\mathbf{u}}^{K}_{Br}.$$

Ähnlich wie im Abschnitt 6.2.1.5 dargelegt, kann für einfache Eigenwerte gezeigt werden, daß die inhomogenen Gleichungssysteme (6.122) jeweils miteinander verträgliche Gleichungen besitzen. Zur Berechnung der partiellen Ableitung des r-ten Eigenvektors benötigt man nur die Kenntnis des Eigenvektors des korrigierten Rechenmodells mit demselben Index r (die Entwicklung nach den Eigenvektoren, die alle Eigenvektoren des korrigierten Rechenmodells benötigen würde, wird deshalb hier nicht betrachtet). Die Funktionalmatrix $D\mathbf{v}_{B1}$ lautet somit nach (6.7):

$$D\mathbf{v}_{B1} = -\left(\frac{\partial \mathbf{v}_{B1}}{\partial a_1}, \ldots, \frac{\partial \mathbf{v}_{B1}}{\partial a_J}\right) = \tag{6.123}$$

$$= \begin{pmatrix} \lambda^{K2}_{B1} m^{K}_{B11}, & \ldots, \lambda^{K2}_{B1} m^{K}_{B1S}, & \lambda^{K}_{B1} b^{K}_{B11}, & \ldots, \lambda^{K}_{B1} b^{K}_{B1R}, & k^{K}_{B11}, \ldots, k^{K}_{B1I} \\ \cdots & \cdots & \cdots & \cdots & \cdots \\ \lambda^{K2}_{BN} m^{K}_{BN1}, & \ldots, \lambda^{K2}_{BN} m^{K}_{BNS}, & \lambda^{K}_{BN} b^{K}_{BN1}, & \ldots, \lambda^{K}_{BN} b^{K}_{BNR}, & k^{K}_{BN1}, \ldots, k^{K}_{BNI} \\ \zeta^{K}_{B11}, & \ldots, \zeta^{K}_{B1S}, & \eta^{K}_{B11}, & \ldots, \eta^{K}_{B1R}, & \xi^{K}_{B11}, \ldots, \xi^{K}_{B1I} \\ \cdots & \cdots & \cdots & \cdots & \cdots \\ \zeta^{K}_{BN1}, & \ldots, \zeta^{K}_{BNS}, & \eta^{K}_{BN1}, & \ldots, \eta^{K}_{BNR}, & \xi^{K}_{BN1}, \ldots, \xi^{K}_{BNI} \end{pmatrix}.$$

Sowohl der Residuenvektor $\mathbf{v}_{B1}$ als auch die Funktionalmatrix $D\mathbf{v}_{B1}$ sind von den Korrekturfaktoren abhängig, so daß auf die nichtlineare Gl. (6.8) zur Ermittlung der Schätzwerte $\hat{\mathbf{a}}$ zurückgegriffen werden muß, für die die erforderlichen Ausdrücke oben vollständig bereitgestellt wurden. Für den Einzelfall ist dann ein spezieller Lösungsalgorithmus zu wählen. Hierfür kann es zweckmäßig sein, abhängig von den Sensitivitätsuntersuchungen, das nichtlineare Gleichungssystem (6.8) z.B. zunächst nur bezüglich eines Teilvektors von $\mathbf{a}^T = (\mathbf{a}^T_M, \mathbf{a}^T_B, \mathbf{a}^T_K)$ bei festgehaltenen restlichen Teilvektoren (= $\mathbf{e}$) zu lösen. Abhängig von den Sensitivitätsuntersuchungen heißt in diesem Fall, Iteration bezüglich der Korrekturfaktoren, die die größte Abweichung von 1 erwarten lassen. Mit diesem Vorgehen erreicht man eine erste wesentliche Korrektur des Rechenmodells. Daran muß sich dann die Ermittlung der Schätzwerte für die Korrekturfaktoren anschließen (die Ermittlung betrifft dann alle Korrekturfaktoren).

In dem obigen Formalismus sind Sonderfälle, wie die Anpassung nur der Dämpfungsmatrix, enthalten. Da üblicherweise das aus der Systemanalyse folgende Rechenmodell ungedämpft ist, stellt sich die Frage: Wie erhält man die Dämpfungsmatrix **B** des Rechenmodells, das der Korrektur zugrunde gelegt werden soll? Eine erste Möglichkeit besteht darin, daß **B** proportional zu **K** oder **K** und **M** gewählt wird gemäß Gl. (5.59), wobei Annahmen über die Proportionalitätsfaktoren α und β getroffen werden müssen (vgl. auch Beispiel 5.3). Anhaltspunkte über die Größenordnungen von α, β erhält man mit den identifizierten Eigenwerten aus (5.60) und (5.64), sofern die Eigenvektoren des zugeordneten ungedämpften Systems aus der Systemanalyse bekannt sind. Mit Hilfe der identifizierten Eigenvektoren kann man auch versuchen, **B** aufgrund der in Tafel 5.3 angegebenen Beziehung (u.U. unvollständig mit $N < n$ Eigenschwingungsgrößen) zu konstruieren. Hat man eine Matrix **B** des Rechenmodells gefunden derart, daß die gewählten Korrekturfaktorwerte im ersten Iterationsschritt im Konvergenzeinzugsgebiet des Iterationsverfahrens liegen, so ist das Korrekturverfahren ein Identifikationsverfahren auch zur Ermittlung der Dämpfungswerte des betrachteten Systems.

6.3.2 Korrektur mittels Eigenwerte

Die Korrektur des Rechenmodells allein mittels identifizierter Eigenwerte ist in dem dem obigen Formalismus als Sonderfall ebenfalls enthalten. Er sei nachstehend vereinfachend lediglich für die Korrektur von **B** und **K** dargestellt: $\mathbf{M}^K = \mathbf{M}$.

Mit dem Residuenvektor

$$\mathbf{v}_{B2}^T := (\hat{\lambda}_{B1} - \lambda_{B1}^K, \ldots, \hat{\lambda}_{BN} - \lambda_{BN}^K) \tag{6.124}$$

und der Funktionalmatrix (vgl. (6.123))

$$\mathbf{D}\mathbf{v}_{B2} = \begin{pmatrix} \lambda_{B1}^K b_{B11}^K, \ldots, \lambda_{B1}^K b_{B1R}^K, & k_{B11}^K, \ldots, k_{B1I}^K \\ \ldots & \ldots \\ \lambda_{BN}^K b_{BN1}^K, \ldots, \lambda_{BN}^K b_{BNR}^K, & k_{BN1}^K, \ldots, k_{BNI}^K \end{pmatrix} \tag{6.125}$$

erhält man aus (6.8) mit $\mathbf{G}_w = \operatorname{diag}(g_r)$:

$$\left.\begin{aligned} &\sum_{r=1}^{N} g_r \operatorname{Re}\,[\lambda_{Br}^K b_{Br\rho}^K (\hat{\lambda}_{Br} - \lambda_{Br}^K)^*] \Big/_{\substack{a_B = \hat{a}_B \\ a_K = \hat{a}_K}} = 0, \quad \rho = 1(1)R, \\ &\sum_{r=1}^{N} g_r \operatorname{Re}\,[k_{Br\iota}^K (\hat{\lambda}_{Br} - \lambda_{Br}^K)^*] \Big/_{\substack{a_B = \hat{a}_B \\ a_K = \hat{a}_K}} = 0, \quad \iota = 1(1)I. \end{aligned}\right\} \tag{6.126}$$

Die implizite Abhängigkeit der Gleichungen von $\mathbf{a}_B$ und $\mathbf{a}_K$ ist durch $\lambda_{Br}^K = \lambda_{Br}^K(\mathbf{a}_B, \mathbf{a}_K)$ und $\hat{\mathbf{u}}_{Br}^K = \hat{\mathbf{u}}_{Br}^K(\mathbf{a}_B, \mathbf{a}_K)$ gegeben. Die zu schätzenden Korrekturparameter können beispielsweise iterativ nach der Methode des steilsten Abstiegs [6.7] gewonnen werden:

$$\left.\begin{aligned} a_{B\rho}^{(k+1)} &= a_{B\rho}^{(k)} - \epsilon_B^{(k)} \frac{\partial J^{(k)}}{\partial a_{B\rho}} \\ &= a_{B\rho}^{(k)} - \epsilon_B^{(k)}\, 2 \sum_{r=1}^{N} g_r \operatorname{Re}\,[\lambda_{Br}^K b_{Br\rho}^K (\hat{\lambda}_{Br} - \lambda_{Br}^K)^*] \Big/_{\substack{a_B = a_B^{(k)} \\ a_K = a_K^{(k)}}}, \\ k &= 0, 1, \ldots, \quad \rho = 1(1)R, \end{aligned}\right\} \tag{6.127a}$$

$$\left.\begin{aligned} a_{K\iota}^{(k+1)} &= a_{K\iota}^{(k)} - \epsilon_K^{(k)} \frac{\partial J^{(k)}}{\partial a_{K\iota}} \\ &= a_{K\iota}^{(k)} - \epsilon_K^{(k)}\, 2 \sum_{r=1}^{N} g_r \operatorname{Re}\left[k_{Br\iota}^K (\hat{\lambda}_{Br} - \lambda_{Br}^K)^*\right] \Big/_{\substack{a_B = a_B^{(k)} \\ a_K = a_K^{(k)}}}, \\ k &= 0, 1, \ldots, \quad \iota = 1(1)I. \end{aligned}\right\} \qquad (6.127\text{b})$$

Die Schrittweitenparameter $\epsilon_{B,K}^{(k)}$ setzen sich aus den partiellen Ableitungen erster und zweiter Ordnung des Zielfunktionals nach den Korrekturparametern zusammen [6.7]. Sind keine weiteren a priori-Kenntnisse über die Parameterschätzwerte vorhanden, so sind die Startelemente $\mathbf{a}_B^{(0)} = \mathbf{a}_K^{(0)} = \mathbf{e}$.

Die Überprüfung der richtigen Zuordnung zwischen $\hat{\lambda}_{Br}$ und $\lambda_{Br}^{K(k)}$ im k-ten Iterationsschritt kann über die Orthogonalitätsbeziehung (vgl. (5.51))

$$\lambda_{Br}^{K(k)} \lambda_{Br}^{K(k+1)} (\hat{\mathbf{u}}_{Br}^{K(k)})^T \mathbf{M}\, \hat{\mathbf{u}}_{Br}^{K(k+1)} + \\ - (\hat{\mathbf{u}}_{Br}^{K(k)})^T \mathbf{K}^{K(k)}\, \hat{\mathbf{u}}_{Br}^{K(k+1)} = \epsilon_{kr}$$

erfolgen. $|\epsilon_{kr}|$ in der Größenordnung von $|\lambda_{Br}^{K(k)}|$ kennzeichnet die richtige Zuordnung, $|\epsilon_{kr}| \doteq 0$ verlangt eine Überprüfung der Zuordnung über r.

6.3.3 Korrektur mittels gemessener Erregung und Antwort

6.3.3.1 Der Ausgangsfehler

Das Verfahren zur Korrektur des Rechenmodells mittels gemessener dynamischer Antworten für vorgegebene Erregerkräfte ist in [6.8] enthalten. Die in den s-Raum transformierten gemessenen erzwungenen Schwingungen seien in den (n, 1)-Vektoren $\mathbf{U}^M(s_r) =: \mathbf{U}_r^M$, $r = 1(1)N$, zusammengefaßt. Für den Erregungsvektor im s-Raum gelte $\mathbf{P}(s_r) = \mathbf{P}^M(s_r) =: \mathbf{P}_r$. Das korrigierte Rechenmodell lautet mit den Anfangsbedingungen Null:

$$(s_r^2 \mathbf{M}^K + s_r \mathbf{B}^K + \mathbf{K}^K)\, \mathbf{U}_r^K = \mathbf{P}_r, \quad s_r \neq \lambda_{Br}, \quad r = 1(1)N. \qquad (6.128)$$

Mit dem Residuenvektor

$$\mathbf{v}_{B3}^T := (\mathbf{U}_1^{MT} - \mathbf{U}_1^{KT}, \ldots, \mathbf{U}_N^{MT} - \mathbf{U}_N^{KT}) \qquad (6.129)$$

und den partiellen Ableitungen

$$\left.\begin{aligned} \frac{\partial \mathbf{U}_r^K}{\partial a_{M\sigma}} &= - s_r^2\, \mathbf{H}_r^K \mathbf{M}_\sigma\, \mathbf{U}_r^K, \quad \sigma = 1(1)S, \\ \mathbf{H}_r^K &:= \mathbf{H}^K(s_r) := (s_r^2 \mathbf{M}^K + s_r \mathbf{B}^K + \mathbf{K}^K)^{-1}, \\ \frac{\partial \mathbf{U}_r^K}{\partial a_{B\rho}} &= -s_r\, \mathbf{H}_r^K \mathbf{B}_\rho\, \mathbf{U}_r^K, \quad \rho = 1(1)R, \\ \frac{\partial \mathbf{U}_r^K}{\partial a_{K\iota}} &= - \mathbf{H}_r^K \mathbf{K}_\iota\, \mathbf{U}_r^K, \quad \iota = 1(1)I, \end{aligned}\right\} \qquad (6.130)$$

erhält man für die (nN, I + R + S)-Funktionalmatrix (6.7), $\nu = N$, die Matrix

$$Dv_{B3} = \begin{pmatrix} s_1^2 H_1^K M_1 U_1^K, & \ldots, s_1^2 H_1^K M_s U_1^K, & s_1 H_1^K B_1 U_1^K, & \ldots, & s_1 H_1^K B_R U_1^K, H_1^K K_1 U_1^K, & \ldots, H_1^K K_I U_1^K \\ \cdots & \cdots & \cdots & \cdots & \cdots & \cdots \\ s_N^2 H_N^K M_1 U_N^K, & \ldots, s_N^2 H_N^K M_s U_N^K, & s_N H_N^K B_1 U_N^K, & \ldots, & s_N H_N^K B_R U_N^K, H_N^K K_1 U_N^K, & \ldots, H_N^K K_I U_N^K \end{pmatrix} \quad (6.131)$$

womit die notwendigen Bedingungen (6.8) sofort hinschreibbar sind:

$$\left.\begin{aligned} &\operatorname{Re}\left[\sum_{r=1}^{N} s_r^2 U_r^{KT} M_\sigma H_r^K G_{wr} (U_r^M - U_r^K)^*\right] \Big/_{a=\hat{a}} = 0, \quad \sigma = 1(1)S, \\ &\operatorname{Re}\left[\sum_{r=1}^{N} s_r U_r^{KT} B_\rho H_r^K G'_{wr} (U_r^M - U_r^K)^*\right] \Big/_{a=\hat{a}} = 0, \quad \rho = 1(1)R, \\ &\operatorname{Re}\left[\sum_{r=1}^{N} U_r^{KT} K_\iota H_r^K G''_{wr} (U_r^M - U_r^K)^*\right] \Big/_{a=\hat{a}} = 0, \quad \iota = 1(1)I, \\ &G_{wr}, G'_{wr}, G''_{wr} \in \mathcal{L}_{n,n}. \end{aligned}\right\} \quad (6.132)$$

Zur Lösung des nichtlinearen Gleichungssystems (6.132) könnte man beispielsweise die Methode des steilsten Abstiegs wie in [6.1] oder das Newton-Raphson-Verfahren wie in [6.8] wählen. Für die in [6.8] durchgeführten Rechnungen mit $\mathbf{M}^K = \mathbf{M}$ hat es sich gezeigt, daß

1. eine schnellere Konvergenz und Erweiterung des Konvergenz-Einzugsgebietes des Newton-Raphson-Verfahrens mit einer nicht zu kleinen Zusatzdämpfung (Laplace-transformation statt Fouriertransformation) für Antwortmessungen aufgrund von impulsförmigen Erregungen erzielt werden kann und
2. die Rechnung im allgemeinen gut konvergiert, wenn zuerst bezüglich der Parameterwerte $\mathbf{a}_K$ bei festgehaltenem Vektor $\mathbf{a}_B = \mathbf{e}$ iteriert wird, und anschließend $\mathbf{a}_K$ und $\mathbf{a}_B$ iterativ ermittelt werden.

Dieses Verfahren ist denen mittels identifizierter Eigenwerte oder Eigenwerte und Eigenvektoren insofern überlegen, als die u.U. aufwendige Identifikation von Eigenlösungen durch Antwortmessungen ersetzt wird und die Notwendigkeit einer Zuordnung von Eigenlösungen entfällt. Vorausgesetzt werden muß, daß alle effektiven Freiheitsgrade in dem betrachteten Frequenzintervall in den Antwortmessungen nicht in vernachlässigbarer Weise enthalten sind und die Auswahlfrequenzen ω_r, $s_r = \alpha_r + j\omega_r$, in der Nähe der Resonanzfrequenzen gewählt werden. Damit enthalten die Antwortmessungen alle Informationen über die Eigenlösungen des Systems in dem interessierenden Frequenzintervall. Vereinfachend kann – sofern die oben genannte Voraussetzung bezüglich der Erregung einzuhalten ist – *eine* Erregerkonfiguration gewählt werden. Sollten bei der Iteration Konvergenzschwierigkeiten auftreten, so können diese evtl. durch eine Gruppenkorrektur mit gemessenen Antworten für jeweils verschiedene Auswahlfrequenzen überwunden werden.

Anmerkung: Liegen identifizierte Eigenfrequenzen und Eigenschwingungsformen vor, von denen einige Größen den entsprechenden Größen des Rechenmodells zugeordnet werden können, so sollten die dem Rechenmodell nicht zuzuordnenden Eigenschwingungsgrößen für eine indirekte Identifikation über Eigenwert- (und Eigenvektor-)Residuen nach [6.4] nicht verwendet werden. Möchte man jedoch auf diese Eigenschwingungsgrößen für die Korrektur nicht verzichten, so kann statt dessen für gemessene, zu den Eigenschwingungsgrößen gehörenden Erregerkräfte, das Korrekturverfahren dieses Abschnittes verwendet werden!

Die Korrektur statischer Systeme ist für s = 0 als Sonderfall mit enthalten.

Beispiel 6.17: Die fehlerhaften Steifigkeits- und Dämpfungsmatrizen

$$\mathbf{K} = 10^5 \begin{pmatrix} 0{,}234; & -0{,}144 \\ -0{,}144; & 0{,}36 \end{pmatrix}, \quad \mathbf{B} = 25{,}3 \begin{pmatrix} 1; & -1 \\ -1; & 1 \end{pmatrix}$$

des dem Beispiel 5.2 (s. auch Aufgabe 6.16) zugrunde liegenden Systems sollen global korrigiert werden über das auf den Ausgangsgrößenresiduen (6.129) basierenden Korrekturverfahren. Zur Anpassung steht die Systemantwort des Versuchsmodells

$$\hat{\mathbf{u}}_1^{MT} = (-0{,}36396 \cdot 10^{-4} - j\,0{,}44237 \cdot 10^{-6}; 0{,}22373 \cdot 10^{-4} - j\,0{,}47923 \cdot 10^{-5})$$

für eine Erregung mit $\Omega_1 = 60\ \mathrm{s}^{-1}$ und $\hat{\mathbf{p}}_1^T = (0, 1)$ zur Verfügung.

Mit $s_1 = j\Omega_1$, $\mathbf{K}_1 = \mathbf{K}$, $\mathbf{B}_1 = \mathbf{B}$ und $\mathbf{G}_W = \mathbf{I}$ ergeben sich die notwendigen Bedingungen (6.132) zu:

$$f_1 := \frac{\partial J(a_B, a_K)}{\partial a_K}\bigg/_{\mathbf{a}=\hat{\mathbf{a}}} = \mathrm{Re}\,[\hat{\mathbf{u}}_1^{KT}\,\mathbf{K}\,\mathbf{H}_1^K(\hat{\mathbf{u}}_1^M - \hat{\mathbf{u}}_1^K)^*]\bigg/_{\mathbf{a}=\hat{\mathbf{a}}} = 0$$

und

$$f_2 := \frac{\partial J(a_B, a_K)}{\partial a_B}\bigg/_{\mathbf{a}=\hat{\mathbf{a}}} = \mathrm{Re}\,[j\Omega_1\,\hat{\mathbf{u}}_1^{KT}\,\mathbf{B}\,\mathbf{H}_1^K(\hat{\mathbf{u}}_1^M - \hat{\mathbf{u}}_1^K)^*]\bigg/_{\mathbf{a}=\hat{\mathbf{a}}} = 0,$$

mit $\mathbf{H}_1^K = (-\Omega_1^2\mathbf{M} + j\Omega_1 a_B\,\mathbf{B} + a_K\,\mathbf{K})^{-1}$.

Mit den Startwerten $a_B^{(0)} = a_K^{(0)} = 1$ ergibt sich die für die Lösung des Gleichungssystems

$$\mathbf{f}(\hat{\mathbf{a}}) := \begin{pmatrix} f_1(\hat{\mathbf{a}}) \\ f_2(\hat{\mathbf{a}}) \end{pmatrix} = \mathbf{0}$$

mit dem Newton-Verfahren benötigte Hesse-Matrix zu (numerisch fehlerbehaftet)

$$\mathbf{R}(\mathbf{a}^{(0)}) = \begin{pmatrix} 0{,}13275 \cdot 10^{-7}; & 0{,}23981 \cdot 10^{-11} \\ 0{,}18402 \cdot 10^{-11}; & 0{,}41404 \cdot 10^{-10} \end{pmatrix}.$$

Der Gradient der Zielfunktion nimmt für das unkorrigierte Rechenmodell die Werte $f_1(\mathbf{a}^{(0)}) = 0{,}99744 \cdot 10^{-9}$ und $f_2(\mathbf{a}^{(0)}) = 0{,}33357 \cdot 10^{-11}$ an. Die sich aus dem Gleichungssystem $\mathbf{R}(\mathbf{a}^{(0)})\,\Delta\,\mathbf{a}^{(1)} = \mathbf{f}(\mathbf{a}^{(0)})$ ergebenden Inkremente der Korrekturfaktoren $\Delta a_K^{(1)} = 0{,}084$ und $\Delta a_B^{(1)} = -0{,}075$ führen über die Beziehung $\mathbf{a}^{(1)} = \mathbf{a}^{(0)} + \Delta\,\mathbf{a}^{(1)}$ auf die Korrekturfaktoren $a_K^{(1)} = 1{,}084$ und $a_B^{(1)} = 0{,}925$:

Im ersten Korrekturschritt werden die Abweichungen der Steifigkeits- und Dämpfungsmatrix bereits auf < 2% reduziert.

Im zweiten Iterationsschritt ergeben sich die Korrekturfaktoren $a_K^{(2)} = 1{,}099$ und $a_B^{(2)} = 0{,}900$ mit den Parameterinkrementen $\Delta a_K^{(2)} = 0{,}0150$ und $\Delta a_B^{(2)} = -0{,}025$ sowie der Hesse-Matrix

$$\mathbf{R}(\mathbf{a}^{(1)}) = \begin{pmatrix} 0{,}68940 \cdot 10^{-8}; & -0{,}47795 \cdot 10^{-11} \\ -0{,}39838 \cdot 10^{-11}; & 0{,}28507 \cdot 10^{-10} \end{pmatrix}$$

und dem Gradientenvektor $\mathbf{f}^T(\mathbf{a}^{(1)}) = (-0{,}17461 \cdot 10^{-9}; 0{,}52570 \cdot 10^{-12})$.

Die Abweichungen der Steifigkeits- und Dämpfungsparameter sind nach der 2. Iteration $\doteq 1\%$, so daß mit $\mathbf{a}^{(2)} \doteq \hat{\mathbf{a}}$ die Korrekturrechnung beendet ist.

Sensitivitätsuntersuchungen für die Antworten des Systems im s-Raum sind über die Gln. (6.130), für die korrigierten Systemparameter-Matrizen über (6.2) möglich. Es fehlt noch die Auswirkung von Änderungen der Antworten auf die Eigenschwingungsgrößen. Aus der Kettenregel folgt:

$$\frac{\partial \lambda_{Bl}^K}{\partial U_{kr}^K} = \sum_{j=1}^{J} \frac{\partial \lambda_{Bl}^K}{\partial a_j} \frac{\partial a_j}{\partial U_{kr}^K}, \quad \frac{\partial \hat{\mathbf{u}}_{Bl}^K}{\partial U_{kr}^K} = \sum_{j=1}^{J} \frac{\partial \hat{\mathbf{u}}_{Bl}^K}{\partial a_j} \frac{\partial a_j}{\partial U_{kr}^K}, \quad \begin{array}{l} k = 1(1)n, \\ r = 1(1)N. \end{array} \qquad (6.133)$$

Die partiellen Ableitungen der Eigenwerte und Eigenvektoren des korrigierten Rechenmodells sind im Abschnitt 6.3.1 enthalten, so daß lediglich die partiellen Ableitungen $\partial a_j / \partial U_{kr}^K$ zu ermitteln sind. Hierzu wird das korrigierte Rechenmodell (6.128) partiell nach U_{kr}^K differenziert:

$$\left(s_r^2 \frac{\partial \mathbf{M}^K}{\partial U_{kr}^K} + s_r \frac{\partial \mathbf{B}^K}{\partial U_{kr}^K} + \frac{\partial \mathbf{K}^K}{\partial U_{kr}^K}\right) \mathbf{U}_r^K + (s_r^2 \mathbf{M}^K + s_r \mathbf{B}^K + \mathbf{K}^K) \mathbf{e}_k = \mathbf{0};$$

mit

$$\frac{\partial \mathbf{M}^K}{\partial U_{kr}^K} = \sum_{\sigma=1}^{S} \frac{\partial a_{M\sigma}}{\partial U_{kr}^K} \mathbf{M}_\sigma, \quad \frac{\partial \mathbf{B}^K}{\partial U_{kr}^K} = \sum_{\rho=1}^{R} \frac{\partial a_{B\rho}}{\partial U_{kr}^K} \mathbf{B}_\rho, \quad \frac{\partial \mathbf{K}^K}{\partial U_{kr}^K} = \sum_{\iota=1}^{I} \frac{\partial a_{K\iota}}{\partial U_{kr}^K} \mathbf{K}_\iota \qquad (6.134\,\text{a})$$

folgen die Gleichungen

$$\left(s_r^2 \sum_{\sigma=1}^{S} \frac{\partial a_{M\sigma}}{\partial U_{kr}^K} \mathbf{M}_\sigma + s_r \sum_{\rho=1}^{R} \frac{\partial a_{B\rho}}{\partial U_{kr}^K} \mathbf{B}_\rho + \sum_{\iota=1}^{I} \frac{\partial a_{K\iota}}{\partial U_{kr}^K} \mathbf{K}_\iota\right) \mathbf{U}_r^K =$$

$$= -(s_r^2 \mathbf{M}^K + s_r \mathbf{B}^K + \mathbf{K}^K) \mathbf{e}_k. \qquad (6.134\,\text{b})$$

Mit Hilfe der entsprechenden Pseudoinversen lassen sich die gesuchten partiellen Ableitungen – entsprechend wie im Abschnitt 6.2.4.3 beschrieben – berechnen.

6.3.3.2 Der Eingangsfehler

In Abwandlung des eben dargestellten Verfahrens wird jetzt der Erregungsvektor $\mathbf{P}_r$ für vorgegebene Antwortvektoren $\mathbf{U}_r^M =: \mathbf{U}_r$ korrigiert. Das korrigierte Rechenmodell im s-Raum wird beschrieben durch

$$(s_r^2 \mathbf{M}^K + s_r \mathbf{B}^K + \mathbf{K}^K) \mathbf{U}_r^M = \mathbf{P}_r^K, \quad r = 1(1)N. \qquad (6.135)$$

Für die Kraftresiduen erhält man mit (6.135)

$$\boldsymbol{\epsilon}_{Br} := \mathbf{P}_r^M - (s_r^2 \mathbf{M}^K + s_r \mathbf{B}^K + \mathbf{K}^K) \mathbf{U}_r^M, \qquad (6.136)$$

die in dem Residuenvektor

$$\mathbf{v}_{B4}^T := (\boldsymbol{\epsilon}_{B1}^T, \ldots, \boldsymbol{\epsilon}_{BN}^T) \qquad (6.137)$$

zusammengefaßt werden. Die für die Funktionalmatrix $D\mathbf{v}_{B4}$ benötigten partiellen Ableitungen $\partial \epsilon_{Br}/\partial a_j$ ergeben sich aus (6.136) zu:

$$\left.\begin{aligned} \frac{\partial \epsilon_{Br}}{\partial a_{M\sigma}} &= - s_r^2 \mathbf{M}_\sigma \mathbf{U}_r^M , \\ \frac{\partial \epsilon_{Br}}{\partial a_{B\rho}} &= - s_r \mathbf{B}_\rho \mathbf{U}_r^M , \\ \frac{\partial \epsilon_{Br}}{\partial a_{K\iota}} &= - \mathbf{K}_\iota \mathbf{U}_r^M . \end{aligned}\right\} \qquad (6.138)$$

Sie sind unabhängig von den Korrekturfaktoren. Damit können die Fehlervektoren (6.136) explizit linear in den Korrekturfaktoren dargestellt werden, und die (Nn, J)-Funktionalmatrix ist unabhängig von den Korrekturfaktoren:

$$\mathrm{D}\mathbf{v}_{B4} = \begin{pmatrix} s_1^2 \mathbf{M}_1 \mathbf{U}_1^M, \ldots, s_1^2 \mathbf{M}_S \mathbf{U}_1^M, s_1 \mathbf{B}_1 \mathbf{U}_1^M, \ldots, s_1 \mathbf{B}_R \mathbf{U}_1^M, \mathbf{K}_1 \mathbf{U}_1^M, \ldots, \mathbf{K}_I \mathbf{U}_1^M \\ \cdots\cdots\cdots\cdots\cdots\cdots\cdots\cdots\cdots \\ s_N^2 \mathbf{M}_1 \mathbf{U}_N^M, \ldots, s_N^2 \mathbf{M}_S \mathbf{U}_N^M, s_N \mathbf{B}_1 \mathbf{U}_N^M, \ldots, s_N \mathbf{B}_R \mathbf{U}_N^M, \mathbf{K}_1 \mathbf{U}_N^M, \ldots, \mathbf{K}_I \mathbf{U}_N^M \end{pmatrix} \qquad (6.139)$$

Das Korrekturverfahren resultiert somit in einem linearen Gleichungssystem entsprechend (6.10) mit

$$\left.\begin{aligned} \mathbf{v}_{B4} &= \mathbf{b}_{B4} - \mathrm{D}\mathbf{v}_{B4}\, \mathbf{a}, \\ \mathbf{b}_{B4}^T &:= (\mathbf{P}_1^{MT} - \mathbf{U}_1^{MT}(s_1^2 \mathbf{M}' + s_1 \mathbf{B}' + \mathbf{K}'), \ldots, \mathbf{P}_N^{MT} - \mathbf{U}_N^{MT}(s_N^2 \mathbf{M}' + s_N \mathbf{B}' + \mathbf{K}')). \end{aligned}\right\} \qquad (6.140)$$

Die einzelnen Sonderfälle bezüglich verschiedener Korrekturansätze ergeben sich in einfacher Weise.

Bezüglich Messung und Auswahlfrequenzen gelten die Ausführungen im Abschnitt 6.2.3.1 sinngemäß und die des vorherigen Abschnittes.

Anmerkung: Sofern der Leser die Korrektur der Systemparameter-Matrizen mittels Eigenwerte und Eigenvektoren über das Matrizeneigenwertproblem für gedämpfte Systeme vermißt, sei darauf hingewiesen, daß dieses Korrekturverfahren auch in einfacher Weise aus den obigen Gleichungen folgt: Die Bewegungsgleichungen sind dann homogen, es ist also $\mathbf{P}_r^M = \mathbf{0}$ zu setzen; die Laplacevariablen s_r gehen in die Eigenwerte $\hat{\lambda}_{Br}$ und die Antwortvektoren in die Eigenvektoren $\hat{\mathbf{u}}_{Br}$ über. Damit die Lösung eindeutig ist ($\mathbf{P}_r^M = \mathbf{0}$), muß eine der Matrizen $\mathbf{M}'$, $\mathbf{B}'$, $\mathbf{K}'$ ungleich der Nullmatrix sein.

Die Vorteile dieses Verfahrens – wenn es gelingt, die Meßfehler sehr klein zu halten – bestehen gegenüber dem Verfahren mittels gemessener Eigenwerte und Eigenvektoren im folgenden:

1. Es entfällt eine u.U. aufwendige Identifikation von Eigenwerten und Eigenvektoren, es sind lediglich Kraft- und Antwortmessungen in (allgemein) einer Erregerkonfiguration für zweckmäßigerweise $N > n$ Erregungs-(Auswahl-)frequenzen (s. 3. Punkt) unter Beachtung der möglichen Störungen durchzuführen,
2. es entfällt die Notwendigkeit, die identifizierten Eigenwerte und Eigenvektoren denen des Rechenmodells und korrigierten Rechenmodells zuzuordnen,
3. der Informationsgehalt der gemessenen und bezüglich der Störsignale minimierten Antworten ist bei geschickt gewählter Erregung und für Auswahlfrequenzen in Nähe der Resonanzen gleich der Vorgabe *aller* identifizierten Eigenfrequenzen und Eigenvektoren.

Anmerkung: Diese Aussagen treffen auch für das Korrekturverfahren des Abschnittes 6.3.3.1 zu, sofern die Komponenten von $\mathbf{P}_r^M$ störungsarm gemessen wurden.

Beispiel 6.18: Die Steifigkeits- und Dämpfungsmatrix des dem Beispiel 6.17 zugrunde gelegten fehlerbehafteten Rechenmodells sind mit den dort ebenfalls angegebenen Meßwerten über das auf dem Eingangsgrößenresiduum (6.136) basierenden Korrekturverfahren global zu verbessern.

Mit $\mathbf{K}_1 = \mathbf{K}$, $\mathbf{B}_1 = \mathbf{B}$, $\mathbf{G}_W = \mathbf{I}$ und $s_1 = j\Omega_1$, $N = 1$,

folgen aus den Gln. (6.139) und (6.140)

$$\mathbf{D}\mathbf{v}_{B4} = (j\Omega_1 \mathbf{B}\,\hat{\mathbf{u}}_1^M,\ \mathbf{K}\,\hat{\mathbf{u}}_1^M),$$

$$\mathbf{b}_{B4}^T = (\hat{\mathbf{p}}_1^{MT} - \hat{\mathbf{u}}_1^{MT}(-\Omega_1^2\,\mathbf{M})).$$

Das aus (6.10) resultierende lineare Gleichungssystem zur Bestimmung der Korrekturfaktoren ergibt sich mit den obigen Größen zu ($\hat{\mathbf{u}}_1 := \hat{\mathbf{u}}(\Omega_1) =: \hat{\mathbf{u}}_{R1} + j\hat{\mathbf{u}}_{I1}$)

$$\begin{pmatrix} \Omega_1^2(\hat{\mathbf{u}}_{R1}^{MT}\mathbf{B}\,\mathbf{B}\,\hat{\mathbf{u}}_{R1}^M + \hat{\mathbf{u}}_{I1}^{MT}\mathbf{B}\,\mathbf{B}\,\hat{\mathbf{u}}_{I1}^M), & \Omega_1(-\hat{\mathbf{u}}_{I1}^{MT}\mathbf{B}\,\mathbf{K}\,\hat{\mathbf{u}}_{R1}^M + \hat{\mathbf{u}}_{R1}^{MT}\mathbf{B}\,\mathbf{K}\,\hat{\mathbf{u}}_{I1}^M), \\ \Omega_1(-\hat{\mathbf{u}}_{R1}^{MT}\mathbf{K}\,\mathbf{B}\,\hat{\mathbf{u}}_{I1}^M + \hat{\mathbf{u}}_{I1}^{MT}\mathbf{K}\,\mathbf{B}\,\hat{\mathbf{u}}_{R1}^M), & \hat{\mathbf{u}}_{R1}^{MT}\mathbf{K}\,\mathbf{K}\,\hat{\mathbf{u}}_{R1}^M + \hat{\mathbf{u}}_{I1}^{MT}\mathbf{K}\,\mathbf{K}\,\hat{\mathbf{u}}_{I1}^M \end{pmatrix} \begin{pmatrix} \hat{a}_B \\ \hat{a}_K \end{pmatrix} =$$

$$= \begin{pmatrix} \Omega_1[\Omega_1^2(-\hat{\mathbf{u}}_{I1}^{MT}\mathbf{B}\,\mathbf{M}\,\hat{\mathbf{u}}_{R1}^M + \hat{\mathbf{u}}_{R1}^{MT}\mathbf{B}\,\mathbf{M}\,\hat{\mathbf{u}}_{I1}^M) - \hat{\mathbf{u}}_{I1}^{MT}\mathbf{B}\,\hat{\mathbf{p}}_1^M] \\ \Omega_1^2(\hat{\mathbf{u}}_{R1}^{MT}\mathbf{K}\,\mathbf{M}\,\hat{\mathbf{u}}_{R1}^M + \hat{\mathbf{u}}_{I1}^{MT}\mathbf{K}\,\mathbf{M}\,\hat{\mathbf{u}}_{I1}^M) + \hat{\mathbf{u}}_{R1}^{MT}\mathbf{K}\,\hat{\mathbf{p}}_1^M \end{pmatrix}.$$

Einsetzen der Zahlenwerte in die obige Gleichung führt auf die exakten Werte für die Korrekturfaktoren,

$\hat{a}_B = 0{,}909$, $\quad \hat{a}_K = 1{,}111$,

aus der Gleichung

$$\begin{pmatrix} 0{,}16005 \cdot 10^{-1}; & -0{,}35255 \cdot 10^{-2} \\ -0{,}35255 \cdot 10^{-2}; & 0{,}31766 \cdot 10^{1} \end{pmatrix} \begin{pmatrix} \hat{a}_B \\ \hat{a}_K \end{pmatrix} = \begin{pmatrix} 0{,}10632 \cdot 10^{-1} \\ 0{,}35263 \cdot 10^{1} \end{pmatrix}.$$

Die Sensitivitätsuntersuchungen erfolgen mit den partiellen Ableitungen nach den Erregungskomponenten:

$$\frac{\partial \lambda_{Bl}^K}{\partial P_{kr}^K} = \sum_{j=1}^{J} \frac{\partial \lambda_{Bl}^K}{\partial a_j}\,\frac{\partial a_j}{\partial P_{kr}^K}, \quad \frac{\partial \hat{\mathbf{u}}_{Bl}^K}{\partial P_{kr}^K} = \sum_{j=1}^{J} \frac{\partial \hat{\mathbf{u}}_{Bl}^K}{\partial a_j}\,\frac{\partial a_j}{\partial P_{kr}^K}. \tag{6.141}$$

(6.135) partiell nach P_{kr}^K differenziert liefert:

$$\left(s_r^2\,\frac{\partial \mathbf{M}^K}{\partial P_{kr}^K} + s_r\,\frac{\partial \mathbf{B}^K}{\partial P_{kr}^K} + \frac{\partial \mathbf{K}^K}{\partial P_{kr}^K}\right)\mathbf{U}_r^M = \mathbf{e}_k. \tag{6.142}$$

Mit

$$\frac{\partial \mathbf{M}^K}{\partial P_{kr}^K} = \sum_{\sigma=1}^{S} \frac{\partial a_{M\sigma}}{\partial P_{kr}^K}\mathbf{M}_\sigma, \quad \frac{\partial \mathbf{B}^K}{\partial P_{kr}^K} = \sum_{\rho=1}^{R} \frac{\partial a_{B\rho}}{\partial P_{kr}^K}\mathbf{B}_\rho, \quad \frac{\partial \mathbf{K}^K}{\partial P_{kr}^K} = \sum_{\iota=1}^{I} \frac{\partial a_{K\iota}}{\partial P_{kr}^K}\mathbf{K}_\iota \tag{6.143}$$

erhält man aus (6.142) das Gleichungssystem

$$\left(s_r^2 \sum_{\sigma=1}^{S} \frac{\partial a_{M\sigma}}{\partial P_{kr}^K}\mathbf{M}_\sigma + s_r \sum_{\rho=1}^{R} \frac{\partial a_{B\rho}}{\partial P_{kr}^K}\mathbf{B}_\rho + \sum_{\iota=1}^{I} \frac{\partial a_{K\iota}}{\partial P_{kr}^K}\mathbf{K}_\iota\right)\mathbf{U}_r^M = \mathbf{e}_k, \tag{6.144}$$

aus dem die Ableitungen $\partial a_j/\partial P_{kr}^K$ mit Vorgaben ΔP_{kr}^K näherungsweise mit Hilfe entsprechender Pseudoinversen berechnet werden können.

6.4 Das strukturell gedämpfte System

Wegen der formalen Analogie des strukturell gedämpften passiven Systems zu dem ungedämpften passiven System und wegen der inzwischen hinlänglich oft angewendeten Methode der gewichteten kleinsten Fehlerquadrate werden im folgenden lediglich die wichtigsten Gleichungen bereitgestellt, um im Anwendungsfall den Algorithmus für das jeweilige Korrekturverfahren aufstellen zu können. Wesentliche Vereinfachungen ergeben sich für den Fall, daß die Korrektur für die komplexe Steifigkeitsmatrix $\mathbf{K} + j\mathbf{D}$ anstelle von $\mathbf{K}$ und $\mathbf{D}$ getrennt durchgeführt wird. Dieser Fall wird im folgenden jedoch nicht dargestellt, da ein Korrekturansatz für die komplexe Steifigkeitsmatrix eine im allgemeinen unzulässige Vereinfachung darstellt (das Rechenmodell liefert wohl $\mathbf{K}$ aber nicht $\mathbf{D}$, für $\mathbf{D} \sim \mathbf{K}$ kann der Proportionalitätsfaktor ebenfalls korrekturbedürftig sein). Die Wahl der Submatrizen erfolgt wie im Abschnitt 6.2.4.4 beschrieben.

6.4.1 Korrektur mittels Eigenwerte und Eigenvektoren

Die Eigenschwingungen des passiven strukturell gedämpften Systems mit n Freiheitsgraden genügen dem Matrizeneigenwertproblem

$$(-\Lambda_D \mathbf{M} + \mathbf{K} + j\mathbf{D})\, \hat{\mathbf{u}}_D = \mathbf{0}. \tag{5.94}$$

Das korrigierte Rechenmodell lautet:

$$(-\Lambda_{Di}^K \mathbf{M}^K + \mathbf{K}^K + j\mathbf{D}^K)\, \hat{\mathbf{u}}_{Di}^K = \mathbf{0}, \quad i = 1(1)n. \tag{6.145}$$

Mit den identifizierten Eigenschwingungsgrößen $\hat{\Lambda}_{Dr}$, $\hat{\hat{\mathbf{u}}}_{Dr}$, $r = 1(1)N \leqslant n$, wird der Residuenvektor

$$\mathbf{v}_{D1}^T := (\hat{\Lambda}_{D1} - \Lambda_{D1}^K, \ldots, \hat{\Lambda}_{DN} - \Lambda_{DN}^K, \hat{\hat{\mathbf{u}}}_{D1}^T - \hat{\mathbf{u}}_{D1}^{KT}, \ldots, \hat{\hat{\mathbf{u}}}_{DN}^T - \hat{\mathbf{u}}_{DN}^{KT}) \tag{6.146}$$

gebildet. Die hierfür notwendigen partiellen Ableitungen erhält man aus dem Matrizeneigenwertproblem (6.145) für den Index r:

$$\left(-\frac{\partial \Lambda_{Dr}^K}{\partial a_j} \mathbf{M}^K - \Lambda_{Dr}^K \frac{\partial \mathbf{M}^K}{\partial a_j} + \frac{\partial \mathbf{K}^K}{\partial a_j} + j \frac{\partial \mathbf{D}^K}{\partial a_j}\right) \hat{\mathbf{u}}_{Dr}^K + $$

$$+ (-\Lambda_{Dr}^K \mathbf{M}^K + \mathbf{K}^K + j\,\mathbf{D}^K) \frac{\partial \hat{\mathbf{u}}_{Dr}^K}{\partial a_j} = \mathbf{0}. \tag{6.147}$$

Linksmultiplikation von (6.147) mit $\hat{\mathbf{u}}_{Dr}^{KT}$ liefert unter Beachtung von (6.145) bei einer Normierung der Eigenvektoren $m_{Dr}^K := \hat{\mathbf{u}}_{Dr}^{KT} \mathbf{M}^K \hat{\mathbf{u}}_{Dr}^K = 1$ die partiellen Ableitungen der korrigierten Eigenwerte nach den Korrekturfaktoren, die die Sensitivitätsgleichungen der Eigenwerte bezüglich der Korrekturfaktoren sind, zu:

$$\left.\begin{aligned}
\frac{\partial \Lambda_{Dr}^K}{\partial a_{M\sigma}} &= -\Lambda_{Dr}^K m_{Dr\sigma}^K, & m_{Dr\sigma}^K &:= \hat{\mathbf{u}}_{Dr}^{KT} \mathbf{M}_\sigma \hat{\mathbf{u}}_{Dr}^K, \\
\frac{\partial \Lambda_{Dr}^K}{\partial a_{D\rho}} &= j\, d_{Dr\rho}^K, & d_{Dr\rho}^K &:= \hat{\mathbf{u}}_{Dr}^{KT} \mathbf{D}_\rho \hat{\mathbf{u}}_{Dr}^K, \\
\frac{\partial \Lambda_{Dr}^K}{\partial a_{K\iota}} &= k_{Dr\iota}^K, & k_{Dr\iota}^K &:= \hat{\mathbf{u}}_{Dr}^{KT} \mathbf{K}_\iota \hat{\mathbf{u}}_{Dr}^K.
\end{aligned}\right\} \tag{6.148}$$

Setzt man diese komplexen Verstärkungsfaktoren in Gl. (6.147) ein, so führt das auf die linearen Gleichungssysteme zur Ermittlung der partiellen Ableitungen der Eigenvektoren des korrigierten Rechenmodells für jeden Freiheitsgrad und Korrekturfaktor, bei denen wieder die Normierung der Eigenvektoren beachtet werden muß:

$$\left.\begin{aligned}
\zeta^K_{Dr\sigma} &:= \frac{\partial \hat{\mathbf{u}}^K_{Dr}}{\partial a_{M\sigma}}, \quad (-\Lambda^K_{Dr}\mathbf{M}^K+\mathbf{K}^K+\mathrm{j}\,\mathbf{D}^K)\,\zeta^K_{Dr\sigma} = \Lambda^K_{Dr}\,(\mathbf{M}_\sigma - m^K_{Dr\sigma}\mathbf{M}^K)\,\hat{\mathbf{u}}^K_{Dr},\\
\eta^K_{Dr\rho} &:= \frac{\partial \hat{\mathbf{u}}^K_{Dr}}{\partial a_{D\rho}}, \quad (-\Lambda^K_{Dr}\mathbf{M}^K+\mathbf{K}^K+\mathrm{j}\mathbf{D}^K)\,\eta^K_{Dr\rho} = \mathrm{j}(d^K_{Dr\rho}\mathbf{M}^K-\mathbf{D}_\rho)\hat{\mathbf{u}}^K_{Dr},\\
\xi^K_{Dr\iota} &:= \frac{\partial \hat{\mathbf{u}}^K_{Dr}}{\partial a_{K\iota}}, \quad (-\Lambda^K_{Dr}\mathbf{M}^K+\mathbf{K}^K+\mathrm{j}\mathbf{D}^K)\,\xi^K_{Dr\iota} = (k^K_{Dr\iota}\,\mathbf{M}^K - \mathbf{K}_\iota)\,\hat{\mathbf{u}}^K_{Dr}.
\end{aligned}\right\} \qquad (6.149)$$

Die obigen partiellen Ableitungen der Eigenwerte des korrigierten Rechenmodells enthalten die Eigenvektoren des korrigierten Rechenmodells, die nach den Gleichungssystemen (6.149) von den Korrekturfaktoren abhängen. Λ^K_{Dr} in (6.146) und (6.148) kann z.B. über den Rayleighschen Quotienten mit der Normierung $m^K_{Dr} = 1$ formal explizit durch die Korrekturfaktoren $a_{K\iota}$, $a_{D\rho}$ dargestellt werden:

$$\begin{aligned}
\Lambda^K_{Dr} &= \hat{\mathbf{u}}^{KT}_{Dr}(\mathbf{K}^K+\mathrm{j}\,\mathbf{D}^K)\,\hat{\mathbf{u}}^K_{Dr} = \hat{\mathbf{u}}^{KT}_{Dr}\left[\mathbf{K}' + \sum_{\iota=1}^{I} a_{K\iota}\,\mathbf{K}_\iota + \mathrm{j}(\mathbf{D}' + \sum_{\rho=1}^{R} a_{D\rho}\,\mathbf{D}_\rho)\right]\hat{\mathbf{u}}^K_{Dr}\\
&=: k'_{Dr} + \sum_{\iota=1}^{I} a_{K\iota}\,k^K_{Dr\iota} + \mathrm{j}\left(d'_{Dr} + \sum_{\rho=1}^{R} a_{D\rho}\,d^K_{Dr\rho}\right).
\end{aligned} \qquad (6.150)$$

Dieser Zusammenhang kann zur Formulierung eines Iterationsverfahrens (vgl. Abschnitt 6.2.1.1) genutzt werden.

Es verbleibt noch, die (N + nN, J)-Funktionalmatrix Dv_{D1} entsprechend ihrer Definition (6.7) anzugeben:

$$\mathrm{Dv}_{D1} = \begin{pmatrix}
-\Lambda^K_{D1}m^K_{D11}, \ldots, -\Lambda^K_{D1}m^K_{D1S}, \mathrm{j}d^K_{D11}, \ldots, \mathrm{j}d^K_{D1R}, k^K_{D11}, \ldots, k^K_{D1I}\\
\cdots\cdots\cdots\cdots\cdots\cdots\cdots\cdots\cdots\cdots\cdots\cdots\\
-\Lambda^K_{DN}m^K_{DN1}, \ldots, -\Lambda^K_{DN}m^K_{DNS}, \mathrm{j}d^K_{DN1}, \ldots, \mathrm{j}d^K_{DNR}, k^K_{DN1}, \ldots, k^K_{DNI}\\
\zeta^K_{D11}, \quad \ldots, \zeta^K_{D1S}, \quad \eta^K_{D11}, \ldots, \eta^K_{D1R}, \xi^K_{D11}, \ldots, \xi^K_{D1I}\\
\cdots\cdots\cdots\cdots\cdots\cdots\cdots\cdots\cdots\cdots\cdots\cdots\\
\zeta^K_{DN1}, \quad \ldots, \zeta^K_{DNS}, \quad \eta^K_{DN1}, \ldots, \eta^K_{DNR}, \xi^K_{DN1}, \ldots, \xi^K_{DNI}
\end{pmatrix}. \qquad (6.151)$$

Damit können die Gleichungen für das Korrekturverfahren aufgestellt werden. Die Überlegungen zu einer Lösungsstrategie der vorherigen entsprechenden Abschnitte gelten hier sinngemäß. Vereinfachungen bezüglich einer alleinigen Korrektur der Steifigkeits- und/oder Dämpfungsmatrix folgen sofort. Die Korrektur nur mittels identifizierter Eigenwerte ist im nächsten Abschnitt enthalten.

6.4.2 Korrektur mittels Eigenwerte

Mit dem Residuenvektor

$$v_{D2}^T := (\hat{\Lambda}_{D1} - \Lambda_{D1}^K, \ldots, \hat{\Lambda}_{DN} - \Lambda_{DN}^K) \tag{6.152}$$

unter Verwendung der aus (6.151) folgenden zugehörigen (N, J)-Funktionalmatrix

$$Dv_{D2} = \begin{pmatrix} -\Lambda_{D1}^K m_{D11}^K, \ldots, -\Lambda_{D1}^K m_{D1S}^K, j\, d_{D11}^K, \ldots, j\, d_{D1R}^K, k_{D11}^K, \ldots, k_{D1I}^K \\ \cdots\cdots\cdots\cdots\cdots\cdots\cdots\cdots\cdots\cdots \\ -\Lambda_{DN}^K m_{DN1}^K, \ldots, -\Lambda_{DN}^K m_{DNS}^K, j\, d_{DN1}^K, \ldots, j\, d_{DNR}^K, k_{DN1}^K, \ldots, k_{DNI}^K \end{pmatrix} \tag{6.153}$$

folgen aus (6.8) mit $\mathbf{G}_W = \operatorname{diag}(g_r)$ die Gleichungen:

$$\left.\begin{aligned} &\sum_{r=1}^{N} g_r \operatorname{Re}[-\Lambda_{Dr}^K m_{Dr\sigma}^K (\hat{\Lambda}_{Dr} - \Lambda_{Dr}^K)^*] \,/_{a=\hat{a}} = 0, \quad \sigma = 1(1)S, \\ &\sum_{r=1}^{N} g_r \operatorname{Re}[j\, d_{Dr\rho}^K (\hat{\Lambda}_{Dr} - \Lambda_{Dr}^K)^*] \,/_{a=\hat{a}} = 0, \quad \rho = 1(1)R, \\ &\sum_{r=1}^{N} g_r \operatorname{Re}[k_{Dr\iota}^K (\hat{\Lambda}_{Dr} - \Lambda_{Dr}^K)^*] \,/_{a=\hat{a}} = 0, \quad \iota = 1(1)I. \end{aligned}\right\} \tag{6.154}$$

In die Gleichungssysteme können mit (6.150) die Korrekturfaktoren $a_{K\iota}$, $a_{D\rho}$ explizit eingeführt werden etc. Für $\mathbf{M}^K = \mathbf{M}$ entfällt das erste Gleichungssystem in (6.154), und die Korrekturgleichungen lassen sich als adaptives Korrekturverfahren bezüglich der Eigenvektoren linear in den Schätzwerten formulieren.

6.4.3 Korrektur mittels gemessener Erregung und Antwort

6.4.3.1 Der Ausgangsfehler

Dieses Korrekturverfahren lehnt sich eng an das des Abschnittes 6.2.3.1 an. Da der Ansatz der strukturellen Dämpfung nur für harmonische Bewegungen gilt, wird von gemessenen stationären erzwungenen Schwingungen des Systems aufgrund harmonischer Erregungen ausgegangen: $\hat{\mathbf{u}}_r^M := \hat{\mathbf{u}}^M(\Omega_r)$ für vorgegebene Werte von $\mathbf{p}_r^M = \mathbf{p}_r$, $\Lambda_r := \Omega_r^2$, $\Lambda_r^M = \Lambda_r$, $r = 1(1)N$.

Das korrigierte Rechenmodell hat die Gestalt

$$(-\Lambda_r \mathbf{M}^K + \mathbf{K}^K + j\,\mathbf{D}^K)\,\hat{\mathbf{u}}_r^K = \hat{\mathbf{p}}_r, \quad \Lambda_r \neq \Lambda_{Di}, \qquad r = 1(1)N, \quad i = 1(1)n. \tag{6.155}$$

Der Residuenvektor lautet:

$$\mathbf{v}_{D3}^T := (\hat{\mathbf{u}}_1^{MT} - \hat{\mathbf{u}}_1^{KT}, \ldots, \hat{\mathbf{u}}_N^{MT} - \hat{\mathbf{u}}_N^{KT}). \tag{6.156}$$

Die partiellen Ableitungen zum Bilden der dazugehörigen Funktionalmatrix ergeben sich aus (6.155) zu:

$$\mathbf{F}_r^K := \mathbf{F}^K(\Omega_r) = (-\Lambda_r \mathbf{M}^K + \mathbf{K}^K + j\,\mathbf{D}^K)^{-1},$$

$$\frac{\partial \hat{\mathbf{u}}_r^K}{\partial a_j} = -\mathbf{F}_r^K \left(-\Lambda_r \frac{\partial \mathbf{M}^K}{\partial a_j} + \frac{\partial \mathbf{K}^K}{\partial a_j} + j\frac{\partial \mathbf{D}^K}{\partial a_j}\right) \hat{\mathbf{u}}_r^K,$$

also

$$\left.\begin{aligned} \frac{\partial \hat{\mathbf{u}}_r^K}{\partial a_{M\sigma}} &= \Lambda_r \mathbf{F}_r^K \mathbf{M}_\sigma \hat{\mathbf{u}}_r^K, \quad \sigma = 1(1)S, \\ \frac{\partial \hat{\mathbf{u}}_r^K}{\partial a_{D\rho}} &= -j \mathbf{F}_r^K \mathbf{D}_\rho \hat{\mathbf{u}}_r^K, \quad \rho = 1(1)R, \\ \frac{\partial \hat{\mathbf{u}}_r^K}{\partial a_{K\iota}} &= -\mathbf{F}_r^K \mathbf{K}_\iota \hat{\mathbf{u}}_r^K, \quad \iota = 1(1)I. \end{aligned}\right\} \tag{6.157}$$

Entsprechend der Definition (6.7) ist die (nN, J)-Funktionalmatrix $D\mathbf{v}_{D3}$ folgendermaßen aufgebaut:

$$D\mathbf{v}_{D3} = \begin{pmatrix} \Lambda_1 \mathbf{F}_1^K \mathbf{M}_1 \hat{\mathbf{u}}_1^K, & \ldots, \Lambda_1 \mathbf{F}_1^K \mathbf{M}_s \hat{\mathbf{u}}_1^K, & -j\mathbf{F}_1^K \mathbf{D}_1 \hat{\mathbf{u}}_1^K, & \ldots, -j\mathbf{F}_1^K \mathbf{D}_R \hat{\mathbf{u}}_1^K, & -\mathbf{F}_1^K \mathbf{K}_1 \hat{\mathbf{u}}_1^K, & \ldots, -\mathbf{F}_1^K \mathbf{K}_I \hat{\mathbf{u}}_1^K \\ \cdots & \cdots & \cdots & \cdots & \cdots & \cdots \\ \Lambda_N \mathbf{F}_N^K \mathbf{M}_1 \hat{\mathbf{u}}_N^K, & \ldots, \Lambda_N \mathbf{F}_N^K \mathbf{M}_s \hat{\mathbf{u}}_N^K, & -j\mathbf{F}_N^K \mathbf{D}_1 \hat{\mathbf{u}}_N^K, & \ldots, -j\mathbf{F}_N^K \mathbf{D}_R \hat{\mathbf{u}}_N^K, & -\mathbf{F}_N^K \mathbf{K}_1 \hat{\mathbf{u}}_N^K, & \ldots, -\mathbf{F}_N^K \mathbf{K}_I \hat{\mathbf{u}}_N^K \end{pmatrix} \tag{6.158}$$

Damit lassen sich die nichtlinearen Gleichungen zur Ermittlung der Schätzwerte aufstellen. Der weitere Rechengang entspricht den Ausführungen zu den gleichen Verfahren für das passive ungedämpfte und für das viskos gedämpfte System (Abschnitte 6.2.3.1 und 6.3.3.1). Bezüglich der Messung der dynamischen Antworten usw. gilt das schon Ausgeführte.

Die Sensitivitätsuntersuchungen werden entsprechend denen in den beiden oben genannten Abschnitten durchgeführt.

6.4.3.2 Der Eingangsfehler

Anstelle des korrigierten Rechenmodells (6.155) wird das korrigierte Rechenmodell

$$(-\Lambda_r \mathbf{M}^K + \mathbf{K}^K + j\,\mathbf{D}^K)\,\hat{\mathbf{u}}_r^M = \hat{\mathbf{p}}_r^K; \quad r = 1(1)N \tag{6.159}$$

eingeführt. Die Residuen sind definiert durch

$$\boldsymbol{\epsilon}_{Dr} := \mathbf{p}_r^M - (-\Lambda_r \mathbf{M}^K + \mathbf{K}^K + j\,\mathbf{D}^K)\,\hat{\mathbf{u}}_r^M, \tag{6.160}$$

die den Residuenvektor

$$\mathbf{v}_{D4}^T := (\boldsymbol{\epsilon}_{D1}^T, \ldots, \boldsymbol{\epsilon}_{DN}^T) \tag{6.161}$$

bilden.

Die partiellen Ableitungen der Residuen in (6.161) nach den Korrekturfaktoren sind:

$$\left.\begin{aligned} \frac{\partial \boldsymbol{\epsilon}_{Dr}}{\partial a_{M\sigma}} &= \Lambda_r \mathbf{M}_\sigma \hat{\mathbf{u}}_r^M, \\ \frac{\partial \boldsymbol{\epsilon}_{Dr}}{\partial a_{D\rho}} &= -j\,\mathbf{D}_\rho \hat{\mathbf{u}}_r^M, \\ \frac{\partial \boldsymbol{\epsilon}_{Dr}}{\partial a_{K\iota}} &= -\mathbf{K}_\iota \hat{\mathbf{u}}_r^M. \end{aligned}\right\} \tag{6.162}$$

Sie sind von den Korrekturfaktoren unabhängig. Es folgt der Residuenvektor zu

$$\left.\begin{aligned} \mathbf{v}_{D4} &= \mathbf{b}_{D4} - \mathbf{Dv}_{D4}\,\mathbf{a}, \\ \mathbf{b}_{D4}^{T} &:= (\hat{\mathbf{p}}_1^{MT} - \hat{\mathbf{u}}_1^{MT}(-\Lambda_1\,\mathbf{M}' + \mathbf{K}' + \mathrm{j}\,\mathbf{D}'), \ldots, \hat{\mathbf{p}}_N^{MT} - \hat{\mathbf{u}}_N^{MT}(-\Lambda_N\,\mathbf{M}' + \mathbf{K}' + \mathrm{j}\,\mathbf{D}')) \end{aligned}\right\} \tag{6.163}$$

mit

$$\mathbf{Dv}_{D4} = \begin{pmatrix} -\Lambda_1\mathbf{M}_1\hat{\mathbf{u}}_1^M, \ldots, -\Lambda_1\mathbf{M}_s\hat{\mathbf{u}}_1^M, \mathrm{j}\mathbf{D}_1\hat{\mathbf{u}}_1^M, \ldots, \mathrm{j}\mathbf{D}_R\hat{\mathbf{u}}_1^M, \mathbf{K}_1\hat{\mathbf{u}}_1^M, \ldots, \mathbf{K}_I\hat{\mathbf{u}}_1^M \\ \cdots \\ -\Lambda_N\mathbf{M}_1\hat{\mathbf{u}}_N^M, \ldots, -\Lambda_N\mathbf{M}_s\hat{\mathbf{u}}_N^M, \mathrm{j}\mathbf{D}_1\hat{\mathbf{u}}_N^M, \ldots, \mathrm{j}\mathbf{D}_R\hat{\mathbf{u}}_N^M, \mathbf{K}_1\hat{\mathbf{u}}_N^M, \ldots, \mathbf{K}_I\hat{\mathbf{u}}_N^M \end{pmatrix}. \tag{6.164}$$

Damit ergibt sich wiederum ein kennwertlineares Modell, das in einem linearen Gleichungssystem für die Schätzwerte der Korrekturfaktoren resultiert.

Bezüglich der Vor- und Nachteile dieses Verfahrens einschließlich Durchführung vergleiche man die Abschnitte 6.2.3.2, 6.2.4 und 6.3.3.2.

Die Sensitivitätsuntersuchungen erfolgen hier ebenso wie schon vorher beschrieben.

6.5 Zur Schätzung der Konstruktionselement-Parameter

Die bisher behandelten Korrekturverfahren basieren auf den Parametern des Korrekturansatzes (6.2), der in der Form von Submatrizen der Systemparameter-Matrizen formuliert ist. Möchte man aufgrund von a priori-Kenntnissen jedoch Konstruktionselement-Parameter (Materialkennwerte; geometrische Abmessungen z.B. infolge Fertigungstoleranzen oder wirksame Balkenlängen bei Stabtragwerken, deren Balken durch steife Knotenverbindungen relativ großer Abmessungen im Vergleich zu den Balkenlängen verkürzt gegenüber den geometrischen Längen in die Rechnung eingehen) mit der Methode der gewichteten kleinsten Fehlerquadratsumme korrigieren, so kann der bisherige prinzipielle Formalismus – leicht modifiziert – übernommen werden, wie nachstehend gezeigt ist.

Der Residuenvektor $\mathbf{v}$ wird allgemein aus geschätzten (gemessenen) Systemgrößen $\hat{\alpha}$ und den parameterabhängigen Systemgrößen des korrigierten Rechenmodells α^K gebildet,

$$\mathbf{v} := \hat{\alpha} - \alpha^K. \tag{6.165}$$

Die Systemgrößen α sind Funktionen der Systemparameter-Matrizen. Die Elemente m_{ik}, b_{ik} bzw. d_{ik}, k_{ik} bzw. g_{ik} der Systemparameter-Matrizen $\mathbf{M}$, $\mathbf{B}$ bzw. $\mathbf{D}$, $\mathbf{K}$ bzw. $\mathbf{G}$ sind Funktionen der Konstruktionselement-Parameter κ_μ, $\mu = 1(1)m$. Kennzeichnet man die Konstruktionselement-Parameter des Rechenmodells mit dem Index 0, κ_μ^0, und führt die dimensionslosen Parameter $\beta_\mu := \kappa_\mu/\kappa_\mu^0$ ein, so hängen die Systemgrößen α von den Parametern β_μ ab: $\alpha = \alpha(\beta)$, $\beta^T := (\beta_1, \ldots, \beta_m)$. Für das Rechenmodell gilt also $\beta_0 = \mathbf{e}$. Zum Aufstellen z.B. der notwendigen Bedingungen für die Methode der kleinsten Fehlerquadrate muß der Zusammenhang zwischen dem Residuenvektor $\mathbf{v}$ und den gesuchten Schätzwerten des Parameters β aufgestellt werden. Dieser Zusammenhang wird hier linearisiert ermittelt, und zwar über die nach dem linearen Term abgebrochene Taylorentwicklung mit der Sensitivitätsmatrix $\mathbf{T}$:

$$\alpha \doteq \alpha_0 + \mathbf{T}(\beta - \beta_0). \tag{6.166}$$

Es sei zunächst der Sonderfall behandelt, daß α die $N \leqslant n$ Eigenwerte und Eigenvektoren eines passiven ungedämpften Systems enthält:

$$\left.\begin{aligned} \alpha^T &:= (\lambda^T, \mathbf{w}^T), \\ \lambda^T &:= (\lambda_{01}, \ldots, \lambda_{0N}), \\ \mathbf{w}^T &:= (\hat{\mathbf{u}}_{01}^T, \ldots, \hat{\mathbf{u}}_{0N}^T). \end{aligned}\right\} \tag{6.167}$$

Die einzelnen Sensitivitätsfunktionen als Elemente der Matrix **T** folgen aus den totalen Differentialen

$$\left.\begin{aligned} d\lambda_{0r} &= \sum_{i=1}^{n} \sum_{k=1}^{n} \frac{\partial \lambda_{0r}}{\partial m_{ik}} dm_{ik} + \sum_{i=1}^{n} \sum_{k=1}^{n} \frac{\partial \lambda_{0r}}{\partial k_{ik}} dk_{ik}, \quad r = 1(1)N, \\ d\hat{\mathbf{u}}_{0r} &= \sum_{i=1}^{n} \sum_{k=1}^{n} \frac{\partial \hat{\mathbf{u}}_{0r}}{\partial m_{ik}} dm_{ik} + \sum_{i=1}^{n} \sum_{k=1}^{n} \frac{\partial \hat{\mathbf{u}}_{0r}}{\partial k_{ik}} dk_{ik}, \\ dm_{ik} &= \sum_{\mu=1}^{m} \frac{\partial m_{ik}}{\partial \beta_\mu} d\beta_\mu, \\ dk_{ik} &= \sum_{\mu=1}^{m} \frac{\partial k_{ik}}{\partial \beta_\mu} d\beta_\mu. \end{aligned}\right\} \tag{6.168}$$

Die Sensitivitätsfunktionen $\partial \lambda_{0r}/\partial m_{ik}$ und $\partial \lambda_{0r}/\partial k_{ik}$ ergeben sich aus dem Matrizeneigenwertproblem und aus den Normierungsbedingungen (5.18) mit $\mathbf{M}_g = \mathbf{I}$ zu

$$\frac{\partial \lambda_{0r}}{\partial m_{ik}} = -\lambda_{0r}\, \hat{u}_{0ir}\, \hat{u}_{0kr}, \quad \frac{\partial \lambda_{0r}}{\partial k_{ik}} = \hat{u}_{0ir}\, \hat{u}_{0kr}. \tag{6.169}$$

Die Sensitivitätsfunktionen für die Eigenvektoren nach den Elementen der Systemparameter-Matrizen können z.B. nach den im Abschnitt 6.2.1.5 angegebenen Methoden gewonnen werden (ein drittes Verfahren ist in [6.9] erwähnt). Die Sensitivitätsfunktionen der Elemente der Systemparameter-Matrizen bezüglich der Konstruktionselement-Parameter setzt die Kenntnis des funktionalen bzw. numerischen Zusammenhanges aus z.B. einer Finite-Element-Methode-Rechnung voraus. Das folgende Beispiel mag den Sachverhalt verdeutlichen.

Beispiel 6.19: Für den im Bild 6.7 dargestellten Rahmen ergibt sich die konsistente Trägheitsmatrix zu

$$\mathbf{M} = \frac{m\,l}{210} \begin{pmatrix} 786, & 11\,l, & 11\,l \\ 11\,l, & 26\,l^2, & -18\,l^2 \\ 11\,l, & -18\,l^2, & 26\,l^2 \end{pmatrix}$$

(kubische Hermitesche Polynome als Ansatzfunktionen).
Ist m der betrachtete Parameter, so sind die Verhältnisse trivial:

$$dm_{ik} = \frac{m_{ik}}{m}\, dm, \quad i, k = 1(1)3.$$

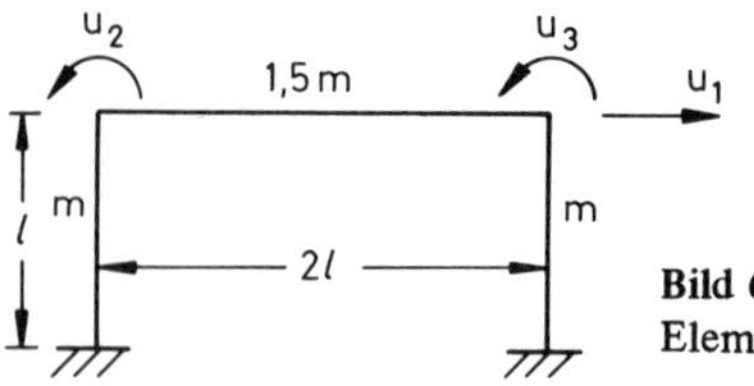

Bild 6.7 Rahmen mit dehnstarren und biegesteifen Elementen konstanten Querschnitts

Sind m und l die zu variierenden Elementparameter, so gilt beispielsweise

$$d\,m_{22} = \frac{26\,l^3}{210}\,d\,m + \frac{78\,m\,l^2}{210}\,d\,l.$$

Mit den Systemparameter-Vektoren

$$\left.\begin{aligned} \mathbf{m}^T &:= (m_{11}, m_{12}, \ldots, m_{nn}), \\ \mathbf{k}^T &:= (k_{11}, k_{12}, \ldots, k_{nn}), \end{aligned}\right\} \tag{6.170}$$

den (N, n^2)-Funktionalmatrizen

$$D_M\,\boldsymbol{\lambda} := \begin{pmatrix} \frac{\partial \lambda_{01}}{\partial m_{11}}, \frac{\partial \lambda_{01}}{\partial m_{12}}, \ldots, \frac{\partial \lambda_{01}}{\partial m_{nn}} \\ \cdots\cdots\cdots \\ \frac{\partial \lambda_{0N}}{\partial m_{11}}, \frac{\partial \lambda_{0N}}{\partial m_{12}}, \ldots, \frac{\partial \lambda_{0N}}{\partial m_{nn}} \end{pmatrix}, \quad D_K\,\boldsymbol{\lambda} := \begin{pmatrix} \frac{\partial \lambda_{01}}{\partial k_{11}}, \frac{\partial \lambda_{01}}{\partial k_{12}}, \ldots, \frac{\partial \lambda_{01}}{\partial k_{nn}} \\ \cdots\cdots\cdots \\ \frac{\partial \lambda_{0N}}{\partial k_{11}}, \frac{\partial \lambda_{0N}}{\partial k_{12}}, \ldots, \frac{\partial \lambda_{0N}}{\partial k_{nn}} \end{pmatrix} \tag{6.171}$$

und den entsprechend aufgebauten (nN, n^2)-Funktionalmatrizen $D_M\mathbf{w}$ und $D_K\mathbf{w}$, die die partiellen Ableitungen der Eigenvektoren nach den Elementen der Matrix **M** bzw. **K** enthalten, sowie den (n^2, m)-Funktionalmatrizen

$$D_\beta\,\mathbf{m} := \begin{pmatrix} \frac{\partial m_{11}}{\partial \beta_1}, \ldots, \frac{\partial m_{11}}{\partial \beta_m} \\ \frac{\partial m_{12}}{\partial \beta_1}, \ldots, \frac{\partial m_{12}}{\partial \beta_m} \\ \cdots\cdots \\ \frac{\partial m_{nn}}{\partial \beta_1}, \ldots, \frac{\partial m_{nn}}{\partial \beta_m} \end{pmatrix}, \quad D_\beta\mathbf{k} := \begin{pmatrix} \frac{\partial k_{11}}{\partial \beta_1}, \ldots, \frac{\partial k_{11}}{\partial \beta_m} \\ \frac{\partial k_{12}}{\partial \beta_1}, \ldots, \frac{\partial k_{12}}{\partial \beta_m} \\ \cdots\cdots \\ \frac{\partial k_{nn}}{\partial \beta_1}, \ldots, \frac{\partial k_{nn}}{\partial \beta_m} \end{pmatrix}, \tag{6.172}$$

können die totalen Differentiale (6.168) matriziell (s. (6.167)) folgendermaßen geschrieben werden:

$$d\boldsymbol{\lambda} = D_M\,\boldsymbol{\lambda}\,d\mathbf{m} + D_K\,\boldsymbol{\lambda}\,d\mathbf{k},$$

$$d\mathbf{w} = D_M\,\mathbf{w}\,d\mathbf{m} + D_K\,\mathbf{w}\,d\mathbf{k},$$

$$d\mathbf{m} = D_\beta\mathbf{m}\;d\beta,$$

$$d\mathbf{k} = D_\beta\mathbf{k}\;d\beta.$$

Es folgt

$$\left.\begin{aligned} d\lambda &= (D_M \lambda\, D_\beta \mathbf{m} + D_K \lambda\, D_\beta \mathbf{k})\, d\boldsymbol{\beta}, \\ d\mathbf{w} &= (D_M \mathbf{w}\, D_\beta \mathbf{m} + D_K \mathbf{w}\, D_\beta \mathbf{k})\, d\boldsymbol{\beta}. \end{aligned}\right\} \tag{6.173}$$

Die Gln. (6.173) in das totale Differential für $\boldsymbol{\alpha}$ entsprechend Gl. (6.167) eingesetzt, führt sofort auf die Sensitivitätsmatrix $\mathbf{T}$:

$$d\boldsymbol{\alpha} = \begin{pmatrix} d\lambda \\ d\mathbf{w} \end{pmatrix} = \begin{pmatrix} D_M \lambda, D_K \lambda \\ D_M \mathbf{w}, D_K \mathbf{w} \end{pmatrix} \begin{pmatrix} D_\beta \mathbf{m} \\ D_\beta \mathbf{k} \end{pmatrix} d\boldsymbol{\beta},$$

also mit $d\boldsymbol{\alpha} \doteq \Delta\boldsymbol{\alpha} := \boldsymbol{\alpha} - \boldsymbol{\alpha}_0$, $d\boldsymbol{\beta} \doteq \Delta\boldsymbol{\beta} := \boldsymbol{\beta} - \boldsymbol{\beta}_0$:

$$\mathbf{T} := \left. \begin{pmatrix} D_M \lambda, D_K \lambda \\ D_M \mathbf{w}, D_K \mathbf{w} \end{pmatrix} \begin{pmatrix} D_\beta \mathbf{m} \\ D_\beta \mathbf{k} \end{pmatrix} \right/_{\boldsymbol{\beta}=\boldsymbol{\beta}_0} . \tag{6.174}$$

Wird der linearisierte Zusammenhang (6.166) für das korrigierte Rechenmodell verwendet, wobei der Index 0 die Konstruktionselement-Parameter des Rechenmodells kennzeichnet, $\boldsymbol{\beta}_0 = \mathbf{e}$, dann erhält man in erster Näherung

$$\boldsymbol{\alpha}^K \doteq \boldsymbol{\alpha}(\mathbf{e}) - \mathbf{T}\,\mathbf{e} + \mathbf{T}\,\boldsymbol{\beta}. \tag{6.175}$$

Der Residuenvektor (6.165) geht mit (6.175) über in

$$\mathbf{v} = \hat{\boldsymbol{\alpha}} - \boldsymbol{\alpha}(\mathbf{e}) + \mathbf{T}\,\mathbf{e} - \mathbf{T}\,\boldsymbol{\beta}. \tag{6.176}$$

Diesen Residuenvektor mit dem des kennwertlinearen Modells (6.9) verglichen, zeigt, daß die Gl. (6.10) der Methode der kleinsten gewichteten Fehlerquadratsumme mit

$$\mathbf{b} := \hat{\boldsymbol{\alpha}} - \boldsymbol{\alpha}(\mathbf{e}) + \mathbf{T}\,\mathbf{e}, \quad \mathbf{Dv} := \mathbf{T} \tag{6.177}$$

und den Parametervektor $\boldsymbol{\beta}$ anstelle von $\mathbf{a}$ eingesetzt, zur Korrektur der Konstruktionselement-Parameter verwendet werden kann. – $\mathbf{T}$ ist eine $((n + 1)N, m)$-Matrix, die spaltenregulär sein muß, damit eine eindeutige Lösung existiert, so daß die Ungleichung $m \leqslant (n + 1)N$ gelten muß.

Die allgemeine Ermittlung der Sensitivitätsmatrix $\mathbf{T}$ in der Gl. (6.166) geht von der Operatorgleichung

$$\mathbf{A}\,\boldsymbol{\alpha} = \boldsymbol{\alpha} \tag{6.178}$$

aus ($\mathbf{A}\,\boldsymbol{\alpha}$: $\mathbf{A}$ angewendet auf $\boldsymbol{\alpha}$).

Beispiel 6.20: Für das Matrizeneigenwertproblem des passiven ungedämpften Systems

$$(-\lambda_0 \mathbf{M} + \mathbf{K})\, \hat{\mathbf{u}}_0 = \mathbf{0}$$

mit der Eigenvektor-Normierung $\hat{\mathbf{u}}_0^T \mathbf{M}\, \hat{\mathbf{u}}_0 = 1$ kann mit dem Element $\boldsymbol{\alpha} := \binom{\lambda_0}{\hat{\mathbf{u}}_0}$ und den Formulierungen

$$\mathbf{M}^{-1} \mathbf{K}\, \hat{\mathbf{u}}_0 = \lambda_0\, \hat{\mathbf{u}}_0,$$

$$\mathbf{G}\, \hat{\mathbf{u}}_0 := (\hat{\mathbf{u}}_0^T \mathbf{M})\, \hat{\mathbf{u}}_0 = 1$$

geschrieben werden:

$$\mathbf{A}\boldsymbol{\alpha} := \begin{pmatrix} \mathbf{G}\,\hat{\mathbf{u}}_0 + \lambda_0 - 1 \\ \\ \mathbf{M}^{-1}\mathbf{K}\,\hat{\mathbf{u}}_0 - (\lambda_0 - 1)\,\hat{\mathbf{u}}_0 \end{pmatrix} = \begin{pmatrix} \lambda_0 \\ \\ \hat{\mathbf{u}}_0 \end{pmatrix} = \boldsymbol{\alpha}.$$

Entsprechend lassen sich die Matrizeneigenwertprobleme für passive gedämpfte Systeme, die dynamischen Antworten bei vorgegebenen Kräften usw. in Form der Gl. (6.178) formulieren.

Ein inkrementeller Zuwachs $\mathbf{h}$ zu α überführt die Gl. (6.178) mit Hilfe der Taylorentwicklung in die Gleichung

$$\mathbf{A}(\alpha + \mathbf{h}) = \mathbf{A}\alpha + \mathbf{A}'_{(\alpha)}\,\mathbf{h} + \ldots, \tag{6.179}$$

wobei $\mathbf{A}'_{(\alpha)}$ die Frechét-Ableitung des Operators $\mathbf{A}$ ist (vgl. Abschnitt 5.3.1.1, Beispiel 5.10 und [3.6]). Zwischen dem Element α und den Konstruktionselement-Parametern sei der lineare (linearisierte) Zusammenhang

$$\alpha = \mathbf{B}\,\beta \tag{6.180}$$

gegeben. Es folgt

$$\mathbf{A}\alpha = \mathbf{A}\,\mathbf{B}\,\beta \tag{6.181}$$

mit

$$(\mathbf{A}\,\mathbf{B})'_{(\beta)} = \mathbf{A}'_{(\alpha)}\,\mathbf{B}'_{(\beta)} \tag{6.182}$$

aufgrund der Kettenregel [3.6]. Für die Taylorentwicklung ergibt sich mit dem Inkrement δ von β infolge $\mathbf{h}$:

$$\begin{aligned} \mathbf{A}(\alpha + \mathbf{h}) &= \mathbf{A}\,\mathbf{B}\,(\beta + \delta) =: \tilde{\mathbf{A}}(\beta + \delta), \\ \tilde{\mathbf{A}}(\beta + \delta) &= \tilde{\mathbf{A}}\,\beta + \tilde{\mathbf{A}}'_{(\beta)}\,\delta + \ldots \\ &= \mathbf{A}\,\mathbf{B}\,\beta + \mathbf{A}'_{(\alpha)}\,\mathbf{B}'_{(\beta)}\,\delta + \ldots \\ \mathbf{A}(\alpha + \mathbf{h}) &= \mathbf{A}\,\alpha + \mathbf{A}'_{(\alpha)}\,\mathbf{B}'_{(\beta)}\,\delta + \ldots \end{aligned} \tag{6.183}$$

Es verbleibt, den Zusammenhang zwischen der Entwicklung (6.183) und (6.175) herzustellen:

$$\begin{aligned} \alpha^K = \mathbf{A}\alpha^K &\doteq \mathbf{A}\alpha(\beta_0) + \mathbf{A}'_{(\alpha(\beta_0))}\,\mathbf{B}'_{(\beta_0)}\,(\beta - \beta_0) = \\ &= \alpha(\beta_0) - \mathbf{A}'_{(\alpha(\beta_0))}\,\mathbf{B}'_{(\beta_0)}\,\beta_0 + \mathbf{A}'_{(\alpha(\beta_0))}\,\mathbf{B}'_{(\beta_0)}\,\beta, \end{aligned}$$

es ist also

$$\mathbf{T} := \mathbf{A}'_{(\alpha(\beta_0))}\,\mathbf{B}'_{(\beta_0)}. \tag{6.184}$$

Damit ist wieder der Residuenvektor (6.165) angebbar und der Zusammenhang mit der Gl. (6.9) gewonnen.

6.6 Weitere Verfahren

Die in Abschnitt 6.2.4.5 erwähnte und in [6.6] enthaltene Anwendung basiert auf der Korrektur der Steifigkeitsmatrix mittels gemessener Eigenfrequenzen [6.10].

Der Beitrag von G. Lallement in [5.73] enthält die Parameteranpassung des Rechenmodells an identifizierte Eigenschwingungsgrößen. Es wird eine Parameterstörungsmethode verwendet, wobei das System im Rechenmodell als ungedämpft und im korrigierten Rechenmodell als gedämpft angesetzt wird. Die Matrizen $\Delta\mathbf{M}$ und $\Delta\mathbf{K}$ in den Korrekturansätzen $\mathbf{M}^K := \mathbf{M} + \Delta\mathbf{M}, \mathbf{K}^K := \mathbf{K} + \Delta\mathbf{K}$ mit $\|\Delta\mathbf{M}\| \ll \|\mathbf{M}\|, \|\Delta\mathbf{K}\| \ll \|\mathbf{K}\|$ und die Matrizen $\mathbf{B}^K$(Rechenmodell: $\mathbf{B} = \mathbf{0}$) bzw. $\mathbf{D}^K$ (Rechenmodell: $\mathbf{D} = \mathbf{0}$) des korrigierten Rechenmodells werden unter der Voraussetzung, daß die Dämpfungskräfte „klein" im Vergleich zu den konservativen Kräften sind, als Störgrößen betrachtet. Entsprechende Störansätze werden für die Eigenschwingungsgrößen in die Systembeziehungen eingesetzt; diese werden miteinander verknüpft, und die resultierenden Gleichungen werden bezüglich der Störgrößen linearisiert, so daß sich über die Methode der kleinsten Fehlerquadrate die gewünschten Bestimmungsgleichungen ergeben. Die Durchführung umfaßt die folgenden Arbeitsschritte:

1. Lokalisierung der im Rechenmodell enthaltenen Parameterfehler (linearisierte Fehlerbetrachtungen),
2. Einführung der Konstruktionselement-Parameter (inverse Sensitivitätsmethode: linearisierte Taylorentwicklung der Eigenschwingungsgrößen des korrigierten Rechenmodells und Übergang zu den linearen Änderungen der Konstruktionselement-Parameter) und
3. Anwendung der Methode der kleinsten Fehlerquadratsumme.

Die Parameter der Dämpfungskräfte werden vollständig unabhängig von denen der konservativen Kräfte korrigiert.

Wird das Rechenmodell mit Hilfe der Methode der gewichteten kleinsten Fehlerquadratsumme korrigiert, dann verwendet man die Elemente der Systemparameter-Matrizen des Rechenmodells als determinierte Größen. Wird die Wichtungsmatrix unabhängig von den Meßfehlern vorgegeben, so fallen diese Verfahren unter die determinierten Approximationsverfahren (s. Abschnitt 3.3.2), anderenfalls basiert die Korrektur auf einer Parameterschätzung (z.B. Markov-Schätzung). Die Systemparameter des Rechenmodells können aber auch als statistische Variable aufgefaßt werden, die einer bestimmten (mehrdimensionalen) Verteilungsdichte genügen. Das Rechenmodell mit seinen Systemparametern stellt dann ein Element der Grundgesamtheit aller möglichen Rechenmodelle (mit derselben Struktur) dar, deren Erwartungswert unter Beachtung der meßfehlerbehafteten identifizierten Größen gesucht wird. Diese Überlegungen führen auf die bedingten Wahrscheinlichkeiten (vgl. Abschnitt 3.1.2 bzw. [3.5]). Sie sind der Ausgangspunkt der Bayes-Schätzung. Für normalverteilte zentrierte Meßfehler und a priori normalverteilte Systemparameter und mit der plausiblen Annahme, daß die Systemparameter des Rechenmodells statistisch unabhängig von den Meßfehlern sind, führt die Bayes-Schätzung auf verschiedene Identifikationsverfahren, von denen ein (spezielles) Verfahren in [6.11] (im Vergleich mit der Fehlerquadratmethode, der Methode der kleinsten Varianz, der gewichteten Fehlerquadratmethode und der Maximum Likelihood-Methode) hergeleitet ist. Damit wird die Bayes-Schätzung (Ermittlung der a posteriori-Verteilungsdichte der Parameter) auf eine Parameterschätzung reduziert. In [6.11] ist die Annahme – hier für den Korrekturansatz (6.2) formuliert – $E\{\mathbf{a}\} = \mathbf{e}$ gemacht, die besagt, daß die Erwartungswerte der Korrekturparameter a priori gleich den zugehörigen Werten des Rechenmodells (gleich $\mathbf{e}$) sind.[1] Das Verfahren ist in [6.11] für identifizierte Eigenwerte und Eigenvektoren zur Korrektur der Konstruktionselementparameter in linearisierter Form angegeben. Weitere diesbezügliche Veröffentlichungen sind im Schrifttum unter [6.9, 6.12, 6.13] angeführt. In [6.14]

1 Die Parameterwerte des Rechenmodells gehen hierbei direkt in die Formulierung des Schätzproblems ein.

wird das entsprechende Verfahren für stationäre dynamische Antworten gedämpfter Systeme aufgrund harmonischer Erregung zur Identifikation von Systemparametern in linearisierter Form diskutiert. Die Dissertation [6.15] enthält ein Verfahren im Zeitbereich erweitert auf die Verwendung von dynamischen Antworten aufgrund beliebiger Erregungen.

Eine andere Formulierung des Schätzproblems verwendet das Zielfunktional

$$J(a) := \mathbf{v}^{*T}(\mathbf{a})\mathbf{G}_W\,\mathbf{v}(\mathbf{a}) + (\mathbf{a}-\mathbf{e})^T\,\mathbf{G}_e(\mathbf{a}-\mathbf{e}) \rightarrow \text{Min}\,(\mathbf{a}) \qquad (6.185)$$

mit den Wichtungsmatrizen $\mathbf{G}_W := \mathbf{C}_{nn}^{-1}$, der inversen Kovarianzmatrix der verwendeten gemessenen Werte, und $\mathbf{G}_e := \mathbf{C}_{ee}^{-1}$, der inversen Kovarianzmatrix der Parameterwerte des Rechenmodells [6.17]. Die vorzugebende Kovarianzmatrix $\mathbf{C}_{ee}$ spiegelt wider, welches „Vertrauen" (confidence, [6.9]) man in die Parameterwerte des Rechenmodells setzt. Unter vereinfachenden Voraussetzungen läßt sich aus der Bayes-Schätzung das Zielfunktional (6.185) herleiten (vgl. [1.1], chapt. 11). Aus der Formulierung (6.185) ist im Vergleich zur Methode der gewichteten kleinsten Fehlerquadratsumme ersichtlich, daß hier die Parameter des Rechenmodells zusätzlich direkt eingehen, während bei den Methoden mit dem Zielfunktional (6.5) die Systemparameter-Matrizen des Rechenmodells über das korrigierte Rechenmodell und die Systemgrößen des Rechenmodells bei den nichtlinearen Verfahren nur als Startelemente verwendet werden. Die Methode der gewichteten kleinsten Fehlerquadrate ergibt sich aus (6.185) mit $\mathbf{G}_e \rightarrow \mathbf{0}$ bzw. $\mathbf{C}_{ee} \rightarrow \infty$[1] als Sonderfall (s. Bild 3.8).

6.7 Aufgaben

6.1 Mit den Ausgangsdaten des Beispiels 6.4 soll zusätzlich das Element k_{33} der Steifigkeitsmatrix mitkorrigiert werden.

6.2 In der Aufgabe 5.19 wurde aus fehlerbehafteten identifizierten modalen Größen eine Nachgiebigkeitsmatrix $\tilde{\mathbf{C}}$ ermittelt, die dem Rechenmodell zugrundegelegt sei:

$$\mathbf{G} = 10^{-4}\begin{pmatrix} 0{,}5886; & 0{,}3267 \\ 0{,}3267; & 0{,}3976 \end{pmatrix}.$$

Die Eigenwerte und Eigenvektoren des Rechenmodells, welche sich aus **G** zusammen mit der Trägheitsmatrix

$$\mathbf{M} = \begin{pmatrix} 10, & 0 \\ 0, & 6 \end{pmatrix}$$

aus der Systemanalyse (nach Beispiel 5.2) ergeben, sind:

$$\lambda_{01} = 0{,}1386 \cdot 10^4;\ \hat{\mathbf{u}}_{01}^T = (0{,}2801; 0{,}1896),$$
$$\lambda_{02} = 0{,}9441 \cdot 10^4;\ \hat{\mathbf{u}}_{02}^T = (-0{,}1468; 0{,}3616).$$

Unter der Voraussetzung, daß die Trägheitsmatrix des Rechenmodells genauer ist als die identifizierten generalisierten Massen, ist die Nachgiebigkeitsmatrix global anhand der identifizierten Eigenfrequenzen

$\hat{f}_{01} = 6{,}21$ Hz; $\hat{f}_{02} = 13{,}75$ Hz der Aufgabe 5.19 mit der Wichtungsmatrix **I** zu korrigieren.

1 Streben die Elemente von $\mathbf{C}_{ee}$ gegen ∞, so bedeutet dieses, daß die Parameter des Rechenmodells a priori beliebige Werte annehmen können.

6.3 Die Systemparameter-Matrizen des Rechenmodells seien

$$\mathbf{M} = \begin{pmatrix} 0{,}8; & 0; & 0 \\ 0; & 0{,}8; & 0 \\ 0; & 0; & 0{,}08 \end{pmatrix}, \quad \mathbf{G} = 10^{-3} \begin{pmatrix} 0{,}6107; & 0{,}3214; & 0{,}0321 \\ 0{,}3214; & 0{,}6429; & 0{,}0643 \\ 0{,}0321; & 0{,}0643; & 0{,}0964 \end{pmatrix}$$

(exakt: 1,25 **M**; $1{,}\bar{1}$ **G**). Die Matrizen **M** und **G** sind mittels der Schätzgrößen $\hat{\lambda}_{01} = 0{,}948 \cdot 10^3$, $\hat{\lambda}_{02} = 2{,}933 \cdot 10^3$ (ungewichtet) zu korrigieren. Ist diese Aufgabenstellung sinnvoll?

6.4 Unter welcher Bedingung, außer daß sich die Eigenwerte von Rechenmodell und Versuchsmodell um einen konstanten Faktor unterscheiden, ist $\xi^{K}_{r\iota} = \mathbf{0}$? Es ist ein Sonderfall zu diskutieren.

6.5 Es ist das System gemäß Beispiel 6.4 nach Gl. (6.55) mit $\mathbf{G_W} = \mathbf{I}$ zu korrigieren.

6.6 Die Gln. (6.62) sind entsprechend den Gln. (6.53) bis (6.55) matriziell herzuleiten, und es ist $\hat{\mathbf{a}}_G$ explizit anzugeben.

6.7 Das Rechenmodell des Beispiels 6.4 habe zusätzlich zu den Abweichungen der Steifigkeitsmatrix eine fehlerbehaftete Trägheitsmatrix:

$$\mathbf{M} = \begin{pmatrix} 0{,}8; & 0; & 0 \\ 0; & 0{,}8; & 0 \\ 0; & 0; & 0{,}08 \end{pmatrix}.$$

Trägheits- und Steifigkeitsmatrix sind gemeinsam zu korrigieren (ungewichtet) über das auf dem Matrizeneigenwertproblem basierenden Korrekturverfahren (s. Beispiel 6.11). Für die Trägheitsmatrix kann eine globale Korrektur durchgeführt werden, die Substrukturaufteilung für die Steifigkeitsmatrix ist gemäß der des Beispiels 6.4 vorzunehmen. Als Schätzwerte der Eigenschwingungsgrößen seien die (exakten) Werte des Versuchsmodells gegeben zu:

$$\hat{\lambda}_{01} = 0{,}948 \cdot 10^3, \hat{\lambda}_{02} = 2{,}950 \cdot 10^3, \hat{\lambda}_{03} = 100{,}1 \cdot 10^3,$$

$$\hat{\mathbf{U}}_0 = \begin{pmatrix} 0{,}6889; & 0{,}7249; & 0{,}0003 \\ 0{,}7245; & -0{,}6885; & -0{,}0322 \\ 0{,}0731; & -0{,}0709; & 3{,}1606 \end{pmatrix}.$$

Die Ergebnisse von Korrekturrechnungen sind zu diskutieren, die
a) unter Verwendung aller Eigenschwingungsgrößen
b) ohne $\hat{\lambda}_{03}$ und $\hat{\mathbf{u}}_{03}$
durchgeführt wurden.
(*Hinweis:* Man beachte den Einfluß des unverträglichen Korrekturansatzes.)

6.8 Es ist der Formalismus (s. Gln. (6.5) bis (6.8)) zur Korrektur der Nachgiebigkeitsmatrix ($\mathbf{M}^K = \mathbf{M}$) anhand identifizierter Eigenwerte und Eigenvektoren über den Residuenvektor ($\kappa_{0r} = 1/\lambda_{0r}$)

$$\mathbf{v}_9^T := (\hat{\kappa}_{01} - \kappa^K_{01}, \ldots, \hat{\kappa}_{0N} - \kappa^K_{0N}, \hat{\mathbf{u}}^T_{01} - \hat{\mathbf{u}}^{KT}_{01}, \ldots, \hat{\mathbf{u}}^T_{0N} - \hat{\mathbf{u}}^{KT}_{0N})$$

herzuleiten.

6.9 Es ist zu zeigen, daß der Formalismus zur Korrektur der Steifigkeitsmatrix nach der Gleichung (6.78) unverändert zur Korrektur der Trägheitsmatrix ($\mathbf{K}^K = \mathbf{K}$) verwendet werden kann.

6.10 In der Aufgabe 6.9 ist die Ermittlung von $\boldsymbol{\zeta}^{KN}_{r\sigma} := \partial \hat{\mathbf{u}}^{KN}_{0r} / \partial a_{M\sigma}$ über ein lineares Gleichungssystem angeführt. Wie lautet die Entwicklung von $\boldsymbol{\zeta}^{KN}_{r\sigma}$ nach den Eigenvektoren $\hat{\mathbf{u}}^{KN}_{0r}$?

6.11 Korrektur der Steifigkeitsmatrix

$$\mathbf{K} = 10^2 \begin{pmatrix} 1{,}\bar{6}; & -0{,}8\bar{3} \\ -0{,}8\bar{3}; & 3{,}\bar{3} \end{pmatrix}$$

über den Ausgangsfehler mit $\mathbf{G_W} = \mathbf{I}$, $\mathbf{M} = \mathbf{M}^K = \mathbf{I}$. Für die Erregungsfrequenz $\Omega_1 = 17\ \mathrm{s}^{-1}$ mit dem Amplitudenvektor $\hat{\mathbf{p}}_1^{MT} = (1, 1)$ wurde der Antwortvektor $\hat{\mathbf{u}}_1^{MT} = 10^{-3}\,(-10{,}0; -0{,}6)$ gemessen.

Es sind die Ergebnisse für das bezüglich Δa linearisierte Problem, für eine Approximation bis $(\Delta a)^2$, bis $(\Delta a)^3$ und höherer Ordnung zu diskutieren.
Hinweis: Es ist $a_{K_1} = 1 + \Delta a$ anzusetzen. Exakt ist $\mathring{a}_{K_1} = 1{,}2$.

6.12 S. Aufgabe 6.11, nur Korrektur der Steifigkeitsmatrix über den Eingangsfehler.

6.13 S. Aufgabe 6.12, jedoch unter Verwendung eines aus mehreren Messungen gemittelten Antwortvektors $\hat{\mathring{\mathbf{u}}}_1^T = (-10{,}614; -0{,}553) \cdot 10^{-3}$.

6.14 Vergleiche die Korrekturverfahren der Abschnitte 6.2.3.1 und 2 vereinfachend ($\hat{\mathbf{u}}_r^K \doteq \hat{\mathbf{u}}_r^M$, $\mathbf{a} \doteq \mathbf{e}$) anhand der Tabelle 6.1 und den partiellen Ableitungen (6.110), (6.114) für die Systemdaten:

$$\mathbf{K}_1 = 10^3 \begin{pmatrix} 1, & -1 \\ -1, & 1 \end{pmatrix}, \quad \hat{\mathbf{u}}_1^T = 10^{-3}(5{,}2381; 4{,}7619),$$

$$\hat{\mathbf{u}}_2^T = 10^{-3}(0, -1), \qquad \mathbf{F}_1^K = 10^{-3} \begin{pmatrix} 5{,}2381; & 4{,}7619 \\ 4{,}7619; & 5{,}2381 \end{pmatrix},$$

$$\mathbf{F}_2^K = 10^{-3} \begin{pmatrix} 0, & -1 \\ -1, & 0 \end{pmatrix}, \quad \mathbf{p}_0^T = (0, 1).$$

6.15 Entsprechend der Aufgabe 6.14 ist das (fehlerfreie) Versuchsmodell mit $\mathbf{M}_{VM} = \mathbf{I}$,

$$\mathbf{K}_{VM} = 10^3 \begin{pmatrix} 2, & -1 \\ -1, & 2 \end{pmatrix}$$ und den Ein- und Ausgangsgrößen $\Lambda_1 = 0{,}9 \cdot 10^3$,

$\Lambda_2 = 2 \cdot 10^3$, $\mathbf{p}_0^T = (0, 1)$, $\hat{\mathbf{u}}_1^{MT} = 10^{-3}\,(5{,}2381; 47619)$, $\hat{\mathbf{u}}_2^{MT} = 10^{-3}\,(0, -1)$ gegeben. Das Rechenmodell mit $\mathbf{M} = \mathbf{M}_{VM}$, $\mathbf{K}' = 10^3\,\mathbf{I}$, $\mathbf{K}_1 = 0{,}8 \cdot 10^3 \begin{pmatrix} 1, & -1 \\ -1, & 1 \end{pmatrix}$ soll nach dem Verfahren des Abschnitts 6.2.3.1 korrigiert und nachträglich anhand von Empfindlichkeitsuntersuchungen festgestellt werden, wie sich eine globale Korrektur von $\mathbf{K}$ ausgewirkt hätte.

6.16 Der Aufgabe liegt das System des Beispiels 5.2 zugrunde. Die vorgegebenen identifizierten Werte sind die nachstehenden Eigenfrequenzen, effektiven Dämpfungen und Eigenvektoren:

$\hat{\mathring{f}}_{B1} = 6{,}63$ Hz, $\hat{\mathring{\alpha}}_{B1} = 0{,}0052$,

$\hat{\mathring{f}}_{B2} = 13{,}80$ Hz, $\hat{\mathring{\alpha}}_{B2} = 0{,}0344$,

$$\hat{\mathring{\mathbf{u}}}_{B1} = \begin{pmatrix} -0{,}023 + j\,0{,}023 \\ -0{,}013 + j\,0{,}012 \end{pmatrix}, \qquad \hat{\mathring{\mathbf{u}}}_{B2} = \begin{pmatrix} 0{,}007 - j\,0{,}006 \\ -0{,}020 + j\,0{,}020 \end{pmatrix}$$

in der Normierung (5.51). Von dem System ist ferner bekannt, daß die Dämpfungsmatrix den Aufbau

$$\mathbf{B} = b \begin{pmatrix} 1, & -1 \\ -1, & 1 \end{pmatrix}$$

besitzt. Das Rechenmodell sei gegeben mit den Systemparameter-Matrizen

$$\mathbf{M} = \begin{pmatrix} 8{,}47; & 0 \\ 0; & 5{,}05 \end{pmatrix}, \quad \mathbf{B} = \mathbf{0}, \quad \mathbf{K} = 10^5 \begin{pmatrix} 0{,}1; & 0 \\ 0; & 0{,}24 \end{pmatrix} + 10^5 \begin{pmatrix} 0{,}188; & -0{,}188 \\ -0{,}188; & 0{,}188 \end{pmatrix},$$

wobei bekannt ist, daß die Elemente der Submatrix

$$\mathbf{K}' = 10^5 \begin{pmatrix} 0{,}1; & 0 \\ 0; & 0{,}24 \end{pmatrix}$$ hinreichend genau sind.

Zu korrigieren (ungewichtet) sind **M**, $\mathbf{K}_1 := 0{,}188 \cdot 10^5 \begin{pmatrix} 1, & -1 \\ -1, & 1 \end{pmatrix}$ und **B**.

Um den Rechenaufwand gering zu halten, möge folgendes Vorgehen eingeschlagen werden:

1. Aufstellen eines neuen Rechenmodells mit viskoser Dämfpung ($\mathbf{M}, \mathbf{K}, \widetilde{\mathbf{B}}$).
   Hinweis: S. Tabelle 5.3.
2. Näherungsweise Korrektur von **M** allein über

   $$a_{M1}\,(2\,\pi\,\hat{f}_B)^2\,\hat{\mathbf{u}}_B^T\,\mathbf{M}\,\hat{\mathbf{u}}_B^* = \hat{\mathbf{u}}_B^T\,\mathbf{K}\,\hat{\mathbf{u}}_B^*$$

   (Berechtigung: s. Rayleigh-Quotient, Minimaleigenschaft).
3. Korrektur von $\overline{\mathbf{K}}, \widetilde{\mathbf{B}}$ über Eigenwert-Residuen (Gln. (6.127) mit $\epsilon_B^{(0)} = 0{,}03$, $\epsilon_K^{(0)} = 0{,}0007$, um die Rechnung auf einen Iterationsschritt zu begrenzen).

6.17 Das Versuchsmodell des skizzierten, viskos gedämpften Zweimassenschwingers ist mit den exakten Parametern

$$m_1 = 1,\; m_2 = 2,\; b_1 = 0{,}3,\; b_2 = 0{,}2,\; k_1 = 3,\; k_2 = 2$$

gegeben. Ein mit den fehlerbehafteten Parametern (+ 5% Abweichung für die Dämpfungsparameter, – 5% Abweichung für die Steifigkeitsparameter) modelliertes Rechenmodell ist gemäß dem bekannten Fehleransatz global (ungewichtet) zu korrigieren. Um die Rechnung übersichtlich zu halten, seien lediglich Meßwerte für eine Erregerfrequenz vorgegeben. Für die simultane Korrektur der Steifigkeits- und der Dämpfungsparameter stehen die fehlerbehafteten (max. 3% Abweichung) Systemantworten des Versuchsmodells

$\hat{\mathbf{u}}_1^{MT} = (-1{,}10 - j\,0{,}059;\; -1{,}30 - j\,0{,}094)$ zur Verfügung, die sich aufgrund einer Erregung mit $\hat{\mathbf{p}}^T = (0, 1)$ für $\Omega_1 = 0{,}75$ ergeben.

Die Korrekturrechnung ist durchzuführen

a) ausgehend von dem Systemantwortresiduum,

b) ausgehend von dem Erregerkraftresiduum.

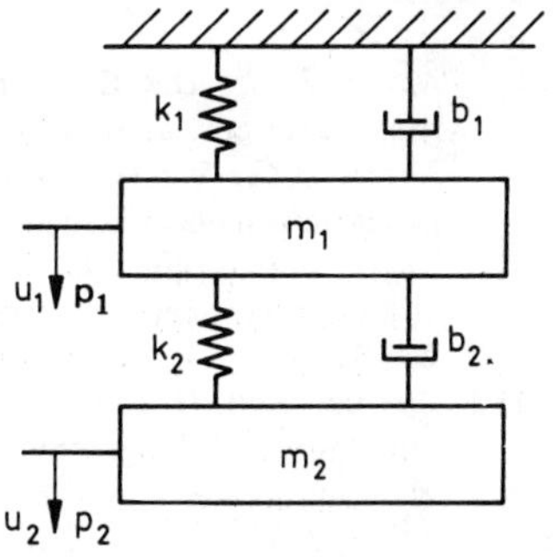

Bild 6.8

6.18 Die Korrekturrechnung der Aufgabe 6.17 ist unter Verwendung der fehlerfreien Systemantworten

$$\hat{\mathbf{u}}_1^T = (-1,0659 - j\,0{,}58575 \cdot 10^{-1}; -1{,}2995 - j\,0{,}93838 \cdot 10^{-1})$$

– die z. B. das Ergebnis einer Mittelung der Meßwerte sein könnten – zu wiederholen. Die Auswirkungen der Genauigkeitssteigerung der Meßwerte sind zu diskutieren.

6.19 Die Steifigkeitsmatrix des Rahmens in Bild 6.9 lautet

$$\mathbf{K} = \frac{2\,EI}{l^3}\begin{pmatrix} 12, & 3\,l, & 3\,l \\ 3\,l, & 6\,l^2, & 2\,l^2 \\ 3\,l, & 2\,l^2, & 6\,l^2 \end{pmatrix}.$$

Die Konstruktionselement-Parameter $\kappa_1 = E$, $\kappa_2 = l$ sollen über Eigenwert-Residuen korrigiert werden.

6.20 Das Matrizeneigenwertproblem für passive viskos gedämpfte Systeme ist als Operatorgleichung (6.178) zu formulieren. Wie lautet die Operatorgleichung für das dynamische Antwortproblem?

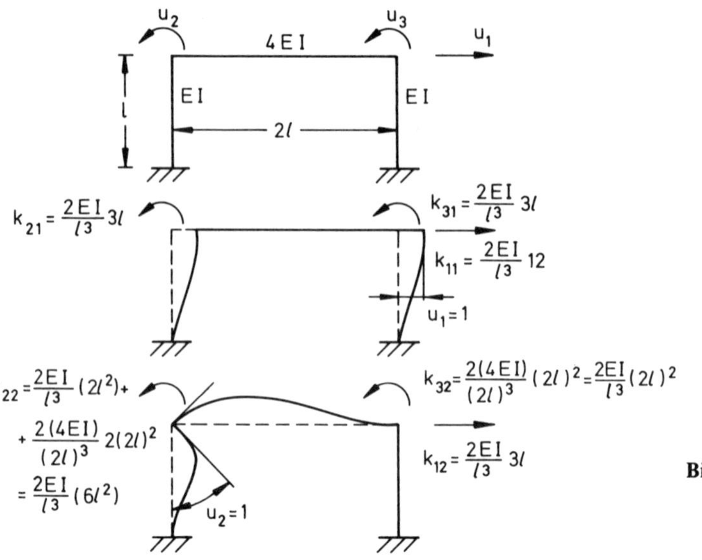

Bild 6.9

6.8 Schrifttum

[6.1] *Natke, H.G.:* Die Korrektur des Rechenmodells eines elastomechanischen Systems mittels gemessener erzwungener Schwingungen; Ingenieur-Archiv 46 (1977), 169–184

[6.2] *Natke, H.G.:* Vergleich von Algorithmen für die Anpassung des Rechenmodells einer schwingungsfähigen elastomechanischen Struktur an Versuchswerte; ZAMM 59 (1979), 257–268

[6.3] *Natke, H.G./Collmann, D./Zimmermann, H.:* Beitrag zur Korrektur des Rechenmodells eines elastomechanischen Systems anhand von Versuchsergebnissen; VDI-Berichte Nr. 221, 1974, 23–32

[6.4] *Zimmermann, H./Collmann, D./Natke, H.G.:* Erfahrungen zur Korrektur des Rechenmodells mit gemessenen Eigenfrequenzen am Beispiel des Verkehrsflugzeuges VFW 614; Z. Flugwiss. Weltraumforsch. 1 (1977), Heft 4, 278–285

[6.5] *Natke, H.G./Schulze, H.:* Parameter Adjustment of a Model of an Offshore Platform from Estimated Eigenfrequencies Data: J. Sound and Vibration (1981) 77 (2), 271–285

[6.6] *Demchak, L./Harcrow, H.:* Analysis of Structural Dynamic Data from Skylab; Martin-Marietta Corp., NASA Cr–2727, Vol. 1, 1976

[6.7] *Saaty, T.L./Bram, J.:* Nonlinear Mathematics; New York, San Francisco, Toronto, London, 1964

[6.8] *Felgenhauer, H.-P.:* Korrektur von Rechenmodellen für gedämpfte elastische Systeme mittels gemessener erzwungener Schwingungen; Fortschr.-Ber. VDI-Z., Reihe 11, Nr. 37, 1981

[6.9] *Collins, J.D./Hart, G.C./Hasselman, T.K./Kennedy, B.:* Statistical Identification of Structures; AIAA Journal, Vol. 12, No. 2, 1974, 185–190

[6.10] *Taylor, J.E.:* Scaling a Discrete Structural Model to Match Measured Modal Frequencies; AIAA Journal, Vol. 15, No. 11, 1977, 1647–1649

[6.11] *Collins, J.D./Hart, G.C./Gabler, R.T.:* Structural Model Optimization Using Statistical Evaluation; NASA-CR-123575, J.H. Wiggins Co., Palos Verdes Estates, CA, Febr. 1972

[6.12] *Hart, G.C./Torkamani, M.A.M.:* Structural System Identification; Stochastic Problems in Mechanics; University of Waterloo Press, 1974, 207–228

[6.13] *Hart, G.C./Yao, J.T.P.:* System Identification in Structural Dynamics; J. of the Eng. Mech. Division, Proceedings of the ASCE, Vol. 103, No. EM6, 1977, 1089–1104

[6.14] *Chrostowski, J.D./Evensen, D.A./Hasselman, T.K.:* Model Verification of Mixed Dynamic Systems; J. Mech. Design, Transactions of the ASME, Vol. 100, April 1978, 266–273

[6.15] *Sprandel, J.K.:* Structural Parameter Identification of Member Characteristics in a Finite Element Model; Ph. D. Thesis, Purdue Univ., 1979, UM 8015522

Ergänzendes Schrifttum

[6.16] *Chen, J.C./Wada, B.K.:* Criteria for Analysis-Test Correlation of Structural Dynamic Systems; J. Appl. Mech. 42 (1975), 471–477

[6.17] *Isenberg, J.:* Progressing from Least Squares to Bayesian Estimation; J.H. Wiggins Co., Redondo Beach, CA, ASME Paper No. 79-WA/DSC-16, 1979

[6.18] *Natke, H.G.:* Survey of Methods for the Improvement of Computational Models Using Test Results; in: International Symposium on Aeroelasticity, DGLR-Bericht 82-01, 1982, 160–168

[6.19] *Keramidas, G.A./Brebbia, C.A.:* Computational Methods and Experimental Measurements; Proceedings of the International Conference, Washington D.C., July 1982, Springer-Verlag Berlin, Heidelberg, New York 1982, A Computational Mechanics Centre Publication

[6.20] *Natke, H.G.:* Deliberations on the Improvement of the Computational Model with Measured Eigenmagnitudes; Revue Roumaine des Sciences Techniques, Mécanique Appliquée, 1983

[6.21] *Cottin, N.:* Identification of Elastomechanical Systems Using the Results of System Analysis for Bayesian Estimation, CISM-Lecture-Note, Oct. 1982

7 Abschließende Bemerkung: Subsystemtechnik

Im Abschnitt 5.1.7. sind Systemmodifikationen bezüglich der Randbedingungen behandelt worden. Die dort dargelegten Verfahren können für beliebige Konstruktionsänderungen verwendet werden, sofern sie keine Änderungen der Anzahl der Freiheitsgrade des nicht modifizierten Systems bewirken. Wird jedoch durch die Systemmodifikation die Anzahl der Freiheitsgrade des nichtmodifizierten Systems geändert, so erhebt sich sofort die Frage nach einem wirtschaftlichen Verfahren, und zwar hinsichtlich des Einführens der identifizierten Größen . Ebenso können die zu untersuchenden Konstruktionen sehr große Abmessungen besitzen und/oder dynamisch ein sehr kompliziertes Verhalten aufweisen, so daß sie für einen Versuch in der Großausführung nicht mehr handhabbar sind, oder ein Versuch mit der Großausführung wirtschaftlich nicht mehr vertretbar ist. Bedenkt man, daß derartige Konstruktionen (Gesamt-System) häufig in Subsystemen entwickelt und gefertigt werden, sogar von verschiedenen auch örtlich voneinander getrennten Unternehmen, so bietet sich hier eine Analyse und Identifikation der Subsysteme mit anschließender Subsystemsynthese an. Letzteres heißt, es werden die Ergebnisse für die Subsysteme zur Ermittlung des (Gesamt-)Systemverhaltens verwendet.

Im Zusammenhang mit der Systemmodifikation und der Systemidentifikation ist einerseits die Modalsynthese und andererseits die Synthese mit korrigierten Rechenmodellen zu nennen.

Die Synthese mit korrigierten Rechenmodellen der Subsysteme ist theoretisch einfach: Identifikationsergebnisse der Subsysteme erlauben bei vorausgegangener Systemanalyse die Korrektur der zugehörigen Rechenmodelle. Die korrigierten Rechenmodelle der Subsysteme können zu einem Rechenmodell des (Gesamt-)Systems über die Verträglichkeitsbedingungen bezüglich der Kräfte und Verschiebungen zusammengesetzt werden. Voraussetzung für dieses Vorgehen ist u.a., daß die Randbedingungen des Rechenmodells mit denen des Versuchsmodells übereinstimmen.

Die Modalsynthese verwendet, wie der Ausdruck schon besagt, die (identifizierten) Eigenschwingungsgrößen der Subsysteme. Hierzu ist die Transformation der (physikalischen) Verschiebungskoordinaten in generalisierte Koordinaten erforderlich. Die Transformationsmatrix besteht aus den Eigenvektoren der Subsysteme, die für die Rücktransformation regulär sein muß. Aus dieser Forderung ergibt sich, daß Eigenvektoren theoretisch für beliebige Randbedingungen der Subsysteme ermittelt und verwendet werden können. Jedoch ist dann für die Entwicklung der Verschiebungskoordinaten in generalisierte Koordinaten die Kenntnis der vollen Transformationsmatrix notwendig, was in praxi nicht gegeben ist, da die Eigenschwingungsgrößen für die Subsysteme lediglich für die Freiheitsgrade im unteren Frequenzbereich (wesentliche Freiheitsgrade) gerechnet bzw. identifiziert werden (unvollständiges Versuchsmodell). Um nun mit einer beschränkten Anzahl von Freiheitsgraden auszukommen (relativ vollständiger Ansatz, s. Rayleigh-Ritz-Verfahren) ist es notwendig, die Eigenvektoren für die tatsächlichen Randbedingungen der Subsysteme – zumindest angenähert – zu bestimmen und für die Synthese zu verwenden. Damit liegt aber genau dieselbe Zielsetzung wie bei der Kondensation, beschrieben im Abschnitt 5.1.9.2, vor: Beschreibung des Systems allein mit den Modalgrößen der wesentlichen (bekannten) Freiheitsgrade.

Diese Problematik soll hier nicht weiter vertieft werden, da sie diese „Einführung" bei weitem überschreitet. Weil aber die Subsystemsynthese, insbesonders die Modalsynthese, bei der Behandlung von Systemmodifikationen eine große Rolle spielt, wird sie hier abschließend erwähnt, und es sei der Literaturhinweis [5.90] wiederholt. Das dort angegebene Schrifttum ermöglicht eine Einarbeitung in die Subsystemtechnik. Die Modalsynthese allein infolge identifizierter Eigenschwingungsgrößen ist im nachstehend angegebenen Schrifttum beschrieben, während [5.90] die dazugehörige Fehlerbetrachtung enthält, sie benötigt für die restlichen Freiheitsgrade zwar keine gemessenen Eigenschwingungsformen, jedoch ist die Kenntnis der Systemparameter-Matrizen des Rechenmodells erforderlich.

Schrifttum:

Breitbach, E.: Modal Synthesis: Modal Correction – Modal Coupling; in [5.73] enthalten.

8 Anhang: Lösung der Aufgaben

Kapitel 2

2.1 $Lu(t) = p(t)$, $L := mD^2 + bD + k$ ein linearer Operator, $D := \frac{d}{dt}$. L, p(t) sind determiniert. Annahme: $u(t) = x(t) + n(t)$ mit x(t) determiniert, n(t) regellos. Es folgt $Lu(t) = Lx(t) + Ln(t) = p(t)$, dieser Ausdruck ist nur für $Ln(t) = 0$ determiniert. Es folgt $n(t) = 0$ w.z.z.w.
Verallgemeinerung über lineare gewöhnliche Differentialgleichungssysteme.

2.2 x(t) besitzt die Periode $T_x = \frac{2\pi}{\lambda}$. Fourierreihe:

$$x_F(t) = \frac{2 \sin \pi u}{\pi} \sum_{n=1}^{\infty} (-1)^{n-1} \frac{n \sin n\omega t}{n^2 - u^2}, \quad u := \frac{T\lambda}{2\pi} \text{ mit der Periode T.}$$

D.h., $x_F(t)$ stimmt innerhalb des Intervalls [0, T] mit x(t) überein, außerhalb von [0, T] brauchen $x_F(t)$ mit der Periode T und x(t) mit der Periode T_x nicht mehr gleich zu sein.

2.3 $$u(t) = \frac{u_0}{2\pi} \left(1 + e^{-j\frac{3\delta}{\omega_0}\pi}\right) \sum_{n=-\infty}^{\infty} \left(\frac{1}{3 - 2n - j3\delta/\omega_0} + \frac{1}{3 + 2n + j3\delta/\omega_0} \right) e^{j\frac{2}{3} n \omega_0 t}$$

2.4 Nach (2.21) beträgt die maximale Amplitude $x_1 + x_2$ gegenüber der einzelnen Amplitude.

2.5 $T_1 := \frac{2\pi}{\omega_1}$, $T_2 := \frac{2\pi}{\omega_2}$, periodisch: Es existiert $n_1, n_2 \in \mathbb{N}$ derart, daß $n_1 T_1 = n_2 T_2$ gilt. $\frac{\omega_1}{\omega_2} = \frac{n_1}{n_2}$ ist somit eine rationale Zahl. Die Periode ist $T = \text{kgV}(T_1, T_2)$. Fastperiodisch: Wenn die Frequenzen in keinem rationalen Verhältnis zueinander stehen.

2.6 Betrachtet wird der stationäre Zustand. Der Betrieb einer Webmaschine erzeugt bei konstanter Drehzahl eine periodische Erregung (umlaufende Unwuchten und Impulsfolgen). Die Antwort eines linearen gedämpften Systems ist dann wieder periodisch. Mehrere nichtsynchronisiert betriebene Webmaschinen erzeugen Schwebungserscheinungen (s. Bild 2.13): fastperiodischer Vorgang.

2.7 Das Beispiel 2.4 zeigt, daß das Spektrum einer transienten Erregung um so breiter ist, d.h. um so mehr Frequenzen eines linearen elastomechanischen Systems anregen kann, je kürzer die Erregungsdauer ist. Der Extremfall Beispiel 2.5 ist theoretisch diesbezüglich die ideale Anregung, das ganze Spektrum wird mit konstanter Amplitude angeregt (s. jedoch Abschnitte 4.1.2.1 und 4.2.1). Da der Dirac-Stoß sich in der Praxis nicht verwirklichen läßt, müssen bei transienter Erregung mehrere unterschiedliche Erregungsdauern verwendet werden (s. Nullstellen in den Erregungsspektren).

2.8 $y(t) := \int_0^t x(\tau)\, d\tau$, die spezielle untere Integrationsgrenze bedeutet keine Einschränkung der Allgemeinheit (Verschiebung des Zeitanfanges).

$$\mathcal{F}\{y(t)\} := \int_0^{\infty} y(t)\, e^{-j\omega t}\, dt =: Y(j\omega),$$

partielle Integration ergibt

$$F\{y(t)\} = -\frac{1}{j\omega} y(t)\, e^{-j\omega t} \Big|_0^{\infty} + \frac{1}{j\omega} \int_0^{\infty} \dot{y}(t)\, e^{-j\omega t}\, dt,$$

$$\dot{y}(t) = x(t), \quad X(j\omega) := \int_0^{\infty} x(t)\, e^{-j\omega t}\, dt,$$

somit

$$F\{y(t)\} = \frac{1}{j\omega} X(j\omega) - \frac{1}{j\omega} y(t)\, e^{-j\omega t} \Big|_0^{\infty}.$$

$e^{-j\omega t}$ ist für die obere Integrationsgrenze nicht definiert, aber im ganzen t-Intervall beschränkt. $y(t) = F^{-1}\{Y(j\omega)\}$ ist eindeutig für alle Werte von t, an denen y(t) stetig ist:

$$y(t)\, e^{-j\omega t}\Big|_0^{\infty} = \lim_{\tau\to\infty} e^{-j\omega\tau} \int_0^{\infty} x(t)\, dt = \lim_{\tau\to\infty} e^{-j\omega\tau} X(0).$$

Für $X(0) = 0$ ergibt sich $F\{\int_0^t x(\tau)\, d\tau\} = \frac{1}{j\omega} X(j\omega)$ (Integrationssatz).

Ist y(t) dagegen nicht überall stetig, so muß beim Fourierintegral (2.26) der Cauchysche Hauptwert betrachtet werden:

$$\lim_{a\to\infty} \frac{1}{2\pi} \int_{-a}^{a} Y(j\omega)\, e^{j\omega t}\, d\omega = \frac{1}{2}[y(t+0) + y(t-0)],$$

vgl. das Ergebnis in Tabelle 2.5.

2.9 $$L\{\sin \omega_0 t\} := \int_0^{\infty} \sin \omega_0 t\, e^{-st}\, dt = \int_0^{\infty} \sin \omega_0 t\, e^{-(\alpha+j\omega)t}\, dt$$

$$= \frac{\omega_0}{\omega_0^2 + (\alpha + j\omega)^2} = \frac{\omega_0(\omega_0^2 - \omega^2 + \alpha^2) - j\, 2\, \alpha\omega_0\omega}{(\omega_0^2 - \omega^2 + \alpha^2)^2 + 4\, \alpha^2\omega^2}.$$

Wirkung des Exponentialfensters $e^{-\alpha t}$: Verschieben von Null- und Extremwertstellen, Abflachen und Verbreitern von Extrema (s. Bild A.1, A.2 mit $\omega_0 = 500\ s^{-1}$).
Definiertes Ende des Zeitsignals innerhalb einer Toleranzschwelle für das „Restintegral":

$$\int_0^{\infty} \sin \omega_0 t\, e^{-st}\, dt = \int_0^{T} \sin \omega_0 t\, e^{-st}\, dt + \int_T^{\infty} \sin \omega_0 t\, e^{-st}\, dt,$$

$$\left| \int_T^{\infty} \sin \omega_0 t\, e^{-(\alpha+j\omega t)}\, dt \right| \leq \int_T^{\infty} e^{-\alpha t}\, dt < \epsilon, \quad \epsilon > 0 \text{ vorgegeben},$$

folglich $\frac{1}{\alpha} e^{-\alpha T} < \epsilon$, somit $\alpha T + \ln \alpha > -\ln \epsilon$ zur Ermittlung von α.

Konsequenzen für die Praxis:

- Die Wahl eines zu großen α's läßt die Charakteristika der betreffenden Amplitudendichte nicht mehr stark (genug) hervortreten.
- Bei der Wahl eines hinreichend großen $\alpha(\epsilon)$ genügt die Integration über ein endliches Intervall.

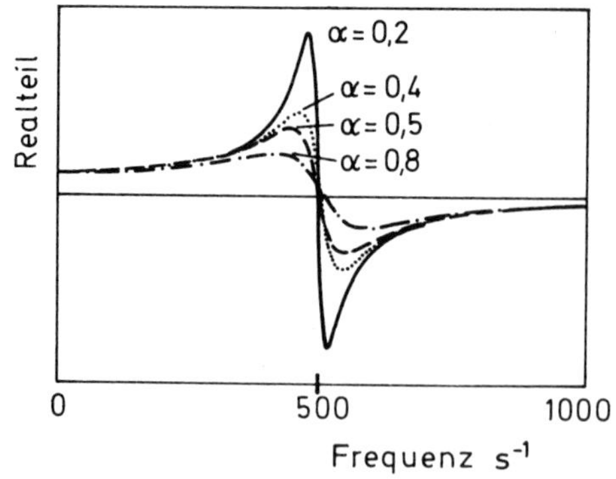

Bild A. 1

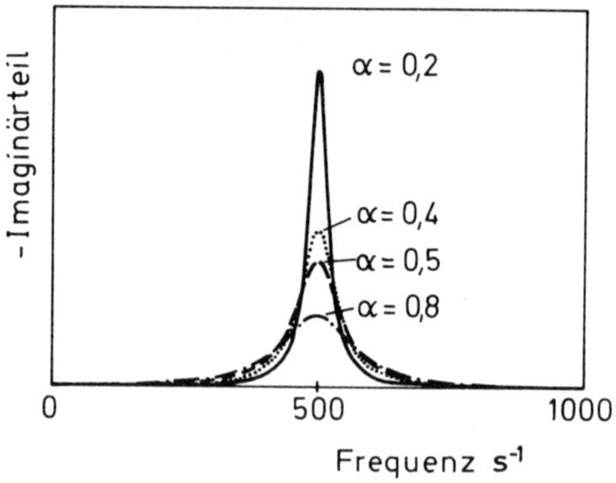

Bild A. 2

2.10 $L\{\sin\omega_1 t + \sin\omega_2 t\} = L\{\sin\omega_1 t\} + L\{\sin\omega_2 t\}$. $\omega_1/\omega_2 \doteq 1$ und die Wahl eines relativ großen α's läßt in der Summenkurve u.U. nicht mehr beide Frequenzen erkennen.

2.11 Lt. Definition ist z.B. für $y(t) = x^n(t), L\{y\} := \int_0^\infty y(t)e^{-st}\,dt = \int_0^\infty x^n(t)e^{-st}\,dt$.

2.12 x(t) ist tabellarisch, also in diskretisierter Form gegeben. Vorausgesetzt werden muß: Es existiert $F\{x(t)\}$. Da x(t) nur in dem Intervall [0, T], $T := t_N$, gegeben ist, muß weiter vorausgesetzt werden:

$\int_0^\infty x(t)e^{-j\omega t}\,dt = \int_0^T x(t)e^{-j\omega t}\,dt + \epsilon$ mit $|\epsilon| > 0$ innerhalb der geforderten Genauigkeit vernachlässigbar. Das Restglied der numerischen Integration sei ebenfalls vernachlässigbar. Die Rechteckregel als einfachstes Verfahren der numerischen Integration liefert dann für die Fouriertransformierte:

$$F\{x(t)\} \doteq \int_0^T x(t)e^{-j\omega t}\,dt \doteq \sum_{i=0}^{N-1} x(t_i)e^{-j\omega t_i}\,h,$$

t_i, i = 0(1)N = 7, t_7 = T = 7 s.

$$h = \frac{T}{N} = 1:\ X(j\omega) \doteq \tilde{X}(j\omega) = h\sum_{i=0}^{6} x(t_i)e^{-j\omega t_i},\ X(s) \doteq \tilde{X}(s) = h\sum_{i=0}^{6} x(t_i)e^{-\alpha t_i}\,e^{-j\omega t_i}$$

	α = 0		α = 0,3	
ω_k	Re $\tilde{X}(j\omega_k)$	Im $\tilde{X}(j\omega_k)$	Re $\tilde{X}(s_k)$	Im $\tilde{X}(s_k)$
0	0,3694	0	0,2372	0
0,8976	0778	–0,2784	0759	–0,1864
1,7952	– 1150	– 1565	– 0763	– 1293
2,6928	– 1475	– 0436	– 1182	– 0397
3,5904	– 1475	0436	– 1182	0397
4,4880	– 1150	1565	– 0763	1293
5,3856	0778	2784	0759	1864
6,2832	3694	0	2372	0

2.13 Masse m, Federkonstante $k = 2\,k_1$. Es folgt die Bewegungsgleichung $m\ddot{u}(t) + ku(t) = p(t)$ mit der Lösung

$$u(t) = \int_0^t g(t-\tau)\,p(\tau)\,d\tau.$$

Gewichtsfunktion: $g(t-\tau) = \frac{\omega_0}{k}\sin\omega_0(t-\tau)$, $\omega_0^2 = k/m$.

Es folgt

$$u(t) = \begin{cases} \frac{p_0}{k}(1-\cos\omega_0 t) \text{ für } 0 \leqslant t \leqslant \Delta t, \\ \frac{p_0}{k}[\cos\omega_0(t-\Delta t) - \cos\omega_0 t],\ t \geqslant \Delta t. \end{cases}$$

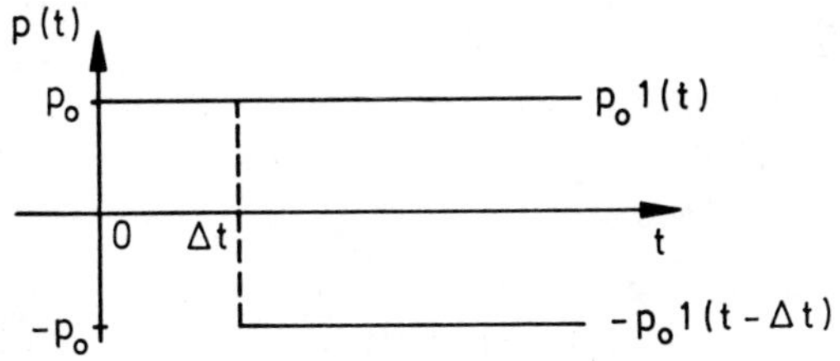

Bild A. 3

Hinweis: Die Lösung für $t > \Delta t$ erhält man folgendermaßen. Die erste Teillösung entspricht ohne Intervallbeschränkung der Antwort auf den Sprung $p_0\,1(t)$.
Für die 2. Teillösung im Intervall $(\Delta t, \infty)$ wird die bekannte Antwort des Systems auf den Sprung $-p_0\mathbf{1}(t-\Delta t)$ der ersten Teillösung überlagert: $p(t) = p_0[\mathbf{1}(t) - \mathbf{1}(t-\Delta t)]$,
es folgt

$$\frac{p_0}{k}[1 - \cos\omega_0 t - 1 + \cos\omega_0(t-\Delta t)].$$

Bei kurzzeitigen Stößen mit $\Delta t < T/2$ liegt der maximale Ausschlag im Bereich $t > \Delta t$. Ist $\Delta t > T/2$, so wird das Maximum schon während des Stoßes $(t < \Delta t)$ erreicht und nimmt in beiden Fällen den 2-fachen statischen Wert an:

$$\frac{p_0}{k}[\cos\omega_0(t-\Delta t) - \cos\omega_0 t] = \frac{p_0}{k}\,2\sin\pi\frac{\Delta t}{T}\quad\cos(\omega_0 t + \psi).$$

Für $\Delta t \ll T$ ist $\omega_0\Delta t \ll 2\,\pi$ und $\cos\omega_0(t-\Delta t) = \cos\omega_0 t\cos\omega_0\Delta t + \sin\omega_0 t\sin\omega_0\Delta t \doteq \cos\omega_0 t + \omega_0\Delta t\sin\omega_0 t$. Es gilt weiter:

$u(t) \doteq \frac{p_0\Delta t}{\omega_0 m}\sin\omega_0 t = p_0\Delta t\,g(t)$ für $t > \Delta t$: $u(t)$ wächst hier proportional mit Δt an. Bei einem beliebigen Stoß mit $\Delta t \ll T$ kann $g(t-\tau) \doteq g(t)$ gesetzt werden, folglich $u(t) \doteq g(t)\int_0^{\Delta t} p(\tau)\,d\tau$,

d.h. $u(t)$ ist von der Größe des eingeprägten Impulses und nicht von dem Kraftverlauf $p(t)$ abhängig.

2.14 $m\ddot{u}(t) + b\dot{u}(t) + k[u(t) - u_g(t)] = 0$,
$m\ddot{u}(t) + b\dot{u}(t) + ku(t) = p(t) := ku_g(t)$,

$$g(t) = \frac{1}{m\omega_D}\,e^{-\delta t}\sin\omega_D t,\ \delta := b/(2\,m),\ \omega_D^2 := \omega_0^2(1-D^2),\ D := \delta/\omega_0,$$

$$h(t) = \int g(t)\,dt + C = \frac{e^{-\delta t}}{\omega_D m\omega_0^2}(-\delta\sin\omega_D t - \omega_D\cos\omega_D t) + \frac{1}{m\omega_0^2}.$$

$$u(t) = \frac{p_0}{m\Delta t}\left[\frac{t}{\omega_0} - \frac{2\delta}{\omega_0^4} + e^{-\delta t}\left(\frac{\delta^2 - \omega_D^2}{\omega_D\omega_0^4}\sin\omega_D t + \frac{2\delta}{\omega_0^4}\cos\omega_D t\right)\right],$$

$0 \leqslant t \leqslant \Delta t.$

Die 2. Teillösung für das Intervall $t > \Delta t$ erhält man gemäß a) der Superposition der Erregungen und zugehörigen Antworten:

$$p_2(t) = \frac{p_0 t}{k\Delta t} - \frac{p_0(t-\Delta t)}{k\Delta t} = \frac{p_0}{k}$$

bzw. b) aus

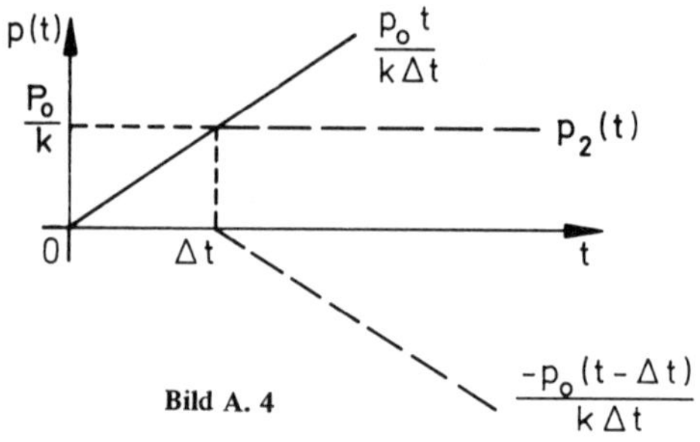

Bild A. 4

$$u(t) = \int_0^{\Delta t} h(t-\tau)\,\frac{d[(p_0\tau)/(k\Delta t)]}{d\tau}\,d\tau +$$

$$+ \int_{\Delta t}^{t} h(t-\tau)\,\frac{d(p_0/k)}{d\tau}\,d\tau \text{ mit } \frac{d(p_0/k)}{d\tau} = 0 \text{ zu:}$$

$$u(t) = \frac{p_0}{m\Delta t}\left\{\frac{\Delta t}{\omega_0^2} + e^{-\delta t}\left(\frac{\delta^2 - \omega_D^2}{\omega_D\omega_0^4}\sin\omega_D t + \frac{2\delta}{\omega_0^4}\cos\omega_D t\right)\right.$$

$$\left. - e^{-\delta(t-\Delta t)}\left[\frac{\delta^2 - \omega_D^2}{\omega_D\omega_0^4}\sin\omega_D(t-\Delta t) + \frac{2\delta}{\omega_0^4}\cos\omega_D(t-\Delta t)\right]\right\} \quad \text{für } t \geqslant \Delta t.$$

2.15 $u(t) = \int_0^t g(t-\tau)p(\tau)\,d\tau,\ p(t) = \mathbf{1}(t),$

somit

$$u(t) = \int_0^t g(t-\tau)\,d\tau = \int_0^t g(\tau)\,d\tau, \text{ nach Gl. (2.43) folgt:}$$

$$= \int_0^t \dot{h}(\tau)\,d\tau = h(t) - h(0),\ h(0) = 0,$$

$= h(t)$ w.z.z.w.

2.16 *Zeitraum:* $u_1(t) = g_1(t) * p(t),$

$u(t) = g_2(t) * u_1(t).$

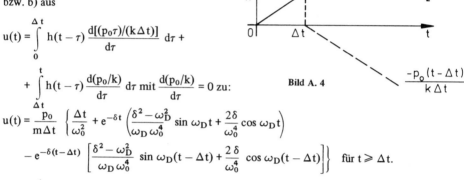

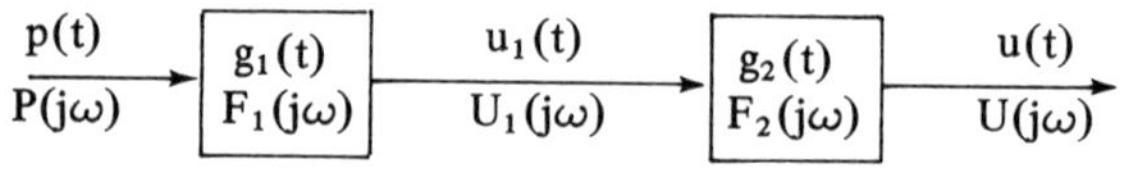

Bild A. 5

Daraus folgt

$u(t) = g_2(t) * g_1(t) * p(t) =: g(t) * p(t)$ mit $g(t) = g_1(t) * g_2(t)$: der Ersatzgewichtsfunktion.

Frequenzraum: $U_1(j\omega) = F_1(j\omega)\,P(j\omega),$

$U(j\omega) = F_2(j\omega)\,U_1(j\omega) = F_2(j\omega)\,F_1(j\omega)\,P(j\omega) =: F(j\omega)\,P(j\omega),$

$F(j\omega) = F_1(j\omega)\,F_2(j\omega)$: Der Ersatzfrequenzgang besteht aus dem Produkt der hintereinandergeschalteten Frequenzgänge.

Vorteil im Frequenzraum: Einfache Multiplikation gegenüber der Faltung.

Dimension von $g_1(t)$: (L: Länge, K: Kraft, Z: Zeit)

$g_1(t)] = LK^{-1}Z^{-1}$ (s. Beispiel 2.11).

Die 2. o. Gl. liefert:

$u(t)] = L = g_2(t)]\,LZ$ und damit $g_2(t)] = Z^{-1}$ (Fußpunkterregung).

2.17 $U_1(j\omega) = F_1(j\omega)\,P(j\omega)$,
$U_2(j\omega) = F_2(j\omega)\,P(j\omega)$,
$U(j\omega) = U_1(j\omega) + U_2(j\omega)$
$= [F_1(j\omega) + F_2(j\omega)]\,P(j\omega) =: F(j\omega)\,P(j\omega)$.
$F(j\omega) = F_1(j\omega) + F_2(j\omega)$: Der Ersatzfrequenzgang parallelgeschalteter Systeme ist die Summe der Einzelfrequenzgänge (Bild A.6).
Die statische Betrachtung zweier hintereinander geschalteter Federn ergibt (Bild A.7):
$P_0 = k_1 U_1,\ P_0 = k_2 U_2$,

$U = U_1 + U_2$, also der obige Fall mit $F_1^{-1} = k_1,\ F_2^{-1} = k_2$:

$U =: FP_0 = (1/k_1 + 1/k_2)\,P_0$. Daraus folgt $F =: 1/k = 1/k_1 + 1/k_2 = F_1 + F_2$.

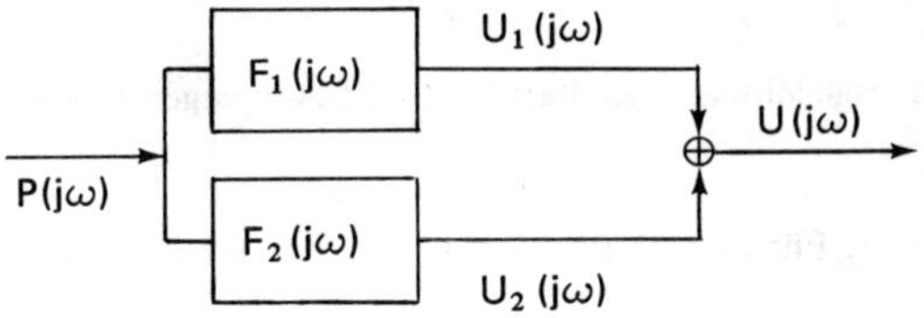

Bild A. 6

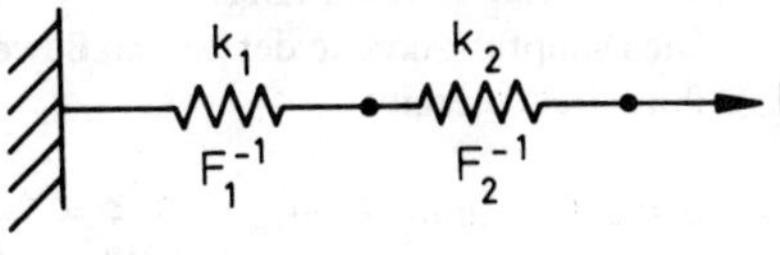

Bild A. 7

2.18 $P_0 = P_1 + P_2 = k_1 U + k_2 U =: kU$

somit

$k = k_1 + k_2$

Formulierung über die inversen Frequenzgänge:

$P_1 = F_1^{-1}\,U$,
$P_2 = F_2^{-1}\,U$,
$P_0 = P_1 + P_2 =: F^{-1} U = (F_1^{-1} + F_2^{-1})\,U$,

$F^{-1} = F_1^{-1} + F_2^{-1} =: k = k_1 + k_2$.

Bild A. 8

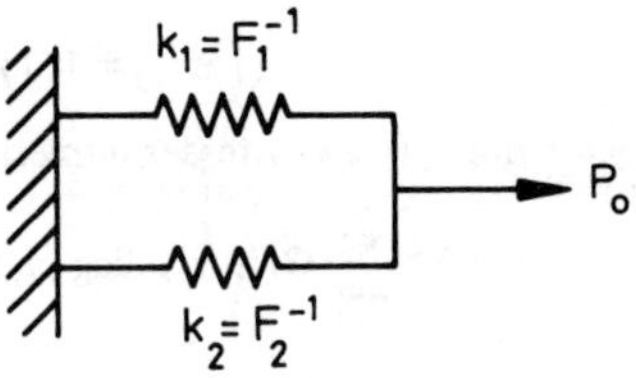

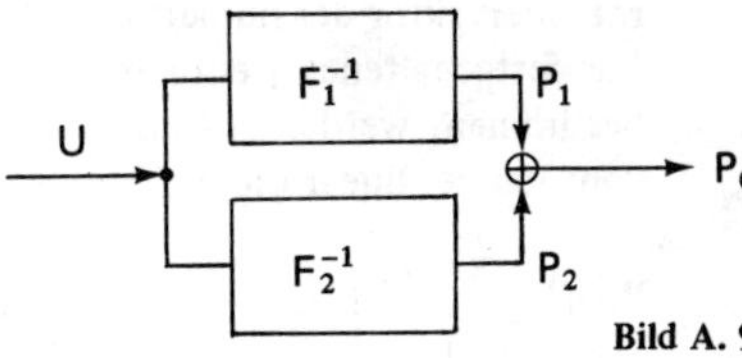

Bild A. 9

2.19 $m\ddot{u} + b_v\dot{u} + ku = p,\ 2\,\alpha := \dfrac{b_v}{\omega_0 m},\quad f(\eta) := kF(\eta)$,

$$\mathrm{Re}\, f(\eta) = \frac{1-\eta^2}{(1-\eta^2)^2 + 4\,\alpha^2\eta^2},\quad \mathrm{Im}\, f(\eta) = \frac{-2\,\alpha\eta}{(1-\eta^2)^2 + 4\,\alpha^2\eta^2}$$

Viskos gedämpftes Einfreiheitsgradsystem:

η	Re f	Im f
0	1	0
1	0	$-\dfrac{1}{2\,\alpha}$

Extremwertabszissen von $\mathrm{Re}\, f(\eta)$: $\eta_a = |\sqrt{1-2\,\alpha}|$, $\mathrm{Re}\, f(\eta_a) = \dfrac{1}{4\,\alpha(1-\alpha)}$,

$\eta_b = |\sqrt{1+2\,\alpha}|$, $\mathrm{Re}\, f(\eta_b) = \dfrac{-1}{4\,\alpha(1+\alpha)}$.

Die Ortskurve (bezüglich der Schwingwege) ist kreisähnlich, für die Schwinggeschwindigkeiten ist sie ein Kreis.

Strukturell gedämpftes Einfreiheitsgradsystem:

η	Re f	Im f
0	$\frac{1}{1+g^2}$	$\frac{-g}{1+g^2}$
1	0	$-\frac{1}{g}$

Extremwertabszissen von Re $f(\eta)$: $\eta_a = |\sqrt{1-g}|$, Re $f(\eta_a) = \frac{1}{2\,g}$,

$\eta_b = |\sqrt{1+g}|$, Re $f(\eta_b) = -\frac{1}{2\,g}$.

Die Ortskurve ist ein Kreis.
Die Dämpfungskräfte der beiden Bewegungsgleichungen für harmonische Bewegungen gleichgesetzt, $jbu = j\omega b_v u$ ergibt

$b = \omega b_v$, daraus folgt $g = \frac{\omega\, b_v}{\omega_0^2 m} = \frac{\omega}{\omega_0}\, 2\,\alpha$: Für $\omega = \omega_0 (\eta = 1)$ gilt $g = 2\,\alpha$, für $\omega \neq \omega_0$ sind bei

schwach gedämpften Systemen die Auswirkungen der verschiedenen Dämpfungsarten gering.

2.20 Ja, numerisch:

$t_j := t_0 + (j-1)\,\Delta t,\ j = 1(1)n;\ \tau_i := t_0 + (i-1)\,\Delta t,\ i = 1(1)n;$

mit g_i (Gewichte der numerischen Integration) ergibt sich

$$\mathbf{u}(t_j) = \sum_{i=1}^{n} \mathbf{G}(t_j, \tau_i)\ \mathrm{diag}\,(g_i)\ \mathbf{p}(\tau_i) + \mathbf{r}_j,$$

$\mathbf{r}_j$ Fehlervektor der numerischen Integration.
Für festgehaltenes j enthält die o. Gl. n unbekannte Matrizen $\mathbf{G}(t_j, \tau_i)$, $i = 1(1)n$; um diese zu bestimmen, werden n Vektorgln. benötigt: Wahl von n verschiedenen Erregungen derart, daß n voneinander linear unabhängige Erregungsvektoren $\mathbf{P}_r(\tau)$ existieren:

$$\mathbf{u}_r(t_j) = \sum_{i=1}^{n} \mathbf{G}(t_j, \tau_i)\ \mathrm{diag}\,(G_i)\ \mathbf{P}_r(\tau_i) + \mathbf{r}_{jr},\ r = 1(1)n.$$

Diese Rechnungen sind für alle $t_j > \tau_i$ durchzuführen (s. Bild 2.22). S. die Anmerkung in Aufgabe 2.21.

2.21 Nach (2.62) gilt für $\mathbf{P}_j(j\omega) = \mathbf{e}_j P_j(j\omega)$: $\mathbf{U}_j(j\omega) = \mathbf{F}(j\omega)\,\mathbf{e}_j P_j(j\omega)$, $j = 1(1)n$. Die n Gln. (ohne Argumente geschrieben) zusammengefaßt:

$$(\mathbf{U}_1, \ldots, \mathbf{U}_n) = \mathbf{F}\ \mathrm{diag}\,(P_j),\ P_j \neq 0,$$
$$\mathbf{F} = (\mathbf{U}_1, \ldots, \mathbf{U}_n)\ \mathrm{diag}^{-1}\,(P_j).$$

Anmerkung: Unter der Voraussetzung det $\mathbf{F} \neq 0$ folgt aus der o.Gl.: Für linear unabhängige Erregungsvektoren sind die Antwortvektoren ebenfalls linear unabhängig. Dieser Satz ist für die Lösbarkeit von linearen Gleichungssystemen im Zusammenhang mit der Auswertung von dynamischen Antworten eines Systems ausschlaggebend. Die Voraussetzung bez. $\mathbf{F}$ ergibt sich aus den Eigenschaften der einzelnen Matrizen von $\mathbf{F}$ und der Wahl von ω.

2.22 Formulierung mit Hilfe der Übertragungsmatrix und Anwendung von (2.35). Allgemein gilt für n Ein- und Ausgänge:

$$\begin{pmatrix} U_1 \\ \cdot \\ \cdot \\ U_n \end{pmatrix} = \begin{pmatrix} H_{11} \ldots H_{1n} \\ \ldots\ldots\ldots \\ \\ H_{n1} \ldots H_{nn} \end{pmatrix} \begin{pmatrix} P_1 \\ \cdot \\ \cdot \\ P_n \end{pmatrix}.$$

Speziell: $U_i(s) = H_i(s)\,P_i(s),\ i = 1(1)n$,

$$U = \sum_{i=1}^{n-1} U_i = \sum_{i=1}^{n-1} H_i\,P_i,$$

folglich

$$\begin{pmatrix} U \\ \vdots \\ U_n \end{pmatrix} = \begin{pmatrix} H_1, \ldots, H_{n-1}, & 0 \\ \cdots\cdots\cdots\cdots & \\ 0, \ \ldots, 0, & H_n \end{pmatrix} \begin{pmatrix} P_1 \\ \vdots \\ P_n \end{pmatrix}.$$

2.23 $U = (H_1 \cdot H_2 + H_3)\,P_1 + H_4\,P_2$,

$$U = (H_1H_2 + H_3, H_4)\begin{pmatrix} P_1 \\ P_2 \end{pmatrix}.$$

2.24 Ersatzsystem mit resultierenden Federn:

$$m_1\ddot{u}_1 + k_1u_1 + k_4(u_1 - u_2) + k_5(u_1 - u_3) = k_1u_0 = p_1$$
$$m_2\ddot{u}_2 + k_2u_2 + k_4(u_2 - u_1) + k_6(u_2 - u_3) = k_2u_0 = p_2$$
$$m_3\ddot{u}_3 + k_3u_3 + k_5(u_3 - u_1) + k_6(u_3 - u_2) = k_3u_0 = p_3$$

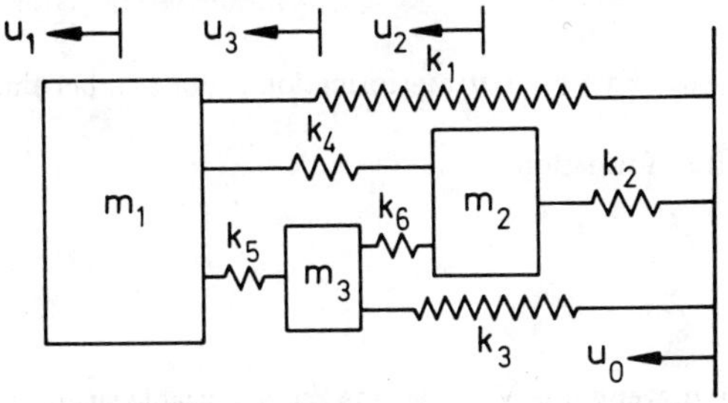

Bild A. 10

es folgt

$\mathbf{M}\,\ddot{\mathbf{u}} + \mathbf{K}\,\mathbf{u} = \mathbf{p},\ \mathbf{u}^T := (u_1, u_2, u_3)$,

$$\mathbf{M} = \begin{pmatrix} m_1 & 0 & 0 \\ 0 & m_2 & 0 \\ 0 & 0 & m_3 \end{pmatrix},\ \mathbf{K} = \begin{pmatrix} k_1 + k_4 + k_5, & -k_4, & -k_5 \\ -k_4, & k_2 + k_4 + k_6, & -k_6 \\ -k_5, & -k_6, & k_3 + k_5 + k_6 \end{pmatrix},$$

$\mathbf{p}^T = u_0(k_1, k_2, k_3) = (p_1, p_2, p_3)$.

Nach Beispiel 2.13 gilt: $\mathbf{F}(j\omega) = (-\omega^2\,\mathbf{M} + \mathbf{K})^{-1}$ mit $\omega \neq \omega_{0i}$.

2.25 Ein periodisches (reelles) Signal $x(t)$ läßt sich in eine Fourierreihe entwickeln. Die Bandbegrenzung besagt, die Fourierreihe enthält eine endliche Anzahl von Gliedern:

$$x_k := x(t_k),\ k = 0(1)N-1,\ \text{Periode } T = Nh,\ x_k = \hat{c}_0 + \sum_{\nu=1}^{L} (\hat{c}_\nu\, e^{j\nu\omega_0 t_k} + \hat{c}^*\, e^{-j\nu\omega_0 t_k}).$$

$\omega_0 = \dfrac{2\pi}{T}$, $L\omega_0 \leqslant \omega_g$ (Bandbegrenzung), das Hinzufügen des konjugiert komplexen Anteils ergibt sich aus der reellen Zeitfunktion.

$$\hat{c}_\nu := \frac{1}{T}\int_0^T x(t)\,e^{-j\nu\omega_0 t} = \frac{1}{T}X_T(j\nu\omega_0) = \frac{1}{T}(hF_\nu + r_x) =: \tilde{c}_\nu + r_x/T,\ \text{vgl. (2.14), (2.82), (2.84).}$$

$\tilde{c}_\nu = \dfrac{1}{N}\,F_\nu,\ \nu = 0(1)L$, explizit, matriziell hingeschrieben, ebenso die Fouriersumme, letztere nach $(\hat{c}_0, \ldots, \hat{c}_L)^T$ aufgelöst, ergibt $\tilde{c}_\nu = \hat{c}_\nu$, somit $r_x = 0$.

2.26 $n_{max}\, 2\,\pi/T = \omega_g$, folglich $n_{max} = T\, f_g$: $N \geqslant n_{max}$.

2.27 $z\{x_1(k\Delta t) * x_2(k\Delta t)\} = \sum\limits_{k=0}^{\infty} z^{-k} \sum\limits_{l=0}^{k} x_1(l\Delta t)\, x_2[(k-l)\,\Delta t]$,

Cauchysche Produktregel zweier Potenzreihen:

$$\sum_{k=0}^{\infty} a_k\, u^k \sum_{k=0}^{\infty} b_k\, u^k = \sum_{k=0}^{\infty} u^k \sum_{l=0}^{k} a_{k-l}\, b_l,$$

daher mit $u = z^{-1}$, $b_l = x_1(l\Delta t)$, $a_{k-l} = x_2[(k-l)\,\Delta t]$:

$z\{x_1(k\Delta t) * x_2(k\Delta t)\} = X_1(z) \cdot X_2(z)$: Auch hierfür gelten algebraische Beziehungen zwischen den Signalgrößen, die denen der kontinuierlichen Systeme entsprechen.

2.28 Die diskrete Fouriertransformation benötigt $7^2 = 49$ wesentliche Rechenoperationen. Die Fast-Fouriertransformation läßt sich nur mit *allen* vorgegebenen Funktionswerten durchführen: Aus $2\,N = 8 = 2^3$ folgt $2 \cdot 8 \log_2 2^3 = 48$ wesentliche Rechenoperationen. Bildet man die diskrete Fouriertransformation mit $2\,N = 8$ Werten entsprechend $\int\limits_0^{T+h}$ ..., so sind 64 wesentliche Rechenoperationen zu ihrer Bildung erforderlich. Der Vorteil der Fast-Fouriertransformation ergibt sich bei einer großen Anzahl zu verarbeitender Werte.

2.29 $L\{x(t)\} = F\{x(t)\, e^{-\alpha t}\}$ und Fast-Fouriertransformation.

Kapitel 3

3.1 Eine Funktion ist dann eine Zufallsfunktion, wenn ihre Variable eine Zufallsvariable ist.

3.2 Als formale Analogie zum Flächenträgheitsmoment.

3.3 $\gamma = 0$.

3.4 Gleichverteilt zwischen $a = -\frac{1}{2}$ und $b = \frac{1}{2}$ (Rechteckverteilung mit dem Mittelwert Null und der Standardabweichung $1/\sqrt{12}$) ist der Abrundungsfehler einer numerischen Rechnung, wenn auf ganze Zahlen abgerundet wird. Voraussetzung ist, daß das Rechenergebnis vom Zufall abhängig ist und in Grenzen variiert mit einer Wahrscheinlichkeitsdichte, die sich in dem Intervall der Länge 1 nicht stark ändert.

3.5 $$P_z(w) = \int_{-\infty}^{w} p_z(\zeta)\, d\zeta = W\{z < w\},\quad w = u + v$$

$$= \int_{-\infty}^{\infty} \int_{-\infty}^{w-u} p_{x,y}(u, v)\, du dv, \text{ statist. unabhängig,}$$

$$= \int_{-\infty}^{\infty} \left(\int_{-\infty}^{w-u} p_y(v)\, dv \right) p_x(u)\, du, \quad \int_{-\infty}^{w-u} p_y(v)\, dv = P_y(w-u)$$

$$P_z(w) = \int_{-\infty}^{\infty} P_y(w-u)\, p_x(u)\, du.$$

Entsprechend muß gelten:

$$P_z(w) = \int_{-\infty}^{\infty} p_y(v)\, P_x(w-v)\, dv.$$

Ein anderer Weg, um die obigen Beziehungen zu beweisen, ist:

$$p_z(w) = \int_{-\infty}^{\infty} p_{z,y}(w,v)\, dv = \int_{-\infty}^{\infty} p_{x,y}(u,v) \left|\frac{\partial u}{\partial w}\right| dv = \int_{-\infty}^{\infty} p_{x,y}(w-v,v)\, dv$$

$$= \int_{-\infty}^{\infty} p_x(w-v)\, p_y(v)\, dv = \int_{-\infty}^{\infty} p_x(u)\, p_y(w-u)\, du = p_x(u) * p_y(v) \quad \text{(a)}$$

(Faltungssatz der Einzeldichten).

$$P_z(w) = \int_{-\infty}^{w} p_z(\zeta)\, d\zeta = \int_{-\infty}^{w} \left(\int_{-\infty}^{\infty} p_x(\zeta - v)\, p_y(v)\, dv \right) d\zeta$$

$$= \int_{-\infty}^{\infty} p_y(v) \left(\int_{-\infty}^{w} p_x(\zeta - v)\, d\zeta \right) dv = \int_{-\infty}^{\infty} p_v(v) \left(\int_{-\infty}^{w-v} p_x(\eta)\, d\eta \right) dv$$

$$= \int_{-\infty}^{\infty} p_y(v)\, P_x(w-v)\, dv.$$

Mit $\dfrac{dP_z(w)}{dw} = p_z(w)$ folgt aus der obigen Gl. die Gl. (a).

Aus der Gl. (a) folgt:

1\. Fall: $0 \leqslant w \leqslant 1$: $p_z(w) = \dfrac{1}{2} \displaystyle\int_0^w du = \dfrac{1}{2} w$

2\. Fall: $1 < w \leqslant 2$: $p_z(w) = \dfrac{1}{2} \displaystyle\int_w^{w+1} du = \dfrac{1}{2}$

3\. Fall: $2 < w \leqslant 3$: $p_z(w) = \dfrac{1}{2} \displaystyle\int_w^3 du = \dfrac{3}{2} - \dfrac{1}{2} w.$

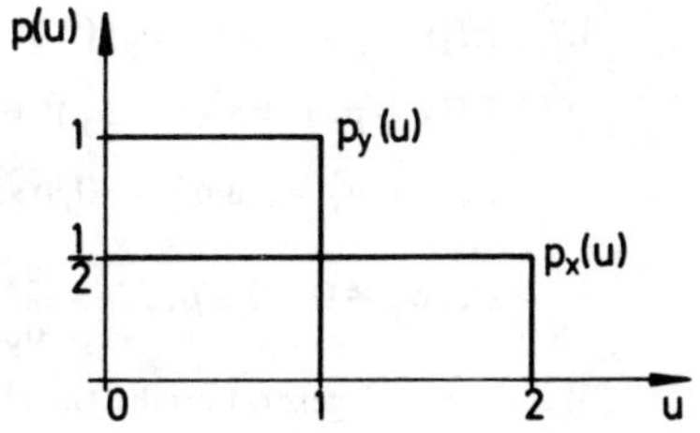

Bild A. 11

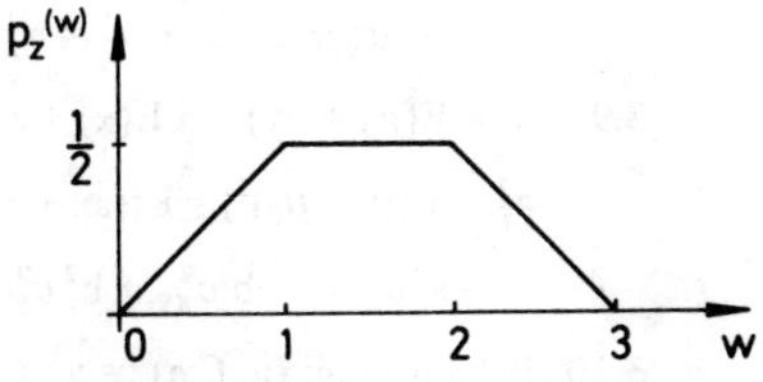

Bild A. 12

3.6 Statistisch unabhängig bedeutet nach (3.21): $p_{xy}(u,v) = p_x(u)\, p_y(v)$.
Hierfür ist der Produktmittelwert:

$$E\{xy\} := \int_{-\infty}^{\infty} \int_{-\infty}^{\infty} u\, v\, p_x(u)\, p_y(v)\, du dv = \int_{-\infty}^{\infty} u p_x(u)\, du \int_{-\infty}^{\infty} v p_y(v)\, dv = E\{x\}\, E\{y\},$$

nach (3.27) sind x und y damit auch unkorreliert. Umgekehrt gilt für unkorrelierte Variable:

$$E\{xy\} := \int_{-\infty}^{\infty}\int_{-\infty}^{\infty} uv p_{xy}(u, v)\, du dv = E\{x\}\, E\{y\}, \text{ nach (3.22) ist}$$

$$E\{x\} = \int_{-\infty}^{\infty}\int_{-\infty}^{\infty} u\, p_{xy}(u, v)\, du dv,\quad E\{y\} = \int_{-\infty}^{\infty}\int_{-\infty}^{\infty} v p_{xy}(u, v)\, du dv,$$

folglich

$$\int_{-\infty}^{\infty}\int_{-\infty}^{\infty} u\, v\, p_{xy}(u, v)\, du dv = \int_{-\infty}^{\infty}\int_{-\infty}^{\infty} u p_{xy}(u, v')\, du dv' \int_{-\infty}^{\infty}\int_{-\infty}^{\infty} v p_{xy}(u', v)\, du' dv,$$

und mit

$$p_x(u) = \int_{-\infty}^{\infty} p_{xy}(u,v)\, dv,\quad p_y(v) = \int_{-\infty}^{\infty} p_{xy}(u,v)\, du: \int_{-\infty}^{\infty}\int_{-\infty}^{\infty} uv p_{xy}(u,v)\, du dv =$$

$$= \int_{-\infty}^{\infty} u p_x(u)\, du \int_{-\infty}^{\infty} v p_y(v)\, dv,$$

wobei $p_{xy}(u, v) \neq p_x(u)\, p_y(v)$ sein kann, d.h., die statistische Unabhängigkeit schließt die Unkorreliertheit ein aber nicht umgekehrt.

3.7 $E\{[x - \mu_x + a(y - \mu_y)]^2\} \geqslant 0,$

$E\{(x - \mu_x)^2 + a^2(y - \mu_y)^2 + 2\,a(x - \mu_x)(y - \mu_y)\} \geqslant 0,$

$\sigma_x^2 + a^2 \sigma_y^2 + 2\,a\,\sigma_{xy}^2 \geqslant 0$, σ_x, σ_y sind lt. Definition $\geqslant 0$,

$\sigma_x, \sigma_y \neq 0,\quad 2\,a\,\rho_{xy} \geqslant -\dfrac{\sigma_x}{\sigma_y}\left(1 + a^2\,\dfrac{\sigma_y^2}{\sigma_x^2}\right),$

$a = \pm\dfrac{\sigma_x}{\sigma_y}$ gesetzt ergibt $|\rho_{xy}| \leqslant 1$.

3.8 $\sigma_{x+y}^2 := E\{(x + y - E\{x + y\})^2\} = E\{(x - \mu_x)^2 + 2(x - \mu_x)(y - \mu_y) + (y - \mu_y)^2\}$

$= \sigma_x^2 + 2\,\sigma_{xy}^2 + \sigma_y^2 = \sigma_x^2 + \sigma_y^2$ w.z.z.w.

3.9 $\mu_f = E\{ax + by\} = a\,E\{x\} + b\,E\{y\} = a\mu_x + b\mu_y,$

$\sigma_f^2 = E\{(f - \mu_f)^2\} = E\{(ax + by - a\mu_x - b\mu_y)^2\} = E\{a^2(x - \mu_x)^2 + 2ab(x - \mu_x)(y - \mu_y) + b^2(y - \mu_y)^2\}$

$= a^2\sigma_x^2 + 2\,ab\,\sigma_{xy}^2 + b^2\sigma_y^2$

3.10 Behauptung: $(\mathbf{a}, \mathbf{C}\,\mathbf{a}) := \mathbf{a}^T\,\mathbf{C}\,\mathbf{a} \geqslant 0\ \forall \mathbf{a} \in R_n$,

$\mathbf{y} := \mathbf{x} - E\{\mathbf{x}\}, \mathbf{C} = E\{\mathbf{y}\,\mathbf{y}^T\},$

$(\mathbf{a}, \mathbf{C}\,\mathbf{a}) = E\{\mathbf{a}^T\,\mathbf{y}\,\mathbf{y}^T\,\mathbf{a}\} = E\{(\mathbf{y}^T\,\mathbf{a})^T\,(\mathbf{y}^T\,\mathbf{a})\} = E\{(\mathbf{y}^T\,\mathbf{a})^2\} \geqslant 0$ w.z.z.w.

3.11 $\mathbf{y} = \mathbf{T}\,\mathbf{x}$. $\det \mathbf{T} \neq 0$, $\mathbf{x} = \mathbf{T}^{-1}\mathbf{y}$. Es folgt $p_y(\mathbf{v})\, dv_1 \ldots dv_n =$

$= p_x(\mathbf{T}^{-1}\,\mathbf{v})\, D_x\, dv_1 \ldots dv_n$ mit der Jacobischen Funktionaldeterminante $D_x := \left|\dfrac{\partial \mathbf{u}}{\partial \mathbf{v}^T}\right| := \det(\mathbf{T}^{-1})$.

Da $p_x(u)$ als Normalverteilung lediglich mit der Konstanten D_x multipliziert wird, ist $p_y(v) \sim p_x(u)$ ebenfalls eine Normalverteilung.

3.12 $\sigma_x^2 := E\{(x-\mu_x)^2\} = E\{x^2\} - \mu_x^2$, nach (3.46) ist $E\{x^2\} = \text{const.}$, folglich $\sigma_x^2 = \text{const.}$ bzw. mit der Def. (3.14) und zeitunabhängiger Verteilungsdichte nach (3.45).

3.13 $\{x(t)\} = \{x_i(t)\} = \{x_0 \sin(\omega_0 t + \varphi_i)\}$, x_0, ω_0 – reelle Konstante. Die Zufallsvariable φ ist gleichverteilt:

$$p_\varphi(v) = \begin{cases} \frac{1}{2\pi}, & 0 \leqslant \varphi < 2\pi, \\ 0, & \text{sonst.} \end{cases}$$

Nach (3.49) muß 1. $E\{x\} = \text{const.}$, 2. $\Phi_{xx}(t, t+\tau) = \Phi_{xx}(\tau)$ sein, wenn der Prozeß schwach stationär sein soll:

$$E\{x(t)\} = x_0 E\{\sin(\omega_0 t + \varphi)\} = \int_{-\infty}^{\infty} u\, p_x(u)\, du, \text{ lt. Beispiel 2 ist}$$

$$p_x(u) = \begin{cases} (\pi\sqrt{x_0^2 - u^2})^{-1}, & |u| < x_0, \\ 0, & |u| \geqslant x_0. \end{cases}$$

Daraus folgt

$$E\{x(t)\} = \int_{-\infty}^{\infty} \frac{u}{\pi\sqrt{x_0^2 - u^2}}\, du = -\frac{1}{\pi} \sqrt{x_0^2 - u^2} \Big/_{-x_0}^{x_0} = 0.$$

$\Phi_{xx}(t, t+\tau) = E\{x(t)\, x(t+\tau)\} = x_0^2\, E\{\sin(\omega_0 t + \varphi) \sin[\omega_0(t+\tau) + \varphi]\}$, Verwenden von $\sin\alpha \sin\beta = \frac{1}{2}\cos(\alpha - \beta) - \frac{1}{2}\cos(\alpha + \beta)$ ergibt $\Phi_{xx}(t, t+\tau) = \frac{x_0^2}{2}[\cos\omega_0\tau - E\{\cos[\omega_0(2t+\tau) + 2\varphi]\}]$,

$E\{\cos[\omega_0(2t+\tau) + 2\varphi]\} = 0$ (s.o.)

somit

$\Phi_{xx}(t, t+\tau) = \Phi_{xx}(\tau)$, der Prozeß ist also schwach stationär.

3.14 $\{x(t)\} = \{x_i(t)\} = \{a_i \cos t + b_i \sin t\}$, a_i, b_i statistisch unabhängig, zentriert und normalverteilt: $E\{a_i\} = E\{b_i\} = E\{a_i b_i\} = E\{a_i\}\, E\{b_i\} = 0$.

Für die Ergodizität im Mittel muß (3.53a) erfüllt sein:

$$\overline{x} = \lim_{T\to\infty} \frac{1}{2T} \int_{-T}^{T} (a_i \cos t + b_i \sin t)\, dt = \lim_{T\to\infty} \frac{1}{2T} (a_i \sin t - b_i \cos t)\Big|_{-T}^{T} = 0.$$

Für die Ergodizität im quadratischen Mittel gilt (3.53b):

$$\overline{x^2} = \lim_{T\to\infty} \frac{1}{2T} \int_{-T}^{T} (a_i \cos t + b_i \sin t)^2\, dt = \overline{x^2}(a_i^2, b_i^2).$$

Der Prozeß ist wohl ergodisch im Mittel, nicht aber im quadratischen Mittel, da sich $\overline{x^2}$ nicht unabhängig von a_i, b_i ergibt. Vgl. auch (3.56).

3.15 Stationäre Prozesse: $\Phi_{xx}(\tau) := E\{x(t_1)\, x(t_2)\}$, $t_2 := t_1 + \tau$ nach (3.47),

Autokovarianzfunktion: $C_{xx}(\tau) := E\{[x(t_1) - \mu_x]\,[x(t_1+\tau) - \mu_x]\}$
$= \Phi_{xx}(\tau) - \mu_x^2$ entsprechend (3.29),

Kovarianzfunktion: $C_{xy}(\tau) = E\{[x(t_1) - \mu_x]\,[y(t_1+\tau) - \mu_y]\} = \Phi_{xy}(\tau) - \mu_x\mu_y$.

Ergodische Prozesse: $R_{xx}(\tau) = \Phi_{xx}(\tau)$, $R_{yy}(\tau) = \Phi_{yy}(\tau)$, $R_{xy}(\tau) = \Phi_{xy}(\tau)$.

3.16 $E\{\hat{\bar{x}}\} = E\left\{\frac{1}{N}\sum_{i=1}^{N} x_i\right\} = \frac{1}{N}\sum_{i=1}^{N} E\{x_i\} = \frac{1}{N} N \mu_x = \mu_x$: unverzerrt.

$$E\{(\hat{\bar{x}} - \bar{x})^2\} = E\left\{\left[\frac{1}{N}\sum_{i=1}^{N} x_i - \bar{x}\right]^2\right\} = \frac{1}{N^2} E\left\{\sum_{i=1}^{N} (x_i - \bar{x})^2\right\} = \frac{1}{N^2} N \sigma_x^2 = \frac{1}{N}\sigma_x^2 \to 0$$

für $N \to \infty$: konsistent im quadratischen Mittel. $\sigma^2_{\hat{\bar{x}}} = E\{(\hat{\bar{x}} - E\{\hat{\bar{x}}\})^2\} = E\{(\hat{\bar{x}} - \mu_x)^2\} = E\{\hat{\bar{x}}^2\} - \mu_x^2$.

s.o.: $E\{(\hat{\bar{x}} - \bar{x})^2\} = E\{\hat{\bar{x}}^2\} - \mu_x^2 = \frac{1}{N}\sigma_x^2$, es folgt $\sigma^2_{\hat{\bar{x}}} = \frac{1}{N}\sigma_x^2$, $\hat{\sigma}^2_{\hat{\bar{x}}} = \frac{1}{N}\hat{\sigma}_x^2$.

3.17 A priori-Kenntnisse über das System sind z.B.: Zeitinvarianz, Linearität, viskose Dämpfung usw. Sie dienen der Modellbildung. Die Aufgabenstellung geht zunächst bei der Fehlerwahl ein. Sollen die dynamischen Antworten eines Modells an die entsprechenden Meßwerte angepaßt werden, so ist $v(t) := u^M(t) - u(t)$ zu wählen (Vorwärtsmodell, Minimierung des Ausgangsfehlers), sind die Eingangssignale die interessierenden Größen, dann ist das inverse Modell (Eingangsfehler) maßgeblich: $v(t) := p^M(t) - p(t)$. Sollen dagegen die Eigenfrequenzen eines ungedämpften Mehrfreiheitsgradsystems „angepaßt" werden, so ist zweckmäßig der Fehler (das Residuum)

$$v_i = \omega_{0i}^M - \omega_{0i} \text{ oder } \omega_{0i}^{M2} - \omega_{0i}^2$$

zugrunde zu legen. Die Wahl der Verlustfunktion richtet sich u.a. nach den Fehlern v. Sind diese von gleicher Größenordnung, so genügt es, (3.67a) zu betrachten, sind die Fehler von unterschiedlicher Größenordnung, so werden mit (3.66a) die größeren Fehler stärker als die kleinen berücksichtigt. Sollen bestimmte Residuen (zeitabhängig) unterschiedlich gewichtet werden, so bedient man sich der Wichtung g(t) (z.B. bei unterschiedlichen Meßungenauigkeiten, Konvergenzverbesserung). Insgesamt spielt bei der Wahl der Verlustfunktion auch die Einfachheit der sich ergebenden Bestimmungsgleichungen (linear in den gesuchten Parametern) usw. eine ausschlaggebende Rolle.

3.18 Wegen (3.68) können alle aufgezählten Verlustfunktionen zugrunde gelegt werden.

3.19 Keine, vgl. auch Beispiel 3.12.

3.20 $\mathbf{b} := \mathbf{u}^M - \mathbf{k}_0$, $\mathbf{k}_0$ frei von zufälligen Fehlern, $\text{cov}(\mathbf{b}) = \text{cov}(\mathbf{u}^M) = \text{cov}(\mathring{\mathbf{u}} + \mathbf{n}) = \text{cov}(\mathbf{n})$.

$E\{\mathbf{n}\} = \mathbf{0}$, führt zu $\text{cov}(\mathbf{n}) = E\{\mathbf{n}\,\mathbf{n}^T\}$; $\mathbf{n}$ unkorreliert ergibt $E\{n_i n_k\} = E\{n_i\} E\{n_k\} = 0$ für $i \neq k$,

$E\{n_i^2\} =: \sigma_i^2 = \sigma_n^2$, folglich $\text{cov}(\mathbf{n}) = \text{diag}(\sigma_i^2) = \sigma_n^2 \mathbf{I}$.

3.21 Nach (3.66b): $J_3 = \int_0^T g(t)\, v^2(t)\, dt$, $v(t) = u^M(t) - u(\mathbf{a}, t)$,

$$\frac{\partial J_3(\mathbf{a})}{\partial a_\rho}\Big/_{\mathbf{a}=\hat{\mathbf{a}}} = 2\int_0^T g(t)\, v(t) \frac{\partial v(t)}{\partial a_\rho}\, dt \Big/_{\mathbf{a}=\hat{\mathbf{a}}} = 0, \quad \frac{\partial v(t)}{\partial a_\rho} = -\frac{\partial u(\mathbf{a}, t)}{\partial a_\rho},$$

$$\int_0^T g(t)\,[u^M(t) - u(\hat{\mathbf{a}}, t)] \frac{\partial u(\mathbf{a}, t)}{\partial a_\rho}\Big/_{\mathbf{a}=\hat{\mathbf{a}}} dt = 0, \quad \rho = 1(1)n.$$

Je nach Parameterabhängigkeit von $u(\mathbf{a}, t)$ ist das Gleichungssystem für die Parameterschätzwerte $\hat{a}_\rho$ linear bzw. nichtlinear in den $\hat{a}_\rho$.

3.22 Die Parameterschätzwerte nach (3.84) sind bei vorgegebener Anfangsnäherung $\mathbf{a}^{(0)}$: $\hat{\mathbf{d}} = \hat{\mathbf{a}} - \mathbf{a}^{(0)}$ folglich $\text{cov}(\hat{\mathbf{d}}) = \text{cov}(\hat{\mathbf{a}})$, vgl. Gl. (3.87).

3.23 $\text{cov}(v(t_i), v(t_k)) := E\{[v(t_i) - E\{v(t_i)\}]\,[v(t_k) - E\{v(t_k)\}]\} =$

$$= \int_{-\infty}^{\infty}\int_{-\infty}^{\infty} [v_i - E\{v(t_i)\}]\,[v_k - E\{v(t_k)\}]\, p_{v(t_i),\, v(t_k)}(v_i, v_k, \tau)\, dv_i \cdot dv_k,$$

unkorreliert, vgl. Aufgabe 3.6, führt zu

$$\operatorname{cov}(v(t_i), v(t_k)) = \int_{-\infty}^{\infty}\int_{-\infty}^{\infty} [v_i - E\{v(t_i)\}]\, p_{v(t_i),\, v(t_k)}(v_i, v_k, \tau)\, dv_i dv_k \int_{-\infty}^{\infty}\int_{-\infty}^{\infty} [v_k - E\{v(t_k)\}] \cdot$$

$$\cdot\, p_{v(t_i),\, v(t_k)}(v_i, v_k, \tau)\, dv_k\, dv_i$$

$$= [E\{v(t_i)\} - E\{v(t_i)\}]\,[E\{v(t_k)\} - E\{v(t_k)\}] = 0 \text{ für } i \neq k.$$

$i = k$: $\operatorname{cov}(v(t_i), v(t_i)) := E\{[v(t_i) - E\{v(t_i)\}]^2\} \neq 0$.

Mit $E\{\mathbf{v}\} = \mathbf{0}$ ist $\operatorname{cov}(\mathbf{v}) = E\{\mathbf{v}\,\mathbf{v}^T\} =: \operatorname{diag}(\sigma_i^2) = \sigma_v^2\,\mathbf{I}$ (das letzte Gleichheitszeichen gilt unter der Annahme der Stationärität von v(t)).

3.24 $\int_0^T (g_1(t), \ldots, g_n(t))\, v(t) \Big/_{a = \hat{a}}\, dt = 0$, die $g_\rho(t)$ spielen die Rolle der Hilfsvariablen.

3.25 $\hat{\mathbf{a}}^T = (1{,}018;\ 2{,}02;\ 2{,}02)$,

$$\operatorname{cov}(\hat{\mathbf{a}}) \doteq (\mathbf{W}^T\, \mathbf{D}\mathbf{v})^{-1}\, \mathbf{W}^T\, E\{(\mathbf{v}\,\mathbf{v}^T) \Big/_{a = \overset{\circ}{a}}\}\, \mathbf{W} (\mathbf{D}\mathbf{v}^T\, \mathbf{W})^{-1},$$

$$E\{(\mathbf{v}\,\mathbf{v}^T) \Big/_{a = \overset{\circ}{a}}\} \doteq 10^{-6} \begin{pmatrix} 1 & 0 & 0 & 0 \\ 0 & 1 & 0 & 0 \\ 0 & 0 & 1 & 0 \\ 0 & 0 & 0 & 1 \end{pmatrix} \quad \text{aus der Meßunsicherheit,}$$

$$\operatorname{cov}(\hat{\mathbf{a}}) \doteq 10^{-3} \begin{pmatrix} 0{,}4 & 0{,}7 & 0{,}4 \\ 0{,}7 & 1{,}0 & 0{,}7 \\ 0{,}4 & 0{,}7 & 0{,}4 \end{pmatrix}.$$

Die Standardabweichungen (Parameterschätzfehler) der Parameterschätzungen ergeben sich aus den Wurzeln der Hauptdiagonalglieder von $\operatorname{cov}(\hat{\mathbf{a}})$.

3.26 $$R_{xx}(\tau) = \frac{1}{T}\int_0^T x(t)\, x(t+\tau)\, dt$$

$$= \frac{1}{N\Delta t} \sum_{k=0}^{N-1} \int_{k\Delta t}^{(k+1)\Delta t} x(t)x(t+\tau)\, dt.$$

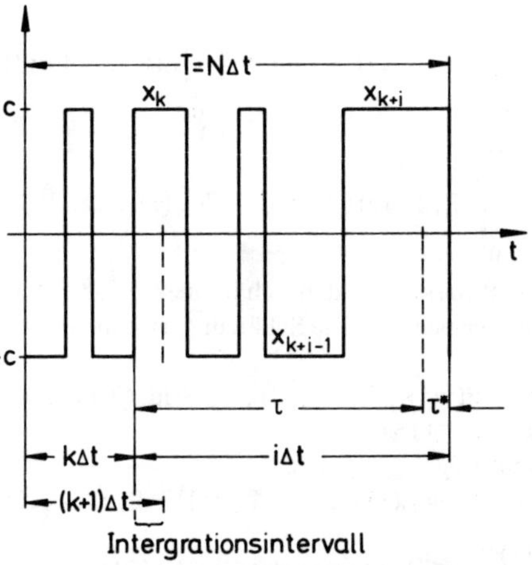

Beispiel zum PBS mit m=4, N=15

Bild A. 13

Im Integrationsintervall $k\Delta t \leqslant t < (k+1)\Delta t$ nimmt das Signal an der Stelle $x(t+\tau)$ für $\tau = i\Delta t - \tau^*$ und $0 \leqslant \tau^* \leqslant \Delta t$ die Werte

$$x(t+\tau) = \begin{cases} x([k+i-1]\Delta t) = x_{k+i-1} & \text{für } k\Delta t \leqslant t \leqslant k\Delta t + \tau^*, \\ x([k+i]\Delta t) = x_{k+i} & \text{für } k\Delta t + \tau^* \leqslant t < (k+1)\Delta t \end{cases}$$

an.

$$\int_{k\Delta t}^{(k+1)\Delta t} x(t)x(t+\tau)\,dt = \int_{k\Delta t}^{k\Delta t+\tau^*} x_k x_{k+i-1}\,dt + \int_{k\Delta t+\tau^*}^{(k+1)\Delta t} x_k x_{k+i}\,dt$$

$$= x_k\, x_{k+i-1}\tau^* + x_k\, x_{k+i}(\Delta t - \tau^*),$$

folglich

$$R_{xx}(\tau) = \frac{\tau^*}{N\Delta t} \sum_{k=0}^{N-1} x_k\, x_{k+i-1} + \frac{\Delta t - \tau^*}{N\Delta t} \sum_{k=0}^{N-1} x_k\, x_{k+i}.$$

Für $i = 0$ folgt wegen der Eigenschaften $\sum_{k=0}^{N-1} x_k^2 = Nc^2$, $\sum_{k=0}^{N-1} x_k x_{k-i} = -c^2$

und $R_{xx}(\tau) = R_{xx}(-\tau^*) = R_{xx}(\tau^*)$:

$$R_{xx}(\tau^*) = \frac{\tau^*}{N\Delta t}(-c^2) + \frac{\Delta t - \tau^*}{N\,\Delta t} Nc^2 = \frac{c^2}{N\Delta t}[N\Delta t - (N+1)\,\tau^*].$$

Unter Berücksichtigung der Fälle $i = \pm 1, \pm 2, \ldots, \pm (N-1)$ folgt die Behauptung.

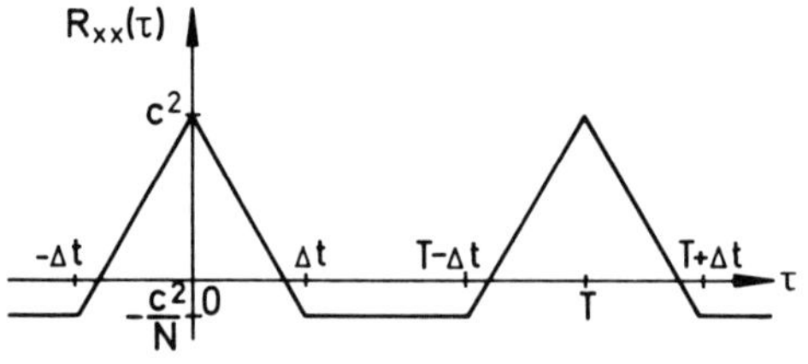

Bild A. 14

3.27 $z_k(t) = a\, x_k(t) + b\, y_k(t)$; a, b Konstante. $\Phi_{zz}(\tau) = E\{z_k(t)\, z_k(t+\tau)\} = a^2\Phi_{xx}(\tau) + ab[\Phi_{xy}(\tau) + \Phi_{yx}(\tau)] + b^2\Phi_{yy}(\tau)$.

3.28 Zu zeigen ist: $E\{\hat{\hat{R}}_{xy}(\tau)\} = R_{xy}(\tau)$. $E\{\hat{\hat{R}}_{xy}(\tau)\} = \frac{1}{T}\int_0^T E\{x(t)y(t+\tau)\}\,dt = \frac{1}{T}\int_0^T R_{xy}(\tau)\,dt = R_{xy}(\tau)$,

w.z.z.w.

$\hat{\hat{z}} = \hat{\hat{R}}_{xy}(\tau)$ ist wieder eine Zufallsvariable: $E\{\hat{\hat{z}}\} = \frac{1}{T}\int_0^T E\{x(t)y(t+\tau)\}\,dt = \Phi_{xy}(\tau)$. D.h., $\hat{\hat{R}}_{xy}(\tau)$ ist auch eine unverzerrte Schätzung für zwei stationäre Prozesse, nur daß sich in diesem Fall $\hat{\hat{z}}$ praktisch nicht bilden läßt. Hinsichtlich der Konsistenz vgl. Beispiel 3.9: Die Schätzung ist konsistent, wenn (3.63) erfüllt ist.

3.29 $u(t) := [x(t) - E\{x(t)\}]/|\sqrt{C_{xx}(0)}|$, $v(t) := [y(t) - E\{y(t)\}]/|\sqrt{C_{yy}(0)}|$, vgl. Gln. (3.116). Es folgt $\Phi_{uu}(0) = \Phi_{vv}(0) = 1$. Somit ist $\Phi_{uv}(\tau) = \rho_{xy}(\tau)$, s. Gl. (3.115).
$E\{[u(t) \pm v(t+\tau)]^2\} \geqslant 0$ für $-\infty < \tau < \infty$, und damit folgt
$E\{u^2(t) + v^2(t) \pm 2\,u(t)\,v(t+\tau)\} = \Phi_{uu}(0) + \Phi_{vv}(0) \pm 2\,\Phi_{uv}(\tau) = 2[1 \pm \Phi_{uv}(\tau)] \geqslant 0$, $1 \pm \rho_{xy}(\tau) \geqslant 0$,

somit $-1 \leqslant \rho_{xy}(\tau) \leqslant 1$ oder $|\rho_{xy}(\tau)|^2 = \frac{|C_{xy}(\tau)|^2}{C_{xx}(0)\,C_{yy}(0)} \leqslant 1$, daraus folgt Gl. (3.117).

3.30 $R_{xy}(\tau) = \begin{cases} 0 \text{ für } \omega_1 \neq \omega_2, \\ \dfrac{ab}{2} \cos(\omega\tau + \psi - \varphi) \text{ für } \omega_1 = \omega_2 =: \omega. \end{cases}$

3.31 Berechnung der Autokorrelationsfunktion nach Gl. (3.110) mit $x(t+\tau) = \begin{cases} x_0 & \text{für } -\tau \leqslant t \leqslant \Delta t - \tau, \\ 0 & \text{sonst.} \end{cases}$

$$R_{xx}(\tau) = \begin{cases} x_0^2 \Delta t \left(1 - \dfrac{|\tau|}{\Delta t}\right) \text{für } -\Delta t \leqslant \tau \leqslant \Delta t, \\ 0 \text{ sonst.} \end{cases}$$

Wirkleistungsdichte nach Gl. (3.118): $S_{xx}(\omega) = \dfrac{4\,x_0^2}{\omega^2} \sin^2 \dfrac{\omega \Delta t}{2}$.

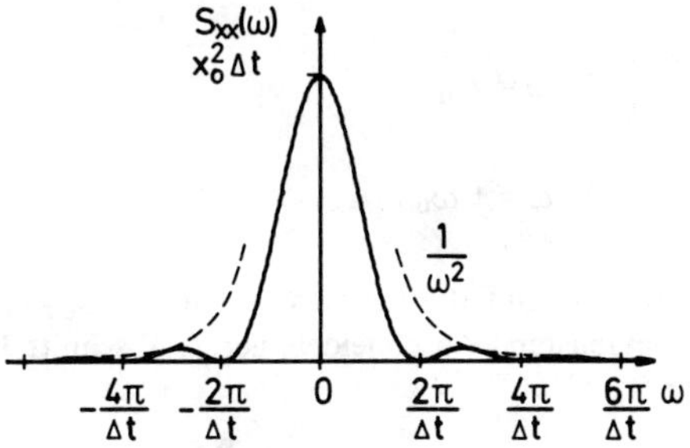

Bild A. 15

3.32
$$\begin{aligned} S_{xx}(\omega) &= \int_{-\infty}^{\infty} R_{xx}(\tau)\, e^{-j\omega\tau}\, d\tau = \sum_{k=-\infty}^{\infty} \int_{kT}^{(k+1)T} R_{xx}(\tau)\, e^{-j\omega\tau}\, d\tau \\ &= \sum_{k=-\infty}^{\infty} \int_0^T R_{xx}(\tau)\, e^{-j\omega(\tau+kT)}\, d\tau, \text{ mit } \tau =: \tau^* + kT,\ R_{xx}(\tau^* + kT) = R_{xx}(\tau^*), \\ &= \sum_{k=-\infty}^{\infty} e^{-j\omega kT} \int_0^T R_{xx}(\tau)\, e^{-j\omega\tau}\, d\tau \\ &= \lim_{n\to\infty} \frac{\sin \frac{2n+1}{2}\omega T}{\sin \frac{\omega T}{2}} \int_0^T R_{xx}(\tau)\, e^{-j\omega\tau}\, d\tau, \text{ mit } \sum_{k=-n}^{n} e^{2\pi jkx} = \frac{\sin(2n+1)\pi x}{\sin \pi x}. \end{aligned}$$

Folglich

$$\begin{aligned} S_{xx}(\omega) &= \sum_{l=-\infty}^{\infty} \frac{2\pi}{T} \delta\left(\omega - \frac{2\pi l}{T}\right) \int_0^T R_{xx}(\tau)\, e^{-j\omega\tau}\, d\tau \\ &= \frac{2\pi}{T} \sum_{l=-\infty}^{\infty} \delta\left(\omega - \frac{2\pi l}{T}\right) \int_0^T R_{xx}(\tau) \cos\omega\tau\, d\tau. \end{aligned}$$

Grenzfall für $T \to \infty$: Mit $c := x_0$ folgt die Aufgabe 3.31 mit ihrem Ergebnis.

3.33 $z(t) = x(t) + y(t) = x(t) + x(t - T)$, $\Phi_{xx}(\tau) = S_0 \delta(\tau)$, $\Phi_{yy}(\tau) = S_0 \delta(\tau - T)$,

$$\begin{aligned} \Phi_{zz}(\tau) &= E\{z(t)z(t+\tau)\} = E\{[x(t) + x(t-T)]\,[x(t+\tau) + x(t-T+\tau)]\} \\ &= \Phi_{xx}(\tau) + \Phi_{xx}(\tau + T) + \Phi_{xx}(\tau - T) + \Phi_{xx}(\tau) \\ &= 2\,S_0 \delta(\tau) + S_0 \delta(\tau + T) + S_0 \delta(\tau - T), \end{aligned}$$

somit

$$S_{zz}(\omega) = 2\,S_0 + S_0 e^{-j\omega T} + S_0\,e^{+j\omega T} = 2\,S_0 + 2\,S_0 \cos \omega T$$

$$= 4\,S_0 \cos^2 \frac{\omega T}{2}.$$

3.34 $R_{dd}(\tau) = \frac{d_0^2}{2} \cos \omega_0 \tau$, $S_{dd}(f) = \frac{d_0^2}{4} [\delta(f - f_0) + \delta(f + f_0)]$, Bild A.16

a) $w(\tau) = e^{-a|\tau|}$, $\tilde{S}_{dd}(\omega) = \frac{d_0^2}{4} \left[\frac{a}{a^2 + (\omega - \omega_0)^2} + \frac{a}{a^2 + (\omega + \omega_0)^2}\right]$, Bild A.17

b) $$w(\tau) = \begin{cases} 1 \text{ für } -T \leqslant \tau \leqslant T,\ T \neq \dfrac{2\pi}{\omega_0}, \\ 0 \text{ sonst} \end{cases}$$

$$\tilde{S}_{dd}(\omega) = \begin{cases} \dfrac{d_0^2}{2} \left[\dfrac{\sin(\omega_0 + \omega)T}{\omega_0 + \omega} + \dfrac{\sin(\omega_0 - \omega)T}{\omega_0 - \omega}\right] & \text{für } \omega \neq \omega_0, \\ \dfrac{d_0^2}{2} \left(\dfrac{\sin \omega_0 T \cos \omega_0 T}{\omega_0} + T\right) & \text{für } \omega = \pm\,\omega_0. \end{cases}$$

$\tilde{S}_{dd}(\omega)$ weist als Näherung für die Wirkleistungsdichte im Fall b) negative Werte auf ($S_{dd}(\omega) \geqslant 0$). Der Grund liegt in der Verwendung des Rechteckfensters: Abschneidefehler, s. Abschnitt 3.8.2.1.

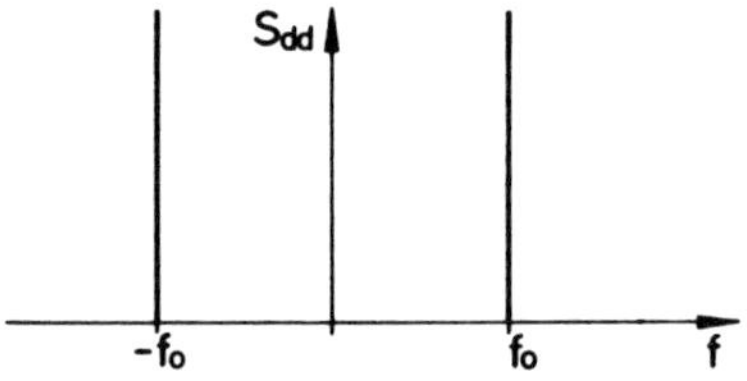

Bild A. 16

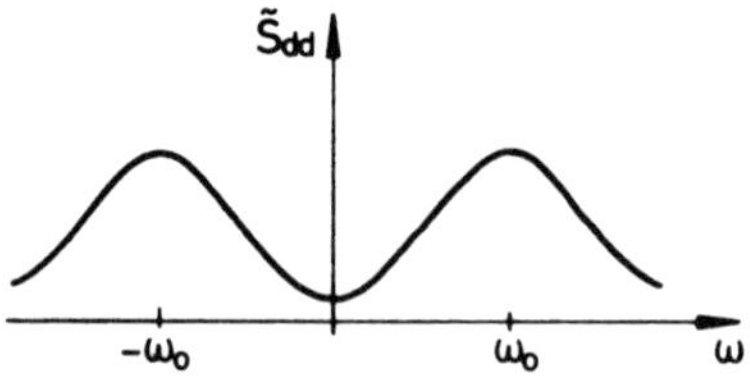

Bild A. 17

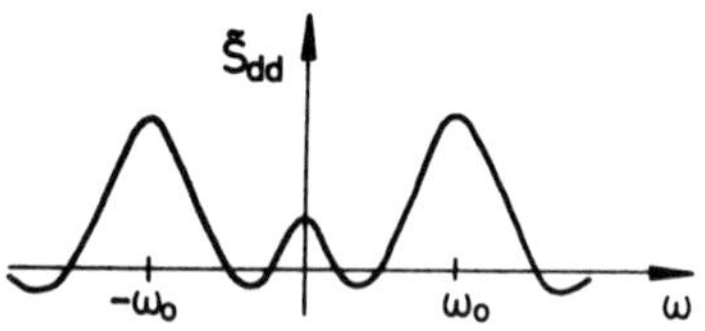

Bild A. 18

3.35 $G_{xy}(\omega) = G_{xy}^{re}(\omega) + j\,G_{xy}^{im}(\omega) = |G_{xy}(\omega)|\,e^{j\Phi(\omega)}$,

$$|G_{xy}(\omega)|^2 = [G_{xy}^{re}(\omega)]^2 + [G_{xy}^{im}(\omega)]^2,\ \Phi(\omega) = \arctan \frac{G_{xy}^{im}}{G_{xy}^{re}}.$$

Nach Abschnitt 3.5.1 ist das Maß der mittleren Leistung stationärer Prozesse

$$E\{x^2(t)\} = \Phi_{xx}(0) = \int_{-\infty}^{\infty} S_{xx}(f)\,df \text{ bzw. } \Phi_{xy}(0) = \int_{-\infty}^{\infty} S_{xy}(f)\,df.$$

Ausgedrückt durch die einseitige Leistungsdichte muß also gelten:

$$\int_{-\infty}^{\infty} S_{xx}(f)\,df = 2 \int_0^{\infty} S_{xx}(f)\,df = \int_0^{\infty} G_{xx}(f)\,df, \text{ folglich } 2\,S_{xx}(\omega) = G_{xx}(\omega).$$

Besser nach Gl. (3.122):

$$\Phi_{xy}(\tau) = \int_{-\infty}^{\infty} S_{xy}(f)\, e^{j2\pi f\tau}\, df = \int_{-\infty}^{0} S_{xy}(f)\, e^{j2\pi f\tau}\, df + \int_{0}^{\infty} S_{xy}(f)\, e^{j2\pi f\tau}\, df$$

$$= \int_{0}^{\infty} S_{xy}(-f)\, e^{-j2\pi f\tau}\, df + \int_{0}^{\infty} S_{xy}(f)\, e^{j2\pi f\tau}\, df, \text{ mit (3.134)}$$

$$= \int_{0}^{\infty} S^*_{xy}(f)\, e^{-j2\pi f\tau}\, df + \int_{0}^{\infty} S_{xy}(f)\, e^{j2\pi f\tau}\, df$$

$$= 2\,\mathrm{Re}\left[\int_{0}^{\infty} S_{xy}(f)\, e^{j2\pi f\tau}\, df\right],$$

mit $G_{xy}(f) := 2\, S_{xy}(f),\ 0 \leqslant f < \infty$ folgt die Transformation:

$$\Phi_{xy}(\tau) = \mathrm{Re}\left[\int_{0}^{\infty} G_{xy}(f)\, e^{j2\pi f\tau}\, df\right].$$

Die entsprechende Gleichung gilt für $x = y$.

3.36 Lt. Lösung der Aufgabe 3.13 ist der Prozeß schwach stationär und nach Beispiel 3.7 auch schwach ergodisch, so daß für die Schätzungen eine Musterfunktion herangezogen werden kann: $x(t) = x_0 \cos \omega_0 t$.

$$X(j\omega, T) = x_0 \int_0^T \cos\omega_0 t\, e^{-j\omega t}\, dt = x_0 \left[e^{-j(\omega-\omega_0)\frac{T}{2}} \frac{\sin(\omega-\omega_0)\frac{T}{2}}{\omega-\omega_0} + e^{-j(\omega+\omega_0)\frac{T}{2}} \frac{\sin(\omega+\omega_0)\frac{T}{2}}{\omega+\omega_0} \right]$$

a) $$\hat{S}_{xx}(\omega) = \frac{x_0^2}{T}\left[\frac{\sin^2(\omega-\omega_0)\frac{T}{2}}{(\omega-\omega_0)^2} + \frac{\sin^2(\omega+\omega_0)\frac{T}{2}}{(\omega+\omega_0)^2} + 2\cos\omega_0 T\, \frac{\sin(\omega-\omega_0)\frac{T}{2}\sin(\omega+\omega_0)\frac{T}{2}}{(\omega^2-\omega_0^2)} \right]$$

b) $$\hat{S}_{xx}(k\Delta\omega) = \frac{x_0^2}{T_F}\left[\frac{\sin^2(k\Delta\omega-\omega_0)\frac{T_F}{2}}{(k\Delta\omega-\omega_0)^2} + \frac{\sin^2(k\Delta\omega+\omega_0)\frac{T_F}{2}}{(k\Delta\omega+\omega_0)^2} + \right.$$

$$\left. + 2\cos\omega_0 T_F\, \frac{\sin(k\Delta\omega-\omega_0)\frac{T_F}{2}\sin(k\Delta\omega+\omega_0)\frac{T_F}{2}}{(k\Delta\omega)^2-\omega_0^2} \right], \quad \omega_k = k\Delta\omega,\ \Delta\omega = \frac{2\pi}{T_F},\ k - \text{ganze Zahl.}$$

Für $T_F = 2\pi/\omega_0$ verschwinden $\hat{S}_{xx}(k\Delta\omega)$ mit $k \neq \pm 1$ und das Ergebnis ist ein Linienspektrum mit endlichen Werten an den Stellen $\pm\,\omega_0$.

Für $T = T_F \neq \frac{2\pi}{\omega_0} < \infty$ und $\omega = k\Delta\omega$ sind die Schätzungen von a) und b) gleich.

3.37 Nach Gl. (3.158) ist $S_{xy}(\omega)$ maßgeblich. $S_{xy}(\omega) = F\{\Phi_{xy}(\tau)\}$.

$$\Phi_{xy}(\tau) = E\{x(t)y(t+\tau)\} = \int_{-\infty}^{\infty}\int_{-\infty}^{\infty} u_1 v_2\, p_{x(t)y(t+\tau)}(u_1, v_2, \tau)\, du_1\, dv_2.$$

Statistische Unabhängigkeit der Prozesse: $p_{x(t)y(t+\tau)}(u_1, v_2, \tau) = p_{x(t)}(u_1)\, p_{y(t+\tau)}(v_2)$.

$$\Phi_{xy}(\tau) = \int_{-\infty}^{\infty} u_1\, p_{x(t)}(u_1)\, du_1 \int_{-\infty}^{\infty} v_2\, p_{y(t+\tau)}(v_2)\, dv_2 = E\{x(t)\}\, E\{y(t+\tau)\}$$, d.h., die Prozesse sind

damit auch unkorreliert (vgl. Aufgabe 3.6).

$S_{xy}(\omega) = F\{E\{x(t)\}\, E\{y(t+\tau)\}\} = 0$, wenn mindestens einer der Erwartungswerte gleich Null ist: $\gamma^2_{xy}(\omega) = 0$.

3.38 Nach Gl. (3.116) gilt $C_{pu}(\tau) = \Phi_{pu}(\tau) - E\{p\}\,E\{u\}$

$$= g(\tau) * \Phi_{pp}(\tau) - E\{p\}\,E\{u\},$$

$\sigma^2_{pu} = C_{pu}(0) = \int_{-\infty}^{\infty} S_{pu}(f)\,df - E\{p\}\,E\{u\}$, vgl. (3.122) und die Fußnote auf S. 98. Die Kovarianz ist der mittleren Gesamtleistung gleich, verringert um das Produkt der beiden Erwartungswerte.

3.39 $S_{uu}(\omega) = S_0/[(-\omega^2 m + k)^2 + b^2\omega^2]$, $E\{u^2(t)\} = \frac{1}{2\pi}\int_{-\infty}^{\infty} |F(j\omega)|^2 S_0\,d\omega =$

$= S_0/(2bk)$, $S_{uu}(\omega_0) = S_0/(b^2\omega_0^2) = S_0 m/(b^2 k)$.

$S_{uu}(\omega_D) = S_0/[k^2 D^4 + (1 - D^2)\frac{kb^2}{m}] \doteq S_0 m/(b^2 k)$ mit $D \ll 1$. $m\omega_0^2\, S_{uu}(\omega_0) = S_0 m/b^2$ ist ein Maß für die kinetische Energie an der Stelle $\omega = \omega_0$, $k\,S_{uu}(\omega_0)$ ist dann das Maß für die potentielle Energie:

$\frac{S_0 k}{b^2\omega_0^2} = \frac{S_0 m}{b^2}$, folglich $k\,S_{uu}(\omega_0) = \frac{S_0 m}{b^2}$ bedeutet dann, daß bei vorgegebenem k und konstantem S_0 die Energie des Systems proportional m und umgekehrt proportional zu b^2 ist.

Halbwertsbreite: $2\,\Delta\omega$ mit $S_{uu}(\omega_0 - \Delta\omega) = \frac{1}{2} S_{uu}(\omega_0) = S_{uu}(\omega_0 + \Delta\omega)$, $\Delta\omega \ll \omega_0$, $2\,\Delta\omega \doteq b/m$.

Die Halbwertsbreite ist proportional zu b und umgekehrt proportional zu m, während u.a. $S_{uu}(\omega_0)$ proportional zu m ist. Der quadratische Mittelwert $E\{u^2(t)\}$ ist ein Maß für den Erwartungswert der potentiellen Energie: $E_{pot} = \frac{1}{2} k u^2(t)$, $E\{E_{pot}\} = \frac{k}{2} E\{u^2(t)\} = S_0/4\,b$ (unabhängig von m, proportional der Fläche unterhalb der Kurve $S_{uu}(\omega)$).

3.40 An die Stelle der Matrizen treten die entsprechenden Skalare, s. Gl. (3.178). $g(t) = \frac{1}{\omega_D m}\, e^{-D\omega_0 t} \sin\omega_D t$ nach Gl. (3.170). $\Phi_{pp}(\tau) = \delta(\tau)$. $\Phi_{uu}(\tau) = \int_{-\infty}^{\infty}\int_{-\infty}^{\infty} g(t')\,g(t)\,\delta(\tau + t' - t)\,dt'\,dt = \int_{-\infty}^{\infty} g(t)\, g(t - \tau)\,dt = R_{gg}(\tau)$. Da ein stabiles System vorliegt, kommt die Gl. (3.110) für aperiodische Vorgänge zur Anwendung.

3.41 $\mathbf{\Phi}_{pu}(\tau) = \int_{-\infty}^{\infty} \mathbf{\Phi}_{pp}(\tau - t')\,\mathbf{G}^T(t')\,dt'$. $u(t) = \sum_{l=1}^{n} u_l(t)$, $\Phi_{pu}(\tau) := \sum_{l=1}^{n} \Phi_{p_l u_l}(\tau) = \sum_{l=1}^{n} g_l(\tau) * \Phi_{p_l p_l}(\tau)$,

somit $\mathrm{sp}\,\mathbf{\Phi}_{pu}(\tau) = \Phi_{pu}(\tau) = \mathrm{sp}\,[\mathbf{\Phi}_{pp}(\tau) * \mathbf{G}^T(\tau)]$. Da die Einfreiheitsgradsysteme voneinander entkoppelt sind, ist $\mathbf{G}(t) = \mathrm{diag}\,(g_l(t))$.

3.42 In der Schreibweise der Aufgabe (2.23) gilt für die Aufgabe 3.41 im Frequenzraum:

$$U(j\omega) = \sum_{l=1}^{n} U_l(j\omega) = (F_1(j\omega), \ldots, F_n(j\omega)) \begin{pmatrix} P_1(j\omega) \\ \vdots \\ P_n(j\omega) \end{pmatrix}.$$

Gemäß $\mathcal{F}\{\mathbf{G}(t)\} = \mathbf{F}(j\omega) = \mathrm{diag}\,(F_l(j\omega))$ ist mit $\mathbf{P}^T(j\omega) = (P_1(j\omega), \ldots, P_n(j\omega))$

$$\begin{pmatrix} U_1(j\omega) \\ \vdots \\ U_n(j\omega) \end{pmatrix} = \mathbf{F}(j\omega)\,\mathbf{P}(j\omega), \text{ somit } \mathbf{P}^*(j\omega)\,\mathbf{U}^T(j\omega) = \mathbf{P}^*(j\omega)\,\mathbf{P}^T(j\omega)\,\mathbf{F}^T(j\omega),$$

folglich

$$\mathbf{S}_{pu}(\omega) = \mathbf{S}_{pp}(\omega)\,\mathbf{F}^T(j\omega),\ S_{pu}(\omega) := \mathcal{F}\{\Phi_{pu}(\tau)\} = \mathrm{sp}\,\mathbf{S}_{pu}(\omega) = \mathrm{sp}\,[\mathbf{S}_{pp}(\omega)\,\mathbf{F}^T(j\omega)].$$

3.43 S. Gln. (3.27), (3.112): $\Phi_{p_ip_k}(\tau) = 0$, $\Phi_{pp}(\tau) = \mathrm{diag}\,(\Phi_{p_lp_l}(\tau))$.

3.44 S. auch Aufgabe 3.37. $F\{\Phi_{p_ip_k}(\tau)\} = S_{p_ip_k}(\omega) = 0$, führt zu $S_{p_iu_k}(\omega) = \sum_{l=1}^{n} S_{p_ip_l}(\omega)\, F_{kl}(j\omega) = S_{p_ip_i}(\omega)\, F_{ki}(j\omega)$.

3.45 $X(j\omega) = \frac{1}{1+j\omega}$, $h = \frac{1}{2\,fg} = \frac{1}{f_A}$, ergibt $X_d(j\omega) = h \sum_{\nu=0}^{\infty} x(\nu h)\, e^{-j\omega\nu h} = \frac{h}{1-e^{-(1+j\omega)h}}$; Taylorentwicklung für kleine h: $X_d(j\omega) = \frac{1}{1+j\omega} + \frac{h}{2} + \ldots$, $X_d(j\omega) - X(j\omega) = \frac{h}{2} + \ldots$: Der Überlagerungsfehler verschwindet umgekehrt proportional der Abtastfrequenz.

3.46

k	$x(k\Delta t)$	$y(k\Delta T)$	$\hat{R}_{xy}(k\Delta t)$	$R_{xy}(k\Delta t)$
0	0,00	0,00	0,50	0,50
1	0,90	1,66	0,22	0,20
2	0,75	–0,23	–0,23	–0,32
3	–0,28	0,25	–0,52	–0,47
4	–0,98	–0,70	–0,17	–0,07
5	–0,54	–1,45	0,43	0,42
6	0,54	1,45	0,40	0,42
7	0,98	0,70	0,10	–0,07
8	0,28	–0,25	–0,34	–0,47
9	–0,75	0,23	–0,75	–0,32
10	–0,90	–1,66	0,00	0,20

Die Genauigkeit der Schätzwerte leidet unter der geringen Stützstellenanzahl und der abnehmenden Summandenanzahl bei zunehmendem k.

3.47 Für die Schätzung der Kreuzkorrelationsfunktion an den Stellen $\tau_\mu = \mu\, h$, $\mu = 0(1)M$, gilt:

$$\hat{R}_{xy}(\mu h) = \frac{1}{N} \sum_{\nu=0}^{N-1} x(\nu h)\, y[(\nu+\mu)\, h].$$

Anwendung der diskreten Fouriertransformation:

$$h \sum_{\mu=1}^{M-1} \hat{R}_{xy}(\mu h)\, e^{-j\omega_k \mu h} = \frac{h}{N} \sum_{\mu=0}^{M-1} \left(\sum_{\nu=0}^{N-1} x(\nu h)\, y[(\nu+\mu)\, h]\, e^{-j\omega_k \mu h} \right).$$

Diskrete Fouriertransformation ergibt diskrete Frequenzen, somit Periodisierung: $N = M$, $n := \nu + \mu$ und folglich

$$\frac{h}{N} \sum_{\nu=0}^{N-1} x(\nu h)\, e^{j\omega_k \nu h} \sum_{n=0}^{N-1} y(nh)\, e^{-j\omega_k n h} = \frac{1}{T} X^*(j\omega_k, T)\, Y(j\omega_k, T).$$

3.48 $X_T(j\omega) = \int_0^T x(t)\, e^{-j\omega t}\, dt$, $w(t) = \begin{cases} 1 \text{ für } 0 \leqslant t \leqslant T \\ 0 \text{ sonst,} \end{cases}$

$$X_T(j\omega) = \int_{-\infty}^{\infty} w(t) x(t)\, e^{-j\omega t}\, dt, \text{ nach Tabelle 2.5,}$$

$$= \frac{1}{2\pi} \int_{-\infty}^{\infty} W(j\omega - jp) X(jp)\, dp, \quad W(j\omega) := F\{w(t)\},\ X(j\omega) := F\{x(t)\}.$$

Vgl. Bild 3.33 und unter Beachtung der Faltung: Die Frequenzen können mit $|\omega_2 - \omega_1| > 4\,\pi/T$ unterschieden werden, $T > 4\,\pi/|\omega_2 - \omega_1|$.

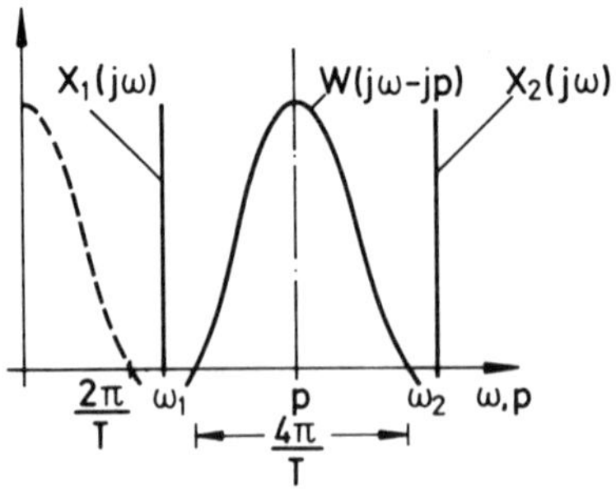

Bild A. 19

3.49 Bei welcher Frequenz beträgt die Amplitude noch 1%? $\hat{u}_a$, $\hat{u}_e$: Anfangs-, Endamplitude, $20 \log \frac{\hat{u}_a}{\hat{u}_e} = x(\mathrm{dB})$, folglich $\frac{\hat{u}_a}{\hat{u}_e} = 100 = 10^{\frac{x}{20}}$, und damit x = 40 dB:

Nach einer Oktave ist 1% erreicht, also bei 400 Hz. Aus Bild A.20 folgt: Abtastfrequenz $\geqslant$ 600 Hz.

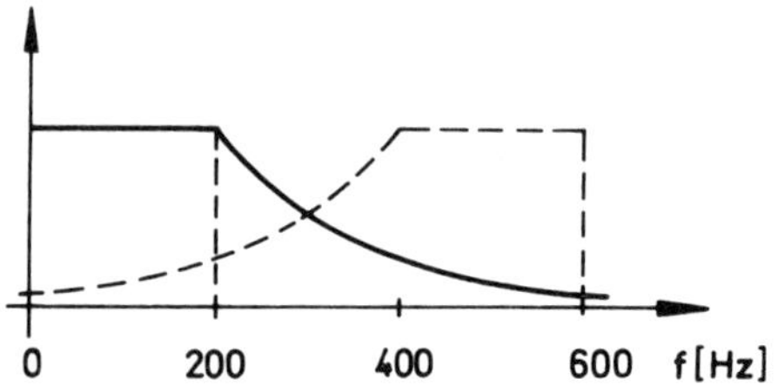

Bild A. 20

Kapitel 4

4.1 $m\ddot{u} + b\dot{u} + ku = p_0 e^{j\Omega t}$, $u(t) = u_h(t) + u_p(t)$,

$u_h(t) = e^{-\delta t}(A\, e^{j\omega_D t} + B\, e^{-j\omega_D t})$, $u_p(t) = F(j\Omega) p_0 e^{j\Omega t}$,

$\omega_D^2 = \omega_0^2(1 - D^2)$, $\omega_0^2 = k/m$, $\delta = \omega_0 D$, $\delta = b/(2\,m)$.

Einschwingvorgang: $u(0) = 0$, $(\dot{u}(t)/_{t=0} = 0)$, folglich $A + B = -p_0 F(j\Omega)$.

Forderung: $|e^{-\delta T_1}(A + B)| \leqslant \frac{\beta p_0}{100} |F(j\Omega)|$,

$e^{-\delta T_1} \leqslant \frac{\beta p_0 |F(j\Omega)|}{100 |A+B|} = \beta/100$, $-\delta T_1 \leqslant \ln \frac{\beta}{100}$, somit $T_1 \geqslant -\frac{1}{\delta} \ln \frac{\beta}{100}$ mit $\beta < 100$.

4.2 Mäander: $4\, p_0/\pi$, Sägezahn: $2\, p_0/\pi$, Dreieck: $8\, p_0/\pi^2$,
Rechteck: $2\, p_0/\pi$. Die günstigste Erregung liefert als monofrequentes Testsignal genommen die Mäanderfunktion mit $a_1 = 4\, p_0/\pi > p_0$.

4.3 Fouriertransformation der betreffenden Impulse s. Tabelle 4.1. Bei fest vorgegebenem p_0, T bewirkt eine große Flankensteilheit bei p(t) große Energie bei hohen Frequenzen, jedoch liegt die 1. Nullstelle von $P(j\omega)$ schon bei $2\,\pi/T$. Geringe Flankensteilheit: weniger Energie bei hohen Frequenzen, aber fast die gesamte Energie liegt in dem Frequenzbereich bis zur 1. Nullstelle, die jenseits von $2\,\pi/T$ liegt.

4.4 Bewegungsgleichung für den Beschleunigungsaufnehmer mit Fußpunkterregung:

$m\,\ddot{r}(t) + b\dot{r}(t) + kr(t) = -\,m\,\ddot{u}(t)$,

somit

$(-\omega^2 m + j\omega b + k)\, R\,(j\omega) = \omega^2\, mU(j\omega) =: -mB(j\omega) =: P(j\omega)$.

Verhältnis von Ausgangs- zu Eingangssignal:

$$-\frac{R(j\omega)}{B(j\omega)}=\frac{1}{-\omega^2+j\,2\,\omega\omega_0 D+\omega_0^2},\quad \omega_0^2:=k/m,\ \omega_0 D:=b/(2\,m)=:\delta;$$

Laplacetransformation: $-\frac{R(s)}{B(s)}=:H_3(s)=\frac{1}{s^2+2\,\omega_0 Ds+\omega_0^2}$.

Geschwindigkeitsaufnehmer:

$$-\frac{R(s)}{V(s)}=:H_2(s)\ \frac{s}{s^2+2\,\omega_0 Ds+\omega_0^2},$$

Wegaufnehmer:

$$-\frac{R(s)}{U(s)}=:H_1(s)=\frac{s^2}{s^2+2\,\omega_0 Ds+\omega_0^2}.$$

Die Antwort des Beschleunigungsaufnehmers auf den Einheitssprung $B(s)=L\{1(t)\}=1/s$ (s. Tabelle 2.2) lautet:

$$R(s)=H_3(s)\,[-B(s)]=-H_3(s)/s=-\frac{1}{s(s^2+2\,\omega_0 Ds+\omega_0^2)}.$$

Lösung im Zeitraum: Partialbruchzerlegung von R(s) und Tafeln der Laplacetransformierten:

$$r(t)=-\frac{1}{\omega_0^2}\left[1-e^{-\omega_0 Dt}\left(\frac{D}{|\sqrt{1-D^2}|}\ \sin\omega_D t+\cos\omega_D t\right)\right]$$

$$=-\frac{1}{\omega_0^2}\left[1-e^{-\omega_0 Dt}\ \frac{1}{|\sqrt{1-D^2}|}\ \sin(\omega_D t+\psi)\right],\ \tan\psi=\frac{|\sqrt{1-D^2}|}{D},\ \ \omega_D^2=\omega_0^2(1-D^2).$$

Zwischen den Laplacetransformierten von $\delta(t)$, $1(t)$ und t bestehen nach Tabelle 2.2 die Beziehungen $L\{\delta(t)\}=s\,L\{1(t)\}=s^2\,L\{t\}$. Der Beschleunigungsaufnehmer antwortet mit der bekannten Lösung auf den Einheitssprung für die Rampe mit

$$R_t(s)=-\frac{H_3(s)}{s}\cdot\frac{1}{s}=-H_3(s)\,\frac{1}{s^2}$$

und für den Einheitsstoß mit

$$R_\delta(s)=-\frac{H_3(s)}{s}\cdot s=-H_3(s).$$

Die Antworten im Zeitraum erhält man wieder über die inversen Laplacetransformierten.
Zwischen den bezogenen Übertragungsfunktionen $H_{1,2,3}$ bestehen offensichtlich die algebraischen Beziehungen $H_1(s)=s\,H_2(s)=s^2\,H_3(s)$, so daß auch zwischen den einzelnen Aufnehmern bei Kenntnis beispielsweise der Antwort des Beschleunigungsaufnehmers auf die betrachteten Erregungen einfache Beziehungen aufgestellt werden können. So gilt z.B. für den Wegaufnehmer, erregt mit der Rampenfunktion,

$$R_t(s)=H_1(s)\,[-U(s)]=-H_1(s)\,L\{t\}=-s^2\,H_3(s)\,L\{t\}=-s^3\,H_3(s)\,L\{1(t)\}.$$

4.5 Lösungsweg: B_0 Biegesteifigkeit, μ_0 Massenbelegung, $w(x,t)$ Verschiebung, x Ortskoordinate, elastische Achse.
Bewegungsgleichung: $B_0 w^{(4)}(x,t)+\mu_0\ddot{w}(x,t)=0$, Randbedingung: $w(0,t)=0$, $w'(x,t)/_{x=0}=w'(0,t)=0$, $B_0 w''(x,t)|_{x=l}=0$, $[B_0 w''(x,t)]'|_{x=l}=0$ für $t\geqslant 0$, Anfangsbedingung: $w(x,0)=w_s(x)$ statische Biegelinie des Balkens infolge der Einzellast P, $\dot{w}(x,t)|_{t=0}=\dot{w}(x,0)=0$. Produktansatz: $w(x,t)=\hat{w}(x)\,T(t)$ ergibt

$$B_0\hat{w}^{(4)}(x)-\omega^2\mu_0\hat{w}(x)=0,$$

Berücksichtigen der Randbedingungen ergibt Eigenschwingungen des Systems ω_i, $\hat{w}_i(x)$, i = 1, 2, ... (vgl. beispielsweise [2.20, 4.52]). Lösung des linearen Systems entsprechend dem Produktansatz (Superposition)

$$w(x,t) = \sum_{i=1}^{\infty} \hat{w}_i(x)\, T_i(t), \quad T_i(t) = A_i \sin\omega_i t + B_i \cos\omega_i t.$$

Einarbeiten der Anfangsbedingungen:

$$w(x,0) = w_s(x) = \sum_{i=1}^{\infty} \hat{w}_i(x)\, B_i,$$

$$\dot{w}(x,0) = 0 = \sum_{i=1}^{\infty} \hat{w}_i(x)\, \omega_i A_i.$$

Multiplikation dieser verallgemeinerten Fourierreihe mit $\mu_0 \hat{w}_k(x)$ und Integration über x von 0 bis l,

$$\int_0^l \mu_0 w_s(x)\, \hat{w}_k(x)\, dx = \sum_{i=1}^{\infty} B_i \int_0^l \mu_0 \hat{w}_i(x)\, \hat{w}_k(x)\, dx,$$

$$0 = \sum_{i=1}^{\infty} \omega_i A_i \int_0^l \mu_0 \hat{w}_i(x)\, \hat{w}_k(x)\, dx,$$

führt mit der verallgemeinerten Orthogonalitätsbeziehung

$$\int_0^l \mu_0 \hat{w}_i(x)\, \hat{w}_k(x)\, dx = 0 \text{ für } i \neq k$$

auf die Integrationskonstanten

$$A_i = 0, \quad B_i = \int_0^l \mu_0 w_s(x)\, \hat{w}_i(x)\, dx \Big/ \left[\int_0^l \mu_0 \hat{w}_i^2(x)\, dx\right].$$

Anmerkung: Wegen μ_0 = const. fällt hier die verallgemeinerte Orthogonalität mit der gewöhnlichen zusammen.

4.6 Weißes Rauschen lt. Gl. (4.06): $S_{pp}(\omega) = S_{WR}(\omega) = S_0 = \text{const.}$, $\Phi_{pp}(\tau) = \delta(\tau)$.
Breitbandrauschen lt. Gl. (4.08):

$$S_{pp}(\omega) = S_{BR}(\omega) = \begin{cases} S_0 & \text{für } |\omega| \leqslant \omega_b \\ 0 & \text{sonst;} \end{cases}$$

$$\Phi_{pp}(\tau) = S_0 \frac{\sin\omega_b\tau}{\pi\tau}.$$

Auswirkung auf die Gewichtsfunktion s. Abschnitt 4.3.2. Eingangsfehler entspricht einer Bandpaßdarstellung (s. Abschnitt 4.1.3.2) mit

$$S_{ff}(\omega) = \begin{cases} S_0 & \text{für } \infty > |\omega| > \omega_b, \\ 0 & \text{sonst,} \end{cases}$$

folglich

$$\Phi_{ff}(\tau) = S_0 \left[\delta(\tau) - \frac{\sin\omega_b\tau}{\pi\tau}\right].$$

4.7 Breitbandrauschen: $S(j\omega) = \begin{cases} S_0 = \text{const. für } -\omega_b \leqslant \omega \leqslant \omega_b, \\ 0 \quad \text{sonst.} \end{cases}$

Tabelle 2.5: $S^*(t) = \begin{cases} S_0 \text{ für } -t_B \leqslant t \leqslant t_B, \\ 0 \quad \text{sonst,} \end{cases}$

$F\{S^*(t)\} = \frac{1}{2\pi}\,\Phi^*(j\omega) = \frac{1}{2\pi}\,\Phi(j\omega)$ nach Gl. (4.8).

4.8 Frequenzraum:

$$S_{pp}(\omega) = \begin{cases} S_0 \text{ für } -\omega_b \leqslant \omega \leqslant -\omega_a,\ \omega_a \leqslant \omega \leqslant \omega_b, \\ 0 \quad \text{sonst.} \end{cases}$$

Zeitraum: Autokorrelationsfunktion

$$\Phi_{pp}(\tau) = S_0 \int_{-f_b}^{-f_a} e^{j2\pi f\tau}\,df + S_0 \int_{f_a}^{f_b} e^{j2\pi f\tau}\,df = \frac{S_0}{\pi\tau}\,(\sin 2\pi f_b\tau - \sin 2\pi f_a\tau).$$

4.9 Frequenzraum:

$$W(f) = \begin{cases} 1 \text{ für } -\infty < f < -f_b \\ 0 \text{ für } -f_b \leqslant f \leqslant -f_a \\ 1 \text{ für } -f_a < f < f_a \\ 0 \text{ für } f_a \leqslant f \leqslant f_b \\ 1 \text{ für } f_b < f < \infty \end{cases}$$

Zeitraum:

$$w(t) = \int_{-\infty}^{\infty} W(f)\,e^{j2\pi ft}\,df = \int_{-\infty}^{\infty} e^{j2\pi ft}\,df - 2\int_{f_a}^{f_b} \cos 2\pi ft\,df.$$

Das erste Integral ist das Fourierintegral von $\delta(t)$, das zweite ist quadrierbar:

$$w(t) = \delta(t) - \frac{\sin 2\pi f_b t}{\pi t} + \frac{\sin 2\pi f_a t}{\pi t}.$$

4.10 $p(t) = \frac{p_0 T_0}{T} + 2\,p_0 \sum_{n=1}^{\infty} \frac{\sin \frac{n\omega T_0}{2}}{n\pi} \cos n\omega\left(\frac{T_0}{2} - t\right),\ \omega = \frac{2\pi}{T}$, Bild A.21 a

$$p_{\triangle}(t) = \begin{cases} p_0 \frac{t}{T_0},\ 0 \leqslant t \leqslant T_0 \\ p_0,\ T_0 \leqslant t \leqslant T_1 - T_0 \\ p_0\left(\frac{-t}{T_0} + \frac{T_1}{T_0}\right),\ T_1 - T_0 \leqslant t \leqslant T_1 \end{cases}$$

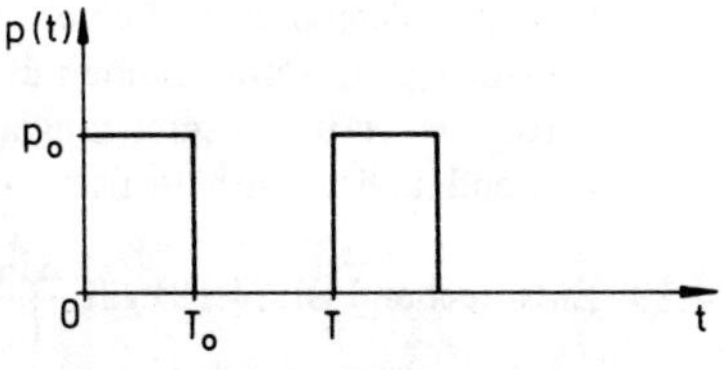

Bild A. 21 a)

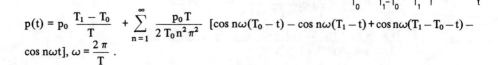

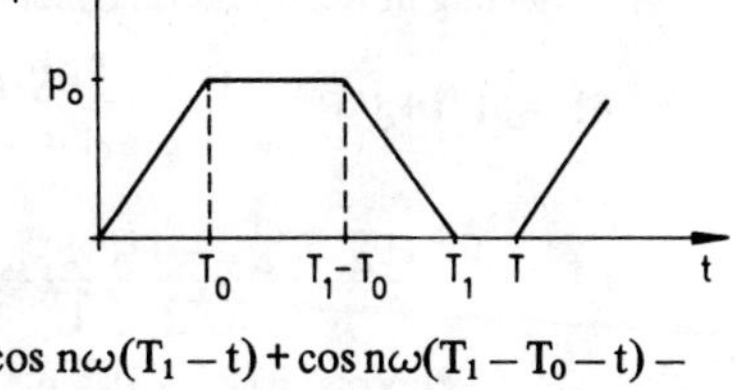

Bild A. 21 b)

$$p(t) = p_0\,\frac{T_1 - T_0}{T} + \sum_{n=1}^{\infty} \frac{p_0 T}{2\,T_0 n^2 \pi^2}\,[\cos n\omega(T_0 - t) - \cos n\omega(T_1 - t) + \cos n\omega(T_1 - T_0 - t) -$$
$$\cos n\omega t],\ \omega = \frac{2\pi}{T}.$$

In einem vorgegebenen Frequenzbereich jeweils konstante Kraftamplituden zu erzeugen, ist nicht möglich.
Bei der Rechteckfolge nehmen die Fourierreihen mit $1/n$, bei der Trapezfolge mit $1/n^2$ ab. Soll die größte Amplitude nicht bei der Grundfrequenz sondern bei höheren Frequenzen liegen, kann man bei gleicher Grundfrequenz die einzelnen Impulse kürzer wählen.

4.11 Fourierintegral: $x(t) = \int\limits_{-\infty}^{\infty} X(f)\, e^{j2\pi ft}\, df$ mit $f_\nu := \nu\Delta f,\ \nu = 0, \pm 1, \ldots$

Numerische Berechnung über

$$\tilde{x}(t) = \sum_{\nu=-\infty}^{\infty} X(f_\nu)\, e^{j2\pi f_\nu t}\, \Delta f$$

$$= \sum_{\nu=-\infty}^{\infty} \int\limits_{-\infty}^{\infty} x(t')\, e^{-j2\pi f_\nu t'}\, dt'\, e^{j2\pi f_\nu t}\, \Delta f, \quad T := \frac{1}{\Delta f},$$

folglich

$$= \sum_{\nu=-\infty}^{\infty} \frac{1}{T} \int\limits_{-\infty}^{\infty} x(t')\, e^{-j2\pi\nu\frac{t'-t}{T}}\, dt'.$$

$t'' := t' - t$ ergibt

$$\tilde{x}(t) = \sum_{\nu=-\infty}^{\infty} \frac{1}{T} \int\limits_{-\infty}^{\infty} x(t+t'')\, e^{-j2\pi\nu\frac{t''}{T}}\, dt'', \text{ vgl. (3.189b)},$$

somit

$$= \sum_{\nu=-\infty}^{\infty} \frac{1}{T} \int\limits_{-\infty}^{\infty} x(t+t'')\, \delta\left(\frac{t''}{T} - \nu\right) dt''$$

$$= \sum_{\nu=-\infty}^{\infty} \int\limits_{-\infty}^{\infty} x(t+t'')\, \delta(t'' - \nu T)\, dt'' = \sum_{\nu=-\infty}^{\infty} x(t+\nu T).$$

Die Rücktransformation liefert über die Rechteckregel ein periodisches Zeitsignal. Um Überlagerungsfehler (Aliasingeffekt) im Zeitbereich zu vermeiden, muß das Zeitsignal auf das Intervall $[0, T]$ beschränkt sein. Dann erhält man in diesem Intervall die exakten Werte des Signals.

4.12 Nach Abschnitt 4.1.4.3 wird das pseudostochastische Signal für ein Frequenzintervall $[f_a, f_b]$ vorgegeben. Der Phasenwinkel als Zufallsvariable interessiert bei der Aufgabenstellung nicht. Das Fourierintegral liefert eine periodische Zeitfunktion (s. Aufgabe 4.11) mit der Periodendauer T, die demzufolge als Fourierreihe mit der Grundfrequenz $\omega = 2\pi/T$ darstellbar ist, die jedoch wegen der vorgegebenen Bandbegrenzung als tiefste im Spektrum enthaltene Frequenz f_a (sofern kein Tiefpaß verwendet wird) enthält. Die Frequenzauflösung ist gemäß $\omega_n - \omega_{n-1} = \Delta\omega = 2\pi\Delta f$.

4.13 Entsprechend Gl. (4.19) gilt $\frac{\Delta\hat{F}(j\omega)}{\hat{F}(j\omega)} \doteq \frac{F_\Delta(j\omega)\, S_{p\Delta p}(\omega, T)\, T}{\hat{F}(j\omega)|P(j\omega)|}$.

Zerlegung in Real- und Imaginärteil:

$$\delta\hat{F} = \delta\hat{F}^{re} + j\delta\hat{F}^{im} = \frac{(F_\Delta^{re} + j F_\Delta^{im})(S_{p\Delta p}^{re} + j S_{p\Delta p}^{im})}{(\hat{F}^{re} + j\hat{F}^{im})|P|}$$

$$\delta\hat{F}^{re} = \frac{\hat{F}^{re}(F_\Delta^{re} S_{p\Delta p}^{re} - F_\Delta^{im} S_{p\Delta p}^{im}) + \hat{F}^{im}(F_\Delta^{re} S_{p\Delta p}^{im} + F_\Delta^{im} S_{p\Delta p}^{re})}{(\hat{F}^{re2} + \hat{F}^{im2})|P|},$$

$$\delta\hat{F}^{im} = \frac{\hat{F}^{re}(F_\Delta^{re} S_{p\Delta p}^{im} + F_\Delta^{im} S_{p\Delta p}^{re}) - \hat{F}^{im}(F_\Delta^{re} S_{p\Delta p}^{re} - F_\Delta^{im} S_{p\Delta p}^{im})}{(\hat{F}^{re2} + \hat{F}^{im2})|P|}.$$

4.14 Der Frequenzgangsfehler ergibt sich entsprechend Gl. (4.18), wobei sich für frequenzbegrenzte und zeitbegrenzte Signale der Fehler aus der Zeitbegrenzung ergibt (Abschneidefehler), sofern das Shannonsche Abtasttheorem eingehalten wird. Ist das Testsignal nicht bandbegrenzt, kommt der Überlagerungsfehler hinzu. Wird dagegen periodisch mit diskreten Frequenzen in einem begrenzten Frequenzband $[f_a, f_b]$ erregt, die ein ganzzahliges Mehrfaches der Grundfrequenz $\frac{1}{T}$ sind (Fouriersumme), dann ist der Fehler gleich Null.

4.15
$$[\Delta F_m^{re}]^2 = \frac{1}{N(N-1)} \sum_{k=1}^{N} \left(\hat{F}^{re\,2} - 2\,\hat{F}^{re} F_k^{re} + F_k^{re\,2}\right)$$
$$= \frac{1}{N-1}\left(\hat{F}^{re\,2} - 2\,\hat{F}^{re\,2} + \frac{1}{N}\sum_{k=1}^{N} F_k^{re\,2}\right)$$
$$= \frac{1}{N-1}\left(\frac{1}{N}\sum_{k=1}^{N} F_k^{re\,2} - \hat{F}^{re\,2}\right)$$
$$\frac{1}{N}\sum_{k=1}^{N} F_k^{re\,2} =: \frac{1}{N} F_{\Sigma N}^{re2},\ F_{\Sigma K+1}^{re\,2} = F_{\Sigma K}^{re\,2} + F_{K+1}^{re\,2},\ K = 1(1)N-1.$$

Entsprechend für $[\Delta F_m^{im}]^2$. Die Rechnung ist für jede Frequenz ω_i durchzuführen.

4.16 Schätzung der Standardabweichung $\hat{\sigma}_{\hat{u}}(t)$ (mittlerer Fehler des Mittelwertes) liefert eine Funktion bzw. diskrete Werte für t_i, $i = 1(1)N_t$, so daß abhängig von dem Fehler von $P(j\omega)$ eines der im Abschnitt 4.2.1 angegebenen Fehlermodelle benutzt werden kann.

4.17

i	$\hat{F}_i^{re}$ [g/kN]	$\hat{F}_i^{im}$ [g/kN]	$(\hat{\sigma}_{\hat{F}^{re}}/\hat{F}^{re})_i \cdot 100\%$	$(\hat{\sigma}_{F^{im}}/\hat{F}^{im})_i \cdot 100\%$
1	–0,20	0,40	0,01	0,00
2	–0,07	0,94	0,56	0,06
3	2,80	3,40	0,03	0,15
4	–26,49	–3,28	0,00	3,35
5	25,34	–14,99	0,08	0,60
6	–2,26	7,04	0,03	0,10
7	0,25	1,07	0,16	0,03

Anmerkung: Die im Imaginärteil der jeweiligen Frequenzgänge auftretenden beiden Maxima sind durch den Einfluß des verwendeten Rechteckfensters zu erklären (leakage).

4.18 $\mathbf{S}(s)\,\mathbf{U}(s) = \mathbf{P}(s)$

1. Definition von Meßpunkten x_i, y_k, $i = 1(1)n_x$, $k = 1(1)n_y$, $n_y \geqslant 3$
2. Definition der Verschiebung $w(x, y, t) = w_B(x, t) + y\,\beta(x, t)$

   $\mathbf{u}^T(t) := (w(x_1, y_1, t)\ w(x_1, y_2, t), ..., w(x_{n_x}, y_{n_y}, t))$

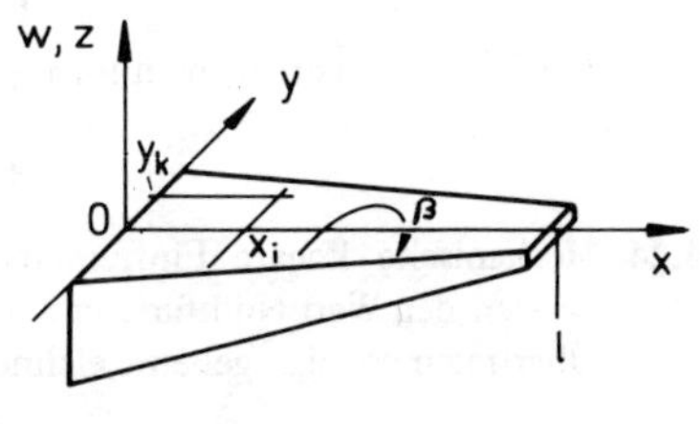

Bild A. 22

3. Auswahl der Erregungsart und der Aufnehmer. Festlegung der Mehrpunkterregung in Form von linear unabhängigen Vektoren $\mathbf{u}_l(t)$. Messung von $\mathbf{p}_l(t)$, $l = 1(1)n$, $n = n_x \cdot n_y$. Die Verschiebungs- und Kraftmessungen sind mehrmals zu wiederholen (Mittelwertbildung).
4. Laplacetransformierte $\mathbf{U}_l(s) := L\{\mathbf{u}_l(t)\}$, $\mathbf{P}_l(s) = L\{\mathbf{p}_l(t)\}$ für s = const. mit geeignetem α in dem interessierenden ω-Intervall.

5. $\mathbf{S}(s)\,\mathbf{U}_l(s) = \mathbf{P}_l(s), l = 1(1)n$
$\mathbf{Y}(s) = (\mathbf{U}_1(s), ..., \mathbf{U}_n(s)),$ $\qquad \pi(s) := (\mathbf{P}_1(s), ..., \mathbf{P}_n(s))$
$\mathbf{S}(s)\,\mathbf{Y}(s) = \pi(s)$, es folgt $\mathbf{S}(s) = \mathbf{Y}^{-1}(s)\,\pi(s)$
6. Die Symmetrieüberprüfung von $\mathbf{S}(s)$ liefert einen Anhaltspunkt über die Schätzfehler.
7. Überprüfung von $w(x, y, t) = w_B(x, t) + y\beta(x, t)$ im Bildraum: z.B. $|W(x, y, j\omega)| = |W_B(x, j\omega) + yB(x, j\omega)|$, hierzu ist $\mathbf{S}^{-1}(s) = \mathbf{H}(s)$ zu bilden.
8. Unterschied gegenüber statischem Versuch: Keine Zeitabhängigkeit der Verschiebungen und Kräfte. Das Bilden der Laplacetransformierten entfällt, und man erhält von vornherein algebraische Gleichungen, Grenzfall $s = 0$.

4.19 Abhängig von $\Phi_{dr}(\tau)$, für $\tau \to \infty$ ja.

4.20 a) Ja, s. Beispiel 4.9.
b) $\Phi_{\tilde{d}m}(\tau) = \Phi_{dm}(\tau) + \Phi_{rm}(\tau) = \Phi_{dm}(\tau)$ mit $\Phi_{rm}(\tau) = 0$. Ergodische Prozesse der Betrachtung zugrunde gelegt, $R_{rm}(\tau) = \lim_{T\to\infty} \frac{1}{T}\int_0^T r(t)m(t+\tau)\,dt$ liefert erst im Grenzfall $T \to \infty$ $R_{rm}(\tau) = 0$.
Werden also Schätzungen infolge endlicher Schrieblängen T verwendet, so verbleibt stets ein Restrauschen $\hat{R}_{rm}(\tau)$. Hinzu kommt der Fehler von $\hat{R}_{dm}(\tau)$ gegenüber $R_{dm}(\tau)$, sofern das Nutzsignal nichtperiodisch ist.

4.21 S. Gln. (3.83) und (3.88), mit:
$\mathbf{G} = \mathbf{I}$, $\mathbf{D}\mathbf{v} = \hat{\mathbf{\Phi}}_{pp}$, $\mathbf{b} = \hat{\mathbf{\Phi}}_{pu}$ und $\mathbf{v} = \hat{\mathbf{\Phi}}_{pu} - \hat{\mathbf{\Phi}}_{pp}\,\boldsymbol{\gamma}$. Die praktische Ermittlung von cov $(\hat{\boldsymbol{\gamma}})$ erfolgt näherungsweise unter Vernachlässigung des E-Operators und a) $\mathbf{v}|_{\overset{\circ}{\gamma}} \pm \mathbf{v}|_{\hat{\gamma}}$ oder b) einer Abschätzung von $\mathbf{v}$ aufgrund der Meßfehler (Fehlerfortpflanzung).

4.22 Stationäres Rauschsignal $p(t)$, Mikrofonsignal $u(t)$: Ermittlung der Gewichtsfunktion nach Gl. (4.50), sofern die Eigenfrequenzen der einzelnen Freiheitsgrade weit genug auseinanderliegen.

4.23 $u_1(t) := u(x_1 - vt)$,
$\tilde{u}_2(t+\tau) := u[x_2 - v(t+\tau)] + r(t+\tau)$,

$$\begin{aligned}\Phi_{u_1\tilde{u}_2}(\tau) &= E\{u(x_1 - vt)\,[u(x_2 - v(t+\tau)) + r(t+\tau)]\}\\ &= E\{u(x_1 - vt)\,u\,[x_1 - v(t+\tau-\tau_l)] + u(x_1 - vt)\,r(t+\tau)\}\\ &= \Phi_{u_1u_1}(\tau - \tau_l).\\ \Phi_{\tilde{u}_2\tilde{u}_2}(0) &= \Phi_{u_2u_2}(0) + \Phi_{u_2r}(0) + \Phi_{ru_2}(0) + \Phi_{rr}(0)\\ &= \Phi_{u_2u_2}(0) + \Phi_{rr}(0)\\ &= \Phi_{u_1u_1}(0) + \Phi_{rr}(0) = \sigma_u^2 + \sigma_r^2.\end{aligned}$$

folglich

$$\rho_{u_1\tilde{u}_2}(\tau) = \frac{\Phi_{u_1u_1}(\tau - \tau_l)}{\sqrt{\sigma_u^2(\sigma_u^2 + \sigma_r^2)}} = \frac{1}{\sigma_u^2\sqrt{1 + \frac{\sigma_r^2}{\sigma_u^2}}}\,\Phi_{u_1u_1}(\tau - \tau_l).$$

Das Extremum erhält man für $\tau = \tau_l$ mit $|\rho_{u_1\tilde{u}_2}(\tau_l)| = \dfrac{1}{\left|\sqrt{1 + \frac{\sigma_r^2}{\sigma_u^2}}\right|} < 1.$

4.24 Mechanische lineare Einfreiheitsgradsysteme, bestehend aus Masse, Feder, Dämpfungselement, würden den Wert Null für den Korrelationskoeffizienten ergeben. Erst wenn die physikalisch realen Übertragungswege, gekennzeichnet durch die Funktionen $g_i(t)$, $i = 1(1)n$, so beschaffen sind, daß sie eine Fortpflanzung von $p(t)$ mit um τ_i verzögerte Antworten $u_i(t)$, $u(t) = \sum_{i=1}^{n} u_i(t)$, ermöglichen, dann verschwindet der Korrelationskoeffizient nicht identisch. Mit $\tau_i \neq \tau_k$ für $i \neq k$ liefert der Korrelationskoeffizient n Extrema an den Stellen τ_i. Die Ordinaten des Korrelationskoeffizienten an den Stellen τ_i ergeben den relativen Beitrag von $p(t)$ längs der einzelnen Übertragungswege an der Antwort $u(t)$.

4.25 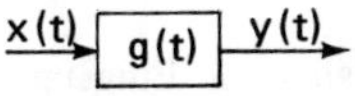

Bild A. 23

$$y(t) = x(t - t_0),$$
$$F\{y(t)\} = F\{x(t)\}\, e^{-j\omega t_0},$$
$$F(j\omega) = F\{g(t)\} = \frac{F\{y(t)\}}{F\{x(t)\}} = 1 \cdot e^{-j\omega t_0},$$
$$g(t) = \delta(t - t_0),\ t_0 = 5\,\pi,$$
$R_{xy}(\tau) = \dfrac{\pi}{\omega_0} \cos \omega_0 (t_0 - \tau)$: Maximum an der Stelle $\tau = t_0$.

4.26 a) Ordinaten der Kreuzkorrelationsfunktion für interessierende Werte τ,

b) Gesamtleistungen $\int\limits_{-\infty}^{\infty} S_{b_{1,2}u}(f)\,df = \Phi_{b_{1,2}u}(0)$ nach Abschnitt 3.5.1.

4.27 Aus den Kreuzkorrelationsfunktionen erhält man über die Laufzeitdifferenzen bei bekannter Signalfortpflanzungsgeschwindigkeit die Entfernungsunterschiede der Mikrophone zur Quelle Q: l_{12}, l_{13}, l_{23}. Es gilt: $l_{12} = r_1 - r_2$, $l_{13} = r_1 - r_3$, $l_{23} = r_2 - r_3$ (1). In diesen Gleichungen sind nur zwei voneinander linear unabhängig.
Anwendungsmöglichkeiten:
1. Mikrophone und Quelle befinden sich in einer Ebene
2. Die Fläche, auf der sich die Quelle befindet, muß bekannt sein, und ggf. muß über Zusatzinformationen von den Schnittpunkten der Lösungskurve (1) mit dieser Fläche der relevante Schnittpunkt bestimmt werden.

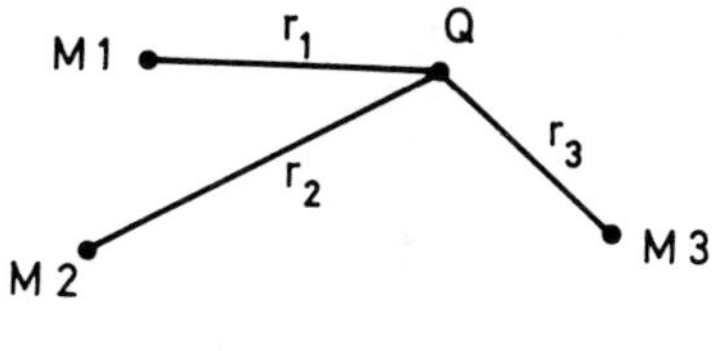

Bild A. 24

4.28 $\tilde{u}(t) = u(t) + r(t)$, r(t), u(t) und r(t), p(t) sind unkorreliert.
$G_{\tilde{u}\tilde{u}}(\omega) = G_{uu}(\omega) + G_{rr}(\omega)$
$G_{\tilde{u}u}(\omega) = G_{uu}(\omega)$
$G_{p\tilde{u}}(\omega) = G_{pu}(\omega)$

Bild A. 25
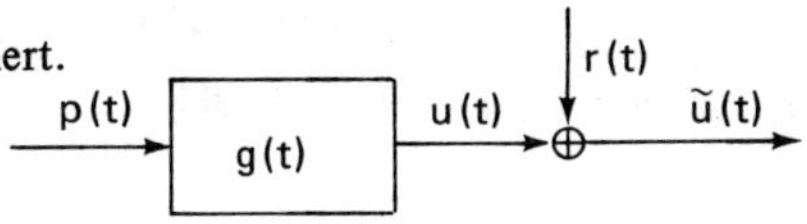

$$\gamma^2_{p\tilde{u}}(\omega) = \frac{G_{uu}(\omega)}{G_{uu}(\omega) + G_{rr}(\omega)} < 1.$$

4.29 $m\,\ddot{u}_{nl}(t) + b\,\dot{u}_{nl}(t) + k u_{nl}(t) + h\,[u_{nl}(t), \dot{u}_{nl}(t)] = p(t)$
Lineares System: $m\,\ddot{u}_l(t) + b\dot{u}_l(t) + k u_l(t) = p(t)$,
$u_{nl}(t) - u_l(t) =: r(t) \quad u_{nl}(t) = u_l(t) + r(t)$:
Lineares System mit Ausgangsstörung (s. Bild 4.19a).
$\gamma^2_{pu_{nl}}(\omega)$ s. Aufgabe 4.28.

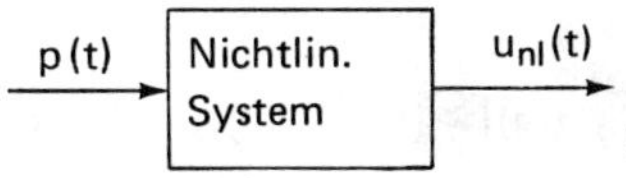

Bild A. 26

4.30 $G_{p\tilde{u}} = G_{pu_p}$ (Herleitung gemäß den Ausführungen des Abschnittes 3.6.2)

$$\gamma^2_{p\tilde{u}}(\omega) \doteq 1 - \frac{G_{n_1 n_1}(\omega)}{G_{pp}(\omega)} - \frac{G_{n_2 n_2}(\omega)}{G_{pp}(\omega)} - \frac{G_{rr}(\omega)}{G_{u_p u_p}(\omega)} \leqslant 1.$$

4.31 Determinierte Betrachtung und Anwendung der Schlußweise dargestellt im Abschnitt 3.6.2.

$U = U_1 + U_2$, $U_1 = F_1 P_1$, $U_2 = F_2 P_2$
$U = F_1 P_1 + F_2 P_2$
$U^* U = F_1^* F_1 P_1^* P_1 + F_1^* F_2 P_1^* P_2 + F_2^* F_1 P_1 P_2^* + F_2^* F_2 P_2^* P_2$,

es folgt die Behauptung.

Nichtkohärente Eingangssignale: $G_{12}, G_{21} = 0$.
Vollkohärente Eingangssignale: Die Signale entstammen einer Quelle, folglich ein Eingang: $G_{12} = G_{21} = G_{11} = G_{22}$.
Beispiel: Fahrrad, die beiden Räder entsprechen zwei Eingängen, die lediglich zeitverschobenen Erregungen ausgesetzt sind (Voraussetzung: Spurgetreue Fahrt).

4.32 $$E\{\hat{\tilde{S}}_{xy}(i\Delta\omega)\} = \frac{1}{2l+1}\sum_{l'=-l}^{l} E\{\tilde{S}_{xy}[(i+l')\Delta\omega]\}$$

$$= \frac{1-\frac{|\tau_0|}{T}}{2l+1}\sum_{l'=-l}^{l} S_{xy}[(i+l')\Delta\omega].$$

T ist die Schrieblänge, die der Ermittlung von $\tilde{S}_{xy}$ zugrunde liegt. Der Bias bleibt unverändert erhalten.

4.33 $\sigma^2[\tilde{S}_{xx}(\omega)] = E\{(\tilde{S}_{xx}(\omega) - E\{\tilde{S}_{xx}(\omega)\})^2\} = E\{\tilde{S}^2_{xx}(\omega) - [E\{\tilde{S}_{xx}(\omega)\}]^2$.
Nach (3.234) gilt: $\lim\limits_{T\to\infty} E\{\tilde{S}_{xx}(\omega)\} = 2\pi S_{xx}(\omega) * \delta(\omega) = S_{xx}(\omega)$.
Nach der oben angegebenen Gleichung folgt:

$$E\{\tilde{S}^2_{xx}(\omega)\} = \frac{1}{T^2}\iiiint_0^T [\Phi_{xx}(t_2-t_1)\,\Phi_{xx}(t_4-t_3)\,e^{-j\omega(t_2-t_1)}\,e^{-j\omega(t_4-t_3)} +$$

$$+\,\Phi_{xx}(t_3-t_1)\,\Phi_{xx}(t_4-t_2)\,e^{-j\omega(t_3+t_1)}\,e^{-j\omega(t_4+t_2)} +$$

$$+\,\Phi_{xx}(t_4-t_2)\,\Phi_{xx}(t_3-t_2)\,e^{-j\omega(t_4-t_2)}\,e^{-j\omega(t_3-t_2)}]\,dt_1\,dt_2\,dt_3\,dt_4\,.$$

Nach (3.149) folgt

$$E\{\tilde{S}^2_{xx}(\omega)\} = 2[E\{\tilde{S}_{xx}(\omega)\}]^2 + \frac{1}{T}\int_0^T\!\!\int_0^T \Phi_{xx}(t_3-t_1)\,e^{j\omega(t_3+t_1)}\,dt_1\,dt_3\,\cdot$$

$$\cdot\,\frac{1}{T}\int_0^T\!\!\int_0^T \Phi_{xx}(t_4-t_2)\,e^{-j\omega(t_4+t_2)}\,dt_2\,dt_4$$

$$= 2[E\{\tilde{S}_{xx}(\omega)\}]^2 + \left|\frac{1}{T}\int_0^T\!\!\int_0^T \Phi_{xx}(t-t')\,e^{-j\omega(t+t')}\,dt\,dt'\right|^2,$$

somit

$$\sigma^2[\tilde{S}_{xx}(\omega)] = [E\{\tilde{S}_{xx}(\omega)\}]^2 + \left|\frac{1}{T}\int_0^T\!\!\int_0^T \Phi_{xx}(t-t')\,e^{-j\omega(t+t')}\,dt\,dt'\right|^2$$

$$\sigma^2[\tilde{S}_{xx}(\omega)] \geqslant [E\{\tilde{S}_{xx}(\omega)\}]^2 = S_{xx}(\omega) * \frac{2\sin\frac{\omega T}{2}}{\frac{T\omega^2}{2}} = \frac{1}{T}E\{|X(j\omega,T)|^2\}.$$

4.34 $F(j\omega) = |F(j\omega)|\,e^{-j\varphi(\omega)}$
$S_{pu}(\omega) = F(j\omega)\,S_{pp}(\omega)$
$S^*_{pu}(\omega) = F^*(j\omega)\,S_{pp}(\omega) = S_{up}(\omega)$

$$\frac{S_{pu}(\omega)}{S_{up}(\omega)} = \frac{F(j\omega)}{F^*(j\omega)} = e^{-j2\varphi(\omega)}$$

$$\varphi(\omega) = \frac{1}{2j}\ln\frac{S_{up}(\omega)}{S_{pu}(\omega)},\quad \hat{\varphi}(\omega) = \frac{1}{2j}\ln\frac{\hat{S}_{up}(\omega)}{\hat{S}_{pu}(\omega)}.$$

4.35 $G_{\widetilde{u}\widetilde{u}}(\omega) \doteq G_{uu}(\omega)\,(1 + 0{,}10)$; $G_{uu}(\omega) \doteq 0{,}91\, G_{\widetilde{u}\widetilde{u}}$. Besser nach Gl. (4.80a): $0{,}9 \cdot 1{,}1\, G_{uu}(\omega) = 0{,}99\, G_{uu} \doteq G_{uu}$.

4.36 $\widetilde{p}(t) = p(t) + n(t)$, $n(t)$ zentriert und unkorreliert mit $p(t)$.

$$F(j\omega) = \frac{G_{\widetilde{p}u}(\omega)}{G_{\widetilde{p}\widetilde{p}}(\omega)},\quad \widetilde{F}(j\omega) = \frac{G_{pu}(\omega)}{G_{pp}(\omega)};\quad G_{pu}(\omega) = G_{\widetilde{p}u}(\omega) - G_{nu}(\omega),$$

$G_{nu}(\omega) = F(j\omega)\, G_{nn}(\omega)$, damit
$G_{pu}(\omega) = F(j\omega)\,[G_{\widetilde{p}\widetilde{p}}(\omega) - G_{nn}(\omega)] = F(j\omega)\, G_{pp}(\omega)$, folglich $\widetilde{F}(j\omega) = F(j\omega)$: Obwohl $p(t)$ statt $\widetilde{p}(t)$ gemessen wird, erhält man den Frequenzgang unbeeinflußt von der Eingangsstörung. Das Ergebnis steht in scheinbarem Widerspruch zu (4.83) mit $\gamma^2_{\widetilde{p}u}(\omega) < 1$ für $G_{nn}(\omega) \neq 0$. $\gamma^2_{\widetilde{p}u}(\omega)$ entspricht der Ermittlung von $|F(j\omega)|^2$, also verknüpft mit der Wirkleistungsdichte, während die Frequenzgangermittlung $F(j\omega)$ mit der Kreuzleistungsdichte verknüpft ist. Entsprechend den Gln. (4.119) bis (4.125) für das Modell nach Bild 4.12 gilt:

$$|F_W(j\omega)|^2 = \frac{G_{uu}(\omega)}{G_{pp}(\omega)} = \frac{|F(j\omega)|^2\, G_{\widetilde{p}\widetilde{p}}(\omega)}{G_{pp}(\omega)} = |F(j\omega)|^2 \left(1 + \frac{G_{nn}(\omega)}{G_{pp}(\omega)}\right),$$

$$F_K(j\omega) = \frac{G_{pu}(\omega)}{G_{pp}(\omega)} = F(j\omega).$$

4.37 k-ter Kanal: $x_k[t_i - (k-1)\,\tau_0] \rightarrow \widetilde{X}_k(j\omega_l, T)$ anstelle von $X_k(j\omega_l, T)$:

$$X_k(j\omega, T) = \int_0^T x_k(t)\, e^{-j\omega t}\, dt,\quad \widetilde{X}_k(j\omega, T) = \int_0^T x_k(t - k'\tau_0)\, e^{-j\omega t}\, dt =$$

$$= \int_{-k'\tau_0}^{T - k'\tau_0} x_k(\tau)\, e^{-j\omega\tau}\, d\tau \cdot e^{-j\omega k'\tau_0},\ k' := k - 1.\ T \gg k'\tau_0 \text{ führt zu}$$

$\widetilde{X}_k(j\omega, T) \doteq X_k(j\omega, T)\, e^{-j\omega k'\tau_0}$: Modulation, s. Abschnitt 2.1.3.

$|\widetilde{X}_k(j\omega, T)| \doteq |X_k(j\omega, T)|$, $\widetilde{X}_k(j\omega, T) \doteq (\cos k'\tau_0\omega - j \sin k'\tau_0\omega)\, X_k(j\omega, T)$ usw.

4.38 a) Linearer Zusammenhang zwischen den beiden Prozessen, ohne Störung:
$\gamma^2_{xy}(\omega) = 1$. $\sigma\,[|\hat{\widetilde{G}}_{xy}(\omega)|]/G_{xy}(\omega) \doteq 1/\sqrt{N_T}$, $\hat{\widetilde{G}}_{xy}(\omega) = \widetilde{G}_{xy}(\omega)$, folglich $N_T = 1$, folglich 100%.

b) $\gamma^2_{xy}(\omega) = 0$, keine Kohärenz: Fehler wächst über alle Schranken.

c) Beispiel: $\gamma^2_{xy} = 0{,}81$, $|\gamma_{xy}| = 0{,}9$; 11% größere relative Standardabweichung gegenüber $|\gamma_{xy}| = 1$. $N'_T = [1{,}23\, N_T]$.

4.39 Für den determinierten Prozeß gilt im Frequenzraum: $U = FP_1 + F_3Z$, $F := F_2 + F_1F_3$.

a) $z(t) \equiv 0$: $U = FP_1$: Das Ersatzsystem ist ein Einfreiheitsgradsystem mit einem Eingang und einem Ausgang. Es gelten die gewöhnlichen Leistungsdichte- und Kohärenzfunktionen-Beziehungen.

b) $z(t) \not\equiv 0$: Vorgehen entsprechend dem in Abschnitt 3.6.2.

Finite Fouriertransformation: $X_T := X(j\omega, T)$,

$$U_T = \widetilde{F}P_{1T} + \widetilde{F}_3 Z_T = (\widetilde{F}, \widetilde{F}_3)\begin{pmatrix} P_{1T} \\ Z_T \end{pmatrix},\quad \mathbf{F} := (F, F_3),$$

$$\mathbf{P}_T := \begin{pmatrix} P_{1T} \\ Z_T \end{pmatrix}.$$

Nach (3.188): $$\mathbf{P}_T^* \mathbf{P}_T^T = \begin{pmatrix} P_{1T}^* \\ Z_T^* \end{pmatrix} (P_{1T}, Z_T) = \begin{pmatrix} P_{1T}^* P_{1T}, & P_{1T}^* Z_T \\ Z_T^* P_{1T}, & Z_T^* Z_T \end{pmatrix},$$

folglich

$$\mathbf{S}_{pp} = \begin{pmatrix} S_{11} & 0 \\ 0 & S_{zz} \end{pmatrix}, \quad \begin{array}{l} S_{11} := S_{p_1p_1}, \\ S_{p_1z} = S_{zp_1} = 0 \quad \text{(z(t) unkorreliert mit } p_1(t) \text{ und mittelwertfrei).} \end{array}$$

$$\mathbf{S}_{pu} = \mathbf{S}_{pp}\,\mathbf{F}^T = \begin{pmatrix} S_{11} & 0 \\ 0 & S_{zz} \end{pmatrix} \begin{pmatrix} F \\ F_3 \end{pmatrix} = \begin{pmatrix} F\,S_{11} \\ F_3\,S_{zz} \end{pmatrix} = \begin{pmatrix} S_{p_1u} \\ S_{zu} \end{pmatrix}.$$

$S_{uu\cdot p_1}$: Bedingte Leistungsdichte, Wirkleistungsdichte bezüglich des Ausgangssignals u(t), in der alle linearen Einflüsse von $p_1(t)$ eliminiert sind. Nach Gl. (4.144) gilt:

$$S_{uu\cdot p_1} = S_{uu} - \frac{S_{up_1}S_{p_1u}}{S_{11}} = S_{uu} - \frac{|S_{p_1u}|^2 S_{uu}}{S_{11}S_{uu}}$$

$$= S_{uu}\,(1 - \gamma^2_{p_1u})$$

mit

$$\gamma^2_{p_1u} = \frac{|S_{p_1u}|^2}{S_{11}S_{uu}}, \quad S_{p_1u} = F\,S_{11}\ \text{(s.o.)},$$

$$S_{uu} = |F|^2 S_{11} + |F_3|^2 S_{zz},$$

somit gilt

$$\gamma^2_{p_1u} = \frac{|F|^2 S_{11}}{|F|^2 S_{11} + |F_3|^2 S_{zz}} < 1.$$

Für $z(t) \equiv 0$ wird $\gamma^2_{p_1u} = 1$ und $S_{uu\cdot p_1} = 0$, da das Ausgangssignal in diesem Fall ausschließlich durch $p_1(t)$ verursacht ist.

$S_{up_2\cdot p_1} = S_{uz\cdot p_1}$: Kreuzleistungsdichte zwischen u(t) und $p_2(t) = p_1(t) + z(t)$ unter der Bedingung, daß alle linearen Einflüsse von $p_1(t)$ eliminiert sind, das ist genau die Kreuzleistungsdichte von u(t), z(t) – wegen $p_2 = p_1 + z$ –, in der die linearen Einflüsse von $p_1(t)$ entfernt sind. Nach Gl. (4.144) gilt wieder:

$$S_{up_2\cdot p_1} = S_{up_2} - \frac{S_{up_1}S_{p_1p_2}}{S_{11}}, \quad S_{p_1p_2} = S_{11},$$

$$= S_{up_2} - S_{up_1} \quad \text{mit}$$

S_{up_2}: $U_T^* P_{2T} = U_T^*(P_{1T} + Z_T)$, $S_{up_2} = S_{up_1} + S_{uz}$, s. Systemzusammenhang für $\mathbf{S}_{pu}$:

$S_{up_2} = F^*S_{11} + F_3^*S_{zz}$, $S_{up_1} = F^*S_{11}$, folglich ist

$S_{up_2\cdot p_1} = F^*S_{11} + F_3^*S_{zz} - F^*S_{11} = F_3^*S_{zz}$ in Übereinstimmung mit dem Signalfluß von z(t).

$$S_{uz\cdot p_1} = S_{uz} - \frac{S_{up_1}S_{p_1z}}{S_{11}}, \quad S_{p_1z} = 0,$$

$$= S_{uz} = F_3^*S_{zz} \text{ in Übereinstimmung mit den o. Ausführungen.}$$

$\gamma^2_{up_1} = \gamma^2_{p_1u}$, s.o.

$$\gamma^2_{p_2p_1} = \frac{|S_{p_2p_1}|^2}{S_{11}S_{p_2p_2}}, \quad S_{p_2p_1} = S_{11}\ \text{(s.o.)},$$

$$S_{p_2p_2} = S_{11} + S_{zz},$$

$$\gamma^2_{p_2p_1} = \frac{S_{11}}{S_{11} + S_{zz}} < 1.$$

$\gamma^2_{u\cdot p}$: Lt. Definition (4.133) ist det $\mathbf{S}_{upp}$ nach Gl. (4.130) zu bilden. Da das System störungsfrei ist, gilt:
det $\mathbf{S}_{upp} = 0$, es folgt: $\gamma^2_{u\cdot p} = 1$.

Die mehrfache Kohärenzfunktion für ein ungestörtes lineares System ist gleich 1.

$S_{zz} = S_{p_2p_2\cdot p_1} = S_{p_2p_2}(1 - \gamma^2_{p_2p_1})$. Das erste Gleichheitszeichen ist evident (s. auch o.). Nach Gl. (4.144) gilt

$$S_{p_2p_2\cdot p_1} = S_{p_2p_2} - \frac{S_{p_2p_1} S_{p_1p_2}}{S_{11}} = S_{p_2p_2}\left(1 - \frac{|S_{p_2p_1}|^2}{S_{11} S_{p_2p_2}}\right)$$

$$= S_{p_2p_2}(1 - \gamma^2_{p_2p_1}) \text{ w.z.z.w.}$$

4.40 $m\,\ddot{u}(t) + b\,\dot{u}(t) + k\,u(t) = p(t)$, $E\{p(t)\} = 0$, $u_0 := u(t_{si}) = d_s$, $E\{\dot{u}_0\} := E\{\dot{u}(t_{si})\} = 0$. Antwort des Systems:

$$u(t) = u_{hom}(t) + \int_0^t g(t-\tau)\, p(\tau)\, d\tau, \text{ und mit (3.169)}$$

$$U(t) = u_{hom}(t) = e^{-\delta t}\left(u_0 \cos \omega_D t + \frac{\dot{u}_0 + \delta u_0}{\omega_D} \sin \omega_D t\right).$$

Es folgt

$$E\{u(t)\} = E\{u_{hom}(t)\} + 0$$

$$= d_s\, e^{-\delta t}\left(\cos \omega_D t + \frac{\delta}{\omega_D} \sin \omega_D t\right).$$

Vergleich mit h(t) aus Aufgabe 2.14:

$$h(t) = -\frac{1}{\omega_0^2 m} e^{-\delta t}\left(\cos \omega_D t + \frac{\delta}{\omega_D} \sin \omega_D t\right) + \frac{1}{\omega_0^2 m},$$

somit

$E\{u(t)\} = -\,\omega_0^2 m\, d_s\, h(t) + d_s$, folglich mit (4.160):

$$E\{u(t_{si} + \tau) - d_s\} = E\{u_0(t_{si} + \tau)\} = -\omega_0^2 m\, d_s\, h(t_{si} + \tau)$$

$$= -\,\omega_0^2 m\, d_s\, h(\tau).$$

Für (4.162): $E\{\eta_N(\tau)\} = -\,\omega_0^2 m\, d_s\, h(\tau) = h_d(\tau)$.

Anmerkung: Dieses Vorgehen verwendet die Annahmen der Zufallsdekrementfunktion und begründet sie damit nicht.

Kapitel 5

5.1 $(-\omega_0^2 \mathbf{M} + \mathbf{K})\, \hat{\mathbf{u}}_0 = \mathbf{0}$, $\lambda^2 := \dfrac{\omega_0^2 \rho l^2}{6\,E}$, charakteristisches Polynom:

$$\begin{vmatrix} 1 - 2\lambda^2, & -(1+\lambda^2), & 0 \\ -(1+\lambda^2), & 2(1 - 2\lambda^2), & -(1+\lambda^2) \\ 0, & -(1+\lambda^2), & 1 - 2\lambda^2 \end{vmatrix} = 6\,\lambda^2 (1 - 2\lambda^2)(\lambda^2 - 2) = 0,$$

$$\lambda_1^2 = 0, \quad \omega_{01}^2 = 0, \quad \omega_{01} = 0$$

$$\lambda_2^2 = \frac{1}{2}, \quad \omega_{02}^2 = \frac{3\,E}{\rho\, l^2}, \quad \omega_{02} = 1{,}73 \sqrt{\frac{E}{\rho\, l^2}},$$

$$\lambda_3^2 = 2, \quad \omega_{03}^2 = \frac{12\,E}{\rho\, l^2}, \quad \omega_{03} = 3{,}46 \sqrt{\frac{E}{\rho\, l^2}},$$

$$\hat{\mathbf{U}}_0 = \begin{pmatrix} 1, & 1, & 1 \\ 1, & 0, & -1 \\ 1, & -1, & 1 \end{pmatrix}.$$

1. Freiheitsgrad: Starrkörperform,
2. und 3. Freiheitsgrad: Eigenschwingungsformen des elastischen Systems (Bild A.27).
Verallgemeinerte Orthogonalität (5.15):
$\hat{\mathbf{U}}_0^T \mathbf{M} \hat{\mathbf{U}}_0$ ist eine Diagonalmatrix, also bis auf einen Faktor:

$$\hat{\mathbf{U}}_0^T \begin{pmatrix} 2 & 1 & 0 \\ 1 & 4 & 1 \\ 0 & 1 & 2 \end{pmatrix} \hat{\mathbf{U}}_0 = \begin{pmatrix} 12 & 0 & 0 \\ 0 & 4 & 0 \\ 0 & 0 & 4 \end{pmatrix}.$$

Die zweite Beziehung lautet bis auf einen Faktor:

$$\hat{\mathbf{U}}_0^T \begin{pmatrix} 1 & -1 & 0 \\ -1 & 2 & -1 \\ 0 & -1 & 1 \end{pmatrix} \hat{\mathbf{U}}_0 = \begin{pmatrix} 0 & 0 & 0 \\ 0 & 2 & 0 \\ 0 & 0 & 8 \end{pmatrix}.$$

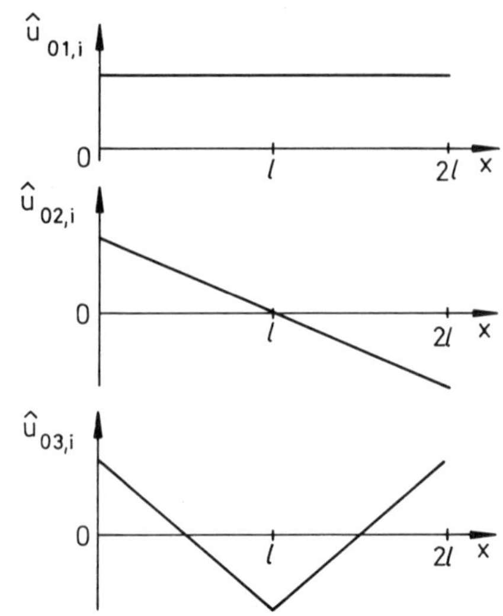

Bild A. 27

Das erste Hauptdiagonalelement muß wegen $\omega_{01}^2 = 0$ ebenfalls Null sein.
Für das an der Stelle x = 0 starr eingespannte System ist $u_1 = 0$:
Verschiebungsvektor $\mathbf{u}_s^T := (u_{s2}, u_{s3})$, Rändern der Matrizen **K**, **M**, es folgen

$$\mathbf{K}_s = \frac{AE}{l} \begin{pmatrix} 2 & -1 \\ -1 & 1 \end{pmatrix}, \mathbf{M}_s = \frac{\rho A l}{6} \begin{pmatrix} 4 & 1 \\ 1 & 2 \end{pmatrix}.$$

Eigenwertproblem: $(-\omega_{s0}^2 \mathbf{M}_s + \mathbf{K}_s)\, \hat{\mathbf{u}}_{s0} = \mathbf{0}$, charakteristisches Polynom:

$$\lambda_s^2 := \frac{\omega_{s0}^2\, \rho\, l^2}{6\,E},$$

$$\begin{vmatrix} 2(1 - 2\lambda_s^2), & -(1 + \lambda_s^2) \\ -(1 + \lambda_s^2), & 1 - 2\lambda_s^2 \end{vmatrix} = 7\lambda_s^4 - 10\lambda_s^2 + 1 = 0,$$

$$\omega_{s01} = 0{,}806 \sqrt{\frac{E}{\rho l^2}}, \quad \omega_{s02} = 2{,}815 \sqrt{\frac{E}{\rho l^2}},$$

$$\hat{\mathbf{U}}_{s0} = \begin{pmatrix} \frac{\sqrt{2}}{2}, & -\frac{\sqrt{2}}{2} \\ 1, & 1 \end{pmatrix}.$$

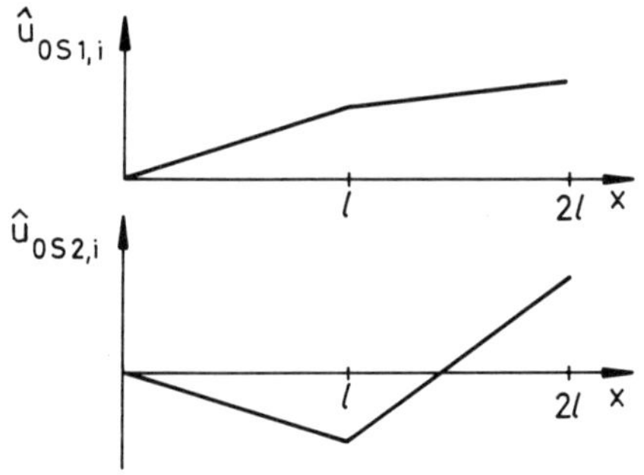

Bild A. 28

5.2 a) $A(t) = \int\limits_0^t \mathbf{p}^T(t')\, \dot{\mathbf{u}}(t')\, dt', L\{A(t)\} = \frac{1}{s}\, [\mathbf{P}^T(s) * s\, \mathbf{U}(s)] \neq \mathbf{P}^T(s)\, \mathbf{U}(s).$

$\mathbf{p}(t) = \mathbf{p}_0 \sin \Omega t, \mathbf{u}(t) = \hat{\mathbf{u}} \sin \Omega t, A(t) = \mathbf{p}_0^T\, \hat{\mathbf{u}}\, \Omega \int\limits_0^t \sin \Omega t' \cos \Omega t'\, dt' =$

$$= \frac{1}{2}\, \mathbf{p}_0^T\, \hat{\mathbf{u}} \sin^2 \Omega t = \frac{1}{2} \mathbf{p}_0^T \left(\sum_{i=1}^{n} \frac{\hat{\mathbf{u}}_{0i}^T\, \mathbf{p}_0}{m_{gi}(\omega_{0i}^2 - \Omega^2)}\, \hat{\mathbf{u}}_{0i} \right) \sin^2 \Omega t = \frac{1}{2} \sum_{i=1}^{n} \frac{(\hat{\mathbf{u}}_{0i}^T\, \mathbf{p}_0)^2}{m_{gi}(\omega_{0i}^2 - \Omega^2)} \sin^2 \Omega t.$$

Die durch die harmonische Erregung in die i-te Eigenschwingungsform maximal eingebrachte Energie ist durch

$$A_{i\,max} := \frac{1}{2}\frac{(\hat{\mathbf{u}}_{0i}^T\,\mathbf{p}_0)^2}{m_{gi}(\omega_{0i}^2 - \Omega^2)} = A_{i\,max}(\Omega)$$

gegeben. Entwicklungskoeffizient von (5.34):

$$\frac{\hat{\mathbf{u}}_{0i}^T\,\mathbf{p}_0}{m_{gi}(\omega_{0i}^2 - \Omega^2)} = \frac{2\,A_{i\,max}(\Omega)}{\hat{\mathbf{u}}_{0i}^T\,\mathbf{p}_0},$$

folglich

$$\hat{\mathbf{u}}(\Omega) = 2\sum_{i=1}^{n}\frac{A_{i\,max}(\Omega)}{\hat{\mathbf{u}}_{0i}^T\,\mathbf{p}_0}\,\hat{\mathbf{u}}_{0i}.$$

b) $\mathbf{F}(j\omega) := (-\omega^2\mathbf{M} + \mathbf{K})^{-1} = \sum_{i=1}^{n}\frac{\hat{\mathbf{u}}_{0i}\,\hat{\mathbf{u}}_{0i}^T}{m_{gi}(\omega_{0i}^2 - \omega^2)}.$

Die Frequenzgangmatrix existiert für $\omega \neq \omega_{0i}$, d.h. sie ist regulär und läßt sich als Superposition der dyadischen Produkte $\hat{\mathbf{u}}_{0i}\,\hat{\mathbf{u}}_{0i}^T$ vom Range 1 mit den Faktoren $1/[m_{gi}(\omega_{0i}^2 - \omega^2)]$ darstellen. Der Frequenzgang des generalisierten Einfreiheitsgradsystems (5.21b), $m_{gi}\ddot{q}_i(t) + k_{gi}q_i(t) = \hat{\mathbf{u}}_{0i}^T\,\mathbf{p}(t)$, lautet:

$$\frac{Q_i(j\omega)}{\hat{\mathbf{u}}_{0i}^T\,\mathbf{P}(j\omega)} = \frac{1}{-\omega^2 m_{gi} + k_{gi}} = \frac{1}{m_{gi}(\omega_{0i}^2 - \omega^2)}.$$

5.3 Das Eigenwertproblem $(-\omega_{s0}^2\,\mathbf{M}_s + \mathbf{K}_s)\,\hat{\mathbf{u}}_{s0} = \mathbf{0}$ geht über in das Matrizeneigenwertproblem $(\lambda_B^2\,\mathbf{M}_s + \lambda_B\,\mathbf{B} + \mathbf{K}_s)\,\hat{\mathbf{u}}_B = \mathbf{0}$.
Die Dämpfungsmatrix entspricht der Bequemlichkeitshypothese (5.59), damit der Bedingung (5.62): $\hat{\mathbf{u}}_B = \hat{\mathbf{u}}_{s0}$. Nach Gl. (5.60) folgt

$$b_{Ei} = \beta\,m_{gi}\,\omega_{s0i}^2,$$

nach (5.64c) gilt

$$\lambda_{Bi}^{re} = -\frac{\beta}{2}\omega_{s0i}^2,\; \lambda_{Bi}^{im} = \omega_{s0i}\sqrt{1 - \frac{\beta^2}{4}\,\omega_{s0i}^2}.$$

5.4 Schwache Dämpfung (s. Gl. (5.49a)) bedeutet, daß in Gl. (5.73) lediglich die 2. Summe auftritt. Modale Dämpfung führt auf (5.65) und unter Beachtung der verschiedenen Normierungen und der Gl. (5.66a) auf den Antwortvektor

$$\hat{\mathbf{u}} = \sum_{i=1}^{n}\frac{\hat{\mathbf{u}}_{0i}^T\,\hat{\mathbf{p}}}{\omega_{0i}^2 - \Omega^2 + j\,2\,\alpha_i\omega_{0i}\Omega}\,\hat{\mathbf{u}}_{0i},$$

$$\hat{\mathbf{u}}_m = \sum_{i=1}^{n}\frac{\hat{\mathbf{u}}_{0i}^T\,\hat{\mathbf{p}}}{\omega_{0i}^2 - \Omega^2 + j\,2\,\alpha_i\omega_{0i}\Omega}\,\hat{\mathbf{u}}_{0m\,i},$$

$\hat{\mathbf{p}} = \mathbf{p}_0$ (reell) und orthogonal zu den $\hat{\mathbf{u}}_{0i}$, z.B. $\mathbf{p}_0 = \mathbf{M}\,\hat{\mathbf{u}}_{0K}$ ergibt

$\hat{\mathbf{u}}_m = \dfrac{\hat{\mathbf{u}}_{0K}^T\,\mathbf{p}_0}{\omega_{0K}^2 - \Omega^2 + j\,2\,\alpha_K\,\omega_{0K}\,\Omega}\,\hat{\mathbf{u}}_{0m\,K}$: für jede Erregungsfrequenz ist $\hat{\mathbf{u}}_m \sim \hat{\mathbf{u}}_{0m\,K}$, d.h., *unabhängig von der Erregungsfrequenz* wird der K-te Eigenvektor erregt.
Für $\hat{\mathbf{u}}_{0i}^T\,\mathbf{p}_0 \neq 0$ zeigt sich das Resonanzphänomen für $\Omega = \omega_{0i}$ mit begrenzter Amplitude ($b_{Ei} \neq 0$).
Für Erregungsfrequenzen Ω in engerer Umgebung von ω_{0K} folgt z.B. unter der Annahme

$$\omega_{01}^2 \ll \ldots \ll \omega_{0K-1}^2 \ll \omega_{0K}^2 \ll \omega_{0K+1}^2 \ll \ldots \ll \omega_{0n}^2:$$

$$\hat{u}_m = \sum_{i=1}^{K-1} \frac{\hat{u}_{0i}^T p_0}{\omega_{0i}^2 - \Omega^2 + j\,2\,\alpha_i \omega_{0i}\,\Omega}\,\hat{u}_{0mi} +$$

$$+ \sum_{k=K+1}^{n} \frac{\hat{u}_{0k}^T p_0}{\omega_{0k}^2 - \Omega^2 + j\,2\,\alpha_k \omega_{0k}\,\Omega}\,\hat{u}_{0mk} +$$

$$+ \frac{\hat{u}_{0K}^T p_0}{\omega_{0K}^2 - \Omega^2 + j\,2\,\alpha_K \omega_{0K}\,\Omega}\,\hat{u}_{0mK}$$

$$\doteq \sum_{i=1}^{K-1} \frac{\hat{u}_{0i}^T p_0}{-\Omega^2 + j\,2\,\alpha_i \omega_{0i}\,\Omega}\,\hat{u}_{0mi} + \sum_{k=K+1}^{n} \frac{\hat{u}_{0k}^T p_0}{\omega_{0k}^2 + j\,2\,\alpha_k \omega_{0k}\,\Omega}\,\hat{u}_{0mk} +$$

$$+ \frac{\hat{u}_{0K}^T p_0}{j\,2\,\alpha_K \omega_{0K}\,\Omega}\,\hat{u}_{0mK}.$$

Der erste Summand ist annähernd proportional $1/\Omega^2$ und für $\Omega \doteq \omega_{0K}$ konstant, der zweite Summand ist annähernd konstant. Beide Summanden beschreiben die „Nichtresonanzanteile" in $\hat{u}_m$. Bei gleicher Größenordnung von $\hat{u}_{0i}^T p_0 \hat{u}_{0mi}$ bzw. für $|\hat{u}_{0K}^T p_0 \hat{u}_{0mK}| \gg |\hat{u}_{0i}^T \hat{p}_0 \hat{u}_{0mi}|$ überwiegt der letzte Summand (K-te Freiheitsgrad) wegen des betragsmäßig kleinsten Nenners.

5.5 a) Für ein schwach gedämpftes System sind die Eigenwerte λ_{Bl}, $l = 1(1)2\,n$, nach (5.49a) konjugiert komplex, $\lambda_{Bn+i} = \lambda_{Bi}^*$ mit $\lambda_{Bi} = -\delta_{Bi} + j\omega_{Bi}$ (vgl. (5.57c, d)). Die Spektralzerlegung (5.73) geht mit

$a_i := (\hat{u}_{Bi}^T p_0)\,\hat{u}_{Bi} = a_i^{re} + j\,a_i^{im}$ über in

$$\hat{u} = \sum_{i=1}^{n} \left(\frac{a_i}{j\Omega - \lambda_{Bi}} + \frac{a_i^*}{j\Omega - \lambda_{Bi}^*} \right) = \sum_{i=1}^{n} \hat{u}_i.$$

Der i-te Summand $\hat{u}_i$ lautet zusammengefaßt:

$$\hat{u}_i := \frac{a_i}{\delta_{Bi} + j(\Omega - \omega_{Bi})} + \frac{a_i^*}{\delta_{Bi} + j(\Omega + \omega_{Bi})} = 2\,\frac{a_i^{re}\,\delta_{Bi} - a_i^{im}\,\omega_{Bi} + j\,a_i^{re}\,\Omega}{\omega_{Bi}^2 + \delta_{Bi}^2 - \Omega^2 + j\,2\delta_{Bi}\,\Omega}.$$

Im Vergleich mit dem viskos gedämpften Einfreiheitsgradsystem (vgl. Aufgabe 2.19) gilt:

$$(-\Omega^2 + j\,2\,\delta\,\Omega + \omega_0^2)\,\hat{u} = p_0/m,$$

$$\frac{\hat{u}}{p_0/m} = \frac{1}{\omega_0^2 - \Omega^2 + j\,2\,\delta\,\Omega}.$$

Es entspricht $\omega_0^2 \mathrel{\hat{=}} \omega_{Bi}^2 + \delta_{Bi}^2$, $\delta \mathrel{\hat{=}} \delta_{Bi}$. Die Antwort des Einfreiheitsgradsystems weist gegenüber der Erregung eine Phasenverschiebung (vgl. Gl. (2.47)) von

$$\varphi = \arctan \frac{2\,\delta\,\Omega}{\omega_0^2 - \Omega^2},$$

die des Antwortvektors $\hat{u}_i$ entsprechend dem Nennerausdruck von

$$\varphi_{Bi} = \arctan \frac{2\,\delta_{Bi}\Omega}{\omega_{Bi}^2 + \delta_{Bi}^2 - \Omega^2}$$

auf.

Damit ist eine Analogie der Entwicklungskoeffizienten zum Einfreiheitsgradsystem gegeben, ohne daß sie so weitgehend wie beim ungedämpften passiven System oder passiven viskos gedämpften System mit modaler Dämpfung bezüglich der Eigenvektoren $\hat{u}_{0i}$ ist.

b) $\hat{\mathbf{u}} = \hat{\mathbf{u}}_K + \hat{\mathbf{u}}_R$ mit $\hat{\mathbf{u}}_R := \sum_{k=1}^{K-1} \hat{\mathbf{u}}_k + \sum_{k=K+1}^{n} \hat{\mathbf{u}}_k$.

$$\hat{\mathbf{u}}_i = \frac{1}{\delta_{Bi}} \sin\varphi_{Bi}\, e^{-j\varphi_{Bi}} \left[-\frac{1}{\Omega} \left(-\delta_{Bi}\, \mathbf{a}_i^{re} + \omega_{Bi}\, \mathbf{a}_i^{im} \right) + j\, \mathbf{a}_i^{re} \right],$$

m-te Komponente

$$\hat{u}_{im} = \sin\varphi_{Bi}\, e^{-j\varphi_{Bi}} \left[-\frac{1}{\Omega} \left(-a_{i,m}^{re} + \frac{\omega_{Bi}}{\delta_{Bi}}\, a_{i,m}^{im} \right) + j \frac{1}{\delta_{Bi}}\, a_{i,m}^{re} \right].$$

Wahl von $\Omega \doteq \omega_{BK}$ und $\mathbf{p}_0$ derart, daß

$|\hat{u}_{Km}| \gg |\hat{u}_{Rm}|$,

somit

$|\hat{u}_m| \doteq |\hat{u}_{Km}|$.

Mit den Abkürzungen

$$\eta_K^2 := \frac{\Omega^2}{\omega_{BK}^2 + \delta_{BK}^2},$$

$$b_{Km}^{re} := -\frac{1}{\delta_{BK}}\, a_{Km}^{re},$$

$$b_{Km}^{im} := -\frac{1}{|\sqrt{\omega_{BK}^2 + \delta_{BK}^2}|} \left(-a_{Km}^{re} + \frac{\omega_{BK}}{\delta_{BK}}\, a_{Km}^{im} \right)$$

folgt

$$(*)\ \hat{u}_{Km} = b_{Km}^{im} \sin\varphi_{BK}\, e^{-j\varphi_{BK}} \left(\frac{1}{\eta_k} - j\,\beta_{Km} \right),\ \beta_{Km} := b_{Km}^{re}/b_{Km}^{im}.$$

Real-, Imaginärteil:

$$\hat{u}_{Km}^{re}\ (\eta_K) = b_{Km}^{im} \sin\varphi_{BK}(\eta_K) \left[\frac{1}{\eta_K} \cos\varphi_{BK}(\eta_K) - \beta_{Km} \sin\varphi_{BK}(\eta_K) \right].$$

$$\hat{u}_{Km}^{im}\ (\eta_K) = b_{Km}^{im} \sin\varphi_{BK}(\eta_K) \left[-\frac{1}{\eta_K} \sin\varphi_{BK}(\eta_K) - \beta_{Km} \cos\varphi_{BK}(\eta_K) \right].$$

b_{Km}, β_{Km} sind durch den Erregungsvektor und die Systemeigenschaften gegeben. Die Gl. (*) lautet in der Ortskurvendarstellung mit

$$\frac{2}{b_{Km}^{im}}\, \hat{u}_{Km}^{re} = -\beta_{Km} + \frac{1}{\eta_K} \sin 2\varphi_{BK} + \beta_{Km} \cos 2\varphi_{BK},$$

$$\frac{2}{b_{Km}^{im}}\, \hat{u}_{Km}^{im} = -\frac{1}{\eta_K} + \frac{1}{\eta_K} \cos 2\varphi_{BK} - \beta_{Km} \sin 2\varphi_{BK}:$$

$$\left(\frac{2}{b_{Km}^{im}}\, \hat{u}_{Km}^{re} + \beta_{Km} \right)^2 + \left(\frac{2}{b_{Km}^{im}}\, \hat{u}_{Km}^{im} + \frac{1}{\eta_K} \right)^2 = \beta_{Km}^2 + \frac{1}{\eta_K^2}.$$

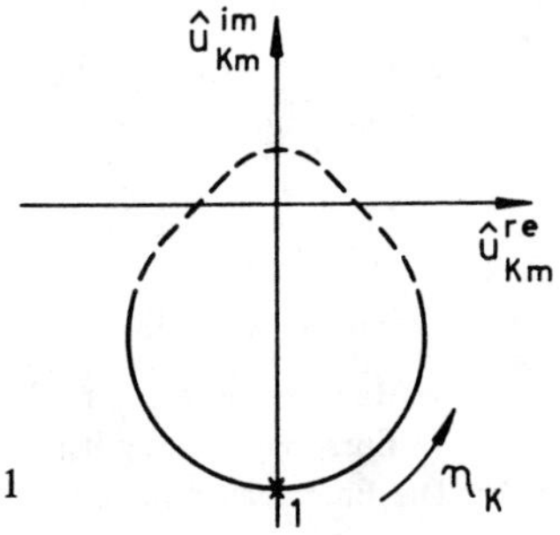

Bild A. 29

Die Ortskurve ist kreisähnlich, in engerer Umgebung von $\eta_K = 1$ ist die Kreisapproximation recht gut.

5.6 1. Bewegungsgleichungen

$$\begin{pmatrix} m_1 & 0 \\ 0 & m_2 \end{pmatrix} \begin{pmatrix} \ddot{u}_1(t) \\ \ddot{u}_2(t) \end{pmatrix} + \begin{pmatrix} k_1 + k_2, & -k_2 \\ -k_2, & k_2 \end{pmatrix} \begin{pmatrix} u_1(t) \\ u_2(t) \end{pmatrix} = \begin{pmatrix} k_1 u_0(t) \\ 0 \end{pmatrix}.$$

2. Matrizeneigenwertproblem:

$$\text{Eigenwerte } \Lambda_{B2} = \begin{pmatrix} j\omega_{01} & 0 \\ 0 & j\omega_{02} \end{pmatrix} \text{ mit } \begin{cases} \omega_{01} = 6{,}18 \text{ s}^{-1} \\ \omega_{02} = 16{,}18 \text{ s}^{-1} \end{cases}$$

es folgen die Eigenfrequenzen: $f_{01} = 0{,}98$ Hz; $f_{02} = 2{,}58$ Hz,

$$\text{Eigenvektoren: } \hat{\mathbf{U}}_{B2} = \hat{\mathbf{U}}_0 = 10^{-3} \cdot (1 - j) \begin{pmatrix} 1{,}0574; & 1{,}0574 \\ 1{,}7109; & -0{,}7201 \end{pmatrix} \text{ in m,}$$

In der Normierung nach Gl. (5.53)! (Vgl. auch die Anmerkung nach Gl. (5.53a) mit dem aufgeführten Sonderfall.)

3. Antwort des Rahmens nach Gl. (5.78):

$$\mathbf{u}(t) = 2 \int_0^t \text{Re}\,[\hat{\mathbf{U}}_{B2}\, e^{\Lambda_{B2}(t-\tau)}\, \hat{\mathbf{U}}_{B2}^T]\, \mathbf{p}(\tau)\, d\tau$$

$$\text{mit } \mathbf{p}(\tau) = \begin{cases} u_0 k_1 \mathbf{e}_1 \text{ für } 0 \leqslant \tau \leqslant T_0;\ \mathbf{e}_1^T := (1, 0), \\ 0 \quad \text{sonst,} \qquad\qquad u_0 k_1 = 10^4 \text{N.} \end{cases}$$

a) $0 \leqslant t < T_0$:

$$\mathbf{u}(t) = 2\, u_0 k_1\, \text{Re}\,[-\hat{\mathbf{U}}_{B2}\, \Lambda_{B2}^{-1}\, (\mathbf{I} - e^{\Lambda_{B2} t})\, \hat{\mathbf{U}}_{B2}^T\, \mathbf{e}_1].$$

Einsetzen der Zahlenwerte:

$$\mathbf{u}(t)\Big/_{0 \leqslant t < T_0} = \begin{pmatrix} 0{,}72\,(1 - \cos\omega_{01}t) + 0{,}28\,(1 - \cos\omega_{02}t) \\ 1{,}17\,(1 - \cos\omega_{01}t) - 0{,}18\,(1 - \cos\omega_{02}t) \end{pmatrix} \cdot 10^{-2}\,\text{m}$$

b) $0 < T_0 \leqslant t$:

$$\mathbf{u}(t) = 2\, u_0 k_1\, \text{Re}[\hat{\mathbf{U}}_{B2} \Lambda_{B2}^{-1}\, e^{\Lambda_{B2} t}\, (\mathbf{I} - e^{-\Lambda_{B2} T_0})\, \hat{\mathbf{U}}_{B2}^T\, e_1].$$

Einsetzen der Zahlenwerte:

$$\mathbf{u}(t)\Big/_{0 < T_0 \leqslant t} = \begin{pmatrix} 0{,}72\,[\cos\omega_{01}(t - T_0) - \cos\omega_{01}t] + 0{,}28\,[\cos\omega_{02}(t - T_0) - \cos\omega_{02}t] \\ 1{,}17\,[\cos\omega_{01}(t - T_0) - \cos\omega_{01}t] - 0{,}18\,[\cos\omega_{02}(t - T_0) - \cos\omega_{02}t] \end{pmatrix} \cdot 10^{-2}\text{m}$$

4. Da das System ungedämpft ist, Lösung entsprechend den Ausführungen des Abschnittes 5.1.2.2 und 3 oder Anwendung des Duhamelintegrals.

Für $T_0 = \dfrac{1}{f_1} = 1{,}02$ s:

$[\cos\omega_{01}(t - T_0) - \cos\omega_{01}t] = \cos\omega_{01}t\,(\cos\omega_{01}T_0 - 1) + \sin\omega_{01}t \cdot \sin\omega_{01}T_0 = 0$, d.h., der Rahmen schwingt nach der Verschiebung seiner Fundamente in seiner 2. Eigenschwingungsform. Entsprechendes gilt für den Fall $T_0 = 1/f_2$.

5.7 Die Energieausdrücke (5.01) und (5.02) gehen mit $\mathbf{u}(t) = \text{Im}\,\mathbf{u}_{ers}(t)$, $\mathbf{u}_{ers}(t) = \hat{\mathbf{u}}\, e^{j\Omega t} = \hat{\mathbf{U}}_D\, \mathbf{q}(t) = \dfrac{1}{2j}\, [\mathbf{u}_{ers}(t) - \mathbf{u}_{ers}^*(t)]$ nach Abschnitt 5.1.4 über in

$$E_{kin}(t) = \frac{1}{2}\, \text{Im}\,[\dot{\mathbf{u}}_{ers}(t)]^T\, \mathbf{M}\, \text{Im}\,[\dot{\mathbf{u}}_{ers}(t)] \neq \frac{1}{2}\, \text{Im}\,[\dot{\mathbf{u}}_{ers}^T(t)\, \mathbf{M}\, \dot{\mathbf{u}}_{ers}(t)],$$

$$E_{pot}(t) = \frac{1}{2}\,\mathrm{Im}\,[\mathbf{u}_{ers}(t)]^T\,\mathbf{K}\,\mathrm{Im}\,[\mathbf{u}_{ers}(t)] \neq \frac{1}{2}\,\mathrm{Im}\,[\mathbf{u}_{ers}^T(t)\,\mathbf{K}\,\mathbf{u}_{ers}(t)].$$

Die Orthonormierung (5.95), $\mathbf{M}_D = \mathbf{I}$, $\mathbf{S}_D = \Lambda_D$ vereinfacht deshalb die Ausdrücke $E_{kin}(t)$ und $E_{pot}(t) + E_{Dis}(t)$ nicht.

5.8 1. $\Lambda_D = \Lambda_D^{re} + j\,\Lambda_D^{im} := -\lambda_D^2,\ \lambda_D = \lambda_D^{re} + j\,\lambda_D^{im}$,

$\Lambda_D^{re} = -\lambda_D^{re2} + \lambda_D^{im2},\ \Lambda_D^{im} = -\,2\,\lambda_D^{re}\ \lambda_D^{im}$:

$\Lambda_{D1}^{re} = 3{,}5517 \cdot 10^2,\ \Lambda_{D1}^{im} = 14{,}2126,$

$\Lambda_{D2}^{re} = 19{,}2960 \cdot 10^2,\ \Lambda_{D2}^{im} = 193{,}4430.$

2. (5.106): $$\hat{\mathbf{u}} = \frac{\hat{\mathbf{u}}_{D1}^T\,(a\,\hat{\mathbf{u}}_{D1} + b\,\hat{\mathbf{u}}_{D2})}{\Lambda_{D1} - \Omega^2}\,\hat{\mathbf{u}}_{D1} + \frac{\hat{\mathbf{u}}_{D2}^T\,(a\,\hat{\mathbf{u}}_{D1} + b\,\hat{\mathbf{u}}_{D2})}{\Lambda_{D2} - \Omega^2}\,\hat{\mathbf{u}}_{D2}$$

$$= \frac{a}{\Lambda_{D1} - \Omega^2}\,\hat{\mathbf{u}}_{D1} + \frac{b}{\Lambda_{D2} - \Omega^2}\,\hat{\mathbf{u}}_{D2}.$$

$a \neq 0,\ b = 0$: $\hat{\mathbf{u}} \sim \hat{\mathbf{u}}_{D1}$ unabhängig von der Wahl von Ω.
$a = 0,\ b \neq 0$: $\hat{\mathbf{u}} \sim \hat{\mathbf{u}}_{D2}$ unabhängig von der Wahl von Ω.

3. $$\hat{u}_i = \frac{a\,(\Lambda_{D1}^* - \Omega^2)}{|\Lambda_{D1} - \Omega^2|^2}\,\hat{u}_{D1i} + \frac{b\,(\Lambda_{D2}^* - \Omega^2)}{|\Lambda_{D2} - \Omega^2|^2}\,\hat{u}_{D2i},$$

$$\hat{u}_i^{im} \doteq \frac{-a\,\Lambda_{D1}^{im}}{|\Lambda_{D1} - \Omega^2|^2}\,\hat{u}_{D1i}^{re} + \frac{-\,b\,\Lambda_{D2}^{im}}{|\Lambda_{D2} - \Omega^2|^2}\,\hat{u}_{D2i}^{re},$$

es folgt

$$\frac{b\,\Lambda_{D2}^{im}\,|\hat{u}_{D2i}^{re}|\,|\Lambda_{D1} - \Omega^2|^2}{|\Lambda_{D2} - \Omega^2|^2\,a\,\Lambda_{D1}^{im}\,|\hat{u}_{D1i}^{re}|} \leqslant 0{,}03$$

oder

$$\frac{|\Lambda_{D1} - \Omega^2|^2}{|\Lambda_{D2} - \Omega^2|^2} \leqslant 0{,}002\ \frac{a\,|\hat{u}_{D1i}^{re}|}{b\,|\hat{u}_{D2i}^{re}|} = 0{,}002.$$

Entsprechend den getroffenen Annahmen enthält $\hat{u}_i^{im}$ im Intervall $16{,}80 \leqslant \Omega \leqslant 20{,}53$ (2,67 Hz $\leqslant \Omega/2\,\pi \leqslant$ 3,27 Hz) weniger oder höchstens 3% der Antwort des 2. Freiheitsgrades.

4. $$\frac{a\,\Lambda_{D1}^{im}\,|\hat{u}_{D1i}^{re}|\,|\Lambda_{D2} - \Omega^2|^2}{|\Lambda_{D1} - \Omega^2|^2\,b\,\Lambda_{D2}^{im}\,|\hat{u}_{D2i}^{re}|} \leqslant 0{,}03 \text{ mit } \hat{u}_{D1i}^{im} = \hat{u}_{D2i}^{im} = 0 \text{ und } \hat{u}_{Di} = \hat{u}_{0i}^N = \hat{u}_{Di}^{re}\ (5.100),$$

es folgt

$$\frac{|\Lambda_{D2} - \Omega^2|^2}{|\Lambda_{D1} - \Omega^2|^2} \leqslant 0{,}4.$$

In dem Erregungsfrequenzintervall $36{,}59 \leqslant \Omega \leqslant 67{,}97$ (5,82 Hz $\leqslant \Omega/2\,\pi \leqslant$ 10,82 Hz) liefert der 1. Freiheitsgrad weniger oder höchstens gleich 3% zu der Antwort von $\hat{u}_i^{im}$.

5.9 Vorgehen wie im Beispiel 5.3. Die Auswirkung von $\epsilon\,d_{gik}$, $0 \leqslant \epsilon < 1$, auf den Eigenwert $\Lambda_{Di} \doteq \lambda_{0i} + j\,d_{Ei}/m_{gi}$ mit $m_{gi} = 1$ ist ebenfalls von 2. Ordnung.
Für den Einfluß auf die Eigenvektoren gilt:

$$\hat{\mathbf{u}}_{Di} = \hat{\mathbf{u}}_{0i} - \sum_{\substack{k=1 \\ k \neq i}}^{n} \frac{j\,\epsilon\,d_{gki}}{\lambda_{0k} - \lambda_{0i} + j(d_{Ek} - d_{Ei})}\,\hat{\mathbf{u}}_{0k},\quad m_{gi} = 1.$$

5.10 Innerhalb des in (5.114) definierten φ-Bereiches liefert $\varphi = \varphi_R = -\frac{\pi}{2}$ aus Gl. (5.112b) das Gleichungssystem $(-\Omega^2 \mathbf{M} + \mathbf{K})\,\hat{\mathbf{u}}_{vR} = \mathbf{0}$, das für $\Omega = \omega_{0i}$ die gesuchten Eigenvektoren $\hat{\mathbf{u}}_{vR} = \hat{\mathbf{u}}_{0i}^N$ enthält. Die zugehörige Erregung folgt aus Gl. (5.112a) zu $\mathbf{p}_{0R} = \mathbf{p}_{0i} = -(\omega_{0i}\,\mathbf{B} + \mathbf{D})\,\hat{\mathbf{u}}_{0i}^N$. Die Antwort (5.110) lautet demzufolge $\hat{\mathbf{u}}_{cR} = \mathbf{0} + \mathrm{j}\,\hat{\mathbf{u}}_{0i}^N$. Der Sonderfall wird durch eine Erregung $\mathbf{p}_{0i}$ um $\pi/2$ phasenverschoben zur Antwort $\hat{\mathbf{u}}_{0i}^N$ in der Erregungsfrequenz $\Omega = \omega_{0i}$ erreicht. Die Erregerkräfte kompensieren die Dämpfungskräfte bezüglich der Eigenschwingungsform $\hat{\mathbf{u}}_{0i}^N$. Für den Realteil der Antwort gilt $\mathrm{Re}\,(\hat{\mathbf{u}}_{cR}) = \mathbf{0}$. Diese Eigenschaften kennzeichnen die Phasenresonanz.

5.11 $\mathbf{a}_i = \hat{\mathbf{u}}_{Bi}\,(\hat{\mathbf{u}}_{Bi}^T\,\mathbf{p}_0)$, vgl. Gl. (5.73).

5.12 $\nu_r = 0{,}722\;(\lambda_{B1} = \mathrm{j}\,\nu_r)$, $\hat{\mathbf{u}}_{B1}^T = (0{,}598 + \mathrm{j}\,0{,}254;\,1)$,
$\hat{\mathbf{v}}_{B1}^T = (0{,}038 - \mathrm{j}\,0{,}090;\,1)$.

5.13 Ungedämpftes System: Tabelle 5.3 und Gl. (5.32a)
Viskos gedämpftes System: Tabelle 5.3, Gln. (5.74) und (5.75), für modale Dämpfung s. Aufgabe 5.4, es folgt

$$\mathbf{F}(\mathrm{j}\omega) = \sum_{i=1}^{n} \frac{\hat{\mathbf{u}}_{0i}\,\hat{\mathbf{u}}_{0i}^T}{\lambda_{0i} - \Omega^2 + \mathrm{j}\,\Omega\,b_{Ei}}\,,$$

$$\mathbf{H}(s) = \hat{\mathbf{U}}_0\;(s^2\mathbf{I} + s\,\mathbf{B}_E + \mathbf{\Lambda}_0)^{-1}\,\hat{\mathbf{U}}_0^T = \sum_{i=1}^{n} \frac{\hat{\mathbf{u}}_{0i}\,\hat{\mathbf{u}}_{0i}^T}{s^2 + s\,b_{Ei} + \lambda_{0i}}\,.$$

Strukturell gedämpftes System: Tabelle 5.3, vgl. Gl. (5.106), für modale Dämpfung s. Gl. (5.109):

$$\mathbf{F}(\mathrm{j}\,\Omega) = \sum_{i=1}^{n} \frac{\hat{\mathbf{u}}_{0i}\,\hat{\mathbf{u}}_{0i}^T}{\lambda_{0i} - \Omega^2 + \mathrm{j}\,d_{Ei}}\,.$$

5.14 Freies System ($m_s = 0$): $\quad \omega_{f1} = 0,\ \omega_{f2}^2 = \omega_{s1}^2 + \omega_{s2}^2,\ \omega_{s1}^2 := \dfrac{k}{m_1},\ \omega_{s2}^2 := \dfrac{k}{m_2}\,.$

$$\hat{\mathbf{q}}_{f1}^T = (1,\,1),\ \hat{\mathbf{q}}_{f2}^T = \left(-\frac{m_2}{m_1},\,1\right)$$

Meßsystem: $\omega_0^4 - \omega_0^2(\omega_s^2 + \omega_{ss1}^2 + \omega_{s2}^2) + \omega_s^2\,\omega_{s2}^2 = 0$

mit $\omega_s^2 := \dfrac{k_s}{m_s + m_1}\,,\ \omega_{ss1}^2 = \dfrac{k}{m_s + m_1}\,.$

Wahl von $\omega_s^2 = \epsilon^2\,\omega_{f2}^2 = \epsilon^2(\omega_{s1}^2 + \omega_{s2}^2)$, $\mu := \dfrac{m_s}{m_1} \ll 1$, $\omega_{ss1}^2 = \omega_{s1}^2\,\dfrac{1}{1+\mu}$

ergibt:

$$\omega_0^4 - \omega_0^2\left[\omega_{f2}^2(1+\epsilon^2) - \omega_{s1}^2\,\frac{\mu}{1+\mu}\right] + \epsilon^2\,\omega_{f2}^2\,\omega_{s2}^2 = 0,$$

$$\omega_{01,2}^2 = \frac{1}{2}\left\{\omega_{f2}^2\,(1+\epsilon^2) - \omega_{s1}^2\,\frac{\mu}{1+\mu} \pm \right.$$

$$\left.\pm\left[\omega_{f2}^2(1+\epsilon^2) - \omega_{s1}^2\,\frac{\mu}{1+\mu}\right]\left|\sqrt{1 - \frac{4\,\epsilon^2\,\omega_{f2}^2\,\omega_{s2}^2}{\left[\omega_{f2}^2(1+\epsilon^2) - \omega_{s1}^2\,\dfrac{\mu}{1+\mu}\right]^2}}\,\right|\right\}.$$

Aus $\dfrac{4\,\epsilon^2\,\omega_{f2}^2\,\omega_{s2}^2}{\left[\omega_{f2}^2(1+\epsilon^2) - \omega_{s1}^2\,\dfrac{\mu}{1+\mu}\right]^2} \ll 1$ folgt mit $\mu \ll 1$: $\epsilon \ll \dfrac{1}{2}\left|\sqrt{1 + \dfrac{m_2}{m_1}}\,\right|$.

Ist dagegen der betr. Term des Radikanden < 1, so folgt für die Wurzeln:

$$\omega_{01}^2 \doteq \frac{\epsilon^2\omega_{f2}^2\omega_{s2}^2}{\omega_{f2}^2(1+\epsilon^2)-\omega_{s1}^2\dfrac{\mu}{1+\mu}} = \omega_{f2}^2\frac{\epsilon^2 m_1}{(1+\epsilon^2)(m_1+m_2)-m_2\dfrac{\mu}{1+\mu}},$$

$$\omega_{02}^2 \doteq \omega_{f2}^2(1+\epsilon^2)-\omega_{s1}^2\frac{\mu}{1+\mu}-\omega_{f2}^2\frac{\epsilon^2 m_1}{(1+\epsilon^2)(m_1+m_2)-m_2\dfrac{\mu}{1+\mu}}.$$

$$\frac{|\omega_{02}^2-\omega_{f2}^2|}{\omega_{f2}^2} \doteq \left|\epsilon^2\left(1-\frac{m_1}{(1+\epsilon^2)(m_1+m_2)-m_2\dfrac{\mu}{1+\mu}}\right)-\frac{m_2}{m_1+m_2}\,\frac{\mu}{1+\mu}\right|, \mu \ll 1,$$

es folgt

$$\frac{|\omega_{02}^2-\omega_{f2}^2|}{\omega_{f2}^2} \doteq \frac{1}{1+\epsilon^2}\left|\epsilon^4+(\epsilon^2-\mu)\frac{m_2}{m_1+m_2}\right| \leqslant \frac{1}{1+\epsilon^2}\left(\epsilon^4+|\epsilon^2-\mu|\frac{m_2}{m_1+m_2}\right).$$

Mit

$$\frac{|\omega_{02}^2-\omega_{f2}^2|}{\omega_{f2}^2} = \frac{|\omega_{02}-\omega_{f2}|(\omega_{02}+\omega_{f2})}{\omega_{f2}^2} \quad \text{und} \quad \omega_{02}\doteq\omega_{f2} \text{ folgt}$$

$$\frac{|\omega_{02}^2-\omega_{f2}^2|}{\omega_{f2}^2} \doteq 2\,\frac{|\omega_{02}-\omega_{f2}|}{\omega_{f2}}$$

und somit

$$\frac{|\omega_{02}-\omega_{f2}|}{\omega_{f2}} \leqslant \frac{1}{2}\,\frac{1}{1+\epsilon^2}\left(\epsilon^4+|\epsilon^2-\mu|\frac{m_2}{m_1+m_2}\right) < \frac{1}{2}\,\frac{\epsilon^4+|\epsilon^2-\mu|}{1+\epsilon^2}.$$

Unter Beachtung von $0 \leqslant \epsilon < \frac{1}{2}+\frac{1}{4}\frac{m_2}{m_1}$ und $0 \leqslant \mu \ll 1$ gilt

für $\epsilon^2 > \mu$: $\dfrac{|\omega_{02}-\omega_{f2}|}{\omega_{f2}} \leqslant \dfrac{\epsilon^2}{2}$,

für $\epsilon^2 < \mu$: $\dfrac{|\omega_{02}-\omega_{f2}|}{\omega_{f2}} \leqslant \dfrac{1}{2}(\epsilon^4+\mu)$.

$\epsilon = \frac{1}{4}$: Die zuletzt angegebenen Abschätzungen sind zu grob, sie liefern außerdem keine Aussage über das Massenverhältnis. Es wird deshalb zurückgegriffen auf:

$$\frac{|\omega_{02}-\omega_{f2}|}{\omega_{f2}} \leqslant \frac{1}{2}\,\frac{1}{1+\epsilon^2}\left(\epsilon^4+|\epsilon^2-\mu|\frac{m_2}{m_1+m_2}\right) \leqslant p\cdot 10^{-2} = 0{,}02,$$

folglich

$$\frac{m_1}{m_2} \geqslant 25{,}9109\,|\mu-0{,}0625|-1.$$

$0 \leqslant \mu \ll 1$: $\mu = 0$: $\dfrac{m_1}{m_2} \geqslant 0{,}6194$,

$\mu = 0{,}5$: $\dfrac{m_1}{m_2} > 12$.

Der Wert 0,5 stellt eine obere Schranke für $\mu \ll 1$ dar, so daß mit $m_1 > 12\,m_2$ die Ungleichung bezüglich des Massenverhältnisses sicher erfüllt ist (hinreichend aber nicht notwendig).
Die Aufhängung sollte in jedem Fall an der größeren Masse ($m_1 > m_2$) erfolgen, da dann ihre Schwingungsamplitude ($\doteq -m_2/m_1$) geringer als im umgekehrten Fall ist.
Anmerkung: Die Aufgabe kann natürlich auch mit der Aufhängefrequenz $\omega_a^2 = k_s/(m_s+m_1+m_2)$ im Zusammenhang mit ω_{01}, ω_{02}, ω_{f2} formuliert werden.

5.15 Für das im Bezugselement (m_1) starr eingespannte System ist:

$$\hat{\mathbf{w}}^T = \hat{\mathbf{u}}^T = (\hat{q}_1, \hat{q}_2),$$

$$\mathbf{M} = \begin{pmatrix} m_1 & 0 \\ 0 & m_2 \end{pmatrix}, \quad \mathbf{G} = \frac{1}{k}\begin{pmatrix} 0 & 0 \\ 0 & 1 \end{pmatrix} : \omega_0^2\, \mathbf{G}\,\mathbf{M}\,\hat{\mathbf{u}}_0 = \hat{\mathbf{u}}_0, \mathbf{G}\,\mathbf{M} = \frac{m_2}{k}\begin{pmatrix} 0 & 0 \\ 0 & 1 \end{pmatrix}$$

folglich

$$0 = \hat{q}_1, \omega_0^2 \frac{m_2}{k}\hat{q}_2 = \hat{q}_2, \omega_0^2 = \frac{k}{m_2}.$$

Das Meßsystem mit $m_s = 0$: $\mathbf{T} = \begin{pmatrix} 1 \\ 1 \end{pmatrix}$, $\hat{\mathbf{w}}_s = \hat{w}_s$, $\hat{\mathbf{u}}^T = (0, \hat{u}_2)$,

$$\hat{\mathbf{w}} = \mathbf{T}\,\hat{\mathbf{w}}_s + \hat{\mathbf{u}} = \begin{pmatrix} \hat{w}_s \\ \hat{w}_s + \hat{u}_2 \end{pmatrix}, \quad \mathbf{K}_s = \begin{pmatrix} k_s \\ 0 \end{pmatrix},$$

ergibt

$$\mathbf{G}_{el} = \mathbf{G} + \begin{pmatrix} 1 \\ 1 \end{pmatrix}\left[(1,1)\begin{pmatrix} k_s \\ 0 \end{pmatrix}\right]^{-1}(1,1) = \begin{pmatrix} \frac{1}{k_s}, & \frac{1}{k_s} \\ \frac{1}{k_s}, & \frac{1}{k_s} + \frac{1}{k} \end{pmatrix},$$

$$\mathbf{K}_{el} = \begin{pmatrix} k + k_s, & -k \\ -k, & k \end{pmatrix} = \mathbf{G}_{el}^{-1}, \quad \mathbf{K}_{el}^{-1} = \frac{1}{k k_s}\begin{pmatrix} k, & k \\ k, & k + k_s \end{pmatrix} = \mathbf{G}_{el};$$

$$\hat{w}_s = \hat{q}_1, \hat{w}_s + \hat{u}_2 = \hat{q}_2.$$

Das freie System:

$$\mathbf{G}_f = \mathbf{G}\left[\mathbf{I} - \begin{pmatrix} m_1 & 0 \\ 0 & m_2 \end{pmatrix}\begin{pmatrix} 1 \\ 1 \end{pmatrix}\frac{1}{m_1 + m_2}(1,1)\right] = \mathbf{G}\left[\begin{pmatrix} 1 & 0 \\ 0 & 1 \end{pmatrix} - \frac{1}{m_1 + m_2}\begin{pmatrix} m_1 & m_1 \\ m_2 & m_2 \end{pmatrix}\right]$$

$$= \frac{1}{k(m_1 + m_2)}\begin{pmatrix} 0 & 0 \\ -m_2 & m_1 \end{pmatrix}.$$

5.16 1. $\lambda_{01} = 35{,}9601\ s^{-2}$, $\lambda_{02} = 1729{,}0894\ s^{-2}$,
$\omega_{01} = 5{,}9967\ s^{-1}$, $\omega_{02} = 41{,}5823\ s^{-1}$,
$f_{01} = 0{,}954$ Hz, $f_{02} = 6{,}618$ Hz.

$$\hat{\mathbf{u}}_{01}^N = \hat{\mathbf{q}}_{01}^N = \begin{pmatrix} 0{,}9771 \\ 1 \end{pmatrix}, \quad \hat{\mathbf{u}}_{02}^N = \begin{pmatrix} -0{,}1013 \\ 1 \end{pmatrix}.$$

2. Eigenschwingungsgrößen mit den Randbedingungen frei-frei:

$\lambda_{f2} = 1727\ s^{-2}$, $\omega_{f2} = 41{,}5572\ s^{-1}$, $f_{f2} = 6{,}614$ Hz,

$$\hat{\mathbf{u}}_{f1}^N = \begin{pmatrix} 1 \\ 1 \end{pmatrix}, \quad \hat{\mathbf{u}}_{f2}^N = \begin{pmatrix} -0{,}1 \\ 1 \end{pmatrix}.$$

Die Einspannung bewirkt gegenüber dem freien System die Fehler: $\Delta f_{f2} \cdot 100/f_{f2} = 0{,}06\%$.
Relative Abweichung der 1. Komponente von $\hat{\mathbf{u}}_{01}^N$: $-2{,}29\%$
Relative Abweichung der 1. Komponente von $\hat{\mathbf{u}}_{02}^N$: $1{,}3\%$.

3. Ergebnisse der exakten Rechnung für das modifizierte eingespannte System:

$\lambda_{Z1} = 44{,}8054\ s^{-2}$, $\lambda_{Z2} = 1729{,}5382\ s^{-2}$,
$\omega_{Z1} = 6{,}6937\ s^{-1}$, $\omega_{Z2} = 41{,}5877\ s^{-1}$,
$f_{Z1} = 1{,}065$ Hz, $f_{Z2} = 6{,}619$ Hz,

$$\hat{\mathbf{u}}_{Z1}^{N} = \begin{pmatrix} 0{,}9715 \\ 1 \end{pmatrix}, \quad \hat{\mathbf{u}}_{Z2}^{N} = \begin{pmatrix} -0{,}1016 \\ 1 \end{pmatrix},$$

somit

$\Delta\lambda_{01} = 8{,}8453\ s^{-2}$, $\Delta\lambda_{02} = 0{,}4488\ s^{-2}$,
$\Delta f_{01} = 0{,}111$ Hz, $\Delta f_{02} = 0{,}001$ Hz,

$$\Delta\,\hat{\mathbf{U}}_0^N = \begin{pmatrix} -0{,}0056; & -0{,}0003 \\ 0, & 0 \end{pmatrix}.$$

Ergebnisse der angenäherten Rechnung:

$$\text{Normierung: } \hat{\mathbf{U}}_0 = \begin{pmatrix} 0{,}0947; & -0{,}0305 \\ 0{,}0969; & 0{,}3010 \end{pmatrix}, \quad \mathbf{M}_g = \hat{\mathbf{U}}_0^T \mathbf{M} \hat{\mathbf{U}}_0 = \mathbf{I},$$

$$\Delta\mathbf{K}_q = \begin{pmatrix} 8{,}9681; & -2{,}8884 \\ -2{,}8884; & 0{,}9302 \end{pmatrix}, \quad \Delta\mathbf{M}_g = 10^{-3}\begin{pmatrix} 2{,}6904; & -0{,}8665 \\ -0{,}8665; & 0{,}2791 \end{pmatrix},$$

$\Delta\lambda_{01} \doteq 8{,}8714\ s^{-2}$,
$\Delta\lambda_{02} \doteq 0{,}4477\ s^{-2}$,

$$\Delta\omega_{0i} = |\sqrt{\lambda_{0i} + \Delta\lambda_{0i}}| - \omega_{0i} \doteq \frac{1}{2}\frac{\Delta\lambda_{0i}}{\omega_{0i}},$$

$\Delta f_{01} \doteq 0{,}12$ Hz, $\Delta f_{02} \doteq 0{,}001$ Hz.

$$\mathbf{A} = 10^{-3}\begin{pmatrix} -1{,}3452; & -0{,}8210 \\ 1{,}6876; & -0{,}1396 \end{pmatrix},$$

$$\Delta\hat{\mathbf{U}} \doteq 10^{-3}\begin{pmatrix} -0{,}1789; & -0{,}0735 \\ 0{,}3776; & -0{,}1216 \end{pmatrix},$$

$$\hat{\mathbf{U}}_Z = \hat{\mathbf{U}}_0 + \Delta\hat{\mathbf{U}} \doteq \begin{pmatrix} 0{,}0945; & -0{,}0306 \\ 0{,}0973; & 0{,}3011 \end{pmatrix},$$

$$\hat{\mathbf{U}}_z^N \doteq \begin{pmatrix} 0{,}9712; & -0{,}1016 \\ 1, & 1 \end{pmatrix},$$

also ist

$$\Delta\mathbf{U}_0^N \doteq \begin{pmatrix} -0{,}0059; & -0{,}0003 \\ 0, & 0 \end{pmatrix}.$$

5.17 Lösung der inhomogenen Gleichung: $q_{inh}(t)$,
Gesamtlösung: $q(q_0, \dot{q}_0, t) = e^{-\delta t}(A \sin \omega_D t + B \cos \omega_D t) + q_{inh}(t)$.

$$A = \frac{1}{\omega_D}\{\dot{q}_0 + \delta[q_0 - q_{inh}(0)] - \dot{q}_{inh}(0)\},$$

$$B = q_0 - q_{inh}(0) \text{ mit } \dot{q}_{inh}(0) := \left.\frac{d q_{inh}(t)}{dt}\right/_{t=0}.$$

Die Lösung, gemäß (5.148) differenziert, führt auf (5.151)

5.18 **M**, **B**, **K** mit allen Eigenlösungen berechnet, ergibt die im Beispiel 5.2 angegebenen Matrizen. Die Eigenlösungen des 1. Freiheitsgrades liefern (bei Inversion der theoretisch singulären, numerisch noch regulären Matrizen)

$$\tilde{\mathbf{M}} = 10^5\begin{pmatrix} -0{,}1127; & 0{,}2084 \\ 0{,}2084; & -0{,}3851 \end{pmatrix}, \quad \tilde{\mathbf{B}} = 10^5\begin{pmatrix} 0{,}2575; & -0{,}1954 \\ -0{,}1954; & -0{,}1567 \end{pmatrix},$$

$$\tilde{\mathbf{K}} = 10^8\begin{pmatrix} -0{,}1957; & 0{,}3619 \\ 0{,}3619; & -0{,}6683 \end{pmatrix}.$$

Die Matrizen $\tilde{\mathbf{M}}$, $\tilde{\mathbf{B}}$, $\tilde{\mathbf{K}}$ sind keine Näherungen für die Systemparametermatrizen. Obwohl in

$$\tilde{\mathbf{M}}^{-1} = \begin{pmatrix} 0{,}0851; & 0{,}0461 \\ 0{,}0461; & 0{,}0249 \end{pmatrix}$$

das obere Hauptdiagonalelement mit dem entsprechenden Element von $\mathbf{M}^{-1}$ angenähert übereinstimmt,

$$\mathbf{M}^{-1} = \begin{pmatrix} 0{,}1000; & -0{,}0000 \\ -0{,}0000; & 0{,}1667 \end{pmatrix}$$

führt $(\tilde{\mathbf{M}}^{-1})^{-1}$ auf unrealistische Elemente (Größe und Vorzeichen), die sich auch in der Berechnung von $\tilde{\mathbf{B}}$ und $\tilde{\mathbf{K}}$ voll auswirken. Vgl. jedoch Aufgabe 5.19 für passive ungedämpfte Systeme!

5.19 $\mathbf{G} = \mathbf{G}_1 + \mathbf{G}_2$; $\mathbf{G}_1 := \frac{1}{\lambda_{01}} \hat{\mathbf{u}}_{01}\hat{\mathbf{u}}_{01}^T$, $\mathbf{G}_2 := \frac{1}{\lambda_{02}} \hat{\mathbf{u}}_{02}\hat{\mathbf{u}}_{02}^T$ in der Normierung $\mathbf{M}_g = \mathbf{I}$. Ausgangsdaten s. Beispiel 5.2.

$$\mathbf{G}_1 = 10^{-4}\begin{pmatrix} 0{,}4896; & 0{,}2652 \\ 0{,}2652; & 0{,}1434 \end{pmatrix}, \quad \mathbf{G}_2 = 10^{-4}\begin{pmatrix} 0{,}0198; & -0{,}0611 \\ -0{,}0611, & 0{,}1884 \end{pmatrix},$$

$$\mathbf{G} = 10^{-4}\begin{pmatrix} 0{,}5094; & 0{,}2041 \\ 0{,}2041; & 0{,}3318 \end{pmatrix}.$$

Abweichung der Matrix $\mathbf{G}_1$ von $\mathbf{G}$ (Einfluß des 2. Freiheitsgrades) ist durch $\mathbf{G}_2$ gegeben.
Entsprechend wird $\tilde{\mathbf{C}} = \tilde{\mathbf{C}}_1 + \tilde{\mathbf{C}}_2$ berechnet:

$$\tilde{\mathbf{C}}_1 = 10^{-4}\begin{pmatrix} 0{,}5797; & 0{,}3652 \\ 0{,}3652; & 0{,}2301 \end{pmatrix}, \quad \tilde{\mathbf{C}}_2 = 10^{-4}\begin{pmatrix} 0{,}0089; & -0{,}0385 \\ -0{,}0385; & 0{,}1675 \end{pmatrix}, \quad \tilde{\mathbf{C}} = 10^{-4}\begin{pmatrix} 0{,}5886; & 0{,}3267 \\ 0{,}3267, & 0{,}3976 \end{pmatrix}.$$

Die Fehler sind durch den Vergleich mit $\mathbf{G}, \mathbf{G}_1, \mathbf{G}_2$ direkt ermittelbar.

$$\tilde{\mathbf{K}} = 10^5 \begin{pmatrix} 0{,}31; & -0{,}26 \\ -0{,}26; & 0{,}46 \end{pmatrix} \text{ und nach Beispiel 5.2: } \mathbf{K} = 10^5 \begin{pmatrix} 0{,}26; & -0{,}16 \\ -0{,}16; & 0{,}40 \end{pmatrix}.$$

5.20 $\mathbf{T}_D^T \mathbf{K} \mathbf{T}_D = \mathbf{K}_{WW} - \mathbf{K}_{WR}(-\lambda_0 \mathbf{M}_{RR} + \mathbf{K}_{RR})^{-1}(-\lambda_0 \mathbf{M}_{RW} + \mathbf{K}_{RW}) +$

$-(-\lambda_0 \mathbf{M}_{WR} + \mathbf{K}_{WR})(-\lambda_0 \mathbf{M}_{RR} + \mathbf{K}_{RR})^{-1} \mathbf{K}_{RW} +$

$+(-\lambda_0 \mathbf{M}_{WR} + \mathbf{K}_{WR})(-\lambda_0 \mathbf{M}_{RR} + \mathbf{K}_{RR})^{-1} \mathbf{K}_{RR}(-\lambda_0 \mathbf{M}_{RR} + \mathbf{K}_{RR})^{-1}(-\lambda_0 \mathbf{M}_{RW} + \mathbf{K}_{RW})$

nach Gl. (5.176b). Die Transformation (5.177) approximiert den obigen Ausdruck, indem $(-\lambda_0 \mathbf{M}_{RR} + \mathbf{K}_{RR})^{-1}$ durch $\mathbf{K}_{RR}^{-1} = \mathbf{G}_{RR}$ ersetzt wird. Anstelle von $\mathbf{T}_D^T \mathbf{K} \mathbf{T}_D$ tritt der Ausdruck: $\mathbf{T}^{(3)T} \mathbf{K} \mathbf{T}^{(3)} = \mathbf{K}_{WW} - \mathbf{K}_{WR} \mathbf{G}_{RR} (-\lambda^{(3)} \mathbf{M}_{RW} + \mathbf{K}_{RW}) - \lambda^{(3)} (-\lambda^{(3)} \mathbf{M}_{WR} + \mathbf{K}_{WR}) \mathbf{G}_{RR} \mathbf{M}_{RW}$. Hinsichtlich der Vereinfachung (5.177) muß also die Differenz $\mathbf{T}_D^T \mathbf{K} \mathbf{T}_D - \mathbf{T}^{(3)T} \mathbf{K} \mathbf{T}^{(3)}$ vernachlässigbar sein, die mit $\lambda_0 \doteq \lambda^{(3)}$ vereinfacht lautet:

$-\mathbf{K}_{WR} [(-\lambda_0 \mathbf{M}_{RR} + \mathbf{K}_{RR})^{-1} - \mathbf{K}_{RR}^{-1}](-\lambda_0 \mathbf{M}_{RW} + \mathbf{K}_{RW}) +$

$-(-\lambda_0 \mathbf{M}_{WR} + \mathbf{K}_{WR})\{(-\lambda_0 \mathbf{M}_{RR} + \mathbf{K}_{RR})^{-1} [\mathbf{K}_{RW} +$

$-\mathbf{K}_{RR}(-\lambda_0 \mathbf{M}_{RR} + \mathbf{K}_{RR})^{-1}(-\lambda_0 \mathbf{M}_{RW} + \mathbf{K}_{RW})] +$

$-\mathbf{K}_{RR}^{-1} \lambda_0 \mathbf{M}_{RW}\}$.

Für $\mathbf{M}_{RR} = \mathbf{0}$ ist diese Differenz gleich der Nullmatrix.

5.21 Die Elimination der restlichen Koordinaten mit

$\hat{\mathbf{u}}_{0R} \doteq -\mathbf{G}_{RR} \mathbf{K}_{RW} \hat{\mathbf{u}}_{0W}$,

in die 2. Gl. des nichtkondensierten Matrizeneigenwertproblems eingesetzt, liefert:

$[(-\lambda_0 \mathbf{M}_{RW} + \mathbf{K}_{RW}) - (-\lambda_0 \mathbf{M}_{RR} + \mathbf{K}_{RR}) \mathbf{G}_{RR} \mathbf{K}_{RW}] \hat{\mathbf{u}}_{0W} \doteq \mathbf{0}$,

$-\lambda_0(\mathbf{M}_{RW} + \mathbf{M}_{RR} \mathbf{G}_{RR} \mathbf{K}_{RW}) \hat{\mathbf{u}}_{0W} \doteq \mathbf{0}, \quad \lambda_0 \neq 0, \hat{\mathbf{u}}_{0W} \neq \mathbf{0}$,

folglich $\mathbf{M}_{RW} + \mathbf{M}_{RR} \mathbf{G}_{RR} \mathbf{K}_{RW} \doteq \mathbf{0}$. Dieses Ergebnis, in $\mathbf{M}_G$ berücksichtigt, führt innerhalb der Näherung auf $\mathbf{M}_G \doteq \mathbf{M}_c^{(2)}$.

5.22 Lösungen des Matrizeneigenwertproblems:
$\lambda_{01} = 0{,}94825 \cdot 10^3$, $\omega_{01} = 30{,}794$; $\hat{\mathbf{u}}_{01}^T = (0{,}9508; 1; 0{,}1010)$
$\lambda_{02} = 2{,}9498 \cdot 10^3$, $\omega_{02} = 54{,}312$; $\hat{\mathbf{u}}_{02}^T = (1; -0{,}9498; -0{,}0979)$
$\lambda_{03} = 100{,}10 \cdot 10^3$, $\omega_{03} = 316{,}06$; $\hat{\mathbf{u}}_{03}^T = (0{,}0001; -0{,}0102; 1)$.
L = 1: s. Gln. (5.183), (5.179) mit $\hat{\mathbf{u}}_R = \hat{u}_R = \hat{u}_{0i3}$, i = 1(1)3, m = 1.

$$\mathbf{S}_{WW}(\lambda) = -\lambda \begin{pmatrix} 1 & 0 \\ 0 & 1 \end{pmatrix} + 10^3 \begin{pmatrix} 2 & -1 \\ -1 & 2 \end{pmatrix}, \quad \mathbf{K}_{WR} = \mathbf{S}_{WR} = 10^3 \begin{pmatrix} 0 \\ -1 \end{pmatrix} = \mathbf{K}_{RW}^T = \mathbf{S}_{RW}^T,$$

$$\mathbf{G}_{RR} = G_{RR} = \frac{1}{10 \cdot 10^3}, \ \mathbf{S}_{RR}(\lambda) = S_{RR}(\lambda) = -\lambda \cdot 0{,}1 + 10 \cdot 10^3,$$

$$\mathbf{S}_c^{(1)}(\lambda^{(1)}) \hat{\mathbf{u}}_W^{(1)} = \left[-\lambda^{(1)} \begin{pmatrix} 1 & 0 \\ 0 & 1 \end{pmatrix} + 10^3 \begin{pmatrix} 2; & -1 \\ -1; & 1{,}9 \end{pmatrix} \right] \hat{\mathbf{u}}_W^{(1)} = \mathbf{0}$$

mit den Lösungen

$\lambda_1^{(1)} = 0{,}94875 \cdot 10^3$, $\omega_{01}^{(1)} = 30{,}8018$, $\hat{\mathbf{u}}_{W1}^{(1)T} = (0{,}95125; 1)$

$\lambda_2^{(1)} = 2{,}95125 \cdot 10^3$, $\omega_{02}^{(1)} = 54{,}3254$, $\hat{\mathbf{u}}_{W2}^{(1)T} = (1; -0{,}95125)$.

Die angenäherten Eigenvektoren des Ausgangsproblems ergeben sich nach (5.183) mit den Gln. (5.178) und (5.190a):

$$\mathbf{T}^{(1)} = \begin{pmatrix} 1;\ 0 \\ 0;\ 1 \\ 0;\ 0{,}1 \end{pmatrix},$$

$\hat{\mathbf{u}}_{01}^{(1)\mathrm{T}} = (0{,}95125;\ 1;\ 0{,}1)$, $\hat{\mathbf{u}}_{02}^{(1)\mathrm{T}} = (1;\ -0{,}95125;\ -0{,}09513)$.

Die Übereinstimmung der angenäherten Eigenlösungen beider Freiheitsgrade mit den exakten Eigenlösungen ist recht gut.

Linearisierter Fehler der Eigenwerte nach Gl. (5.188): $\mathbf{S}_c$ nach Gl. (5.174) und $\frac{\partial}{\partial\lambda}\mathbf{S}_c$:

$$\mathbf{S}_c(\lambda) = -\lambda \begin{pmatrix} 1 & 0 \\ 0 & 1 \end{pmatrix} + 10^3 \begin{pmatrix} 2 & -1 \\ -1 & 2 \end{pmatrix} - \frac{10^6}{-\lambda \cdot 0{,}1 + 10 \cdot 10^3} \begin{pmatrix} 0 & 0 \\ 0 & 1 \end{pmatrix},$$

$$\frac{\partial\, \mathbf{S}_c(\lambda)}{\partial\lambda} = -\begin{pmatrix} 1 & 0 \\ 0 & 1 \end{pmatrix} - \frac{0{,}1 \cdot 10^6}{(-\lambda \cdot 0{,}1 + 10 \cdot 10^3)^2} \begin{pmatrix} 0 & 0 \\ 0 & 1 \end{pmatrix},$$

$$i = 1:\ \Delta\lambda_1^{(1)} = -\frac{-0{,}00096 \cdot 10^3}{-1{,}9059} = -0{,}0005 \cdot 10^3,$$

$$i = 2:\ \Delta\lambda_2^{(1)} = -\frac{-0{,}00275 \cdot 10^3}{-1{,}906} = -0{,}0014 \cdot 10^3.$$

Die linearisierten Eigenwertfehler stimmen innerhalb der angegebenen Ziffern mit den exakten Fehlern überein und lassen sich zur Korrektur der angenäherten Eigenwerte verwenden.

Es wird lediglich der linearisierte Fehler von $\hat{\mathbf{u}}_{W2}^{(1)}$ nach Gl. (5.185) berechnet. Die Gl. (5.187) liefert:

$$\Delta\mathbf{S}_c^{(1)}(\lambda_2^{(1)}, \Delta\lambda_2^{(1)}) = 10^3 \begin{pmatrix} 0{,}0014; & 0 \\ 0; & -0{,}0016 \end{pmatrix} \quad \text{mit } \mathbf{S}_c^{(1)}(\lambda_2^{(1)}) = 10^3 \begin{pmatrix} -0{,}95125; & -1 \\ -1; & -1{,}05125 \end{pmatrix}.$$

Daraus folgt entsprechend der Normierung von $\hat{\mathbf{u}}_{W2}^{(1)}$:

$$\begin{pmatrix} -0{,}95125; & -1 \\ 1; & -1{,}05125 \end{pmatrix} \begin{pmatrix} 0 \\ \Delta\hat{\mathbf{u}}_{W2}^{(1)} \end{pmatrix} = \begin{pmatrix} -0{,}0014 \\ -0{,}0015 \end{pmatrix},$$

somit

$$\hat{\mathbf{u}}_{W2} \doteq \hat{\mathbf{u}}_{W2}^{(1)} + \Delta\, \hat{\mathbf{u}}_{W2}^{(1)} = \begin{pmatrix} 1 \\ -0{,}9499 \end{pmatrix}.$$

Den vollständig korrigierten Eigenvektor erhält man aus Gl. (5.190b) mit (5.176a),

$$\mathbf{T}_D = \begin{pmatrix} 1;\ 0 \\ 0;\ 1 \\ 0;\ 0{,}1030 \end{pmatrix},$$

zu

$$\hat{\mathbf{u}}_{02} = \begin{pmatrix} 1 \\ -0{,}9499 \\ -0{,}0978 \end{pmatrix}.$$

5.23 Phasenresonanzverfahren, Erregungsvektoren nach Gl. (5.193 c):

$$\mathbf{p}_{01} = -2\pi \cdot 6{,}63 \begin{pmatrix} 24, & -24 \\ -24, & 24 \end{pmatrix} \begin{pmatrix} 1 \\ 0{,}5407 \end{pmatrix} = K_1 \begin{pmatrix} 1 \\ -1 \end{pmatrix},$$

$$\mathbf{p}_{02} = -2\pi \cdot 13{,}81 \begin{pmatrix} 24, & -24 \\ -24, & 24 \end{pmatrix} \begin{pmatrix} -0{,}3244 \\ 1 \end{pmatrix} = K_2 \begin{pmatrix} -1 \\ 1 \end{pmatrix}.$$

$\tilde{\mathbf{p}}_{01} = \mathbf{M}\,\hat{\mathbf{u}}_{01} = \tilde{K}_1 \begin{pmatrix} 1 \\ 0{,}32 \end{pmatrix}$, $\tilde{\mathbf{p}}_{02} = \mathbf{M}\,\hat{\mathbf{u}}_{02} = \tilde{K}_2 \begin{pmatrix} -0{,}54 \\ 1 \end{pmatrix}$: Die Annäherung an $\mathbf{p}_{01}$, $\mathbf{p}_{02}$ ist nicht sehr gut, jedoch infolge der Modaleigenschaften des schwach gedämpften Systems vermögen die Erregungsvektoren $\tilde{\mathbf{p}}_{01}$, $\tilde{\mathbf{p}}_{02}$ die Eigenschwingungsform in guter Näherung zu isolieren (vgl. Bild 5.4).

5.24 $\mathbf{M} = \mathrm{diag}\,(m_i)$, $\mathbf{K} = \begin{pmatrix} k_1, & -k_1, & 0 \\ -k_1, & k_1 + k_2 + k_3, & -k_3 \\ 0, & -k_3, & k_3 \end{pmatrix}$,

entsprechend ist **B** aufgebaut: Indikatorfunktion (Bild A.30):
Die 2. Eigenschwingungsform wird nicht erregt, die 3. Eigenschwingungsform wird etwas besser als die 1. angeregt.

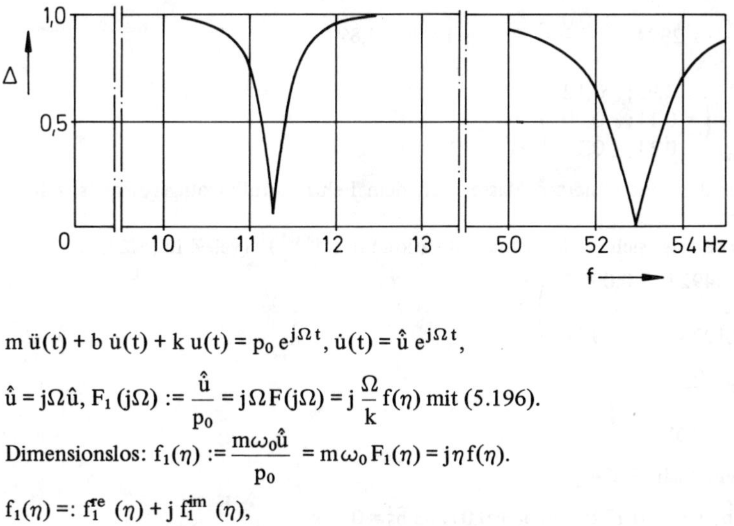

Bild A. 30

5.25 $m\,\ddot{u}(t) + b\,\dot{u}(t) + k\,u(t) = p_0\,e^{j\Omega t}$, $\dot{u}(t) = \hat{\dot{u}}\,e^{j\Omega t}$,

$$\hat{\dot{u}} = j\Omega\hat{u},\; F_1(j\Omega) := \frac{\hat{\dot{u}}}{p_0} = j\Omega F(j\Omega) = j\,\frac{\Omega}{k}\,f(\eta) \text{ mit (5.196).}$$

Dimensionslos: $f_1(\eta) := \dfrac{m\omega_0\hat{\dot{u}}}{p_0} = m\omega_0 F_1(\eta) = j\eta f(\eta)$.

$f_1(\eta) =: f_1^{re}(\eta) + j\,f_1^{im}(\eta)$,

$f_1^{re}(\eta) = -\eta f^{im}(\eta)$, $f_1^{im}(\eta) = \eta f^{re}(\eta)$, $|f_1(\eta)| = \eta\,|f(\eta)|$,

$$\tan\varphi_1 = \frac{f_1^{im}(\eta)}{f_1^{re}(\eta)} = -\frac{f^{re}(\eta)}{f^{im}(\eta)} = \cot\varphi.$$

Folglich $|f_1(\eta)|^2 = \dfrac{1}{2\alpha}\,f_1^{re}(\eta)$. Mit $|f_1|^2 = f_1^{re2} + f_1^{im2}$ ergibt sich die Gl. der Ortskurve:

$$f_1^{re2} + f_1^{im2} = \frac{1}{2\alpha}\,f_1^{re},$$

beide Seiten der Gl. mit $\left(\frac{1}{4\,\alpha}\right)^2$ ergänzt:

$$f_1^{re2} - \frac{1}{2\,\alpha}\, f_1^{re} + \left(\frac{1}{4\,\alpha}\right)^2 + f_1^{im2} = \left(\frac{1}{4\,\alpha}\right)^2,$$

$\left(f_1^{re} - \frac{1}{4\,\alpha}\right)^2 + f_1^{im2} = \left(\frac{1}{4\,\alpha}\right)^2$: Kreisgl. mit den Mittelpunktskoordinaten $\left(\frac{1}{4\,\alpha}, 0\right)$ und dem Radius $1/4\,\alpha$.

5.26 s. Beispiel 5.8.

5.27 a) s. Beispiel 5.8.

b) Von der Ortskurvendarstellung der Aufgabe 5.25 ausgehend, können durch Hinzufügen nichtkonstanter (bezüglich η) Anteile zu den Real-, Imaginärteilen (aus Zusatztermen der Spektralzerlegung) allgemein Kurvendiskussionen durchgeführt werden oder für ein Zahlenbeispiel die Auswirkungen gezeigt werden. Ergebnis s. z.B. Bild 5.14b oder Bild 5.20.

5.28 s. Beispiel 5.8.

5.29 Δm über $-\Delta f_1$ aufgetragen zeigt, daß mit den Werten annähernd eine Gerade gegeben ist. Die Ausgleichsgerade lautet $\Delta m = -2{,}850\ \Delta\omega_{01}/(2\pi)$. Die generalisierte Zusatzmasse ist

$$\Delta m_{g1} = \hat{\mathbf{u}}_{01}^T \begin{pmatrix} \Delta m & 0 \\ 0 & \Delta m \end{pmatrix} \hat{\mathbf{u}}_{01} = \Delta m\, \hat{\mathbf{u}}_{01}^T\, \hat{\mathbf{u}}_{01} = \Delta m \cdot 1{,}2924 \text{ kg}.$$

Es folgt:

$$m_{g1} = \frac{6{,}63 \cdot 2\,\pi}{2} \cdot 1{,}2924 \cdot \frac{2{,}850}{2\,\pi} = 12{,}2 \text{ kg. Fehler: } 3{,}8\%.$$

5.30 $\hat{\mathbf{U}}_0^K = (\hat{\mathbf{u}}_{01}^K, \hat{\mathbf{u}}_{02}^K) = \begin{pmatrix} 0{,}99; & 0{,}12 \\ -0{,}11; & 0{,}99 \\ 0{,}11; & -0{,}10 \end{pmatrix}.$

5.31 Mittlerer Fehler der generalisierten Masse nach dem Fehlerfortpflanzungsgesetz (s. z.B. [3.26]): 0,15 kg.

5.32 Wegen $n_{eff} = m$ erübrigt sich die Linksmultiplikation mit $(\hat{\mathbf{U}}^{imM})^T$ (vgl. $\mathbf{Z}$ in (5.221)).

$$(\hat{\mathbf{U}}^{imM})^{-1} = \begin{pmatrix} 0{,}04928; & 0{,}09573 \\ 0{,}12745; & -0{,}13557 \end{pmatrix},$$

$$\mathbf{Z} = \begin{pmatrix} 0{,}22825; & -0{,}28154 \\ 0{,}26847; & -0{,}68216 \end{pmatrix}.$$

Gleichungssystem nach (5.224):

$$1{,}05210\,\tilde{b}_1^2 + \tilde{b}_1 + 0{,}12256\,\tilde{b}_1\tilde{b}_2 + 0{,}07208\,\tilde{b}_2^2 = 0,$$

$$1{,}46534\,\tilde{b}_2^2 + \tilde{b}_2 + 0{,}38411\,\tilde{b}_1\tilde{b}_2 + 0{,}07927\,\tilde{b}_1^2 = 0.$$

i = 1: $\tilde{b}_1 = \tilde{b}_{11}$, $\tilde{b}_2 = \tilde{b}_{12}$ mit $\tilde{b}_{11} \doteq -1$. Aus der 2. quadratischen Gleichung folgt mit $\tilde{b}_{11} \doteq -1$ die Näherung $\tilde{b}_{12} \doteq -0{,}22$. Die 1. Gleichung zur Ermittlung von $\tilde{b}_1$, die 2. Gl. zur Ermittlung von $\tilde{b}_2$ mit Hilfe des Newtonverfahrens verwendet (Einzelschrittverfahren), liefert:

$$\tilde{b}_{11} = -0{,}9273,\ \tilde{b}_{12} = -0{,}1775.$$

i = 2: $\tilde{b}_2 = \tilde{b}_{22} \doteq -1$ aus der 1. Gl.: $\tilde{b}_1 = \tilde{b}_{21} \doteq -0{,}417 \pm 0{,}319 = -0{,}09$ (man mache sich anhand der Def. (5.215) klar, daß für schwache Dämpfung und den Erregungsfrequenzen in Resonanznähe $\tilde{b}_{21} \doteq 0$ sein muß). Iteration wie oben ergibt:

$$\tilde{b}_{21} = -0{,}0373,\ \tilde{b}_{22} = -0{,}6744.$$

Daraus folgt (s. Bild 5.15 und die obige Angabe bezüglich α_{2i})

$x_{11} = 0{,}2800$, $x_{12} = -2{,}1526$, $x_{21} = 5{,}0803$, $x_{22} = -0{,}6948$.

Also (5.226)

$\overline{\omega}_{01} = \omega_{01}^{(2)} = 31{,}62\ \mathrm{s}^{-1}$, $\overline{\omega}_{02} = \omega_{02}^{(1)} = 33{,}17\ \mathrm{s}^{-1}$,
(exakt: 31,62 33,17)

$\overline{g}_1 = g_1^{(2)} = 0{,}053$, $\overline{g}_2 = g_2^{(1)} = 0{,}020$.
(exakt: 0,050 0,020).

Für die Eigenvektoren nach (5.228) werden die Inversen $\widetilde{\mathbf{A}}^{-1}$, $\widetilde{\mathbf{B}}^{-1}$ benötigt:

$$\widetilde{\mathbf{B}}^{-1} = \begin{pmatrix} -1{,}0899; & 0{,}2868 \\ 0{,}0603; & -1{,}4985 \end{pmatrix},$$

die Elemente von $\widetilde{\mathbf{A}}$ ergeben sich aus (5.223), das Vorzeichen folgt aus (5.215):

$$\widetilde{\mathbf{A}} = \begin{pmatrix} 0{,}2596; & -0{,}3821 \\ 0{,}1895; & -0{,}4686 \end{pmatrix}, \quad \widetilde{\mathbf{A}}^{-1} = \begin{pmatrix} 9{,}524; & -7{,}766 \\ 3{,}852; & -5{,}276 \end{pmatrix}.$$

$$\hat{\mathbf{U}}_0^{(1)} = \begin{pmatrix} 7{,}52; & 5{,}54 \\ 7{,}51, & -5{,}85 \end{pmatrix}, \quad \hat{\mathbf{U}}_0^{(2)} = \begin{pmatrix} 7{,}46; & 5{,}61 \\ 7{,}54; & -5{,}89 \end{pmatrix},$$

somit

$$\overline{\mathbf{U}}_0 = \begin{pmatrix} 7{,}49; & 5{,}58 \\ 7{,}53; & -5{,}87 \end{pmatrix} \to \begin{pmatrix} 0{,}99; & -0{,}95 \\ 1; & 1 \end{pmatrix}, \quad \text{exakt:} \begin{pmatrix} 1, & -1 \\ 1, & 1 \end{pmatrix}.$$

5.33 $$\mathbf{W} = \begin{pmatrix} 0{,}759325 + j\,0{,}569523; & -0{,}059273 - j\,0{,}113678 \\ 0{,}416493 + j\,0{,}018589; & 0{,}993496 + j\,0{,}531506 \end{pmatrix},$$

Polynomkoeffizienten von $P_r(\widetilde{\Lambda}_{Di})$ nach (5.252):

$r = 1$: $-0{,}175818 \cdot 10^0 - j\,0{,}588111 \cdot 10^0; 0{,}154010 \cdot 10^3 + j\,0{,}602965 \cdot 10^3;$
$-0{,}329573 \cdot 10^5 - j\,0{,}154138 \cdot 10^6,$

$r = 2$: $0{,}657768 \cdot 10^{-1} - j\,0{,}417828 \cdot 10^0; -0{,}837509 \cdot 10^2 + j\,0{,}420569 \cdot 10^3;$
$0{,}253950 \cdot 10^5 - j\,0{,}105603 \cdot 10^6.$

Nullstellenmatrix:

$$(\widetilde{\Lambda}_{Di}^{(r)}) = \begin{pmatrix} 0{,}49111 \cdot 10^3 + j\,0{,}11762 \cdot 10^2; & 0{,}52190 \cdot 10^3 + j\,0{,}29208 \cdot 10^2 \\ 0{,}49111 \cdot 10^3 + j\,0{,}11762 \cdot 10^2; & 0{,}52190 \cdot 10^3 + j\,0{,}29208 \cdot 10^2 \end{pmatrix},$$

folglich

$\hat{\omega}_{D1} = |\sqrt{\hat{\Lambda}_{D1}^{re}}| = 22{,}161\ \mathrm{s}^{-1}$,

$\hat{\omega}_{D2} = |\sqrt{\hat{\Lambda}_{D2}^{re}}| = 22{,}845\ \mathrm{s}^{-1}$,

$\hat{\gamma}_1 = 0{,}0240$, $\hat{\gamma}_2 = 0{,}0560$.

$$\hat{\mathbf{U}}_D = 10^3 \begin{pmatrix} 0{,}42838 - j\,0{,}25441; & 0{,}15560 + j\,0{,}25441 \\ 0{,}11280 - j\,0{,}24495; & 0{,}32919 + j\,0{,}24494 \end{pmatrix}.$$

5.34 $W = \begin{pmatrix} 0; & -0{,}06824 - j\,0{,}72785 \\ 1; & -0{,}16502 - j\,0{,}17105 \end{pmatrix}.$

(5.252), r = 1: $(\widetilde{\Lambda}_{Di} - \Omega_1^2)(\widetilde{\Lambda}_{Di} - \Omega_2^2) - (\widetilde{\Lambda}_{Di} - \Omega_2^2)[(\widetilde{\Lambda}_{Di} - \Omega_2^2)\, w_{11} + (\widetilde{\Lambda}_{Di} - \Omega_1^2)\, w_{21}] = 0,$

$\widetilde{\Lambda}_{Di} \neq \Omega_2^2$, vgl. (5.251), somit

$(\widetilde{\Lambda}_{Di} - \Omega_1^2) - (\widetilde{\Lambda}_{Di} - \Omega_2^2)\, w_{11} - (\widetilde{\Lambda}_{Di} - \Omega_1^2)\, w_{21} = 0,$

das Polynom in $\widetilde{\Lambda}_{Di}$ ist im Grad reduziert, es folgt:

$(\widetilde{\Lambda}_{Di} - \Omega_1^2) - (\widetilde{\Lambda}_{Di} - \Omega_1^2) \cdot 1 \equiv 0$. Wegen derselben Gleichung in (5.245) liefert das Polynom für r = 1 keine Informationen.

r = 2: $\widetilde{\Lambda}_{D1} = 350{,}00 + j\,10{,}50,$

$\widetilde{\Lambda}_{D2} = 360{,}00 + j\,18{,}00,$ somit

$\widetilde{\gamma}_1 = 0{,}03, \quad \widetilde{\gamma}_2 = 0{,}05.$

5.35 1. Das Verfahren des Abschnittes 5.3.1.2 enthält den Sonderfall $\mathbf{D}_g = \mathbf{D}_E$ mit $\gamma_i = g_i$, s. die Gln. (5.99) – (5.101).

2. Für ein schwach viskos gedämpftes System ist lediglich $2\,\alpha_i \doteq g_i$ zu setzen, und der hergeleitete Formalismus zu nehmen.
Beweis s. die Herleitung von (5.104).

Damit können die Verfahren der Abschnitte 5.3.1.1 und 5.3.1.2 für schwach viskos gedämpfte Systeme verwendet werden, die der Bequemlichkeitshypothese genügen.

5.36 Voraussetzung für die Messung im k, ν-ten Systempunkt: Die (N, 4n)-Matrix L ist spaltenregulär, wenn $N \geqslant 4\,n$ ist und von den N Auswahlfrequenzen s_r^{im} mindestens 4 n verschieden sind, sowie nicht alle $F_{k\nu}^M(s_r)$, r = 1(1)N, gleich sind.

5.37 Entsprechend den Gln. (5.133) für die dynamischen Antworten gilt die rechte Seite der Ausgangsgleichung (5.262) formal ebenfalls:

m-ter Systempunkt: $U_m(s) = \sum_{l=1}^{2n} \frac{a_{ml}}{s - \lambda_{Bl}}$.

Damit kann das Verfahren bei entsprechend neuer Interpretation der Größen übernommen werden.

5.38 $$J_m = \mathbf{e}_m^T (\Phi_2 - \Psi_2 \Psi_1^{-1} \Phi_1)(\Phi_2^T - \Phi_1^T (\Psi_2 \Psi_1^{-1})^T)\, \mathbf{e}_m$$
$$= \mathbf{e}_m^T [(\Phi_2 \Phi_2^T) - (\Psi_2 \Psi_1^{-1})(\Phi_1 \Phi_2^T) - (\Phi_2 \Phi_1^T)(\Psi_2 \Psi_1^{-1})^T +$$
$$+ (\Psi_2 \Psi_1^{-1})(\Phi_1 \Phi_1^T)(\Psi_2 \Psi_1^{-1})^T]\, \mathbf{e}_m \rightarrow \text{Min.}$$

Notwendige Bedingung:

$$\left.\frac{\partial J_m}{\partial (\Psi_2 \Psi_1^{-1})^T\, \mathbf{e}_m}\right|_{(\hat{\Psi}_2 \hat{\Psi}_1^{-1})^T \mathbf{e}_m} = -2\,(\Phi_1 \Phi_2^T)\, \mathbf{e}_m + 2\,(\Phi_1 \Phi_1^T)(\hat{\Psi}_2 \hat{\Psi}_1^{-1})^T\, \mathbf{e}_m = \mathbf{0},$$

somit

$$[(\Phi_1 \Phi_2^T) - (\Phi_1 \Phi_1^T)(\hat{\Psi}_2 \hat{\Psi}_1^{-1})^T]\, \mathbf{e}_m = \mathbf{0} \text{ für } m = 1(1)2\, n_{eff}$$

und

$$(\Phi_2 \Phi_1^T)(\Phi_1 \Phi_1^T)^{-1} = \hat{\Psi}_2 \hat{\Psi}_1^{-1},$$

$$\hat{\Psi}_2 = (\Phi_2 \Phi_1^T)(\Phi_1 \Phi_1^T)^{-1} \hat{\Psi}_1.$$

Mit (5.273) folgt (5.278).

2 n ist die Anzahl der (beliebigen) Zeitpunkte, in denen die Verschiebungsvektoren der freien Schwingungen gemessen werden.

Kapitel 6

6.1 Physikalisch interpretierbarer Korrekturansatz:

$$\mathbf{K}^K = 10^3 \begin{pmatrix} 1, & 0, & 0 \\ 0, & 1, & -1 \\ 0, & -1, & 0 \end{pmatrix} + a_{K1} \cdot 10^3 \begin{pmatrix} 0{,}8; & -0{,}8; & 0 \\ -0{,}8; & 0{,}8; & 0 \\ 0, & 0, & 0 \end{pmatrix} + a_{K2} \cdot 10^3 \begin{pmatrix} 0, & 0, & 0 \\ 0, & 0, & 0 \\ 0, & 0; & 9{,}5 \end{pmatrix}.$$

1. Iterationsschritt mit den Werten des Rechenmodells

$k_{g11}^{K(0)} = 0{,}0018 \cdot 10^3, \qquad k_{g21}^{K(0)} = 1{,}5975 \cdot 10^3,$

$k_{g12}^{K(0)} = 0{,}0572 \cdot 10^3, \qquad k_{g22}^{K(0)} = 0{,}0517 \cdot 10^3,$

$k_{g1}^{\prime K(0)} = 0{,}8860 \cdot 10^3, \qquad k_{g2}^{\prime K(0)} = 0{,}8988 \cdot 10^3,$

$b_1^{(0)T} = (0{,}062; 2{,}0342) \cdot 10^3,$

somit

$a_K^{(1)T} = (1{,}241; 1{,}033),$

$$\mathbf{K}^K \doteq 10^3 \begin{pmatrix} 1{,}99; & -0{,}99; & 0 \\ -0{,}99; & 1{,}99; & -1 \\ 0; & -1; & 9{,}81 \end{pmatrix}.$$

Im Vergleich mit den exakten Werten (s. Beispiel 6.4) ist $\hat{\mathbf{a}}_K \doteq \mathbf{a}_K^{(1)}$.
Eine zweite Möglichkeit des Korrekturansatzes lautet:

$$\mathbf{K}^K = 10^3 \begin{pmatrix} 1, & 0, & 0 \\ 0, & 1, & -1 \\ 0, & -1, & 0 \end{pmatrix} + a_{K1} \cdot 10^3 \begin{pmatrix} 0{,}8; & -0{,}8; & 0 \\ -0{,}8; & 0{,}8; & 0 \\ 0; & 0; & 9{,}5 \end{pmatrix}.$$

Er ist physikalisch nicht interpretierbar (unverträglich).
Das Ergebnis lautet $a_{K1}^{(1)} = 1{,}233$, damit ist

$$\mathbf{K}^K \doteq 10^3 \begin{pmatrix} 1{,}99; & -0{,}99; & 0 \\ -0{,}99; & 1{,}99; & -1 \\ 0; & -1; & 11{,}71 \end{pmatrix}.$$

6.2 $\mathbf{G}^K = a_{G1}\, \mathbf{G}, \mathbf{G}' = \mathbf{0},$

$g_{g11}^{K(0)} = 1/\lambda_{01} = 7{,}2135 \cdot 10^{-4},$

$g_{g21}^{K(0)} = 1/\lambda_{02} = 1{,}0591 \cdot 10^{-4},$

$b_2^{(0)T} = (6{,}5684; 1{,}4002) \cdot 10^{-4},$

daraus folgt

$a_{G1}^{(1)} = 0{,}9192,$

$$\mathbf{G}^K \doteq 10^{-4} \begin{pmatrix} 0{,}5411; & 0{,}3003 \\ 0{,}3003; & 0{,}3655 \end{pmatrix}.$$

Die Verbesserung wird im Vergleich mit den Ergebnissen von Aufgabe 5.19 deutlich.

6.3 Zu der Frage: Das korrigierte Rechenmodell lautet

$(-\lambda_{0r}^K\, \mathbf{G}^K \mathbf{M}^K + \mathbf{I})\, \hat{\mathbf{u}}_{0r}^K = \mathbf{0}.$

Die Korrekturansätze betreffen die jeweiligen Systemparameter-Matrizen ohne Zerlegung ($\mathbf{M}' = \mathbf{0}$, $\mathbf{G}' = \mathbf{0}$), es folgt:

$(-\lambda_{0r}^K \cdot 1{,}25 \cdot 1{,}\bar{1}\, \mathbf{G}\,\mathbf{M} + \mathbf{I})\, \hat{\mathbf{u}}_{0r}^K = (-1{,}39\, \lambda_{0r}^K\, \mathbf{G}\,\mathbf{M} + \mathbf{I})\, \hat{\mathbf{u}}_{0r}^K = \mathbf{0}.$

Die alleinige Korrektur von **M** bzw. **G** nur mit Eigenwerten liefert zwangsweise den Korrekturfaktor 1,39, womit sich eine anschließende Korrektur von **G** bzw. **M** erübrigt, da diese den Korrekturfaktor 1 liefern würde (s. auch den Rayleigh-Quotienten).
Korrektur von **M**: Gl. (6.42) für das Rechenmodell liefert

$\hat{\mathbf{u}}_{01}^{NT} = (0{,}0212; 0{,}0223; 0{,}0023)$,

$\hat{\mathbf{u}}_{02}^{NT} = (0{,}0127; -0{,}0120; -0{,}012)$. Weiter ist:

$m_{g11}^{N} = 0{,}7578 \cdot 10^{-3}$, $m_{g21}^{N} = 0{,}2443 \cdot 10^{-3}$,

$\mathbf{b}_3^{(0)T} = 10^{-3}(1{,}0548; 0{,}3409)$,

folglich ist

$a_{M1}^{(1)} = 1{,}39 \doteq 1{,}25 \cdot 1{,}\bar{1}$.

6.4 Aus $\xi_{ri}^{K} = \mathbf{0}$ folgt $\hat{\mathbf{u}}_{0r}^{K}(\mathbf{a}_K) = \text{const.} = \hat{\mathbf{u}}_{0r}$:

$(-\lambda_{0r}^{K}\,\mathbf{M} + \mathbf{K}^{K})\,\hat{\mathbf{u}}_{0r} = \mathbf{0}, \; (-\lambda_{0r}\,\mathbf{M} + \mathbf{K})\,\hat{\mathbf{u}}_{0r} = \mathbf{0}.$

Diese Aussage ist für die Bequemlichkeitshypothese richtig (vgl. Gl. (5.65)), z.B. wenn (5.62) für $\Delta\mathbf{K} := \mathbf{K}^{K} - \mathbf{K}$ erfüllt ist.
Sonderfall:

$\Delta\mathbf{K} = \alpha\,\mathbf{M} + \beta\,\mathbf{K}$ (5.59),

$[\mathbf{M}^{-1}(\mathbf{K} + \Delta\mathbf{K}) - \lambda_{0r}^{K}\,\mathbf{I}]\,\hat{\mathbf{u}}_{0r} = \mathbf{0},$

$[\mathbf{M}^{-1}(\mathbf{K} + \alpha\,\mathbf{M} + \beta\,\mathbf{K}) - \lambda_{0r}^{K}\,\mathbf{I}]\,\hat{\mathbf{u}}_{0r} = \mathbf{0},$

$[(1+\beta)\,\mathbf{M}^{-1}\mathbf{K} - (\lambda_{0r}^{K} - \alpha)\,\mathbf{I}]\,\hat{\mathbf{u}}_{0r} = \mathbf{0},$

somit

$$\frac{\lambda_{0r}^{K} - \alpha}{1+\beta} = \lambda_{0r},$$

$\lambda_{0r}^{K} = (1+\beta)\,\lambda_{0r} + \alpha \doteq \hat{\lambda}_{0r}$.

Umkehrung: Weichen die Eigenwerte des Rechenmodells gemäß der obigen linearen Beziehung von den identifizierten Werten $\hat{\lambda}_{0r}$ ab, dann kann der Korrekturansatz $\Delta\mathbf{K} = \alpha\,\mathbf{M} + \beta\,\mathbf{K}$ verwendet werden.

6.5 $\mathrm{D}\tilde{\mathbf{v}}_5^{T} = 10^{3}(0{,}0374; -0{,}0374; 0; -1{,}1305; 1{,}1305; 0)$,

$\tilde{\mathbf{b}}_5^{T} = 10^{3}(0{,}0355; -0{,}0396; -0{,}0001; -1{,}4119; 1{,}3935; 0{,}0033)$,

$\hat{a}_{K1} = 1{,}241$.

6.6 $\mathbf{v}_6$ nach Gl. (6.57) führt auf (vgl. (6.7))

$$\mathrm{D}\tilde{\mathbf{v}}_6 = -\begin{pmatrix} \mathbf{G}_1\mathbf{M}\,\hat{\mathbf{u}}_{01}, \ldots, \mathbf{G}_I\,\mathbf{M}\,\hat{\mathbf{u}}_{01} \\ \cdots\cdots\cdots\cdots \\ \mathbf{G}_1\mathbf{M}\,\hat{\mathbf{u}}_{0N}, \ldots, \mathbf{G}_I\mathbf{M}\hat{\mathbf{u}}_{0N} \end{pmatrix},$$

$\tilde{\mathbf{v}}_6 = \tilde{\mathbf{b}}_6 - \mathrm{D}\tilde{\mathbf{v}}_6\,\mathbf{a}_G$,

$\tilde{\mathbf{b}}_6^{T} := (\hat{\mathbf{u}}_{01}^{T}\,(\mathbf{M}\,\mathbf{G}' - \hat{\kappa}_{01}\,\mathbf{I}), \ldots, \hat{\mathbf{u}}_{0N}^{T}\,(\mathbf{M}\,\mathbf{G}' - \hat{\kappa}_{0N}\,\mathbf{I}))$

$\hat{\mathbf{a}}_G = (\mathrm{D}\tilde{\mathbf{v}}_6^{T}\,\mathbf{G}_W\,\mathrm{D}\tilde{\mathbf{v}}_6)^{-1}\,\mathrm{D}\tilde{\mathbf{v}}_6^{T}\,\mathbf{G}_W\,\tilde{\mathbf{b}}_6$.

6.7 a) Dv_7 nach Gl. (6.65) mit (6.67):

$$Dv_M = 10^3 \begin{pmatrix} 0,5225 \\ 0,5495 \\ 0,0055 \\ 1,7108 \\ -1,6249 \\ -0,0168 \\ 0,0240 \\ -2,5786 \\ 25,3133 \end{pmatrix}, \quad Dv_K = 10^3 \begin{pmatrix} 0,0285 \\ -0,0285 \\ 0 \\ -1,1307 \\ 1,1307 \\ 0 \\ -0,0260 \\ 0,0260 \\ 0 \end{pmatrix},$$

Gl. (6.69):

$$b_7^T = 10^3(0,6889; 0,6514; -0,0301; 0,7249; -0,6176; 0,0150; 0,0003; -3,1928; 30,0579),$$

es folgt das Gl.-System (6.71):

$$653,5553\, \mathring{a}_{M1} - 3,8401\, \mathring{a}_{K1} = 772,0588,$$
$$-\ 3,8401\, \mathring{a}_{M1} + 2,5599\, \mathring{a}_{K1} = -\ 1,5999,$$

$$\mathring{a}_{M1} = 1,188,\ \mathring{a}_{K1} = 1,157.$$

b) Gl.-System (6.71):

$$6,1424\, \hat{\mathring{a}}_{M1} - 3,7724\, \hat{\mathring{a}}_{K1} = 2,9612,$$
$$-3,7724\, \hat{\mathring{a}}_{M1} + 2,5586\, \hat{\mathring{a}}_{K1} = -1,5169,$$

$$\hat{\mathring{a}}_{M1} = 1,249,\ \hat{\mathring{a}}_{K1} = 1,249.$$

Der Einfluß der geschätzten Eigenschwingungsgrößen des 3. Freiheitsgrades ist hier wegen des unvollständigen (unverträglichen) Korrekturansatzes bezüglich der Steifigkeitsmatrix ungünstig ($\mathring{a}_{M1} = 1,25$, $\hat{a}_{K1}$ s. Beispiel 6.4. Die Eigenschwingungsgrößen des 3. Freiheitsgrades bestimmen wesentlich das Element k_{33}.).

6.8 Mit (6.31) gilt

$$v_9 = \begin{pmatrix} v_2 \\ v_9' \end{pmatrix}, \quad v_9'^T := (\hat{\mathring{u}}_{01}^T - \hat{u}_{01}^{KT}, \ldots, \hat{\mathring{u}}_{0N}^T - \hat{u}_{0N}^{KT}).$$

((n + 1)N, I)-Funktionalmatrix:

$$Dv_9 = \begin{pmatrix} Dv_2 \\ Dv_9' \end{pmatrix}, \qquad Dv_9' := -\left(\frac{\partial v_9'}{\partial a_{G1}}, \ldots, \frac{\partial v_9'}{\partial a_{GI}} \right).$$

$\partial v_9'/\partial a_{G\iota}$ wird aus den Vektoren $\partial \hat{u}_{0r}^K/\partial a_{G\iota} = \eta_{r\iota}^K$ gebildet.
Die $\eta_{r\iota}^K$ erhält man aus (6.59b) oder nach (6.60b). Es folgt

$$Dv_9' = \begin{pmatrix} \eta_{11}^K, \ldots, \eta_{1I}^K \\ \cdots\cdots \\ \eta_{N1}^K, \ldots, \eta_{NI}^K \end{pmatrix}.$$

Aufbau der Wichtungsmatrix s. (6.79). Für (6.8) kann geschrieben werden:

$$(Dv_9^T G_W v_9)\Big/_{a_G = \mathring{a}_G} = \left[(Dv_2^T, Dv_9'^T) \begin{pmatrix} G_{W1}, & 0 \\ 0, & G_{W2} \end{pmatrix} \begin{pmatrix} v_2 \\ v_9' \end{pmatrix} \right] \Big/_{a_G = \mathring{a}_G} = 0,$$

(6.32) berücksichtigt:

$$\left[(\mathbf{Dv}_2^T, \mathbf{Dv}_9'^T) \begin{pmatrix} \mathbf{G}_{W1}, & \mathbf{0} \\ \mathbf{0}, & \mathbf{G}_{W2} \end{pmatrix} \begin{pmatrix} \mathbf{b}_2 - \mathbf{Dv}_2\, \mathbf{a}_G \\ \mathbf{v}_9' \end{pmatrix} \right] \Bigg/_{\mathbf{a}_G = \hat{\mathbf{a}}_G} = \mathbf{0}.$$

Lösung des nichtlinearen Gleichungssystems iterativ unter Beachtung von $\eta_{r\iota}^K = \eta_{r\iota}^K(\mathbf{a}_G)$, $m_{gr}^K = 1$, Matrizeneigenwertproblem (6.24).

6.9 Korrektur der Steifigkeitsmatrix:

Korrigiertes Rechenmodell: $(-\lambda_{0r}^K \mathbf{M} + \mathbf{K}^K)\, \hat{\mathbf{u}}_{0r}^K = \mathbf{0}$, (6.13)

Residuen: $\hat{\lambda}_{0r} - \lambda_{0r}^K$, $\hat{\mathbf{u}}_{0r} - \hat{\mathbf{u}}_{0r}^K$

partielle Ableitungen: $\dfrac{\partial \lambda_{0r}^K}{\partial a_{K\iota}} = k_{gr\iota}^K$, (6.17)

$\dfrac{\partial \hat{\mathbf{u}}_{0r}^K}{\partial a_{K\iota}} =: \xi_{r\iota}^K$ aus:

$(-\lambda_{0r}^K \mathbf{M} + \mathbf{K}^K)\, \xi_{r\iota}^K = (k_{gr\iota}^K \mathbf{M} - \mathbf{K}_\iota)\, \hat{\mathbf{u}}_{0r}^K$, (6.46b)

Trägheitsmatrix:

$(-\kappa_{0r}^K \mathbf{K} + \mathbf{M}^K)\, \hat{\mathbf{u}}_{0r}^{KN} = \mathbf{0}$, (6.37)
(Normierung der Eigenvektoren s. unten)

$\hat{\kappa}_{0r} - \kappa_{0r}^K$, $\hat{\mathbf{u}}_{0r}^N - \hat{\mathbf{u}}_{0r}^{KN}$

$\dfrac{\partial \kappa_{0r}^K}{\partial a_{M\sigma}} = m_{gr\sigma}^{KN} := \hat{\mathbf{u}}_{0r}^{KNT} \mathbf{M}_\sigma\, \hat{\mathbf{u}}_{0r}^{KN}$

mit $\hat{\mathbf{u}}_{0r}^{KNT} \mathbf{M}^K \hat{\mathbf{u}}_{0r}^{KN} = 1$, (6.42)

$\dfrac{\partial \hat{\mathbf{u}}_{0r}^{KN}}{\partial a_{M\sigma}} =: \zeta_{r\sigma}^{KN}$ aus:

$(-\kappa_{0r}^K \mathbf{K} + \mathbf{M}^K)\, \zeta_{r\sigma}^{KN} = (m_{gr\sigma}^{KN} \mathbf{K} - \mathbf{M}_\sigma)\, \hat{\mathbf{u}}_{0r}^{KN}$

Damit ist die formale Übereinstimmung gezeigt. Um ein Programm zur Korrektur der Steifigkeitsmatrix über Eigenwert- und Eigenvektor-Residuen zu benutzen,

sind folgende Größen:	zu ersetzen durch:
$\hat{\lambda}_{0r}$	$\hat{\kappa}_{0r} = 1/\hat{\lambda}_{0r}$
$\hat{\mathbf{u}}_{0r}$	$\hat{\mathbf{u}}_{0r}^N = \hat{\mathbf{u}}_{0r}/\lvert\sqrt{\hat{\lambda}_{0r}}\rvert$
$\mathbf{M}$	$\mathbf{K}$
$\mathbf{K}^K(\mathbf{a}_K)$, $\mathbf{K}_\iota$	$\mathbf{M}^K(\mathbf{a}_M)$, $\mathbf{M}_\sigma$
$k_{gr\iota}^K$	$m_{gr\sigma}^{KN}$
$\xi_{r\iota}^K$	$\zeta_{r\sigma}^{KN}$

6.10 Ansatz: $\zeta_{r\sigma}^{KN} = \sum\limits_{k=1}^{n} \gamma_{rk}^{(\sigma)}\, \hat{\mathbf{u}}_{0k}^{KN}$.

Einsetzen in die Gl. $(-\kappa_{0r}^K \mathbf{K} + \mathbf{M}^K)\, \zeta_{r\sigma}^{KN} = (m_{gr\sigma}^{KN} \mathbf{K} - \mathbf{M}_\sigma)\, \hat{\mathbf{u}}_{0r}^{KN}$ (s. Aufgabe 6.9):

$$\sum_{k=1}^{n} \gamma_{rk}^{(\sigma)} (-\kappa_{0r}^K \mathbf{K} + \mathbf{M}^K)\, \hat{\mathbf{u}}_{0k}^{KN} = (m_{gr\sigma}^{KN} \mathbf{K} - \mathbf{M}_\sigma)\, \hat{\mathbf{u}}_{0r}^{KN}.$$

Linksmultiplikation mit $(\hat{\mathbf{u}}_{0L}^{KN})^T$, $L = k \neq r$:

$$\sum_{k=1}^{n} \gamma_{rk}^{(\sigma)} (\hat{\mathbf{u}}_{0L}^{KN})^T (-\kappa_{0r}^K \mathbf{K} + \mathbf{M}^K)\, \hat{\mathbf{u}}_{0k}^{KN} = (\hat{\mathbf{u}}_{0L}^{KN})^T (m_{gr\sigma}^{KN} \mathbf{K} - \mathbf{M}_\sigma)\, \hat{\mathbf{u}}_{0r}^{KN}.$$

Verallgemeinerte Orthogonalität der Eigenvektoren und Normierung (s. Aufgabe 6.9) beachtet:

$$\gamma_{rk}^{(\sigma)} (\hat{\mathbf{u}}_{0k}^{KN})^T (-\kappa_{0r}^K \mathbf{K} + \mathbf{M}^K)\, \hat{\mathbf{u}}_{0k}^{KN} = (\hat{\mathbf{u}}_{0k}^{KN})^T (m_{gr\sigma}^{KN} \mathbf{K} - \mathbf{M}_\sigma)\, \hat{\mathbf{u}}_{0r}^{KN},$$

$$\gamma_{rk}^{(\sigma)} (-\kappa_{0r}^K + \kappa_{0k}^K) = -(\hat{\mathbf{u}}_{0k}^{KN})^T \mathbf{M}_\sigma\, \hat{\mathbf{u}}_{0r}^{KN},$$

$$\gamma_{rk}^{(\sigma)} = \frac{(\hat{\mathbf{u}}_{0k}^{KN})^T \mathbf{M}_\sigma\, \hat{\mathbf{u}}_{0r}^{KN}}{\kappa_{0r}^K - \kappa_{0k}^K}, \quad r \neq k,\ \kappa_{0r}^K \neq \kappa_{0k}^K.$$

In $\frac{\partial}{\partial a_{M\sigma}}[(\hat{\mathbf{u}}_{0r}^{KN})^T \mathbf{K}\,\hat{\mathbf{u}}_{0r}^{KN}] = 2\,(\hat{\mathbf{u}}_{0r}^{KN})^T \mathbf{K}\,\boldsymbol{\zeta}_{r\sigma}^{KN} = 0$ den obigen Ansatz eingesetzt:

$$(\hat{\mathbf{u}}_{0r}^{KN})^T \mathbf{K}\left(\sum_{k=1}^{n} \gamma_{rk}^{(\sigma)}\,\hat{\mathbf{u}}_{0k}^{KN}\right) = 0, \text{ folglich } \gamma_{rr}^{(\sigma)} = 0.$$

Das Ergebnis lautet für einfache Eigenwerte:

$$\boldsymbol{\zeta}_{r\sigma}^{KN} = \sum_{\substack{k=1\\k\neq r}}^{n} \frac{(\hat{\mathbf{u}}_{0k}^{KN})^T \mathbf{M}_\sigma\,\hat{\mathbf{u}}_{0r}^{KN}}{\kappa_{0r}^{K} - \kappa_{0k}^{K}}\,\hat{\mathbf{u}}_{0k}^{KN}.$$

Man beachte die formale Übereinstimmung mit (6.50).

6.11 $\mathbf{K}_1 = \mathbf{K}, \mathbf{K}' = \mathbf{0}$. Nach Gl. (6.84) folgt:

$$\mathbf{F}_1^K = (-\Omega_1^2 \mathbf{I} + a_{K1}\mathbf{K})^{-1}$$

$$= \frac{10^2}{\Delta}\begin{pmatrix} 0{,}44\bar{3} + 3{,}\bar{3}\,\Delta a; & 0{,}8\bar{3} + 0{,}8\bar{3}\,\Delta a \\ 0{,}8\bar{3} + 0{,}8\bar{3}\,\Delta a; & -1{,}22\bar{3} + 1{,}\bar{6}\,\Delta a \end{pmatrix},$$

$$\Delta := 10^4\,[-1{,}2367\bar{8} - 4{,}72\bar{7}\,\Delta a + 4{,}86\bar{1}\,(\Delta a)^2].$$

Benötigt werden ferner:

$$\mathbf{F}_1^K \hat{\mathbf{p}}_1 = \frac{10^2}{\Delta}\begin{pmatrix} 1{,}27\bar{6} + 4{,}1\bar{6}\,\Delta a \\ -0{,}39 + 2{,}5\,\Delta a \end{pmatrix},$$

$$\mathbf{K}\,\mathbf{F}_1^{KT} = \frac{10^4}{\Delta}\begin{pmatrix} 0{,}0\bar{4} + 4{,}86\bar{1}\,\Delta a; & 2{,}408\bar{3} \\ 2{,}408\bar{3}; & -4{,}77\bar{2} + 4{,}86\bar{1}\,\Delta a \end{pmatrix},$$

$$\mathbf{K}\,\mathbf{F}_1^{KT}\;\hat{\mathbf{u}}_1^M = \frac{10}{\Delta}\begin{pmatrix} -1{,}889\bar{4} - 48{,}6\bar{1}\,\Delta a \\ -21{,}22 - 2{,}91\bar{6}\,\Delta a \end{pmatrix},$$

$$\mathbf{K}\,\mathbf{F}_1^{KT}\;\mathbf{F}_1^K \hat{\mathbf{p}}_1 = \frac{10^6}{\Delta^2}\begin{pmatrix} -0{,}882509 + 12{,}412036\,\Delta a + 20{,}254629\,(\Delta a)^2 \\ 4{,}935805 - 3{,}791\bar{6}\,\Delta a + 12{,}152778\,(\Delta a)^2 \end{pmatrix}.$$

Die Gl. (6.87) liefert somit, die Gl. mit $10^{-3}\,\Delta^3$ multipliziert:

$$\Delta[(1{,}27\bar{6} + 4{,}1\bar{6}\,\Delta\hat{a})\,(-1{,}889\bar{4} - 48{,}6\bar{1}\,\Delta\hat{a}) +$$

$$+ (-0{,}39 + 2{,}5\,\Delta\hat{a})\,(-21{,}22 - 2{,}91\bar{6}\,\Delta\hat{a})] +$$

$$-10^5\,\{(1{,}27\bar{6} + 4{,}1\bar{6}\,\Delta\hat{a})\,[-0{,}882509 + 12{,}412036\,\Delta\hat{a} + 20{,}254629\,(\Delta\hat{a})^2] +$$

$$+ (-0{,}39 + 2{,}5\,\Delta\hat{a})\,[4{,}935805 - 3{,}791\bar{6}\,\Delta\hat{a} + 12{,}152778\,(\Delta\hat{a})^2]\} = 0,$$

$$P := 2{,}32643 - 13{,}68967\,\Delta\hat{a} + 23{,}05201\,(\Delta\hat{a})^2 - 74{,}8\,(\Delta\hat{a})^3 - 102{,}00456\,(\Delta\hat{a})^4 = 0.$$

Lineare Approximation: $\Delta\hat{a}_{lin} = \frac{2{,}32643}{13{,}68967} = 0{,}17$ ($P = -0{,}41$).

Quadratische Approximation: Keine reelle Lösung.
Kubische Approximation: $\Delta\hat{a}_{kub} = 0{,}195$ ($P = -0{,}09$).
$P(\Delta\hat{a}) = 0$: $\Delta\hat{a} = 0{,}20$ ($P = 0{,}07$).

6.12 Gl. (6.93): $D\mathbf{v}_{10} = \mathbf{K}\,\hat{\mathbf{u}}_1^M = \begin{pmatrix} -1{,}61\bar{6} \\ 0{,}6\bar{3} \end{pmatrix}$, Gl. (6.94): $\mathbf{b}_{10} = \hat{\mathbf{p}}_1^M + \Lambda_1\,\mathbf{M}\,\hat{\mathbf{u}}_1^M = \begin{pmatrix} -1{,}890 \\ 0{,}8266 \end{pmatrix}$,

Gl. (6.95): $\hat{a}_{K1} = 1{,}19$.

6.13 $Dv_{10} = \begin{pmatrix} -1{,}722916\bar{6} \\ 0{,}7001\bar{6} \end{pmatrix}$, $\quad b_{10} = \begin{pmatrix} -2{,}067446 \\ 0{,}840183 \end{pmatrix}$,

$\hat{a}_{K1} = 1{,}2000.$

6.14 Tabelle 6.1, Zeile 6: $\dfrac{\partial v_9^T}{\partial a_{K1}} \dfrac{\partial v_9}{\partial a_{K1}} = (0{,}1029 + 2) \cdot 10^{-6} = 2{,}1029 \cdot 10^{-6}$,

Zeile 7: $\dfrac{\partial v_{10}^T}{\partial a_{K1}} \dfrac{\partial v_{10}}{\partial a_{K1}} = 2 \cdot (0{,}4762^2 + 1) = 2{,}4535$,

d.h., hinsichtlich der cov ($\hat{a}_{k1}$) erscheint das Verfahren des Abschnittes 6.2.3.2 günstiger. Empfindlichkeitsuntersuchungen des Korrekturverfahrens:

$K_r = K_r^K = K_r^M$,

$K_1 = 0{,}4762 \begin{pmatrix} 1 \\ -1 \end{pmatrix}, K_2 = \begin{pmatrix} 1 \\ -1 \end{pmatrix}$,

$K_1^T K_1 = 0{,}4535; K_2^T K_2 = 2$,

$(K_1^T K_1)^{-1} K_1^T = 1{,}0501\ (1, -1), (K_2^T K_2)^{-1} K_2^T = 0{,}5\ (1, -1).$

(6.110): $\dfrac{\partial a_{K1}}{\partial \hat{u}_{k1}} = -2{,}2071 \cdot 10^3, \dfrac{\partial a_{K1}}{\partial \hat{u}_{k2}} = 0{,}5 \cdot 10^3$,

(6.114): $\dfrac{\partial a_{K1}}{\partial \hat{p}_{k1}} = 1{,}0501, \dfrac{\partial a_{K1}}{\partial \hat{p}_{k2}} = -0{,}5$,

d.h., der Korrekturfaktor reagiert auf Änderungen (damit auch auf Fehler) in den Vorgabegrößen beim Verfahren des Abschnittes 6.2.3.1 wesentlich empfindlicher als beim Verfahren des Abschnittes 6.2.3.2. Beachtet man jedoch, daß die Änderungen von $\hat{u}_{kr}$ in der Größenordnung von 10^{-4} und die Änderungen von $\hat{p}_{kr}$ in der Größenordnung von 10^{-1} liegen, dann ergeben sich Änderungen in den Korrekturfaktoren bei beiden Verfahren in der Größenordnung von 10^{-1}: Oben werden Werte für Größen verschiedener Dimension miteinander verglichen! (Führt der Vergleich entsprechender dimensionsloser Größen – Wichtung – auf die gleichen Aussagen?)

6.15 Die dynamischen Antworten des Rechenmodells ergeben sich zu:

$\hat{u}_1^T = 10^{-3}\,(5{,}2941; 4{,}7059), \hat{u}_2^T = 10^{-3}(0{,}\bar{3}; -1{,}\bar{3}).$

Die Abweichungen in den Komponenten der dynamischen Antworten von Versuchsmodell (annähernd dem korrigierten Rechenmodell) und Rechenmodell sind betragsmäßig für r = 1 in der Größenordnung von $0{,}05 \cdot 10^{-3}$ und für r = 2 bei $0{,}3 \cdot 10^{-3}$.
Korrekturverfahren nach Abschnitt 6.2.3.1: Beschränkung auf den 1. Iterationsschritt, d.h. Verwendung der Größen des Rechenmodells.

$$F_1^{K(0)} = \frac{10^{-3}}{(0{,}1 + 0{,}8\,a_{K1})^2 - 0{,}64\,a_{K1}^2} \begin{pmatrix} 0{,}1 + 0{,}8\,a_{K1}; & 0{,}8\,a_{K1} \\ 0{,}8\,a_{K1}; & 0{,}1 + 0{,}8\,a_{K1} \end{pmatrix},$$

$$F_2^{K(0)} = \frac{10^{-3}}{(-1 + 0{,}8\,a_{K1})^2 - 0{,}64\,a_{K1}^2} \begin{pmatrix} -1 + 0{,}8\,a_{K1}; & 0{,}8\,a_{K1} \\ 0{,}8\,a_{K1}; & -1 + 0{,}8\,a_{K1} \end{pmatrix}.$$

Abkürzungen: $f_1 := (0{,}1 + 0{,}8\,a_{K1})^2 - 0{,}64\,a_{K1}^2$,

$f_2 := (-1 + 0{,}8\,a_{K1})^2 - 0{,}64\,a_{K1}^2$,

$$\mathbf{F}_1^{K(0)}\ \mathbf{K}_1 = \frac{0{,}08}{f_1}\begin{pmatrix} 1, & -1 \\ -1, & 1 \end{pmatrix}, \quad \mathbf{F}_2^{K(0)}\mathbf{K}_1 = \frac{-0{,}8}{f_2}\begin{pmatrix} 1, & -1 \\ -1, & 1 \end{pmatrix},$$

$$\mathbf{v}_9^{(0)} = 10^{-3}\begin{pmatrix} 5{,}2381 - \frac{1}{f_1}\ 0{,}8\,a_{K1} \\ 4{,}7619 - \frac{1}{f_1}\ (0{,}1 + 0{,}8\,a_{K1}) \\ 0 \ - \frac{1}{f_2}\ 0{,}8\,a_{K1} \\ -1 \ - \frac{1}{f_2}\ (-1 + 0{,}8\,a_{K1}) \end{pmatrix}, \quad \mathbf{G}_w = \mathbf{I},$$

$$\mathbf{D}\mathbf{v}_9^{(0)T} = \left(\frac{0{,}08}{f_1}\ (\hat{u}_{11}^K - \hat{u}_{21}^K)\,(1, -1); -\frac{0{,}8}{f_2}\ (\hat{u}_{12}^K - \hat{u}_{22}^K)\,(1, -1) \right),$$

es folgt aus Gl. (6.87):

$$\left[0{,}1\ \frac{\hat{u}_{11}^K - \hat{u}_{21}^K}{\hat{u}_{12}^K - \hat{u}_{22}^K}\ f_2^2\ (0{,}1 + 0{,}4762\,f_1) - f_1^2(-1 + 1{,}6\,a_{K1} + f_2) \right] \Bigg/_{a_{K1} = a_{K1}^{(1)}} = 0,$$

somit

$a_{K1}^{(1)} = 1{,}24 \doteq \hat{a}_{K1}$, wie der Vergleich mit den Werten des Versuchsmodells zeigt $(1{,}24 \cdot 0{,}8 = 0{,}99)$.

Die Sensitivitätsausdrücke (6.85) ergeben mit $\mathbf{K}_{VM} \doteq \mathbf{K}^K$ ($\mathbf{F}_r^K$ s. Aufgabe 6.14):

$$\frac{\partial \hat{\mathbf{u}}_1^K}{\partial a_{K1}} \doteq -10^{-3}\begin{pmatrix} 5{,}2381; 4{,}7619 \\ 4{,}7619; 5{,}2381 \end{pmatrix}\begin{pmatrix} 1, & -1 \\ -1, & 1 \end{pmatrix}\begin{pmatrix} 5{,}2381 \\ 4{,}7619 \end{pmatrix}$$

$$= -0{,}2268 \cdot 10^{-3}\begin{pmatrix} 1 \\ -1 \end{pmatrix},$$

$$\frac{\partial \hat{\mathbf{u}}_2^K}{\partial a_{K1}} \doteq -10^{-3}\begin{pmatrix} 0, & -1 \\ -1, & 0 \end{pmatrix}\begin{pmatrix} 1, & -1 \\ -1, & 1 \end{pmatrix}\begin{pmatrix} 0 \\ -1 \end{pmatrix} = -10^{-3}\begin{pmatrix} 1 \\ -1 \end{pmatrix}.$$

Für eine Änderung $\Delta a_{K1} = 0{,}2$ (nämlich $1{,}24 - 1$) sind die Änderungen in den Komponenten der dynamischen Antworten für $r = 1$:

$0{,}2 \cdot 10^{-3} \cdot 0{,}2 = 0{,}04 \cdot 10^{-3}$, für $r = 2$: $0{,}2 \cdot 10^{-3}$.

Der Vergleich mit den diesbezüglichen Abweichungen zwischen Versuchsmodell und Rechenmodell zeigt dieselbe Größenordnung.
Setzt man statt $\mathbf{K}_1$ die volle Steifigkeitsmatrix des Rechenmodells an, so erhält man:

$$\frac{\partial \tilde{\hat{\mathbf{u}}}_1^K}{\partial a_{K1}} \doteq -10^{-3}\begin{pmatrix} 5{,}2381; 4{,}7619 \\ 4{,}7619; 5{,}2381 \end{pmatrix}\begin{pmatrix} 2, & -1 \\ -1, & 2 \end{pmatrix}\begin{pmatrix} 5{,}2381 \\ 4{,}7619 \end{pmatrix}$$

$$\doteq -50 \cdot 10^{-3}\begin{pmatrix} 1 \\ 1 \end{pmatrix},$$

$$\frac{\partial \tilde{\hat{\mathbf{u}}}_2^K}{\partial a_{K1}} = -10^{-3}\begin{pmatrix} 0, & -1 \\ -1, & 0 \end{pmatrix}\begin{pmatrix} 2, & -1 \\ -1, & 2 \end{pmatrix}\begin{pmatrix} 0 \\ -1 \end{pmatrix} = -10^{-3}\begin{pmatrix} 2 \\ -1 \end{pmatrix}.$$

Während hier die zweite partielle Ableitung dieselbe Größenordnung wie die für $\mathbf{K}_1$ besitzt, ist die partielle Ableitung für r = 1 hier ungefähr 220 mal größer als bei der Submatrix $\mathbf{K}_1$ im Widerspruch zu den Abweichungen dem Betrage nach zwischen den dynamischen Antworten von Versuchsmodell und Rechenmodell (das geänderte Vorzeichen außer acht gelassen):
Die Wahl der Submatrix $\mathbf{K}_1$ war richtig.

6.16 1. Nach Tabelle 5.3 ist

$$\mathbf{B} = -\sum_{l=1}^{4} \lambda_{Bl}^2 \, \mathbf{M} \, \hat{\mathbf{u}}_{Bl} \, \hat{\mathbf{u}}_{Bl}^T \, \mathbf{M}.$$

Mit dieser Gl. wird eine Näherung $\widetilde{\mathbf{B}}$ mit den identifizierten Eigenschwingungsgrößen und der Trägheitsmatrix des Rechenmodells ermittelt. (5.57) liefert den Zusammenhang zwischen den Eigenfrequenzen, effektiven Dämpfungen und den Eigenwerten eines schwach viskos gedämpften Systems:

$$\hat{\lambda}_{Bi}^{re} = -\hat{\alpha}_{Bi} \hat{\lambda}_{Bi}^{im}, \quad \hat{\lambda}_{Bi}^{im} = \hat{\omega}_{Bi} = 2\pi \hat{f}_{Bi}, \; i = 1, 2.$$

$$\hat{\lambda}_{B1} = -0{,}2166 + j\,41{,}6575, \; \hat{\lambda}_{B3} = \hat{\lambda}_{B1}^*,$$

$$\hat{\lambda}_{B2} = -2{,}9828 + j\,86{,}7080, \; \hat{\lambda}_{B4} = \hat{\lambda}_{B2}^*.$$

$$\mathbf{M} \hat{\hat{\mathbf{u}}}_{B1} = \begin{pmatrix} 8{,}47; & 0 \\ 0; & 5{,}05 \end{pmatrix} \begin{pmatrix} -0{,}023 + j\,0{,}023 \\ -0{,}013 + j\,0{,}012 \end{pmatrix} = \begin{pmatrix} -0{,}1948 + j\,0{,}1948 \\ -0{,}0657 + j\,0{,}606 \end{pmatrix},$$

$$\mathbf{M} \hat{\hat{\mathbf{u}}}_{B1} \hat{\hat{\mathbf{u}}}_{B1}^T \mathbf{M} = \begin{pmatrix} -j\,0{,}0759; & 9{,}9348 \cdot 10^{-4} - j\,0{,}0246 \\ 9{,}9348 \cdot 10^{-4} - j\,0{,}0246; & 6{,}4413 \cdot 10^{-4} - j\,7{,}9628 \cdot 10^{-3} \end{pmatrix},$$

$$\mathbf{M} \hat{\hat{\mathbf{u}}}_{B2} = \begin{pmatrix} 0{,}0593 - j\,0{,}0508 \\ -0{,}1010 + j\,0{,}1010 \end{pmatrix},$$

$$\mathbf{M} \hat{\hat{\mathbf{u}}}_{B2} \hat{\hat{\mathbf{u}}}_{B2}^T \mathbf{M} = \begin{pmatrix} 9{,}3585 \cdot 10^{-4} - j\,6{,}0249 \cdot 10^{-3}; & -0{,}8585 \cdot 10^{-4} + j\,0{,}0111 \\ -8{,}585 \cdot 10^{-4} + j\,0{,}0111; & -j\,0{,}0204 \end{pmatrix},$$

$$\mathbf{M} \hat{\hat{\mathbf{u}}}_{B3} \hat{\hat{\mathbf{u}}}_{B3}^T \mathbf{M} = \mathbf{M} \hat{\hat{\mathbf{u}}}_{B1}^* \hat{\hat{\mathbf{u}}}_{B1}^{*T} \mathbf{M} = (\mathbf{M} \hat{\hat{\mathbf{u}}}_{B1} \hat{\hat{\mathbf{u}}}_{B1}^T \mathbf{M})^* \text{ usw.}$$

$$\mathbf{B} \doteq \begin{pmatrix} 23{,}03; & -21{,}82 \\ -21{,}82; & 23{,}63 \end{pmatrix}.$$

Verwendung der a priori-Kenntnisse über den Aufbau von **B** (s. Aufgabenstellung): Mittelwertbildung der Elemente:

$$\widetilde{\mathbf{B}} = 23 \begin{pmatrix} 1, & -1 \\ -1, & 1 \end{pmatrix}.$$

Damit liegt das viskos gedämpfte Rechenmodell vor mit den Eigenlösungen:

$$f_{B1} = 7{,}30 \text{ Hz}, \quad \alpha_{B1} = 0{,}0042,$$
$$f_{B2} = 15{,}72 \text{ Hz}, \quad \alpha_{B2} = 0{,}035,$$

$$\hat{\mathbf{u}}_{B1} = \begin{pmatrix} -0{,}023 + j\,0{,}023 \\ -0{,}014 + j\,0{,}013 \end{pmatrix}, \quad \hat{\mathbf{u}}_{B2} = \begin{pmatrix} 0{,}007 - j\,0{,}007 \\ -0{,}020 + j\,0{,}021 \end{pmatrix}.$$

2. $r = 1$: $a_{M1} \cdot 1735{,}3489 \cdot 0{,}01054 = 22{,}249$, $a_{M1} = 1{,}216$,
($r = 2$, nicht orthogonalisiert: $a_{M1}^{(2)} \cdot 7518{,}2698 \cdot 0{,}00476 = 46{,}464$, $a_{M1}^{(2)} = 1{,}298$), die Angabe von vielen Dezimalstellen ist fehl am Platz: $a_{M1} = 1{,}2$. Es folgt

$$\mathbf{M}^K = a_{M1}\,\mathbf{M}_1 = 10\begin{pmatrix} 1{,}0; & 0 \\ 0; & 0{,}6 \end{pmatrix} \left(\text{exakt:} \begin{pmatrix} 10, & 0 \\ 0, & 6 \end{pmatrix}\right).$$

3. Mit der unter 2. ermittelten korrigierten Trägheitsmatrix ist das neue Rechenmodell für die Korrektur von **B**, **K** nach Abschnitt 6.3.2:

$$\mathbf{M} = \begin{pmatrix} 10, & 0 \\ 0, & 6 \end{pmatrix}, \quad \mathbf{B} = 23\begin{pmatrix} 1, & -1 \\ -1, & 1 \end{pmatrix}, \quad \mathbf{K}' = 10^5\begin{pmatrix} 0{,}1; & 0 \\ 0; & 0{,}24 \end{pmatrix}, \quad \mathbf{K}_1 = 0{,}188 \cdot 10^5\begin{pmatrix} 1, & -1 \\ -1, & 1 \end{pmatrix}.$$

Eigenlösungen: $f_{B1} = 6{,}72$ Hz, $\alpha_{B1} = 0{,}0039$,
$f_{B2} = 14{,}43$ Hz, $\alpha_{B2} = 0{,}0320$,

$$\hat{\mathbf{u}}_{B1} = \begin{pmatrix} -0{,}0221 + j\,0{,}0223 \\ -0{,}0132 + j\,0{,}0127 \end{pmatrix}, \quad \hat{\mathbf{u}}_{B2} = \begin{pmatrix} 0{,}0072 - j\,0{,}0066 \\ -0{,}0193 + j\,0{,}0197 \end{pmatrix}.$$

Im Vergleich zu den anderen Rechenmodellen und zu dem Versuchsmodell erkennt man, daß die zugehörigen Eigenvektoren sich kaum voneinander unterscheiden, so daß eine Korrektur über Eigenwert-Residuen allein aus dieser Sicht vertretbar ist. Zur iterativen Ermittlung der Korrekturparameter aufgrund der Gln. (6.127) werden benötigt:

$\lambda_{Br}^{K(0)} = \lambda_{Br}$: $\lambda_{B1}^{K(0)} = -0{,}1647 + j\,42{,}2227$, $\lambda_{B2}^{K(0)} = -2{,}9013 + j\,90{,}6199$,

$b_{B11}^{K(0)} = -10^{-3}(0{,}2979 + j\,3{,}9302)$, $b_{B21}^{K(0)} = 10^{-3}(0{,}2429 - j\,32{,}060)$,

$k_{B11}^{K(0)} = -(0{,}2435 + j\,3{,}2125)$, $k_{B21}^{K(0)} = 0{,}1985 - j\,26{,}2056$,

$g_r \equiv 1$.

$$\frac{\partial J^{(0)}}{\partial a_{B1}} = -1{,}3889,$$

$a_{B1}^{(1)} = 1 + 0{,}03 \cdot 1{,}3881 = 1{,}042$: Für b folgt $1{,}042 \cdot 23 = 23{,}97 \doteq 24$ (s. Beispiel 5.2), es ist also

$\hat{a}_{B1} \doteq a_{B1}^{(1)}$.

$$\frac{\partial J^{(0)}}{\partial a_{K1}} = 211{,}35,$$

$a_{K1}^{(1)} = 1 - 0{,}0007 \cdot 211{,}0653 = 0{,}852$: Für den Faktor von $\mathbf{K}_1$ folgt $0{,}852 \cdot 0{,}188 = 0{,}160$:

$\hat{a}_{K1} = a_{K1}^{(1)}$.

6.17 a) Mit $\Omega_r = \Omega_1$, $N = 1$, $\mathbf{K}_1 = \mathbf{K}$, $\mathbf{B}_1 = \mathbf{B}$ sowie den Startwerten $a_K^{(0)} = a_B^{(0)} = 1$ folgen die notwendigen Bedingungen (6.132) zu:

$$f_1 := \frac{\partial J(a_B, a_K)}{\partial a_K}\bigg/_{a=\hat{a}} = \operatorname{Re}\,[\hat{\mathbf{u}}_1^{KT}\ \mathbf{K}\,\mathbf{H}_1^K(\hat{\mathbf{u}}_1^M - \hat{\mathbf{u}}_1^K)^*]\bigg/_{a=\hat{a}} = 0$$

und

$$f_2 := \frac{\partial J(a_B, a_K)}{\partial a_B}\bigg/_{a=\hat{a}} = \operatorname{Re}\,[j\Omega_1\,\hat{\mathbf{u}}_1^{KT}\ \mathbf{B}\,\mathbf{H}_1^K(\hat{\mathbf{u}}_1^M - \hat{\mathbf{u}}_1^K)^*]\bigg/_{a=\hat{a}} = 0$$

mit der inversen dynamischen Steifigkeitsmatrix

$$\mathbf{H}_1^K = \left[-\Omega_1^2\begin{pmatrix} 1 & 0 \\ 0 & 2 \end{pmatrix} + j\Omega_1\,a_B\begin{pmatrix} 0{,}315; & -0{,}210 \\ -0{,}210; & 0{,}210 \end{pmatrix} + a_K\begin{pmatrix} 2{,}85; & -1{,}90 \\ -1{,}90; & 1{,}90 \end{pmatrix}\right]^{-1}$$

sowie

$$\hat{\mathbf{u}}_1^K = \mathbf{H}_1^K \hat{\mathbf{p}}.$$

Die für die Anwendung des Newton-Verfahrens zur Lösung des nichtlinearen Gleichungssystems

$$\left.\begin{pmatrix} f_1(\mathbf{a}) \\ f_2(\mathbf{a}) \end{pmatrix}\right|_{\mathbf{a}=\mathring{\mathbf{a}}} = \mathbf{0}$$

benötigte Hessematrix

$$\mathbf{R}(\mathbf{a}) = \begin{pmatrix} \frac{\partial f_1}{\partial a_K}, & \frac{\partial f_1}{\partial a_B} \\ \frac{\partial f_2}{\partial a_K}, & \frac{\partial f_2}{\partial a_B} \end{pmatrix}$$

wird durch numerische Differentiation nach der 2-Punkte-Differenzenformel gebildet gemäß

$$\frac{\partial f_1}{\partial a_K} \doteq \frac{f_1(a_B, a_K + h) - f_1(a_B, a_K)}{h}.$$

Ein Maß für die Güte der numerischen Differentiation ist die sich einstellende Symmetrie der Hessematrix. Für das vorliegende Beispiel ist die Wahl des Schrittweitenparameters zu $h = 5 \cdot 10^{-3}$ geeignet. Im 1. Iterationsschritt folgt die Hessematrix zu

$$\mathbf{R}(\mathbf{a}^{(0)}) = \begin{pmatrix} 0{,}13446 \cdot 10^{1}; & 0{,}20713 \cdot 10^{-2} \\ 0{,}19968 \cdot 10^{-2}; & 0{,}13623 \cdot 10^{-1} \end{pmatrix}.$$

Die Parameterinkremente $\Delta \mathbf{a}^{(1)}$ folgen aus

$$\mathbf{R}(\mathbf{a}^{(0)})\, \Delta \mathbf{a}^{(1)} = (f_1(\mathbf{a}^{(0)}), f_2(\mathbf{a}^{(0)}))^T$$

mit $f_1(\mathbf{a}^{(0)}) = -0{,}11306$ und $f_2(\mathbf{a}^{(0)}) = 0{,}89907 \cdot 10^{-3}$

zu $\Delta a_B^{(1)} = -0{,}8420 \cdot 10^{-1}$ und $\Delta a_K^{(1)} = 0{,}7833 \cdot 10^{-1}$.

Daraus lassen sich die Korrekturfaktoren $\mathbf{a}^{(1)}$ über

$\mathbf{a}^{(i+1)} = \mathbf{a}^{(i)} + \Delta \mathbf{a}^{(i+1)}$ ermitteln zu

$a_B^{(1)} = 0{,}91579$ (exakt: 0,95238) und $a_K^{(1)} = 1{,}07834$ (exakt: 1,0526),

was zu einer Reduktion der Abweichungen auf 2,4% für die Steifigkeitsmatrix und –4% für die Dämpfungsmatrix führt.

b) $a_B^{(1)} = 0{,}77$, $a_K^{(1)} = 1{,}0$.

6.18 a) Ablauf der Korrekturrechnung wie unter Aufgabe 6.17a:
Die Ergebnisse sind für den 1. Iterationsschritt:

$a_B^{(1)} = 0{,}936$, $a_K^{(1)} = 1{,}052$ (exakt: $\mathring{a}_B = 0{,}9524$, $\mathring{a}_K = 1{,}0526$)

mit $f_1(\mathbf{a}^{(0)}) = -0{,}90176 \cdot 10^{-1}$; $f_2(\mathbf{a}^{(0)}) = 0{,}57055 \cdot 10^{-3}$

$$\text{und } \mathbf{R}(\mathbf{a}) = \begin{pmatrix} 0{,}14201 \cdot 10^{1}; & 0{,}16108 \cdot 10^{-2} \\ 0{,}15350 \cdot 10^{-2}; & 0{,}12934 \cdot 10^{-1} \end{pmatrix}.$$

Nach der 1. Iteration sind somit die Steifigkeitsparameter im Rahmen der numerischen Genauigkeit fehlerfrei, und die Abweichungen für die Dämpfungsparameter sind annähernd halbiert.

b) Aus dem linearen Gleichungssystem

$$\begin{pmatrix} 0{,}36083 \cdot 10^{-2}, & -0{,}47819 \cdot 10^{-9} \\ -0{,}47819 \cdot 10^{-9}, & 0{,}52511 \end{pmatrix} \begin{pmatrix} \hat{a}_B \\ \hat{a}_K \end{pmatrix} = \begin{pmatrix} 0{,}34362 \cdot 10^{-2} \\ 0{,}55274 \end{pmatrix}$$

ergeben sich annähernd die exakten Werte

$\hat{a}_B = 0{,}9523$, $\hat{a}_K = 1{,}0526$.

Im Vergleich zu den Ergebnissen der Aufgabe 6.17 zeigt sich bereits für dieses kleine Modell der positive Einfluß einer Genauigkeitssteigerung der Meßwerte, insbesondere für die Ergebnisse nach b).

6.19 Nach Gl. (6.174) werden die Matrizen $D_K\lambda$, D_β **k** benötigt, es folgt

$$\mathbf{T} = D_K\, \lambda\, D_\beta\, \mathbf{k},\ \beta = \begin{pmatrix} \beta_1 \\ \beta_2 \end{pmatrix} = \begin{pmatrix} \kappa_1/\kappa_1^0 \\ \kappa_2/\kappa_2^0 \end{pmatrix} = \begin{pmatrix} E/E_0 \\ l/l_0 \end{pmatrix},$$

$\alpha^T := (\lambda_{01}, \ldots, \lambda_{0N})$.

$D_K\lambda$ s. (6.171) mit (6.169). $D_\beta \mathbf{k}$ s. (6.172) mit den nachstehenden Ableitungen:

$$\mathbf{K} = \frac{2\, E_0 I \beta_1}{(l_0\beta_2)^3} \begin{pmatrix} 12, & 3\, l_0\beta_2, & 3\, l_0\beta_2 \\ 3\, l_0\beta_2, & 6(l_0\beta_2)^2, & 2(l_0\beta_2)^2 \\ 3\, l_0\beta_2, & 2(l_0\beta_2)^2, & 6(l_0\beta_2)^2 \end{pmatrix},$$

$$\frac{\partial k_{ik}}{\partial \beta_1} = \frac{k_{ik}}{\beta_1}, \quad i, k = 1(1)3,$$

$$\frac{\partial k_{11}}{\partial \beta_2} = -\frac{3\, k_{11}}{\beta_2}, \quad \frac{\partial k_{12}}{\partial \beta_2} = -\frac{2\, k_{12}}{\beta_2} = \frac{\partial k_{13}}{\partial \beta_2}, \quad \frac{\partial k_{22}}{\partial \beta_2} = -\frac{k_{22}}{\beta_2} = \frac{\partial k_{33}}{\partial \beta_2}, \quad \frac{\partial k_{23}}{\partial \beta_2} = -\frac{2\, k_{23}}{\beta_2}.$$

6.20 1. Das Matrizeneigenwertproblem (5.54) im Zustandsraum entspricht der gesuchten Formulierung.
2. Vgl. [3.6], Abschnitt 1.2:

$\mathbf{F}^{-1}(s)\, \mathbf{U}(s) = \mathbf{P}(s)$,

$\mathbf{S\,U} := \mathbf{F}^{-1}(s)\, \mathbf{U}(s) - \mathbf{P}(s) = \mathbf{0}$, $\mathbf{S} =: \mathbf{T} - \mathbf{I}$.

Namen- und Sachverzeichnis